대수

산술

$$a(b+c) = ab + ac \qquad \frac{a}{b} + \frac{c}{d} = \frac{ad+bc}{bd}$$

$$\frac{a+c}{b} = \frac{a}{b} + \frac{c}{b} \qquad \frac{\frac{a}{b}}{\frac{c}{d}} = \frac{a}{b} \times \frac{d}{c} = \frac{ad}{bc}$$

지수법칙

$$x^m x^n = x^{m+n} \qquad \frac{x^m}{x^n} = x^{m-n}$$

$$(x^m)^n = x^{mn} \qquad x^{-n} = \frac{1}{x^n}$$

$$(xy)^n = x^n y^n \qquad \left(\frac{x}{y}\right)^n = \frac{x^n}{y^n}$$

$$x^{1/n} = \sqrt[n]{x} \qquad x^{m/n} = \sqrt[n]{x^m} = \left(\sqrt[n]{x}\right)^m$$

$$\sqrt[n]{xy} = \sqrt[n]{x}\sqrt[n]{y} \qquad \sqrt[n]{\frac{x}{y}} = \frac{\sqrt[n]{x}}{\sqrt[n]{y}}$$

인수분해

$$x^2 - y^2 = (x+y)(x-y)$$
$$x^3 + y^3 = (x+y)(x^2 - xy + y^2)$$
$$x^3 - y^3 = (x-y)(x^2 + xy + y^2)$$

이항정리

$$(x+y)^2 = x^2 + 2xy + y^2 \qquad (x-y)^2 = x^2 - 2xy + y^2$$
$$(x+y)^3 = x^3 + 3x^2y + 3xy^2 + y^3$$
$$(x-y)^3 = x^3 - 3x^2y + 3xy^2 - y^3$$
$$(x+y)^n = x^n + nx^{n-1}y + \frac{n(n-1)}{2}x^{n-2}y^2 + \cdots + \binom{n}{k}x^{n-k}y^k + \cdots + nxy^{n-1} + y^n$$
$$\binom{n}{k} = \frac{n(n-1)\cdots(n-k+1)}{1\cdot 2\cdot 3\cdot \cdots \cdot k}$$

근의 공식

$ax^2 + bx + c = 0$ 이면 $x = \dfrac{-b \pm \sqrt{b^2 - 4ac}}{2a}$.

부등호와 절댓값

$a < b,\ b < c$ 이면 $a < c$.

$a < b$ 이면 $a + c < b + c$.

$a < b,\ c > 0$ 이면 $ca < cb$.

$a < b,\ c < 0$ 이면 $ca > cb$.

$a > 0$ 이면

$|x| = a$ 는 $x = a$ 또는 $x = -a$

$|x| < a$ 는 $-a < x < a$

$|x| > a$ 는 $x > a$ 또는 $x < -a$

기하

기하공식

A : 넓이, C : 원둘레, V : 부피

삼각형

$$A = \frac{1}{2}bh = \frac{1}{2}ab\sin\theta$$

원

$$A = \pi r^2 \qquad C = 2\pi r$$

부채꼴

$$A = \frac{1}{2}r^2\theta \qquad s = r\theta \ (\theta \text{는 radians})$$

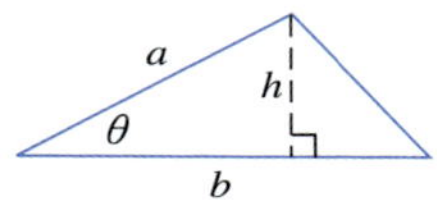

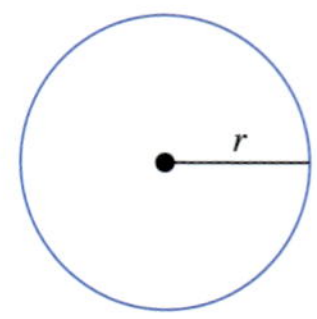

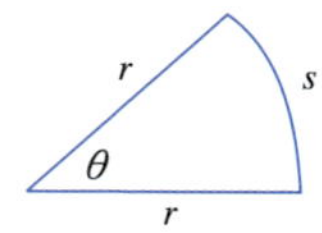

구

$$V = \frac{4}{3}\pi r^3 \qquad A = 4\pi r^2$$

원기둥

$$V = \pi r^2 h$$

원뿔

$$V = \frac{1}{3}\pi r^2 h \qquad A = \pi r\sqrt{r^2 + h^2}$$

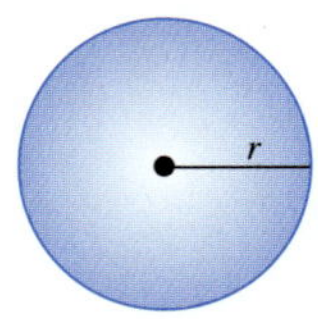

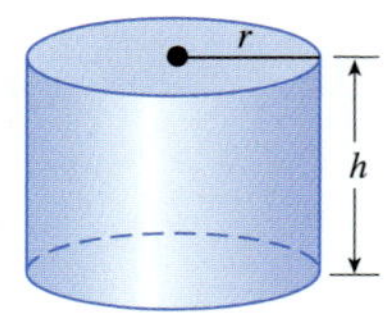

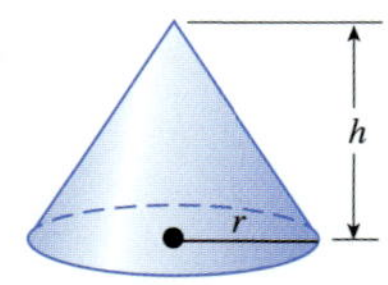

거리와 중점공식

두 점 $P_1(x_1,\ y_1)$와 $P_2(x_2,\ y_2)$ 사이의 거리

$$\overline{P_1P_2} = \sqrt{(x_2 - x_1)^2 + (y_2 - y_1)^2}$$

$\overline{P_1P_2}$의 중점 : $\left(\dfrac{x_1 + x_2}{2},\ \dfrac{y_1 + y_2}{2}\right)$

직선

두 점 $P_1(x_1,\ y_1)$와 $P_2(x_2,\ y_2)$을 지나는 직선의 기울기:

$$m = \frac{y_2 - y_1}{x_2 - x_1}$$

점 $P_1(x_1,\ y_1)$을 지나고 기울기가 m인 직선 :

$$y - y_1 = m(x - x_1)$$

기울기가 m이고 절편이 b인 직선 :

$$y = mx + b$$

원

중심이 (h, k)이고 반지름이 r인 원 :

$$(x-h)^2 + (y-k)^2 = r^2$$

삼각함수

호도법

π radians $= 180°$

$1° = \dfrac{\pi}{180}$ rad $\qquad$ $1 \text{ rad} = \dfrac{180°}{\pi}$

$s = r\theta$

(θ는 radians)

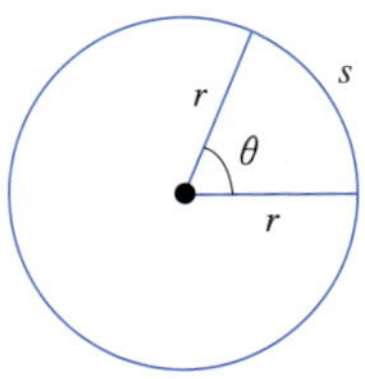

삼각함수

$\sin\theta = \dfrac{y}{r} \qquad \csc\theta = \dfrac{r}{y}$

$\cos\theta = \dfrac{x}{r} \qquad \sec\theta = \dfrac{r}{x}$

$\tan\theta = \dfrac{y}{x} \qquad \cot\theta = \dfrac{x}{y}$

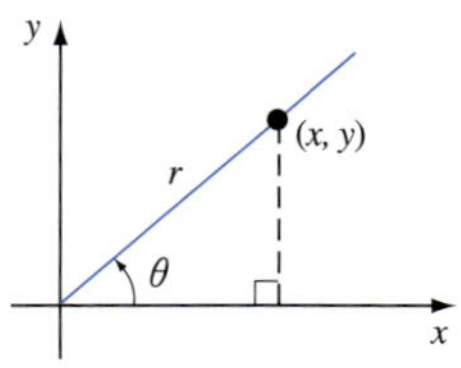

그래프

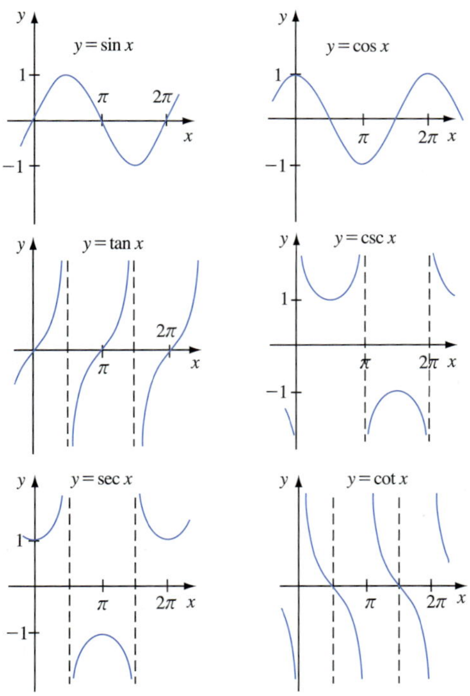

특수각

θ	radians	$\sin\theta$	$\cos\theta$	$\tan\theta$
$0°$	0	0	1	0
$30°$	$\pi/6$	$1/2$	$\sqrt{3}/2$	$\sqrt{3}/3$
$45°$	$\pi/4$	$\sqrt{2}/2$	$\sqrt{2}/2$	1
$60°$	$\pi/3$	$\sqrt{3}/2$	$1/2$	$\sqrt{3}$
$90°$	$\pi/2$	1	0	–

삼각함수 사이의 관계

$\csc\theta = \dfrac{1}{\sin\theta} \qquad \sec\theta = \dfrac{1}{\cos\theta}$

$\tan\theta = \dfrac{\sin\theta}{\cos\theta} \qquad \cot\theta = \dfrac{\cos\theta}{\sin\theta}$

$\cot\theta = \dfrac{1}{\tan\theta} \qquad \sin^2\theta + \cos^2\theta = 1$

$1 + \tan^2\theta = \sec^2\theta \qquad 1 + \cot^2\theta = \csc^2\theta$

$\sin(-\theta) = -\sin\theta \qquad \cos(-\theta) = \cos\theta$

$\tan(-\theta) = -\tan\theta \qquad \sin\left(\dfrac{\pi}{2} - \theta\right) = \cos\theta$

$\cos\left(\dfrac{\pi}{2} - \theta\right) = \sin\theta \qquad \tan\left(\dfrac{\pi}{2} - \theta\right) = \cot\theta$

Sine법칙

$$\frac{\sin A}{a} = \frac{\sin B}{b} = \frac{\sin C}{c}$$

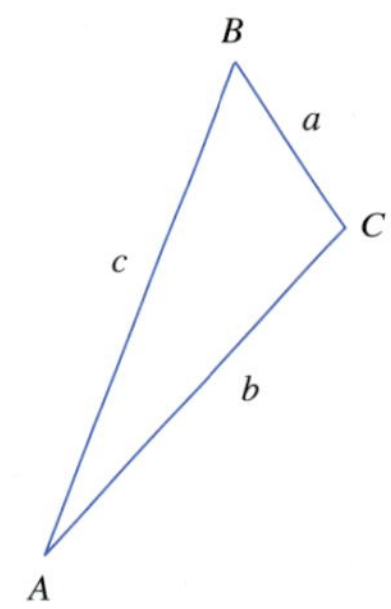

Cosine법칙

$a^2 = b^2 + c^2 - 2bc\cos A$

$b^2 = a^2 + c^2 - 2ac\cos B$

$c^2 = a^2 + b^2 - 2ab\cos C$

합과 차의 공식

$\sin(x + y) = \sin x\cos y + \cos x\sin y$

$\sin(x - y) = \sin x\cos y - \cos x\sin y$

$\cos(x + y) = \cos x\cos y - \sin x\sin y$

$\cos(x - y) = \cos x\cos y + \sin x\sin y$

$\tan(x + y) = \dfrac{\tan x + \tan y}{1 - \tan x\tan y}$

$\tan(x - y) = \dfrac{\tan x - \tan y}{1 + \tan x\tan y}$

배각공식

$\sin 2x = 2\sin x\cos x$

$\cos 2x = \cos^2 x - \sin^2 x = 2\cos^2 x - 1 = 1 - 2\sin^2 x$

$\tan 2x = \dfrac{2\tan x}{1 - \tan^2 x}$

반각공식

$\sin^2 x = \dfrac{1 - \cos 2x}{2} \qquad \cos^2 x = \dfrac{1 + \cos 2x}{2}$

CALCULUS

미적분학 4판

미적분학 교재편찬위원회

북스힐

미적분학 4판

초판 1쇄 발행 | 2010년 2월 25일
2판 수정판 2쇄 발행 | 2021년 1월 5일
3판 2쇄 발행 | 2022년 9월 5일
4판 1쇄 발행 | 2024년 3월 5일

지은이 | 권기운 · 김도진 · 문환표 · 안재욱
임영빈 · 조덕빈 · 조범규 · 조영덕

펴낸이 | 조 승 식
펴낸곳 | (주)도서출판 북스힐

등 록 | 1998년 7월 28일 제 22-457호
주 소 | 서울시 강북구 한천로 153길 17
전 화 | (02) 994-0071
팩 스 | (02) 994-0073

홈페이지 | www.bookshill.com
이메일 | bookshill@bookshill.com

정가 33,000원

ISBN 979-11-5971-572-3

Published by bookshill, Inc. Printed in Korea.

머리말

P·R·E·F·A·C·E

미적분학은 자연과 사회의 다양한 현상을 설명하는 데에 뛰어난 설명력을 가진다.

이 책에서는 여러 전공 학문에서 필요한 다양한 수리문제의 해결 능력을 기르기 위하여 효율적인 방법을 추구하였다. 첫째, 학생들이 기본개념을 쉽게 이해할 수 있도록 그림과 예제를 많이 두었다. 이를 통해 강의에 전적으로 의존하지 않고도 스스로 내용을 이해하고 문제를 해결할 수 있을 것이다. 둘째, 충분한 연습이 되도록 절마다 연습문제를 모아 두었고 각 장의 끝에도 별도의 연습문제를 추가했다. 이는 미적분학의 학습에서 이론적인 내용을 완전히 이해하는 것도 중요하지만, 그에 못지않게 연습이 중요함을 고려한 것이다.

이 책은 총 15장으로 이루어져 있다. 첫 학기에는 제1장에서 제9장까지, 둘째 학기에는 제10장부터 제15장까지 강의하는 것이 적절하다고 생각된다.

설명이 미비한 부분은 첨가 보완하고 일부 내용을 수정하여 이번에 개정판을 출간하게 되었다. 더욱 좋은 책을 만들기 위해 노력하였으나 여전히 부족한 점이 있을 것이다. 앞으로 계속하여 수정하고 보완해 나갈 것이다.

이 책이 미적분학을 공부하는 학생 여러분의 학업성취에 많은 도움이 되기를 바라며, 개정판의 출간을 위하여 수고하신 북스힐 편집부 여러분께 감사드린다.

저자 씀

차 례

C·O·N·T·E·N·T·S

C·H·A·P·T·E·R 01

기초입문

1.1 실수

미적분학은 실수와 실수의 성질에 기초를 두고 있다. 그러면 실수란 무엇이며, 그 성질은 무엇인가에 대하여 자세히 살펴보자.

정수 및 유리수

자연수(natural number)

$$1, 2, 3, 4, 5, \cdots$$

에 음의 정수와 0(zero)을 합하여 **정수**(integer)라 한다.

$$\cdots, -3, -2, -1, 0, 1, 2, 3, \cdots$$

그러나 길이, 넓이 및 부피를 계산하려면 이것만으로는 부족하기 때문에 정수의 비를 생각하지 않으면 안 된다. 예를 들면

$$\frac{3}{4}, -\frac{7}{8}, \frac{21}{5}, -\frac{19}{2}, \frac{16}{2}, -\frac{17}{1}$$

등등인데, 여기서 $\frac{16}{2}=8$ 그리고 $-\frac{17}{1}=-17$이므로 정수도 정수비에 포함시켜 생각한다. 물론 $\frac{2}{0}$라든가 $-\frac{9}{0}$는 포함되지 않는다. m, n이 정수이고 $n \neq 0$일 때 $\frac{m}{n}$꼴로 표시되는 수를 **유리수**(rational number)라 한다.

유리수로 모든 길이를 잴 수 있을까? 이에 대한 답을 고대 그리스 사람들은 알고 있었

다. 그들은 한 변의 길이가 1인 직각 이등변 삼각형의 빗변의 길이가 $\sqrt{2}$가 되며 $\sqrt{2}$는 유리수가 아님을 발견하였다(연습문제 3번). 유리수가 아닌 수를 **무리수**(irrational number)라 하며 $\sqrt{2}$ 외에도 $\sqrt{3}$, $\sqrt{5}$, $\sqrt[3]{7}$, π 등이 이에 속한다.

실수

유리수와 무리수를 **실수**(real number)라 부른다.

실수는 수평선 위의 점들을 표시한다고 생각할 수 있다. 이들은 원점이라고 불리는 고정점(0이라고 표시)으로부터 오른쪽 또는 왼쪽으로 얼마나 떨어져 있는가를 나타내고 있다(그림 1.1).

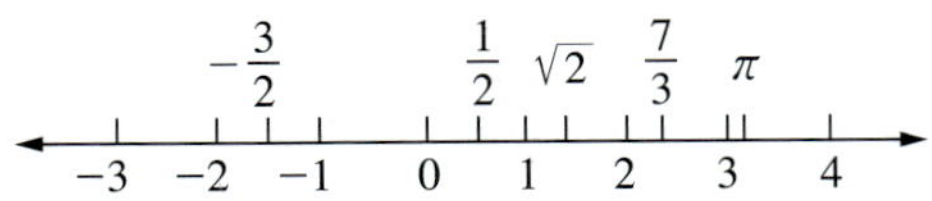

[그림 1.1]

따라서 수평선상 각 점에 유일한 실수를 대응시킬 수 있고, 이 수를 이 점의 **좌표**(coordinate)라 부른다. 이와 같이 각 점에 좌표가 대응되어 있는 수평선을 **실직선**이라 부른다.

이제까지 소개한 수들의 집합을 나타내는 기호를 소개하려 한다. 일반적으로 수학에서 $\mathbb{N}$은 자연수 전체의 집합, $\mathbb{Z}$는 정수 전체의 집합, $\mathbb{Q}$는 유리수 전체의 집합, 그리고 $\mathbb{R}$은 모든 실수의 집합을 의미한다. 그림 1.2는

$$\mathbb{N} \subset \mathbb{Z} \subset \mathbb{Q} \subset \mathbb{R}$$

이 됨을 나타낸다.

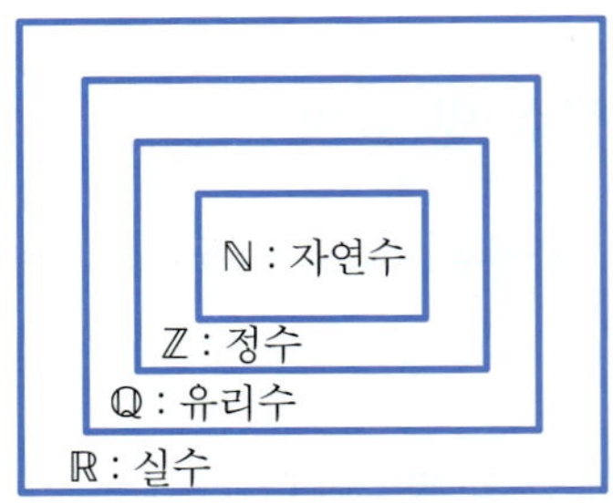

[그림 1.2]

수를 $a + b\sqrt{-1}$ (a, b는 실수)과 같은 **복소수**(complex number)까지 확장할 수 있는데 이 책에서는 복소수는 다루지 않는다. 왜냐하면 미적분학에서는 실수가 기본이 되기 때문이다.

사칙 연산

주어진 두 실수 x와 y에 대한 합, 곱의 연산으로 새로운 실수 $x + y$와 $x \cdot y$가 생긴다. 합과 곱에는 다음과 같은 성질이 있는데 이와 같은 성질을 갖는 집합을 **체**(field)라 한다.

체의 성질

1. 교환법칙(commutative law) : $x+y=y+x,\ xy=yx$

2. 결합법칙(associative law) : $x+(y+z)=(x+y)+z,\ x(yz)=(xy)z$

3. 분배법칙(distributive law) : $x(y+z)=xy+xz$

4. 항등원(identity element) : 2개의 서로 다른 원소 0과 1이 있어 $x+0=x,\ x\cdot 1=x$를 만족시킨다.

5. 역원(inverse) : 임의의 $x\in\mathbb{R}$에 대해서 $x+(-x)=0$을 만족시키는 합에 대한 역원 $-x$가 있다. 그리고 $x\neq 0$이면 곱에 대한 역원 x^{-1}이 존재하여 $x\cdot x^{-1}=1$을 만족시킨다.

빼기와 나누기는 각각 다음과 같이 정의한다.

$$x-y=x+(-y)$$
$$\frac{x}{y}=x\cdot y^{-1}$$

순서

임의의 실수 a는 다음 중 꼭 하나만 만족시킨다.

(i) a는 양수 (ii) $a=0$ (iii) $-a$는 양수

이 사실로부터 **순서관계**(order relation) "$<$"를

$$x<y \Leftrightarrow y-x \text{ 가 양수}$$

로 정의한다.

순서의 성질

1. x, y가 실수일 때 다음 세 가지 중 한 가지가 반드시 성립한다.

(i) $x<y$ (ii) $x=y$ (iii) $x>y$

2. $x<y$이고 $y<z$이면 $x<z$

3. $x<y \Leftrightarrow x+z<y+z$

4. z가 양수일 때 $x<y \Leftrightarrow xz<yz$, z가 음수일 때 $x<y \Leftrightarrow xz>yz$

그리고 기호 "≤"를

$$x \le y \Leftrightarrow x < y \text{이거나 } x = y$$

로 정의하면 순서의 성질 2, 3, 4는 "<"와 ">"를 "≤"와 "≥"로 바꾸어도 성립한다.

연습문제 1.1

1. 다음 수의 값은 무엇인가? 그리고 정의되지 않는 수는 무엇인가?

(1) $0 \cdot 0$ (2) $\frac{0}{0}$ (3) $\frac{0}{8}$

(4) $\frac{8}{0}$ (5) 8^0 (6) 0^8

2. **소수**(prime number)란 그 자신과 1 이외의 자연수로는 나누어지지 않는 2 이상의 자연수를 말한다. 즉, 2, 3, 5, 7, 11, 13, 17, ⋯이다. 산술의 **기본정리**(fundamental theorem of arithmetic)에 의하면 모든 자연수는 유일한 방법으로 소수들의 곱으로 나타낼 수 있다. 예를 들면 $45 = 3 \cdot 3 \cdot 5$. 다음을 소인수로 분해하여 곱으로 나타내라.

(1) 240 (2) 310 (3) 119 (4) 5400

3. $\sqrt{2}$가 무리수임을 증명하라.

4. 유리수와 유리수의 합은 유리수가 됨을 증명하라.

5. $a < b$이면 $a < \frac{a+b}{2} < b$가 됨을 증명하라.

1.2 부등식, 절댓값, 제곱근

방정식을 푼다는 것은 전통적으로 수학의 가장 중요한 연구대상 중 하나이다. 미적분학에서는 부등식을 다루는 것도 방정식을 푸는 것과 똑같이 중요하게 여겨지고 있다. 부등식을 푼다는 것은 부등식을 만족시키는 수들의 집합을 찾아내는 것이다. 일반적으로 이

집합은 **구간**(interval)이 된다.

구간

이 교재를 공부하는 도중 여러 종류의 구간들이 필요하게 된다. 기호 (a, b)는 a와 b 사이의 모든 수로 이루어진 **열린구간**(open interval)을 나타내며, $[a, b]$는 열린구간 (a, b)에 끝점 a와 b를 포함시킨 **닫힌구간**(closed interval)을 나타낸다. 다음 표에 여러 종류의 구간을 종합하였다.

집합 기호	구간 기호	그 래 프
$\{x \mid a < x < b\}$	(a, b)	
$\{x \mid a \le x \le b\}$	$[a, b]$	
$\{x \mid a \le x < b\}$	$[a, b)$	
$\{x \mid a < x \le b\}$	$(a, b]$	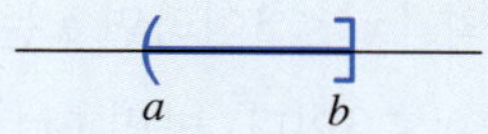
$\{x \mid x \le b\}$	$(-\infty, b]$	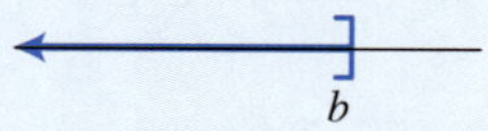
$\{x \mid x < b\}$	$(-\infty, b)$	
$\{x \mid x \ge a\}$	$[a, \infty)$	
$\{x \mid x > a\}$	(a, ∞)	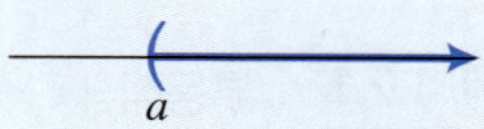
$\mathbb{R}$	$(-\infty, \infty)$	

절댓값

절댓값의 개념은 특히 미적분학에서는 매우 중요한 개념이기에 철저히 이해해야 한다. 실수 x의 **절댓값**(absolute value) $|x|$를 다음과 같이 정의한다.

$$|x| = \begin{cases} x, & x \ge 0 \text{ 일 때} \\ -x, & x < 0 \text{ 일 때} \end{cases}$$

$|x|$는 음수가 될 수 없으며 $|-x|=|x|$이다. 실직선에서 절댓값 $|x|$는 원점에서 x까지의 거리임을 알 수 있다. 마찬가지로 $|x-a|$는 x에서 a까지 거리이다.

절댓값의 성질

절댓값은 곱셈과 나눗셈, 그리고 덧셈과 뺄셈에 대하여 다음과 같은 성질이 있다.

1. $|ab|=|a||b|$
2. $\left|\frac{a}{b}\right|=\frac{|a|}{|b|}$, $b\neq 0$
3. $|a+b|\leq|a|+|b|$ (삼각부등식)
4. $|a-b|\geq||a|-|b||$

부등식과 절댓값

만약 $|x|<3$이라면 x는 3보다 작고 동시에 -3보다 큰 어떤 실수임을 알고 있다. 즉, $-3<x<3$이다. 반면 $|x|>3$이면 $x<-3$이거나 $x>3$이다. 일반적으로

$$|x|<a \Leftrightarrow -a<x<a$$
$$|x|>a \Leftrightarrow x<-a \text{ 또는 } x>a$$

예제 1.2.1 부등식 $|x-4|<1.5$를 풀고 실직선상에 그 해를 표시하라.

[풀이] 위 공식에서 x 대신 $x-4$를 대입하면

$$|x-4|<1.5 \Leftrightarrow -1.5<x-4<1.5$$

4를 세 수에 각각 더하면

$$2.5<x<5.5$$

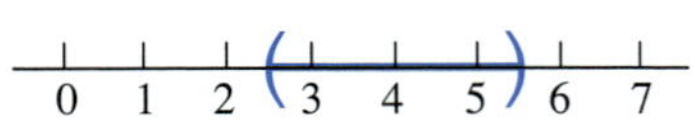

[그림 1.3]

■

예제 1.2.2 부등식 $|3x-5| \geq 1$을 풀고 실직선상에 해를 표시하라.

[풀이] 주어진 부등식을 다음과 같이 나타낼 수 있다.

$$3x-5 \leq -1 \quad \text{또는} \quad 3x-5 \geq 1$$

$$3x \leq 4 \quad \text{또는} \quad 3x \geq 6$$

$$x \leq \frac{4}{3} \quad \text{또는} \quad x \geq 2$$

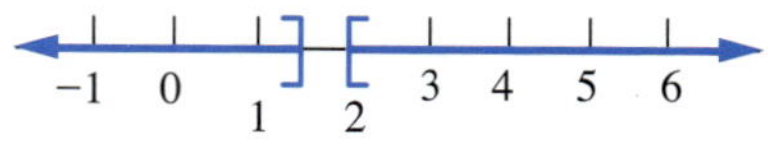

[그림 1.4]

해집합은 두 구간의 합집합

$$\left(-\infty, \frac{4}{3}\right] \cup [2, \infty)$$

이다(그림 1.4). ■

제곱근

모든 양의 정수는 2개의 제곱근이 있다. 예를 들면, 9의 제곱근은 3과 -3, 100의 제곱근은 10과 -10이다. 임의의 $a>0$에 대하여 양의 제곱근을 a의 **주제곱근**(principal square root)이라고 부르고 $\sqrt{a}$로 나타낸다. 따라서 $\sqrt{9}=3$이고 $\sqrt{(-10)^2}=\sqrt{100}=10$이다. 여기서 7의 제곱근은 $\pm\sqrt{7}$이므로 7의 제곱근과 $\sqrt{7}$을 혼동하지 말아야 한다. 다음은 제곱근과 관련하여 중요한 공식이다.

$$\sqrt{x^2}=|x|$$

위 내용과 관련되는 다른 기호를 소개한다. 만약 n이 짝수이고 $a \geq 0$일 때 $\sqrt[n]{a}$은 a의 n 제곱근 중 양수를 의미한다. 또 n이 홀수이면 $\sqrt[n]{a}$는 a의 n제곱근 중 실수를 의미하는데, 이때 이 실수는 유일한 수이다. 따라서 $\sqrt[4]{16}=2$, $\sqrt[3]{27}=3$, 그리고 $\sqrt[3]{-8}=-2$이다.

제곱

$|a||b|=|ab|$이므로 a, b 대신 x를 대입하면

$$|x|^2=|x^2|=x^2$$

이다. 주어진 부등식의 항을 제곱할 때 부등호는 바뀔 수도 있다. 예를 들면, $-3<2$일 때 $(-3)^2>2^2$이 된다. 그러나 각 항이 음수가 아니면 부등호가 보존됨을 알 수 있다. 다음은

유용한 공식이다.

$$|x|<|y| \Leftrightarrow x^2<y^2$$

예제 1.2.3 다음 부등식을 풀라.

$$|3x+1|<2|x-6|$$

[풀이] 위 공식을 이용하여 푼다.

$$\begin{aligned}|3x+1|<2|x-6| &\Leftrightarrow |3x+1|<|2x-12| \\ &\Leftrightarrow (3x+1)^2<(2x-12)^2 \\ &\Leftrightarrow 9x^2+6x+1<4x^2-48x+144 \\ &\Leftrightarrow 5x^2+54x-143<0 \\ &\Leftrightarrow (5x-11)(x+13)<0\end{aligned}$$

2차부등식을 풀기 위해 실수를 구간으로 나누는 점들은 $\frac{11}{5}$, -13이며, 구간은 $(-\infty, -13)$, $\left(-13, \frac{11}{5}\right)$, 그리고 $\left(\frac{11}{5}, \infty\right)$이다. $x=-14, 0$, 그리고 3을 대입하면 $\left(-13, \frac{11}{5}\right)$이 해이다. ■

연습문제 1.2

1. 다음 구간들을 실직선상에 나타내라.

(1) $(-4, 1)$　(2) $[-4, 1]$　(3) $(-4, 1]$

(4) $[-4, 1)$　(5) $[1, \infty)$　(6) $(-\infty, -4]$

2. 다음 부등식의 해를 구간으로 표시하고 실직선 위에 나타내라.

(1) $4x-7<3x+5$　(2) $7x-1\le 10x+4$

(3) $-6<2x+3<-1$　(4) $2+3x<5x+1<16$

(5) $x^2+x-12<0$　(6) $\dfrac{x+5}{2x-1}\le 0$

(7) $\dfrac{1}{x}<5$　(8) $(x+2)(2x-1)(3x+7)\ge 0$

3. 다음 2개의 부등식을 동시에 만족하는 모든 x를 구하라.

(1) $3x+7>1$과 $2x+1<3$

(2) $3x+7>1$과 $2x+1>-4$

(3) $3x+7>1$과 $2x+1<-4$

4. 다음 부등식을 풀라.

(1) $|3x+4|<8$

(2) $|4x+2|\geq 10$

(3) $\left|2+\dfrac{5}{x}\right|>1$

(4) $2x^2-5x-4\leq 0$

(5) $4x^2+x-2>0$

5. 다음 문제에서 포함명제기호가 참임을 밝히라.

(1) $|x-3|<0.5 \Rightarrow |5x-15|<2.5$

(2) $|x-2|<\dfrac{\varepsilon}{6} \Rightarrow |6x-12|<\varepsilon$

6. 다음 부등식을 풀라.

(1) $|x-2|<3|x+7|$

(2) $2|2x-3|<|x+10|$

7. 모든 x에 대하여

$$\left|\frac{x-2}{x^2+9}\right| \leq \frac{|x|+2}{9}$$

임을 밝히라.

8. $|x|\leq 1 \Rightarrow \left|x^4+\dfrac{1}{2}x^3+\dfrac{1}{4}x^2+\dfrac{1}{8}x+\dfrac{1}{16}\right|<2$를 증명하라.

9. $a\neq 0 \Rightarrow a^2+\dfrac{1}{a^2}\geq 2$임을 밝히라(힌트: $\left(a-\dfrac{1}{a}\right)^2$을 생각하라).

10. $|x|<|y| \Leftrightarrow x^2<y^2$을 증명하려 한다. 다음 각 논리적 단계를 설명하라.

$$\begin{aligned} |x|<|y| &\Rightarrow |x||x|\leq|x||y| \text{ 그리고 } |x||y|<|y||y| \\ &\Rightarrow |x|^2<|y|^2 \\ &\Rightarrow x^2<y^2 \end{aligned}$$

역으로

$$
\begin{aligned}
x^2 < y^2 &\Rightarrow |x|^2 < |y|^2 \\
&\Rightarrow |x|^2 - |y|^2 < 0 \\
&\Rightarrow (|x| - |y|)(|x| + |y|) < 0 \\
&\Rightarrow |x| - |y| < 0 \\
&\Rightarrow |x| < |y|
\end{aligned}
$$

1.3 직교좌표계

직교좌표계는 두 프랑스 사람에 의하여 처음으로 발견되었다. 한 사람은 Pierre de Fermat이고 다른 한 사람은 René Descarte이다. 첫 번째 사람은 법률가로서 수학을 취미로 연구했고, 두 번째 사람은 철학자로서 수학으로 우주의 신비를 풀 수 있으리라 생각했다. Descarte(1637)에 앞서 Fermat(1629)가 먼저 직교좌표계의 아이디어를 내놓았으나, 후에 이 좌표계를 Descarte의 이름을 딴 Cartesian 좌표라고 부르고 있다.

Cartesian 좌표

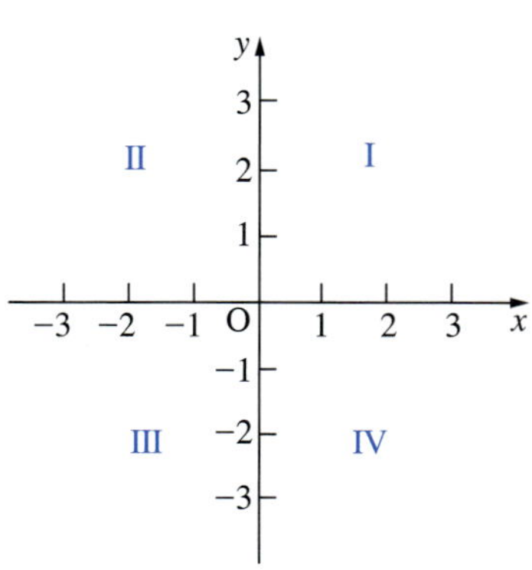

[그림 1.5]

평면에서 실수와 동일시되는 2개의 실직선이 서로 수직으로 각각의 원점에서 교차하고 있다고 하자. 이 두 직선을 **좌표축**(coordinate axes)이라고 부른다. 또 만나는 점을 O라고 표시하며 **원점**(origin)이라고 부른다. 편의상 수평선을 x축, 수직선을 y축이라고 부른다. x축의 원점을 기준으로 오른쪽, y축의 원점을 기준으로 위쪽을 각각 x, y축의 양의 부분이라고 부른다. 좌표축은 평면을 그림 1.5에서와 같이 Ⅰ, Ⅱ, Ⅲ 그리고 Ⅳ의 네 부분으로 나누는데 각 부분을 **사분면**(quadrant)이라 부른다.

평면상의 각 점 P는 Cartesian 좌표라고 부르는 한 쌍의 수로 나타낼 수 있다. P를 지나는 수직, 수평선이 각각 x, y 축과 a, b에서 만난다면 P는 (a, b)라는 좌표를 갖게 된다(그림 1.6). (a, b)를 순서쌍이라고 부르는데, 그 이유는 어떤 수가 먼저 오느냐에 따라서 좌표를 특징지어 주기 때문이다. 첫 번째 수인 a를 x좌표, 두 번째 수인 b를 y좌표라 한다.

역으로 임의의 순서쌍 (a, b)는 x축상의 a를 지나는 수직선과 y축상의 b를 지나는 수평선이 만나는 점 P를 결정짓는다.

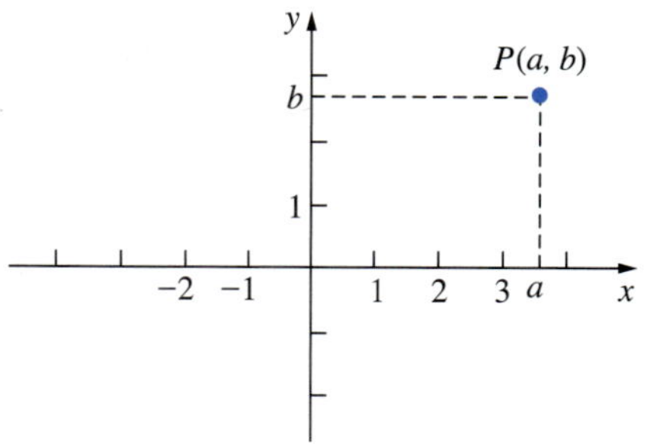

[그림 1.6]

거리공식

좌표를 써서 두 점 사이의 거리를 나타내어 보자. 두 점 P, Q가 각각 $(x_1, y_1), (x_2, y_2)$인 좌표로 표시된다고 하자. 그림 1.7에서와 같이 R은 좌표가 (x_2, y_1)인 점이라 하면 Pythagoras 정리에 의하여 P와 Q 사이의 거리 $\overline{PQ}$는

$$\overline{PQ} = \sqrt{(x_2 - x_1)^2 + (y_2 - y_1)^2}$$

이 된다.

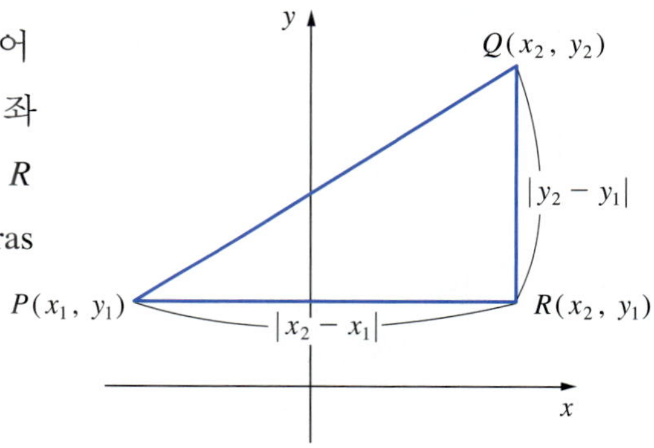

[그림 1.7]

예제 1.3.1 다음 두 점 사이의 거리를 구하라.

(a) $P(-2, 3)$ 과 $Q(4, -1)$ (b) $P(\sqrt{2}, \sqrt{3})$ 과 $Q(\pi, \pi)$

[풀이] (a) $\overline{PQ} = \sqrt{(4-(-2))^2 + (-1-3)^2} = \sqrt{36+16} = \sqrt{52}$

(b) $\overline{PQ} = \sqrt{(\pi - \sqrt{2})^2 + (\pi - \sqrt{3})^2}$ ■

원의 방정식

원(circle)이란 고정점(중심)으로부터 일정한 거리(반지름)에 있는 모든 점들의 집합이다. 예를 들어 점 $(-1, 2)$가 중심이고 반지름이 3인 원의 방정식을 구하여 보자. (x, y)가 원 위의 점이라면 거리공식으로부터

$$\sqrt{(x+1)^2 + (y-2)^2} = 3$$

따라서

$$(x+1)^2+(y-2)^2=9$$

가 원의 방정식이 된다. 일반적으로 중심이 (a, b)이고 반지름이 r인 원의 방정식은

$$(x-a)^2+(y-b)^2=r^2$$

이다.

예제 1.3.2 반지름이 5이고 중심이 $(1, -5)$인 원의 방정식을 구하라. 그리고 이 원 위의 점의 x좌표가 2가 되는 점의 y좌표를 구하라.

[풀이] 구하고자 하는 원의 방정식은

$$(x-1)^2+(y+5)^2=25$$

이다.

두 번째 답을 얻기 위하여 $x=2$를 방정식에 대입하여 y에 관해서 풀면

$$\begin{aligned}(2-1)^2+(y+5)^2&=25\\(y+5)^2&=24\\y+5&=\pm\sqrt{24}\end{aligned}$$

그러므로

$$y=-5\pm\sqrt{24}=-5\pm2\sqrt{6}$$ ■

앞에서 언급한 원의 방정식의 괄호를 풀어 정리하면

$$x^2+y^2+ax+by+c=0$$

과 같은 꼴이 된다. 역으로 위와 같은 식은 원의 방정식이 되겠는가? 라는 의문을 갖게 되는데 다음 예제 1.3.3에서 보듯이 일반적으로 역이 성립하는 것은 아니다.

예제 1.3.3 다음의 방정식은 어떤 도형을 나타내는가?

(1) $x^2+y^2-2x+6y+6=0$

(2) $x^2+y^2+2x+4y+5=0$

(3) $x^2+y^2+x-y+1=0$

[풀이] (1)
$$(x-1)^2+(y+3)^2=4$$
이므로 중심이 (1, −3)이고 반지름이 2인 원을 나타낸다.

(2)
$$(x+1)^2+(y+2)^2=0$$
이므로 점 (−1, −2)를 나타낸다.

(3)
$$\left(x+\frac{1}{2}\right)^2+\left(y-\frac{1}{2}\right)^2=-\frac{1}{2}$$
이므로 어떤 도형도 나타내지 않는다. ■

연습문제 1.3

1. 다음 점들을 좌표평면에 나타내고 두 점 사이의 거리를 구하라.

   (1) (2, −1), (5, 3) (2) (4, 2), (2, 4)

   (3) (1.232, 4.153), (π, $\sqrt{2}$)

2. 꼭짓점의 좌표가 (5, 3), (−2, 4) 그리고 (10, 8)인 삼각형은 이등변 삼각형임을 밝히라.

3. 두 점 (3, −1)과 (3, 3)이 정사각형의 두 꼭짓점이라 하자. 다른 모든 가능한 꼭짓점을 찾으라.

4. 다음 조건을 만족하는 원의 방정식을 구하라.

   (1) 중심 (1, −2), 반지름 6

   (2) 중심 (2, −1) 그리고 (5, 3)을 지남

   (3) (1)에서 x좌표가 3이 되는 원 위의 두 점의 y좌표를 구하라.

5. 다음 원의 방정식의 중심과 반지름을 구하라.

   (1) $x^2+y^2+2x-10y+25=0$ (2) $x^2+y^2-12x+35=0$

   (3) $4x^2+4y^2+4x-12y+1=0$

6. 점 (2, 3), (6, 3), (6, −1), 그리고 (2, −1)이 정사각형의 꼭짓점이라 하자. 이때 정사각형에 내접하는 원과 외접하는 원의 방정식을 구하라.

7. 직각 삼각형의 빗변의 중점은 세 꼭짓점으로부터 같은 거리에 있음을 증명하라.

8. 두 개의 원 $x^2+y^2-4x-2y-11=0$과 $x^2+y^2+20x-12y+72=0$은 만나지 않음을 증명하라(힌트: 두 중심 사이의 거리를 계산하라).

1.4 직선과 방정식의 그래프

직선(straight line)은 모든 곡선 중에서 제일 간단한 곡선이다. 평면에서 두 점이 주어지면 이 점들을 지나는 직선은 유일하게 결정된다. 직선은 좌표평면에서 방정식으로 나타낼 수 있다.

직선의 기울기(slope of a line)

직선상의 임의의 두 점 $A(x_1, y_1)$와 $B(x_2, y_2)$를 이용하여 직선의 기울기를 계산할 수 있다. 만약 $x_1 \neq x_2$이면 직선의 기울기 m을 다음과 같이 정의한다.

$$m = \frac{y_2 - y_1}{x_2 - x_1}$$

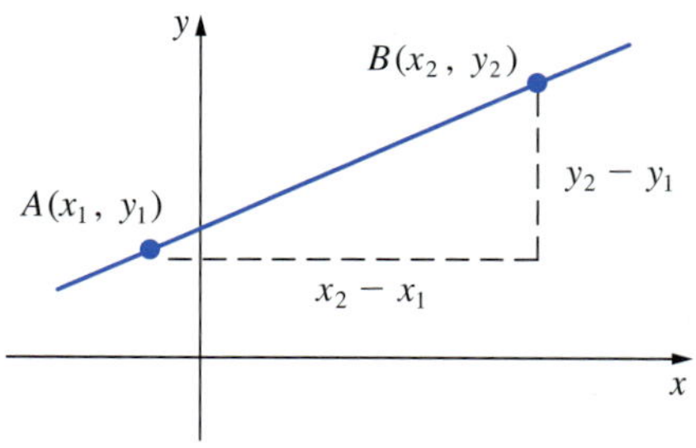

[그림 1.8]

여기서 왜 임의의 두 점이 기울기를 결정하는가에 대한 의문이 생길 것이다. 그 이유는 그림 1.9의 두 삼각형은 닮은 삼각형이어서

$$\frac{y_2' - y_1'}{x_2' - x_1'} = \frac{y_2 - y_1}{x_2 - x_1}$$

이기 때문이다.

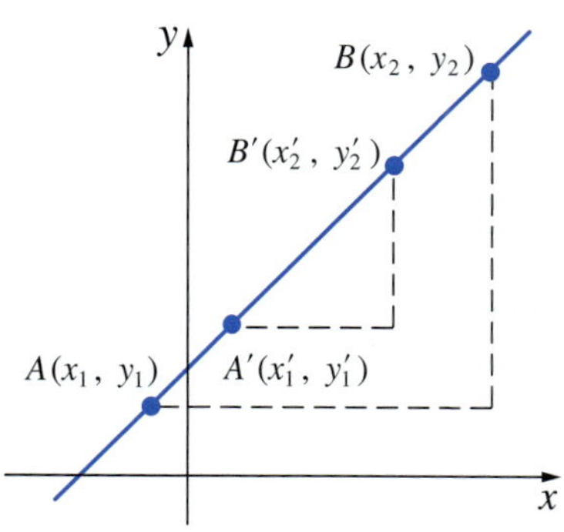

[그림 1.9]

기울기가 정해지고 지정된 점을 지나는 직선은 어떻게 표현될까? 어떤 직선이 점 (3, 2)를 지

나고 기울기가 $\frac{2}{5}$라고 하자. 직선상의 임의의 점을 (x, y)라고 하면

$$\frac{y-2}{x-3}=\frac{2}{5}$$

이다. 양변에 $(x-3)$을 곱하면

$$y-2=\frac{2}{5}(x-3)$$

이다. $(3, 2)$와 이 밖의 직선상의 모든 점들이 위 식을 만족시킨다.

일반적으로 기울기가 m이고 점 (x_1, y_1)을 지나는 직선의 방정식은

$$y-y_1=m(x-x_1)$$

이다.

$Ax+By+C=0$ 형식

수평, 수직선을 포함하여 모든 직선을 나타내는 식의 형태는 무엇일까? 예를 들어,

(1) $y-2=-4(x+2)$

(2) $y=5x-3$

(3) $x=5$

를 다시 쓰면

(1) $4x+y+6=0$

(2) $-5x+y+3=0$

(3) $x+0y-5=0$

이다. 이처럼 모두

$$Ax+By+C=0,\ (A\neq 0 \text{ 또는 } B\neq 0)$$

으로 나타낼 수 있다는 것을 알 수 있다. 이것을 **1차 방정식**(linear equation)의 일반형이라고 부른다. 임의의 직선은 1차 방정식으로 나타낼 수 있고 역으로 1차 방정식의 그래프는 언제나 직선인 것은 자명하다.

평행선

만약 두 직선의 기울기가 같다면 서로 평행인 직선이다. 예를 들면 $y = 2x + 2$와 $y = 2x + 5$는 평행인 직선이다. 왜냐하면 모두 기울기가 2인 직선이기 때문이다. 두 번째 직선은 첫 번째 직선의 임의의 점을 위로 3만큼 옮긴 점들의 집합이 된다.

마찬가지로 두 직선 $-2x + 3y + 12 = 0$과 $4x - 6y = 5$도 평행한 직선이다. 왜냐하면 각각 $y = \frac{2}{3}x - 4$, $y = \frac{2}{3}x - \frac{5}{6}$가 되기 때문이다.

즉, 수직선이 아닌 두 직선이 평행하기 위한 필요충분조건은 두 직선의 기울기가 같다는 것이다.

직교하는 직선

직교하는 직선은 각각의 기울기만을 사용하여 직교성을 나타낼 수 있다. 왜냐하면 만약 수직선이 아닌 두 개의 직선의 기울기가 m_1, m_2일 때 두 직선이 직교하기 위한 필요충분조건은 $m_1 \cdot m_2 = -1$이다.

이 사실을 증명해 보자. 두 직선 l_1, l_2가 원점에서 만난다고 가정하여도 일반성을 잃지 않는다. $P_1(x_1, y_1)$을 l_1상의 점, $P_2(x_2, y_2)$를 l_2상의 점이라고(그림 1.10) 하면, Pythagoras 정리에 의하여 $\angle P_1OP_2$가 직각이 되기 위한 필요충분조건은

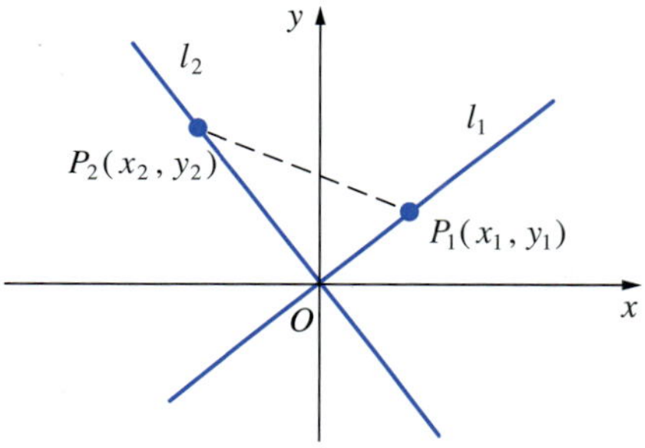

[그림 1.10]

$$\overline{P_1O}^2 + \overline{P_2O}^2 = \overline{P_1P_2}^2$$

$$\Leftrightarrow (x_1^2 + y_1^2) + (x_2^2 + y_2^2) = (x_1 - x_2)^2 + (y_1 - y_2)^2$$

$$\Leftrightarrow 2x_1x_2 + 2y_1y_2 = 0$$

$$\Leftrightarrow \frac{y_1}{x_1} = -\frac{x_2}{y_2}, \quad \text{즉} \quad m_1 = -\frac{1}{m_2}$$

$$\Leftrightarrow m_1 \cdot m_2 = -1$$

따라서 $\angle P_1OP_2$가 직각이 되기 위한 필요충분조건은 두 직선의 기울기를 m_1, m_2라 할 때 $m_1 \cdot m_2 = -1$이다.

예제 1.4.1 두 직선 $3x+4y=8$, $6x-10y=7$이 만나는 점을 지나고 첫 번째 직선에 수직인 직선의 방정식을 구하라.

[풀이] 연립 방정식 $3x+4y=8$, $6x-10y=7$을 풀면 만나는 점은 $\left(2, \frac{1}{2}\right)$이다. 첫 번째 식을 y에 대해서 풀면 $y=-\frac{3}{4}x+2$가 되므로 이것에 수직인 직선의 기울기는 $\frac{4}{3}$이다. 따라서 구하려는 직선의 방정식은

$$y-\frac{1}{2}=\frac{4}{3}(x-2)$$

■

방정식의 그래프

대수적 대상인 방정식을 평면 위의 점들로 나타냄으로써 기하학적 대상인 곡선을 그릴 수 있다. 이 절의 전반부와 1.3절에서 직선과 원에 대해서 이것들을 어떻게 방정식으로 표현하는가를 다루었다. 다음에는 어떻게 방정식의 그래프를 그리는가에 대하여 생각해 보자.

가장 기본적인 방법은 곡선상의 몇 개의 점들의 좌표를 찾아 부드럽게 연결시켜 가는 방법이다. 따라서 점들을 많이 찾으면 찾을수록 더욱 정확한 그래프를 그릴 수 있다.

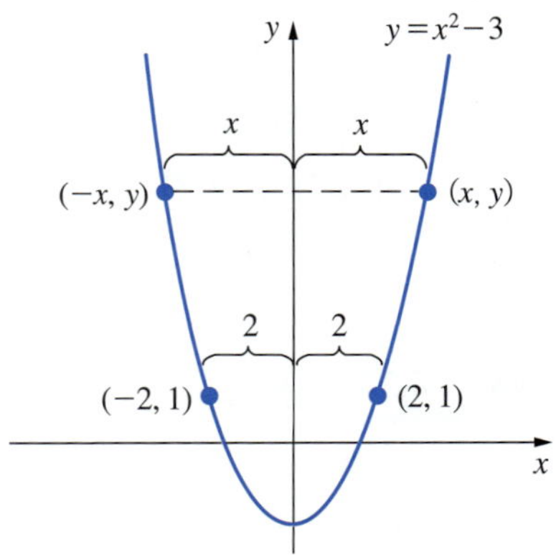

y축 대칭

[그림 1.11]

그래프의 대칭성

주어진 방정식의 특성을 조사하여 그래프에 대칭성이 있다면 더욱 정확하게, 그리고 시간도 절약하여 그릴 수 있다. x대신 $-x$를 원식에 대입하여도 원식이 변하지 않는다면, 이 방정식의 그래프는 y축에 대하여 대칭이다. 예를 들면 $y=x^2-3$의 그래프는 y축에 대하여 대칭이다(그림 1.11). 또 y 대신 $-y$를 원식에 대입하여도 원식이 보존되면 그래프는 x축에 대하여 대칭이다. 예를 들면 $x=1+y^2$의 그래프는 x축에 대하여 대칭이다(그림 1.12).

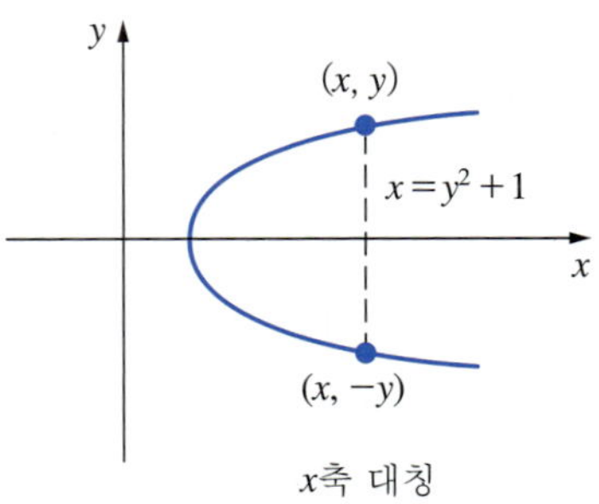

x축 대칭

[그림 1.12]

마지막으로 원점에 대하여 대칭인 그래프는 x

대신 $-x$를, y대신 $-y$를 동시에 대입해도 원식이 보존되는 경우이다. 예를 들면 $y=x^3$의 그래프는 원점에 대하여 대칭이다. 왜냐하면 $-y=(-x)^3 \Leftrightarrow y=x^3$이기 때문이다.

절편

방정식의 그래프가 두 좌표축과 만나는 점들은 많은 문제에서 중요한 역할을 한다. 예를 들어 $y=x^3-2x^2-5x+6$을 생각하여 보자. 이것은 $(x+2)(x-1)(x-3)$으로 인수분해 되므로, $y=0$으로 놓으면 $x=-2, 1, 3$이 된다. 이때 $-2, 1$, 그리고 3을 x절편이라 한다. 마찬가지로 $x=0$으로 놓으면 $y=6$이 되는데 이 점을 y절편이라 부른다.

예제 1.4.2 $y^2-x+y-6=0$의 그래프를 그리고 절편을 모두 나타내라.

[풀이] $y=0$이라 놓으면 $x=-6$, 따라서 x절편은 -6이 되고 이 방정식에서 $x=0$이라 하면 $y^2+y-6=0$ 또는 $(y+3)(y-2)=0$이 되어 y절편은 -3과 2이다. 그래프는 위에서 설명한 3가지 대칭 중의 어느 것도 아니다(그림 1.13). ■

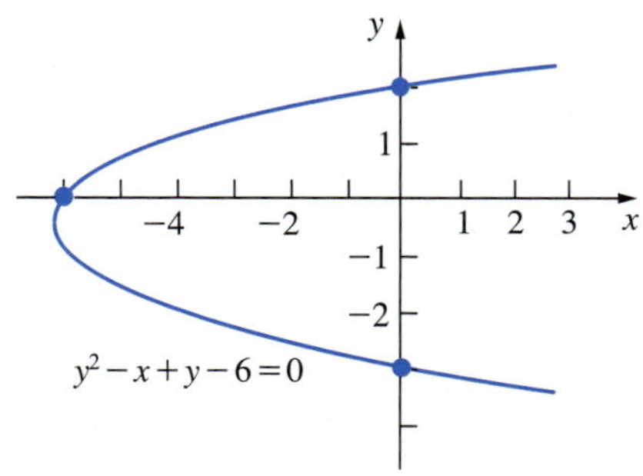

[그림 1.13]

예제 1.4.3 직선 $y=-2x+2$와 포물선 $y=2x^2-4x-2$이 만나는 점을 찾고 같은 좌표평면상에 두 그래프를 그리라.

[풀이] 교점의 좌표를 (x, y)라 하면

$$\begin{aligned}-2x+2&=2x^2-4x-2\\0&=2x^2-2x-4\\0&=2(x-2)(x+1)\\x&=-1,\ x=2\end{aligned}$$

$x=-1$을 대입하면 $y=4$, $x=2$를 대입하면 $y=-2$이므로 만나는 점은 $(-1, 4)$와 $(2, -2)$이다(그림 1.14). ■

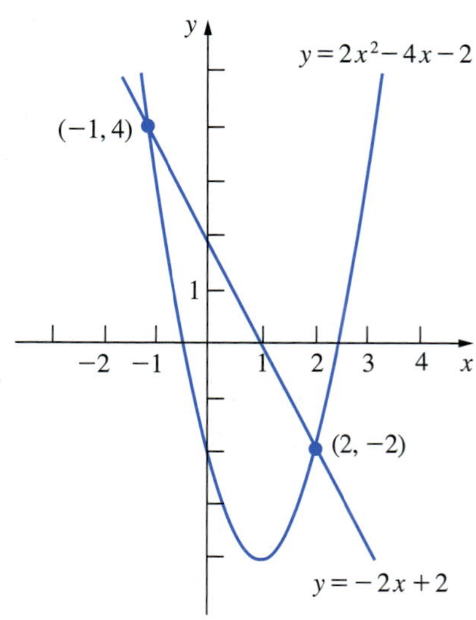

[그림 1.14]

연습문제 1.4

1. 다음 조건을 만족시키는 각 직선의 방정식을 구하여 $Ax + By + C = 0$의 꼴로 나타내라.

(1) (2, 3)을 지나고 기울기가 4이다

(2) y절편이 4이고 기울기가 −2이다

(3) 두 점 (2, 3)과 (4, 8)을 지난다

(4) 두 점 (2, −3)과 (2, 5)를 지난다

2. (3, −3)을 지나고 다음을 만족시키는 직선의 방정식을 구하라.

(1) 직선 $y = 2x + 5$와 평행

(2) 직선 $y = 2x + 5$와 수직

(3) 직선 $2x + 3y = 6$과 평행

(4) 직선 $2x + 3y = 6$과 수직

(5) (−1, 2)와 (3, −1)을 지나는 직선과 평행

(6) 직선 $x = 8$과 평행

(7) 직선 $x = 8$과 수직

3. 점 (x_1, y_1)으로부터 직선 $Ax + By + C = 0$까지 거리 d는 다음과 같다.

$$d = \frac{|Ax_1 + By_1 + C|}{\sqrt{A^2 + B^2}}$$

이 식을 사용하여 주어진 점에서 직선까지 거리를 구하라.

(1) $(-3, 2)\,;\, 3x + 4y = 6$

(2) $(-2, -1)\,;\, 5y = 12x + 1$

4. 두 평행선 $3x + 4y = 6$, $3x + 4y = 12$ 사이의 거리를 구하라(힌트: 먼저 임의의 직선 위의 한 점을 결정하라).

5. 과거 경험으로 보면, 경기도의 달걀 생산량은 해마다 일정한 개수의 증가를 보이고 있다. 1990년에 700,000개이고 2000년에 820,000개였다. 1990년을 기준으로 n년 후 총 생산량 N을 n의 함수로 표시하고 서기 2030년의 생산량을 추산하라.

6. $Ax + By + C = 0$(A와 B는 동시에 0이 아니다)의 그래프는 언제나 직선이 됨을 증명하라(힌트 : (1) $B = 0$ (2) $B \neq 0$인 경우로 나누어 생각하라).

7. $2x-y+4+k(x+3y-6)=0$ (k는 임의의 실수)은 두 직선 $2x-y+4=0$과 $x+3y-6=0$이 만나는 점을 지나는 직선임을 증명하라.

8. 삼각형에 외접하는 원의 중심은 삼각형의 각 변의 수직 이등분 선상에 있음을 증명하라. 이것을 이용하여 (0, 4), (2, 0), 그리고 (4, 6)을 꼭짓점으로 하는 삼각형의 외접원의 중심을 구하라.

9. 다음 방정식들의 그래프를 그리라.

(1) $3x^2+4y=0$
(2) $x^2+y^2=36$
(3) $4x^2+9y^2=36$
(4) $y=\dfrac{1}{x^2+1}$
(5) $x^3-y^2=0$
(6) $y=(x-2)(x+1)(x+3)$
(7) $y=x^2(x-2)$

10. $y=-2x+1$과 $y=-x^2-x+3$의 그래프를 한 평면 위에 그리고 두 곡선이 만나는 점을 찾으라.

11. 곡선 $y=3x^4-2x+1$상의 두 점 중에서 x좌표가 각각 -1과 1인 점들 사이의 거리를 구하라.

12. $y=2^x+2^{-x}$의 그래프를 그리기 위한 모든 대칭성을 조사하라.

연습문제 Chapter 1

1. 임의의 실수 a에 대하여 $a^2 \geq 0$임을 밝히라.

2. 세 실수 a, b, c에 대하여 다음을 각각 증명하라.
   (1) $a > b$이면 $a + c > b + c$
   (2) $a > b$이고 $c < 0$이면 $ac < bc$

3. 집합 $A = \{x \mid |x - 2| < 3\}$을 x값의 범위를 구하여 나타내라.

4. $\{x \mid |x| > c\} = \{x \mid x > c\} \cup \{x \mid x < -c\}$임을 밝히라($c > 0$).

5. 집합 $B = \{x \mid |x - 3| \geq 2\}$을 x값의 범위를 구하여 나타내라.

6. $a, b \in \mathbb{R}$, $a < b$일 때 다음이 성립함을 설명하라.
   (1) $\{x \mid a < x < b\} = \left\{x \,\middle|\, \left|x - \dfrac{a+b}{2}\right| < \dfrac{b-a}{2}\right\}$
   (2) $\{x \mid x < a\} \cup \{x \mid x > b\} = \left\{x \,\middle|\, \left|x - \dfrac{a+b}{2}\right| > \dfrac{b-a}{2}\right\}$

7. 다음 집합을 절댓값 기호를 써서 다시 나타내라.
   (1) $A = \{x \mid -2 < x < 6\}$ (2) $B = \{x \mid x \leq -9\} \cup \{x \mid x \geq 3\}$

8. 두 실수 a, b에 대하여 $ab \leq |a| \cdot |b|$임을 밝히라.

9. 다음을 각각 증명하라.
   (1) $|a + b| \leq |a| + |b|$ (삼각부등식 : triangle inequality)
   (2) $|a - b| \leq |a| + |b|$ (3) $|a - b| \geq ||a| - |b||$

10. 모든 실수 x에 대하여

$$x \cdot 0 = 0$$

임을 밝히라.

11. 다음 점들은 같은 직선 위에 있는가?

(1) $(2, 1), (0, 2), (4, 0)$

(2) $(3, 1), (4, 4), (5, 8)$

(3) $(4, 1), (3, 2), (1, 3)$

12. 두 점을 지나는 직선의 기울기를 구하라.

(1) $(1, 2), (3, 6)$

(2) $(1, 2), (3, 3)$

(3) $(0.3, -1.4), (-1.1, -0.4)$

13. 기울기가 m이고 점 P를 지나는 직선의 방정식을 구하고 그래프를 그리라.

(1) $m=2,\ P(1, 3)$

(2) $m=-2,\ P(1, 4)$

(3) $m=0,\ P(-1, 1)$

(4) $m=\frac{1}{2},\ P(2, 1)$

14. 다음 두 직선은 서로 평행한가, 수직인가?

(1) $y=3(x-1)+2,\ y=3(x+4)-1$

(2) $y=-2(x+1)-1,\ y=\frac{1}{2}(x-2)+3$

(3) $y=3x+1,\ y=-\frac{1}{3}x+2$

(4) $x+2y=1,\ 2x+4y=3$

15. 주어진 점을 지나고 주어진 직선에 (a) 평행한 직선과 (b) 수직인 직선을 구하라.

(1) $y=2(x+1)-2,\ (2, 1)$

(2) $y=3(x-2)+1,\ (0, 3)$

(3) $y=1,\ (0, -1)$

CHAPTER 02

함수와 극한

2.1 함수와 그래프

함수는 정의역이라 부르는 탄환들의 집합으로부터 공역이라 부르는 과녁집합을 향해서 발사하는 총으로 비유될 수 있다. 각각의 탄환은 단 1개의 표적을 맞힌다. 그러나 여러 개의 탄환이 1개의 표적을 맞히는 경우도 있을 수 있다. 이를 수학적으로 표현하자.

정의

함수(function) f란 **정의역**(domain)이라고 부르는 집합의 원소 x를 다른 집합의 유일한 원소 $f(x)$에 대응시키는 규칙이다. 이때 얻게 되는 모든 $f(x)$로 이루어지는 집합을 함수 f의 **치역**(range)이라 한다(그림 2.1).

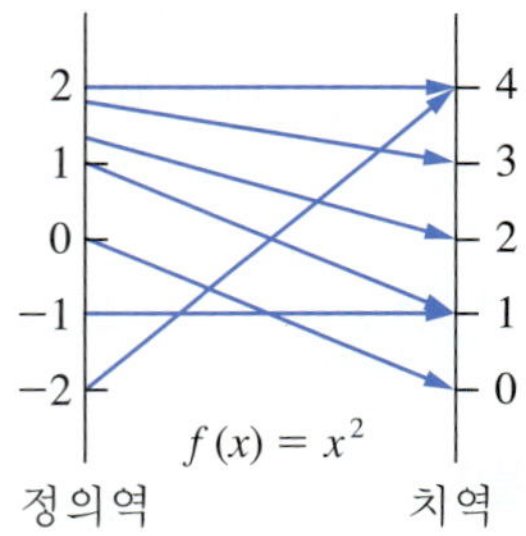

[그림 2.1]

함수의 정의에서 정의역이나 치역에는 제한이 없다. 예를 들면 미적분학 과목을 택한 학생들의 집합이 정의역, 그리고 학점의 집합인 $\{A, B, C, D, F\}$가 치역이 될 수 있다. 이때 대응규칙은 교수가 학생에게 학점을 부여하는 절차가 된다.

일반적으로 함수를 $f: X \to Y$로 표시하고 X를 **정의역**, Y를 **공역**, $f(X)$를 **치역**이라 한다.

함숫값

앞으로 함수는 실수를 실수로 대응시키는 것만 다루기로 한다.

f(또는 g, F)는 함수를 나타내는 데 사용된다. $f(x)$는 함수 f가 x에 부여하는 값을 나타낸다. 예를 들어 $f(x) = x^3 - 4$이면

$$f(2) = 2^3 - 4 = 4$$
$$f(-1) = (-1)^3 - 4 = -5$$
$$f(a) = a^3 - 4$$
$$f(a+h) = (a+h)^3 - 4 = a^3 + 3a^2h + 3ah^2 + h^3 - 4$$

이다.

예제 2.1.1 $f(x) = x^2 - 2x$에서 다음을 구하라.

(a) $f(4)$ (b) $f(4+h)$ (c) $f(4+h) - f(4)$ (d) $\dfrac{f(4+h) - f(4)}{h}$

[풀이] (a) $f(4) = 4^2 - 2 \cdot 4 = 8$

(b) $f(4+h) = (4+h)^2 - 2(4+h) = 16 + 8h + h^2 - 8 - 2h = 8 + 6h + h^2$

(c) $f(4+h) - f(4) = 8 + 6h + h^2 - 8 = 6h + h^2$

(d) $\dfrac{f(4+h) - f(4)}{h} = \dfrac{6h + h^2}{h} = \dfrac{(6+h)h}{h} = 6 + h$ ■

예제 2.1.2 $g(x) = \dfrac{1}{x}$에서 $\dfrac{g(a+h) - g(a)}{h}$를 구하고 간단히 하라.

[풀이]

$$\frac{g(a+h) - g(a)}{h} = \frac{\dfrac{1}{a+h} - \dfrac{1}{a}}{h} = \frac{\dfrac{a-(a+h)}{(a+h)a}}{h}$$
$$= \frac{-h}{(a+h)a} \cdot \frac{1}{h} = \frac{-1}{(a+h)a} = \frac{-1}{a^2 + ah}$$ ■

정의역과 치역

대응규칙이 함수의 핵심이지만 정의역이 정해져야만 함수가 완전하게 결정된다. 함수에 대하여 정의역이 지정되지 않은 경우에는 언제나 함수에 관한 대응규칙을 정의할 수 있는 최대의 실수집합을 정의역으로 가정한다. 이 집합을 **자연정의역**(natural domain)이라고 한다.

예제 2.1.3 다음 함수의 자연정의역을 찾으라.

(a) $f(x) = \dfrac{1}{x-3}$ (b) $g(t) = \sqrt{9-t^2}$

[풀이] (a) $\{x \in \mathbb{R} \mid x \neq 3\}$가 자연정의역이다. $x=3$을 제외함으로써 0으로 나누는 일이 없도록 한다.

(b) $\sqrt{9-t^2}$ 가 실수가 되기 위해서는 $9-t^2 \geq 0$이어야 한다. 따라서 $|t| \leq 3$이므로 자연정의역은 $\{t \in \mathbb{R} : |t| \leq 3\}$ 또는 구간표시로 $[-3, 3]$이다. ■

함수에 관한 대응규칙이 방정식 $y = f(x)$인 꼴일 때(예: $y = x^3 + 3x - 6$), x를 **독립변수**(independent variable) 그리고 y를 **종속변수**(dependent variable)라고 부른다. 이것은 y의 값이 정의역에서 선택된 x의 값에 의하여 결정되기 때문이다.

함수의 그래프

함수의 정의역과 치역이 모두 실수집합일 때 좌표평면상에 그래프를 그려서 함수의 모양을 나타낼 수 있다. **함수의 그래프**는 순서쌍의 집합 $\{(x, f(x)) \mid x$는 정의역의 원소$\}$이다.

예제 2.1.4 다음 함수의 그래프를 그리라.

(a) $f(x) = x^2 - 2$ (b) $g(x) = x^3 - 2x$ (c) $h(x) = \dfrac{2}{x-1}$

[풀이]

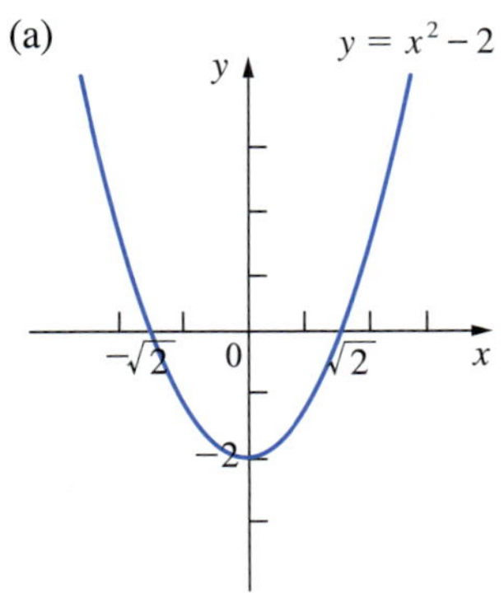

[그림 2.2]

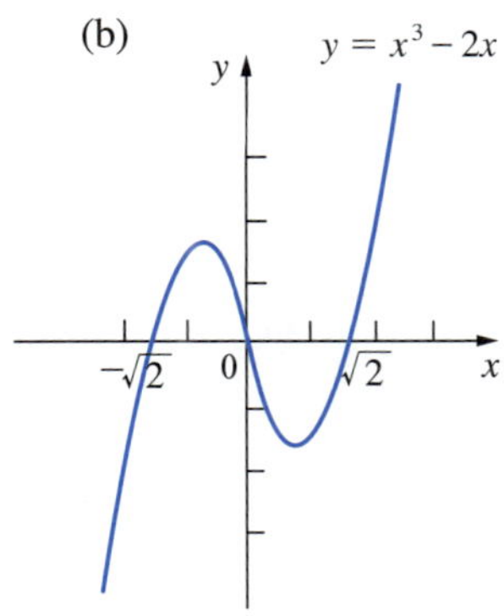

[그림 2.3]

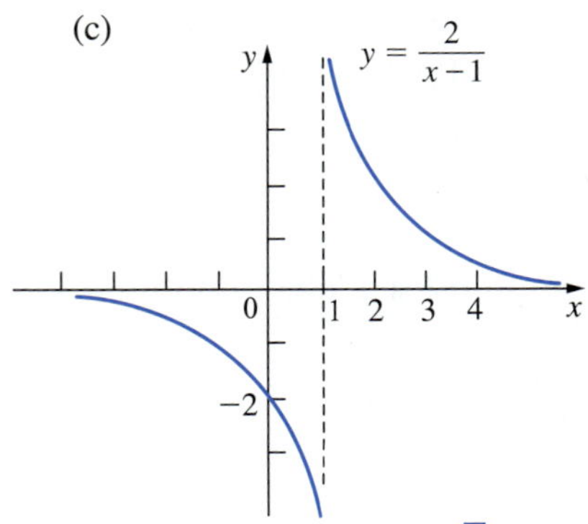

[그림 2.4] ■

위 예제의 (c)에서 x가 1에 가까이 접근하면 $|h(x)|$는 끝없이 증가한다(예: $h(0.99) =$

-200, $h(1.001) = 2000$). 따라서 이 함수의 그래프는 직선 $x = 1$에 한없이 접근하는데, 이 선 자체는 그래프의 일부가 아니다. 이 선을 **점근선**(asymptote)이라 부른다. $y = h(x)$의 그래프에는 **수평점근선**도 있는데 그것은 x축이다. 그러면 무엇이 위의 3개 함수의 치역이 될 것인가? 답은 다음과 같다.

함수	정의역	치역
$f(x) = x^2 - 2$	$\mathbb{R}$	$\{y \in \mathbb{R} \mid y \geq -2\}$
$g(x) = x^3 - 2x$	$\mathbb{R}$	$\mathbb{R}$
$h(x) = \dfrac{2}{x-1}$	$\{x \in \mathbb{R} \mid x \neq 1\}$	$\{y \in \mathbb{R} \mid y \neq 0\}$

짝함수와 홀함수

함수 f가 $f(-x) = f(x)$를 만족시키면 함수의 그래프는 y축에 대하여 대칭이다. 이런 함수를 **짝함수** 또는 **우함수**(even function)라고 하는데, 예를 들면 $f(x) = x^2 - 2$는 짝함수이다(그림 2.2). 또 $f(x) = 3x^6 - 2x^4 + 11x^2 - 5$와 $f(x) = \dfrac{x^2}{1 + x^4}$도 짝함수이다.

$f(-x) = -f(x)$이면 그래프는 원점에 대하여 대칭이 된다. 이런 함수를 **홀함수** 또는 **기함수**(odd function)라고 한다. x의 홀수 제곱항들의 합으로 된 함수는 홀함수이다. $g(x) = x^3 - 2x$는 홀함수이다(그림 2.3). 그 이유는 다음과 같다.

$$g(-x) = (-x)^3 - 2(-x) = -x^3 + 2x = -(x^3 - 2x) = -g(x)$$

함수 $h(x) = \dfrac{2}{x-1}$는 짝함수도 홀함수도 아니다. 그림 2.4에서 $h(x)$는 y축에 대하여도 원점에 대하여도 대칭이 아니라는 점에 주의하라($y = h(x)$의 그래프는 $(1, 0)$에 대하여 대칭이다).

예제 2.1.5 $f(x) = \dfrac{x^3 + 3x}{x^4 - 3x^2 + 4}$는 어떤 함수인가?

[풀이]

$$\begin{aligned} f(-x) &= \frac{(-x)^3 + 3(-x)}{(-x)^4 - 3(-x)^2 + 4} \\ &= \frac{-(x^3 + 3x)}{x^4 - 3x^2 + 4} = -f(x) \end{aligned}$$

따라서 f는 홀함수이다. ■

두 개의 특수한 함수

다음의 두 함수는 예로 자주 사용된다. 즉, 절댓값함수 $|\ |$와 최대정수함수 $[\![\ ]\!]$이다. 이들은 다음과 같이 정의된다.

$$|x| = \begin{cases} x, & x \geq 0 \text{ 일 때} \\ -x, & x < 0 \text{ 일 때} \end{cases}$$

$$[\![x]\!] = x\text{와 같거나 } x\text{보다 작은 최대 정수.}$$

따라서 $|3.1| = 3.1$, $[\![-3.1]\!] = -4$, $[\![3.1]\!] = 3$.

절댓값함수는 짝함수이다. 최대정수함수는 어떤 함수일까?

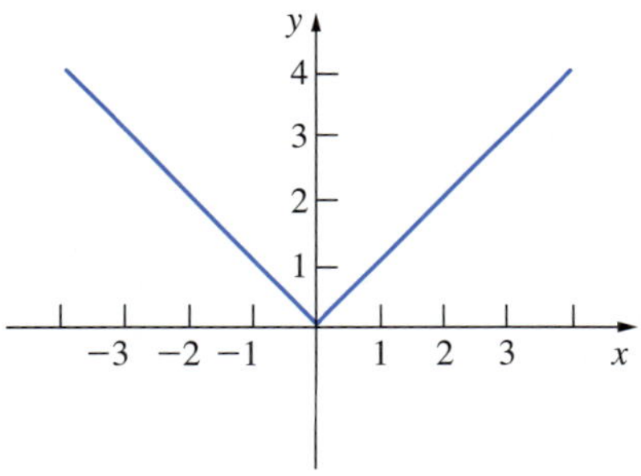

$y = |x|$

[그림 2.5]

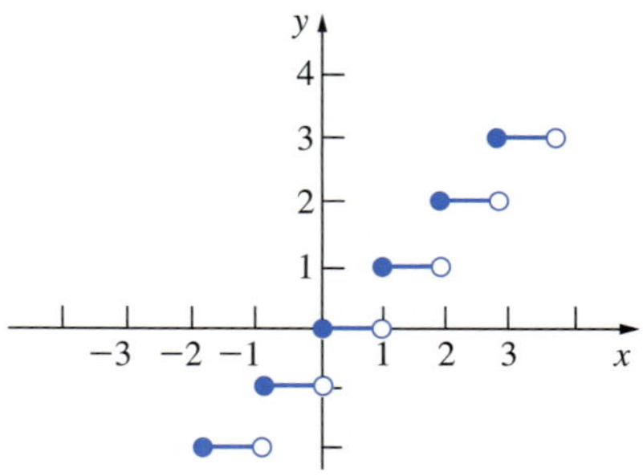

$y = [\![x]\!]$

[그림 2.6]

연습문제 2.1

1. $f(x) = x^2 - 1$일 때 다음 값 또는 식을 구하라.

(1) $f(1)$ (2) $f(-2)$ (3) $f(0)$

(4) $f(k)$ (5) $f(-6)$ (6) $f\left(\frac{1}{2}\right)$

(7) $f(2t)$ (8) $f(3x)$ (9) $f\left(\frac{1}{x}\right)$

2. $G(y) = \dfrac{1}{y-1}$일 때 다음 값 또는 식을 구하라.

(1) $G(0)$ (2) $G(0.999)$ (3) $G(1.01)$

(4) $G(y^2)$ (5) $G(-x)$ (6) $G\left(\frac{1}{x^2}\right)$

3. 다음 방정식 중 $y = f(x)$인 함수꼴로 나타낼 수 있는 것은 어느 것인가?

(1) $x^2 + y^2 = 4$
(2) $xy + y + 3x = 4$
(3) $x = \sqrt{3y+1}$
(4) $3x = \dfrac{y}{y+1}$

4. $f(x) = 2x^2 - 1$일 때 $\dfrac{f(a+h) - f(a)}{h}$를 간단히 하라.

5. $g(u) = \dfrac{3}{u-2}$일 때 $\dfrac{g(x+h) - g(x)}{h}$를 간단히 하라.

6. 다음 함수의 자연정의역을 구하라.

(1) $F(z) = \sqrt{2z+3}$
(2) $g(x) = \dfrac{1}{4x-1}$
(3) $\psi(x) = \sqrt{x^2 - 9}$
(4) $H(y) = -\sqrt{625 - y^4}$

7. 다음 함수의 홀함수, 짝함수 여부를 판정하고 그래프를 그리라.

(1) $f(x) = -4$
(2) $F(x) = 2x + 1$
(3) $g(x) = 3x^2 + 2x - 1$
(4) $g(x) = \dfrac{x}{x^2 - 1}$
(5) $f(x) = \sqrt{x-1}$
(6) $f(x) = |2x|$
(7) $g(x) = \left[\!\left[\dfrac{x}{2} \right]\!\right]$
(8) $g(t) = \begin{cases} 1 & t \le 0 \text{ 일 때} \\ t+1 & 0 < t < 2 \text{ 일 때} \\ t^2 - 1 & t \ge 2 \text{ 일 때} \end{cases}$

8. 어떤 공장에서는 하루에 냉장고를 100대까지 생산할 수 있는 능력을 가지고 있다. 공장 운영비는 하루에 220만 원이고 냉장고 1대를 생산하는 데 추가비용 15.1만 원(인건비 및 재료비)이 든다. 냉장고 x대를 생산하는 데 드는 총경비 $T(x)$를 구하고 그 정의역을 써라.

2.2 함수의 연산

함수는 수가 아니다. 그러나 두 수 a와 b를 더하여 새로운 수 $a+b$를 만드는 것과 같이, 두 함수 f와 g를 더하여 새로운 함수 $f+g$를 만들 수 있다. 이 절에서는 함수의 연산에 대하여 알아보자.

덧셈, 뺄셈, 곱셈, 나눗셈, n-제곱

$f(x)=\dfrac{x-3}{2}$, $g(x)=\sqrt{x}$ 라 하자. 새로운 함수 $f+g$는 임의의 x에 대하여 $\dfrac{x-3}{2}+\sqrt{x}$ 를 대응시킨다. 즉,

$$(f+g)(x)=f(x)+g(x)=\frac{x-3}{2}+\sqrt{x}$$

이다. 물론 f와 g의 정의역에 주의해야 한다. $f+g$가 잘 정의되기 위해서는 $f+g$의 정의역을 f의 정의역과 g의 정의역의 공통부분으로 택해야 한다.

함수 $f-g$, $f\cdot g$ 그리고 $\dfrac{f}{g}$도 같은 방식으로 정의한다.

식	정의역
$(f+g)(x)=f(x)+g(x)=\dfrac{x-3}{2}+\sqrt{x}$	$[0,\infty)$
$(f-g)(x)=f(x)-g(x)=\dfrac{x-3}{2}-\sqrt{x}$	$[0,\infty)$
$(f\cdot g)(x)=f(x)\cdot g(x)=\dfrac{x-3}{2}\sqrt{x}$	$[0,\infty)$
$\left(\dfrac{f}{g}\right)(x)=\dfrac{f(x)}{g(x)}=\dfrac{x-3}{2\sqrt{x}}$	$(0,\infty)$

함수를 n제곱함으로써 새로운 함수를 얻을 수 있다. 함수 $(f)^n$은 x값에 대하여 $[f(x)]^n$을 대응시키는 함수이다. 따라서

$$(f)^2(x)=[f(x)]^2=\left[\frac{x-3}{2}\right]^2=\frac{x^2-6x+9}{4}$$

이고

$$(g)^3(x)=[g(x)]^3=(\sqrt{x})^3=x^{3/2}$$

이다.

예제 2.2.1 $F(x)=\sqrt[4]{x+1}$, $G(x)=\sqrt{9-x^2}$ 에서 $F+G$, $F-G$, $F\cdot G$, $\frac{F}{G}$ 및 $(F)^5$를 구하고 그 정의역을 구하라.

[풀이]

식	정의역
$(F+G)(x)=F(x)+G(x)=\sqrt[4]{x+1}+\sqrt{9-x^2}$	$[-1, 3]$
$(F-G)(x)=F(x)-G(x)=\sqrt[4]{x+1}-\sqrt{9-x^2}$	$[-1, 3]$
$(F\cdot G)(x)=F(x)\cdot G(x)=\sqrt[4]{x+1}\sqrt{9-x^2}$	$[-1, 3]$
$\left(\frac{F}{G}\right)(x)=\frac{F(x)}{G(x)}=\frac{\sqrt[4]{x+1}}{\sqrt{9-x^2}}$	$[-1, 3)$
$(F)^5(x)=[F(x)]^5=(\sqrt[4]{x+1})^5=(x+1)^{\frac{5}{4}}$	$[-1, \infty)$

■

합성함수

$f: X \to Y$ $g: Y \to Z$를 함수라 하자. 이때 x를 $g(f(x))$로 대응시키는 함수를 g와 f의 **합성함수**라 부르고 $g\circ f$로 나타낸다. 즉,

$$(g\circ f)(x)=g(f(x))$$

이다. 앞에서 언급한 $f(x)=\frac{x-3}{2}$와 $g(x)=\sqrt{x}$를 예로 들면 이 두 함수는 두 가지 방법으로 합성할 수 있다.

$$(g\circ f)(x)=g(f(x))=g\left(\frac{x-3}{2}\right)=\sqrt{\frac{x-3}{2}}$$

$$(f\circ g)(x)=f(g(x))=f(\sqrt{x})=\frac{\sqrt{x}-3}{2}$$

위 식에서 $f\circ g$와 $g\circ f$는 다르다는 것을 알 수 있다. 즉, 합성 연산은 교환법칙이 성립하지 않는다.

합성함수의 정의역을 정할 때 주의할 필요가 있다. $g\circ f$의 정의역은 f의 정의역의 일부이기 때문이다(즉, f의 정의역의 원소 중 $f(x)$의 값이 g의 정의역에 포함되게 하여야 한다). 위의 예에서 $g\circ f$의 정의역은 $[3,\infty)$이고 $f\circ g$의 정의역은

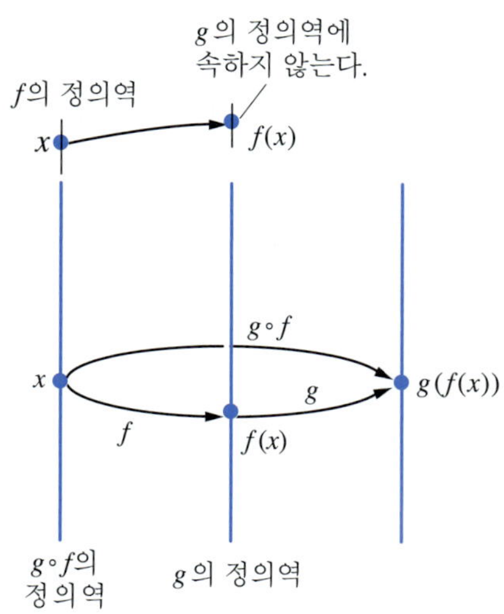

[그림 2.7]

$[0, \infty)$이다. 그림 2.7은 다른 관점에서 합성함수를 설명한 그림이다.

예제 2.2.2 $f(x) = \dfrac{6x}{x^2 - 9}$, $g(x) = \sqrt{3x}$ 라 하자. $(f \circ g)(12)$를 구하고, $(f \circ g)(x)$를 구한 후 정의역을 결정하라.

[풀이] $(f \circ g)(12) = f(g(12)) = f(\sqrt{36}) = f(6) = \dfrac{36}{27} = \dfrac{4}{3}$

$$(f \circ g)(x) = f(g(x)) = f(\sqrt{3x})$$

$$= \frac{6\sqrt{3x}}{(\sqrt{3x})^2 - 9} = \frac{6\sqrt{3x}}{3x-9} = \frac{2\sqrt{3x}}{x-3}$$

그러므로 $f \circ g$의 정의역은 $[0, 3) \cup (3, \infty)$이다. ■

미적분학에서는 주어진 함수를 여러 함수의 합성함수로 분해할 필요가 있다. 예를 들어 $p(x) = \sqrt{x^2 + 4}$ 이면

$$p(x) = g(f(x)),\ \text{여기서}\ g(x) = \sqrt{x}\ \ \text{그리고}\ f(x) = x^2 + 4$$

또는

$$p(x) = g(f(x)),\ \text{여기서}\ g(x) = \sqrt{x + 4}\ \ \text{그리고}\ f(x) = x^2$$

으로 쓸 수 있다.

예제 2.2.3 $p(x) = (x + 2)^5$를 $g \circ f$의 합성함수꼴로 고치라.

[풀이] $p(x) = g(f(x))$, $g(x) = x^5$이고 $f(x) = x + 2$ ■

함수의 종류

$f(x) = k$이고 k는 상수인 실수일 경우, 이 함수를 **상수함수**(constant function)라 부른다. 이 함수의 그래프는 수평선이다(그림 2.8). 함수 $f(x) = x$를 **항등함수**(identity function)라 부른다. 이 함수의 그래프는 원점을 지나고 기울기가 1인 직선이다(그림 2.9).

이 두 가지 간단한 함수를 토대로 하여 미적분학의 중요한 많은 함수들을 만들 수 있다.

상수함수와 항등함수를 더하고, 빼고, 곱하는 연산을 거쳐서 생기는 새로운 함수를 **다항식함수**(polynomial function)라 한다. 즉,

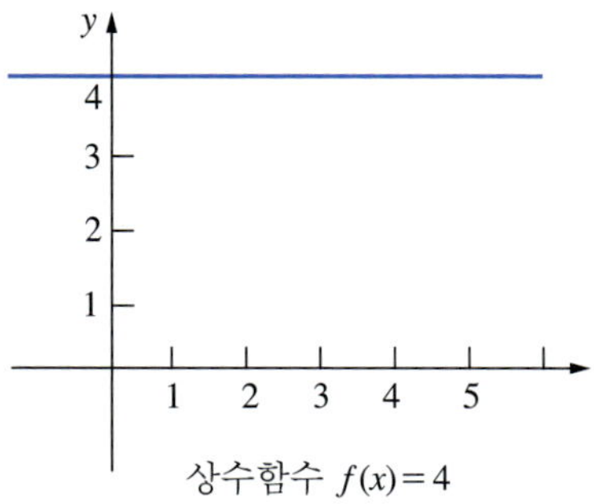

[그림 2.8]

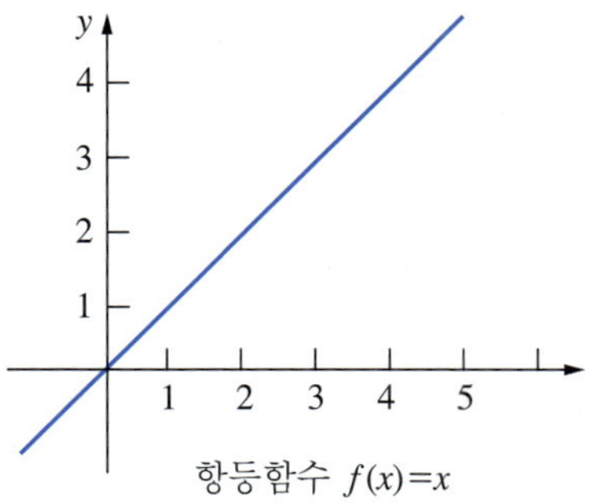

[그림 2.9]

$$f(x) = a_n x^n + a_{n-1} x^{n-1} + \cdots + a_1 x + a_0$$

(여기서 a_j는 실수($0 \le j \le n$)이고 n은 음이 아닌 정수)

이면 f는 다항식함수이다. 만일 $a_n \ne 0$이면 n을 이 함수의 **차수**(degree)라 부른다. 특히 $f(x) = ax + b$를 **1차함수** 또는 **선형함수**라고 하며 $f(x) = ax^2 + bx + c$를 **2차함수**(quadratic function)라 한다. 두 다항식함수의 분수꼴을 **유리함수**(rational function)라 부른다. 따라서

$$f(x) = \frac{a_n x^n + a_{n-1} x^{n-1} + \cdots + a_1 x + a_0}{b_m x^m + b_{m-1} x^{m-1} + \cdots + b_1 x + b_0}$$

꼴이면 f를 유리함수라 부른다.

대수함수(algebraic function)란 항등함수와 상수함수들에 대한 다섯 개의 연산, 즉 더하기, 빼기, 곱하기, 나누기 및 근의 연산을 거쳐서 생기는 함수를 말한다. 예를 들면

$$f(x) = 3x^{2/5} = 3\sqrt[5]{x^2}, \quad g(x) = \frac{(x+2)\sqrt{x}}{x^3 + \sqrt[3]{x^2 - 1}}$$

이다.

여기에 나열한 함수와 삼각함수, 역삼각함수, 지수함수, 로그함수 등(나중에 소개할 것이다)이 미적분학의 기본이 되는 함수이다.

연습문제 2.2

1. $f(x) = \dfrac{x}{x-1}$, $g(x) = \sqrt{1+x^2}$ 일 때 다음 값을 구하라(가능하다면).
   (1) $(f+g)(2)$ (2) $(f \cdot g)(0)$ (3) $\left(\dfrac{g}{f}\right)(3)$

(4) $(f \circ g)(0)$　　(5) $(f \circ g)(\sqrt{8})$　　(6) $(g \circ f)(0)$

2. $f(x) = x^3 + 2$, $g(x) = \dfrac{2}{x-1}$일 때 다음 함수를 찾고 정의역을 쓰라(예제 2.2.1, 2.2.2).

(1) $(f+g)(x)$　　(2) $\left(\dfrac{g}{f}\right)(x)$

(3) $(f \circ g)(x)$　　(4) $(g \circ f)(x)$

3. $f(x) = \sqrt{x-4}$, $g(x) = |x|$일 때 $(f \circ g)(x)$와 $(g \circ f)(x)$를 구하라.

4. $F = g \circ f$가 되는 f와 g를 구하라.

(1) $F(x) = \sqrt{x+7}$　　(2) $F(x) = (x^2 + x)^{15}$

5. $p(x) = \log\sqrt{x^2+1}$ 을 두 가지의 서로 다른 방법으로 3개의 함수로 된 합성함수로 나타내라.

6. $f(x) = \dfrac{x-3}{2}$와 $g(x) = \sqrt{x}$의 그래프를 같은 좌표평면에 그리고 그래프의 y좌표를 더해서 $f+g$의 그래프를 그리라.

7. 함수 $f(x) = \dfrac{|x|}{x}$의 그래프를 그리라.

8. 다음 각 함수의 짝함수, 홀함수 여부를 판정하라.

(1) 짝함수 2개의 합　　(2) 홀함수 2개의 합

(3) 짝함수 2개의 곱　　(4) 홀함수 2개의 곱

(5) 짝함수와 홀함수의 곱

9. 다음 함수를 각각 다항식함수(PF), 유리함수(RF), 그 외의 대수함수(AF)로 분류하라.

(1) $f(x) = 3x^{\frac{1}{2}} + 1$　　(2) $f(x) = 3$

(3) $f(x) = 3x^2 + 2x^{-1}$　　(4) $f(x) = \pi x^3 - 3\pi$

(5) $f(x) = \dfrac{1}{x+1}$　　(6) $f(x) = \dfrac{x+1}{\sqrt{x+3}}$

2.3 극한의 개요

극한(limit)은 미적분학을 수학의 다른 분야와 구분하는 중요한 개념이다. 미적분학을 "극한의 연구"라 하여도 지나침이 없다고 할 수 있다.

직관적 이해

$f(x)=\dfrac{x^3-1}{x-1}$인 함수를 생각하여 보자. $x=1$에서 $\dfrac{0}{0}$이 되므로 이 함수는 정의되지 않는다. 그러나 x가 1에 접근할 때 $f(x)$는 어떻게 되겠는가? 답을 얻기 위하여 세 가지 단계를 밟는다. 첫째 $x=1$ 근방에서 $f(x)$의 값을 몇 개 계산하고 둘째 이 값들로 도표를 만든 다음 마지막으로 $y=f(x)$의 그래프를 그린다(그림 2.10).

이와 같은 정보로부터 x가 1에 접근함에 따라 $f(x)$는 3에 접근한다는 결론을 얻는다. 이를 수학 기호로

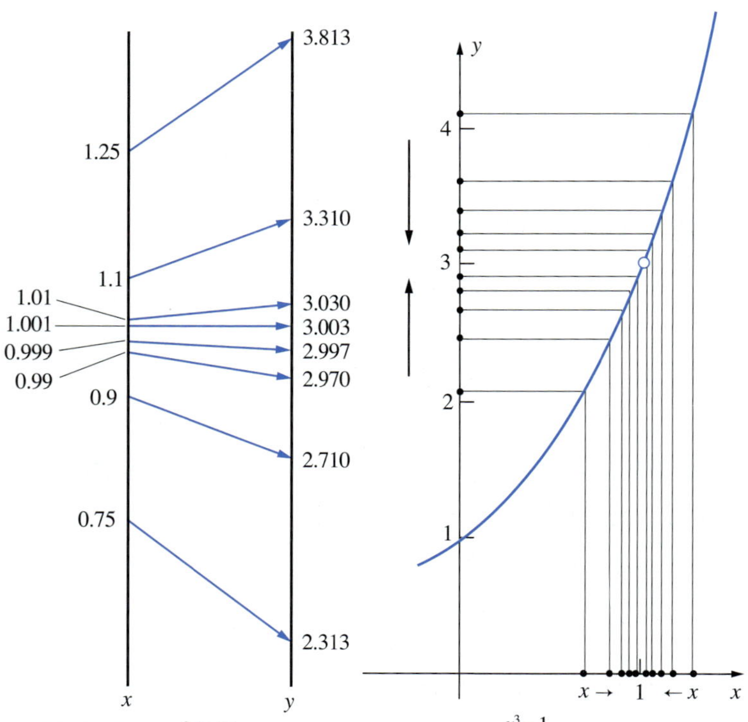

계통도

$y=\dfrac{x^3-1}{x-1}$의 그래프

값들의 표

x	$y=\dfrac{x^3-1}{x-1}$
1.25	3.813
1.1	3.310
1.01	3.030
1.001	3.003
↓	↓
1.000	?
↓	↑
0.999	2.997
0.99	2.970
0.9	2.710
0.75	2.313

[그림 2.10]

$$\lim_{x\to 1}\frac{x^3-1}{x-1}=3$$

으로 나타낸다. 그리고 x가 1에 접근할 때 $\frac{x^3-1}{x-1}$은 3으로 **수렴한다**고 한다. 또한 대수적인 계산을 해 보면

$$\begin{aligned}\lim_{x\to 1}\frac{x^3-1}{x-1}&=\lim_{x\to 1}\frac{(x-1)(x^2+x+1)}{x-1}\\&=\lim_{x\to 1}(x^2+x+1)=1^2+1+1=3\end{aligned}$$

이다. 여기서 $x\neq 1$이면 $\frac{x-1}{x-1}=1$이다.

극한이란 용어를 분명히 이해하기 위해 정의를 내려보자.

정의 극한의 직관적 의미

$\lim_{x\to c} f(x)=L$이란 x가 c에 가까이 접근할 때$(x\neq c)$, $f(x)$가 L에 접근함을 의미한다.

$x=c$인 점에서 아무것도 요구하고 있지 않음을 주의하자. 함수 f는 $x=c$에서 정의조차 되지 않아도 상관없다. 극한의 개념은 c 근방에서 함수의 행태와 관련된 것이지 c에서 이 함수의 행태와는 무관하다.

주의 깊은 독자는 "무엇이 근방이란 말인가"라고 의문을 제기할 것이다. 얼마나 가까운 것이 근방인가? 정확한 답은 다음 절까지 미루어 두고 다음 예제를 살펴보는 것이 도움이 될 것이다.

예제 2.3.1 $\lim_{x\to 3}(4x-5)$를 구하라.

[**풀이**] x가 3의 근방에 있으면 $4x-5$는 $4\cdot 3-5=7$ 근방에 있게 된다. 따라서

$$\lim_{x\to 3}(4x-5)=7$$

■

예제 2.3.2 $\lim_{x\to 3}\frac{x^2-x-6}{x-3}$을 구하라.

[**풀이**] $\frac{x^2-x-6}{x-3}$은 $x=3$에서 정의되지 않는다. 그러나 이것은 상관없다. x가 3에 접근할 때 무엇이 발생할 것인가를 알기 위해 계산기를 사용해서 $x=3.1, 3.01, 3.001$을 대입하여 계산할 수도 있지만, 대수적 계산을 하는 것이 더욱 좋다.

$$\lim_{x\to 3}\frac{x^2-x-6}{x-3}=\lim_{x\to 3}\frac{(x-3)(x+2)}{x-3}$$
$$=\lim_{x\to 3}(x+2)=3+2=5$$

두 번째 식에서 $(x-3)$을 소거해도 된다. 왜냐하면 극한의 정의에서 $x=3$은 제외되었기 때문이다. ■

예제 2.3.3 $\lim_{x\to 1}\frac{x-1}{\sqrt{x}-1}$을 구하라.

[풀이] $\lim_{x\to 1}\frac{x-1}{\sqrt{x}-1}=\lim_{x\to 1}\frac{(\sqrt{x}-1)(\sqrt{x}+1)}{\sqrt{x}-1}=\lim_{x\to 1}(\sqrt{x}+1)=\sqrt{1}+1=2$ ■

예제 2.3.4 $\lim_{x\to 0}\frac{\sin x}{x}$을 구하라.

[풀이] 계산기를 사용해 계산하면 이 값을 추정할 수 있다. 그러면

$$\lim_{x\to 0}\frac{\sin x}{x}=1$$

이다. 물론 이 결과에 대해서 의문을 갖게 되겠지만 3.4절에서 엄밀한 증명을 하게 될 것이다. ■

예제 2.3.5 (함수의 그래프가 점프하는 곳에서 극한이 존재하지 않는 경우)

$\lim_{x\to 2}[\![x]\!]$를 구하라.

[풀이] 2.1절에서 정의했듯이 $[\![x]\!]$는 x를 넘지 않는 최대의 정수인 점을 유의하라. $y=[\![x]\!]$의 그래프는 그림 2.11과 같다. 2보다는 작고 2의 근방에 있는 x에 대하여 $[\![x]\!]=1$이고 2보다 크고 2의 근방에 있는 x에 대하여 $[\![x]\!]=2$이다. x가 2의 근방에 있을 때 $[\![x]\!]$는 어떤 수 L의 근방에 있을 수 있을까? 어떤 수를 L로 택하든지 언제나 $[\![x]\!]$와 L의 차이가 적어도 $\frac{1}{2}$이 되게 하는 x를 2의 좌 또는 우 근방에서 찾아낼 수 있다. 즉, $\lim_{x\to 2}[\![x]\!]$는 존재하지 않는다. ■

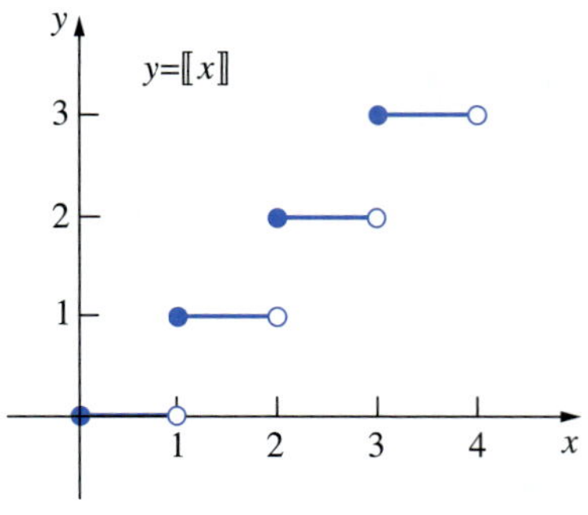

[그림 2.11]

예제 2.3.6 (무수히 많이 진동하는 함수) $\lim_{x \to 0} \sin \frac{1}{x}$를 구하라.

[풀이] 첫 번째 방법으로 0에 수렴하는 x의 수열을 택한 후에 계산기로 $\sin \frac{1}{x}$을 계산하면 $\sin \frac{1}{x}$의 값이 멋대로 변동할 것이다. 두 번째 방법으로는 $y = \sin \frac{1}{x}$의 그래프를 그리는 일이다. 그림 2.13을 보면 원점 근방에서 그래프는 -1과 1 사이를 오가며 무수히 진동하는 것을 알 수 있다. 확실히 $\sin \frac{1}{x}$은 x가 0에 접근할 때 어떤 고정된 수 L에 접근하지 않는 것을 알 수 있다. 즉, $\lim_{x \to 0} \sin \frac{1}{x}$은 존재하지 않는다. 물론 위의 두 방법은 엄밀한 증명은 아니다. 단지 어떻게 문제를 해결하느냐 하는 기초적인 방법을 제시한 것이다. ■

x	$\sin \frac{1}{x}$
$2/\pi$	1
$2/2\pi$	0
$2/3\pi$	-1
$2/4\pi$	0
$2/5\pi$	1
$2/6\pi$	0
$2/7\pi$	-1
$2/8\pi$	0
$2/9\pi$	1
$2/10\pi$	0
$2/11\pi$	-1
$2/12\pi$	0
↓	↓
0	?

[그림 2.12]

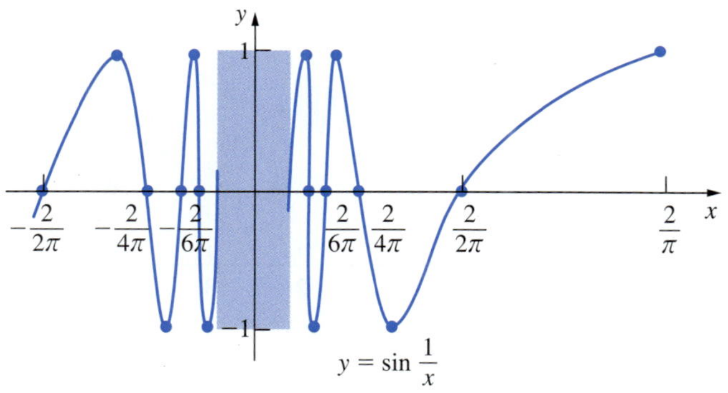

[그림 2.13]

좌극한과 우극한

점프를 하는 함수는 점프하는 점에서 극한이 존재하지 않는다. 이런 함수들의 경우 한쪽의 극한, 즉 좌극한 또는 우극한을 도입하여 그 함수들의 성질을 알 수 있다. 기호 $x \to c^+$는 x가 c의 오른쪽에서 c로 접근하는 것을, $x \to c^-$는 x가 c의 왼쪽에서 c로 접근하는 것을 의미한다.

정의 좌극한과 우극한

$\lim_{x \to c^-} f(x) = L$이란 x가 c의 왼쪽에서 c에 가까이 접근할 때 $f(x)$가 L에 접근함을 의미한다. 마찬가지로 $\lim_{x \to c^+} f(x) = L$이란 x가 c의 오른쪽에서 c에 가까이 접근할 때 $f(x)$가 L에 접근함을 의미한다.

따라서 $\lim_{x\to 2}[\![x]\!]$는 존재하지 않았지만 다음과 같은 표현은 타당하다.

$$\lim_{x\to 2^-}[\![x]\!]=1,\qquad \lim_{x\to 2^+}[\![x]\!]=2$$

직관적 의미의 극한의 정의와 위 정의로부터 다음 정리를 얻는다.

정리 2.3.1

$$\lim_{x\to c}f(x)=L \Leftrightarrow \lim_{x\to c^-}f(x)=L \text{ 그리고 } \lim_{x\to c^+}f(x)=L$$

그림 2.14는 위의 정리를 이해하는 데 도움이 될 것이다.

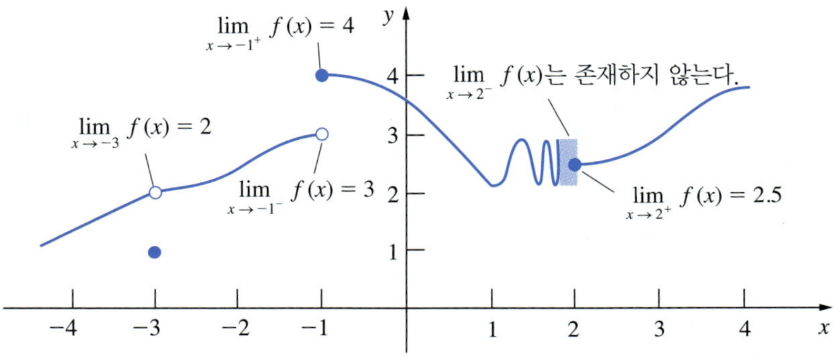

[그림 2.14]

연습문제 2.3

1. 다음 극한을 조사하라.

(1) $\lim_{x\to 3}(2x-8)$

(2) $\lim_{x\to -2}(x^2-3x+1)$

(3) $\lim_{x\to\sqrt{3}}\dfrac{\sqrt{12-x^2}}{x^4}$

(4) $\lim_{x\to 1}\dfrac{x^2+3x-4}{x-1}$

(5) $\lim_{x\to -3}\dfrac{2x^2+5x-3}{x+3}$

(6) $\lim_{x\to 9}\dfrac{x-9}{\sqrt{x}-3}$

(7) $\lim_{t\to 2}\dfrac{t^2-5t+6}{t^2-t-2}$

2. 함수 f의 그래프는 그림 2.15와 같다. 다음의 극한값 또는 함숫값이 존재하면 구하라.

(1) $\lim_{x \to -3} f(x)$ (2) $f(-3)$

(3) $f(-1)$ (4) $\lim_{x \to -1} f(x)$

(5) $f(1)$ (6) $\lim_{x \to 1} f(x)$

(7) $\lim_{x \to 1^-} f(x)$ (8) $\lim_{x \to 1^+} f(x)$

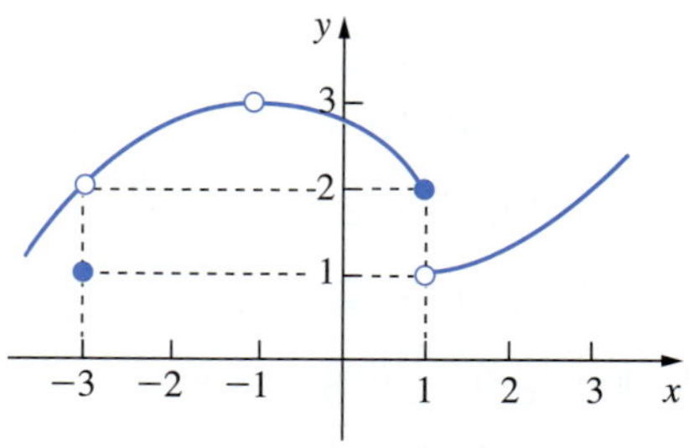

[그림 2.15]

3. 다음 함수의 그래프를 그리고 함숫값 또는 극한을 구하라.

$$f(x) = \begin{cases} x^2 & x \le 0 \text{ 일 때} \\ x & 0 < x < 1 \text{ 일 때} \\ 1 + x^2 & x \ge 1 \text{ 일 때} \end{cases}$$

(1) $\lim_{x \to 0} f(x)$ (2) $f(1)$

(3) $\lim_{x \to 1} f(x)$ (4) $\lim_{x \to 1^-} f(x)$

4. $f(x) = x - [\![x]\!]$의 그래프를 그리고 다음을 구하라.

(1) $f(0)$ (2) $\lim_{x \to 0} f(x)$

(3) $\lim_{x \to 0^-} f(x)$ (4) $\lim_{x \to 1/2} f(x)$

5. $\lim_{x \to 1} \dfrac{x^2 - 1}{|x - 1|}$를 구하라. 만약 존재하지 않으면 이유를 설명하라.

6. 함수 $f : \mathbb{R} \to \mathbb{R}$를

$$f(x) = \begin{cases} x & x\text{가 유리수일 때} \\ -x & x\text{가 무리수일 때} \end{cases}$$

로 정의할 때 다음을 구하라.

(1) $\lim_{x \to 1} f(x)$ (2) $\lim_{x \to 0} f(x)$

2.4 극한의 엄밀한 연구

모든 학문이 그러하듯이 수학을 공부하려면 의문점을 많이 가져야 한다. 만약 어떤 사실이 참이라 하여도 이에 대한 반응이 "그것을 증명하여 보시오"라면, 이것은 수학을 배우는 올바른 태도일 것이다. 그런데, 어떤 것을 증명하기 위해서는 사용되는 용어의 의미에 대한 명확한 이해가 필요하다. 특히 "극한"에 대해서도 똑같이 말할 수 있는데 미적분학은 이 극한 개념에 기초를 두고 있기 때문이다.

극한의 정확한 정의

우선 임의의 양수를 나타내는 그리스 문자 ε(입실론)과 δ(델타)를 이용하는 전통적인 방법을 사용하겠다.

$f(x)$와 L의 차이가 ε보다 작음을

$$|f(x)-L|<\varepsilon$$

와 같이 나타낸다. 이것은

$$L-\varepsilon<f(x)<L+\varepsilon \quad \text{또는} \quad f(x)\in(L-\varepsilon,\ L+\varepsilon)$$

을 의미한다. 구간 $(L-\varepsilon,\ L+\varepsilon)$을 **$L$의 ε-근방**이라 한다(그림 2.16).

다음에 x가 c의 δ-근방에 있지만 $x\neq c$인 것은

$$0<|x-c|<\delta$$

로 나타낸다. 이 때에는 $x\in(c-\delta,\ c)\cup(c,\ c+\delta)$이다(그림 2.17).

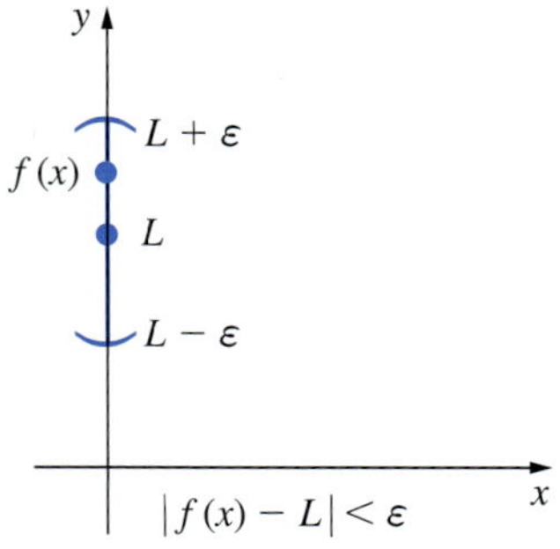

[그림 2.16]

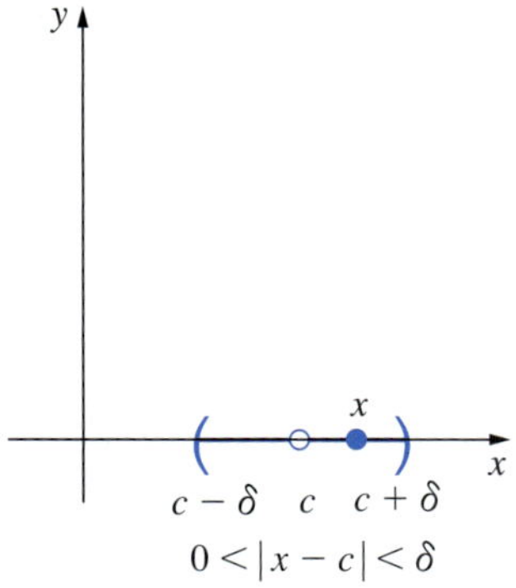

[그림 2.17]

정의 극한의 정확한 의미

$\lim_{x \to c} f(x) = L$이라 함은 임의의 $\varepsilon > 0$(얼마나 작은가에는 무관하다)에 대하여 이것에 대응되는 $\delta > 0$가 존재하여 $0 < |x-c| < \delta$인 모든 x에 대하여 $|f(x) - L| < \varepsilon$을 만족시킨다. 즉,

$$0 < |x-c| < \delta \Rightarrow |f(x) - L| < \varepsilon$$

이 성립한다.

다음 그림 2.18은 이 개념을 파악하는 데 도움이 될 것이다.

여기서 주의할 점은 임의의 $\varepsilon > 0$에 대하여(어떤 특정한 몇 개의 $\varepsilon > 0$이 아니다) 위 조건을 만족시키는 $\delta > 0$을 찾아야 하므로 어떤 특별한 $\varepsilon > 0$에 대하여 δ를 찾았다 하여 극한을 증명하였다고 볼 수 없다. 물론 δ는 ε의 값에 따라 변하는 변수이다.

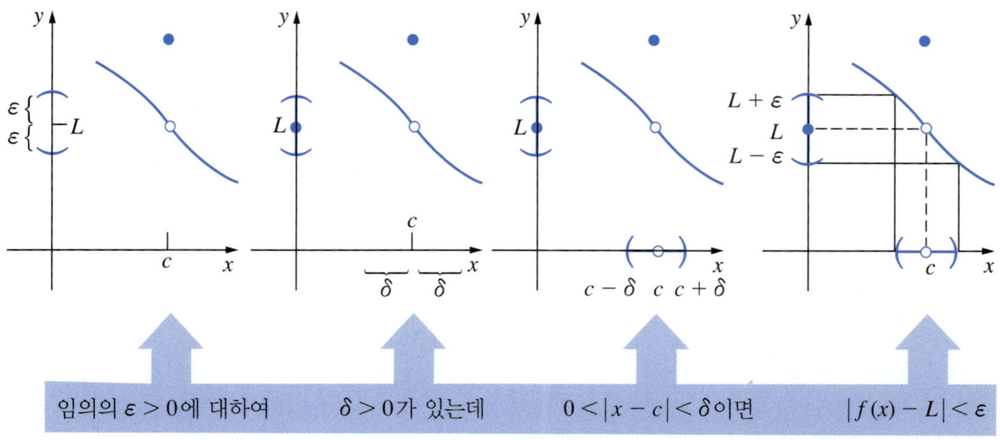

[그림 2.18]

몇 가지 극한의 증명

다음 예제들에서 극한의 증명을 위하여 예비분석을 먼저 소개할 것이다. 이것은 증명의 한 부분이 아니고 단지 독자의 이해를 돕기 위한 방편이다. 물론 극한 증명에 익숙해지면 생략될 부분이다.

예제 2.4.1 $\lim_{x \to 4} (3x - 7) = 5$임을 증명하라.

[예비분석] ε을 주어진 양수라 하자.

$$0 < |x-4| < \delta \Rightarrow |(3x-7) - 5| < \varepsilon$$

인 δ를 찾아야 한다. 오른쪽 부등식에서

$$|(3x-7)-5|<\varepsilon \Leftrightarrow |3x-12|<\varepsilon \Leftrightarrow |3||x-4|<\varepsilon \Leftrightarrow |x-4|<\frac{\varepsilon}{3}$$

이제 어떻게 δ를 선택하는지 알 수 있을 것이다. 즉, $\delta=\frac{\varepsilon}{3}$이면 된다. 물론 δ가 이보다 더 작을 경우도 성립된다(그림 2.19).

[증명] ε을 임의의 양수라 하자. $\delta=\frac{\varepsilon}{3}$이라 하면 $0<|x-4|<\delta$ 인 x에 대하여

$$|(3x-7)-5|=|3x-12|=3|x-4|<3\delta=\varepsilon$$

이므로 증명이 끝난다. ■

예제 2.4.2 $\lim_{x\to 2}\frac{2x^2-3x-2}{x-2}=5$임을 증명하라.

[예비분석] 주어진 양수 ε에 대하여

$$0<|x-2|<\delta \Rightarrow \left|\frac{2x^2-3x-2}{x-2}-5\right|<\varepsilon$$

인 δ를 찾아야 한다. $x\neq 2$인 x에 대하여

$$\left|\frac{2x^2-3x-2}{x-2}-5\right|<\varepsilon \Leftrightarrow \left|\frac{(2x+1)(x-2)}{x-2}-5\right|<\varepsilon$$

$$\Leftrightarrow |(2x+1)-5|<\varepsilon$$

$$\Leftrightarrow |2(x-2)|<\varepsilon$$

$$\Leftrightarrow |2||x-2|<\varepsilon$$

$$\Leftrightarrow |x-2|<\frac{\varepsilon}{2}$$

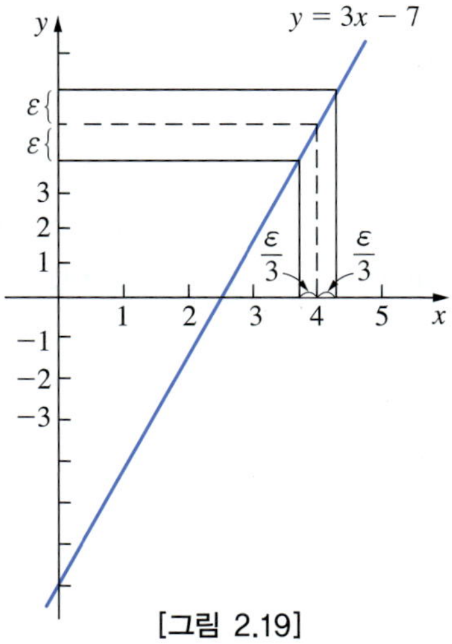

[그림 2.19]

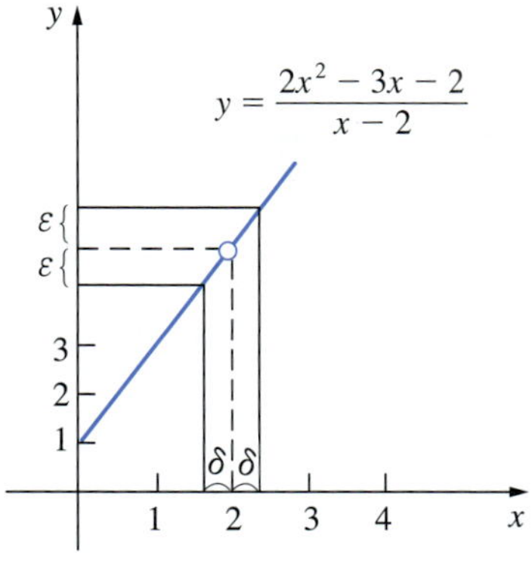

[그림 2.20]

이것으로부터 $\delta = \dfrac{\varepsilon}{2}$이면 된다는 것을 알 수 있다(그림 2.20).

[증명] $\varepsilon > 0$을 임의의 양수라 하자. $\delta = \dfrac{\varepsilon}{2}$이라 하면 $0 < |x-2| < \delta$인 x에 대하여

$$\left|\frac{2x^2-3x-2}{x-2} - 5\right| = \left|\frac{(2x+1)(x-2)}{(x-2)} - 5\right| = |2x+1-5|$$
$$= 2|x-2| < 2\delta = \varepsilon$$

이다. 여기서 $|x-2| > 0$이므로 두 번째 식에서 $x-2$로 약분할 수 있다. ■

예제 2.4.3 $\lim\limits_{x \to c}(mx+b) = mc+b$임을 증명하라.

[예비분석] 주어진 양수 ε에 대하여

$$0 < |x-c| < \delta \Rightarrow |(mx+b)-(mc+b)| < \varepsilon$$

인 δ를 찾아야 한다.

$$|(mx+b)-(mc+b)| = |mx-mc| = |m(x-c)| = |m||x-c| < \varepsilon$$

이므로 $\delta = \dfrac{\varepsilon}{|m|}$이 될 것이다$(m \neq 0)$.

[증명] $\varepsilon > 0$을 임의의 양수라 하자. $m \neq 0$이면 $\delta = \dfrac{\varepsilon}{|m|}$이라 할 때 $0 < |x-c| < \delta$인 x에 대하여

$$|(mx+b)-(mc+b)| = |mx-mc|$$
$$= |m||x-c| < |m|\delta = \varepsilon$$

이다. $m = 0$이면 어떤 x에 대해서도

$$|0x+b-0c-b| = |b-b| = |0| = 0 < \varepsilon$$

이므로 증명이 끝난다. ■

예제 2.4.4 $c > 0$일 때 $\lim\limits_{x \to c}\sqrt{x} = \sqrt{c}$임을 증명하라.

[예비분석] 주어진 양수 ε에 대하여

$$0 < |x-c| < \delta \Rightarrow \left|\sqrt{x} - \sqrt{c}\right| < \varepsilon$$

인 δ를 찾아야 한다.

$$|\sqrt{x} - \sqrt{c}| = \left|\frac{(\sqrt{x}-\sqrt{c})(\sqrt{x}+\sqrt{c})}{\sqrt{x}+\sqrt{c}}\right|$$
$$= \left|\frac{x-c}{\sqrt{x}+\sqrt{c}}\right| = \frac{|x-c|}{\sqrt{x}+\sqrt{c}} \leq \frac{|x-c|}{\sqrt{c}}$$

여기서 $\dfrac{|x-c|}{\sqrt{c}}<\varepsilon$이면, 즉 $|x-c|<\varepsilon\sqrt{c}$ 이면 원하는 부등식이 성립한다(그림 2.21). 그런데 $x<0$이면 $\sqrt{x}$가 정의되지 않으므로 $|x-c|<c$이어야 한다.

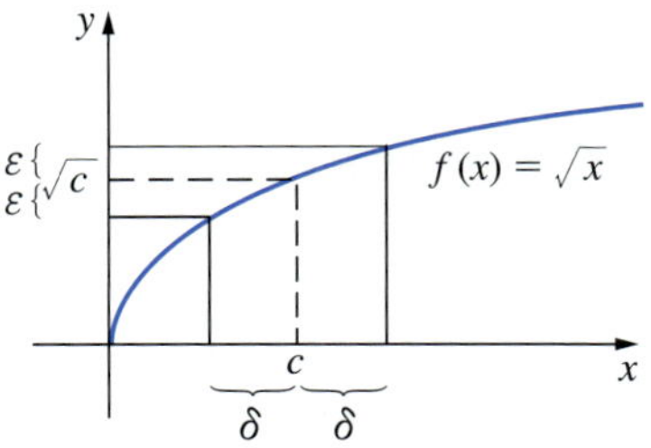

[그림 2.21]

[증명] $\varepsilon>0$을 임의의 양수라 하자. $\delta=\min\{\varepsilon\sqrt{c}, c\}$로 즉, δ를 $\varepsilon\sqrt{c}$와 c중 작은 것으로 택하면 $0<|x-c|<\delta$인 모든 x에 대하여

$$|\sqrt{x}-\sqrt{c}|=\left|\frac{(\sqrt{x}-\sqrt{c})(\sqrt{x}+\sqrt{c})}{\sqrt{x}+\sqrt{c}}\right|=\left|\frac{x-c}{\sqrt{x}+\sqrt{c}}\right|$$

$$=\frac{|x-c|}{\sqrt{x}+\sqrt{c}}\le\frac{|x-c|}{\sqrt{c}}<\frac{\delta}{\sqrt{c}}\le\varepsilon$$ ■

예제 2.4.5 $\lim_{x\to 3}(x^2+x-5)=7$임을 증명하라.

[예비분석] 주어진 양수 ε에 대하여

$$0<|x-3|<\delta \Rightarrow |(x^2+x-5)-7|<\varepsilon$$

인 δ를 찾아야 한다. 여기서

$$|(x^2+x-5)-7|=|x^2+x-12|=|x+4||x-3|$$

이다. $|x-3|$을 작게 하기 위해서는 $|x+4|$의 크기의 한계를 필요로 한다. 우선 $\delta\le 1$이 되게 하자. 그러면

$$|x+4|=|x-3+7|\le|x-3|+|7|\le 1+7=8$$

따라서 $\delta\le\dfrac{\varepsilon}{8}$이기도 하면 $|x+4||x-3|<\varepsilon$이다.

[증명] $\varepsilon>0$을 임의의 양수라 하자. $\delta=\min\left\{1, \dfrac{\varepsilon}{8}\right\}$으로 택하자. 그러면

$$0<|x-3|<\delta \Rightarrow |(x^2+x-5)-7|=|x^2+x-12|$$

$$=|x+4||x-3|<8\cdot\frac{\varepsilon}{8}=\varepsilon$$ ■

예제 2.4.6 $c\neq 0$일 때 $\lim_{x\to c}\dfrac{1}{x}=\dfrac{1}{c}$임을 증명하라.

[예비분석] 주어진 양수 ε에 대하여 $0<|x-c|<\delta \Rightarrow \left|\dfrac{1}{x}-\dfrac{1}{c}\right|<\varepsilon$인 δ를 찾아야 한다.

$$\left|\frac{1}{x}-\frac{1}{c}\right|=\left|\frac{c-x}{xc}\right|=\frac{1}{|x|}\cdot\frac{1}{|c|}\cdot|x-c|$$

이다. 여기서 $\frac{1}{|x|}$이 문제가 된다(특히 x가 0 가까이 있을 때). 그런데

$$|c|=|c-x+x|\le|c-x|+|x| \text{ 즉, } |x|\ge|c|-|x-c|$$

이므로 $0<|x-c|<\frac{|c|}{2}$이면

$$|x|>\frac{|c|}{2}$$

또는

$$\frac{1}{|x|}<\frac{2}{|c|}$$

이다. 따라서 δ가 $\delta\le\frac{|c|}{2}$와 $\delta\le\frac{\varepsilon c^2}{2}$을 모두 만족하면

$$0<|x-c|<\delta \text{인 모든 } x\text{에 대해서 } \frac{1}{|x|}\cdot\frac{1}{|c|}\cdot|x-c|<\frac{2}{|c|}\cdot\frac{1}{|c|}\cdot\frac{\varepsilon c^2}{2}=\varepsilon$$

[증명] $\varepsilon>0$을 임의의 양수라 하자. $\delta=\min\left\{\frac{|c|}{2},\frac{\varepsilon c^2}{2}\right\}$으로 택하자.

그러면 $0<|x-c|<\delta$인 x에 대해서

$$\left|\frac{1}{x}-\frac{1}{c}\right|=\left|\frac{c-x}{xc}\right|=\frac{1}{|x|}\cdot\frac{1}{|c|}\cdot|x-c|<\frac{2}{|c|}\cdot\frac{1}{|c|}\cdot\frac{\varepsilon c^2}{2}=\varepsilon$$ ■

한쪽 극한

다음은 우극한에 대한 $\varepsilon-\delta$ 방법의 정의이다.

정의

$\lim_{x\to c^+} f(x)=L$이란 임의의 $\varepsilon>0$에 대하여 $\delta>0$가 존재하여

$$0<x-c<\delta \Rightarrow |f(x)-L|<\varepsilon$$

을 만족한다.

좌극한에 대한 $\varepsilon-\delta$ 방법의 정의는 독자에게 맡긴다.

연습문제 2.4

1. $\varepsilon-\delta$ 방법으로 정의하라.

(1) $\lim_{t\to a} f(t) = M$　　(2) $\lim_{z\to d} h(z) = P$

(3) $\lim_{x\to c^-} f(x) = L$

2. $\varepsilon-\delta$ 정의를 이용하여 다음 극한을 증명하라.

(1) $\lim_{x\to 3} (5x-11) = 4$　　(2) $\lim_{x\to 5} \dfrac{x^2-25}{x-5} = 10$

(3) $\lim_{x\to -1} \dfrac{2x^2-x-3}{x+1} = -5$　　(4) $\lim_{x\to 2} \sqrt{2x} = 2$

(5) $\lim_{x\to 1} \dfrac{2x^3+3x^2-2x-3}{x^2-1} = 5$

(6) $\lim_{x\to 3} (x^2-2x) = 3$

3. $\lim_{x\to c} f(x) = L$이고 $\lim_{x\to c} f(x) = M$이면 $L = M$임을 증명하라.

4. $\lim_{x\to 0} x^4 \sin^2 \dfrac{1}{x} = 0$임을 증명하라.

5. 좌우극한을 이용하여 $\lim_{x\to 0} |x| = 0$임을 증명하라.

2.5 극한 정리

대부분 독자들은 $\varepsilon-\delta$ 정의를 사용하여 극한이 존재한다는 것을 증명하는 것이 어렵고 지루한 일이라는 데 동의할 것이다. 이 절에서는 이런 수고를 덜기 위한 방편이 되는 중요한 정리들을 소개하려 한다. 대부분 극한에 관한 문제는 이 정리들을 사용하여 증명할 수 있다.

○ 정리 2.5.1 극한의 주요 정리

n은 양의 정수, k는 상수 그리고 f와 g는 c에서 극한값이 존재하는 함수라 하자. 그러면

1. $\lim_{x \to c} k = k$
2. $\lim_{x \to c} x = c$
3. $\lim_{x \to c} kf(x) = k \lim_{x \to c} f(x)$
4. $\lim_{x \to c} [f(x) + g(x)] = \lim_{x \to c} f(x) + \lim_{x \to c} g(x)$
5. $\lim_{x \to c} [f(x) - g(x)] = \lim_{x \to c} f(x) - \lim_{x \to c} g(x)$
6. $\lim_{x \to c} [f(x) \cdot g(x)] = [\lim_{x \to c} f(x)] \cdot [\lim_{x \to c} g(x)]$
7. $\lim_{x \to c} \dfrac{f(x)}{g(x)} = \dfrac{\lim_{x \to c} f(x)}{\lim_{x \to c} g(x)}$, $\lim_{x \to c} g(x) \neq 0$
8. $\lim_{x \to c} [f(x)]^n = [\lim_{x \to c} f(x)]^n$
9. $\lim_{x \to c} \sqrt[n]{f(x)} = \sqrt[n]{\lim_{x \to c} f(x)}$, $n = 2m$이면 $\lim_{x \to c} f(x) > 0$

정리 2.5.1의 증명은 이 절 마지막 부분으로 미루고, 여기서는 어떻게 이 정리들을 사용하는지 설명하겠다.

극한의 주요 정리의 응용

다음 풀이에서 원 속의 숫자는 정리 2.5.1의 번호를 의미하며 각 등식은 그 번호의 내용에 의하여 성립한다는 것을 의미한다.

예제 2.5.1 $\lim_{x \to 3} 2x^4$을 구하라.

[풀이]

$$\lim_{x \to 3} 2x^4 \overset{③}{=} 2 \lim_{x \to 3} x^4 \overset{⑧}{=} 2[\lim_{x \to 3} x]^4 \overset{②}{=} 2[3]^4 = 162$$ ■

예제 2.5.2 $\lim_{x \to 4} (3x^2 - 2x)$을 구하라.

[풀이]

$$\lim_{x\to4}(3x^2-2x) \overset{⑤}{=} \lim_{x\to4}3x^2-\lim_{x\to4}2x \overset{③}{=} 3\lim_{x\to4}x^2-2\lim_{x\to4}x$$

$$\overset{⑧}{=} 3(\lim_{x\to4}x)^2-2\lim_{x\to4}x \overset{②}{=} 3(4)^2-2(4)$$

$$=40$$

■

예제 2.5.3 $\lim_{x\to4}\frac{\sqrt{x^2+9}}{x}$ 을 구하라.

[풀이]

$$\lim_{x\to4}\frac{\sqrt{x^2+9}}{x} \overset{⑦}{=} \frac{\lim_{x\to4}\sqrt{x^2+9}}{\lim_{x\to4}x} \overset{⑨,②}{=} \frac{\sqrt{\lim_{x\to4}(x^2+9)}}{4}$$

$$\overset{④}{=} \frac{1}{4}\sqrt{\lim_{x\to4}x^2+\lim_{x\to4}9} \overset{⑧①}{=} \frac{1}{4}\sqrt{[\lim_{x\to4}x]^2+9} \overset{②}{=} \frac{1}{4}\sqrt{4^2+9} = \frac{5}{4}$$

■

예제 2.5.4 $\lim_{x\to3}f(x)=4$이고 $\lim_{x\to3}g(x)=8$이면 $\lim_{x\to3}\left[(f)^2(x)\cdot\sqrt[3]{g(x)}\right]$은 무엇인가?

[풀이]

$$\lim_{x\to3}[(f)^2(x)\cdot\sqrt[3]{g(x)}] \overset{⑥}{=} \lim_{x\to3}(f)^2(x)\cdot\lim_{x\to3}\sqrt[3]{g(x)} \overset{⑧⑨}{=} [\lim_{x\to3}f(x)]^2\cdot\sqrt[3]{\lim_{x\to3}g(x)}$$

$$=[4]^2\cdot\sqrt[3]{8}=32$$

■

다항식함수는 다음과 같음을 상기하자. 즉,

$$f(x)=a_nx^n+a_{n-1}x^{n-1}+\cdots+a_1x+a_0$$

한편, 유리함수는 두 다항식함수의 분수꼴인 함수이다. 즉,

$$f(x)=\frac{a_nx^n+a_{n-1}x^{n-1}+\cdots+a_1x+a_0}{b_mx^m+b_{m-1}x^{m-1}+\cdots+b_1x+b_0}$$

정리 2.5.2 치환 정리

f가 다항식함수 또는 유리함수이면

$$\lim_{x \to c} f(x) = f(c)$$

이다. 유리함수의 경우 분모함수는 $x = c$에서 0이 아니다.

정리 2.5.2는 정리 2.5.1을 여러 번 적용하여 증명된다. 그러므로 다항식이나 유리함수는 정리 2.5.1에 의하여 x대신 c를 대입하여 극한을 구할 수 있다.

예제 2.5.5 $\lim_{x \to 2} \dfrac{7x^5 - 10x^4 - 13x + 6}{3x^2 - 6x - 8}$을 구하라.

[풀이] $$\lim_{x \to 2} \frac{7x^5 - 10x^4 - 13x + 6}{3x^2 - 6x - 8} = \frac{7(2)^5 - 10(2)^4 - 13(2) + 6}{3(2)^2 - 6(2) - 8} = -\frac{11}{2}$$ ■

예제 2.5.6 $\lim_{x \to 1} \dfrac{x^3 + 3x + 7}{x^2 - 2x + 1}$을 구하라.

[풀이] 분모의 극한은 0이 되므로 정리 2.5.2나 정리 2.5.1의 7을 적용할 수 없다. 그러나 분자의 극한이 11이므로 x가 1 근방에 있으면 11에 가까운 수를 0에 가까운 양수로 나눈다는 것을 알 수 있다. x를 1 가까이 접근시키면 얼마든지 큰 양수가 된다. 즉, 극한이 존재하지 않는다. ■

예제 2.5.7 $\lim_{t \to 2} \dfrac{t^2 + 3t - 10}{t^2 + t - 6}$을 구하라.

[풀이] 역시 정리 2.5.2를 적용할 수 없다. 그러나 분수는 $t = 2$에서 $\frac{0}{0}$인 꼴을 취하므로, 이 경우 대수적인 계산을 통해 정리 2.5.1을 적용할 수 있도록 변형한다. 즉,

$$\lim_{t \to 2} \frac{t^2 + 3t - 10}{t^2 + t - 6} = \lim_{t \to 2} \frac{(t-2)(t+5)}{(t-2)(t+3)} = \lim_{t \to 2} \frac{t+5}{t+3} = \frac{7}{5}$$ ■

정리 2.5.1 의 증명

정리 2.5.1 중 어떤 것은 증명이 이 책의 범위를 벗어나므로 여기서는 1~5까지만 증명한다.

| 1, 2의 증명 |

1, 2는 $\lim_{x \to c}(mx+b) = mc+b$(2.4절의 예제 2.4.3)에서 각각 $m=0$일 때와 $m=1$, $b=0$인 경우이다.

| 3의 증명 |

만약 $k=0$이면 결과는 자명하다. 따라서 $k \neq 0$이라고 가정하자. ε을 임의의 양수라 하자. 가정에 의하여 $\lim_{x \to c} f(x)$가 존재한다. 이것을 L이라 하자. 극한의 정의에 의하여 $\delta > 0$가 존재하여

$$0 < |x-c| < \delta \Rightarrow |f(x)-L| < \frac{\varepsilon}{|k|}$$

이 된다. 실제로 여기서 $\delta > 0$는 $\varepsilon' = \dfrac{\varepsilon}{|k|} > 0$인 ε'에 대하여 선택된 것이다. 이 $\delta > 0$를 택하여 $0 < |x-c| < \delta$이면

$$|kf(x)-kL| = |k||f(x)-L| < |k|\frac{\varepsilon}{|k|} = \varepsilon$$

그러므로

$$\lim_{x \to c} kf(x) = kL = k\lim_{x \to c} f(x)$$

| 4의 증명 |

$\lim_{x \to c} f(x) = L$ 그리고 $\lim_{x \to c} g(x) = M$이라 하자. ε이 임의의 양수일 때 $\dfrac{\varepsilon}{2}$도 양수가 된다. 따라서 $\delta_1 > 0$이 존재하여

$$0 < |x-c| < \delta_1 \Rightarrow |f(x)-L| < \frac{\varepsilon}{2}$$

이 되고 $\delta_2 > 0$이 존재하여

$$0 < |x-c| < \delta_2 \Rightarrow |g(x)-M| < \frac{\varepsilon}{2}$$

이 된다. $\delta = \min\{\delta_1, \delta_2\}$를 택하면 $0 < |x-c| < \delta$인 x에 대하여

$$\begin{aligned} |f(x)+g(x)-(L+M)| &= |[f(x)-L]+[g(x)-M]| \\ &\leq |f(x)-L| + |g(x)-M| \\ &< \frac{\varepsilon}{2} + \frac{\varepsilon}{2} = \varepsilon \end{aligned}$$

여기서 첫 번째 부등식은 삼각부등식이고, 두 번째 부등식은 δ의 선택으로부터 성립하는 것을 알 수 있다. 따라서

$$0<|x-c|<\delta \Rightarrow |f(x)+g(x)-(L+M)|<\varepsilon$$

이므로

$$\lim_{x\to c}[f(x)+g(x)]=L+M=\lim_{x\to c} f(x)+\lim_{x\to c} g(x)$$

| 5의 증명 |

$$\begin{aligned}\lim_{x\to c}[f(x)-g(x)] &= \lim_{x\to c}[f(x)+(-1)g(x)]\\ &= \lim_{x\to c} f(x)+\lim_{x\to c}(-1)g(x)\\ &= \lim_{x\to c} f(x)+(-1)\lim_{x\to c} g(x)\\ &= \lim_{x\to c} f(x)-\lim_{x\to c} g(x)\end{aligned}$$

■

이 절의 마지막 정리로 **짜내기 정리**(squeeze theorem)를 소개한다.

정리 2.5.3 짜내기 정리

f, g 및 h가 c 근방의 x에 대하여 $f(x)\le g(x)\le h(x)$를 만족한다고 하자$(x\neq c)$. 만약 $\lim_{x\to c} f(x)=\lim_{x\to c} h(x)=L$이면 $\lim_{x\to c} g(x)=L$이다.

[증명] ε을 임의의 양수라 하자. 그러면 $\delta_1>0$이 존재하여

$$0<|x-c|<\delta_1 \Rightarrow L-\varepsilon<f(x)<L+\varepsilon$$

이고 $\delta_2>0$가 존재하여

$$0<|x-c|<\delta_2 \Rightarrow L-\varepsilon<h(x)<L+\varepsilon$$

이다. 또한 적당한 $\delta_3>0$이 존재하여

$$0<|x-c|<\delta_3 \Rightarrow f(x)\le g(x)\le h(x)$$

이다. 여기서 $\delta=\min\{\delta_1, \delta_2, \delta_3\}$라 하면

$$0<|x-c|<\delta \Rightarrow L-\varepsilon<f(x)\le g(x)\le h(x)<L+\varepsilon$$

이다. 따라서 $\lim_{x\to c} g(x)=L$이다. ■

예제 2.5.8 $1-\dfrac{x^2}{6}\le\dfrac{\sin x}{x}\le 1$은 0 근방의 0이 아닌 x에 대해서 성립된다는 것이 알려져

있다. 이것으로 어떤 결론을 얻을 것인가?

[풀이] $f(x)=1-\frac{x^2}{6}$, $g(x)=\frac{\sin x}{x}$ 그리고 $h(x)=1$로 놓자. 그러면 $\lim_{x\to 0} f(x)=\lim_{x\to 0} h(x)=1$이므로 정리 2.5.3에 의하여 $\lim_{x\to 0}\frac{\sin x}{x}=1$ ■

예제 2.5.9 $\lim_{x\to 0} x\sin\frac{1}{x}=0$임을 증명하라.

[증명]

$$\left|x\sin\frac{1}{x}\right|=|x|\left|\sin\frac{1}{x}\right|\le|x|$$

이므로

$$-|x|\le x\sin\frac{1}{x}\le|x|$$

이다(그림 2.22). 그리고

$$\lim_{x\to 0}(-|x|)=\lim_{x\to 0}|x|=0$$

이므로, 짜내기 정리에 의하여

$$\lim_{x\to 0} x\sin\frac{1}{x}=0$$

이다. ■

끝으로 이 절의 모든 정리는 좌우극한에 대해서도 성립한다는 것을 밝혀둔다.

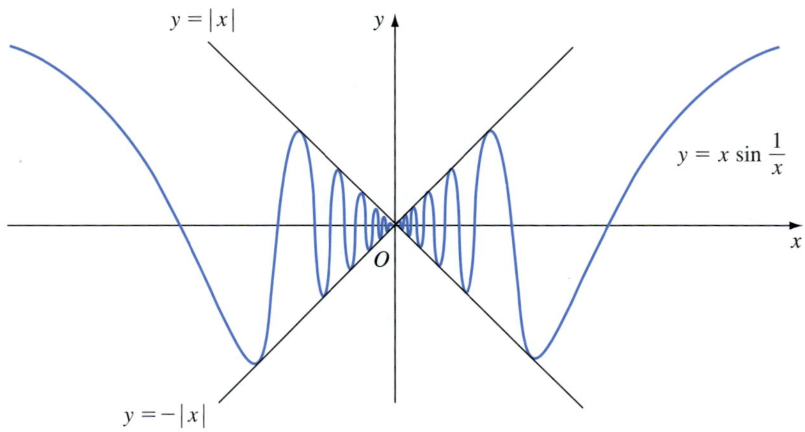

[그림 2.22]

연습문제 2.5

1. 정리 2.5.1을 사용하여 다음 함수들의 극한을 구하고 예제 2.5.1~2.5.5와 같이 설명하라.

(1) $\lim_{x\to 3}(7x-4)$

(2) $\lim_{x\to 2}(x^2+1)(3x-1)$

(3) $\lim_{x\to 4}\dfrac{2x}{3x^3-16}$

(4) $\lim_{x\to 3}\sqrt{3x-5}$

(5) $\lim_{t\to -2}(2t^3+15)^{13}$

(6) $\lim_{y\to 2}\left(\dfrac{4y^3+8y}{y+4}\right)^{\frac{1}{3}}$

2. 다음 극한의 존재 여부를 조사하고 존재하면 그 값을 구하라.

(1) $\lim_{x\to 3}\dfrac{x^4-x^3-2x^2+1}{3x^2-5x+7}$

(2) $\lim_{x\to 4}\dfrac{x^2+2x-24}{x-4}$

(3) $\lim_{x\to -1}\dfrac{x^2+7x+6}{x^2-4x-5}$

(4) $\lim_{t\to -1}\dfrac{t^2+7t+7}{t^2-4t-5}$

(5) $\lim_{y\to 1}\dfrac{(y-1)(y^2+2y-3)}{y^2-2y+1}$

3. $\lim_{x\to a}f(x)=3$, $\lim_{x\to a}g(x)=-1$일 때 다음을 구하라.

(1) $\lim_{x\to a}\sqrt{[f(x)]^2+[g(x)]^2}$

(2) $\lim_{x\to a}\sqrt[3]{g(x)}\,[f(x)+3]$

(3) $\lim_{t\to a}[f(t)+(t-a)g(t)]$

4. $f(x)=5x^2$ 일 때 $\lim_{x\to 2}\dfrac{f(x)-f(2)}{x-2}$을 구하라.

5. $f(x)=\dfrac{1}{x}$일 때 $\lim_{x\to 2}\dfrac{f(x)-f(2)}{x-2}$을 구하라.

6. 정리 2.5.1의 6을 증명하라.

[힌트] $|f(x)g(x)-LM|=|f(x)g(x)-Lg(x)+Lg(x)-LM|$

$$\le |g(x)||f(x)-L|+|L||g(x)-M|$$

$\lim_{x\to c}g(x)=M$이면 $\delta_1>0$이 존재하여

$$0<|x-c|<\delta_1 \Rightarrow |g(x)|<|M|+1$$

이 됨을 밝히라.

7. 다음을 증명하라.

$$\lim_{x\to c} f(x) = L \Leftrightarrow \lim_{x\to c}[f(x) - L] = 0$$

8. $\lim_{x\to c} f(x) = L > 0$이면 구간 $(c-\delta, c+\delta)$가 존재하여 모든 $x \in (c-\delta, c+\delta)$, $x \neq c$에 대하여 $f(x) > 0$임을 증명하라.

9. 다음을 입증할 수 있는 예를 찾으라.

(1) $\lim_{x\to c}[f(x) + g(x)]$는 존재하지만 이것은 $\lim_{x\to c} f(x)$의 존재나 $\lim_{x\to c} g(x)$의 존재를 의미하지는 않는다.

(2) $\lim_{x\to c}[f(x)\cdot g(x)]$는 존재하지만 이것은 $\lim_{x\to c} f(x)$의 존재나 $\lim_{x\to c} g(x)$의 존재를 의미하지는 않는다.

10. 다음 좌극한 또는 우극한의 존재 여부를 말하고 만약 존재하면 그 값을 구하라.

(1) $\lim_{x\to 1^+} \dfrac{\sqrt{x-1}}{2x+1}$ (2) $\lim_{x\to 3^+} \dfrac{x-3}{\sqrt{x^2-9}}$

(3) $\lim_{x\to 2^+} \dfrac{(x^2+1)[x]}{(3x-1)^2}$ (4) $\lim_{x\to 0^-} \dfrac{x}{|x|}$

11. C를 포함하는 구간 내에서 C를 제외하고는 $F(x) < G(x)$이고 $\lim_{x\to c} F(x) = L$, $\lim_{x\to c} G(x) = M$이면 $L \leq M$임을 증명하라.

2.6 함수의 연속

일상용어에서 연속이란 갑작스런 변화 없이 진행되는 과정을 표현하는 데 사용된다. 함

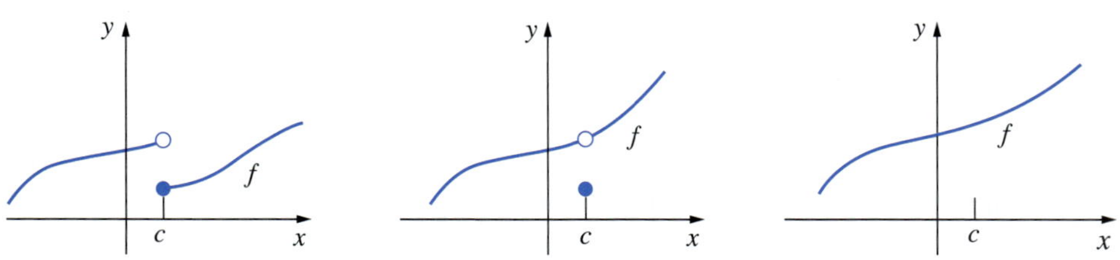

$\lim_{x\to c} f(x)$는 존재하지 않는다. $\lim_{x\to c} f(x)$는 존재한다. 그러나 $\lim_{x\to c} f(x) \neq f(c)$ $\lim_{x\to c} f(x) = f(c)$

[그림 2.23]

수에 대해 연속이란 개념을 정확히 정의하려고 한다. 그림 2.23의 세 개의 그래프를 보면 세 번째 그래프만이 c에서 연속임을 나타내고 있다.

정의 한 점에서 연속

f가 c에서 **연속**(continuous)되려면 c를 포함하는 어떤 열린구간이 f의 정의역에 포함되고 다음 관계가 성립할 때이다.

$$\lim_{x \to c} f(x) = f(c)$$

f가 c에서 연속이기 위한 필요충분조건은 임의의 $\varepsilon > 0$에 대하여 이것에 대응하는 $\delta > 0$가 존재하여 $|x - c| < \delta$인 모든 x에 대하여 $|f(x) - f(c)| < \varepsilon$을 만족시킨다.

이 정의에서 다음 세 가지가 요구된다는 것을 알 수 있다.

(1) $f(c)$가 존재한다.

(2) $\lim_{x \to c} f(x)$가 존재한다.

(3) $\lim_{x \to c} f(x) = f(c)$

이들 중 어느 하나라도 만족되지 않으면 f는 c에서 **불연속**(discontinuous)이라고 한다. 따라서 위의 그림 2.23에서 첫 번째와 두 번째 그래프는 c에서 불연속이다. 그러나 c를 제외한 점에서는 연속이다.

예제 2.6.1 $f(x) = \dfrac{x^2 - 4}{x - 2}$, $x \neq 2$라 하자. f를 $x = 2$에서 정의하여 f가 그 점에서 연속이려면 어떻게 f를 정의해야 할까?

[풀이]

$$\begin{aligned} \lim_{x \to 2} \frac{x^2 - 4}{x - 2} &= \lim_{x \to 2} \frac{(x - 2)(x + 2)}{(x - 2)} \\ &= \lim_{x \to 2} (x + 2) = 4 \end{aligned}$$

따라서 $f(2) = 4$로 정의하면 된다. 그러면 모든 x에 대하여 $f(x) = x + 2$이다. ■

$y = |x|$와 $y = \sqrt[n]{x}$의 연속성

이 책에서 다루는 함수들은 연속함수이거나 또는 몇 개의 점을 제외한 모든 점에서 연속인 함수이다. 정리 2.5.2에 의하여 다음 정리가 성립된다.

정리 2.6.1

다항함수는 모든 실수 c에서 연속이다. 유리함수는 분모함수를 0이 되게 하는 점들을 제외한 모든 실수 c에서 연속이다.

$f(x)=|x|$라 하면 $x<0$이면 $f(x)=-x$인 다항식이고 $x>0$이면 $f(x)=x$인 다항식이다. 따라서 $f(x)$는 정리 2.6.1에 의하여 0을 제외한 모든 점에서 연속이다. 한편

$$\lim_{x\to 0}|x|=0=|0|$$

이다. 따라서 $f(x)$는 0에서도 연속이므로 모든 점에서 연속이다. $c>0$이고 n이 짝수이면 정리 2.5.1(극한 정리)에 의하여

$$\lim_{x\to c}\sqrt[n]{x}=\sqrt[n]{\lim_{x\to c}x}=\sqrt[n]{c}$$

이다. 따라서 $f(x)=\sqrt[n]{x}$는 n이 짝수일 때에는 $x>0$인 모든 점에서 연속이고 n이 홀수일 때는 모든 실수 c에서 연속이다. 특히 $f(x)=\sqrt{x}$는 $x>0$인 모든 점에서 연속이다.

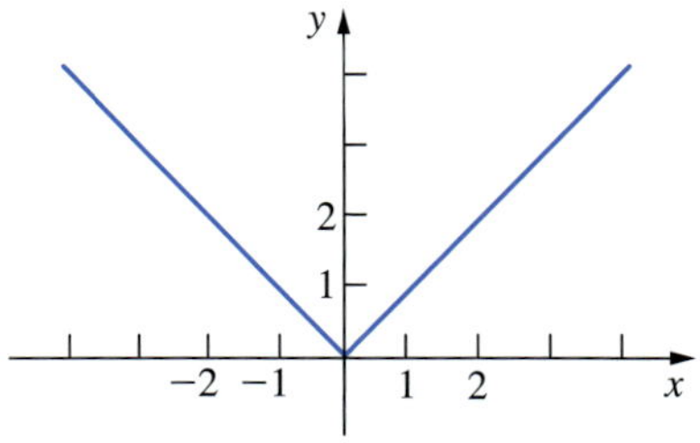

$f(x)=|x|$

[그림 2.24]

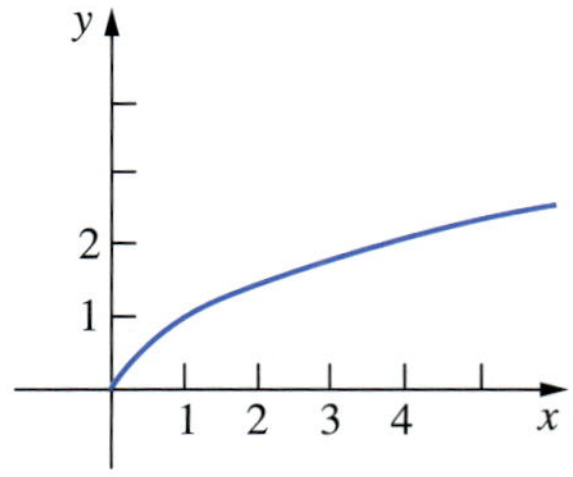

$f(x)=\sqrt{x}$

[그림 2.25]

정리 2.6.2

절댓값함수는 모든 실수 c에서 연속이다. $\sqrt[n]{x}$은 n이 홀수이면 모든 실수 c에서 연속이고 n이 짝수이면 모든 양의 실수 c에서 연속이다.

함수연산과 연속

일반적인 함수연산으로 연속성이 보존될 것인가? 이는 다음 정리 2.6.3에 의하여 연속성이 보존된다는 것을 알 수 있다. 다음 정리에서 f, g는 함수, k는 상수, 그리고 n은 양의 정수이다.

○ 정리 2.6.3

f와 g가 c에서 연속이면 $kf,\ f+g,\ f-g,\ f\cdot g,\ \dfrac{f}{g}\ (g(c)\neq 0),\ (f)^n$ 그리고 $\sqrt[n]{f}$ $(f(c)>0,\ n=2m)$도 연속이다.

[증명] 정리 2.5.1(극한 정리)의 증명과 비슷하다. 예를 들면 f와 g가 c에서 연속이란 사실과 극한정리를 동시에 사용하면

$$\lim_{x\to c} f(x)g(x)=(\lim_{x\to c} f(x))(\lim_{x\to c} g(x))=f(c)g(c)$$

이다. ■

예제 2.6.2 어떤 점에서 $F(x)=\dfrac{3|x|-x^2}{\sqrt{x}+\sqrt[3]{x}}$은 연속인가?

[풀이] F는 0 및 음수에서는 정의되지 않는다. 따라서 임의의 양수에 대하여만 생각한다. $\sqrt{x}$, $\sqrt[3]{x}$, $|x|$, 그리고 x^2 모두 연속이다(정리 2.6.1과 정리 2.6.2 및 정리 2.6.3에 의하여). $3|x|$, $3|x|-x^2$, $\sqrt{x}+\sqrt[3]{x}$는 연속이므로

$$F(x)=\frac{3|x|-x^2}{\sqrt{x}+\sqrt[3]{x}}$$

은 모든 양수에서 연속이다. ■

○ 정리 2.6.4 극한의 합성 정리

$\lim_{x\to c} g(x)=L$이고 f가 L에서 연속이면

$$\lim_{x\to c} f(g(x))=f\left(\lim_{x\to c} g(x)\right)=f(L)$$

이다. 특히 g가 c에서 연속이고 f가 $g(c)$에서 연속이면 $f\circ g$는 c에서 연속이다.

[증명] ε을 임의의 양수라 하자. f가 L에서 연속이므로 $\delta_1>0$이 존재하여

$$|t-L|<\delta_1 \Rightarrow |f(t)-f(L)|<\varepsilon$$

이다. 따라서

$$|g(x)-L|<\delta_1 \Rightarrow |f(g(x))-f(L)|<\varepsilon \text{ (그림 2.26)}$$

그런데 $\lim_{x\to c} g(x)=L$이므로 정하여진 $\delta_1>0$에 대하여 $\delta_2>0$가 존재하여

$$0 < |x - c| < \delta_2 \Rightarrow |g(x) - L| < \delta_1$$

이다. 두 사실로부터

$$0 < |x - c| < \delta_2 \Rightarrow |f(g(x)) - f(L)| < \varepsilon$$

그러므로 $\lim_{x \to c} f(g(x)) = f(L)$이다. $f \circ g$가 연속함수란 증명은 g가 c에서 연속이면 $L = g(c)$란 사실을 이용하면 된다. ■

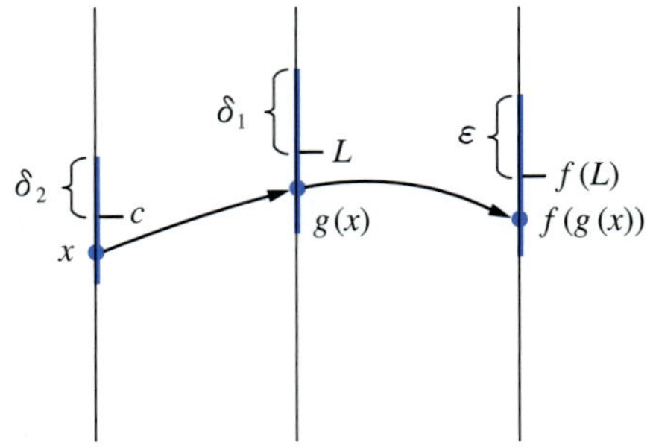

[그림 2.26]

예제 2.6.3 $h(x) = |x^2 - 3x + 6|$은 모든 실수에서 연속인 것을 증명하라.

[풀이] $f(x) = |x|$, 그리고 $g(x) = x^2 - 3x + 6$이라 하자. f, g 모두 모든 실수에서 연속이다. 따라서 정리 2.6.4에 의하여

$$h(x) = f(g(x)) = |x^2 - 3x + 6|$$

도 모든 실수에서 연속이다. ■

예제 2.6.4 $f(x) = \sin x$는 모든 실수에서 연속이다.

$h(x) = \sin\left(\dfrac{x^4 - 3x + 1}{x^2 - x - 6}\right)$은 3과 -2를 제외한 모든 점에서 연속인 것을 밝히라.

[풀이] $x^2 - x - 6 = (x - 3)(x + 2)$, 따라서 유리함수

$$g(x) = \frac{x^4 - 3x + 1}{x^2 - x - 6}$$

은 3과 -2를 제외하고 연속이다(정리 2.6.1). 정리 2.6.4에 의하여 $h(x) = f(g(x))$는 3과 -2를 제외하고 연속이다. ■

구간에서 연속

지금까지는 한 점에서의 연속성에 대하여 설명하였다. 이제 한 구간에서의 연속성에 대하여 설명하려 한다. 구간에서 연속이란 구간의 각 점에서 연속인 것을 의미한다. 이 경우 열린구간 (a, b)를 구간으로 택한다.

닫힌구간 $[a, b]$를 택하면 문제점에 봉착한다. $f(x) = \sqrt{x}$일 때 f가 a의 왼쪽에서는 정의조차 되지 않는 경우도 생긴다($a = 0$인 경우). 이때 $\lim_{x \to a^-} f(x)$가 존재하지 않는다. 이와

같은 난점을 해결하기 위하여, f가 $[a, b]$에서 연속이라 함은 f가 (a, b)에서 연속이고 $\lim_{x \to a^+} f(x) = f(a)$, 그리고 $\lim_{x \to b^-} f(x) = f(b)$일 때를 의미한다(이 경우 f가 a에서 **우연속**(right continuous), b에서 **좌연속**(left continuous)이라 한다).

정의

함수 f가 (a, b)의 각 점에서 연속이면 f가 열린구간 (a, b)에서 연속이라고 한다. 열린구간 (a, b)에서 연속이고 a에서 우연속, b에서 좌연속이면 f가 닫힌구간 $[a, b]$에서 연속이라 한다.

예를 들면 $f(x) = \frac{1}{x}$은 $(0, 1)$에서 연속, $g(x) = \sqrt{x}$는 $[0, 1]$에서 연속이다.

예제 2.6.5 위의 정의를 사용하여 그림 2.27의 그래프를 갖는 함수의 연속성을 보이라.

[풀이] 함수는 $(-\infty, 0)$, $(0, 3)$ 그리고 $(5, \infty)$에서 연속이고 닫힌구간 $[3, 5]$에서도 연속이다. ■

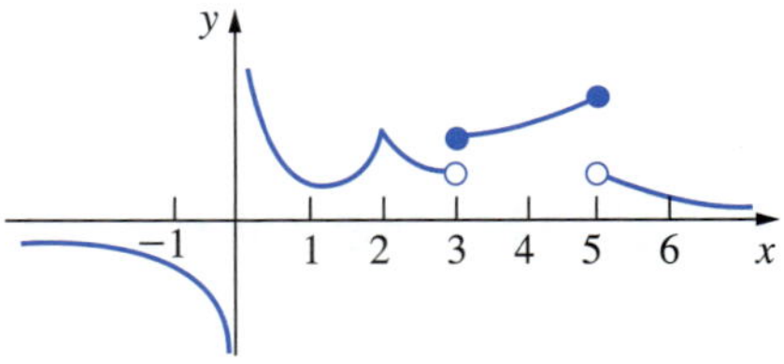

[그림 2.27]

f가 $[a,b]$에서 연속이라는 것은 $[a,b]$의 원소인 x_1, x_2가 서로 가까이 있을 때 $f(x_1)$, $f(x_2)$도 서로 가까이 있다는 것을 의미한다. f의 그래프에는 점프와 같은 갑작스런 변화가 없다. 즉, f의 그래프를 구간 $[a,b]$에서 그릴 때 연필을 종이에서 떼지 않고 그릴 수 있다. 따라서 다음 정리가 성립한다.

정리 2.6.5 중간값 정리: intermediate value theorem

f를 $[a,b]$에서 연속인 함수라 하자. W가 $f(a)$와 $f(b)$ 사이의 수라 하면 $f(c) = W$가 되는 c가 a와 b 사이에 존재한다.

이에 대한 증명은 이 책의 범위를 벗어나므로 생략한다.

연습문제 2.6

1. $x=2$에서 다음 함수의 연속성 여부를 말하고 불연속이면 그 이유를 설명하라.

(1) $f(x)=4x^2-2x+12$

(2) $g(x)=\dfrac{3x^2}{x-2}$

(3) $h(x)=\sqrt{x-3}$

(4) $f(t)=[\![t]\!]$

(5) $g(t)=\dfrac{t^3-8}{t-2}$

(6) $h(t)=\begin{cases}\dfrac{t^3-8}{t-2} & t\neq 2 \text{ 일 때}\\ 12 & t=2 \text{ 일 때}\end{cases}$

(7) $f(x)=\begin{cases}x+3 & x<2 \text{ 일 때}\\ x^2+1 & x\geq 2 \text{ 일 때}\end{cases}$

2. 다음 함수는 어떤 점에서는 정의되지 않는다. 그 점에서 함수가 연속되도록 함숫값을 정의하라.

(1) $f(x)=\dfrac{x^2-9}{x-3}$

(2) $f(t)=\dfrac{t-1}{\sqrt{t}-1}$

(3) $\phi(x)=\dfrac{x^4+2x^2-3}{x+1}$

3. 다음 함수에서 불연속인 점을 찾으라.

(1) $f(x)=\dfrac{2x+3}{x^2-x-6}$

(2) $f(t)=\left|t^2-2t+5\right|$

(3) $f(u)=\dfrac{2u+7}{\sqrt{u+5}}$

(4) $f(x)=\dfrac{1}{\sqrt{4+x^2}}$

(5) $f(x)=\begin{cases}x & x<0 \text{ 일 때}\\ x^2 & 0\leq x\leq 1 \text{ 일 때}\\ 2-x & x>1 \text{ 일 때}\end{cases}$

(6) $f(t)=[\![t]\!]$

4. 다음을 모두 만족하는 함수 f의 그래프를 그리라.

(a) 정의역은 $[-2, 2]$

(b) $f(-2)=f(-1)=f(1)=f(2)=1$

(c) -1과 1에서 불연속 (d) -1에서 우연속, 1에서 좌연속

5. 중간값 정리를 사용하여 0과 1 사이에 $x^3+3x-2=0$의 근이 있음을 증명하라.

6. f가 c에서 연속이기 위한 필요충분조건은 $\lim_{t\to 0} f(c+t)=f(c)$임을 증명하라.

7. f가 $[0, 1]$에서 연속이고 $0 \le f(x) \le 1$이면 f는 고정점을 갖는다. 즉, $f(c)=c$인 $c \in [0, 1]$가 존재한다. 이것을 증명하라(힌트: 중간값 정리를 $g(x)=x-f(x)$에 적용하라).

연습문제 Chapter 2

1. 다음 분수함수의 자연정의역을 구하라.

(1) $y=\dfrac{1}{x-1}$ (2) $y=\dfrac{x}{2x+3}$ (3) $y=\dfrac{2x-1}{x-3}$

2. 다음 무리함수의 자연정의역과 치역을 구하라.

(1) $y=-\sqrt{3x}$ (2) $y=\sqrt{x+3}$ (3) $y=\sqrt{3x-2}-1$

3. 기호 $[\![x]\!]$는 x를 넘지 않는 최대정수라 한다. 이때 함수

(1) $y=[\![2x]\!]$ (2) $y=\dfrac{1}{[\![x]\!]}$

의 그래프를 그리라.

4. 두 함수 $f(x)=-x+1$, $g(x)=x^2-3$에 대하여 다음 합성함수를 구하라.

(1) $f\circ g$ (2) $g\circ f$ (3) $f\circ f$ (4) $g\circ g$

5. 두 함수 $f(x)=x-2$와 $g(x)=2x+3$에 대하여 합성함수 $f\circ g$와 $g\circ f$를 각각 구하고 비교하라.

6. 다음에서 모든 x에 대해 $f(g(x))=x$와 $g(f(x))=x$가 성립함을 보이라.

(1) $f(x) = x^5$, $g(x) = x^{1/5}$

(2) $f(x) = 4x^3$, $g(x) = \left(\frac{1}{4}x\right)^{1/3}$

(3) $f(x) = 2x^3 + 1$, $g(x) = \sqrt[3]{\frac{x-1}{2}}$

(4) $f(x) = \frac{1}{x+2}$, $g(x) = \frac{1-2x}{x}$ $(x \neq 0,\ x \neq -2)$

7. 함수 $f(x)$의 그래프가 아래 그림과 같을 때, 다음 극한을 계산하라.

(1) $\lim_{x \to 0^-} f(x)$ (2) $\lim_{x \to 0^+} f(x)$ (3) $\lim_{x \to 0} f(x)$

(4) $\lim_{x \to 2^-} f(x)$ (5) $\lim_{x \to -2} f(x)$ (6) $\lim_{x \to 1^-} f(x)$

(7) $\lim_{x \to 1^+} f(x)$

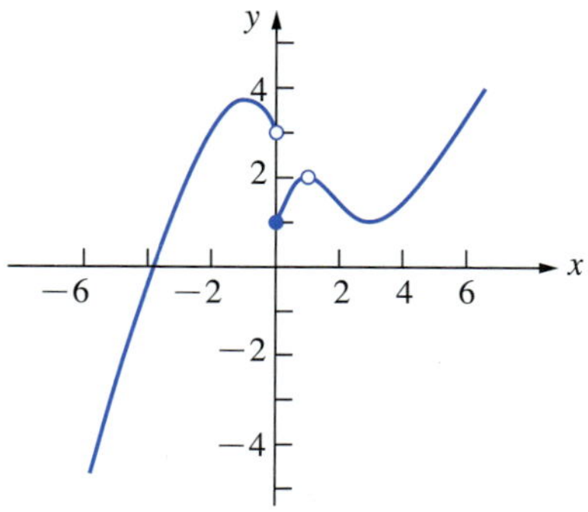

8. 함수 $f(x) = \frac{x-1}{\sqrt{x-1}}$에 대하여, $f(1.5)$, $f(1.1)$, $f(1.01)$, $f(1.001)$의 값을 계산하고, $\lim_{x \to 1^+} f(x)$를 예측하라.

9. 다음 함수의 그래프를 그리고 극한을 구하라.

(1) $f(x) = \begin{cases} 2x, & x < 2 \\ x^2, & x \geq 2 \end{cases}$ 일 때, $\lim_{x \to 2} f(x)$

(2) $f(x) = \begin{cases} 2x+1, & x < -1 \\ 3, & -1 < x < 1 \\ 2x+1, & x > 1 \end{cases}$ 일 때, $\lim_{x \to -1} f(x)$

10. 함숫값의 표와 그래프를 이용하여, $\lim_{x \to 0} x^2 \sin\frac{1}{x}$을 예측하라. 짜내기 정리를 이용하여 이 예측이 정확함을 보이라. 즉, $f(x) \leq x^2 \sin\frac{1}{x} \leq h(x)$이며 $\lim_{x \to 0} f(x) = \lim_{x \to 0} h(x) = 0$인

함수 $f(x)$와 $h(x)$를 찾아라.

11. 짜내기 정리를 이용하여, $\lim_{x\to 0^+}\left(\sqrt{x}\cos^2\frac{1}{x}\right)=0$을 보이라. 즉, $x>0$일 때, $f(x)\le\sqrt{x}\cos^2\frac{1}{x}\le h(x)$ 이며, $\lim_{x\to 0^+} f(x)=\lim_{x\to 0^+} h(x)=0$인 함수 $f(x)$와 $h(x)$를 찾으라.

12. $\varepsilon-\delta$ 정의를 이용하여 다음 극한을 증명하라.

(1) $\lim_{x\to 0}(x^2+1)=1$ (2) $\lim_{x\to 1}\sqrt{x+3}=2$ (3) $\lim_{x\to 2}(3x+2)=8$

(4) $\lim_{x\to -1}\frac{x^2-1}{x+1}=-2$ (5) $\lim_{x\to 1}(x^2-1)=0$

13. 다음 함수의 그래프에서 모든 불연속인 점들을 찾고 이유를 설명하라(점선은 수직점근선).

(1)

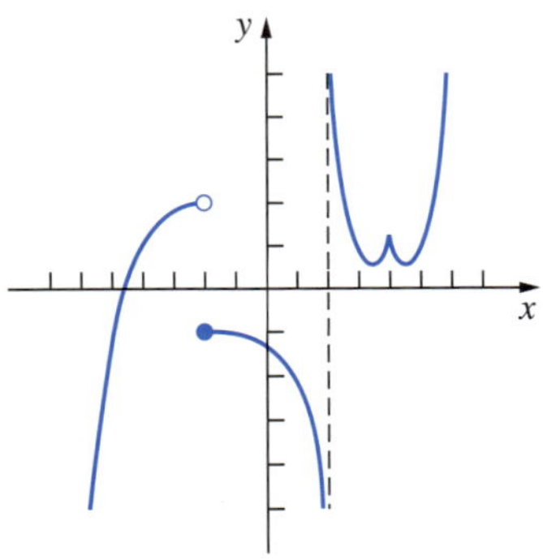

(2)

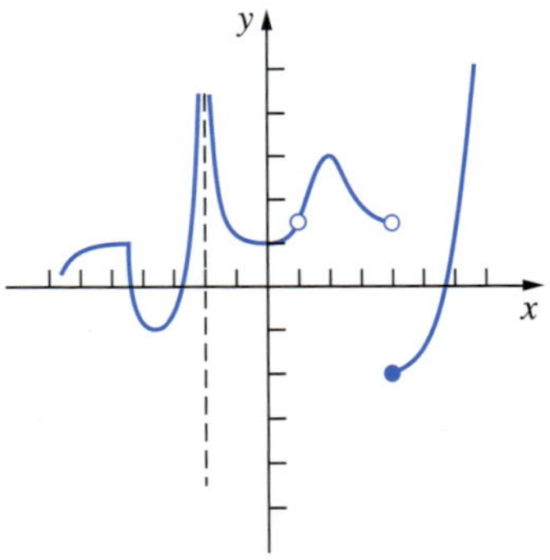

14. 다음의 함수가 주어진 점에서 불연속임을 보이라.

(1) $f(x)=\frac{x}{x-1},\ x=1$ (2) $f(x)=\sin\frac{1}{x},\ x=0$

(3) $f(x)=\begin{cases} x^2, & x<2 \\ 3, & x=2 \\ 3x-2, & x>2 \end{cases},\quad x=2$

15. 중간값 정리를 이용하여 주어진 구간에서 근이 존재함을 설명하라.

(1) $f(x)=x^2-7$, $[2, 3]$ (2) $f(x)=x^3-4x-2$, $[-1, 0]$

03 도함수

C·H·A·P·T·E·R

3.1 접선의 기울기와 순간속도

접선의 기울기

곡선상의 한 점에서 곡선에 접하는 직선에 대해 알아보자.

곡선 위의 점 P에 대하여 곡선 위를 움직이는 점 Q가 P에 한없이 가까이 다가갈 때 직선 PQ가 하나의 직선으로 수렴한다면 그 극한 위치의 직선을 P에서의 **접선**이라 한다(그림 3.1).

곡선이 함수 $y = f(x)$의 그래프라 하고, P의 좌표는 $(c,\ f(c))$이고 근처의 점 Q의 좌표는 $(c+h,\ f(c+h))$라 하면 P, Q를 지나는 할선의 기울기 $m_{\sec}$는 다음과 같다(그림 3.2).

$$m_{\sec} = \frac{f(c+h) - f(c)}{h}$$

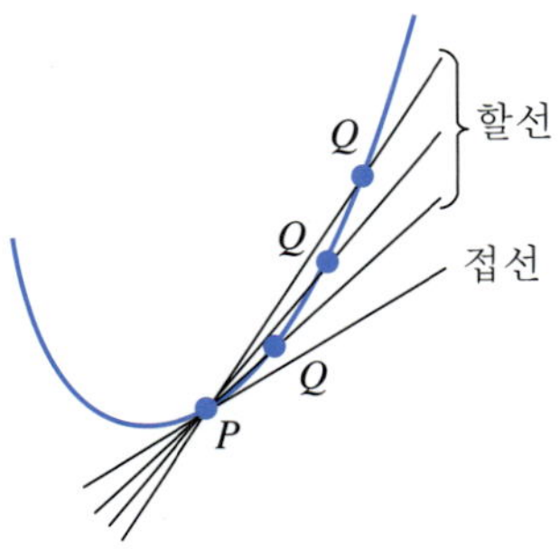

[그림 3.1]

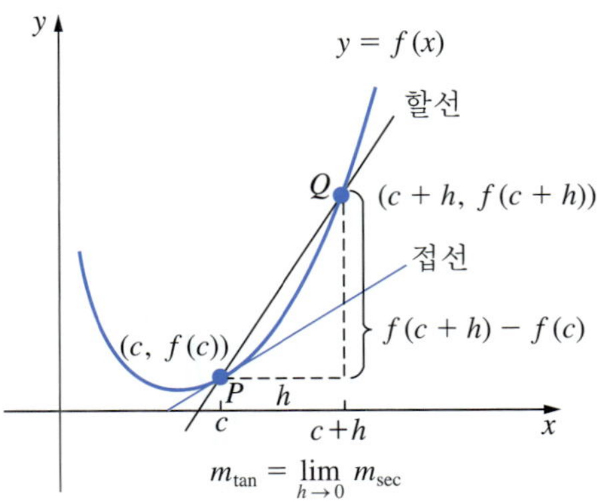

[그림 3.2]

따라서 접선이 x축에 수직이 아니면 P를 지나는 접선의 기울기 $m_{\tan}$는 다음과 같이 정의한다.

$$m_{\tan} = \lim_{h\to 0} m_{\sec} = \lim_{h\to 0} \frac{f(c+h)-f(c)}{h}$$

예제 3.1.1 $y = x^2$ 위의 점 $(2, 4)$에서 접선의 기울기를 구하라.

[풀이]

$$\begin{aligned} m_{\tan} &= \lim_{h\to 0} \frac{f(2+h)-f(2)}{h} = \lim_{h\to 0} \frac{(2+h)^2-2^2}{h} \\ &= \lim_{h\to 0} \frac{4+4h+h^2-4}{h} = \lim_{h\to 0} \frac{h(4+h)}{h} \\ &= 4 \end{aligned}$$

■

예제 3.1.2 $y = f(x) = -x^2 + 2x + 2$에서 x좌표가 -1, $\frac{1}{2}$, 2, 그리고 3이 되는 점에서 접선의 기울기를 각각 구하라.

[풀이] 계산을 따로따로 하는 것보다 x좌표가 c인 점에서 계산하여 각각의 값을 대입하여 답을 구하는 편이 더 현명하다.

$$\begin{aligned} m_{\tan} &= \lim_{h\to 0} \frac{f(c+h)-f(c)}{h} \\ &= \lim_{h\to 0} \frac{-(c+h)^2+2(c+h)+2-(-c^2+2c+2)}{h} \\ &= \lim_{h\to 0} \frac{-c^2-2ch-h^2+2c+2h+2+c^2-2c-2}{h} \\ &= \lim_{h\to 0} \frac{h(-2c-h+2)}{h} = -2c+2 \end{aligned}$$

$c = -1$, $\frac{1}{2}$, 2, 3을 각각 대입하면 기울기는 각각 4, 1, -2, -4가 된다(그림 3.3). ■

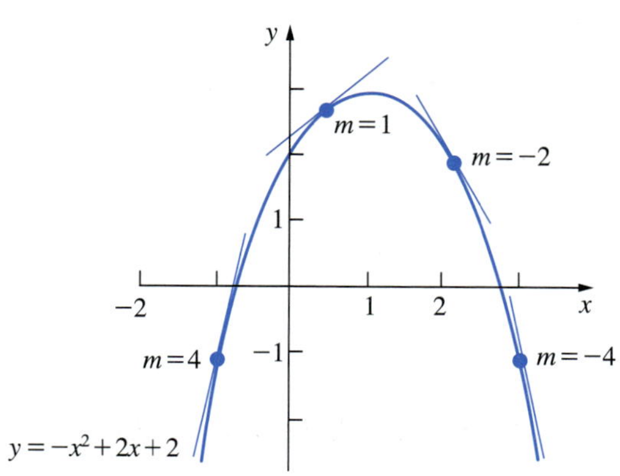

[그림 3.3]

순간속도

서울에서 부산까지의 거리가 약 440 km라 한다. KTX가 2시간 동안에 주파한다면 평균 220 km의 속도로 달린다는 것을 알 수 있다. 그러나 속도계를 보면 언제나 220 km를 나타내고 있지는 않다. 출발 직전에는 0 km이지만 어떤 내리막길에서는 240 km를 나타내고 있을 수 있다.

지금 한 점 P가 좌표축 위를 움직인다고 가정하자. 시각 t에서 위치가 $s=f(t)$로 정해진다면 시각 c에서 점은 $f(c)$의 위치에 있다. c에 가까운 시각 $c+h$에서 점의 위치는 $f(c+h)$가 된다(그림 3.4).

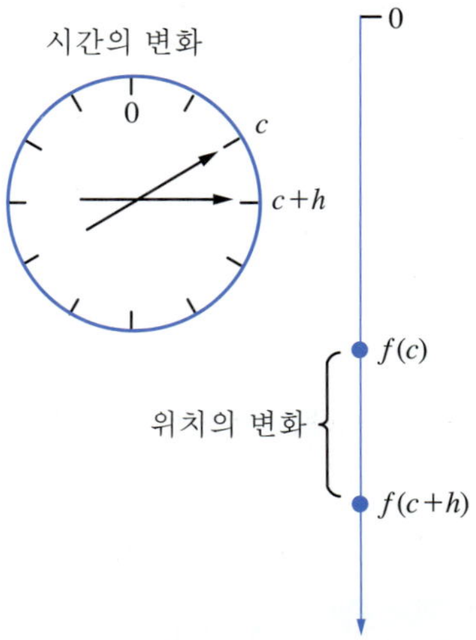

[그림 3.4]

따라서 이 구간에서 평균속도는

$$v_{\text{av}} = \frac{f(c+h)-f(c)}{h}$$

이다. 그리고 c에서 순간속도는 다음과 같이 정의한다.

$$v = \lim_{h\to 0} v_{\text{av}} = \lim_{h\to 0} \frac{f(c+h)-f(c)}{h}$$

예를 들어 $f(t)=16t^2$이면 $t=1$에서 순간속도는

$$\begin{aligned} v &= \lim_{h\to 0} \frac{f(1+h)-f(1)}{h} \\ &= \lim_{h\to 0} \frac{16(1+h)^2-16}{h} \\ &= \lim_{h\to 0} \frac{16+32h+16h^2-16}{h} \\ &= \lim_{h\to 0} (32+16h) = 32 \end{aligned}$$

이다. 여기서 접선의 기울기와 순간속도는 같은 개념임을 알 수 있다.

예제 3.1.3 한 점이 좌표축 위를 움직인다. t초 후의 원점으로부터의 거리를 cm 단위로 나타내어 $s=\sqrt{5t+1}$이라 하자. $t=3$일 때 점의 순간속도를 구하라.

[풀이]

$$\begin{aligned} v &= \lim_{h\to 0}\frac{f(3+h)-f(3)}{h} \\ &= \lim_{h\to 0}\frac{\sqrt{5(3+h)+1}-\sqrt{5\cdot 3+1}}{h} \\ &= \lim_{h\to 0}\frac{\sqrt{16+5h}-4}{h} \\ &= \lim_{h\to 0}\frac{16+5h-16}{h(\sqrt{16+5h}+4)} \\ &= \frac{5}{8} \end{aligned}$$

즉, $t=3$에서 순간속도는 $\frac{5}{8}$ cm/sec이다. ■

연습문제 3.1

1. $y=4-x^2$에 대해서 다음에 답하라.

(1) 그래프를 그리라.

(2) 점 $(3, -5)$에서 접선을 그리라.

(3) 접선의 기울기를 구하라.

(4) 계산기를 사용하여 $(3, -5)$와 $(3.01, 4-3.01^2)$을 잇는 할선의 기울기를 구하라.

(5) 극한을 사용하여 $(3, -5)$에서 접선의 기울기를 구하라.

2. 곡선 $y=x^2-3x+2$에 대하여 $x=-2, 1.5, 2, 5$인 점에서 접선의 기울기를 구하라.

3. $y=\frac{1}{x+1}$의 그래프를 그리고 점 $\left(1, \frac{1}{2}\right)$에서 접선의 방정식을 구하라.

4. 낙하하는 한 물체가 t초 동안에 $16t^2$ m 낙하한다고 하자.

(1) $t=3$과 $t=4$ 사이에 얼마나 낙하할까?

(2) $3\le t\le 4$ 사이에서 평균속도는 얼마인가?

(3) $3\le t\le 3.02$ 사이에 평균속도는? (계산기 사용)

(4) $t=3$에서 순간속도를 구하라.

5. t시간 동안에 $\left(\frac{1}{2}t^2+1\right)$g만큼 불어나는 어떤 종류의 박테리아를 배양 중에 있다.

(1) $2 \leq t \leq 2.01$ 사이에 얼마나 증가할까? (계산기 사용)

(2) $2 \leq t \leq 2.01$ 동안 평균증가율은?

(3) $t = 2$일 때 순간증가율은?

3.2 •• 도함수

3.1절에서 접선의 기울기나 순간속도는 동일한 기초 개념의 표현임을 알았다. 유기물의 성장속도(생물학), 용해속도(화학) 등 동일한 기초 개념을 달리 표현한 것이다. 이와 같은 개념들을 수학적으로 일반화시킨 개념으로 도함수를 도입하게 되었다.

정의

함수 f의 정의역의 원소 c에 대해

$$m_c = \lim_{h \to 0} \frac{f(c+h) - f(c)}{h}$$

를 f의 c에서 **도함수값**이라 한다(위의 극한이 존재할 때).

이 극한이 존재하면 f는 c에서 **미분가능**(differentiable)하다고 하고, 정의역의 x에 대하여 m_x를 대응시키는 함수를 f의 **도함수**라 하고 f'으로 나타낸다. 또한 도함수를 구하는 것을 **미분한다**(differentiate)고 한다.

예제 3.2.1 $f(x) = 13x - 6$일 때 $f'(4)$를 구하라.

[풀이]

$$\begin{aligned} f'(4) &= \lim_{h \to 0} \frac{f(4+h) - f(4)}{h} \\ &= \lim_{h \to 0} \frac{[13(4+h) - 6] - [13(4) - 6]}{h} \\ &= \lim_{h \to 0} \frac{13h}{h} \\ &= \lim_{h \to 0} 13 = 13 \end{aligned}$$

■

예제 3.2.2 $f(x) = x^3 + 7x$일 때 $f'(c)$를 구하라.

[풀이]

$$\begin{aligned} f'(c) &= \lim_{h \to 0} \frac{f(c+h) - f(c)}{h} \\ &= \lim_{h \to 0} \frac{(c+h)^3 + 7(c+h) - (c^3 + 7c)}{h} \\ &= \lim_{h \to 0} \frac{3c^2 h + 3ch^2 + h^3 + 7h}{h} \\ &= \lim_{h \to 0} (3c^2 + 3ch + h^2 + 7) \\ &= 3c^2 + 7 \end{aligned}$$

■

예제 3.2.3 함수 $f(x) = \dfrac{1}{x}$의 도함수 $f'(x)$를 구하라.

[풀이] 지금까지는 점 c에서 도함수값을 구하였다. 이 경우에는 x를 고정된 점이라고 생각하면 된다.

$$\begin{aligned} f'(x) &= \lim_{h \to 0} \frac{f(x+h) - f(x)}{h} = \lim_{h \to 0} \frac{\dfrac{1}{x+h} - \dfrac{1}{x}}{h} \\ &= \lim_{h \to 0} \left[\frac{x - (x+h)}{(x+h)x} \cdot \frac{1}{h} \right] = \lim_{h \to 0} \left[\frac{-h}{(x+h)x} \cdot \frac{1}{h} \right] \\ &= \lim_{h \to 0} \frac{-1}{(x+h)x} = \frac{-1}{x^2} \end{aligned}$$

따라서 f의 도함수는 $f'(x) = -\dfrac{1}{x^2}$로 정의되는 함수이다. 그리고 f'의 정의역은 0을 제외한 모든 실수이다. ■

도함수에 대한 동등한 꼴들

$f'(c)$를 정의하는 데 문자 h를 꼭 사용할 필요는 없다.

$$\begin{aligned} f'(c) &= \lim_{h \to 0} \frac{f(c+h) - f(c)}{h} \\ &= \lim_{p \to 0} \frac{f(c+p) - f(c)}{p} \\ &= \lim_{s \to 0} \frac{f(c+s) - f(c)}{s} \end{aligned}$$

그림 3.5와 그림 3.6을 비교해 보면 다음 정의를 이해할 수 있다. 여기서 $c + h$ 대신 x로, h 대신 $x - c$로 바꾸면

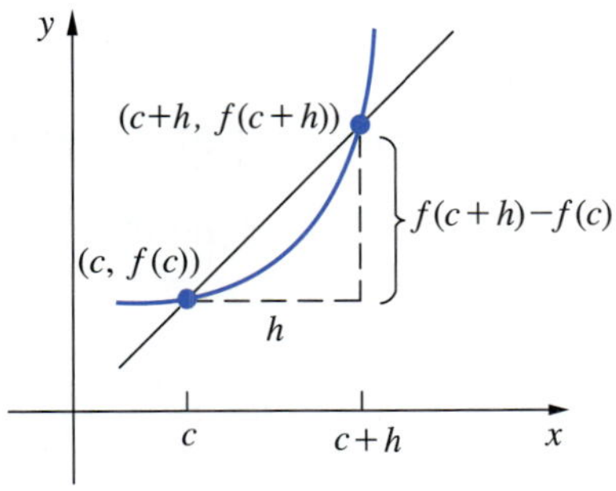

[그림 3.5]

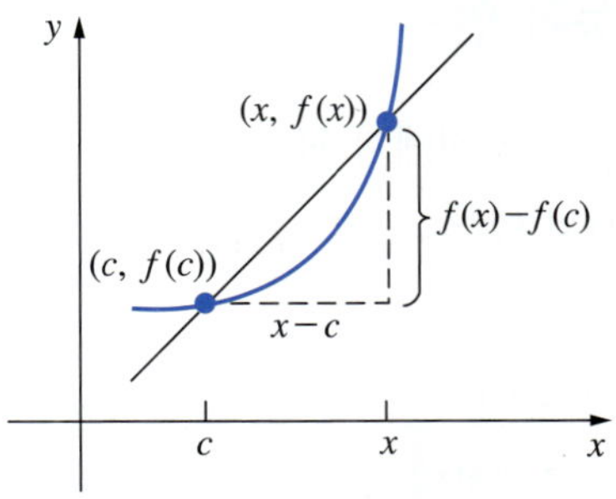

[그림 3.6]

$$f'(c)=\lim_{x\to c}\frac{f(x)-f(c)}{x-c}$$

이다. 그러므로

$$f'(x)=\lim_{t\to x}\frac{f(t)-f(x)}{t-x}=\lim_{p\to x}\frac{f(p)-f(x)}{p-x}$$

로 표시할 수 있다.

예제 3.2.4 위와 같은 방법으로 $g(x)=\dfrac{2}{x+3}$일 때 $g'(c)$를 구하라.

[풀이]

$$\begin{aligned}g'(c)&=\lim_{x\to c}\frac{g(x)-g(c)}{x-c}=\lim_{x\to c}\frac{\dfrac{2}{x+3}-\dfrac{2}{c+3}}{x-c}\\&=\lim_{x\to c}\left[\frac{2(c+3)-2(x+3)}{(x+3)(c+3)}\cdot\frac{1}{x-c}\right]\\&=\lim_{x\to c}\left[\frac{-2(x-c)}{(x+3)(c+3)}\cdot\frac{1}{x-c}\right]\\&=\lim_{x\to c}\frac{-2}{(x+3)(c+3)}=\frac{-2}{(c+3)^2}\end{aligned}$$

■

예제 3.2.5 다음은 어떤 함수의 어떤 점에서 도함수값인가?

(a) $\displaystyle\lim_{h\to 0}\frac{(4+h)^2-16}{h}$ (b) $\displaystyle\lim_{x\to 3}\frac{\dfrac{2}{x}-\dfrac{2}{3}}{x-3}$

[풀이] (a) $f(x)=x^2$, $x=4$에서 도함수값 (b) $f(x)=\dfrac{2}{x}$, $x=3$에서 도함수값 ■

미분가능과 연속

곡선상의 한 점에서 곡선에 대한 접선이 있다면 곡선은 그 점에서 점프를 하거나 무한히 진동하지 않는다. 이 사실은 다음 정리와 같이 간단하고 정확하게 표현할 수 있다.

정리 3.2.1

$f'(c)$가 존재하면 f는 c에서 연속이다.

[증명] $\lim_{x \to c} f(x) = f(c)$를 증명하면 된다.

$$f(x) = f(c) + \frac{f(x) - f(c)}{x - c}(x - c), \quad x \neq c$$

이므로

$$\begin{aligned}\lim_{x \to c} f(x) &= \lim_{x \to c}\left[f(c) + \frac{f(x) - f(c)}{x - c}(x - c)\right] \\ &= \lim_{x \to c} f(c) + \lim_{x \to c}\frac{f(x) - f(c)}{x - c} \cdot \lim_{x \to c}(x - c) \\ &= f(c) + f'(c) \cdot 0 = f(c)\end{aligned}$$

■

정리의 역은 성립하지 않는다. 즉, f가 c에서 연속이라 할지라도 f가 c에서 반드시 미분가능일 필요는 없다. 예를 들면 $f(x) = |x|$일 때 원점을 생각하자. 이 함수는 확실히 원점에서 연속이지만 그 점에서 도함수값이 없다. 즉,

$$\lim_{x \to 0}\frac{f(x) - f(0)}{x - 0} = \lim_{x \to 0}\frac{|x| - |0|}{x} = \lim_{x \to 0}\frac{|x|}{x}$$

인데, 이 극한은 존재하지 않는다. 왜냐하면

$$\lim_{x \to 0^+}\frac{|x|}{x} = \lim_{x \to 0^+}\frac{x}{x} = 1$$

$$\lim_{x \to 0^-}\frac{|x|}{x} = \lim_{x \to 0^-}\frac{-x}{x} = -1$$

이기 때문이다.

따라서 함수의 그래프에 뾰족한 모서리가 있으면 연속이지만 미분가능하지는 않다. 그림 3.7을 참조하라.

그림 3.7에서 c에서 접선이 x축에 수직이면 c점에서 도함수값이 존재하지 않는다. 이것은

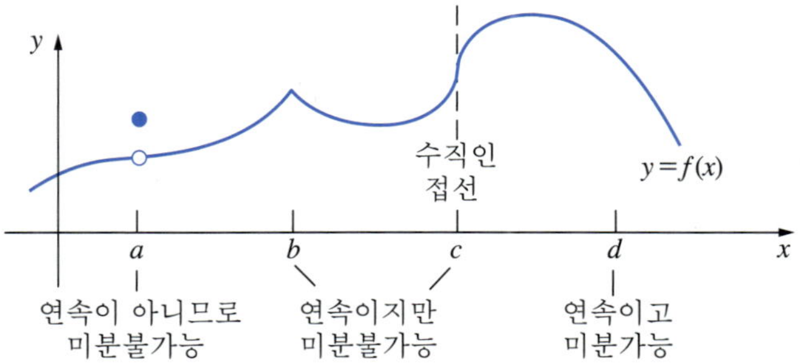

[그림 3.7]

$$\frac{f(c+h)-f(c)}{h}$$

가 $h \to 0$ 이면 얼마든지 커지기 때문이다.

연습문제 3.2

1. 정의 $f'(c) = \lim_{h \to 0} \frac{f(c+h)-f(c)}{h}$ 를 이용하여 다음 도함수값을 구하라.

(1) $f'(3),\ f(x) = x^2 - x$

(2) $f'(-1),\ f(x) = x^3 + 2x^2$

2. 정의를 이용하여 도함수를 구하라.

(1) $f(x) = 5x - 4$

(2) $f(x) = 8x^2 - 1$

(3) $f(x) = ax^2 + bx + c$

(4) $f(x) = \frac{6}{x^2+1}$

(5) $f(x) = \sqrt{3x}$

(6) $f(x) = \frac{3}{\sqrt{x-2}}$

3. $f'(x) = \lim_{t \to x} \frac{f(t)-f(x)}{t-x}$ 를 이용하여 $f'(x)$ 를 구하라.

(1) $f(x) = x^2 - 3x$

(2) $f(x) = \frac{x}{x-5}$

4. 도함수값이 아래와 같이 정의될 때 원래 함수와 도함수값이 정의된 점을 결정하라.

(1) $\lim_{h \to 0} \frac{2(5+h)^3 - 2(5)^3}{h}$

(2) $\lim_{x \to 2} \frac{x^2 - 4}{x - 2}$

(3) $\lim_{t \to x} \frac{t^2 - x^2}{t - x}$ (4) $\lim_{x \to t} \frac{\frac{2}{x} - \frac{2}{t}}{x - t}$

(5) $\lim_{h \to 0} \frac{\cos(x + h) - \cos x}{h}$

3.3 도함수를 구하는 방법

정의를 사용하여 도함수를 구하려면 지루하고 많은 시간이 소요된다. 이 절에서는 도함수를 구하는 여러 가지 방법들에 대하여 알아본다.

f의 도함수는 f'이라는 다른 함수인 것을 상기하자. 미분가능한 함수 f에서 도함수 f'을 구하는 과정(미분하는 과정)은 f'을 구하기 위하여 f에 어떤 작용을 하여 주는 일이 된다. 이때의 작용을 **연산자**(operator) 또는 **작용소**라 하며 D로 표시한다. 따라서 $Df = f'$, $Df(x) = f'(x)$, $D(x^2) = 2x$이다.

상수함수와 거듭제곱함수의 도함수

상수함수의 그래프는 x축과 평행이다. 따라서 모든 점에서 접선의 기울기는 0이 된다.

정리 3.3.1

$f(x) = k$ (k는 상수)이면 모든 x에 대하여 $f'(x) = 0$, 즉

$$D(k) = 0$$

[증명] $f'(x) = \lim_{h \to 0} \frac{f(x + h) - f(x)}{h} = \lim_{h \to 0} \frac{k - k}{h} = \lim_{h \to 0} 0 = 0$ ■

정리 3.3.2

$f(x) = x$ 이면 $f'(x) = 1$, 즉

$$D(x) = 1$$

[증명]

$$f'(x) = \lim_{h \to 0} \frac{f(x+h) - f(x)}{h}$$
$$= \lim_{h \to 0} \frac{x+h-x}{h} = \lim_{h \to 0} \frac{h}{h} = 1$$ ■

○ 정리 3.3.3

$f(x) = x^n$에서 n이 양의 정수이면 $f'(x) = nx^{n-1}$, 즉

$$D(x^n) = nx^{n-1}$$

[증명]

$$f'(x) = \lim_{h \to 0} \frac{f(x+h) - f(x)}{h} = \lim_{h \to 0} \frac{(x+h)^n - x^n}{h}$$
$$= \lim_{h \to 0} \frac{x^n + nx^{n-1}h + \dfrac{n(n-1)}{2}x^{n-2}h^2 + \cdots + nxh^{n-1} + h^n - x^n}{h}$$
$$= \lim_{h \to 0} \frac{h\left[nx^{n-1} + \dfrac{n(n-1)}{2}x^{n-2}h + \cdots + nxh^{n-2} + h^{n-1}\right]}{h}$$
$$= \lim_{h \to 0} \left[nx^{n-1} + \frac{n(n-1)}{2}x^{n-2}h + \cdots + nxh^{n-2} + h^{n-1}\right]$$

괄호 안의 모든 항에서 첫 번째 항을 빼고는 모두 인수 h가 들어 있으므로 $h \to 0$이면 극한은 0이 된다. 따라서

$$f'(x) = nx^{n-1}$$ ■

D는 선형연산자(linear operator)이다

연산자 D는 상수를 곱한 함수와 두 함수의 덧셈에 대하여 다음 정리 3.3.4, 3.3.5에서와 같이 선형이다. 선형연산자에 대한 정의는 정리 3.3.4와 3.3.5를 다룬 후 설명한다.

○ 정리 3.3.4 상수곱의 법칙

k는 상수이고 f는 미분가능한 함수이면

$$(kf)'(x) = k \cdot f'(x),$$

즉

$$D[k \cdot f(x)] = k \cdot Df(x)$$

[증명] $F(x) = k \cdot f(x)$라 하자. 그러면

$$\begin{aligned} F'(x) &= \lim_{h \to 0} \frac{F(x+h) - F(x)}{h} \\ &= \lim_{h \to 0} \frac{k \cdot f(x+h) - k \cdot f(x)}{h} \\ &= \lim_{h \to 0} k \cdot \frac{f(x+h) - f(x)}{h} \\ &= k \cdot \lim_{h \to 0} \frac{f(x+h) - f(x)}{h} \\ &= kf'(x) \end{aligned}$$

■

정리 3.3.5 덧셈의 법칙

f와 g가 미분가능한 함수이면 $(f+g)'(x) = f'(x) + g'(x)$ 즉,

$$D[f(x) + g(x)] = Df(x) + Dg(x)$$

[증명] $F(x) = f(x) + g(x)$라면

$$\begin{aligned} F'(x) &= \lim_{h \to 0} \frac{[f(x+h) + g(x+h)] - [f(x) + g(x)]}{h} \\ &= \lim_{h \to 0} \left[\frac{f(x+h) - f(x)}{h} + \frac{g(x+h) - g(x)}{h} \right] \\ &= \lim_{h \to 0} \frac{f(x+h) - f(x)}{h} + \lim_{h \to 0} \frac{g(x+h) - g(x)}{h} \\ &= f'(x) + g'(x) \end{aligned}$$

여기서 세 번째 등식은 $f(x)$와 $g(x)$가 각각 미분가능하므로 극한정리에 의하여 성립한다.

■

정리 3.3.4와 3.3.5에서 언급된 성질을 **선형**(linear)이라고 한다.

일반적으로, 함수를 함수로 대응시키는 연산자 L이 다음 두 조건을 만족시키면, **선형연산자**(linear operator)라 한다.

1. $L(kf) = kL(f)$, k는 상수
2. $L(f+g) = L(f) + L(g)$

연산자 D는 정리 3.3.4와 3.3.5에 의하여 선형이다. 또 선형연산자는 언제나 $L(f-g) = L(f) - L(g)$를 만족시킨다는 것을 알 수 있다. 앞으로 이 책에서 자주 선형연산자를 보게 될 것이다.

정리 3.3.6 뺄셈의 법칙

f와 g가 미분가능한 함수이면 $(f-g)'(x)=f'(x)-g'(x)$ 즉,

$$D[f(x)-g(x)]=Df(x)-Dg(x)$$

[증명]

$$\begin{aligned} D[f(x)-g(x)] &= D[f(x)+(-1)g(x)] \\ &= Df(x)+D[(-1)g(x)] \quad (\text{정리 } 3.3.5) \\ &= Df(x)+(-1)Dg(x) \quad (\text{정리 } 3.3.4) \\ &= Df(x)-Dg(x) \end{aligned}$$

■

예제 3.3.1 $5x^2+7x-6$ 과 $4x^6-3x^5-10x^2+5x+16$ 의 도함수를 구하라.

[풀이]

$$\begin{aligned} D(5x^2+7x-6) &= D(5x^2+7x)-D(6) \quad (\text{정리 } 3.3.6) \\ &= D(5x^2)+D(7x)-D(6) \quad (\text{정리 } 3.3.5) \\ &= 5D(x^2)+7D(x)-D(6) \quad (\text{정리 } 3.3.4) \\ &= 5\cdot 2x+7\cdot 1+0 \quad (\text{정리 } 3.3\text{의 } 3,2,1) \\ &= 10x+7 \end{aligned}$$

같은 방법으로

$$\begin{aligned} D(4x^6-3x^5-10x^2+5x+16) &= D(4x^6)-D(3x^5)-D(10x^2)+D(5x)+D(16) \\ &= 4D(x^6)-3D(x^5)-10D(x^2)+5D(x) \\ &= 24x^5-15x^4-20x+5 \end{aligned}$$

■

곱과 나누기의 법칙

정리 3.3.7 곱의 법칙

f와 g가 미분가능한 함수이면 $(f\cdot g)'(x)=f(x)g'(x)+f'(x)g(x)$이다. 즉,

$$D(f(x)g(x))=f(x)Dg(x)+g(x)\,Df(x)$$

[증명] $F(x)=f(x)g(x)$라 하자. 그러면

$$\begin{aligned} F'(x) &= \lim_{h\to 0}\frac{F(x+h)-F(x)}{h} \\ &= \lim_{h\to 0}\frac{f(x+h)g(x+h)-f(x)g(x)}{h} \end{aligned}$$

$$= \lim_{h \to 0} \frac{f(x+h)g(x+h) - f(x+h)g(x) + f(x+h)g(x) - f(x)g(x)}{h}$$
$$= \lim_{h \to 0} \left[f(x+h) \cdot \frac{g(x+h) - g(x)}{h} + g(x) \frac{f(x+h) - f(x)}{h} \right]$$
$$= \lim_{h \to 0} f(x+h) \cdot \lim_{h \to 0} \frac{g(x+h) - g(x)}{h} + g(x) \cdot \lim_{h \to 0} \frac{f(x+h) - f(x)}{h}$$
$$= f(x)g'(x) + g(x)f'(x)$$

마지막 등식에서

$$\lim_{h \to 0} f(x+h) = f(x)$$

라는 사실을 이용하였다. 이것은 미분가능하면 그 점에서 연속이라는 정리 3.2.1에 의하여 성립한다. ■

예제 3.3.2 곱의 법칙을 써서 $(3x^2-5)(2x^4-x)$의 도함수를 구하라.

[풀이]

$$\begin{aligned} D[(3x^2-5)(2x^4-x)] &= (3x^2-5)D(2x^4-x) + (2x^4-x)D(3x^2-5) \\ &= (3x^2-5)(8x^3-1) + (2x^4-x)(6x) \\ &= 24x^5 - 3x^2 - 40x^3 + 5 + 12x^5 - 6x^2 \\ &= 36x^5 - 40x^3 - 9x^2 + 5 \end{aligned}$$ ■

정리 3.3.8 나누기의 법칙

f와 g를 미분가능한 함수라 하고 $g(x) \neq 0$라 하자. 그러면

$$\left(\frac{f}{g}\right)'(x) = \frac{g(x)f'(x) - f(x)g'(x)}{[g(x)]^2}$$

즉,

$$D\left[\frac{f(x)}{g(x)}\right] = \frac{g(x)\,Df(x) - f(x)Dg(x)}{[g(x)]^2}$$

[증명] $F(x) = f(x)/g(x)$라 하자. 그러면

$$F'(x) = \lim_{h \to 0} \frac{F(x+h) - F(x)}{h}$$
$$= \lim_{h \to 0} \frac{\dfrac{f(x+h)}{g(x+h)} - \dfrac{f(x)}{g(x)}}{h}$$

$$= \lim_{h\to 0} \frac{g(x)f(x+h) - f(x)g(x+h)}{h} \cdot \frac{1}{g(x)g(x+h)}$$

$$= \lim_{h\to 0} \left[\frac{g(x)f(x+h) - g(x)f(x) + f(x)g(x) - f(x)g(x+h)}{h} \cdot \frac{1}{g(x)g(x+h)} \right]$$

$$= \lim_{h\to 0} \left\{ \left[g(x)\frac{f(x+h) - f(x)}{h} - f(x)\frac{g(x+h) - g(x)}{h} \right] \frac{1}{g(x)g(x+h)} \right\}$$

$$= [g(x)f'(x) - f(x)g'(x)] \frac{1}{[g(x)]^2}$$ ■

예제 3.3.3 $\dfrac{3x-5}{x^2+7}$ 의 도함수를 구하라.

[풀이]

$$D\left[\frac{3x-5}{x^2+7}\right] = \frac{(x^2+7)D(3x-5) - (3x-5)D(x^2+7)}{(x^2+7)^2}$$

$$= \frac{(x^2+7)(3) - (3x-5)(2x)}{(x^2+7)^2}$$

$$= \frac{-3x^2+10x+21}{(x^2+7)^2}$$ ■

예제 3.3.4 자연수 n에 대하여 $D(x^{-n}) = -nx^{-n-1}$임을 증명하라.

[풀이] $$D(x^{-n}) = D\left(\frac{1}{x^n}\right) = \frac{x^n \cdot 0 - 1 \cdot nx^{n-1}}{x^{2n}} = \frac{-nx^{n-1}}{x^{2n}} = -nx^{-n-1}$$ ■

연습문제 3.3

1. 도함수의 법칙들을 사용하여 Dy를 구하라.

(1) $y = 2x^3$

(2) $y = \pi x^2$

(3) $y = -3x^{-3}$

(4) $y = \dfrac{3}{5x^5}$

(5) $y = 5x^6 - 3x^5 + 11x - 9$

(6) $y = x(x^2+1)$

(7) $y = (2x+1)^2$

(8) $y = (x^2+17)(x^3-3x+1)$

(9) $y = \dfrac{1}{3x^2+1}$

(10) $y = \dfrac{1}{4x^2-3x+9}$

2. $f(0)=4,\ f'(0)=-1,\ g(0)=-3$, 그리고 $g'(0)=5$이다. 다음을 구하라.

(1) $(f\cdot g)'(0)$　　(2) $(f+g)'(0)$　　(3) $\left(\dfrac{f}{g}\right)'(0)$

3. 곱의 법칙을 써서 $D[f(x)]^2=2f(x)\cdot f'(x)$임을 증명하라.

4. $y=\dfrac{1}{x^2+1}$ 위의 점 $\left(1,\ \dfrac{1}{2}\right)$에서 접선의 방정식을 구하라.

5. $y=4x-x^2$의 접선 중에 $(2, 5)$를 지나는 직선이 2개 있다. 그 방정식을 구하라.

3.4 삼각함수와 도함수

좌표평면에서 원점을 중심으로 하는 단위원과 x축의 양의 부분의 교점을 A라 하면, sine, cosine, tangent 함수를 다음과 같이 정의한다.

주어진 실수 t에 대하여, 점 A로부터 원둘레를 따라 t radian 만큼 회전한 위치에 있는 점 P의 좌표가 (x, y)일 때

$$\sin t=y,\ \cos t=x,\ \tan t=\frac{y}{x}$$

로 정의한다.

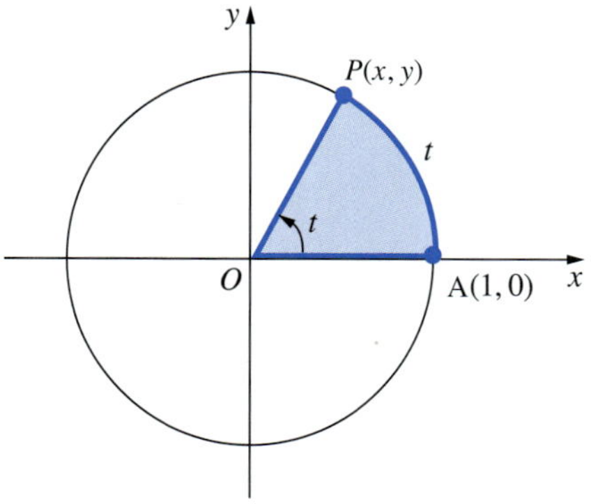

[그림 3.8]

그리고 secant, cosecant, cotangent는 다음과 같이 정의한다.

$$\sec t=\frac{1}{\cos t},\ \csc t=\frac{1}{\sin t},\ \cot t=\frac{1}{\tan t}$$

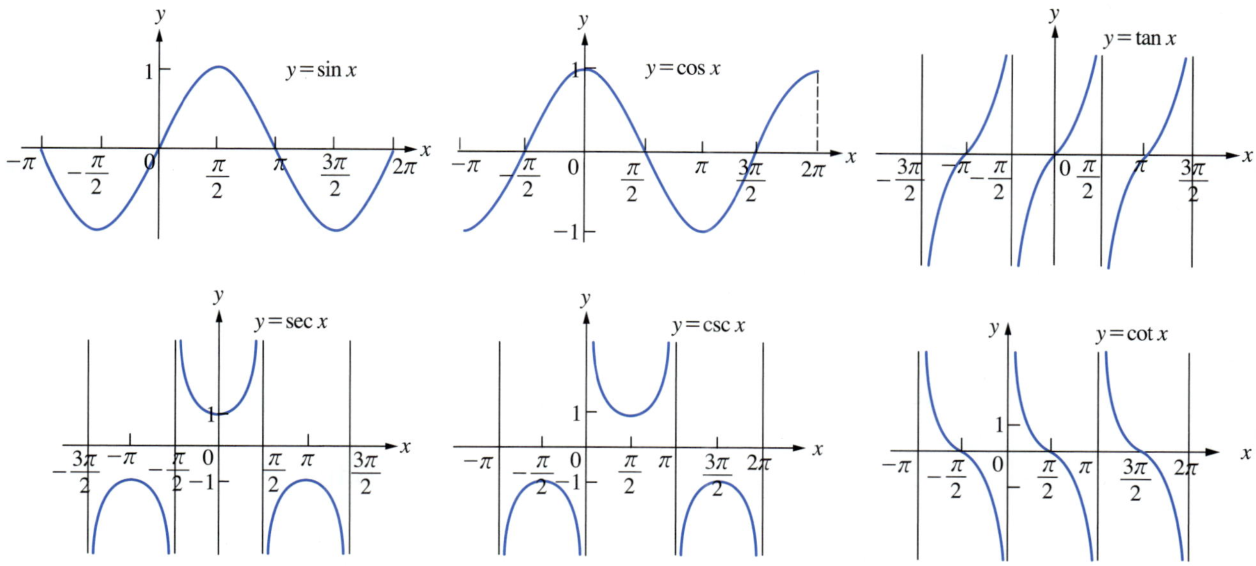

[그림 3.9]

삼각함수들의 그래프는 위의 그림과 같다(그림 3.9).

삼각함수의 극한

삼각함수의 도함수를 구하는데 있어서 다음의 극한값이 쓰인다.

정리 3.4.1

$$\lim_{t\to 0}\frac{\sin t}{t}=1,\quad \lim_{t\to 0}\frac{1-\cos t}{t}=0$$

[증명] $0<t<\dfrac{\pi}{2}$이라 가정하자. 그림 3.10에서 $t\to 0$이면 점 P는 $A(1,0)$을 향하여 이동한다. 따라서

$$\lim_{t\to 0}\cos t=1 \qquad \lim_{t\to 0}\sin t=0$$

선분 OP를 연장하여 점 A를 지나는 수직선과 만나는 점은 $T(1, \tan t)$이다(그림 3.11).

$$\triangle OAP \text{ 의 넓이} \le \text{부채꼴 } OAP \text{ 의 넓이} \le \triangle OAT \text{ 의 넓이}$$

그런데

$$\triangle OAP \text{ 의 넓이} = \frac{1}{2}\cdot 1\cdot \sin t=\frac{1}{2}\sin t$$

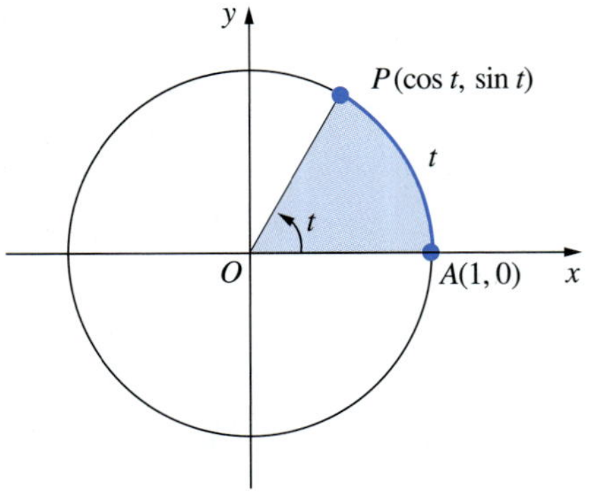

[그림 3.10]

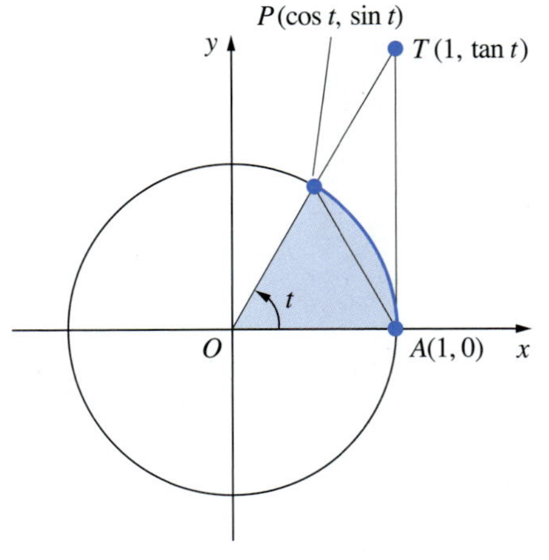

[그림 3.11]

$$\text{부채꼴 } OAP\text{의 넓이} = \frac{1}{2}(\text{반지름})^2 \cdot (\text{radian 단위의 각})$$
$$= \frac{1}{2} \cdot 1^2 \cdot t = \frac{1}{2} t$$
$$\triangle OAT \text{ 의 넓이} = \frac{1}{2} \cdot 1 \cdot \tan t = \frac{1}{2} \frac{\sin t}{\cos t}$$

따라서 위의 부등식은

$$\frac{1}{2} \sin t \leq \frac{1}{2} t \leq \frac{1}{2} \frac{\sin t}{\cos t}$$

$\frac{2}{\sin t}$를 곱하면 $\left(\text{여기서 } \frac{2}{\sin t} > 0\right)$

$$1 \leq \frac{t}{\sin t} \leq \frac{1}{\cos t}$$

또는 역수를 택하여

$$\cos t \leq \frac{\sin t}{t} \leq 1$$

지금까지 $0 < t < \frac{\pi}{2}$라고 가정하였다. 그러나 $-\frac{\pi}{2} < t < 0$이면 $0 < -t < \frac{\pi}{2}$ 가 되고

$$\cos(-t) \leq \frac{\sin(-t)}{-t} \leq 1$$

이다. 그런데 $\cos(-t) = \cos t$이고 $\sin(-t) = -\sin t$이므로 역시

$$\cos t \leq \frac{\sin t}{t} \leq 1$$

이다. 그러므로 이 식은 모든 $-\frac{\pi}{2} < t < \frac{\pi}{2}$, $t \neq 0$에 대하여 성립하며

$$\lim_{t \to 0} \frac{\sin t}{t} = 1$$

이다.

$$\lim_{t\to 0}\frac{1-\cos t}{t}=\lim_{t\to 0}\frac{1-\cos t}{t}\frac{1+\cos t}{1+\cos t}=\lim_{t\to 0}\frac{1-\cos^2 t}{t(1+\cos t)}$$
$$=\lim_{t\to 0}\frac{\sin^2 t}{t(1+\cos t)}=\lim_{t\to 0}\frac{\sin t}{t}\cdot\frac{\lim_{t\to 0}\sin t}{\lim_{t\to 0}(1+\cos t)}$$
$$=1\cdot\frac{0}{2}=0$$

이다. ■

예제 3.4.1 다음 극한을 구하라.

(a) $\lim_{t\to 0}\frac{1-\cos t}{\sin t}$ (b) $\lim_{x\to 0}\frac{\sin 5x}{3x}$

[풀이] (a)

$$\lim_{t\to 0}\frac{1-\cos t}{\sin t}=\lim_{t\to 0}\frac{\frac{1-\cos t}{t}}{\frac{\sin t}{t}}=\frac{0}{1}=0$$

(b)

$$\lim_{x\to 0}\frac{\sin 5x}{3x}=\lim_{x\to 0}\frac{5}{3}\cdot\frac{\sin 5x}{5x}$$
$$=\frac{5}{3}\lim_{x\to 0}\frac{\sin 5x}{5x}=\frac{5}{3}\cdot 1=\frac{5}{3}$$

이다. 마지막에서 두 번째 등식은 $t=5x$라 하면

$$\lim_{x\to 0}\frac{\sin 5x}{5x}=\lim_{5x\to 0}\frac{\sin 5x}{5x}=\lim_{t\to 0}\frac{\sin t}{t}=1$$

을 이용한 것이다. ■

도함수

그림 3.8에서 t는 단위원의 원호의 길이로서, 대응되는 각의 radian 값이다. $D(\sin x)$를 구하기 위하여 $\sin(x+h)$의 합의 공식을 사용하자.

$$D(\sin x)=\lim_{h\to 0}\frac{\sin(x+h)-\sin x}{h}$$
$$=\lim_{h\to 0}\frac{\sin x\cos h+\cos x\sin h-\sin x}{h}$$
$$=\lim_{h\to 0}\left(-\sin x\frac{1-\cos h}{h}+\cos x\frac{\sin h}{h}\right)$$

$$= (-\sin x)\left[\lim_{h\to 0}\frac{1-\cos h}{h}\right] + (\cos x)\left[\lim_{h\to 0}\frac{\sin h}{h}\right]$$

이다. 정리 3.4.1에 의하여

$$\lim_{h\to 0}\frac{1-\cos h}{h} = 0,\quad \lim_{h\to 0}\frac{\sin h}{h} = 1$$

이므로

$$D(\sin x) = (-\sin x)\cdot 0 + (\cos x)\cdot 1 = \cos x$$

마찬가지로

$$\begin{aligned} D(\cos x) &= \lim_{h\to 0}\frac{\cos(x+h)-\cos x}{h} \\ &= \lim_{h\to 0}\frac{\cos x\cos h - \sin x\sin h - \cos x}{h} \\ &= \lim_{h\to 0}\left(-\cos x\frac{1-\cos h}{h} - \sin x\frac{\sin h}{h}\right) \\ &= (-\cos x)\cdot 0 - (\sin x)\cdot 1 \\ &= -\sin x \end{aligned}$$

이 결과를 다음과 같이 중요한 정리로 요약한다.

정리 3.4.2

함수 $f(x)=\sin x$와 $g(x)=\cos x$는 모두 미분가능하며

$$D(\sin x) = \cos x,\quad D(\cos x) = -\sin x$$

예제 3.4.2 $D(3\sin x - 2\cos x)$를 구하라.

[풀이]

$$\begin{aligned} D(3\sin x - 2\cos x) &= 3D(\sin x) - 2D(\cos x) \\ &= 3\cos x + 2\sin x \end{aligned}$$

■

예제 3.4.3 $D(\tan x)$를 구하라.

[풀이]

$$\begin{aligned} D(\tan x) &= D\left(\frac{\sin x}{\cos x}\right) \\ &= \frac{\cos x\, D(\sin x) - \sin x\, D(\cos x)}{\cos^2 x} \end{aligned}$$

$$= \frac{\cos x \cos x + \sin x \sin x}{\cos^2 x}$$
$$= \frac{1}{\cos^2 x}$$
$$= \sec^2 x$$ ■

예제 3.4.4 $y = 3 \sin 2x$ 위의 점 $\left(\frac{\pi}{2}, 0\right)$에서 접선의 방정식을 구하라.

[풀이] $\sin 2x = 2 \sin x \cos x$이다. 따라서

$$\begin{aligned} D(3 \sin 2x) &= D(6 \sin x \cos x) = 6D(\sin x \cos x) \\ &= 6[\sin x\, D(\cos x) + \cos x\, D(\sin x)] \\ &= 6[(\sin x)(-\sin x) + \cos x \cos x] \\ &= 6[\cos^2 x - \sin^2 x] = 6 \cos 2x \end{aligned}$$

$x = \frac{\pi}{2}$에서 도함수값은 -6이다. 이것이 그 점에서 접선의 기울기이다. 따라서 접선의 방정식은

$$y = -6\left(x - \frac{\pi}{2}\right)$$ ■

여기에 삼각함수 6개의 미분 공식을 요약한다.

$D \sin x = \cos x$	$D \cos x = -\sin x$	$D \tan x = \sec^2 x$
$D \cot x = -\csc^2 x$	$D \sec x = \sec x \tan x$	$D \csc x = -\csc x \cot x$

예제 3.4.5 $y = \frac{\sin x}{1 - \cot x}$일 때 Dy를 구하라.

[풀이]

$$\begin{aligned} Dy &= \frac{(1 - \cot x)\, D(\sin x) - \sin x\, D(1 - \cot x)}{(1 - \cot x)^2} \\ &= \frac{(1 - \cot x) \cos x - \sin x \csc^2 x}{(1 - \cot x)^2} \\ &= \frac{\cos x - \cot x \cos x - \csc x}{(1 - \cot x)^2} \end{aligned}$$ ■

연습문제 3.4

1. $Df(x)$를 구하라.

(1) $f(x) = 3\sin x - 5\cos x$

(2) $f(x) = \cot x = \dfrac{\cos x}{\sin x}$

(3) $f(x) = \csc x = \dfrac{1}{\sin x}$

(4) $f(x) = \dfrac{\sin x}{\sin x + \cos x}$

(5) $f(x) = \sin^2 x + \cos^2 x$

(6) $f(x) = \dfrac{\cos x}{x}$

2. 다음 극한을 구하라.

(1) $\displaystyle\lim_{x\to 0}\frac{\sin 2x}{3x}$

(2) $\displaystyle\lim_{x\to 0}\frac{\sin 2x}{\tan x}$

(3) $\displaystyle\lim_{x\to 0}\frac{\tan x - \sin x}{x\cos x}$

3. 곡선 $y = \sqrt{2}\sin x$와 $y = \sqrt{2}\cos x$는 $0 < x < \frac{\pi}{2}$의 한 점에서 직교함을 밝히라.

4. 도함수 정의를 써서 $D(\sin x^2) = 2x\cos x^2$임을 밝히라.

3.5 연쇄법칙

$F(x) = (2x^2 - 4x + 1)^{60}$을 미분하여 보자. 60개의 $(2x^2 - 4x + 1)$을 서로 곱해서 차수가 120인 다항식을 미분해야 할 것이다. 그러나 다음에 다루게 될 연쇄법칙을 사용하면 쉽게 도함수

$$F'(x) = 60(2x^2 - 4x + 1)^{59}(4x - 4)$$

를 구할 수 있다. 3.3절에서 소개한 기호 D의 다른 표기법을 소개한다.

D_x 표기법

y가 x에 관한 함수일 때 x에 대한 y의 도함수를 $D_x y$라 표시하자.
다음 예에 대하여 생각해 보자.

$$y = u^{60}$$

$$u = 2x^2 - 4x + 1$$

이라고 하자. 그러면

$$D_u y = 60u^{59}$$
$$D_x u = 4x - 4$$

이다. 그러나 $u = 2x^2 - 4x + 1$을 $y = u^{60}$에 대입하면

$$y = (2x^2 - 4x + 1)^{60}$$

이다. 이제 $D_x y$의 의미를 살펴보자. 즉, $D_x y$는 무엇이며 이것은 $D_u y$와 $D_x u$와 어떤 관계가 있을까?

합성함수의 도함수

토끼는 거북이보다 10배 빨리 달리고 말은 토끼보다 3배 빨리 달린다면 말은 거북이보다 $3 \cdot 10 = 30$배 빨리 달린다. 즉, 두 비율을 곱한 것이다.

y가 u에 대한 함수이고 u는 x에 대한 함수이면 즉, 두 함수 f와 g에 의해서

$$y = f(u), \quad u = g(x)$$

와 같이 대응되면 합성함수 $y = f(g(x))$가 결정된다. f와 g가 각각 미분가능하면,

y는 u보다 $D_u y$배 만큼 빨리 변하고,
u는 x보다 $D_x u$배 만큼 빨리 변한다.

따라서

y는 x보다 $D_u y \cdot D_x u$배 만큼 빨리 변한다.

라고 생각할 수 있다. 이것은 사실이며 다음 절에서 증명할 것이다. 이 결과를 **연쇄법칙**(chain rule)이라 한다.

정리 3.5.1 연쇄법칙

$y = f(u)$와 $u = g(x)$에 의하여 결정된 합성함수를 $y = f(g(x)) = (f \circ g)(x)$라 하자. g가 x에서 미분가능하고 f는 $g(x)$에서 미분가능하면 $f \circ g$는 x에서 미분가능하고

$$(f \circ g)'(x) = f'(g(x))g'(x)$$

이다. 즉,

$$D_x y = D_u y \cdot D_x u$$

예제 3.5.1 $y=(2x^2-4x+1)^{60}$일 때 $D_x y$를 구하라.

[풀이] $y=u^{60}$, $u=2x^2-4x+1$로 보자. 그러면

$$\begin{aligned} D_x y &= D_u y \cdot D_x u = (60u^{59})(4x-4) \\ &= 60(2x^2-4x+1)^{59}(4x-4) \end{aligned}$$ ■

예제 3.5.2 $y=\dfrac{1}{(2x^5-7)^3}$일 때 $D_x y$를 구하라.

[풀이] $y=\dfrac{1}{u^3}=u^{-3}$, $u=2x^5-7$이라 하면

$$\begin{aligned} D_x y &= D_u y \cdot D_x u = (-3u^{-4})(10x^4) \\ &= \frac{-3}{u^4}\cdot 10x^4 = \frac{-30x^4}{(2x^5-7)^4} \end{aligned}$$ ■

예제 3.5.3 $y=\sin(x^3-3x)$일 때 $D_x y$를 구하라.

[풀이]

$$\begin{aligned} D_x y &= D_u y \cdot D_x u \\ &= (\cos u)(3x^2-3) = [\cos(x^3-3x)](3x^2-3) \end{aligned}$$ ■

변수를 쓰는 과정에 익숙해진 후는 곧바로 다음과 같이 계산할 수 있다.

$$D_x(\cos 3x) = (-\sin 3x)\cdot 3 = -3\sin 3x$$

$$D_x(x^3+\sin x)^6 = 6(x^3+\sin x)^5(3x^2+\cos x)$$

$$\begin{aligned} D_t\left(\frac{t}{\cos 3t}\right)^4 &= 4\left(\frac{t}{\cos 3t}\right)^3 \frac{\cos 3t - t(-\sin 3t)3}{\cos^2 3t} \\ &= \frac{4t^3(\cos 3t + 3t\sin 3t)}{\cos^5 3t} \end{aligned}$$

복합 연쇄법칙

$$y=f(u),\ u=g(v),\ v=h(x)$$

이면 다음 관계가 성립한다.

$$D_x y = D_u y\, D_v u\, D_x v$$

예제 3.5.4 $D_x[\sin^3(4x)]$를 구하라.

[풀이] $y = u^3$, $u = \sin v$ 그리고 $v = 4x$라 하면

$$\begin{aligned} D_x y &= D_u y \cdot D_v u \cdot D_x v \\ &= 3u^2 \cdot \cos v \cdot 4 \\ &= 3\sin^2(4x) \cdot \cos(4x) \cdot 4 \\ &= 12\sin^2(4x)\cos(4x) \end{aligned}$$ ■

여러 개 함수의 합성함수를 미분할 때는 마치 양파 껍질을 하나하나 벗기듯이, 바깥 괄호로부터 안쪽으로 미분한다고 마음속에 새겨두면 도움이 될 것이다.

예제 3.5.5 $D_x\{\sin[\cos(x^2)]\}$를 구하라.

[풀이] $$D_x\{\sin[\cos(x^2)]\} = \cos[\cos(x^2)] \cdot [-\sin(x^2)] \cdot 2x$$ ■

연습문제 3.5

1. 문제 1~12. 다음에서 $D_x y$를 구하라.

(1) $y = (2-9x)^{15}$　　(2) $y = (5x^2+2x-8)^5$

(3) $y = (x^3-3x^2+11x)^9$　　(4) $y = (3x^4+x-8)^{-3}$

(5) $y = \dfrac{1}{(3x^4+x-8)^9}$　　(6) $y = \sin(3x^2+11x)$

(7) $y = \sin^3 x$　　(8) $y = \left(\dfrac{x^2-1}{x+4}\right)^4$

(9) $y = \sin\left(\dfrac{3x-1}{2x+5}\right)$　　(10) $y = (4x-7)^2(2x+3)$

(11) $y = (2x-1)^3(x^2-3)^2$　　(12) $y = \dfrac{(3x^2+2)^2}{2x^2-5}$

2. 연쇄법칙을 사용하여 다음을 구하라.

(1) $D_t\left(\dfrac{3t-2}{t+5}\right)^3$　　(2) $D_t\left(\dfrac{(3t-2)^3}{t+5}\right)$

(3) $D_t(\sin^3 t)$

(4) $D_t\left(\dfrac{\sin t}{\cos 2t}\right)^3$

(5) $D_x[\sin^4(x^2+3x)]$

(6) $D_t[\sin^3(\cos t)]$

(7) $D_\theta[\cos^4(\sin\theta^2)]$

(8) $D_x\{\sin[\cos(\sin 2x)]\}$

3. 곡선 $y=(x^2+1)^3(x^4+1)^2$ 위의 점 (1, 32)에서 접선의 방정식을 구하라.

4. 반지름이 10 cm이고 중심이 원점인 원이 반시계방향으로 1초에 4바퀴 속도로 회전하고 있다. 원 위의 고정점 P가 $t=0$인 순간 x축 위를 지났다고 할 때 다음에 답하라.

(1) 시각이 t초일 때 점 P의 좌표를 구하라.

(2) $t=1$일 때 P는 어떤 속도로 상승(또는 낙하)하겠는가?

3.6 Leibniz 표기법

G. W. Leibniz는 Newton과 더불어 미적분학을 창시한 사람이다. 그의 도함수 표기법은 아직도 널리 사용되고 있다. 특히 응용분야, 즉 물리학, 화학, 경제학 등에서 사용되고 있다. 이 표기법의 매력은 그 형식에 있다. 이 형식은 미분의 참뜻을 암시하며 문제를 증명하는 방법을 암시하기도 한다.

Leibniz 표기법을 배운 후에 이것을 사용하여 연쇄법칙을 다시 표현하고 그것을 증명하겠다.

변화량

변수 x의 값이 x_1에서 x_2로 변한다면 x_2-x_1을 x의 **증분**(increment) 또는 **변화량**이라고 한다. 이것을 흔히 Δx(델타 x)로 표기한다. 물론 Δx는 Δ 곱하기 x가 아니다. $x_1=4.1$이고 $x_2=5.7$이면

$$\Delta x = x_2 - x_1 = 5.7 - 4.1 = 1.6$$

이다. $x_1=c,\ x_2=c+h$이면

$$\Delta x = x_2 - x_1 = c + h - c = h$$

이다.

다음 $y = f(x)$가 x의 함수이고 x가 x_1에서 x_2로 변하면 y는 $y_1 = f(x_1)$에서 $y_2 = f(x_2)$로 변한다. x의 변화량 $\Delta x = x_2 - x_1$에 해당되는 y의 변화량은

$$\Delta y = y_2 - y_1 = f(x_2) - f(x_1)$$

이 된다.

예제 3.6.1 $y = f(x) = 2 - x^2$ 에서 x가 0.4에서 1.3으로 변할 때 Δy를 구하라(그림 3.12).

[풀이]

$$\begin{aligned}\Delta y &= f(1.3) - f(0.4)\\ &= [2-(1.3)^2] - [2-(0.4)^2]\\ &= 0.31 - 1.84 = -1.53\end{aligned}$$ ■

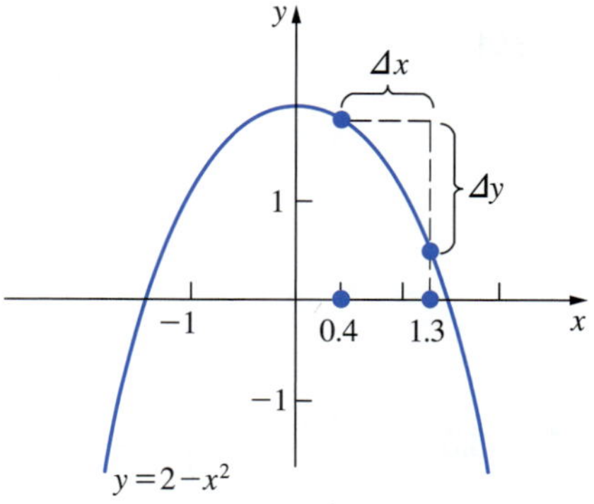

[그림 3.12]

도함수를 나타내는 기호

독립변수가 x로부터 $x + \Delta x$로 변한다고 하자. 이에 대응되는 종속변수 y의 변화는

$$\Delta y = f(x + \Delta x) - f(x)$$

가 되며

$$\frac{\Delta y}{\Delta x} = \frac{f(x+\Delta x) - f(x)}{\Delta x}$$

는 $(x, f(x))$와 $(x + \Delta x,\ f(x + \Delta x))$를 지나는 할선의 기울기가 된다(그림 3.13). $\Delta x \to 0$ 이면 이 할선은 $(x, f(x))$에서 접선에 접근한다. 이때 이 접선의 기울기를 Leibniz는 $\dfrac{dy}{dx}$라는 기호를 사용하였다. 그러면

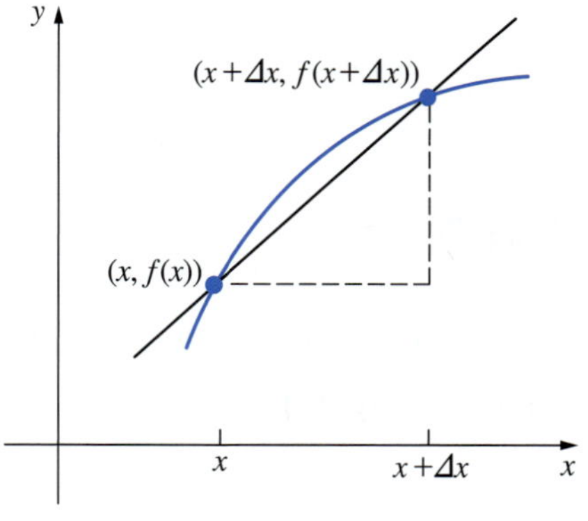

[그림 3.13]

$$\begin{aligned}\frac{dy}{dx} &= \lim_{\Delta x \to 0} \frac{\Delta y}{\Delta x}\\ &= \lim_{\Delta x \to 0} \frac{f(x+\Delta x) - f(x)}{\Delta x} = f'(x)\end{aligned}$$

Leibniz는 $\dfrac{dy}{dx}$를 2개의 **무한소**(infinitesimal)들의 나누기라 불렀다. 무한소 개념은 불분명하므로 이 책에서는 이 개념을 사용하지 않겠다. 그러나 $\dfrac{dy}{dx}$는 도함수를 나타내는 표준 기호이다. 앞으로 이것을 자주 사용하겠다. $\dfrac{d}{dx}$는 D_x와 마찬가지로 작용소 기호로 생각할 수 있다.

예제 3.6.2 $y = x^3 - 3x^2 + 7x$일 때 $\dfrac{dy}{dx}$를 구하라.

[풀이]

$$\begin{aligned}\frac{dy}{dx} &= \frac{d}{dx}(x^3 - 3x^2 + 7x)\\ &= \frac{d}{dx}(x^3) - 3\frac{d}{dx}(x^2) + 7\frac{d}{dx}(x)\\ &= 3x^2 - 3(2x) + 7(1)\\ &= 3x^2 - 6x + 7\end{aligned}$$

■

예제 3.6.3 $\dfrac{d}{dt}\left(\dfrac{3t}{t^2+1}\right)$을 구하라.

[풀이]

$$\begin{aligned}\frac{d}{dt}\left(\frac{3t}{t^2+1}\right) &= \frac{(t^2+1)(3) - (3t)(2t)}{(t^2+1)^2}\\ &= \frac{-3t^2+3}{(t^2+1)^2}\end{aligned}$$

■

연쇄법칙

$y = f(u)$ 그리고 $u = g(x)$라 하자. Leibniz 표기법을 쓰면 연쇄법칙은 다음과 같이 멋진 모양으로 표시된다. 즉,

$$\frac{dy}{dx} = \frac{dy}{du}\frac{du}{dx}$$

멋지다는 이유는 기억하기 좋은 모양이기 때문이다. 즉, 오른쪽을 분수의 곱으로 생각해서 du를 약분하면 왼쪽 식을 얻게 된다.

예제 3.6.4 $y = (x^3 - 2x)^{12}$일 때 $\dfrac{dy}{dx}$를 구하라.

[풀이] $u = x^3 - 2x$라 하면

$$y = u^{12}$$

이 되고

$$\begin{aligned}\frac{dy}{dx} &= \frac{dy}{du}\frac{du}{dx} \\ &= (12u^{11})(3x^2 - 2) \\ &= 12(x^3 - 2x)^{11}(3x^2 - 2)\end{aligned}$$

■

$y = f(u)$, $u = g(v)$, 그리고 $v = h(x)$이면 다음과 같다.

$$\frac{dy}{dx} = \frac{dy}{du}\frac{du}{dv}\frac{dv}{dx}$$

예제 3.6.5 $y = \cos^3(x^2 + 1)$에서 $\dfrac{dy}{dx}$를 구하라.

[풀이] $y = u^3$, $u = \cos v$, $v = x^2 + 1$로 놓자.

$$\begin{aligned}\frac{dy}{dx} &= \frac{dy}{du}\frac{du}{dv}\frac{dv}{dx} \\ &= (3u^2)(-\sin v)(2x) \\ &= (3\cos^2 v)[-\sin(x^2 + 1)](2x) \\ &= -6x\cos^2(x^2 + 1)\sin(x^2 + 1)\end{aligned}$$

■

연쇄법칙의 증명

[증명] 주어진 x에 대하여

$$F(u) = \begin{cases} \dfrac{f(u) - f(g(x))}{u - g(x)} & (u \neq g(x)) \\ f'(g(x)) & (u = g(x)) \end{cases}$$

로 정의하면 F는 $g(x)$에서 연속이고 $f(u) - f(g(x)) = F(u)(u - g(x))$이다. 이제,

$$\begin{aligned}(f \circ g)'(x) &= \lim_{t \to x} \frac{(f \circ g)(t) - (f \circ g)(x)}{t - x} \\ &= \lim_{t \to x} \frac{f(g(t)) - f(g(x))}{t - x} \\ &= \lim_{t \to x} F(g(t))\frac{g(t) - g(x)}{t - x} \\ &= F(g(x))\,g'(x) \\ &= f'(g(x))\,g'(x)\end{aligned}$$

■

고계도함수

도함수 f'을 다시 미분하면 새로운 함수 f''가 생긴다. 이것을 f의 **2계도함수**(second derivative)라고 부른다. 이것을 다시 미분하면 f의 3계도함수인 f'''가 생긴다. 물론 각 미분마다 그 함수의 미분가능성을 가정한다. 예를 들면

$$f(x) = 2x^3 - 4x^2 + 7x - 8$$

이라 할 때

$$f'(x) = 6x^2 - 8x + 7$$
$$f''(x) = 12x - 8$$
$$f'''(x) = 12$$
$$f''''(x) = 0$$

이다. 4계 이상의 도함수는 4계도함수가 0이므로 모두 0이다.

지금까지 도함수에 대한 표기법을 3가지 소개하였다(앞으로 이것을 1계도함수라고 부르자). 즉,

$$f'(x), \quad D_x y, \quad \frac{dy}{dx}$$

이다. 이 3가지 표기법을 이용하여 고계도함수도 아래와 같이 나타낼 수 있다.

$y = f(x)$의 도함수 표기법

도함수	f' 표기법	y' 표기법	D 표기법	Leibniz 표기법
1계	$f'(x)$	y'	$D_x y$	$\frac{dy}{dx}$
2계	$f''(x)$	y''	$D_x^2 y$	$\frac{d^2y}{dx^2}$
3계	$f'''(x)$	y'''	$D_x^3 y$	$\frac{d^3y}{dx^3}$
⋮	⋮	⋮	⋮	⋮
n계	$f^{(n)}(x)$	$y^{(n)}$	$D_x^n y$	$\frac{d^ny}{dx^n}$

예제 3.6.6 $y = \sin 2x$ 일 때 $\frac{d^3y}{dx^3}$, $\frac{d^4y}{dx^4}$, 그리고 $\frac{d^{12}y}{dx^{12}}$ 를 구하라.

[풀이]

$$\frac{dy}{dx} = 2\cos 2x, \quad \frac{d^2y}{dx^2} = -2^2 \sin 2x$$

$$\frac{d^3y}{dx^3} = -2^3 \cos 2x, \quad \frac{d^4y}{dx^4} = 2^4 \sin 2x$$

$$\frac{d^5y}{dx^5} = 2^5 \cos 2x \quad \cdots\cdots\cdots \quad \frac{d^{12}y}{dx^{12}} = 2^{12} \sin 2x$$

■

연습문제 3.6

1. $y = x^2 - 2x + 4$ 에 대하여 $x_1 = 1,\ x_2 = 1.5$ 일 때 Δy를 구하라.

2. $y = \frac{3}{x+1}$ 에 대하여 $x_1 = 2.34,\ x_2 = 2.31$ 일 때 Δy를 구하라.

3. 연쇄법칙을 사용하여 $\frac{dy}{dx}$ 를 구하라.

(1) $y = u^3,\ u = x^2 + 3x$

(2) $y = \sin(x^2)$

(3) $y = \left(\frac{x^2+1}{\cos x}\right)^4$

(4) $y = \cos(x^2)\sin^2 x$

(5) $y = \sin^4(x^2 + 3)$

(6) $y = \cos^2\left(\frac{x^2+2}{x^2-2}\right)$

4. $f(3) = 2,\ f'(3) = -1,\ g(3) = 3$ 그리고 $g'(3) = -4$라고 하자. 이 경우 다음을 계산하라.

(1) $(f+g)'(3)$

(2) $(f \cdot g)'(3)$

(3) $\left(\frac{f}{g}\right)'(3)$

(4) $(f \circ g)'(3)$

5. 정육면체의 모서리의 길이가 각각 16 cm/sec인 일정한 비율로 증가하고 있다.

(1) 모서리의 길이가 20 cm일 때 부피의 증가율을 구하라.

(2) 모서리의 길이가 15 cm일 때 정육면체의 겉넓이의 증가율을 구하라.

6. 다음 함수에 대하여 $\frac{d^3y}{dx^3}$을 구하라.

(1) $y = x^3 + 3x^2 - 2x - 8$

(2) $y = (2x+5)^4$

(3) $y = \sin(3x)$

(4) $y = \dfrac{1}{x-3}$

(5) $f(x) = \sin^2(\pi x)$

7. $n! = n(n-1)(n-2) \cdots 3 \cdot 2 \cdot 1$이다. $D_x^n(x^n) = n!$임을 증명하라.

8. 다음을 구하라.

(1) $D_x^4(3x^3 + 2x - 19)$

(2) $D_x^{12}(100x^{11} - 79x^{10})$

(3) $D_x^{11}(x^2 - 3)^5$

3.7 음함수 미분

$y^3 + 7y = x^3$의 그래프는 그림 3.14와 같다. 점 (2, 1)에서 접선의 기울기를 구하려면 이 점에서 $\dfrac{dy}{dx}$를 계산하면 된다.

이 경우 y를 x의 함수로 고치지 않고 풀 수 있다. 즉, 위 방정식을 x에 대하여 미분하면(y를 x의 함수라고 가정)

$$3y^2 \cdot \frac{dy}{dx} + 7\frac{dy}{dx} = 3x^2$$

이다. 여기서 $\dfrac{dy}{dx}$를 구하면

$$\frac{dy}{dx} = \frac{3x^2}{3y^2 + 7}$$

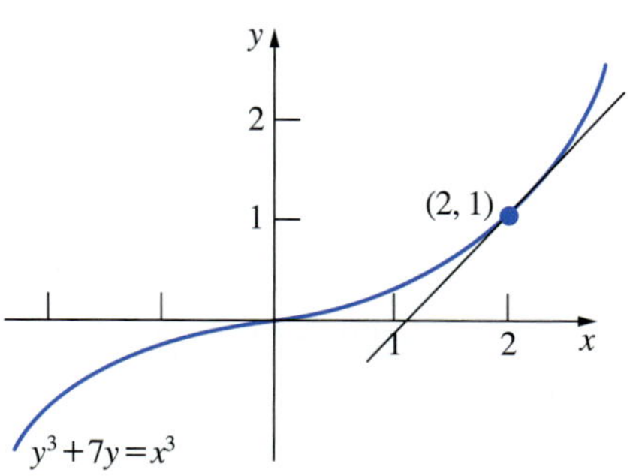

[그림 3.14]

이다. 그런데 $\frac{dy}{dx}$ 는 x, y의 함수이므로 $\frac{dy}{dx}$를 x의 함수로 나타내는 것은 간단한 문제가 아니다. 그러나 점 (2, 1)에서 $\frac{dy}{dx}$ 를 구하는 문제이므로

$$\frac{dy}{dx} = \frac{3(2)^2}{3(1)^2 + 7} = \frac{12}{10} = \frac{6}{5}$$

이다. 따라서 기울기는 $\frac{6}{5}$이다. 위 방법을 **음함수 미분법**이라 한다.

위 방법의 옳고 그름을 가리기 위하여 2가지 방법으로 계산할 수 있는 다음과 같은 예를 생각하자.

예제 3.7.1 $4x^2y - 3y = x^3 - 1$ 일 때 $\frac{dy}{dx}$를 구하라.

[풀이] **〈방법 1〉**

$$y(4x^2 - 3) = x^3 - 1$$

$$y = \frac{x^3 - 1}{4x^2 - 3}$$

$$\frac{dy}{dx} = \frac{(4x^2 - 3)(3x^2) - (x^3 - 1)(8x)}{(4x^2 - 3)^2}$$

$$= \frac{4x^4 - 9x^2 + 8x}{(4x^2 - 3)^2}$$

(음함수 미분법)

$$4x^2y - 3y = x^3 - 1$$

의 양변을 x에 관해 미분하면

$$4x^2\frac{dy}{dx} + y \cdot 8x - 3\frac{dy}{dx} = 3x^2$$

$$(4x^2 - 3)\frac{dy}{dx} = 3x^2 - 8xy$$

$$\frac{dy}{dx} = \frac{3x^2 - 8xy}{4x^2 - 3}$$

여기서 $y = \frac{x^3 - 1}{4x^2 - 3}$ 을 대입하면

$$\frac{dy}{dx} = \frac{3x^2 - 8xy}{4x^2 - 3} = \frac{3x^2 - 8x\left(\frac{x^3 - 1}{4x^2 - 3}\right)}{4x^2 - 3}$$

$$= \frac{12x^4 - 9x^2 - 8x^4 + 8x}{(4x^2 - 3)^2} = \frac{4x^4 - 9x^2 + 8x}{(4x^2 - 3)^2}$$ ■

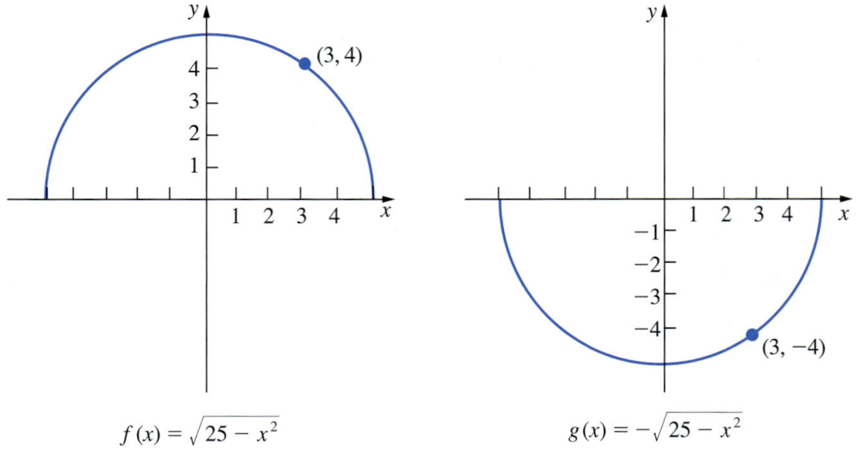

[그림 3.15]

$x^2 + y^2 = 25$ 를 생각하자. 이것은 함수 $y = f(x) = \sqrt{25 - x^2}$ 과 함수 $y = g(x) = -\sqrt{25 - x^2}$ 을 결정한다(그림 3.15).

두 함수 모두 열린구간 $(-5, 5)$에서 미분가능하다. 먼저 f를 생각하자. 이것은 다음을 만족한다.

$$x^2 + [f(x)]^2 = 25$$

양변을 x에 관해 미분하면

$$2x + 2f(x)\,f'(x) = 0$$

$$f'(x) = -\frac{x}{f(x)} = -\frac{x}{\sqrt{25 - x^2}}$$

마찬가지 방법으로 $g'(x)$를 구하면

$$g'(x) = -\frac{x}{g(x)} = \frac{x}{\sqrt{25 - x^2}}$$

이다. 그러나 $x^2 + y^2 = 25$를 음함수 미분함으로 위의 $f'(x)$, $g'(x)$ 를 동시에 구할 수 있다. 즉,

$$2x + 2y\frac{dy}{dx} = 0$$

$$\frac{dy}{dx} = -\frac{x}{y} = \begin{cases} \dfrac{-x}{\sqrt{25-x^2}} & y = f(x) \text{ 일 때} \\ \dfrac{x}{\sqrt{25-x^2}} & y = g(x) \text{ 일 때} \end{cases}$$

이 된다. 즉, 위에서 구한 것과 동일한 결과가 된다.

$x^2 + y^2 = 25$ 일 때 $x = 3$에서 접선의 기울기를 구하려고 한다. $x = 3$에 대한 y의 값이 각각 4, -4이고 $\frac{dy}{dx} = -\frac{x}{y}$이므로 기울기는 각각 $-\frac{3}{4}, \frac{3}{4}$이 된다. 따라서 $\frac{dy}{dx} = -\frac{x}{y}$만 알아도 기울기를 구하는 데 충분하다.

그러나 $x^2 + y^2 = 25$로 나타낼 수 있는 함수는 무수히 많다는 점에 유의하라. 예를 들어

$$h(x) = \begin{cases} \sqrt{25-x^2} & -5 \le x \le 3 \text{ 일 때} \\ -\sqrt{25-x^2} & 3 < x \le 5 \text{ 일 때} \end{cases}$$

은 $x^2 + y^2 = 25$를 만족한다. 그러나 $x = 3$에서는 연속이 아니므로 이 점에서는 미분할 수가 없다(그림 3.16).

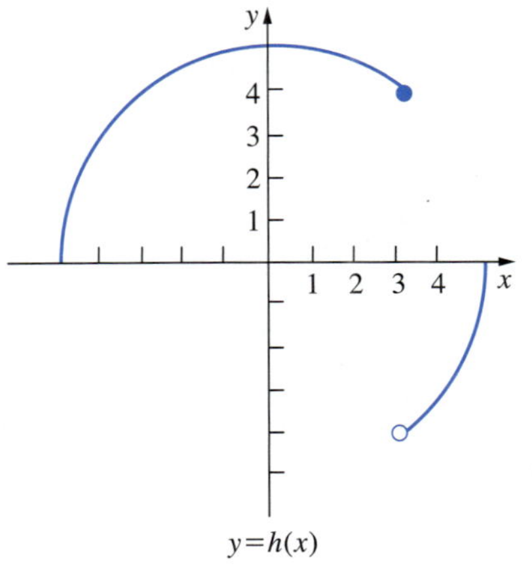

[그림 3.16]

음함수에 대하여 어렵고 기술적인 이론이 많이 있으나 이 책에서 다루고 있는 문제들은 대부분 간단하게 해결할 수 있는 것들이다.

다음 예제들에서는 도함수를 음함수 미분에 의해 구할 수 있다고 가정한다.

예제 3.7.2 $x^2 + 5y^3 = x + 9$에서 $\dfrac{dy}{dx}$를 구하라.

[풀이]

$$\frac{d}{dx}(x^2 + 5y^3) = \frac{d}{dx}(x + 9)$$
$$2x + 15y^2\frac{dy}{dx} = 1$$
$$\frac{dy}{dx} = \frac{1 - 2x}{15y^2}$$

■

예제 3.7.3 $t^3 + t^2y - 10y^4 = 0$ 에서 $D_t y$를 구하라.

[풀이]

$$D_t(t^3 + t^2y - 10y^4) = D_t(0)$$
$$3t^2 + t^2D_t y + y(2t) - 40y^3D_t y = 0$$
$$(D_t y)(t^2 - 40y^3) = -3t^2 - 2ty$$
$$D_t y = \frac{3t^2 + 2ty}{40y^3 - t^2}$$

■

예제 3.7.4 곡선 $y^3 - xy^2 + \cos xy = 2$ 위의 점 $(0, 1)$에서 접선의 방정식을 구하라.

[풀이] $\dfrac{dy}{dx}$ 대신 y'을 사용하자. 양변을 미분하여

$$3y^2y' - x(2yy') - y^2 - (\sin xy)(xy' + y) = 0$$
$$y'(3y^2 - 2xy - x\sin xy) = y^2 + y\sin xy$$
$$y' = \frac{y^2 + y\sin xy}{3y^2 - 2xy - x\sin xy}$$

그러므로 $(0, 1)$에서 $y' = \dfrac{1}{3}$이고 $(0, 1)$에서 접선의 방정식은

$$y - 1 = \frac{1}{3}(x - 0)$$

■

제곱법칙

n이 정수일 때 $D_x(x^n) = nx^{n-1}$임을 알았다. 이것을 n이 유리수일 때로 확장하여 보자.

정리 3.7.1 제곱의 법칙

r을 임의의 유리수라고 할 때

$$D_x(x^r) = rx^{r-1}$$

[증명] r이 유리수이므로 $r = \dfrac{p}{q}$로 쓸 수 있다. 여기서 p, q는 정수이며 $q \neq 0$이다.

$$y = x^r = x^{p/q}$$

라 하면 $y^q = x^p$이므로 음함수 미분에 의하여

$$qy^{q-1}D_x y = px^{p-1}$$

이다. 따라서

$$D_x y = \frac{px^{p-1}}{qy^{q-1}} = \frac{p}{q}\frac{x^{p-1}}{(x^{p/q})^{q-1}} = \frac{p}{q}\frac{x^{p-1}}{x^{p-(p/q)}}$$
$$= \frac{p}{q}x^{p-1-p+(p/q)} = \frac{p}{q}x^{(p/q)-1} = rx^{r-1}$$ ■

결국 구하려는 결과를 얻었으나 정직하게 말하면 위의 증명에서 $D_x y$가 존재한다고 가정하였다. 즉, $y = x^{p/q}$가 미분가능하다고 가정하였다.

예제 3.7.5 $y = 2x^{11/3} + 4x^{3/4} - 6x^{-2/3}$에서 $D_x y$를 구하라.

[풀이] $D_x y = 2D_x(x^{11/3}) + 4D_x(x^{3/4}) - 6D_x(x^{-2/3})$ 그리고 정리 3.7.1에 의하여

$$D_x y = 2 \cdot \frac{11}{3}x^{8/3} + 4 \cdot \frac{3}{4}x^{-1/4} - 6\left(-\frac{2}{3}\right)x^{-5/3}$$
$$= \frac{22}{3}x^{8/3} + 3x^{-1/4} + 4x^{-5/3}$$ ■

예제 3.7.6 $y = \sqrt{t^4 - 3t + 17}$에서 $\dfrac{dy}{dt}$를 구하라.

[풀이] 문제를 $y = u^{1/2}$, $u = t^4 - 3t + 17$로 생각하자. 연쇄법칙을 사용하여

$$\frac{dy}{dt} = \frac{dy}{du}\frac{du}{dt}$$
$$= \left(\frac{1}{2}u^{-1/2}\right)(4t^3 - 3)$$
$$= \left(\frac{1}{2\sqrt{u}}\right)(4t^3 - 3)$$

$$= \frac{4t^3 - 3}{2\sqrt{t^4 - 3t + 17}}$$ ■

연습문제 3.7

1. 다음 각 방정식이 x에 관한 미분가능함수라고 가정하고 음함수 미분법으로 $D_x y$를 구하라.

(1) $x^2 - y^2 = 9$
(2) $xy = 4$
(3) $xy^2 - x + 16 = 0$
(4) $4x^3 + 11xy^2 - 2y^3 = 0$
(5) $6x - \sqrt{2xy} + xy^3 = y^2$
(6) $xy + \sin y = x^2$

2. 다음 각 곡선 위의 주어진 점에서 접선의 방정식을 구하라.

(1) $x^3y + y^3x = 10;\ (1,\ 2)$
(2) $\sin(xy) = y\,;\left(\frac{\pi}{2},\ 1\right)$
(3) $x^{2/3} - y^{2/3} - 2y = 2;\ (1,\ -1)$

3. 다음 각 함수에 대하여 $\frac{dy}{dx}$를 구하라.

(1) $y = 3x^{5/3} + \sqrt{x}$
(2) $y = \sqrt[3]{x} + \frac{1}{\sqrt[3]{x}}$
(3) $y = \sqrt[4]{3x^2 - 4x}$
(4) $y = \frac{1}{(x^3 + 2x)^{2/3}}$
(5) $y = \sqrt{x^2 + \sin x}$
(6) $y = \frac{1}{\sqrt[3]{x^2 \sin x}}$
(7) $y = \sqrt[4]{1 + \cos(x^2 + 2x)}$

4. $s^2t + t^3 = 1$일 때 $\frac{ds}{dt}$, $\frac{dt}{ds}$를 구하라.

5. 원 $x^2 - 4x + y^2 + 3 = 0$을 그리고 원점 $(0,\ 0)$을 지나는 2개의 접선의 방정식을 구하라.

6. $xy + y^3 = 2$를 음함수 미분법으로 미분하면

(1) $xy' + y + 3y^2y' = 0$

(2) $xy'' + y' + y' + 3y^2y'' + 6y(y')^2 = 0$

이다. (1)에서 y'을 구하고 이것을 (2)에 대입하여 y''을 구하라.

7. $2x^2y - 4y^3 = 4$ 일 때 점 (2, 1)에서 y''을 구하라.

8. 점 $\left(\frac{3}{2}, \frac{3}{2}\right)$에서 $x^3 + y^3 = 3xy$의 법선(normal line)이 원점 (0, 0)을 지남을 증명하라.

9. 곡선 $2x^2 + y^2 = 6$ 과 $y^2 = 4x$ 의 그래프는 직교함을 증명하라.

10. 직선 $y = 2x$ 와 곡선 $x^2 - xy + 2y^2 = 28$ 이 1사분면에서 만나는 점에서 이루는 각을 구하라.

3.8 변화율

y가 시간 t의 함수라 하면 도함수 $\frac{dy}{dt}$를 시간에 의한 y의 변화율이라고 한다. y가 거리를 나타내면 이 변화율을 속력이라 한다. 여러 종류의 시간변화율은 관심의 대상이다. 물이 통 속으로 흘러들어가는 변화율이라든가, 부동산 값의 증가율, 난파된 유조선으로부터 흘러내리는 원유의 오염 면적의 증가율 등이다. y가 t만의 함수면 문제는 간단하다. 즉, t에 관하여 미분하여 지정된 시간의 도함수를 구하면 된다. 그런데 y와 t와의 관계를 직접 몰라도 y와 x의 관계식과 $\frac{dx}{dt}$를 알고 있으면 $\frac{dy}{dt}$를 구할 수가 있다. 이때 $\frac{dy}{dt}$와 $\frac{dx}{dt}$를 **관련된 변화율**(related rate)이라 한다.

예제 3.8.1 관측자로부터 45 m 떨어진 지점에서 풍선을 풀어놓았다. 풍선이 2.4 m/sec로 수직으로 상승한다면 풍선이 15 m 높이에 있을 때 관측자로부터 풍선까지 거리는 어떤 시간변화율로 증가할까? 관측자와 풍선은 $t = 0$일 때 동일 수평면 위에 있다고 가정한다.

[풀이] t초 후 풍선의 높이를 h, 관측자와 풍선 사이의 거리를 s라고 하자. h와 s는 모두 시각 t의 함수이고 $\frac{dh}{dt} = 2.4\ \text{m}/\text{sec}$이다(그림 3.17).

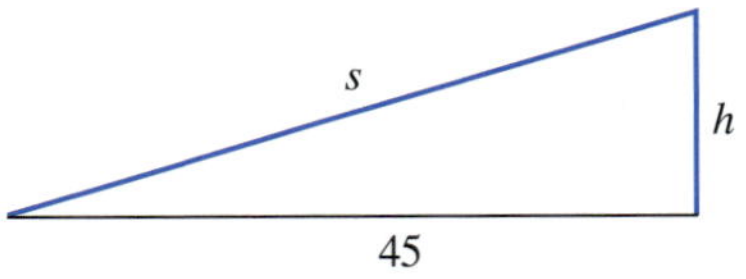

[그림 3.17]

Pythagoras 정리에 의하여 $s^2 = h^2 + (45)^2$. 이것을 t에 관하여 음함수 미분하면

$$2s\frac{ds}{dt} = 2h\frac{dh}{dt} \quad \text{또는} \quad s\frac{ds}{dt} = h\frac{dh}{dt}$$

이다. $h = 15$일 때

$$s = \sqrt{(15)^2 + (45)^2} = 15\sqrt{10}$$

이므로 이것을 관계식에 대입하면

$$15\sqrt{10}\,\frac{ds}{dt} = 15 \cdot (2.4)$$

그러므로 $\dfrac{ds}{dt} = \dfrac{2.4}{\sqrt{10}}$ m/sec ■

예제 3.8.2 원뿔 모양의 물통에 8 m^3/min의 일정한 속도로 물이 채워지고 있다. 물통의 깊이가 12 m이고 윗부분의 반지름이 6 m이면, 물의 깊이가 4 m일 때 물 표면은 어떤 속도로 오르겠는가?

[풀이] t초 후 물의 깊이를 h, 물 표면의 반지름을 r, 물의 부피를 V라고 하자. 그림 3.18에서 $\dfrac{r}{h} = \dfrac{6}{12}$이므로 $r = \dfrac{h}{2}$이다. $V = \dfrac{1}{3}\pi r^2 h$이므로

$$V = \frac{1}{3}\pi\left(\frac{h}{2}\right)^2 h = \frac{1}{12}\pi h^3$$

이다. 구하려는 것이 $\dfrac{dh}{dt}$이기 때문에 V식에 r 대신 $\dfrac{h}{2}$를 대입하였다. $\dfrac{dr}{dt}$를 구하려면 h 대신 $2r$을 V식에 대입하여야 한다. V를 t로 음함수 미분하여

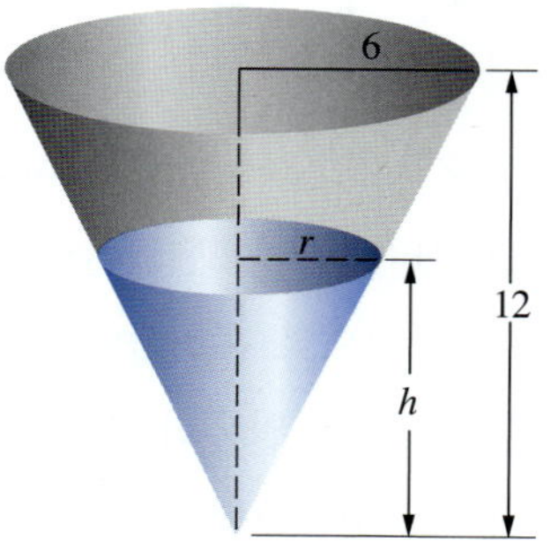

[그림 3.18]

$$\frac{dV}{dt} = \frac{3\pi h^2}{12}\frac{dh}{dt} = \frac{\pi h^2}{4}\frac{dh}{dt}$$

또는

$$\frac{dh}{dt} = \frac{4}{\pi h^2}\frac{dV}{dt}$$

이다. $h = 4$이고 $\dfrac{dV}{dt} = 8$이므로

$$\frac{dh}{dt} = \frac{4}{\pi \cdot 4^2} \cdot 8 = \frac{2}{\pi}\ \mathrm{m/min}$$ ■

예제 3.8.3 비행기가 북쪽으로 1200 km/h 속도로 정오에 어떤 도시 위를 비행하고 있고 15분 후에 다른 비행기가 동쪽으로 1000 km/h 속도로 동일한 도시 위를 지나 비행하고 있다. 1시 15분에 두 비행기는 얼마의 속도로 서로 멀어지고 있겠는가? (두 비행기의 고도는 같다.)

[풀이] **[제1단계]** t를 12시 15분 이후 시간이라고 하자. 그림 3.19는 $t>0$ 일 때를 나타내고 있다. $t=0$ 일 때 그 도시 상공에서 북쪽행 비행기까지 거리는 $\frac{1200}{4}=$ 300 km 이다. y를 12시 15분 이후 북쪽행 비행기가 비행한 거리라 하고 x를 동쪽행 비행기가 비행한 거리, 그리고 s를 두 비행기 사이의 거리라고 하자 $(t>0)$.

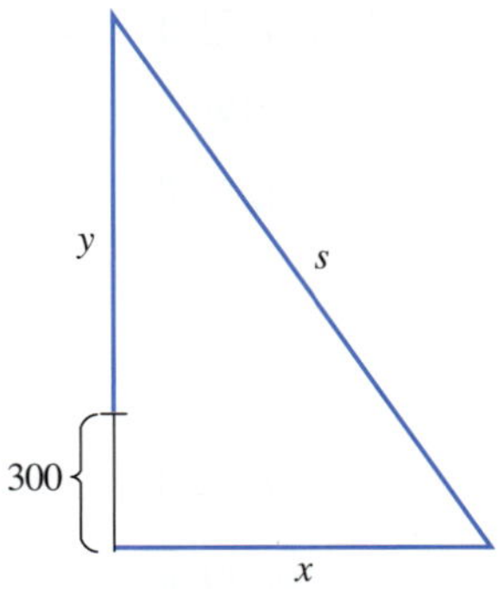

[그림 3.19]

[제2단계] $t>0$ 일 때 $\frac{dy}{dt}=1200$, $\frac{dx}{dt}=1000$은 주어진 값이고 $t=1$일 때 $\frac{ds}{dt}$를 구하려고 한다.

[제3단계] Pythagoras 정리에 의하여

$$s^2 = x^2 + (y+300)^2$$

[제4단계] 양변을 t로 음함수 미분하여

$$2s\frac{ds}{dt} = 2x\frac{dx}{dt} + 2(y+300)\frac{dy}{dt}$$

즉,

$$s\frac{ds}{dt} = x\frac{dx}{dt} + (y+300)\frac{dy}{dt}$$

[제5단계] $t>0$ 일 때 $\frac{dy}{dt}=1200$, $\frac{dx}{dt}=1000$이고 특히 $t=1$이면 $x=1000$, $y=1200$ 이므로

$$s=\sqrt{(1500)^2+(1000)^2}=100\sqrt{325}=500\sqrt{13}$$

이다. 따라서

$$500\sqrt{13}\,\frac{ds}{dt} = (1000)^2 + (1500)\cdot(1200)$$

$$\frac{ds}{dt} = \frac{5600}{\sqrt{13}}\ \text{km/h}$$

■

예제 3.8.4 어떤 사람이 벼랑 위에서 벼랑 쪽으로 초당 6 m씩 접근하는 모터보트를 망원경으로 바라보고 있다. 수면에서 망원경까지 거리가 75 m라 할 때, 모터보트가 벼랑으로부터 75 m 떨어진 거리에 접근하는 순간의 망원경의 각의 변화율을 구하라 (그림 3.20).

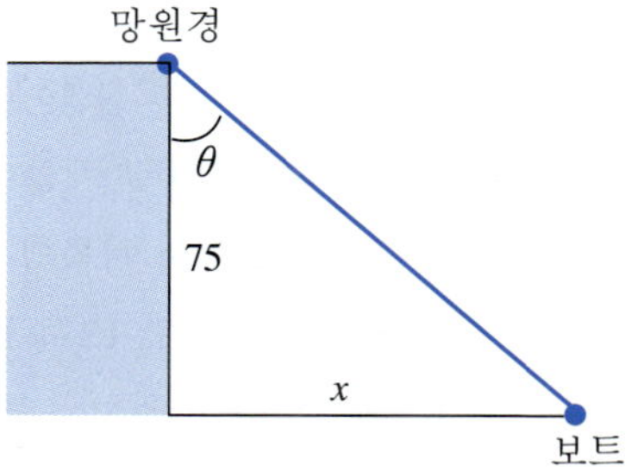

[그림 3.20]

[풀이] **[제1단계]** 그림 3.20과 같이 변수 θ와 x를 도입한다.

[제2단계] $\frac{dx}{dt}=-6$ (시간이 경과할수록 거리가 작아지므로 $\frac{dx}{dt}<0$)이며 $x=75$일 때 $\frac{d\theta}{dt}$를 구하려고 한다.

[제3단계] $\tan\theta=\frac{x}{75}$

[제4단계] t로 음함수 미분하면

$$\sec^2\theta\cdot\frac{d\theta}{dt}=\frac{1}{75}\frac{dx}{dt}$$

[제5단계] $x=75$일 때 $\theta=\frac{\pi}{4}$이므로

$$\sec^2\theta=2$$

이다. 따라서

$$2\frac{d\theta}{dt}=\frac{1}{75}(-6)$$

$$\frac{d\theta}{dt}=-\frac{1}{25}=-0.04$$

즉, 각은 -0.04 rad/sec로 변한다. θ는 시간이 경과할수록 감소하므로 위의 값이 음수임에 유의하라. ■

연습문제 3.8

1. 정육면체의 각 모서리의 길이가 3 cm/sec로 증가하고 있다. 한 모서리의 길이가 10 cm일 때 부피의 변화율을 구하라.

2. 고도 1 km 상공을 수평으로 나는 비행기가 관측자 위를 비행 중이다. 이 비행기의 속

도가 240 km/h이면 30초 후 관측자로부터 비행기까지 거리의 변화율은 얼마인가?

3. 비행기 A가 오전 11:30에 어떤 도시 상공을 시간당 400 km로 서쪽으로 향해서 날고 있다. 12:00 정각에 비행기 B가 동일한 고도에서 이 도시 상공을 시속 500 km로 남쪽으로 날고 있다. 오후 1:00에 비행기 A, B는 어떤 속도로 멀어지겠는가?

4. 길이가 20 m인 사다리가 벽에 세워져 있다. 사다리의 아래쪽이 수평인 마루 위에서 벽에서부터 초당 2 m로 멀어지고 있다면 사다리의 아래쪽이 벽으로부터 4 m 떨어져 있을 때 사다리의 윗부분은 어떤 속도로 떨어지고 있을까?

5. 모래가 관으로부터 초당 16 m^3씩 쏟아지고 있다. 쏟아진 모래가 원뿔 모양을 이루며 항상 높이가 밑면 지름의 $\frac{1}{4}$이 된다. 이 원뿔꼴의 높이가 4 m일 때 높이의 변화율을 구하라(그림 3.21 $V=\frac{1}{3}\pi r^2 h$)

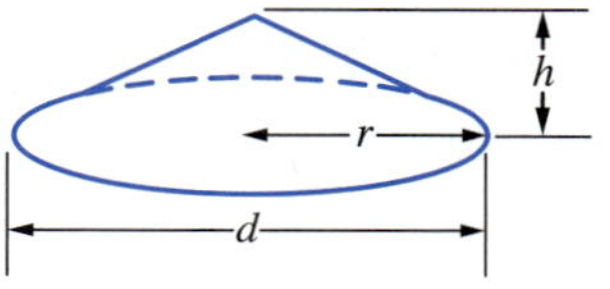

[그림 3.21]

6. 길이가 40 m, 폭이 20 m, 깊은 곳은 8 m, 얕은 곳은 3 m인 수영장이 있다(그림 3.22는 단면을 나타내고 있다). 이 수영장에 40 $\mathrm{m}^3/\mathrm{min}$의 일정한 속도로 물이 채워지고 있다고 하자. 깊은 쪽의 물의 깊이가 3 m일 때 물 표면은 얼마의 속도로 오르고 있을까?

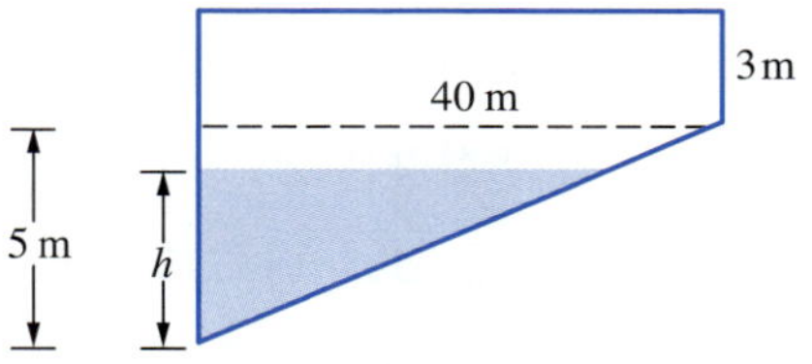

[그림 3.22]

3.9 •• 미분과 어림값

Leibniz 표기법 $\frac{dy}{dx}$를 사용하여 y의 x에 대한 도함수를 표기하였다. 현재까지 $\frac{dy}{dx}$는 하나의 기호로 취급되어 왔으며 dy와 dx에 별도의 의미를 부여하지 않았다. 앞으로 이 점에 대하여 논의한다.

$P(x_0, y_0)$를 $y=f(x)$의 고정된 점이라고 하자(그림 3.23). P를 원점으로 보고 새로운 좌표축 dx와 dy를 도입한다. 여기서 dx, dy는 각각 x, y축과 평행하다. 이 새로운 좌표계

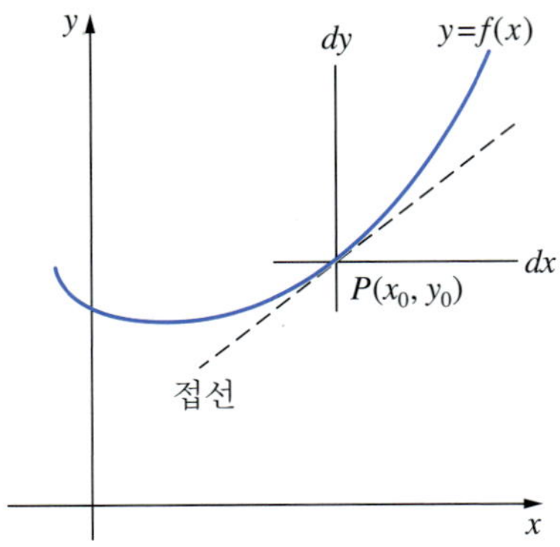

[그림 3.23]

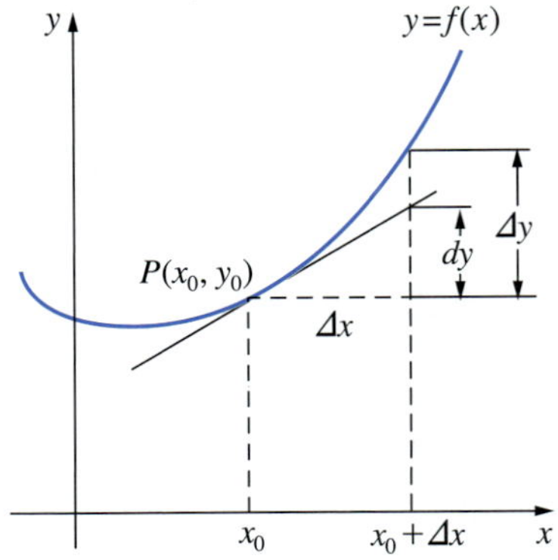

[그림 3.24]

에서는 P에서 접선의 방정식이 특히 간단한 꼴이 된다. 즉, $dy = m\,dx$이다. 여기서 m은 접선의 기울기인데 xy좌표계에서 기울기와 동일하다. 따라서 $m = f'(x_0)$를 대입하면 다음과 같다.

$$dy = f'(x_0)\,dx$$

$P(x_0, y_0)$ 근방에서 접선이 곡선에 아주 근접하고 있으므로(그림 3.24) 위 등식은 어림값을 찾는 데 매우 유용하다. x의 작은 변화량 $\Delta x = dx$가 생기면 곡선상에서 이에 대응되는 y의 변화량은 $\Delta y = f(x_0 + \Delta x) - f(x_0)$이다. 한편 접선상에서 대응되는 y의 미분은 $dy = f'(x_0)\Delta x$이다. 그러므로 dy는 Δy의 매우 좋은 어림값이고 단지 상수$\times\Delta x$이므로 일반적으로 훨씬 쉽게 계산할 수 있다. 이 절 마지막 부분에서 좀 더 이 문제를 다루겠다.

미분의 정의

정의

$y = f(x)$를 x에서 미분가능한 함수라 하고 독립변수 x의 미분 dx는 x의 임의의 변화량이라 하자. 이때 그것에 대응되는 종속변수 y의 미분 dy는

$$dy = f'(x)\,dx$$

로 정의한다.

예제 3.9.1 다음 함수의 미분 dy를 구하라.

(a) $y = x^3 - 3x + 1$ (b) $y = \sqrt{x^2 + 3x}$ (c) $y = \sin(x^4 - 3x^2 + 11)$

[풀이] 도함수를 구할 수 있으면 미분도 쉽게 계산할 수 있다. 즉, 도함수를 구하여 dx를 곱하기만 하면 된다.

(a) $dy = (3x^2 - 3)dx$

(b) $dy = \dfrac{1}{2}(x^2 + 3x)^{-1/2}(2x + 3)\,dx = \dfrac{2x + 3}{2\sqrt{x^2 + 3x}}\,dx$

(c) $dy = \cos(x^4 - 3x^2 + 11) \cdot (4x^3 - 6x)\,dx$ ■

다음에 유의하자. 첫째 $dy = f'(x)\,dx$의 양변을 dx로 나누면

$$f'(x) = \frac{dy}{dx}$$

즉, 도함수를 두 미분의 분수로 생각해도 좋다. 둘째 도함수의 정리에 대응되는 미분의 정리는 도함수에 "dx"를 곱하여 얻을 수 있다.

도함수의 법칙	미분의 법칙
1. $\dfrac{dk}{dx} = 0$	1. $dk = 0$
2. $\dfrac{d(ku)}{dx} = k\dfrac{du}{dx}$	2. $d(ku) = kdu$
3. $\dfrac{d(u+v)}{dx} = \dfrac{du}{dx} + \dfrac{dv}{dx}$	3. $d(u+v) = du + dv$
4. $\dfrac{d(uv)}{dx} = u\dfrac{dv}{dx} + v\dfrac{du}{dx}$	4. $d(uv) = udv + vdu$
5. $\dfrac{d}{dx}\left(\dfrac{u}{v}\right) = \dfrac{v\dfrac{du}{dx} - u\dfrac{dv}{dx}}{v^2}$	5. $d\left(\dfrac{u}{v}\right) = \dfrac{vdu - udv}{v^2}$
6. $\dfrac{d(u^n)}{dx} = nu^{n-1}\dfrac{du}{dx}$	6. $d(u^n) = nu^{n-1}du$

어림값

미분은 이 책에서 여러 가지 역할을 한다. 여기서는 어림값을 계산하는 데 미분을 사용하려 한다.

$y = f(x)$라 하자(그림 3.25). Δx가 x의 변화량이고 여기에 대응되는 y의 변화량을 Δy라 할 때 Δy의 어림값으로 dy를 쓸 수 있다. 따라서 $f(x + \Delta x)$를

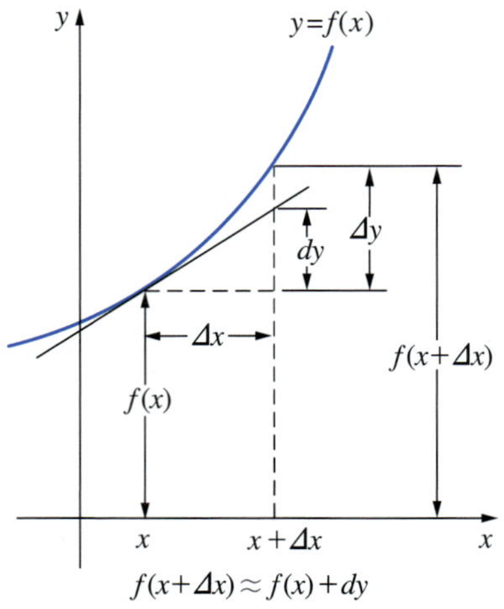

[그림 3.25]

$$f(x+\Delta x) \approx f(x) + dy = f(x) + f'(x)\Delta x$$

로 어림할 수 있다. 이 식은 아래 예제들의 기본이 된다.

예제 3.9.2 계산기를 사용하지 않고 $\sqrt{4.6}$과 $\sqrt{8.2}$의 어림값을 구하라.

[풀이] $y=\sqrt{x}$를 생각하자. x가 4에서 4.6까지 변할 때 y는 $\sqrt{4}=2$에서 어림값 $\sqrt{4}+dy$로 변한다. 그런데

$$dy = \frac{1}{2}x^{-\frac{1}{2}}\,dx = \frac{1}{2\sqrt{x}}\,dx$$

이고 $x=4$, $dx=0.6$이므로

$$dy = \frac{1}{2\sqrt{4}}(0.6) = \frac{0.6}{4} = 0.15$$

따라서

$$\sqrt{4.6} \approx \sqrt{4} + dy = 2 + 0.15 = 2.15$$

마찬가지로 $x=9$, $dx=-0.8$이면

$$dy = \frac{1}{2\sqrt{9}}(-0.8) = -\frac{0.8}{6} \approx -0.133$$

따라서

$$\sqrt{8.2} \approx \sqrt{9} + dy \approx 3 - 0.133 = 2.867$$

■

예제 3.9.3 미분을 사용하여 비눗방울의 반지름이 3 cm에서 3.025 cm로 증가할 때 겉넓이 증가량의 어림값을 구하라.

[풀이] 비눗방울의 겉넓이는 $A = 4\pi r^2$이다. ΔA의 어림값은

$$dA = 8\pi r\, dr$$

이다. $r = 3$, $dr = \Delta r = 0.025$ 이므로

$$dA = 8\pi(3)(0.025) \approx 1.885\ \text{cm}^2$$

■

예제 3.9.4 정육면체 한 변이 11 cm에서 11.412 cm로 증가할 때 정육면체의 부피 증가량의 어림값을 구하라.

[풀이] V를 정육면체의 부피, x를 한 변의 길이라 하면 $V = x^3$이므로 ΔV의 어림값은

$$dV = 3x^2\, dx$$

이다. $x = 11$, $dx = \Delta x = 0.412$이므로

$$dV = 3(11)^2(0.412) = 149.556$$

■

연습문제 3.9

1. dy를 구하라.

   (1) $y = 2x^2 - 3x + 5$ (2) $y = (3 + 2x^3)^{-4}$

   (3) $y = \sqrt{4x^5 + 2x^4 - 5}$ (4) $y = \sqrt[5]{(t^2 - 3)^2}$

2. 미분을 사용하여 다음 주어진 수의 어림값을 구하라.

   (1) $\sqrt{402}$ (2) $\sqrt[3]{26.91}$

3. 한 고무공의 바깥지름은 12 cm이며 공의 두께는 0.3 cm이다. 미분을 이용하여 공 내부 부피의 어림값을 구하라.

4. 지구 적도를 원이라 가정하고 그 반지름이 6400 km라고 하자. 적도면 위의 적도보다 2 m 위의 점들로 이루어진 원의 둘레는 적도보다 얼마나 더 길까? 미분을 이용하여 계산하라.

연습문제 ● Chapter 3

1. 아래의 함수는 어떤 물체의 시각 t에서의 위치를 나타낸다.

(a) 다음 각 구간에서 평균속도를 구하라.

① $t=0$과 $t=2$ ② $t=1$과 $t=2$ ③ $t=1.9$와 $t=2$ ④ $t=1.99$와 $t=2$

(b) $t=2$일 때의 순간속도를 구하라.

(1) $f(t)=16t^2+10$ (2) $f(t)=\sqrt{t^2+8t}$

2. $f(t)$가 다음과 같을 때 $t=a$에서의 속도를 구하라.

(1) $f(t)=-16t^2+5,\ a=1;\ a=2$

(2) $f(t)=\sqrt{t+16},\ a=0;\ a=2$

3. $f'(a)$를 구하라.

(1) $f(x)=3x+1,\ a=1$ (2) $f(x)=3x^2+1,\ a=1$

(3) $f(x)=\sqrt{3x+1},\ a=1$ (4) $f(x)=\dfrac{3}{x+1},\ a=2$

4. 도함수 $f'(x)$를 구하라.

(1) $f(x)=3x^2+1$ (2) $f(x)=x^2-2x+1$

(3) $f(x)=\dfrac{3}{x+1}$ (4) $f(x)=\dfrac{2}{2x-1}$

5. $f(x)=\begin{cases} 0, & x<0 \\ 2x, & x\geq 0 \end{cases}$ 일 때, $f(x)$는 $x=0$에서 연속이지만 $f'(0)$은 존재하지 않음을 보이라.

6. 다음 각 함수의 도함수를 구하라.

(1) $f(x)=x^3-2x+1$ (2) $f(x)=x^9-3x^5+4x^2-4x$

(3) $f(t)=3t^3-2\sqrt{t}$ (4) $f(x)=\dfrac{3}{x}-8x+1$

(5) $f(x)=\dfrac{2}{x^4}-x^3+2$ (6) $h(x)=12x-x^2-\dfrac{3}{\sqrt{x}}$

7. 다음 함수에 대하여 주어진 도함수를 구하라.

(1) $f(x)=x^4+3x^2-2$일 때 $f''(x)$ (2) $f(x)=x^6-\sqrt{x}$ 일 때 $\dfrac{d^2f}{dx^2}$

(3) $f(x) = 2x^4 - \dfrac{3}{\sqrt{x}}$ 일 때 $\dfrac{d^2}{dx^2}f(x)$

(4) $f(t) = 4t^2 - 12 + \dfrac{4}{t^2}$ 일 때 $f'''(t)$

(5) $f(x) = x^{10} - 3x^4 + 2x - 1$ 일 때 $f^{(5)}(x)$

(6) $f(x) = \dfrac{x^2 - x + 1}{\sqrt{x}}$ 일 때 $f'''(x)$

(7) $f(t) = (t^2 - 1)(\sqrt{t} + t)$ 일 때 $f^{(4)}(t)$

8. $y = f(x)$의 $x = a$ 에서의 접선의 방정식을 구하라.

(1) $f(x) = 4\sqrt{x} - 2x,\ a = 4$

(2) $f(x) = x^2 - 2x + 1,\ a = 2$

9. $f(0) = -2,\ f'(0) = 2,\ f''(0) = 3$ 인 이차 다항식 $f(x) = ax^2 + bx + c$ 를 구하라.

10. 다음 각 함수의 도함수를 구하라.

(1) $f(x) = (x^2 + 3)(x^3 - 3x + 1)$

(2) $f(x) = (x^3 - 2x^2 + 5)(x^4 - 3x^2 + 2)$

(3) $f(x) = (\sqrt{x} + 3x)\left(5x^2 - \dfrac{3}{x}\right)$

(4) $f(x) = (x^{3/2} - 4x)\left(x^4 - \dfrac{3}{x^2} + 2\right)$

(5) $f(x) = \dfrac{3x - 2}{5x + 1}$

(6) $f(x) = \dfrac{x^2 + 2x + 5}{x^2 - 5x + 1}$

(7) $f(x) = \dfrac{6x - 2/x}{x^2 + \sqrt{x}}$

(8) $f(x) = \dfrac{(x + 1)(x - 2)}{x^2 - 5x + 1}$

(9) $f(x) = \dfrac{x^2 + 3x - 2}{\sqrt{x}}$

(10) $f(x) = x(\sqrt[3]{x} + 3)$

(11) $f(x) = \dfrac{x^2}{3} + \dfrac{5}{x^2}$

(12) $f(x) = (x^2 - 1)\dfrac{x^3 + 3x^2}{x^2 + 2}$

11. 다음 각 함수의 도함수를 구하라.

(1) $f(x) = x^{2/3}(x^2 - 2)(x^3 - x + 1)$

(2) $f(x) = (x + 4)(x^3 - 2x^2 + 1)\left(3 - \dfrac{2}{x}\right)$

12. 다음 함수의 도함수를 구하라.

(1) $f(x) = (x^3 - 1)^2$

(2) $f(x) = (x^2 + 2x + 1)^2$

(3) $f(x) = \sqrt{x^2 + 4}$

(4) $f(x) = x^5\sqrt{x^3 + 2}$

(5) $f(x) = \dfrac{x^3}{(x^2 + 4)^2}$

(6) $f(x) = \dfrac{6}{\sqrt{x^2 + 4}}$

(7) $f(x)=(\sqrt{x}+3)^{4/3}$ (8) $f(x)=\left(\sqrt{x^3+2}+2x\right)^{-2}$

(9) $f(x)=\dfrac{x}{\sqrt{x^2+1}}$ (10) $f(x)=\sqrt{\dfrac{x}{x^2+1}}$

13. 곡선 $y=\sqrt{x^2+16}$ 의 $x=3$에서의 접선의 방정식을 구하라.

14. 수직선 위를 움직이는 점의 위치함수가 $s(t)=\dfrac{60t}{\sqrt{t^2+1}}$로 주어질 때, $t=2$인 순간 점의 속도를 구하라.

15. $h(x)=f(g(x))$이고 $f(1)=3,\ g(1)=2,\ f'(1)=4,\ f'(2)=3,\ g'(1)=-2,\ g'(3)=5$일 때 $h'(1)$을 구하라.

16. 다음 각 함수의 도함수를 구하라.

(1) $f(x)=4\sin x-x$ (2) $f(x)=x^2+\cos^2 x$

(3) $f(x)=\tan^3 x-\csc^4 x$ (4) $f(x)=4\sec x^2-3\cot x$

(5) $f(x)=\sin(\tan x^2)$ (6) $f(x)=\sqrt{\sin^2 x+2}$

(7) $f(x)=\dfrac{\sin(x^2)}{x^2}$ (8) $f(x)=\dfrac{x^2}{\csc^4 x}$

(9) $f(t)=\sqrt{\cos t\sec t}$ (10) $f(x)=\dfrac{1}{\sin 4x}$

(11) $f(x)=x^2\sec^2 3x$ (12) $f(x)=\tan\sqrt{x^2+1}$

17. $y=f(x)$의 $x=a$에서의 접선의 방정식을 구하라.

(1) $f(x)=\tan 3x,\ a=0$ (2) $f(x)=x\sin x,\ a=\dfrac{\pi}{2}$

18. 다음 곡선에 대하여, 주어진 점에서의 접선의 방정식을 구하라.

(1) $x^2+4y^2=8,\ (2,1)$ (2) $y-3x^2y=\cos x,\ (0,1)$

19. 다음 함수의 $\dfrac{dy}{dx}$을 구하라.

(1) $x^2y^2+3y=4x$ (2) $3xy^3-4x=10y^2$

(3) $\sqrt{xy}-4y^2=12$ (4) $\sin xy=x^2-3$

(5) $\dfrac{x+3}{y}=4x+y^2$

C·H·A·P·T·E·R 04

도함수의 응용

4.1 최댓값과 최솟값

일상생활에서도 어떤 것을 제일 잘하기 위한 방법을 찾는 문제와 부딪치게 된다. 이 문제는 특정한 집합에서 정의된 함숫값의 최대화(또는 최소화)와 관련되는 문제로 생각될 수 있다. 이러한 문제를 미분적분학을 이용하여 풀기 위해 최댓값과 최솟값을 정의한다.

정의

함수 f가 S에서 정의되고 $c \in S$라 하자.

(i) 모든 $x \in S$에 대하여 $f(c) \geq f(x)$이면 $f(c)$는 f의 **최댓값**(maximum value)이다.

(ii) 모든 $x \in S$에 대하여 $f(c) \leq f(x)$이면 $f(c)$는 f의 **최솟값**(minimum value)이다.

f는 S에서 최댓값(또는 최솟값)을 갖는가? 이 질문에 대한 답은 무엇보다도 f가 정의되는 집합 S와 관련된다. 예를 들어 $f(x) = \dfrac{1}{x}$이라 하고 $S = (0, \infty)$라 하자. 분명히 f는 최댓값도 최솟값도 갖지 않는다. 그러나 $S = [1, 3]$인 경우에 f는 1에서 최댓값 1을 그리고 3에서 최솟값 $\dfrac{1}{3}$을 갖는다. 더구나 $S = (1, 3]$인 경우에는 최댓값은 없어도 $x = 3$에서 최솟값 $\dfrac{1}{3}$을 갖는다. 또한 f의 형태에도 관련된다. 다음과 같이 정의되는 불연속함수 $g(x)$를 보자(그림 4.1).

$$g(x) = \begin{cases} x & 1 \leq x < 2 \text{ 일 때} \\ x - 2 & 2 \leq x \leq 3 \text{ 일 때} \end{cases}$$

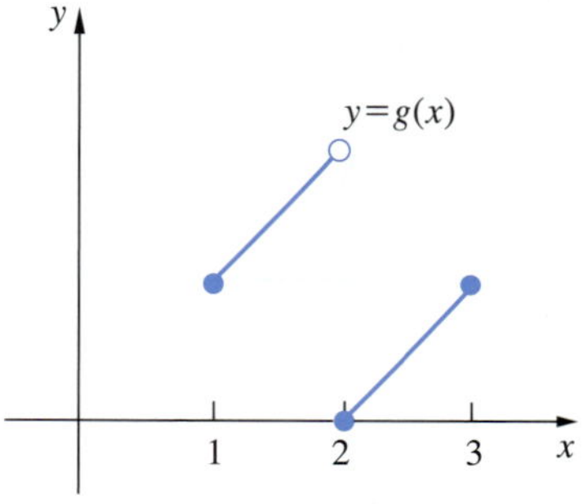

[그림 4.1]

$S=[1, 3]$ 에서 g의 최댓값은 없어도 최솟값 $g(2)=0$이 있다.

최댓값과 최솟값의 존재성에 대한 다음 정리는 자주 이용되는 중요한 정리이다.

정리 4.1.1

f가 닫힌구간 $[a, b]$에서 정의된 연속함수이면, f는 그 구간에서 최댓값과 최솟값을 갖는다.

최대 · 최솟값이 생기는 위치

일반적으로 최대화 또는 최소화하려는 함수의 정의역 I는 1.2절에서 다룬 9가지 형태 중 하나인 구간이다. 어떤 구간, 예를 들면 $[a, b]$는 **끝점**(end point)을 모두 포함하고 있고 $(a, b]$는 끝점을 하나만 포함하고 있다. 그러나 (a, b)는 끝점을 포함하지 않는다. 닫힌 구간에서는 함수의 최대 · 최솟값이 끝점에서 생길 때가 있다(그림 4.2).

c가 $f'(c)=0$이 되는 점일 때 c를 **정점**(stationary point)이라고 한다. 최대 · 최솟값은 보통 정점에서 생긴다(그림 4.3).

마지막으로 I 속의 점 c에서 $f'(c)$가 존재하지 않으면 c를 **특이점**(singular point)이라고 한다(그림 4.4). 이 점은 보통 f의 그래프에서 꺾인 점, 접선이 수직인 점, 또는 불연속인 점이다.

여기 소개한 끝점, 정점 그리고 특이점이 최대 · 최솟값 이론의 열쇠가 된다. 이 세 종류의 점들을 f의 **임계점**(critical point)이라 한다.

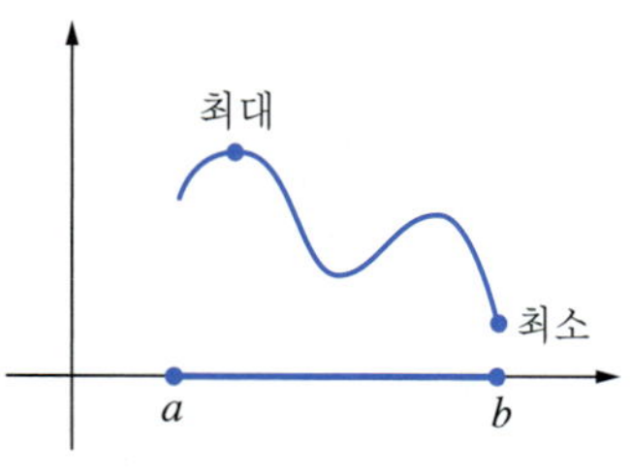

[그림 4.2]

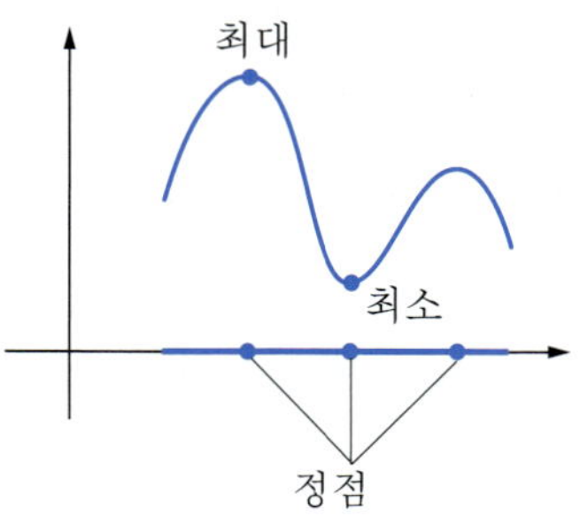

[그림 4.3]

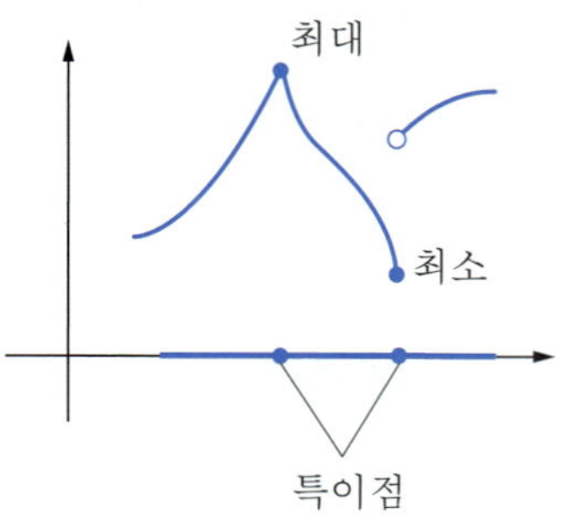

[그림 4.4]

예제 4.1.1 $f(x) = -2x^3 + 3x^2$이 $\left[-\frac{1}{2}, 2\right]$에서 정의되었다. 이때 $f(x)$의 임계점을 구하라.

[풀이] 끝점이 $-\frac{1}{2}, 2$ 이다. 정점을 찾기 위해서 $f'(x) = -6x^2 + 6x = 0$을 풀면 $x = 0, 1$이다. 특이점은 없으므로 임계점은 $-\frac{1}{2}, 0, 1, 2$ 이다.

정리 4.1.2 임계점 정리

f가 c를 포함하는 구간 I에서 정의된 함수라 하자. $f(c)$가 최대 또는 최솟값이면 c는 임계점이다. 즉, c는 다음 (a), (b), (c)들 중의 하나이다.

(a) I의 끝점 ;

(b) f의 정점 ($f'(c) = 0$);

(c) f의 특이점 ($f'(c)$가 존재하지 않는다).

[증명] 우선 $f(c)$가 I에서 f의 최댓값이라고 가정하자. 그리고 c가 끝점도 특이점도 아니라고 하자. 그러면 c가 정점인 것을 밝히면 된다.

$f(c)$가 최댓값이므로 I의 모든 점 x에 대하여 $f(x) \le f(c)$, 즉

$$f(x) - f(c) \le 0$$

따라서 $x < c$이면 $x - c < 0$이므로

$$\frac{f(x) - f(c)}{x - c} \ge 0 \tag{1}$$

또 $x > c$이면

$$\frac{f(x) - f(c)}{x - c} \le 0 \tag{2}$$

그런데 c는 특이점이 아니므로 $f'(c)$가 존재한다. 따라서 (1)에서 $x \to c^-$, (2)에서 $x \to c^+$ 하면 $f'(c) \ge 0$이고 $f'(c) \le 0$이다. 그러므로 $f'(c) = 0$이다.

$f(c)$가 최솟값일 때도 똑같은 방법으로 증명된다. ■

최대 · 최솟값을 구하는 법

정리 4.1.1과 4.1.2를 고려하면 닫힌구간 I에서 정의된 연속함수의 최댓값과 최솟값을 구하는 간단한 절차를 말할 수 있다.

첫째로 f의 모든 임계점을 닫힌구간 I에서 찾는다.

둘째로 각 임계점에서 f의 값을 계산한다. 이 중 제일 큰 값이 최댓값이 되고 제일 작은 값이 최솟값이 된다.

예제 4.1.2 $f(x) = -2x^3 + 3x^2$이 $\left[-\frac{1}{2}, 2\right]$에서 정의되었을 때 함수의 최댓값과 최솟값을 구하라.

[풀이] 예제 4.1.1에서 $-\frac{1}{2}$ 0, 1, 2가 임계점임을 밝혔다. $f\left(-\frac{1}{2}\right) = 1$, $f(0) = 0$, $f(1) = 1$ 그리고 $f(2) = -4$이다. 따라서 최댓값은 1이고 최솟값은 -4이다. ■

예제 4.1.3 $F(x) = x^{2/3}$은 연속이다. $[-1, 2]$에서 $F(x)$의 최댓값과 최솟값을 구하라.

[풀이] $F'(x) = \frac{2}{3}x^{-\frac{1}{3}} \neq 0$이다. 그러나 $F'(0)$은 존재하지 않는다. 따라서 0이 임계점이다. 그리고 끝점도 임계점이다. $F(-1) = 1$, $F(0) = 0$, $F(2) = \sqrt[3]{4}$. 그러므로 최댓값은 $\sqrt[3]{4}$이고 최솟값은 0이 된다(그림 4.5). ■

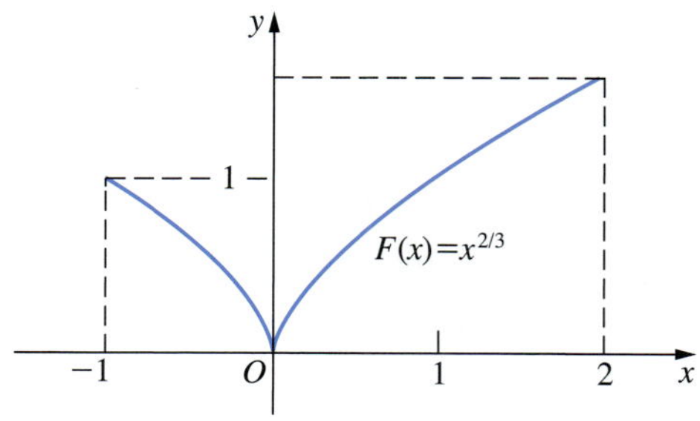

[그림 4.5]

실제 문제

실제 문제란 일상생활에서 매일 일어나는 문제를 뜻한다. 이런 문제들은 특이점을 갖는 예가 거의 없다. 사실 이런 문제들은 대개 정점에서 최댓값과 최솟값을 갖게 된다. 물론 끝점은 점검되어야 한다.

예제 4.1.4 그림 4.6과 같이 24 cm × 9 cm인 두꺼운 종이의 네 모퉁이에서 정사각형을 떼어내고 가장자리를 접어 직육면체 상자를 만들려고 한다. 부피가 최대인 상자의 치수를 말하고 이때 부피를 구하라.

[풀이] x를 떼어내는 정사각형의 변의 길이라 하고 V를 이때 상자의 부피라고 하자. 그러면

$$V = x(9-2x)(24-2x) = 216x - 66x^2 + 4x^3$$

이다. 여기서 $0 \le x \le 4.5$이다.

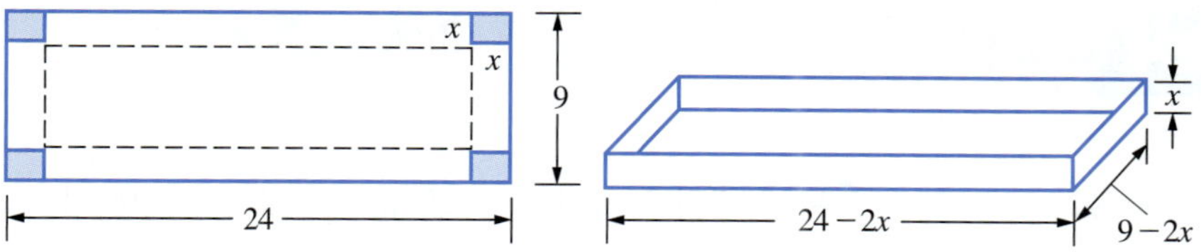

[그림 4.6]

$$\frac{dV}{dx} = 216 - 132x + 12x^2 = 12(18 - 11x + x^2) = 12(9 - x)(2 - x) = 0$$

$x = 2$와 $x = 9$가 정점이지만 $x = 2$만이 구간 $[0, 4.5]$에 있다. 따라서 0, 2, 4.5 가 임계점이다. $V(0) = V(4.5) = 0$이고 $V(2) = 200$이므로 상자의 부피는 $x = 2$일 때 최대이며 가로 20 cm, 세로 5 cm, 높이 2 cm이다. ■

예제 4.1.5 길이 100 m의 철망을 가지고 그림 4.7에서와 같이 울타리를 쳐서 땅의 넓이를 같게 나누려 한다. 땅의 넓이가 최대가 되도록 하려면 어떻게 해야 하는가?

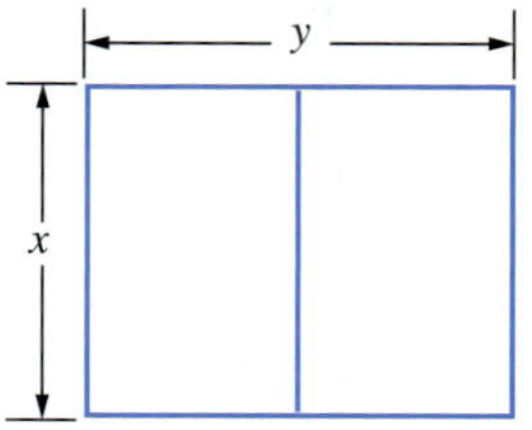

[그림 4.7]

[풀이] x를 세로, y를 가로의 길이라고 하자. 총길이가 100 m이므로 $3x + 2y = 100$, 즉

$$y = 50 - \frac{3}{2}x$$

이며 넓이 A는

$$A = xy = 50x - \frac{3}{2}x^2$$

이다. $0 \le x \le \frac{100}{3}$이어야 하므로 문제는 A를 $\left[0, \frac{100}{3}\right]$에서 최대화하는 것이 된다.

$$\frac{dA}{dx} = 50 - 3x$$

이므로 $50 - 3x = 0$으로 하는 x는 $x = \frac{50}{3}$이다. 따라서 0, $\frac{50}{3}$ 그리고 $\frac{100}{3}$이 임계점이다.

$$A(0) = A\left(\frac{100}{3}\right) = 0,\ A\left(\frac{50}{3}\right) = 50\left(\frac{50}{3}\right) - \frac{3}{2}\left(\frac{50}{3}\right)^2 \approx 416.67\ \text{m}^2$$

이다. 그러므로 $x = \frac{50}{3}$ m, $y = 25$ m로 하면 된다. ■

최대 · 최솟값의 응용에 대해서는 4.4절에서 자세히 다루어질 것이다.

연습문제 4.1

1. 다음 각 함수에 대해서 모든 임계점을 확인하고 최댓값과 최솟값을 구하라.

(1) $f(x) = -x^2 + 4x - 1;\ I = [0, 3]$

(2) $G(x) = \frac{1}{5}(2x^3 + 3x^2 - 12x);\ I = [-3, 3]$

(3) $f(x) = x^3 - 3x + 1;\ I = \left(-\frac{3}{2}, 3\right)$

(4) $f(x) = \frac{x}{x^2 + 2};\ I = [-1, 4]$

(5) $f(x) = |x - 2|;\ I = [1, 5]$

(6) $h(x) = x^{2/5};\ I = (-1, 32)$

2. 합이 10이고 곱이 최댓값이 되는 음수가 아닌 정수 쌍을 구하라.

3. 한 농부가 10 m 헛간 앞에서 그림 4.8과 같이 직사각형 모양이 되도록 8 m의 울타리를 치려 한다. 우리의 넓이가 최대가 되는 울타리의 치수를 구하라.

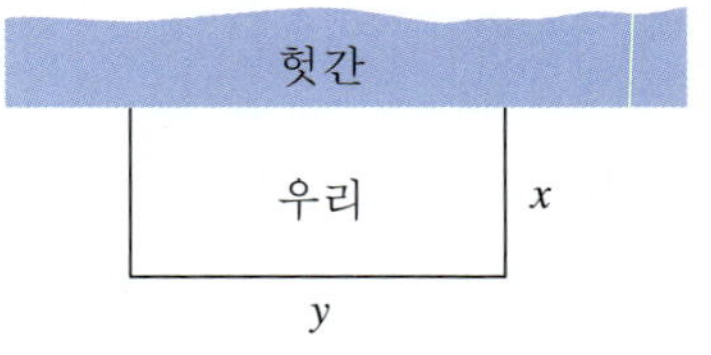

[그림 4.8]

4. 포물선 $y = 12 - x^2$의 아랫부분과 직선 $y = 0$의 윗부분의 공통 영역에 내접하는 직사각형의 넓이가 최대가 되도록 직사각형의 치수를 정하라.

5. 빗물받이 홈통이 있다. 수직 단면을 보면 수평인 밑변의 길이가 7.5 cm이고 옆변의 길이도 7.5 cm이다. 옆변이 밑변과 이루는 각은 좌우 똑같이 θ이다(그림 4.9). 홈통의 용량을 최대로 하는 θ를 구하라. $0 \le \theta \le \pi/2$인 것을 유의하라.

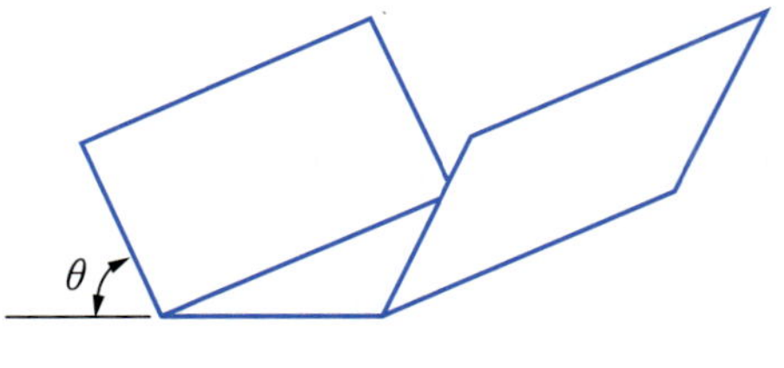

[그림 4.9]

4.2 단조성과 오목성

정의

f가 구간 I에서 정의될 때 I 내의 임의의 두 점 x_1, x_2에 대하여

(i) $$x_1 < x_2 \Rightarrow f(x_1) < f(x_2)$$

이면 f는 구간 I에서 **증가한다**(increase)고 하고

(ii) $$x_1 < x_2 \Rightarrow f(x_1) > f(x_2)$$

이면 f는 구간 I에서 **감소한다**(decrease)고 하며

(iii) 함수 f가 (i) 또는 (ii)를 만족하면 f는 구간 I에서 **단조롭다**(monotone)고 한다.

함수가 어느 구간에서 증가하는지를 어떻게 결정할 것인가? 그래프를 그려서 결정하자고 제안하는 사람도 있을 것이다. 그러나 그것은 부정확한 방법이다. 유한 개의 점을 부드럽게 연결하여 그래프를 그리는 데 선택된 두 점 사이에 어떤 경우에는 무수히 많은 진동이 존재할 수도 있기 때문이다.

1 계도함수 및 단조성

1계도함수 $f'(x)$는 점 x에서 f의 그래프에 접하는 접선의 기울기를 의미한다. 따라서 $f'(x) > 0$이면 접선은 오른쪽으로 올라가고 $f'(x) < 0$이면 오른쪽으로 내려간다(그림 4.10). 이 사실로부터 다음 정리를 명백히 이해할 수 있다. 자세한 증명은 4.6절로 미룰 것이다.

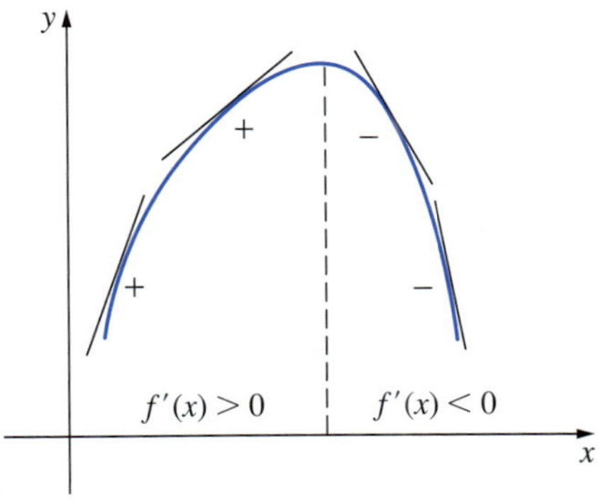

[그림 4.10]

정리 4.2.1 단조성 정리

f가 구간 I에서 연속이며 I의 모든 내점에서 미분가능할 때
(i) I의 모든 내점 x에 대하여 $f'(x) > 0$이면 f는 I에서 증가하며,
(ii) I의 모든 내점 x에 대하여 $f'(x) < 0$이면 f는 I에서 감소한다.

이 정리로부터 함수 f가 정확히 어디에서 증가, 감소하는지 결정할 수 있다.

예제 4.2.1 $f(x) = 2x^3 - 3x^2 - 12x + 7$일 때 f는 어디에서 증가 또는 감소하는가?

[풀이] 우선 f의 도함수를 구하자.

$$f'(x) = 6x^2 - 6x - 12 = 6(x+1)(x-2)$$

$f'(x) > 0$인 점에서 증가하므로 $(x+1)(x-2) > 0$을 만족하는 구간 $(-\infty, -1)$과 $(2, \infty)$에서 증가한다. 그런데 끝점 -1과 2를 포함시켜도 위 정의의 조건이 만족되므로 구간 $(-\infty, -1]$과 $[2, \infty)$에서 f는 증가한다. $f'(x) < 0$인 구간은 $(-1, 2)$이지만 위와 같은 이유에서 f는 구간 $[-1, 2]$에서 감소한다. ■

예제 4.2.2 $g(x) = \dfrac{x}{1+x^2}$일 때 증가 또는 감소하는 구간을 결정하라.

[풀이]

$$g'(x) = \frac{(1+x^2) - x(2x)}{(1+x^2)^2} = \frac{1-x^2}{(1+x^2)^2} = \frac{(1-x)(1+x)}{(1+x^2)^2}$$

분모가 항상 양수이므로 $g'(x)$의 부호는 $(1-x)(1+x)$의 부호와 동일하다. 따라서

$$g'(x) > 0 \Leftrightarrow (1-x)(1+x) > 0$$
$$g'(x) < 0 \Leftrightarrow (1-x)(1+x) < 0$$

예제 4.2.1과 마찬가지 방법으로 g는 $(-1, 1)$에서 증가하고 $(-\infty, -1)$과 $(1, \infty)$에서 감소한다. 이 경우 끝점도 포함시킬 수 있으므로 g는 $[-1, 1]$에서 증가하고 $(-\infty, -1]$과 $[1, \infty)$에서 감소한다. ■

2계도함수 및 오목성

함수의 그래프가 많은 굴곡을 갖는 경우를 생각하자. 이 성질을 분석하기 위하여 접선이 어떻게 변화하는지를 연구할 필요가 있다.

정의

함수 f의 그래프가 구간 I에서 모든 접선보다 위에 놓여 있을 때 **위로 오목**(concave up)이라 하고, 아래에 놓여 있을 때 **아래로 오목**(concave down)이라 한다.

함수 f가 열린구간 $I=(a, b)$에서 미분가능하다고 하자. f'이 I에서 증가하면 f는 위로 오목이며 f'이 I에서 감소하면 f는 아래로 오목이다.

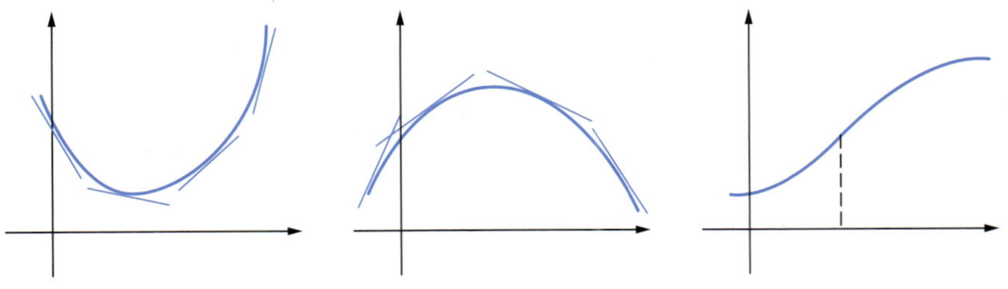

[그림 4.11]

f''이 양수이면 f'이 증가하고 f''이 음수이면 f'이 감소하므로 정리 4.2.2가 성립한다.

정리 4.2.2 오목성 정리

f를 열린구간 (a, b)에서 두 번 미분가능한 함수라 하자. (a, b)의 모든 점 x에 대하여
(i) $f''(x)>0$이면 f는 (a, b)에서 위로 오목이고,
(ii) $f''(x)<0$이면 f는 (a, b)에서 아래로 오목이다.

예제 4.2.3 $f(x)=\frac{1}{3}x^3-x^2-3x+4$가 증가, 감소, 위로 오목, 그리고 아래로 오목인 구간을 결정하라.

[풀이]

$$f'(x)=x^2-2x-3=(x+1)(x-3)$$
$$f''(x)=2x-2=2(x-1)$$

$(x+1)(x-3)>0$과 $(x+1)(x-3)<0$를 풀어 f는 $(-\infty, -1]$과 $[3, \infty)$에서 증가하고 $[-1, 3]$에서 감소하는 것을 알 수 있다. 마찬가지로 $2(x-1)>0$과 $2(x-1)<0$를 풀어 f는 구간 $(1, \infty)$에서는 위로 오목, $(-\infty, 1)$에서는 아래로 오목이다. f의 그래프

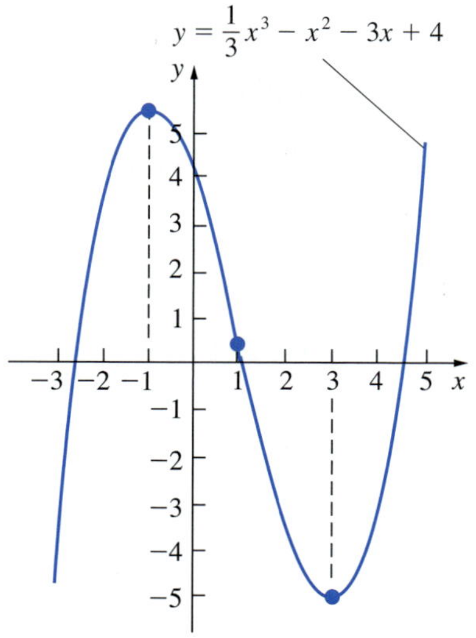

[그림 4.12]

는 그림 4.12와 같다. ■

예제 4.2.4 $g(x) = \dfrac{x}{1+x^2}$일 때 위로 오목인 구간과 아래로 오목인 구간을 구하고 g의 그래프를 그리라.

[풀이] 예제 4.2.2에서 g는 $(-\infty, -1]$과 $[1, \infty)$에서 감소하고 $[-1, 1]$에서 증가하는 것을 알았다. 오목성을 알기 위하여 g''를 계산하여 보자.

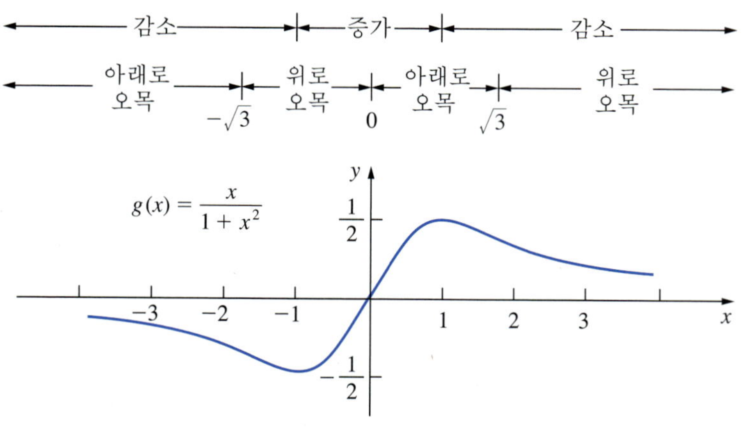

[그림 4.13]

$g'(x) = \dfrac{1-x^2}{(1+x^2)^2}$을 미분하면 $g''(x) = \dfrac{2x(x^2-3)}{(1+x^2)^3}$이다. 분모가 항상 양수이므로 $2x(x^2-3) > 0$과 $2x(x^2-3) < 0$를 풀면 된다. 따라서 g는 $(-\sqrt{3}, 0)$과 $(\sqrt{3}, \infty)$에서 위로 오목이고 $(-\infty, -\sqrt{3})$과 $(0, \sqrt{3})$에서 아래로 오목이다. g가 홀함수이므로 원점에 대하여 대칭이란 사실을 이용해 그래프를 그린다. ■

변곡점

f를 c에서 연속인 함수라 하자. f가 c를 경계로 한쪽에서는 위로 오목이고 다른 쪽에서는 아래로 오목이면 $(c, f(c))$를 f의 **변곡점**(inflection point)이라고 한다. 그림 4.14에 가능한 변곡점들을 나열하였다.

$f''(x) = 0$이거나 $f''(x)$가 존재하지 않는 점이 변곡점 후보가 된다. 여기서 후보란 대통령 후보가 꼭 대통령이 된다고 보장하지 못하는 것과 같은 의미이다. 예를 들면 $f(x) = x^4$, $f''(x) = 12x^2$이고 $f''(0) = 0$이지만 원점은 변곡점이 아니다. 그러나 변곡점을 찾기 위해서는 $f''(x) = 0$인 점과 $f''(x)$가 존재하지 않는 점부터 찾아야 한다.

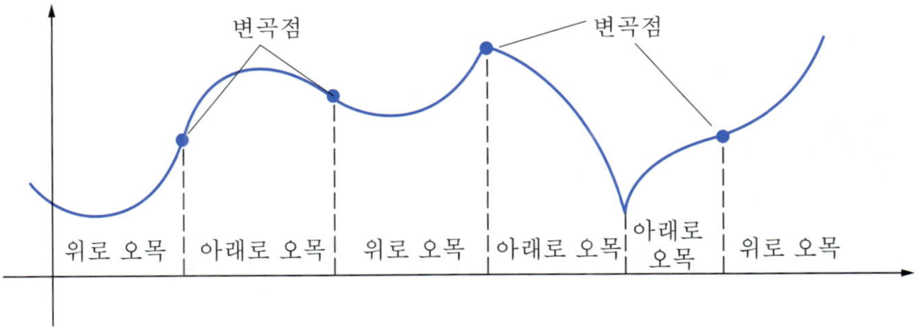

[그림 4.14]

예제 4.2.5 $f(x) = \dfrac{1}{6}x^3 - 2x$일 때 f의 그래프의 모든 변곡점을 구하라.

[풀이]

$$f'(x) = \frac{1}{2}x^2 - 2, \qquad f''(x) = x$$

$f''(x) = 0$인 점만이 변곡점의 후보가 된다. $f''(x) = 0$에서 $x = 0$이므로 $(0, 0)$만이 후보인 셈이다. 그런데 $x < 0$이면 $f''(x) < 0$이고 $x > 0$이면 $f''(x) > 0$이므로 $(0, 0)$은 변곡점이며, 오목성이 $(0, 0)$에서 방향을 바꾼다(그림 4.15). ■

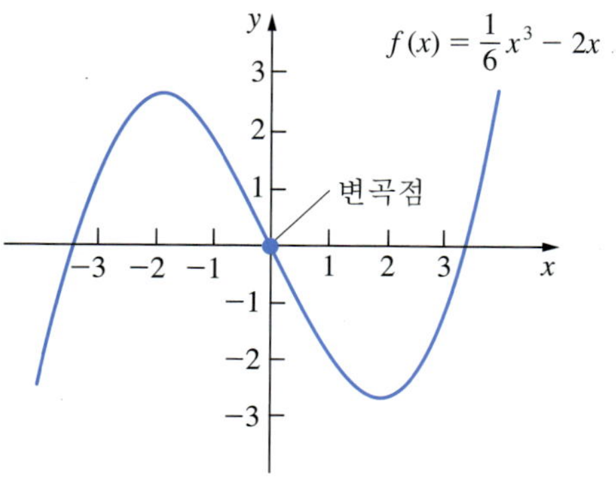

[그림 4.15]

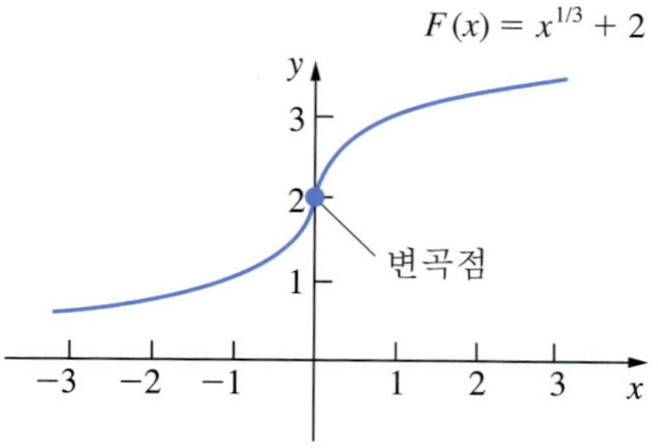

[그림 4.16]

예제 4.2.6 $F(x) = x^{1/3} + 2$ 일 때 F 의 그래프의 모든 변곡점을 구하라.

[풀이]

$$F'(x) = \frac{1}{3x^{2/3}}, \quad F''(x) = \frac{-2}{9x^{5/3}}$$

$F''(x)$는 0이 될 수 없다. 그런데 $x = 0$ 일 때 $F''(0)$는 존재하지 않는다. 따라서 (0, 2)는 변곡점이다. 그 이유는 $x < 0$이면 $F''(x) > 0$ 이고 $x > 0$ 이면 $F''(x) < 0$ 이기 때문이다(그림 4.16). ■

연습문제 4.2

1. 단조성 정리(정리 4.2.1)를 이용하여 다음 함수의 증가 · 감소 구간을 구하라.

(1) $f(x) = x^2 - 4x + 2$

(2) $F(x) = x^3 - 1$

(3) $g(t) = t^4 + 4t$

(4) $H(t) = \sin^2 2t,\ 0 \le t \le \pi$

2. 오목성 정리(정리 4.2.2)를 이용하여 다음 각 함수의 위로 오목인 구간과 아래로 오목인 구간을 구하고 변곡점도 구하라.

(1) $f(x) = (x-3)^2$

(2) $F(x) = x^3 - 12x$

(3) $g(x) = 3x^2 - \dfrac{1}{x^2}$

3. 다음 함수의 증가 · 감소, 위로 오목, 아래로 오목인 구간을 구하고 그래프를 그리라.

(1) $f(x) = x^3 - 3x - 1$

(2) $g(x) = 3x^4 - 4x^3 + 2$

(3) $f(x) = \sqrt{\sin x}$, $0 \le x \le \pi$

(4) $f(x) = x^{2/3}(1 - x)$

4. 닫힌구간 $[0, 6]$에서 다음과 같은 조건을 만족하는 연속함수 f의 그래프를 그리라.

(1) $f(0) = 3$; $f(3) = 0$; $f(6) = 4$

$(0, 3)$에서 $f'(x) < 0$ 이고 $(3, 6)$에서 $f'(x) > 0$;
$(5, 6)$에서 $f''(x) < 0$ 이고 $(0, 5)$에서 $f''(x) > 0$;

(2) $f(0) = f(4) = 1$; $f(2) = 2$; $f(6) = 0$;
$(0, 2)$에서 $f'(x) > 0$; $(2, 4) \cup (4, 6)$에서 $f'(x) < 0$;
$f'(2) = f'(4) = 0$; $(3, 4) \cup (0, 1)$ 에서 $f''(x) > 0$;
$(1, 3) \cup (4, 6)$ 에서 $f''(x) < 0$

5. 2차 함수의 그래프에는 변곡점이 없다. 이것을 증명하라.

6. 다음을 증명하라.

구간 I에서 $f'(x)$가 존재하고 연속이며 I의 모든 내점에 대하여 $f'(x) \neq 0$이면 f는 I에서 증가하든지 감소한다(힌트 : 중간값 정리를 이용해서 $x_1 \neq x_2$가 I의 내점으로 $f'(x_1)f'(x_2) < 0$ 이 될 수 없다는 것을 증명한다).

7. $0 < x < y$이면 다음이 성립함을 단조성 정리(정리 4.2.1)를 사용하여 증명하라.

(1) $x^2 < y^2$ (2) $\sqrt{x} < \sqrt{y}$

(3) $\dfrac{1}{x} > \dfrac{1}{y}$

4.3 극댓값과 극솟값

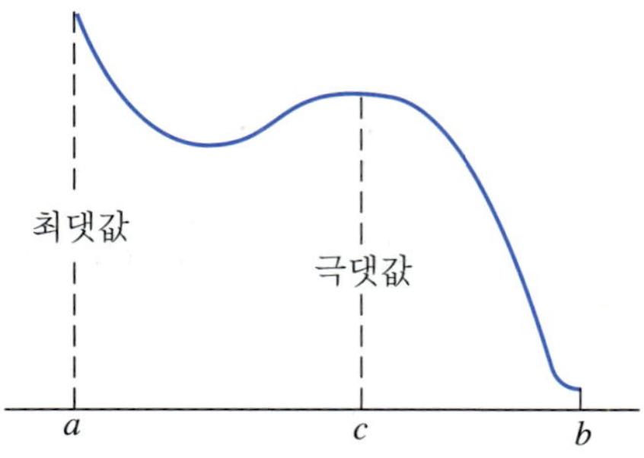

[그림 4.17]

4.1절에서 S에서 정의된 함수 f의 최댓값(존재할 경우)은 S에서 얻어지는 f의 값 중 제일 큰 값을 의미하였다. 그림 4.17에서 $f(a)$는 최댓값이 된다. 그런데 $f(c)$는 최댓값은 아니지만 c의 적당한 근방에서는 최댓값이 될 수 있다. 이런 값을 **극댓값**(local maximum value)이라고 한다. 그림 4.18에 가능한 모든 경우들을 표시하였다. 최댓값이란 모든 극댓값 중 제일 큰 것이고 최솟값이란 극솟값 중 제일 작은 것이다.

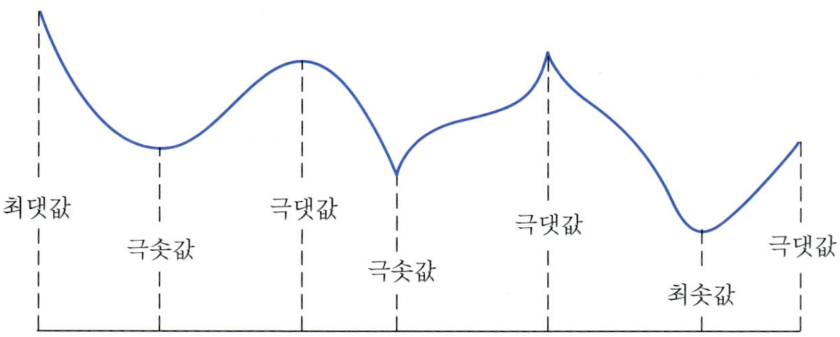

[그림 4.18]

정의

S는 f의 정의역이고 $c \in S$라 하자.

(i) c를 포함하는 구간 (a, b)가 존재하여 $f(c)$가 집합 $(a, b) \cap S$에서 f의 최댓값이면 $f(c)$를 f의 **극댓값**(local maximum value)이라고 한다.

(ii) c를 포함하는 구간 (α, β)가 존재하여 $f(c)$가 집합 $(\alpha, \beta) \cap S$에서 f의 최솟값이면 $f(c)$를 f의 **극솟값**(local minimum value)이라고 한다.

(iii) $f(c)$가 극댓값이거나 극솟값이면 $f(c)$를 f의 **극값**(local extreme value)이라고 한다.

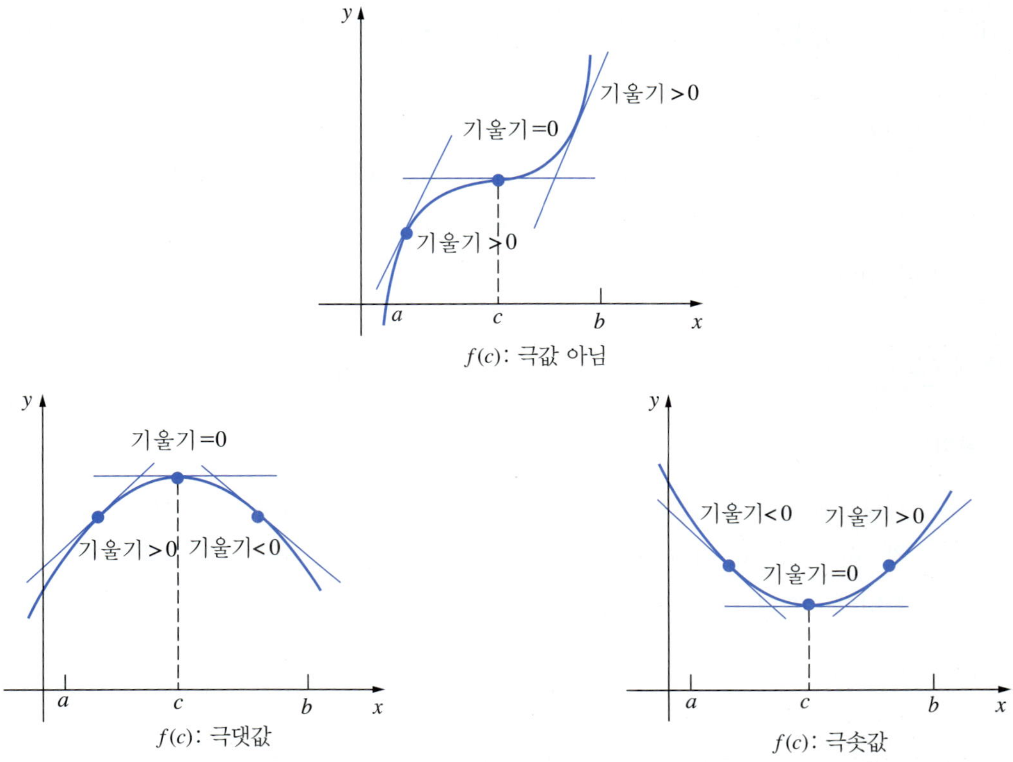

[그림 4.19]

어디에서 극값이 생기는가?

임계점 정리(정리 4.1.2)는 "최대 · 최솟값" 대신 "극값"으로 바꾸어도 성립한다. 증명은 본질적으로 동일하다. 따라서 끝점, 정점, 그리고 특이점이 극값이 될 후보점들이다. 그림 4.19의 첫 번째 그림에서는 극값이 존재하지 않는다. 그러나 도함수가 임계점을 중심으로 한쪽에서는 +이고 다른 쪽에서는 −이면 극값이 존재한다.

○ 정리 4.3.1 1계도함수에 의한 극값 판정법

f는 열린구간 (a, b)에서 연속이고 임계점 c는 (a, b)의 원소일 때,

(i) (a, c)의 임의의 점 x에 대하여 $f'(x) > 0$이고, (c, b)의 임의의 점 x에 대하여 $f'(x) < 0$이면 $f(c)$는 f의 극댓값이다.

(ii) (a, c)의 임의의 점 x에 대하여 $f'(x) < 0$이고, (c, b)의 임의의 점 x에 대하여 $f'(x) > 0$이면 $f(c)$는 f의 극솟값이다.

(iii) c의 양쪽에서 $f'(x)$의 부호가 같으면 $f(c)$는 극값이 아니다.

[증명] (i) (a, c)의 원소 x에 대하여 $f'(x) > 0$이므로 f는 $(a, c]$에서 증가한다(단조성 정리). 또 (c, b)의 원소 x에 대하여 $f'(x) < 0$이므로 f는 $[c, b)$에서 감소한다. 따라서 (a, b)의 모든 점 x에 대하여 $f(x) < f(c)$가 된다($x = c$를 제외). $f(c)$는 극댓값이다.

(ii)와 (iii)의 증명도 (i)과 유사하다. ■

예제 4.3.1 $f(x) = \frac{1}{3}x^3 - x^2 - 3x + 4$가 $(-\infty, \infty)$에서 정의되었을 때 f의 극값을 구하라.

[풀이]

$$f'(x) = x^2 - 2x - 3 = (x+1)(x-3)$$

이다. 따라서 $x = -1$, $x = 3$만이 f의 임계점이다. $f'(x) > 0$과 $f'(x) < 0$인 구간을 각각 구하면 $(-\infty, -1)$과 $(3, \infty)$에서 $f'(x) > 0$이고 $(-1, 3)$에서 $f'(x) < 0$이다. 정리 4.3.1에 의하여 $f(-1) = \frac{17}{3}$은 극댓값이고 $f(3) = -5$는 극솟값이다. ■

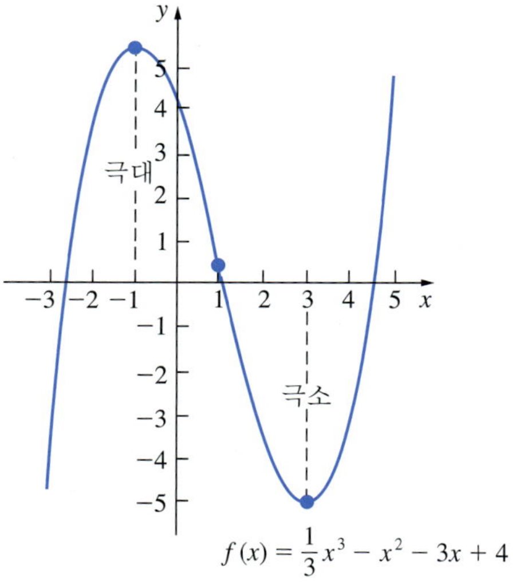

[그림 4.20]

2계도함수 판정법

1계도함수에 의한 판정법을 적용시키는 것보다 때로는 더 편리한 판정법이 있다. 이 판정법을 사용하려면 정점에서 2계도함수의 계산을 하여야 한다. 이 판정법은 특이점에 대해서는 적용될 수 없다.

정리 4.3.2 2계도함수에 의한 극값 판정법

f'과 f''이 c를 포함하는 열린구간 (a, b)에서 존재한다고 하자. 그리고 $f'(c)=0$이라고 하자.

(i) $f''(c)<0$이면 $f(c)$는 f의 극댓값이다.

(ii) $f''(c)>0$이면 $f(c)$는 f의 극솟값이다.

[증명] (i) 정의와 가정에 의하여 다음 관계가 성립한다.

$$f''(c) = \lim_{x \to c} \frac{f'(x) - f'(c)}{x - c} = \lim_{x \to c} \frac{f'(x) - 0}{x - c} < 0$$

따라서 c를 포함하는 구간 (α, β)가 존재해서 $x \neq c$인 모든 $x \in (\alpha, \beta)$에 대하여

$$\frac{f'(x)}{x - c} < 0$$

이 될 수 있다. 이 부등식으로부터 $\alpha < x < c$이면 $f'(x) > 0$이고 $c < x < \beta$이면 $f'(x) < 0$이다. 그러므로 정리 4.3.1에 의하여 $f(c)$는 극댓값이 된다.

(ii)의 증명은 (i)과 유사하다. ■

예제 4.3.2 $f(x) = \frac{1}{3}x^3 - x^2 - 3x + 4$일 때 정리 4.3.2를 이용하여 극값을 구하라

[풀이] 이 함수는 예제 4.3.1의 함수이다.

$$f'(x) = x^2 - 2x - 3 = (x+1)(x-3)$$

이고

$$f''(x) = 2x - 2$$

이므로 -1, 3이 임계점이 된다. 그리고 $f''(-1) = -4$, $f''(3) = 4$가 되므로 정리 4.3.2에 의하여 $f(-1)$은 극댓값이고 $f(3)$은 극솟값이다. ■

불행히도 2계도함수 판정법은 경우에 따라서는 적용할 수 없을 수도 있다. 왜냐하면 정점에서 $f''(x)=0$이 될 수도 있기 때문이다. 예를 들면 $f(x)=x^3$과 $f(x)=x^4$ 모두 $f'(0)=0$, $f''(0)=0$이다.

앞의 함수는 원점에서 극값이 없으나 뒤의 함수는 원점에서 극솟값이 존재한다. 이것은

정점에서 $f''(x)=0$ 이면 극대, 극소에 관한 아무런 결론도 내릴 수 없다는 것을 보여주고 있다.

연습문제 4.3

1. 다음 각 함수에 대하여 임계점을 구하고 정리 4.3.1과 정리 4.3.2를 각각 이용하여 극댓값과 극솟값을 구하라.

   (1) $f(x)=x^3-3x^2+2$

   (2) $f(x)=\frac{1}{2}x-\sin x,\ 0<x<2\pi$

   (3) $g(x)=\frac{1}{4}x^4+1$

   (4) $f(x)=\frac{1}{4}x^3-3x-1$

   (5) $h(x)=x^4+2x^3$

   (6) $g(t)=2-(t-1)^{2/3}$

   (7) $f(x)=x+\frac{1}{x},\ x\neq 0$

   (8) $f(t)=\frac{\sin t}{2+\cos t},\ 0<t<2\pi$

2. $F(x)=6\sqrt{x}-3x$, 구간 $[0, 9]$에서 최댓값을 구하라.

3. $f(x)=\frac{64}{\sin x}+\frac{27}{\cos x}$, 구간 $\left(0, \frac{\pi}{2}\right)$에서 최댓값과 최솟값(존재한다면)을 구하라.

4.4 극대, 극소의 응용

4.1절의 문제들에는 대개 닫힌구간 $[a, b]$에서 정의된 함수의 최대 · 최솟값을 구하였다. 그러나 실제 문제에서는 언제나 닫힌구간일 필요는 없다. 이 경우에는 4.3절에서 전개한 이론을 바르게 적용하여 문제를 해결할 수 있다.

열린구간에서 극값

예제 4.4.1 구간 $(-\infty, \infty)$에서 정의된 함수 $f(x) = x^4 - 4x$의 최댓값과 최솟값(만약 존재한다면)을 구하라.

[풀이]

$$f'(x) = 4x^3 - 4 = 4(x^3 - 1) = 4(x-1)(x^2 + x + 1)$$

$x^2 + x + 1 = 0$은 실근을 갖지 않으므로 $x = 1$이 오직 한 개의 임계점이다. $x < 1$이면 $f'(x) < 0$, $x > 1$이면 $f'(x) > 0$이므로 $f(1) = -3$은 f의 극솟값인 것을 알 수 있다. 그런데 f는 1의 좌측에서는 감소하고 1의 우측에서는 증가하므로 f의 최솟값이어야 한다. 그러므로 f는 최댓값이 없다. ■

예제 4.4.2 구간 $[0, \infty)$에서 정의된 함수 $g(x) = \dfrac{x}{x^3 + 2}$의 최댓값과 최솟값(만약 존재한다면)을 구하라.

[풀이]

$$g'(x) = \frac{x^3 + 2 - x(3x^2)}{(x^3+2)^2} = \frac{2 - 2x^3}{(x^3+2)^2} = \frac{2(1-x)(1+x+x^2)}{(x^3+2)^2}$$

$[0, \infty)$에서 2개의 임계점이 있다. 하나는 끝점 0이고 다른 하나는 1이다. $0 < x < 1$에 대하여 $g'(x) > 0$이고 $x > 1$에 대하여 $g'(x) < 0$이므로 $g(1) = \dfrac{1}{3}$이 $[0, \infty)$에서 g의 최댓값이 된다.

g가 최솟값을 가지려면 다른 임계점이 생겨야 한다. $g(0) = 0$이고 $x > 0$이면 $g(x) > 0$이므로 $g(0) = 0$이 $[0, \infty)$에서 g의 최솟값이 된다(그림 4.21).

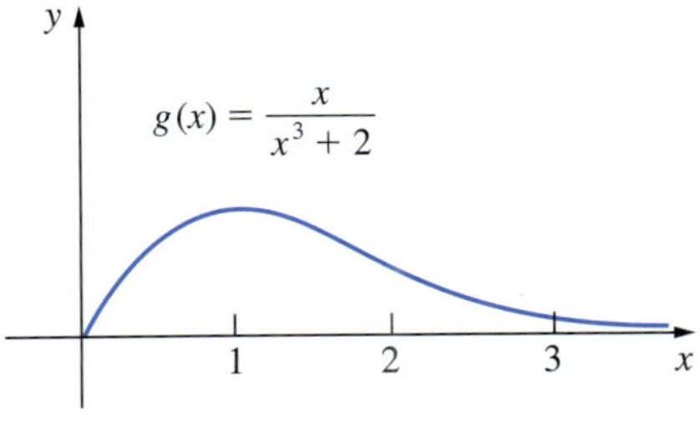

[그림 4.21]

■

실제 문제

예제 4.4.3 광고지에 50 cm^2에 해당하는 부분을 직사각형으로 인쇄하려 한다. 아래쪽과 위쪽은 각각 여백이 4 cm, 옆쪽은 각각 여백이 2 cm가 되게 인쇄하려고 할 경우 종이의 사용을 최소화시키는 광고지의 치수를 구하라.

[풀이] x를 광고지의 가로의 길이, y를 세로의 길이라고 하면 종이의 넓이 A는

$$A = xy$$

이다. 한편 인쇄될 부분은 $(x-4)(y-8) = 50$. 따라서

$$y - 8 = \frac{50}{x-4} \quad \text{또는} \quad y = 8 + \frac{50}{x-4}$$

이다. 이것을 $A = xy$에 대입하면

$$A = 8x + \frac{50x}{x-4}$$

가 된다. 여기서 x는 4보다 크다. 즉, A의 정의역은 $(4, \infty)$이다.

$$\frac{dA}{dx} = \frac{(x-4)50 - 50x}{(x-4)^2} + 8 = \frac{8x^2 - 64x - 72}{(x-4)^2} = \frac{8(x+1)(x-9)}{(x-4)^2}$$

$x \neq 4$이므로 $\frac{dA}{dx} = 0$이면 $x = 9$ 또는 $x = -1$. 그런데 $x = -1$은 실제로 정의역에 없다. 따라서 $x = 9$가 임계점이다. $x \in (4, 9)$이면 $\frac{dA}{dx} < 0$이고 $x \in (9, \infty)$이면 $\frac{dA}{dx} > 0$이므로 $x = 9$에서 A의 값은 최솟값이 된다. 이때 y는 18 cm이다. ■

예제 4.4.4 직사각기둥 대들보의 강도는 단면의 가로 길이와 세로 길이의 제곱의 곱에 비례한다. 지름이 a인 통나무를 잘라서 만들 수 있는 최대 강도의 대들보의 치수를 구하라.

[풀이] 단면의 가로를 w, 세로 길이를 d라 하자. 대들보의 강도 S는

$$S = kwd^2 \ (k\text{는 양의 상수})$$

가 된다. 그림 4.22에서

$$d^2 + w^2 = a^2$$

이다. 이것을 d^2에 대하여 풀어 S 식에 대입하면

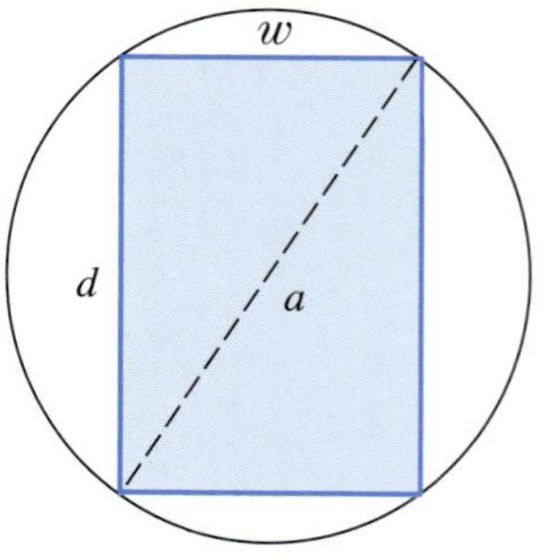

[그림 4.22]

$$S = kw(a^2 - w^2) = ka^2 w - kw^3$$

이다. S의 정의역은 $(0, a)$이다. 이것을 w에 관하여 미분하면

$$\frac{dS}{dw} = ka^2 - 3kw^2 = k(a^2 - 3w^2)$$

$\frac{dS}{dw} = 0$ 으로 놓으면

$$w = \pm\frac{a}{\sqrt{3}}$$

따라서 $w = \frac{a}{\sqrt{3}}$만이 유일한 임계점이 된다. $\frac{d^2 S}{dw^2} = -6kw$이므로, $w = \frac{a}{\sqrt{3}}$일 때 $\frac{d^2 S}{dw^2} < 0$이 되어 S는 $w = \frac{a}{\sqrt{3}}$일 때 극댓값을 갖는다. 이때 $d = \frac{\sqrt{2}\,a}{\sqrt{3}}$이다. ■

예제 4.4.5 밑변의 반지름이 b이고 높이가 a인 직원뿔에 내접하면서 부피가 최대인 직원기둥의 치수를 구하라.

[풀이] h, r, V를 각각 내접 원기둥의 높이, 반지름 그리고 부피라 하자. 그러면

$$V = \pi r^2 h$$

그림 4.23의 닮은 삼각형으로부터

$$\frac{a-h}{r} = \frac{a}{b}$$

그러므로

$$h = a - \frac{a}{b}r$$

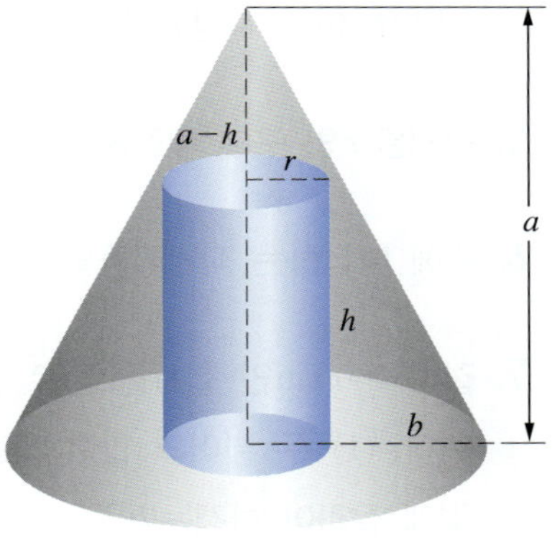

[그림 4.23]

이를 V식에 대입하면

$$V = \pi r^2\left(a - \frac{a}{b}r\right), \quad 0 < r < b$$

이다. $r = 0$, $r = b$이면 $V = 0$이므로 끝점을 제외시킨다. r에 관하여 미분하면

$$\begin{aligned}\frac{dV}{dr} &= 2\pi r\left(a - \frac{a}{b}r\right) + \pi r^2\left(-\frac{a}{b}\right)\\ &= 2\pi ar - 3\pi\frac{a}{b}r^2 = \pi ar\left(2 - \frac{3}{b}r\right)\end{aligned}$$

그러므로 $r = \frac{2}{3}b$가 유일한 정점이 된다.

$\frac{d^2V}{dr^2} = 2\pi a - \frac{6\pi a}{b}r$에 $r = \frac{2}{3}b$를 대입하면 $\frac{d^2V}{dr^2} = -2\pi a < 0$가 되어 $r = \frac{2}{3}b$에서 최댓값이 된다. 이때 $h = a - \frac{a}{b}\left(\frac{2}{3}b\right) = \frac{a}{3}$이다. ■

연습문제 4.4

1. 두 수의 곱이 -12이고, 제곱의 합이 최소가 되는 두 수를 구하라.

2. 포물선 $x = 2y^2$ 위의 점으로서 $(10, 0)$에서 거리가 제일 가까운 점을 구하라.

3. 울타리를 쳐서 넓이가 똑같이 900 m^2이고 서로 이웃하는 직사각형의 우리를 만들려고 한다. 울타리를 최소로 사용하게 되는 치수를 구하라(그림 4.24).

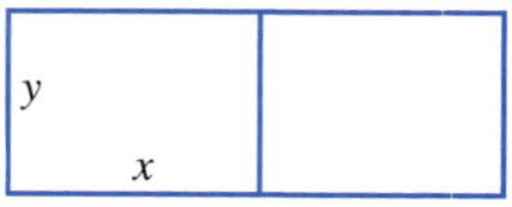

[그림 4.24]

4. 조그만 섬이 호수의 직선 기슭에서 2 km 떨어져 있다. 어떤 사람이 섬에서 배를 시속 3 km로 저어 육지에 도착한 후에 시속 4 km로 걸어 섬에서 가장 가까운 기슭의 점 P에서 기슭을 따라 10 km 떨어진 도시로 가려고 한다. 가장 짧은 시간에 도시에 도착하려면 어느 지점에 상륙하여야 하는가?

5. 반지름 r인 구에 내접하는 직원기둥의 최대 부피를 구하라.

6. 구에 내접하는 직원기둥의 옆 넓이가 최대가 되게 하는 직원기둥의 치수를 구하라.

7. 길이 100 cm인 철사를 둘로 잘라 하나는 정사각형, 다른 하나는 정삼각형을 만들려고 한다. (1) 두 넓이의 합이 최소가 되려면, (2) 두 넓이의 합이 최대가 되려면, 각각 어떻게 잘라야 하겠는가?

8. 직원기둥형의 건물 위에 반구형의 천정을 달아 천문대를 만들려고 한다. 천정의 건설 비용은 단위넓이(m^2)당 원기둥의 벽보다 2배 더 비싸다고 한다. 천문대의 부피가 일정할 때 가장 경제적인 비율을 구하라.

9. 넓이가 A인 꽃밭을 부채꼴 모양으로 만들려고 한다. 둘레의 길이가 최소가 되도록 이 부채꼴의 반지름 r과 중심각 θ를 구하라.

10. (shell의 법칙) 광학에서 Fermat 원리에 의하면 점 A에서 점 B로 가는 빛은 최소의 시간이 걸리는 경로를 따라서 진행한다. 지금 빛이 첫 번째 물체에서는 속도 c_1으로, 두 번째 물체에서는 속도 c_2로 진행한다. 점 A는 첫 번째 물체 속에 있고 점 B는 두 번

짜 물체 속에 있다. 그리고 x축은 두 물체를 갈라놓고 있다(그림 4.25)

$$\frac{\sin\theta_1}{c_1} = \frac{\sin\theta_2}{c_2}$$

를 증명하라.

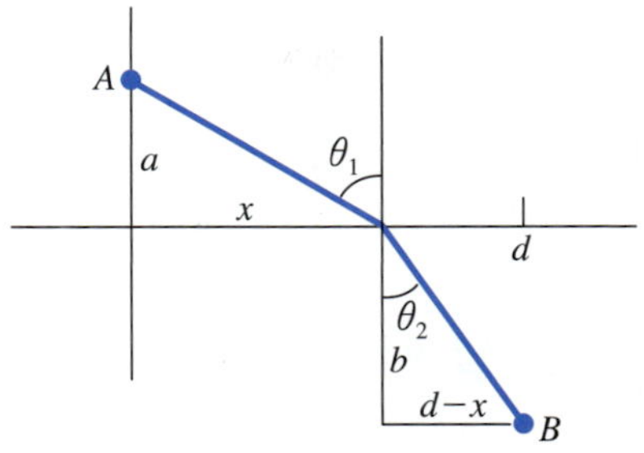

[그림 4.25]

4.5 무한대에서의 극한, 무한대인 극한

"무한대"의 개념은 오래전부터 수학자들을 매료시켰으며 또한 그들에게 영감을 불어넣었다. 수학의 가장 뿌리 깊은 문제들과 가장 심오한 역설들은 종종 무한대의 개념과 연관되어 있다.

그러므로 무한대의 역할을 얼마나 이해하는가에 따라 수학의 발전을 측정하여 볼 수도 있다. 이미 구간을 표현하는 데 ∞, $-\infty$ 등을 써 왔다. 그러나 여기서 강조하고 싶은 것은 ∞는 실수로 본적이 없다는 것이다. 이 절에서는 새로운 방법으로 ∞와 $-\infty$를 상징적으로 사용하려 한다. 그러나 여기서도 이것들은 실수를 의미하지 않는다.

보기로 $g(x) = \dfrac{x}{1+x^2}$ 를 생각하자. 그릴 수 있는 그래프는 매우 일부분에 지나지 않는다. 그러면 x가 점점 커지면 $g(x)$는 어떻게 될까? 기호로는 $\lim_{x\to\infty} g(x)$가 무엇인가를 묻는 것이다.

$x \to \infty$라고 쓸 때는 x축상 오른쪽으로 멀리 떨어진 곳에 어떤 수보다 큰 수가 있어 x가 그 수로 접근함을 의미하지 않는다. x가 한 없이 점점 커진다는 사실을 간단하게 $x \to \infty$로 나타낸다.

몇 개의 수 10, 10^2, 10^3, 10^4 등을 $g(x)$에 대입하여 보면 x가 점점 커지면 $g(x)$는 점점 작아지는 것을 알 수 있다. 이것을

$$\lim_{x\to\infty} \frac{x}{1+x^2} = 0$$

라고 쓴다. 마찬가지 방법으로 절댓값이 큰 음수를 대입하여 보면

$$\lim_{x \to -\infty} \frac{x}{1+x^2} = 0$$

인 것을 알 수 있다.

$x \to \pm\infty$일 때 극한의 엄밀한 정의

보통의 극한에 대한 $\varepsilon-\delta$ 정의와 비슷하게 $x \to \pm\infty$일 때 다음과 같이 정의한다.

정의 $x \to \infty$일 때 극한

f가 $[c, \infty)$에서 정의되었다 하자. 임의의 $\varepsilon > 0$에 대하여 이에 대응하는 실수 M이 있어

$$x > M \Rightarrow |f(x) - L| < \varepsilon$$

이면 $\lim_{x \to \infty} f(x) = L$이라 한다.

M은 ε에 관련된다. 일반적으로 $\varepsilon > 0$이 작으면 작을수록 M은 커져야만 한다. 그림 4.26을 참조하라.

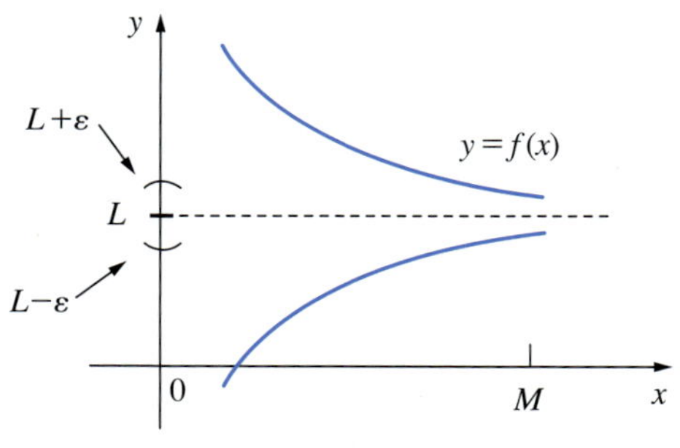

[그림 4.26]

정의 $x \to -\infty$일 때 극한

f가 $(-\infty, c]$에서 정의되었다 하자. 임의의 $\varepsilon > 0$에 대하여 이에 대응하는 M이 있어서

$$x < M \Rightarrow |f(x) - L| < \varepsilon$$

이면 $\lim_{x \to -\infty} f(x) = L$이라 한다.

예제 4.5.1 k가 양의 정수이면

$$\lim_{x\to\infty}\frac{1}{x^k}=0, \qquad \lim_{x\to-\infty}\frac{1}{x^k}=0$$

임을 증명하라.

[풀이] $\varepsilon>0$이 주어졌다고 하자. $M=\sqrt[k]{\frac{1}{\varepsilon}}$이라고 하면

$$x>M \Rightarrow \left|\frac{1}{x^k}-0\right|=\frac{1}{x^k}<\frac{1}{M^k}=\varepsilon$$

두 번째도 동일한 방법으로 증명된다. ■

이 절에서 다루는 극한에 대해서도 극한의 주요 정리(2.5절 정리 2.5.1)가 성립한다. 다음 예제에서는 이 정리를 이용해 보자.

예제 4.5.2 $\lim_{x\to\infty}\frac{x}{1+x^2}=0$을 증명하라.

[풀이] 분자와 분모를 각각 최고 차수의 거듭제곱으로 나눈다. 즉, x^2으로 나눈다.

$$\lim_{x\to\infty}\frac{x}{1+x^2}=\lim_{x\to\infty}\frac{\frac{x}{x^2}}{\frac{1+x^2}{x^2}}=\lim_{x\to\infty}\frac{\frac{1}{x}}{\frac{1}{x^2}+1}$$

$$=\frac{\lim_{x\to\infty}\frac{1}{x}}{\lim_{x\to\infty}\frac{1}{x^2}+\lim_{x\to\infty}1}=\frac{0}{0+1}=0$$ ■

예제 4.5.3 $\lim_{x\to-\infty}\frac{2x^3}{1+x^3}$을 구하라.

[풀이] 분모, 분자를 x^3으로 나누면

$$\lim_{x\to-\infty}\frac{2x^3}{1+x^3}=\lim_{x\to-\infty}\frac{2}{\frac{1}{x^3}+1}=\frac{2}{0+1}=2$$ ■

무한대인 극한

$f(x)=\frac{1}{x-2}$의 그래프를 생각하자(그림 4.27). 여기서 $\lim_{x\to 2}\frac{1}{x-2}$은 무의미하지만

$$\lim_{x\to 2^-}\frac{1}{x-2}=-\infty, \quad \lim_{x\to 2^+}\frac{1}{x-2}=\infty$$

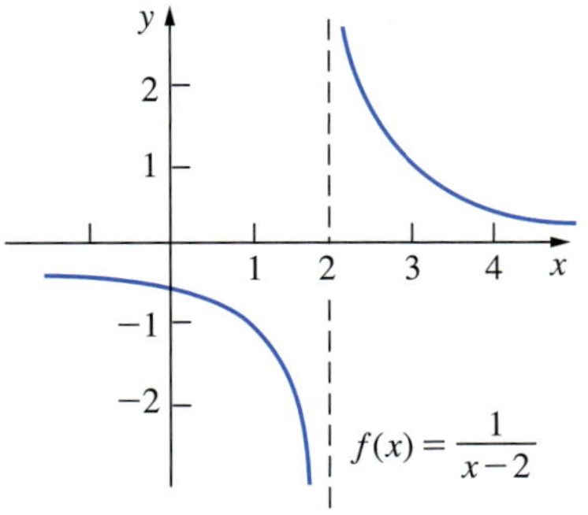

[그림 4.27]

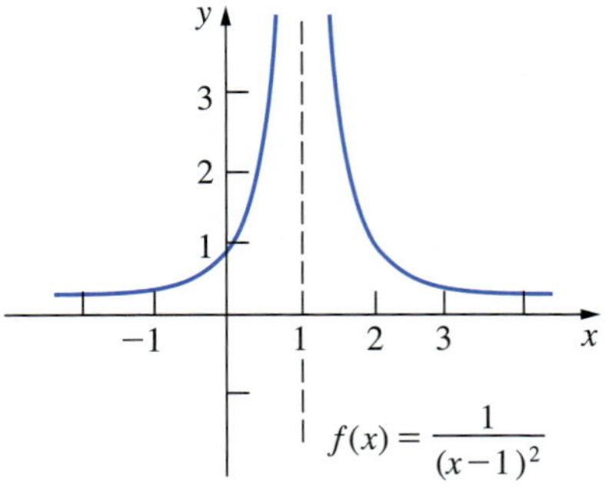

[그림 4.28]

가 성립된다.

정의 무한대인 극한

임의의 양수 M에 대하여 이에 대응하는 $\delta>0$이 있어

$$0<x-c<\delta \Rightarrow f(x)>M$$

이면 $\lim_{x\to c^+} f(x)=\infty$라고 한다.

$\lim_{x\to c^+} f(x)=-\infty$, $\lim_{x\to c^-} f(x)=\infty$ 및 $\lim_{x\to c^-} f(x)=-\infty$의 정의도 유사하게 내릴 수 있다.

예제 4.5.4 $\lim_{x\to 1^-} \frac{1}{(x-1)^2}$과 $\lim_{x\to 1^+} \frac{1}{(x-1)^2}$을 구하고 그 결과를 증명하라.

[풀이] $f(x)=\frac{1}{(x-1)^2}$의 그래프는 그림 4.28과 같다.

$$\lim_{x\to 1^-} \frac{1}{(x-1)^2}=\infty, \qquad \lim_{x\to 1^+} \frac{1}{(x-1)^2}=\infty$$

는 명백하다. 그러나 위의 정의에 따라서 두 번째 극한을 증명하여 보자. 임의의 양수 M에 대하여 $0<\delta<\frac{1}{\sqrt{M}}$라 하면 $0<x-1<\delta$인 x에 대하여

$$f(x)=\frac{1}{(x-1)^2}>\frac{1}{\delta^2}>\frac{1}{\left(\frac{1}{\sqrt{M}}\right)^2}=\frac{1}{\frac{1}{M}}=M$$

그러므로

$$\lim_{x\to 1^+} \frac{1}{(x-1)^2}=\infty$$

첫 번째 극한도 마찬가지 방법으로 증명할 수 있다. 좌우 극한이 ∞이므로

$$\lim_{x \to 1} \frac{1}{(x-1)^2} = \infty$$

라고 쓸 수 있다. ■

점근선과의 관계

점근선에 관하여 2.1절에서 간단히 논의하였으나 여기서 좀 더 자세히 점근선에 대하여 논의하여 보자. 직선 $x = c$가 $y = f(x)$의 그래프의 **수직점근선**(vertical asymptote)이 되기 위한 충분조건은 다음 4개의 극한 중 하나가 성립하는 것이다.

1. $\lim_{x \to c^+} f(x) = \infty$
2. $\lim_{x \to c^+} f(x) = -\infty$
3. $\lim_{x \to c^-} f(x) = \infty$
4. $\lim_{x \to c^-} f(x) = -\infty$

따라서 예제 4.5.4에서 $x = 1$이 수직점근선이다.

똑같이 직선 $y = b$가 $y = f(x)$의 **수평점근선**(horizontal asymptote)이 되려면

$$\lim_{x \to \infty} f(x) = b \quad \text{또는} \quad \lim_{x \to -\infty} f(x) = b$$

가 되어야 한다. 예제 4.5.2에서 $y = 0$이 수평점근선이다.

예제 4.5.5 $f(x) = \dfrac{2x}{x-1}$일 때 $y = f(x)$의 수평, 수직점근선을 구하라.

[풀이] 분모가 0이 되는 점을 조사하면

$$\lim_{x \to 1^+} \frac{2x}{x-1} = \infty, \quad \lim_{x \to 1^-} \frac{2x}{x-1} = -\infty$$

이므로 $x = 1$은 수직점근선이다. 한편

$$\lim_{x \to \infty} \frac{2x}{x-1} = \lim_{x \to \infty} \frac{2}{1 - \frac{1}{x}} = 2,$$

$$\lim_{x \to -\infty} \frac{2x}{x-1} = 2$$

이므로 $y = 2$는 수평점근선이다.

$y = \dfrac{2x}{x-1}$의 그래프는 그림 4.29와 같다. ■

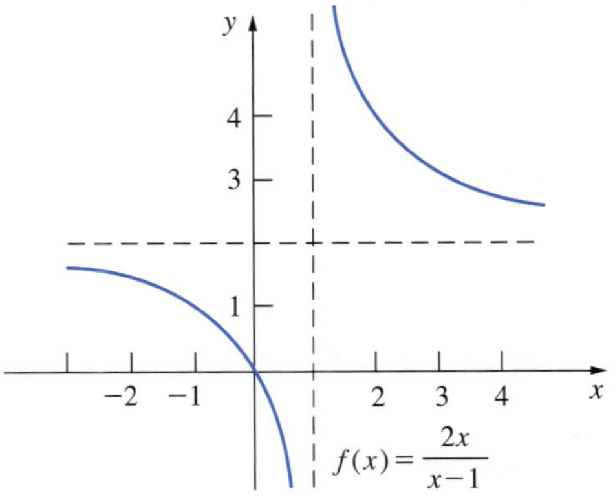

[그림 4.29]

연습문제 4.5

1. 다음 극한을 구하라.

(1) $\lim_{x\to\infty}\dfrac{3-2x}{x+5}$

(2) $\lim_{x\to-\infty}\dfrac{2x^2-x+5}{5x^2+6x-1}$

(3) $\lim_{x\to-\infty}\dfrac{3x^3-4x+1}{(x^2+1)(x^2-1)}$

(4) $\lim_{x\to\infty}\sqrt[3]{\dfrac{1+8x^2}{x^2+4}}$

(5) $\lim_{x\to\infty}\left(\sqrt{2x^2+3}-\sqrt{2x^2-5}\right)$ (힌트 : 유리화 하라.)

(6) $\lim_{x\to 3^+}\dfrac{3+x}{3-x}$

(7) $\lim_{x\to 2^+}\dfrac{3}{x^2-4}$

(8) $\lim_{x\to 3}\dfrac{2x}{x^3-6x+9}$

(9) $\lim_{x\to 0^+}\dfrac{[x]}{x}$

(10) $\lim_{x\to 0^-}\dfrac{1+\cos x}{\sin x}$

2. 다음 함수에 대하여 수직, 수평점근선을 찾고 그래프를 그리라.

(1) $f(x)=\dfrac{3}{x+1}$

(2) $F(x)=\dfrac{2x}{x-3}$

(3) $g(x)=\dfrac{14}{2x^2+7}$

3. 직선 $y=ax+b$가 다음을 만족하면 **사선점근선**(oblique asymptote)이라고 한다. 즉,

$$\lim_{x\to\infty}[f(x)-(ax+b)]=0 \quad \text{또는} \quad \lim_{x\to-\infty}[f(x)-(ax+b)]=0$$

이다.

$$f(x)=\frac{2x^4+3x^3-2x-4}{x^3-1}$$

일 때 f의 사선점근선을 구하라.

4. 기호 M, δ를 사용해서 다음을 정의하라.

(1) $\lim_{x\to c^+}f(x)=-\infty$

(2) $\lim_{x\to c^-}f(x)=\infty$

5. 다음을 엄밀하게 증명하라(즉, M, ε을 이용하여 증명하라).

$\lim_{x\to\infty} f(x) = A$ 이고 $\lim_{x\to\infty} g(x) = B$ 이면

$$\lim_{x\to\infty} [f(x) + g(x)] = A + B$$

4.6 평균값 정리

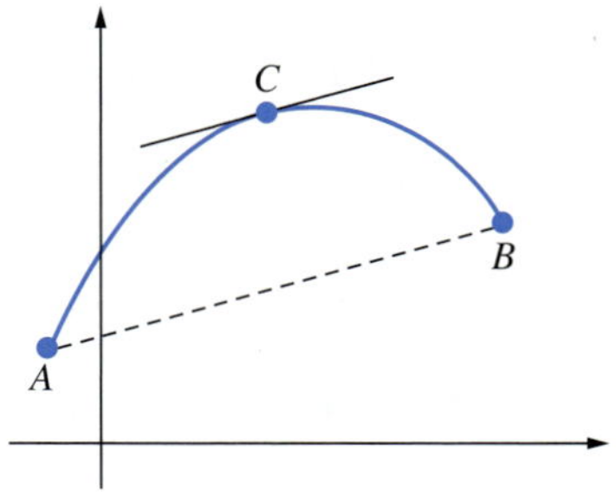

[그림 4.30]

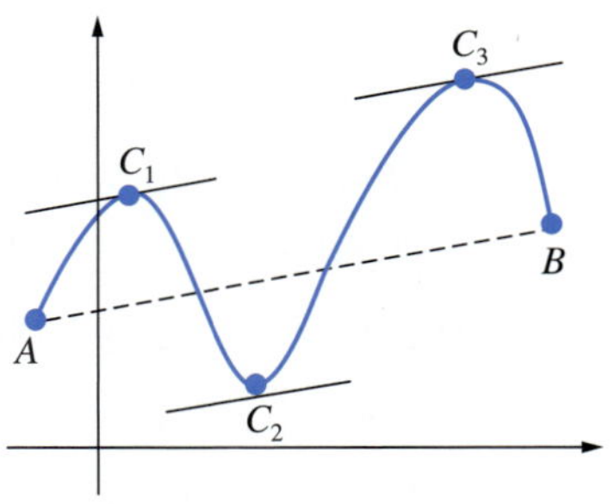

[그림 4.31]

평균값 정리는 미적분학에서 매우 중요한 역할을 한다. 대신에 이 정리는 화려하지는 않지만 매우 중요한 정리를 유도하는 데 도움을 주고 있다. 이후로 "평균값 정리에 의하여"란 구절을 자주 대하게 될 것이다. 그리고 이 절 마지막 부분에서는 4.2절에서 남겨둔 매우 중요한 정리의 증명을 하게 될 것이다.

기하학적으로는 평균값 정리란 말하기 쉽고 이해하기 쉬운 정리이다. 즉, "A, B 사이의 그래프상의 어떤 점에서도 수직접선이 없으면 A, B 사이에 적어도 한 점 C가 있어 C에서 접선의 기울기는 할선 AB의 기울기와 같다."는 뜻을 지니고 있다(그림 4.30, 4.31).

○ 정리 4.6.1 도함수에 대한 평균값 정리

f가 닫힌구간 $[a, b]$에서 연속이고 열린구간 (a, b)에서 미분가능하면 적어도 (a, b)에 한 점 c가 존재하여

$$\frac{f(b) - f(a)}{b - a} = f'(c)$$

또는

$$f(b) - f(a) = f'(c)(b - a)$$

이다.

[증명] 이 정리는 함수 $s(x)=f(x)-g(x)$ (단, $g(x)$는 두 점 $(a, f(a))$와 $(b, f(b))$를 지나는 직선이다)를 분석하면 증명된다(그림 4.32).

직선의 방정식은

$$g(x)-f(a)=\frac{f(b)-f(a)}{b-a}(x-a)$$

이다. 이 $g(x)$를 $s(x)$에 대입하면

$$s(x)=f(x)-f(a)-\frac{f(b)-f(a)}{b-a}(x-a)$$

이다. 그런데 $s(b)=s(a)=0$, 그러므로

$$s'(x)=f'(x)-\frac{f(b)-f(a)}{b-a}$$

이므로 $c\in(a, b)$가 있어 $s'(c)=0$이면

$$0=f'(c)-\frac{f(b)-f(a)}{b-a}$$

가 되어 증명은 끝난다.

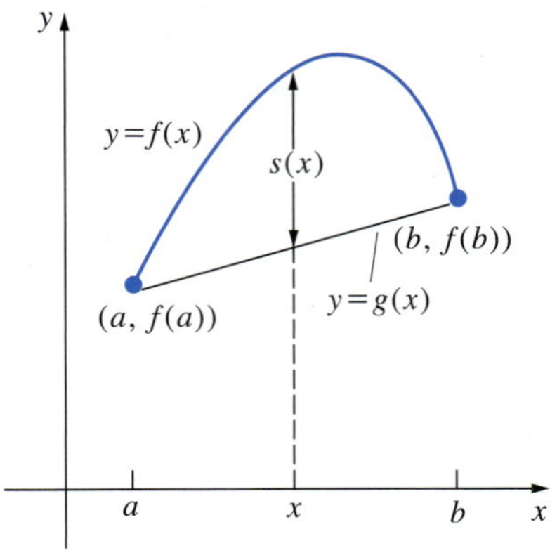

[그림 4.32]

$c\in(a, b)$가 존재하여 $s'(c)=0$이 되는 것은 다음과 같이 증명된다. 분명히 s는 $[a, b]$에서 연속인 함수이다. 따라서 정리 4.1.1(최대, 최솟값 존재 정리)에 의하여 s는 $[a, b]$에서 최댓값과 최솟값이 존재한다. 만약 둘 다 0이면 $s(x)$는 $[a, b]$에서 항등적으로 0이다. 그러므로 모든 $x\in(a, b)$에 대하여 $s'(x)=0$이다. 이 경우는 증명이 완료된다.

최댓값이나 최솟값이 0과 다르면 $s(a)=s(b)=0$이므로 그 값은 내점 $c\in(a, b)$에서 얻어진다. 그런데 (a, b)의 모든 점에서 s의 도함수가 있으므로 정리 4.1.2(임계점 정리)에 의하여 $s'(c)=0$이다. ■

예제 4.6.1 $f(x)=2\sqrt{x}$ 가 $[1, 4]$에서 정의되었을 때 평균값 정리의 c를 구하라.

[풀이]

$$f'(x)=2\cdot\frac{1}{2}x^{-\frac{1}{2}}=\frac{1}{\sqrt{x}}$$

$$\frac{f(4)-f(1)}{4-1}=\frac{4-2}{3}=\frac{2}{3}$$

이다. 따라서 $\frac{1}{\sqrt{c}}=\frac{2}{3}$ 를 풀면 $c=\frac{9}{4}$ ■

예제 4.6.2 $f(x)=x^3-x^2-x+1$ 이 $[-1, 2]$에서 정의되었을 때 평균값 정리의 결론을 만족시키는 모든 값 c를 구하라.

[풀이]

$$f'(x) = 3x^2 - 2x - 1$$

$$\frac{f(2) - f(-1)}{2 - (-1)} = \frac{3 - 0}{3} = 1$$

이므로

$$3c^2 - 2c - 1 = 1$$

이다. 그러므로

$$c = \frac{2 \pm \sqrt{4 + 24}}{6}$$

$c_1 \approx -0.55$ 이고 $c_2 \approx 1.22$ 이며 모두 구간 $(-1, 2)$에 속한다(그림 4.33). ■

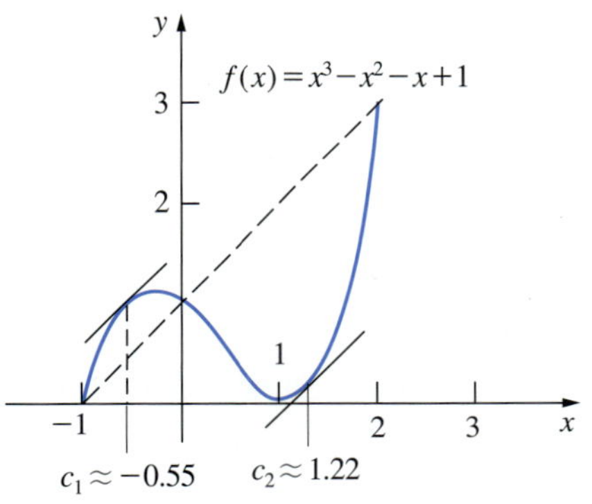

[그림 4.33]

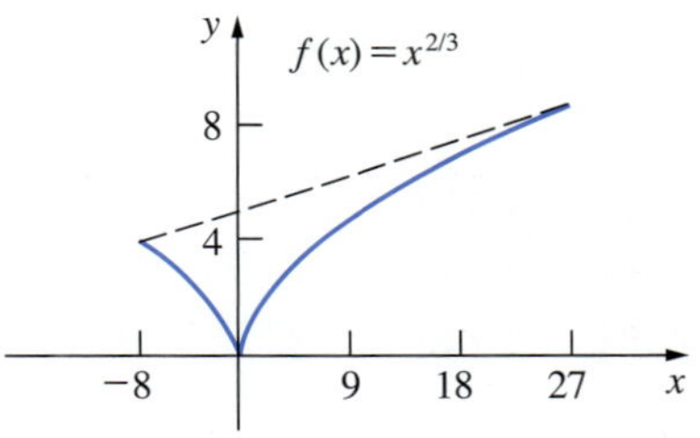

[그림 4.34]

예제 4.6.3 닫힌구간 $[-8, 27]$에 함수 $f(x) = x^{2/3}$이 정의되어 있다. 평균값 정리가 이 함수에 대하여 성립하지 않음을 밝히고 그 이유를 설명하라.

[풀이]

$$f'(x) = \frac{2}{3}x^{-1/3}, \quad x \neq 0$$

이고

$$\frac{f(27) - f(-8)}{27 - (-8)} = \frac{9 - 4}{35} = \frac{1}{7}$$

이다. 따라서 $\frac{2}{3}c^{-1/3} = \frac{1}{7}$ 을 풀어야 한다. 즉,

$$c = \left(\frac{14}{3}\right)^3 > 27$$

인데 c는 $(-8, 27)$에 없다. 그 이유는 $f(x)$가 $(-8, 27)$에서는 모든 점에서 미분가능하다고 할 수 없기 때문이다. 실제로 $f'(0)$이 존재하지 않는다(그림 4.34). ■

이제 정리 4.2.1을 증명하기로 하자.

단조성 정리의 증명

f는 I에서 연속이고 I의 내점인 x에 대하여 $f'(x)>0$이라고 가정하자. $x_1, x_2 \in I$이고, $x_1 < x_2$라면 평균값 정리를 구간 $[x_1, x_2]$에 적용하여

$$f(x_2)-f(x_1)=f'(c)(x_2-x_1)$$

을 만족하는 $c \in (x_1, x_2)$를 찾아낸다.

그런데 $f'(c)>0$이므로 $f(x_2)-f(x_1)>0$, 즉 $f(x_2)>f(x_1)$이므로 f는 구간 I에서 증가한다.

$f'(x)<0$인 경우도 비슷한 방법으로 증명된다.

다음 정리는 다음 장에서 여러 번 사용될 것이다.

정리 4.6.2

$F(x)$와 $G(x)$를 미분가능한 함수라 하자. 모든 $x \in (a, b)$에 대하여 $F'(x)=G'(x)$가 성립하면

$$F(x)=G(x)+C$$

인 상수 C가 존재한다.

[증명] $H(x)=F(x)-G(x)$라 하자. 그러면 모든 $x \in (a, b)$에 대하여

$$H'(x)=F'(x)-G'(x)=0$$

이다. x_1을 (a, b) 내의 고정점이라 하고 $x \in (a, b)$는 $x \neq x_1$($x > x_1$라고 가정)인 점이라 하자. 평균값 정리를 $[x_1, x]$에 적용하면, $c \in (x_1, x)$가 존재하여 $H(x)-H(x_1)=H'(c)(x-x_1)$이다. $H'(c)=0$이므로 모든 $x \in (a, b)$에 대하여 $H(x)=H(x_1)$이다. $H(x)=F(x)-G(x)$이므로

$$F(x)-G(x)=H(x_1)$$

$H(x_1)=C$라 두면, 모든 x에 대하여

$$F(x)=G(x)+C$$

이다. ■

연습문제 4.6

1. 다음 함수가 정의된 닫힌구간에서 평균값 정리의 결론을 만족시키는 모든 c를 구하고, 평균값 정리를 사용할 수 없으면 그 이유를 설명하라. 그리고 지정된 구간에서 함수의 그래프를 그리라.

   (1) $f(x) = x^2 + 2x;\ [-2, 2]$ (2) $g(x) = \frac{x^3}{3};\ [-2, 2]$

   (3) $F(t) = \frac{t+3}{t-3};\ [-1, 4]$ (4) $h(x) = x^{\frac{2}{3}};\ [0, 2]$

   (5) $\phi(x) = x + \frac{1}{x};\ \left[-1, \frac{1}{2}\right]$

2. 철수는 2시간 동안 112 km를 달렸는데 시속 55 km를 초과한 적이 없다고 한다. 평균값 정리를 사용하여 그가 거짓말한다는 것을 증명하라(힌트 : t시간 동안 달린 거리를 $f(t)$로 하라).

3. **(Rolle의 정리)** f가 $[a, b]$에서 연속이고 (a, b)에서 미분가능하며 $f(a) = f(b)$라면 적어도 (a, b)에 한 점 c가 존재하여 $f'(c) = 0$이다. Rolle의 정리는 평균값 정리의 특수한 경우임을 밝히라.

4. f가 (a, b)에서 연속이고 $f'(x)$가 한 점 x_0를 제외하고 (a, b)에서 존재하며 또한 $f'(x) > 0$이면 f는 (a, b)에서 증가함을 증명하라.

5. 모든 $x \in (a, b)$에 대하여 $F'(x) = 0$이면 F는 (a, b)에서 상수임을 증명하라.

6. 모든 $x \in (a, b)$에 대하여 $F'(x) = D$(D는 상수)이면 상수 C가 존재하여 $F(x) = Dx + C$임을 증명하라(힌트: $G(x) = Dx$라 놓고 정리 4.6.2를 적용하라).

7. f는 $[a, b]$에서 연속이고 (a, b)에서 미분가능하다고 하자. $f(a) \cdot f(b) < 0$이고 모든 $x \in (a, b)$에 대하여 $f'(x) \neq 0$이면 방정식 $f(x) = 0$은 a, b 사이에서 단 1개의 해를 갖는다는 것을 증명하라(힌트: 중간값 정리와 Rolle의 정리를 사용하라).

8. f는 구간 I에서 미분가능하다고 가정하자. 방정식 $f'(x) = 0$의 서로 인접한 2개의 근 사이에 방정식 $f(x) = 0$의 근이 많아야 1개가 존재함을 증명하라(힌트: 모순법에 의

하여 증명하고 Rolle의 정리를 사용하라).

9. 모든 $x_1, x_2 \in I$ (구간)에 대하여 $x_1 < x_2 \Rightarrow f(x_1) \le f(x_2)$이면 f는 I에서 비감소라고 한다. 마찬가지로 모든 $x_1, x_2 \in I$에 대하여 $x_1 < x_2 \Rightarrow f(x_1) \ge f(x_2)$이면 f는 I에서 비증가라고 한다. 다음 함수를 찾아라.

(1) 비감소이지만 증가가 아닌 함수 (2) 비증가이지만 감소가 아닌 함수

10. f가 I에서 $f(x) \ge 0$이고 $f'(x) \ge 0$이면 f^2은 비감소함수임을 증명하라.

11. 평균값 정리를 사용하여 $\lim_{x \to \infty} \left(\sqrt{x+2} - \sqrt{x}\right) = 0$을 증명하라.

연습문제 Chapter 4

1. 다음에서 주어진 각 함수의 모든 임계점을 구하고 각 임계점에서 극대인지 극소인지 아니면 극대도 극소도 아닌지를 판정하라.

(1) $f(x) = -x^2 + 4x + 2$ (2) $f(x) = x^4 - 3x^3 + 2$

(3) $f(x) = \sin x \cos x,\ 0 \le x \le 2\pi$ (4) $f(x) = \dfrac{x^2 - x + 4}{x - 1}$

(5) $f(x) = \dfrac{x}{\sqrt{x^2 + 1}}$

2. 주어진 구간에서 다음 각 함수의 최댓값과 최솟값을 구하라.

(1) $f(x) = x^3 - 3x + 1$

(a) $[0,\ 2]$ (b) $[-3,\ 2]$

(2) $f(x) = \sin x + \cos x$

(a) $[0,\ 2\pi]$ (b) $\left[\dfrac{\pi}{2},\ \pi\right]$

3. 다음 주어진 함수가 증가하는 구간과 감소하는 구간을 각각 구하라.

(1) $y = x^4 - 8x^2 + 1$ (2) $y = (x-1)^{1/3}$

(3) $y = \sin^2 x$

4. 다음에서 주어진 각 함수의 모든 임계점을 구하고, 1계도함수 판정법을 이용하여 각 임계점에서 극대인지 극소인지 아니면 극대도 극소도 아닌지를 판정하라.

(1) $y = x^4 + 4x^3 - 2$ (2) $y = \dfrac{x}{1+x^3}$

(3) $y = \sqrt{x^3 + 3x^2}$

5. 다음 각 함수의 그래프가 위로 오목한 구간과 아래로 오목한 구간을 찾으라.

(1) $f(x) = x^3 - 3x^2 + 4x - 1$ (2) $f(x) = x + \dfrac{1}{x}$

(3) $f(x) = \sin x - \cos x$ (4) $f(x) = x^{4/3} + 4x^{1/3}$

6. 다음 각 함수의 모든 임계점을 구하고 2계도함수 판정법을 이용하여 모든 극값을 구하라.

(1) $f(x) = x^4 + 4x^3 - 1$ (2) $f(x) = \dfrac{x^2 - 5x + 4}{x}$

7. 다음 각 함수의 그래프를 그리라.

(1) $f(x) = x^3 - 3x^2 + 3x$ (2) $f(x) = x + \dfrac{4}{x}$

(3) $f(x) = \sqrt{x^2 + 1}$ (4) $f(x) = \sqrt[3]{x^3 - 3x^2 + 2x}$

(5) $f(x) = \dfrac{x^2 + 1}{3x^2 - 1}$ (6) $f(x) = \dfrac{5x}{x^3 - x + 1}$

8. 다음 각 유리함수의 사선점근선을 구하라. 그 다음에 점근선과 함께 함수의 그래프를 그리라.

(1) $f(x) = \dfrac{3x^2 - 1}{x}$ (2) $f(x) = \dfrac{x^3 - 2x^2 + 1}{x^2}$

(3) $f(x) = \dfrac{x^4}{x^3 + 1}$

9. 넓이가 A인 직사각형 중 둘레의 길이가 최소인 것은 정사각형임을 증명하라.

10. 곡선 $y = \cos x$ 위의 점 중에서 점 $(0, 0)$에 가장 가까운 점을 구하라.

11. 가로와 세로의 길이가 각각 18 cm, 30 cm인 두꺼운 종이의 네 귀퉁이를 한변의 길이가 x cm인 정사각형 모양으로 잘라서 버리고 위로 접어서 뚜껑이 없는 상자를 만들려고 한다. 상자의 부피가 최대일 때 x값을 구하라.

12. 동서로 놓인 수로가 있다. 한 도시의 두 지역에서 주택 개발을 하는데, 이 수로의 한 곳에서 두 개발지와 연결하려고 한다. 한 개발지는 수로로부터 남쪽으로 3 km 떨어져 있고 다른 개발지는 수로로부터 남쪽으로 4 km 떨어져 있다고 한다. 또한 두 번째 개발지는 첫 번째 개발지로부터 동쪽으로 5 km 떨어져 있다고 한다. 새로운 수로의 길이의 합이 최소가 되도록 연결하려면 기존 수로의 어느 곳과 연결하여야 하는가?

13. 다음을 증명할 때 $M = 100$에 대응하는 δ를 구하라.

(1) $\lim_{x \to 1^+} \frac{2}{x-1} = \infty$　　(2) $\lim_{x \to 0^+} \cot x = \infty$

(3) $\lim_{x \to 2^-} \frac{2}{\sqrt{4-x^2}} = \infty$

14. 다음을 증명할 때 $\varepsilon = 0.1$에 대응하는 M을 구하라.

(1) $\lim_{x \to \infty} \frac{x^2-2}{x^2+x+1} = 1$　　(2) $\lim_{x \to -\infty} \frac{x^2+3}{4x^2-4} = 0.25$

15. 주어진 극한을 증명하라(단, k는 정수).

(1) $\lim_{x \to \infty} \frac{2}{x^3} = 0$　　(2) $\lim_{x \to -\infty} \frac{1}{x^{2k}} = 0,\ \ k > 0$

(3) $\lim_{x \to \infty} \left(\frac{1}{x^2+2} - 3\right) = -3$　　(4) $\lim_{x \to -3} \frac{-2}{(x+3)^4} = -\infty$

16. 특정한 $\varepsilon > 0$에 대하여, 극한의 정의를 만족하는 $\delta > 0$가 존재하지 않음을 보이라.

(1) $f(x) = \begin{cases} 2x, & x < 1 \\ x^2+3, & x > 1 \end{cases},\ \lim_{x \to 1} f(x) \neq 2$

(2) $f(x) = \begin{cases} 2x, & x < 1 \\ 5-x^2, & x > 1 \end{cases},\ \lim_{x \to 1} f(x) \neq 2$

17. 다음 함수들이 Rolle의 정리 또는 평균값 정리의 조건을 만족하는지 보이고 정리를 만족하는 c를 구하라. 또 그래프를 그려 결과를 설명하라.

(1) $f(x) = x^2+1,\ [-2, 2]$　　(2) $f(x) = x^2+1,\ [0, 2]$

(3) $f(x) = \sin x,\ [0, \pi/2]$　　(4) $f(x) = \sin x,\ [-\pi, 0]$

18. 임의의 실수 u와 v에 대하여 $|\cos u - \cos v| \le |u - v|$임을 보이라(힌트 : 평균값 정리를 이용하라).

19. $f(x) = \begin{cases} 2x, & x \le 0 \\ 2x-4, & x > 0 \end{cases}$ 일 때 $f(x)$는 구간 $(0, 2)$에서 연속이고 구간 $(0, 2)$에서 미분가능하며 $f(0) = f(2)$임을 보이라. 또 $f'(c) = 0$이 되는 c가 존재하지 않음을 보이라. Rolle의 정리의 가정 중 어느 것이 만족되지 않는가?

05

C·H·A·P·T·E·R

적분

5.1 역도함수(부정적분)

지금까지 미분가능한 함수 f에 대하여 그의 도함수를 대응시키는 연산, 미분법을 공부하였다. 이제 그 역연산으로, 주어진 함수 f에 대하여 f를 도함수로 하는 함수 F를 대응시키는 연산에 대하여 알아보기로 한다.

정의

어떤 구간에서 정의된 함수 $f(x)$에 대하여 이 구간의 모든 x에 대하여 $F'(x) = f(x)$를 만족하는 함수 F를 이 구간에서의 f의 **역도함수**(anti-derivative), **부정적분**(indefinite integral) 또는 **원시함수**라 한다.

$f(x)$의 부정적분(또는 역도함수)을 $\int f(x)\,dx$로 나타내며 기호 $\int$를 **적분기호**(integral sign), $f(x)$를 **피적분함수**, 그리고 x를 **적분변수**라 한다.

예를 들어 함수 $f(x) = 4x^3$에서 함수 $F(x) = x^4$은 f의 역도함수이고 또한 함수 $F(x) = x^4 + 6$도 f의 역도함수가 된다. 뿐만 아니라 모든 상수 C에 대해서 함수 $F(x) = x^4 + C$가 f의 역도함수이다. 일반적으로 $F(x)$를 $f(x)$의 한 역도함수라 하면 $f(x)$의 모든 역도함수는 $F(x) + C$ (C는 임의의 상수)로 표현할 수 있다.

그러므로 $F(x)$가 $f(x)$의 한 부정적분이면 $\int f(x)\,dx = F(x) + C$ (C는 임의의 상수)이며

$$D_x \int f(x)\,dx = f(x)$$

이다.

부정적분의 정의와 이미 알고 있는 미분 공식을 이용하면 다음 부정적분에 관한 기본 공식을 얻는다.

정리 5.1.1

두 함수 f와 g의 부정적분이 존재하면

(i) $\int kf(x)\,dx = k\int f(x)\,dx$ (k는 상수)

(ii) $\int [f(x)+g(x)]\,dx = \int f(x)\,dx + \int g(x)\,dx$

(iii) $\int [f(x)-g(x)]\,dx = \int f(x)\,dx - \int g(x)\,dx$

[증명] (i) $D_x\left[k\int f(x)\,dx\right] = kD_x\int f(x)\,dx = kf(x)$ 이므로

$$\int kf(x)\,dx = k\int f(x)\,dx$$

(ii) $D_x\left[\int f(x)\,dx + \int g(x)\,dx\right] = D_x\int f(x)\,dx + D_x\int g(x)\,dx = f(x)+g(x)$ 이므로

$$\int [f(x)+g(x)]\,dx = \int f(x)\,dx + \int g(x)\,dx$$

(iii)은 (i)과 (ii)로부터 증명된다. ■

예제 5.1.1 다음 부정적분을 구하라.

(a) $\int (3x^2+4x)\,dx$ (b) $\int (u^{3/2}-3u+14)\,du$ (c) $\int \left(\frac{1}{t^2}+\sqrt{t}\right)dt$

[풀이] (a)
$$\begin{aligned}\int (3x^2+4x)\,dx &= \int 3x^2dx + \int 4x\,dx\\ &= 3\int x^2dx + 4\int x\,dx\\ &= 3\left(\frac{x^3}{3}+C_1\right)+4\left(\frac{x^2}{2}+C_2\right)\\ &= x^3+2x^2+(3C_1+4C_2)\\ &= x^3+2x^2+C\end{aligned}$$

(b)
$$\begin{aligned}\int (u^{3/2}-3u+14)\,du &= \int u^{3/2}du - 3\int u\,du + 14\int 1\,du\\ &= \frac{2}{5}u^{5/2}-\frac{3}{2}u^2+14u+C\end{aligned}$$

(c)
$$\begin{aligned}\int\left(\frac{1}{t^2}+\sqrt{t}\right)dt &= \int (t^{-2}+t^{1/2})\,dt = \int t^{-2}\,dt + \int t^{1/2}\,dt\\ &= \frac{t^{-1}}{-1}+\frac{t^{3/2}}{\frac{3}{2}}+C = -\frac{1}{t}+\frac{2}{3}t^{3/2}+C\end{aligned}$$
■

정리 5.1.2

함수 g가 미분가능하고 f의 역도함수를 F라 하면

$$\int f(g(x))\,g'(x)\,dx = F(g(x)) + C$$

[증명]

$$D_x[F(g(x)) + C] = F'(g(x)) \cdot g'(x)$$

이므로

$$\int f(g(x))\,g'(x)\,dx = F(g(x)) + C$$

이다. ■

예제 5.1.2 다음 부정적분을 구하라.

(a) $\int (x^4 + 3x)^{30}(4x^3 + 3)\,dx$ (b) $\int \sin^{10} x \cos x\,dx$

[풀이] (a) $g(x) = x^4 + 3x$라고 하면 $g'(x) = 4x^3 + 3$이므로

$$\int (x^4 + 3x)^{30}(4x^3 + 3)\,dx = \frac{(x^4 + 3x)^{31}}{31} + C$$

(b) $g(x) = \sin x$라고 하면 $g'(x) = \cos x$이므로

$$\int \sin^{10} x \cos x\,dx = \frac{\sin^{11} x}{11} + C$$ ■

연습문제 5.1

1. 다음 함수의 역도함수를 구하라.

(1) $f(x) = 4$

(2) $f(x) = 3x^2 + \sqrt{2}$

(3) $f(x) = x^{2/3}$

(4) $f(x) = 6x^2 - 6x + 1$

(5) $f(x) = 18x^8 - 25x^4 + 3x^2$

(6) $f(x) = \dfrac{4}{x^5} - \dfrac{3}{x^4}$

(7) $f(x) = \dfrac{4x^6 + 3x^5 - 8}{x^5}$

2. 다음 부정적분을 구하라.

(1) $\int (x^3 + \sqrt{x})dx$

(2) $\int (y^2 + 4y)^2\, dy$

(3) $\int \frac{x^4 - 2x^3 + 1}{x^2}\, dx$

(4) $\int (3\sin t - 2\cos t)\, dt$

(5) $\int (3x+1)^4 3dx$

(6) $\int (5x^3 - 18)^7\, 15x^2\, dx$

(7) $\int 10x^4(2x^5+9)^3\, dx$

(8) $\int (15x^2 + 3)(5x^3 + 3x - 8)^6\, dx$

(9) $\int 4t\sqrt[3]{2t^2 - 11}\, dt$

(10) $\int \sin^4 x \cos x\, dx$

(11) $\int (\sin^5 x^2)(2x\cos x^2)\, dx$

3. $f''(x) = 3x + 1$일 때 $f(x)$를 구하라.

4. $f''(x) = \sqrt{x}$ 일 때 $f(x)$를 구하라.

5. $f''(x) = \frac{x^4+1}{x^3}$일 때 $f(x)$를 구하라.

6. 다음 등식을 증명하라.

$$\int [f(x)g'(x) + g(x)f'(x)]\, dx = f(x)\, g(x) + C$$

7. 다음 부정적분을 구하라.

$$\int \left(\frac{x^2}{2\sqrt{x-1}} + 2x\sqrt{x-1} \right) dx$$

8. 다음 등식을 증명하라.

$$\int \frac{x^4+1}{x^2\sqrt{x^4-1}}\, dx = \frac{\sqrt{x^4-1}}{x} + C$$

9. $f(x) = x\sqrt{x^3+1}$일 때 $\int f''(x)\, dx$를 구하라.

10. 다음 등식을 증명하라.

$$\int f^{m-1}(x)g^{n-1}(x)[nf(x)g'(x) + mg(x)f'(x)]\, dx = f^m(x)\, g^n(x) + C$$

5.2 합과 시그마 기호

지금까지 실수 구간에서 정의된 함수를 다루어 왔으나 이 절에서는 자연수를 정의역으로 하는 함수 $a:\mathbb{N}\to\mathbb{R}$(그림 5.1)를 생각하여 보자. 이와 같은 함수를 **수열**이라 한다. 이때 $a(n)$을 a_n으로 쓰고 수열을 $\{a_n\}$ 또는 $\langle a_n\rangle$으로 표시한다. 수열에 관해서는 10장에서 자세히 다룰 것이고, 여기서는 수열에 대해 어떤 항들의 합을 표시하는 기호를 다룰 것이다.

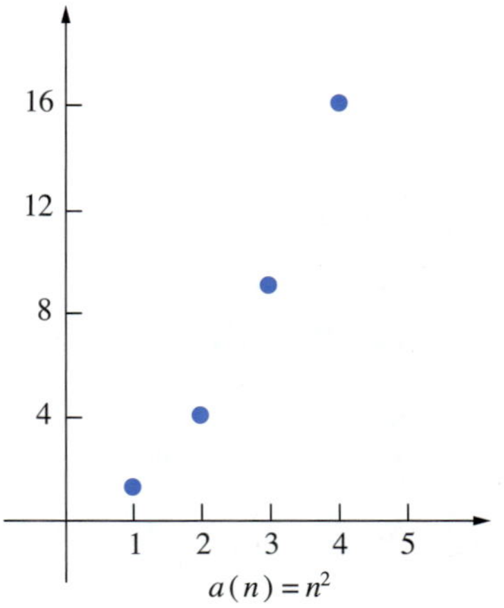

[그림 5.1]

다음 합들을 생각해 보자.

$$1^2+2^2+3^2+4^2+\cdots+100^2,$$

$$a_1+a_2+a_3+\cdots+a_n$$

이와 같은 합들을 간결하게 표시하기 위하여

$$\sum_{i=1}^{100} i^2, \quad \sum_{i=1}^{n} a_i$$

로 표시한다. 여기서 $\sum$은 합을 표시하는 기호 **시그마**(sigma)이다. 예를 들면

$$\sum_{i=2}^{5} b_i = b_2+b_3+b_4+b_5,$$

$$\sum_{j=1}^{n} \frac{1}{j} = \frac{1}{1}+\frac{1}{2}+\frac{1}{3}+\cdots+\frac{1}{n}$$

$$\sum_{k=1}^{4} \frac{k}{k^2+1} = \frac{1}{1^2+1}+\frac{2}{2^2+1}+\frac{3}{3^2+1}+\frac{4}{4^2+1}$$

이다. 그리고 $n\ge m$이면

$$\sum_{i=m}^{n} F(i) = F(m)+F(m+1)+F(m+2)+\cdots+F(n)$$

이다. $\sum_{i=1}^{n} c_i$에서 모든 i에 대하여 $c_i=c$이면

$$\sum_{i=1}^{n} c_i = \sum_{i=1}^{n} c = \underbrace{c+c+\cdots+c}_{n\text{항}} = nc$$

이다. 예를 들면

$$\sum_{i=1}^{5} 2 = 5(2) = 10,$$

$$\sum_{i=1}^{100} (-4) = 100(-4) = -400$$

이다.

정리 5.2.1

(i) $\displaystyle\sum_{i=1}^{n} ca_i = c\sum_{i=1}^{n} a_i$ (c는 상수)

(ii) $\displaystyle\sum_{i=1}^{n} (a_i + b_i) = \sum_{i=1}^{n} a_i + \sum_{i=1}^{n} b_i$

(iii) $\displaystyle\sum_{i=1}^{n} (a_i - b_i) = \sum_{i=1}^{n} a_i - \sum_{i=1}^{n} b_i$

[증명] (i)만을 증명하기로 한다.

$$\begin{aligned}\sum_{i=1}^{n} ca_i &= ca_1 + ca_2 + \cdots + ca_n = c(a_1 + a_2 + \cdots + a_n) \\ &= c\sum_{i=1}^{n} a_i\end{aligned}$$

■

예제 5.2.1 $\displaystyle\sum_{i=1}^{100} a_i = 60$, $\displaystyle\sum_{i=1}^{100} b_i = 11$일 때 $\displaystyle\sum_{i=1}^{100} (2a_i - 3b_i + 4)$를 구하라.

[풀이]

$$\begin{aligned}\sum_{i=1}^{100} (2a_1 - 3b_i + 4) &= \sum_{i=1}^{100} 2a_i - \sum_{i=1}^{100} 3b_i + \sum_{i=1}^{100} 4 \\ &= 2\sum_{i=1}^{100} a_i - 3\sum_{i=1}^{100} b_i + \sum_{i=1}^{100} 4 \\ &= 2(60) - 3(11) + 100(4) = 487\end{aligned}$$

■

예제 5.2.2 $\displaystyle\sum_{i=1}^{n} (a_i - a_{i-1})$을 간단히 하라.

[풀이]

$$\begin{aligned}\sum_{i=1}^{n} (a_i - a_{i-1}) &= (a_1 - a_0) + (a_2 - a_1) + (a_3 - a_2) + \cdots + (a_n - a_{n-1}) \\ &= -a_0 + a_1 - a_1 + a_2 - a_2 + a_3 - \cdots - a_{n-1} + a_n \\ &= -a_0 + a_n = a_n - a_0\end{aligned}$$

■

다음은 특수한 합들에 관한 식이다. 이들의 증명은 수학적 귀납법을 소개한 다음 증명한다.

1. $\sum_{i=1}^{n} i = 1+2+3+\cdots+n = \frac{n(n+1)}{2}$

2. $\sum_{i=1}^{n} i^2 = 1^2+2^2+3^2+\cdots+n^2 = \frac{n(n+1)(2n+1)}{6}$

3. $\sum_{i=1}^{n} i^3 = 1^3+2^3+3^3+\cdots+n^3 = \left[\frac{n(n+1)}{2}\right]^2$

4. $\sum_{i=1}^{n} i^4 = 1^4+2^4+3^4+\cdots+n^4 = \frac{n(n+1)(6n^3+9n^2+n-1)}{30}$

예제 5.2.3 다음을 계산하라.

(a) $\sum_{i=1}^{10} i$ (b) $\sum_{i=1}^{10} i^2$ (c) $\sum_{i=2}^{10} i^4$

[풀이] (a) $\sum_{i=1}^{10} i = \frac{10(10+1)}{2} = 55$

(b) $\sum_{i=1}^{10} i^2 = \frac{10(10+1)(20+1)}{6} = 385$

(c) $\sum_{i=2}^{10} i^4 = \left(\sum_{i=1}^{10} i^4\right) - 1^4 = \frac{10(11)(6000+900+10-1)}{30} - 1 = 25,332$ ■

예제 5.2.4 $\sum_{i=1}^{10} 2i(i-5)$를 계산하라.

[풀이] $\sum_{i=1}^{10} 2i(i-5) = \sum_{i=1}^{10}(2i^2-10i) = 2\sum_{i=1}^{10} i^2 - 10\sum_{i=1}^{10} i = 2(385) - 10(55) = 220$ ■

예제 5.2.5 $\sum_{j=1}^{n}(j+2)(j-5)$를 계산하라.

[풀이]

$$\begin{aligned}\sum_{j=1}^{n}(j+2)(j-5) &= \sum_{j=1}^{n}(j^2-3j-10) = \sum_{j=1}^{n} j^2 - 3\sum_{j=1}^{n} j - \sum_{j=1}^{n} 10 \\ &= \frac{n(n+1)(2n+1)}{6} - 3\frac{n(n+1)}{2} - 10n \\ &= \frac{n}{6}(2n^2+3n+1-9n-9-60) \\ &= \frac{n(n^2-3n-34)}{3}\end{aligned}$$ ■

주어진 명제를 증명하는 방법 중 자주 사용되는 증명법으로 수학적 귀납법을 소개한다.

정리 5.2.2 수학적 귀납법의 원리(principle of mathematical induction)

자연수 n에 관한 명제 P_n으로 이루어진 집합 $\{P_n\}$이, (i) P_1은 참이고 (ii) P_i가 참이면 P_{i+1}도 참이라는 두 조건을 만족시킨다면, 모든 자연수 n에 대하여 P_n은 참이다.

위 원리를 이용하여 특수한 합의 공식 중

$$\sum_{i=1}^{n} i^2 = 1^2 + 2^2 + \cdots + n^2 = \frac{n(n+1)(2n+1)}{6}$$

을 증명하자.

P_n을 다음 명제라 하자.

$$P_n : 1^2 + 2^2 + \cdots + n^2 = \frac{n(n+1)(2n+1)}{6}$$

우선 $1^2 = \frac{1(1+1)(2+1)}{6}$이므로 P_1은 참인 것을 알 수 있다. 다음으로 두 번째 조건을 만족하는가를 살펴보자. P_i가 참이라고 가정하자. 그러면

$$\begin{aligned}(1^2 + 2^2 + \cdots + i^2) + (i+1)^2 &= \frac{i(i+1)(2i+1)}{6} + (i+1)^2 \\ &= (i+1)\frac{2i^2 + i + 6i + 6}{6} \\ &= (i+1)\frac{2i^2 + 7i + 6}{6} \\ &= \frac{(i+1)(i+2)(2i+3)}{6}\end{aligned}$$

이므로 P_{i+1}도 참이다. 그러므로 수학적 귀납법의 원리에 의하여 모든 자연수 n에 대하여

$$1^2 + 2^2 + \cdots + n^2 = \frac{n(n+1)(2n+1)}{6}$$

이다.

연습문제 5.2

1. 다음을 계산하라.

(1) $\sum_{k=1}^{5}(3k-1)$ (2) $\sum_{i=3}^{5}\frac{2}{i+1}$

(3) $\sum_{i=1}^{5}(-1)^{i}2^{i-1}$ (4) $\sum_{k=1}^{6}k\sin\left(\frac{k\pi}{2}\right)$

2. 다음을 시그마 기호로 표시하라.

(1) $1+2+3+\cdots+98$

(2) $1+\frac{1}{2}+\frac{1}{3}+\cdots+\frac{1}{69}$

(3) $a_1+a_2+a_3+\cdots+a_n$

(4) $f(c_1)+f(c_2)+\cdots+f(c_n)$

3. $\sum_{i=1}^{10}a_i=40$, $\sum_{i=1}^{10}b_i=50$일 때 $\sum_{i=1}^{10}(2a_i+b_i)$를 구하라.

4. $\sum_{i=1}^{10}a_i=40$, $\sum_{i=1}^{10}b_i=50$일 때 $\sum_{i=1}^{10}(4a_i-b_i+2)$를 구하라.

5. $\sum_{i=1}^{40}\left(\frac{1}{k}-\frac{1}{k+1}\right)$을 구하라.

6. $\sum_{k=3}^{20}\left[\frac{1}{(k+1)^2}-\frac{1}{k^2}\right]$을 구하라.

7. 다음을 구하라.

(1) $\sum_{i=1}^{100}(3i-2)$ (2) $\sum_{k=1}^{10}(k^3-k^2)$

(3) $\sum_{i=1}^{n}(2i^2-3i+1)$

8. $f(x)=3x$, $W_i=\frac{i}{5}$ 그리고 $\Delta x=\frac{1}{5}$일 때 $\sum_{i=1}^{10}f(W_i)\,\Delta x$를 구하라.

9. $\sum_{k=0}^{n}ar^k=a+ar+ar^2+\cdots+ar^n=\frac{a-ar^{n+1}}{1-r}\ (r\neq 1)$을 이용하여 다음을 계산하라.

(1) $\sum_{k=1}^{10}\left(\frac{1}{2}\right)^k$ (2) $\sum_{k=1}^{10}2^k$

10. $A=\sum_{i=1}^{n} a_i^2$, $B=\sum_{i=1}^{n} a_i b_i$, $C=\sum_{i=1}^{n} b_i^2$ 일 때 모든 실수 t에 대하여 $At^2+2Bt+C\geq 0$임을 보이라(힌트 : $At^2+2Bt+C=\sum_{i=1}^{n}(a_i t+b_i)^2$임을 보이라).

5.3•• 넓이

포물선 $y=f(x)=x^2$과 x축 및 $x=2$로 둘러싸인 영역 R(그림 5.2)에 대하여 생각하자. 여기서 R의 넓이 $A(R)$을 계산하려 한다.

우선 닫힌구간 $[0, 2]$에 $0=x_0<x_1<x_2<\cdots<x_{n-1}<x_n=2$인 점 $x_1, x_2, \cdots, x_{n-1}$을 취하여 각각의 길이가 $\Delta x=\frac{2}{n}$인 n개의 소구간 $[x_{i-1}, x_i]\,(i=1, 2, \cdots n)$으로 분할하자(그림 5.3). 그러면

$$
\begin{aligned}
x_0 &= 0 \\
x_1 &= \Delta x = \frac{2}{n} \\
x_2 &= 2\Delta x = \frac{4}{n} \\
&\vdots \\
x_{n-1} &= (n-1)\cdot\Delta x = \frac{2(n-1)}{n} \\
x_n &= n\cdot\Delta x = 2
\end{aligned}
$$

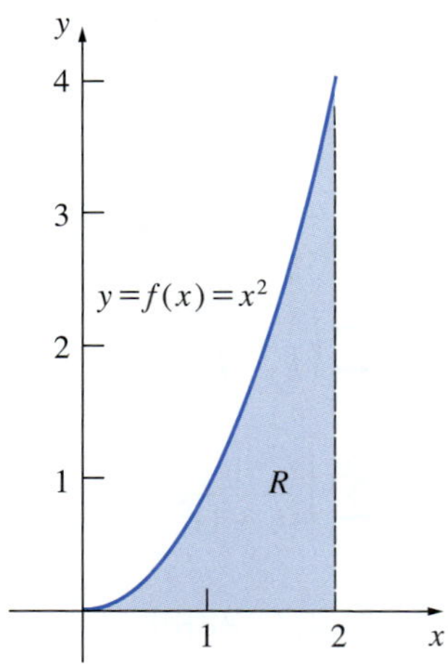

[그림 5.2]

이다. 다음으로 밑변이 $[x_{i-1}, x_i]$, 높이가 $f(x_{i-1})=x_{i-1}^2$인 직사각형을 생각하자. 이것의 넓이는 $f(x_{i-1})\Delta x$이다(그림 5.4). 이와 같은 직사각형들의 합 R_n은 그림 5.4에서 보는 바와 같이 R에 내접하는 다각형을 이룬다. R_n의 넓이 $A(R_n)$은 다음과 같이 계산된다.

$$A(R_n)=f(x_0)\Delta x+f(x_1)\Delta x+f(x_2)\Delta x+\cdots+f(x_{n-1})\Delta x$$

이고

$$f(x_{i-1})\Delta x=x_{i-1}^2\Delta x=\left(\frac{2(i-1)}{n}\right)^2\frac{2}{n}=\frac{8}{n^3}(i-1)^2$$

이므로

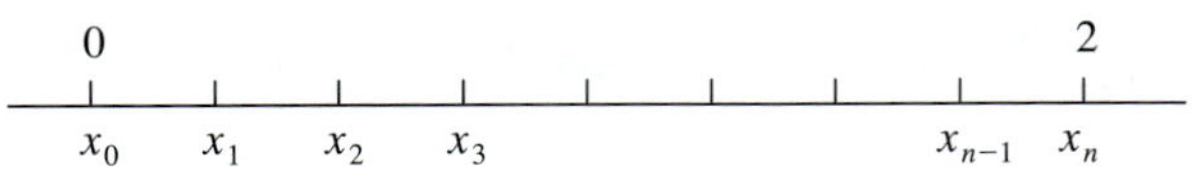

[그림 5.3]

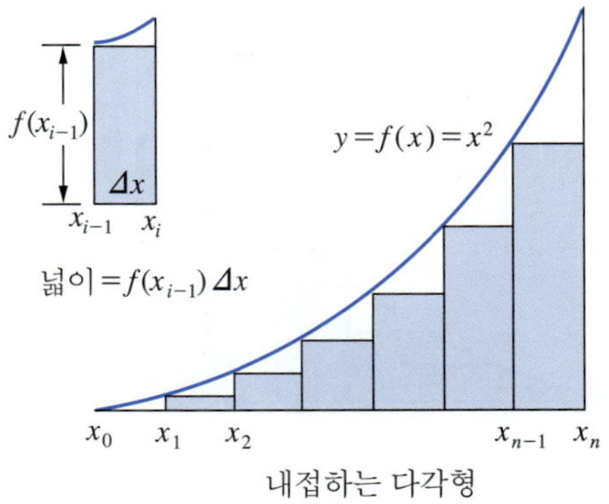

[그림 5.4]

$$\begin{aligned}A(R_n) &= \frac{8}{n^3}(0^2) + \frac{8}{n^3}(1^2) + \frac{8}{n^3}(2^2) + \cdots + \frac{8}{n^3}(n-1)^2 \\ &= \frac{8}{n^3}\left[1^2 + 2^2 + \cdots + (n-1)^2\right] \\ &= \frac{8}{n^3}\left[\frac{(n-1)n(2n-1)}{6}\right] = \frac{8}{6}\left(\frac{2n^3 - 3n^2 + n}{n^3}\right) \\ &= \frac{4}{3}\left(2 - \frac{3}{n} + \frac{1}{n^2}\right) = \frac{8}{3} - \frac{4}{n} + \frac{4}{3n^2}\end{aligned}$$

이다. 그러므로 R의 넓이는

$$\begin{aligned}A(R) &= \lim_{n\to\infty} A(R_n) \\ &= \lim_{n\to\infty}\left(\frac{8}{3} - \frac{4}{n} + \frac{4}{3n^2}\right) = \frac{8}{3}\end{aligned}$$

이다. 그림 5.5는 n이 점점 커질수록 어떻게 변화하는지를 나타낸 것이다.

이번에는 밑변이 $[x_{i-1}, x_i]$, 높이가 $f(x_i) = x_i^2$인 직사각형을 생각하자. 이것의 넓이는 $f(x_i)\Delta x$이다(그림 5.6).

이와 같은 직사각형들의 합 S_n은 그림 5.6에서 보는 바와 같이 R에 외접하는 다각형을 이룬다. S_n의 넓이 $A(S_n)$은 $A(R_n)$을 계산할 때와 마찬가지로 구해진다.

$$A(S_n) = f(x_1)\Delta x + f(x_2)\Delta x + \cdots + f(x_n)\Delta x$$

이고

$$f(x_i)\Delta x = x_i^2\Delta x = \frac{8}{n^3}i^2$$

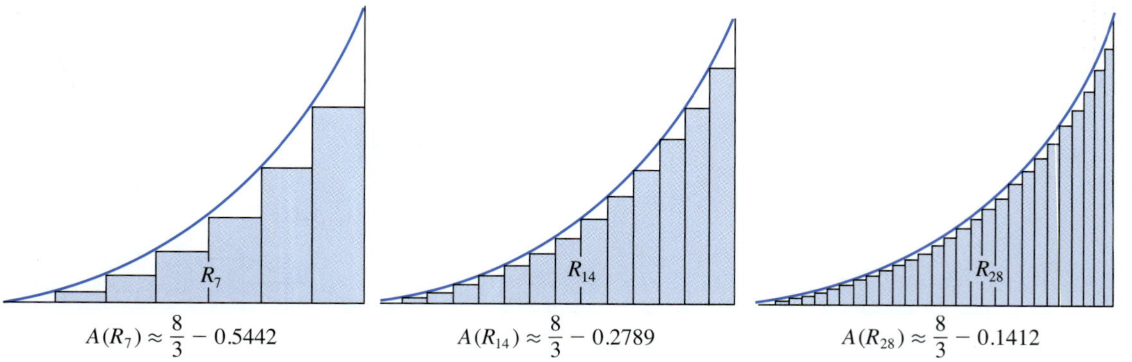

[그림 5.5]

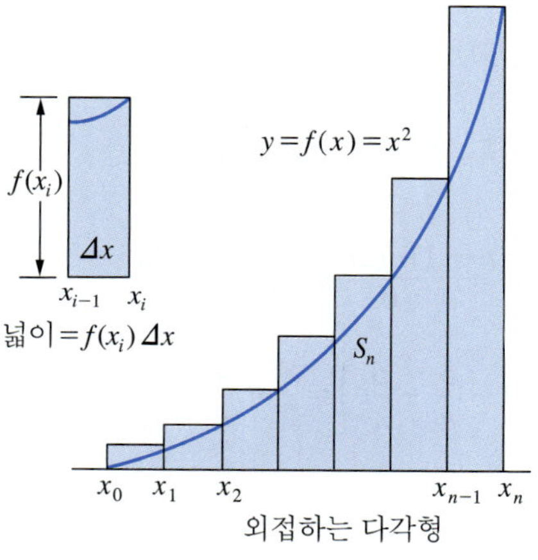

[그림 5.6]

이므로

$$\begin{aligned}
A(S_n) &= \frac{8}{n^3}(1^2) + \frac{8}{n^3}(2^2) + \cdots + \frac{8}{n^3}(n^2) \\
&= \frac{8}{n^3}(1^2 + 2^2 + \cdots + n^2) \\
&= \frac{8}{n^3} \cdot \frac{n(n+1)(2n+1)}{6} \\
&= \frac{8}{6} \cdot \frac{2n^3 + 3n^2 + n}{n^3} \\
&= \frac{4}{3}\left(2 + \frac{3}{n} + \frac{1}{n^2}\right)
\end{aligned}$$

이다. 그러므로 R의 넓이는

$$A(R) = \lim_{n\to\infty} A(S_n) = \lim_{n\to\infty} \frac{4}{3}\left(2 + \frac{3}{n} + \frac{1}{n^2}\right) = \frac{8}{3}$$

이다.

물체가 $v(t) = f(t) = \frac{1}{4}t^3 + 1\,\mathrm{m/sec}$의 속도로 t축을 따라 움직인다고 하면 $t=0$과 $t=3$ 사이에 움직인 거리는 얼마나 될까? 이 문제는 미분방정식의 방법으로 풀 수 있지만 여기서는 다른 방법을 생각해 보자. 잘 알려진 다음의 사실에서부터 시작한다. 만약 물체가 Δt 시간 동안에 일정한 속도 k로 움직인다면 움직인 거리는 $k\Delta t$ 이다. 이것은 그림 5.7에서와 같이 직사각형의 넓이다.

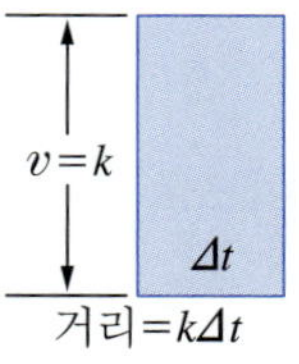

[그림 5.7]

그림 5.8의 왼쪽은 $v(t) = f(t) = \frac{1}{4}t^3 + 1$의 그래프다. 닫힌구간 [0, 3]에서 $0 = t_0 < t_1 < t_2 < \cdots < t_{n-1} < t_n = 3$인 $(n-1)$개의 점 $t_1, t_2, \cdots, t_{n-1}$을 취하여 각각의 길이가 $\Delta t = \frac{3}{n}$인 n개의 구간 $[t_{i-1}, t_i]\,(i = 1, 2, \cdots, n)$으로 분할하자. 밑변이 $[t_{i-1}, t_i]$이고 높이가 $f(t_i)$인 직사각형들의 합으로 이루어진 외접하는 다각형 S_n(그림 5.8의 오른쪽)을 생각하자. Δt가 작으면 S_n의 넓이 $A(S_n)$은 움직인 거리의 어림값이 된다.

더욱이 n이 점점 커질수록 좋은 어림값이 된다. 그러므로 움직인 거리는 $\lim_{n\to\infty} A(S_n)$이다. 즉, 곡선 $v = \frac{1}{4}t^3 + 1$, t축, $t=0$ 그리고 $t=3$으로 둘러싸인 영역의 넓이다.

$$\begin{aligned} A(S_n) &= f(t_1)\Delta t + f(t_2)\Delta t + \cdots + f(t_n)\Delta t \\ &= \sum_{i=1}^{n} f(t_i)\,\Delta t = \sum_{i=1}^{n}\left[\frac{1}{4}\left(\frac{3i}{n}\right)^3 + 1\right]\frac{3}{n} \\ &= \frac{81}{4n^4}\sum_{i=1}^{n} i^3 + \sum_{i=1}^{n}\frac{3}{n} \end{aligned}$$

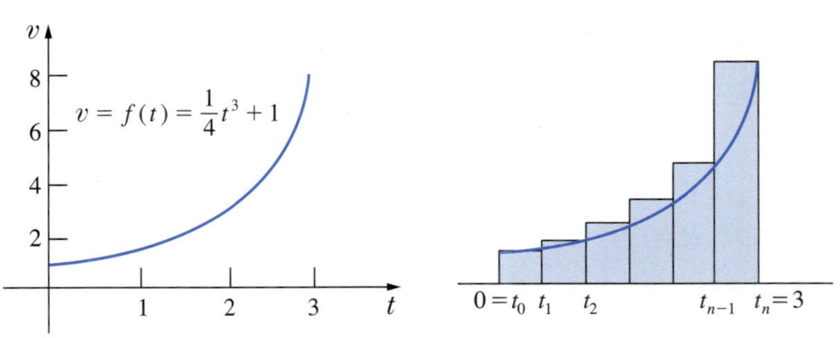

[그림 5.8]

$$= \frac{81}{4n^4}\left[\frac{n(n+1)}{2}\right]^2 + \frac{3}{n}\cdot n$$
$$= \frac{81}{16}\cdot\frac{n^2+2n+1}{n^2}+3$$
$$= \frac{81}{16}\left(1+\frac{2}{n}+\frac{1}{n^2}\right)+3$$

이므로

$$\lim_{n\to\infty} A(S_n) = \frac{81}{16}+3 = \frac{129}{16}$$

이다. 따라서 $t=0$과 $t=3$ 사이에 움직인 거리는 $\frac{129}{16}$ m 이다.

연습문제 5.3

1. 다음 그림에서 내접하는 다각형의 넓이를 구하라.

(1)

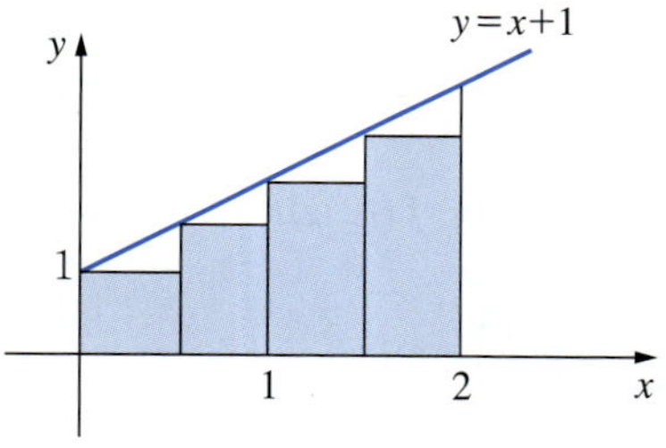

(2)

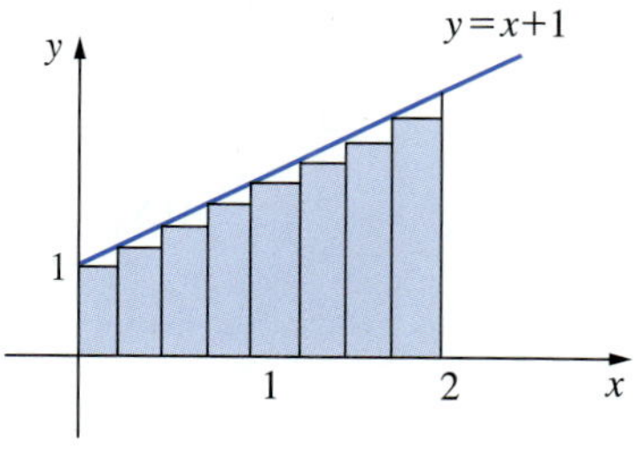

(3)

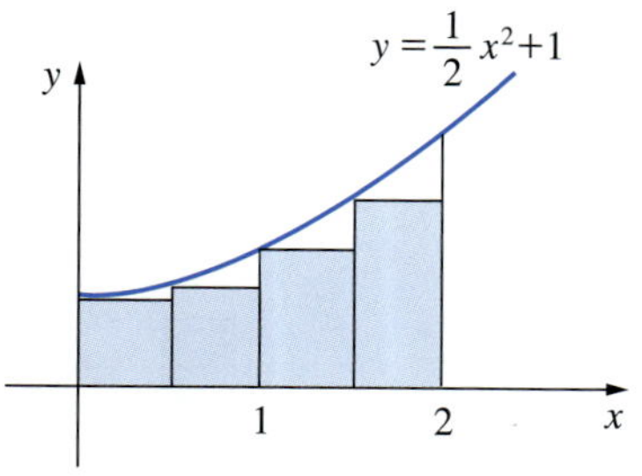

2. 구간 $[-1, 2]$에서 함수 $f(x)=2x+3$의 그래프를 그리고 $[-1, 2]$를 길이가 같은 3개의 소구간으로 나누었을 때 그래프에 외접하는 다각형의 넓이를 구하라.

3. 구간 [0, 2]에서 함수 $f(x) = x^2 + 2$의 그래프를 그리고 [0, 2]를 길이가 같은 6개의 소구간으로 나누었을 때 그래프에 외접하는 다각형의 넓이를 구하라.

4. $y = x + 1$, x축, $x = 0$ 그리고 $x = 2$로 둘러싸인 영역의 넓이를 구하라.

5. $y = 3x + 1$, x축, $x = 1$ 그리고 $x = 4$로 둘러싸인 영역의 넓이를 구하라.

6. $y = x^3$, x축, $x = 0$ 그리고 $x = 1$로 둘러싸인 영역의 넓이를 구하라.

7. $y = x^2$, x축, $x = 0$ 그리고 $x = b$로 둘러싸인 영역의 넓이가 $\frac{b^3}{3}$임을 밝히라.

8. 물체가 $v(t) = t + 1\,\text{m/sec}$의 속도로 직선을 따라 움직인다고 할 때 $t = 0$과 $t = 2$ 사이에 움직인 거리를 구하라.

9. 물체가 $v(t) = t^2\,\text{m/sec}$의 속도로 직선을 따라 움직인다고 할 때 $t = 3$과 $t = 5$ 사이에 움직인 거리를 구하라.

5.4 •• 정적분

함수 f가 모든 $x \in I$에 대하여 $|f(x)| < M$인 상수 M이 존재할 때 f는 I에서 **유계**(bounded)라 한다.

f를 닫힌구간 $[a, b]$에서 유계인 함수라 하자. $[a, b]$를 몇 개의 소구간으로 나눈 것을 $[a, b]$의 **분할**(partition)이라 한다. n을 임의의 자연수라 하고 $a = x_0 < x_1 < x_2 < \cdots < x_{n-1} < x_n = b$인 점 $x_1, x_2, \cdots, x_{n-1}$을 취하면 $[a, b]$를 n개의 소구간 $[x_{i-1}, x_i]$ $(i = 1, 2, \cdots, n)$으로 나누어진 분할 P가 결정된다. 소구간 $[x_{i-1}, x_i]$의 길이를 $\Delta x_i = x_i - x_{i-1}$로 표시하자. 각각의 소구간 $[x_{i-1}, x_i]$에서 임의로 택한 점 $\overline{x_i}$를 **표본점**(sample point)이라 한다.

그림 5.9는 $n = 6$일 때 $[a, b]$ 분할의 한 예이다. $x_{i-1} \le \overline{x_i} \le x_i$ $(i = 1, 2, \cdots, n)$인 n개의 점 $\overline{x_i}$를 임의로 선정하여 만든 합 $R_P = \sum_{i=1}^{n} f(\overline{x_i})\Delta x_i$를 함수 f의 분할 P에 대한 Riemann

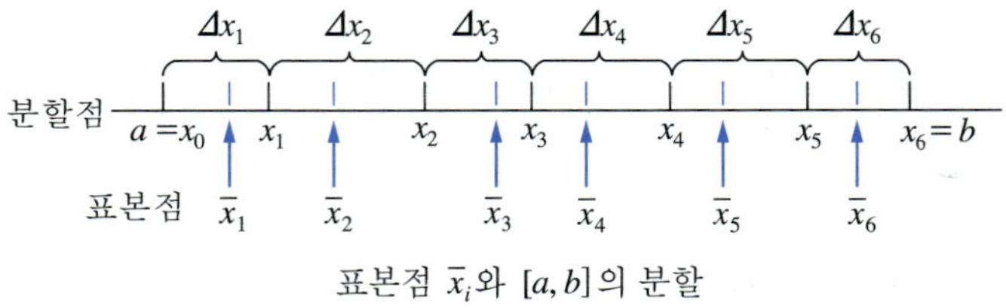

[그림 5.9]

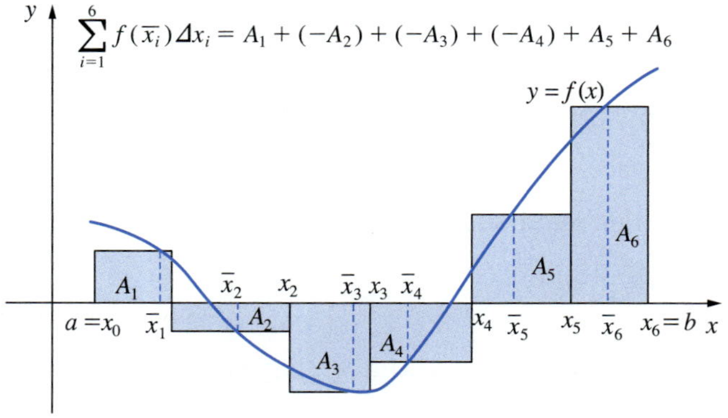

[그림 5.10]

합이라 한다(그림 5.10). 이 합은 주어진 함수 f에 대해서 구간 $[a, b]$의 분할방법 및 점 $\overline{x_i}$들의 선택방법에 따라 달라짐을 알 수 있다.

예제 5.4.1 구간 $[0, 5]$에서 정의된 함수 $f(x) = (x+1)(x-2)(x-4) = x^3 - 5x^2 + 2x + 8$에 대하여 분할점들 $0 < 1.1 < 2 < 3.2 < 4 < 5$로 된 분할과 표본점들 $\overline{x_1} = 0.5$, $\overline{x_2} = 1.5$, $\overline{x_3} = 2.5$, $\overline{x_4} = 3.6$, $\overline{x_5} = 5$에 대한 Riemann 합을 구하라(그림 5.11).

[풀이] $R_P = \sum_{i=1}^{5} f(\overline{x_i})\Delta x_i$

$= f(\overline{x_1})\Delta x_1 + f(\overline{x_2})\Delta x_2 + f(\overline{x_3})\Delta x_3 + f(\overline{x_4})\Delta x_4 + f(\overline{x_5})\Delta x_5$

$= f(0.5)(1.1-0) + f(1.5)(2-1.1) + f(2.5)(3.2-2) + f(3.6)(4-3.2) + f(5)(5-4)$

$= (7.875)(1.1) + (3.125)(0.9) + (-2.625)(1.2) + (-2.944)(0.8) + 18(1)$

$= 23.9698$ ■

예제 5.4.2 구간 $[-1, 2]$에서 정의된 함수 $f(x) = x^2 + 1$에 대하여 분할점들 $-1 < -0.5 < 0 < 0.5 < 1 < 1.5 < 2$와 표본점들 $\overline{x_1} = -0.75$, $\overline{x_2} = -0.25$, $\overline{x_3} = 0.25$, $\overline{x_4} = 0.75$,

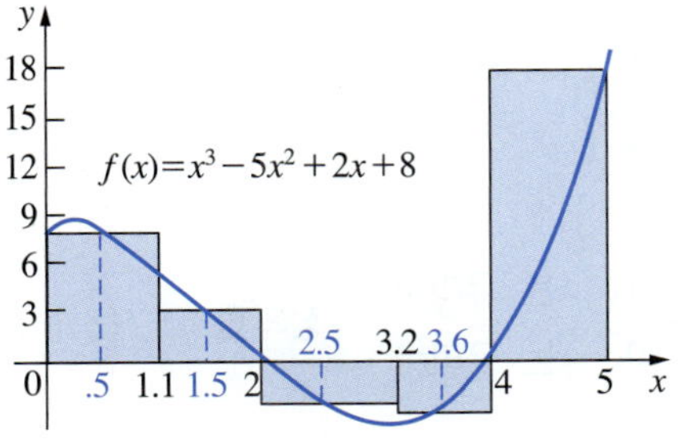

[그림 5.11]

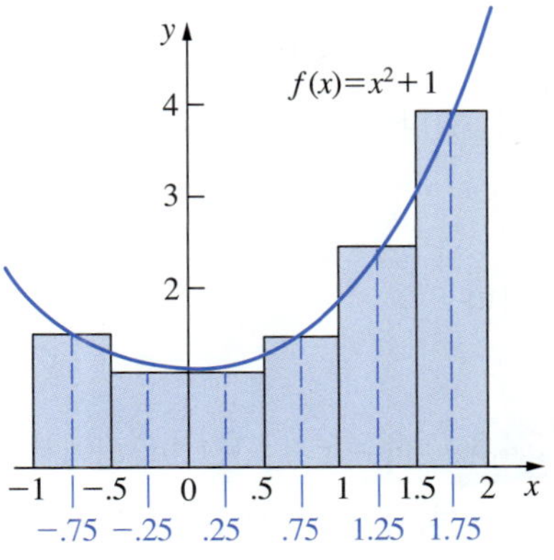

[그림 5.12]

$\overline{x_5}=1.25$, $\overline{x_6}=1.75$에 대한 Riemann 합을 구하라(그림 5.12).

[풀이]

$$\begin{aligned} R_P &= \sum_{i=1}^{6} f(\overline{x_i})\Delta x_i \\ &= [f(-0.75)+f(-0.25)+f(0.25)+f(0.75)+f(1.25)+f(1.75)](0.5) \\ &= (1.5625+1.0625+1.0625+1.5625+2.5625+4.0625)(0.5) \\ &= 5.9375 \end{aligned}$$

■

분할 P의 정도를 나타내기 위하여 소구간 $[x_{i-1}, x_i]$의 길이 Δx_i가 최대인 것을 P의 **크기**(norm)라 하고 $|P|$로 나타낸다. 즉, $|P|=\max\limits_{1\le i\le n}\Delta x_i$이다. 그러면 어떠한 소구간의 길이도 $|P|$를 넘지 않으므로, $|P|$가 작을수록 분할 P는 세분된다고 볼 수 있다. 분할 P를 한없이 세분할 때 즉, $|P|\to 0$일 때 Riemann 합 $R_p=\sum\limits_{i=1}^{n} f(\overline{x_i})\Delta x_i$가 어떤 일정한 값 A에 수렴하면 f는 $[a,b]$에서 **적분가능**(integrable)하다고 하며 A를 f의 a로부터 b까지의 **정적분**(definite integral) 또는 **Riemann 적분**이라 하고 $A=\int_a^b f(x)\,dx$로 나타낸다. 이때 a, b를 각각 이 정적분의 **하한**, **상한**이라 한다. 그러므로 f가 $[a,b]$에서 적분가능하면 $|P|\to 0$일 때 $\overline{x_1}$, $\overline{x_2}$, $\cdots$, $\overline{x_n}$의 선택 위치에 관계없이

$$R_P=\sum_{i=1}^{n} f(\overline{x_i})\Delta x_i \to \int_a^b f(x)\,dx$$

즉,

$$\lim_{|P|\to 0}\sum_{i=1}^{n} f(\overline{x_i})\Delta x_i = \int_a^b f(x)\,dx$$

이다. $a=b$이면, 정의로부터

$$\int_a^b f(x)\,dx = 0$$

임을 알 수 있다. $a > b$ 인 경우에는

$$\int_a^b f(x)\,dx = -\int_b^a f(x)\,dx$$

로 정의한다.

예제 5.4.3 함수 f가 구간 $[a, b]$에서 $f(x) = \begin{cases} 1, & x\text{는 유리수} \\ 0, & x\text{는 무리수} \end{cases}$ 로 정의될 때 f는 $[a, b]$에서 적분가능하지 않음을 보이라.

[풀이] 구간 $[a, b]$의 분할 P를 어떻게 잡든지 P의 각 소구간 $[x_{i-1}, x_i]$는 유리수와 무리수를 동시에 포함하고 있다. 따라서 $[x_{i-1}, x_i]$에서 표본점 $\overline{x_i}$를 유리수로 택하면 $\sum_{i=1}^{n} f(\overline{x_i})\Delta x_i = b - a$ 이므로 $\lim_{|P|\to 0} \sum_{i=1}^{n} f(\overline{x_i})\,\Delta x_i = b - a$이고, 한편 $\overline{x_i}$를 무리수로 택하면 $\sum_{i=1}^{n} f(\overline{x_i})\Delta x_i = 0$이므로 $\lim_{|P|\to 0} \sum_{i=1}^{n} f(\overline{x_i})\,\Delta x_i = 0$이다. 이것은 점 $\overline{x_i}$의 선택 방법에 따라 서로 다른 Riemann 합의 극한값이 존재함을 보여준다. 따라서 f는 $[a, b]$에서 적분이 불가능하다. ■

위 예제에서 볼 수 있듯이 유계인 함수라 해서 반드시 적분가능한 것은 아니다. 그렇다면 어떤 함수들이 적분가능할까? 이에 대한 답을 다음 정리가 보여준다. 이의 증명은 이 책의 범위를 벗어나므로 생략한다.

정리 5.4.1

함수 f가 닫힌구간 $[a, b]$에서 유한 개를 제외한 모든 점에서 연속이고 유계이면 f는 $[a, b]$에서 적분가능하다.

위 정리의 결과로 닫힌구간 $[a, b]$에서 정의된 다음 함수들은 적분가능하다.

1. 다항식함수
2. sine함수와 cosine함수
3. 분모를 0으로 하는 점이 이 구간에 속하지 않는 유리함수

함수 f가 닫힌구간 $[a, b]$에서 연속이고 $f(x) \geq 0$이면 위 정리에 의하여 f의 정적분 $\int_a^b f(x)\,dx$는 존재하며, 그 값은 곡선 $y = f(x)$, x축 및 두 직선 $x = a$와 $x = b$로 둘러싸인 영역의 넓이와 같다는 것을 정적분의 정의로부터 쉽게 알 수 있다.

함수 f가 닫힌구간 $[a, b]$에서 연속이면 적분가능하므로 그 정적분 값은 $[a, b]$의 분할 P의 선택방법과 P의 각 소구간에서 $\overline{x_i}$를 택하는 방법과 무관하다. 따라서 정적분 값을 계산할 때 각 소구간의 길이를 같게 하는 정칙분할을 하여 $\overline{x_i}$를 $\overline{x_i} = x_i$로 택하면 편리하다. 이때

$$\Delta x_i = \frac{b-a}{n}, \qquad \overline{x_i} = a + \frac{b-a}{n} i$$

$$\int_a^b f(x)\,dx = \lim_{n\to\infty} \frac{b-a}{n} \sum_{i=1}^{n} f\left(a + \frac{b-a}{n} i\right)$$

예제 5.4.4 $\int_{-2}^{3} (x+3)\,dx$를 구하라.

[풀이] $[-2, 3]$을 각각의 길이가 $\Delta x = \frac{5}{n}$인 n개의 소구간으로 분할하고 $[x_{i-1}, x_i]$의 표본점 $\overline{x_i}$를 $\overline{x_i} = x_i$로 택하자. 그러면

$$\begin{aligned}
x_0 &= -2, \\
x_1 &= -2 + \Delta x = -2 + \frac{5}{n}, \\
x_2 &= -2 + 2\,\Delta x = -2 + 2\left(\frac{5}{n}\right), \\
&\vdots \\
x_n &= -2 + n\Delta x = -2 + n\left(\frac{5}{n}\right) = 3
\end{aligned}$$

이다.

$$f(x_i) = x_i + 3 = 1 + \frac{5}{n} i$$

이므로

$$\begin{aligned}
\sum_{i=1}^{n} f(\overline{x_i})\,\Delta x_i &= \sum_{i=1}^{n} f(x_i)\,\Delta x \\
&= \sum_{i=1}^{n} \left(1 + \frac{5}{n} i\right) \frac{5}{n} = \frac{5}{n} \sum_{i=1}^{n} 1 + \frac{25}{n^2} \sum_{i=1}^{n} i \\
&= \frac{5}{n} \cdot n + \frac{25}{n^2} \left[\frac{n(n+1)}{2}\right] \\
&= 5 + \frac{25}{2}\left(1 + \frac{1}{n}\right)
\end{aligned}$$

P는 정칙분할이므로 $|P| \to 0$은 $n \to \infty$와 동치이다. 그러므로

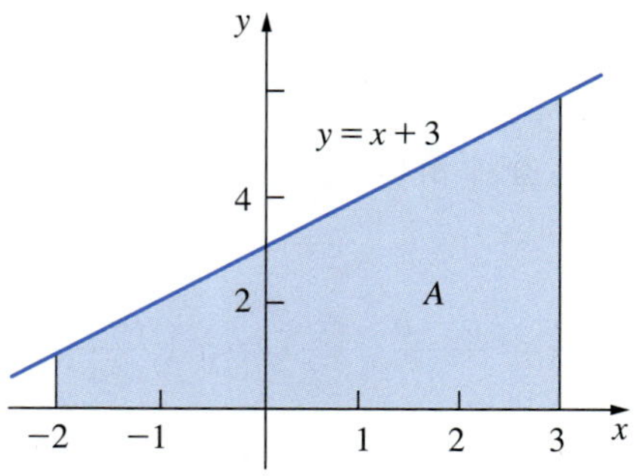

$$\int_{-2}^{3}(x+3)\,dx = A = \frac{35}{2}$$

[그림 5.13]

$$\int_{-2}^{3}(x+3)\,dx = \lim_{|P|\to 0}\sum_{i=1}^{n} f(\overline{x_i})\Delta x_i$$
$$= \lim_{n\to\infty}\left[5+\frac{25}{2}\left(1+\frac{1}{n}\right)\right] = \frac{35}{2}$$

이고 이 값은 그림 5.13에서 사다리꼴의 넓이이다. ■

예제 5.4.5 $\int_{-1}^{3}(2x^2-8)\,dx$를 구하라.

[풀이] $[-1, 3]$을 각각의 길이가 $\Delta x = \frac{4}{n}$인 n개의 소구간으로 분할하고 $[x_{i-1}, x_i]$의 표본점 $\overline{x_i}$를 $\overline{x_i} = x_i$로 택하자. 그러면

$$x_i = -1 + i\Delta x = -1 + \frac{4}{n}i$$

이고

$$f(x_i) = 2x_i^2 - 8 = 2\left(-1+\frac{4}{n}i\right)^2 - 8$$
$$= -6 - \frac{16i}{n} + \frac{32i^2}{n^2}$$

이다. 따라서

$$\sum_{i=1}^{n} f(\overline{x_i})\,\Delta x_i = \sum_{i=1}^{n}\left(-6-\frac{16}{n}i+\frac{32}{n^2}i^2\right)\frac{4}{n}$$
$$= -\frac{24}{n}\sum_{i=1}^{n}1 - \frac{64}{n^2}\sum_{i=1}^{n}i + \frac{128}{n^3}\sum_{i=1}^{n}i^2$$
$$= \frac{-24}{n}(n) - \frac{64}{n^2}\,\frac{n(n+1)}{2} + \frac{128}{n^3}\,\frac{n(n+1)(2n+1)}{6}$$
$$= -24 - 32\left(1+\frac{1}{n}\right) + \frac{128}{6}\left(2+\frac{3}{n}+\frac{1}{n^2}\right)$$

그러므로

$$\begin{aligned}\int_{-1}^{3}(2x^2-8)\,dx &= \lim_{|P|\to 0}\sum_{i=1}^{n} f(\overline{x_i})\,\Delta x_i \\ &= \lim_{n\to\infty}\left[-24-32\left(1+\frac{1}{n}\right)+\frac{128}{6}\left(2+\frac{3}{n}+\frac{1}{n^2}\right)\right] \\ &= -\frac{40}{3}\end{aligned}$$

■

연습문제 5.4

1. 아래 그래프에서 Riemann 합을 구하라.

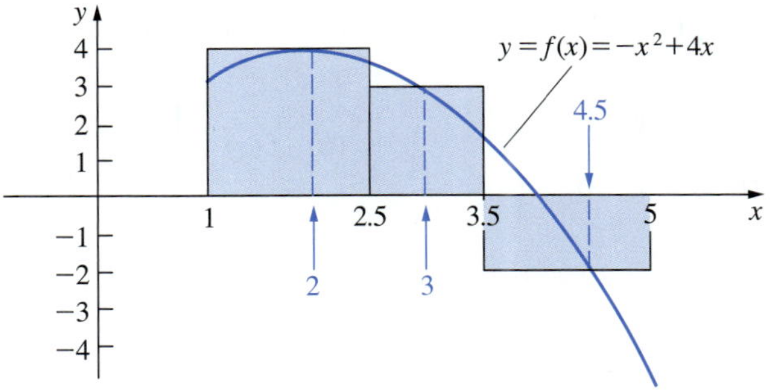

2. 다음 함수에 대하여 주어진 구간의 분할 P에 대한 Riemann 합을 구하라.

(1) $f(x)=x-1$, $[a, b]=[3, 7]$, $P: 3<3.75<4.25<5.5<6<7$, $\overline{x_1}=3$, $\overline{x_2}=4$, $\overline{x_3}=4.75$, $\overline{x_4}=6$, $\overline{x_5}=6.5$

(2) $f(x)=\dfrac{x^2}{2}+1$, $[-1, 2]$를 각각의 길이가 같은 6개의 소구간으로 분할하고 각 소구간의 표본점 $\overline{x_i}$를 각 소구간의 중점으로 택한다.

3. 다음 극한을 정적분으로 표시하라.

(1) $\displaystyle\lim_{|P|\to 0}\sum_{i=1}^{n}(\overline{x_i})^2\Delta x_i$, $a=1$, $b=3$

(2) $\displaystyle\lim_{|P|\to 0}\sum_{i=1}^{n}\frac{\overline{x_i}}{1+\overline{x_i}}\Delta x_i$, $a=0$, $b=3$

4. 정칙분할을 이용하여 다음 정적분을 구하라.

(1) $\int_0^4 (2x+3)\,dx$ (2) $\int_{-1}^2 (x^2-1)\,dx$

(3) $\int_0^4 (x^2-2x)\,dx$

5. 다음 함수에서 $\int_0^5 f(x)\,dx$를 구하라.

(1) $f(x)=\begin{cases} x, & 0\le x<1 \\ 1, & 1\le x\le 3 \\ x-4, & 3<x\le 5 \end{cases}$ (2) $f(x)=\begin{cases} \sqrt{4-x^2}, & 0\le x<2 \\ 2, & 2\le x\le 5 \end{cases}$

6. 다음 함수들이 $[-2, 2]$에서 적분가능한지 판별하라.

(1) $f(x)=x^3+\sin x$ (2) $f(x)=\dfrac{1}{x+3}$

(3) $f(x)=\dfrac{1}{x-1},\ f(1)=3$ (4) $f(x)=\tan x$

(5) $f(x)=\begin{cases} \sin\dfrac{1}{x}, & x\ne 0 \\ 0, & x=0 \end{cases}$ (6) $f(x)=\begin{cases} x^2, & -2\le x\le 0 \\ 1, & 0<x\le 2 \end{cases}$

5.5 미적분학의 기본 정리

정적분의 정의로부터 정적분 값을 계산할 수 있었으나, 이 방법으로 정적분을 계산하는 일은 지루하고 어려우며 때로는 실제적으로 불가능하기도 하다. 미적분학의 기본 정리라 불리는 다음 정리는 정적분 값을 계산할 수 있는 매우 중요한 정리이다.

정리 5.5.1 미적분학의 기본 정리

함수 f가 $[a, b]$에서 연속일 때 f의 임의의 역도함수를 F라 하면

$$\int_a^b f(x)\,dx = F(b)-F(a)$$

이다.

[증명] $[a, b]$에 대해 임의의 분할을

$$P : a = x_0 < x_1 < x_2 < \cdots < x_{n-1} < x_n = b$$

라 하자. 그러면

$$\begin{aligned} & F(b) - F(a) \\ &= F(x_n) - F(x_{n-1}) + F(x_{n-1}) - F(x_{n-2}) + \cdots + F(x_1) - F(x_0) \\ &= \sum_{i=1}^{n} [F(x_i) - F(x_{i-1})] \end{aligned}$$

도함수의 평균값 정리에 의하여

$$F(x_i) - F(x_{i-1}) = F'(\overline{x_i})(x_i - x_{i-1}) = f(\overline{x_i})\,\Delta x_i$$

를 만족시키는 점 $\overline{x_i}$가 구간 (x_{i-1}, x_i)에 존재한다. 그러므로

$$F(b) - F(a) = \sum_{i=1}^{n} f(\overline{x_i})\,\Delta x_i$$

이다. 따라서

$$F(b) - F(a) = \lim_{|P| \to 0} \sum_{i=1}^{n} f(\overline{x_i})\,\Delta x_i = \int_a^b f(x)\,dx$$

이다. ■

예제 5.5.1 $\int_a^b k\,dx = k(b-a)$ (k는 상수)를 증명하라.

[풀이] $F(x) = kx$ 는 $f(x) = k$ 의 역도함수이므로 미적분학의 기본 정리에 의하여

$$\begin{aligned} \int_a^b k\,dx &= F(b) - F(a) \\ &= kb - ka \\ &= k(b-a) \end{aligned}$$

■

예제 5.5.2 $\int_a^b x\,dx = \frac{b^2}{2} - \frac{a^2}{2}$ 임을 증명하라.

[풀이] $F(x) = \frac{x^2}{2}$은 $f(x) = x$의 역도함수이므로 미적분학의 기본 정리에 의하여

$$\begin{aligned} \int_a^b x\,dx &= F(b) - F(a) \\ &= \frac{b^2}{2} - \frac{a^2}{2} \end{aligned}$$

■

예제 5.5.3 $r(r \neq -1)$이 유리수이면 $\int_a^b x^r\,dx = \frac{b^{r+1}}{r+1} - \frac{a^{r+1}}{r+1}$ 임을 증명하라.

[풀이] $F(x) = \frac{x^{r+1}}{r+1}$는 $f(x) = x^r$ 의 역도함수이므로 미적분학의 기본 정리에 의하여

$$\int_a^b x^r\,dx = F(b) - F(a) = \frac{b^{r+1}}{r+1} - \frac{a^{r+1}}{r+1}$$

이다. 여기서 $r < 0$일 때 $[a, b]$는 0을 포함해서는 안 된다. ■

일반적으로 $F(b) - F(a)$를 $[F(x)]_a^b$로 표시한다. 예를 들면

$$\int_2^5 x^2\,dx = \left[\frac{x^3}{3}\right]_2^5 = \frac{125}{3} - \frac{8}{3} = 39$$

예제 5.5.4 $\int_{-1}^2 (4x - 6x^2)\,dx$를 구하라.

[풀이]

$$\int_{-1}^2 (4x - 6x^2)\,dx = \left[2x^2 - 2x^3\right]_{-1}^2 = (8 - 16) - (2 + 2) = -12$$ ■

예제 5.5.5 $\int_1^8 (x^{1/3} + x^{4/3})\,dx$를 구하라.

[풀이]

$$\begin{aligned}\int_1^8 (x^{1/3} + x^{4/3})\,dx &= \left[\frac{3}{4}x^{4/3} + \frac{3}{7}x^{7/3}\right]_1^8 \\ &= \left(\frac{3}{4}\cdot 16 + \frac{3}{7}\cdot 128\right) - \left(\frac{3}{4}\cdot 1 + \frac{3}{7}\cdot 1\right) \\ &= \frac{45}{4} + \frac{381}{7} \\ &\approx 65.68\end{aligned}$$ ■

예제 5.5.6 $\int_0^\pi 3\sin x\,dx$를 구하라.

[풀이]

$$\int_0^\pi 3\sin x\,dx = [-3\cos x]_0^\pi = 3 + 3 = 6$$ ■

예제 5.5.7 $\int_0^4 \sqrt{x^2+x}\,(2x+1)\,dx$를 구하라.

[풀이] $u = x^2 + x$라 두면

$$du = (2x+1)\,dx$$

이므로

$$\int \sqrt{x^2+x}\,(2x+1)\,dx = \int u^{1/2}\,du = \frac{2}{3}u^{3/2} + C$$
$$= \frac{2}{3}(x^2+x)^{3/2} + C$$

이다. 따라서 미적분학의 기본 정리에 의하여

$$\int_0^4 \sqrt{x^2+x}\,(2x+1)\,dx$$
$$= \left[\frac{2}{3}(x^2+x)^{3/2} + C\right]_0^4$$
$$= \left[\frac{2}{3}(20)^{3/2} + C\right] - (0 + C)$$
$$= \frac{2}{3}(20)^{3/2}$$

■

여기서 적분상수 C는 지워진다는 것을 알 수 있다. 이와 같은 이유로 미적분학의 기본 정리에서 "임의의 역도함수"라는 말을 쓸 수 있었다. 그러므로 미적분학의 기본 정리를 이용할 때는 $C = 0$으로 택할 수 있다.

예제 5.5.8 $\int_0^{\pi/4} \sin^3 2x \cos 2x\,dx$를 구하라.

[풀이] $u = \sin 2x$라 두면 $du = 2\cos 2x\,dx$이므로

$$\int \sin^3 2x \cos 2x\,dx = \frac{1}{2}\int (\sin^3 2x)(2\cos 2x)\,dx$$
$$= \frac{1}{2}\int u^3\,du$$
$$= \frac{1}{2}\frac{u^4}{4} + C$$

이다. 따라서 미적분학의 기본 정리에 의하여

$$\int_0^{\pi/4} \sin^3 2x \cos 2x \, dx = \left[\frac{\sin^4 2x}{8}\right]_0^{\pi/4}$$
$$= \frac{1}{8} - 0 = \frac{1}{8}$$ ■

정적분의 정의와 극한에 관한 정리들로부터 다음 정리가 유도된다.

정리 5.5.2

두 함수 f와 g가 구간 $[a, b]$에서 적분가능하면 kf (k는 상수), $f+g$ 그리고 $f-g$가 적분가능하고

(i) $\int_a^b kf(x)\,dx = k\int_a^b f(x)\,dx$

(ii) $\int_a^b [f(x)+g(x)]\,dx = \int_a^b f(x)\,dx + \int_a^b g(x)\,dx$

(iii) $\int_a^b [f(x)-g(x)]\,dx = \int_a^b f(x)\,dx - \int_a^b g(x)\,dx$

[증명] (i)

$$\begin{aligned}\int_a^b kf(x)\,dx &= \lim_{|P|\to 0}\sum_{i=1}^n kf(\overline{x}_i)\,\Delta x_i \\ &= \lim_{|P|\to 0} k\sum_{i=1}^n f(\overline{x}_i)\,\Delta x_i \\ &= k\lim_{|P|\to 0}\sum_{i=1}^n f(\overline{x}_i)\,\Delta x_i \\ &= k\int_a^b f(x)\,dx\end{aligned}$$

(ii)

$$\begin{aligned}\int_a^b [f(x)+g(x)]\,dx &= \lim_{|P|\to 0}\sum_{i=1}^n [f(\overline{x}_i)+g(\overline{x}_i)]\,\Delta x_i \\ &= \lim_{|P|\to 0}\left[\sum_{i=1}^n f(\overline{x}_i)\Delta x_i + \sum_{i=1}^n g(\overline{x}_i)\,\Delta x_i\right] \\ &= \lim_{|P|\to 0}\sum_{i=1}^n f(\overline{x}_i)\Delta x_i + \lim_{|P|\to 0}\sum_{i=1}^n g(\overline{x}_i)\Delta x_i \\ &= \int_a^b f(x)\,dx + \int_a^b g(x)\,dx\end{aligned}$$

(iii)은 (i)과 (ii)로부터 증명된다. ■

예제 5.5.9 $\int_{-1}^{2}(4x-6x^2)\,dx$를 구하라.

[풀이] 이 문제는 예제 5.5.4와 같은 문제지만 여기서는 위 정리를 이용하여 푼다.

$$\begin{aligned}\int_{-1}^{2}(4x-6x^2)\,dx &= 4\int_{-1}^{2}xdx-6\int_{-1}^{2}x^2\,dx \\ &= 4\left[\frac{x^2}{2}\right]_{-1}^{2}-6\left[\frac{x^3}{3}\right]_{-1}^{2} \\ &= 4\left(\frac{4}{2}-\frac{1}{2}\right)-6\left(\frac{8}{3}+\frac{1}{3}\right)=-12\end{aligned}$$

■

예제 5.5.10 $\int_{0}^{1}[x^2+(x^2+1)^4x]\,dx$를 구하라.

[풀이] $\int_{0}^{1}[x^2+(x^2+1)^4x]\,dx=\int_{0}^{1}x^2\,dx+\int_{0}^{1}(x^2+1)^4\,x\,dx$

첫 번째 적분은 쉽게 구할 수 있다. 두 번째 정적분을 구하기 위하여 $u(x)=x^2+1$이라 하자. 그러면 $du=2x\,dx$이므로

$$\begin{aligned}\int(x^2+1)^4\,x\,dx &= \frac{1}{2}\int(x^2+1)^4\,2x\,dx=\frac{1}{2}\int u^4\,du \\ &= \frac{1}{2}\frac{u^5}{5}+C=\frac{(x^2+1)^5}{10}+C\end{aligned}$$

따라서

$$\begin{aligned}\int_{0}^{1}x^2\,dx+\int_{0}^{1}(x^2+1)^4x\,dx &= \left[\frac{x^3}{3}\right]_{0}^{1}+\left[\frac{(x^2+1)^5}{10}\right]_{0}^{1} \\ &= \left(\frac{1}{3}-0\right)+\left(\frac{32}{10}-\frac{1}{10}\right) \\ &= \frac{103}{30}\end{aligned}$$

■

연습문제 5.5

1. 미적분학의 기본 정리를 이용하여 다음 정적분을 구하라.

(1) $\int_{0}^{2}x^3dx$

(2) $\int_{-1}^{2}(3x^2-2x+3)\,dx$

(3) $\int_{1}^{4}\frac{1}{x^2}\,dx$

(4) $\int_{0}^{4}\sqrt{t}\,dt$

(5) $\int_{-4}^{-2}\left(y^2+\frac{1}{y^3}\right)dy$

(6) $\int_0^{\pi/2}\cos x\,dx$

(7) $\int_0^4(2x^4-3x^2+5)\,dx$

(8) $\int_0^1(x^2+1)^{10}(2x)\,dx$

(9) $\int_{-1}^{3}\frac{1}{(t+2)^2}\,dt$

(10) $\int_5^8\sqrt{3x+1}\,dx$

(11) $\int_{-3}^{3}\sqrt{7+2t^2}\,(8t)\,dt$

(12) $\int_0^{\pi/2}\cos^2 x\sin x\,dx$

(13) $\int_0^{\pi/2}(2x+\sin x)\,dx$

(14) $\int_0^4(\sqrt{x}+\sqrt{2x+1})\,dx$

(15) $\int_0^1(x^2+2x)^2\,dx$

(16) $\int_0^{\pi/3}2\sec^2 x\,dx$

(17) $\int_{\pi/4}^{3\pi/4}\csc\theta\cot\theta\,d\theta$

(18) $\int_1^{\sqrt{2}}\frac{s^2+\sqrt{s}}{s^2}\,ds$

(19) $\int_{-4}^{4}|x|\,dx$

(20) $\int_0^1 t\sqrt{t^2+1}\,dt$

2. 다음을 계산하라.

(1) $\lim_{n\to\infty}\sum_{i=1}^{n}\left(\frac{3i}{n}\right)^2\frac{3}{n}$

(2) $\lim_{n\to\infty}\sum_{i=1}^{n}\left[\sin\left(\frac{\pi i}{n}\right)\right]\frac{\pi}{n}$

3. $\int_0^1 f(x)\,dx=4$이고 $\int_0^1 g(x)\,dx=-2$일 때 다음을 구하라.

(1) $\int_0^1[f(x)-g(x)]\,dx$

(2) $\int_0^1[2g(x)-3f(x)]\,dx$

5.6 정적분의 성질

정적분의 정의는 넓이를 구하는 문제로부터 유도되었다. 그림 5.14의 두 영역 R_1, R_2에서 $R=R_1\cup R_2$라 하자. 그러면

$$A(R)=A(R_1\cup R_2)=A(R_1)+A(R_2)$$

즉,

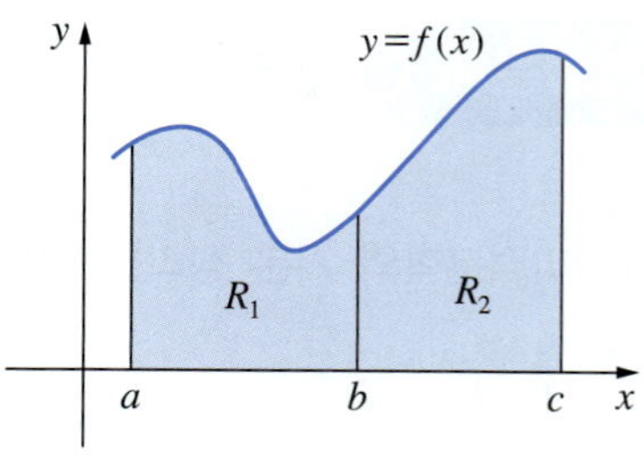

[그림 5.14]

$$\int_a^c f(x)\,dx = \int_a^b f(x)\,dx + \int_b^c f(x)\,dx$$

이다. 일반적으로 다음이 성립한다.

○ 정리 5.6.1

함수 f가 세 점 a, b, c를 경계로 하는 각 구간에서 적분가능하면

$$\int_a^c f(x)\,dx = \int_a^b f(x)\,dx + \int_b^c f(x)\,dx$$

이다. 여기서 a, b, c의 순서는 관계없다.

예를 들면

$$\int_0^2 x^2\,dx = \int_0^1 x^2\,dx + \int_1^2 x^2\,dx$$

이고

$$\int_0^2 x^2\,dx = \int_0^3 x^2\,dx + \int_3^2 x^2\,dx$$

이다. 그림 5.15의 두 영역 R_1, R_2의 넓이를 살펴보면 다음과 같은 정적분의 성질을 알 수 있다.

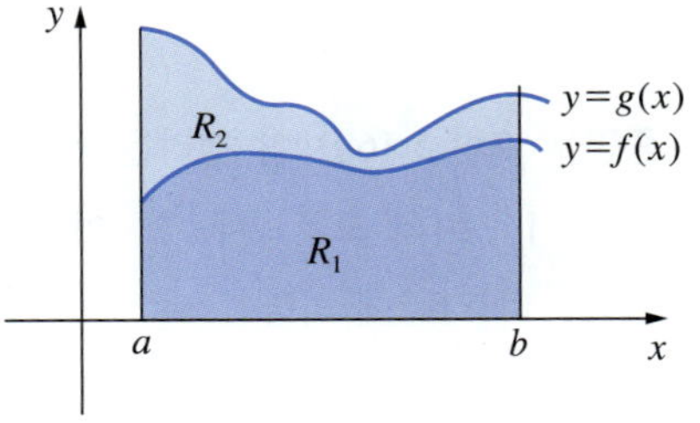

[그림 5.15]

○ 정리 5.6.2

함수 f와 g가 닫힌구간 $[a, b]$에서 적분가능하고 $[a, b]$의 모든 점 x에 대하여 $f(x) \le g(x)$이면

$$\int_a^b f(x)\,dx \le \int_a^b g(x)\,dx$$

[증명] $[a, b]$의 임의의 분할을 $P : a = x_0 < x_1 < x_2 < \cdots < x_n = b$라 하고 소구간 $[x_{i-1}, x_i]$의 임의의 표본점을 $\overline{x_i}$라 하자.

$$f(\overline{x_i}) \le g(\overline{x_i})$$

이므로

$$\sum_{i=1}^{n} f(\overline{x_i})\Delta x_i \le \sum_{i=1}^{n} g(\overline{x_i})\Delta x_i$$

따라서

$$\lim_{|P|\to 0}\sum_{i=1}^{n} f(\overline{x_i})\Delta x_i \le \lim_{|P|\to 0}\sum_{i=1}^{n} g(\overline{x_i})\Delta x_i$$

즉,

$$\int_a^b f(x)\,dx \le \int_a^b g(x)\,dx$$

이다. ■

정리 5.6.3

함수 f가 구간 $[a, b]$에서 적분가능하고 $[a, b]$의 모든 점 x에 대하여 $m \le f(x) \le M$ 이면

$$m(b-a) \le \int_a^b f(x)\,dx \le M(b-a)$$

[증명] 그림 5.16은 이 정리를 이해하는 데 도움이 된다. $[a, b]$의 모든 x에 대하여 $g(x) = M$으로 두면 정리 5.6.2에 의하여

$$\int_a^b f(x)\,dx \le \int_a^b g(x)\,dx$$

이다. 그런데

$$\int_a^b g(x)\,dx = \int_a^b M\,dx = [Mx]_a^b = M(b-a)$$

이므로 오른쪽 부등식이 증명되었다. 같은 방법으로 왼쪽 부등식도 증명된다. ■

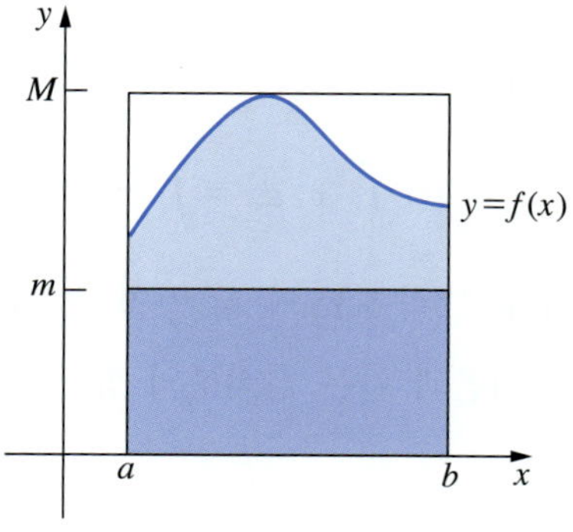

[그림 5.16]

함수 f가 닫힌구간 $[a, b]$에서 연속이면 $[a, b]$의 임의의 점 x에 대하여 f는 닫힌구간 $[a, x]$에서도 연속이므로 정적분 $\int_a^x f(t)\,dt$가 존재한다. 따라서 구간 $[a, b]$의 모든 점 x에 대하여

$$G(x) = \int_a^x f(t)\,dt$$

로 정의되는 함수 $G : [a, b] \to \mathbb{R}$가 존재한다.

○ 정리 5.6.4

함수 f가 닫힌구간 $[a, b]$에서 연속이면 열린구간 (a, b)의 모든 점 x에 대하여

$$D_x\left[\int_a^x f(t)\,dt\right] = f(x)$$

[증명] $G(x) = \int_a^x f(t)\,dt$라 두고

$$G'(x) = \lim_{h\to 0}\frac{G(x+h) - G(x)}{h} = f(x)$$

임을 증명하면 된다. 정리 5.6.1에 의하여

$$\begin{aligned} G(x+h) - G(x) &= \int_a^{x+h} f(t)\,dt - \int_a^x f(t)\,dt \\ &= \int_x^{x+h} f(t)\,dt \end{aligned}$$

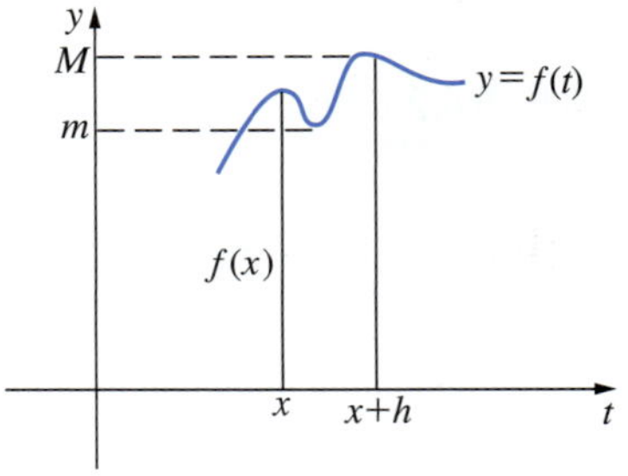

[그림 5.17]

이다. $h > 0$라고 하자. f는 닫힌구간 $[x, x+h]$에서 연속이므로 $[x, x+h]$에서 최댓값 M과 최솟값 m을 갖는다. 즉, $m \le f(t) \le M$ $(x \le t \le x+h)$ (그림 5.17)이다. 정리 5.6.3에 의하여

$$mh \le \int_x^{x+h} f(t)\,dt \le Mh$$

또는

$$mh \le G(x+h) - G(x) \le Mh$$

$$m \le \frac{G(x+h) - G(x)}{h} \le M$$

이다. f는 x에서 연속이므로 $h \to 0$이면 $M \to f(x)$이고 $m \to f(x)$이다. 따라서

$$\lim_{h\to 0}\frac{G(x+h) - G(x)}{h} = f(x)$$

이다. $h < 0$ 인 경우에도 비슷한 방법으로 증명이 된다. ■

이 정리에 의하여 $[a, b]$에서 연속인 함수 f는 $\int_a^x f(t)\,dt$인 역도함수 F가 반드시 존재한다는 것을 알 수 있다.

예제 5.6.1 두 가지 방법으로 $D_x\left[\int_1^x t^2\,dt\right]$를 구하라.

[풀이]

$$\int_1^x t^2\,dt = \left[\frac{t^3}{3}\right]_1^x = \frac{x^3}{3} - \frac{1}{3}$$

이므로

$$D_x\left[\int_1^x t^2 dt\right] = D_x\left[\frac{x^3}{3} - \frac{1}{3}\right] = x^2$$

이다. 다른 방법은 정리 5.6.4를 이용하면

$$D_x\left[\int_1^x t^2 dt\right] = x^2$$

■

예제 5.6.2 $D_x\left[\int_2^x \frac{t^{3/2}}{\sqrt{t^2+17}}\,dt\right]$를 구하라.

[풀이] 정리 5.6.4에 의하여

$$D_x\left[\int_2^x \frac{t^{3/2}}{\sqrt{t^2+17}}\,dt\right] = \frac{x^{3/2}}{\sqrt{x^2+17}}$$

■

예제 5.6.3 $D_x\left[\int_x^4 \tan^2 u \cos u\,du\right],\ \frac{\pi}{2} < x < \frac{3\pi}{2}$ 를 구하라.

[풀이]

$$\begin{aligned} D_x\left[\int_x^4 \tan^2 u \cos u\,du\right] &= D_x\left[-\int_4^x \tan^2 u \cos u\,du\right] \\ &= -D_x\left[\int_4^x \tan^2 u \cos u\,du\right] \\ &= -\tan^2 x \cos x \end{aligned}$$

■

예제 5.6.4 $D_x\left[\int_0^{x^2} (3t-1)\,dt\right]$를 구하라.

[풀이] $G(x) = \int_0^x (3t-1)dt,\ u(x) = x^2$ 으로 두면 $\int_0^{x^2}(3t-1)dt = G(u(x))$이므로

$$\begin{aligned} D_x[G(u(x))] &= D_u[G(u)] \cdot D_x u = (3u-1)(2x) \\ &= (3x^2-1)(2x) = 6x^3 - 2x \end{aligned}$$

■

예제 5.6.5 $D_x\left[\int_{2x}^{5}\sqrt{t^2+2}\,dt\right]$를 구하라.

[풀이]

$$D_x\left[\int_{2x}^{5}\sqrt{t^2+2}\,dt\right]=D_x\left[-\int_{5}^{2x}\sqrt{t^2+2}\,dt\right]$$
$$=-D_x\left[\int_{5}^{2x}\sqrt{t^2+2}\,dt\right]=-\sqrt{(2x)^2+2)}\,(2)$$
$$=-2\sqrt{4x^2+2}$$
■

정리 5.6.5 적분의 평균값 정리

함수 f가 닫힌구간 $[a, b]$에서 연속이면 $\int_a^b f(t)\,dt=f(c)(b-a)$를 만족시키는 점 c가 a와 b 사이에 적어도 하나 존재한다.

[증명] $G(x)=\int_a^x f(t)\,dt$, $a\le x\le b$라 두자. 도함수의 평균값 정리에 의하여

$$G(b)-G(a)=G'(c)(b-a)$$

인 점 c가 (a, b)에 적어도 하나 존재한다. 즉,

$$\int_a^b f(t)\,dt=G'(c)(b-a)$$

이다. 정리 5.6.4에 의하여 $G'(c)=f(c)$이므로

$$\int_a^b f(t)\,dt=f(c)(b-a)$$

이다. ■

예제 5.6.6 함수 $f(x)=1+x^2$에 대하여 구간 $[-1, 2]$에서 적분의 평균값 정리의 등식을 만족시키는 점 c를 구하라.

[풀이] $f(x)=1+x^2$은 구간 $[-1, 2]$에서 연속이므로 적분의 평균값 정리의 가정을 만족시킨다.

$$\int_{-1}^{2}(1+x^2)\,dx=\left[x+\frac{1}{3}x^3\right]_{-1}^{2}=6,\ f(c)\,[2-(-1)]=3f(c)$$

이므로

$$\int_{-1}^{2}(1+x^2)\,dx=f(c)\,[2-(-1)]\Leftrightarrow f(c)=2\Leftrightarrow c=1$$

이다. ■

정리 5.6.5의 결과를 다음과 같이 쓸 수 있다.

$$f(c) = \frac{\int_a^b f(t)\,dt}{b-a}$$

$\dfrac{\int_a^b f(t)\,dt}{b-a}$를 닫힌구간 $[a, b]$에서 f의 평균값이라고 한다. 왜냐하면 다음과 같은 정칙분할 P를 생각하자. $P: a = x_0 < x_1 < x_2 < \cdots < x_n = b$. 그러면 n개의 함수값 $f(x_1)$, $f(x_2), \cdots, f(x_n)$의 평균은

$$\begin{aligned} \frac{f(x_1)+f(x_2)+\cdots+f(x_n)}{n} &= \sum_{i=1}^{n} f(x_i)\frac{1}{n} \\ &= \frac{1}{b-a}\sum_{i=1}^{n} f(x_i)\frac{b-a}{n} \\ &= \frac{1}{b-a}\sum_{i=1}^{n} f(x_i)\Delta x_i \end{aligned}$$

이다. 그런데

$$\lim_{n\to\infty}\sum_{i=1}^{n} f(x_i)\Delta x_i = \int_a^b f(x)\,dx$$

이므로 $\dfrac{\int_a^b f(x)\,dx}{b-a}$는 평균값 개념의 확장이다.

연습문제 5.6

1. $\int_0^1 f(x)\,dx = 2$, $\int_1^2 f(x)\,dx = 3$, $\int_0^1 g(x)\,dx = -1$, $\int_0^2 g(x)\,dx = 4$ 일 때 다음을 구하라.

(1) $\int_0^2 f(x)\,dx$ (2) $\int_1^2 g(x)\,dx$

(3) $\int_2^1 3f(x)\,dx$ (4) $\int_0^2 [2f(x) - 3g(x)]\,dx$

(5) $\int_1^2 f(x)\,dx + \int_2^0 f(x)\,dx$

2. 다음 $G(x)$에 대하여 $G'(x)$를 구하라.

(1) $G(x) = \int_{-6}^{x} (2t+1)\,dt$ (2) $G(x) = \int_1^x \sqrt{1+t^4}\,dt$

(3) $G(x)=\int_{x}^{\pi/4} u\tan u\, du,\ -\frac{\pi}{2}<x<\frac{\pi}{2}$

(4) $G(x)=\int_{0}^{\sin x} (u^2+\cos u)\, du$

(5) $G(x)=\int_{x}^{x^3} \sqrt{1+s^4}\, ds$

3. $f(x)=\int_{0}^{x} \frac{s}{\sqrt{a^2+s^2}}\, ds$, $a\neq 0$일 때 $y=f(x)$의 그래프는 모든 점에서 위로 오목함을 밝히라.

4. $f(x)=\begin{cases} x^2, & 0\leq x<2 \\ x, & 2\leq x\leq 4 \end{cases}$ 일 때 $\int_{0}^{4} f(x)\, dx$를 구하라.

5. $f(x)=|x-2|$일 때 $\int_{0}^{4} f(x)\, dx$를 구하라.

6. $[1, 3]$에서 $f(x)=4x^3$의 평균값을 구하라.

7. $[-1, 3]$에서 $f(x)=2+|x|$의 평균값을 구하라.

8. 다음 명제가 참인지 거짓인지 판정하라.

(1) 함수 f가 $[a, b]$에서 연속이고 $[a, b]$의 모든 x에 대하여 $f(x)\geq 0$이면 $\int_{a}^{b} f(x)\, dx \geq 0$이다.

(2) $\int_{a}^{b} f(x)\, dx=0$ 이면 $[a, b]$의 모든 x에 대하여 $f(x)=0$이다.

(3) $\int_{a}^{b} f(x)\, dx>\int_{c}^{b} g(x)\, dx$ 이면 $\int_{a}^{b} [f(x)-g(x)]\, dx>0$이다.

5.7 •• 정적분 계산의 보조수법

정적분 계산은 두 단계의 과정으로 이루어진다. 우선 부정적분을 구하고 다음으로 미적분학의 기본 정리를 이용하는 것이다. 다음 예처럼 부정적분을 구하기가 복잡하여 치환이 필요한 경우가 있다.

$\int(2x+3)\cos(x^2+3x)\,dx$ 를 구하기 위하여 $u(x)=x^2+3x$ 로 치환한다. 이때 $du=(2x+3)\,dx$ 이므로

$$\begin{aligned}\int(2x+3)\cos(x^2+3x)\,dx &= \int \cos u\,du \\ &= \sin u + C \\ &= \sin(x^2+3x)+C\end{aligned}$$

이다. 이와 같이 적분변수를 적당히 바꾸면 적분이 쉽게 될 수 있다. 정리 5.1.2와 같이 변수를 바꾸어 적분을 계산하는 방법을 치환적분법이라 한다. 치환적분은 8장에서 자세히 다루기로 한다.

치환적분법

함수 g가 미분가능하고 f의 역도함수를 F라 하자. $u=g(x)$이면

$$\int f(g(x))g'(x)\,dx = \int f(u)\,du = F(u)+C = F(g(x))+C$$

예제 5.7.1 $\int \frac{\sin\sqrt{x}}{\sqrt{x}}\,dx$를 구하라.

[풀이] $u=\sqrt{x}$로 놓으면 $du=\frac{1}{2}x^{-1/2}\,dx$이므로

$$\begin{aligned}\int \frac{\sin\sqrt{x}}{\sqrt{x}}\,dx &= 2\int \sin\sqrt{x}\left(\frac{1}{2}x^{-1/2}\,dx\right) \\ &= 2\int \sin u\,du = -2\cos u + C \\ &= -2\cos\sqrt{x}+C\end{aligned}$$

■

예제 5.7.2 $\int_0^{\frac{\sqrt{\pi}}{2}} x\sin^3(x^2)\cos(x^2)\,dx$를 구하라.

[풀이] $u=\sin(x^2)$으로 놓으면 $du=2x\cos(x^2)\,dx$이므로

$$\begin{aligned}\int x\sin^3(x^2)\cos(x^2)\,dx &= \frac{1}{2}\int \sin^3(x^2)2x\cos(x^2)\,dx \\ &= \frac{1}{2}\int u^3\,du = \frac{1}{2}\frac{u^4}{4}+C \\ &= \frac{1}{8}\sin^4(x^2)+C\end{aligned}$$

이다. 미적분학의 기본 정리에 의하여

$$\int_0^{\frac{\sqrt{\pi}}{2}} x\sin^3(x^2)\cos(x^2)\,dx = \left[\frac{1}{8}\sin^4(x^2)\right]_0^{\frac{\sqrt{\pi}}{2}}$$

$$= \frac{1}{8}\sin^4\left(\frac{\pi}{4}\right) - \frac{1}{8}\cdot 0 = \frac{1}{32}$$ ■

위 예제에서 $x=0$일 때 $u=\sin(0^2)=0$이고 $x=\frac{\sqrt{\pi}}{2}$일 때

$$u = \sin\left[\left(\frac{\sqrt{\pi}}{2}\right)^2\right] = \frac{\sqrt{2}}{2}$$

이므로 다음과 같이 적분구간을 치환하여 정적분을 할 수 있다.

$$\int_0^{\frac{\sqrt{\pi}}{2}} x\sin^3(x^2)\cos(x^2)\,dx = \frac{1}{2}\int_0^{\frac{\sqrt{2}}{2}} u^3\,du$$

$$= \left[\frac{1}{2}\cdot\frac{u^4}{4}\right]_0^{\frac{\sqrt{2}}{2}} = \frac{1}{32}$$

○ 정리 5.7.1 정적분에서 치환

닫힌구간 $[a, b]$에서 함수 g의 도함수가 연속이고 함수 f가 g의 치역에서 연속일 때

$$\int_a^b f(g(x))\,g'(x)\,dx = \int_{g(a)}^{g(b)} f(u)\,du$$

[증명] f의 역도함수를 F라 하면 미적분학의 기본 정리(정리 5.5.1)에 의하여

$$\int_{g(a)}^{g(b)} f(u)\,du = [F(u)]_{g(a)}^{g(b)} = F(g(b)) - F(g(a))$$

이다. 한편 치환적분에 의하여

$$\int f(g(x))g'(x)\,dx = F(g(x)) + C$$

이므로 다시 미적분학의 기본 정리에 의하여

$$\int_a^b f(g(x))g'(x)\,dx = [F(g(x))]_a^b = F(g(b)) - F(g(a))$$

그러므로

$$\int_a^b f(g(x))g'(x)\,dx = \int_{g(a)}^{g(b)} f(u)\,du$$ ■

예제 5.7.3 $\int_0^1 \frac{x+1}{(x^2+2x+6)^2}\,dx$ 를 구하라.

[풀이] $u = x^2 + 2x + 6$이라 놓으면 $du = (2x+2)\,dx$이고 또한 $x = 0$일 때 $u = 6$이고 $x = 1$일 때 $u = 9$이므로 구하는 적분은

$$\int_0^1 \frac{x+1}{(x^2+2x+6)^2}\,dx = \frac{1}{2}\int_0^1 \frac{2x+2}{(x^2+2x+6)^2}\,dx$$

$$= \frac{1}{2}\int_6^9 u^{-2}\,du = \left[-\frac{1}{2}\frac{1}{u}\right]_6^9$$

$$= -\frac{1}{18} - \left(-\frac{1}{12}\right) = \frac{1}{36}$$

■

예제 5.7.4 $\int_{\frac{\pi^2}{9}}^{\frac{\pi^2}{4}} \frac{\cos\sqrt{x}}{\sqrt{x}}\,dx$를 구하라.

[풀이] $u = \sqrt{x}$로 놓으면 $du = \frac{dx}{2\sqrt{x}}$이고, 또한 $x = \frac{\pi^2}{9}$일 때 $u = \frac{\pi}{3}$이고, 또한 $x = \frac{\pi^2}{4}$일 때 $u = \frac{\pi}{2}$ 이므로

$$\int_{\frac{\pi^2}{9}}^{\frac{\pi^2}{4}} \frac{\cos\sqrt{x}}{\sqrt{x}}\,dx = 2\int_{\frac{\pi^2}{9}}^{\frac{\pi^2}{4}} \cos\sqrt{x}\cdot\frac{1}{2\sqrt{x}}\,dx$$

$$= 2\int_{\frac{\pi}{2}}^{\frac{\pi}{3}} \cos u\,du$$

$$= [2\sin u]_{\frac{\pi}{3}}^{\frac{\pi}{2}} = 2 - \sqrt{3}$$

■

짝함수(even function)는 $f(-x) = f(x)$를 만족하는 함수이고 **홀함수**(odd function)는 $f(-x) = -f(x)$를 만족하는 함수이다. 짝함수의 그래프는 y축에 대하여 대칭이고 홀함수의 그래프는 원점에 대하여 대칭이다. 이와 같은 함수들은 정적분에 대하여 좋은 성질이 있다.

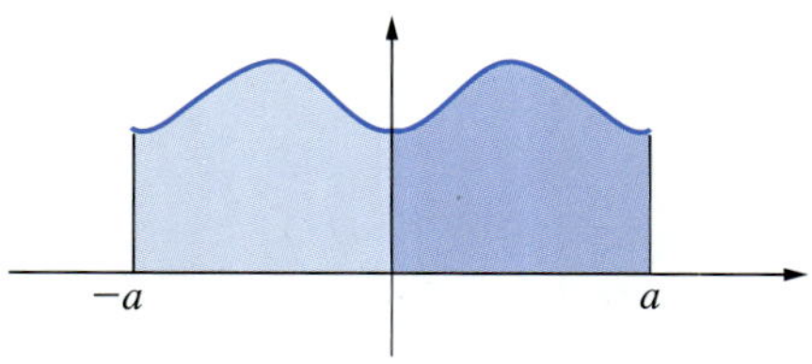

짝함수
y축 왼쪽 넓이 = y축 오른쪽 넓이

[그림 5.18]

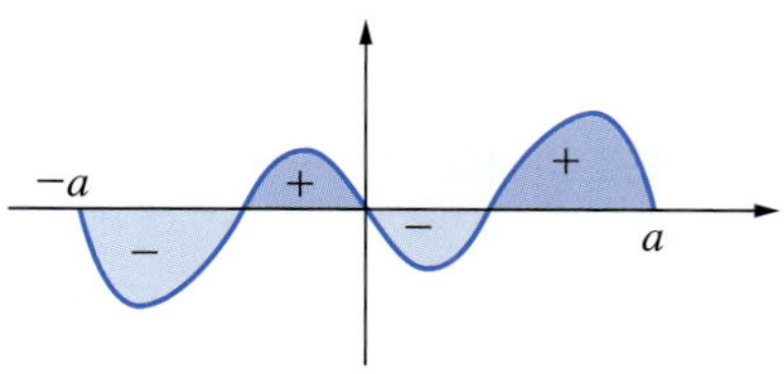

홀함수
x축 위쪽 넓이 = x축 아래쪽 넓이

[그림 5.19]

정리 5.7.2

f가 짝함수이면

$$\int_{-a}^{a} f(x)\,dx = 2\int_{0}^{a} f(x)\,dx$$

이고 f가 홀함수이면

$$\int_{-a}^{a} f(x)\,dx = 0$$

이다.

[증명]

$$\int_{-a}^{a} f(x)\,dx = \int_{-a}^{0} f(x)\,dx + \int_{0}^{a} f(x)\,dx$$

로 쓸 수 있고 $\int_{-a}^{0} f(x)\,dx$를 구하기 위하여 $u = -x$로 두면 $du = -dx$이다. f가 짝함수이면 $f(-x) = f(x)$이므로

$$\begin{aligned}\int_{-a}^{0} f(x)\,dx &= -\int_{-a}^{0} f(-x)(-dx) = -\int_{a}^{0} f(u)\,du \\ &= \int_{0}^{a} f(u)\,du = \int_{0}^{a} f(x)\,dx\end{aligned}$$

이다. 따라서

$$\int_{-a}^{a} f(x)\,dx = 2\int_{0}^{a} f(x)\,dx$$

이다. 한편 f가 홀함수이면 $f(-x) = f(x)$이므로

$$\begin{aligned}\int_{-a}^{0} f(x)\,dx &= \int_{-a}^{0} -f(-x)\,dx = \int_{a}^{0} f(u)\,du \\ &= -\int_{0}^{a} f(u)\,du = -\int_{0}^{a} f(x)\,dx\end{aligned}$$

이다. 따라서

$$\int_{-a}^{a} f(x)\,dx = 0$$

■

예제 5.7.5 $\int_{-\pi}^{\pi} \cos\left(\frac{x}{4}\right) dx$를 구하라.

[풀이] $\cos\left(-\frac{x}{4}\right) = \cos\left(\frac{x}{4}\right)$이므로 $\cos\left(\frac{x}{4}\right)$는 짝함수이다. 따라서 정리 5.7.2에 의하여

$$\begin{aligned}\int_{-\pi}^{\pi} \cos\left(\frac{x}{4}\right) dx &= 2\int_{0}^{\pi} \cos\left(\frac{x}{4}\right) dx \\ &= 8\int_{0}^{\pi} \cos\left(\frac{x}{4}\right)\frac{1}{4} dx \\ &= 8\int_{0}^{\pi/4} \cos u \, du \\ &= [8 \sin u]_{0}^{\pi/4} \\ &= 4\sqrt{2}\end{aligned}$$

■

예제 5.7.6 $\int_{-5}^{5} \frac{x^5}{x^2+4} dx$를 구하라.

[풀이] $f(x) = \frac{x^5}{x^2+4}$은 홀함수이므로 정리 5.7.2에 의하여

$$\int_{-5}^{5} \frac{x^5}{x^2+4} dx = 0$$

■

예제 5.7.7 $\int_{-2}^{2} (x \sin^4 x + x^3 - x^4) \, dx$를 구하라.

[풀이] $x \sin^4 x$와 x^3은 홀함수이고 x^4은 짝함수이므로 정리 5.7.2에 의하여

$$\begin{aligned}\int_{-2}^{2} (x \sin^4 x + x^3 - x^4) \, dx &= \int_{-2}^{2} x \sin^4 x \, dx + \int_{-2}^{2} x^3 dx - \int_{-2}^{2} x^4 dx \\ &= -2\int_{0}^{2} x^4 dx \\ &= \left[-2 \cdot \frac{x^5}{5}\right]_{0}^{2} \\ &= -\frac{64}{5}\end{aligned}$$

■

함수 f의 정의역에 속하는 모든 x에 대하여 $f(x+p) = f(x)$가 되는 실수 p가 존재할 때 f를 **주기함수**(periodic function)라 하고 위와 같은 실수 중에서 가장 작은 양의 실수 p를 f의 **주기**라 한다. 삼각함수는 주기함수의 대표적인 예이다.

정리 5.7.3

f가 주기 p인 주기함수이면 다음이 성립한다.

$$\int_{a+p}^{b+p} f(x) \, dx = \int_{a}^{b} f(x) \, dx$$

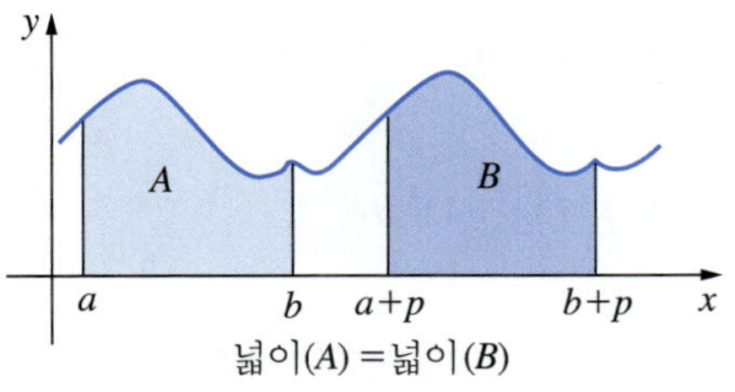

[그림 5.20]

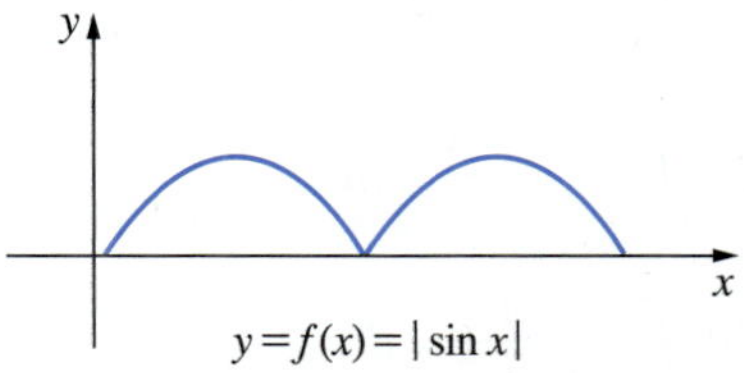

[그림 5.21]

[증명] $u = x - p$로 두면 $x = u + p$이고 $du = dx$이다. 따라서

$$\int_{a+p}^{b+p} f(x)\,dx = \int_a^b f(u+p)\,du$$
$$= \int_a^b f(u)\,du = \int_a^b f(x)\,dx$$

■

예제 5.7.8 $\int_0^{2\pi} |\sin x|\,dx$를 구하라.

[풀이] $f(x) = |\sin x|$는 주기가 π인 주기함수이다(그림 5.21). 따라서

$$\int_0^{2\pi} |\sin x|\,dx = \int_0^{\pi} |\sin x|\,dx + \int_{\pi}^{2\pi} |\sin x|\,dx$$
$$= \int_0^{\pi} |\sin x|\,dx + \int_0^{\pi} |\sin x|\,dx$$
$$= 2\int_0^{\pi} \sin x\,dx$$
$$= [-2\cos x]_0^{\pi}$$
$$= 2 - (-2) = 4$$

■

연습문제 5.7

1. 치환적분을 이용하여 다음을 구하라.

(1) $\int \sqrt{3x+2}\,dx$　　(2) $\int \cos(3x+2)\,dx$

(3) $\int x\sqrt{x^2+4}\,dx$　　(4) $\int x\sin(x^2+4)\,dx$

(5) $\int \frac{x\sin\sqrt{x^2+4}}{\sqrt{x^2+4}}\,dx$

(6) $\int x\cos(x^2+4)\sqrt{\sin(x^2+4)}\,dx$

(7) $\int \frac{(\sqrt{t}+4)^3}{\sqrt{t}}\,dt$

(8) $\int_0^1 (3x+1)^3\,dx$

(9) $\int_0^2 \frac{t}{(t^2+9)^2}\,dt$

(10) $\int_0^1 \frac{x+2}{(x^2+4x+1)^2}\,dx$

(11) $\int_0^{\pi/6} \sin^3\theta\cos\theta\,d\theta$

(12) $\int_0^1 \cos(3x-3)\,dx$

(13) $\int_0^1 x\sin(\pi x^2)\,dx$

(14) $\int_0^{\pi/2} \sin x\sin(\cos x)\,dx$

(15) $\int_1^4 \frac{1}{\sqrt{t}(\sqrt{t}+1)^3}\,dt$

2. 대칭성을 이용하여 다음 정적분을 구하라.

(1) $\int_{-\pi}^{\pi} (\sin x+\cos x)\,dx$

(2) $\int_{-\frac{\pi}{2}}^{\frac{\pi}{2}} \frac{\sin x}{1+\cos x}\,dx$

(3) $\int_{-\pi}^{\pi} (\sin x+\cos x)^2\,dx$

(4) $\int_{-1}^{1} \left(|x^3|+x^3\right)dx$

3. f가 짝함수일 때와 홀함수일 때 각각 $\int_{-b}^{-a} f(x)\,dx$ 와 $\int_a^b f(x)\,dx$ 를 비교하라.

4. $\int_0^{4\pi} |\cos x|\,dx$를 구하라.

5. f는 주기가 p인 주기함수일 때 $\int_a^{a+p} f(x)\,dx = \int_0^p f(x)\,dx$임을 그래프를 그려서 확인하고 이것을 이용하여 $\int_1^{1+\pi} |\sin x|\,dx$를 구하라.

연습문제 Chapter 5

1. 다음 부정적분을 구하라.

(1) $\int (3x^4 - 3x)\, dx$

(2) $\int \left(3\sqrt{x} - \dfrac{1}{x^4}\right) dx$

(3) $\int \dfrac{x^{1/3} - 3}{x^{2/3}}\, dx$

(4) $\int 2\sec x \tan x\, dx$

(5) $\int \dfrac{4x}{x^2 + 4}\, dx$

2. 다음 조건을 만족하는 함수 $f(x)$를 구하라.

(1) $f'(x) = 4\cos x,\ f(0) = 3$

(2) $f''(x) = 12,\ f'(0) = 2,\ f(0) = 3$

3. 다음 조건을 만족하는 함수를 모두 구하라.

(1) $f''(x) = 3\sin x + 4x^2$

(2) $f'''(x) = 4 - 2/x^3$

4. 각 소구간의 중점을 표본점으로 하여 Riemann 합을 구하라.

(1) $f(x) = x^2 + 1,\ [0, 1],\ n = 4$

(2) $f(x) = x^3 - 1,\ [1, 2],\ n = 4$

(3) $f(x) = \sin x,\ [0, \pi],\ n = 4$

(4) $f(x) = 4 - x^2,\ [-1, 1],\ n = 4$

5. 각 구간에서 (a) 왼쪽 끝점 (b) 중점 (c) 오른쪽 끝점을 표본점으로 하여 곡선과 x축 사이 영역의 넓이의 어림값을 구하라.

(1) $y = x^2 + 1,\ [0, 1],\ n = 16$

(2) $y = x^2 + 1,\ [0, 2],\ n = 16$

(3) $y = \sqrt{x + 2},\ [1, 4],\ n = 16$

(4) $y = e^{-2x},\ [-1, 1],\ n = 16$

(5) $y = \cos x,\ [0, \pi/2],\ n = 50$

(6) $y = x^3 - 1,\ [-1, 1],\ n = 100$

6. 왼쪽 끝점, 중점, 오른쪽 끝점을 표본점으로 하여 Riemann 합의 표를 만들라. $n \to \infty$ 일 때, 세 경우 모두 같은 극한으로 수렴함을 보이라.

(1) $f(x) = 4 - x^2,\ [-2, 2]$

(2) $f(x) = \sin x,\ [0, \pi/2]$

(3) $f(x) = x^3 - 1,\ [1, 3]$

(4) $f(x) = x^3 - 1,\ [-1, 1]$

7. 정칙분할을 이용하여 다음의 넓이를 구하라.

(1) $y=4-x^2$과 x축으로 둘러싸인 영역의 넓이

(2) $y=x^2-4$와 x축으로 둘러싸인 영역의 넓이

(3) $y=x^2-4x$와 x축으로 둘러싸인 영역의 넓이

(4) 구간 $0 \le x \le \pi$에서 $y=\sin x$와 x축으로 둘러싸인 영역의 넓이

(5) 구간 $0 \le x \le 2$에서 $y=x^3-3x^2+2x$와 x축으로 둘러싸인 영역의 넓이

8. 정칙분할을 이용하여 다음 적분을 구하라.

(1) $\int_0^1 2x\,dx$

(2) $\int_0^2 x^2 dx$

(3) $\int_1^3 (x^2-3)\,dx$

9. 미분적분학의 기본 정리를 이용하여 다음 적분을 구하라.

(1) $\int_{-1}^1 (x^3+2x)\,dx$

(2) $\int_0^4 (\sqrt{x}+3x)\,dx$

(3) $\int_0^1 \left(x\sqrt{x}+x^{1/3}\right)dx$

(4) $\int_0^{\pi/4} \sec x \tan x\,dx$

(5) $\int_{\pi/2}^{\pi} (2\sin x-\cos x)\,dx$

(6) $\int_1^4 \frac{x-3}{x}\,dx$

(7) $\int_0^4 x(x-2)\,dx$

10. 다음 함수의 도함수 $f'(x)$를 구하라.

(1) $f(x)=\int_0^x (t^2-3t+2)\,dt$

(2) $f(x)=\int_0^{x^2} (\sin t+1)\,dt$

11. 주어진 점에서 접선의 방정식을 구하라.

(1) $y=\int_0^x \sin\sqrt{t^2+\pi^2}\,dt,\ x=0$

(2) $y=\int_2^x \cos(\pi t^3)dt,\ x=2$

12. 다음 부정적분을 구하라.

(1) $\int x^2\sqrt{x^3+2}\,dx$

(2) $\int \frac{(\sqrt{x}+2)^3}{\sqrt{x}}\,dx$

(3) $\int x^3\sqrt{x^4+3}\,dx$

(4) $\int \frac{\sin x}{\sqrt{\cos x}}\,dx$

(5) $\int x^2\cos x^3\,dx$

(6) $\int \frac{\cos(1/x)}{x^2}\,dx$

(7) $\int \frac{1}{\sqrt{x}(\sqrt{x}+1)^2}\,dx$

(8) $\int x^2 \sec^2 x^3\,dx$

(9) $\int \frac{x^3}{\sqrt{1-x^4}}\,dx$

(10) $\int \frac{1}{\sqrt{1+\sqrt{x}}}\,dx$

13. 다음 정적분을 구하라.

(1) $\int_0^2 x\sqrt{x^2+1}\,dx$

(2) $\int_{-1}^1 \frac{x}{(x^2+1)^2}\,dx$

(3) $\int_1^4 \frac{x-1}{\sqrt{x}}\,dx$

06 CHAPTER

정적분의 응용

6.1 넓이

정적분을 이용하여 복잡한 형태의 영역의 넓이를 구하여 보자. 함수 f가 닫힌구간 $[a, b]$에서 연속이고 $[a, b]$의 모든 x에 대하여 $f(x) \geq 0$일 때 곡선 $y = f(x)$와 x축 및 두 직선 $x = a$, $x = b$로 둘러싸인 영역을 R(그림 6.1)이라 하자. R의 넓이 $A(R)$은 다음 정적분에 의하여 구해진다.

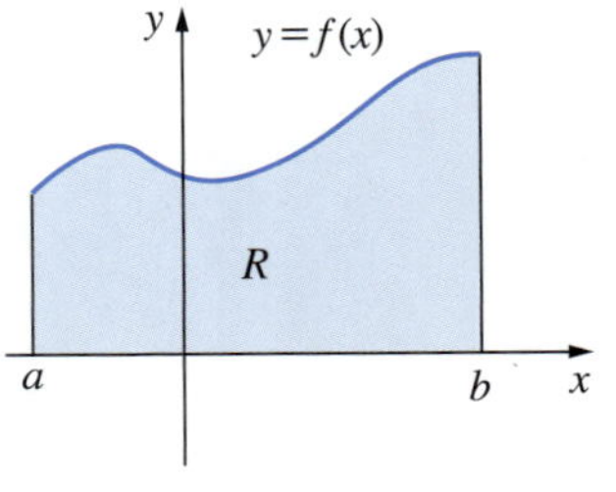

[그림 6.1]

$$A(R) = \int_a^b f(x)\,dx$$

예제 6.1.1 곡선 $y = x^4 - 2x^3 + 2$, x축 및 두 직선 $x = -1$, $x = 2$로 둘러싸인 영역 R의 넓이를 구하라.

[풀이]

$$A(R) = \int_{-1}^{2} (x^4 - 2x^3 + 2)\,dx$$

$$= \left[\frac{x^5}{5} - \frac{x^4}{2} + 2x\right]_{-1}^{2}$$

$$= \left(\frac{32}{5} - \frac{16}{2} + 4\right) - \left(-\frac{1}{5} - \frac{1}{2} - 2\right) = \frac{51}{10}$$

■

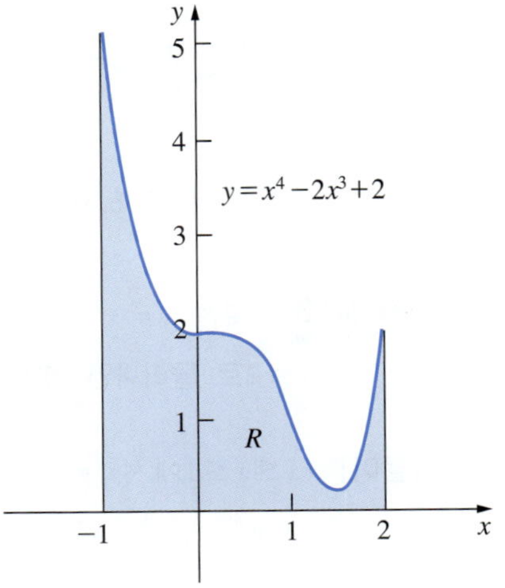

[그림 6.2]

만약에 $y = f(x)$의 그래프가 x축 아래에 있으면

$\int_a^b f(x)\,dx$는 음수이므로 넓이가 될 수 없다. 이 경우 $y=f(x)$, x축 및 두 직선 $x=a$, $x=b$로 둘러싸인 영역의 넓이는 $-\int_a^b f(x)\,dx$이다.

예제 6.1.2 곡선 $y=\frac{x^2}{3}-4$, x축 및 두 직선 $x=-2$, $x=3$으로 둘러싸인 영역 R의 넓이를 구하라(그림 6.3).

[풀이] $y=\frac{x^2}{3}-4$의 그래프는 x축 아래에 있으므로

$$\begin{aligned} A(R) &= -\int_{-2}^{3}\left(\frac{x^2}{3}-4\right)dx = \int_{-2}^{3}\left(-\frac{x^2}{3}+4\right)dx \\ &= \left[-\frac{x^3}{9}+4x\right]_{-2}^{3} \\ &= \left(-\frac{27}{9}+12\right)-\left(\frac{8}{9}-8\right)=\frac{145}{9} \end{aligned}$$

■

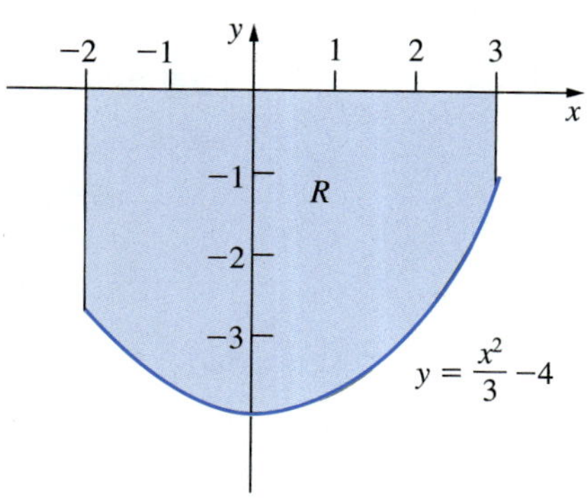

[그림 6.3]

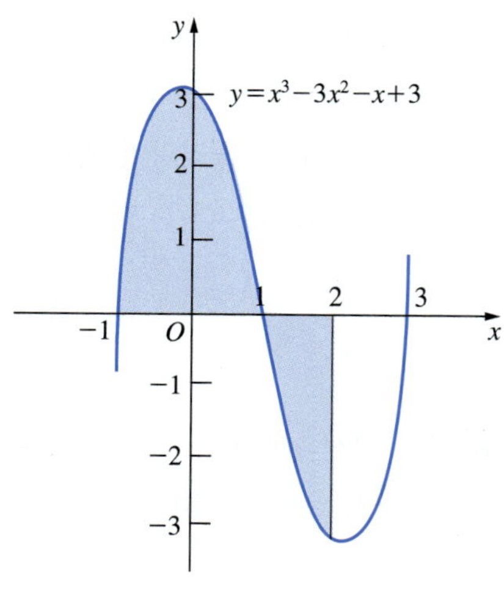

[그림 6.4]

예제 6.1.3 곡선 $y=x^3-3x^2-x+3$의 $x=-1$과 $x=2$ 사이의 부분과 x축 그리고 직선 $x=2$로 둘러싸인 영역 R의 넓이를 구하라(그림 6.4).

[풀이] $-1\le x\le 1$에서 $y=x^3-3x^2-x+3$의 그래프는 x축 위에 있고 $1\le x\le 2$에서 $y=x^3-x+3$의 그래프는 x축 아래에 있으므로

$$A(R)=\int_{-1}^{1}(x^3-3x^2-x+3)\,dx-\int_{1}^{2}(x^3-3x^2-x+3)\,dx$$

$$= \left[\frac{x^4}{4} - x^3 - \frac{x^2}{2} + 3x\right]_{-1}^{1} - \left[\frac{x^4}{4} - x^3 - \frac{x^2}{2} + 3x\right]_{1}^{2}$$
$$= 4 - \left(-\frac{7}{4}\right) = \frac{23}{4}$$

여기서 $A(R)$은 절댓값 기호를 써서 다음과 같이 쓸 수 있다.

$$A(R) = \int_{-1}^{2} \left| x^3 - 3x^2 - x + 3 \right| dx$$ ■

복잡한 영역(예를 들면 두 곡선 사이의 영역)의 넓이를 구할 경우에는 다음과 같이 5단계로 구하는 것이 편리하다.

1. 영역을 그린다.
2. 영역을 x축에 수직 또는 y축에 수직인 직선으로 작게 자른다.
3. 가늘게 자른 조각을 직사각형으로 가정하여 조각의 넓이의 어림값을 구한다.
4. 3에서 구한 넓이들의 합을 구한다.
5. 조각의 폭이 0으로 접근할 때 합의 극한을 취하여 정적분을 얻는다.

예제 6.1.4 곡선 $y = 1 + \sqrt{x}$, x축 및 두 직선 $x = 0$, $x = 4$로 둘러싸인 영역의 넓이를 구하기 위한 식을 세우라(그림 6.5).

[풀이] 1. 그림을 그린다.

2. 자른다.

3. 조각의 넓이의 어림값을 구한다 : $\Delta A_i \approx (1 + \sqrt{x_i})\,\Delta x_i$

4. 합한다 : $A \approx \sum (1 + \sqrt{x_i})\,\Delta x_i$

5. 극한을 취한다 : $A = \int_0^4 (1 + \sqrt{x})\,dx$

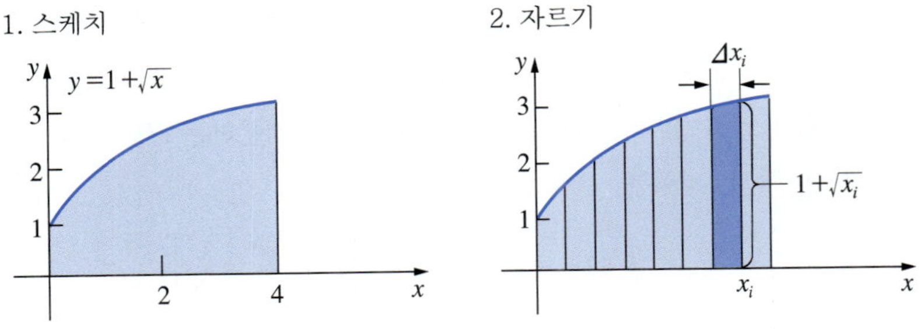

[그림 6.5]

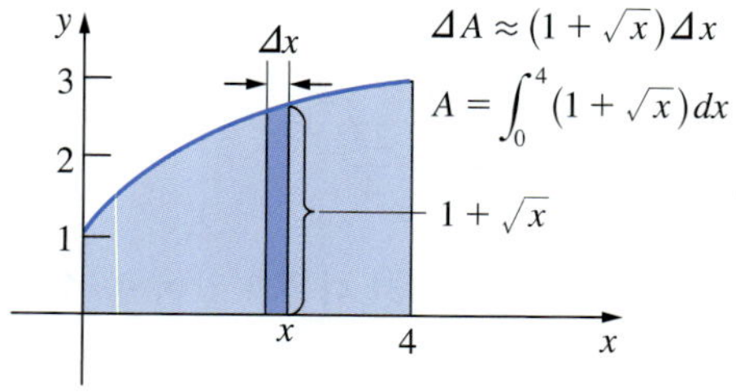

[그림 6.6]

일단 위 5단계 절차를 이해하면 자르고, 어림값을 구하고, 적분하는 3단계로 단축할 수 있다. 적분한다는 의미를 더한 다음 조각의 폭이 0으로 접근할 때 극한을 취하는 것으로 생각하자. 이 과정에서 $\sum \cdots \Delta x$가 $\int \cdots dx$로 변환된다(그림 6.6). ■

닫힌구간 $[a, b]$의 모든 x에 대하여 $g(x) \le f(x)$인 두 곡선 $y = f(x)$와 $y = g(x)$를 생각하자. 이 두 곡선은 그림 6.7에 나타낸 영역을 결정한다. 이 영역의 넓이를 구하기 위하여 "자르고, 어림값을 구하고, 적분하는" 3단계 방법을 사용한다. 함수 g의 그래프가 x축 아래에 있을 경우에도 $f(x) - g(x)$는 직사각형의 높이가 된다는 것에 유의하라. 또한 $f(x)$와 $g(x)$가 음수일 경우에도 $f(x) - g(x)$는 가느다란 조각의 높이가 된다는 것을 알 수 있다.

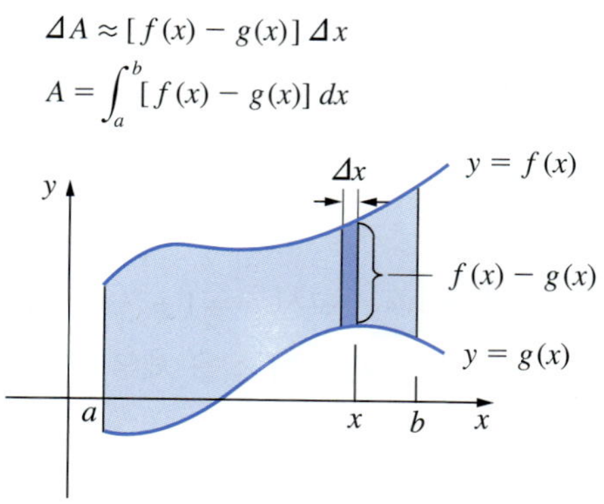

[그림 6.7]

예제 6.1.5 두 곡선 $y = x^4$과 $y = 2x - x^2$으로 둘러싸인 영역의 넓이를 구하라.

[풀이] 우선 주어진 영역을 그리고 두 곡선의 교점을 찾아내자. 교점을 구하기 위해서는 4차방정식 $2x - x^2 = x^4$을 풀어야 한다. 여기서 $x = 0$, $x = 1$은 $2x - x^2 = x^4$의 해가 된다는 것을 쉽게 알 수 있다. "자르고, 어림값을 구하고, 적분하는" 3단계 방법을 사용하면 (그림 6.8) 구하는 넓이는

$$\int_0^1 (2x - x^2 - x^4)\,dx = \left[x^2 - \frac{x^3}{3} - \frac{x^5}{5}\right]_0^1$$

$$= 1 - \frac{1}{3} - \frac{1}{5} = \frac{7}{15}$$ ■

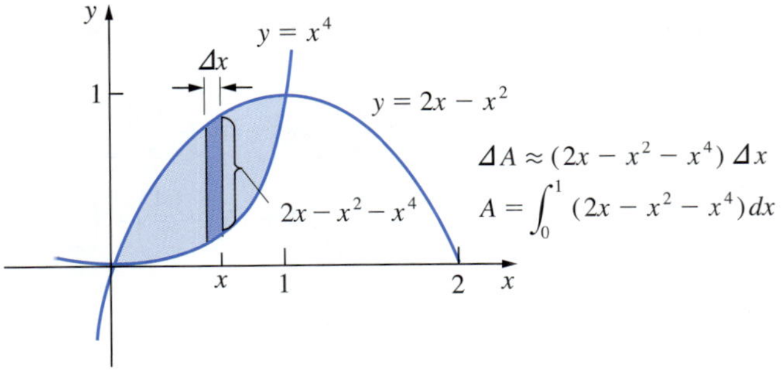

[그림 6.8]

예제 6.1.6 포물선 $y^2 = 4x$와 직선 $4x - 3y = 4$로 둘러싸인 영역의 넓이를 구하라.

[풀이] 우선 두 곡선의 교점을 찾아야 한다. 교점들의 y좌표들을 구하기 위하여 방정식 $y^2 = 3y + 4$를 푼다. $y^2 - 3y - 4 = (y-4)(y+1) = 0$으로부터 $y = 4,\ -1$을 얻는다. 따라서 포물선과 직선의 교점은 $(4, 4)$와 $\left(\frac{1}{4}, -1\right)$이다. 주어진 영역을 수직으로 자르자. 그림 6.9에서 넓이를 구하기 위하여 영역을 두 부분으로 나누어야 한다. 즉, 구하는 넓이는

$$\int_0^{\frac{1}{4}} (2\sqrt{x} + 2\sqrt{x})\,dx + \int_{\frac{1}{4}}^4 \left[2\sqrt{x} - \frac{4}{3}(x-1)\right] dx$$

이다. 그림 6.10에 표시한 바와 같이 영역을 수평으로 자르는 것이 이 문제의 해결을 위한 좋은 방법이다. 이때 적분변수는 x대신 y로 써야 한다. 구하는 넓이는

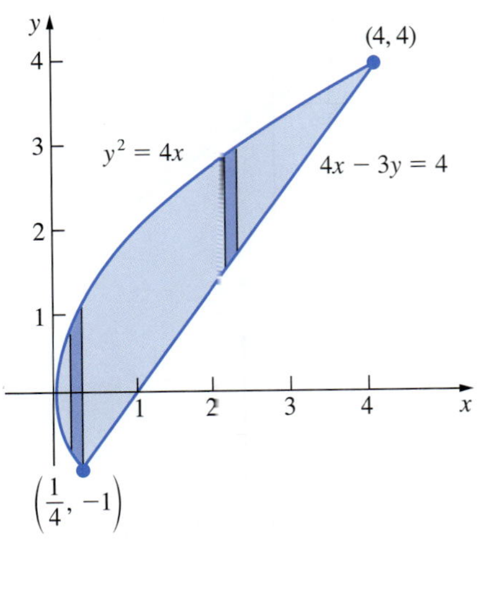

[그림 6.9]

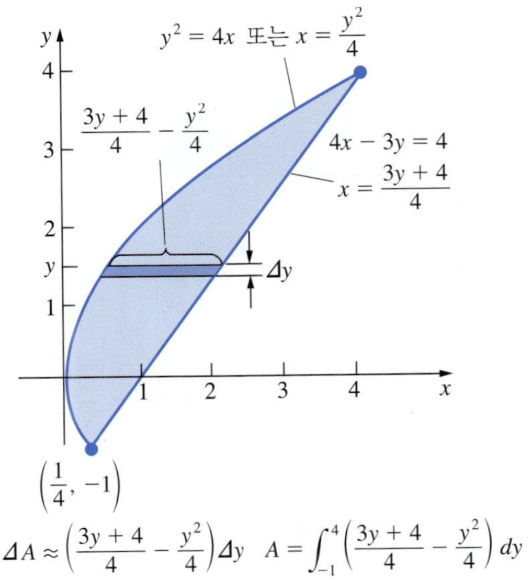

[그림 6.10]

$$\begin{aligned}A = \int_{-1}^{4} \frac{3y+4-y^2}{4}\,dy &= \frac{1}{4}\int_{-1}^{4}(3y+4-y^2)\,dy \\ &= \frac{1}{4}\left[\frac{3}{2}y^2+4y-\frac{y^3}{3}\right]_{-1}^{4} \\ &= \frac{1}{4}\left[\left(24+16-\frac{64}{3}\right)-\left(\frac{3}{2}-4+\frac{1}{3}\right)\right] \\ &= \frac{125}{24}\end{aligned}$$

이다. 여기서 주의해야 할 점이 있다. 수평으로 잘랐을 때 생기는 피적분함수는 y를 변수로 하는 함수이다. 그러므로 피적분함수를 구하기 위하여 두 방정식을 x에 관하여 푼다. ■

연습문제 6.1

1. "자르고, 어림값을 구하고, 적분하는" 3단계 방법을 이용하여 다음 그림에서 색칠된 영역의 넓이를 구하는 식을 구하라.

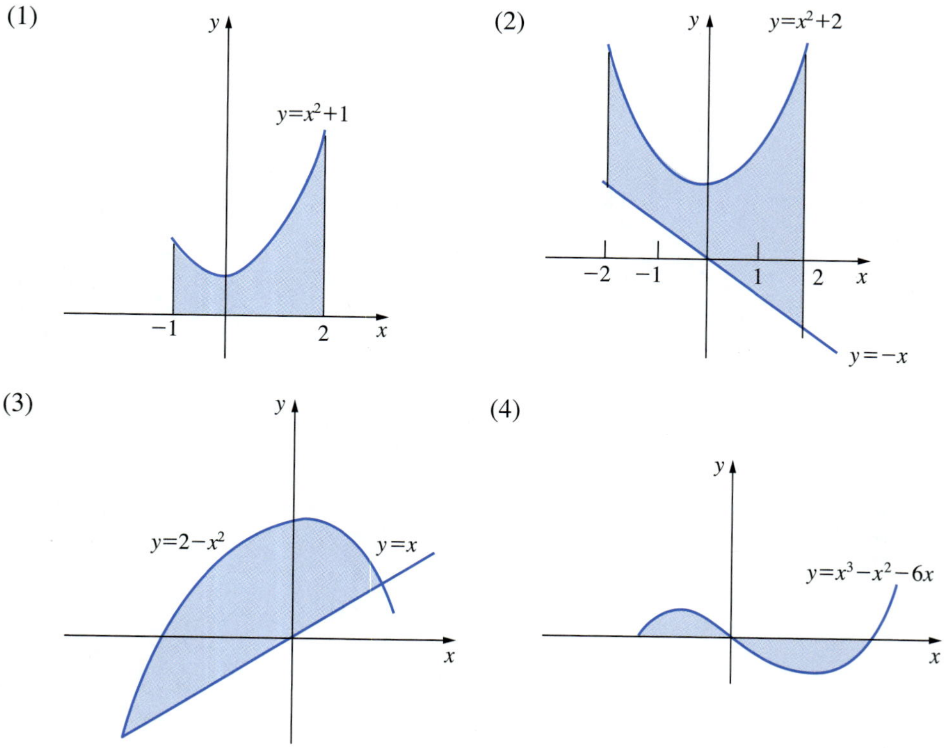

(5)

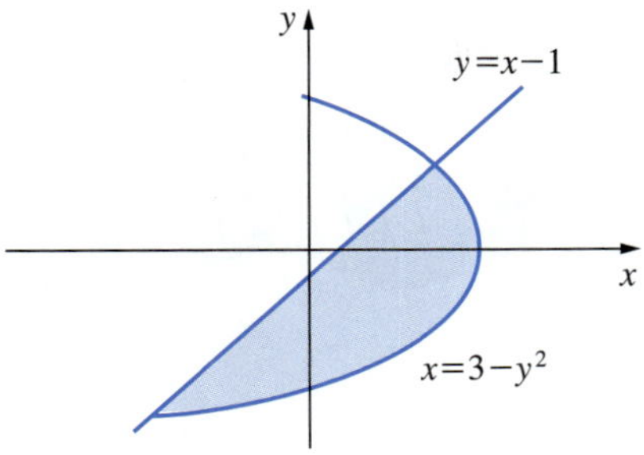

2. 다음 함수들의 그래프들로 둘러싸인 영역의 넓이를 구하라(영역을 그리고 "자르고, 어림값을 구하고, 적분하는" 3단계 방법을 이용하라).

(1) $y = 4 - \frac{1}{3}x^2,\ y = 0,\ x = 0,\ x = 3$

(2) $y = x^2 - 2x - 3,\ y = 0,\ x = 0,\ x = 2$

(3) $y = x^3,\ y = 0,\ x = -1,\ x = 2$

(4) $y = \sqrt{x-4},\ y = 0,\ x = 8$

(5) $y = x^2,\ y = x + 2$

(6) $y = x^2 - 4x,\ y = -x^2$

(7) $x = 6y - y^2,\ x = 0$

(8) $x = 4 - y^2,\ x + y - 2 = 0$

(9) $y^2 - 2x = 0,\ y^2 + 4x - 12 = 0$

(10) $y = x + 6,\ y = x^3,\ 2y + x = 0$

6.2 입체도형의 부피

그림 6.11과 같이 점 x에서 x축에 수직인 평면으로 잘랐을 때 절단면의 넓이가 $A(x)$ $(a \le x \le b)$인 입체도형을 생각하자. 닫힌구간 $[a, b]$에 $a = x_0 < x_1 < x_2 < \cdots < x_n = b$인 점 $x_1, x_2, \cdots, x_{n-1}$을 취하여 n개의 소구간 $[x_{i-1}, x_i]$ $(i = 1, 2, \cdots, n)$으로 분할하고 각 소구간 $[x_{i-1}, x_i]$에서 임의의 점 $\overline{x_i}$를 택한다. x축에 수직이고 각각 점 $x_1, x_2, \cdots, x_{n-1}$을 지나는 평면으로 입체를 자르면 얇은 평판들이 생긴다(그림 6.12). 각 평판의 부피 ΔV_i는 기둥의 부피와 거의 같고, 즉 $\Delta V_i \approx A(\overline{x_i})\,\Delta x_i$, 이 부피들의 합은 $\sum_{i=1}^{n} A(\overline{x_i})\,\Delta x_i$이다. 만일 분할 크기(norm)가 0으로 갈 때 $\sum_{i=1}^{n} A(\overline{x_i})\,\Delta x_i$가 일정한 값에 수렴하면 입체도형의 부피는

$$V = \int_a^b A(x)\,dx$$

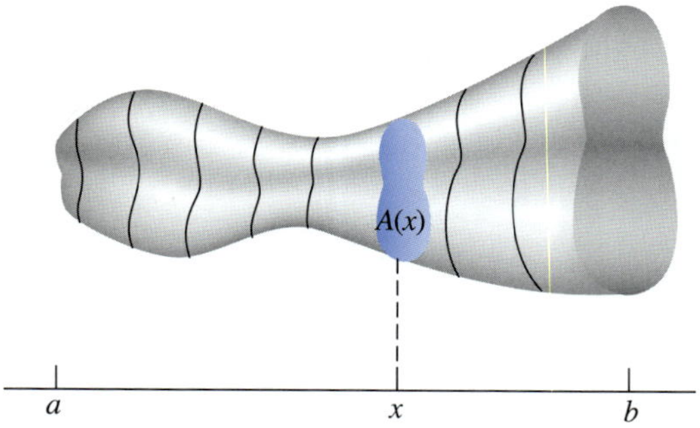

[그림 6.11]

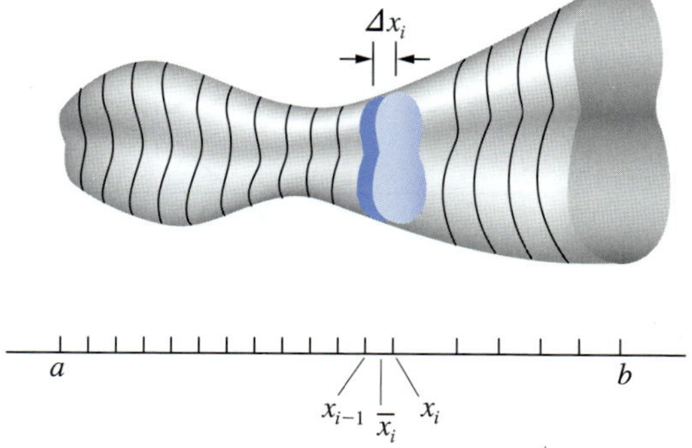

[그림 6.12]

이다. 입체도형의 부피를 구하는 데 위 공식을 그대로 이용하지 말고 "자르고, 어림값을 구하고, 적분하는" 3단계 방법을 사용한다.

우선 **원반 방법**(disk method)을 이용하여 회전체의 부피를 구하는 과정을 다음 예제들로 설명한다.

예제 6.2.1 $y=\sqrt{x}$, x축 그리고 $x=4$로 둘러싸인 영역을 x축으로 회전시킬 때 생기는 입체의 부피를 구하라.

[풀이] 그림 6.13에서와 같이 x축으로 작게 자른 조각을 회전시킬 때 생기는 입체는 동전모양의 얇은 원반이다. 원기둥의 부피는 $\pi r^2 h$이므로 원반의 부피의 어림값은 $\pi(\sqrt{x})^2\,\Delta x$이고

$$V=\pi\int_0^4 x\,dx=\pi\left[\frac{x^2}{2}\right]_0^4=\pi\cdot\frac{16}{2}=8\pi$$

■

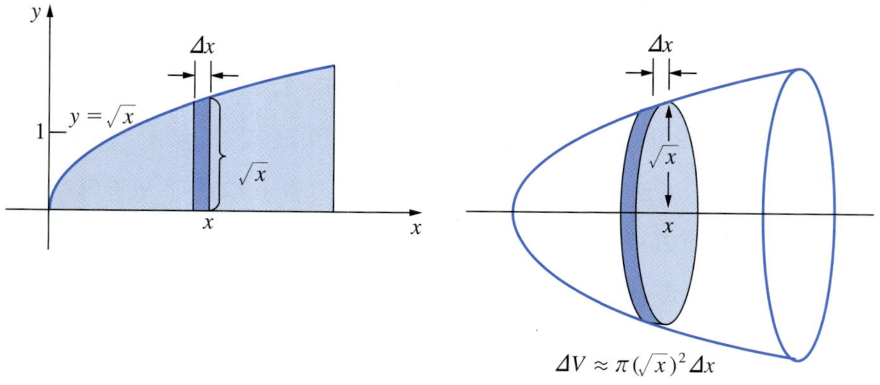

[그림 6.13]

예제 6.2.2 곡선 $y=x^3$, y축 및 직선 $y=3$으로 둘러싸인 영역을 y축으로 회전시킬 때 생기는 입체의 부피를 구하라(그림 6.14).

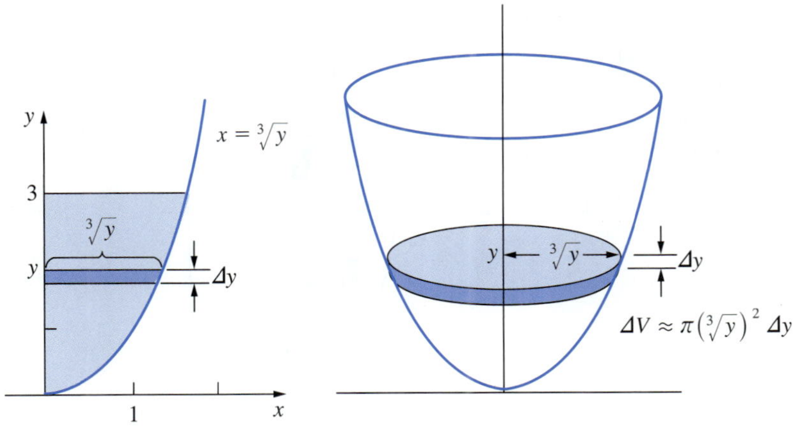

[그림 6.14]

[풀이] y를 적분변수로 택하자. $y=x^3$과 $x=\sqrt[3]{y}$ 는 동치다. 그러므로

$$V=\pi\int_0^3 y^{2/3}\,dy=\pi\left[\frac{3}{5}\,y^{5/3}\right]_0^3$$
$$=\pi\frac{9\sqrt[3]{9}}{5}$$

■

회전체의 단면이 가운데에 구멍이 있는 원반일 경우를 생각하자. 이 도형을 나사받침이라 한다(그림 6.15).

나사받침 방법(washer method)을 이용하여 회전체의 부피를 구하여 보자.

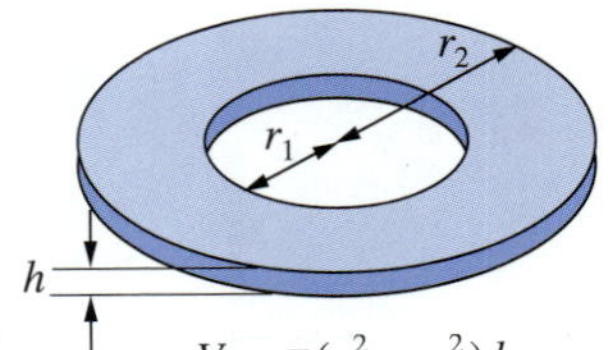

[그림 6.15]

예제 6.2.3 두 포물선 $y=x^2$과 $y^2=8x$로 둘러싸인 영역을 x축으로 회전시킬 때 생기는 입체의 부피를 구하라.

[풀이] "자르고, 어림값을 구하고, 적분하는" 3단계 방법을 사용하면(그림 6.16), 구하는 부피는

$$V=\pi\int_0^2 (8x-x^4)\,dx=\pi\left[\frac{8x^2}{2}-\frac{x^5}{5}\right]_0^2=\frac{48\pi}{5}$$

■

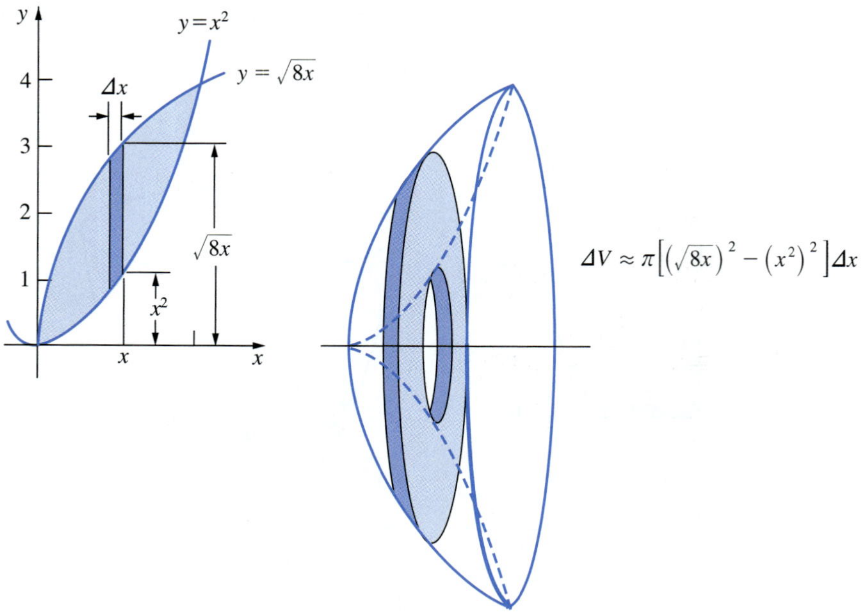

[그림 6.16]

예제 6.2.4 곡선 $x = \sqrt{4 - y^2}$ 과 y축으로 둘러싸인 영역을 직선 $x = -1$로 회전시킬 때 생기는 입체의 부피를 구하는 식을 세우라.

[풀이] 나사받이의 외부의 반지름은 $\sqrt{4 - y^2} + 1$이고 내부의 반지름은 1이다. "자르고, 어림값을 구하고, 적분하는" 3단계 방법을 사용하면(그림 6.17), 구하는 부피는

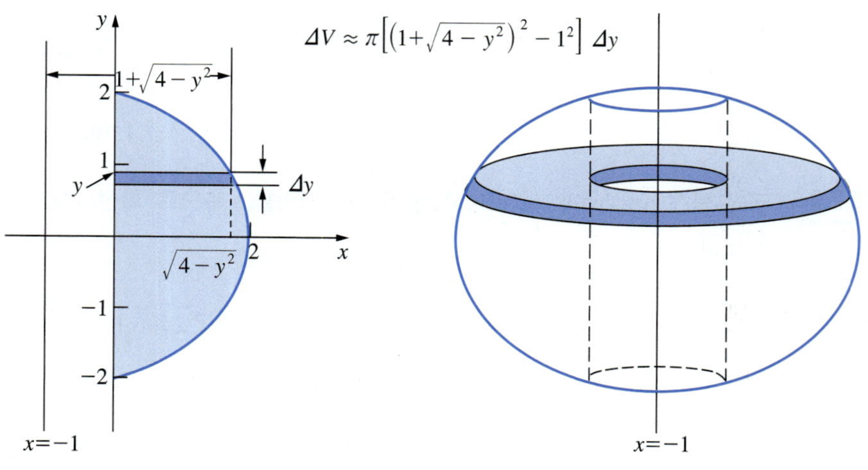

[그림 6.17]

$$V = \pi \int_{-2}^{2} \left[\left(1 + \sqrt{4 - y^2}\right)^2 - 1 \right] dy$$

한편 x축 위의 부피와 x축 아래의 부피는 같으므로

$$V = 2\pi \int_{0}^{2} \left[\left(1 + \sqrt{4 - y^2}\right)^2 - 1 \right] dy = 2\pi \int_{0}^{2} \left(2\sqrt{4 - y^2} + 4 - y^2\right) dy$$

이와 같은 형태의 정적분은 8장에서 다루어진다. ■

지금까지 다루었던 입체도형의 단면은 원형이었다. 그러나 단면이 정사각형이나 삼각형인 입체도형의 부피도 같은 방법으로 구할 수 있다.

예제 6.2.5 제1사분면 내에서 곡선 $y = 1 - \frac{x^2}{4}$, x축과 y축으로 둘러싸인 영역을 입체도형의 밑면이라 하자. 도형을 x축에 수직으로 자른 단면이 정사각형일 때 입체도형의 부피를 구하라.

[풀이] 입체도형을 x축에 수직인 평면으로 자르면 얇은 육면체에 가까운 상자가 생긴다(그림 6.18).

$$V = \int_{0}^{2} \left(1 - \frac{x^2}{2} + \frac{x^4}{16}\right) dx = \left[x - \frac{x^3}{6} + \frac{x^5}{80}\right]_0^2$$

$$= 2 - \frac{8}{6} + \frac{32}{80} = \frac{16}{15}$$ ■

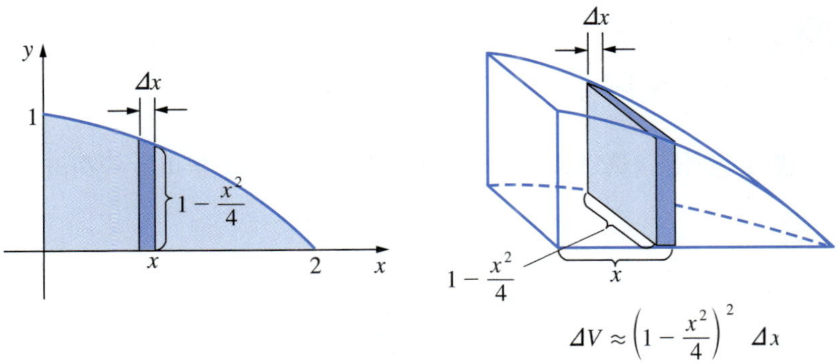

[그림 6.18]

예제 6.2.6 함수 $y = \sin x$, $0 \le x \le \pi$와 x축으로 둘러싸인 영역을 입체도형의 밑면이라 하자. x축에 수직으로 자른 도형의 단면이 정삼각형일 때 입체도형의 부피를 구하라.

[풀이] 한 변이 u인 정삼각형의 넓이는 $\frac{\sqrt{3}}{4}u^2$이다(그림 6.19). 그림 6.20으로 설명한 절차에 의하여

$$\begin{aligned} V &= \frac{\sqrt{3}}{4}\int_0^{\pi}\frac{1-\cos 2x}{2}\,dx \\ &= \frac{\sqrt{3}}{8}\int_0^{\pi}(1-\cos 2x)\,dx \\ &= \frac{\sqrt{3}}{8}\left[\int_0^{\pi}1\,dx - \frac{1}{2}\int_0^{\pi}\cos 2x \cdot 2dx\right] \\ &= \frac{\sqrt{3}}{8}\left[x - \frac{1}{2}\sin 2x\right]_0^{\pi} = \frac{\sqrt{3}}{8}\pi \end{aligned}$$

■

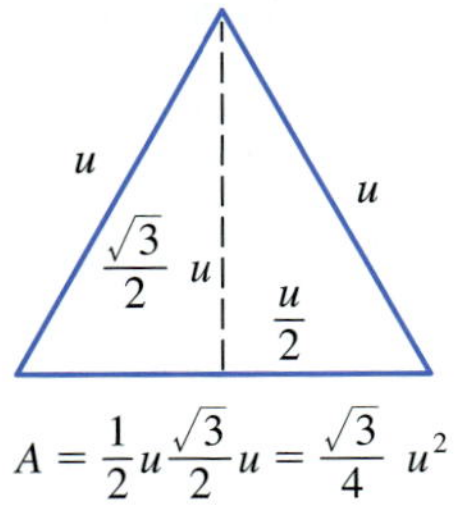

[그림 6.19]

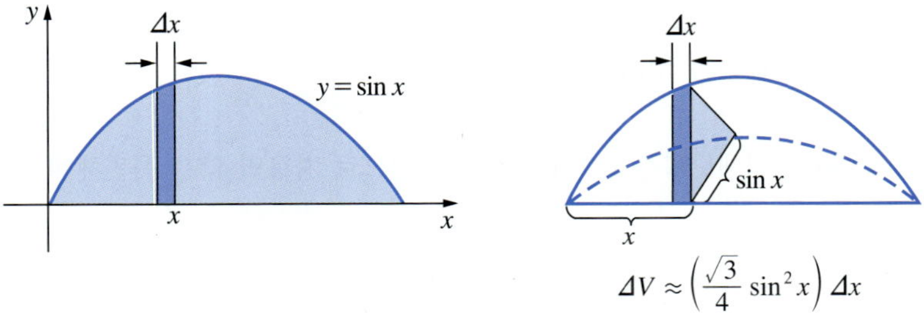

[그림 6.20]

연습문제 6.2

1. 아래 그림의 영역을 x축으로 회전시킬 때 생기는 입체의 부피를 구하라.

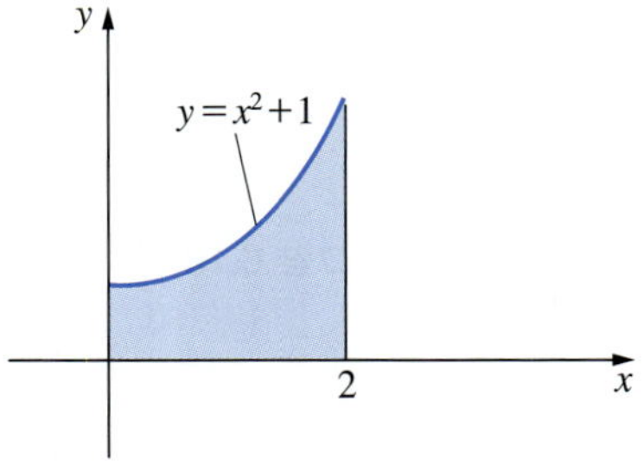

2. 아래 그림의 영역을 (1) x축으로 회전시킬 때 생기는 입체의 부피를 구하라. (2) y축으로 회전시킬 때 생기는 입체의 부피를 구하라.

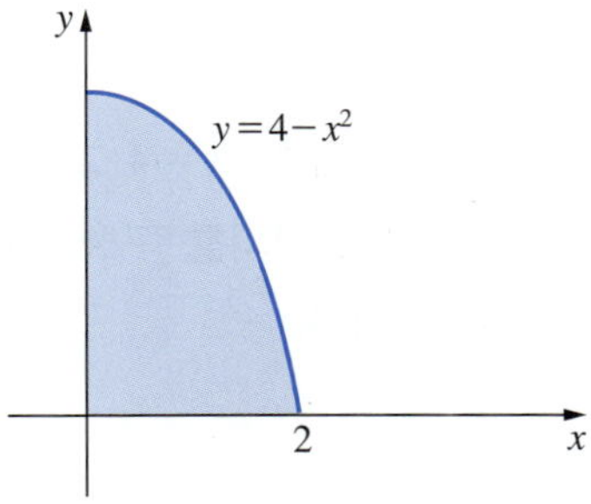

3. 다음의 곡선과 직선으로 둘러싸인 영역을 x축으로 회전시킬 때 생기는 입체의 부피를 구하라.

(1) $y = \frac{x^2}{4}$, $x = 4$, $y = 0$

(2) $y = \frac{1}{x}$, $x = 1$, $x = 4$, $y = 0$

(3) $y = \sqrt{4 - x^2}$, $y = 0$, $x = -1$, $x = 2$

4. 다음의 곡선과 직선으로 둘러싸인 영역을 y축으로 회전시킬 때 생기는 입체의 부피를 구하라.

(1) $x = y^2$, $x = 0$, $y = 2$

(2) $x = \sqrt{y}$, $y = 4$, $x = 0$

(3) $x = y^{3/2}$, $y = 4$, $x = 0$

5. 타원 $\frac{x^2}{a^2} + \frac{y^2}{b^2} = 1$, $(a > 0,\ b > 0,\ a > b)$으로 둘러싸인 영역을 x축으로 회전시킬 때 생기는 입체의 부피를 구하라.

6. 직선 $x - 2y = 0$과 포물선 $y^2 - 2x = 0$으로 둘러싸인 영역을 x축으로 회전시킬 때 생기는 입체의 부피를 구하라.

7. 직선 $y = 4x$와 포물선 $y = 4x^2$으로 둘러싸인 영역을 y축으로 회전시킬 때 생기는 입체의 부피를 구하라.

8. 어떤 입체의 밑면은 원 $x^2 + y^2 = 4$의 내부이고 x축에 수직으로 자른 도형의 단면이 정사각형이다. 이 입체의 부피를 구하라.

9. 함수 $y=\sqrt{\cos x}$, $-\frac{\pi}{2}\le x\le\frac{\pi}{2}$의 그래프와 x축으로 둘러싸인 영역을 입체도형의 밑면이라고 하자. x축에 수직으로 자른 도형의 단면이 정사각형일 때 입체도형의 부피를 구하라.

10. (1) 제1사분면 내에서 곡선 $y^2=x^3$, 직선 $x=4$ 그리고 x축으로 둘러싸인 영역을 직선 $x=4$로 회전시킬 때 생기는 입체의 부피를 구하라. (2) 위 영역을 직선 $y=8$로 회전시킬 때 생기는 입체의 부피를 구하라.

6.3 회전체의 부피

회전체의 부피를 구하는 다른 방법으로 **원기둥 껍질 방법** (cylindrical shell method)이 있다. 원기둥 껍질은 중심이 같은 두 직원기둥에 의하여 둘러싸인 입체이다(그림 6.21).

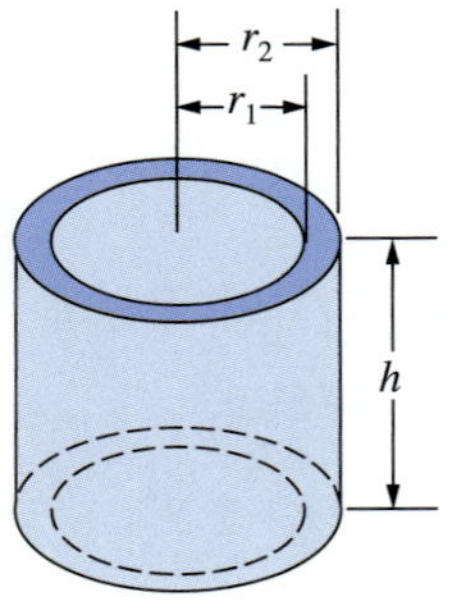

[그림 6.21]

내부반지름이 r_1이고 외부반지름이 r_2이며 높이가 h인 원기둥 껍질의 부피는 다음과 같다.

$$\begin{aligned} V &= (\text{밑면의 넓이})\cdot(\text{높이}) \\ &= (\pi r_2^2-\pi r_1^2)h \\ &= \pi(r_2+r_1)(r_2-r_1)h \\ &= 2\pi\left(\frac{r_2+r_1}{2}\right)h\,(r_2-r_1) \end{aligned}$$

그러므로

$$V=2\pi(\text{반지름의 평균})\cdot(\text{높이})\cdot(\text{두께})=2\pi rh\Delta r$$

이다. 만약 원기둥 껍질의 두께가 아주 얇은 종이로 만들어졌다면 그림 6.22에서와 같이 한쪽으로 베어서 펼치면 직사각형 모양의 종이가 되고, 부피는 그림 6.22에서와 같이 계산된다.

이제 곡선 $y=f(x)$와 세 직선 $x=a$, $x=b$ 그리고 $y=0$으로 둘러싸인 영역을 y축으로 회전한 입체의 부피를 구해보자(그림 6.23).

주어진 영역을 x축에 수직으로 자르면 잘린 조각의 회전체는 거의 원기둥 껍질 모양이 된다. 입체의 부피를 구하려면 원기둥 껍질들의 부피를 구하여 합하고 원기둥 껍질의 두

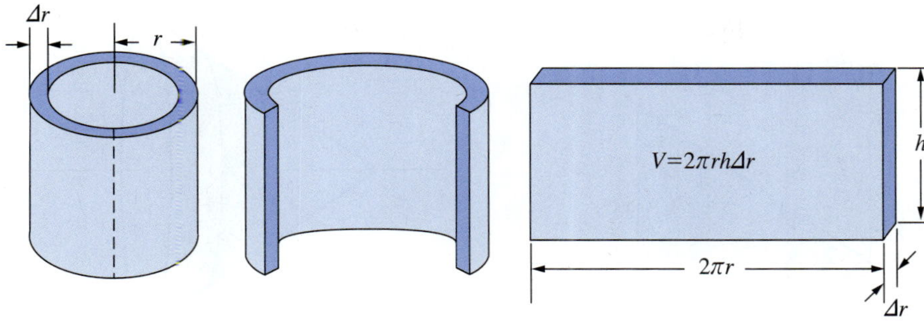

[그림 6.22]

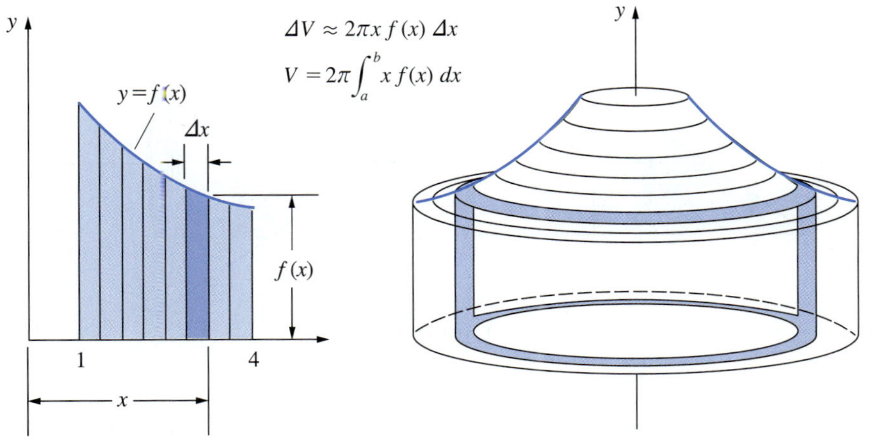

[그림 6.23]

께가 0으로 갈 때의 극한을 취하면 된다.

예제 6.3.1 곡선 $y=\frac{1}{\sqrt{x}}$, x축 및 직선 $x=1$, $x=4$로 둘러싸인 영역을 y축으로 회전시킬 때 생기는 입체의 부피를 구하라.

[풀이] 그림 6.23과 같은 방법으로 구하면 부피는

$$V=2\pi\int_1^4 x\frac{1}{\sqrt{x}}\,dx=2\pi\int_1^4\sqrt{x}\,dx=2\pi\left[\frac{2}{3}x^{3/2}\right]_1^4$$
$$=2\pi\left(\frac{2}{3}\cdot 8-\frac{2}{3}\cdot 1\right)=\frac{28}{3}\pi$$

■

예제 6.3.2 직선 $y=\left(\frac{r}{h}\right)x$, $(r>0,\ h>0)$, x축 및 직선 $x=h$로 둘러싸인 영역을 x축으로 회전시킬때 생기는 원뿔의 부피를 원반 방법과 원기둥 껍질 방법으로 각각 구하라.

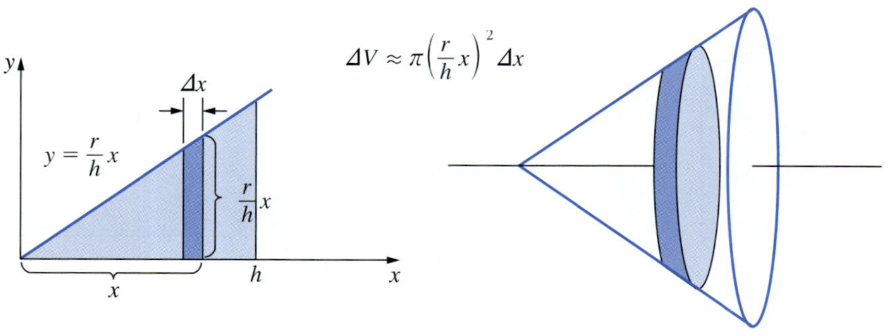

[그림 6.24]

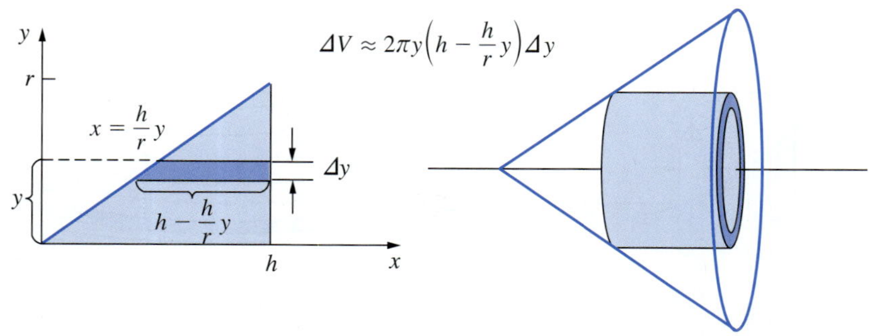

[그림 6.25]

[풀이] **(원반 방법)** "자르고, 어림값을 구하고, 적분하는" 3단계 방법을 사용하면(그림 6.24) 구하는 부피는

$$V = \pi \frac{r^2}{h^2}\int_0^h x^2\,dx = \pi\frac{r^2}{h^2}\left[\frac{x^3}{3}\right]_0^h = \frac{\pi r^2 h^3}{3h^2} = \frac{1}{3}\pi r^2 h$$

(원기둥 껍질 방법) "자르고, 어림값을 구하고, 적분하는" 3단계 방법을 사용하면(그림 6.25) 구하는 부피는

$$V = 2\pi h\int_0^r \left(y - \frac{1}{r}y^2\right)dy = 2\pi h\left[\frac{y^2}{2} - \frac{y^3}{3r}\right]_0^r = 2\pi h\left[\frac{r^2}{2} - \frac{r^2}{3}\right] = \frac{1}{3}\pi r^2 h$$ ■

예제 6.3.3 1사분면 내에서 포물선 $y = x^2$의 윗부분과 포물선 $y = 2 - x^2$의 아랫부분으로 둘러싸인 영역을 y축으로 회전시킬 때 생기는 입체의 부피를 구하라.

[풀이] 주어진 영역을 수평으로 자르는 것(원반 방법)이 최선의 선택이 아님을 알 수 있다(영역의 오른쪽 경계는 두 곡선으로 이루어졌으므로 부피를 구하기 위해서는 적분을 둘로 나누어서 구해야 하기 때문이다). 그림 6.26과 같이 수직으로 자르고, 어림값을 구하면 (원기둥 껍질 방법) 적분은

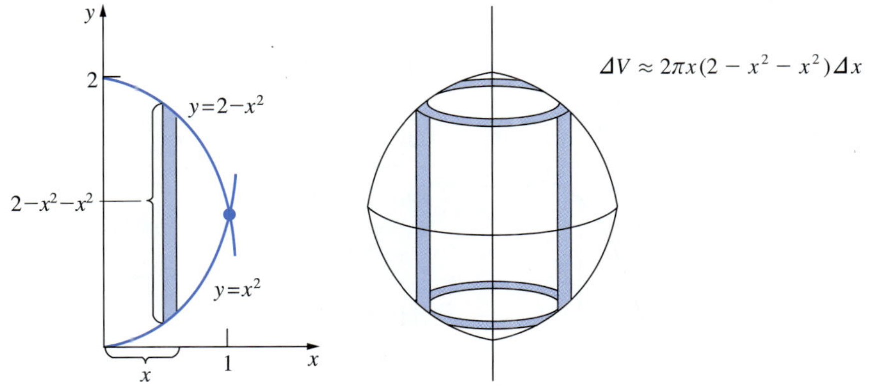

[그림 6.26]

$$V = \int_0^1 2\pi x\,(2 - x^2 - x^2)\,dx = 4\pi \int_0^1 (x - x^3)\,dx$$

$$= 4\pi\left[\frac{x^2}{2} - \frac{x^4}{4}\right]_0^1 = 4\pi\left[\frac{1}{2} - \frac{1}{4}\right] = \pi$$

■

예제 6.3.4 그림 6.27의 영역을 다음 회전축으로 회전시킬 때 생기는 각각의 입체의 부피를 구하는 식을 세우라.

(a) x축 (b) y축

(c) 직선 $y = -1$ (d) 직선 $x = 4$

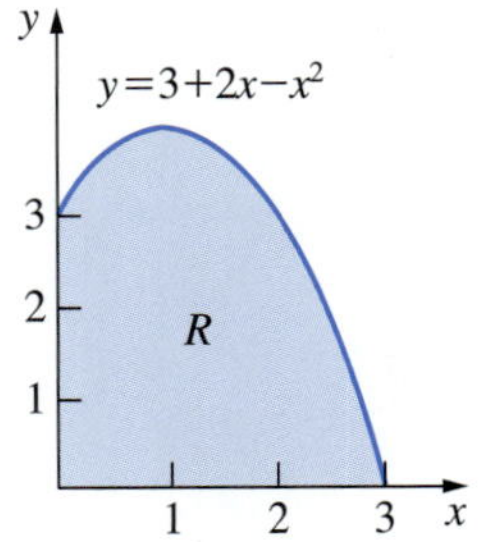

[그림 6.27]

[풀이] (a) 그림 6.28과 같이 원반 방법을 이용하면

$$V = \pi\int_0^3 (3 + 2x - x^2)^2\,dx$$

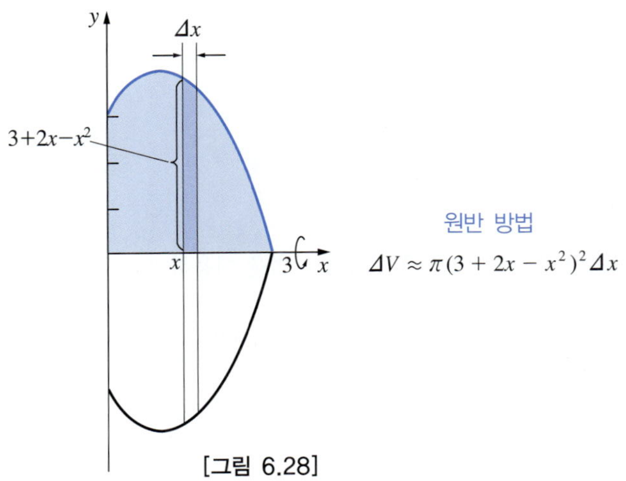

[그림 6.28]

(b) 그림 6.29와 같이 원기둥 껍질 방법을 이용하면

$$V = 2\pi\int_0^3 x(3 + 2x - x^2)\,dx$$

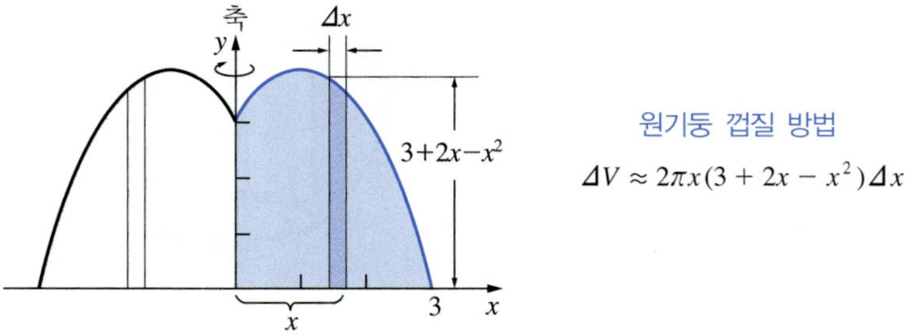

[그림 6.29]

(c) 그림 6.30과 같이 나사받침 방법을 이용하면

$$V = \pi\int_0^3 [(4 + 2x - x^2)^2 - 1]\,dx$$

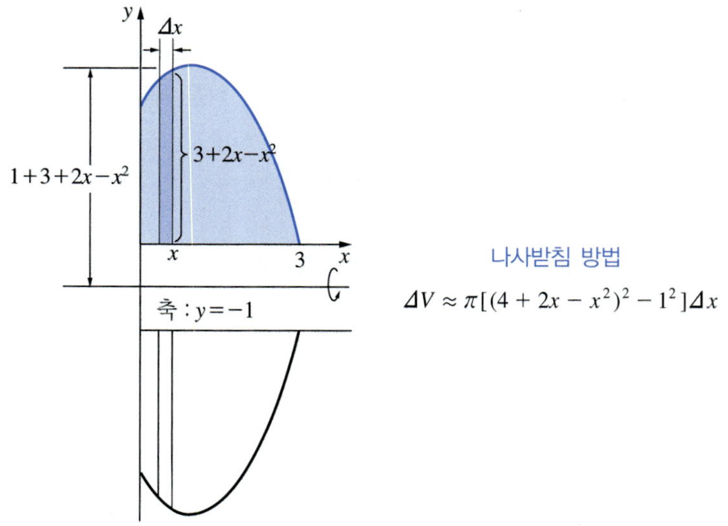

[그림 6.30]

(d) 그림 6.31과 같이 원기둥 껍질 방법을 이용하면

$$V = 2\pi\int_0^3 (4 - x)(3 + 2x - x^2)\,dx$$

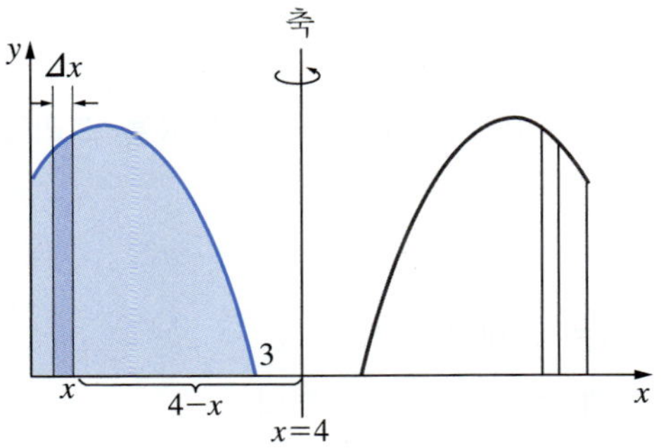

원기둥 껍질 방법

$\Delta V \approx 2\pi(4-x)(3+2x-x^2)\Delta x$

[그림 6.31]

■

연습문제 6.3

1. 다음의 곡선과 직선에 둘러싸인 영역을 지정한 축으로 회전시킬 때 생기는 입체의 부피를 구하라.

   (1) $y = \dfrac{4}{x}$, $x = 1$, $x = 4$, $y = 0$; y축

   (2) $y = \sqrt{x}$, $x = 4$, $y = 0$; y축

   (3) $y = \sqrt{x}$, $x = 4$, $y = 0$; 직선 $x = 4$

   (4) $y = \dfrac{1}{4}x^3 + 2$, $y = 2 - x$, $x = 2$; y축

   (5) $x = y^2$, $y = 2$, $x = 0$; x축

   (6) $x = y^2$, $y = 2$, $x = 0$; 직선 $y = 2$

2. 그림 6.32의 영역을 다음의 회전축으로 회전시킬 때 생기는 입체의 부피를 구하는 식을 세우라.

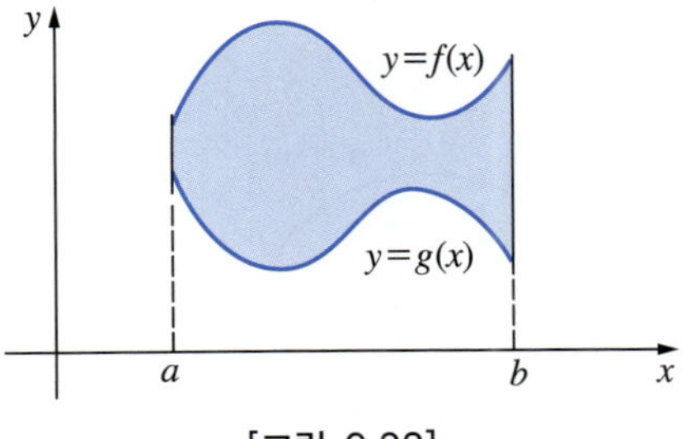

[그림 6.32]

(1) x축 (2) y축 (3) 직선 $x=a$ (4) 직선 $x=b$

3. 곡선 $y=\dfrac{1}{x^3}$, $x=1$, $x=3$ 그리고 $y=0$으로 둘러싸인 영역 R을 그리고 다음을 구하는 식을 세우라.

(1) R의 넓이

(2) R을 y축으로 회전시킬 때 생기는 입체의 부피

(3) R을 직선 $y=-1$로 회전시킬 때 생기는 입체의 부피

(4) R을 직선 $x=4$로 회전시킬 때 생기는 입체의 부피

4. 곡선 $x=\sqrt{y}$와 $x=\dfrac{y^3}{32}$에 의하여 둘러싸인 영역을 x축으로 회전시킬 때 생기는 입체의 부피를 구하라.

5. 반지름이 b인 구의 중심을 지나는 직선을 축으로 하는 반지름 a인 둥근 구멍을 뚫었을 때 $(b>a)$ 남는 입체의 부피를 구하라.

6.4 평면곡선의 길이

$y=\sin x$, $0\le x\le\pi$의 그래프(그림 6.34)는 평면곡선이고 $x=y^2$, $-2\le y\le 2$의 그래프 역시 평면곡선이다(그림 6.35). 그러나 그림 6.33의 나선형의 곡선은 위의 두 형태와 같이 하나의 함수로 표현되지 않는다. 원 $x^2+y^2=a^2$도 하나의 함수로 표현되지 않는다는 것을 알 수 있다.

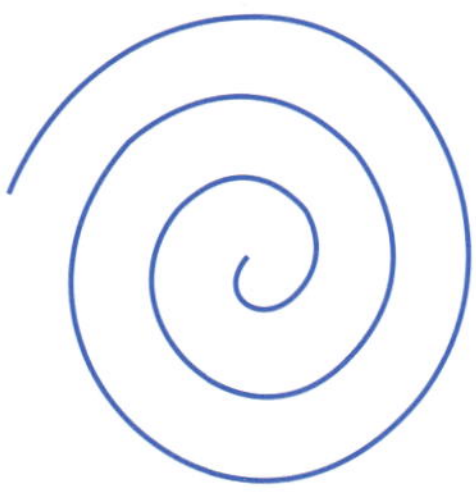

[그림 6.33]

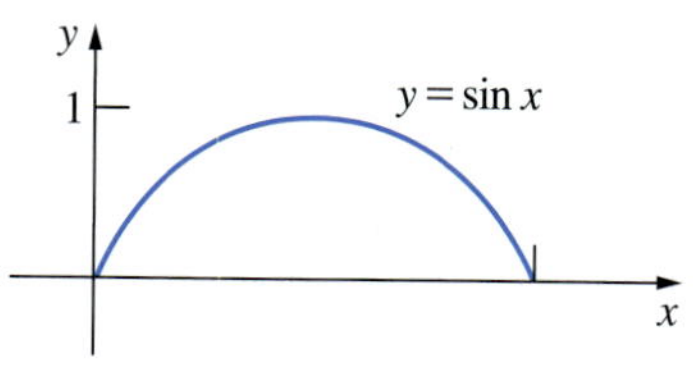

[그림 6.34]

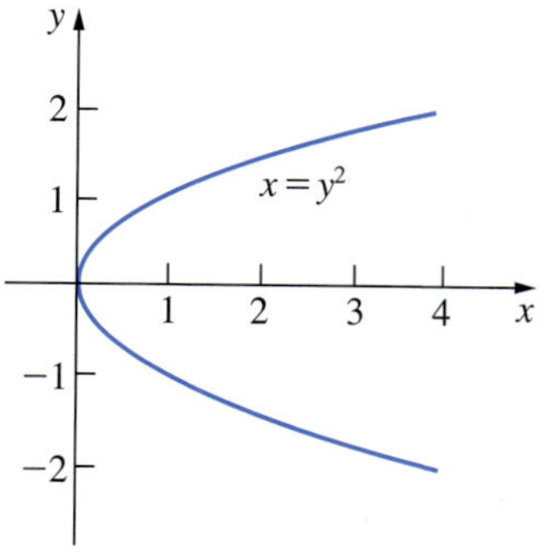

[그림 6.35]

곡선 $x^2+y^2=a^2$은 매개변수 t를 써서 매개변수 방정식 $x=a\cos t$, $y=a\sin t$, $0\le t\le 2\pi$ 으로 표현할 수 있다. 물론 sine 곡선과 포물선도 다음과 같이 매개변수 방정식의 형태로 표현할 수 있다.

$$x=t,\ y=\sin t,\quad 0\le t\le \pi$$

$$x=t^2,\ y=t,\quad -2\le t\le 2$$

그러므로 평면곡선은 다음과 같이 두 개의 매개변수 방정식으로 표현된다: $x=f(t)$, $y=g(t)$, $a\le t\le b$. 여기서 두 함수 f와 g는 닫힌구간 $[a, b]$에서 연속이다.

예제 6.4.1 매개변수 방정식 $x=2t+1$, $y=t^2-1$, $0\le t\le 3$으로 결정되는 곡선을 그리라.

[풀이] 그림 6.36의 왼쪽에서와 같이 곡선은 $t=0$일 때 $(1, -1)$을 지나고 $t=1$일 때 $(3, 0)$, $t=2$일 때 $(5, 3)$, $t=3$일 때 $(7, 8)$을 지나므로 이 점들을 연결하여 곡선의 개형을 그릴 수 있다. ■

t	x	y
0	1	−1
1	3	0
2	5	3
3	7	8

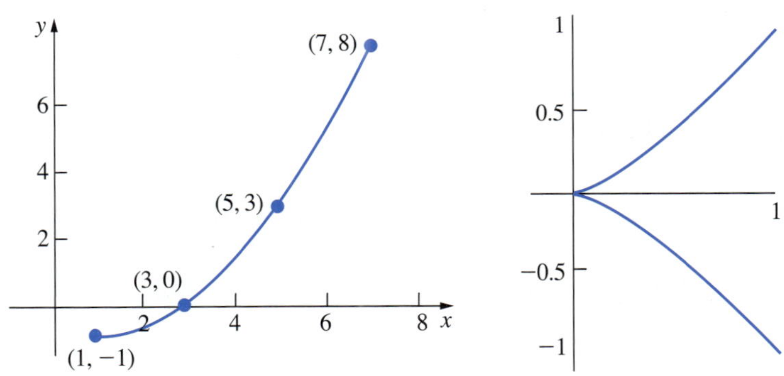

[그림 6.36]

이 절에서는 평면곡선의 특수한 종류인 **매끄러운 곡선**(smooth curve)만을 다룬다.

정의

평면곡선 $x=f(t)$, $y=g(t)$가 $[a, b]$에서 연속이고 (a, b)에서 미분가능하며 (a, b)의 모든 t에 대하여 $f'(t)$와 $g'(t)$가 동시에 0이 아닐 때 이 곡선을 **매끄럽다**고 한다.

구간 $[-1, 1]$에서 매개변수 방정식 $f(t)=t^2$, $g(t)=t^3$으로 정의된 곡선은 $f'(0)=0$, $g'(0)=0$이므로 매끄러운 곡선이 아니다(그림 6.36 오른쪽).

매개변수 방정식 $x=f(t)$, $y=g(t)$, $a \le t \le b$로 주어진 매끄러운 곡선의 길이를 구하는 방법에 대하여 알아본다. $[a, b]$의 분할 $P: a=t_0<t_1<t_2<\cdots<t_n=b$를 잡고 점 $(f(t_i), g(t_i))$를 Q_i로 표시하면 그림 6.37에서 보는 바와 같이 매끄러운 곡선은 n개의 부분으로 나누어진다. 여기서 곡선을 다각선(polygonal line)으로 어림하고 다각선의 길이를 구하여 분할 P의 크기가 0으로 갈 때 극한을 취한다. 여기서 곡선의 호 $Q_{i-1}Q_i$의 길이를 선분 $Q_{i-1}Q_i$의 길이

$$\begin{aligned}\Delta w_i &= \sqrt{(\Delta x_i)^2+(\Delta y_i)^2}\\ &= \sqrt{[f(t_i)-f(t_{i-1})]^2+[g(t_i)-g(t_{i-1})]^2}\end{aligned}$$

로 어림한다. 도함수의 평균값 정리에 의하여

$$\begin{aligned}f(t_i)-f(t_{i-1}) &= f'(\bar{t}_i)\Delta t_i\\ g(t_i)-g(t_{i-1}) &= g'(\hat{t}_i)\Delta t_i\end{aligned}$$

가 성립하는 점 $\bar{t}_i$, $\hat{t}_i$가 (t_{i-1}, t_i) 안에 각각 적어도 하나 존재한다. 그러므로

$$\begin{aligned}\Delta w_i &= \sqrt{[f'(\bar{t}_i)\Delta t_i]^2+[g'(\hat{t}_i)\Delta t_i]^2}\\ &= \sqrt{[f'(\bar{t}_i)]^2+[g'(\hat{t}_i)]^2}\,\Delta t_i\end{aligned}$$

이다. 또한 다각선의 길이는

$$\sum_{i=1}^{n}\Delta w_i = \sum_{i=1}^{n}\sqrt{[f'(\bar{t}_i)]^2+[g'(\hat{t}_i)]^2}\,\Delta t_i$$

이다. 위의 합은 거의 Riemann 합이다. 여기서 문제되는 것은 $\bar{t}_i$와 $\hat{t}_i$이 같은 점일 필요가 없다는 것이다. 그러나 분할 P의 크기가 0으로 갈 때 위의 합은

$$\int_a^b \sqrt{[f'(t)]^2+[g'(t)]^2}\,dt$$

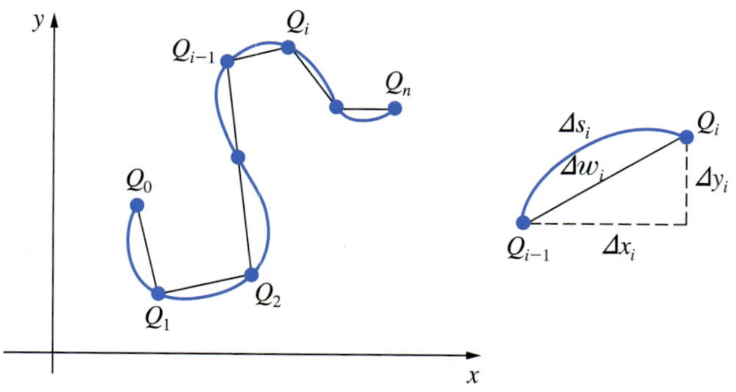

[그림 6.37]

로 수렴한다.

위 결과로부터 곡선의 길이를 구하는 공식은 다음과 같다.

$$L=\int_a^b \sqrt{[f'(t)]^2+[g'(t)]^2}\,dt=\int_a^b \sqrt{\left(\frac{dx}{dt}\right)^2+\left(\frac{dy}{dt}\right)^2}\,dt$$

만일 곡선이 $y=f(x)$, $a \le x \le b$로 주어지면

$$L=\int_a^b \sqrt{1+\left(\frac{dy}{dx}\right)^2}\,dx$$

이고, 곡선이 $x=g(y)$, $c \le y \le d$로 주어지면

$$L=\int_c^d \sqrt{1+\left(\frac{dx}{dy}\right)^2}\,dy$$

이다.

예제 6.4.2 원 $x^2+y^2=a^2$의 둘레의 길이를 구하라.

[풀이] 원의 방정식은 $x=a\cos t$, $y=a\sin t$, $0 \le t \le 2\pi$이고

$$\frac{dx}{dt}=-a\sin t,\ \frac{dy}{dt}=a\cos t$$

이다. 따라서

$$L=\int_0^{2\pi} \sqrt{a^2\sin^2 t+a^2\cos^2 t}\,dt=\int_0^{2\pi} a\,dt=[at]_0^{2\pi}=2\pi a$$ ■

예제 6.4.3 그림 6.38에서 $A(0, 1)$부터 $B(5, 13)$까지 선분의 길이를 구하라.

[풀이] 그림 6.38에서 직선의 방정식은 $y=\frac{12}{5}x+1$이므로 $\frac{dy}{dx}=\frac{12}{5}$이다. 따라서

$$\begin{aligned}L&=\int_0^5 \sqrt{1+\left(\frac{dy}{dx}\right)^2}\,dx=\int_0^5 \sqrt{1+\left(\frac{12}{5}\right)^2}\,dx\\&=\int_0^5 \sqrt{\frac{5^2+12^2}{5^2}}\,dx=\frac{13}{5}\int_0^5 1\,dx\\&=\left[\frac{13}{5}x\right]_0^5=13\end{aligned}$$ ■

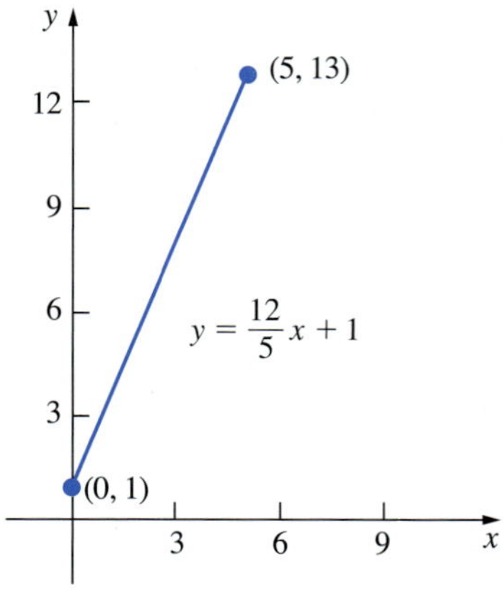

[그림 6.38]

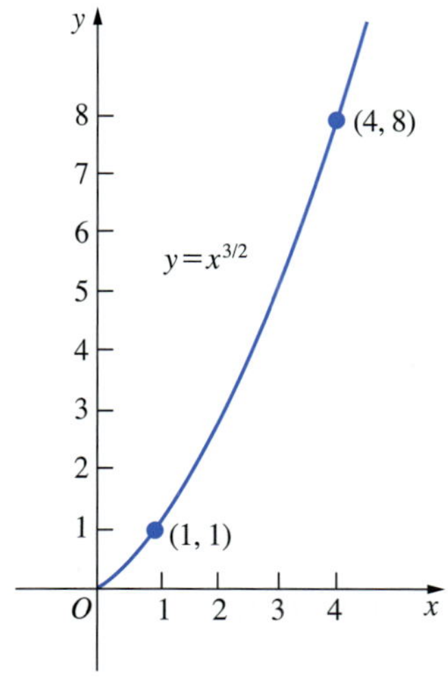

[그림 6.39]

예제 6.4.4 곡선 $y = x^{3/2}$ 에서 (1, 1)부터 (4, 8)까지 길이를 구하라(그림 6.39).

[풀이] $\dfrac{dy}{dx} = \dfrac{3}{2}x^{1/2}$이므로

$$L = \int_1^4 \sqrt{1 + \left(\frac{dy}{dx}\right)^2}\, dx = \int_1^4 \sqrt{1 + \left(\frac{3}{2}x^{1/2}\right)^2}\, dx$$
$$= \int_1^4 \sqrt{1 + \frac{9}{4}x}\, dx$$

적분을 구하기 위하여 $u = 1 + \dfrac{9}{4}x$로 두면 $du = \dfrac{9}{4}dx$이므로

$$\int \sqrt{1 + \frac{9}{4}x}\, dx = \frac{4}{9}\int \sqrt{u}\, du = \frac{4}{9}\,\frac{2}{3}u^{3/2} + C$$
$$= \frac{8}{27}\left(1 + \frac{9}{4}x\right)^{3/2} + C$$

이다. 따라서

$$\int_1^4 \sqrt{1 + \frac{9}{4}x}\, dx = \left[\frac{8}{27}\left(1 + \frac{9}{4}x\right)^{3/2}\right]_1^4$$
$$= \frac{8}{27}\left(10^{3/2} - \frac{13^{3/2}}{8}\right)$$ ■

함수 f가 $[a, b]$에서 연속이고 (a, b)에서 미분가능한 함수라 하자. (a, b)의 모든 점 x에서

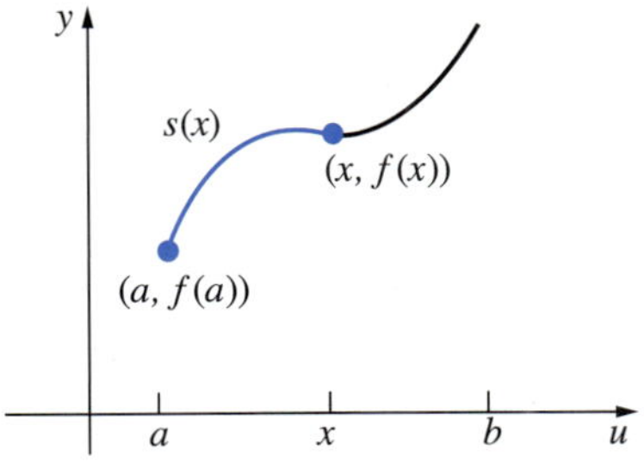

[그림 6.40]

$$s(x) = \int_a^x \sqrt{1 + [f'(u)]^2}\ du$$

로 정의되는 $s(x)$는 $(a,\ f(a))$에서 $(x,\ f(x))$까지 곡선의 길이를 나타낸다(그림 6.40의 왼쪽). 정리 5.7.4에 의하여

$$s'(x) = \frac{ds}{dx} = \sqrt{1 + [f'(x)]^2} = \sqrt{1 + \left(\frac{dy}{dx}\right)^2}$$

이므로 호의 길이의 미분 ds는

$$ds = \sqrt{1 + \left(\frac{dy}{dx}\right)^2}\ dx$$

이다. 그래프가 어떤 변수를 매개변수로 취하느냐에 따라서 다음과 같이 ds를 쓸 수 있다.

$$ds = \sqrt{1 + \left(\frac{dy}{dx}\right)^2}\ dx = \sqrt{1 + \left(\frac{dx}{dy}\right)^2}\ dy = \sqrt{\left(\frac{dx}{dt}\right)^2 + \left(\frac{dy}{dt}\right)^2}\ dt$$

연습문제 6.4

1. 다음 곡선의 길이를 구하라.

(1) 직선 $y = 3x + 5$; $x = 1$에서 $x = 4$까지

(2) 곡선 $y = 2x^{3/2}$; $x = \frac{1}{3}$에서 $x = 7$까지

(3) 곡선 $y = (4 - x^{2/3})^{3/2}$; $x = 1$에서 $x = 8$까지

(4) 곡선 $x = \frac{y^4}{16} + \frac{1}{2y^2}$; $y = -2$에서 $y = -1$까지

(5) $y = \frac{1}{3}(x^2+2)^{\frac{3}{2}}$; $0 \le x \le 3$

(6) $x = \int_0^y \sqrt{\sec^4 t - 1}\, dt$; $-\pi/4 \le y \le \pi/4$

(7) $y = \int_0^x \sqrt{\cos 2t}\, dt$; $0 \le x \le \pi/4$

2. 다음 매개변수 방정식들의 그래프를 그리고 그 길이를 구하라.

(1) $x = t^3,\ y = t^2;\ 0 \le t \le 4$

(2) $x = 3\sin t,\ y = 3\cos t - 3;\ 0 \le t \le \pi$

(3) $x = a\sin^3 t,\ y = a\cos^3 t;\ 0 \le t \le 2\pi$

6.5 회전면의 넓이

평면 위의 매끄러운 곡선을 한 축으로 회전시키면 그림 6.41에서와 같이 회전면이 생긴다. 이 절에서는 이와 같은 회전면의 넓이를 구하고자 한다.

우선 원뿔띠(frustum of acone)의 넓이 공식에서 출발하자. 원뿔띠는 원뿔의 축에 수직인 두 평면 사이의 표면이다. 반지름이 r_1, r_2이고 경사면 길이가 l인 원뿔띠의 넓이 A는 다음과 같다(그림 6.42).

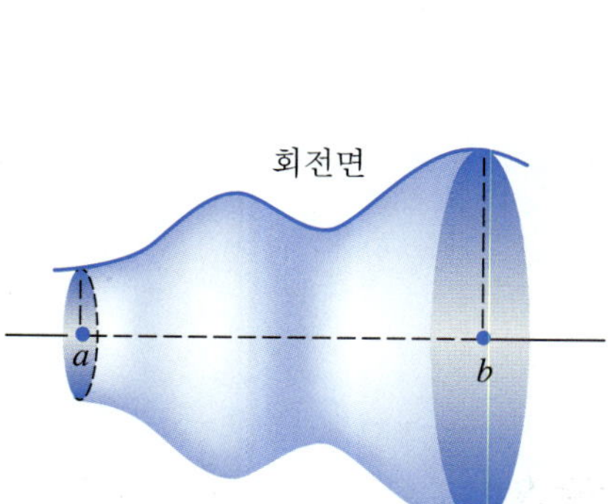

[그림 6.41]

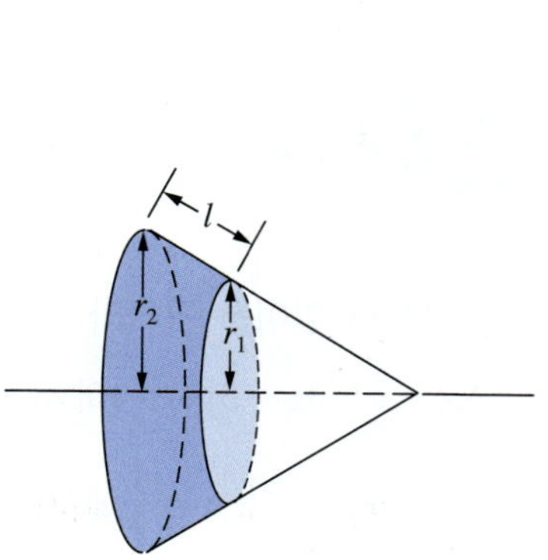

[그림 6.42]

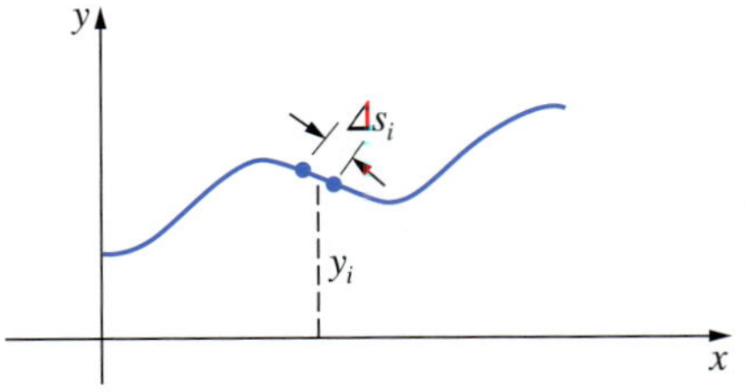

[그림 6.43]

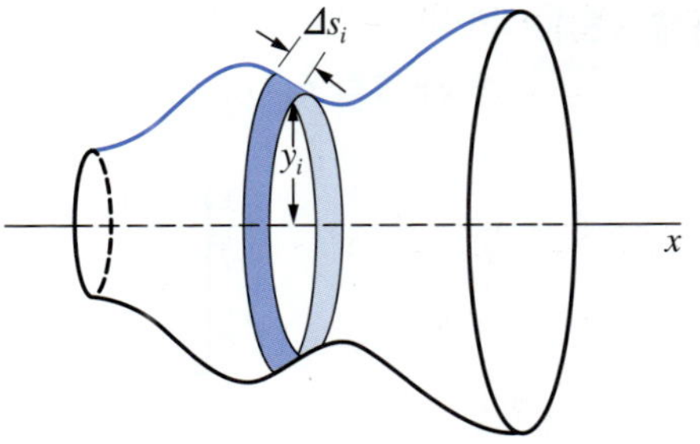

[그림 6.44]

$$A = 2\pi\left(\frac{r_1 + r_2}{2}\right) l = 2\pi(\text{반지름의 평균}) \cdot (\text{경사면 길이})$$

그림 6.43과 같이 두 매개변수 방정식 $x = f(t)$, $y = g(t)$로 결정되는 xy평면의 윗부분에 있는 매끄러운 곡선을 생각하자. $[a, b]$에 $a = t_0 < t_1 < t_2 < \cdots < t_n = b$인 점 t_1, $t_2, \cdots, t_{n-1}$을 취하여 n개의 소구간 $[t_{i-1}, t_i]$ $(i = 1, 2, \cdots, n)$으로 분할하면 곡선도 n개의 조각으로 나누어진다. 소구간 $[t_{i-1}, t_i]$에서 곡선의 길이를 Δs_i로 표시하고 $[t_{i-1}, t_i]$의 임의의 점 $\bar{t}_i$에 대하여 $g(\bar{t}_i) = y_i$라 표시하자. 곡선을 x축으로 회전시키면 곡면이 생기고 곡선의 조각은 얇은 띠가 된다(그림 6.44).

이 얇은 띠의 넓이는 원뿔띠의 넓이에 가까운 $2\pi y_i \Delta s_i$이고 얇은 띠들의 넓이의 합은 $\sum_{i=1}^{n} 2\pi y_i \Delta s_i$이다. 분할의 크기가 0으로 가면 $\sum_{i=1}^{n} 2\pi y_i \Delta s_i$는 $A = \int_{s(a)}^{s(b)} 2\pi y \, ds$에 수렴한다.

그러므로 $A = \int_{s(a)}^{s(b)} 2\pi y \, ds$는 회전면의 넓이다. 한편

$$ds = \sqrt{[f'(t)]^2 + [g'(t)]^2} \, dt$$

이므로

$$A = 2\pi \int_a^b g(t) \sqrt{[f'(t)]^2 + [g'(t)]^2} \, dt$$

이다. 또한, $y = f(x)$, $a \leq x \leq b$로 결정되는 매끄러운 곡선을 x축으로 회전시킬 때 생기는 회전면의 넓이는

$$A = 2\pi \int_a^b f(x) \sqrt{1 + [f'(x)]^2} \, dx$$

이다.

예제 6.5.1 곡선 $y=\sqrt{x}$, $0 \le x \le 4$을 x축으로 회전시킬 때 생기는 회전면의 넓이를 구하라(그림 6.45).

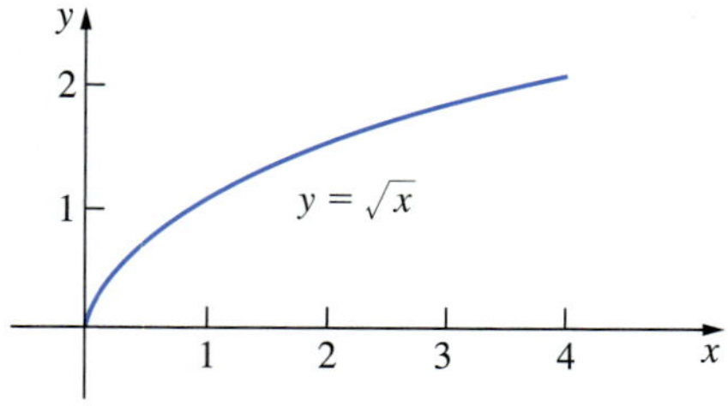

[그림 6.45]

[풀이] $f(x)=\sqrt{x}$ 이므로 $f'(x)=\dfrac{1}{2\sqrt{x}}$ 이다. 따라서

$$
\begin{aligned}
A &= 2\pi\int_0^4 \sqrt{x}\sqrt{1+\frac{1}{4x}}\,dx \\
&= 2\pi\int_0^4 \sqrt{x}\sqrt{\frac{4x+1}{4x}}\,dx \\
&= \pi\int_0^4 \sqrt{4x+1}\,dx \\
&= \left[\pi\frac{1}{4}\cdot\frac{2}{3}(4x+1)^{3/2}\right]_0^4 \\
&= \frac{\pi}{6}(17^{3/2}-1)
\end{aligned}
$$

■

예제 6.5.2 Cycloid(파선) $x=a(t-\sin t)$, $y=a(1-\cos t)$, $0\le t\le 2\pi$를 x축으로 회전시킬 때 생기는 회전면의 넓이를 구하라(그림 6.46).

[풀이] $\dfrac{dx}{dt}=a(1-\cos t)$, $\dfrac{dy}{dt}=a(\sin t)$이므로

$$
\begin{aligned}
A &= 2\pi\int_0^{2\pi} a(1-\cos t)\sqrt{a^2(1-\cos t)^2+a^2\sin^2 t}\,dt \\
&= 2\pi a^2\int_0^{2\pi}(1-\cos t)\sqrt{2-2\cos t}\,dt \\
&= 2\sqrt{2}\,\pi a^2\int_0^{2\pi}(1-\cos t)^{3/2}\,dt
\end{aligned}
$$

그런데 $1-\cos t = 2\sin^2\left(\dfrac{t}{2}\right)$ 이므로

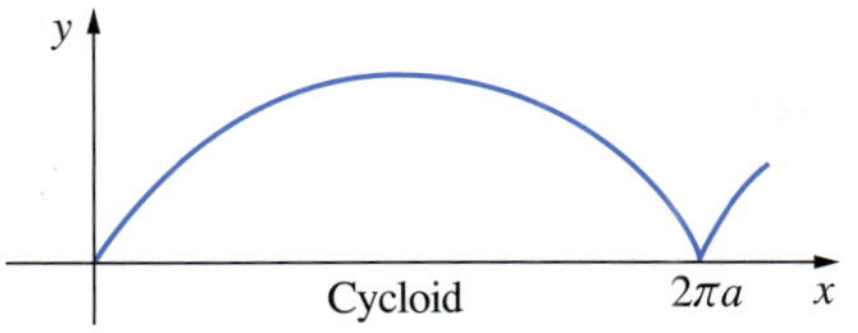

[그림 6.46]

$$A = 2\sqrt{2}\,\pi a^2 \int_0^{2\pi} \left[2\sin^2\left(\frac{t}{2}\right) \right]^{3/2} dt$$
$$= 8\pi a^2 \int_0^{2\pi} \sin^3\left(\frac{t}{2}\right) dt$$
$$= 8\pi a^2 \int_0^{2\pi} \left[1 - \cos^2\left(\frac{t}{2}\right) \right] \sin\left(\frac{t}{2}\right) dt$$

이다. 여기서 $u = \cos\left(\frac{t}{2}\right)$로 두면 $du = -\frac{1}{2}\sin\left(\frac{t}{2}\right) dt$이고 $t = 0$일 때 $u = 1$이고, $t = 2\pi$일 때 $u = -1$이다. 따라서

$$A = -16\pi a^2 \int_1^{-1} (1 - u^2)\, du$$
$$= -16\pi a^2 \left[u - \frac{u^3}{3} \right]_1^{-1} = \frac{64\pi a^2}{3}$$

■

매개변수 방정식 $x = f(t)$, $y = g(t)$, $a \le t \le b$로 표시되는 xy평면 위에 있는 매끄러운 곡선을 y축으로 회전시킬 때 생기는 회전면의 넓이는

$$A = 2\pi \int_a^b f(t) \sqrt{[f'(t)]^2 + [g'(t)]^2}\, dt$$

이다(그림 6.47). 또한 곡선이 $x = g(y)$, $c \le y \le d$로 표시되었을 때는

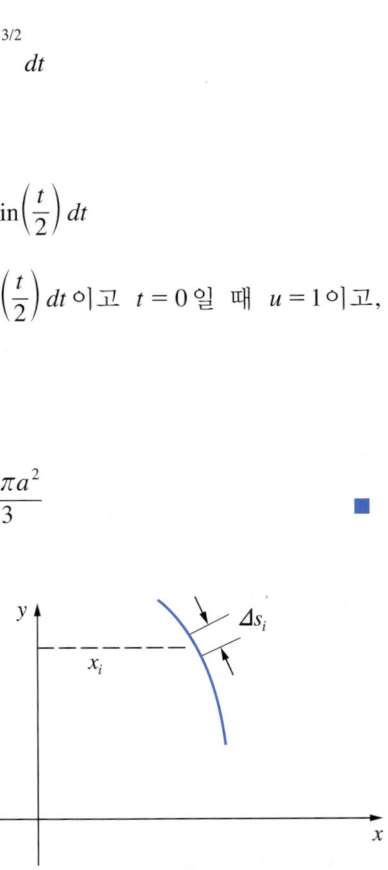

[그림 6.47]

$$A = 2\pi \int_c^d g(y) \sqrt{1 + [g'(y)]^2}\, dy$$

이다.

예제 6.5.3 곡선 $x=\sqrt{a^2-y^2}$, $-a \le y \le a$를 y축으로 회전시킬 때 생기는 회전면의 넓이를 구하라(그림 6.48).

[풀이] $x=g(y)=\sqrt{a^2-y^2}$ 이므로

$$g'(y)=\frac{-y}{\sqrt{a^2-y^2}}$$

이다. 따라서

$$\begin{aligned} A &= 2\pi\int_{-a}^{a}\sqrt{a^2-y^2}\sqrt{1+\frac{y^2}{a^2-y^2}}\,dy \\ &= 2\pi\int_{-a}^{a}\sqrt{a^2}\,dy \\ &= [2\pi ay]_{-a}^{a} = 4\pi a^2 \end{aligned}$$

■

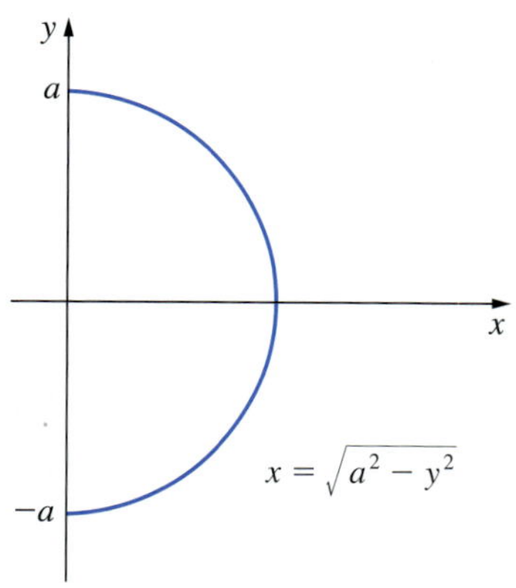

[그림 6.48]

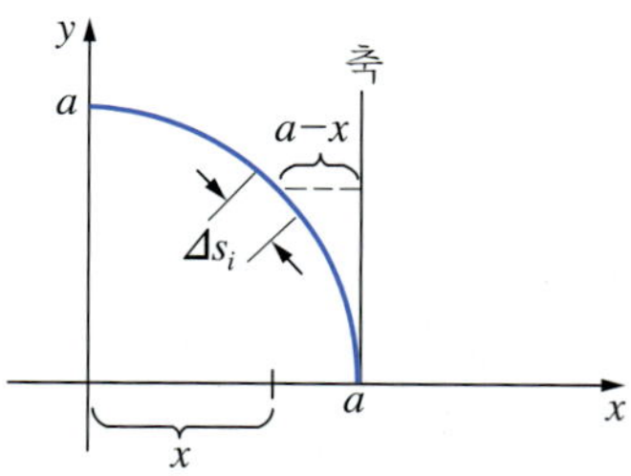

[그림 6.49]

예제 6.5.4 곡선 $x=\sqrt{a^2-y^2}$, $0 \le y \le a$을 직선 $x=a$로 회전시킬 때 생기는 회전면의 넓이를 구하는 식을 세워라(그림 6.49).

[풀이] "자르고, 어림값을 구하고, 적분하는" 3단계 방법을 사용하면

$$\Delta A \approx 2\pi(a-x)\Delta s$$

이고

$$A=2\pi\int_{0}^{a}\left(a-\sqrt{a^2-y^2}\right)\sqrt{1+\frac{y^2}{a^2-y^2}}\,dy$$

■

연습문제 6.5

1. 다음 곡선들을 지정된 축으로 회전시킬 때 생기는 회전면의 넓이를 구하라.

(1) $y=6x,\ 0\le x\le 1;\ x$축

(2) $y=\sqrt{25-x^2},\ -2\le x\le 3;\ x$축

(3) $x=y^3,\ 0\le y\le 1;\ y$축

(4) $y=\dfrac{1}{2}x^2-1,\ 0\le x\le 2\sqrt{2};\ y$축

(5) $x=t,\ y=t^3,\ 0\le t\le 1;\ x$축

2. 다음 곡선들을 지정된 직선으로 회전시킬 때 생기는 회전면의 넓이를 구하는 식을 세우라.

(1) $y=\sin x,\ 0\le x\le \pi;$ 직선 $y=-1$

(2) $y=\sin x,\ 0\le x\le \pi;$ 직선 $y=0$

(3) $y=\sqrt{x^2+x},\ 2\le x\le 4;$ 직선 $x=2$

(4) $x=t^2,\ y=\sin t,\ 0\le t\le \pi;$ 직선 $y=-1$

3. 밑면의 반지름이 r, 경사면 길이가 l인 원뿔의 경사면을 따라 잘라서 펼치면 반지름이 l이고 중심각이 θ인 부채꼴이 된다(그림 6.50).

(1) $\theta=\dfrac{2\pi r}{l}$ radian 임을 밝히라

(2) 반지름이 l이고 중심각이 θ인 부채꼴의 넓이는 $\dfrac{1}{2}l^2\theta$인 것을 이용하여 원뿔의 겉넓이가 πrl이 됨을 밝히라.

(3) (2)의 결과를 이용하여 반지름이 r_1, r_2이고 경사면 길이가 l인 원뿔띠의 넓이는 $A=2\pi\left(\dfrac{r_1+r_2}{2}\right)l$임을 밝히라.

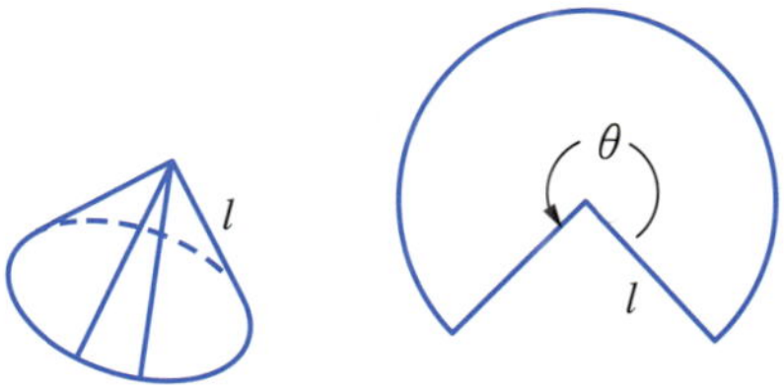

[그림 6.50]

6.6 모멘트, 질량중심

질량이 m인 입자가 주어진 점으로부터 거리가 d인 점에 놓여 있을 때 md를 이 입자의 주어진 점에 대한 **모멘트**(moment)라 한다.

질량이 $m_1, m_2, \cdots, m_n$인 n개의 입자가 각각 x축 위의 점 $x_1, x_2, \cdots, x_n$에 있을 때 각 모멘트의 합을 원점에 관한 이 입자들의 **총모멘트**라 한다. 즉, 총모멘트 M은

$$M = x_1m_1 + x_2m_2 + \cdots + x_nm_n = \sum_{i=1}^{n} x_im_i$$

이다. $M = 0$일 때 원점에 대하여 입자들의 모멘트는 균형을 이룬다고 한다. 그림 6.51에서 입자들은 어떤 점에 대하여 균형을 이루겠는가? 균형점을 $\bar{x}$라 하면 균형을 이루기 위하여 $\bar{x}$에 관한 총모멘트가 0이어야 한다. 즉,

$$(x_1 - \bar{x})m_1 + (x_2 - \bar{x})m_2 + \cdots + (x_n - \bar{x})m_n = 0$$

또는

$$x_1m_1 + x_2m_2 + \cdots + x_nm_n = \bar{x}m_1 + \bar{x}m_2 + \cdots + \bar{x}m_n$$

이다. 이를 $\bar{x}$에 대하여 풀면

$$\bar{x} = \frac{M}{m} = \frac{\sum_{i=1}^{n} x_i m_i}{\sum_{i=1}^{n} m_i}$$

이다. 이때 균형점 $\bar{x}$를 입자계의 **질량중심**(center of mass)이라 한다.

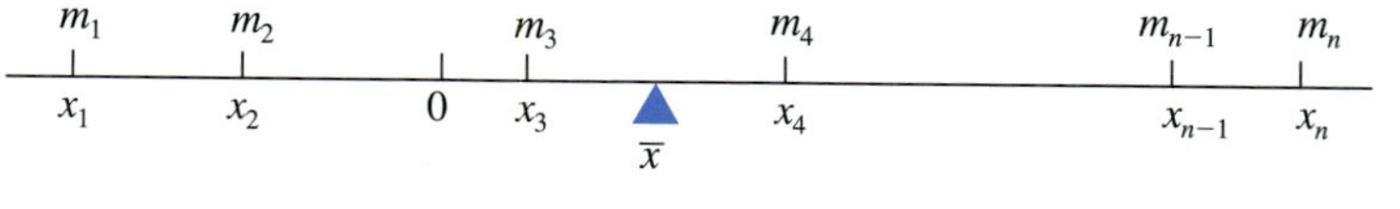

[그림 6.51]

예제 6.6.1 질량이 4 g, 2 g, 6 g, 7 g인 4개의 입자들이 각각 x축 위의 점 0, 1, 2, 4에 놓여 있을 때 입자계의 질량중심을 구하라(그림 6.52).

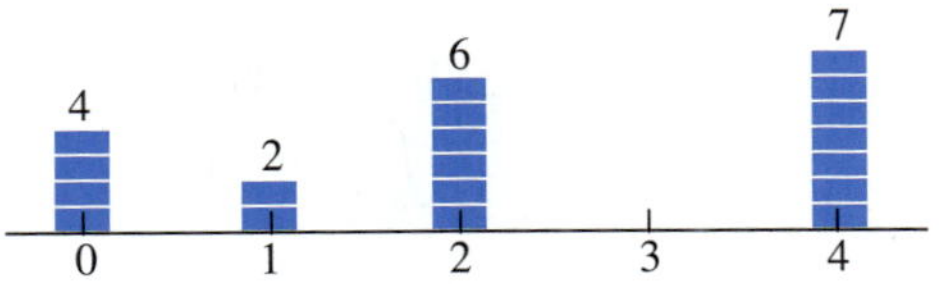

[그림 6.52]

[풀이]

$$\bar{x} = \frac{(0)(4)+(1)(2)+(2)(6)+(4)(7)}{4+2+6+7} = \frac{42}{19}$$

■

이제 연속적인 질량분포의 중심을 구하는 예로서 선분 $a \le x \le b$ 모양의 철사를 생각하자. 점 x에서 **밀도**(단위길이당 질량)를 $\delta(x)$라 하자. 그림 6.53에서와 같이 "자르고, 어림값을 구하고, 적분하는" 3단계 방법을 사용하면 총질량 $m = \int_a^b \delta(x)\,dx$이고 총모멘트는 $M = \int_a^b x\delta(x)\,dx$이다. 따라서 질량중심은 다음과 같다.

$$\bar{x} = \frac{M}{m} = \frac{\int_a^b x\delta(x)\,dx}{\int_a^b \delta(x)\,dx}$$

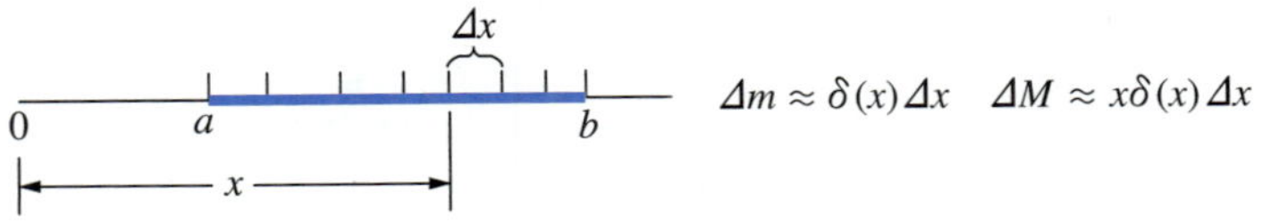

[그림 6.53]

예제 6.6.2 선분 $0 \le x \le 10$ 모양의 철사가 있다. 점 x에서 밀도가 $\delta(x) = 3x^2$일 때 질량중심을 구하라(그림 6.54).

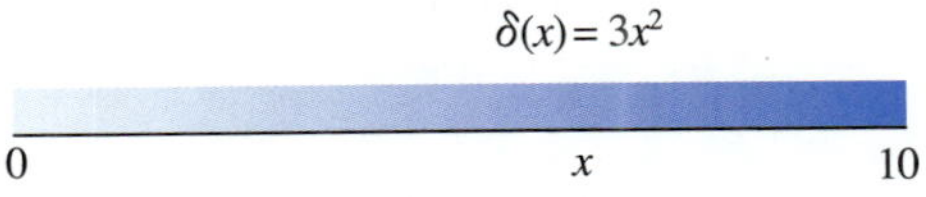

[그림 6.54]

[풀이]

$$\bar{x} = \frac{\int_0^{10} x \cdot 3x^2\, dx}{\int_0^{10} 3x^2\, dx} = \frac{\left[3 \cdot \frac{x^4}{4}\right]_0^{10}}{[x^3]_0^{10}} = \frac{7500}{1000} = 7.5$$

■

좌표평면 위에 질량이 $m_1, m_2, \cdots, m_n$인 n개의 입자가 각각 점 $(x_1, y_1), (x_2, y_2), \cdots, (x_n, y_n)$에 놓여 있다 하자(그림 6.55). y축과 x축에 관한 총모멘트 M_y와 M_x는 각각

$$M_y = \sum_{i=1}^{n} x_i m_i, \qquad M_x = \sum_{i=1}^{n} y_i m_i$$

이므로 질량중심(균형점)의 x, y좌표 $\bar{x}, \bar{y}$는 각각

$$\bar{x} = \frac{M_y}{m} = \frac{\sum_{i=1}^{n} x_i m_i}{\sum_{i=1}^{n} m_i}, \qquad \bar{y} = \frac{M_x}{m} = \frac{\sum_{i=1}^{n} y_i m_i}{\sum_{i=1}^{n} m_i}$$

이다.

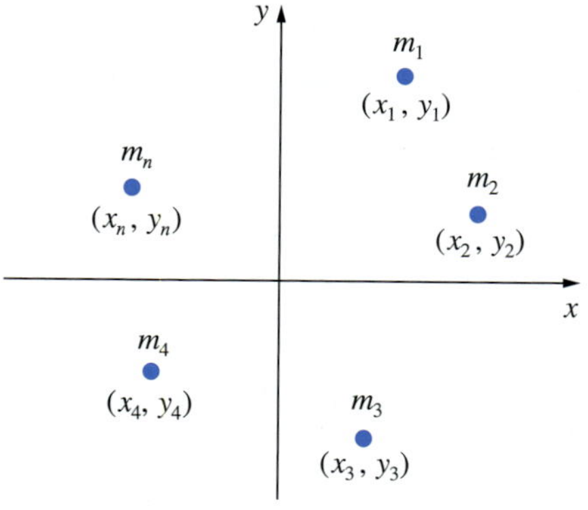

[그림 6.55]

예제 6.6.3 점 $(6, -1), (2, 3), (-4, 2), (-7, 4), (2, -2)$에 각각 1, 4, 2, 3, 2단위의 질량이 놓여 있을 때 질량중심을 구하라.

[풀이]

$$\bar{x} = \frac{(6)(1) + (2)(4) + (-4)(2) + (-7)(3) + (2)(2)}{1 + 4 + 2 + 3 + 2}$$

$$= -\frac{11}{12}$$

$$\bar{y} = \frac{(-1)(1) + (3)(4) + (2)(2) + (4)(3) + (-2)(2)}{1 + 4 + 2 + 3 + 2}$$

$$= \frac{23}{12}$$

이므로 중심은 $\left(-\frac{11}{12}, \frac{23}{12}\right)$이다. ■

구간 $[a, b]$의 모든 x에 대하여 $g(x) \leq f(x)$인 두 함수 f와 g의 그래프로 둘러싸인 영역에서 밀도 δ가 일정한 평판을 생각하자. 영역을 y축에 평행한 직선들로 잘랐을 때 생기는 좁은 띠들은 거의 직사각형 모양이다(그림 6.56). 좁은 띠의 중심을 직사각형의 중심으로 간주하면 좁은 띠의 질량, y축 및 x축에 관한 모멘트는 각각 다음과 같다.

$$\Delta m \approx \delta\,[f(x) - g(x)]\,\Delta x,$$

$$\Delta M_y \approx x\delta\,[f(x) - g(x)]\,\Delta x$$

$$\Delta M_x \approx \frac{f(x) + g(x)}{2}\,\delta\,[f(x) - g(x)]\,\Delta x$$

이들을 합하여 극한을 취하면 평판의 질량과 모멘트는

$$m = \delta\int_a^b [f(x) - g(x)]\,dx,$$

$$M_y = \delta\int_a^b x[f(x) - g(x)]\,dx,$$

$$M_x = \frac{\delta}{2}\int_a^b [f(x) + g(x)][f(x) - g(x)]\,dx$$

$$= \frac{\delta}{2}\int_a^b [f^2(x) - g^2(x)]\,dx$$

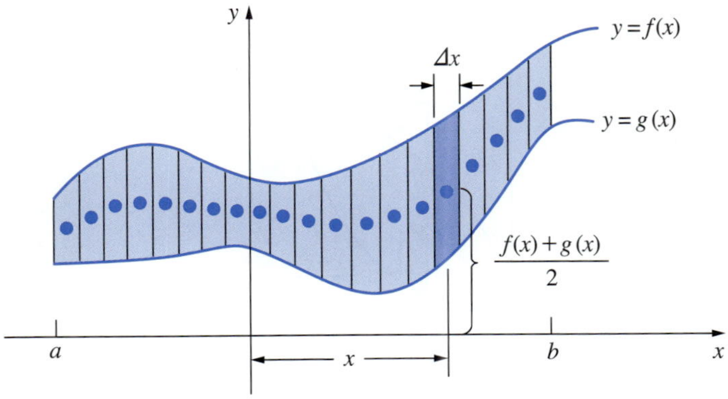

[그림 6.56]

이다. 따라서 평판의 질량중심의 좌표는 다음과 같다.

$$\bar{x} = \frac{\int_a^b x[f(x) - g(x)]\,dx}{\int_a^b [f(x) - g(x)]\,dx} \qquad \bar{y} = \frac{\frac{1}{2}\int_a^b [f^2(x) - g^2(x)]\,dx}{\int_a^b [f(x) - g(x)]\,dx}$$

밀도가 일정한 평판의 경우 질량중심은 밀도에 무관하다. 이 경우 질량중심을 **도형중심**(centroid)이라고도 한다.

예제 6.6.4 두 곡선 $y = x^3$과 $y = \sqrt{x}$로 둘러싸인 영역의 도형중심을 구하라.

[풀이] 그림 6.57에서와 같이 "자르고, 어림값을 구하고, 적분하는" 3단계 방법을 사용하면

$$\bar{x} = \frac{\int_0^1 x[\sqrt{x} - x^3]\,dx}{\int_0^1 [\sqrt{x} - x^3]\,dx} = \frac{\left[\frac{2}{5}x^{5/2} - \frac{x^5}{5}\right]_0^1}{\left[\frac{2}{3}x^{3/2} - \frac{x^4}{4}\right]_0^1} = \frac{\frac{1}{5}}{\frac{5}{12}} = \frac{12}{25}$$

$$\bar{y} = \frac{\int_0^1 \frac{1}{2}(\sqrt{x} + x^3)(\sqrt{x} - x^3)\,dx}{\int_0^1 (\sqrt{x} - x^3)\,dx} = \frac{\frac{1}{2}\int_0^1 \left[(\sqrt{x})^2 - (x^3)^2\right]dx}{\int_0^1 (\sqrt{x} - x^3)\,dx} = \frac{\frac{1}{2}\left[\frac{x^2}{2} - \frac{x^7}{7}\right]_0^1}{\frac{5}{12}} = \frac{\frac{5}{28}}{\frac{5}{12}} = \frac{3}{7}$$

따라서 도형중심은 $\left(\frac{12}{25}, \frac{3}{7}\right)$이다. ■

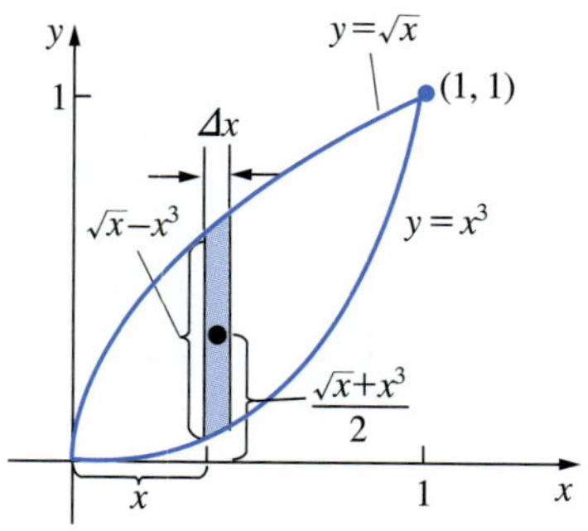

[그림 6.57]

예제 6.6.5 곡선 $y = \sin x$, $0 \le x \le \pi$와 x축으로 둘러싸인 영역의 도형중심을 구하라(그림 6.58).

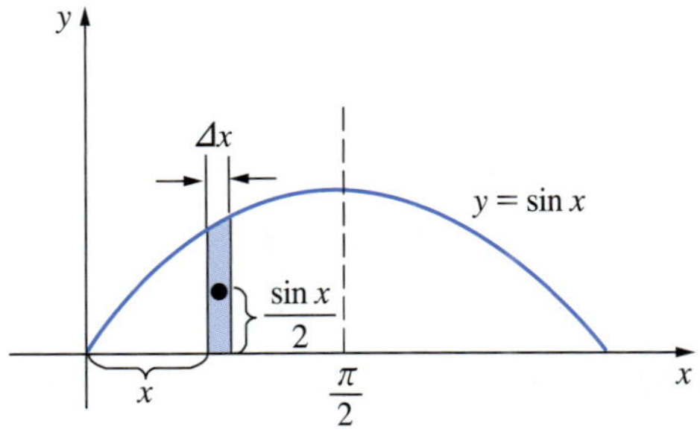

[그림 6.58]

[풀이] 이 영역은 직선 $x = \dfrac{\pi}{2}$에 대칭이므로 중심의 x좌표는 $\bar{x} = \dfrac{\pi}{2}$이다. 그림 6.58에서 보는 바와 같이 "자르고, 어림값을 구하고, 적분하는" 3단계 방법을 이용하면

$$\bar{y} = \frac{\displaystyle\int_0^{\pi} \frac{1}{2}\sin x \cdot \sin x\, dx}{\displaystyle\int_0^{\pi} \sin x\, dx} = \frac{\displaystyle\frac{1}{2}\int_0^{\pi} \sin^2 x\, dx}{\displaystyle\int_0^{\pi} \sin x\, dx}$$

이다. 반각 공식에 의하여 $\sin^2 x = \dfrac{1}{2}(1 - \cos 2x)$이므로

$$\int_0^{\pi} \sin^2 x\, dx = \frac{1}{2}\left(\int_0^{\pi} 1\, dx - \int_0^{\pi} \cos 2x\, dx\right) = \frac{1}{2}\left[x - \frac{1}{2}\sin 2x\right]_0^{\pi} - \frac{\pi}{2}$$

따라서

$$\bar{y} = \frac{\frac{1}{2}\cdot\frac{\pi}{2}}{\displaystyle\int_0^{\pi} \sin x\, dx} = \frac{\frac{1}{2}\cdot\frac{\pi}{2}}{[-\cos x]_0^{\pi}} = \frac{\frac{1}{2}\cdot\frac{\pi}{2}}{2} = \frac{\pi}{8}$$

이므로 도형중심은 $\left(\dfrac{\pi}{2}, \dfrac{\pi}{8}\right)$이다. ■

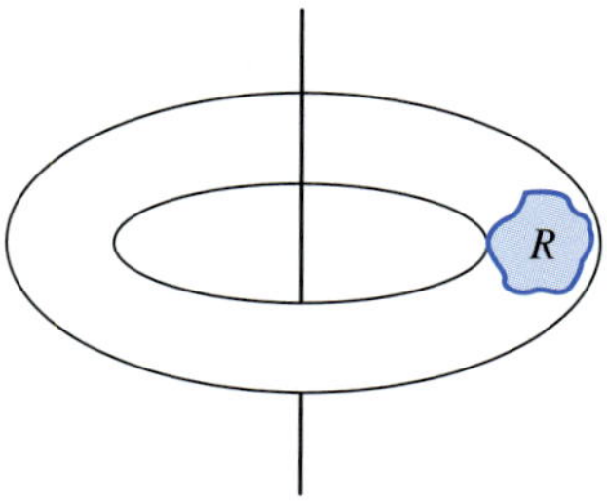

[그림 6.59]

회전체의 부피와 도형중심을 연결시키는 정리가 있다(그림 6.59).

정리 6.6.1 Pappus 정리

평면 위의 한 직선의 한쪽에 놓여 있는 영역 R을 이 직선을 축으로 하여 회전시킬 때 생기는 회전체의 부피는 영역 R의 넓이와 영역 R의 도형중심이 이동한 거리와의 곱이다.

이 정리의 증명은 생략하고, 다음 예제로 Pappus 정리를 확인하기로 한다.

예제 6.6.6 곡선 $y = \sin x,\ 0 \le x \le \pi$와 x축으로 둘러싸인 영역을 x축으로 회전시킬 때 생기는 입체의 부피에 대하여 Pappus 정리가 옳음을 확인하라.

[풀이] 영역의 넓이는 $A = \int_0^\pi \sin x\, dx = [-\cos x]_0^\pi = 2$이고 영역의 도형중심의 y좌표는 $\bar{y} = \frac{\pi}{8}$이다. 회전체의 부피는

$$V = \pi\int_0^\pi \sin^2 x\, dx = \frac{\pi}{2}\int_0^\pi [1 - \cos 2x]\, dx$$

$$= \frac{\pi}{2}\left[x - \frac{1}{2}\sin 2x\right]_0^\pi = \frac{\pi^2}{2}$$

이다. 도형중심이 이동한 거리는 $2\pi \cdot \bar{y} = 2\pi \cdot \frac{\pi}{8}$이므로 Pappus 정리에 의하여 부피는

$$V = 2\left(2\pi \cdot \frac{\pi}{8}\right) = \frac{\pi^2}{2}$$

이다. ■

연습문제 6.6

1. 질량이 $m_1 = 4,\ m_2 = 6,\ m_3 = 9$ 인 3개의 입자가 각각 $x_1 = 2,\ x_2 = -2,\ x_3 = 1$에 놓여 있을 때 질량중심을 구하라.

2. 점 x에서 밀도가 $\delta(x) = \sqrt{x}$ 이고 길이가 9인 철사의 질량중심을 구하라.

3. 점 $(1, 1), (7, 1), (-2, -5), (-1, 0), (4, 6)$에 각각 3, 2, 4, 6, 2단위의 질량이 놓여 있을 때, 이 입자계의 각 좌표축에 대한 모멘트와 질량중심을 구하라.

4. 아래 영역의 도형중심을 구하라.

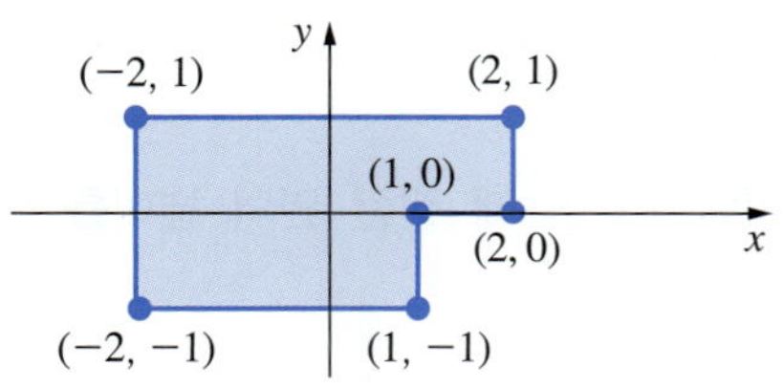

5. 아래 영역의 도형중심을 구하라.

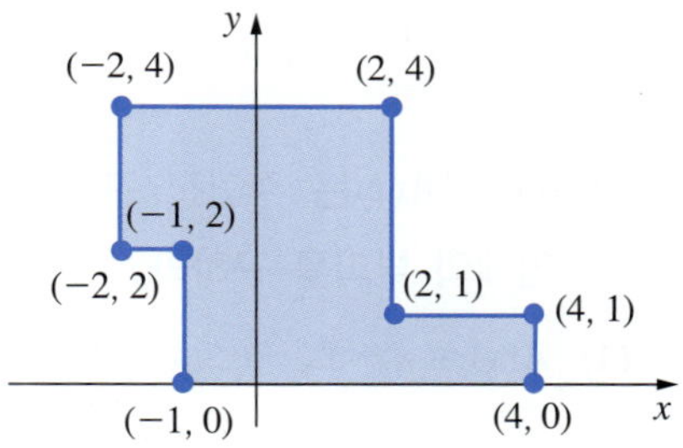

5. 다음 주어진 곡선들로 둘러싸인 영역의 도형중심을 구하라.

(1) $y = 4 - x^2,\ y = 0$　　(2) $y = x^3,\ y = 0,\ x = 2$

(3) $y = 2x - 4,\ y = 2\sqrt{x},\ x = 0$　　(4) $x = y^2,\ x = 4$

6. 곡선 $y = x^3,\ y = 0$ 및 $x = 2$로 둘러싸인 영역을 y축으로 회전시킬 때 생기는 입체의 부피를 Pappus 정리를 이용하여 구하라.

연습문제 Chapter 6

1. 주어진 구간에서 두 함수의 그래프 사이의 넓이를 구하라.

(1) $y=x^3,\ y=x^2-1,\ 1\le x\le 3$

(2) $y=\cos x,\ y=x^2+2,\ 0\le x\le 2$

2. 주어진 두 함수의 그래프를 그리고, 두 곡선 사이의 넓이를 구하라.

(1) $y=x^2-1,\ y=7-x^2$　　(2) $y=x^3,\ y=3x+2$

3. 다음 주어진 직선 또는 곡선으로 둘러싸인 영역의 넓이를 구하라.

(1) $y=x,\ y=2-x,\ y=0$　　(2) $x=3y,\ x=2+y^2$

(3) $x=y,\ x=-y,\ x=1$　　(4) $y=x,\ y=2,\ y=6-x,\ x=0$

4. 다음에서 $A(x)$는 주어진 구간에서 어떤 입체를 잘랐을 때 잘린 면의 넓이를 나타낸다. 입체의 부피를 구하라.

(1) $A(x)=x+2,\ -1\le x\le 3$　　(2) $A(x)=\pi(4-x)^2,\ 0\le x\le 2$

5. 주어진 영역을 주어진 직선에 대하여 회전시켰을 때 얻어지는 회전체의 부피를 구하라.

(1) $y=2-x,\ y=0$과 $x=0$으로 둘러싸인 영역, 회전축: (a) x축 (b) $y=3$

(2) $y=\sqrt{x},\ y=2$와 $x=0$으로 둘러싸인 영역, 회전축: (a) y축 (b) $x=4$

6. 영역 R은 $y=x^2,\ y=0$과 $x=1$로 둘러싸인 영역이라 하자. R을 다음의 회전축으로 회전시켜 얻어지는 회전체의 부피를 구하라.

(1) y축　　(2) x축　　(3) $x=1$

(4) $y=1$　　(5) $x=-1$　　(6) $y=-1$

7. $y=3-x$, x축과 y축으로 둘러싸인 영역을 R이라 할 때, R을 다음의 회전축으로 회전시킬 때 얻어지는 회전체의 부피를 구하라.

(1) y축　　(2) x축　　(3) $y=3$

(4) $y=-3$　　(5) $x=3$　　(6) $x=-3$

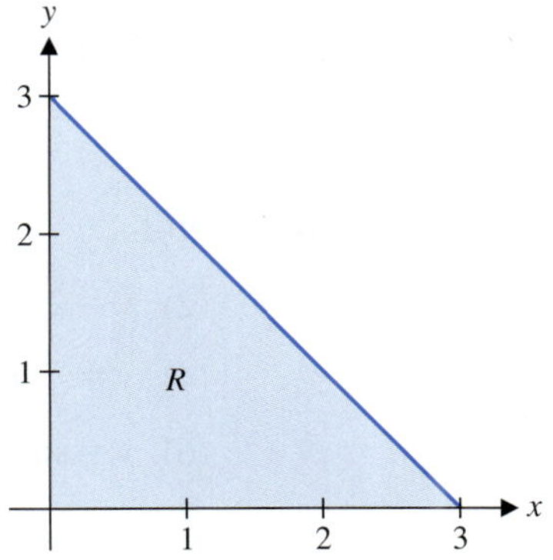

8. $-1 \le x \le 1$과 $-1 \le y \le 1$로 둘러싸인 정사각형을 y축으로 회전시켰을 때 얻어지는 회전체의 부피가 2π임을 보이라.

9. 꼭짓점이 $(-1, 21)$, $(0, 1)$과 $(1, 21)$인 삼각형을 y축으로 회전시킬 때 얻어지는 회전체의 부피가 $\frac{2}{3}\pi$임을 보이라.

10. $a, b > 0$일 때, 곡선 $y = ax^2\ (x \ge 0)$과 직선 $y = b$ 그리고 y축으로 둘러싸인 영역을 y축으로 회전시켜 얻어지는 회전체의 부피를 구하라.

11. 원기둥 껍질을 이용하여 다음 각 회전체의 부피를 구하라.

(1) $y=x^2$, $y=2-x^2$으로 둘러싸인 영역, 회전축 $x=-2$

(2) $x=y^2$, $x=4$로 둘러싸인 영역, 회전축 $y=-2$

(3) $y=x$, $y=x^2-2$로 둘러싸인 영역, 회전축 $x=2$

(4) $x=(y-1)^2$, $x=9$로 둘러싸인 영역, 회전축 $y=5$

12. 주어진 회전체의 부피를 적당한 방법으로 구하라.

(1) $y=4-x$, $y=4$와 $y=x$로 둘러싸인 영역, 회전축 (a) x축 (b) y축 (c) $x=4$ (d) $y=4$

(2) $y=x$, $y=x^2-6$으로 둘러싸인 영역, 회전축 (a) $x=3$ (b) $y=3$ (c) $x=-3$ (d) $y=-6$

(3) $y=\cos x$, $y=x^4$으로 둘러싸인 영역, 회전축 (a) $x=2$ (b) $y=2$ (c) x축 (d) y축

(4) $y=x^2(x \ge 0)$, $y=2-x$와 $x=0$으로 둘러싸인 영역, 회전축 (a) x축 (b) y축 (c) $x=1$ (d) $y=2$

(5) $x=-|y|+2$와 $x=y^2$으로 둘러싸인 영역, 회전축 (a) x축 (b) y축

13. 다음 각 곡선의 길이를 구하라.

(1) $y = 2x + 1,\ 0 \le x \le 2$　　(2) $y = 4x^{3/2} + 1,\ 1 \le x \le 2$

14. 다음 각 곡선의 길이를 구하는 적분식을 구하라.

(1) $y = x^3,\ -1 \le x \le 1$　　(2) $y = 2x - x^2,\ 0 \le x \le 2$

(3) $y = \cos x,\ 0 \le x \le \pi$　　(4) $y = \int_0^x u \sin u\, du,\ 0 \le x \le \pi$

(5) $y = x^2,\ 0 \le x \le 1$　　(6) $y = \sin x,\ -\frac{\pi}{6} \le x \le \frac{\pi}{6}$

15. 좌표평면 위에서 $-1 \le x \le 1$과 $-1 \le y \le 1$으로 결정되는 정사각형을 y축으로 회전시킨 회전면의 넓이를 구하라.

16. 세 꼭짓점 $(-1, -1), (0, 1), (1, -1)$을 연결한 삼각형을 y축으로 회전시킬 때 생기는 회전면의 넓이를 구하라.

07 초월함수

C·H·A·P·T·E·R

7.1 자연로그함수

앞에서 기본적인 함수들의 미분과 적분에 대해 알아보았다. 이 장에서는 새로운 함수들을 소개하고 이 함수들의 미분과 적분에 대하여 공부한다. 우선 자연로그함수부터 시작하자. 이것은 고등학교 과정에서 다루었던 로그함수와 관련이 있다는 것을 알게 되겠지만 당분간 새로운 정의로 받아들이자.

정의

양의 실수를 정의역으로 하는 함수 $f(x)=\int_1^x \frac{1}{t}\,dt,\ x>0$를 **자연로그함수**(natural logarithm function)라 정의하고 이를 $\ln x$로 나타낸다.

그림 7.1은 $\ln x$의 기하학적 의미를 나타낸다. 자연로그함수는 모든 양수 x에 대하여 미분가능하며, 그 도함수는 $D_x \ln x = \frac{1}{x}$이다(정리 5.7.4). 따라서 $u=f(x)>0$이고 f가 미분

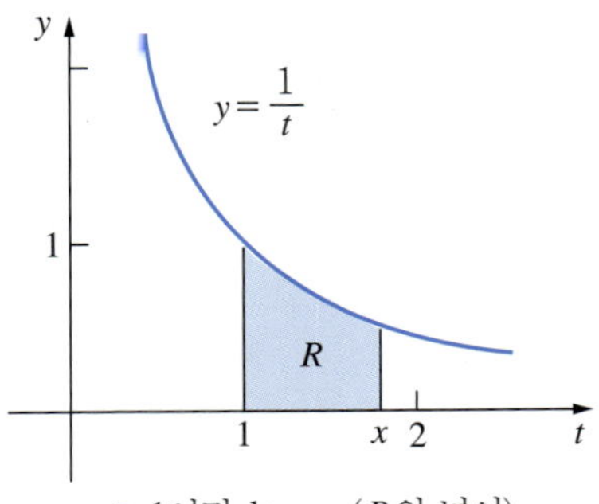

$x>1$이면 $\ln x=$ (R의 넓이)

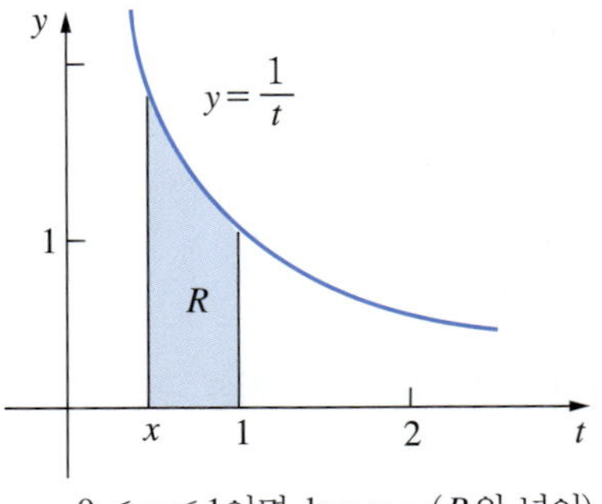

$0<x<1$이면 $\ln x=-$(R의 넓이)

[그림 7.1]

가능하면 연쇄법칙에 의하여

$$D_x \ln u = \frac{1}{u} D_x u$$

이다.

예제 7.1.1 $D_x \ln\sqrt{x}$ 를 구하라.

[풀이] $u = \sqrt{x} = x^{1/2}$로 놓으면

$$D_x \ln\sqrt{x} = D_x \ln u = \frac{1}{u} D_x u = \frac{1}{x^{1/2}} \cdot \frac{1}{2} x^{-1/2} = \frac{1}{2x}$$ ■

예제 7.1.2 $D_x \ln(x^2 - x - 2)$를 구하라.

[풀이] $\ln(x^2 - x - 2)$는 $x^2 - x - 2 > 0$ 인 곳에서 정의된다. $x^2 - x = 2 = (x-2)(x+1)$이므로, 함수 $\ln(x^2 - x - 2)$의 정의역은 $(-\infty, -1) \cup (2, \infty)$이다. 이 정의역에서

$$\begin{aligned} D_x \ln(x^2 - x - 2) &= \frac{D_x(x^2 - x - 2)}{x^2 - x - 2} \\ &= \frac{2x - 1}{x^2 - x - 2} \end{aligned}$$ ■

예제 7.1.3 $x \neq 0$일 때 $D_x \ln|x| = \frac{1}{x}$ 임을 증명하라.

[풀이] $x > 0$일 경우에는 $|x| = x$이고

$$D_x \ln|x| = D_x \ln x = \frac{1}{x}$$

$x < 0$ 일 경우에는 $|x| = -x$이므로

$$\begin{aligned} D_x \ln|x| &= D_x \ln(-x) = \frac{1}{-x} D_x(-x) \\ &= \left(-\frac{1}{x}\right)(-1) = \frac{1}{x} \end{aligned}$$ ■

예제 7.1.3으로부터 다음 적분 공식을 얻는다.

$$\int \frac{1}{x}\, dx = \ln|x| + C\,, \quad x \neq 0$$

예제 7.1.4 $\int \frac{1}{2x+7}\,dx$를 구하라.

[풀이] $u = 2x + 7$로 놓으면 $du = 2dx$이다. 따라서

$$\int \frac{1}{2x+7}\,dx = \frac{1}{2}\int \frac{1}{2x+7}\,2\,dx = \frac{1}{2}\int \frac{1}{u}\,du$$
$$= \frac{1}{2}\ln|u| + C = \frac{1}{2}\ln|2x+7| + C$$ ■

예제 7.1.5 $\int_{-1}^{3}\frac{x}{10-x^2}\,dx$를 구하라.

[풀이] $u = 10 - x^2$으로 놓으면 $du = -2x\,dx$이므로

$$\int \frac{x}{10-x^2}\,dx = -\frac{1}{2}\int \frac{-2x}{10-x^2}\,dx = -\frac{1}{2}\int \frac{1}{u}\,du$$
$$= -\frac{1}{2}\ln|u| + C = -\frac{1}{2}\ln\left|10-x^2\right| + C$$

따라서 미적분학의 기본 정리에 의하여

$$\int_{-1}^{3}\frac{x}{10-x^2}\,dx = \left[-\frac{1}{2}\ln\left|10-x^2\right|\right]_{-1}^{3}$$
$$= -\frac{1}{2}\ln 1 + \frac{1}{2}\ln 9 = \frac{1}{2}\ln 9$$ ■

자연로그함수에는 다음과 같은 성질이 있다.

정리 7.1.1

a와 b가 양수이고 r이 유리수이면

(i) $\ln 1 = 0$ (ii) $\ln ab = \ln a + \ln b$

(iii) $\ln\frac{a}{b} = \ln a - \ln b$ (iv) $\ln a^r = r\ln a$

[증명] (i) 정의에 의하여 $\ln 1 = \int_1^1 \frac{1}{t}\,dt = 0$

(ii) $x > 0$이면

$$D_x \ln ax = \frac{1}{ax}\cdot a = \frac{1}{x}$$

이고

$$D_x \ln x = \frac{1}{x}$$

이므로, 정리 4.6.2에 의하여

$$\ln ax = \ln x + C$$

이다. C를 구하기 위해 $x = 1$로 놓으면 $\ln a = C$이다. 따라서

$$\ln ax = \ln x + \ln a$$

이다. 마지막으로 $x = b$로 놓으면 $\ln ab = \ln a + \ln b$가 성립한다.

(iii) (ii)에서 a를 $\frac{1}{b}$로 바꾸면

$$\ln \frac{1}{b} + \ln b = \ln\left(\frac{1}{b} \cdot b\right) = \ln 1 = 0$$

이다. 따라서 $\ln \frac{1}{b} = -\ln b$이며, (ii)를 또 다시 이용하면

$$\ln \frac{a}{b} = \ln\left(a \cdot \frac{1}{b}\right) = \ln a + \ln\left(\frac{1}{b}\right) = \ln a - \ln b$$

이다.

(iv) $x > 0$이면, 연쇄법칙에 의하여

$$D_x(\ln x^r) = \frac{1}{x^r} \cdot rx^{r-1} = \frac{r}{x}$$

이고

$$D_x(r \ln x) = r \cdot \frac{1}{x} = \frac{r}{x}$$

이므로 정리 4.6.2에 의하여

$$\ln x^r = r \ln x + C$$

이다. $x = 1$로 놓으면 $C = 0$이다. 따라서

$$\ln x^r = r \ln x$$

이다. ■

예제 7.1.6 $y = \ln \sqrt[3]{\dfrac{x-1}{x^2}}$, $x > 1$일 때 $\dfrac{dy}{dx}$를 구하라.

[풀이] y를 간단히 하기 위하여 자연로그함수의 성질을 사용하면

$$y = \ln\left(\frac{x-1}{x^2}\right)^{1/3} = \frac{1}{3} \ln\left(\frac{x-1}{x^2}\right)$$

$$= \frac{1}{3}[\ln(x-1) - \ln x^2] = \frac{1}{3}[\ln(x-1) - 2\ln x]$$

따라서

$$\frac{dy}{dx} = \frac{1}{3}\left(\frac{1}{x-1} - \frac{2}{x}\right) = \frac{2-x}{3x^2-3x}$$ ■

주어진 함수 $y = f(x)$의 도함수를 구할 때, 직접 미분하는 것보다 먼저 함수의 양변에 자연로그를 취한 다음 미분하는 것이 편리할 때가 많다.

예제 7.1.7 $y = \dfrac{\sqrt{1-x^2}}{(x+1)^{2/3}}$ 을 미분하라.

[풀이] 주어진 함수의 양변에 자연로그를 취하면 자연로그의 성질에 의하여

$$\ln y = \frac{1}{2}\ln(1-x^2) - \frac{2}{3}\ln(x+1)$$

이다. 양변을 x에 관하여 미분하면

$$\frac{1}{y}\frac{dy}{dx} = \frac{-2x}{2(1-x^2)} - \frac{2}{3(x+1)} = \frac{-(x+2)}{3(1-x^2)}$$

가 된다. 따라서

$$\frac{dy}{dx} = \frac{-y(x+2)}{3(1-x^2)} = \frac{-\sqrt{1-x^2}\,(x+2)}{3(x+1)^{2/3}(1-x^2)}$$

$$= \frac{-(x+2)}{3(x+1)^{2/3}(1-x^2)^{1/2}}$$ ■

$y = \ln x$ 의 그래프를 그려보자. 함수 $y = \ln x$ 의 정의역은 양수들의 집합이므로 $y = \ln x$ 의 그래프는 y축의 오른쪽 부분에 놓여있다. $x > 0$이면

$$D_x \ln x = \frac{1}{x} > 0$$

이므로 $y = \ln x$ 의 그래프는 연속이며 x값이 증가함에 따라 $\ln x$의 값도 증가한다. 또한 $x > 0$이면

$$D_x^2 \ln x = -\frac{1}{x^2} < 0$$

이므로 그래프는 모든 점에서 아래로 오목하다. 또한

$$\lim_{x\to\infty} \ln x = \infty, \qquad \lim_{x\to 0^+} \ln x = -\infty$$

이고 $\ln 1 = 0$이다. 위의 여러 가지 성질들을 종합하여 $y = \ln x$ 의 그래프를 그려보면 그림 7.2와 같다.

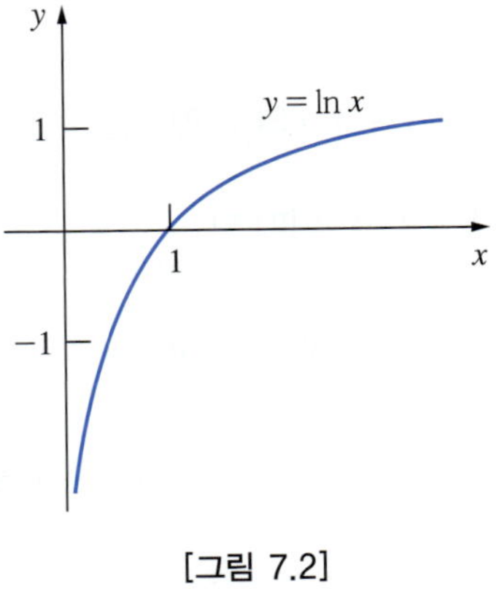

[그림 7.2]

연습문제 7.1

1. $\ln 2 \approx 0.693$, $\ln 3 \approx 1.099$를 이용하여 다음을 계산하라.

(1) $\ln 6$　(2) $\ln 1.5$　(3) $\ln 81$

(4) $\ln \sqrt{2}$　(5) $\ln \dfrac{1}{36}$　(6) $\ln 48$

2. 다음 함수를 미분하라.

(1) $y = \ln(x^2 - 5x + 6)$　(2) $y = \ln(x-5)^4$

(3) $y = x \ln x$　(4) $y = \ln x^3 + (\ln x)^3$

(5) $f(x) = \ln\left(x + \sqrt{x^2 - 1}\right)$　(6) $f(x) = \ln \sqrt[3]{x}$

3. 다음 적분을 계산하라.

(1) $\displaystyle\int \frac{4}{2x+1}\,dx$　(2) $\displaystyle\int \frac{4x+2}{x^2+x+5}\,dx$

(3) $\displaystyle\int \frac{\ln x}{x}\,dx$　(4) $\displaystyle\int_0^3 \frac{x^3}{x^4+1}\,dx$

4. 자연로그의 성질을 이용하여 다음을 간단히 하라.

(1) $2\ln(x+1) - \ln x$　(2) $\ln(x-2) - \ln(x+2) + 2\ln x$

5. 로그미분법을 이용하여 다음 함수를 미분하라

(1) $y = \dfrac{x+11}{\sqrt{x^3 - 4}}$　(2) $y = \dfrac{\sqrt{x+13}}{\sqrt[3]{2x+1}\,(x-4)}$

6. $y = \ln x$의 그래프를 이용하여 다음 함수의 그래프를 그리라.

(1) $y = \ln|x|$　(2) $y = \ln \dfrac{1}{x}$

7. $y = \ln \cos x + \ln \sec x$, $-\dfrac{\pi}{2} < x < \dfrac{\pi}{2}$의 그래프를 그리라.

8. 함수 $f(x) = 2x^2 \ln x - x^2$의 모든 극값을 구하라.

9. $\ln 4 > 1$인 것을 이용하여 $m > 0$이면, $\ln 4^m > m$임을 보이라. 위의 결과를 이용하여

$\lim_{x \to \infty} \ln x = \infty$임을 보이라.

10. $\ln x = -\ln \frac{1}{x}$과 $\lim_{x \to \infty} \ln x = \infty$를 이용하여 $\lim_{x \to 0^+} \ln x = -\infty$을 보이라.

11. 다음 x에 관한 방정식을 풀라.

$$\int_{\frac{1}{3}}^{x} \frac{1}{t}\, dt = 2\int_{1}^{x} \frac{1}{t}\, dt$$

12. $\lim_{n \to \infty} \left(\frac{1}{n+1} + \frac{1}{n+2} + \cdots + \frac{1}{2n} \right)$을 구하라.

7.2 •• 역함수와 도함수

함수란 그 정의역의 각 원소에 공역의 단 하나의 원소를 대응시키는 대응규칙을 뜻한다. 그림 7.3과 그림 7.4와 같은 함수 $f : D \to R$의 경우에는 역으로 대응시키는 함수를 정할 수 있다. 즉, 치역 R의 각 원소 y에 대하여 $y = f(x)$인 x를 단 하나 대응시킬 수 있다. 이와 같이 y에 대하여 단 하나의 x를 대응시키는 새로운 함수를 f^{-1}로 나타내고 f의 **역함수**(inverse function)라 한다. 이때 f^{-1}의 정의역은 R이고 f^{-1}의 치역은 D이다.

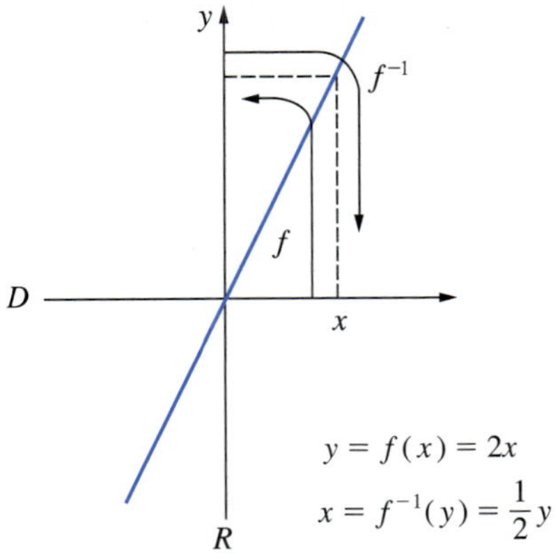

[그림 7.3]

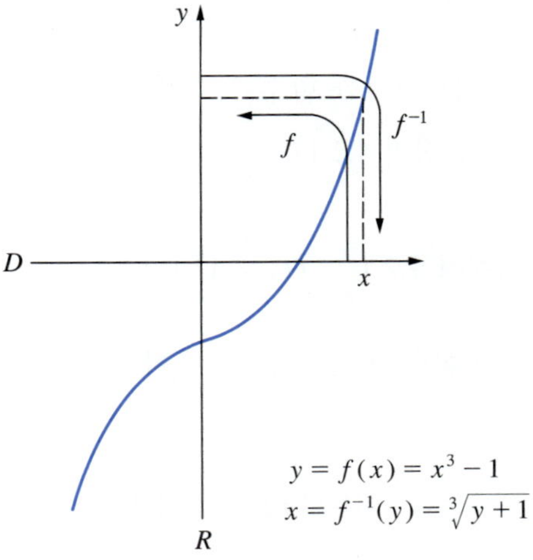

[그림 7.4]

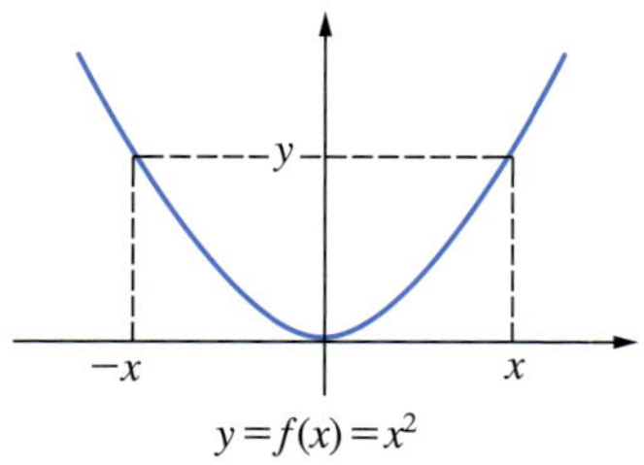

[그림 7.5]

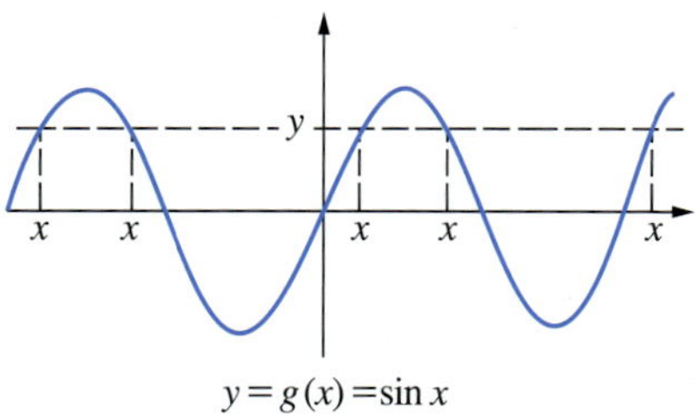

[그림 7.6]

$y = f(x) = 2x$의 역함수는 $x = f^{-1}(y) = \frac{1}{2}y$로 표시되고(그림 7.3), $y = f(x) = x^3 - 1$의 역함수는 $x = f^{-1}(y) = \sqrt[3]{y+1}$로 표시된다(그림 7.4). 모든 함수의 역함수가 반드시 존재하는 것은 아니다. 예를 들면, $y = f(x) = x^2$에서는 치역의 각 원소 y에 대하여 x가 두 개 대응된다(그림 7.5). $y = g(x) = \sin x$에서는 각 원소 y에 대하여 x가 무수히 많이 대응된다(그림 7.6). 이와 같은 함수들에는 역함수가 존재하지 않는다.

따라서 한 함수의 역함수가 존재하는지를 결정하는 기준을 알아보는 것이 필요하다. 이 기준 중의 하나는 함수가 1대 1(one-to-one)이어야 한다는 것이다. 즉, $x_1 \neq x_2$이면 $f(x_1) \neq f(x_2)$라야 한다. 그러나 어떤 경우에는 이 기준을 적용하기 어려울 때가 있다. 이 책에서 다루어지는 대부분 함수들에 적용되는 기준은 함수가 단조로운 것이어야 한다는 점이다. 즉, 정의역에서 증가하거나 감소하는 함수는 역함수가 있다.

정리 7.2.1

함수 f가 정의역에서 증가(또는 감소)하면 f의 역함수가 존재한다.

미분가능한 함수가 증가(또는 감소)하는지 아닌지를 결정하려면 f'의 부호를 조사하면 된다(정리 4.2.1).

예제 7.2.1 $f(x) = x^5 + 2x + 1$의 역함수가 존재하는 것을 밝히라.

[풀이] 모든 실수 x에 대하여

$$f'(x) = 5x^4 + 2 > 0$$

이므로 f는 정의역 $\mathbb{R}$에서 증가한다. 따라서 f의 역함수가 존재한다. ■

$y = f(x) = x^2$에서 함수의 정의역을 $\{x \mid x \geq 0\}$ (또는 $\{x \mid x \leq 0\}$)로 제한하면 $y = f(x)$

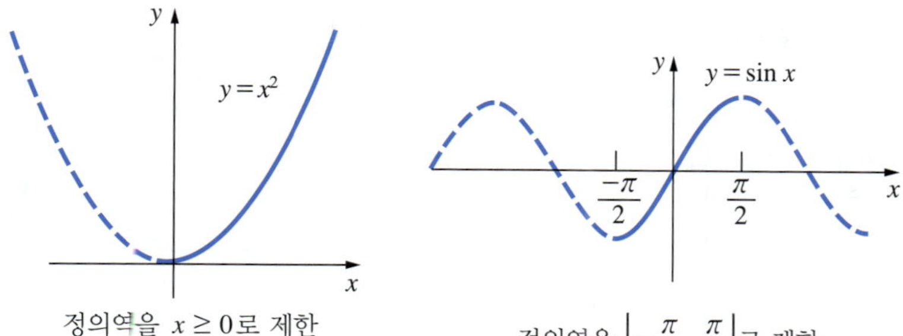

[그림 7.7]

$= x^2$은 $\{x \mid x \ge 0\}$에서 역함수를 갖는다. $y = g(x) = \sin x$도 함수의 정의역을 닫힌구간 $\left[-\frac{\pi}{2}, \frac{\pi}{2}\right]$로 제한하던 $y = g(x) = \sin x$는 $\left[-\frac{\pi}{2}, \frac{\pi}{2}\right]$에서 역함수를 갖는다는 것을 알 수 있다(그림 7.7).

f의 역함수 f^{-1}가 존재하면 f^{-1}의 역함수는 f가 되며 다음이 성립한다.

$$f^{-1}(f(x)) = x,\ f(f^{-1}(y)) = y$$

예제 7.2.2 $f(x) = 2x + 6$은 역함수가 존재하며 $f^{-1}(f(x)) = x$, $f(f^{-1}(y)) = y$임을 밝히라.

[풀이] f는 정의역 $\mathbb{R}$에서 증가하므로 역함수가 존재한다. $f(x) = y = 2x + 6$을 x에 관하여 풀면

$$x = \frac{y-6}{2} = f^{-1}(y)$$

이다. 따라서

$$\begin{aligned} f^{-1}(f(x)) &= f^{-1}(2x+6) \\ &= \frac{(2x+6)-6}{2} = x \end{aligned}$$

$$\begin{aligned} f(f^{-1}(y)) &= f\left(\frac{y-6}{2}\right) \\ &= 2\frac{y-6}{2} + 6 = y \end{aligned}$$

■

f의 역함수가 존재하면 $x = f^{-1}(y)$와 $y = f(x)$는 동치다. 따라서 점 (b, a)가 함수 $y = f^{-1}(x)$의 그래프 위의 점이기 위한 필요충분조건은 점 (a, b)가 함수 $y = f(x)$의 그래프 위의 점인 것이다.

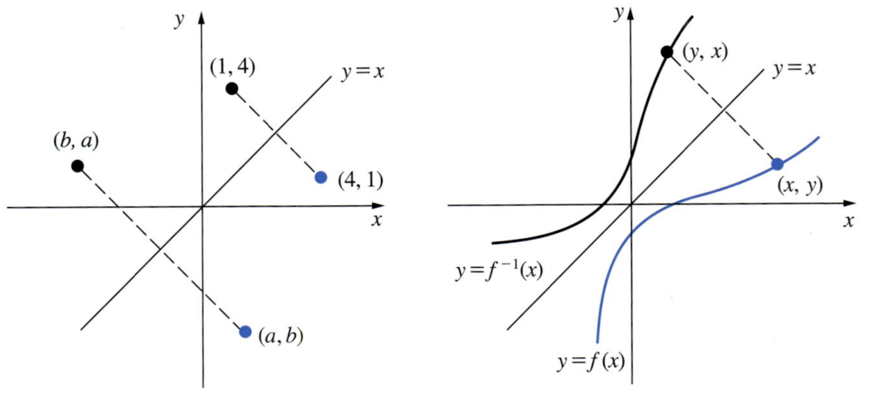

[그림 7.8]

그림 7.8에서처럼 점 (a, b)와 점 (b, a)는 직선 $y=x$에 대하여 서로 대칭이다. 따라서 함수 $y=f^{-1}(x)$의 그래프와 함수 $y=f(x)$의 그래프는 직선 $y=x$에 대하여 대칭이다.

예제 7.2.3 $y=f(x)=\dfrac{x}{1-x}$일 때 $f^{-1}(x)$를 구하라.

[풀이]

$$
\begin{aligned}
y=\frac{x}{1-x} &\Leftrightarrow (1-x)y=x \Leftrightarrow y-xy=x \\
&\Leftrightarrow x+xy=y \Leftrightarrow x(1+y)=y \\
&\Leftrightarrow x=\frac{y}{1+y}
\end{aligned}
$$

따라서 $f^{-1}(y)=\dfrac{y}{1+y}$이다. 그러므로 $f^{-1}(x)=\dfrac{x}{1+x}$이다. ■

함수의 도함수와 역함수의 도함수와의 관계를 조사하자. 직선 $y=x$에 대하여 서로 대칭인 두 직선 l_1과 l_2를 생각하자(그림 7.9). l_1의 기울기를 m_1, l_2의 기울기를 m_2라고 하면 $m_1 \neq 0$일 때 $m_2=\dfrac{1}{m_1}$이 된다. l_1을 함수 f의 그래프 위의 점 (c, d)에서 접선이라 하면 l_2는 f^{-1}의 그래프 위의 점 (d, c)에서 접선이다. 따라서

$$
\begin{aligned}
(f^{-1})'(d) &= m_2=\frac{1}{m_1} \\
&= \frac{1}{f'(c)}
\end{aligned}
$$

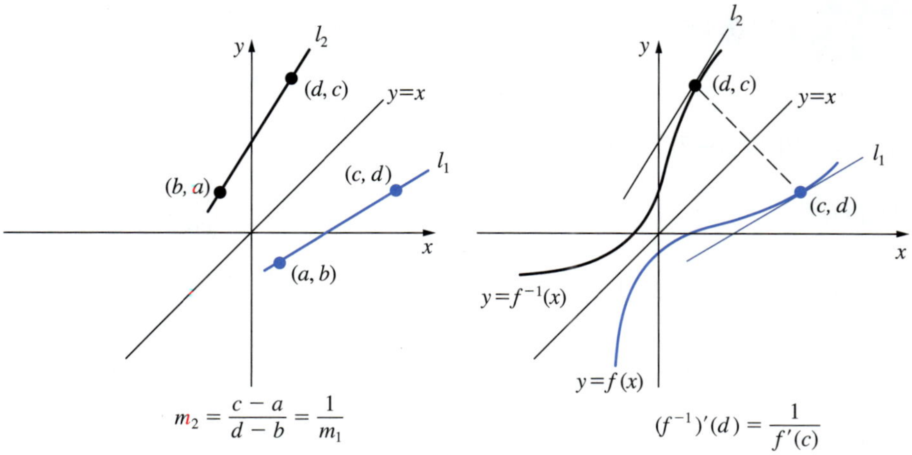

[그림 7.9]

정리 7.2.2 역함수의 도함수

함수 f가 구간 I에서 미분가능하고 증가(또는 감소)한다고 하자. I의 모든 점 x에서 $f'(x) \neq 0$이면 f^{-1}는 f의 치역에서 미분가능하고, $y = f(x)$인 y에 대하여

$$(f^{-1})'(y) = \frac{1}{f'(x)}$$

예제 7.2.4 $y = f(x) = x^5 + 2x + 1$일 때 $(f^{-1})'(4)$를 구하라.

[풀이] $y = 4$일 때 $x = 1$이고, $f'(x) = 5x^4 + 2$이므로

$$(f^{-1})'(4) = \frac{1}{f'(1)} = \frac{1}{5+2} = \frac{1}{7}$$

■

연습문제 7.2

1. 다음 함수의 역함수가 존재함을 증명하라.

(1) $f(x) = -3x^5 - x$

(2) $f(x) = \tan x = \dfrac{\sin x}{\cos x},\ -\dfrac{\pi}{2} < x < \dfrac{\pi}{2}$

(3) $f(x) = (x+1)^2,\ x \le -1$

(4) $f(x) = \displaystyle\int_0^x \sqrt{t^2+2}\, dt$

2. 다음 함수의 $f^{-1}(x)$를 구하고 $f^{-1}(f(x)) = x$, $f(f^{-1}(x)) = x$임을 밝히라.

(1) $f(x) = 3x - 1$

(2) $f(x) = \sqrt{2x+5}$

(3) $f(x) = \dfrac{1}{x-5}$

(4) $f(x) = x^2,\ x \le 0$

(5) $f(x) = (x-4)^3$

(6) $f(x) = \dfrac{2x-2}{x+3}$

(7) $f(x) = \dfrac{x^3+1}{x^3+2}$

3. $f(x) = 2x^2 + x - 4$에 대하여 치역은 변하지 않고 f의 역함수가 존재할 수 있도록 정의역을 제한하고 $f^{-1}(x)$를 구하라.

4. $f(x) = 3x^5 + x - 2$일 때 $(f^{-1})'(2)$를 구하라.

5. $f(x) = 2\tan x,\ -\dfrac{\pi}{2} < x < \dfrac{\pi}{2}$일 때 $(f^{-1})'(2)$를 구하라.

6. 두 함수 f와 g의 역함수가 존재할 때, $h(x) = (f \circ g)(x) = f(g(x))$라고 하면 h의 역함수도 존재하고 $h^{-1} = g^{-1} \circ f^{-1}$임을 밝히라.

7.3 자연지수함수

자연로그함수는 정의역 $D = (0, \infty)$에서 미분가능하고(따라서 연속이고) 단조증가하며 치역은 $R = (-\infty, \infty)$이다. 따라서 정의역이 $(-\infty, \infty)$이고 치역이 $(0, \infty)$인 역함수가 존재한다.

정의

자연로그함수 ln의 역함수를 **자연지수함수**(natural exponential function)라 하고 exp로 나타낸다. 따라서 $x = \exp y$와 $y = \ln x$는 동치이다.

위 정의로부터 다음이 성립한다.

(i) 모든 양수 x에 대하여 $\exp(\ln x) = x$

(ii) 모든 y에 대하여 $\ln(\exp y) = y$

exp와 ln은 역함수 관계이므로, $y = \exp x$의 그래프는 $y = \ln x$의 그래프와 직선 $y = x$에 관하여 대칭이다(그림 7.10).

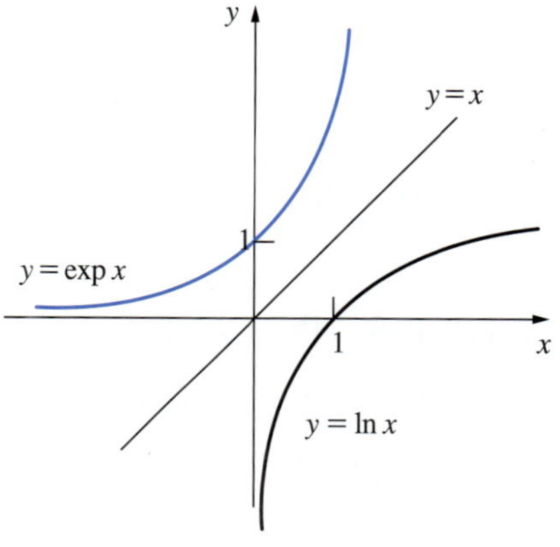

[그림 7.10]

이제 수학에서 매우 중요한 수인 e를 정의하자.

정의

$\ln x = 1$을 만족시키는 유일한 양수 x를 e로 나타낸다.

$\ln e = 1$이므로 $\exp 1 = e$이다. e는 π와 마찬가지로 무리수이며

$$e \approx 2.718281828459045\cdots$$

이다. 위의 성질 (i), (ii)와 자연로그의 성질에 의하여 r이 유리수이면

$$\begin{aligned} e^r &= (\exp 1)^r = \exp(\ln(\exp 1)^r) \\ &= \exp(r \ln(\exp 1)) = \exp r \end{aligned}$$

이다. 모든 실수 x에 대하여 $e^x = \exp x$로 정의하면 위의 (i)과 (ii)를 각각 다음과 같이 쓸 수 있다.

(i)′ $e^{\ln x} = x, \quad x > 0$

(ii)′ $\ln(e^y) = y$

다음의 잘 알려진 두 개의 지수법칙은 쉽게 증명할 수 있다.

정리 7.3.1

a와 b가 실수이면 $e^a e^b = e^{a+b}$이고 $\dfrac{e^a}{e^b} = e^{a-b}$이다.

[증명] 위 식 (i)′, (ii)′과 자연로그의 성질에 의하여

$$\begin{aligned} e^a e^b &= \exp(\ln e^a e^b) = \exp(\ln e^a + \ln e^b) \\ &= \exp(a+b) = e^{a+b} \end{aligned}$$

이다. 마찬가지로 $\dfrac{e^a}{e^b} = e^{a-b}$를 증명할 수 있다. ■

exp와 ln은 역함수 관계이고 ln은 정의역에서 미분가능하고 증가하므로 정리 7.2.2에 의하여 $\exp x = e^x$도 미분가능하다는 것을 알 수 있다. $D_x e^x$를 구하기 위해 $y = e^x$로 놓으면 $x = \ln y$이다. 역함수의 미분법에 의하여

$$\frac{dy}{dx} = \frac{1}{\dfrac{dx}{dy}} = \frac{1}{\dfrac{1}{y}} = y$$

이다. 따라서

$$D_x e^x = e^x$$

또한 $u = f(x)$가 미분가능하면 연쇄법칙에 의하여

$$D_x e^u = e^u D_x u$$

이다.

예제 7.3.1 $D_x e^{\sqrt{x}}$를 구하라.

[풀이] $u = \sqrt{x}$로 놓으면

$$\begin{aligned} D_x e^{\sqrt{x}} &= D_x e^u = e^u D_x u = e^{\sqrt{x}} D_x \sqrt{x} \\ &= e^{\sqrt{x}} \cdot \frac{1}{2} x^{-1/2} = \frac{e^{\sqrt{x}}}{2\sqrt{x}} \end{aligned}$$

■

예제 7.3.2 $D_x e^{x^2 \ln x}$를 구하라.

[풀이]

$$\begin{aligned} D_x e^{x^2 \ln x} &= e^{x^2 \ln x} D_x(x^2 \ln x) \\ &= e^{x^2 \ln x}\left(x^2 \cdot \frac{1}{x} + 2x \ln x\right) \\ &= x e^{x^2 \ln x}(1 + \ln x^2) \end{aligned}$$

■

예제 7.3.3 $f(x) = xe^{x/2}$에서 함수가 증가하는 구간, 감소하는 구간, 위로 오목한 구간 및 아래로 오목한 구간을 각각 구하라. 또한 극값과 변곡점을 구하고 함수의 그래프를 그리라.

[풀이]

$$f'(x) = e^{x/2} + \frac{x}{2}e^{x/2} = \frac{x+2}{2}e^{x/2}$$

$$f''(x) = \frac{1}{2}e^{x/2} + \frac{x+2}{4}e^{x/2} = \frac{x+4}{4}e^{x/2}$$

모든 x에 대하여 $e^{x/2} > 0$이므로, $x < -2$이면 $f'(x) < 0$이고 $f'(-2) = 0$, $x > -2$이면 $f'(x) > 0$이다. 따라서 $(-\infty, -2]$에서 f는 감소하고 $[-2, \infty)$에서 f는 증가하며 f의 최소값은 $f(-2) = \dfrac{-2}{e}$이다.

$x < -4$이면 $f''(x) < 0$이고 $f''(-4) = 0$, $x > -4$이면 $f''(x) > 0$이므로 함수의 그래프는 $(-\infty, -4)$에서 아래로 오목하고 $(-4, \infty)$에서 위로 오목하며 $(-4, -4e^{-2})$은 변곡점이 된다(그림 7.11).

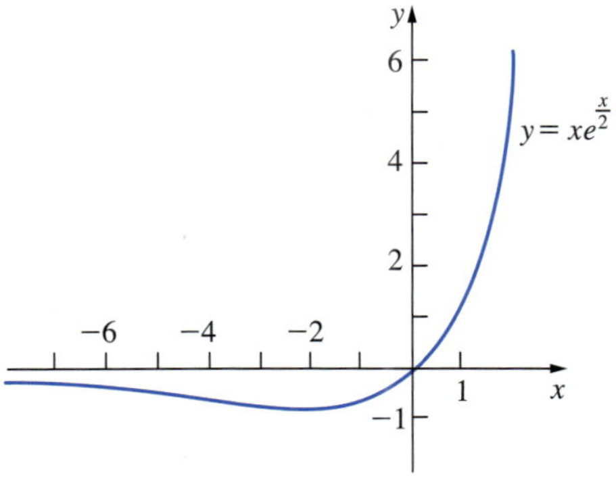

[그림 7.11]

■

$D_x e^x = e^x$로부터 다음 적분 공식을 얻는다.

$$\int e^x\, dx = e^x + C$$

예제 7.3.4 $\int e^{-4x}\,dx$를 구하라.

[풀이] $u=-4x$로 놓으면 $du=-4\,dx$이므로

$$\int e^{-4x}dx=-\frac{1}{4}\int e^{-4x}(-4\,dx)=-\frac{1}{4}\int e^{u}\,du$$
$$=-\frac{1}{4}e^{u}+C=-\frac{1}{4}e^{-4x}+C$$
■

예제 7.3.5 $\int x^2e^{-x^3}\,dx$를 구하라.

[풀이] $u=-x^3$으로 놓으면 $du=-3x^2\,dx$이므로

$$\int x^2e^{-x^3}dx=-\frac{1}{3}\int e^{-x^3}(-3x^2\,dx)=-\frac{1}{3}\int e^{u}\,du$$
$$=-\frac{1}{3}e^{u}+C=-\frac{1}{3}e^{-x^3}+C$$
■

예제 7.3.6 $\int_1^3 xe^{-3x^2}\,dx$를 구하라.

[풀이] $u=-3x^2$으로 놓으면 $du=-6x\,dx$이므로

$$\int xe^{-3x^2}\,dx=-\frac{1}{6}\int e^{-3x^2}(-6x\,dx)=-\frac{1}{6}\int e^{u}\,du$$
$$=-\frac{1}{6}e^{u}+C=-\frac{1}{6}e^{-3x^2}+C$$

이다. 따라서 미적분학의 기본 정리에 의하여

$$\int_1^3 xe^{-3x^2}\,dx=\left[-\frac{1}{6}e^{-3x^2}\right]_1^3=-\frac{1}{6}(e^{-27}-e^{-3})$$
$$=\frac{e^{-3}-e^{-27}}{6}$$
■

연습문제 7.3

1. 다음을 간단히 하라.

(1) $e^{2\ln x}$ (2) $\ln e^{\sin x}$

(3) $\ln(x^2e^{-2x})$ (4) $e^{\ln 2+\ln x}$

2. 다음 함수의 도함수를 구하라.

(1) $y=e^{2x+1}$ (2) $y=e^{\sqrt{x+1}}$

(3) $y=e^{\ln x}$ (4) $y=x^2e^x$

(5) $y=e^{\sqrt{x}}+\sqrt{e^x}$ (6) $e^{xy}+y=2$

3. $y=e^x$의 그래프를 이용하여 다음의 그래프를 그리라.

(1) $y=-e^x$ (2) $y=e^{-x}$

4. $f(x)=x^2e^{-x}$의 그래프를 그리라.

5. $f(x)=e^{-x^2}$의 그래프를 그리라.

6. 다음 적분을 구하라.

(1) $\int e^{3x+1}\,dx$ (2) $\int (x+3)e^{x^2+6x}\,dx$

(3) $\int \dfrac{e^{-1/x}}{x^2}\,dx$ (4) $\int_0^1 e^{2x+3}\,dx$

7. $y=e^x$, $y=0$, $x=0$ 그리고 $x=\ln 3$으로 둘러싸인 영역을 x축을 회전축으로 하여 회전시킬 때 생기는 회전체의 부피를 구하라.

8. 곡선 $y=e^{-x}$와 두 점 $(0, 1)$과 $\left(1, \dfrac{1}{e}\right)$을 지나는 직선으로 둘러싸인 영역의 넓이를 구하라.

9. 큰 자연수 n에 대하여 $n!$의 어림값은 $n!\approx\sqrt{2\pi n}\left(\dfrac{n}{e}\right)^n$이라는 것이 Stirling 공식이다.

(1) 10!을 정확히 계산하고 위 공식을 이용하여 10!의 어림값을 구하라.

(2) 60!의 어림값을 구하라.

10. 매개변수 방정식 $x=e^t\sin t$, $y=e^t\cos t$, $0\le t\le\pi$로 표시되는 곡선의 길이를 구하라.

7.4 지수함수와 로그함수

$a>0$ 이고 r이 유리수이면

$$a^r = \exp(\ln a^r) = \exp(r \ln a) = e^{r \ln a}$$

이다. 이제 지수 r을 모든 실수로 확장하여 지수함수를 정의한다.

정의

$a>0$ 이면 모든 실수 x에 대하여

$$a^x = e^{x \ln a}$$

로 정의한다.

위에 정의된 $y=a^x$를 ***a*를 밑으로 하는 지수함수**라 한다.

자연지수함수 $y=e^x$는 모든 실수 x에 대하여 정의되며 치역이 모든 양의 실수인 함수이다. 따라서 고등학교에서 사용하였던 2^{π}와 같은 수들이 실제 존재하는 양의 실수임을 알 수 있다. 모든 실수 x에 대하여 다음 관계가 성립한다.

$$\ln(a^x) = \ln(e^{x \ln a}) = x \ln a$$

다음은 잘 알려진 지수의 성질이다.

정리 7.4.1

$a>0,\ b>0$이고 x와 y가 실수이면

(i) $a^x a^y = a^{x+y}$ (ii) $\dfrac{a^x}{a^y} = a^{x-y}$ (iii) $(a^x)^y = a^{xy}$

(iv) $(ab)^x = a^x b^x$ (v) $\left(\dfrac{a}{b}\right)^x = \dfrac{a^x}{b^x}$

[증명] 여기서는 (ii)와 (iii)만을 증명하자.

(ii) $$\frac{a^x}{a^y} = \frac{e^{x\ln a}}{e^{y\ln a}} = e^{x\ln a - y\ln a} = e^{(x-y)\ln a} = a^{x-y}$$

(iii) $$(a^x)^y = e^{y \ln a^x} = e^{y x \ln a} = e^{(xy)\ln a} = a^{xy}$$

■

정리 7.4.2

$$D_x a^x = a^x \ln a$$

$$\int a^x dx = \left(\frac{1}{\ln a}\right) a^x + C,\ a \neq 1$$

[증명]

$$D_x a^x = D_x (e^{x \ln a}) = e^{x \ln a} D_x (x \ln a) = a^x \ln a$$

$$D_x \left[\left(\frac{1}{\ln a}\right) a^x\right] = \left(\frac{1}{\ln a}\right)(a^x \ln a) = a^x$$

그러므로 $\int a^x dx = \left(\frac{1}{\ln a}\right) a^x + C$ ■

예제 7.4.1 $D_x(3^{\sqrt{x}})$을 구하라.

[풀이] $u = \sqrt{x}$로 놓으면

$$D_x(3^{\sqrt{x}}) = D_x(3^u) = 3^u \ln 3\, D_x u$$

$$= 3^{\sqrt{x}} \ln 3 \cdot \frac{1}{2\sqrt{x}} = \frac{3^{\sqrt{x}} \ln 3}{2\sqrt{x}}$$ ■

예제 7.4.2 $y = 5^{x^4+2}$일 때 $\frac{dy}{dx}$를 구하라.

[풀이]

$$\frac{dy}{dx} = 5^{x^4+2} \ln 5 \cdot 4x^3$$ ■

예제 7.4.3 $\int 2^{x^3} x^2 dx$를 구하라.

[풀이] $u = x^3$으로 놓으면 $du = 3x^2\, dx$이므로

$$\int 2^{x^3} x^2\, dx = \frac{1}{3}\int 2^{x^3}(3x^2 dx) = \frac{1}{3}\int 2^u\, du$$

$$= \frac{1}{3}\frac{2^u}{\ln 2} + C = \frac{2^{x^3}}{3 \ln 2} + C$$ ■

예제 7.4.4 $\int_{\frac{1}{2}}^{1} \frac{5^{1/x}}{x^2} dx$를 구하라.

[풀이] $u = \frac{1}{x}$로 놓으면

$$du = \left(-\frac{1}{x^2}\right)dx$$

이므로

$$\int \frac{5^{1/x}}{x^2}\,dx = -\int 5^{1/x}\left(-\frac{1}{x^2}\right)dx = -\int 5^u\,du$$
$$= -\frac{5^u}{\ln 5} + C = -\frac{5^{1/x}}{\ln 5} + C$$

미적분학의 기본 정리에 의하여

$$\int_{\frac{1}{2}}^{1} \frac{5^{1/x}}{x^2}\,dx = \left[-\frac{5^{1/x}}{\ln 5}\right]_{\frac{1}{2}}^{1}$$
$$= \frac{1}{\ln 5}(5^2 - 5) = \frac{20}{\ln 5}$$

■

예제 7.4.5 $y = \pi^{\sin x}$일 때 $\dfrac{dy}{dx}$를 구하라.

[풀이]

$$\frac{dy}{dx} = (\pi^{\sin x}\ln \pi)\cdot \cos x$$

■

예제 7.4.6 $y = x^x$, $x > 0$일 때 $D_x y$를 구하라.

[풀이] [방법 1] $y = x^x = e^{x\ln x}$이므로 양변을 x에 관하여 미분하면

$$D_x y = e^{x\ln x}D_x(x\ln x)$$
$$= x^x\left(x\cdot\frac{1}{x} + \ln x\right)$$
$$= x^x(1+\ln x)$$

[방법 2] (음함수미분법) $y = x^x$의 양변에 자연로그를 취하고 x에 관하여 미분하면

$$\ln y = x\ln x$$
$$\frac{1}{y}D_x y = x\cdot\frac{1}{x} + \ln x$$
$$D_x y = y(1+\ln x) = x^x(1+\ln x)$$

■

a가 유리수이면 $D_x(x^a) = ax^{a-1}$이다. a가 무리수일 때도 $D_x(x^a) = ax^{a-1}$임이 다음과 같이 증명된다.

$$D_x(x^a) = D_x(e^{a\ln x}) = e^{a\ln x}\frac{a}{x} = x^a\frac{a}{x} = ax^{a-1}$$

예제 7.4.7 $y=(x^2+1)^{\sin x}$일 때 $\dfrac{dy}{dx}$를 구하라.

[풀이] $y=(x^2+1)^{\sin x}$의 양변에 자연로그를 취하면 $\ln y=\sin x\ln(x^2+1)$이다. 양변을 x에 대하여 미분하면

$$\frac{1}{y}\frac{dy}{dx}=(\sin x)\frac{2x}{x^2+1}+(\cos x)\ln(x^2+1)$$

이다. 따라서

$$\frac{dy}{dx}=(x^2+1)^{\sin x}\left[\frac{2x\sin x}{x^2+1}+(\cos x)\ln(x^2+1)\right]$$ ■

정리 7.4.3

$$\lim_{h\to 0}(1+h)^{\frac{1}{h}}=e$$

[증명] $f(x)=\ln x$이면 $f'(x)=\dfrac{1}{x}$이므로 $f'(1)=1$이다.

도함수의 정의에 의하여

$$\begin{aligned}1=f'(1)&=\lim_{h\to 0}\frac{f(1+h)-f(1)}{h}=\lim_{h\to 0}\frac{\ln(1+h)-\ln 1}{h}\\&=\lim_{h\to 0}\frac{1}{h}\ln(1+h)=\lim_{h\to 0}\ln(1+h)^{\frac{1}{h}}\end{aligned}$$

따라서

$$\lim_{h\to 0}\ln(1+h)^{\frac{1}{h}}=1$$

exp는 연속함수이므로

$$\begin{aligned}\lim_{h\to 0}(1+h)^{\frac{1}{h}}&=\lim_{h\to 0}\exp\left[\ln(1+h)^{\frac{1}{h}}\right]\\&=\exp\left[\lim_{h\to 0}\ln(1+h)^{\frac{1}{h}}\right]\\&=\exp 1=e\end{aligned}$$ ■

$0<a<1$이면 $f(x)=a^x$는 감소함수이며 $a>1$이면 $f(x)=a^x$는 증가함수이다. 이 두 경우에 $f(x)=a^x$의 역함수가 존재하며 이 역함수를 ***a*를 밑으로 하는 로그함수**라 한다.

정의

a가 1이 아닌 양수일 때, 지수함수 $y=a^x$의 역함수를 $y=\log_a x$로 정의한다.

위 정의로부터 $a^{\log_a x} = x$이고 $\log_a a^x = x$이다. 특히 $y = \log_e x$는 자연지수함수 $y = e^x$의 역함수임을 알 수 있다. 즉,

$$\log_e x = \ln x$$

이다. $y = \log_a x$이면 $x = a^y$이므로

$$\ln x = y \ln a$$

이다. 따라서 다음 관계가 성립한다.

$$\log_a x = \frac{\ln x}{\ln a}$$

이것으로부터 $\log_a x$는 자연로그와 같은 성질을 가지고 있다는 것을 알 수 있으며

$$D_x \log_a x = \frac{1}{x \ln a}$$

이다.

예제 7.4.8 $y = \log_{10}(x^4 + 13)$일 때 $\dfrac{dy}{dx}$를 구하라.

[풀이] $u = x^4 + 13$으로 놓고 연쇄법칙을 이용하면

$$\frac{dy}{dx} = \frac{1}{(x^4 + 13)\ln 10} \cdot 4x^3 = \frac{4x^3}{(x^4 + 13)\ln 10}$$

■

연습문제 7.4

1. 다음에서 x를 구하라.

(1) $\log_3 9 = x$

(2) $\log_9 x = \dfrac{3}{2}$

(3) $2\log_{10}\left(\dfrac{x}{3}\right) = 1$

(4) $\log_2(x+1) - \log_2 x = 2$

2. $\log_a x = \dfrac{\ln x}{\ln a}$와 계산기를 사용하여 다음 값을 구하라.

(1) $\log_5 13$

(2) $\log_{11}(8.16)^{1/5}$

(3) $2^x = 19$에서 x를 구하라.

(4) $4^{3x-1} = 5$에서 x를 구하라.

3. 다음을 구하라.

(1) $D_x(5^{x^2})$

(2) $D_x \log_2 e^x$

(3) $D_s 5^{\sqrt{s}}$

(4) $D_\theta(\cos\theta)^{\sqrt{2}}$

(5) $D_x(\log_4 x + \log_4 x^2)$

(6) $D_x \log_5 e^x$

(7) $D_t 3^{\log_2 t}$

4. 다음 적분을 구하라.

(1) $\int x\, 2^{x^2} dx$

(2) $\int_1^4 \frac{5^{\sqrt{x}}}{\sqrt{x}} dx$

(3) $\int_0^{\pi/2} 7^{\cos t} \sin t\, dt$

(4) $\int_2^4 x^{2x}(1+\ln x)\, dx$

(5) $\int_0^3 3x^{\sqrt{3}}\, dx$

(6) $\int \frac{\log_{10} x}{x} dx$

(7) $\int_0^2 \frac{\log_2(x+2)}{x+2} dx$

(8) $\int_1^{\ln x} \frac{1}{t} dt,\ \ x > 1$

(9) $\int_1^{\frac{1}{x}} \frac{1}{t} dt,\ \ x > 0$

5. $y = 10^{x^2} + (x^2)^{10}$일 때 $\frac{dy}{dx}$를 구하라.

6. $y = x^{\pi+1} + (\pi+1)^x$일 때 $\frac{dy}{dx}$를 구하라

7. $y = (x^2+1)^{\ln x}$일 때 $\frac{dy}{dx}$를 구하라.

8. $f(x) = x^{\sin x}$일 때 $f'(1)$을 구하라.

9. $\log_{1/2} x$와 $\log_2 x$는 어떤 관계에 있는지 설명하라.

10. $e = \lim_{h\to 0}(1+h)^{1/h}$을 이용하여 다음 극한값을 계산하라.

(1) $\lim_{x\to 0}(1-x)^{1/x}$

(2) $\lim_{x\to 0}(1+3x)^{1/x}$

(3) $\lim_{n\to\infty}\left(\frac{n+2}{n}\right)^n$

(4) $\lim_{n\to\infty}\left(\frac{n-1}{n}\right)^{2n}$

7.5 지수적 성장과 붕괴

세계 인구수는 2000년에 약 60억이었는데, 2030년에는 약 90억이 될 것이라고 예상된다. 어떻게 이러한 예상을 할 수 있는가? 이 문제를 수학적으로 다루어보자. $y = f(t)$를 2000년으로부터 t년 후의 인구수라고 하자. 최근 Δt년 동안의 인구 증가 Δy는 $ky\Delta t$이다. 세계 인구의 증가 추세로부터 k는 약 0.0136이다. 따라서 미분방정식

$$\frac{dy}{dt} = ky$$

이 성립한다.

$$\frac{dy}{y} = k\,dt$$

와 같이 변수를 분리하고 양변에 적분을 취하면 $\ln y = kt + C$. 그런데 $t = 0$일 때 $y = y_0 = 60$ 억이므로 $C = \ln y_0 = \ln 60$. 따라서

$$\ln \frac{y}{y_0} = \ln \frac{y}{60} = kt$$

즉,

$$\frac{y}{60} = e^{kt}$$

또는

$$y = 60\,e^{kt}$$

그러므로 $t = 30$일 때, 즉 2030년에는 인구가 $60\,e^{0.0136\times 30} \approx 90$억이 될 것이라고 예상했다.

예제 7.5.1 위 가정 아래에서 세계 인구가 2000년 인구의 2배가 되려면 몇 년이 걸리는가?

[풀이] $120 = 60e^{0.0136t}$에서 t를 구하면 된다. 양변을 60으로 나누고 자연로그를 취하면

$$\ln 2 = 0.0136t$$

$$t = \frac{\ln 2}{0.0136} \approx 35 \text{ 년}$$

■

예제 7.5.2 박테리아의 증가율은 그 당시 박테리아 수에 비례한다. 12시에 박테리아 수는 10,000이었고 2시간 후에 박테리아 수는 40,000이었다. 오후 5시에 박테리아 수는 얼마인가?

[풀이] t시간 후의 박테리아 수를 $y = f(t)$라고 하면, 위의 사실은 $\frac{dy}{dt} = ky$로 나타낼 수 있다. $\frac{dy}{y} = k\,dt$와 같이 변수를 분리하고 양변에 적분을 취하면 $\ln y = kt + C$, $t = 0$일 때 $y = y_0 = 10000$이므로

$$C = \ln y_0 = \ln 10000$$

따라서

$$\ln \frac{y}{y_0} = \ln \frac{y}{10000} = kt$$

즉,

$$y = 10000e^{kt}$$

그런데 $t = 2$일 때 $y = 40000$이므로

$$40000 = 10000e^{2k}$$

$$\ln 4 = 2k$$

$$k = \frac{1}{2}\ln 4 = \ln\sqrt{4} = \ln 2 \approx 0.693$$

따라서

$$y = 10000\,e^{0.693t}$$

$t = 5$이면

$$y = 10000\,e^{0.693(5)} \approx 320000$$ ■

방사성 물질은 붕괴하며 그 붕괴율은 그 당시 물질의 양에 비례한다. 따라서 다음 미분방정식이 성립한다.

$$\frac{dy}{dt} = ky$$

여기서 k는 음수이다. $y = y_0e^{kt}$(y_0는 $t = 0$일 때 y의 값)는 이 미분방정식의 해이다.

예제 7.5.3 탄소의 세 가지 동위원소 중 하나인 방사성 물질 탄소14의 붕괴율은 그 당시 물질의 양에 비례한다. 주어진 양의 50%가 감소되는 기간을 그 물질의 반감기라 하는데 탄소14는 그 반감기가 5570년이다. 원래 탄소14의 양이 10 g이었다면 2000년 후에는 얼마나 남아 있겠는가?

[풀이] 반감기가 5570년이므로 $y = y_0 e^{kt}$에서

$$\frac{1}{2} = 1\,e^{k(5570)} = e^{5570k}$$

이다. 양변에 자연로그를 취하면

$$-\ln 2 = 5570\,k$$

$$k = -\frac{\ln 2}{5570} \approx -0.000124$$

따라서

$$y = 10e^{-0.000124t}$$

이므로, $t = 2000$일 때

$$y = 10e^{-0.000124(2000)} \approx 7.80\text{ g}$$ ■

연리 12%, 매달 복리로 100만 원을 은행에 맡기면 1달 후에는 100(1.01)만 원이 되고 2달 후에는 $100(1.01)^2$만 원이 되고 1년 후에는 $100(1.01)^{12}$만 원이 된다. 보다 일반적으로 연리 $100r\%$, 1년에 n번의 복리로 A_0원을 은행에 맡기면 t년 후에는

$$A(t) = A_0\left(1+\frac{r}{n}\right)^{nt}$$

원이 된다.

예제 7.5.4 연리 13%, 매일 복리로 500만 원을 맡기면 2년 후에는 얼마가 될까?

[풀이] 여기서 $r = 0.13$, $n = 365$이므로

$$A(2) = 500\left(1+\frac{0.13}{365}\right)^{365(2)} \approx 648.43\text{ (만 원)}$$ ■

다음에는 이자가 연속적으로 복리인 경우를 생각하자. 즉, $n\to\infty$일 경우 $A(t)$를 구하자.

$$A(t) = \lim_{n\to\infty} A_0\left(1+\frac{r}{n}\right)^{nt} = A_0 \lim_{n\to\infty}\left[\left(1+\frac{r}{n}\right)^{\frac{n}{r}}\right]^{rt}$$

$$= A_0\left[\lim_{h\to 0}(1+h)^{\frac{1}{h}}\right]^{rt} = A_0 e^{rt}$$

여기서 $\lim_{h\to 0}(1+h)^{\frac{1}{h}} = e$이다.

예제 7.5.5 예제 7.5.4에서 이자가 연속적으로 복리일 때 2년 후에는 얼마가 될까?

[풀이]

$$A(t) = A_0 e^r t$$
$$= 500 e^{(0.13)(2)} \approx 648.47 \text{ (만 원)}$$

■

연속적으로 복리인 경우 문제를 해결하는 다른 방법이 있다. A_0원을 연리 $100r\%$, 연속적 복리로 은행에 맡겼을 경우, t년 후 받을 돈을 $A(t)$라고 하자. 연속적으로 복리라는 것은

$$\frac{dA}{dt} = rA$$

이다. 이 미분방정식의 해는

$$A = A_0 e^{rt}$$

이다.

연습문제 7.5

1. 미분방정식 $\frac{dy}{dt} = -5y$, $y(0) = 4$ 를 풀라.

2. 미분방정식 $\frac{dy}{dt} = 0.006y$, $y(10) = 2$를 풀라.

3. 박테리아의 증가율은 그 당시 박테리아 수에 비례한다. 처음의 박테리아 수는 10,000이었고 10일 후에 박테리아 수는 24,000이었다. 25일 후에 박테리아 수는 얼마나 될까?

4. 문제 3에서 박테리아 수가 30,000이 되기 위해서는 며칠이나 걸릴까?

5. 어떤 나라의 인구 증가율은 연 3.2%이다. 현재의 인구가 450만 명이라고 가정할 때 1년, 2년, 10년 또 100년 후 인구는 얼마나 될까?

6. 반감기가 810년인 어떤 방사성 물질이 처음에 10 g이었다면 300년 후에는 얼마나 남아 있겠는가?

7. Newton 냉각법칙에 의하면 물체 온도 T의 시간 t에 대한 변화율은 T와 그 주위의 온도 차에 비례한다. 만약 300℃의 용기에서 물체를 꺼내서 75℃의 방에 둔다면 t시간 후에 물체의 온도 $T(t)$는 다음의 미분방정식을 만족한다.

$$\frac{dT}{dt} = k(T - 75)$$

물체의 온도가 30분 동안에 200℃로 떨어졌다면 3시간 후 물체의 온도는 얼마인가?

8. 연리 9.5%, (1) 매년 (2) 매달 (3) 매일 (4) 연속적 복리로 375만 원을 은행에 맡기면 2년 후에는 얼마가 될까?

9. 연리 12%, (1) 매달 (2) 연속적 복리로 은행에 돈을 맡기면 2배가 되기 위해서는 얼마나 걸릴까?

7.6 역삼각함수

$y = \sin x$는 치역 $[-1, 1]$의 각 y에 대하여 $\sin x = y$를 만족하는 x가 무수히 많다(그림 7.12). 따라서 sine함수의 역함수는 존재하지 않지만 그 정의역을 적당히 제한하면 역함수가 존재할 수 있다. sine과 cosine의 정의역을 각각 $\left[-\frac{\pi}{2}, \frac{\pi}{2}\right]$, $[0, \pi]$로 제한하면 역함수 $\sin^{-1}x$, $\cos^{-1}x$가 존재하며 역함수의 그래프와 sine, cosine의 그래프는 각각 $y = x$에 관하여 대칭이다(그림 7.13, 7.14).

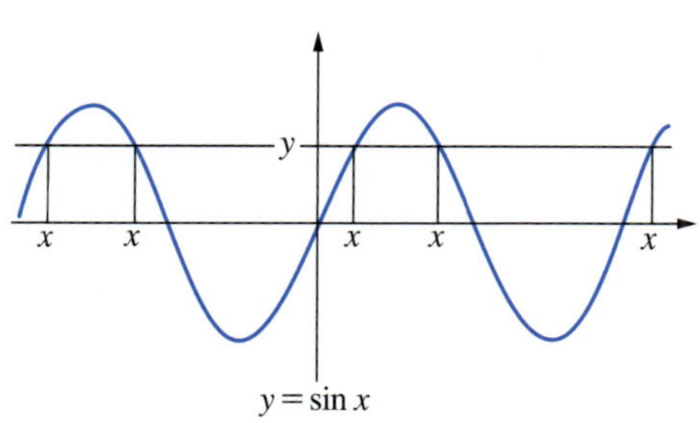

[그림 7.12]

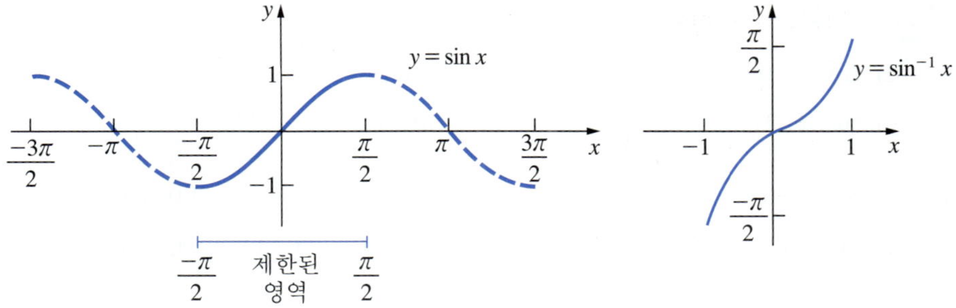

[그림 7.13]

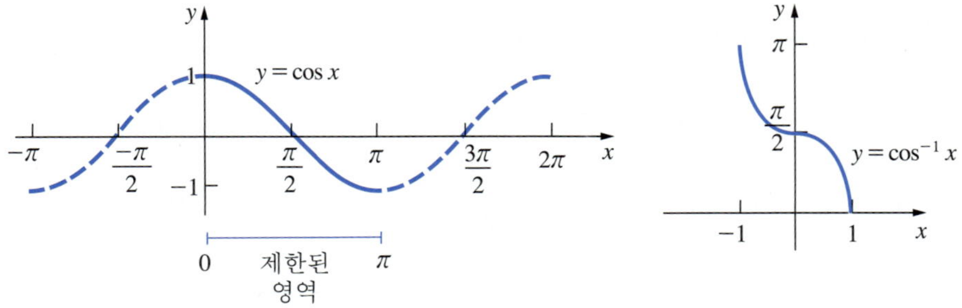

[그림 7.14]

정의

$-\frac{\pi}{2} \leq x \leq \frac{\pi}{2}$일 때 $x = \sin^{-1} y$와 $y = \sin x$는 동치이고 $0 \leq x \leq \pi$일 때 $x = \cos^{-1} y$와 $y = \cos x$는 동치이다.

$\sin^{-1}$, $\cos^{-1}$ 등 삼각함수의 역함수는 arcsin, arccos 등으로 표시하기도 한다.

예제 7.6.1 다음을 계산하라.

(a) $\sin^{-1}\left(\frac{\sqrt{2}}{2}\right)$ (b) $\sin^{-1}\left(-\frac{1}{2}\right)$ (c) $\cos^{-1}\left(\frac{\sqrt{3}}{2}\right)$

(d) $\cos^{-1}\left(-\frac{1}{2}\right)$ (e) $\cos(\cos^{-1} 0.6)$ (f) $\sin^{-1}\left(\sin \frac{3\pi}{2}\right)$

[풀이] (a) $\sin^{-1}\left(\frac{\sqrt{2}}{2}\right) = \frac{\pi}{4}$ (b) $\sin^{-1}\left(-\frac{1}{2}\right) = -\frac{\pi}{6}$ (c) $\cos^{-1}\left(\frac{\sqrt{3}}{2}\right) = \frac{\pi}{6}$

(d) $\cos^{-1}\left(-\frac{1}{2}\right) = \frac{2\pi}{3}$ (e) $\cos(\cos^{-1} 0.6) = 0.6$

(f) $\sin^{-1}\left(\sin \frac{3\pi}{2}\right) = \sin^{-1}(-1) = -\frac{\pi}{2}$ ■

예제 7.6.2 다음을 계산하라.

(a) $\cos^{-1}(-0.61)$ (b) $\sin^{-1}(-0.87)$

(c) $\sin^{-1}(1.21)$ (d) $\sin^{-1}(\sin 4.13)$

[풀이] (a) $\cos^{-1}(-0.61) = 2.2268569$ (b) $\sin^{-1}(-0.87) = -1.0552023$

(c) $\sin^{-1}(1.21)$은 존재하지 않는다. (d) $\sin^{-1}(\sin 4.13) = -0.9884073$ ■

tangent함수의 정의역을 구간 $\left(-\frac{\pi}{2}, \frac{\pi}{2}\right)$로 제한하면 역함수가 존재한다. 따라서 $-\frac{\pi}{2} < x < \frac{\pi}{2}$일 때 $x = \tan^{-1} y$와 $y = \tan x$는 동치이다. $y = \tan^{-1} x$의 그래프와 $y = \tan x$의 그래프는 $y = x$에 대칭이다(그림 7.15).

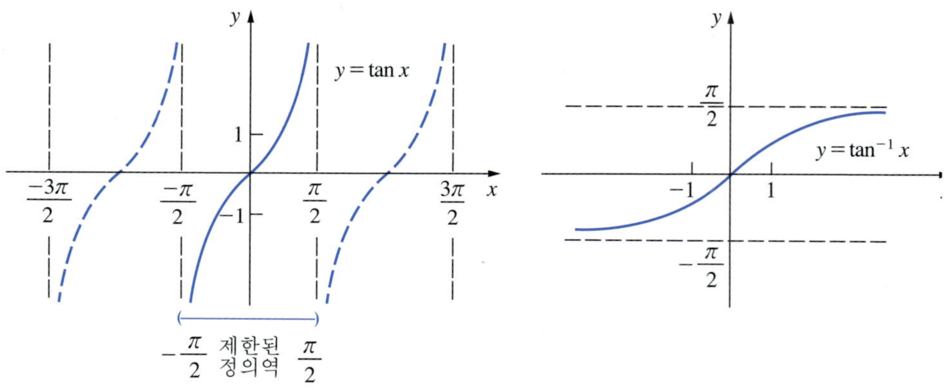

[그림 7.15]

예제 7.6.3 다음을 구하라.

(a) $\tan^{-1}(1)$ (b) $\tan^{-1}(-\sqrt{3})$

(c) $\tan^{-1}(-0.145)$ (d) $\tan^{-1}(\tan 5.236)$

[풀이] (a) $\tan^{-1}(1) = \frac{\pi}{4}$ (b) $\tan^{-1}(-\sqrt{3}) = -\frac{\pi}{3}$

(c) $\tan^{-1}(-0.145) = -0.1439964$ (d) $\tan^{-1}(\tan 5.236) = -1.0471853$ ■

secant함수의 정의역을 구간 $\left[0, \frac{\pi}{2}\right) \cup \left(\frac{\pi}{2}, \pi\right]$로 제한하면 역함수가 존재한다. 따라서 $0 \le x \le \pi$, $x \ne \frac{\pi}{2}$일 때 $x = \sec^{-1} y$와 $y = \sec x$는 동치이다. $y = x$에 대하여 $y = \sec x$의 그래프와 대칭인 그래프를 그려서 $y = \sec^{-1} x$의 그래프를 얻는다(그림 7.16). $\sec^{-1} x$와 같은 방법으로 $\csc^{-1} x$와 $\cot^{-1} x$를 정의할 수 있다.

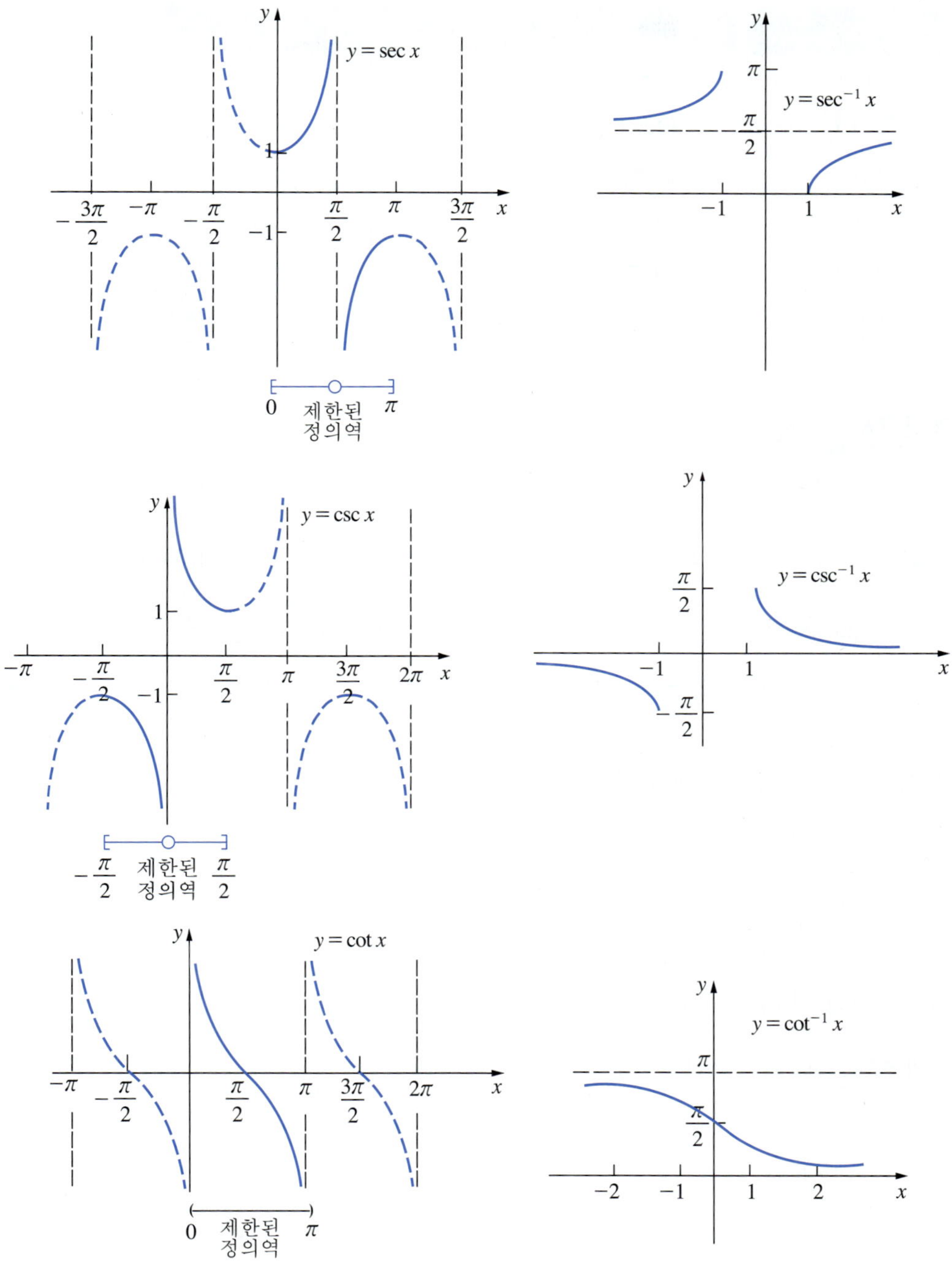

y = sec x
y = sec⁻¹ x
0 제한된 정의역 π
y = csc x
y = csc⁻¹ x
−π/2 제한된 정의역 π/2
y = cot x
y = cot⁻¹ x
0 제한된 정의역 π

[그림 7.16]

함수	제한된 정의역	치 역
$\sin x$	$[-\pi/2, \pi/2]$	$[-1, 1]$
$\cos x$	$[0, \pi]$	$[-1, 1]$
$\tan x$	$(-\pi/2, \pi/2)$	$(-\infty, \infty)$
$\cot x$	$(0, \pi)$	$(-\infty, \infty)$
$\sec x$	$[0\ \pi/2) \cup (\pi/2, \pi]$	$(-\infty, -1] \cup [1, \infty)$
$\csc x$	$[-\pi/2, 0) \cup (0, \pi/2]$	$(-\infty, -1] \cup [1, \infty)$

예제 7.6.4 다음을 계산하라.

(a) $\sec^{-1}(-1)$ (b) $\sec^{-1}(2)$ (c) $\sec^{-1}(-1.32)$

[풀이] $\sec x = \dfrac{1}{\cos x}$이므로, $y = \sec x$로 놓으면 $\sec^{-1} y = \cos^{-1}\left(\dfrac{1}{y}\right)$이다. 따라서

(a) $\sec^{-1}(-1) = \pi$ (b) $\sec^{-1}(2) = \cos^{-1}\left(\dfrac{1}{2}\right) = \dfrac{\pi}{3}$

(c) $\sec^{-1}(-1.32) = \cos^{-1}\left(-\dfrac{1}{1.32}\right)$ ■

다음 항등식은 다음 절에서 이용될 것이다.

(i) $\sin(\cos^{-1} x) = \sqrt{1-x^2}$

(ii) $\cos(\sin^{-1} x) = \sqrt{1-x^2}$

(iii) $\sec(\tan^{-1} x) = \sqrt{1+x^2}$

(iv) $\tan(\sec^{-1} x) = \pm\sqrt{x^2-1}$

[(i)의 증명] $\sin^2\theta + \cos^2\theta = 1$이므로 $0 \le \theta \le \pi$일 때

$$\sin\theta = \sqrt{1-\cos^2\theta}$$

이다. 따라서

$$\sin(\cos^{-1} x) = \sqrt{1-\cos^2(\cos^{-1} x)} = \sqrt{1-x^2}$$

(ii)도 같은 방법으로 증명이 된다. (iii)과 (iv)를 증명하기 위하여 $\sec^2\theta = 1 + \tan^2\theta$를 이용한다. (iv)에서 $x \ge 1$이면 $\tan(\sec^{-1} x) = \sqrt{x^2-1}$ 이고 $x \le -1$이면 $\tan(\sec^{-1} x) = -\sqrt{x^2-1}$ 이다. ■

예제 7.6.5 $\sin\left[2\cos^{-1}\left(\frac{2}{3}\right)\right]$를 계산하라.

[풀이] $\sin 2\theta = 2\sin\theta\cos\theta$이므로

$$\begin{aligned}\sin\left[2\cos^{-1}\left(\frac{2}{3}\right)\right] &= 2\sin\left[\cos^{-1}\left(\frac{2}{3}\right)\right]\cos\left[\cos^{-1}\left(\frac{2}{3}\right)\right] \\ &= 2\sqrt{1-\left(\frac{2}{3}\right)^2}\cdot\left(\frac{2}{3}\right) = \frac{4\sqrt{5}}{9}\end{aligned}$$

■

예제 7.6.6 $\cos(2\tan^{-1}x) = \frac{1-x^2}{1+x^2}$을 증명하라.

[풀이] $\cos 2\theta = 2\cos^2\theta - 1$이므로

$$\begin{aligned}\cos(2\tan^{-1}x) &= 2\cos^2(\tan^{-1}x) - 1 \\ &= \frac{2}{\sec^2(\tan^{-1}x)} - 1 = \frac{2}{1+\tan^2(\tan^{-1}x)} - 1 \\ &= \frac{2}{1+x^2} - 1 = \frac{1-x^2}{1+x^2}\end{aligned}$$

■

연습문제 7.6

1. 다음을 구하라.

(1) $\sin^{-1}\left(\frac{\sqrt{3}}{2}\right)$

(2) $\sin^{-1}\left(-\frac{\sqrt{2}}{2}\right)$

(3) $\tan^{-1}(-\sqrt{3})$

(4) $\cos^{-1}\left(-\frac{1}{2}\right)$

(5) $\sec^{-1}(-2)$

(6) $\sin(\sin^{-1}0.541)$

(7) $\sin^{-1}(0.1259)$

(8) $\tan^{-1}(-5.123)$

(9) $\cos(\tan^{-1}3.125)$

(10) $\sec^{-1}(-2.314)$

(11) $\frac{\sin^{-1}(-0.9812)}{1+\cos^3(5.321)}$

2. 다음 그림에서 θ를 $\sin^{-1}$, $\cos^{-1}$, $\sec^{-1}$ 등을 이용하여 x의 항으로 표시하라.

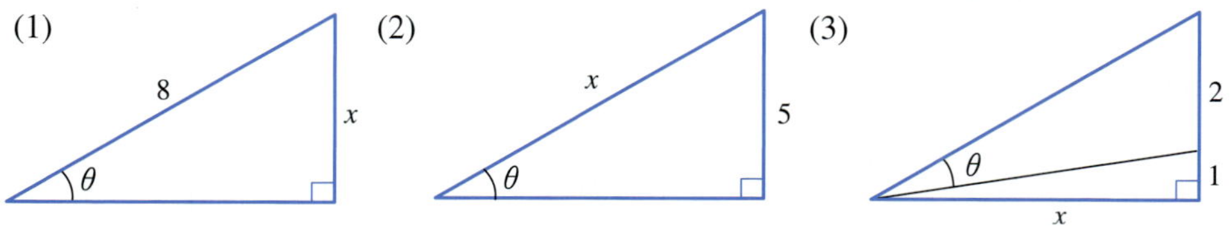

3. $\cos\left[2\sin^{-1}\left(-\frac{2}{3}\right)\right]$를 구하라.

4. $\sin\left[\cos^{-1}\left(\frac{3}{5}\right)+\cos^{-1}\left(\frac{5}{13}\right)\right]$를 구하라.

5. $\tan(\sin^{-1}x)=\dfrac{x}{\sqrt{1-x^2}}$ 를 증명하라.

6. $\cos(2\cos^{-1}x)=2x^2-1$을 증명하라.

7. $\cos(\tan^{-1}x)=\dfrac{1}{\sqrt{1+x^2}}$ 을 증명하라.

8. 다음 극한값을 구하라.

(1) $\lim_{x\to\infty}\tan^{-1}x$ (2) $\lim_{x\to-\infty}\tan^{-1}x$

9. 다음 함수의 정의역을 제한하여 $f^{-1}(x)$를 구하라.

(1) $f(x)=3\cos 2x$ (2) $f(x)=2\sin 3x$

(3) $f(x)=\frac{1}{2}\tan x$ (4) $f(x)=\sin\frac{1}{x}$

7.7 역삼각함수의 도함수

삼각함수의 도함수는 3.4절에서 다루었다.

역함수 정리로부터 역삼각함수는 미분가능하다는 것을 알 수 있으며 역삼각함수들의 도함수는 아래와 같다.

(i) $D_x \sin^{-1} x = \dfrac{1}{\sqrt{1-x^2}}$, $-1 < x < 1$

(ii) $D_x \cos^{-1} x = \dfrac{-1}{\sqrt{1-x^2}}$, $-1 < x < 1$

(iii) $D_x \tan^{-1} x = \dfrac{1}{1+x^2}$

(iv) $D_x \sec^{-1} x = \dfrac{1}{|x|\sqrt{x^2-1}}$, $|x| > 1$

(v) $D_x \csc^{-1} x = \dfrac{-1}{|x|\sqrt{x^2-1}}$, $|x| > 1$

(vi) $D_x \cot^{-1} x = \dfrac{-1}{1+x^2}$

[증명] (i)을 증명하기 위해 $y = \sin^{-1} x$로 놓으면 $x = \sin y$이다. 양변을 x에 관하여 미분하면

$$1 = \cos y \, D_x y = \cos(\sin^{-1} x) D_x(\sin^{-1} x) = \sqrt{1-x^2} \, D_x(\sin^{-1} x)$$

이다. 따라서

$$D_x \sin^{-1} x = \frac{1}{\sqrt{1-x^2}}$$

이다. (ii)와 (iii)도 같은 방법으로 증명이 된다. (iv)를 증명하기 위하여 $y = \sec^{-1} x$로 놓으면, $x = \sec y$이고 양변을 x에 관하여 미분하면

$$\begin{aligned} 1 &= \sec y \tan y \, D_x y \\ &= \sec(\sec^{-1} x) \tan(\sec^{-1} x) \, D_x(\sec^{-1} x) \\ &= x\left(\pm\sqrt{x^2-1}\right) D_x(\sec^{-1} x) \end{aligned}$$

여기서 $x > 1$일 때 $+$이고 $x < -1$일 때 $-$이다. 따라서

$$\begin{aligned} 1 &= \pm x\sqrt{x^2-1} \, D_x(\sec^{-1} x) \\ &= |x|\sqrt{x^2-1} \, D_x(\sec^{-1} x) \end{aligned}$$

그러므로

$$D_x \sec^{-1} x = \frac{1}{|x|\sqrt{x^2-1}}$$ ■

예제 7.7.1 $D_x \sin^{-1}(3x-1)$을 구하라.

[풀이]

$$\begin{aligned} D_x \sin^{-1}(3x-1) &= \frac{1}{\sqrt{1-(3x-1)^2}} D_x(3x-1) \\ &= \frac{3}{\sqrt{-9x^2+6x}} \end{aligned}$$ ■

예제 7.7.2 $D_x \tan^{-1}\sqrt{x+1}$ 을 구하라.

[풀이]

$$D_x \tan^{-1}\sqrt{x+1} = \frac{1}{1+(\sqrt{x+1})^2} D_x\sqrt{x+1}$$
$$= \frac{1}{x+2} \cdot \frac{1}{2}(x+1)^{-1/2} = \frac{1}{2(x+2)\sqrt{x+1}}$$ ■

예제 7.7.3 $D_x \sec^{-1}(-3x)$를 구하라.

[풀이]

$$D_x \sec^{-1}(-3x) = \frac{1}{|-3x|\sqrt{(-3x)^2-1}} D_x(-3x)$$
$$= \frac{1}{|3x|\sqrt{9x^2-1}}(-3)$$
$$= \frac{-1}{|x|\sqrt{9x^2-1}}$$ ■

위 미분 공식으로부터 다음 적분 공식이 유도된다.

(i) $\int \frac{1}{\sqrt{1-x^2}}\,dx = \sin^{-1}x + C$

(ii) $\int \frac{1}{1+x^2}\,dx = \tan^{-1}x + C$

(iii) $\int \frac{1}{x\sqrt{x^2-1}}\,dx = \sec^{-1}|x| + C$

예제 7.7.4 $\int_0^{\frac{1}{2}} \frac{dx}{\sqrt{1-x^2}}$를 구하라.

[풀이]

$$\int_0^{\frac{1}{2}} \frac{dx}{\sqrt{1-x^2}} = [\sin^{-1}x]_0^{\frac{1}{2}} = \sin^{-1}\frac{1}{2} - \sin^{-1}0$$
$$= \frac{\pi}{6} - 0 = \frac{\pi}{6}$$ ■

예제 7.7.5 $\int \frac{dx}{\sqrt{4x-x^2}}$를 구하라.

[풀이]

$$4x - x^2 = -(x^2-4x) = -(x^2-4x+4)+4 = 4-(x-2)^2$$

이므로

$$\int \frac{dx}{\sqrt{4x - x^2}} = \int \frac{dx}{\sqrt{4 - (x-2)^2}}$$

$x - 2 = u$로 놓으면

$$\int \frac{du}{\sqrt{4 - u^2}} = \int \frac{du}{\sqrt{2^2 - u^2}}$$
$$= \sin^{-1}\left(\frac{u}{2}\right) + C = \sin^{-1}\left(\frac{x-2}{2}\right) + C$$ ■

예제 7.7.6 $\int \frac{dx}{7 + 3x^2}$ 를 구하라.

[풀이] $u = \sqrt{3}\,x$로 놓으면 $du = \sqrt{3}\,dx$ 이므로

$$\int \frac{dx}{7 + 3x^2} = \frac{1}{\sqrt{3}} \int \frac{du}{(\sqrt{7})^2 + u^2}$$
$$= \frac{1}{\sqrt{3}} \cdot \frac{1}{\sqrt{7}} \tan^{-1}\left(\frac{\sqrt{3}\,x}{\sqrt{7}}\right) + C$$
$$= \frac{1}{\sqrt{21}} \tan^{-1}\left(\frac{\sqrt{3}\,x}{\sqrt{7}}\right) + C$$ ■

예제 7.7.7 $\int \frac{dx}{\sqrt{e^{2x} - 6}}$ 를 구하라.

[풀이] $u = e^x$로 놓으면 $du = e^x dx$ 이므로

$$\int \frac{dx}{\sqrt{e^{2x} - 6}} = \int \frac{1}{\sqrt{u^2 - 6}} \cdot \frac{1}{u}\, du$$
$$= \int \frac{du}{u\sqrt{u^2 - (\sqrt{6})^2}} = \frac{1}{\sqrt{6}} \sec^{-1}\left(\frac{e^x}{\sqrt{6}}\right) + C$$ ■

연습문제 7.7

1. 다음 함수를 미분하라.

(1) $y = \sin^{-1}(x^2)$ (2) $y = 7\cos^{-1}\sqrt{2x}$

(3) $y = \tan^{-1}(e^x)$ (4) $y = x\tan^{-1}x$

(5) $y = \sin(\tan^{-1}x)$ (6) $y = \sec^{-1}(x^2)$

(7) $y = \tan^{-1}\left(\dfrac{1-x}{1+x}\right)$

2. 다음 적분을 구하라.

(1) $\displaystyle\int_0^{\frac{\sqrt{2}}{2}} \frac{1}{\sqrt{1-x^2}}\,dx$ (2) $\displaystyle\int_{-1}^{1} \frac{1}{1+x^2}\,dx$

(3) $\displaystyle\int \frac{1}{1+4x^2}\,dx$

3. $\displaystyle\int \frac{dx}{\sqrt{a^2-x^2}} = \sin^{-1}\frac{x}{a} + C$, $a > 0$를 보이라.

4. $\displaystyle\int \frac{dx}{a^2+x^2} = \frac{1}{a}\tan^{-1}\frac{x}{a} + C$, $a \neq 0$를 보이라.

5. $\displaystyle\int \sqrt{a^2-x^2}\,dx = \frac{x}{2}\sqrt{a^2-x^2} + \frac{a^2}{2}\sin^{-1}\frac{x}{a} + C$, $a > 0$를 보이라.

6. 곡선 $x^2y + y - 4 = 0$, $x = 0$, $y = 0$ 및 $x = 1$로 둘러싸인 영역의 넓이를 구하라.

7.8 쌍곡선함수와 역함수

응용수학에서 자주 쓰이는 **쌍곡선함수**(hyperbolic function)를 정의하자.

정의 쌍곡선함수

쌍곡선 sine, 쌍곡선 cosine, 쌍곡선 tangent, 쌍곡선 cotangent, 쌍곡선 secant, 쌍곡선 cosecant함수를 다음과 같이 정의한다.

$$\sinh x = \frac{1}{2}(e^x - e^{-x}) \qquad \cosh x = \frac{1}{2}(e^x + e^{-x})$$

$$\tanh x = \frac{\sinh x}{\cosh x} \qquad \coth x = \frac{\cosh x}{\sinh x}$$

$$\operatorname{sech} x = \frac{1}{\cosh x} \qquad \operatorname{csch} x = \frac{1}{\sinh x}$$

쌍곡선함수들에는 삼각함수들 사이의 관계식과 유사한 식이 있다. 쌍곡선함수의 기본 항등식은

$$\cosh^2 x - \sinh^2 x = 1$$

이다.

위 관계식을 증명하자.

$$\begin{aligned}\cosh^2 x - \sinh^2 x &= \left[\frac{1}{2}(e^x + e^{-x})\right]^2 - \left[\frac{1}{2}(e^x - e^{-x})\right]^2 \\ &= \frac{1}{4}[e^{2x} + 2 + e^{-2x} - (e^{2x} - 2 + e^{-2x})] = 1\end{aligned}$$

삼각함수와 단위원은 밀접한 관계가 있다는 것을 알고 있다(그림 7.17). 매개변수 방정식 $x = \cos t$, $y = \sin t$는 단위원을 나타낸다. 이와 마찬가지로 매개변수 방정식 $x = \cosh t$, $y = \sinh t$는 단위쌍곡선 $x^2 - y^2 = 1$의 오른쪽 부분을 나타낸다(그림 7.18). 이 두 경우에서 매개변수 t와 그림의 넓이 A 사이에는 $t = 2A$의 관계가 있다.

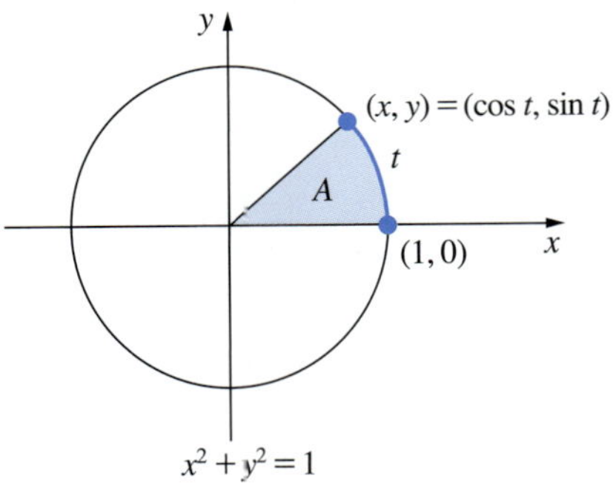

[그림 7.17]

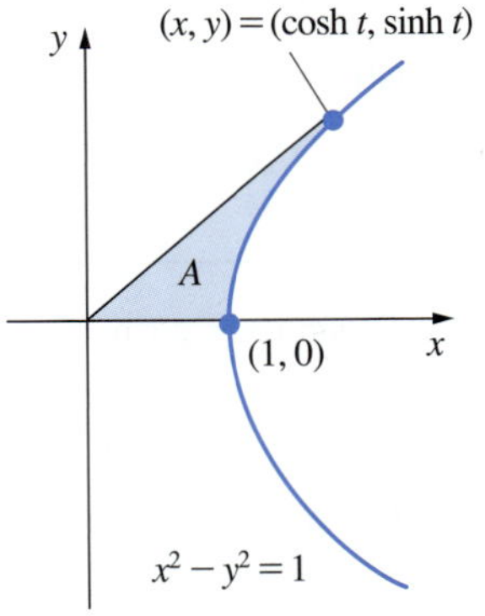

[그림 7.18]

$\sinh(-x) = -\sinh x$이므로 sinh는 홀함수이고 $\cosh(-x) = \cosh x$이므로 cosh는 짝함수이다. 따라서 $y = \sinh x$의 그래프는 원점에 대하여, $y = \cosh x$의 그래프는 y축에 대하여 대칭이다(그림 7.19).

$D_x \sinh x$와 $D_x \cosh x$를 구할 수 있다면 다른 4개의 쌍곡선함수의 도함수도 미분법을 이용하여 쉽게 구할 수 있다.

$$D_x \sinh x = D_x\left(\frac{e^x - e^{-x}}{2}\right) = \frac{e^x + e^{-x}}{2} = \cosh x$$

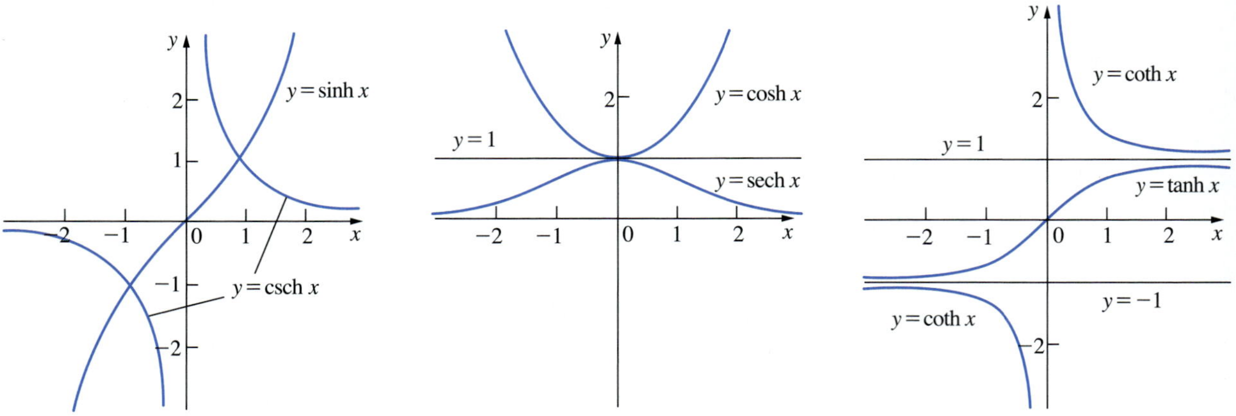

[그림 7.19]

$$D_x \cosh x = D_x\left(\frac{e^x+e^{-x}}{2}\right) = \frac{e^x-e^{-x}}{2} = \sinh x$$

위의 관계들로부터 각 그래프의 특성을 확실하게 이해할 수 있다. 예를 들면 $D_x(\sinh x) = \cosh x > 0$이므로 $y = \sinh x$의 그래프는 증가한다. 그리고 $D_x^2(\cosh x) = \cosh x > 0$이므로 $y = \cosh x$의 그래프는 위로 오목하다.

쌍곡선함수의 도함수를 정리하면 다음과 같다.

$D_x \sinh x = \cosh x$	$D_x \cosh x = \sinh x$
$D_x \tanh x = \operatorname{sech}^2 x$	$D_x \coth x = -\operatorname{csch}^2 x$
$D_x \operatorname{sech} x = -\operatorname{sech} x \tanh x$	$D_x \operatorname{csch} x = -\operatorname{csch} x \coth x$

예제 7.8.1 $D_x \tanh(\sin x)$를 구하라.

[풀이]

$$\begin{aligned} D_x \tanh(\sin x) &= \operatorname{sech}^2(\sin x)\, D_x(\sin x) \\ &= \cos x \cdot \operatorname{sech}^2(\sin x) \end{aligned}$$ ■

예제 7.8.2 $D_x \cosh^2(3x-1)$을 구하라.

[풀이] 연쇄법칙을 두 번 사용하면

$$\begin{aligned} D_x \cosh^2(3x-1) &= 2\cosh(3x-1)\, D_x \cosh(3x-1) \\ &= 2\cosh(3x-1)\sinh(3x-1)\, D_x(3x-1) \\ &= 6\cosh(3x-1)\sinh(3x-1) \end{aligned}$$ ■

예제 7.8.3 $\int \tanh x\, dx$를 구하라.

[풀이] $u = \cosh x$로 두면 $du = \sinh x\, dx$이므로

$$\begin{aligned} \int \tanh x\, dx &= \int \frac{\sinh x}{\cosh x} dx = \int \frac{1}{u} du \\ &= \ln|u| + C = \ln|\cosh x| + C \\ &= \ln(\cosh x) + C \end{aligned}$$ ■

쌍곡선 sine과 쌍곡선 tangent의 도함수는 양수이므로 쌍곡선 sine과 쌍곡선 tangent는 증가함수이고 따라서 역함수가 존재한다. 쌍곡선 cosine과 쌍곡선 secant는 정의역을 $x \ge 0$로 제한하면 역함수가 존재한다. 따라서 다음과 같이 쌍곡선함수의 역함수를 정의한다.

$$x = \sinh^{-1} y \Leftrightarrow y = \sinh x$$

$$x = \cosh^{-1} y \Leftrightarrow y = \cosh x, \quad x \ge 0$$

$$x = \tanh^{-1} y \Leftrightarrow y = \tanh x$$

$$x = \mathrm{sech}^{-1} y \Leftrightarrow y = \mathrm{sech}\, x, \quad x \ge 0$$

$$x = \mathrm{csch}^{-1} y \Leftrightarrow y = \mathrm{csch}\, x, \quad x \ne 0$$

$$x = \coth^{-1} y \Leftrightarrow y = \coth x, \quad x \ne 0$$

참고로 역쌍곡선함수 사이에는 다음과 같은 관계식이 성립한다.

$$\mathrm{sech}^{-1} x = \cosh^{-1}\frac{1}{x}$$

$$\mathrm{csch}^{-1} x = \sinh^{-1}\frac{1}{x}$$

$$\coth^{-1} x = \tanh^{-1}\frac{1}{x}$$

쌍곡선함수는 e^x와 e^{-x}를 사용해서 정의되므로 쌍곡선함수의 역함수는 자연로그를 사용해서 나타낼 수 있다. 예를 들어 $y = \cosh x$, $x \ge 0$를 생각하자.

$$y = \cosh x = \frac{e^x + e^{-x}}{2}, \quad x \ge 0$$

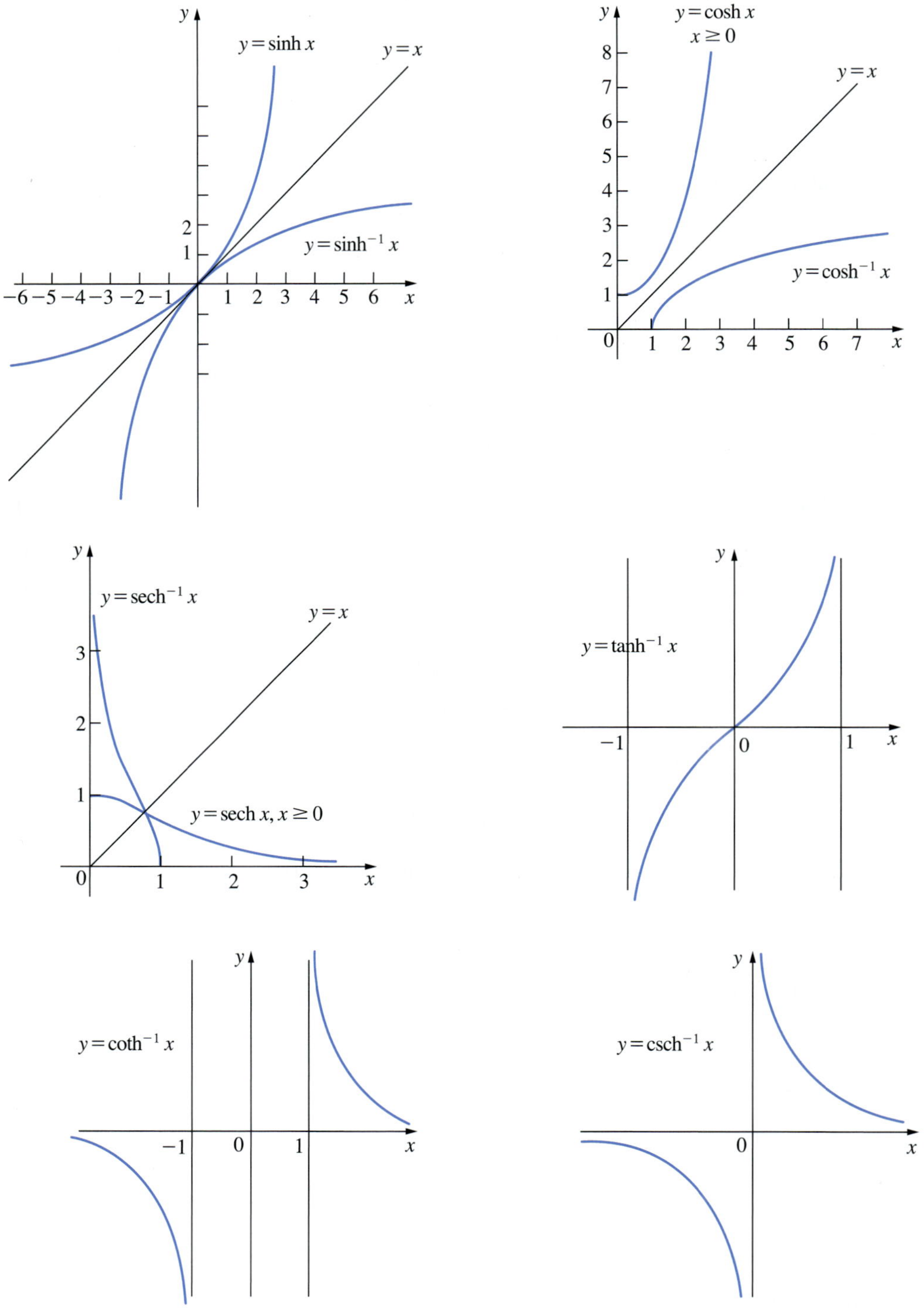
y = sinh x
y = x
y = sinh⁻¹ x
y = cosh x
x ≥ 0
y = x
y = cosh⁻¹ x
y = sech⁻¹ x
y = x
y = sech x, x ≥ 0
y = tanh⁻¹ x
y = coth⁻¹ x
y = csch⁻¹ x

[그림 7.20]

을 x에 관하여 풀어보자. 양변에 $2e^x$을 곱하면 $2ye^x = e^{2x} + 1$의 관계, 즉 $(e^x)^2 - 2ye^x + 1 = 0$, $x \geq 0$가 성립한다. e^x에 관한 이 2차방정식을 풀면

$$e^x = \frac{2y \pm \sqrt{(2y)^2 - 4}}{2} = y \pm \sqrt{y^2 - 1}$$

이고 양변에 자연로그를 취하면 $x = \ln(y \pm \sqrt{y^2 - 1})$이다. 그런데 $x \geq 0$이므로

$$x = \cosh^{-1} y = \ln(y + \sqrt{y^2 - 1})$$

이다. 같은 방법으로 또는 위의 등식을 이용하여 다른 쌍곡선함수의 역함수를 다음과 같이 구할 수 있다.

$$\sinh^{-1} x = \ln(x + \sqrt{x^2 + 1})$$

$$\cosh^{-1} x = \ln(x + \sqrt{x^2 - 1}), \quad x \geq 1$$

$$\tanh^{-1} x = \frac{1}{2} \ln \frac{1 + x}{1 - x}, \quad -1 < x < 1$$

$$\operatorname{sech}^{-1} x = \ln\left(\frac{1 + \sqrt{1 - x^2}}{x}\right), \quad 0 < x \leq 1$$

$$\operatorname{csch}^{-1} x = \ln\left(\frac{1}{x} + \frac{\sqrt{1 + x^2}}{|x|}\right), \quad x \neq 0$$

$$\coth^{-1} x = \frac{1}{2} \ln \frac{x + 1}{x - 1}, \quad |x| > 1$$

쌍곡선함수의 역함수는 미분가능하며 그 도함수들은 다음과 같다.

$$D_x \sinh^{-1} x = \frac{1}{\sqrt{x^2 + 1}}$$

$$D_x \cosh^{-1} x = \frac{1}{\sqrt{x^2 - 1}}, \quad x > 1$$

$$D_x \tanh^{-1} x = \frac{1}{1 - x^2}, \quad -1 < x < 1$$

$$D_x \operatorname{sech}^{-1} x = \frac{-1}{x\sqrt{1 - x^2}}, \quad 0 < x < 1$$

$$D_x \operatorname{csch}^{-1} x = \frac{-1}{|x|\sqrt{1 + x^2}}, \quad x \neq 0$$

$$D_x \coth^{-1} x = \frac{1}{1 - x^2}, \quad |x| > 1$$

예제 7.8.4 $D_x \sinh^{-1} x = \dfrac{1}{\sqrt{x^2+1}}$ 을 증명하라.

[풀이] **[방법 1]** $y = \sinh^{-1} x$ 로 두면 $x = \sinh y$ 이다. 양변을 x에 관하여 미분하면 $1 = \cosh y\, D_x y$가 된다. 따라서

$$D_x y = D_x(\sinh^{-1} x) = \frac{1}{\cosh y} = \frac{1}{\sqrt{1+\sinh^2 y}} = \frac{1}{\sqrt{1+x^2}}$$

[방법 2] $\sinh^{-1} x = \ln\left(x + \sqrt{x^2+1}\right)$ 인 것을 이용하면

$$\begin{aligned} D_x(\sinh^{-1} x) &= D_x \ln\left(x + \sqrt{x^2+1}\right) \\ &= \frac{1}{x+\sqrt{x^2+1}} D_x\left(x + \sqrt{x^2+1}\right) \\ &= \frac{1}{x+\sqrt{x^2+1}}\left(1 + \frac{x}{\sqrt{x^2+1}}\right) = \frac{1}{\sqrt{x^2+1}} \end{aligned}$$

■

줄의 두 끝을 같은 높이의 고정된 두 점에 매달 때 줄이 이루는 곡선을 현수선(catenary)이라 한다(그림 7.21).

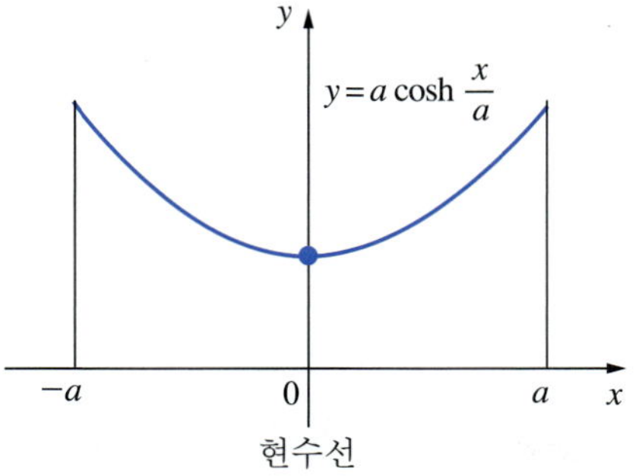

[그림 7.21]

예제 7.8.5 현수선 $y = a\cosh\dfrac{x}{a}$에 대하여 $x = -a$에서 $x = a$까지 길이를 구하라.

[풀이] 구하고자 하는 길이는 다음과 같다.

$$\int_{-a}^{a} \sqrt{1 + \left(\frac{dy}{dx}\right)^2}\, dx = \int_{-a}^{a} \sqrt{1 + \sinh^2\left(\frac{x}{a}\right)}\, dx$$

$$= \int_{-a}^{a} \sqrt{\cosh^2\left(\frac{x}{a}\right)}\ dx$$
$$= 2\int_0^a \cosh\left(\frac{x}{a}\right) dx$$
$$= 2a\int_0^a \cosh\left(\frac{x}{a}\right)\frac{1}{a}\, dx$$
$$= \left[\, 2a \sinh \frac{x}{a} \,\right]_0^a$$
$$= 2a \sinh 1 \approx 2.35\, a$$

■

연습문제 7.8

1. 다음 항등식을 증명하라.

(1) $e^x = \cosh x + \sinh x$

(2) $\sinh(x+y) = \sinh x \cosh y + \cosh x \sinh y$

(3) $\tanh(x+y) = \dfrac{\tanh x + \tanh y}{1 + \tanh x \cdot \tanh y}$

2. 다음 함수의 도함수를 구하라.

(1) $y = \sinh^2 x$

(2) $y = \cosh(x^2 - 1)$

(3) $y = x^2 \sinh x$

(4) $y = \sinh 4x \cosh 2x$

(5) $y = \cosh^{-1}(x^3)$

(6) $y = x \sinh^{-1}(2x)$

(7) $y = \sinh(\cos x)$

3. 다음 부정적분을 구하라.

(1) $\displaystyle\int x \cosh(x^2 + 3)\, dx$

(2) $\displaystyle\int e^x \sinh e^x\, dx$

(3) $\displaystyle\int 6\cosh\left(\frac{x}{2} - \ln 3\right) dx$

(4) $\displaystyle\int \operatorname{sech}^2\left(x - \frac{1}{2}\right) dx$

(5) $\displaystyle\int \frac{\operatorname{sech}\sqrt{t}\ \tanh\sqrt{t}}{\sqrt{t}}\, dt$

4. 다음 정적분을 구하라.

(1) $\displaystyle\int_{-\ln 4}^{\ln 2} 2e^{\theta} \cosh \theta\, d\theta$

(2) $\displaystyle\int_1^2 \frac{\cosh(\ln t)}{t}\, dt$

(3) $\displaystyle\int_0^{2\sqrt{3}} \frac{dx}{\sqrt{4+x^2}}$

(4) $\displaystyle\int_{5/4}^{2} \frac{dx}{1-x^2}$

5. 곡선 $y=\cosh 2x$, $y=0$, $x=0$ 및 $x=\ln 3$으로 둘러싸인 영역의 넓이를 구하라.

6. 곡선 $y=\cosh x$, $y=0$, $x=0$ 및 $x=1$로 둘러싸인 영역을 x축으로 회전시킬 때 생기는 입체의 부피를 구하라(힌트 : $\cosh^2 x = \dfrac{1+\cosh 2x}{2}$).

연습문제 ● Chapter 7

1. 다음을 구하라.

(1) $\cos^{-1}(-1)$

(2) $\tan^{-1}\sqrt{3}$

(3) $\csc^{-1}\sqrt{2}$

(4) $\cot^{-1}(-\sqrt{3})$

(5) $\sin(\sin^{-1} 0.7)$

(6) $\tan^{-1}\left(\tan\dfrac{4\pi}{3}\right)$

(7) $\sin\left(\cos^{-1}\dfrac{4}{5}\right)$

(8) $\sin^{-1}\left(\sin\dfrac{5\pi}{4}\right)$

(9) $\cos\left(2\sin^{-1}\dfrac{5}{13}\right)$

2. 다음을 증명하라.

(1) $\coth^2 x - 1 = \operatorname{csch}^2 x$

(2) $\sinh 2x = 2\sinh x \cosh x$

(3) $\tanh(\ln x) = \dfrac{x^2-1}{x^2+1}$

3. 쌍곡선함수들의 정의를 이용하여 다음의 극한값을 구하라.

(1) $\lim\limits_{x\to\infty} \tanh x$

(2) $\lim\limits_{x\to\infty} \sinh x$

(3) $\lim\limits_{x\to\infty} \operatorname{sech} x$

(4) $\lim\limits_{x\to 0^+} \coth x$

(5) $\lim\limits_{x\to -\infty} \operatorname{csch} x$

4. g가 주어진 함수 f 의 역함수일 때 $g'(a)$를 구하라.

(1) $f(x) = x^3 + x + 1,\ \ a = 1$

(2) $f(x) = 3 + x^2 + \tan(\pi x/2),\ \ -1 < x < 1,\ a = 3$

5. 다음 함수들의 역함수를 구하라.

(1) $y = \ln(x+3)$

(2) $y = e^{\sqrt{x}}$

(3) $y = \dfrac{10^x}{10^x + 1}$

(4) $f(x) = \dfrac{1+3x}{5-2x}$

(5) $f(x) = \sqrt{2+5x}$

6. 로그함수의 미분법을 이용하여 아래 함수들의 도함수를 구하라.

(1) $y=(3x-7)^4(8x^2-1)^3$

(2) $y=\dfrac{(x+1)^4(x-5)^3}{(x-3)^8}$

(3) $y=\dfrac{e^x\sqrt{x^5+2}}{(x+1)^4(x^2+3)^2}$

7. 다음 함수의 도함수를 구하라.

(1) $f(x)=x^3e^x$

(2) $f(x)=e^{2x}\cos 4x$

(3) $f(x)=2e^{4x+1}$

(4) $f(x)=\left(\dfrac{1}{e}\right)^x$

(5) $f(x)=\left(\dfrac{1}{3}\right)^{x^2}$

(6) $f(x)=\dfrac{e^{4x}}{x}$

(7) $f(x)=\ln\sqrt{8x}$

(8) $f(x)=\ln(x^3+3x)$

(9) $f(x)=x^3\ln x$

(10) $f(x)=e^{\sin 2x}$

(11) $f(x)=\sin[\ln(\cos x^3)]$

(12) $f(x)=\dfrac{\sqrt{\ln x^2}}{x}$

(13) $f(x)=\ln(\sec x+\tan x)$

(14) $f(x)=\dfrac{e^x}{2^x}$

(15) $y=e^{x\cos x}$

(16) $y=e^{-1/x}$

(17) $y=\tan(e^{3x-2})$

(18) $y=\dfrac{e^{3x}}{1+e^x}$

(19) $y=x^e$

(20) $f(x)=\sqrt{x}\,\ln x$

(21) $g(x)=\ln\dfrac{a-x}{a+x}$

(22) $f(x)=\ln\sqrt{x}$

(23) $f(t)=\log_2(t^4-t^2+1)$

(24) $g(u)=\dfrac{1-\ln u}{1+\ln u}$

(25) $y=(\ln\sin x)^3$

(26) $y=\dfrac{\ln x}{1+x^2}$

(27) $y=\ln|x^3-x^2|$

(28) $f(x)=e^x\ln x$

(29) $f(t)=\pi^{-t}$

(30) $h(t)=t^3-3^t$

(31) $y=\ln(e^{-x}+xe^{-x})$

(32) $y=x^{\sin x}$

(33) $y=x^{e^x}$

(34) $y=(\ln x)^x$

(35) $y=x^{1/\ln x}$

(36) $y=\cos(x^{\sqrt{x}})$

(37) $g(x)=\tan^{-1}(x^3)$

(38) $y=\sin^{-1}(x^2)$

(39) $h(x)=(1+x^2)\tan^{-1}x$

(40) $g(t)=\sin^{-1}\left(\dfrac{4}{t}\right)$

(41) $g(t) = \cos^{-1}\sqrt{2t-1}$

(42) $y = \sec^{-1}\sqrt{1+x^2}$

(43) $y = \tan^{-1}(\sin x)$

(44) $y = (\tan^{-1}x)^{-1}$

(45) $y = x^2\cot^{-1}(3x)$

(46) $f(x) = \tanh 3x$

(47) $h(x) = \cosh(x^4)$

(48) $g(x) = x^2 \operatorname{sech} x$

(49) $h(t) = \tanh(e^t)$

(50) $y = x^{\cosh x}$

(51) $y = \cosh^{-1}(x^2)$

(52) $y = x\ln(\operatorname{sech} 4x)$

(53) $y = x\sinh^{-1}\left(\frac{x}{3}\right) - \sqrt{9+x^2}$

(54) $y = \coth^{-1}\sqrt{x^2+1}$

8. 다음 곡선 $y = f(x)$의 주어진 x 값에서의 접선의 방정식을 구하라.

(1) $f(x) = 2^x$, $x = 0$

(2) $f(x) = x^2 \ln x$, $x = 1$

(3) $f(x) = e^{-x}\sin x$, $x = \pi$

(4) $f(x) = \ln(\ln x)$, $x = e$

9. 다음 적분을 구하라.

(1) $\int \frac{3x^3}{x^4+5}\,dx$

(2) $\int \frac{1}{x\ln x}\,dx$

(3) $\int \frac{e^{2x}}{1+e^{2x}}\,dx$

(4) $\int \frac{e^{2/x}}{x^2}\,dx$

(5) $\int_0^1 \frac{x^2}{x^3-4}\,dx$

(6) $\int_0^1 \tan x\,dx$

(7) $\int_0^1 \frac{e^x-1}{e^{2x}}\,dx$

(8) $\int e^{-6x}\,dx$

(9) $\int e^x(1+e^x)^{10}\,dx$

(10) $\int \frac{e^x+1}{e^x}\,dx$

(11) $\int \frac{x}{e^{x^2}}\,dx$

(12) $\int (x-2)e^{x^2-4x-3}\,dx$

(13) $\int_4^8 \frac{1}{x}\,dx$

(14) $\int_1^e \frac{x^2+x+1}{x}\,dx$

(15) $\int \frac{dx}{2x-1}$

(16) $\int \frac{x+1}{x^2+2x}\,dx$

(17) $\int \frac{(\ln x)^2}{x}\,dx$

(18) $\int \frac{\sin x}{1+\cos x}\,dx$

(19) $\int_3^4 5^t\, dt$

(20) $\int_1^{\sqrt{3}} \frac{6}{1+x^2}\, dx$

(21) $\int \frac{x^2}{\sqrt{1-x^6}}\, dx$

(22) $\int \frac{x+9}{x^2+9}\, dx$

(23) $\int \frac{dx}{1+9x^2}$

(24) $\int \frac{e^x}{e^{2x}+1}\, dx$

(25) $\int_0^{1/2} \frac{\sin^{-1}x}{\sqrt{1-x^2}}\, dx$

(26) $\int \sinh 2x\, dx$

(27) $\int \coth x\, dx$

(28) $\int \frac{1}{\sqrt{4+x^2}}\, dx$

(29) $\int_0^{1/2} \frac{1}{1-x^2}\, dx$

C·H·A·P·T·E·R

08 적분법

8.1 •• 치환적분

초등함수는 상수함수, 거듭제곱함수, 로그함수, 지수함수, 삼각함수, 역삼각함수 및 이들 함수의 사칙연산과 합성으로 얻어지는 함수를 말한다. 예를 들면

$$f(x) = \frac{e^x + e^{-x}}{2} = \cosh x$$

$$g(x) = (1 + \cos^4 x)^{1/2}$$

$$h(x) = \frac{3^{x^2 - 2x}}{\ln(x^2 + 1)} - \sin[\cos(\cosh x)]$$

는 초등함수이다.

초등함수의 미분은 간단하며 앞에서 배운 미분 공식을 적절히 사용하여 구해진다. 미분한 결과는 언제나 초등함수가 된다. 적분은 미분과 달리 적분을 구하는 데 여러 가지 방법과 기교가 필요하다. 그럼에도 불구하고 초등함수를 적분하였을 때 반드시 초등함수가 얻어지지는 않는다. 예를 들면 e^{-x^2}, $\dfrac{\sin x}{x}$, $\sin(x^2)$의 역도함수는 초등함수가 아니다.

적분법에서 중요한 두 방법은 **치환적분**과 **부분적분**이다. 5.1절에서 치환적분법을 소개하였으며 그 간의 여러 절에서 사용하였다. 여기서는 치환적분법을 복습하고 여러 가지 응용문제를 다룬다.

끝으로 8.5절에서 유리함수의 적분을 논의한다. 유리함수는 언제나 적분을 할 수 있고 적분한 결과는 초등함수가 된다는 사실을 공부한다.

표준형

치환적분을 효과적으로 사용하려면 적분 공식들을 잘 활용하여야 한다. 다양한 적분 공식들이 이 책의 부록에 실려 있다. 다음은 간단한 적분 공식들이다.

상수, 거듭제곱

1. $\int k\,du = ku + C$

2. $\int u^r\,du = \begin{cases} \dfrac{u^{r+1}}{r+1} + C & r \neq -1 \\ \ln|u| + C & r = -1 \end{cases}$

지수함수

3. $\int e^u\,du = e^u + C$

4. $\int a^u\,du = \dfrac{a^u}{\ln a} + C,\ \ a \neq 1,\ \ a > 0$

삼각함수

5. $\int \sin u\,du = -\cos u + C$

6. $\int \cos u\,du = \sin u + C$

7. $\int \sec^2 u\,du = \tan u + C$

8. $\int \csc^2 u\,du = -\cot u + C$

9. $\int \sec u \tan u\,du = \sec u + C$

10. $\int \csc u \cot u\,du = -\csc u + C$

11. $\int \tan u\,du = -\ln|\cos u| + C$

12. $\int \cot u\,du = \ln|\sin u| + C$

대수적 합성함수

13. $\int \dfrac{du}{\sqrt{a^2 - u^2}} = \sin^{-1}\left(\dfrac{u}{a}\right) + C$

14. $\int \dfrac{du}{a^2 + u^2} = \dfrac{1}{a}\tan^{-1}\left(\dfrac{u}{a}\right) + C$

15. $\int \dfrac{du}{u\sqrt{u^2 - a^2}} = \dfrac{1}{a}\sec^{-1}\left(\dfrac{|u|}{a}\right) + C = \dfrac{1}{a}\cos^{-1}\left(\dfrac{a}{|u|}\right) + C$

부정적분에서 치환

부정적분을 구하는 문제를 생각하여 보자. 문제가 표준형이면 답을 간단히 쓰면 된다. 문제가 표준형이 아니면 문제를 표준형으로 바꾸는 치환을 찾아본다. 첫 번째 치환으로 문제가 표준형이 되지 않으면 다른 치환을 생각하여 본다.

5.8절에서 다룬 치환적분법을 다시 정리하면

치환적분법

$\int f(x)\,dx$를 구하기 위하여 치환 $u = g(x)$를 한다. 여기서 g는 미분가능한 함수이다. 이 치환이 $f(x)\,dx$를 $h(u)\,du$로 치환시키고 H가 h의 부정적분이면

$$\int f(x)\,dx = \int h(u)\,du = H(u) + C = H(g(x)) + C$$

예제 8.1.1 $\int \frac{x}{\cos^2(x^2)}\,dx$를 구하라.

[풀이] 표준형 $\int \sec^2 u\,du$를 생각한다. $u = x^2$이라 하면

$$\begin{aligned}\int \frac{x}{\cos^2(x^2)}\,dx &= \frac{1}{2}\int \frac{1}{\cos^2(x^2)}\,2x\,dx = \frac{1}{2}\int \sec^2 u\,du \\ &= \frac{1}{2}\tan u + C = \frac{1}{2}\tan(x^2) + C\end{aligned}$$

■

예제 8.1.2 $\int \frac{1}{\sqrt{5-9x^2}}\,dx$를 구하라.

[풀이] $\int \frac{du}{\sqrt{a^2-u^2}}$를 생각하라. $u = 3x$라 하면

$$\begin{aligned}\int \frac{1}{\sqrt{5-9x^2}}\,dx &= \frac{1}{3}\int \frac{1}{\sqrt{5-u^2}}\,du \\ &= \frac{1}{3}\sin^{-1}\left(\frac{u}{\sqrt{5}}\right) + C = \frac{1}{3}\sin^{-1}\left(\frac{3x}{\sqrt{5}}\right) + C\end{aligned}$$

■

예제 8.1.3 $\int \frac{e^{1/x}}{x^2}\,dx$를 구하라.

[풀이] $\int e^u\,du$를 생각하라. $u = \frac{1}{x}$이라 하면

$$\begin{aligned}\int \frac{e^{1/x}}{x^2}\,dx &= -\int e^{1/x}\left(\frac{-1}{x^2}\,dx\right) = -\int e^u\,du \\ &= -e^u + C = -e^{1/x} + C\end{aligned}$$

■

예제 8.1.4 $\int \frac{e^x}{4+9e^{2x}}\,dx$를 구하라.

[풀이] $\int \frac{1}{a^2+u^2}\,du$를 생각하라. $u = 3e^x$라 하면

$$\begin{aligned}\int \frac{e^x}{4+9e^{2x}}\,dx &= \frac{1}{3}\int \frac{1}{4+(3e^x)^2}(3e^x\,dx)\\ &= \frac{1}{3}\int \frac{1}{4+u^2}\,du = \frac{1}{3}\cdot\frac{1}{2}\tan^{-1}\left(\frac{u}{2}\right)+C\\ &= \frac{1}{6}\tan^{-1}\left(\frac{3e^x}{2}\right)+C\end{aligned}$$

■

예제 8.1.5 $\int x^3\sqrt{x^4+11}\,dx$를 구하라.

[풀이] $u = x^4 + 11$이라 하면

$$\begin{aligned}\int x^3\sqrt{x^4+11}\,dx &= \frac{1}{4}\int (x^4+11)^{1/2}\,4x^3\,dx\\ &= \frac{1}{4}\int (x^4+11)^{1/2}\,d(x^4+11)\\ &= \frac{1}{6}(x^4+11)^{3/2}+C\end{aligned}$$

■

예제 8.1.6 $\int \frac{a^{\tan t}}{\cos^2 t}\,dt$를 구하라.

[풀이] $u = \tan t$ 라 하면

$$\begin{aligned}\int \frac{a^{\tan t}}{\cos^2 t}\,dt &= \int a^{\tan t}\sec^2 t\,dt\\ &= \int a^{\tan t}\,d(\tan t) = \frac{a^{\tan t}}{\ln a}+C\end{aligned}$$

■

피적분함수의 변형

치환을 하기 전에 피적분함수를 보다 편리한 꼴로 다시 쓰는 것이 필요한 경우가 있다.

예제 8.1.7 $\int \frac{1}{x^2-6x+25}\,dx$를 구하라.

[풀이] 분모가 판별식이 0보다 작은 2차식인 적분은 **완전제곱**(completing the square)에 의하여 표준형으로 만들 수 있다. x^2+bx는 $\left(\frac{b}{2}\right)^2$을 더하여 완전제곱이 된다.

$$\begin{aligned}\int \frac{1}{x^2-6x+25}\,dx &= \int \frac{1}{x^2-6x+9+16}\,dx\\ &= \int \frac{1}{(x-3)^2+4^2}\,d(x-3)\end{aligned}$$

$$= \frac{1}{4}\tan^{-1}\left(\frac{x-3}{4}\right) + C$$ ■

예제 8.1.8 $\int \frac{x^2 - x}{x+1}\,dx$를 구하라.

[풀이] 피적분함수가 유리함수이고 분자의 차수가 분모의 차수와 같거나 크면 분자를 분모로 나누면

$$\frac{x^2 - x}{x+1} = x - 2 + \frac{2}{x+1}$$

그러므로

$$\begin{aligned}\int \frac{x^2 - x}{x+1}\,dx &= \int (x-2)\,dx + 2\int \frac{1}{x+1}\,dx \\ &= \frac{x^2}{2} - 2x + 2\int \frac{1}{x+1}\,d(x+1) \\ &= \frac{x^2}{2} - 2x + 2\ln|x+1| + C\end{aligned}$$ ■

예제 8.1.9 $\int \sec x\,dx$를 구하라.

[풀이] 예제 8.1.7과 8.1.8에서 피적분함수의 변형은 자연스럽게 보인다. 그러나 이 문제를 풀려면 독특한 방법이 필요하다.

$$\begin{aligned}\int \sec x\,dx &= \int \sec x\,\frac{\sec x + \tan x}{\sec x + \tan x}\,dx = \int \frac{\sec^2 x + \sec x \tan x}{\sec x + \tan x}\,dx \\ &= \int \frac{1}{\sec x + \tan x}\,d(\sec x + \tan x) \\ &= \ln|\sec x + \tan x| + C\end{aligned}$$ ■

정적분에서 치환

이 방법은 5.8절에서 취급하듯이 부정적분에서 치환과 유사하다. 그러나 정적분에서 치환은 적분구간에 대한 적절한 변환이 필요하다.

예제 8.1.10 $\int_2^5 t\sqrt{t^2 - 4}\,dt$를 구하라.

[풀이] $u = t^2 - 4$, $du = 2t\,dt$라 하자. $t = 2$일 때 $u = 0$이고, $t = 5$일 때 $u = 21$이다. 따라서

$$\begin{aligned}\int_2^5 t\sqrt{t^2-4}\,dt &= \frac{1}{2}\int_2^5 (t^2-4)^{1/2}(2t\,dt)\\ &= \frac{1}{2}\int_0^{21} u^{1/2}\,du = \left[\frac{1}{3}u^{\frac{3}{2}}\right]_0^{21}\\ &= \frac{1}{3}(21)^{3/2}\end{aligned}$$ ■

적분표의 사용

앞에서 표준형에 대한 적분 공식을 간단히 소개하였다. 이 책 부록에 있는 적분표에는 함수의 유형에 따라 적분 공식을 분류하여 정리하였다. 다음 예제에서 적분표의 활용방법을 알아보자.

예제 8.1.11 $\int\sqrt{6x-x^2}\,dx$와 $\int_0^{\pi/2}\cos x\sqrt{6\sin x-\sin^2 x}\,dx$를 구하라.

[풀이] 부록에서 적분 공식 113을 사용한다. $a=3$인 경우이다.

$$\int\sqrt{6x-x^2}\,dx = \frac{x-3}{2}\sqrt{6x-x^2}+\frac{9}{2}\cos^{-1}\left(1-\frac{x}{3}\right)+C$$

$u=\sin x$로 치환하고 위 공식을 사용하면,

$$\begin{aligned}\int_0^{\frac{\pi}{2}}\cos x\sqrt{6\sin x-\sin^2 x}\,dx &= \int_0^1\sqrt{6u-u^2}\,du\\ &= \left[\frac{u-3}{2}\sqrt{6u-u^2}+\frac{9}{2}\cos^{-1}\left(1-\frac{u}{3}\right)\right]_0^1\\ &= -\sqrt{5}+\frac{9}{2}\cos^{-1}\left(\frac{2}{3}\right)-\frac{9}{2}\cos^{-1}(1)\end{aligned}$$ ■

연습문제 8.1

1. 다음 적분을 구하라.

(1) $\int(x-1)^4\,dx$

(2) $\int x(x^2+1)^4\,dx$

(3) $\int\frac{dx}{x^2+1}$

(4) $\int\frac{x}{x^2+1}\,dx$

(5) $\int 3t\sqrt{2+t^2}\,dt$

(6) $\int\frac{\tan z}{\cos z}\,dz$

(7) $\int \frac{\cos\sqrt{x}}{\sqrt{x}}\,dx$

(8) $\int_0^{\pi/2} \frac{\cos x}{1+\sin^2 x}\,dx$

(9) $\int \frac{2x^2+x}{x+1}\,dx$

(10) $\int \frac{\sqrt{\tan x}}{1-\sin^2 x}\,dx$

(11) $\int \frac{\cos(\ln 4x^2)}{x}\,dx$

(12) $\int \frac{5e^x}{\sqrt{1-e^{2x}}}\,dx$

(13) $\int \frac{5e^{2x}}{\sqrt{1-e^{2x}}}\,dx$

(14) $\int_0^1 x10^{x^2}\,dx$

(15) $\int \frac{\sin x-\cos x}{\sin x}\,dx$

(16) $\int \frac{z+2}{\cot(z^2+4z-3)}\,dz$

(17) $\int e^x \sec e^x\,dx$

(18) $\int \frac{\sec^3 x+e^{\sin x}}{\sec x}\,dx$

(19) $\int \frac{t^2\cos(t^3-2)}{\sin^2(t^3-2)}\,dt$

(20) $\int \frac{t^2\cos^2(t^3-2)}{\sin^2(t^3-2)}\,dt$

(21) $\int \frac{e^{\tan^{-1}2t}}{1+4t^2}\,dt$

(22) $\int \frac{y}{\sqrt{16-9y^4}}\,dy$

(23) $\int \frac{\sec x\tan x}{1+\sec^2 x}\,dx$

(24) $\int \frac{e^{3t}}{\sqrt{4-e^{6t}}}\,dt$

(25) $\int_0^{\frac{\pi}{2}} \frac{\sin x}{16+\cos^2 x}\,dx$

(26) $\int \frac{1}{x^2+2x+5}\,dx$

(27) $\int \frac{dx}{9x^2+18x+10}$

(28) $\int \frac{x+1}{9x^2+18x+10}\,dx$

(29) $\int \frac{dt}{t\sqrt{2t^2-9}}$

2. 부록의 적분표를 사용하여 다음 적분을 구하라.

(1) $\int x\sqrt{3x+2}\,dx$

(2) $\int \frac{1}{9-16x^2}\,dx$

(3) $\int x^2\sqrt{9-2x^2}\,dx$

(4) $\int \frac{dx}{\sqrt{5+3x^2}}$

(5) $\int \frac{dt}{\sqrt{t^2+2t-3}}$

(6) $\int \frac{\sin t\cos t}{\sqrt{3\sin t+5}}\,dt$

3. $x=0$과 $x=\pi/4$ 사이의 곡선 $y=\ln(\cos x)$의 길이를 구하라.

8.2 다양한 형태의 삼각함수 적분

삼각함수의 항등식과 치환법을 결합하여 삼각함수로 이루어진 다항식함수를 적분할 수 있다. 아래 형태의 적분을 알아보자.

1. $\int \sin^n x\, dx$ 와 $\int \cos^n x\, dx$
2. $\int \sin^m x \cos^n x\, dx$
3. $\int \tan^n x\, dx$와 $\int \cot^n x\, dx$
4. $\int \tan^m x \sec^n x\, dx$ 와 $\int \cot^m x \csc^n x\, dx$
5. $\int \sin mx \cos nx\, dx$, $\int \sin mx \sin nx\, dx$, $\int \cos mx \cos nx\, dx$

[형태 1] $\int \sin^n x\, dx$, $\int \cos^n x\, dx$

n이 홀수일 때 인수 $\sin x$ 또는 $\cos x$를 꺼낸 후 항등식 $\sin^2 x + \cos^2 x = 1$을 사용한다.

예제 8.2.1 (n이 홀수) $\int \sin^5 x\, dx$를 구하라.

[풀이]

$$\begin{aligned}\int \sin^5 x\, dx &= \int \sin^4 x \sin x\, dx \\ &= \int (1-\cos^2 x)^2 \sin x\, dx \\ &= -\int (1 - 2\cos^2 x + \cos^4 x)\, d(\cos x) \\ &= -\cos x + \frac{2}{3}\cos^3 x - \frac{1}{5}\cos^5 x + C\end{aligned}$$ ■

n이 짝수일 때는 다음 반각 공식을 사용한다.

$$\sin^2 x = \frac{1-\cos 2x}{2}, \quad \cos^2 x = \frac{1+\cos 2x}{2}$$

예제 8.2.2 (n이 짝수) $\int \sin^2 x\, dx$, $\int \cos^4 x\, dx$를 구하라.

[풀이]

$$\begin{aligned}\int \sin^2 x\, dx &= \int \frac{1-\cos 2x}{2}\, dx \\ &= \frac{1}{2}\int dx - \frac{1}{4}\int (\cos 2x)(2)\, dx\end{aligned}$$

$$= \frac{1}{2}\int dx - \frac{1}{4}\int \cos 2x\, d(2x)$$

$$= \frac{1}{2}x - \frac{1}{4}\sin 2x + C$$

$$\int \cos^4 x\, dx = \int \left(\frac{1+\cos 2x}{2}\right)^2 dx$$

$$= \frac{1}{4}\int (1 + 2\cos 2x + \cos^2 2x)\, dx$$

$$= \frac{1}{4}\int dx + \frac{1}{4}\int (\cos 2x)(2)\, dx + \frac{1}{8}\int (1+\cos 4x)\, dx$$

$$= \frac{3}{8}\int dx + \frac{1}{4}\int \cos 2x\, d(2x) + \frac{1}{32}\int \cos 4x\, d(4x)$$

$$= \frac{3}{8}x + \frac{1}{4}\sin 2x + \frac{1}{32}\sin 4x + C \quad ■$$

[형태 2] $\int \sin^m x \cos^n x\, dx$

m 또는 n이 홀수이면 $\sin x$ 또는 $\cos x$를 인수로 꺼내고 항등식 $\sin^2 x + \cos^2 x = 1$을 사용한다.

예제 8.2.3 (m 또는 n이 홀수) $\int \sin^3 x(\cos x)^{-4}\, dx$를 구하라.

[풀이]

$$\int \sin^3 x(\cos x)^{-4}\, dx = \int (1-\cos^2 x)(\cos x)^{-4}\sin x\, dx$$

$$= -\int (\cos x)^{-4} - (\cos x)^{-2}\, d(\cos x)$$

$$= -\left[\frac{(\cos x)^{-3}}{-3} - \frac{(\cos x)^{-1}}{-1}\right] + C$$

$$= \frac{1}{3}\sec^3 x - \sec x + C \quad ■$$

m과 n이 양수이고 짝수이면 피적분함수의 차수를 줄이기 위하여 반각 공식을 사용한다.

예제 8.2.4 (m과 n이 짝수) $\int \sin^2 x \cos^4 x\, dx$를 구하라.

[풀이]

$$\int \sin^2 x \cos^4 x\, dx = \int \left(\frac{1-\cos 2x}{2}\right)\left(\frac{1+\cos 2x}{2}\right)^2 dx$$

$$= \frac{1}{8}\int (1 + \cos 2x - \cos^2 2x - \cos^3 2x)\, dx$$

$$=\frac{1}{8}\int\left[1+\cos 2x-\frac{1}{2}(1+\cos 4x)-(1-\sin^2 2x)\cos 2x\right]dx$$

$$=\frac{1}{8}\int\left[\frac{1}{2}-\frac{1}{2}\cos 4x+\sin^2 2x\cos 2x\right]dx$$

$$=\frac{1}{8}\left[\int\frac{1}{2}\,dx-\frac{1}{8}\int\cos 4x\,d(4x)+\frac{1}{2}\int\sin^2 2x\,d(\sin 2x)\right]$$

$$=\frac{1}{8}\left(\frac{1}{2}x-\frac{1}{8}\sin 4x+\frac{1}{6}\sin^3 2x\right)+C$$

■

[형태 3] $\int \tan^n x\,dx,\ \int \cot^n x\,dx$

tangent인 경우는 항등식 $\tan^2 x=\sec^2 x-1$을 사용하고, cotangent인 경우는 항등식 $\cot^2 x=\csc^2 x-1$을 사용한다.

예제 8.2.5 $\int \cot^4 x\,dx$를 구하라.

[풀이]

$$\int \cot^4 x\,dx=\int \cot^2 x(\csc^2 x-1)\,dx$$

$$=\int \cot^2 x\csc^2 x\,dx-\int \cot^2 x\,dx$$

$$=-\int \cot^2 x\,d(\cot x)-\int(\csc^2 x-1)\,dx$$

$$=-\frac{1}{3}\cot^3 x+\cot x+x+C$$

■

예제 8.2.6 $\int \tan^5 x\,dx$를 구하라.

[풀이]

$$\int \tan^5 x\,dx=\int \tan^3 x(\sec^2 x-1)\,dx$$

$$=\int \tan^3 x\sec^2 x\,dx-\int \tan^3 x\,dx$$

$$=\int \tan^3 x\,d(\tan x)-\int \tan x(\sec^2 x-1)\,dx$$

$$=\int \tan^3 x\,d(\tan x)-\int \tan x\,d(\tan x)+\int \tan x\,dx$$

$$=\frac{1}{4}\tan^4 x-\frac{1}{2}\tan^2 x-\ln|\cos x|+C$$

■

[형태 4] $\int \tan^m x \sec^n x\, dx$, $\int \cot^m x \csc^n x\, dx$

예제 8.2.7 (n은 짝수, m은 임의의 수) $\int (\tan x)^{-\frac{3}{2}} \sec^4 x\, dx$를 구하라.

[풀이]

$$\begin{aligned}\int (\tan x)^{-\frac{3}{2}} \sec^4 x\, dx &= \int (\tan x)^{-\frac{3}{2}}(1+\tan^2 x)\sec^2 x\, dx \\ &= \int (\tan x)^{-\frac{3}{2}} \sec^2 x\, dx + \int (\tan^{\frac{1}{2}} x)\sec^2 x\, dx \\ &= -2(\tan x)^{-\frac{1}{2}} + \frac{2}{3}\tan^{\frac{3}{2}} x + C\end{aligned}$$

■

예제 8.2.8 (m은 홀수, n은 임의의 수) $\int \tan^3 x(\sec x)^{-\frac{1}{2}}\, dx$를 구하라.

[풀이]

$$\begin{aligned}\int \tan^3 x(\sec x)^{-\frac{1}{2}}\, dx &= \int (\tan^2 x)(\sec x)^{-\frac{3}{2}}(\sec x \tan x)\, dx \\ &= \int (\sec^2 x - 1)(\sec x)^{-\frac{3}{2}}\, d(\sec x) \\ &= \int \sec^{\frac{1}{2}} x\, d(\sec x) - \int (\sec x)^{-\frac{3}{2}}\, d(\sec x) \\ &= \frac{2}{3}\sec^{\frac{3}{2}} x + 2(\sec x)^{-\frac{1}{2}} + C\end{aligned}$$

■

[형태 5] $\int \sin mx \cos nx\, dx$, $\int \sin mx \sin nx\, dx$, $\int \cos mx \cos nx\, dx$

이런 형태의 적분은 교류이론, 열전달문제, Fourier 급수가 사용되는 문제에서 나타난다. 이런 적분을 구하기 위하여 삼각함수의 곱에 대한 항등식을 사용한다.

$$\sin mx \cos nx = \frac{1}{2}[\sin(m+n)x + \sin(m-n)x]$$

$$\sin mx \sin nx = -\frac{1}{2}[\cos(m+n)x - \cos(m-n)x]$$

$$\cos mx \cos nx = \frac{1}{2}[\cos(m+n)x + \cos(m-n)x]$$

예제 8.2.9 $\int \sin 2x \cos 3x\, dx$를 구하라.

[풀이]

$$\begin{aligned}\int \sin 2x \cos 3x\, dx &= \frac{1}{2}\int [\sin 5x + \sin(-x)]\, dx \\ &= \frac{1}{10}\int \sin 5x\, d(5x) - \frac{1}{2}\int \sin x\, dx\end{aligned}$$

$$= -\frac{1}{10}\cos 5x + \frac{1}{2}\cos x + C$$ ■

예제 8.2.10 m, n이 자연수일 때 다음을 증명하라.

$$\int_{-\pi}^{\pi} \sin mx \sin nx \, dx = \begin{cases} 0, & m \neq n \\ \pi, & m = n \end{cases}$$

[풀이] $m \neq n$이면

$$\begin{aligned} \int_{-\pi}^{\pi} \sin mx \sin nx \, dx &= -\frac{1}{2}\int_{-\pi}^{\pi} [\cos(m+n)x - \cos(m-n)x] \, dx \\ &= -\frac{1}{2}\left[\frac{1}{m+n}\sin(m+n)x - \frac{1}{m-n}\sin(m-n)x\right]_{-\pi}^{\pi} \\ &= 0 \end{aligned}$$

$m = n$이면

$$\begin{aligned} \int_{-\pi}^{\pi} \sin mx \sin nx \, dx &= -\frac{1}{2}\int_{-\pi}^{\pi} [\cos 2mx - 1] \, dx \\ &= -\frac{1}{2}\left[\frac{1}{2m}\sin 2mx - x\right]_{-\pi}^{\pi} \\ &= -\frac{1}{2}[-2\pi] = \pi \end{aligned}$$ ■

연습문제 8.2

1. 다음 적분을 구하라.

(1) $\int \cos^2 x \, dx$

(2) $\int \cos^3 x \, dx$

(3) $\int_0^{\pi/2} \sin^5 t \, dt$

(4) $\int \tan^3 y \, dy$

(5) $\int \sin^7 3x \cos^2 3x \, dx$

(6) $\int \cos^3\theta \sin^{-2}\theta \, d\theta$

(7) $\int \sin^4 2t \cos^4 2t \, dt$

(8) $\int \tan^3 3y \sec^3 3y \, dy$

(9) $\int \cot x \csc^3 x \, dx$

(10) $\int \tan^{-3} t \sec^2 t \, dt$

(11) $\int \sin 4y \cos 5y \, dy$

(12) $\int \cot^4 2x \, dx$

(13) $\int \sec^4 7x\, dx$

(14) $\int \cot^3 x\, dx$

(15) $\int (\tan x + \cot x)^2\, dx$

2. 다음 정적분을 구하라.

(1) $\int_{\pi/6}^{\pi/3} \frac{dx}{1+\cos x}$

(2) $\int_{-\pi/4}^{\pi/4} \sec^6 t\, dt$

(3) $\int_{\pi/6}^{\pi/4} \cot^3 x\, dx$

(4) $\int_{-\pi/2}^{\pi/2} 15\sin^4 3x \cos 3x\, dx$

3. $y = x + \sin x$, $y = 0$, $x = \pi$로 둘러싸인 영역을 x축으로 회전시킬 때 생기는 입체의 부피를 구하라.

8.3 삼각함수 치환

피적분함수가 근호를 포함하고 있는 경우 치환적분에 대하여 알아보기로 한다.

$\sqrt[n]{ax+b}$ 를 포함하는 피적분함수

피적분함수가 $\sqrt[n]{ax+b}$ 를 포함할 때 $u = \sqrt[n]{ax+b}$ 로 치환하면 근호가 없어진다.

예제 8.3.1 $\int \frac{dx}{x-\sqrt{x}}$ 를 구하라.

[풀이] $u = \sqrt{x}$ 라 하자. 그러면 $u^2 = x$, $2u\, du = dx$ 이다. 따라서

$$\begin{aligned}\int \frac{dx}{x-\sqrt{x}} &= \int \frac{2u}{u^2-u}\, du \\ &= 2\int \frac{1}{u-1}\, du = 2\int \frac{1}{u-1}\, d(u-1) \\ &= 2\ln|u-1| + C = 2\ln\left|\sqrt{x}-1\right| + C\end{aligned}$$

■

예제 8.3.2 $\int x\sqrt[3]{x-4}\,dx$를 구하라.

[풀이] $u=\sqrt[3]{x-4}$라 하면 $u^3=x-4$, $3u^2\,du=dx$이다. 따라서

$$\begin{aligned}\int x\sqrt[3]{x-4}\,dx &= \int (u^3+4)u\,3u^2\,du \\ &= 3\int (u^6+4u^3)du \\ &= 3\left[\frac{u^7}{7}+u^4\right]+C \\ &= \frac{3}{7}(x-4)^{7/3}+3(x-4)^{4/3}+C\end{aligned}$$

■

예제 8.3.3 $\int x\sqrt[5]{(x+1)^2}\,dx$를 구하라.

[풀이] $u=(x+1)^{1/5}$라 하면 $u^5=x+1$, $5u^4\,du=dx$. 그러므로

$$\begin{aligned}\int x(x+1)^{2/5}\,dx &= \int (u^5-1)u^2 5u^4\,du \\ &= 5\int (u^{11}-u^6)\,du \\ &= \frac{5}{12}u^{12}-\frac{5}{7}u^7+C \\ &= \frac{5}{12}(x+1)^{12/5}-\frac{5}{7}(x+1)^{7/5}+C\end{aligned}$$

■

$\sqrt{a^2-x^2}$, $\sqrt{a^2+x^2}$, $\sqrt{x^2-a^2}$ 을 포함하는 피적분함수

근호를 제거하기 위해서 아래와 같이 삼각함수 치환을 사용한다.

1. $x=a\sin t$ 2. $x=a\tan t$ 3. $x=a\sec t$

다음을 관찰하여 이러한 치환의 효과를 알아보자.

1. $a^2-x^2=a^2-a^2\sin^2 t=a^2(1-\sin^2 t)=a^2\cos^2 t$
2. $a^2+x^2=a^2+a^2\tan^2 t=a^2(1+\tan^2 t)=a^2\sec^2 t$
3. $x^2-a^2=a^2\sec^2 t-a^2=a^2(\sec^2 t-1)=a^2\tan^2 t$

위 치환의 역치환이 가능하도록 t를 제한하면(7.6절)

1. $\sqrt{a^2-x^2}=a|\cos t|=a\cos t$ $\left(-\frac{\pi}{2}\le t\le\frac{\pi}{2}\right)$

2. $\sqrt{a^2+x^2}=a|\sec t|=a\sec t \quad \left(-\frac{\pi}{2}<t<\frac{\pi}{2}\right)$

3. $\sqrt{x^2-a^2}=a|\tan t|=\pm a\tan t \quad \left(0\le t\le\pi,\ t\ne\frac{\pi}{2}\right)$

예제 8.3.4 $\int\sqrt{a^2-x^2}\,dx$를 구하라.

[풀이] $x=a\sin t,\ -\frac{\pi}{2}\le t\le\frac{\pi}{2}$로 치환하면 $dx=a\cos t\,dt,\ \sqrt{a^2-x^2}=a\cos t$이다. 따라서

$$\begin{aligned}\int\sqrt{a^2-x^2}\,dx&=\int a\cos t\cdot a\cos t\,dt\\&=a^2\int\cos^2 t\,dt=\frac{a^2}{2}\int(1+\cos 2t)\,dt\\&=\frac{a^2}{2}\left(t+\frac{1}{2}\sin 2t\right)+C=\frac{a^2}{2}(t+\sin t\cos t)+C\end{aligned}$$

$x=a\sin t$는 $\frac{x}{a}=\sin t$와 동치이고 t는 sin함수가 역치환이 가능하도록 제한되어 있으므로

$$t=\sin^{-1}\left(\frac{x}{a}\right)$$

7.6절의 항등식과 그림 8.1을 사용하면

$$\begin{aligned}\cos t=\cos\left[\sin^{-1}\left(\frac{x}{a}\right)\right]&=\sqrt{1-\frac{x^2}{a^2}}\\&=\frac{1}{a}\sqrt{a^2-x^2}\end{aligned}$$

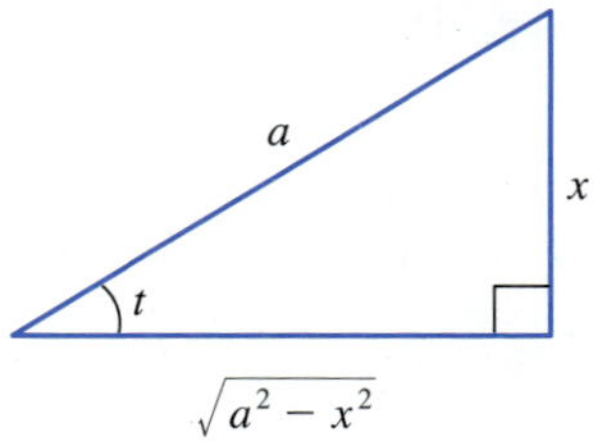

$x=a\sin t$

[그림 8.1]

이다. 따라서

$$\int\sqrt{a^2-x^2}\,dx=\frac{a^2}{2}\sin^{-1}\left(\frac{x}{a}\right)+\frac{x}{2}\sqrt{a^2-x^2}+C$$ ■

예제 8.3.4의 결과를 이용하면 반원(그림 8.2)의 넓이를 구하는 정적분을 계산할 수 있으며 정적분은 다음과 같다.

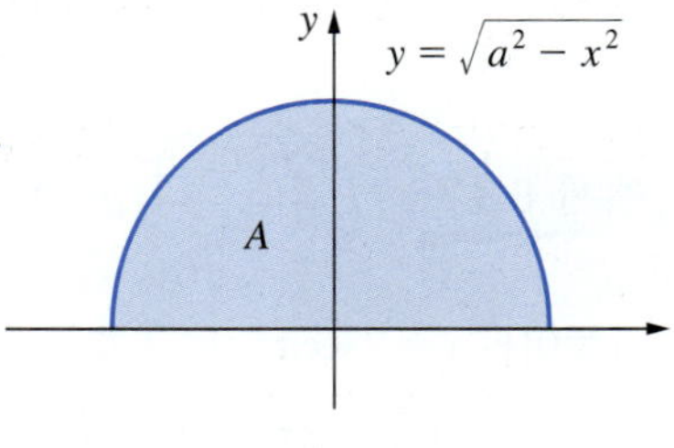

[그림 8.2]

$$\begin{aligned}\int_{-a}^{a}\sqrt{a^2-x^2}\,dx&=\left[\frac{a^2}{2}\sin^{-1}\left(\frac{x}{a}\right)+\frac{x}{2}\sqrt{a^2-x^2}\right]_{-a}^{a}\\&=\frac{a^2}{2}\left[\frac{\pi}{2}+\frac{\pi}{2}\right]=\frac{\pi a^2}{2}\end{aligned}$$

예제 8.3.5 $\int \frac{\sqrt{4-x^2}}{x^2}\,dx$를 구하라.

[풀이] $x = 2\sin t,\ -\frac{\pi}{2} \le t \le \frac{\pi}{2}$라 하면 $dx = 2\cos t\,dt,\ \sqrt{4-x^2} = 2\cos t$이다.

$$\int \frac{\sqrt{4-x^2}}{x^2}\,dx = \int \frac{2\cos t}{4\sin^2 t}(2\cos t)\,dt = \int \cot^2 t\,dt$$

$$= \int (\csc^2 t - 1)\,dt = -\cot t - t + C$$

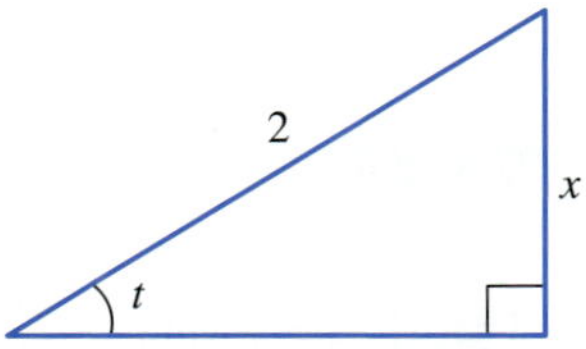

$\sqrt{4-x^2}$

$x = 2\sin t$

[그림 8.3]

그런데 $\sin t = \frac{x}{2}$이고 $t = \sin^{-1}\left(\frac{x}{2}\right)$이다.

또 $\cot t = \frac{\sqrt{4-x^2}}{x}$ 이다(그림 8.3). 그러므로

$$\int \frac{\sqrt{4-x^2}}{x^2}\,dx = -\frac{\sqrt{4-x^2}}{x} - \sin^{-1}\left(\frac{x}{2}\right) + C$$ ■

예제 8.3.6 $\int \frac{dx}{\sqrt{9+x^2}}$를 구하라.

[풀이] $x = 3\tan t,\ -\frac{\pi}{2} < t < \frac{\pi}{2}$라 하면 $dx = 3\sec^2 t\,dt,\ \sqrt{9+x^2} = 3\sec t$이다.

$$\int \frac{dx}{\sqrt{9+x^2}} = \int \frac{3\sec^2 t}{3\sec t}\,dt = \int \sec t\,dt$$

$$= \ln|\sec t + \tan t| + C$$

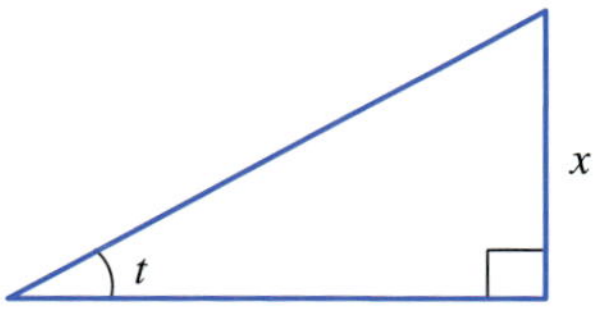

$x = 3\tan t$

[그림 8.4]

그림 8.4에서 $\tan t = \frac{x}{3},\ \sec t = \frac{\sqrt{9+x^2}}{3}$이다. 그러므로

$$\int \frac{dx}{\sqrt{9+x^2}} = \ln\left|\frac{\sqrt{9+x^2}+x}{3}\right| + C$$

$$= \ln\left|\sqrt{9+x^2}+x\right| - \ln 3 + C$$

$$= \ln\left|\sqrt{9+x^2}+x\right| + K$$ ■

예제 8.3.7 $\int_2^4 \frac{\sqrt{x^2-4}}{x}\,dx$를 구하라.

[풀이] $x = 2\sec t,\ 0 \le t < \frac{\pi}{2}$라 하자. x는 구간 $2 \le x \le 4$에 있으므로 t의 구간은 $0 \le t \le \frac{\pi}{3}$이다. 구간을 이와 같이 정의하는 것은 중요하다. 왜냐 하면 $\sqrt{x^2-a^2}$을 간단히 할 때 일반적으로 나타나는 절대값의 부호를 없앨 수 있기 때문이다. 이 문제에서

$$\sqrt{x^2-4} = \sqrt{4\sec^2 t - 4}$$

$$= \sqrt{4\tan^2 t}$$
$$= 2|\tan t| = 2\tan t$$

정적분의 치환에 관한 정리를 사용하여

$$\int_2^4 \frac{\sqrt{x^2-4}}{x}\,dx = \int_0^{\pi/3} \frac{2\tan t}{2\sec t}\,2\sec t\tan t\,dt$$
$$= 2\int_0^{\pi/3} \tan^2 t\,dt = 2\int_0^{\pi/3} (\sec^2 t - 1)\,dt$$
$$= 2[\tan t - t]_0^{\pi/3} = 2\sqrt{3} - \frac{2\pi}{3}$$

■

완전제곱

근호 내에 $x^2 + Bx + C$ 인 꼴의 2차식이 나타날 때 완전제곱으로 바꾸면 삼각함수 치환을 할 수 있다.

예제 8.3.8 $\int \frac{dx}{\sqrt{x^2+2x+26}}$ 와 $\int \frac{2x}{\sqrt{x^2+2x+26}}\,dx$ 를 구하라.

[풀이] $x^2 + 2x + 26 = x^2 + 2x + 1 + 25 = (x+1)^2 + 25$ 이므로, $u = x+1$, $du = dx$ 라 하자. 그러면

$$\int \frac{dx}{\sqrt{x^2+2x+26}} = \int \frac{du}{\sqrt{u^2+25}}$$

$u = 5\tan t$, $-\frac{\pi}{2} < t < \frac{\pi}{2}$ 이면 $du = 5\sec^2 t\,dt$ 이고 $\sqrt{u^2+25} = \sqrt{25(\tan^2 t + 1)} = 5\sec t$ 이다.

$$\int \frac{du}{\sqrt{u^2+25}} = \int \frac{5\sec^2 t}{5\sec t}\,dt = \int \sec t\,dt$$
$$= \ln|\sec t + \tan t| + C$$
$$= \ln\left|\frac{\sqrt{u^2+25}}{5} + \frac{u}{5}\right| + C$$
$$= \ln\left|\sqrt{u^2+25} + u\right| - \ln 5 + C$$
$$= \ln\left|\sqrt{x^2+2x+26} + x + 1\right| + K$$

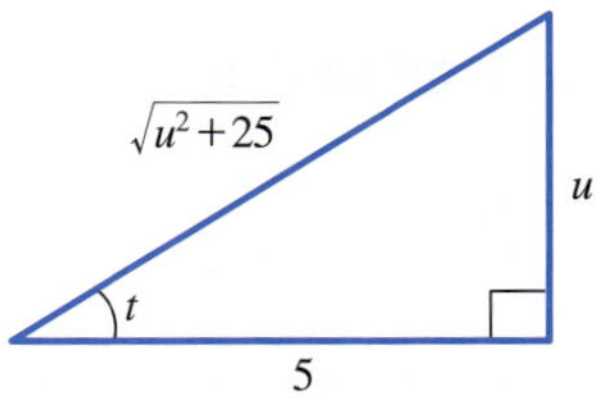

[그림 8.5]

두 번째 적분을 구하기 위하여

$$\int \frac{2x}{\sqrt{x^2+2x+26}}\,dx$$

$$= \int \frac{2x+2}{\sqrt{x^2+2x+26}}\,dx - 2\int \frac{1}{\sqrt{x^2+2x+26}}\,dx$$

우변의 첫 번째 적분은 치환 $u = x^2 + 2x + 26$에 의하여 구할 수 있고 두 번째 적분은 위와 같다. 그러므로

$$\int \frac{2x}{\sqrt{x^2+2x+26}}\,dx$$
$$= 2\sqrt{x^2+2x+26} - 2\ln\left|\sqrt{x^2+2x+26} + x + 1\right| + K$$ ■

연습문제 8.3

1. 다음 적분을 구하라.

(1) $\int x\sqrt{x+3}\,dx$　　(2) $\int \frac{t\,dt}{\sqrt{2t+7}}$

(3) $\int_1^4 \frac{dx}{\sqrt{x+2}}$　　(4) $\int 7t(2t+1)^{3/2}\,dt$

(5) $\int \frac{\sqrt{1-x^2}}{x}\,dx$　　(6) $\int \frac{dx}{x\sqrt{x^2+9}}$

(7) $\int_5^8 \frac{dx}{x^2\sqrt{x^2-16}}$　　(8) $\int \frac{t}{\sqrt{4-t^2}}\,dt$

(9) $\int \frac{2x-3}{\sqrt{4-x^2}}\,dx$　　(10) $\int \frac{y^3\,dy}{(y^2+4)^{3/2}}$

2. 완전제곱을 하고 필요할 때 삼각함수 치환을 하여 다음 적분을 구하라.

(1) $\int \frac{dx}{\sqrt{x^2+2x+5}}$　　(2) $\int \frac{3x}{\sqrt{x^2+2x+5}}\,dx$

(3) $\int \sqrt{5-4x-x^2}\,dx$　　(4) $\int \frac{dx}{\sqrt{4x-x^2}}$

(5) $\int \frac{2x+1}{x^2+2x+2}\,dx$

3. 다음 적분을 구하라

(1) $\int_{-2}^{2} \frac{dx}{4+x^2}$　　(2) $\int_0^{\frac{3}{2}} \frac{dx}{\sqrt{9-x^2}}$

(3) $\displaystyle\int_0^{\frac{\sqrt{3}}{2}} \frac{4x^2\,dx}{(1-x^2)^{\frac{3}{2}}}$ (4) $\displaystyle\int_0^{\ln 4} \frac{e^t\,dt}{\sqrt{e^{2t}+9}}$

(5) $\displaystyle\int_{\frac{1}{12}}^{\frac{1}{4}} \frac{2\,dt}{\sqrt{t}+4t\sqrt{t}}$

4. 곡선 $y=\dfrac{1}{x^2+2x+5}$, $y=0$, $x=0$, $x=1$로 둘러싸인 영역을 x축으로 회전시켰을 때 생기는 입체의 부피를 구하라.

5. $\displaystyle\int \frac{x\,dx}{x^2+9}$를 다음 방법으로 구하고, 구한 답이 서로 같음을 확인하라.

(1) 대수적 치환 (2) 삼각함수 치환

6. $\displaystyle\int \frac{\sqrt{4-x^2}}{x}\,dx$를 다음 방법으로 구하고, 구한 답이 서로 같음을 확인하라.

(1) $u=\sqrt{4-x^2}$ (2) 삼각함수 치환

8.4 부분적분

치환에 의하여 적분을 구할 수 없으면 부분적분에 의하여 적분을 시도한다. **부분적분**은 두 함수의 곱으로 표시되는 함수를 적분하는 하나의 방법이다.

$u=f(x)$, $v=g(x)$라 하자. 그러면

$$D_x[f(x)\,g(x)]=f(x)\,g'(x)+g(x)\,f'(x)$$

이고 이 방정식의 양변을 적분하여

$$f(x)\,g(x)=\int f(x)\,g'(x)\,dx+\int g(x)\,f'(x)\,dx$$

또는

$$\int f(x)\,g'(x)\,dx=f(x)\,g(x)-\int g(x)\,f'(x)\,dx$$

가 된다. $dv=g'(x)\,dx$, $du=f'(x)\,dx$로 놓으면, 위의 방정식을 다음과 같이 쓸 수 있다.

부정적분에서 부분적분

$$\int u\,dv = uv - \int v\,du$$

부정적분에 대응하는 정적분의 공식은 다음과 같다(그림 8.6).

정적분에서 부분적분

$$\int_a^b u\,dv = [uv]_a^b - \int_a^b v\,du$$

이 공식은 $u\,dv$를 적분하는 문제를 $v\,du$를 적분하는 문제로 전환하는 것이다. 적분을 구할 수 있는가의 여부는 u와 dv의 적절한 선택에 따른다.

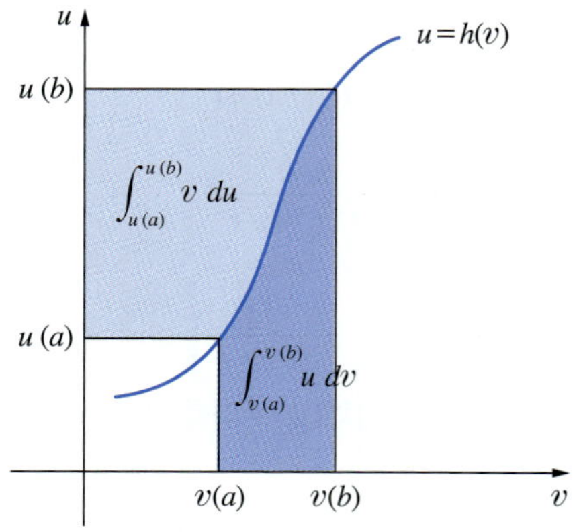

$$\int_{v(a)}^{v(b)} u\,dv = u(b)v(b) - u(a)v(a) - \int_{u(a)}^{u(b)} v\,du$$

[그림 8.6]

간단한 예제 :

예제 8.4.1 $\int x\cos x\,dx$를 구하라.

[풀이] $x\cos x\,dx$를 $u\,dv$로 택하여 보자. 가능한 한 가지 방법은 $u = x$, $dv = \cos x\,dx$이다. 그러면 $du = dx$이고 $v = \int \cos x\,dx = \sin x$이다(여기서 적분상수는 생략함). 이것을 편리한 형태로 요약하면

$$u = x, \qquad dv = \cos x\,dx, \qquad du = dx, \qquad v = \sin x$$

이다. 부분적분에 의하여

$$\begin{aligned}\int \underbrace{x}_{u}\,\underbrace{\cos x\,dx}_{dv} &= \underbrace{x}_{u}\,\underbrace{\sin x}_{v} - \int \underbrace{\sin x}_{v}\,\underbrace{dx}_{du}\\ &= x\sin x + \cos x + C\end{aligned}$$

가 된다. 또 다음 치환은

$$u = \cos x, \qquad dv = x\,dx, \qquad du = -\sin x\,dx, \qquad v = \frac{x^2}{2}$$

이다. 부분적분에 의하여

$$\int \underbrace{\cos x}_{u}\,\underbrace{x\,dx}_{dv} = \underbrace{(\cos x)}_{u}\,\underbrace{\frac{x^2}{2}}_{v} - \int \underbrace{\frac{x^2}{2}}_{v}\,\underbrace{(-\sin x\,dx)}_{du}$$

이다. 이것은 틀린 곳은 없으나 적분을 구하는 데 도움은 전혀 되지 않는다. 우변의 새로운 적분은 처음 적분보다 복잡하다. 그러므로 u와 dv의 적절한 선택이 중요하다는 것을 알 수 있다. ■

예제 8.4.2 $\int_1^e \ln x\, dx$를 구하라.

[풀이] $u = \ln x, \quad dv = dx, \quad du = \left(\frac{1}{x}\right)dx, \quad v = x$

라 하자. 그러면

$$\begin{aligned}\int_1^e \ln x\, dx &= [x \ln x]_1^e - \int_1^e x\left(\frac{1}{x}\right) dx \\ &= e \ln e - \int_1^e dx \\ &= e - [x]_1^e \\ &= e - e + 1 = 1\end{aligned}$$
■

예제 8.4.3 $\int \sin^{-1} x\, dx$를 구하라.

[풀이] $u = \sin^{-1} x, \quad dv = dx, \quad du = \frac{1}{\sqrt{1-x^2}}dx, \quad v = x$

라 하자. 그러면

$$\begin{aligned}\int \sin^{-1} x\, dx &= x \sin^{-1} x - \int \frac{x}{\sqrt{1-x^2}} dx \\ &= x \sin^{-1} x + \frac{1}{2}\int (1-x^2)^{-\frac{1}{2}}(-2x\, dx) \\ &= x \sin^{-1} x + \frac{1}{2}\cdot 2(1-x^2)^{1/2} + C \\ &= x \sin^{-1} x + \sqrt{1-x^2} + C\end{aligned}$$
■

부분적분의 반복

경우에 따라 부분적분을 반복 사용하여 부정적분을 구할 수 있다.

예제 8.4.4 $\int x^2 \sin x\, dx$를 구하라.

[풀이] $u = x^2, \quad dv = \sin x\, dx, \quad du = 2x\, dx, \quad v = -\cos x$

라 하자. 그러면

$$\int x^2 \sin x\, dx = -x^2 \cos x + 2\int x \cos x\, dx$$

이다. 우변에 있는 적분에 부분적분을 다시 적용한다. 그런데 이 적분은 예제 8.4.1에서 구하였다. 그러므로 그 결과를 이용하여

$$\begin{aligned}\int x^2 \sin x\, dx &= -x^2 \cos x + 2(x \sin x + \cos x + C) \\ &= -x^2 \cos x + 2x \sin x + 2 \cos x + K\end{aligned}$$

■

예제 8.4.5 $\int e^x \sin x\, dx$를 구하라.

[풀이] $u = e^x,\quad dv = \sin x\, dx,\quad du = e^x\, dx,\quad v = -\cos x$

라 하자. 그러면

$$\int e^x \sin x\, dx = -e^x \cos x + \int e^x \cos x\, dx$$

이다. 다시 부분적분을 해보자. 우변의 적분에서

$$u = e^x,\quad dv = \cos x\, dx,\quad du = e^x\, dx,\quad v = \sin x$$

라 하자. 그러면

$$\int e^x \cos x\, dx = e^x \sin x - \int e^x \sin x\, dx$$

이다. 이것을 처음 적분 결과에 대입하면

$$\int e^x \sin x\, dx = -e^x \cos x + e^x \sin x - \int e^x \sin x\, dx$$

가 된다. 끝항을 좌변으로 이동시키면

$$2\int e^x \sin x\, dx = e^x(\sin x - \cos x) + C$$

가 된다. 그러므로

$$\int e^x \sin x\, dx = \frac{1}{2}e^x(\sin x - \cos x) + K$$

■

구하고자 하는 적분이 우변에 다시 나타나므로 예제 8.4.5를 풀 수 있었다. 이와 같은 방법을 이용하는 또 하나의 예제를 보자.

예제 8.4.6 $\int \sec^3\theta\, d\theta$를 구하라.

[풀이] $u = \sec\theta,\quad dv = \sec^2\theta\, d\theta,\quad du = \sec\theta \tan\theta\, d\theta,\quad v = \tan\theta$

라 하자. 그러면

$$\begin{aligned}\int \sec^3\theta\, d\theta &= \sec\theta \tan\theta - \int \sec\theta \tan^2\theta\, d\theta \\ &= \sec\theta \tan\theta - \int \sec\theta(\sec^2\theta - 1)\, d\theta \\ &= \sec\theta \tan\theta - \int \sec^3\theta\, d\theta + \int \sec\theta\, d\theta\end{aligned}$$

가 된다. 따라서

$$\begin{aligned}2\int \sec^3\theta\, d\theta &= \sec\theta \tan\theta + \int \sec\theta\, d\theta \\ &= \sec\theta \tan\theta + \ln|\sec\theta + \tan\theta| + C\end{aligned}$$

이다. 그러므로

$$\int \sec^3\theta\, d\theta = \frac{1}{2}\sec\theta \tan\theta + \frac{1}{2}\ln|\sec\theta + \tan\theta| + K$$ ■

점화식

다음 식

$$\int f^n(x)\, dx = g(x) + \int f^k(x)\, dx$$

에서 $k < n$ 일 때 이와 같은 식을 **점화식**(reduction formula)이라 한다(f의 지수가 감소함). 이와 같은 식은 부분적분을 통하여 구할 수 있는 경우가 있다.

예제 8.4.7 $\int \sin^n x\, dx$에 대한 점화식을 유도하라.

[풀이] $u = \sin^{n-1} x,\quad dv = \sin x\, dx,\quad du = (n-1)\sin^{n-2} x \cos x\, dx,\quad v = -\cos x$

라 하자. 그러면

$$\int \sin^n x\, dx = -\sin^{n-1} x \cos x + (n-1)\int \sin^{n-2} x \cos^2 x\, dx$$

이다. 우변의 적분에서 $\cos^2 x$를 $1 - \sin^2 x$로 바꾸면

$$\int \sin^n x\, dx = -\sin^{n-1} x \cos x + (n-1)\int \sin^{n-2} x\, dx - (n-1)\int \sin^n x\, dx$$

가 된다. 마지막 적분을 좌변으로 이항하여 $\int \sin^n x\, dx$에 대하여 풀면 아래와 같은 점화식($n \geq 2$ 일 때 성립함)을 구할 수 있다.

$$\int \sin^n x\, dx = \frac{-\sin^{n-1} x \cos x}{n} + \frac{n-1}{n}\int \sin^{n-2} x\, dx$$ ■

예제 8.4.8 위 점화식을 사용하여 $\int_0^{\pi/2} \sin^8 x\, dx$를 구하라.

[풀이]

$$\int_0^{\pi/2} \sin^n x\, dx = \left[\frac{-\sin^{n-1} x \cos x}{n}\right]_0^{\pi/2} + \frac{n-1}{n}\int_0^{\pi/2} \sin^{n-2} x\, dx$$
$$= 0 + \frac{n-1}{n}\int_0^{\pi/2} \sin^{n-2} x\, dx$$

인 것에 유의하면

$$\int_0^{\pi/2} \sin^8 x\, dx = \frac{7}{8}\int_0^{\pi/2} \sin^6 x\, dx = \frac{7}{8}\frac{5}{6}\int_0^{\pi/2} \sin^4 x\, dx = \frac{7}{8}\frac{5}{6}\frac{3}{4}\int_0^{\pi/2} \sin^2 x\, dx$$
$$= \frac{7}{8}\frac{5}{6}\frac{3}{4}\frac{1}{2}\int_0^{\pi/2} 1\, dx = \frac{7}{8}\frac{5}{6}\frac{3}{4}\frac{1}{2}\frac{\pi}{2} = \frac{35}{256}\pi$$

■

연습문제 8.4

1. 다음 적분을 구하라.

(1) $\int x e^x dx$

(2) $\int x \sin 3x\, dx$

(3) $\int \tan^{-1} x\, dx$

(4) $\int x \sec^2 5x\, dx$

(5) $\int \sqrt{x}\, \ln x\, dx$

(6) $\int x \tan^{-1} x\, dx$

(7) $\int x \ln x\, dx$

(8) $\int_{\pi/6}^{\pi/2} x \csc^2 x\, dx$

(9) $\int x a^x dx$

(10) $\int (x^2 - 5x) e^x dx$

(11) $\int_0^{\pi/2} x^2 \sin 2x\, dx$

(12) $\int_{2/\sqrt{3}}^{2} x \sec^{-1} x\, dx$

2. 부분적분을 두 번 하여 다음 적분을 구하라.

(1) $\int x^2 e^x dx$

(2) $\int e^x \cos x\, dx$

(3) $\int \sin(\ln x)\, dx$

3. 치환법을 이용한 후 부분적분법으로 다음 적분을 구하라.

(1) $\int e^{\sqrt{3x+9}}\,dx$ (2) $\int_0^{\pi/3} x\tan^2 x\,dx$

(3) $\int \sin(\ln x)\,dx$

4. 곡선 $y=\ln x$, x축 및 직선 $x=e$로 둘러싸인 영역의 넓이를 구하라.

5. 곡선 $y=3xe^{-x/3}$, $y=0$ 및 $x=9$로 둘러싸인 영역의 넓이를 구하라.

6. 점화식 $\int \cos^n x\,dx = \dfrac{\cos^{n-1}x\sin x}{n} + \dfrac{n-1}{n}\int \cos^{n-2}x\,dx$를 유도하라(예제 8.4.7).

7. $\int_0^{\pi/2} \sin^7 x\,dx$를 계산하라(예제 8.4.8).

8. 점화식 $\int x^n e^x dx = x^n e^x - n\int x^{n-1}e^x dx$를 유도하고 $\int x^3 e^x dx$를 구하라.

9. 항등식 $2\sec^3 x\,dx = \sec x\,dx + d(\sec x\tan x)$을 증명하고 $\int \sec^3 x\,dx$에 대한 새로운 식을 유도하라(예제 8.4.6).

8.5 유리함수 적분

유리함수는 두 다항식의 분수꼴로 정의한다. 예를 들면

$$f(x)=\frac{2}{(x+1)^3},\quad g(x)=\frac{2x+2}{x^2-4x+8},\quad h(x)=\frac{x^5+2x^3-x+1}{x^3+5x}$$

등이다. 이 가운데서 f와 g는 **진유리함수**(proper rational function)이다. 진유리함수는 분자의 차수가 분모의 차수보다 작은 유리함수이다. 진유리함수가 아닌 유리함수는 항상 다항식과 진유리함수의 합으로 나타낼 수 있다. 예를 들면

$$h(x)=\frac{x^5+2x^3-x+1}{x^3+5x}=x^2-3+\frac{14x+1}{x^3+5x}$$

인데, 이것은 분자를 분모로 나누어서 구한 것이다(그림 8.7).

$$\begin{array}{r|l} & x^2-3 \\ \hline x^3+5x & x^5+2x^3-x+1 \\ & x^5+5x^3 \\ \hline & -3x^3-x \\ & -3x^3-15x \\ \hline & 14x+1 \end{array}$$

[그림 8.7]

따라서 유리함수를 적분하는 문제는 진유리함수를 적분하는 문제로 귀착된다. 진유리함수는 언제나 부정적분을 구할 수 있다.

예제 8.5.1 $\int \frac{1}{(x+1)^3}\,dx$를 구하라.

[풀이] $u = x + 1$이라 하자.

$$\begin{aligned}\int \frac{1}{(x+1)^3}\,dx &= \int (x+1)^{-3}\,d(x+1)\\ &= -\frac{1}{2}(x+1)^{-2} + C\end{aligned}$$

■

예제 8.5.2 $\int \frac{2x+2}{x^2-4x+8}\,dx$를 구하라.

[풀이] $u = x^2 - 4x + 8$이라 하면 $du = (2x-4)\,dx$이고

$$\begin{aligned}\int \frac{2x+2}{x^2-4x+8}\,dx &= \int \frac{2x-4}{x^2-4x+8}\,dx + \int \frac{6}{x^2-4x+8}\,dx\\ &= \ln\left|x^2-4x+8\right| + 6\int \frac{1}{x^2-4x+8}\,dx\end{aligned}$$

이다. 둘째 적분의 분모를 완전제곱으로 변형하면

$$\begin{aligned}\int \frac{1}{x^2-4x+8}\,dx &= \int \frac{1}{x^2-4x+4+4}\,dx\\ &= \int \frac{1}{(x-2)^2+4}\,dx = \int \frac{1}{(x-2)^2+4}\,d(x-2)\\ &= \frac{1}{2}\tan^{-1}\left(\frac{x-2}{2}\right) + C\end{aligned}$$

이다. 그러므로

$$\int \frac{2x+2}{x^2-4x+8}\,dx = \ln\left|x^2-4x+8\right| + 3\tan^{-1}\left(\frac{x-2}{2}\right) + K$$

■

어떤 진유리함수는 예제 8.5.2에서와 같이 적분이 간단한 진유리함수들의 합으로 나타낼 수 있다.

부분분수 분해(1 차인수)

분수들을 더하는 것은 대수적 문제이다. 예를 들면,

$$\frac{2}{x-1}+\frac{3}{x+1}=\frac{5x-1}{(x-1)(x+1)}=\frac{5x-1}{x^2-1}$$

이다. 위 연산의 역과정은 한 분수를 간단한 분수들의 합으로 분해하는 일이다. 이 과정을 거친 후 진유리함수를 적분할 수 있다.

예제 8.5.3 (서로 다른 1차인수) $\frac{3x-1}{x^2-x-6}$ 을 부분분수로 분해하고 그 부정적분을 구하라.

[풀이] 분모는 $(x+2)(x-3)$으로 인수분해 되기 때문에 다음과 같은 꼴로 분해될 수 있다.

$$\frac{3x-1}{(x+2)(x-3)}=\frac{A}{x+2}+\frac{B}{x-3}$$

위의 식을 A와 B에 대하여 풀기 위해, 양변에 $(x+2)(x-3)$을 곱하면

$$3x-1=A(x-3)+B(x+2)$$

또는

$$3x-1=(A+B)x+(-3A+2B)$$

가 된다. 따라서

$$A+B=3, \qquad -3A+2B=-1$$

이다. A와 B에 대하여 이 연립방정식을 풀면 $A=\frac{7}{5}$, $B=\frac{8}{5}$이다. 그러므로

$$\frac{3x-1}{x^2-x-6}=\frac{3x-1}{(x+2)(x-3)}=\frac{7}{5}\cdot\frac{1}{x+2}+\frac{8}{5}\cdot\frac{1}{x-3}$$

이고

$$\begin{aligned}\int\frac{3x-1}{x^2-x-6}\,dx&=\frac{7}{5}\int\frac{1}{x+2}\,dx+\frac{8}{5}\int\frac{1}{x-3}\,dx\\&=\frac{7}{5}\ln|x+2|+\frac{8}{5}\ln|x-3|+C\end{aligned}$$

■

이 과정에 어려움이 있다면 이것은 A와 B를 결정하는 일이다. A와 B를 결정하기 위하여 위 예제에서 항등식 $3x-1=A(x-3)+B(x+2)$에 $x=3$과 $x=-2$를 대입하면

$$8=A\cdot 0+B\cdot 5, \qquad -7=A\cdot(-5)+B\cdot 0$$

이 된다. 따라서 $B=\frac{8}{5}$, $A=\frac{7}{5}$이다.

예제 8.5.4 (서로 다른 1차인수) $\int \frac{5x+3}{x^3-2x^2-3x}\,dx$를 구하라.

[풀이] 분모는 $x(x+1)(x-3)$ 으로 인수분해 되기 때문에

$$\frac{5x+3}{x(x+1)(x-3)} = \frac{A}{x} + \frac{B}{x+1} + \frac{C}{x-3}$$

라 쓰고 A, B, C를 결정한다. 위의 식을 정리하면

$$5x+3 = A(x+1)(x-3) + Bx(x-3) + Cx(x+1)$$

이 된다. $x=0$, $x=-1$, $x=3$ 을 대입하면

$$3 = A(-3), \qquad -2 = B(4), \qquad 18 = C(12)$$

즉,

$$A=-1, \qquad B=-\frac{1}{2}, \qquad C=\frac{3}{2}$$

이다.

$$\int \frac{5x+3}{x^3-2x^2-3x}\,dx = -\int \frac{1}{x}\,dx - \frac{1}{2}\int \frac{1}{x+1}\,dx + \frac{3}{2}\int \frac{1}{x-3}\,dx$$
$$= -\ln|x| - \frac{1}{2}\ln|x+1| + \frac{3}{2}\ln|x-3| + C$$

■

예제 8.5.5 (중복된 1차인수) $\int \frac{x}{(x-3)^2}\,dx$를 구하라.

[풀이] 피적분함수를 부분분수로 분해하면

$$\frac{x}{(x-3)^2} = \frac{A}{x-3} + \frac{B}{(x-3)^2}$$

인 꼴이 된다. 여기서 A와 B는 결정되어야 할 상수이다. 이 식을 정리하면

$$x = A(x-3) + B$$

가 된다. 편리한 값 $x=3$과 $x=0$을 대입하면 $B=3$, $A=1$이다. 그러므로

$$\int \frac{x}{(x-3)^2}\,dx = \int \frac{1}{x-3}\,dx + 3\int \frac{1}{(x-3)^2}\,dx$$
$$= \ln|x-3| - \frac{3}{x-3} + C$$

■

예제 8.5.6 (몇 개는 서로 다르고, 몇 개는 중복된 1차인수) $\int \frac{3x^2-8x+13}{(x+3)(x-1)^2}\,dx$를 구하라.

[풀이] 피적분함수를 다음과 같이 분해한다.

$$\frac{3x^2-8x+13}{(x+3)(x-1)^2}=\frac{A}{x+3}+\frac{B}{x-1}+\frac{C}{(x-1)^2}$$

이 식을 정리하면

$$3x^2-8x+13=A(x-1)^2+B(x+3)(x-1)+C(x+3)$$

이 된다. $x=1,\ x=-3,\ x=0$을 대입하면 $C=2,\ A=4,\ B=-1$이 된다. 그러므로

$$\begin{aligned}\int\frac{3x^2-8x+13}{(x+3)(x-1)^2}\,dx&=4\int\frac{dx}{x+3}-\int\frac{dx}{x-1}+2\int\frac{dx}{(x-1)^2}\\&=4\ln|x+3|-\ln|x-1|-\frac{2}{x-1}+C\end{aligned}$$

■

중복된 1차인수에 대한 일반적 법칙은 다음과 같다. 분모의 각 인수 $(ax+b)^k$에 대한 부분분수 분해에 있어서는 다음과 같이 k개의 항으로 분해될 수 있다.

$$\frac{A_1}{ax+b}+\frac{A_2}{(ax+b)^2}+\cdots+\frac{A_k}{(ax+b)^k}$$

부분분수 분해(2차인수)

분수의 분모를 인수분해할 때 복소수를 도입하지 않으면 1차인수로 분해할 수 없는 2차인수가 나타날 수 있다(예: x^2+1).

예제 8.5.7 (1차인수와 2차인수) $\dfrac{6x^2-3x+1}{(4x+1)(x^2+1)}$을 부분분수로 분해하고 이 함수의 부정적분을 구하라.

[풀이]

$$\frac{6x^2-3x+1}{(4x+1)(x^2+1)}=\frac{A}{4x+1}+\frac{Bx+C}{x^2+1}$$

로 분해된다. 상수 A, B, C를 구하기 위하여 $(4x+1)(x^2+1)$을 양변에 곱하면

$$6x^2-3x+1=A(x^2+1)+(Bx+C)(4x+1)$$

이 된다. $x=-\dfrac{1}{4},\ x=0,\ x=1$을 대입하면

$$\frac{6}{16}+\frac{3}{4}+1=A\left(\frac{17}{16}\right)\Rightarrow A=2$$

$$1=2+C\Rightarrow C=-1$$

$$4=4+(B-1)5\Rightarrow B=1$$

이 된다. 그러므로

$$\begin{aligned}&\int \frac{6x^2-3x+1}{(4x+1)(x^2+1)}\,dx\\&=\int \frac{2}{4x+1}\,dx+\int \frac{x-1}{x^2+1}\,dx\\&=\frac{1}{2}\int \frac{4\,dx}{4x+1}+\frac{1}{2}\int \frac{2x\,dx}{x^2+1}-\int \frac{dx}{x^2+1}\\&=\frac{1}{2}\ln|4x+1|+\frac{1}{2}\ln(x^2+1)-\tan^{-1}x+C\end{aligned}$$

■

예제 8.5.8 (1차인수와 중복된 2차인수) $\int \frac{6x^2-15x+22}{(x+3)(x^2+2)^2}\,dx$ 를 구하라.

[풀이] 피적분함수를 부분분수로 분해하면

$$\frac{6x^2-15x+22}{(x+3)(x^2+2)^2}=\frac{A}{x+3}+\frac{Bx+C}{x^2+2}+\frac{Dx+E}{(x^2+2)^2}$$

이다. 적절한 계산을 하여 $A=1,\ B=-1,\ C=3,\ D=-5,\ E=0$을 얻는다. 그러므로

$$\begin{aligned}&\int \frac{6x^2-15x+22}{(x+3)(x^2+2)^2}\,dx\\&=\int \frac{dx}{x+3}-\int \frac{x-3}{x^2+2}\,dx-5\int \frac{x}{(x^2+2)^2}\,dx\\&=\int \frac{dx}{x+3}-\frac{1}{2}\int \frac{2x}{x^2+2}\,dx+3\int \frac{dx}{x^2+2}-\frac{5}{2}\int \frac{2x\,dx}{(x^2+2)^2}\\&=\ln|x+3|-\frac{1}{2}\ln(x^2+2)+\frac{3}{\sqrt{2}}\tan^{-1}\left(\frac{x}{\sqrt{2}}\right)+\frac{5}{2(x^2+2)}+C\end{aligned}$$

■

요 약

유리함수 $f(x)=\frac{p(x)}{q(x)}$를 부분분수로 분해하기 위하여 다음과 같이 처리한다.

[단계 1] $f(x)$가 진유리함수가 아니면 $p(x)$를 $q(x)$로 나누어

$$f(x)=\text{다항식}+\frac{N(x)}{D(x)}$$

를 구한다. 여기서 $\frac{N(x)}{D(x)}$는 진유리함수이다.

[단계 2] $D(x)$를 1차인수와 2차인수로 인수분해한다.

[단계 3] 인수 $(ax+b)^k$에 대한 부분분수 분해는

$$\frac{A_1}{(ax+b)} + \frac{A_2}{(ax+b)^2} + \cdots + \frac{A_k}{(ax+b)^k}$$

인 꼴이 된다.

[단계 4] 인수 $(ax^2+bx+c)^m$에 대한 부분분수 분해는

$$\frac{B_1x+C_1}{ax^2+bx+c} + \frac{B_2x+C_2}{(ax^2+bx+c)^2} + \cdots + \frac{B_mx+C_m}{(ax^2+bx+c)^m}$$

[단계 5] $\dfrac{N(x)}{D(x)}$를 [단계 3]과 [단계 4]에서 구한 모든 항의 합으로 둔다. 구하고자 하는 상수의 개수는 분모의 차수와 같다.

[단계 6] [단계 5]에서 구한 방정식의 양변에 $D(x)$를 곱하고 각 상수를 구한다. 구하는 방법은 다음 두 가지가 있다. (1)차수가 같은 항의 계수를 같다고 둔다. 또는 (2)변수 x에 편리한 값을 대입한다.

연습문제 8.5

1. 부분분수 방법을 이용하여 다음 적분을 구하라.

(1) $\displaystyle\int \frac{2}{x^2+2x}\,dx$

(2) $\displaystyle\int \frac{5x+3}{x^2-9}\,dx$

(3) $\displaystyle\int \frac{x-11}{x^2+3x-4}\,dx$

(4) $\displaystyle\int \frac{2x+21}{2x^2+9x-5}\,dx$

(5) $\displaystyle\int \frac{2x^2+x-4}{x^3-x^2-2x}\,dx$

(6) $\displaystyle\int \frac{3x^3}{x^2+x-2}\,dx$

(7) $\displaystyle\int \frac{x+1}{(x-3)^2}\,dx$

(8) $\displaystyle\int \frac{3x^2-21x+32}{x^3-8x^2+16x}\,dx$

(9) $\displaystyle\int \frac{2x^2+x-8}{x^3+4x}\,dx$

(10) $\displaystyle\int \frac{x^3-8x^2-1}{(x+3)(x-2)(x^2+1)}\,dx$

(11) $\displaystyle\int \frac{x^3-4x}{(x^2+1)^2}\,dx$

(12) $\displaystyle\int_4^6 \frac{x-17}{x^2+x-12}\,dx$

(13) $\displaystyle\int_0^1 \frac{dx}{(x+1)(x^2+1)}$

(14) $\displaystyle\int \frac{y^2+2y+1}{(y^2+1)^2}\,dy$

(15) $\int \frac{e^t\,dt}{e^{2t}+3e^t+2}$ (16) $\int \frac{\cos y\,dy}{\sin^2 y+\sin y-6}$

2. 다음 미분방정식을 풀라.

(1) $(t^2-3t+2)\frac{dx}{dt}=1$ $(t>2)$, $x(3)=0$

(2) $(t^2+2t)\frac{dx}{dt}=2x+2$ $(t,\ x>0)$, $x(1)=1$

(3) $(t+1)\frac{dx}{dt}=x^2+1$ $(t>-1)$, $x(0)=1$

3. 질량작용의 법칙으로 미분방정식

$$\frac{dx}{dt}=k(a-x)(b-x) \quad k>0,\ a>0,\ b>0$$

이 성립한다. 여기에서 x는 시각 t에서 두 물질의 반응으로 생성된 물질의 양이다. $t=0$일 때 $x=0$이라고 가정하자.

(1) $b>a$일 때 이 미분방정식을 풀라.

(2) $b>a$이면 $t\to\infty$일 때 $x\to a$임을 보이라.

(3) $a=2,\ b=4$이고 20분 동안에 1 g의 물질이 생성된다고 하면 1시간 후에는 얼마나 생성되겠는가?

(4) $a=b$일 때 미분방정식을 풀라.

연습문제 ● Chapter 8

1. 다음 적분을 구하라.

(1) $\int xe^{2x}dx$

(2) $\int x^2 \ln x\, dx$

(3) $\int \frac{\ln x}{x}\, dx$

(4) $\int e^x \sin 4x\, dx$

(5) $\int \cos x \cos 2x\, dx$

(6) $\int (\ln x)^2 dx$

(7) $\int \cos x \ln(\sin x)\, dx$

(8) $\int x^3 e^{x^2} dx$

(9) $\int_0^1 x \sin 2x\, dx$

(10) $\int_0^{\pi} 2x \cos x\, dx$

(11) $\int_0^1 x \cos \pi x\, dx$

(12) $\int_0^1 xe^{3x} dx$

(13) $\int_1^{10} \ln x\, dx$

(14) $\int_1^2 x \ln x\, dx$

(15) $\int \sin \sqrt{x}\, dx$

(16) $\int x \ln(4 + x^2)\, dx$

(17) $\int_0^1 x \tan^{-1} x\, dx$

2. 다음 적분을 구하라.

(1) $\int_0^{\pi/4} \cos x \sin^3 x\, dx$

(2) $\int_0^{\pi/2} \cos^2 x \sin x\, dx$

(3) $\int \cos^2 x\, dx$

(4) $\int_0^{\pi/4} \tan^4 x \sec^4 x\, dx$

(5) $\int \cot^3 x \csc^3 x\, dx$

(6) $\int_{-\pi/3}^{0} \sqrt{\cos x}\, \sin^3 x\, dx$

(7) $\int \cos^2 x \sin^2 x\, dx$

3. 다음 적분을 구하라.

(1) $\int \frac{1}{x^2\sqrt{9 - x^2}}\, dx$

(2) $\int_0^2 \sqrt{4 - x^2}\, dx$

(3) $\int \frac{x^2}{\sqrt{x^2 - 9}}\, dx$

(4) $\int \frac{2}{\sqrt{x^2 - 4}}\, dx$

(5) $\int \frac{x^2}{\sqrt{x^2 + 9}}\, dx$

(6) $\int_0^2 x^2 \sqrt{x^2 + 9}\, dx$

(7) $\int_0^1 x\sqrt{x^2+8}\,dx$

(8) $\int \sqrt{x^2+16}\,dx$

(9) $\int \frac{1}{\sqrt{x^2+4}}\,dx$

4. $n>1$인 모든 정수 n에 대하여 다음이 성립함을 보이라.

$$\int \sec^n x\,dx = \frac{1}{n-1}\sec^{n-2}x\tan x + \frac{n-2}{n-1}\int \sec^{n-2}x\,dx$$

5. 타원 $\frac{x^2}{a^2}+\frac{y^2}{b^2}=1,\ a>0,\ b>0$의 내부의 넓이를 구하라.

6. 다음에서 피적분함수를 부분분수로 분해하고 적분을 구하라.

(1) $\int \frac{x-5}{x^2-1}\,dx$

(2) $\int \frac{6x}{x^2-x-2}\,dx$

(3) $\int \frac{-x+5}{x^3-x^2-2x}\,dx$

(4) $\int \frac{x^3+x+2}{x^2+2x-8}\,dx$

(5) $\int \frac{5x-23}{6x^2-11x-7}\,dx$

(6) $\int \frac{x-1}{x^3+4x^2+4x}\,dx$

(7) $\int \frac{x+4}{x^3+3x^2+2x}\,dx$

(8) $\int \frac{x+2}{x^3+x}\,dx$

(9) $\int \frac{4x-2}{16x^4-1}\,dx$

(10) $\int \frac{4x^2-7x-17}{6x^2-11x-10}\,dx$

(11) $\int \frac{2x+3}{x^2+2x+1}\,dx$

(12) $\int \frac{x^3-4}{x^3+2x^2+2x}\,dx$

(13) $\int \frac{x^3+x}{3x^2+2x+1}\,dx$

(14) $\int \frac{4x^2+3}{x^3+x^2+x}\,dx$

(15) $\int \frac{3x^3+1}{x^3-x^2+x-1}\,dx$

(16) $\int \frac{2x^4+9x^2+x-4}{x^3+4x}\,dx$

C·H·A·P·T·E·R 09

부정형의 극한과 특이적분

9.1 부정형($\frac{0}{0}$꼴)

다음 극한 문제

$$\lim_{x\to 0}\frac{\sin x}{x},\quad \lim_{x\to 3}\frac{x^2-9}{x^2-x-6},\quad \lim_{x\to a}\frac{f(x)-f(a)}{x-a}$$

를 살펴보자. 첫 번째 극한은 3.4절에서 취급하였고, 세 번째 극한은 미분계수 $f'(a)$를 정의한다. 이 세 극한에는 공통점이 있다. 모두 나누기 꼴이고 분자와 분모의 극한은 0이며 각 극한은 $\frac{0}{0}$꼴이 된다. 극한에 대한 나누기 법칙을 적용할 수가 없는데 분자와 분모의 극한이 동시에 0이기 때문이다. 나누기 법칙을 적용할 수 없다고 하여 극한이 존재하지 않는다고 할 수는 없다.

예를 들면 $\lim_{x\to 0}\frac{\sin x}{x}=1$이다(정리 3.4.2). 또한 인수분해 방법으로

$$\begin{aligned}\lim_{x\to 3}\frac{x^2-9}{x^2-x-6}&=\lim_{x\to 3}\frac{(x-3)(x+3)}{(x-3)(x+2)}\\&=\lim_{x\to 3}\frac{x+3}{x+2}=\frac{6}{5}\end{aligned}$$

이 된다. 이와 같은 문제를 다루는 방법 중 하나인 L'Hôpital 법칙을 소개한다.

정리 9.1.1 $\frac{0}{0}$꼴 L'Hôpital 법칙

기호 $\lim_{x\to a}$, $\lim_{x\to a^-}$, $\lim_{x\to a^+}$, $\lim_{x\to -\infty}$, $\lim_{x\to\infty}$를 통틀어 lim로 나타내고, $\lim f(x)=0$, $\lim g(x)=0$이라 하자. $\lim\frac{f'(x)}{g'(x)}$가 유한 또는 무한대의 의미(즉, 유한인 수 L, ∞ 또는 $-\infty$)로 존재한다면

$$\lim\frac{f(x)}{g(x)}=\lim\frac{f'(x)}{g'(x)}$$

이 정리를 증명하기 전에 예를 들어보자. L'Hôpital 법칙을 이용하여 극한이 0/0꼴이 아닌 간단한 꼴로 변환된다는 것을 알게 된다.

예제 9.1.1 $\lim_{x\to0}\frac{\sin x}{x}=1,\ \lim_{x\to0}\frac{1-\cos x}{x}=0$ 임을 L'Hôpital 법칙을 이용하여 밝히라.

[풀이] 3.4절에서 이 사실을 보였다. 이 두 극한은 $\frac{0}{0}$꼴이 된다. L'Hôpital 법칙을 이용하여 이것을 증명하자.

$$\lim_{x\to0}\frac{\sin x}{x}=\lim_{x\to0}\frac{D_x\sin x}{D_x x}=\lim_{x\to0}\frac{\cos x}{1}=1$$

$$\lim_{x\to0}\frac{1-\cos x}{x}=\lim_{x\to0}\frac{D_x(1-\cos x)}{D_x x}=\lim_{x\to0}\frac{\sin x}{1}=0$$ ■

예제 9.1.2 $\lim_{x\to3}\frac{x^2-9}{x^2-x-6}$와 $\lim_{x\to2^+}\frac{x^2+3x-10}{x^2-4x+4}$을 구하라.

[풀이] 두 극한은 $\frac{0}{0}$꼴이 된다. 그러므로 L'Hôpital 법칙에 의하여

$$\lim_{x\to3}\frac{x^2-9}{x^2-x-6}=\lim_{x\to3}\frac{2x}{2x-1}=\frac{6}{5}$$

$$\lim_{x\to2^+}\frac{x^2+3x-10}{x^2-4x+4}=\lim_{x\to2^+}\frac{2x+3}{2x-4}=\infty$$ ■

첫 번째 극한은 인수분해 방법을 소개할 때 다루었다. 그러나 각 방법으로 구한 답은 같다.

예제 9.1.3 $\lim_{x\to0}\frac{\tan 2x}{\ln(1+x)}$를 구하라.

[풀이] 분자와 분모는 0으로 접근한다. 그러므로

$$\lim_{x\to0}\frac{\tan 2x}{\ln(1+x)}=\lim_{x\to0}\frac{2\sec^2 2x}{\frac{1}{(1+x)}}$$

$$=\frac{2}{1}=2$$ ■

때로 $\lim\frac{f'(x)}{g'(x)}$도 부정형 $\frac{0}{0}$꼴이 된다. L'Hôpital 법칙을 반복 적용하는 예를 들어보자.

예제 9.1.4 $\lim_{x\to0}\frac{\sin x-x}{x^3}$를 구하라.

[풀이] L'Hôpital 법칙을 계속해서 세 번 적용하여 값을 얻는다.

$$\lim_{x\to 0}\frac{\sin x - x}{x^3} \overset{①}{=} \lim_{x\to 0}\frac{\cos x - 1}{3x^2} \overset{②}{=} \lim_{x\to 0}\frac{-\sin x}{6x} \overset{③}{=} \lim_{x\to 0}\frac{-\cos x}{6} = -\frac{1}{6}$$ ■

모든 경우에 L'Hôpital 법칙을 적용해서는 안 된다. 이것을 적용할 때는 조건을 확인하여야 한다. 그렇지 않으면 오류를 범하게 된다. 예를 들어 보자.

예제 9.1.5 $\lim_{x\to 0}\frac{1-\cos x}{x^2+3x}$를 구하라.

[풀이]

$$\lim_{x\to 0}\frac{1-\cos x}{x^2+3x} \overset{①}{=} \lim_{x\to 0}\frac{\sin x}{2x+3} \overset{②}{=} \lim_{x\to 0}\frac{\cos x}{2} = \frac{1}{2} \quad \text{(틀림)}$$

L'Hôpital 법칙의 첫 번째 적용은 적합하나 두 번째 적용은 적합하지 못하다. 왜냐하면 극한이 $\frac{0}{0}$꼴이 아니기 때문이다. 적합한 적용을 하여 보자.

$$\lim_{x\to 0}\frac{1-\cos x}{x^2+3x} = \lim_{x\to 0}\frac{\sin x}{2x+3} = 0 \quad \text{(옳음)}$$

분자 또는 분모가 0이 아닌 값이 되면 L'Hôpital 법칙을 더 이상 적용할 수 없다. ■

극한을 계산하는 데 L'Hôpital 법칙을 적용하더라도 도움을 얻지 못할 때가 있다.

예제 9.1.6 $\lim_{x\to\infty}\frac{e^{-x}}{x^{-1}}$을 구하라.

[풀이] L'Hôpital 법칙을 반복 적용하면

$$\lim_{x\to\infty}\frac{e^{-x}}{x^{-1}} \overset{①}{=} \lim_{x\to\infty}\frac{e^{-x}}{x^{-2}} \overset{②}{=} \lim_{x\to\infty}\frac{e^{-x}}{2x^{-3}} = \cdots$$

문제를 복잡하게만 만든다. 보다 좋은 해결방법은 우선 대수적 계산을 한다.

$$\lim_{x\to\infty}\frac{e^{-x}}{x^{-1}} = \lim_{x\to\infty}\frac{x}{e^x}$$

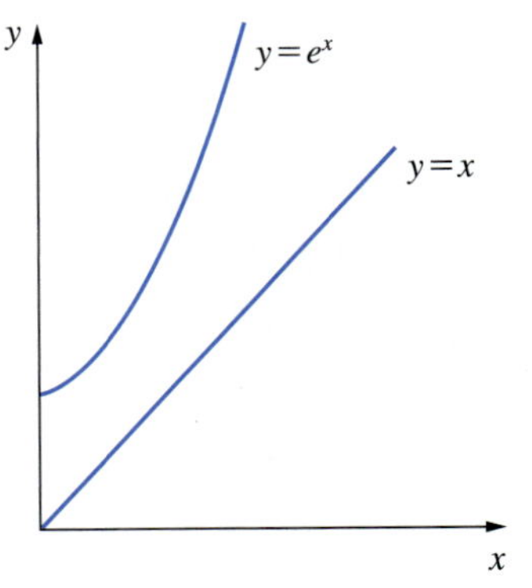

[그림 9.1]

이와 같이 쓸 때 극한은 $\frac{\infty}{\infty}$꼴의 부정형이고, 이런 형의 문제는 다음 절에서 다룬다. 그러나 e^x가 x보다 빨리 증가하기 때문에 극한이 0이라는 것을 추측할 수 있다(그림 9.1). 정확한 극한 계산은 다음 절로 미루도록 한다(예제 9.2.1). ■

Cauchy의 평균값 정리

Augustin-Louis Cauchy(1789～1857)는 평균값 정리를 확장하여 L'Hôpital 법칙을 증명하였다.

정리 9.1.2 Cauchy의 평균값 정리

함수 f와 g가 구간 $[a, b]$에서 연속이고 (a, b)에서 미분가능하다고 하자. (a, b)의 모든 x에 대하여 $g'(x) \neq 0$이면

$$\frac{f(b) - f(a)}{g(b) - g(a)} = \frac{f'(c)}{g'(c)}$$

인 c가 (a, b)에 존재한다.

$g(x) = x$이면 이 정리는 평균값 정리(정리 4.6.1)가 된다.

[증명] 좌변의 분자와 분모에 평균값 정리를 적용하자. 적당한 c_1과 c_2에 대하여

$$\textbf{(1)}\ f(b) - f(a) = f'(c_1)(b - a)$$

$$\textbf{(2)}\ g(b) - g(a) = g'(c_2)(b - a)$$

가 된다. c_1과 c_2가 같다면 첫 번째 식을 두 번째 식으로 나누면 구하려는 결과가 된다. 일반적으로 c_1과 c_2가 같아야 할 이유는 없다. (a, b)의 모든 x에 대하여 $g'(x) \neq 0$이므로 (2)에 의하여 $g(b) - g(a) \neq 0$이다. 그러므로

$$s(x) = f(x) - f(a) - \frac{f(b) - f(a)}{g(b) - g(a)}[g(x) - g(a)]$$

라 하면 $s(a) = 0 = s(b)$이다. s는 $[a, b]$에서 연속이고 (a, b)에서 미분가능하다. 평균값 정리에 의하여

$$s'(c) = \frac{s(b) - s(a)}{b - a} = \frac{0 - 0}{b - a} = 0$$

인 c가 (a, b)에 존재한다. 그러므로

$$s'(c) = f'(c) - \frac{f(b) - f(a)}{g(b) - g(a)} g'(c) = 0$$

즉,

$$\frac{f'(c)}{g'(c)} = \frac{f(b) - f(a)}{g(b) - g(a)}$$

이다. ■

L'Hôpital 법칙의 증명

[증명] $g'(x) \neq 0$, L이 유한하고 극한이 $\lim_{x \to a^+}$ 인 경우만 증명하자. $\lim_{x \to a^+} \dfrac{f'(x)}{g'(x)}$가 존재한다는 것은 $f'(x)$와 $g'(x)$가 (a, b)에서 존재하고 $g'(x) \neq 0$이다. a에서 f와 g가 정의되는지는 알 수 없으나 $\lim_{x \to a^+} f(x) = 0$, $\lim_{x \to a^+} g(x) = 0$이다. 그러므로 $f(a) = 0$, $g(a) = 0$이라 정의하면 f와 g는 a의 오른쪽에서 연속이 된다. 이 사실에 의하여 f와 g는 $[a, b]$에서 Cauchy 평균값 정리의 가정을 만족시킨다. 그러므로 (a, b) 안에 c가 존재하여

$$\frac{f(b) - f(a)}{g(b) - g(a)} = \frac{f'(c)}{g'(c)}$$

가 된다. $f(a) = 0 = g(a)$이므로

$$\frac{f(b)}{g(b)} = \frac{f'(c)}{g'(c)}$$

이다. $b \to a^+$이면 $c \to a^+$이다. 그러므로

$$\lim_{b \to a^+} \frac{f(b)}{g(b)} = \lim_{c \to a^+} \frac{f'(c)}{g'(c)}$$

이다. ■

그 외 경우의 증명은 이 책의 범위를 벗어나므로 생략한다.

연습문제 9.1

1. L'Hôpital 법칙을 사용하여 다음 극한을 구하라.

(1) $\lim_{x \to 0} \dfrac{\sin x - 2x}{x}$

(2) $\lim_{x \to 0} \dfrac{x - 2\sin x}{\tan x}$

(3) $\lim_{x \to -1} \dfrac{x^2 + 5x + 4}{x^2 - 4x - 5}$

(4) $\lim_{x \to 1^+} \dfrac{x^2 - 2x + 2}{x^2 - 1}$

(5) $\lim_{x \to \frac{\pi}{2}} \dfrac{\ln \sin x}{\frac{\pi}{2} - x}$

(6) $\lim_{t \to 1} \dfrac{\sqrt{t} - t}{\ln t}$

(7) $\lim_{x \to 0} \dfrac{\ln \cos 3x}{2x^2}$

(8) $\lim_{x \to 0} \dfrac{\tan x - x}{\sin x - x}$

(9) $\lim_{x \to 0^+} \dfrac{x^2}{\sin x - x}$

(10) $\lim_{x \to 0} \dfrac{\tan^{-1} x - x}{8x^3}$

(11) $\lim_{x\to 0^+} \dfrac{1-\cos x - x\sin x}{2-2\cos x-\sin^2 x}$ (12) $\lim_{x\to 0} \dfrac{\int_0^x \sqrt{1+\sin t}\,dt}{x}$

(13) $\lim_{x\to 1} \dfrac{\ln x}{x-1}$ (14) $\lim_{x\to 0} \dfrac{\tan x - x}{x^3}$

(15) $\lim_{x\to 0} \dfrac{e^x-1}{x^3}$ (16) $\lim_{x\to 0} \dfrac{x+\tan x}{\sin x}$

(17) $\lim_{x\to -1} \dfrac{x^2-1}{x+1}$ (18) $\lim_{x\to -2} \dfrac{x+2}{x^2+3x+2}$

(19) $\lim_{x\to 1} \dfrac{x^9-1}{x^5-1}$ (20) $\lim_{x\to 0} \dfrac{5^x-3^x}{x}$

(21) $\lim_{x\to 0} \dfrac{e^x-1-x}{x^2}$ (22) $\lim_{x\to 0} \dfrac{\sin x}{\sinh x}$

9.2 다른 꼴의 부정형

앞 절의 예제 9.1.6에서

$$\lim_{x\to\infty} \frac{x}{e^x}$$

을 다루었다. 이것은 $f(x)$와 $g(x)$가 무한히 커지는 $\lim_{x\to\infty} \dfrac{f(x)}{g(x)}$ 꼴의 특수형이다. 이 문제를 $\dfrac{\infty}{\infty}$꼴의 부정형이라 한다. 이 경우에도 L'Hôpital 법칙을 적용할 수가 있다. 즉,

$$\lim_{x\to\infty} \frac{f(x)}{g(x)} = \lim_{x\to\infty} \frac{f'(x)}{g'(x)}$$

이다.

직관적으로 이 사실이 성립하는 것을 알 수 있다. $f(t)$와 $g(t)$를 t축상의 두 자동차의 위치라 하자(그림 9.2). f 자동차와 g 자동차는 각각 속도 $f'(t)$, $g'(t)$를 내면서 끝없이 달리고 있다.

$$\lim_{t\to\infty} \frac{f'(t)}{g'(t)} = L$$

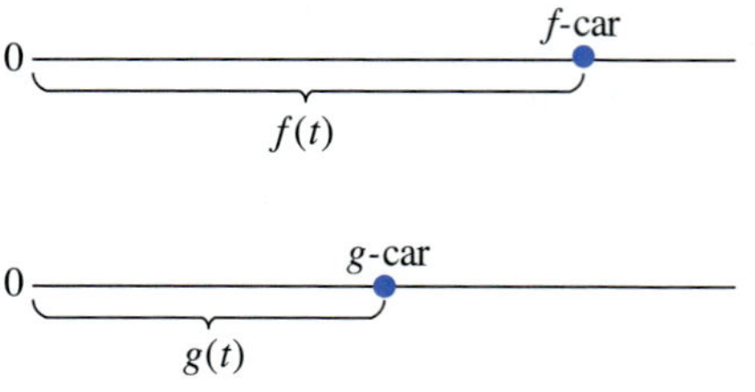

[그림 9.2]

이면 장시간 후에는 f 자동차는 g 자동차가 달린 거리의 L배를 달리게 된다. 그러므로

$$\lim_{t\to\infty}\frac{f(t)}{g(t)}=L$$

이다. 이것은 증명이 아니고 다음 정리가 성립할 가능성만 살펴본 것이다.

○ 정리 9.2.1 $\frac{\infty}{\infty}$꼴의 L'Hôpital 법칙

lim은 $\lim_{x\to a}$, $\lim_{x\to a^-}$, $\lim_{x\to a^+}$, $\lim_{x\to-\infty}$, $\lim_{x\to\infty}$ 중 어느 하나를 나타낸다. $\lim|f(x)|=\infty$, $\lim|g(x)|=\infty$라 하자. $\lim\frac{f'(x)}{g'(x)}$가 유한 또는 무한의 의미로서 존재하면

$$\lim\frac{f(x)}{g(x)}=\lim\frac{f'(x)}{g'(x)}$$

예제 9.2.1 $\lim_{x\to\infty}\frac{x}{e^x}$를 구하라.

[풀이] $x\to\infty$일 때 x와 e^x는 ∞로 간다. L'Hôpital 법칙에 의하여

$$\lim_{x\to\infty}\frac{x}{e^x}=\lim_{x\to\infty}\frac{1}{e^x}=0$$ ■

예제 9.2.2 $a=3$일 때 $\lim_{x\to\infty}\frac{x^a}{e^x}=0$임을 보이라.

[풀이] L'Hôpital 법칙에 의하여

$$\lim_{x\to\infty}\frac{x^3}{e^x}=\lim_{x\to\infty}\frac{3x^2}{e^x}=\lim_{x\to\infty}\frac{6x}{e^x}=\lim_{x\to\infty}\frac{6}{e^x}=0$$ ■

같은 방법에 의하여 임의로 $a>0$일 때도 성립함을 보일 수 있다.

예제 9.2.3 a가 양수일 때 $\lim_{x\to\infty}\frac{\ln x}{x^a}=0$임을 보이라.

[풀이] $x\to\infty$일 때 $\ln x$와 x^a는 ∞로 간다. L'Hôpital 법칙을 적용하여

$$\lim_{x\to\infty}\frac{\ln x}{x^a}=\lim_{x\to\infty}\frac{\frac{1}{x}}{ax^{a-1}}=\lim_{x\to\infty}\frac{1}{ax^a}=0$$ ■

예제 9.2.2와 예제 9.2.3은 기억해 둘만한 가치가 있다. 즉, e^x는 x^a보다 빨리 증가하는 것을 말하고 $\ln x$는 x^a보다 느리게 증가하는 것을 말한다. 예를 들면 e^x는 x^{100}보다 빨리

증가하고 $\ln x$는 $x^{\frac{1}{100}}$보다 느리게 증가한다.

예제 9.2.4 $\displaystyle\lim_{x\to0^+}\frac{\ln x}{\cot x}$를 구하라.

[풀이] $x\to0^+$일 때 $\ln x\to-\infty$이고 $\cot x\to\infty$이다. 그러므로 L'Hôpital 법칙을 적용한다.

$$\lim_{x\to0^+}\frac{\ln x}{\cot x}=\lim_{x\to0^+}\left[\frac{1/x}{-\csc^2 x}\right]$$

이것은 부정형이고 L'Hôpital 법칙을 적용하면 점점 더 복잡해진다. 괄호 안의 식을 다시 써 보자.

$$\frac{1/x}{-\csc^2 x}=\frac{-\sin^2 x}{x}=-\sin x\frac{\sin x}{x}$$

그러므로

$$\lim_{x\to0^+}\frac{\ln x}{\cot x}=\lim_{x\to0^+}\left[-\sin x\frac{\sin x}{x}\right]=0\cdot1=0$$ ■

부정형 $0\cdot\infty$과 $\infty-\infty$

문제를 $\frac{0}{0}$꼴 또는 $\frac{\infty}{\infty}$꼴로 변환을 시킨 후 L'Hôpital 법칙을 적용할 수 있다.

예제 9.2.5 $\displaystyle\lim_{x\to\frac{\pi}{2}}(\tan x\cdot\ln\sin x)$를 구하라.

[풀이] $\displaystyle\lim_{x\to\frac{\pi}{2}}\ln\sin x=0$, $\displaystyle\lim_{x\to\frac{\pi}{2}}|\tan x|=\infty$이므로, 이 문제는 $0\cdot\infty$꼴이다. $\tan x$는 $\frac{1}{\cot x}$이므로, 이 문제를 $\frac{0}{0}$꼴로 쓸 수 있다. 그러므로

$$\begin{aligned}\lim_{x\to\frac{\pi}{2}}(\tan x\cdot\ln\sin x)&=\lim_{x\to\frac{\pi}{2}}\frac{\ln\sin x}{\cot x}=\lim_{x\to\frac{\pi}{2}}\frac{\frac{1}{\sin x}\cdot\cos x}{-\csc^2 x}\\&=\lim_{x\to\frac{\pi}{2}}(-\cos x\cdot\sin x)=0\end{aligned}$$

L'Hôpital 법칙은 두 번째 단계에서 사용하였다. ■

예제 9.2.6 $\displaystyle\lim_{x\to1^+}\left(\frac{x}{x-1}-\frac{1}{\ln x}\right)$을 구하라.

[풀이] 극한은 $\infty-\infty$꼴인 부정형이다. L'Hôpital 법칙을 적용할 수 있는 꼴로 변형한 후에 극한을 결정한다. 이 문제를 $\frac{0}{0}$꼴로 변형하기 위하여 두 분수를 결합한다. 그리고

L'Hôpital 법칙을 두 번 사용하여 극한을 구한다.

$$\lim_{x\to 1^+}\left(\frac{x}{x-1}-\frac{1}{\ln x}\right)=\lim_{x\to 1^+}\frac{x\ln x-x+1}{(x-1)\ln x}\overset{①}{=}\lim_{x\to 1^+}\frac{x\cdot\frac{1}{x}+\ln x-1}{(x-1)\left(\frac{1}{x}\right)+\ln x}$$

$$=\lim_{x\to 1^+}\frac{x\ln x}{x-1+x\ln x}\overset{②}{=}\lim_{x\to 1^+}\frac{1+\ln x}{2+\ln x}=\frac{1}{2}$$ ■

부정형 0^0, ∞^0, 1^∞

여기서 지수형의 부정형을 살펴보자. 함수에 자연로그를 취한 후 L'Hôpital 법칙을 자연로그를 취한 함수에 적용한다.

예제 9.2.7 $\lim_{x\to 0^+}(x+1)^{\cot x}$를 구하라.

[풀이] 이것은 1^∞인 부정형이다. $y=(x+1)^{\cot x}$라 두면

$$\ln y=\cot x\ln(x+1)=\frac{\ln(x+1)}{\tan x}$$

로 된다. $\frac{0}{0}$꼴에 대한 L'Hôpital 법칙에 의하여

$$\lim_{x\to 0^+}\ln y=\lim_{x\to 0^+}\frac{\ln(x+1)}{\tan x}=\lim_{x\to 0^+}\frac{\frac{1}{x+1}}{\sec^2 x}=1$$

이다. $y=e^{\ln y}$이고 지수함수 $f(x)=e^x$는 연속이므로

$$\lim_{x\to 0^+}y=\lim_{x\to 0^+}\exp(\ln y)=\exp(\lim_{x\to 0^+}\ln y)$$
$$=\exp(1)=e$$ ■

예제 9.2.8 $\lim_{x\to\frac{\pi}{2}^-}(\tan x)^{\cos x}$를 구하라.

[풀이] 이것은 ∞^0 꼴인 부정형이다. $y=(\tan x)^{\cos x}$라 두면

$$\ln y=\cos x\ln\tan x=\frac{\ln\tan x}{\sec x}$$

이다. 그러므로

$$\lim_{x\to\frac{\pi}{2}^-}\ln y=\lim_{x\to\frac{\pi}{2}^-}\frac{\ln\tan x}{\sec x}=\lim_{x\to\frac{\pi}{2}^-}\frac{\frac{1}{\tan x}\sec^2 x}{\sec x\tan x}$$

$$= \lim_{x \to \frac{\pi}{2}^-} \frac{\sec x}{\tan^2 x} = \lim_{x \to \frac{\pi}{2}^-} \frac{\cos x}{\sin^2 x} = 0$$

이다. 그러므로

$$\lim_{x \to \frac{\pi}{2}^-} y = e^0 = 1$$ ■

예제 9.2.9 $\lim_{x \to 0^+} x^x$를 구하라.

[풀이] $y = x^x (x > 0)$라 두면 $\ln y = x \ln x$이고

$$\lim_{x \to 0^+} (\ln y) = \lim_{x \to 0^+} (x \ln x) = \lim_{x \to 0^+} \left(\frac{\ln x}{\frac{1}{x}} \right) = \lim_{x \to 0^+} \left(\frac{\frac{1}{x}}{-\frac{1}{x^2}} \right) = \lim_{x \to 0^+} (-x) = 0$$

이다. 따라서

$$\lim_{x \to 0^+} y = \lim_{x \to 0^+} (e^{\ln y}) = e^{\lim_{x \to 0^+} (\ln y)} = e^0 = 1$$ ■

요약

부정형 문제는 $\frac{0}{0}$, $\frac{\infty}{\infty}$, $0 \cdot \infty$, $\infty - \infty$, 0^0, ∞^0, 1^∞인 7가지로 분류된다. 그러나 $\frac{0}{\infty}$, $\frac{\infty}{0}$, $\infty + \infty$, $\infty \cdot \infty$, 0^∞, ∞^∞은 부정형이 아니다.

예제 9.2.10 $\lim_{x \to 0^+} (\sin x)^{\cot x}$을 구하라.

[풀이] 이것은 0^∞꼴로 부정형이 아니다. $\sin x$는 0으로 접근하고 지수가 $\cot x$로 되어 있다. 한편 $\cot x$는 한없이 커진다. 그러므로 극한은 보다 빨리 0에 수렴하게 된다. 그러므로

$$\lim_{x \to 0^+} (\sin x)^{\cot x} = 0$$ ■

연습문제 9.2

1. 다음 극한을 구하라(L'Hôpital 법칙을 사용할 수 있는지 확인하고 이 법칙을 사용하라).

(1) $\lim_{x \to \infty} \frac{\ln(x^{100})}{x}$

(2) $\lim_{x \to \infty} \frac{x^{10}}{e^x}$

(3) $\lim_{x \to \frac{\pi}{2}} \frac{\sec x + 1}{\tan x}$

(4) $\lim_{x \to \infty} \frac{\ln(\ln x)}{\ln x}$

(5) $\lim_{x\to 0^+} \frac{\cot^2 x}{\ln x}$

(6) $\lim_{x\to 0} (2x \ln x^2)$

(7) $\lim_{x\to 0} (\csc x - \cot x)$

(8) $\lim_{x\to 0^+} (2x)^{x^2}$

(9) $\lim_{x\to \frac{\pi}{2}^-} (\cos x)^{\tan x}$

(10) $\lim_{x\to 0} (x + e^{x/2})^{2/x}$

(11) $\lim_{x\to \frac{\pi}{2}} (\sin x)^{\cos x}$

(12) $\lim_{x\to \infty} x^{1/x}$

(13) $\lim_{x\to 0} (\cos x)^{2-x}$

(14) $\lim_{x\to 0^+} (\sin x)^x$

(15) $\lim_{x\to 0} \left(\csc x - \frac{1}{x}\right)$

(16) $\lim_{x\to 0^+} \left(1 + \frac{2}{3}x\right)^{1/x}$

(17) $\lim_{x\to 0} (\cos x)^{\frac{1}{x}}$

(18) $\lim_{x\to \infty} e^{\cos x}$

(19) $\lim_{x\to 0^+} \frac{x}{\ln x}$

(20) $\lim_{x\to \infty} \frac{\int_1^x \sqrt{1+e^{-t}}\,dt}{x}$

(21) $\lim_{x\to 0} \frac{3^x}{2^x}$

(22) $\lim_{x\to \infty} \frac{\ln x}{\sqrt[3]{x}}$

(23) $\lim_{x\to 0^+} x \ln x$

(24) $\lim_{x\to \frac{\pi}{2}} (\sec x - \tan x)$

(25) $\lim_{x\to 0^+} (1 + \sin 4x)^{\cot x}$

(26) $\lim_{x\to 0^+} x^{x^2}$

(27) $\lim_{x\to \infty} x^3 e^{-x^2}$

(28) $\lim_{x\to \infty} \left(\sqrt{x^2 + x} - x\right)$

(29) $\lim_{x\to 0} (1 - 2x)^{\frac{1}{x}}$

(30) $\lim_{x\to \infty} \left(1 + \frac{3}{x} + \frac{5}{x^2}\right)^x$

9.3 •• 무한구간에서 특이적분

$\int_a^b f(x)\,dx$를 정의할 때 $[a, b]$는 유한구간이었다. 그러나 물리학, 경제학, 확률론 등 응용분야에서는 a 또는 b가 무한대가 되는 경우가 있다. 그러므로

$$\int_0^\infty \frac{1}{1+x^2}\,dx,\ \int_{-\infty}^{-1} xe^{-x^2}\,dx,\ \int_{-\infty}^\infty x^2 e^{-x^2}\,dx$$

와 같은 적분을 정의하자. 이와 같은 적분을 무한구간에서 **특이적분**(improper integrals)이라 한다.

반 무한구간

$f(x) = e^{-x}$의 $[0, \infty)$에서 그래프는 그림 9.3과 같다. $\int_0^b e^{-x}\,dx$는 b가 아무리 큰 수라도 의미가 있다. 이를 계산하면

$$\begin{aligned}\int_0^b e^{-x}\,dx &= -\int_0^b e^{-x}(-dx)\\ &= [-e^{-x}]_0^b\\ &= 1 - e^{-b}\end{aligned}$$

이다.

$$\lim_{b\to\infty}(1 - e^{-b}) = 1$$

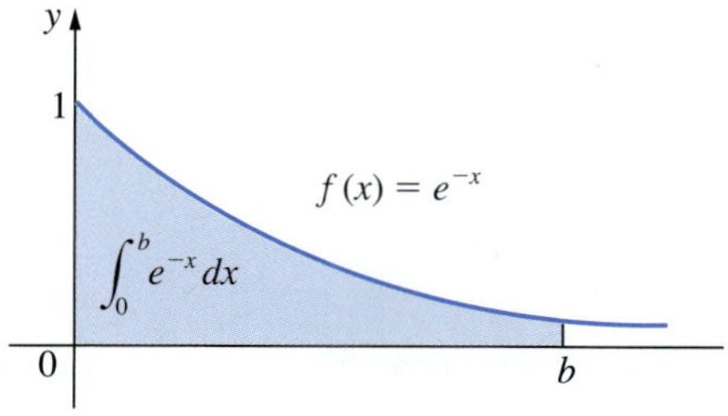

[그림 9.3]

이므로 $\int_0^\infty e^{-x}\,dx$를 위 극한값으로 정의하는 것은 자연스럽다.

정의

$$\int_{-\infty}^b f(x)\,dx = \lim_{a\to-\infty}\int_a^b f(x)\,dx$$

$$\int_a^\infty f(x)\,dx = \lim_{b\to\infty}\int_a^b f(x)\,dx$$

오른쪽 극한이 존재하고 유한인 값이 되면 대응하는 특이적분은 **수렴한다**고 하며 극한값을 특이적분의 값으로 정의한다. 그렇지 않으면 **발산한다**고 한다.

예제 9.3.1 $\int_{-\infty}^{-1} xe^{-x^2}\,dx$이 존재하면 값을 구하라.

[풀이]

$$\begin{aligned}\int_a^{-1} xe^{-x^2}\,dx &= -\frac{1}{2}\int_a^{-1} e^{-x^2}(-2x\,dx)\\ &= \left[-\frac{1}{2}e^{-x^2}\right]_a^{-1} = -\frac{1}{2}e^{-1} + \frac{1}{2}e^{-a^2}\end{aligned}$$

따라서

$$\int_{-\infty}^{-1} xe^{-x^2}\,dx = \lim_{a\to-\infty}\left[-\frac{1}{2}e^{-1} + \frac{1}{2}e^{-a^2}\right] = -\frac{1}{2e}$$

적분은 수렴하고 적분값은 $-\dfrac{1}{2e}$ 이다. ■

예제 9.3.2 $\int_0^\infty \sin x\, dx$ 이 존재하면 구하라.

[풀이]

$$\begin{aligned}\int_0^\infty \sin x\, dx &= \lim_{b\to\infty}\int_0^b \sin x\, dx \\ &= \lim_{b\to\infty}[-\cos x]_0^b = \lim_{b\to\infty}[1-\cos b]\end{aligned}$$

두 번째 항의 극한은 존재하지 않는다. 이 결과를 확인하기 위하여 $\int_0^\infty \sin x\, dx$의 기하학적 의미를 생각하여 보아라. ■

예제 9.3.3 Newton의 중력법칙에 의하여 지구가 우주선에 미치는 힘은 $-\dfrac{k}{x^2}$이다. 여기서 x는 지구 중심에서 우주선까지 거리이다. 그러므로 우주선을 들어올리기 위해서 필요한 힘 $F(x)$는 $F(x)=\dfrac{k}{x^2}$이다. 1,000 kg의 우주선을 지구의 중력장 밖으로 이탈시킬 때 한 일을 구하라.

[풀이] $x = 3960$ km(지구의 반지름)이고, $F = 1000$ kg이라는 것을 유의하여 k를 계산할 수 있다. $k = 1000(3960)^2 \approx 1.568\times10^{10}$이다. 그러므로 한 일은

$$\begin{aligned}1.568\times10^{10}\int_{3960}^\infty \frac{1}{x^2}\,dx &= \lim_{b\to\infty} 1.568\times10^{10}\left[-\frac{1}{x}\right]_{3960}^b \\ &= \lim_{b\to\infty} 1.568\times10^{10}\left[-\frac{1}{b}+\frac{1}{3960}\right] \\ &= \frac{1.568\times10^{10}}{3960}\end{aligned}$$

■

무한구간

정의

$\int_{-\infty}^0 f(x)\,dx$ 와 $\int_0^\infty f(x)\,dx$가 수렴하면 $\int_{-\infty}^\infty f(x)\,dx$는 수렴한다 하고, 값은

$$\int_{-\infty}^\infty f(x)\,dx = \int_{-\infty}^0 f(x)\,dx + \int_0^\infty f(x)\,dx$$

로 정의한다. 그렇지 않으면 $\int_{-\infty}^\infty f(x)\,dx$는 발산한다고 한다.

예제 9.3.4 $f(x) = \dfrac{k}{1+x^2}$ 는 확률론에서 다루는 Cauchy **밀도함수**이다. 구간 $(-\infty, \infty)$에서 전체 면적이 1이 되도록 k를 결정하라.

[풀이]

$$\int_{-\infty}^{\infty} \frac{k}{1+x^2}\,dx = 1$$

$$\int_0^{\infty} \frac{k}{1+x^2}\,dx = \lim_{b\to\infty}\int_0^b \frac{k}{1+x^2}\,dx$$

$$= \lim_{b\to\infty}[k\tan^{-1}x]_0^b = \lim_{b\to\infty} k\tan^{-1}b = k\frac{\pi}{2}$$

대칭성에 의하여

$$\int_{-\infty}^{0} \frac{k}{1+x^2}\,dx = k\frac{\pi}{2}$$

그러므로

$$\int_{-\infty}^{\infty} \frac{k}{1+x^2}\,dx$$

$$= \int_{-\infty}^{0} \frac{k}{1+x^2}\,dx + \int_0^{\infty} \frac{k}{1+x^2}\,dx$$

$$= k\pi$$

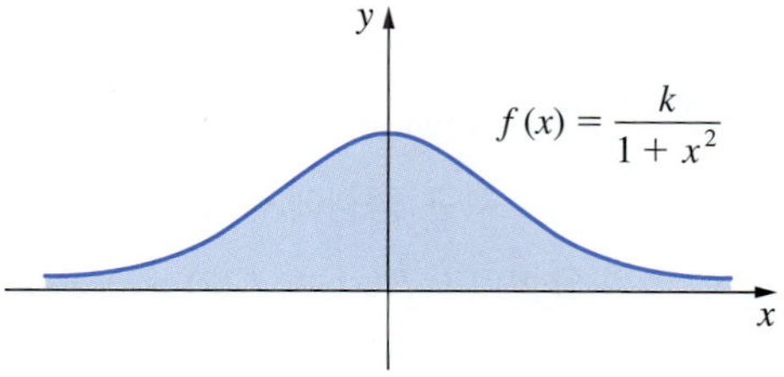

[그림 9.4]

따라서 $k = \dfrac{1}{\pi}$이다. ■

예제 9.3.5 확률론에서 중요한 밀도함수는 다음 표준정규 밀도함수이다.

$$f(x) = \frac{1}{\sqrt{2\pi}}e^{-x^2/2}$$

이 함수의 특이적분은

$$\frac{1}{\sqrt{2\pi}}\int_{-\infty}^{\infty} e^{-x^2/2}\,dx = 1$$

이다. 증명은 15.4절에서 다룬다. 이를 이용하여 밀도함수의 평균이 0, 분산이 1인 것을 밝히라. 즉,

(i) $\dfrac{1}{\sqrt{2\pi}}\displaystyle\int_{-\infty}^{\infty} xe^{-x^2/2}\,dx = 0$ (ii) $\dfrac{1}{\sqrt{2\pi}}\displaystyle\int_{-\infty}^{\infty} x^2e^{-x^2/2}\,dx = 1$

임을 보이라.

[풀이] (i) $e^{-x^2/2}$는 짝함수이므로 $y = f(x)$의 그래프는 y축에 대칭이다(그림 9.5). 그러므로

$$\frac{1}{\sqrt{2\pi}}\int_0^{\infty} e^{-x^2/2}\,dx = \frac{1}{2}$$

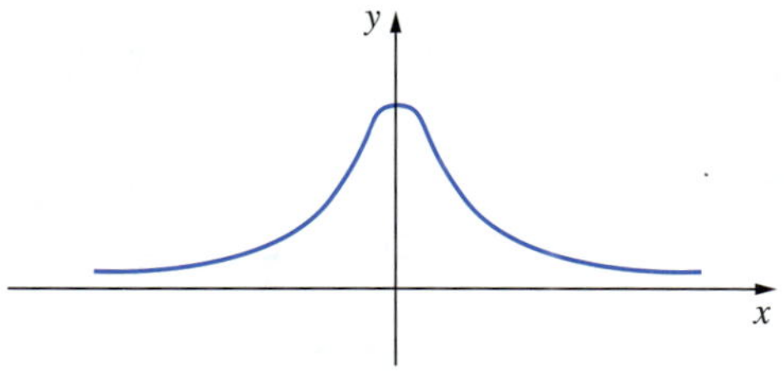

$f(x) = \frac{1}{\sqrt{2\pi}} e^{-x^2/2}$

[그림 9.5]

이다. 이 결과를 다음에 이용한다.

$$\frac{1}{\sqrt{2\pi}} \int_0^{\infty} xe^{-x^2/2} dx = \lim_{b \to \infty} \left[-\frac{1}{\sqrt{2\pi}} \int_0^b e^{-x^2/2}(-x)\, dx \right]$$
$$= \lim_{b \to \infty} \left[-\frac{1}{\sqrt{2\pi}} e^{-x^2/2} \right]_0^b = \frac{1}{\sqrt{2\pi}}$$

$xe^{-x^2/2}$은 홀함수이므로

$$\frac{1}{\sqrt{2\pi}} \int_{-\infty}^{0} xe^{-x^2/2} dx = -\frac{1}{\sqrt{2\pi}} \int_0^{\infty} xe^{-x^2/2} dx$$
$$= -\frac{1}{\sqrt{2\pi}}$$

이다. 그러므로 (i)이 성립한다.

(ii) 부분적분과 L'Hopital 법칙을 이용하면

$$\frac{1}{\sqrt{2\pi}} \int_0^{\infty} x^2 e^{-x^2/2} dx = \lim_{b \to \infty} \frac{1}{\sqrt{2\pi}} \int_0^b (-x)(-e^{-x^2/2} x)\, dx$$
$$= \lim_{b \to \infty} \frac{1}{\sqrt{2\pi}} \left(\left[-xe^{-x^2/2} \right]_0^b + \int_0^b e^{-x^2/2} dx \right)$$
$$= \frac{1}{\sqrt{2\pi}} \left(0 + \int_0^{\infty} e^{-x^2/2} dx \right) = \frac{1}{2}$$

$x^2 e^{-x^2/2}$은 짝함수이므로 $(-\infty, 0]$에서도 같은 결과가 된다. 그러므로

$$\frac{1}{\sqrt{2\pi}} \int_{-\infty}^{\infty} x^2 e^{-x^2/2} dx = 1$$ ■

Gabriel 경적기 역설

곡선 $y = \frac{1}{x}$을 $[1, \infty)$에서 x축으로 회전시킬 때 Gabriel 경적기라고 하는 곡면이 생긴다(그림 9.6). 이때

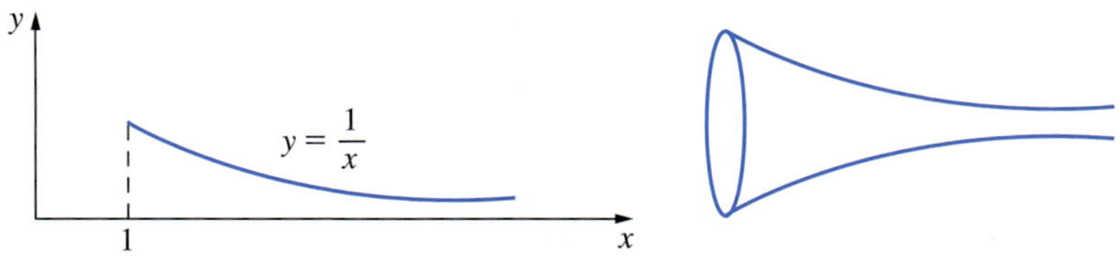

[그림 9.6]

(1) 경적기의 부피 V는 유한하다.

(2) 경적기의 겉넓이 A는 무한하다.

이 결과 유한량의 페인트로 경적기를 채울 수 있으나 경적기의 내부면을 칠하기에는 이 양은 충분한 양이 아니라고 말할 수 있다. 이 역설을 설명하기에 앞서 (1)과 (2)를 증명한다.

$$V=\int_1^{\infty}\pi\left(\frac{1}{x}\right)^2 dx=\lim_{b\to\infty}\pi\int_1^b\frac{1}{x^2}dx$$

$$=\lim_{b\to\infty}\left[-\frac{\pi}{x}\right]_1^b=\pi$$

$$A=\int_1^{\infty}2\pi y\,ds=\int_1^{\infty}2\pi y\sqrt{1+y'^2}\,dx$$

$$=2\pi\int_1^{\infty}\frac{1}{x}\sqrt{1+\left(\frac{-1}{x^2}\right)^2}\,dx$$

$$=\lim_{b\to\infty}2\pi\int_1^b\frac{\sqrt{x^4+1}}{x^3}\,dx$$

그런데

$$\frac{\sqrt{x^4+1}}{x^3}>\frac{\sqrt{x^4}}{x^3}=\frac{1}{x}$$

그러므로

$$\int_1^b\frac{\sqrt{x^4+1}}{x^3}\,dx>\int_1^b\frac{1}{x}\,dx=\ln b$$

$b\to\infty$이면 $\ln b\to\infty$이므로 A는 무한대가 된다.

수학적으로 어떤 모순이 있을까? 모순은 없다. 경적기를 펼쳐 놓았다고 상상하자. 유한량의 페인트를 가지고 이 표면을 일정한 두께로 칠할 수 없다. 그러나 경적기의 넓은 단면으로부터 멀어질수록 얇게 칠한다면 이 표면을 칠할 수 있다. 그리고 이것이 바로 π만큼의 양으로 경적기를 채울 수 있다는 것이다.

이는 $\int_1^{\infty} \frac{1}{x^p}\, dx$ 인 꼴의 적분 문제를 다루는 것과 관련된다. 다음 예제로 다루어보자.

예제 9.3.6 $\int_1^{\infty} \frac{1}{x^p}\, dx$는 $p \le 1$일 때 발산하고 $p > 1$일 때 수렴함을 증명하라.

[풀이] $p = 1$일 때 적분이 발산한다는 것을 Gabriel 경적기에서 증명하였다. $p \ne 1$이면

$$\int_1^{\infty} \frac{1}{x^p}\, dx = \lim_{b \to \infty} \int_1^b x^{-p}\, dx = \lim_{b \to \infty} \left[\frac{x^{-p+1}}{-p+1} \right]_1^b$$

$$= \lim_{b \to \infty} \frac{1}{1-p}\left(b^{1-p} - 1\right) = \begin{cases} \infty, & p < 1 \\ \dfrac{1}{p-1}, & p > 1 \end{cases}$$ ■

연습문제 9.3

1. 다음 특이적분을 계산하라.

(1) $\int_1^{\infty} e^x\, dx$

(2) $\int_4^{\infty} xe^{-x^2}\, dx$

(3) $\int_3^{\infty} \frac{x\, dx}{\sqrt{9+x^2}}$

(4) $\int_1^{\infty} \frac{dx}{x^{1.01}}$

(5) $\int_1^{\infty} \frac{dx}{x^{0.99}}$

(6) $\int_2^{\infty} \frac{dx}{x \ln x}$

(7) $\int_2^{\infty} \frac{dx}{x(\ln x)^2}$

(8) $\int_{-\infty}^{0} \frac{dx}{(2x-1)^3}$

(9) $\int_{-\infty}^{\infty} \frac{x}{\sqrt{x^2+4}}\, dx$

(10) $\int_{-\infty}^{\infty} \frac{1}{x^2+2x+5}\, dx$

(11) $\int_{-\infty}^{\infty} \operatorname{sech} x\, dx$

(12) $\int_0^{\infty} e^{-x} \cos x\, dx$

2. 직선 $x = 1$의 오른쪽, 곡선 $y = \frac{2}{4x^2 - 1}$의 아래 그리고 x축의 위 영역의 넓이를 구하라.

3. Newton의 중력 법칙(예제 9.3.3)이 $-\frac{k}{x^2}$꼴이 아니고 $-\frac{k}{x}$꼴이라고 가정하면 물체를 지구의 중력장 밖으로 이탈시킬 수 없음을 증명하라.

4. 어떤 회사는 앞으로 t년간 매년 이익이 $f(t)$원이고 이자는 연리 r인 연속 복리라 하자. 그러면 모든 미래 이익 FP의 현재 가치는 다음과 같이 나타낼 수 있다.

$$FP = \int_0^\infty e^{-rt} f(t)\, dt$$

$r = 0.08$, $f(t) = 100{,}000$일 때 FP를 구하라.

5. 확률론에서 기대 시간은 $[0, \infty)$에서 $\alpha > 0$이고 $f(x) = \alpha e^{-\alpha x}$인 밀도함수이다. 다음을 밝히라.

(1) $\int_0^\infty f(x)\, dx = 1$ (2) $\int_0^\infty x f(x)\, dx = \dfrac{1}{\alpha}$

6. $\int_{-\infty}^\infty f(x)\, dx$의 정의에는 다음과 같은 특별한 점이 있다. 다음을 증명하라.

(1) $\int_{-\infty}^\infty \sin x\, dx$는 발산한다. (2) $\lim_{a \to \infty} \int_{-a}^a \sin x\, dx = 0$이다.

9.4 유계가 아닌 함수의 특이적분

지금까지 살펴본 복잡한 적분을 생각하면 다음의 적분은 간단하게 보인다.

$$\int_{-2}^1 \frac{1}{x^2}\, dx = \left[-\frac{1}{x}\right]_{-2}^1 = -1 - \frac{1}{2} = -\frac{3}{2}\ ???$$

그림 9.7의 그래프로 위 계산은 무엇인가 틀렸다는 것을 알 수 있다. 답이 있다면 답은 양수이어야 한다. 어디가 틀렸을까? 5.5절로 돌아가자. 정상적인 의미로 적분가능한 함수는 유계이어야 한다. 그런데 함수 $f(x) = \dfrac{1}{x^2}$은 정적분을 정의할 수 없다.

$\int_{-2}^1 \dfrac{1}{x^2}\, dx$를 유계가 아닌 함수의 특이적분이라 한다.

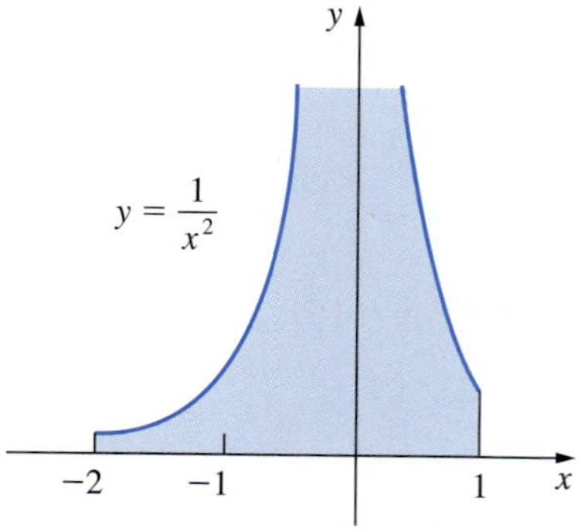

[그림 9.7]

끝점에서 무한대인 피적분함수

적분구간의 오른쪽 끝에서 함수 f가 무한대가 되는 경우에 적분을 정의해 보자. 왼쪽 끝에서 무한대가 되는 경우도 동일하게 정의할 수 있다.

정의

(1) f는 구간 $[a, b)$에서 연속이고 $\lim_{x \to b^-} |f(x)| = \infty$라 하자.

$$\int_a^b f(x)\, dx = \lim_{t \to b^-} \int_a^t f(x)\, dx$$

으로 정의한다.

(2) f는 구간 $(a, b]$에서 연속이고 $\lim_{x \to a^+} |f(x)| = \infty$라 하자. 그러면

$$\int_a^b f(x)\, dx = \lim_{s \to a^+} \int_s^b f(x)\, dx$$

으로 정의한다. 여기서 극한이 존재하고 유한이면, 적분은 수렴한다고 한다. 그렇지 않으면 발산한다고 한다.

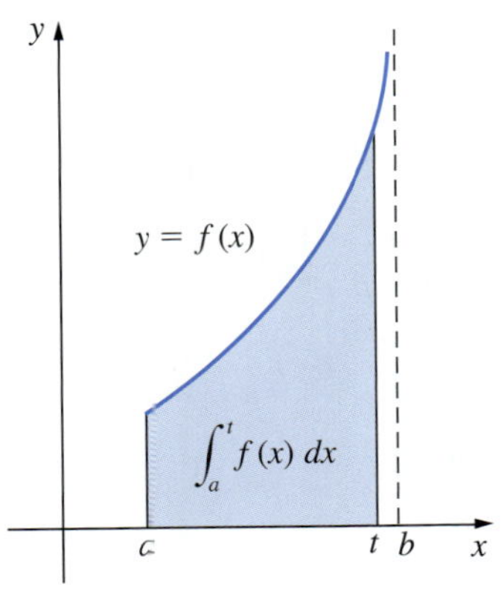

[그림 9.8]

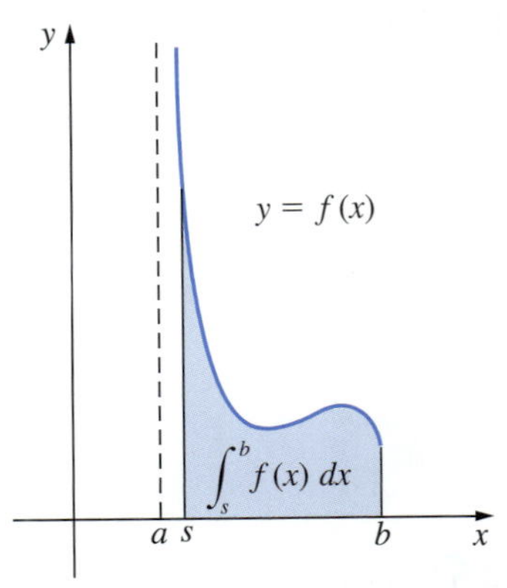

[그림 9.9]

예제 9.4.1 특이적분 $\int_0^2 \frac{dx}{\sqrt{4 - x^2}}$를 구하라.

[풀이] 피적분함수는 $x = 2$에서 무한대인 것을 유의하라.

$$\int_0^2 \frac{dx}{\sqrt{4 - x^2}} = \lim_{t \to 2^-} \int_0^t \frac{dx}{\sqrt{4 - x^2}} = \lim_{t \to 2^-} \left[\sin^{-1}\left(\frac{x}{2}\right) \right]_0^t$$

$$= \lim_{t \to 2^-} \left[\sin^{-1}\left(\frac{t}{2}\right) - \sin^{-1}\left(\frac{0}{2}\right) \right] = \frac{\pi}{2}$$

■

예제 9.4.2 $\displaystyle\int_0^{16} \frac{dx}{\sqrt[4]{x}}$ 를 구하라.

[풀이]

$$\int_0^{16} x^{-1/4} dx = \lim_{t \to 0^+} \int_t^{16} x^{-1/4} dx = \lim_{t \to 0^+} \left[\frac{4}{3} x^{3/4}\right]_t^{16}$$
$$= \lim_{t \to 0^+} \left[\frac{32}{3} - \frac{4}{3} t^{3/4}\right] = \frac{32}{3}$$

■

예제 9.4.3 $\displaystyle\int_0^1 \frac{1}{x} dx$ 를 구하라.

[풀이]

$$\int_0^1 \frac{1}{x} dx = \lim_{t \to 0^+} \int_t^1 \frac{1}{x} dx = \lim_{t \to 0^+} [\ln x]_t^1$$
$$= \lim_{t \to 0^+} [-\ln t] = \infty$$

따라서 적분은 발산한다. ■

예제 9.4.4 $\displaystyle\int_0^1 \frac{1}{x^p} dx$ 는 $p<1$ 이면 수렴, $p \geq 1$ 이면 발산하는 것을 밝히라.

[풀이] $p=1$ 일 때는 위 예제에서 밝혔다.

$$\int_0^1 \frac{1}{x^p} dx = \lim_{t \to 0^+} \int_t^1 x^{-p} dx = \lim_{t \to 0^+} \left[\frac{x^{-p+1}}{-p+1}\right]_t^1$$
$$= \lim_{t \to 0^+} \left[\frac{1}{1-p} - \frac{1}{1-p}\frac{1}{t^{p-1}}\right]$$
$$= \begin{cases} \dfrac{1}{1-p}, & p<1 \\ \infty, & p>1 \end{cases}$$

■

예제 9.4.5 내파선 $x^{2/3} + y^{2/3} = 1$ 의 그래프를 그리고 둘레의 길이를 구하라.

[풀이] 그림 9.10은 내파선의 그래프이다. 1사분면의 길이 L 을 구하여 그것을 4배하면 된다.

$$L = \int_0^1 \sqrt{1 + (y')^2}\, dx$$

이다. $x^{2/3} + y^{2/3} = 1$ 을 미분하여

$$\frac{2}{3} x^{-1/3} + \frac{2}{3} y^{-1/3} y' = 0$$

이다. 즉,

$$y' = -\frac{y^{1/3}}{x^{1/3}}$$

이다. 그러므로

$$1+(y')^2 = 1+\frac{y^{2/3}}{x^{2/3}}$$
$$= 1+\frac{1-x^{2/3}}{x^{2/3}} = \frac{1}{x^{2/3}}$$

따라서

$$L = \int_0^1 \sqrt{1+(y')^2}\,dx = \int_0^1 \frac{1}{x^{1/3}}dx$$

위 예제로부터

$$L = \frac{1}{\left(1-\frac{1}{3}\right)} = \frac{3}{2}$$

그러므로 내파선 둘레의 길이는 $4L = 6$이다. ■

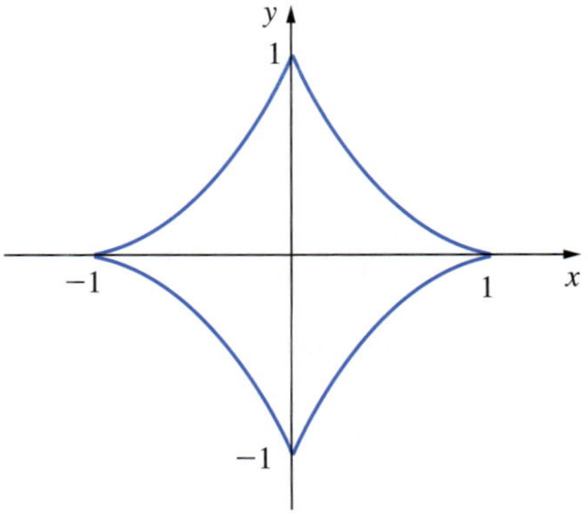

$x^{2/3} + y^{2/3} = 1$

[그림 9.10]

내점에서 무한대인 피적분함수

$\int_{-2}^{1} \frac{1}{x^2}\,dx$ 형태의 적분에 대해 알아보자. $\frac{1}{x^2}$은 $[-2, 1]$의 내점 $x = 0$에서 무한대이다.

정의

함수 f는 내점 c를 제외하고 $[a, b]$에서 연속이며 $\lim_{x\to c} |f(x)| = \infty$라 하자. 이때

$$\int_a^b f(x)\,dx = \int_a^c f(x)\,dx + \int_c^b f(x)\,dx$$

로 정의한다.

예제 9.4.6 $\int_{-2}^{1} \frac{1}{x^2}\,dx$가 발산하는 것을 밝히라.

[풀이]

$$\int_{-2}^{1} \frac{1}{x^2}\,dx = \int_{-2}^{0} \frac{1}{x^2}\,dx + \int_{0}^{1} \frac{1}{x^2}\,dx$$

오른쪽 두 번째 적분은 예제 9.4.4에 의하여 발산한다. 따라서 적분은 발산한다.

예제 9.4.7 $\int_0^3 \frac{1}{(x-1)^{2/3}}\,dx$를 구하라.

[풀이] 피적분함수는 $x = 1$에서 무한대가 된다(그림 9.11). 그러므로

$$\int_0^3 \frac{dx}{(x-1)^{2/3}}$$
$$= \int_0^1 \frac{dx}{(x-1)^{2/3}} + \int_1^3 \frac{dx}{(x-1)^{2/3}}$$
$$= \lim_{t\to 1^-}\int_0^t \frac{dx}{(x-1)^{2/3}} + \lim_{s\to 1^+}\int_s^3 \frac{dx}{(x-1)^{2/3}}dx$$
$$= \lim_{t\to 1^-}[3(x-1)^{1/3}]_0^t + \lim_{s\to 1^+}[3(x-1)^{1/3}]_s^3$$
$$= 3\lim_{t\to 1^-}[(t-1)^{1/3}+1] + 3\lim_{s\to 1^+}[2^{1/3}-(s-1)^{1/3}]$$
$$= 3 + 3(2^{1/3})$$ ■

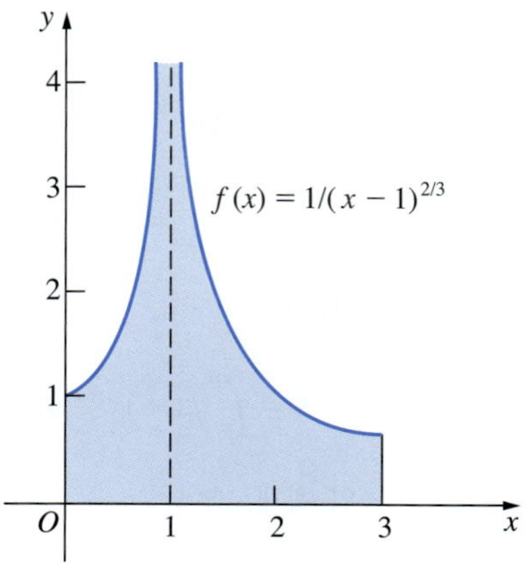

[그림 9.11]

연습문제 9.4

1. 다음 특이적분을 구하라.

(1) $\int_1^2 \frac{1}{(x-1)^{1/3}}dx$

(2) $\int_0^1 \frac{dx}{\sqrt{1-x^2}}$

(3) $\int_{-3}^2 \frac{1}{x^4}dx$

(4) $\int_2^4 \frac{dx}{(3-x)^{2/3}}$

(5) $\int_{-3}^0 \frac{x}{(x^2-4)^{2/3}}dx$

(6) $\int_{-2}^{-1} \frac{dx}{(x+1)^{4/3}}$

(7) $\int_0^{\pi/4} \tan 2x\, dx$

(8) $\int_0^1 \frac{\ln x}{x}dx$

(9) $\int_{-3}^3 \frac{x}{\sqrt{9-x^2}}dx$

2. $\int_0^\infty \frac{1}{x^p}dx$는 모든 p에 대하여 발산하는 것을 밝히라.

3. $0 \le x < 8$일 때, 곡선 $y=(x-8)^{-2/3}$, $y=0$으로 둘러싸인 영역의 넓이를 구하라.

4. R가 $x=1$의 왼쪽이고 곡선 $y=x^{-2/3}$ 아래의 영역이라고 하자.

(1) R의 넓이가 유한함을 밝히라.

(2) x축으로 R를 회전하여 생기는 입체의 부피가 무한대인 것을 밝히라.

5. $\int_0^1 \frac{\sin x}{x}\, dx$는 특이적분인지 아닌지를 설명하라.

6. $\int_1^\infty e^{-x^2} dx$가 수렴하는 것을 밝히라.

7. (1) 임의의 양수 n에 대하여 다음과 같은 M이 존재하는 것을 밝히라(9.2절 예제 9.2.2).

$$0 < \frac{x^{n-1}}{e^x} \le \frac{1}{x^2}, \quad x \ge M$$

(2) $\int_1^\infty x^{n-1} e^{-x} dx$가 수렴하는 것을 밝히라.

8. (Gamma함수) $\Gamma(n) = \int_0^\infty x^{n-1} e^{-x}\, dx$, $n > 0$인 적분은 수렴한다. 다음을 증명하라.

(1) $\Gamma(1) = 1$

(2) $\Gamma(n+1) = n\Gamma(n)$

(3) $\Gamma(n+1) = n!$, (n: 양의 정수)

연습문제 Chapter 9

1. 다음 극한값을 구하라.

(1) $\lim_{x \to -1} \frac{x^6 - 1}{x^4 - 1}$

(2) $\lim_{x \to \infty} \frac{3x^2 + 2}{x^2 - 4}$

(3) $\lim_{x \to -\infty} \frac{x + 1}{x^2 + 4x + 3}$

(4) $\lim_{x \to 1} \frac{\sqrt{x} - 1}{x - 1}$

(5) $\lim_{x \to \infty} \frac{x^3}{e^x}$

(6) $\lim_{x \to 1} \frac{\sin \pi x}{x - 1}$

(7) $\lim_{x \to \infty} xe^{-x}$

(8) $\lim_{x \to \infty} \frac{(\ln x)^2}{x}$

(9) $\lim_{x \to \infty} \left(1 + \frac{1}{x}\right)^x$

(10) $\lim_{x \to 0^+} \left(\frac{1}{x}\right)^x$

(11) $\lim_{x \to \infty} \left(\sqrt{x^2 + 1} - x\right)$

(12) $\lim_{x \to 2^-} \frac{\ln x}{\sqrt{2 - x}}$

(13) $\lim_{x \to \infty} \frac{\ln \ln x}{\sqrt{x}}$

(14) $\lim_{x \to 0} \frac{\tan^{-1}(2x)}{3x}$

(15) $\lim_{x \to 0} \frac{\tan \alpha x}{x}$

(16) $\lim_{x \to 0} \frac{\tan 2x}{\tanh 3x}$

(17) $\lim_{x \to 0} \frac{x + \sin 3x}{x - \sin 3x}$

(18) $\lim_{x \to 0} \frac{e^{4x} - 1}{\cos x}$

(19) $\lim_{x \to 0} \frac{\tan x - \sin x}{x^3}$

(20) $\lim_{x \to 0^+} \sqrt{x} \ln x$

(21) $\lim_{x \to \infty} e^{-x} \ln x$

(22) $\lim_{x \to 0} \frac{1 - \cos x}{x^2}$

(23) $\lim_{x \to \pi} (x - \pi) \cot x$

(24) $\lim_{x \to 0} \left(\frac{1}{x^4} - \frac{1}{x^2}\right)$

(25) $\lim_{x \to 0} \frac{e^x - 1}{\sin x}$

(26) $\lim_{x \to 0} \frac{\sin x}{x^3}$

(27) $\lim_{x \to 0} \frac{\tan x}{x + \sin x}$

(28) $\lim_{x \to \infty} \frac{\ln x}{x}$

(29) $\lim_{x \to \infty} \frac{e^x}{x^3}$

(30) $\lim_{x \to a} \frac{\sqrt[3]{x} - \sqrt[3]{a}}{x - a}$, $a \neq 0$

(31) $\lim_{x \to \infty} \left(\frac{x^3}{x^2 - 1} - \frac{x^3}{x^2 + 1}\right)$

(32) $\lim_{x \to 0^+} x^{\sin x}$

(33) $\lim_{x \to \infty} \left(\frac{x}{x + 1}\right)^x$

(34) $\lim_{x \to 0^+} (-\ln x)^x$

(35) $\lim_{x\to\infty}\left(x-\sqrt{x^2-1}\right)$ (36) $\lim_{x\to 0^+}(\cot x)^{\sin x}$

2. 임의의 상수 c에 대하여 극한값 $\lim_{x\to 0}\frac{e^{cx}-1}{x}$을 구하라.

3. 임의의 상수 c에 대하여 극한값 $\lim_{x\to 0}\frac{\tan cx - cx}{x^3}$를 구하라.

4. 만약 $\lim_{x\to 0}\frac{f(x)}{g(x)}=L$이라면, $\lim_{x\to 0}\frac{f(x^2)}{g(x^2)}$은 얼마인가? $a\neq 0$일 때, $\lim_{x\to a}\frac{f(x)}{g(x)}=L$이라도 $\lim_{x\to a}\frac{f(x^2)}{g(x^2)}$을 구할 수 없는 이유를 설명하라.

5. f'이 연속이라면 L'Hôpital 법칙을 이용하여

$$\lim_{h\to 0}\frac{f(x+h)-f(x-h)}{2h}=f'(x)$$

임을 보이라.

6. f''이 연속이라면

$$\lim_{h\to 0}\frac{f(x+h)-2f(x)+f(x-h)}{h^2}=f''(x)$$

임을 보이라.

7. 임의의 정수 n에 대하여 $\lim_{x\to\infty}\frac{e^x}{x^n}=\infty$임을 보이라.

8. 특이적분을 계산하라.

(1) $\int_0^1 x^{-\frac{1}{3}}\,dx$ (2) $\int_1^\infty x^{-4/5}\,dx$

(3) $\int_0^1 \frac{1}{\sqrt{1-x}}\,dx$ (4) $\int_0^3 \frac{2}{x^2-1}\,dx$

(5) $\int_0^\infty xe^x\,dx$ (6) $\int_{-\infty}^1 x^2e^{3x}\,dx$

(7) $\int_0^{\pi/2}\tan x\,dx$ (8) $\int_0^1 \frac{2}{\sqrt{1-x^2}}\,dx$

(9) $\int_0^\infty \frac{1}{\sqrt{x}\,e^{\sqrt{x}}}\,dx$ (10) $\int_2^\infty \frac{1}{\sqrt{x+3}}\,dx$

(11) $\int_{-\infty}^1 \frac{1}{(2x-3)^2}\,dx$ (12) $\int_{-\infty}^\infty x\,dx$

(13) $\int_0^\infty e^{-x}\,dx$

(14) $\int_{-\infty}^\infty xe^{-x^2}\,dx$

(15) $\int_0^\infty \frac{1}{(x+2)(x+3)}\,dx$

(16) $\int_0^\infty \cos x\,dx$

(17) $\int_0^\infty \frac{5}{2x+3}\,dx$

(18) $\int_{-\infty}^1 xe^{2x}\,dx$

(19) $\int_1^\infty \frac{\ln x}{x}\,dx$

(20) $\int_{-\infty}^\infty \frac{x}{1+x^2}\,dx$

(21) $\int_1^\infty \frac{\ln x}{x^2}\,dx$

(22) $\int_0^3 \frac{1}{\sqrt{x}}\,dx$

(23) $\int_{-1}^0 \frac{1}{x^2}\,dx$

(24) $\int_{-2}^3 \frac{1}{x^4}\,dx$

(25) $\int_4^5 \frac{1}{(5-x)^{2/5}}\,dx$

(26) $\int_{\pi/4}^{\pi/2} \tan^2 x\,dx$

(27) $\int_0^\pi \sec x\,dx$

(28) $\int_{-2}^2 \frac{1}{x^2-1}\,dx$

(29) $\int_0^1 x\ln x\,dx$

9. 다음 적분이 수렴하기 위한 p의 범위를 구하고 적분값을 구하라.

$$\int_0^1 x^p \ln x\,dx$$

10. $\int_0^\infty x^2 e^{-x^2}\,dx = \frac{1}{2}\int_0^\infty e^{-x^2}\,dx$임을 보이라.

11. 다음 적분이 수렴하는 상수 C의 값을 결정하라.

$$\int_0^\infty \left(\frac{1}{\sqrt{x^2+4}} - \frac{C}{x+2}\right)dx$$

결정된 C의 값에 대한 적분을 계산하라.

10 CHAPTER

무한급수와 Taylor 급수

10.1 수열

5.3절에서 정의역의 각 원소에 공역의 단 하나의 원소를 대응시키는 규칙을 함수라 정의하였다. 만일 함수의 정의역이 자연수의 집합이면 특수한 꼴의 함수가 된다.

정의

함수의 정의역이 자연수의 집합일 때 그 함수를 **무한수열**(infinite sequence)이라 한다. 무한수열을 $a_1, a_2, a_3, \cdots$ 또는 $\{a_n\}_{n=1}^{\infty}$ 또는 간단히 $\{a_n\}$으로 표시한다.
때로는 위 정의를 확장하여 함수의 정의역이 어떤 특정한 정수보다 크거나 같은 모든 정수의 집합일 때도 그 함수를 무한수열이라고 한다.

예를 들면

$$a_n = 1 - \frac{1}{n},\ \ n \geq 1 : 0, \frac{1}{2}, \frac{2}{3}, \frac{3}{4}, \frac{4}{5}, \cdots,$$

$$b_n = (-1)^n + \frac{1}{n},\ n \geq 3 : -\frac{2}{3}, \frac{5}{4}, -\frac{4}{5}, \frac{7}{6}, \cdots$$

정의

임의의 양수 ε에 대해 어떤 자연수 N이 존재하여 $n \geq N$이면 $|a_n - L| < \varepsilon$일 때 수열 $\{a_n\}$의 극한을 L이라 하고

$$\lim_{n \to \infty} a_n = L$$

로 표시한다.

수열이 극한값을 가지면 **수렴한다**고 하고 그렇지 않으면 **발산한다**고 한다. 일반적인 함수와 같이 수열에 대해서도 두 수열의 합, 차, 곱, 몫에 대한 극한 정리가 성립한다.

정리 10.1.1

두 수열 $\{a_n\}$과 $\{b_n\}$이 수렴하는 수열이고 k가 상수일 때 다음이 성립한다.

1. $\lim_{n\to\infty} k = k$
2. $\lim_{n\to\infty} ka_n = k \lim_{n\to\infty} a_n$
3. $\lim_{n\to\infty} (a_n \pm b_n) = \lim_{n\to\infty} a_n \pm \lim_{n\to\infty} b_n$
4. $\lim_{n\to\infty} (a_n \cdot b_n) = \lim_{n\to\infty} a_n \cdot \lim_{n\to\infty} b_n$
5. $\lim_{n\to\infty} \frac{a_n}{b_n} = \frac{\lim_{n\to\infty} a_n}{\lim_{n\to\infty} b_n}$, $\lim_{n\to\infty} b_n \neq 0$

예제 10.1.1 극한값 $\lim_{n\to\infty} \frac{3n^2}{7n^2+1}$을 구하라.

[풀이]

$$\lim_{n\to\infty} \frac{3n^2}{7n^2+1} = \lim_{n\to\infty} \frac{3}{7+(1/n^2)}$$

$$= \frac{\lim_{n\to\infty} 3}{\lim_{n\to\infty} [7+(1/n^2)]} = \frac{3}{7+0} = \frac{3}{7}$$ ■

예제 10.1.2 수열 $\left\{\frac{\ln n}{e^n}\right\}$은 수렴하는가?

[풀이] $\ln x$와 e^x는 임의의 양수 x에 대하여 정의되고, 또한 $\lim_{x\to\infty} \ln x = \infty$, $\lim_{x\to\infty} e^x = \infty$이므로, L'Hôpital 법칙을 적용하면

$$\lim_{x\to\infty} \frac{\ln x}{e^x} = \lim_{x\to\infty} \frac{1/x}{e^x} = 0$$

따라서

$$\lim_{n\to\infty} \frac{\ln n}{e^n} = 0$$

그러므로 수열 $\left\{\frac{\ln n}{e^n}\right\}$은 0으로 수렴한다. ■

수열 $\{a_n\}$에서 $a_1 \le a_2 \le a_3 \le \cdots \le a_n \le \cdots$이면 이 수열은 **단조증가**(monotone increasing) **수열**이라 하고, $a_1 \ge a_2 \ge a_3 \ge \cdots \ge a_n \ge \cdots$이면 **단조감소**(monotone decreasing) **수열**이라고 한다. 수열 $\left\{1-\frac{1}{n}\right\}$과 수열 $\left\{1+\frac{1}{n}\right\}$은 각각 단조증가, 단조감소 수열이다. 수열이 단조

감소하거나 단조증가하면 이 수열을 **단조수열**(monotonic sequence)이라 한다.

어떤 수 A에 대하여 $a_n \le A,\ n = 1, 2, 3, \cdots$일 때 A를 수열 $\{a_n\}$의 **상계**(upper bound)라 한다. 상계가 존재할 때 $\{a_n\}$은 **위로 유계**라 한다. 어떤 수 B에 대하여 $B \le a_n$, $n = 1, 2, 3, \cdots$일 경우 B를 수열 $\{a_n\}$의 **하계**(lower bound)라 하고, 이 수열은 **아래로 유계**라 한다. 모든 자연수 n에 대하여 $|a_n| \le C$인 어떤 수 C가 존재하면 수열 $\{a_n\}$은 **유계**(bounded)라 한다.

다음에 중요한 정리를 소개한다. 이에 대한 증명은 생략한다.

정리 10.1.2

단조수열이 수렴하기 위한 필요충분조건은 그 수열이 유계인 것이다.

정리 10.1.3

A가 단조증가수열의 상계이면 이 수열은 A보다 작거나 같은 극한값에 수렴한다. 또 B가 단조감소수열의 하계이면 이 수열은 B 보다 크거나 같은 극한값에 수렴한다.

예를 들면 수열 $\{a_n\}$, $a_n = \dfrac{n^2}{2^n}$에서 $n \ge 3$이면 $a_n > a_{n+1}$이다. 즉, $n \ge 3$일 때 부등식 $\dfrac{n^2}{2^n} > \dfrac{(n+1)^2}{2^{n+1}}$이 성립한다. 따라서 이 수열은 3항부터 단조감소하고 0이 하계 중 하나이므로 정리 10.1.2에 의해서 수렴한다. L'Hôpital의 법칙을 사용하면 그 극한은 0이 됨을 알 수 있다.

연습문제 10.1

1. 수열 $\{a_n\}$의 일반항이 다음과 같을 때, 수열의 수렴 또는 발산을 조사하라. 그리고 수렴하는 수열에 대해서는 그 극한값을 구하라.

(1) $a_n = \dfrac{n}{2n-1}$

(2) $a_n = \dfrac{3n+1}{n+2}$

(3) $a_n = \dfrac{4n^2+1}{n^2-2n+3}$

(4) $a_n = \dfrac{3n^2+2}{n+4}$

(5) $a_n = \dfrac{n+4}{2n^2+1}$ (6) $a_n = \dfrac{\sqrt{n}}{n+1}$

(7) $a_n = (-1)^n \dfrac{n}{n+1}$ (8) $a_n = \dfrac{n\sin\left(\frac{n\pi}{2}\right)}{2n+1}$

(9) $a_n = \dfrac{\sin\left(\frac{n\pi}{2}\right)}{n}$ (10) $a_n = e^{-n}\cos n$

(11) $a_n = \dfrac{e^n}{n^2}$ (12) $a_n = \dfrac{e^n}{2^n}$

2. 다음 수열의 일반항을 구하고 수렴 또는 발산을 조사하라. 그리고 수렴하는 수열에 대해서는 그 극한값을 구하라.

(1) $\dfrac{1}{2^2}, \dfrac{2}{2^3}, \dfrac{3}{2^4}, \dfrac{4}{2^5}, \cdots$ (2) $-1, \dfrac{2}{3}, -\dfrac{3}{5}, \dfrac{4}{7}, -\dfrac{5}{9}, \cdots$

(3) $1, \dfrac{2}{2^2-1^2}, \dfrac{3}{3^2-2^2}, \dfrac{4}{4^2-3^2}, \cdots$ (4) $\sin 1,\ 2\sin\dfrac{1}{2},\ 3\sin\dfrac{1}{3},\ 4\sin\dfrac{1}{4}, \cdots$

(5) $2, 1, \dfrac{2^3}{3^2}, \dfrac{2^4}{4^2}, \dfrac{2^5}{5^2}, \cdots$ (6) $1-\dfrac{1}{2}, \dfrac{1}{2}-\dfrac{1}{3}, \dfrac{1}{3}-\dfrac{1}{4}, \dfrac{1}{4}-\dfrac{1}{5}, \cdots$

(7) $-\dfrac{1}{3}, \dfrac{4}{9}, -\dfrac{9}{27}, \dfrac{16}{81}, \cdots$ (8) $\dfrac{1}{2}, \dfrac{2}{3}, \dfrac{3}{4}, \dfrac{4}{5}, \cdots$

10.2 무한급수

정의

수열 $\{a_n\}$에 대해서 형식적 합

$$\sum_{n=1}^{\infty} a_n = a_1 + a_2 + a_3 + \cdots + a_n + \cdots$$

을 **무한급수**(infinite series)라 한다.

$\{a_n\}$의 처음 n항의 합을 무한급수의 **부분합**이라 하고 S_n으로 나타낸다. 이때 수열 $\{S_n\}$을 무한급수 $\sum_{n=1}^{\infty} a_n$의 **부분합 수열**이라 한다.

정의

$\lim_{n\to\infty} S_n = S$가 존재하면, 급수 $\sum_{n=1}^{\infty} a_n$은 **수렴한다** 하고 S를 급수의 **합**이라 한다. 이때

$$\sum_{n=1}^{\infty} a_n = S$$

로 표시한다. $\lim_{n\to\infty} S_n$이 존재하지 않으면, 급수는 **발산한다**고 한다.

기하급수 $\sum_{n=1}^{\infty} ar^{n-1}$ $(a \neq 0)$에서 부분합의 수열은

$$S_n = \begin{cases} \dfrac{a(1-r^n)}{1-r}, & r \neq 1 \\ na \quad , & r = 1 \end{cases}$$

이므로 $|r| < 1$이면

$$\lim_{n\to\infty} S_n = \frac{a}{1-r}$$

이고, $|r| \geq 1$이면 발산한다.

따라서 $\sum_{n=1}^{\infty} ar^{n-1}$이 수렴하기 위한 필요충분조건은 $|r| < 1$이다.

한편 조화급수

$$\sum_{n=1}^{\infty} \frac{1}{n} = 1 + \frac{1}{2} + \frac{1}{3} + \frac{1}{4} + \cdots$$

에서

$$\begin{aligned}
S_2 &= 1 + \frac{1}{2} \\
S_4 &= 1 + \frac{1}{2} + \frac{1}{3} + \frac{1}{4} \geqq 1 + \frac{1}{2} + \frac{1}{4} + \frac{1}{4} = 1 + \frac{1}{2} + \frac{1}{2} \\
S_8 &= 1 + \frac{1}{2} + \cdots + \frac{1}{8} \geqq 1 + \frac{1}{2} + \frac{1}{4} + \frac{1}{4} + \frac{1}{8} + \frac{1}{8} + \frac{1}{8} + \frac{1}{8} \\
&= 1 + \frac{1}{2} + \frac{1}{2} + \frac{1}{2} \\
&\vdots \\
S_{2^k} &= 1 + \frac{1}{2} + \cdots + \frac{1}{2^k} \geqq 1 + \frac{1}{2} + \cdots + \frac{1}{2} = 1 + \frac{k}{2} \\
&\vdots
\end{aligned}$$

따라서 $\lim_{n\to\infty} S_n = \infty$. 그러므로 조화급수는 발산한다.

정리 10.2.1

임의의 자연수 k에 대하여, 무한급수 $\sum_{n=1}^{\infty} a_n$이 수렴하기 위한 필요충분조건은 $\sum_{n=k}^{\infty} a_n$이 수렴하는 것이다.

이 증명은 연습문제로 남긴다.

정리 10.2.2

무한급수 $\sum_{n=1}^{\infty} a_n$이 수렴하면 $\lim_{n\to\infty} a_n = 0$이다.

[증명] $\lim_{n\to\infty} S_n = S$라 하자. $a_n = S_n - S_{n-1}$이므로

$$\lim_{n\to\infty} a_n = \lim_{n\to\infty}(S_n - S_{n-1}) = \lim_{n\to\infty} S_n - \lim_{n\to\infty} S_{n-1} = 0$$

따라서 $\sum_{n=1}^{\infty} a_n$이 수렴하면 $\lim_{n\to\infty} a_n = 0$ ■

따름정리 10.2.3

$\lim_{n\to\infty} a_n$이 존재하지 않거나 $\lim_{n\to\infty} a_n \neq 0$이면 무한급수 $\sum_{n=1}^{\infty} a_n$은 발산한다.

예제 10.2.1 무한급수 $\sum_{n=1}^{\infty} \frac{n^3}{3n^3+2n^2}$은 발산함을 밝히라.

[풀이]

$$\lim_{n\to\infty} a_n = \lim_{n\to\infty} \frac{n^3}{3n^3+2n^2} = \lim_{n\to\infty} \frac{1}{3+\frac{2}{n}} = \frac{1}{3}$$

따라서 따름정리 10.2.3에 의하여 주어진 급수는 발산한다. ■

정리 10.2.4

c가 상수이고 무한급수 $\sum_{n=1}^{\infty} a_n$이 수렴하면 $\sum_{n=1}^{\infty} ca_n$도 수렴하고 그 합은 $c\sum_{n=1}^{\infty} a_n$이다. $c \neq 0$일 때, $\sum_{n=1}^{\infty} a_n$이 발산하면 $\sum_{n=1}^{\infty} ca_n$도 발산한다.

[증명] $\sum_{n=1}^{\infty} a_n$이 수렴하면 합 $\sum_{n=1}^{\infty} a_n = S$가 존재한다. 그런데 $ca_1 + ca_2 + \cdots + ca_n = cS_n$이고 $\lim_{n\to\infty} cS_n = c \cdot \lim_{n\to\infty} S_n = cS$이므로 급수 $\sum_{n=1}^{\infty} ca_n$은 수렴하고 $\sum_{n=1}^{\infty} ca_n = cS$이다. $\sum_{n=1}^{\infty} a_n$이 발산

하면 $c \neq 0$일 때 $\sum_{n=1}^{\infty} ca_n$도 발산한다. 왜냐하면 $\sum_{n=1}^{\infty} ca_n$이 수렴한다고 가정하면, 위의 경우와 마찬가지로 급수

$$\sum_{n=1}^{\infty} \frac{1}{c}(ca_n) = \sum_{n=1}^{\infty} a_n$$

이 수렴해야 하므로 모순이다. ■

유한합에 대한 계산법칙이 반드시 무한급수에도 적용된다고 볼 수 없다. 예를 들면 유한합에 있어서 덧셈의 결합법칙을 생각하면, 어떠한 방법으로 괄호를 삽입하여 그 합을 생각하여도 원래의 합이 변하지 않지만, 무한급수에 있어서는 합이 달라질 수 있다. 가령

$$1-1+1-1+1-1+\cdots+(-1)^{n+1}+\cdots$$

과 같은 발산급수를 생각할 때, 괄호를

$$(1-1)+(1-1)+(1-1)+\cdots$$

과 같은 방법으로 묶으면 이 급수는 수렴하고 합은 0이다. 그러나 괄호를

$$1-(1-1)-(1-1)-(1-1)-\cdots$$

과 같이 묶으면, 그 합은 1이다.

그렇지만 급수가 수렴하면 괄호를 어떤 방법으로 묶어도 합이 일정함을 다음 정리에서 알 수 있다.

○ 정리 10.2.5

수렴급수에서는 같은 항이 중복되지 않도록 괄호를 임의로 묶어서 만든 새 급수의 합은 원급수의 합과 같다.

[증명] $\sum_{n=1}^{\infty} a_n$을 수렴급수라 하고 그 부분합의 수열을 $\{S_n\}$이라 하자. $\sum_{n=1}^{\infty} b_n$을 원래 급수에서 괄호를 임의로 묶어서 만든 새로운 급수라 하고 그 부분합의 수열을 $\{T_m\}$이라 하면, 각 m에 대하여 $T_m \in \{S_n\}$이고, 적당한 n에 대하여 $T_m = S_n$이 성립한다. 따라서 $\lim_{m\to\infty} T_m = \lim_{n\to\infty} S_n$ 즉, $\sum_{n=1}^{\infty} b_n = \sum_{n=1}^{\infty} a_n$이다. ■

정리 10.2.6

$\sum_{n=1}^{\infty} a_n$과 $\sum_{n=1}^{\infty} b_n$이 수렴급수이면 $\sum_{n=1}^{\infty}(a_n \pm b_n)$도 수렴하고 $\sum_{n=1}^{\infty}(a_n \pm b_n) = \sum_{n=1}^{\infty} a_n \pm \sum_{n=1}^{\infty} b_n$이다.

[증명] $S_n = a_1 + a_2 + \cdots + a_n$, $T_n = b_1 + b_2 + \cdots + b_n$이라 하고

$$W_n = (a_1 \pm b_1) + (a_2 \pm b_2) + \cdots + (a_n \pm b_n)$$

로 두면

$$W_n = S_n \pm T_n$$

이다. $\sum_{n=1}^{\infty} a_n$과 $\sum_{n=1}^{\infty} b_n$이 수렴하므로 $\lim_{n\to\infty} S_n$과 $\lim_{n\to\infty} T_n$이 존재하고

$$\lim_{n\to\infty} W_n = \lim_{n\to\infty} S_n \pm \lim_{n\to\infty} T_n$$

이다. 따라서

$$\sum_{n=1}^{\infty}(a_n \pm b_n) = \sum_{n=1}^{\infty} a_n \pm \sum_{n=1}^{\infty} b_n$$

■

10.3 양항급수의 수렴판정법

무한급수의 각 항이 음이 아닌 수로 이루어졌을 때 이 급수를 **양항급수**라 한다. 급수의 각 항이 음이 아니면 그 부분합수열 $\{S_n\}$은 단조증가하므로 정리 10.1.2로부터 다음의 결과를 얻는다.

정리 10.3.1

양항급수가 수렴하기 위한 필요충분조건은 부분합 수열이 상계를 갖는 것이다.

무한급수의 n째 부분합을 구해서 $n \to \infty$일 때 그것이 수렴하는지 발산하는지를 판정하기는 쉬운 일이 아니다.

다음은 급수의 부분합을 구하지 않고도 수렴 또는 발산을 판정할 수 있는 방법을 소개한다.

정의

두 급수 $\sum_{n=1}^{\infty} a_n$ 과 $\sum_{n=1}^{\infty} b_n$이 양항급수일 때, 모든 자연수 n에 대하여 $a_n \le b_n$이면 $\sum_{n=1}^{\infty} b_n$ 이 $\sum_{n=1}^{\infty} a_n$ 을 **지배한다**(dominate)고 한다.

정리 10.3.2 비교판정법; comparison test

$\sum_{n=1}^{\infty} a_n$과 $\sum_{n=1}^{\infty} b_n$이 양항급수이고 $\sum_{n=1}^{\infty} b_n$이 $\sum_{n=1}^{\infty} a_n$을 지배할 때 다음이 성립한다.

(1) $\sum_{n=1}^{\infty} b_n$이 수렴하면 $\sum_{n=1}^{\infty} a_n$도 수렴한다.

(2) $\sum_{n=1}^{\infty} a_n$이 발산하면 $\sum_{n=1}^{\infty} b_n$도 발산한다.

[증명] $\sum_{n=1}^{\infty} b_n$이 수렴한다 가정하고

$$S_n = a_1 + a_2 + a_3 + \cdots + a_n, \quad T_n = b_1 + b_2 + b_3 + \cdots + b_n$$

이라 두자. $\sum_{n=1}^{\infty} b_n$이 수렴하므로 부분합의 수열 $\{T_n\}$은 상계를 갖는다(정리 10.3.1). 그런데 모든 자연수 n에 대하여 $S_n \le T_n$이므로 수열 $\{S_n\}$도 상계를 갖는다. 따라서 $\sum_{n=1}^{\infty} a_n$은 수렴한다. $\sum_{n=1}^{\infty} a_n$이 발산하면 (1)에 의하여 $\sum_{n=1}^{\infty} b_n$은 수렴하지 않는다. ■

예제 10.3.1 무한급수 $\sum_{n=1}^{\infty} \frac{n}{2^n(n+1)}$ 이 수렴함을 증명하라.

[풀이] 모든 자연수 n에 대하여

$$0 < \frac{n}{2^n(n+1)} < \frac{1}{2^n}$$

이고, $\sum_{n=1}^{\infty} \frac{1}{2^n}$이 수렴하므로 급수는 수렴한다. ■

예제 10.3.2 무한급수 $\sum_{n=1}^{\infty} \frac{n}{5n^2-4}$ 의 수렴 또는 발산을 판정하라.

[풀이]

$$\frac{n}{5n^2-4} > \frac{n}{5n^2} = \frac{1}{5n} = \frac{1}{5}\left(\frac{1}{n}\right)$$

이고 조화급수 $\sum_{n=1}^{\infty} \frac{1}{n}$은 발산하므로 $\sum_{n=1}^{\infty} \frac{1}{5n}$은 발산한다. 따라서 비교판정법에 의하여 주어진 급수는 발산한다. ■

정리 10.3.3 극한비교판정법

만일 $\sum_{n=1}^{\infty} a_n$과 $\sum_{n=1}^{\infty} b_n$이 양항급수이고

$$\lim_{n\to\infty} \frac{a_n}{b_n} = L > 0$$

이면 두 급수는 수렴과 발산을 같이 한다.

[증명] $\lim_{n\to\infty} \frac{a_n}{b_n} = L > 0$이므로 적당한 자연수 N이 존재하여 $n \ge N$이면

$$\left| \frac{a_n}{b_n} - L \right| < \frac{L}{2}$$

이다. 즉, $n \ge N$에 대하여

$$-\frac{L}{2} < \frac{a_n}{b_n} - L < \frac{L}{2} \quad \text{또는} \quad \frac{L}{2} < \frac{a_n}{b_n} < \frac{3L}{2}$$

이므로

$$\frac{L}{2} b_n < a_n, \quad \frac{2}{3L} a_n < b_n$$

이다. 따라서 급수 $\sum_{n=N}^{\infty} a_n$은 급수 $\sum_{n=N}^{\infty} \frac{L}{2} b_n$을 지배하고, 급수 $\sum_{n=N}^{\infty} b_n$은 급수 $\sum_{n=N}^{\infty} \frac{2}{3L} a_n$을 지배하므로 비교판정법에 의하여 급수 $\sum_{n=N}^{\infty} a_n$과 $\sum_{n=N}^{\infty} b_n$은 같이 수렴하거나 같이 발산한다. 따라서 정리 10.2.1에 의하여 $\sum_{n=1}^{\infty} a_n$과 $\sum_{n=1}^{\infty} b_n$은 같이 수렴하거나 같이 발산한다. ■

한편, 급수 $\sum_{n=1}^{\infty} a_n$과 $\sum_{n=1}^{\infty} b_n$이 양항급수일 때 $\lim_{n\to\infty} \frac{a_n}{b_n} = 0$이고 $\sum_{n=1}^{\infty} b_n$이 수렴하면 $\sum_{n=1}^{\infty} a_n$도 수렴한다. 왜냐하면 $\lim_{n\to\infty} \frac{a_n}{b_n} = 0$이므로 적당한 자연수 N이 존재하여 $n \ge N$이면 $\left| \frac{a_n}{b_n} \right| < 1$이다. 즉, $n \ge N$에 대하여 $0 < a_n < b_n$이 된다. 그러므로 $\sum_{n=N}^{\infty} b_n$은 $\sum_{n=N}^{\infty} a_n$을 지배하고, $\sum_{n=N}^{\infty} b_n$이 수렴하므로 $\sum_{n=N}^{\infty} a_n$도 수렴한다. 따라서 $\sum_{n=1}^{\infty} a_n$도 수렴한다.

예제 10.3.3 무한급수 $\sum_{n=2}^{\infty} \frac{1}{\sqrt{4n^2 - 7}}$이 발산함을 증명하라.

[풀이] 조화급수의 일반항 $\frac{1}{n}$과 주어진 급수의 일반항 $\frac{1}{\sqrt{4n^2 - 7}}$의 비의 극한을 생각하면

$$\lim_{n\to\infty} \frac{\frac{1}{n}}{\frac{1}{\sqrt{4n^2 - 7}}} = \lim_{n\to\infty} \sqrt{\frac{4n^2 - 7}{n^2}} = 2$$

이고 $\sum_{n=1}^{\infty} \frac{1}{n}$ 은 발산하므로 정리 10.3.3에 의하여 주어진 급수도 발산한다. ■

비교판정법에 있어서는 주어진 급수를 이미 알고 있는 수렴 또는 발산급수와 비교하여 이 급수의 수렴 또는 발산을 판정하였다. 다음 판정법은 Maclaurin-Cauchy 판정법이라고도 알려진 방법인데 수렴을 판정하는 유용한 방법이다.

○ 정리 10.3.4 적분판정법; integral test

f가 모든 실수 $x \geq 1$에서 $f(x) > 0$이고 연속인 단조감소함수라 하자. 모든 자연수 n에 대하여 $a_n = f(n)$이라 하면 무한급수 $\sum_{n=1}^{\infty} a_n$이 수렴하기 위한 필요충분조건은 특이적분 $\int_1^{\infty} f(x)\,dx$가 수렴하는 것이다.

[증명] 적분의 평균값 정리에 의해서

$$\int_i^{i+1} f(x)\,dx = 1 \cdot f(\overline{x_i}) \qquad \text{단, } i < \overline{x_i} < i+1$$

이다. 또한 f가 단조감소하므로

$$a_i = f(i) \geq f(\overline{x_i}) \geq f(i+1) = a_{i+1}$$

이다. 따라서

$$a_i \geq \int_i^{i+1} f(x)\,dx \geq a_{i+1}$$

이므로 모든 자연수 n에 대하여

$$\begin{aligned}\sum_{i=1}^{n} a_i \geq \sum_{i=1}^{n} \int_i^{i+1} f(x)\,dx = \int_1^{n+1} f(x)\,dx &\geq \sum_{i=1}^{n} a_{i+1} \\ &= \left(\sum_{i=1}^{n+1} a_i\right) - a_1\end{aligned}$$

따라서 다음 3개의 식

$$\sum_{n=1}^{\infty} a_n, \quad \int_1^{\infty} f(x)\,dx, \quad \left(\sum_{n=1}^{\infty} a_n\right) - a_1$$

은 같이 수렴하거나 같이 발산한다(그림 10.1). 이들이 수렴할 때 $\sum_{n=1}^{\infty} a_n = S$라 하면 다음이 성립한다.

$$S \geq \int_1^{\infty} f(x)\,dx \geq S - a_1$$ ■

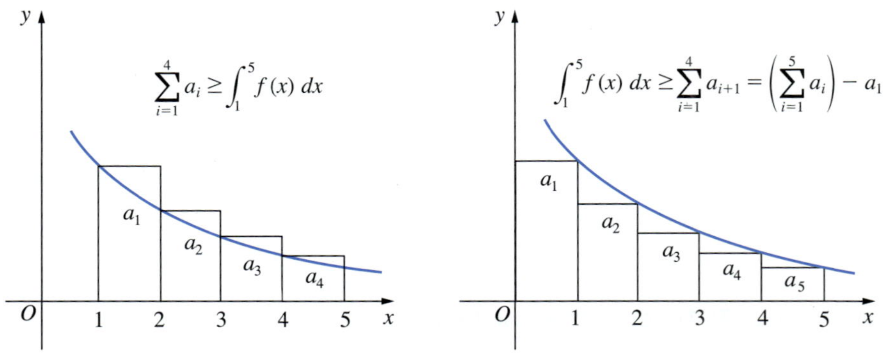

[그림 10.1]

예제 10.3.4 p를 상수라 하자. 무한급수 $\sum_{n=1}^{\infty} \frac{1}{n^p} = 1 + \frac{1}{2^p} + \cdots + \frac{1}{n^p} + \cdots$를 p-급수(p-series)라 한다. 다음을 보이라.

(1) $p > 1$이면 p-급수는 수렴하고 (2) $p \le 1$이면 p-급수는 발산한다.

[풀이] $p \ge 0$일 때 $[1, \infty)$에서 $\frac{1}{x^p}$은 연속이고 값이 항상 양수인 단조감소함수이다. 따라서 $p \ge 0$이면 적분판정법에 의하여 p-급수가 수렴하기 위한 필요충분조건은 특이적분 $\int_1^{\infty} x^{-p}dx = \lim_{t \to \infty} \int_1^t x^{-p}dx$가 존재하는 것이다.

그런데 $p \ne 1$이면

$$\int_1^t x^{-p}dx = \left[\frac{x^{1-p}}{1-p}\right]_1^t = \frac{t^{1-p}-1}{1-p}, \quad p \ne 1$$

$p = 1$이면

$$\int_1^t x^{-1}dx = [\ln x]_1^t = \ln t$$

이다. 한편 $p > 1$이면 $\lim_{t \to \infty} t^{1-p} = 0$, $p < 1$이면 $\lim_{t \to \infty} t^{1-p} = \infty$ 그리고 $p = 1$이면 $\lim_{t \to \infty} \ln t = \infty$이므로 $p > 1$이면 p-급수는 수렴하고, $0 \le p \le 1$이면 발산한다.

$p = 1$ 일 경우에는 조화급수 $1 + \frac{1}{2} + \frac{1}{3} + \frac{1}{4} + \cdots$이다.

$p < 0$일 때 p-급수를 알아보자. $q = -p > 0$라 하면

$$\sum_{n=1}^{\infty} \frac{1}{n^p} = \sum_{n=1}^{\infty} n^q, \quad q > 0$$

$\lim_{n \to \infty} n^q = \infty$이므로 급수 $\sum_{n=1}^{\infty} n^q = \sum_{n=1}^{\infty} 1/n^p$는 발산한다. ■

p-급수는 비교판정법을 쓸 때 유용하다.

예제 10.3.5 무한급수 $\sum_{n=1}^{\infty} \frac{\ln n}{n^3}$의 수렴 또는 발산을 판정하라.

[풀이] 모든 자연수 n에 대하여 $\ln n < n$이므로

$$0 \le \frac{\ln n}{n^3} < \frac{1}{n^2}$$

이고 p-급수 $\sum_{n=1}^{\infty} \frac{1}{n^2}$은 수렴하므로 급수 $\sum_{n=1}^{\infty} \frac{\ln n}{n^3}$도 수렴한다. ■

예제 10.3.6 특이적분을 이용하여 수렴급수 $\sum_{n=1}^{\infty} \frac{n}{e^{n^2}}$에 대하여 5항까지 합과 급수 합과의 오차의 상계를 구하라.

[풀이] 오차는 $\sum_{n=6}^{\infty} \frac{n}{e^{n^2}}$이고

$$\sum_{n=6}^{\infty} \frac{n}{e^{n^2}} < \int_5^{\infty} xe^{-x^2}\,dx = \frac{1}{2e^{25}} < \frac{1}{2\,(2.7)^{25}} < 0.8 \times 10^{-11}$$

이므로 오차는 8×10^{-12} 보다 작다. ■

○ 정리 10.3.5 비판정법; ratio test

$a_n \ne 0$, $n \in \mathbb{N}$이라 하자. 양항급수 $a_1 + a_2 + \cdots + a_n + \cdots$에서 $\lim_{n\to\infty} \frac{a_{n+1}}{a_n} = \rho$라 할 때 다음이 성립한다.

(1) $\rho < 1$이면 급수는 수렴한다.

(2) $\rho > 1$이면 급수는 발산한다.

(3) $\rho = 1$이면 비판정법으로는 판정불능이다.

[증명] (1) $\rho < 1$이라 하자. 모든 자연수 n에 대하여 $a_n > 0$이므로 $\frac{a_{n+1}}{a_n} > 0$이고 $\rho \ge 0$이다. ρ와 1 사이에 있는 수 r을 택하면 $0 \le \rho < r < 1$ (그림 10.2)이고 $r - \rho > 0$이다.

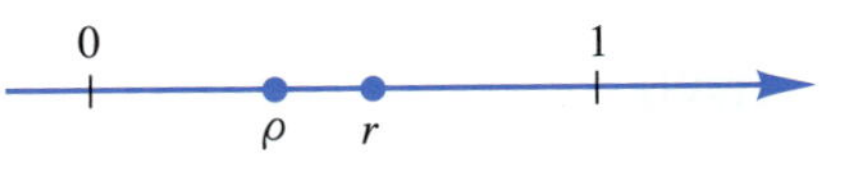

[그림 10.2]

지금 $\lim_{n\to\infty} \frac{a_{n+1}}{a_n} = \rho$이므로 자연수 N이 존재하여 $n \ge N$이면

$$\left| \frac{a_{n+1}}{a_n} - \rho \right| < r - \rho$$

이다. 이것을 다시 쓰면

$$\rho - (r - \rho) < \frac{a_{n+1}}{a_n} < \rho + (r - \rho)$$

이므로 $n \geq N$이면 $a_{n+1} < a_n r$이 성립한다. 따라서

$$a_{N+1} < a_N r$$
$$a_{N+2} < a_{N+1} r < a_N r^2$$
$$a_{N+3} < a_{N+2} r < a_N r^3$$

그러면 $a_{N+1} + a_{N+2} + \cdots \leq a_N r + a_N r^2 + \cdots$ 그런데 $r < 1$이므로 $a_N r + a_N r^2 + a_N r^3 + \cdots$은 수렴하고 $\sum_{n=N+1}^{\infty} a_n$ 도 수렴한다. 따라서 $\sum_{n=1}^{\infty} a_n$은 수렴한다.

(2) $\rho > 1$ 이면 자연수 N이 존재하여 $n \geq N$이면 $\frac{a_{n+1}}{a_n} > 1$ 즉, $a_{n+1} > a_n$이다. 그러면 $a_N < a_{N+1} < \cdots$이므로 $\lim_{n \to \infty} a_n \neq 0$. 따라서 $\sum_{n=1}^{\infty} a_n$은 발산한다.

(3) p-급수

$$1 + \frac{1}{2^p} + \frac{1}{3^p} + \cdots + \frac{1}{n^p} + \cdots$$

에서

$$\frac{a_{n+1}}{a_n} = \frac{n^p}{(n+1)^p} = \left(\frac{n}{n+1}\right)^p$$

이므로 극한은

$$\lim_{n \to \infty} \left(\frac{n}{n+1}\right)^p = \left(\lim_{n \to \infty} \frac{n}{n+1}\right)^p = 1^p = 1$$

이다.

그런데 $0 \leq p \leq 1$이면 이 급수는 발산하고 $p > 1$이면 수렴한다. 즉, $\rho = 1$인 급수 $\sum_{n=1}^{\infty} a_n$은 경우에 따라서 수렴할 수도 있고 발산할 수도 있다. ■

예제 10.3.7 무한급수 $\sum_{n=1}^{\infty} \frac{n^{20}}{2^n}$ 의 수렴 또는 발산을 판정하라.

[풀이]

$$\frac{a_{n+1}}{a_n} = \frac{\frac{(n+1)^{20}}{2^{n+1}}}{\frac{n^{20}}{2^n}} = \frac{1}{2}\left(1 + \frac{1}{n}\right)^{20}$$

따라서

$$\lim_{n \to \infty} \frac{a_{n+1}}{a_n} = \lim_{n \to \infty} \frac{1}{2}\left(1 + \frac{1}{n}\right)^{20} = \frac{1}{2}$$

이므로 비판정법에 의하여 이 급수는 수렴한다. ■

연습문제 10.3

1. 비교판정법을 이용하여 다음 급수의 수렴 또는 발산을 판정하라.

(1) $\sum_{n=1}^{\infty} \frac{n}{n^2+2n+3}$

(2) $\sum_{n=2}^{\infty} \frac{3n+1}{n^3-4}$

(3) $\sum_{n=1}^{\infty} \frac{1}{n\sqrt{n+1}}$

(4) $\sum_{n=1}^{\infty} \frac{\sqrt{2n+1}}{n^2}$

2. 비판정법을 이용하여 다음 급수의 수렴 또는 발산을 판정하라.

(1) $\sum_{n=1}^{\infty} \frac{8^n}{n!}$

(2) $\sum_{n=1}^{\infty} \frac{5^n}{n^5}$

(3) $\sum_{n=1}^{\infty} \frac{n!}{n^{100}}$

(4) $\sum_{n=1}^{\infty} n\left(\frac{1}{3}\right)^n$

(5) $\sum_{n=1}^{\infty} \frac{n^3}{(2n)!}$

(6) $\sum_{n=1}^{\infty} \frac{3^n+n}{n!}$

3. 적분판정법을 이용하여 다음 급수의 수렴 또는 발산을 판정하라.

(1) $\sum_{n=1}^{\infty} \frac{1}{n+2}$

(2) $\sum_{n=4}^{\infty} \frac{2}{n-3}$

(3) $\sum_{n=1}^{\infty} \frac{n}{1+n^2}$

(4) $\sum_{n=1}^{\infty} \frac{2}{1+n^2}$

(5) $\sum_{n=1}^{\infty} \frac{1}{\sqrt{n+2}}$

(6) $\sum_{n=1}^{\infty} \frac{1}{(n+2)^2}$

(7) $\sum_{n=1}^{\infty} \frac{1}{10n+3}$

(8) $\sum_{n=1}^{\infty} \frac{n}{e^n}$

(9) $\sum_{n=1}^{\infty} \frac{1}{(4+3n)^{3/2}}$

(10) $\sum_{n=1}^{\infty} \frac{n^2}{1+n^3}$

(11) $\sum_{n=1}^{\infty} ne^{-n^2}$

(12) $\sum_{n=2}^{\infty} \frac{1}{n(\ln n)^2}$

4. 다음 급수의 첫 항에서 제5항까지의 합을 구하고 급수의 합에 대한 오차를 추정하라.

(1) $\frac{1}{2^2-1}+\frac{1}{3^2-1}+\frac{1}{4^2-1}+\frac{1}{5^2-1}+\cdots$

(2) $\frac{1}{1\cdot 2}+\frac{1}{2\cdot 3}+\frac{1}{3\cdot 4}+\frac{1}{4\cdot 5}+\cdots$

(3) $\frac{1}{e}+\frac{2^2}{e^2}+\frac{3^2}{e^3}+\frac{4^2}{e^4}+\cdots$

(4) $\frac{1}{e}+\frac{2}{e^2}+\frac{3}{e^3}+\frac{4}{e^4}+\cdots$

(5) $1+\frac{1}{2\sqrt{2}}+\frac{1}{3\sqrt{3}}+\frac{1}{4\sqrt{4}}+\cdots$

10.4 교대급수, 절대수렴

모든 자연수 n에 대하여 $a_n>0$일 때

$$\sum_{n=1}^{\infty}(-1)^{n+1}a_n=a_1-a_2+a_3-\cdots+(-1)^{n+1}a_n+\cdots$$

과 같은 무한급수를 **교대급수**(alternating series)라 한다.

정리 10.4.1

교대급수

$$\sum_{n=1}^{\infty}(-1)^{n+1}a_n=a_1-a_2+a_3-\cdots$$

에서 $\lim_{n\to\infty}a_n=0$이고 모든 자연수 n에 대하여 $a_n>a_{n+1}$이면 이 급수는 수렴한다.

[증명] 모든 자연수에 대하여 $a_n>a_{n+1}$이므로 두 부분합

$$S_{2n}=(a_1-a_2)+(a_3-a_4)+\cdots+(a_{2n-1}-a_{2n}) \tag{1}$$

$$S_{2n+1}=a_1-(a_2-a_3)-(a_4-a_5)-\cdots-(a_{2n}-a_{2n+1}) \tag{2}$$

에서 괄호 안의 모든 항은 양수이다. 따라서 수열 $\{S_{2n}\}$은 단조증가하고 수열 $\{S_{2n+1}\}$은 단조감소한다. 급수 (1)과 (2)의 괄호 안의 값이 모두 양수이므로 모든 자연수 n에 대하여 $S_{2n}>0$이고 또 $S_{2n+1}<a_1$이다.

또한 $S_{2n+1}=S_{2n}+a_{2n+1}$이므로 $S_{2n}<S_{2n+1}$이다. 위의 결과를 종합하면 모든 자연수 n에 대하여 다음 관계가 성립한다.

$$0<S_{2n}<S_{2n+1}<a_1 \tag{3}$$

따라서 0과 a_1은 각각 단조수열 $\{S_{2n}\}$와 $\{S_{2n+1}\}$의 하계와 상계이므로 $\{S_{2n}\}$과 $\{S_{2n+1}\}$

은 수렴한다. 한편 $\lim_{n\to\infty} a_{2n+1}=0$이고 $S_{2n+1}=S_{2n}+a_{2n+1}$이므로

$$\lim_{n\to\infty} S_{2n+1}=\lim_{n\to\infty}(S_{2n}+a_{2n+1})=\lim_{n\to\infty} S_{2n}$$

따라서 두 수열 $\{S_{2n}\}$과 $\{S_{2n+1}\}$의 극한값이 똑같다. 이것을 S로 나타내면 m이 짝수와 홀수에 관계없이 $\lim_{m\to\infty} S_m=S$이고 $\sum_{n=1}^{\infty}(-1)^{n+1}a_n$은 S로 수렴한다. ■

예를 들면 교대급수 $1-\frac{1}{2}+\frac{1}{3}-\cdots+(-1)^{n+1}\frac{1}{n}+\cdots$은 $a_{n+1}=\frac{1}{n+1}<\frac{1}{n}=a_n$, $n=1, 2, \cdots$이고 $\lim_{n\to\infty} a_n=0$이므로 정리 10.4.1에 의하여 수렴한다.

정리 10.4.2

$\sum_{n=1}^{\infty}(-1)^{n+1}a_n=a_1-a_2+a_3-\cdots+(-1)^{n+1}a_n+\cdots$ 이 $a_n>a_{n+1}>0$이고 $\lim_{n\to\infty} a_n=0$이면 k항까지 합과 급수 합과의 오차는 a_{k+1}보다 작다.

[증명] $\sum_{n=1}^{\infty}(-1)^{n+1}a_n=a_1-a_2+a_3-\cdots+(-1)^{k+1}a_k+R_k$라 두면

$$R_k=\sum_{n=k+1}^{\infty}(-1)^{n+1}a_n$$

는 k항까지 합과 주어진 급수의 합과의 오차이다. 그런데

$$\sum_{n=k+1}^{\infty}(-1)^{n+1}a_n$$

는 교대급수이고 정리 10.4.1의 증명에서와 같이

$$R_k=(-1)^{k+2}a_{k+1}+(-1)^{k+3}a_{k+2}+(-1)^{k+4}a_{k+3}+\cdots$$

의 절대값은 a_{k+1}보다 작다. ■

수렴하는 교대급수의 이와 같은 특성은 오차계산에 유용하다.

정의

무한급수 $\sum_{n=1}^{\infty}a_n=a_1+a_2+a_3+\cdots$이 **절대수렴**(absolute convergence)한다는 것은 각 항의 절댓값으로 이루어진 급수

$$\sum_{n=1}^{\infty}|a_n|=|a_1|+|a_2|+|a_3|+\cdots$$

가 수렴한다는 것이다.

예를 들면 무한급수

$$1-\frac{1}{3}+\frac{1}{9}-\frac{1}{27}+\cdots+\frac{(-1)^{n+1}}{3^{n-1}}+\cdots$$

은 절대수렴한다. 왜냐하면 급수

$$1+\frac{1}{3}+\frac{1}{9}+\frac{1}{27}+\cdots+\frac{1}{3^{n-1}}+\cdots$$

은 공비 $r=\frac{1}{3}<1$인 수렴하는 무한급수이기 때문이다. 일반적으로 수렴하는 급수가 반드시 절대수렴한다고는 말할 수 없다. 예를 들면 수렴하는 교대급수

$$1-\frac{1}{2}+\frac{1}{3}-\frac{1}{4}+\cdots+\frac{(-1)^{n+1}}{n}+\cdots$$

은 절대수렴하지 않는다.

정의

급수는 수렴하지만 절대수렴은 하지 않으면 그 급수는 **조건부수렴**(conditionally convergence)한다고 한다.

예를 들어 무한급수 $\sum_{n=1}^{\infty}\frac{(-1)^{n+1}}{n}$은 조건부수렴한다.

정리 10.4.3

$\sum_{n=1}^{\infty}a_n$이 절대수렴하면 이 급수는 수렴한다.

[증명] $\sum_{n=1}^{\infty}|a_n|$이 수렴한다고 하자. $b_n=a_n+|a_n|$이라 두면 임의의 자연수 n에 대하여 $b_n=0$이거나 $b_n=2|a_n|$이다. 따라서

$$0\le b_n\le 2|a_n|$$

이다.

$$A=\sum_{n=1}^{\infty}|a_n|,\quad A_n=\sum_{i=1}^{n}|a_i|$$

이고 $B_n=\sum_{i=1}^{n}b_i$라 두면 $0\le B_n\le 2A_n\le 2A$가 성립한다. 따라서 정리 10.3.1에 의하여 $\lim_{n\to\infty}B_n$이 존재하고 $\sum_{n=1}^{\infty}b_n$은 수렴한다. $\sum_{n=1}^{\infty}|a_n|$과 $\sum_{n=1}^{\infty}b_n$이 모두 수렴하므로

$$\sum_{n=1}^{\infty}a_n=\sum_{n=1}^{\infty}(b_n-|a_n|)$$

도 수렴한다. ■

무한의 양수항 및 무한의 음수항을 포함하는 급수의 수렴은 직접적인 방법으로 판정하는 것보다 그 급수가 절대수렴함을 먼저 밝히고 정리 10.4.3을 써서 그것이 수렴함을 판별하는 방법을 많이 이용한다.

예제 10.4.1 급수 $\sum_{n=1}^{\infty} \frac{1}{n^2}\left(10 \sin \frac{1}{6} n\pi\right)$의 수렴 또는 발산을 판정하라.

[풀이] 모든 자연수 n에 대하여 $\left|\sin \frac{1}{6} n\pi\right| \leq 1$이므로 $\left|\frac{1}{n^2}\left(10 \sin \frac{1}{6} n\pi\right)\right| \leq \frac{10}{n^2}$이고, 급수 $\sum_{n=1}^{\infty} \frac{10}{n^2}$은 $p=2>1$인 p-급수의 상수배이므로 수렴하고, 비교판정법에 의하여 급수 $\sum_{n=1}^{\infty}\left|\frac{1}{n^2}\left(10 \sin \frac{1}{6} n\pi\right)\right|$도 수렴한다. 즉, 주어진 급수는 절대수렴한다. 따라서 주어진 급수는 수렴한다. ■

○ 정리 10.4.4

각 항이 0이 아닌 급수 $\sum_{n=1}^{\infty} a_n$에서

$$\lim_{n \to \infty}\left|\frac{a_{n+1}}{a_n}\right| = \rho$$

라 할 때

(1) $\rho < 1$이면 급수는 절대수렴하고,

(2) $\rho > 1$이면 급수는 발산한다.

[증명] (1)은 정리 10.3.5와 절대수렴의 정의에서 명백하다. (2)의 경우, 정리 10.3.5(b)의 증명에서와 같이 $\lim_{n \to \infty}|a_n|$이 0이 될 수 없다. 따라서 $\lim_{n \to \infty} a_n$은 0이 될 수 없으므로 $\sum_{n=1}^{\infty} a_n$은 발산한다. ■

10.2절에서 수렴급수와 유한합이 같은 법칙을 만족한다는 사실을 알았다. 특히 정리 10.2.4와 10.2.6에서는 수렴급수는 결합법칙과 분배법칙이 성립함을 증명하였다. 급수가 절대수렴하면, 덧셈에 대한 교환법칙이 성립한다. 이 사실을 다음 정리로 요약한다.

정리 10.4.5

급수가 절대수렴하면 항의 순서를 임의로 바꿔 만든 새로운 급수도 절대수렴하고, 그 급수의 합도 원래급수의 합과 같다.

절대수렴급수의 곱에 대한 다음과 같은 정리가 있다. 이 정리의 증명은 생략한다.

정리 10.4.6

급수 $\sum_{n=1}^{\infty} a_n$, $\sum_{n=1}^{\infty} b_n$이 절대수렴하고 그 합을 각각 A, B라 하면 Cauchy **곱급수**

$$\sum_{i+j=2}^{\infty} a_i b_j = a_1 b_1 + a_1 b_2 + a_2 b_1 + a_1 b_3 + a_2 b_2 + a_3 b_1 + \cdots$$

은 절대수렴하고 그 합은 $A \cdot B$이다.

연습문제 10.4

1. 다음 급수가 수렴, 절대수렴, 조건부수렴 또는 발산하는지를 밝히라.

(1) $\sum_{n=1}^{\infty} (-1)^{n+1} \frac{1}{5n}$

(2) $\sum_{n=1}^{\infty} (-1)^{n+1} \frac{1}{5n^{1.1}}$

(3) $\sum_{n=1}^{\infty} (-1)^{n+1} \frac{n}{10n+1}$

(4) $\sum_{n=1}^{\infty} (-1)^{n+1} \frac{n}{10n^{\sqrt{2}}+1}$

(5) $\sum_{n=2}^{\infty} (-1)^{n} \frac{1}{n \ln n}$

(6) $\sum_{n=1}^{\infty} (-1)^{n+1} \frac{1}{n\sqrt{n}}$

(7) $\sum_{n=1}^{\infty} (-1)^{n+1} \frac{n^4}{2^n}$

(8) $\sum_{n=2}^{\infty} (-1)^{n} \frac{1}{\sqrt{n^2-1}}$

(9) $\sum_{n=1}^{\infty} (-1)^{n+1} \frac{n}{n^2+1}$

(10) $\sum_{n=1}^{\infty} (-1)^{n+1} \frac{n-1}{n}$

(11) $\sum_{n=1}^{\infty} \frac{\cos n\pi}{n}$

(12) $\sum_{n=1}^{\infty} \frac{\sin \frac{n\pi}{2}}{n}$

(13) $\sum_{n=1}^{\infty} \frac{\sin n}{n\sqrt{n}}$

(14) $\sum_{n=1}^{\infty} n \sin \frac{1}{n}$

10.5 •• 거듭제곱급수

수열 $\{a_n\}$에 대하여

$$\sum_{n=0}^{\infty} a_n x^n = a_0 + a_1 x + a_2 x^2 + \cdots + a_n x^n + \cdots$$

과 같은 급수를 x에 대한 **거듭제곱급수**(power series) 또는 멱급수라 한다.

$x = 0$이면 분명히 수렴한다. x의 값이 0 이외의 어떤 값에 대하여 수렴하는가를 살펴보기로 하자.

예제 10.5.1 다음 거듭제곱급수가 수렴할 수 있는 모든 x의 값을 구하라.

$$\sum_{n=0}^{\infty} \frac{x^n}{(n+1)2^n} = 1 + \frac{1}{2\cdot 2}x + \frac{1}{3\cdot 4}x^2 + \frac{1}{4\cdot 8}x^3 + \cdots + \frac{1}{(n+1)2^n}x^n + \cdots\cdots$$

[풀이] 비판정법(정리 10.4.4)을 이용하면

$$\rho = \lim_{n\to\infty} \left| \frac{\dfrac{x^{n+1}}{(n+2)2^{n+1}}}{\dfrac{x^n}{(n+1)2^n}} \right| = \frac{|x|}{2} \lim_{n\to\infty} \left(\frac{n+1}{n+2} \right) = \frac{|x|}{2}$$

따라서 $\frac{|x|}{2} < 1$이면 급수는 절대수렴한다. 즉, $|x| < 2$이면 주어진 급수는 절대 수렴하고, $|x| > 2$이면 발산한다. 그러나 $x = 2$와 $x = -2$에 대해서는 비판정법 적용이 불가능하므로, 각 수를 대입하여 수렴 또는 발산을 판정하여야 한다. 즉, $x = 2$일 때 급수는 $1 + \frac{1}{2} + \frac{1}{3} + \frac{1}{4} + \cdots$이 되어 발산하고 $x = -2$일 때 $1 - \frac{1}{2} + \frac{1}{3} - \frac{1}{4} + \cdots$이 되어 수렴한다. 그러므로 주어진 급수는 반열린구간 $[-2, 2)$에서 수렴하고 열린구간 $(-2, 2)$에서 절대수렴하며 $x = -2$에서는 조건부수렴한다. 그 외의 모든 점에서는 발산한다.■

거듭제곱급수가 수렴하는 점들의 집합을 그 급수의 **수렴집합**이라 한다. 급수의 수렴집합은 다음 중 하나가 된다.

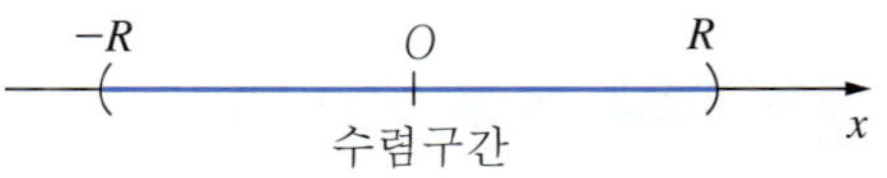

[그림 10.3]

(1) 집합 $\{0\}$

(2) 양의 실수 R에 대하여 열린구간 $(-R, R)$, 닫힌구간 $[-R, R]$, 또는 반닫힌구간 $[-R, R)$, $(-R, R]$

(3) 실수 전체의 집합

(2)에서 $|x|<R$이면 거듭제곱급수가 수렴하고 $|x|>R$이면 발산한다. 이때 R을 **수렴반지름**이라 하고, 열린구간 $(-R, R)$을 **수렴구간**이라 한다.

(1)인 경우 $|x|>0$인 모든 x에 대해서 거듭제곱급수는 발산한다. 이때 수렴반지름은 $R=0$이라 한다. 그리고 (3)의 경우에 수렴구간은 $(-\infty, \infty)$이고 수렴반지름은 $R=\infty$라 한다.

다음 정리는 거듭제곱급수의 수렴반지름을 결정하는 데 유용하다.

정리 10.5.1

거듭제곱급수 $\sum_{n=0}^{\infty} a_n x^n$에서

$$\lim_{n\to\infty}\left|\frac{a_{n+1}}{a_n}\right| = L$$

이 존재하면 수렴반지름은 $R=\frac{1}{L}$이고 수렴구간 내의 모든 점에서 절대수렴한다. 만약 $L=0$이면 $R=\infty$이고, $L=\infty$이면 $R=0$이다.

[증명] 양항급수 $\sum_{n=0}^{\infty} |a_n||x|^n$에서 $c_n = |a_n||x|^n$ 이라 두면

$$\lim_{n\to\infty}\frac{c_{n+1}}{c_n} = |x|\lim_{n\to\infty}\left|\frac{a_{n+1}}{a_n}\right| = L|x|$$

따라서 비판정법에 의하여 $|x|<\frac{1}{L}$이면 수렴하고 $|x|>\frac{1}{L}$이면 발산한다. 따라서 $R=\frac{1}{L}$이고 급수는 수렴구간 내의 점에서 절대수렴한다. ■

예제 10.5.2 다음 거듭제곱급수의 수렴집합을 구하라.

$$\sum_{n=0}^{\infty} n!x^n = 1 + x + 2x^2 + 3!x^3 + \cdots + n!x^n + \cdots$$

[풀이] $\lim_{n\to\infty}\frac{(n+1)!}{n!} = \lim_{n\to\infty}(n+1) = \infty$이므로 정리 10.5.1에 의하여 수렴반지름은 $R=0$이다. 따라서 수렴집합은 $\{0\}$이다. ■

예제 10.5.3 다음 거듭제곱급수는 모든 실수 x에 대하여 수렴함을 밝히라.

$$\sum_{n=0}^{\infty}\frac{x^n}{n!} = 1 + x + \frac{x^2}{2} + \frac{x^3}{3!} + \cdots + \frac{x^n}{n!} + \cdots$$

[풀이]

$$\lim_{n\to\infty}\frac{\frac{1}{(n+1)!}}{\frac{1}{n!}} = \lim_{n\to\infty}\frac{n!}{(n+1)!} = \lim_{n\to\infty}\frac{1}{n+1} = 0$$

이므로 $R=\infty$이다. 따라서 모든 실수에 대하여 수렴한다. ■

예제 10.5.3으로부터 모든 실수 x에 대하여

$$\lim_{n\to\infty}\frac{x^n}{n!}=0$$

임을 알 수 있다.

예제 10.5.4 k가 임의의 실수이고 $-1<x<1$일 때

$$\lim_{n\to\infty}\frac{k(k-1)(k-2)\cdots(k-n)}{n!}x^n=0$$

임을 보이라.

[풀이] 급수 $\sum_{n=1}^{\infty}\frac{k(k-1)(k-2)\cdots(k-n)}{n!}x^n$에 대하여 정리 10.5.1을 적용하면

$$\lim_{n\to\infty}\left|\frac{\dfrac{k(k-1)(k-2)\cdots(k-n)(k-n-1)}{(n+1)!}}{\dfrac{k(k-1)(k-2)\cdots(k-n)}{n!}}\right|$$

$$=\lim_{n\to\infty}\left|\frac{k-n-1}{n+1}\right|=1$$

이므로 $|x|<1$을 만족하는 모든 실수 x에 대하여 수렴한다. 따라서 이 급수의 항의 극한은 0이다. 즉,

$$\lim_{n\to\infty}\frac{k(k-1)(k-2)\cdots(k-n)}{n!}x^n=0,\quad -1<x<1$$ ■

정리 10.5.2

거듭제곱급수 $\sum_{n=0}^{\infty}a_nx^n$이 $x_1\neq 0$인 실수 x_1에 대하여 수렴하면 $|x|<|x_1|$을 만족하는 모든 실수 x에 대하여 절대수렴한다.

[증명] $\sum_{n=0}^{\infty}a_nx_1^n$이 수렴한다고 가정하면 $\lim_{n\to\infty}a_nx_1^n=0$이다. 따라서 적당한 자연수 N이 존재하여 $n\geq N$이면 $|a_nx_1^n|<1$이 성립한다. $|x|<|x_1|$를 만족하는 임의의 실수 x를 택하면 $n\geq N$인 자연수 n에 대하여

$$|a_nx^n|=|a_nx_1^n|\left|\frac{x}{x_1}\right|^n<\left|\frac{x}{x_1}\right|^n$$

따라서

$$\sum_{n=N}^{\infty}|a_nx^n|<\sum_{n=N}^{\infty}\left|\frac{x}{x_1}\right|^n$$

이고, $\left|\frac{x}{x_1}\right|<1$이므로 $\sum_{n=N}^{\infty}\left|\frac{x}{x_1}\right|^n$ 은 수렴한다. 따라서 주어진 급수는 $|x|<|x_1|$을 만족하는 모든 실수 x에 대하여 절대수렴한다. ■

따름정리 10.5.3

거듭제곱급수 $\sum_{n=0}^{\infty} a_n x^n$이 실수 x_2에서 발산하면 $|x|>|x_2|$인 모든 x에 대하여 발산한다.

[증명] 주어진 급수가 $|x|>|x_2|$인 어떤 x에 대하여 수렴하면 정리 10.5.2에 의하여 x_2에서도 수렴하는데, 이것은 모순이다. 따라서 $|x|>|x_2|$인 모든 x에 대하여 주어진 거듭제곱급수는 발산한다. ■

위 정리로부터 다음 사실을 알 수가 있다. 즉, 0이 아닌 어떤 실수에서 거듭제곱급수가 수렴하면 이 급수는 모든 실수에서 수렴하거나 어떤 적당한 양수 R이 존재하여 열린구간 $(-R, R)$에서는 수렴하고 닫힌구간 $[-R, R]$ 밖에서는 발산한다. 위 정리로는 수렴구간의 양 끝점에 대해서 수렴 또는 발산에 대한 판정을 내릴 수가 없다.

일반적으로 거듭제곱급수

$$\sum_{n=0}^{\infty} a_n(x-x_0)^n = a_0 + a_1(x-x_0) + a_2(x-x_0)^2 + \cdots + a_n(x-x_0)^n + \cdots$$

를 $x-x_0$에 대한 거듭제곱급수라 하고 x_0를 이 거듭제곱급수의 **중심**이라 한다. 특히 $\sum_{n=0}^{\infty} a_n x^n$은 중심이 0인 경우이다.

위 급수는 $\sum_{n=0}^{\infty} a_n x^n$에서 x 대신에 $x-x_0$를 대입하여 얻어지는 것이므로 x에 대한 거듭제곱급수의 사실이 $x-x_0$에 대한 거듭제곱급수에도 그대로 적용된다. 즉, 거듭제곱급수 $\sum_{n=0}^{\infty} a_n(x-x_0)^n$의 수렴구간은 x_0를 중심으로 하는 열린구간 (x_0-R, x_0+R)이다(그림 10.4). $x-x_0$에 대한 거듭제곱급수가 $x=x_0$에서만 수렴하면 $R=0$이라 한다. 그리고 모든 수에 대하여 수렴하면 $R=\infty$라 한다.

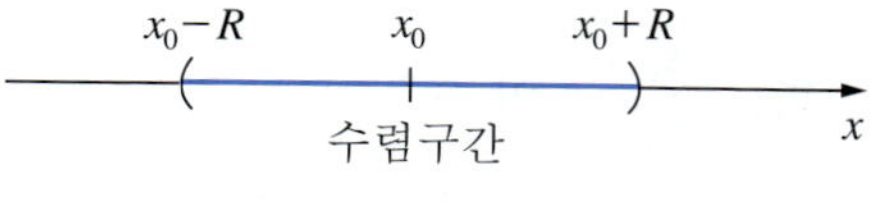

[그림 10.4]

예제 10.5.5 다음 거듭제곱급수의 수렴구간과 수렴집합을 구하라.

$$\sum_{n=0}^{\infty}(-1)^n\frac{(x-2)^n}{n+1} = 1 - \frac{x-2}{2} + \frac{(x-2)^2}{3} - \cdots + \frac{(-1)^n(x-2)^n}{n+1} + \cdots$$

[풀이]

$$L = \lim_{n\to\infty}\left|\frac{(-1)^{n+1}(n+1)}{(-1)^n(n+2)}\right| = 1$$

이므로 $|x-2|<1$인 모든 x에서 절대수렴한다. 따라서 수렴구간은 $(1, 3)$이다.

$x=1$이면 급수 $\sum_{n=0}^{\infty}\frac{1}{n+1}$은 발산하고, $x=3$이면 급수 $\sum_{n=0}^{\infty}(-1)^n\frac{1}{n+1} = 1-\frac{1}{2}+\frac{1}{3}-\frac{1}{4}+\cdots$은 수렴하는 교대급수이다. 따라서 수렴집합은 $(1, 3]$이다. ■

거듭제곱급수 $\sum_{n=0}^{\infty}a_n(x-x_0)^n$은 그 수렴집합 내의 각 실수에서 어떤 실수로 수렴하므로

$$f(x) = \sum_{n=0}^{\infty}a_n(x-x_0)^n$$

로 정의된 함수의 정의역은 그 거듭제곱급수의 수렴집합이다. 또한 그 집합 내의 x에서 함숫값 $f(x)$는 x에서 거듭제곱급수의 합이다. 이렇게 정의된 함수 $f(x)$에 대하여 다음과 같은 정리가 있다. 이 정리의 증명은 생략한다.

정리 10.5.4

거듭제곱급수 $\sum_{n=0}^{\infty}a_n(x-x_0)^n$의 수렴집합 내에서 정의된 함수를 f라 하고 $f(x) = \sum_{n=0}^{\infty}a_n(x-x_0)^n$라 하면 다음이 성립한다.

(1) f는 거듭제곱급수의 수렴집합 내의 모든 점에서 연속이다.

(2) f의 도함수는 거듭제곱급수의 수렴구간 내의 모든 x에 대하여

$$\begin{aligned} f'(x) &= \sum_{n=0}^{\infty}D_x[a_n(x-x_0)^n] = \sum_{n=1}^{\infty}na_n(x-x_0)^{n-1} \\ &= a_1 + 2a_2(x-x_0) + 3a_3(x-x_0)^2 + \cdots + na_n(x-x_0)^{n-1} + \cdots \end{aligned}$$

이다.

(3) f의 적분에 대하여 다음 등식이 수렴구간 내의 모든 점에서 성립한다.

$$\begin{aligned} \int_{x_0}^{x} f(t)\,dt &= \sum_{n=0}^{\infty}\int_{x_0}^{x}a_n(t-x_0)^n\,dt = \sum_{n=0}^{\infty}\frac{a_n(x-x_0)^{n+1}}{n+1} \\ &= a_0(x-x_0) + \frac{a_1(x-x_0)^2}{2} + \frac{a_2(x-x_0)^3}{3} + \cdots + \frac{a_n(x-x_0)^{n+1}}{n+1} + \cdots \end{aligned}$$

(2)와 (3)에서, 주어진 거듭제곱급수에 대하여 수렴구간에서 항별로 미분 또는 적분하

여 합한 것은 그 구간에서 주어진 거듭제곱급수로 정의된 함수 f를 미분 또는 적분한 것과 같다는 것을 알 수 있다.

예를들면, $|x|<1$인 모든 x에 대하여 기하급수 $1+x+x^2+\cdots+x^n+\cdots$의 합은 $\dfrac{1}{1-x}$이라는 것을 알고 있다. 즉,

$$\frac{1}{1-x}=1+x+x^2+\cdots+x^n+\cdots,\quad |x|<1 \tag{1}$$

정리 10.5.4에 의하여, 이 등식의 양변을 각각 적분하면

$$\int_0^x \frac{1}{1-t}\,dt=x+\frac{x^2}{2}+\frac{x^3}{3}+\cdots+\frac{x^{n+1}}{n+1}+\cdots,\quad |x|<1$$

따라서

$$-\ln(1-x)=x+\frac{x^2}{2}+\frac{x^3}{3}+\cdots+\frac{x^{n+1}}{n+1}+\cdots,\quad |x|<1 \tag{2}$$

이다. $x=\dfrac{1}{3}$일 때

$$\begin{aligned}-\ln\left(1-\frac{1}{3}\right)&=-\ln\left(\frac{2}{3}\right)=\ln 1.5\\&=\frac{1}{3}+\frac{1}{2}\frac{1}{9}+\frac{1}{3}\frac{1}{27}+\cdots+\frac{1}{n+1}\frac{1}{3^{n+1}}+\cdots\end{aligned}$$

이므로 $\ln 1.5$의 값을 소수점 이하 몇 자리든지 정확하게 구할 수가 있다. 이제 임의의 실수 $x>0$에 대한 자연로그 및 상용로그의 값을 구하는 방법을 알아보자.

(1)의 x에 $-x$를 대입하면

$$\frac{1}{1+x}=1-x+x^2-x^3+\cdots+(-1)^n x^n+\cdots,\ |x|<1 \tag{3}$$

이다. 이 등식의 양변을 적분하면,

$$\ln(1+x)=\int_0^x \frac{1}{1+t}\,dt=x-\frac{x^2}{2}+\frac{x^3}{3}-\cdots+\frac{(-1)^n x^{n+1}}{n+1}+\cdots,\quad |x|<1 \tag{4}$$

(4)와 (2)를 더하면

$$\ln\frac{1+x}{1-x}=2\left(x+\frac{x^3}{3}+\cdots+\frac{x^{2n+1}}{2n+1}+\cdots\right),\quad |x|<1 \tag{5}$$

이다. 이제 $\dfrac{1+x}{1-x}=t$라 하면 $0<t<\infty$이고 $x=\dfrac{t-1}{t+1}$이 되므로, (5)로부터

$$\ln t = 2\left[\left(\frac{t-1}{t+1}\right)+\frac{1}{3}\left(\frac{t-1}{t+1}\right)^3+\cdots+\frac{1}{2n+1}\left(\frac{t-1}{t+1}\right)^{2n+1}+\cdots\right],\quad 0<t<\infty \tag{6}$$

이다. (6)은 임의의 실수 $t>0$에 대한 자연로그값을 구하는 식이다.

실수 $t>0$의 상용로그를 구하기 위해서는, 다음 관계식을 이용한다. 즉,

$$\log_{10} t = \frac{\ln t}{\ln 10} \approx \frac{\ln t}{2.302585}$$

연습문제 10.5

1. 다음 거듭제곱급수의 수렴집합을 구하라.

(1) $x - \frac{x^3}{3!} + \frac{x^5}{5!} - \frac{x^7}{7!} + \frac{x^9}{9!} - \cdots$

(2) $x + 2x^2 + 3x^3 + 4x^4 + \cdots$

(3) $1 - x + \frac{x^2}{2} - \frac{x^3}{3} + \frac{x^4}{4} - \cdots$

(4) $1 - \frac{x}{1\cdot 3} + \frac{x^2}{2\cdot 4} - \frac{x^3}{3\cdot 5} + \frac{x^4}{4\cdot 6} - \cdots$

(5) $1 - \frac{x}{2} + \frac{x^2}{2^2} - \frac{x^3}{2^3} + \frac{x^4}{2^4} - \cdots$

(6) $1 + 2x + \frac{2^2x^2}{2!} + \frac{2^3x^3}{3!} + \frac{2^4x^4}{4!} + \cdots$

(7) $\frac{x-1}{1} + \frac{(x-1)^2}{2} + \frac{(x-1)^3}{3} + \frac{(x-1)^4}{4} + \cdots$

(8) $1 + \frac{(x+1)}{2} + \frac{(x+1)^2}{2^2} + \frac{(x+1)^3}{2^3} + \cdots$

(9) $\frac{x+5}{1\cdot 2} + \frac{(x+5)^2}{2\cdot 3} + \frac{(x+5)^3}{3\cdot 4} + \frac{(x+5)^4}{4\cdot 5} + \cdots$

(10) $(x+3) - 2(x+3)^2 + 3(x+3)^3 - 4(x+3)^4 + \cdots$

10.6 •• Taylor 급수와 Maclaurin 급수

$x = x_0$ 근방에서 1변수 함수 f의 어림값을 계산할 때 1차식

$$f(x_0) + f'(x_0)(x - x_0)$$

을 사용했다. $y = f(x_0) + f'(x_0)(x - x_0)$라 놓으면 이 식은 $x = x_0$에서 f의 접선의 방정식을 나타낸다. 만약 이 직선을 $f(x)$의 그래프 쪽으로 구부린다면 좀 더 나은 어림값을 구할 수 있다. 특히, 이 구부린 곡선을

$$p(x) = c_2(x - x_0)^2 + c_1(x - x_0) + f(x_0)$$

인 이차식이라 하고 $p'(x_0) = f'(x_0)$, $p''(x_0) = f''(x_0)$이라 놓으면 p는 f와 $x = x_0$에서 동일한 접선을 가질 뿐 아니라 f의 그래프와 p의 그래프는 동일한 방향으로 구부러져 있다(둘은 동시에 위로 또는 아래로 오목하다).

이때 $p(x)$를 $x = x_0$에서 f의 **2차 어림식**이라 한다.

좀더 간편하게 $x_0 = 0$이라고 가정한다. $f(x)$의 2차 어림식을

$$p(x) = c_0 + c_1 x + c_2 x^2 \tag{1}$$

라 두고 $x = 0$에서 p와 f의 함수값, 1계도함수값 그리고 2계도함수값이 같도록 c_0, c_1, c_2를 선택한다.

$$\begin{aligned} &p(0) = c_0 = f(0) \\ &p'(x) = c_1 - 2c_2 x \text{ 이므로} \qquad p'(0) = c_1 = f'(0) \\ &p''(x) = 2c_2 \qquad\quad \text{이므로} \qquad p''(0) = 2c_2 = f''(0) \end{aligned}$$

따라서 $c_0 = f(0)$, $c_1 = f'(0)$ 그리고 $c_2 = \dfrac{f''(0)}{2}$이고 이것을 (1)에 대입하면 $x = 0$에서 f의 2차 어림식은

$$f(x) \approx f(0) + f'(0)x + \frac{f''(0)}{2}x^2 \tag{2}$$

와 같이 쓸 수 있다.

예제 10.6.1 $f(x) = e^x$라 할 때 $x = 0$에서 $f(x)$의 1차 어림식과 2차 어림식을 구하라.

[풀이] $f'(x) = f''(x) = e^x$ 이므로 $f(0) = f'(0) = f''(0) = e^0 = 1$ 이다.

따라서 $x=0$에서 1차 어림식은

$$e^x \approx 1+x$$

이고 2차 어림식은

$$e^x \approx 1+x+\frac{x^2}{2}$$

이다. e^x의 그래프와 1차 및 2차 어림식의 그래프는 그림 10.5에 나타나 있다. 예상한 대로 2차 어림식이 1차 어림식보다 $x=0$ 근방에서 좀더 e^x 값에 근접한다.

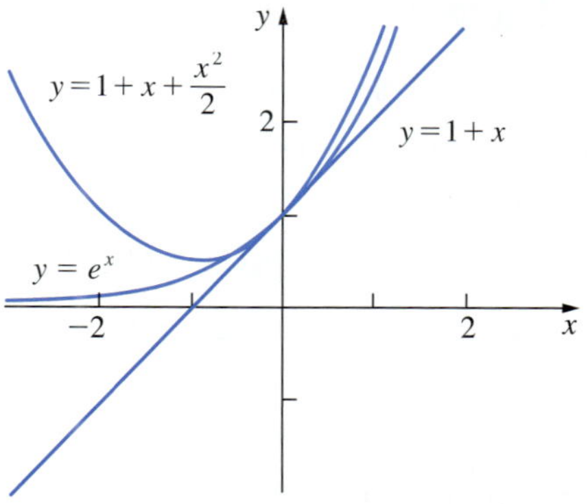

[그림 10.5]

■

2차 어림식을 쓰는 대신 3차 어림식을 사용하면 좀 더 정확한 어림값을 얻을 수 있다. 이 경우 주어진 점에서 f의 처음 3계까지 도함수와 3차 다항식 $p(x)$의 처음 3계까지 도함수가 서로 일치하도록 정한다. 만약 3차 다항식으로 좀더 나은 어림값을 얻을 수 있다면 3차보다 고차인 다항식에 대해서 조사하여 더더욱 좋은 어림값을 얻을 수 있을 것이다. 그러므로 다음과 같은 일반적인 문제를 생각할 수 있다.

먼저 $x_0=0$이라 하자.

$$p(x)=c_0+c_1x+\cdots+c_nx^n$$

이라 하고

$$f(0)=p(0),\ f'(0)=p'(0),\ f''(0)=p''(0),\ \cdots,\ f^{(n)}(0)=p^{(n)}(0)$$

라 놓으면

$$\begin{aligned}
f(0) &= p(0)=c_0\\
f'(0) &= p'(0)=c_1\\
f''(0) &= p''(0)=2!c_2\\
&\ \vdots\\
f^{(n)}(0) &= p^{(n)}(0)=n!c_n
\end{aligned}$$

임을 쉽게 보일 수 있다. 따라서 $p(x)$의 계수는

$$c_0=f(0),\ c_1=f'(0),\ c_2=\frac{f''(0)}{2!},\ \cdots,\ c_n=\frac{f^{(n)}(0)}{n!}$$

정의

f가 $x=0$에서 n번 미분가능하다 하자. f에 대한 ***n*번째 Maclaurin 다항식** $p_n(x)$는 다음과 같이 정의한다.

$$p_n(x) = f(0) + f'(0)x + \frac{f''(0)}{2!}x^2 + \cdots + \frac{f^{(n)}(0)}{n!}x^n \tag{3}$$

(3)식으로부터 Maclaurin 다항식 $p_1(x)$는 $x=0$에서 f의 1차 어림식이고 Maclaurin 다항식 $p_2(x)$는 $x=0$에서 f의 2차 어림식임을 알 수 있다.

예제 10.6.2 $f(x)=e^x$라 할 때 $x=0$에서 $f(x)$의 n차 어림식을 구하라.

[풀이] $f'(x)=f''(x)=\cdots=f^{(n)}(x)=e^x$ 이고

$f(0)=f'(0)=f''(0)=\cdots=f^{(n)}(0)=e^0=1$ 이므로

$$p_0(x)=f(0)=1$$

$$p_1(x)=f(0)+f'(0)x=1+x$$

$$p_2(x)=f(0)+f'(0)x+\frac{f''(0)}{2!}x^2=1+x+\frac{1}{2!}x^2$$

$$\vdots$$

$$p_n(x)=f(0)+f'(0)x+\frac{f''(0)}{2!}x^2+\cdots+\frac{f^{(n)}(0)}{n!}x^n$$

$$=1+x+\frac{x^2}{2!}+\frac{x^3}{3!}+\cdots+\frac{x^n}{n!}$$

■

그림 10.6은 e^x의 그래프와 처음 4개의 Maclaurin 다항식의 그래프를 보여 주고 있다. $x=0$ 가까이에서는 $p_1(x)$, $p_2(x)$, $p_3(x)$의 그래프는 구분이 가지 않을 정도로 가까이 있으므로 이 다항식들을 유용한 어림식으로 사용할 수 있다. 그러나 x가 0으로부터 점점 멀어질수록 이 식들은 어림값으로 쓰기에는 부적절하다. 다항식의 차수가 커지면 오차범위 내에서 다항식을 어림값으로 쓸 수 있는 x의 범위가 커진다.

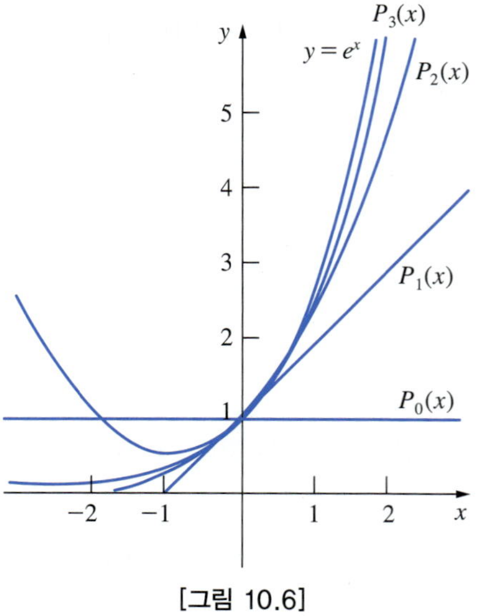

[그림 10.6]

다음은 $x = x_0$에서 f의 처음 n차 도함수값까지 일치하는 n차 다항식을 찾는 방법이다. $p(x)$를 x의 거듭제곱으로 표현하는 대신에

$$p(x) = c_0 + c_1(x - x_0) + c_2(x - x_0)^2 + \cdots + c_n(x - x_0)^n \tag{4}$$

으로 놓으면

$$c_0 = f(x_0),\ c_1 = f'(x_0),\ c_2 = \frac{f''(x_0)}{2!},\ \cdots,\ c_n = \frac{f^{(n)}(x_0)}{n!}$$

이 된다.

정의 ○

f는 $x = x_0$에서 n번 미분가능하다 하자.

$$p_n(x) = f(x_0) + f'(x_0)(x - x_0) + \frac{f''(x_0)}{2!}(x - x_0)^2 + \cdots + \frac{f^{(n)}(x_0)}{n!}(x - x_0)^n \tag{5}$$

을 $x = x_0$에서 f의 ***n*번째 Taylor 다항식**이라 한다.

Maclaurin 다항식은 Taylor 다항식의 특별한 경우이다. n번째 Maclaurin 다항식은 $x = 0$에서 f의 n번째 Taylor 다항식이다.

예제 10.6.3 $x = 2$에서 $f(x) = \ln x$의 처음 4개의 Taylor 다항식을 구하라.

[풀이]

$$f(x) = \ln x \qquad f(2) = \ln 2$$

$$f'(x) = \frac{1}{x} \qquad f'(2) = \frac{1}{2}$$

$$f''(x) = -\frac{1}{x^2} \qquad f''(2) = -\frac{1}{4}$$

$$f'''(x) = \frac{2}{x^3} \qquad f'''(2) = \frac{1}{4}$$

따라서

$$p_0(x) = f(2) = \ln 2$$

$$p_1(x) = f(2) + f'(2)(x - 2) = \ln 2 + \frac{1}{2}(x - 2)$$

$$p_2(x) = p_1(x) + \frac{f''(2)}{2!}(x - 2)^2 = \ln 2 + \frac{1}{2}(x - 2) + \left(-\frac{1}{4}\right)\cdot\frac{1}{2}(x - 2)^2$$

$$p_3(x) = p_2(x) + \frac{f'''(2)}{3!}(x - 2)^2 = \ln 2 + \frac{1}{2}(x - 2) - \frac{1}{8}(x - 2)^2 + \frac{1}{3!\cdot 4}(x - 2)^3 \quad ■$$

(5)를 $\sum$ 기호를 써서 나타내면

$$\sum_{k=0}^{n} \frac{f^{(k)}(x_0)}{k!}(x-x_0)^k = f(x_0) + f'(x_0)(x-x_0) + \frac{f''(x_0)}{2!}(x-x_0)^2 + \cdots + \frac{f^{(n)}(x_0)}{n!}(x-x_0)^n$$

이고 특히 Maclaurin 다항식은

$$\sum_{k=0}^{n} \frac{f^{(k)}(0)}{k!}x^k = f(0) + f'(0)x + \frac{f''(0)}{2!}x^2 + \cdots + \frac{f^{(n)}(0)}{n!}x^n$$

$x = x_0$ 근방에서 n을 크게 하면 $x = x_0$에서 f와 p_n의 고계도함수값이 더 많이 같게 되므로 어림식 p_n이 점점 더 f의 값에 접근할 것이라 예상할 수 있다. 사실 $n \to \infty$일 때 어떤 조건하에서는 $p_n(x)$이 $f(x)$로 수렴한다. 다음 절에서 이 사실을 다룬다. $p_n(x)$가 $f(x)$로 수렴하면

$$f(x) = \lim_{n\to\infty} \sum_{k=0}^{n} \frac{f^{(k)}(x_0)}{k!}(x-x_0)^k = \sum_{n=0}^{\infty} \frac{f^{(n)}(x_0)}{n!}(x-x_0)^n$$

이다.

정의

$x = x_0$에서 f가 모든 계수의 도함수를 갖는다 하자. 무한급수

$$\sum_{n=0}^{\infty} \frac{f^{(n)}(x_0)}{n!}(x-x_0)^n$$
$$= f(x_0) + f'(x_0)(x-x_0) + \frac{f''(x_0)}{2!}(x-x_0)^2 + \cdots + \frac{f^{(n)}(x_0)}{n!}(x-x_0)^n + \cdots$$

를 $x = x_0$에서 f에 대한 **Taylor 급수**라 한다. 특히 $x_0 = 0$이면

$$\sum_{n=0}^{\infty} \frac{f^{(n)}(0)}{n!}x^n = f(0) + f'(0)x + \frac{f''(0)}{2!}x^2 + \cdots + \frac{f^{(n)}(0)}{n!}x^n + \cdots$$

를 f에 대한 **Maclaurin 급수**라 한다.

예제 10.6.4 다음 함수에 대한 Maclaurin 급수를 구하라.

(1) e^x (2) $\sin x$ (3) $\cos x$ (4) $\dfrac{1}{1-x}$

[풀이] (1) $f(x) = e^x$라 하면 $f'(x) = f''(x) = \cdots = f^{(n)}(x) = e^x$, $n = 1, 2, \cdots$이므로 $f^{(n)}(0) = e^0 = 1$, 따라서 Maclaurin 급수는

$$\sum_{n=0}^{\infty} \frac{f^{(n)}(0)}{n!} x^n = \sum_{n=0}^{\infty} \frac{1}{n!} x^n = 1 + x + \frac{x^2}{2!} + \frac{x^3}{3!} + \cdots + \frac{x^n}{n!} + \cdots$$

(2) $f(x) = \sin x$라 하자. $f(0) = 0$

$f'(x) = \cos x$ $f'(0) = 1$

$f''(x) = -\sin x$ $f''(0) = 0$

$f'''(x) = -\cos x$ $f'''(0) = -1$

$f^{(4)}(x) = \sin x = f(x)$이므로 계속하여 도함수값을 $x = 0$에서 구하면 $0, 1, 0, -1$이 계속적으로 반복된다. 따라서

$$p_0(x) = 0,\ p_1(x) = x,\ p_2(x) = x,\ p_3(x) = x - \frac{x^3}{3!},\ p_4(x) = x - \frac{x^3}{3!}, \cdots$$

$$p_{2k+1}(x) = p_{2k+2}(x) = x - \frac{x^3}{3!} + \frac{x^5}{5!} - \frac{x^7}{7!} + \cdots + (-1)^k \frac{x^{2k+1}}{(2k+1)!} \quad (k = 0, 1, 2, \cdots)$$

이므로 $\sin x$의 Maclaurin 급수는

$$\sum_{n=0}^{\infty} (-1)^n \frac{x^{2n+1}}{(2n+1)!} = x - \frac{x^3}{3!} + \frac{x^5}{5!} - \frac{x^7}{7!} + \cdots + (-1)^n \frac{x^{2n+1}}{(2n+1)!} + \cdots$$

(3) (2)와 유사한 방법으로 계산한다. 이 경우 짝수지수에 대한 계수는 0이 아니고 홀수지수에 대한 계수는 모두 0이다. 실제로 $1, 0, -1, 0$이 계속적으로 되풀이되므로

$$p_0(x) = p_1(x) = 1$$

$$p_2(x) = p_3(x) = 1 - \frac{x^2}{2!}, \quad p_4(x) = p_5(x) = 1 - \frac{x^2}{2!} + \frac{x^4}{4!}$$

$$p_6(x) = p_7(x) = 1 - \frac{x^2}{2!} + \frac{x^4}{4!} - \frac{x^6}{6!}$$

이고 일반적으로

$$p_{2k}(x) = p_{2k+1}(x) = 1 - \frac{x^2}{2!} + \frac{x^4}{4!} + \cdots + (-1)^k \frac{x^{2k}}{(2k)!} \quad (k = 0, 1, 2, \cdots)$$

이다. $\cos x$ 의 Maclaurin 급수는

$$\sum_{n=0}^{\infty} (-1)^n \frac{x^{2n}}{(2n)!} = 1 - \frac{x^2}{2!} + \frac{x^4}{4!} - \frac{x^6}{6!} + \cdots + (-1)^n \frac{x^{2n}}{(2n)!} + \cdots$$

(4) $f(x) = \dfrac{1}{1-x} = (1-x)^{-1}$이라 하자. 그러면 $f(0) = 1$

$f'(x) = (-1)(1-x)^{-2}(-1) = (1-x)^{-2}$ $f'(0) = 1 = 1!$

$f''(x) = (-2)(1-x)^{-3}(-1) = 2(1-x)^{-3}$ $f''(0) = 2 = 2!$

$f'''(x) = (-3)(2)(1-x)^{-4}(-1) = 3 \cdot 2(1-x)^{-4}$ $f'''(0) = 3!$

$\vdots$

$f^{(n)}(x) = n!(1-x)^{-(n+1)}$ $f^{(n)}(0) = n!$

이므로 $\dfrac{1}{1-x}$의 Maclaurin 급수는

$$\sum_{n=0}^{\infty}\frac{f^{(n)}(0)}{n!}x^n=\sum_{n=0}^{\infty}x^n=1+x+x^2\cdots$$ ■

예제 10.6.5 $x=1$에서 $f(x)=\ln x$의 Taylor 급수를 구하라.

[풀이]

$$\begin{aligned}
f(x)&=\ln x & f(1)&=0\\
f'(x)&=\frac{1}{x}=x^{-1} & f'(1)&=1\\
f''(x)&=(-1)x^{-2} & f''(1)&=-1\\
f'''(x)&=(-1)(-2)x^{-3} & f'''(1)&=2\\
&\vdots\\
f^{(n)}(x)&=(-1)^{n-1}(n-1)!x^{-n} & f^{(n)}(1)&=(-1)^{n-1}(n-1)!
\end{aligned}$$

따라서 Talyor 급수는

$$\begin{aligned}
&0+\frac{1}{1!}(x-1)-\frac{1}{2!}(x-1)^2+\frac{2}{3!}(x-1)^3-\frac{3!}{4!}(x-1)^4+\cdots\\
&\quad+\frac{(-1)^{n-1}(n-1)!}{n!}(x-1)^n+\cdots\\
&=(x-1)-\frac{1}{2}(x-1)^2+\frac{1}{3}(x-1)^3-\frac{1}{4}(x-1)^4+\cdots\\
&=\sum_{n=1}^{\infty}\frac{(-1)^{n-1}}{n}(x-1)^n \qquad (6)
\end{aligned}$$

위 급수에 대한 수렴반지름을 구하면

$$\lim_{n\to\infty}\left|\frac{\dfrac{(-1)^n}{n+1}}{\dfrac{(-1)^{n-1}}{n}}\right|=\lim_{n\to\infty}\frac{n}{n+1}=1$$

이므로 $|x-1|<1$ 즉, $0<x<2$인 x에서 위 무한급수는 절대수렴한다. $x=2$이면

$$\sum_{n=1}^{\infty}\frac{(-1)^{n-1}}{n}(2-1)^n$$

는 교대급수가 되어 정리 10.4.1에 의해서 수렴한다. 그러나 $x=0$이면

$$\sum_{n=1}^{\infty}\frac{(-1)^{n-1}}{n}(0-1)^n=\sum_{n=1}^{\infty}\left(-\frac{1}{n}\right)$$

가 되어 발산한다. ■

다음 예제는 f와 f의 Maclaurin 급수가 단 한 점에서만 같은 경우이다.

예제 10.6.6 $f(x)=\begin{cases} e^{-\frac{1}{x^2}}, & x\neq 0 \text{일 때} \\ 0, & x=0 \text{일 때}\end{cases}$라 하자. 그러면 f와 f의 Maclaurin 급수는 $x=0$에서만 같다.

[풀이] $x=0$에서 f는 모든 계수의 도함수값을 갖고 $f^{(n)}(0)=0$, $n=0, 1, 2, \cdots$인 것을 알 수 있다. 그러면 f 의 Maclaurin 급수는

$$0+\frac{0}{1!}x+\frac{0}{2!}x^2+\cdots+\frac{0}{n!}x^n+\cdots=0$$

이므로 이 급수는 모든 x에 대해서 0으로 수렴한다. 그러나 f는 오직 $x=0$일 때만 0이다. ■

연습문제 10.6

1. 이미 알려진 Maclaurin 급수를 이용하거나 또는 공식을 이용하여 다음 함수의 Maclaurin 급수를 구하라.

(1) e^{2x} (2) e^{x^2} (3) $\sin x^2$

(4) $\sin ax$ (5) $\cos(2x^2)$ (6) $x^2\cos x$

(7) $\dfrac{1}{1+4x}$ (8) $e^x+\sin x$ (9) $\ln(3+x)$

(10) $\tan^{-1}(2x)$ (11) e^{-x}

2. 다음 함수의 주어진 점에서 Taylor 급수를 구하라.

(1) $f(x)=e^x,\quad x_0=1$ (2) $f(x)=\cos x,\quad x_0=\dfrac{\pi}{3}$

(3) $f(x)=\tan x,\quad x_0=0$ (4) $f(x)=\dfrac{1}{2-x},\quad x_0=5$

(5) $f(x)=\dfrac{1}{x},\quad x_0=-1$ (6) $f(x)=\dfrac{1}{x+2},\quad x_0=3$

(7) $f(x)=\sin(\pi x),\quad x_0=\dfrac{1}{2}$ (8) $f(x)=\ln x,\quad x_0=e$

3. $x = \ln 4$에서 $\sinh x$의 Taylor 급수는 다음과 같음을 보이라.

$$\sum_{n=0}^{\infty} \frac{16-(-1)^n}{8n!}(x-\ln 4)^n$$

4. (1) $x_0 = 1$에서 $\sqrt{x}$의 2차 어림식을 구하라.

(2) (1)을 이용하여 $\sqrt{1.1}$의 어림값을 구하라.

10.7 Taylor 급수의 수렴과 나머지의 어림값

$x = x_0$에서 f가 모든 계수의 도함수값을 갖는다 하자. x_0을 포함하는 열린구간을 I라 할 때 $x \in I$이면 x_0에서 구한 f의 Taylor 급수

$$\sum_{n=0}^{\infty} \frac{f^{(n)}(x_0)}{n!}(x-x_0)^n \tag{1}$$

와 $f(x)$가 같도록 I를 구하여 보자. $x = x_0$이면 물론 (1)은 $f(x_0)$와 같다. (1)이 x_0를 포함하는 열린구간에서 $f(x)$와 같음을 보이는 것은 $x = x_0$에서 n번째 Taylor 다항식과 $f(x)$의 차를 이용하면 편리하다. 이 차를 $x = x_0$에서 f의 n번째 **나머지**(remainder)라 하고

$$R_n(x) = f(x) - \sum_{k=0}^{n} \frac{f^{(k)}(x_0)}{k!}(x-x_0)^k \tag{2}$$

로 나타낸다. 그러면

$$f(x) = \sum_{k=0}^{n} \frac{f^{(k)}(x_0)}{k!}(x-x_0)^k + R_n(x)$$

이고 여기서

$$f(x) = \sum_{n=0}^{\infty} \frac{f^{(n)}(x_0)}{n!}(x-x_0)^n$$

가 성립하기 위한 필요충분조건은 $\lim_{n\to\infty} R_n(x) = 0$이다.

정리 10.7.1 Taylor 정리

f가 x_0를 포함하는 열린구간 I에서 모든 계수의 도함수값을 가지면, 모든 자연수 n과 $x \in I$에 대하여

$$f(x) = \sum_{k=0}^{n} \frac{f^{(k)}(x_0)}{k!}(x - x_0)^k + R_n(x)$$

이고, 여기서

$$R_n(x) = \frac{f^{(n+1)}(c)}{(n+1)!}(x - x_0)^{n+1} \ (c\text{는 } x_0\text{와 } x \text{ 사이의 수})$$

이다.

정리 10.7.2 나머지 어림값 정리

f는 x_0를 포함하는 구간 I에서 $n+1$번 미분가능하다 하자. 모든 $x \in I$에 대해서 $\left| f^{(n+1)}(x) \right| \le M$이면

$$|R_n(x)| \le \frac{M}{(n+1)!}|x - x_0|^{n+1} \tag{3}$$

[증명]

$$R_n(x) = f(x) - \sum_{k=0}^{n} \frac{f^{(k)}(x_0)}{k!}(x - x_0)^k$$

를 j번 미분하면

$$R_n^{(j)}(x) = f^{(j)}(x) - \sum_{k=j}^{n} k(k-1)\cdots(k-j+1)\frac{f^{(k)}(x_0)}{k!}(x - x_0)^{k-j}$$

이므로

$$R_n^{(j)}(x_0) = f^{(j)}(x_0) - \frac{j!}{j!}f^{(j)}(x_0) = 0, \quad j = 0, 1, 2, \cdots, n,$$

$$R_n^{(n+1)}(x) = f^{(n+1)}(x) \quad \forall x \in I$$

이다. 즉,

$$R_n(x_0) = R_n'(x_0) = \cdots = R_n^{(n)}(x_0) = 0 \tag{4}$$

$$R_n^{(n+1)}(x) = f^{(n+1)}(x), \quad \forall x \in I \tag{5}$$

$x \ge x_0$라 하자. (5)으로부터 $\left| R_n^{(n+1)}(x) \right| \le M$이므로

$$-M \le R_n^{(n+1)}(x) \le M$$

이고

$$\int_{x_0}^{x} -M\,dt \le \int_{x_0}^{x} R_n^{(n+1)}(t)\,dt \le \int_{x_0}^{x} M\,dt \tag{6}$$

(4)로부터 $R_n^{(n)}(x_0) = 0$이므로

$$\int_{x_0}^{x} R_n^{(n+1)}(t)\,dt = \left[R_n^{(n)}(t)\right]_{x_0}^{x} = R_n^{(n)}(x)$$

가 성립한다. 그러므로 (6)으로부터 부등식

$$-M(x-x_0) \le R_n^{(n)}(x) \le M(x-x_0) \tag{7}$$

이 성립한다. (7)에서 x를 t로 바꾸고 다시 적분하여 $R_n^{n-1}(x_0)=0$을 사용하면

$$-\frac{M}{2}(x-x_0)^2 \le R_n^{(n-1)}(x) \le \frac{M}{2}(x-x_0)^2$$

이런 방법으로 계속하여 n번 적분하면 부등식

$$-\frac{M}{(n+1)!}(x-x_0)^{n+1} \le R_n(x) \le \frac{M}{(n+1)!}(x-x_0)^{n+1}$$

을 얻는데 이것은 부등식

$$|R_n(x)| \le \frac{M}{(n+1)!}(x-x_0)^{n+1}$$

과 같다. $x < x_0$일 때에도 유사한 방법으로 증명한다. 이 경우도

$$|R_n(x)| \le \frac{M}{(n+1)!}(x_0-x)^{n+1}$$

이므로 (3)이 성립한다. ■

예제 10.7.1 $\cos x$의 Maclaurin 급수는 모든 x에 대해서 $\cos x$로 수렴한다. 즉,

$$\cos x = \sum_{n=0}^{\infty}(-1)^n\frac{x^{2n}}{(2n)!} = 1 - \frac{x^2}{2!} + \frac{x^4}{4!} - \frac{x^6}{6!} + \cdots, \quad (-\infty < x < \infty) \tag{8}$$

[풀이] 모든 x에 대해 $\lim_{n\to\infty} R_n(x) = 0$임을 보이면 된다. $f(x)=\cos x$라 놓으면 $f^{(n+1)}(x) = \pm\cos x$ 또는 $f^{(n+1)}(x) = \pm\sin x$이므로 모든 경우에 $\left|f^{(n+1)}(x)\right| \le 1$. 따라서 정리 10.7.2에서 $M=1$, $x_0=0$을 대입하면

$$0 \le |R_n(x)| \le \frac{|x|^{n+1}}{(n+1)!}$$

$x\in\mathbb{R}$를 하나 택하자. 이 x에 대해 자연수 N이 존재하여 $\frac{|x|}{N} < \frac{1}{2}$이 된다. 그러면 $n \ge$ N에 대하여

$$\frac{|x|^{n+1}}{(n+1)!} = \frac{|x|}{1}\cdot\frac{|x|}{2}\cdots\frac{|x|}{\mathrm{N}}\cdot\frac{|x|}{\mathrm{N}+1}\cdots\frac{|x|}{n+1} \le |x|^{N-1}\cdot\left(\frac{1}{2}\right)^{n+2-N}$$

이므로 $\lim_{n\to\infty}\frac{|x|^{n+1}}{(n+1)!} = 0$. 따라서 $\lim_{n\to\infty}|R_n(x)| = 0$. 그러므로 모든 x에 대해서 (8)이 성립한다. ■

예제 10.7.2 $\sin x$ 의 Maclaurin 급수를 이용하여 $\sin 3°$의 값을 오차가 5×10^{-6} 미만이 되도록 구하라.

[풀이] $\sin x$ 의 Maclaurin 급수는

$$\sin x=\sum_{n=0}^{\infty}(-1)^n\frac{x^{2n+1}}{(2n+1)!}=x-\frac{x^3}{3!}+\frac{x^5}{5!}-\frac{x^7}{7!}+\cdots$$

이고 $3°=\dfrac{\pi}{60}$이므로

$$\sin 3°=\sin\frac{\pi}{60}=\frac{\pi}{60}-\frac{1}{3!}\left(\frac{\pi}{60}\right)^3+\frac{1}{5!}\left(\frac{\pi}{60}\right)^5-\frac{1}{7!}\left(\frac{\pi}{60}\right)^7+\cdots$$

$x=\dfrac{\pi}{60}$일 때 n번째 나머지가 $0.000005=5\times10^{-6}$ 미만인 n을 택하면 된다. 즉,

$$\left|R_n\left(\frac{\pi}{60}\right)\right|<0.000005$$

$f^{(n+1)}(x)=\pm\sin x$ 또는 $\pm\cos x$이므로 어느 경우에도 모든 x에 대해서 $\left|f^{(n+1)}(x)\right|\le1$. 따라서 $M=1,\ x_0=0,\ x=\dfrac{\pi}{60}$을 정리 10.7.2에 대입하면

$$\left|R_n\left(\frac{\pi}{60}\right)\right|\le\frac{\left(\frac{\pi}{60}\right)^{n+1}}{(n+1)!}<\frac{\left(\frac{1}{10}\right)^{n+1}}{(n+1)!}$$

$\dfrac{\left(\frac{1}{10}\right)^{n+1}}{(n+1)!}<5\times10^{-6}$이 성립하는 최소의 자연수는 $n=3$이다. 따라서

$$\sin 3°\approx\left(\frac{\pi}{60}\right)-\frac{\left(\frac{\pi}{60}\right)^3}{3!}\approx0.05234$$

이다. ■

예제 10.7.3 e^x 의 Maclaurin 급수는 모든 x에 대해서 e^x로 수렴한다. 즉,

$$e^x=\sum_{n=0}^{\infty}\frac{x^n}{n!}=1+x+\frac{x^2}{2!}+\frac{x^3}{3!}+\cdots+\frac{x^n}{n!}+\cdots\quad(-\infty<x<\infty)\tag{9}$$

[풀이] $f(x)=e^x$라 하면 모든 $n\in\mathbb{N}$에 대해 $f^{(n+1)}(x)=e^x$. 먼저 $x\le0$이라 하고 구간 $[x,0]$을 생각해 보자. 그러면 모든 $c\in[x,0]$에 대해

$$\left|f^{(n+1)}(c)\right|\le\left|f^{(n+1)}(0)\right|=e^0=1$$

또 $x>0$이면 모든 $c\in[0,x]$에 대해

$$\left|f^{(n+1)}(c)\right|\le\left|f^{(n+1)}(x)\right|=e^x$$

정리 10.7.2에서 $x \le 0$인 경우에는 $M = 1$이라 놓고 $x > 0$인 경우에는 $M = e^x$라 놓는다. 그러면

$$0 \le |R_n(x)| \le \frac{|x|^{n+1}}{(n+1)!}, \qquad x \le 0,$$

$$0 \le |R_n(x)| \le e^x \frac{|x|^{n+1}}{(n+1)!}, \qquad x > 0$$

예제 10.7.1과 같이

$$\lim_{n\to\infty} \frac{|x|^{n+1}}{(n+1)!} = 0, \quad \lim_{n\to\infty} e^x \frac{|x|^{n+1}}{(n+1)!} = 0$$

이므로 $\lim_{n\to\infty} |R_n(x)| = 0$. 따라서 (9)가 성립한다. ■

예제 10.7.4 e^x의 Maclaurin 급수를 사용하여 e의 값을 오차가 5×10^{-6} 미만이 되도록 구하라.

[풀이]

$$e^x = 1 + x + \frac{x^2}{2!} + \frac{x^3}{3!} + \cdots + \frac{x^n}{n!} + \cdots$$

이므로

$$e = 1 + 1 + \frac{1}{2!} + \frac{1}{3!} + \cdots + \frac{1}{n!} + \cdots$$

$|R_n(1)| < 5 \times 10^{-6}$이 되도록 n을 구하면 된다. $f(x) = e^x$, $x = 1$, $x_0 = 0$ 그리고 $I = [0, 1]$인 경우이므로 $|R_n(1)| \le \frac{M}{(n+1)!}$. 여기서 M은 $[0, 1]$에서 $f^{(n+1)}(x) = e^x$의 상계이다. e^x는 단조증가함수이고 $x = 1$에서 최댓값을 얻으므로 $e^x \le e$이다. 따라서 $M = e$라 놓으면 된다. $e < 3$을 이용하면

$$|R_n(1)| \le \frac{e}{(n+1)!} < \frac{3}{(n+1)!}$$

이므로 $\frac{3}{(n+1)!} \le 5 \times 10^{-6}$이 되는 n을 구하면 된다. 이 경우 $n = 9$이므로

$$e \approx 1 + 1 + \frac{1}{2} + \cdots + \frac{1}{9!} \approx 2.71828$$

이다. ■

예제 10.7.5 $\tan^{-1} x$의 Maclaurin 급수를 구하라.

[풀이] $\tan^{-1} x$의 Maclaurin 급수를 정의를 사용하여 구하는 것은 매우 복잡하다. 이 경우 적분을 사용하는 것이 보다 쉬운 방법이다.

$$\frac{1}{1+x^2} = 1 - x^2 + x^4 - x^6 + x^8 - \cdots \qquad (-1 < x < 1)$$

이므로 이것을 적분하면

$$\tan^{-1}x + C = \int \frac{1}{1+x^2}\,dx = x - \frac{x^3}{3} + \frac{x^5}{5} - \frac{x^7}{7} + \frac{x^9}{9} - \cdots$$

또는

$$\tan^{-1}x = x - \frac{x^3}{3} + \frac{x^5}{5} - \frac{x^7}{7} + \frac{x^9}{9} - \cdots + C$$

$x=0$일 때 $\tan^{-1}x = 0$이므로 $C=0$이 된다. 따라서

$$\tan^{-1}x = x - \frac{x^3}{3} + \frac{x^5}{5} - \frac{x^7}{7} + \frac{x^9}{9} - \cdots \quad (-1 < x < 1) \tag{10}$$

■

(10)에서 $x=1$이라 놓으면

$$\frac{\pi}{4} = 1 - \frac{1}{3} + \frac{1}{5} - \frac{1}{7} + \cdots \tag{11}$$

우변의 무한급수는 교대급수이므로 수렴한다. 따라서 (10)은 $x=1$일 때에도 성립한다. (11)로부터

$$\pi = 4\left(1 - \frac{1}{3} + \frac{1}{5} - \frac{1}{7} + \cdots\right)$$

이다.

$x=-1$이면 무한급수 $-1 + \frac{1}{3} - \frac{1}{5} + \frac{1}{7} - \frac{1}{9} + \cdots$는 수렴하므로 (10)은 $-1 \le x \le 1$인 경우에 성립한다.

예제 10.7.6 $\int_0^1 e^{-x^2}\,dx$ 를 e^{-x^2}의 Maclaurin 급수를 적분하여 오차가 5×10^{-4} 미만이 되도록 구하라.

[풀이]

$$e^x = 1 + x + \frac{x^2}{2!} + \frac{x^3}{3!} + \cdots$$

이므로 x 대신 $-x^2$을 대입하면

$$e^{-x^2} = 1 - x^2 + \frac{x^4}{2!} - \frac{x^6}{3!} + \frac{x^8}{4!} - \cdots$$

따라서

$$\int_0^1 e^{-x^2}\,dx = \int_0^1 \left[1 - x^2 + \frac{x^4}{2!} - \frac{x^6}{3!} + \frac{x^8}{4!} - \cdots\right] dx$$

$$= \left[x - \frac{x^3}{3} + \frac{x^5}{5(2!)} - \frac{x^7}{7(3!)} + \frac{x^9}{9(4!)} - \cdots\right]_0^1$$

$$= 1 - \frac{1}{3} + \frac{1}{5 \cdot 2!} - \frac{1}{7 \cdot 3!} + \frac{1}{9 \cdot 4!} - \cdots$$
$$= \sum_{n=0}^{\infty} \frac{(-1)^n}{(2n+1)n!}$$

이 급수는 교대급수이므로 정리 10.4.2에 의해서

$$\left| \int_0^1 e^{-x^2} dx - S_n \right| \le \frac{1}{(2(n+1)+1)(n+1)!} = \frac{1}{(2n+3)(n+1)!}$$

따라서

$$\frac{1}{(2n+3)(n+1)!} < 5 \times 10^{-4}$$

이 되도록 n을 택하면 이 조건을 만족하는 자연수는 $n = 5$이므로

$$\int_0^1 e^{-x^2} dx \approx 1 - \frac{1}{3} + \frac{1}{5 \cdot 2!} - \frac{1}{7 \cdot 3!} + \frac{1}{9 \cdot 4!} - \frac{1}{11 \cdot 5!} \approx 0.747$$ ■

m이 실수일 때 $(1+x)^m$의 Maclaurin 급수를 **이항급수**라 한다. 이것은

$$1 + mx + \frac{m(m-1)}{2!} x^2 + \frac{m(m-1)(m-2)}{3!} x^3 + \cdots$$
$$+ \frac{m(m-1)\cdots(m-n+1)}{n!} x^n + \cdots$$

이다. m이 음이 아닌 정수이면 $f(x) = (1+x)^m$은 m차 다항식이므로

$$f^{(m+1)}(0) = f^{(m+2)}(0) = \cdots = 0$$

이다. 따라서 이항급수는 이항전개식

$$(1+x)^m = 1 + mx + \frac{m(m-1)}{2!} x^2 + \cdots + x^m$$

이다. $|x| < 1$이면 이항급수는 $(1+x)^m$으로 수렴한다. 이 경우

$$(1+x)^m = 1 + \sum_{n=1}^{\infty} \frac{m(m-1)\cdots(m-n+1)}{n!} x^n$$

가 됨을 알 수 있다.

예제 10.7.7 (1) $\frac{1}{(1+x)^2}$과 (2) $\frac{1}{\sqrt{1+x}}$에 대한 이항급수를 구하라.

[풀이] (1) $m = -2$라 놓으면

$$\frac{1}{(1+x)^2}=(1+x)^{-2}=1+(-2)x+\frac{(-2)(-3)}{2!}x^2+\frac{(-2)(-3)(-4)}{3!}x^3+\cdots$$
$$=1-2x+\frac{3!}{2!}x^2-\frac{4!}{3!}x^3+\frac{5!}{4!}x^4+\cdots$$
$$=\sum_{n=0}^{\infty}(-1)^n(n+1)x^n$$

(2) $m=-\frac{1}{2}$ 이라 놓으면

$$\frac{1}{\sqrt{1+x}}=1-\frac{1}{2}x+\frac{\left(-\frac{1}{2}\right)\left(-\frac{1}{2}-1\right)}{2!}x^2+\frac{\left(-\frac{1}{2}\right)\left(-\frac{1}{2}-1\right)\left(-\frac{1}{2}-2\right)}{3!}x^3-\cdots$$
$$=1-\frac{1}{2}x+\frac{1}{2^2}\frac{3}{2!}x^2-\frac{1\cdot3\cdot5}{2^3\cdot3!}x^3+\cdots$$
$$=1+\sum_{n=1}^{\infty}(-1)^n\frac{1\cdot3\cdot5\cdots(2n-1)}{2^n\cdot n!}x^n$$ ■

연습문제 10.7

1. $\sin 4°$를 오차가 5×10^{-6} 미만이 되도록 구하라.

2. $\cos 4°$를 오차가 5×10^{-4} 미만이 되도록 구하라.

3. $\sqrt{e}$ 의 값을 오차가 5×10^{-6} 미만이 되도록 구하라.

4. Maclaurin 급수를 Maclaurin 급수로 나누어 다음 함수의 Maclaurin 급수를 첫 번째 4 항까지 구하라.

(1) $\sec x$ (2) $\dfrac{\tan^{-1}x}{1+x}$

(3) $\dfrac{\sin x}{e^x}$ (4) $\dfrac{\ln(1+x)}{1-x}$

5. Maclaurin 급수를 항마다 적분하여 다음 관계식이 성립함을 보이라.

(1) $\dfrac{d}{dx}[\cos x]=-\sin x$ (2) $\dfrac{d}{dx}\ln(1+x)=\dfrac{1}{1+x}$

(3) $\frac{d}{dx}[\sinh x] = \cosh x$

(4) $\frac{d}{dx}[\tan^{-1} x] = \frac{1}{1+x^2}$

(5) $\int e^x dx = e^x + c$

(6) $\int \cosh x \, dx = \sinh x + c$

6. (1) $\frac{1}{1-x}$의 Maclaurin 급수를 사용하여 $f(x) = \frac{x}{1-x^2}$의 Maclaurin 급수를 구하라.

(2) (1)에서 얻은 Maclaurin 급수를 사용하여 $f^{(5)}(0)$, $f^{(6)}(0)$를 구하라.

7. $\frac{1}{1-x}$ 의 Maclaurin 급수를 미분 또는 적분하여 다음 식들이 성립함을 보이라.

(1) $\sum_{n=1}^{\infty} n x^n = \frac{x}{(1-x)^2}, \quad -1 < x < 1$

(2) $\sum_{n=1}^{\infty} \frac{x^n}{n} = -\ln(1-x), \quad -1 < x < 1$

(3) $\sum_{n=1}^{\infty} (-1)^{n+1} \frac{x^n}{n} = \ln(1+x), \quad -1 < x < 1$

8. 다음 주어진 함수의 이항급수를 구하고 급수가 수렴하는 구간을 구하라.

(1) $f(x) = \sqrt{1+x}$

(2) $f(x) = \frac{1}{\sqrt{1+x^2}}$

(3) $f(x) = (1+x)^{2/3}$

(4) $f(x) = \frac{x}{\sqrt{1-x^2}}$

(5) $f(x) = (4+x)^{-\frac{1}{3}}$

(6) $f(x) = (2-x)^{-\frac{1}{4}}$

9. $\tan^{-1} x = \sum_{k=0}^{n-1} \frac{(-1)^k x^{2k+1}}{2k+1} + R_{2n}(x)$이고 $|R_{2n}(x)| \le \frac{x^{2n+1}}{2n+1}$, $|x| \le 1$임을 보이라.

연습문제 Chapter 10

1. 다음 수열의 수렴 또는 발산을 조사하고, 수렴하는 것은 그 극한값을 구하라.

(1) $a_n = \dfrac{3n^2+1}{2n^2-1}$

(2) $a_n = \dfrac{n^2+1}{n+1}$

(3) $a_n = (-1)^n \dfrac{n+2}{3n-1}$

(4) $a_n = (-1)^n \dfrac{n+2}{n^2+4}$

(5) $a_n = \cos \pi n$

(6) $a_n = ne^n$

(7) $a_n = \dfrac{e^n+2}{e^{2n}-1}$

(8) $a_n = \dfrac{3^n}{e^n+1}$

(9) $a_n = \dfrac{n2^n}{3^n}$

(10) $a_n = \dfrac{\cos n}{n!}$

(11) $a_n = \sqrt{n^2+n} - n$

(12) $a_n = \ln(2n+1) - \ln n$

(13) $a_n = \left| \cos \dfrac{n\pi}{2} + \sin \dfrac{n\pi}{2} \right| \dfrac{2n-1}{n+2}$

2. 다음 급수의 수렴 또는 발산을 판정하고, 급수가 수렴하면 그 합을 구하라.

(1) $\displaystyle\sum_{n=0}^{\infty} 3\left(\frac{1}{5}\right)^n$

(2) $\displaystyle\sum_{n=0}^{\infty} \frac{1}{2}\left(-\frac{1}{3}\right)^n$

(3) $\displaystyle\sum_{n=0}^{\infty} \frac{1}{2}(3)^n$

(4) $\displaystyle\sum_{n=1}^{\infty} \frac{4}{n(n+2)}$

(5) $\displaystyle\sum_{n=1}^{\infty} \frac{3n}{n+4}$

(6) $\displaystyle\sum_{n=1}^{\infty} \frac{2}{n}$

(7) $\displaystyle\sum_{n=1}^{\infty} \frac{2n+1}{n^2(n+1)^2}$

(8) $\displaystyle\sum_{n=1}^{\infty} \frac{4}{n(n+1)(n+3)(n+4)}$

(9) $\displaystyle\sum_{n=2}^{\infty} 3^{-n}$

(10) $\displaystyle\sum_{n=0}^{\infty} \left(\frac{1}{2^n} - \frac{1}{n+1}\right)$

(11) $\displaystyle\sum_{n=2}^{\infty} \left(\frac{2}{3^n} + \frac{1}{2^n}\right)$

(12) $\displaystyle\sum_{n=3}^{\infty} (-1)^n \frac{3}{2^n}$

(13) $\displaystyle\sum_{n=0}^{\infty} (-1)^{n+1} \frac{3n}{n+1}$

3. 다음 급수의 수렴 또는 발산을 판정하라.

(1) $\displaystyle\sum_{n=1}^{\infty} \frac{4}{\sqrt[3]{n}}$

(2) $\displaystyle\sum_{n=4}^{\infty} n^{-11/10}$

(3) $\displaystyle\sum_{n=3}^{\infty} \frac{n+1}{n^2+2n+3}$

(4) $\displaystyle\sum_{n=8}^{\infty} \frac{4}{2+4n}$

(5) $\sum_{n=2}^{\infty} \frac{2}{n \ln n}$

(6) $\sum_{n=1}^{\infty} \frac{2n}{n^3+1}$

(7) $\sum_{n=3}^{\infty} \frac{e^{1/n}}{n^2}$

(8) $\sum_{n=1}^{\infty} \frac{e^{-\sqrt{n}}}{\sqrt{n}}$

(9) $\sum_{n=1}^{\infty} \frac{2n^2}{n^{5/2}+2}$

(10) $\sum_{n=0}^{\infty} \frac{4}{\sqrt{n^3+1}}$

(11) $\sum_{n=0}^{\infty} \frac{n^2+1}{\sqrt{n^5+1}}$

(12) $\sum_{n=1}^{\infty} \frac{\tan^{-1} n}{1+n^2}$

(13) $\sum_{n=1}^{\infty} \frac{1}{\cos^2 n}$

(14) $\sum_{n=1}^{\infty} \frac{2+\cos n}{n}$

(15) $\sum_{n=2}^{\infty} \frac{\ln n}{n}$

(16) $\sum_{n=4}^{\infty} \frac{n^4+2n-1}{n^5+3n^2+1}$

(17) $\sum_{n=3}^{\infty} \frac{n+1}{n+2}$

(18) $\sum_{n=8}^{\infty} \frac{n+1}{n^3+2}$

(19) $\sum_{n=1}^{\infty} \frac{1}{(n+1)\sqrt{n}+n\sqrt{n+1}}$

4. 다음 급수의 수렴 또는 발산을 판정하라.

(1) $\sum_{n=1}^{\infty} (-1)^{n+1} \frac{3}{n}$

(2) $\sum_{n=1}^{\infty} (-1)^{n} \frac{4}{\sqrt{n}}$

(3) $\sum_{n=1}^{\infty} (-1)^{n+1} \frac{n^2}{n+1}$

(4) $\sum_{n=2}^{\infty} (-1)^{n} \frac{n}{n^2+2}$

(5) $\sum_{n=5}^{\infty} (-1)^{n+1} \frac{n}{2^n}$

(6) $\sum_{n=1}^{\infty} (-1)^{n} \frac{4^n}{n^2}$

(7) $\sum_{n=1}^{\infty} (-1)^{n+1} \frac{2n}{n+1}$

(8) $\sum_{n=3}^{\infty} (-1)^{n} \frac{3}{\sqrt{n+1}}$

(9) $\sum_{n=1}^{\infty} (-1)^{n+1} \frac{2}{n!}$

(10) $\sum_{n=2}^{\infty} (-1)^{n} \frac{n!}{2^n}$

(11) $\sum_{n=5}^{\infty} (-1)^{n+1} 2e^{-n}$

(12) $\sum_{n=2}^{\infty} (-1)^{n} \ln n$

(13) $\sum_{n=0}^{\infty} (-1)^{n+1} \frac{1}{2^n}$

5. 다음 급수의 절대수렴, 조건부수렴 또는 발산을 판정하라.

(1) $\sum_{n=0}^{\infty} (-1)^{n} \frac{3}{n!}$

(2) $\sum_{n=0}^{\infty} (-1)^{n} 2^n$

(3) $\sum_{n=1}^{\infty}(-1)^{n+1}\frac{n}{n^2+1}$

(4) $\sum_{n=3}^{\infty}(-1)^{n}\frac{3^n}{n!}$

(5) $\sum_{n=2}^{\infty}(-1)^{n+1}\frac{n}{2n+1}$

(6) $\sum_{n=6}^{\infty}(-1)^{n}\frac{n2^n}{3^n}$

(7) $\sum_{n=1}^{\infty}(-1)^{n+1}\left(\frac{4n}{5n+1}\right)^n$

(8) $\sum_{n=1}^{\infty}\frac{-2}{n}$

(9) $\sum_{n=1}^{\infty}(-1)^{n+1}\frac{\sqrt{n}}{n+1}$

(10) $\sum_{n=1}^{\infty}(-1)^{n+1}\frac{n^2}{e^n}$

(11) $\sum_{n=2}^{\infty}(-1)^{n}\frac{e^{3n}}{n^{3n}}$

(12) $\sum_{n=1}^{\infty}\frac{\sin n}{n^2}$

(13) $\sum_{n=1}^{\infty}\frac{\cos n\pi}{\sqrt{n}}$

(14) $\sum_{n=2}^{\infty}\frac{(-1)^n}{\ln n}$

(15) $\sum_{n=1}^{\infty}\frac{(-1)^n}{n\sqrt{n}}$

(16) $\sum_{n=3}^{\infty}(-1)^{n+1}\frac{3}{n^n}$

(17) $\sum_{n=6}^{\infty}(-1)^{n+1}\frac{n!}{4n}$

(18) $\sum_{n=1}^{\infty}(-1)^{n+1}\frac{n^{10}}{(2n)!}$

(19) $\sum_{n=0}^{\infty}\frac{(-2)^n(n+1)}{5^n}$

6. 다음 거듭제곱급수의 수렴반지름과 수렴집합을 구하라.

(1) $\sum_{n=0}^{\infty}\frac{2^n}{n!}(x-2)^n$

(2) $\sum_{n=0}^{\infty}\frac{n}{4^n}x^n$

(3) $\sum_{n=1}^{\infty}\frac{(-1)^n}{n3^n}(x-1)^n$

(4) $\sum_{n=0}^{\infty}n!(x+1)^n$

(5) $\sum_{n=1}^{\infty}\frac{1}{n}(x-1)^n$

(6) $\sum_{n=2}^{\infty}n^2(x-3)^n$

(7) $\sum_{n=3}^{\infty}\frac{n!}{(2n)!}x^n$

(8) $\sum_{n=1}^{\infty}\frac{2^n}{n^2}(x+2)^n$

(9) $\sum_{n=1}^{\infty}\frac{4^n}{\sqrt{n}}x^n$

7. 임의의 상수 a와 양수 b에 대하여, 거듭제곱급수 $\sum_{n=0}^{\infty}\frac{(x-a)^n}{b^n}$의 수렴반지름 및 수렴집합을 구하라.

8. 거듭제곱급수 $\sum_{n=0}^{\infty} a_n x^n$의 수렴반지름이 $R(0 < R < \infty)$이면, 거듭제곱급수 $\sum_{n=0}^{\infty} a_n x^{2n}$의 수렴반지름은 $\sqrt{R}$ 임을 증명하라.

9. 거듭제곱급수 $\sum_{n=0}^{\infty} a_n x^n$의 수렴반지름이 $R(0 < R < \infty)$일 때, 임의의 상수 c에 대하여 거듭제곱급수 $\sum_{n=0}^{\infty} a_n (x-c)^n$ 의 수렴반지름을 구하라.

10. 거듭제곱급수 $\sum_{n=0}^{\infty} a_n x^n$의 수렴반지름이 $R(0 < R < \infty)$일 때, 거듭제곱급수 $\sum_{n=0}^{\infty} a_n \left(\frac{x}{b}\right)^n$의 수렴반지름을 구하라(단, $b \neq 0$).

11. 다음 함수의 Maclaurin 급수를 구하라.

(1) $f(x) = e^{-3x}$　　(2) $f(x) = xe^{-x^2}$

(3) $f(x) = \cos x^3$

12. $x_0 = 1$에서 함수 $f(x) = |x|$의 Taylor 급수를 구하고 수렴반지름은 ∞이지만 $f(x)$의 Taylor 급수는 모든 실수 x에 대하여 $f(x)$에 수렴하는 것은 아님을 증명하라.

13. 함수 $f(x) = \begin{cases} \dfrac{\sin x}{x}, & x \neq 0 \\ 1, & x = 0 \end{cases}$ 의 Maclaurin 급수를 구하고 $\sin x$의 Maclaurin 급수와 비교해 보라.

14. 중심이 $c = a^2$인 $\sqrt{x}$ 의 Taylor 급수를 구하라.

15. 두 함수 $f(x) = \sinh x$, $f(x) = \cosh x$ 의 Maclaurin 급수를 구하고 $\sin x$, $\cos x$ 의 Maclaurin 급수와 비교해 보라.

11 극좌표

C·H·A·P·T·E·R

11.1 극좌표계

극좌표

직교좌표계와는 다른 좌표계를 사용하면 한 평면상의 점이나 곡선에 관한 해석이 간편해지는 경우가 있다. 이와 같은 좌표계들은 여러 가지가 있지만, 이 장에서는 **극좌표계**(polar coordinate system)에 대하여 살펴보자.

평면 위에 고정점 O와 반직선 OX를 잡으면 평면 위의 임의의 점 P에 대하여 그림 11.1에서와 같이 OP의 거리 r과 $\angle POX=\theta$가 결정된다. 순서쌍 (r,θ)를 점 P의 **극좌표**(polar coordinate)라 하고 r를 **동경**(radius), θ를 **편각**(polar angle)이라 한다. 편각 θ는 OX로부터 반시계방향으로 재면 양이고, 시계방향으로 재면 음이다. 동경 r은 O로부터

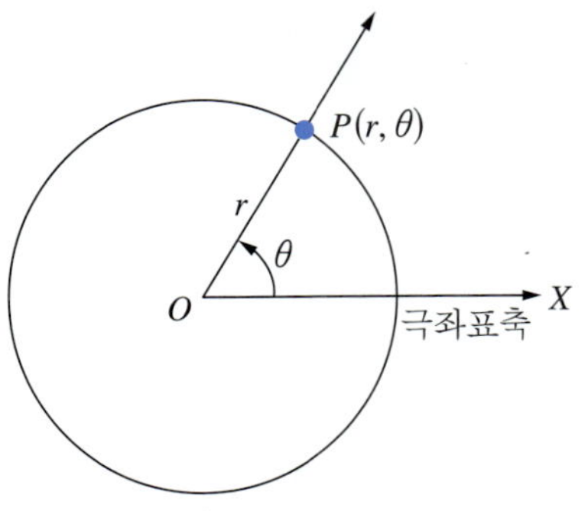

[그림 11.1]

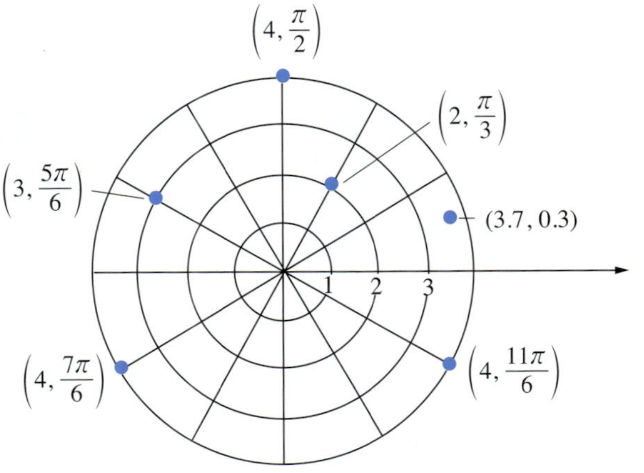

[그림 11.2]

편각을 그리는 화살표의 끝점을 향해서 재면 양이고, 그 반대방향으로 재면 음이다. 고정 직선 OX를 **극좌표축**(polar axis)이라 하며, 점 O를 **극**(pole) 또는 **원점**(origin)이라 한다.

한 점의 극좌표를 알 경우, 극좌표지를 사용하면 그 점을 간편하게 표시할 수 있다. 이 극좌표지는 그림 11.2와 같이 극을 지나는 동경직선족과 극을 중심으로 하는 동심원족으로 되어 있다.

한 점에 대한 극좌표는 여러 가지 방법으로 나타낼 수 있다. 예를 들면 $\left(4, \frac{5}{2}\pi\right)$, $\left(4, \frac{9}{2}\pi\right)$, $\left(4, -\frac{3}{2}\pi\right)$는 모두 $\left(4, \frac{\pi}{2}\right)$와 같은 점을 나타내는 극좌표이다.

또한 $P\left(4, \frac{3}{4}\pi\right)$, $Q\left(4, -\frac{5}{4}\pi\right)$, $R\left(-4, \frac{7}{4}\pi\right)$, $S\left(-4, -\frac{\pi}{4}\right)$는 동일한 점이다. 직교좌표계의 경우 좌표평면의 각 점 P에 좌표 (x, y)는 하나씩만 대응된다. 그러나 극좌표계에서는 한 점 P에 여러 개의 극좌표가 대응된다. 그러므로 평면 위의 점 전체의 집합과 극좌표의 집합 사이에는 1대 1 대응이 있을 수 없다.

극방정식

일반적으로 극방정식은 $f(r, \theta) = 0$ 또는 $r = f(\theta)$로 나타낸다. 예를 들면 $r = 8\sin\theta$, $r = \dfrac{2}{1-\cos\theta}$ 등이다.

예제 11.1.1 극방정식 $r = 8\sin\theta$의 그래프를 그리라.

[풀이] θ가 0부터 2π까지 변할 경우 θ에 대응하는 r의 어림값을 표로 만든다. 아래 표의 좌표 (r, θ)에 대응하는 점을 차례로 매끈한 곡선으로 연결하면 그래프는 원(그림 11.3)이 된다. ■

θ	r	θ	r
0	0	π	0
$\frac{\pi}{6}$	4	$\frac{7\pi}{6}$	-4
$\frac{\pi}{3}$	6.93	$\frac{4\pi}{3}$	-6.93
$\frac{\pi}{2}$	8	$\frac{3\pi}{2}$	-8
$\frac{2\pi}{3}$	6.93	$\frac{5\pi}{3}$	-6.93
$\frac{5\pi}{6}$	4	$\frac{11\pi}{6}$	-4

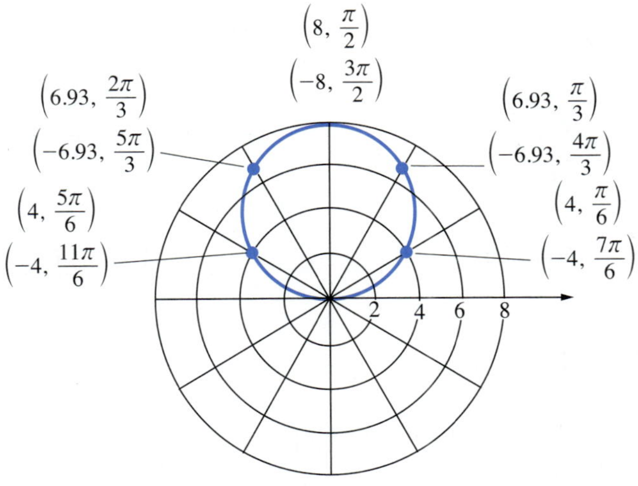

$r = 8\sin\theta$

[그림 11.3]

예제 11.1.2 $r = \dfrac{2}{1-\cos\theta}$의 그래프를 그리라.

[풀이] 위 예제와 같은 방법으로 표를 만들면 다음과 같다. 위 표에서 구한 점 (r, θ)를 차례로 매끈한 곡선으로 연결하면 구하는 개형은 극이 초점인 포물선(그림 11.4)이다.

그래프에서 극좌표 $\left(-2, \frac{3}{2}\pi\right)$는 방정식 $r = \dfrac{2}{1-\cos\theta}$를 만족하지 않는다. 좌표 $\left(2, \frac{1}{2}\pi\right)$는 방정식 $r = \dfrac{2}{1-\cos\theta}$를 만족한다.
그런데 두 좌표는 같은 점을 표시하므로 그래프 위에 있다. ■

θ	r
0	–
$\frac{\pi}{4}$	6.8
$\frac{\pi}{2}$	2
$\frac{3\pi}{4}$	1.2
π	1
$\frac{5\pi}{4}$	1.2
$\frac{3\pi}{2}$	2
$\frac{7\pi}{4}$	6.8
2π	–

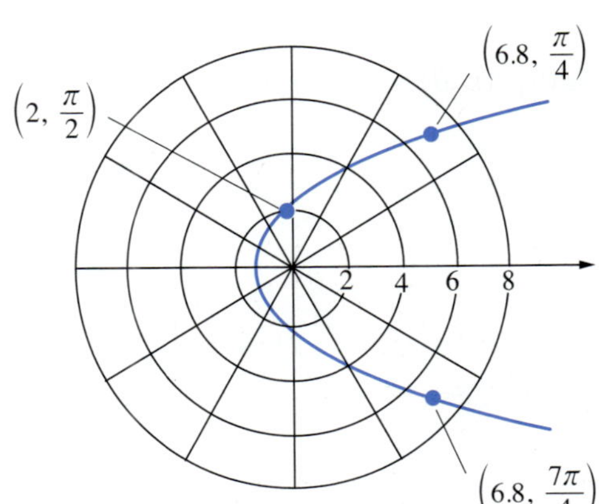

$r = \dfrac{2}{1-\cos\theta}$

[그림 11.4]

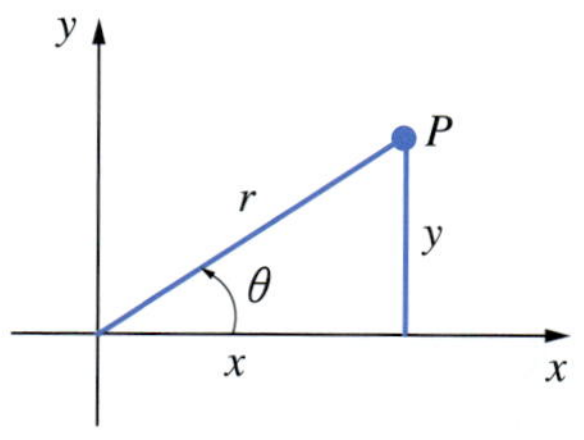

[그림 11.5]

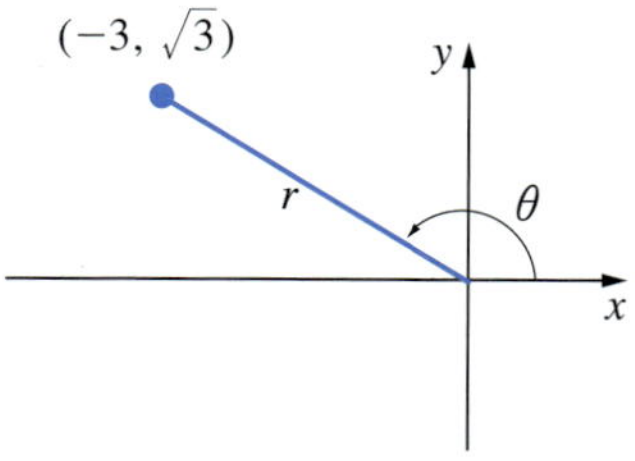

[그림 11.6]

직교좌표와 극좌표의 관계

직교좌표와 극좌표의 관계를 알아보기 위하여 그림 11.5와 같이 극좌표축을 직교좌표의 x축의 양의 방향과 같게 잡으면 한 점 P의 극좌표 (r, θ)와 직교좌표 (x, y) 사이에 다음 관계식이 성립한다.

$$x = r\cos\theta \qquad r^2 = x^2 + y^2$$
$$y = r\sin\theta \qquad \tan\theta = \frac{y}{x} \tag{1}$$

또한 점 P가 1사분면에 있지 않고 2사분면, 3사분면 및 4사분면에 있을 경우에도 (1)이 성립한다.

예제 11.1.3 극좌표가 $\left(4, \frac{\pi}{6}\right)$인 점의 직교좌표를 구하고 직교좌표가 $(-3, \sqrt{3})$인 점의 극좌표를 구하라.

[풀이] $(r, \theta) = \left(4, \frac{\pi}{6}\right)$ 이면,

$$x = 4\cos\frac{\pi}{6} = 4\cdot\frac{\sqrt{3}}{2} = 2\sqrt{3},$$
$$y = 4\sin\frac{\pi}{6} = 4\cdot\frac{1}{2} = 2$$

이므로 $(2\sqrt{3}, 2)$ 이다. 또한 $(x, y) = (-3, \sqrt{3})$이면(그림 11.6),

$$r^2 = (-3)^2 + (\sqrt{3})^2 = 12$$
$$\tan\theta = \frac{\sqrt{3}}{-3}$$

이므로 구하는 극좌표는 $\left(2\sqrt{3}, \frac{5\pi}{6}\right)$이다. 그리고 다른 하나의 극좌표는 $\left(-2\sqrt{3}, -\frac{\pi}{6}\right)$이다. ■

극방정식을 쉽게 이해할 수 없는 경우 이 방정식을 직교좌표방정식으로 변환시켜서 생각하면 편리할 때가 있다.

예제 11.1.4 $r = 8\sin\theta$ (예제11.1.1)와 $r = \dfrac{2}{1-\cos\theta}$ (예제11.1.2)를 직교좌표방정식으로 변환시켜 각각 원 그리고 포물선인 것을 밝히라.

[풀이] $r = 8\sin\theta$의 양변에 r을 곱하면 $r^2 = 8r\sin\theta$이다. 식 (1)에 의하여 직교좌표방정식으로 변환하면

$$x^2 + y^2 = 8y$$

즉,

$$x^2 + (y-4)^2 = 16$$

이다. 따라서 극방정식 $r^2 = 8r\sin\theta$는 중심이 (0, 4)이고 반지름이 4인 원이다. 극방정식 $r = \dfrac{2}{1-\cos\theta}$는 식 (1)에 의하여

$$r - x = 2$$
$$r^2 = x^2 + 4x + 4$$

이므로

$$x^2 + y^2 = x^2 + 4x + 4$$

즉,

$$y^2 = 4(x+1)$$

따라서 극방정식 $r = \dfrac{2}{1-\cos\theta}$는 꼭짓점이 (−1, 0)이고 초점이 원점인 포물선이다. ■

직선, 원, 원뿔곡선의 극방정식

일반적으로 직선이나 원의 극방정식은 직교좌표로 나타낸 방정식보다 간단하지 않다. 그러나 직선 또는 원이 특별한 위치에 있을 경우에는 극방정식이 편리할 수도 있다. 직선, 원 그리고 원뿔곡선인 포물선, 타원, 쌍곡선의 극방정식을 알아본다.

극을 지나는 직선의 극방정식은 다음과 같다.

$$\theta = \theta_0 \tag{2}$$

여기서 θ_0는 직선이 극좌표축과 이루는 편각의 크기를 나타낸다. 예를 들면 극을 지나며 극좌표축과 $\frac{1}{4}\pi$의 각을 이루는 직선의 방정식은 $\theta = \frac{1}{4}\pi$이다(그림 11.7). 또한 이 직선

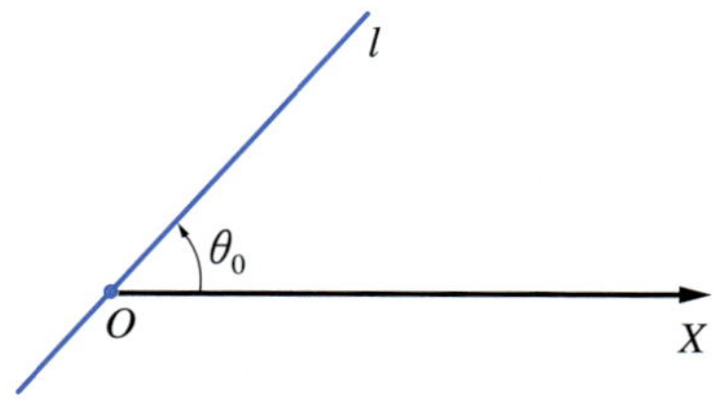

[그림 11.7]

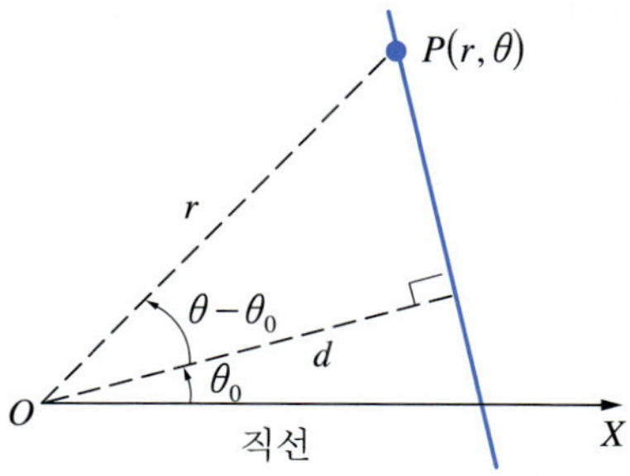

[그림 11.8]

의 방정식을 $\theta = \dfrac{9}{4}\pi$, $\theta = -\dfrac{3}{4}\pi$ 등으로도 나타낼 수 있다.

그림 11.8과 같이 극에서부터 극을 지나지 않는 직선까지의 거리가 d이고 극에서 직선에 그은 수선의 극좌표에 대한 각이 θ_0일 경우 직선의 극방정식을 구하여 보자. 직선 위의 임의의 점을 $P(r, \theta)$라 하면

$$\cos(\theta - \theta_0) = \frac{d}{r}$$

즉,

$$r = \frac{d}{\cos(\theta - \theta_0)} \tag{3}$$

직선의 경우와는 달리 원을 극방정식으로 나타내는 것은 간단하지 않다. 그러나 특별한 위치에 놓인 원은 극방정식으로 간단히 나타낼 수 있다. 중심이 극 O이고, 반지름이 a인 원(그림 11.9) 위의 점을 $P(r, \theta)$라 하면 이 원의 극방정식은 다음과 같다.

$$r = a \text{ 또는 } r = -a \tag{4}$$

또 중심이 (a, θ_0)이고 반지름이 a인 원의 경우를 생각하여 보자. 이 원은 극을 지난다. 이 원 위의 점을 $P(r, \theta)$라고 하면(그림 11.10)

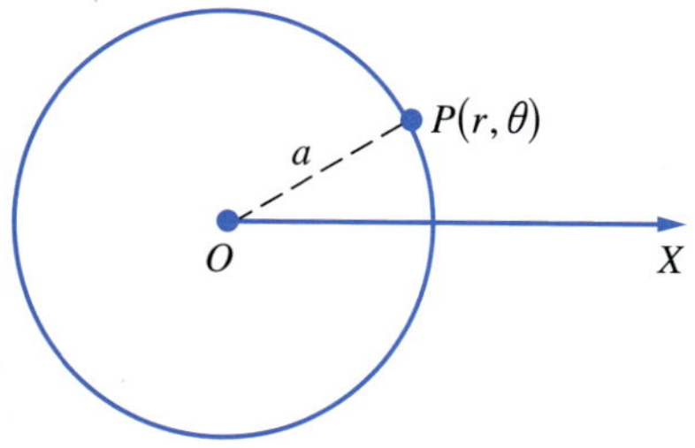

[그림 11.9]

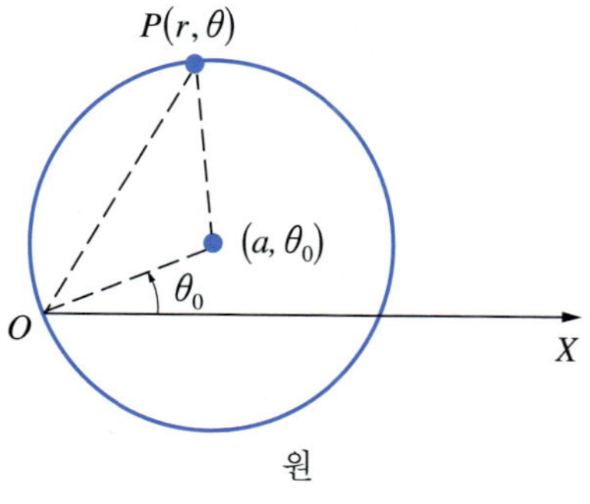

[그림 11.10]

$$a^2 = r^2 + a^2 - 2ra\cos(\theta - \theta_0) \tag{5}$$

이므로 이 원의 극방정식은 다음과 같다.

$$r = 2a\cos(\theta - \theta_0) \tag{6}$$

위 극방정식에서 $\theta_0 = 0$일 때는 $r = 2a\cos\theta$인 원이 되며 $\theta_0 = \frac{\pi}{2}$일 때는

$$r = 2a\cos\left(\theta - \frac{\pi}{2}\right)$$

즉,

$$r = 2a\sin\theta \tag{7}$$

인 원이 된다(예제 11.1.1과 비교하라).

끝으로 원뿔곡선의 초점을 극에 맞추고 그림 11.11과 같이 초점에서 준선까지 거리가 d인 경우를 생각해 보자. 이 원뿔곡선 위의 점을 $P(r, \theta)$라고 하자. P에서 준선에 수선을 그어 만나는 점을 L이라 하고, 극 O를 초점 F라고 할 때 점 P가 원뿔곡선 위에 있기 위한 필요충분조건은 다음과 같다.

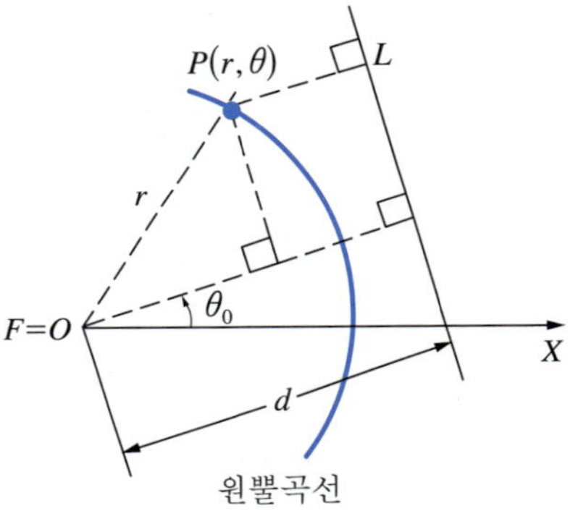

[그림 11.11]

$$\overline{PF} = e\,\overline{PL}$$

여기서 e는 **이심률**(eccentricity)이다. 그러므로

$$r = e\left[d - r\cos(\theta - \theta_0)\right]$$

따라서 이 원뿔곡선의 극방정식은 다음과 같다.

$$r = \frac{ed}{1 + e\cos(\theta - \theta_0)} \tag{8}$$

(8)에서 $e = 1$이면 포물선이고, $0 < e < 1$이면 타원이며, $e > 1$이면 쌍곡선을 나타낸다.

예제 11.1.5 이심률이 $\frac{1}{2}$이고 초점이 극에 있고, 준선이 극좌표축에 수직인 원뿔곡선의 극방정식을 구하라. 여기서 준선은 극의 오른쪽에 있으며 초점과 준선 사이의 거리는 10이다.

[풀이] 극방정식 (8)에서 $e=\frac{1}{2}$, $d=10$, $\theta_0=0$이므로

$$r=\frac{\frac{1}{2}\cdot 10}{1+\frac{1}{2}\cos\theta}=\frac{10}{2+\cos\theta}$$

■

극방정식 요약

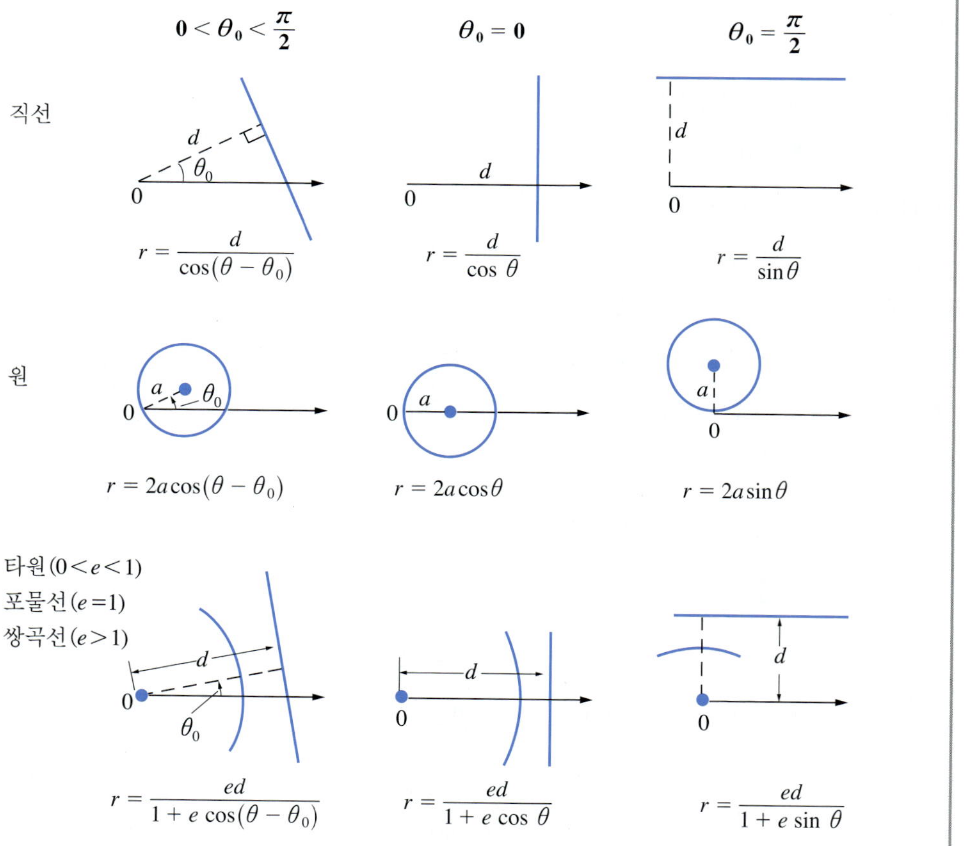

[그림 11.12]

예제 11.1.6 다음 극방정식의 그래프를 그리라.

$$r=\frac{7}{2+4\sin\theta}$$

[풀이] 위 방정식을 표준형으로 변환시키면

$$r = \frac{7}{2+4\sin\theta} = \frac{\frac{7}{2}}{1+2\sin\theta} = \frac{2\left(\frac{7}{4}\right)}{1+2\sin\theta}$$

따라서 $e=2$이며 초점이 극에 있고 준선은 극좌표축의 위쪽으로 $\frac{7}{4}$ 만큼 떨어져 있는 쌍곡선이다(그림 11.13). ■

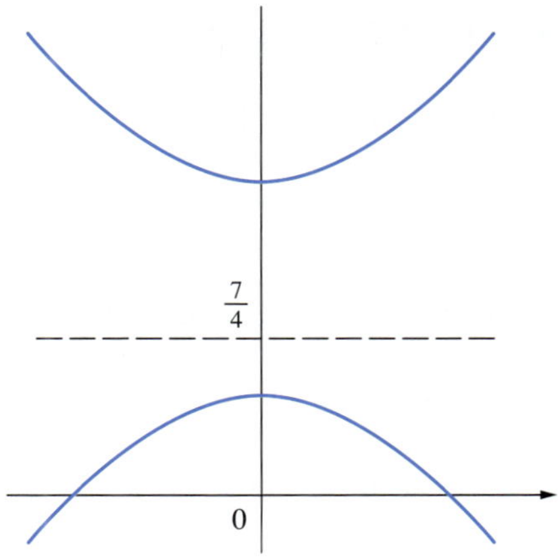

[그림 11.13]

연습문제 11.1

1. 극좌표가 다음과 같은 점을 표시하라.

$$\left(4, \frac{\pi}{3}\right), \left(2, \frac{1}{2}\pi\right), \left(5, \frac{1}{6}\pi\right), \left(0, \frac{11}{7}\pi\right), \left(3, \frac{3}{2}\pi\right), \left(\frac{7}{2}, \frac{2}{3}\pi\right), (4, 0)$$

2. 극좌표가 다음과 같은 점을 표시하라.

$$\left(-5, \frac{1}{4}\pi\right), \left(5, -\frac{3}{4}\pi\right), \left(2, -\frac{1}{3}\pi\right), \left(-2, \frac{2}{3}\pi\right), (-6, 0), (3, -\pi), \left(-4, -\frac{2}{3}\pi\right), (-3, \pi)$$

3. 다음과 같은 네 점이 있다. 각 점을 네 개의 다른 극좌표로 나타내라. 단, 두 r은 양수이고, 두 r은 음수로 한다.

(1) $\left(4, \frac{1}{3}\pi\right)$　　(2) $\left(-3, \frac{5}{4}\pi\right)$

(3) $\left(-5, \frac{1}{6}\pi\right)$　　(4) $\left(7, -\frac{2}{3}\pi\right)$

4. 문제 3의 각 점을 직교좌표로 나타내라.

5. 다음 각 직교좌표를 극좌표로 나타내라.

(1) $\left(-2\sqrt{3}, -2\right)$　　(2) $\left(1, \sqrt{3}\right)$

(3) $\left(\sqrt{2}, -\sqrt{2}\right)$　　(4) $(0, 0)$

6. 다음 직교좌표방정식의 그래프를 그리고 극방정식으로 나타내라.

(1) $x - 4y + 2 = 0$ (2) $y = -5$

(3) $x^2 + y^2 = 16$

7. 다음 극방정식을 직교좌표방정식으로 나타내라.

(1) $\theta = \frac{1}{3}\pi$ (2) $r\cos\theta + 6 = 0$

(3) $r\sin\theta - 4 = 0$

8. 다음 방정식의 곡선의 이름을 말하고 그것이 원뿔곡선이면 이심률을 구하라. 또한 그래프를 그리라.

(1) $r = 6$ (2) $r = \dfrac{3}{\sin\theta}$

(3) $r = 4\sin\theta$ (4) $r = \dfrac{4}{1 + \cos\theta}$

(5) $r = \dfrac{6}{2 + \sin\theta}$ (6) $r = \dfrac{4}{2 + 2\cos\theta}$

(7) $r = \dfrac{4}{\frac{1}{2} + \cos(\theta - \pi)}$

9. 중심이 (c, α)이고 반지름의 길이가 a인 원의 극방정식이 $r^2 + c^2 - 2rc\cos(\theta - \alpha) = a^2$ 임을 밝히라.

11.2 극방정식의 자취

일반적으로 극방정식의 자취는 방정식을 만족하는 모든 점으로 이루어진 곡선이다. 극방정식을 만족하는 점을 구할 때에는 θ에 임의의 값을 주고 이에 대응하는 r의 값을 구하면 된다. 곡선을 그릴 경우에는 혼란을 피하기 위하여 θ가 증가하는 차례대로 주어진 방정식을 만족하는 점을 구하여 연결하는 것이 편리하다.

또한 극방정식의 그래프를 그릴 경우 다음과 같은 대칭관계를 미리 알아보는 것이 좋다.

1. 두 점 $P(r, \theta)$와 $P'(r, -\theta)$ 는 극좌표축에 대칭이다(그림 11.14). 그러므로 극방정식

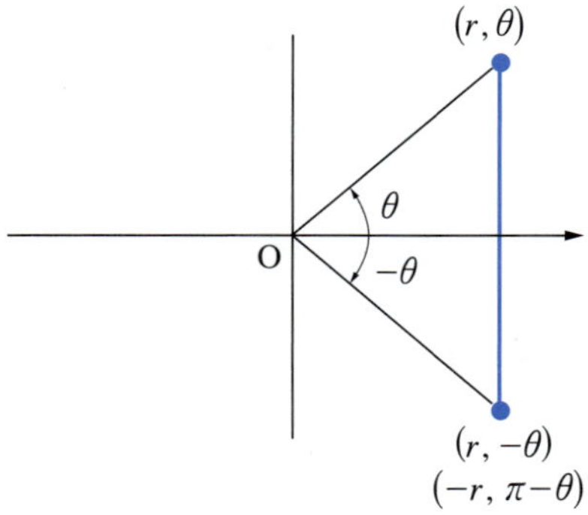

[그림 11.14]

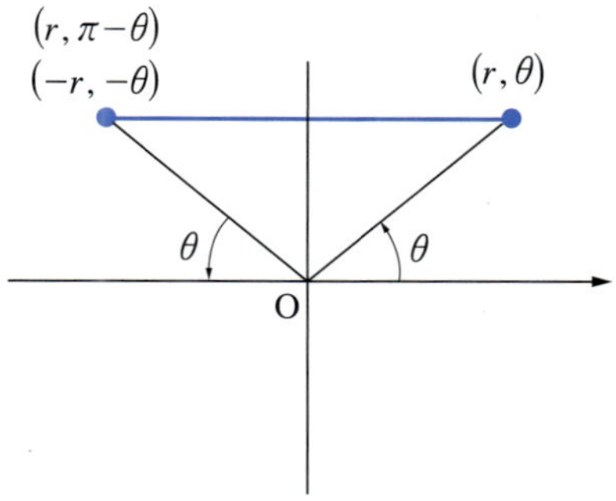

[그림 11.15]

$$f(r, \theta) = 0 \tag{1}$$

에서 θ 대신 $-\theta$를 대입하여도 방정식이 변하지 않으면, 식 (1)의 그래프는 극좌표축에 대칭이다.

2. 두 점 $P(r, \theta)$와 $P'(r, \pi - \theta)$는 직선 $\theta = \frac{1}{2}\pi$에 대칭이다(그림 11.15). 그러므로 식 (1)에서 θ 대신에 $\pi - \theta$를 대입하여도 방정식이 변하지 않으면, 식 (1)의 그래프는 직선 $\theta = \frac{1}{2}\pi$에 대칭이다.

3. 두 점 $P(r, \theta)$와 $P'(-r, \theta)$는 극에 대칭이다(그림 11.16). 그러므로 극방정식 (1)에서 r 대신 $-r$를 대입하여도 방정식이 변하지 않으면 (1)의 그래프는 극에 대칭이다.

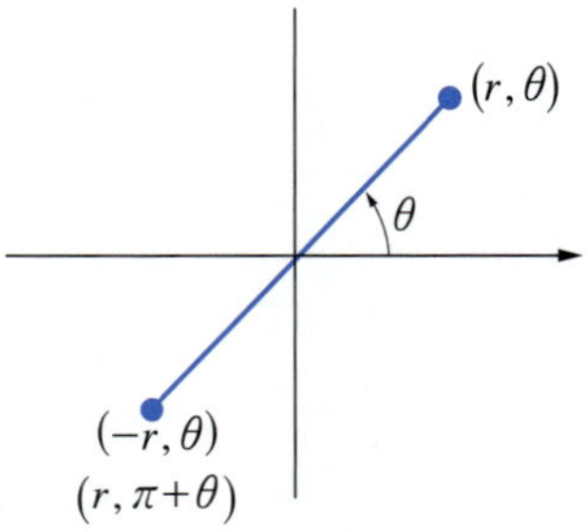

[그림 11.16]

심장형(cardioids)과 달팽이꼴(limaçons) 곡선

다음 극방정식의 그래프를 그려보자.

$$r = a \pm b\cos\theta,\ r = a \pm b\sin\theta\ \ (a > 0,\ b > 0) \tag{2}$$

(2)와 같은 방정식의 그래프를 **달팽이꼴 곡선**이라 하고 특히, $a = b$일 때 **심장형**이라 한다. 그래프는 그림 11.17과 같다.

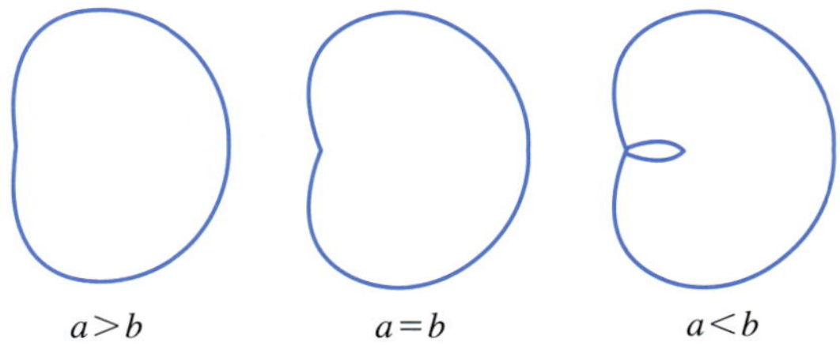

[그림 11.17]

예제 11.2.1 달팽이꼴 곡선 $r = 2 + 4\cos\theta$를 그리라.

[풀이] 주어진 방정식의 θ 대신에 $-\theta$를 대입하여도 $\cos(-\theta) = \cos\theta$이므로 방정식이 변하지 않는다. 따라서 이 방정식의 곡선은 극좌표축에 대칭이다.
아래의 표에 따라 그래프를 그리면 그림 11.18과 같다. ■

θ	r	θ	r
0	6	$\frac{2}{3}\pi$	0
$\frac{\pi}{6}$	5.5	$\frac{3}{4}\pi$	-0.8
$\frac{\pi}{3}$	4	$\frac{5}{6}\pi$	-1.5
$\frac{\pi}{2}$	2	π	-2
$\frac{7}{12}\pi$	1		

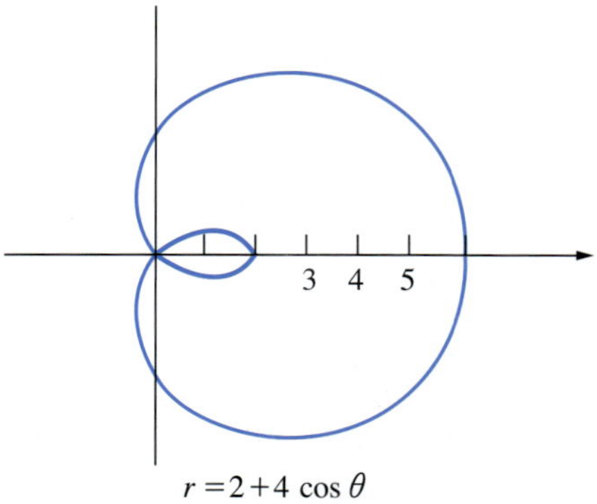

[그림 11.18]

8자형(lemniscates)

다음 극방정식의 그래프를 그려보자.

$$r^2 = a\cos 2\theta, \quad r^2 = a\sin 2\theta \tag{3}$$

(3)과 같은 방정식의 그래프를 **8자형**이라 한다.

예제 11.2.2 8자형 $r^2 = 8\cos 2\theta$의 그래프를 그리라.

[풀이] 이 방정식에 θ 대신 $-\theta$를, 그리고 θ 대신 $\pi-\theta$를 대입하면 $\cos(-2\theta)=\cos 2\theta$, $\cos(2(\pi-\theta))=\cos 2\theta$ 이므로 방정식이 변하지 않는다. 따라서 이 방정식의 곡선은 극좌표축과 직선 $\theta=\frac{1}{2}\pi$에 대칭이다. 또한 r 대신 $-r$을 대입하여도 방정식이 변하지 않으므로 이 방정식의 곡선은 극에 대칭이다.

표에 따라 그래프를 그리면 그림 11.19와 같다. ■

θ	r
0	± 2.8
$\frac{\pi}{12}$	± 2.6
$\frac{\pi}{6}$	± 2
$\frac{\pi}{4}$	0

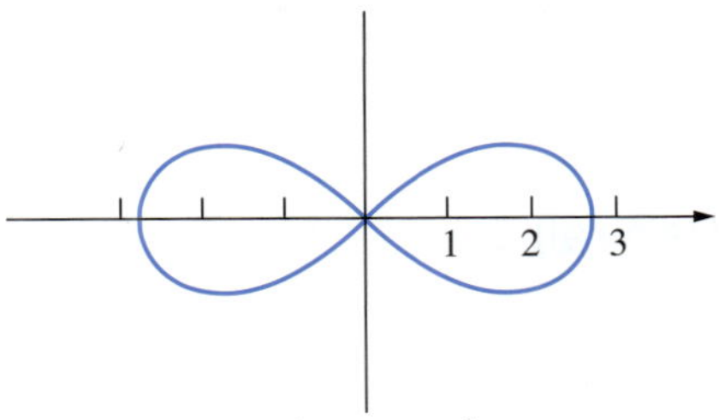

[그림 11.19]

장미선(roses)

다음 극방정식의 그래프를 그려보자.

$$r = a\cos n\theta, \quad r = a\sin n\theta \tag{4}$$

식 (4)와 같은 그래프를 **장미선**이라 한다. 특히 n이 홀수이면 **n잎 장미선**, n이 짝수이면 **$2n$잎 장미선**이라 한다.

예제 11.2.3 장미선 $r = 4\sin 2\theta$의 그래프를 그리라.

[풀이] 표에 따라 그래프를 그리면 그림 11.20과 같다. 이 곡선은 4잎 장미선이다. ■

θ	0	$\frac{\pi}{12}$	$\frac{\pi}{8}$	$\frac{\pi}{6}$	$\frac{\pi}{4}$	$\frac{\pi}{3}$	$\frac{3}{8}\pi$	$\frac{5}{12}\pi$	$\frac{\pi}{2}$
r	0	2	2.8	3.5	4	3.5	2.8	2	0
θ	$\frac{2}{3}\pi$	$\frac{5}{6}\pi$	π	$\frac{7}{6}\pi$	$\frac{4}{3}\pi$	$\frac{3}{2}\pi$	$\frac{5}{3}\pi$	$\frac{11}{6}\pi$	2π
r	-3.5	-3.5	0	3.5	3.5	0	-3.5	-3.5	0

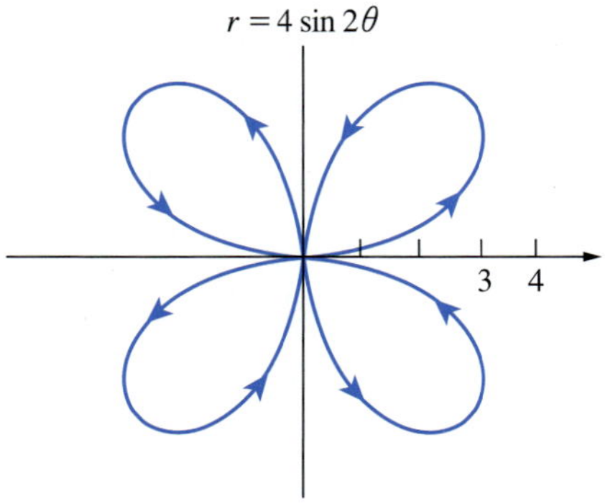

[그림 11.20]

나선(spiral)

$r = a\theta$의 그래프를 **아르키메데스의 나선**(spiral of Archimedes)(그림 11.21)이라 하고 $r = ae^{b\theta}$의 그래프를 **로그 나선**(logarithmic spiral)(그림 11.22)이라 한다.

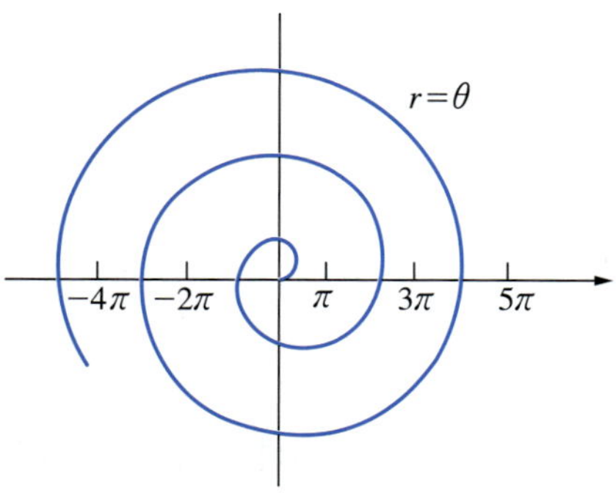

[그림 11.21]

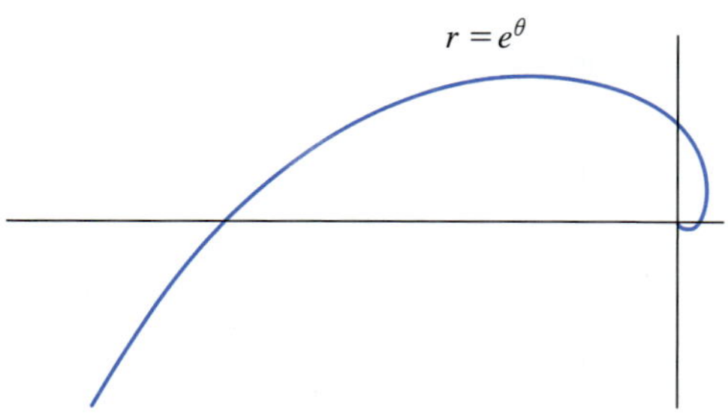

[그림 11.22]

예제 11.2.4 나선 $r = \theta(\theta \geq 0)$의 그래프를 그리라.

[풀이] 구하는 곡선은 $\theta = n\pi$(n은 정수)일 경우 극좌표축 또는 그 연장선 위를 지난다. 그리고 $\theta = \frac{1}{2}n\pi$(n은 홀수인 정수)일 경우 직선 $\theta = \frac{1}{2}\pi$ 위를 지난다. 또한 (0, 0), (1, 1), $\left(\frac{1}{2}\pi, \frac{1}{2}\pi\right)$, (π, π), ⋯ 등은 곡선 위의 점인 것을 알 수 있다. 곡선을 그리면 그림 11.21과 같다. 이 곡선이 Archimedes의 나선이다. ■

극좌표로 표시된 곡선의 교점

직교좌표에서 두 곡선의 모든 교점은 두 곡선의 방정식을 연립으로 풀어서 구할 수 있다. 그러나 한 점의 극좌표는 여러 가지로 나타낼 수 있으므로 한 곡선의 극방정식도 여러 가지로 나타낼 수 있다. 뿐만 아니라 두 곡선의 교점이 P일 경우, 두 곡선의 방정식을 동시에 만족시키는 점 P의 극좌표는 존재하지 않을 경우도 있다. 따라서 연립방정식을 푸는 것만으로 두 곡선의 교점을 모두 구할 수 있는 것은 아니다.

예를 들면,

$$\begin{cases} \text{원} & r = 4\cos\theta \\ \text{직선} & \theta = \dfrac{1}{3}\pi \end{cases}$$

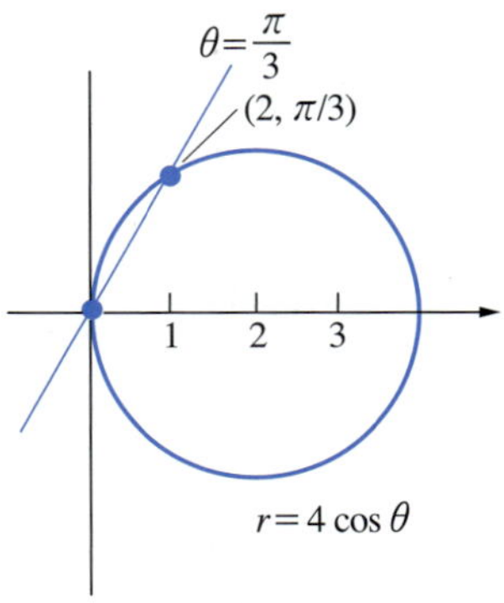

[그림 11.23]

의 해는 $\left(2, \dfrac{\pi}{3}\right)$이다. 그러나 이 원과 직선은 그림 11.23에서와 같이 두 점 즉, 극과 $\left(2, \dfrac{1}{3}\pi\right)$에서 만난다. 이와 같이 교점은 두 개인데 연립방정식의 해가 하나인 까닭은 직선의 방정식을 만족시키는 극의 좌표는 $\left(0, \dfrac{1}{3}\pi\right)$이고, 원의 방정식을 만족시키는 극의 좌표는 $\left(0, \dfrac{1}{2}\pi\right)$이기 때문이다.

그러므로 극좌표에서는 두 곡선의 모든 교점을 구하기 위하여 그 곡선의 연립방정식의 해를 구할 뿐만 아니라, 곡선을 그려서 이미 구한 해 이외의 교점을 찾아야 한다.

예제 11.2.5 두 심장형

$$(1)\ r = 1 + \cos\theta, \qquad (2)\ r = 1 - \sin\theta$$

의 교점을 구하라.

[풀이] 방정식 (1), (2)에서 r을 소거하면

$$\cos\theta = -\sin\theta, \text{ 즉 } \tan\theta = -1$$

따라서

$$\theta = \frac{3}{4}\pi \quad \text{또는} \quad \theta = \frac{7}{4}\pi$$

이것을 각각 (1)에 대입하면

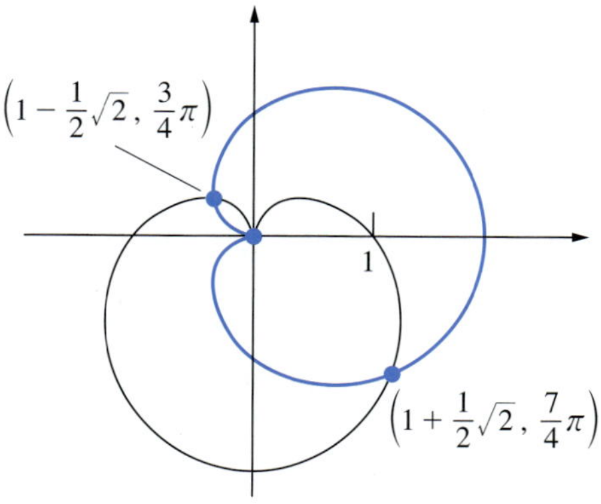

[그림 11.24]

$$r = 1 - \frac{1}{2}\sqrt{2},\quad r = 1 + \frac{1}{2}\sqrt{2}$$

따라서 두 점

$$\left(1-\frac{1}{2}\sqrt{2},\ \frac{3}{4}\pi\right),\ \left(1+\frac{1}{2}\sqrt{2},\ \frac{7}{4}\pi\right)$$

은 두 곡선의 교점이다. 그리고 곡선을 그리면 극도 교점이다(그림 11.24). 위의 방정식 (1), (2)를 연립으로 풀었을 때 해로서 극이 나타나지 않는 까닭은 (1)에는 $\theta = (2n+1)\pi$를 대입했을 때 $r = 0$ 이고 (2)에는 $\theta = \left(2n + \frac{1}{2}\right)\pi$를 대입했을 때 $r = 0$ 이 되기 때문이다. 따라서 모든 교점은

$$\left(\frac{2-\sqrt{2}}{2},\ \frac{3\pi}{4}\right),\ \left(\frac{2+\sqrt{2}}{2},\ \frac{7\pi}{4}\right) \text{ 그리고 극}$$

이다. ■

연습문제 11.2

1. 다음 방정식의 그래프를 그리라.

(1) $\theta^2 - 1 = 0$

(2) $r\sin\theta + 6 = 0$

(3) $r = 6\sin\theta$

(4) $r = \dfrac{4}{1-\cos\theta}$

(5) $r = 5 - 5\sin\theta$

(6) $r = 3 - 3\cos\theta$

(7) $r = 2 - 4\cos\theta$ (8) $r = 4 - 3\sin\theta$

(9) $r^2 = 9\sin 2\theta$ (10) $r^2 = -16\cos 2\theta$

(11) $r = 5\cos 3\theta$ (12) $r = 6\sin 2\theta$

(13) $r = 7\cos 5\theta$ (14) $r = \frac{1}{2}\theta,\ \theta \geq 0$

(15) $r = e^{\theta},\ \theta \geq 0$ (16) $r = \frac{2}{\theta},\ \theta > 0$

2. 다음 방정식의 그래프를 그리고 두 곡선이 만나는 점을 구하라.

(1) $r = 6,\ r = 4 + 4\cos\theta$ (2) $r = 3\sqrt{3}\cos\theta,\ r = 3\sin\theta$

(3) $r = 6\sin\theta,\ r = \dfrac{6}{1 + 2\sin\theta}$

11.3 극좌표에서의 적분

이 절에서는 극방정식으로 표시된 곡선에 대한 접선의 기울기와 평면도형의 넓이를 알아본다.

극좌표에서의 넓이

구간 $\alpha \leq \theta \leq \beta$에서 정의된 연속함수를

$$r = f(\theta)$$

라 하자. 이 구간에서 $f(\theta) > 0$이고, 함수 f는 증가함수라 하자. 이 때 곡선 $r = f(\theta)$ 와 두 직선 $\theta = \alpha$, $\theta = \beta$로 둘러싸인 영역 AOB의 넓이를 알아보자(그림 11.25(a)).

구간 $[\alpha, \beta]$의 임의의 분할을 $P: \alpha = \theta_0 < \theta_1 < \cdots < \theta_n = \beta$라 하면 영역 AOB는 극 O를 지나는 $n-1$개의 직선 $\theta = \theta_1$, $\theta = \theta_2$, $\cdots$, $\theta = \theta_{n-1}$에 의하여 n개의 작은 영역으로 분할된다.

i번째 작은 영역을 COG(그림 11.25(b))라 하고 그 넓이를 ΔA_i로, $\angle COG$를 $\Delta\theta_i = \theta_i - \theta_{i-1}$로, 두 점 C와 G의 극좌표는 각각 (r_{i-1}, θ_{i-1}), (r_i, θ_i)로 나타내자.

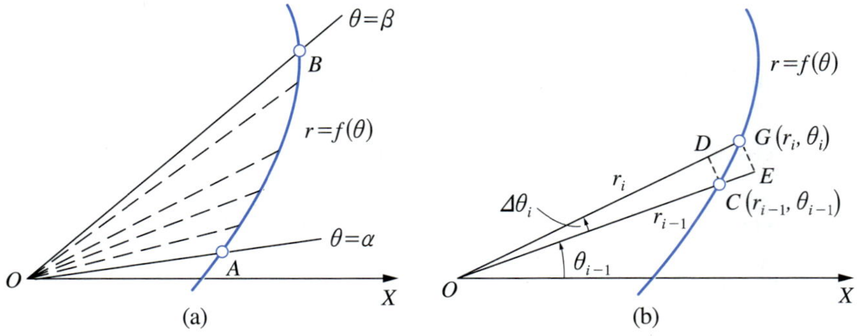

[그림 11.25]

그림 11.25(b)에서와 같이 CD, EG를 중심이 O이고 반지름이 각각 r_{i-1}, r_i인 원호라 하면 f는 증가함수이므로 $r_{i-1} < r_i$가 된다. 그런데 부채꼴 COD는 i번째 작은 영역 COG에 포함되고, 작은 영역 COG는 부채꼴 EOG에 포함된다. 그러므로

$$\frac{1}{2}r_{i-1}^2 \Delta\theta_i < \Delta A_i < \frac{1}{2}r_i^2 \Delta\theta_i$$

이다. 따라서

$$r_{i-1} < \sqrt{\frac{2\Delta A_i}{\Delta\theta_i}} < r_i$$

또는

$$f(\theta_{i-1}) < \sqrt{\frac{2\Delta A_i}{\Delta\theta_i}} < f(\theta_i)$$

이다. 한편 함수 f는 $\alpha \le \theta \le \beta$ 위에서 연속이므로 중간값 정리에 의하여 θ_{i-1}과 θ_i 사이에 $\overline{\theta}_i$가 존재하여

$$f(\overline{\theta}_i) = \sqrt{\frac{2\Delta A_i}{\Delta\theta_i}}$$

즉,

$$\Delta A_i = \frac{1}{2}\left[f(\overline{\theta}_i)\right]^2 \Delta\theta_i$$

이다. 따라서 영역 AOB의 넓이를 A라고 하면

$$A = \lim_{|P|\to 0} \sum_{i=1}^{n} \frac{1}{2}\left[f(\overline{\theta}_i)\right]^2 \Delta\theta_i = \frac{1}{2}\int_\alpha^\beta [f(\theta)]^2\, d\theta$$

이다. 여기서 $|P| = \max_{1\le i\le n} \Delta\theta_i$. 마찬가지 방법으로 구간 $\alpha \le \theta \le \beta$ 위에서 함수 f가 감소함수인 경우에도 영역의 넓이를 구할 수 있다. 일반적으로 다음 정리가 성립한다.

정리 11.3.1

함수 $r=f(\theta)$가 구간 $\alpha \le \theta \le \beta$에서 연속이고 $f(\theta) \ge 0$이면 곡선 $r=f(\theta)$와 두 직선 $\theta=\alpha, \theta=\beta$로 둘러싸인 영역의 넓이 A는 다음과 같다.

$$A=\frac{1}{2}\int_{\alpha}^{\beta} r^2\,d\theta$$

예제 11.3.1 $r=2+\cos\theta$의 내부 넓이를 구하라.

[풀이] 이 곡선은 극좌표축에 대칭이므로 구하는 넓이 A는 θ가 0부터 π까지 증가할 때 생기는 영역의 2배이다(그림 11.26). 그러므로

$$\begin{aligned}
A &= 2\cdot\frac{1}{2}\int_0^{\pi}(2+\cos\theta)^2\,d\theta \\
&= \int_0^{\pi}\left(4+4\cos\theta+\cos^2\theta\right)d\theta \\
&= \int_0^{\pi}4\,d\theta+4\int_0^{\pi}\cos\theta\,d\theta+\frac{1}{2}\int_0^{\pi}(1+\cos 2\theta)\,d\theta \\
&= \int_0^{\pi}\frac{9}{2}\,d\theta+4\int_0^{\pi}\cos\theta\,d\theta+\frac{1}{4}\int_0^{\pi}\cos 2\theta\cdot 2\,d\theta \\
&= \left[\frac{9}{2}\theta\right]_0^{\pi}+\left[4\sin\theta\right]_0^{\pi}+\left[\frac{1}{4}\sin 2\theta\right]_0^{\pi}=\frac{9}{2}\pi
\end{aligned}$$

■

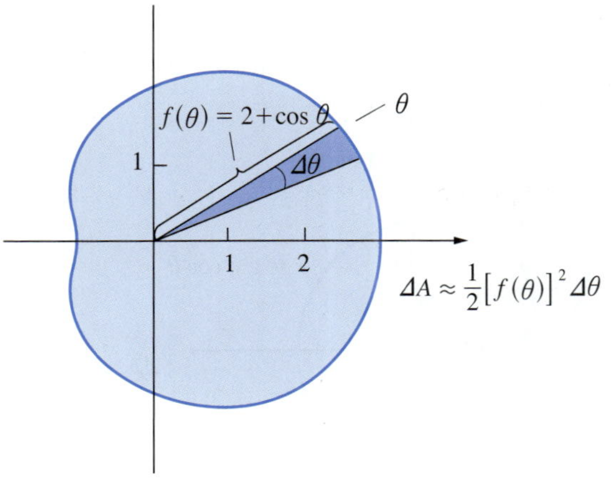

[그림 11.26]

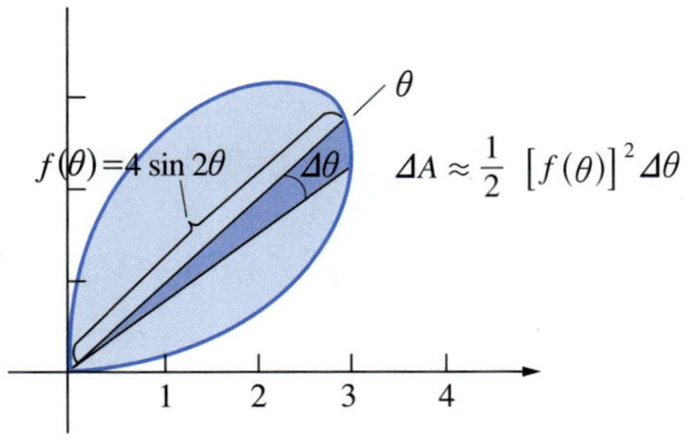

[그림 11.27]

예제 11.3.2 4잎 장미선 $r = 4\sin 2\theta$에서 잎 하나의 내부 넓이를 구하라.

[풀이] 이 곡선은 앞 절의 그림 11.20이다. 구하는 넓이는 1사분면에 있는 영역이다(그림 11.27). 그러므로

$$\begin{aligned} A &= \frac{1}{2}\int_0^{\pi/2} (4\sin 2\theta)^2 d\theta \\ &= \frac{1}{2}\int_0^{\pi/2} 16\sin^2 2\theta \, d\theta = 8\int_0^{\pi/2} \frac{1-\cos 4\theta}{2} d\theta \\ &= 4\int_0^{\pi/2} d\theta - \int_0^{\pi/2} \cos 4\theta \cdot 4 d\theta = [4\theta]_0^{\pi/2} - [\sin 4\theta]_0^{\pi/2} = 2\pi \end{aligned}$$

■

예제 11.3.3 심장형 $r = 1 + \cos\theta$의 외부와 원 $r = \sqrt{3}\sin\theta$의 내부와의 공통 부분의 넓이를 구하라.

[풀이] 이 두 곡선은 극과 점 $\left(\frac{3}{2}, \frac{\pi}{3}\right)$에서 만난다(그림 11.28).

그리고 편각이 $\frac{1}{3}\pi$와 π 사이에서 θ로부터 $\Delta\theta$ 만큼 증가할 때 이에 대응하는 넓이의

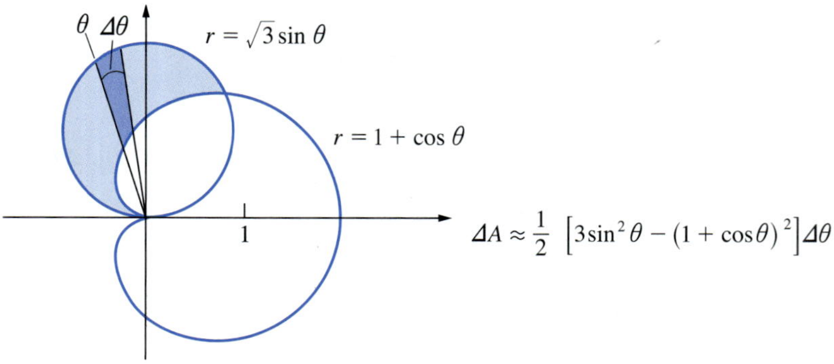

[그림 11.28]

증가 부분은 다음과 같다.

$$\frac{1}{2}\left(\sqrt{3}\sin\theta\right)^2 \Delta\theta - \frac{1}{2}(1+\cos\theta)^2 \Delta\theta$$

따라서 구하는 넓이는

$$\begin{aligned} A &= \frac{1}{2}\int_{\pi/3}^{\pi} \left(3\sin^2\theta - 1 - 2\cos\theta - \cos^2\theta\right) d\theta \\ &= \frac{1}{2}\int_{\pi/3}^{\pi} \left[\frac{3}{2}(1-\cos 2\theta) - 1 - 2\cos\theta - \frac{1}{2}(1+\cos 2\theta)\right] d\theta \\ &= \frac{1}{2}\int_{\pi/3}^{\pi} (-2\cos\theta - 2\cos 2\theta)\, d\theta \\ &= \frac{1}{2}\left[-2\sin\theta - \sin 2\theta\right]_{\pi/3}^{\pi} \\ &= \frac{1}{2}\left(2\frac{\sqrt{3}}{2} + \frac{\sqrt{3}}{2}\right) = \frac{3\sqrt{3}}{4} \end{aligned}$$

■

극좌표에서의 접선

극방정식이 $r = f(\theta)$인 곡선 위의 점 $P(r, \theta)$에서 접선의 기울기를 생각해 보자.

직교좌표계의 원점과 x축의 양의 방향이 각각 극좌표계의 극과 극좌표축의 방향과 일치하도록 하면 11.1절의 등식 (1)에 의하여 점의 두 좌표 사이에는 다음과 같은 관계가 있다.

$$x = r\cos\theta = f(\theta)\cos\theta$$
$$y = r\sin\theta = f(\theta)\sin\theta$$

x, y가 θ에 대하여 미분가능하면

$$\frac{dx}{d\theta} = -f(\theta)\sin\theta + f'(\theta)\cos\theta$$
$$\frac{dy}{d\theta} = f(\theta)\cos\theta + f'(\theta)\sin\theta$$

따라서 $\frac{dx}{d\theta} \neq 0$이면

$$m = \frac{dy}{dx} = \frac{\dfrac{dy}{d\theta}}{\dfrac{dx}{d\theta}} = \frac{f(\theta)\cos\theta + f'(\theta)\sin\theta}{-f(\theta)\sin\theta + f'(\theta)\cos\theta}$$

여기서 $m = \frac{dy}{dx}$는 곡선에 대한 접선의 기울기를 나타내므로 접선이 극좌표축과 이루는 각을 α라 하면

$$m = \tan\alpha$$

따라서

$$\tan\alpha = \frac{f(\theta)\cos\theta + f'(\theta)\sin\theta}{-f(\theta)\sin\theta + f'(\theta)\cos\theta} \tag{1}$$

또는

$$\tan\alpha = \frac{f(\theta) + f'(\theta)\tan\theta}{f'(\theta) - f(\theta)\tan\theta} \qquad (\cos\theta \neq 0) \tag{2}$$

극방정식의 그래프가 극을 한 번 또는 그 이상 지날 경우 극에서 접선의 방정식을 구할 수 있다. 즉, 위의 (2)에서 $f(\theta)=0$이고 $f'(\theta)\neq 0$이면

$$\tan\alpha = \tan\theta$$

일반적으로 극방정식

$$f(r, \theta) = 0 \tag{3}$$

에서 $r=0$으로 놓았을 때 $\theta = \theta_1, \theta_2, \theta_3, \cdots$가 방정식 (3)을 만족하고

$$\tan\theta_1, \tan\theta_2, \tan\theta_3, \cdots$$

가 존재하면 이들은 극에서 접선의 기울기이다. 단, 이들 접선은 극좌표축에 수직이 아니다. 어떤 홀수 n에 대하여 $\left(0, \dfrac{n\pi}{2}\right)$가 방정식 (3)을 만족하면 이 곡선에 대한 극에서의 접선은 $\theta = \dfrac{\pi}{2}$이다. 따라서 다음 결론을 내릴 수 있다.

극방정식 (3)으로 표시되는 곡선이 극을 지나는 경우 (3)에서 $r=0$으로 놓았을 때 방정식 $f(0, \theta)=0$의 근이 $\theta_1, \theta_2, \theta_3, \cdots$이면

$$\theta = \theta_1, \theta = \theta_2, \theta = \theta_3, \cdots$$

은 곡선 (3)에 대한 극에서 접선의 방정식이다.

예제 11.3.4 $r = 4\sin 3\theta$에 대하여 다음 물음에 답하라.

(1) $\theta = \dfrac{\pi}{6}$와 $\theta = \dfrac{\pi}{4}$에서 접선의 기울기를 구하라.

(2) 극에서 접선의 방정식을 구하라.

(3) 방정식의 그래프를 그리라.

(4) 방정식의 그래프에서 한 잎의 내부 넓이를 구하라.

[풀이] (1) $m = \dfrac{f(\theta)\cos\theta + f'(\theta)\sin\theta}{-f(\theta)\sin\theta + f'(\theta)\cos\theta} = \dfrac{4\sin 3\theta\cos\theta + 12\cos 3\theta\sin\theta}{-4\sin 3\theta\sin\theta + 12\cos 3\theta\cos\theta}$

이므로 $\theta = \dfrac{\pi}{6}$일 때

$$m = \frac{4 \cdot 1 \cdot \dfrac{\sqrt{3}}{2} + 12 \cdot 0 \cdot \dfrac{1}{2}}{-4 \cdot 1 \cdot \dfrac{1}{2} + 12 \cdot 0 \cdot \dfrac{\sqrt{3}}{2}} = -\sqrt{3}$$

또한 $\theta = \dfrac{\pi}{4}$일 때

$$m = \frac{4 \cdot \dfrac{\sqrt{2}}{2} \cdot \dfrac{\sqrt{2}}{2} - 12 \cdot \dfrac{\sqrt{2}}{2} \cdot \dfrac{\sqrt{2}}{2}}{-4 \cdot \dfrac{\sqrt{2}}{2} \cdot \dfrac{\sqrt{2}}{2} - 12 \cdot \dfrac{\sqrt{2}}{2} \cdot \dfrac{\sqrt{2}}{2}} = \frac{2-6}{-2-6} = \frac{1}{2}$$

(2) $f(\theta) = 4\sin 3\theta = 0$으로 놓으면

$$\theta = \frac{1}{3}n\pi\,;\, n = 0,\, 1,\, 2,\, 3,\, 4,\, 5$$

따라서 구하는 접선의 방정식은 다음과 같다.

$$\theta = 0,\ \theta = \frac{1}{3}\pi,\ \theta = \frac{2}{3}\pi,\ \theta = \pi,\ \theta = \frac{4}{3}\pi,\ \theta = \frac{5}{3}\pi$$

(3) 이 방정식에 θ 대신 $\pi - \theta$를 대입하면

$$\begin{aligned} \sin 3(\pi - \theta) &= \sin(3\pi - 3\theta) \\ &= \sin 3\pi \cos 3\theta - \cos 3\pi \sin 3\theta = \sin 3\theta \end{aligned}$$

이므로 방정식이 변하지 않는다. 따라서 이 방정식의 그래프는 직선 $\theta = \dfrac{1}{2}\pi$에 대칭이다. 표에 따라 그래프를 그리면 그림 11.29와 같다.

θ	r
0	0
$\dfrac{\pi}{12}$	2.8
$\dfrac{\pi}{6}$	4
$\dfrac{\pi}{4}$	2.8
$\dfrac{\pi}{3}$	0
$\dfrac{5\pi}{12}$	−2.8
$\dfrac{\pi}{2}$	−4

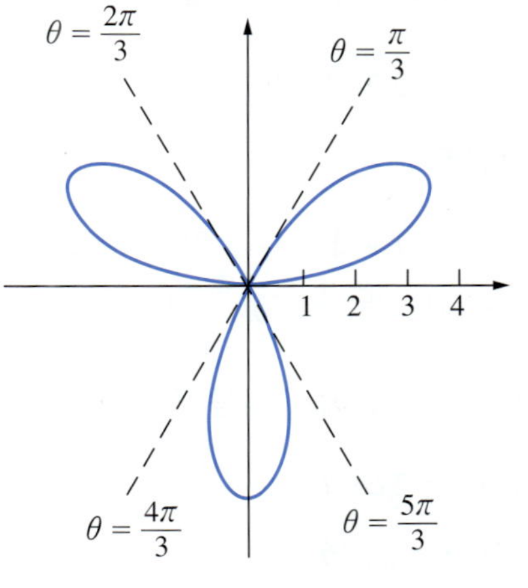

[그림 11.29]

(4)

$$\begin{aligned} A &= \frac{1}{2}\int_0^{\pi/3}(4\sin 3\theta)^2\,d\theta = 8\int_0^{\pi/3}\sin^2 3\theta\,d\theta \\ &= 4\int_0^{\pi/3}(1-\cos 6\theta)\,d\theta = 4\int_0^{\pi/3}d\theta - \frac{4}{6}\int_0^{\pi/3}\cos 6\theta\cdot 6\,d\theta \\ &= \left[4\theta - \frac{2}{3}\sin 6\theta\right]_0^{\pi/3} = \frac{4}{3}\pi \end{aligned}$$

■

연습문제 11.3

1. 다음 극방정식의 그래프를 그리고 곡선으로 둘러싸인 영역의 넓이를 구하라.

(1) $r = a,\ a > 0$　　(2) $r = 3 + \cos\theta$

(3) $r = 4 - 4\cos\theta$　　(4) $r = a(1 + \sin\theta),\ a > 0$

(5) $r^2 = 4\sin 2\theta$

2. $r = 2 - 4\cos\theta$의 그래프를 그리고 작은 고리 내부의 넓이를 구하라.

3. $r = 2 - 4\sin\theta$의 그래프를 그리고 큰 고리와 작은 고리 사이 영역의 넓이를 구하라.

4. 3잎 장미선 $r = 4\cos 3\theta$의 그래프를 그리고 내부의 넓이를 구하라.

5. 두 원 $r = 7$, $r = 10$으로 둘러싸인 영역의 넓이를 구하라.

6. 원 $r = 2$의 외부와 8자형 $r^2 = 8\cos 2\theta$의 내부의 공통부분을 그리고 영역의 넓이를 구하라.

7. 심장형 $r = 3 + 3\cos\theta$의 내부와 심장형 $r = 3 + 3\sin\theta$의 외부와의 공통부분으로 1사분면에 있는 부분을 그리고 넓이를 구하라.

8. $\theta = \frac{\pi}{3}$인 점에서 다음 곡선에 대한 접선의 기울기를 구하라.

(1) $r = 2\cos\theta$　　(2) $r = 1 + \sin\theta$

(3) $r = \sin 2\theta$　　(4) $r = 4 - 3\cos\theta$

9. 곡선 $r = 1 - 2\sin\theta$에 대한 접선이 극좌표축과 평행인 모든 접점을 구하라.

연습문제 Chapter 11

1. 주어진 극좌표 (r, θ)를 그래프로 나타내고, 이 점의 직교좌표를 구하라.

(1) $(-2,\ \pi)$　　(2) $(3,\ -\pi)$

2. 주어진 직교좌표의 극좌표를 구하라.

(1) $(2,\ -2)$　　(2) $(0,\ 3)$

(3) $(2,\ -1)$　　(4) $\left(-2, -\sqrt{5}\right)$

3. 주어진 극좌표의 직교좌표를 구하라.

(1) $\left(2, -\frac{\pi}{3}\right)$　　(2) $(0, 3)$

(3) $\left(3, \frac{\pi}{8}\right)$　　(4) $(-3,\ 1)$

4. 주어진 극방정식의 그래프를 그리고 대응되는 직교방정식을 구하라.

(1) $r = 4$　　(2) $\theta = \frac{\pi}{6}$

(3) $r = \cos\theta$　　(4) $r = 3\sin\theta$

5. 주어진 극방정식의 그래프를 그리고 $r = 0$이 되는 모든 θ값과 그래프를 한 번 그리는 데 필요한 θ의 범위를 구하라.

(1) $r = \cos 2\theta$　　(2) $r = \sin 3\theta$

(3) $r = 3 + 2\sin\theta$　　(4) $r = 2 - 4\sin\theta$

(5) $r = 2 + 2\sin\theta$　　(6) $r = \cos\theta + \sin\theta$

(7) $r = \frac{2}{1 + \sin\theta}$　　(8) $r = \frac{2}{1 + \cos\theta}$

6. 주어진 직교방정식에 대응되는 극방정식을 구하라.

(1) $y^2 - x^2 = 4$　　(2) $x^2 + y^2 = 16$

(3) $y = 3$

7. 두 곡선의 교점을 모두 구하라.

$$r = 1 + \sin\theta, \quad r = 1 + \cos\theta$$

8. 주어진 영역의 넓이를 구하라.

(1) $r = \cos 3\theta$의 한 잎

(2) $r = 3 - 4\sin\theta$의 안쪽 고리 내부

(3) $r = 2\cos\theta$의 내부

(4) $r = 1 + 2\sin 2\theta$의 작은 고리 내부

(5) $r = 2 + 3\sin 3\theta$의 안쪽 고리 내부

(6) $r = 3 + 2\sin\theta$의 내부와 $r = 2$의 외부의 공통 영역

(7) $r = 2$의 내부와 $r = 1 + 2\sin\theta$의 외부의 공통 영역

(8) $r = 1 + \cos\theta$의 내부와 $r = 1$의 내부의 공통 영역

9. 주어진 θ에서 곡선에 대한 접선의 기울기를 구하라.

(1) $r = \sin 3\theta,\ \theta = \frac{\pi}{3}$

(2) $r = \cos 2\theta,\ \theta = 0$

(3) $r = 3\sin\theta,\ \theta = 0$

(4) $r = \sin 4\theta,\ \theta = \frac{\pi}{4}$

(5) $r = \cos 3\theta,\ \theta = \frac{\pi}{6}$

10. $|r|$이 최댓값을 갖는 점을 모두 구하고 그 점에서의 접선은 그 점과 원점을 이은 선분에 수직임을 보이라.

(1) $r = \sin 3\theta$

(2) $r = 2 - 4\sin 2\theta$

12 CHAPTER
행렬과 벡터

12.1 •• 행렬과 행렬식

행렬은 선형적인 현상의 모델링에 필수적인 도구이다. 여기서는 이 장에서 다룰 벡터해석에 필요한 행렬의 기본적인 개념만 소개한다.

행렬

수 또는 함수를 직사각형 모양으로 배열한 것을 **행렬**(matrix)이라 하고, 행렬을 구성하는 수(또는 함수)를 행렬의 **성분**(entry)이라 한다. 행렬에서 가로줄을 행(row), 세로줄을 열(column)이라 한다. m개의 행과 n개의 열을 가진 행렬을 $m \times n$행렬이라 하고, $m \times n$을 그 행렬의 **크기**(size)라 한다. A가 $m \times n$행렬일 때, A의 i번째 행 j번째 열의 성분을 이중첨자를 붙여 a_{ij}와 같이 쓰고,

$$A = \begin{bmatrix} a_{11} & a_{12} & \cdots & a_{1n} \\ a_{21} & a_{22} & \cdots & a_{2n} \\ \vdots & \vdots & \vdots & \vdots \\ a_{m1} & a_{m2} & \cdots & a_{mn} \end{bmatrix} = [a_{ij}]_{m \times n}$$

로 나타낸다.

하나의 행으로만 구성된 행렬을 행벡터(row vector), 하나의 열로만 구성된 행렬을 열벡터(column vector)라 한다.

행의 개수와 열의 개수가 같은 행렬을 **정사각행렬**이라 한다. 행과 열의 개수가 각각 n개인 행렬 즉, $n \times n$행렬을 **n차 정사각행렬**이라 한다. 정사각행렬 $A = [a_{ij}]$에서 a_{11}, a_{22},

$a_{33}, \cdots$를 A의 **대각선**(diagonal)이라 한다. 대각선 성분을 제외한 모든 성분이 0인 정사각 행렬을 **대각행렬**(diagonal matrix), 대각선 성분이 모두 같은 대각행렬을 **상수행렬**(constant matrix), 대각선 성분이 모두 1인 상수행렬을 **단위행렬**(identity matrix)이라 하고 I(n차 단위행렬은 I_n)로 나타낸다. 성분이 모두 0인 행렬을 **영행렬**이라 하고 O로 나타낸다. 행렬 $A=[a_{ij}]$에 대하여 $-A=[-a_{ij}]$로 정의한다.

두 행렬 $A=[a_{ij}]$, $B=[b_{ij}]$가 같은 크기의 행렬이고 모든 i, j에 대하여 $a_{ij}=b_{ij}$이면 $A=B$로 나타낸다.

행렬의 연산

두 행렬 $A=[a_{ij}]$와 $B=[b_{ij}]$가 같은 크기의 행렬일 때, A와 B의 **합**(sum) $A+B$는

$$A+B=[\,a_{ij}+b_{ij}\,]$$

로 정의하고, 실수 k와 행렬 $A=[a_{ij}]$에 대하여 **스칼라곱**(scalar multiple) kA는

$$kA=[\,ka_{ij}\,]$$

로 정의한다.

예제 12.1.1 $A=\begin{bmatrix} 0 & 2 & 5 \\ -2 & 1 & -3 \end{bmatrix}$, $B=\begin{bmatrix} -3 & 1 & -2 \\ 2 & 0 & 4 \end{bmatrix}$, $C=\begin{bmatrix} -3 & 1 \\ 1 & 0 \\ -2 & 3 \end{bmatrix}$에 대하여 $A+B$, $-A$, $3B$를 각각 구하라.

[풀이]

$$A+B=\begin{bmatrix} -3 & 3 & 3 \\ 0 & 1 & 1 \end{bmatrix},\ -A=\begin{bmatrix} 0 & -2 & -5 \\ 2 & -1 & 3 \end{bmatrix},\ 3B=\begin{bmatrix} -9 & 3 & -6 \\ 6 & 0 & 12 \end{bmatrix}$$

위에 예제에서 $A+C$와 $B+C$는 계산할 수 없다. ■

같은 크기를 갖는 행렬들의 집합에서 합과 스칼라곱에 대하여 몇 가지 법칙이 있다.

○ 정리 12.1.1

행렬 A, B, C가 같은 크기의 행렬이고 α, β가 실수이면 다음이 성립한다.

(1) $A+(B+C)=(A+B)+C$　　(2) $A+B=B+A$

(3) $A+O=O+A=A$　　(4) $A+(-A)=(-A)+A=O$

(5) $\alpha(A+B)=\alpha A+\alpha B$　　(6) $(\alpha+\beta)A=\alpha A+\beta A$

(7) $(\alpha\beta)A=\alpha(\beta A)$　　(8) $1A=A$

$m\times p$행렬 $A=[a_{ik}]$와 $p\times n$행렬 $B=[b_{kj}]$에 대하여 A와 B의 **곱**(product) $AB=[c_{ij}]$는 $m\times n$행렬로서,

$$c_{ij}=a_{i1}b_{1j}+a_{i2}b_{2j}+\cdots+a_{ip}b_{pj}=\sum_{k=1}^{p}a_{ik}b_{kj}\quad(1\le i\le m;1\le j\le n)$$

로 정의한다. 즉,

$$AB=\begin{bmatrix}a_{11} & a_{12}\ldots a_{1p}\\ \vdots & \vdots \quad\; \vdots\\ a_{i1} & a_{i2}\ldots a_{ip}\\ \vdots & \vdots \quad\; \vdots\\ a_{m1} & a_{m2}\ldots a_{mp}\end{bmatrix}\begin{bmatrix}b_{11}\cdots b_{1j}\ldots b_{1n}\\ b_{21}\cdots b_{2j}\ldots b_{2n}\\ \vdots \quad \vdots \quad \vdots\\ b_{p1}\cdots b_{pj}\ldots b_{pn}\end{bmatrix}=\left[\sum_{k=1}^{p}a_{ik}b_{kj}\right]_{m\times n}$$

이다.

예제 12.1.2 두 행렬 $A=\begin{bmatrix}4 & 2 & 1\\ 3 & 1 & -3\end{bmatrix}$, $B=\begin{bmatrix}-3 & 1 & -2 & 2\\ 1 & 5 & 4 & 1\\ 3 & 1 & -1 & -4\end{bmatrix}$에 대하여 AB를 구하라.

[풀이] $AB=[c_{ij}]$라 하면,

$$c_{11}=4(-3)+2(1)+1(3)=-7,\ c_{12}=4(1)+2(5)+1(1)=15,$$
$$\cdots,\ c_{24}=3(2)+1(1)+(-3)(-4)=19$$

이므로

$$AB=\begin{bmatrix}7 & 15 & -1 & 6\\ -17 & 5 & 1 & 19\end{bmatrix}$$ ■

위의 예제에서 BA는 계산할 수 없다.

행렬의 곱에 대하여 성립하는 몇 가지 법칙이 있다.

○ 정리 12.1.2

행렬 A, B, C가 합 또는 곱이 가능한 크기의 행렬이면 다음이 성립한다.

(1) $A(BC)=(AB)C$　　(2) $A(B+C)=AB+AC$

(3) $(A+B)C=AC+BC$　　(4) $\alpha(AB)=(\alpha A)B=A(\alpha B)\ (\alpha\in\mathbb{R})$

행렬식

정사각행렬 A의 **행렬식**(determinant)은 $|A|$ 또는 $\det A$로 나타내는데 그 계산식은 다음과 같다. 먼저 2차 정사각행렬 $A = \begin{bmatrix} a & b \\ c & d \end{bmatrix}$의 행렬식(determinent) $|A|$는

$$|A| = ad - bc$$

로 계산하고, 3차 이상 정사각행렬 A의 행렬식 $|A|$는 귀납적으로 계산한다. n이 3 이상의 자연수일 때, n차 정사각행렬

$$A = \begin{bmatrix} a_{11} & a_{12} \cdots a_{1n} \\ a_{21} & a_{22} \cdots a_{2n} \\ \vdots & \vdots \quad \vdots \quad \vdots \\ a_{n1} & a_{n2} \cdots a_{nn} \end{bmatrix}$$

에 대하여, A의 i행과 j열을 소거한 $(n-1)$차 정사각행렬을 M_{ij}로 나타내자. 임의의 $i(1 \le i \le n)$에 대하여 실수

$$\sum_{j=1}^{n} (-1)^{i+j} a_{ij} \left| M_{ij} \right|$$

는 일정하다. 그 일정한 값이 A의 행렬식 $|A|$이다. 따라서 3차 정사각행렬

$$A = \begin{bmatrix} a_{11} & a_{12} & a_{13} \\ a_{21} & a_{22} & a_{23} \\ a_{31} & a_{32} & a_{33} \end{bmatrix}$$

의 행렬식은

$$\begin{aligned} |A| &= a_{11} \begin{vmatrix} a_{22} & a_{23} \\ a_{32} & a_{33} \end{vmatrix} - a_{12} \begin{vmatrix} a_{21} & a_{23} \\ a_{31} & a_{33} \end{vmatrix} + a_{13} \begin{vmatrix} a_{21} & a_{22} \\ a_{31} & a_{32} \end{vmatrix} \\ &= a_{11}(a_{22}a_{33} - a_{23}a_{32}) - a_{12}(a_{21}a_{33} - a_{23}a_{31}) + a_{13}(a_{21}a_{32} - a_{22}a_{31}) \\ &= a_{11}a_{22}a_{33} + a_{12}a_{23}a_{31} + a_{13}a_{21}a_{32} - (a_{13}a_{22}a_{31} + a_{12}a_{21}a_{33} + a_{11}a_{23}a_{32}) \end{aligned}$$

이다.

예제 12.1.3 두 행렬 $A = \begin{bmatrix} 1 & -2 \\ 3 & 4 \end{bmatrix}$, $B = \begin{bmatrix} 3 & 6 & 9 \\ 2 & 5 & -8 \\ 1 & -4 & 7 \end{bmatrix}$의 행렬식을 각각 구하라.

[풀이] $|A| = \begin{vmatrix} 1 & -2 \\ 3 & 4 \end{vmatrix} = 1(4) - (-2)3 = 10$

$$\begin{aligned} |B| &= \begin{vmatrix} 3 & 6 & 9 \\ 2 & 5 & -8 \\ 1 & -4 & 7 \end{vmatrix} = 3\begin{vmatrix} 5 & -8 \\ -4 & 7 \end{vmatrix} - 6\begin{vmatrix} 2 & -8 \\ 1 & 7 \end{vmatrix} + 9\begin{vmatrix} 2 & 5 \\ 1 & -4 \end{vmatrix} \\ &= 3(35-32) - 6(14+8) + 9(-8-5) = -240 \end{aligned}$$

■

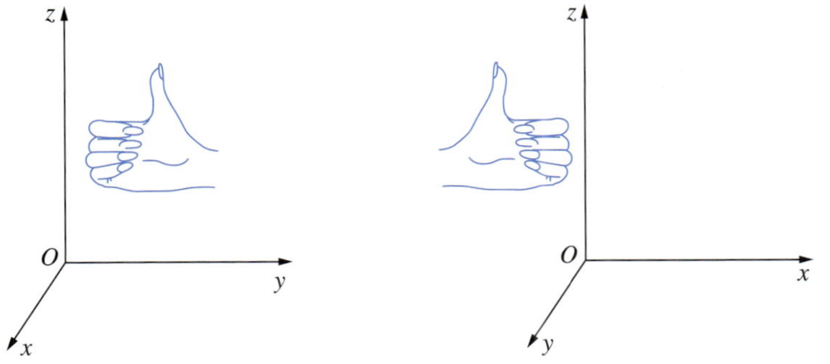

(a) 오른손좌표계 (b) 왼손좌표계

[그림 12.1]

12.2 공간좌표

공간에 있는 한 점의 위치는 세 개의 서로 수직인 평면으로부터 약속된 방향으로의 거리에 의하여 결정된다. 이 거리의 순서쌍을 직교좌표, 세 평면을 좌표평면, 평면들이 만나는 선을 좌표축, 좌표축들이 만나는 점을 원점이라 한다.

이와 같이 정의한 축들을 x축, y축, z축이라 하며 원점의 한쪽을 양, 그 반대쪽을 음으로 정한다. 좌표축의 양의 방향은 **오른손좌표계**(right handed system)(그림 12.1(a))에 따라 그들의 순서가 정하여진다. 즉, Oz를 향하고 있는 우회전 나사못을 Ox에서 Oy로 돌리면 Oz 방향으로 전진하는데 그림과 같이 오른손의 엄지손가락이 z축의 양의 방향을 가리킨다. 한편 그림 12.1(b)에서 보는 바와 같이 **왼손좌표계**(left handed system)도 생각할 수 있다.

세 개의 평면, 즉 yz평면, xz평면, xy평면은 공간을 8개의 부분공간으로 나눈다. 좌표가 모두 양인 공간영역을 **제1팔분공간**(first octant)이라고 한다(그림 12.2). 또한 공간의 한 점 P를 (x, y, z)로 나타낼 때 그 좌표 x, y, z는 각각 P에서 yz평면, zx평면, xy평면까지의 거리를 나타낸다(그림 12.3, 12.4, 12.5).

그림 12.4 및 12.5에 있는 점 P와 Q의 좌표는 각각 $(2, -3, 4)$와 $(-3, 2, -5)$이다.

두 점 사이의 거리

두 점 $P_1(x_1, y_1, z_1)$과 $P_2(x_2, y_2, z_2)$ 사이의 거리를 구하기 위하여 P_1과 P_2에서 좌표

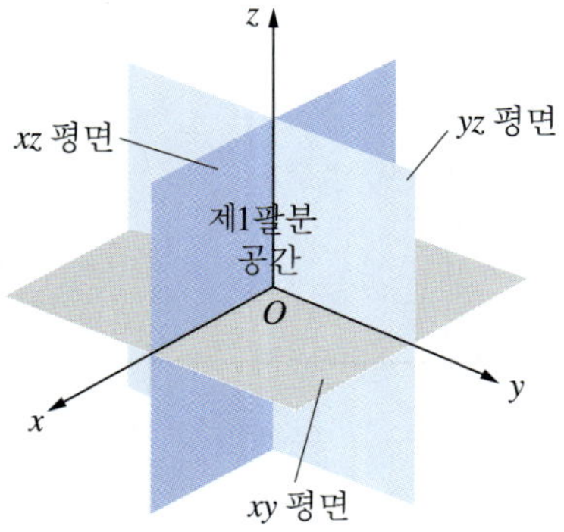

[그림 12.2]

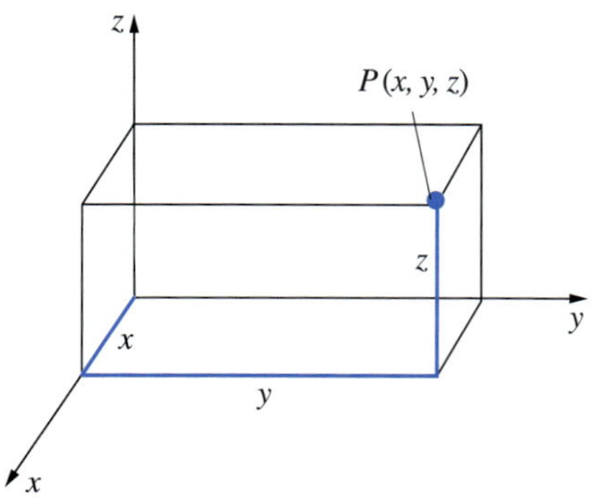

[그림 12.3]

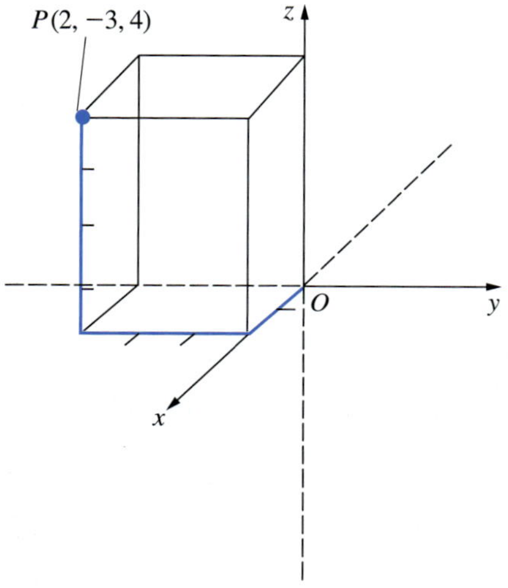

[그림 12.4]

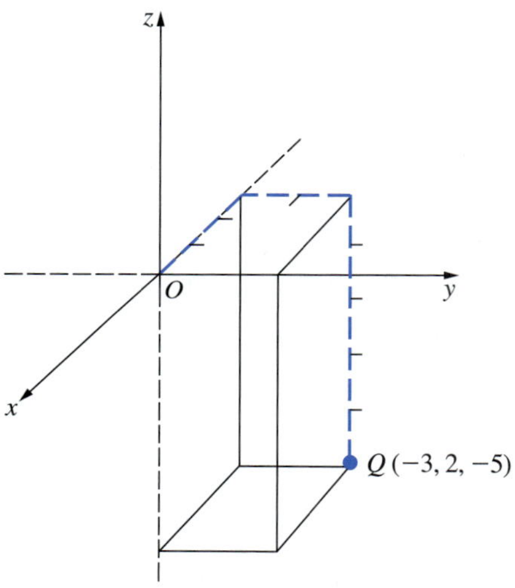

[그림 12.5]

평면에 평행한 평면을 그린다. 이 평면들은 그림 12.6과 같이 직육면체를 이룬다.

$\triangle P_1RQ$와 $\triangle P_1QP_2$는 직각삼각형이므로 Pythagoras 정리에 의해

$$\overline{P_1P_2}^2 = \overline{P_1Q}^2 + \overline{QP_2}^2$$
$$\overline{P_1Q}^2 = \overline{P_1R}^2 + \overline{RQ}^2$$

이므로

$$\begin{aligned}\overline{P_1P_2}^2 &= \overline{P_1R}^2 + \overline{RQ}^2 + \overline{QP_2}^2 \\ &= (x_2 - x_1)^2 + (y_2 - y_1)^2 + (z_2 - z_1)^2\end{aligned}$$

이다. 공간의 두 점 사이의 거리는 다음과 같다.

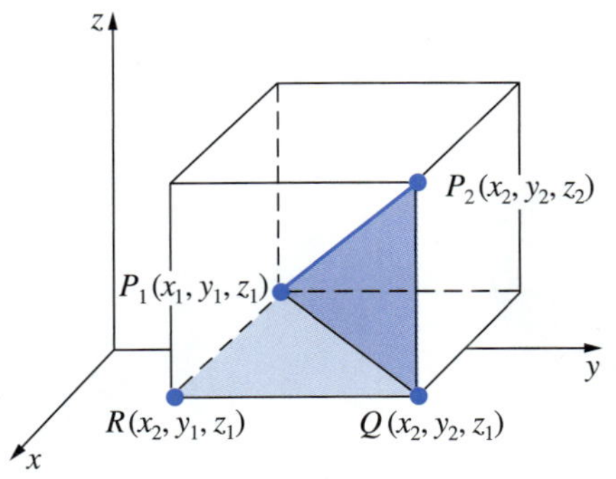

[그림 12.6]

$$\overline{P_1P_2} = \sqrt{(x_2 - x_1)^2 + (y_2 - y_1)^2 + (z_2 - z_1)^2}$$

예제 12.2.1 두 점 $P(2, -3, 4)$와 $Q(-3, 2, -5)$ 사이의 거리를 구하라.

[풀이]

$$\begin{aligned}\overline{PQ} &= \sqrt{(-3-2)^2 + (2+3)^2 + (-5-4)^2} \\ &= \sqrt{131}\end{aligned}$$

■

구의 방정식

고정점(중심)으로부터 일정한 거리(반지름)에 있는 모든 점들의 집합을 구(sphere)라 한다. 중심이 (x_0, y_0, z_0)이고 반지름이 r인 구 위의 점을 (x, y, z)라고 하면 다음 관계식이 성립된다(그림 12.7).

$$(x - x_0)^2 + (y - y_0)^2 + (z - z_0)^2 = r^2$$

위 식을 **구의 방정식**이라 한다. 구의 방정식은

$$x^2 + y^2 + z^2 + ax + by + cz + d = 0$$

와 같이 나타내어진다.

예제 12.2.2 다음 구의 방정식의 중심과 반지름을 구하고 그래프를 그리라.

$$x^2 + y^2 + z^2 - 10x - 8y - 12z + 68 = 0$$

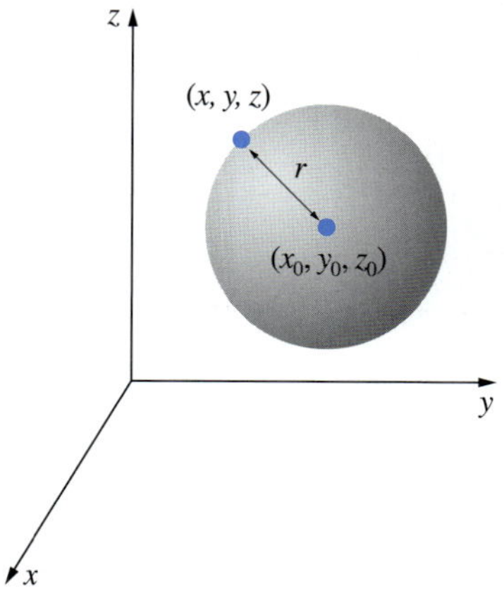

[그림 12.7]

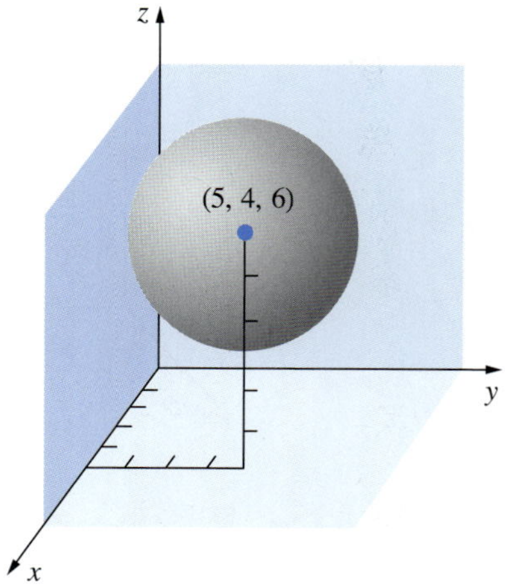

[그림 12.8]

[풀이]

$$x^2 - 10x + y^2 - 8y + z^2 - 12z = -68$$
$$(x^2 - 10x + 25) + (y^2 - 8y + 16) + (z^2 - 12z + 36) = -68 + 25 + 16 + 36$$
$$(x-5)^2 + (y-4)^2 + (z-6)^2 = 9$$

따라서 중심이 $(5, 4, 6)$이고 반지름이 3인 구이다(그림 12.8). ■

두 점 $P_1(x_1, y_1, z_1)$과 $P_2(x_2, y_2, z_2)$를 끝점으로 하는 선분의 중점 $M(m_1, m_2, m_3)$의 좌표는 다음과 같다.

$$m_1 = \frac{x_1 + x_2}{2}, \quad m_2 = \frac{y_1 + y_2}{2}, \quad m_3 = \frac{z_1 + z_2}{2}$$

예제 12.2.3 두 점 $(-1, 2, 3)$과 $(5, -2, 7)$을 잇는 선분을 지름으로 하는 구의 방정식을 구하라.

[풀이] 구하고자 하는 구의 중심은 선분의 중점인 $(2, 0, 5)$이다. 그리고 반지름을 r이라 하면

$$r^2 = (5-2)^2 + (-2-0)^2 + (7-5)^2 = 17$$

이므로 구의 방정식은 다음과 같다.

$$(x-2)^2 + y^2 + (z-5)^2 = 17$$ ■

공간에서의 그래프

예제 12.2.4 방정식 $3x + 4y + 2z = 12$의 그래프를 그리라.

[**풀이**] 그리고자 하는 평면과 x축, y축, z축이 만나는 점은 각각 $(4, 0, 0)$, $(0, 3, 0)$, $(0, 0, 6)$이다. 평면과 좌표평면이 만나는 직선을 절편이라고 한다. 세 개의 절편을 연결해서 이 평면을 1팔분공간에 나타내면 그림 12.9와 같다. 따라서 그리고자 하는 평면은 이 삼각형을 포함하는 평면이다. ■

예제 12.2.5 방정식 $2x + 3y = 6$의 그래프를 그리라.

[**풀이**] 그리려는 평면과 x축, y축이 만나는 점은 각각 $(3, 0, 0)$, $(0, 2, 0)$이다. xy평면상의 절편을 그리면 그림 12.10과 같다. 그러나 평면의 방정식으로부터 x와 y가 동시에 0이 될 수 없음을 알 수 있다. 따라서, 평면은 z축과 만나지 않는다. 즉, 평면은 xy평면상의 절편을 지나며 z축과 평행한 평면이다(그림 12.10). ■

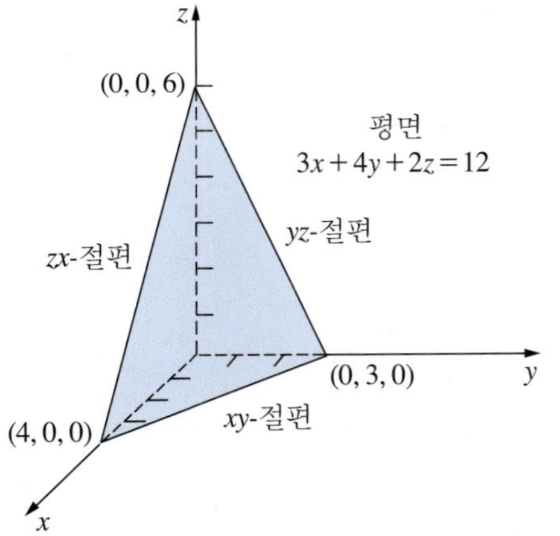

[그림 12.9]

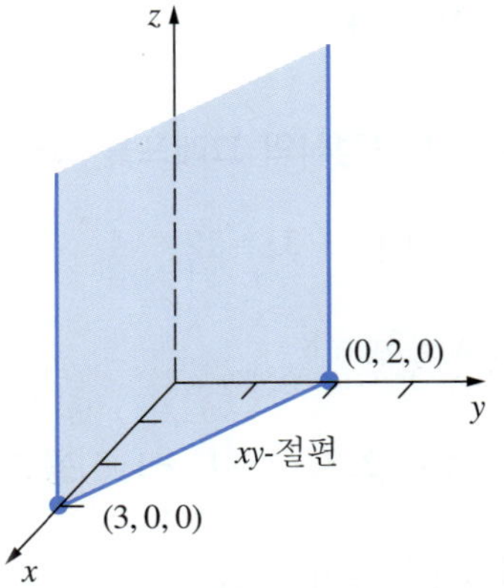

[그림 12.10]

연습문제 12.2

1. 다음과 같은 좌표를 갖는 점을 공간에 나타내라.

$(3, 2, 4)$, $(2, 0, 3)$, $(-3, 4, 5)$, $(0, 4, 0)$, $(-2, -6, -1)$

2. xz평면 위의 모든 점들의 특징은 무엇이며, y축 위의 모든 점들의 특징은 무엇인가?

3. 다음 두 점 사이의 거리를 구하라.

(1) $(6, -2, 0)$, $(2, 3, 7)$ (2) $(-1, 3, 2)$, $(4, 0, -5)$

(3) $(\sqrt{2}, 0, \sqrt{3})$, $(0, 2, 0)$

4. 세 점 $(1, 0, 5)$, $(3, 6, 8)$, $(7, 4, -7)$은 직각삼각형의 꼭짓점임을 밝히라.

5. 직육면체의 각 면이 좌표평면과 평행하고 주대각선의 끝점이 각각 $(2, 3, 4)$, $(5, -2, 0)$일 때 그 직육면체를 그리고 꼭짓점 8개의 좌표를 구하라.

6. 다음과 같이 중심과 반지름이 주어졌을 때 구의 방정식을 구하라.

(1) $(3, 1, 4)$; 5 (2) $(-6, 2, -3)$; 2 (3) $(-1, 0, 4)$; $\sqrt{6}$

7. 다음 구의 중심과 반지름을 구하라.

(1) $x^2 + y^2 + z^2 - 12x + 14y - 8z + 1 = 0$

(2) $4x^2 + 4y^2 + 4z^2 - 4x + 8y + 16z - 13 = 0$

8. 주어진 방정식의 그래프를 그리라.

(1) $2x + 6y + 3z = 12$ (2) $x + 3y - z = 6$

(3) $x + 3y = 8$ (4) $x^2 + y^2 + z^2 = 9$

9. 두 점 $(-2, 3, 6)$, $(4, -1, 5)$를 잇는 선분을 지름으로 하는 구의 방정식을 구하라.

10. 세 좌표평면에 접하고 반지름이 6이고 중심이 1팔분공간에 있는 구의 방정식을 구하라.

12.3 벡터

물리학이나 기하학에서는 크기만으로 결정되는 양들이 많이 있다. 가령 물체의 질량, 전자의 전하, 원의 지름, 삼각형의 넓이, 입체의 부피 등이 그 예이다. 이와 같은 양은 하나의 수로서 표시되는데 이를 **스칼라**(scalar)라 한다. 그러나 하나의 수만으로서는 나타낼 수 없는 또 다른 물리학적 및 기하학적인 양도 있다. 이 양을 완전히 규정하려면 크기뿐만 아니라 방향에 대한 고려도 필요하다. 예를 들면 역학의 힘은 이와 같은 유형의 양이다. 이미 알고 있는 사실이지만 기하학적으로 힘은 **유향선분**(directed line segment)으로 나타낼 수 있다. 방향을 갖는 선분을 유향선분이라 하는데, 선분의 두 끝 점을 각각 시점과 종점으로 지정하여 방향을 정의한다.

평면 또는 공간에서 점 A를 시점으로, 점 B를 종점으로 갖는 유향선분을 $\overrightarrow{AB}$로 표시한다.

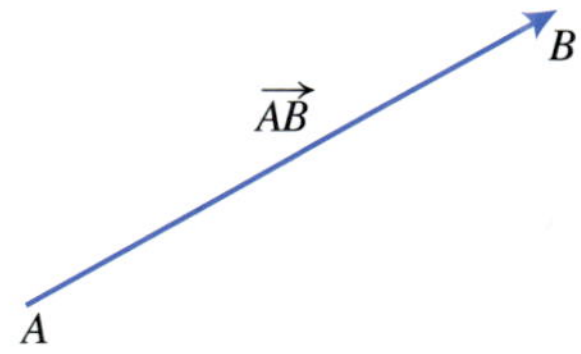

[그림 12.11]

두 유향선분 $\overrightarrow{AB}$와 $\overrightarrow{A'B'}$가 있을 때 평행이동에 의하여 시점과 종점이 각각 일치될 수 있으면 이 두 유향선분은 **동치**라고 한다.

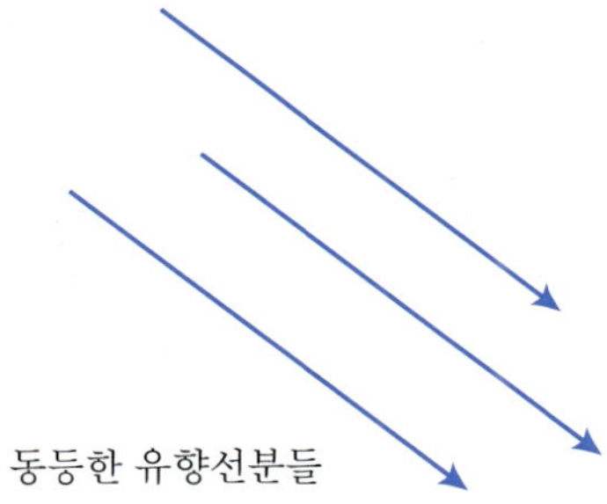

[그림 12.12]

벡터의 정의

유향선분을 **벡터**라 한다. 유향선분의 방향을 벡터의 **방향**이라 하고, 그 길이를 벡터의 **크기**라 한다. $\mathbf{u}$가 벡터일 때 $\mathbf{u}$의 크기를 $|\mathbf{u}|$로 표시한다.

벡터 $\mathbf{u} = \overrightarrow{AB}$와 $\mathbf{v} = \overrightarrow{A'B'}$에 대해서 $\overrightarrow{AB}$와 $\overrightarrow{A'B'}$이 동치일 때 $\mathbf{u}$와 $\mathbf{v}$는 **같은 벡터**라 하고 $\mathbf{u} = \mathbf{v}$로 표시한다.

시점과 종점이 같은 유향선분은 **영벡터**라 하고 $\mathbf{0}$으로

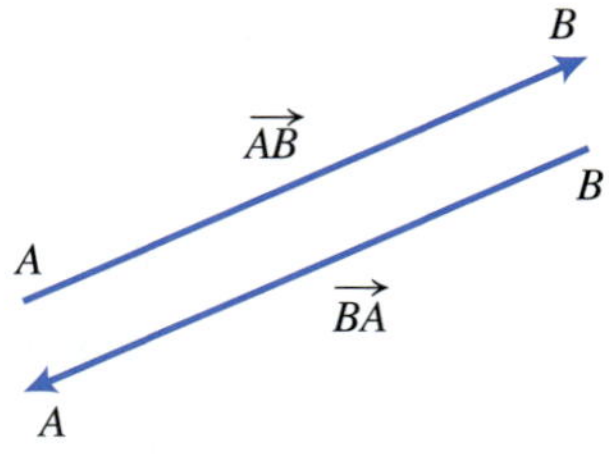

[그림 12.13]

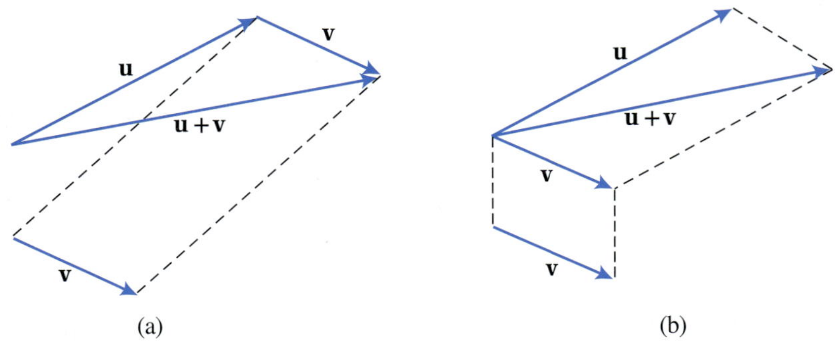

[그림 12.14]

표시한다. 분명히 영벡터의 크기는 0이다. $\mathbf{u} = \overrightarrow{AB}$일 때 $\overrightarrow{BA}$는 $-\mathbf{u}$로 표시한다.

벡터의 합

두 벡터 $\mathbf{u}$와 $\mathbf{v}$가 주어졌을 경우, $\mathbf{u}$의 종점을 $\mathbf{v}$의 시점으로 택하자. 그러면 $\mathbf{u}$와 $\mathbf{v}$의 합은 $\mathbf{u}$의 시점에서 $\mathbf{v}$의 종점에 이르는 벡터로 정의하고 이를 $\mathbf{u}+\mathbf{v}$로 표시한다(그림 12.14(a)). 두 벡터 $\mathbf{u}$, $\mathbf{v}$를 평행사변형의 이웃인 두 변으로 하면 $\mathbf{u}+\mathbf{v}$는 그 대각선 벡터이다(그림 12.14(b)).

$\mathbf{u}-\mathbf{v}$는 $\mathbf{u}+(-\mathbf{v})$이다.

벡터의 스칼라 곱

임의의 벡터 $\mathbf{u}$와 실수 c에 대해서 벡터 $c\mathbf{u}$를 다음과 같이 정의한다.

크기 : $c\mathbf{u}$의 크기는 $|c||\mathbf{u}|$이다.

방향 : $\mathbf{u} \neq \mathbf{0}$이고 $c > 0$이면 $c\mathbf{u}$는 $\mathbf{u}$와 같은 방향이다.

$\mathbf{u} \neq \mathbf{0}$이고 $c < 0$이면 $c\mathbf{u}$는 $\mathbf{u}$와 반대 방향이다.

$\mathbf{u} = \mathbf{0}$ 또는 $c = 0$이면 $c\mathbf{u} = \mathbf{0}$이다.

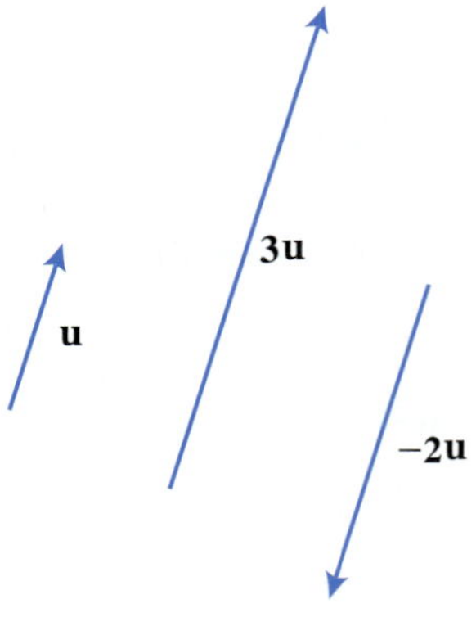

[그림 12.15]

특히 $(-1)\mathbf{u} = -\mathbf{u}$이다.

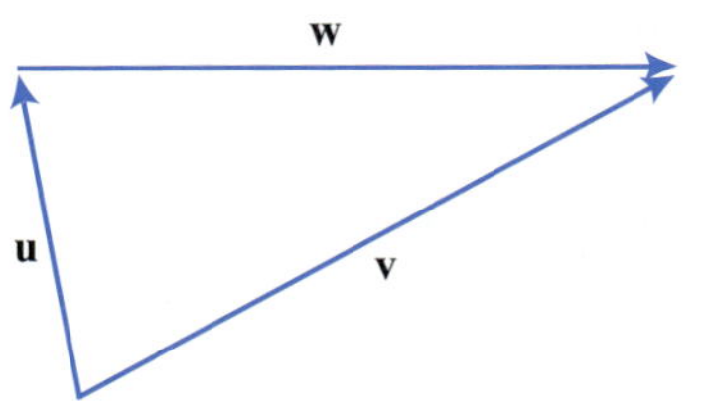

[그림 12.16]

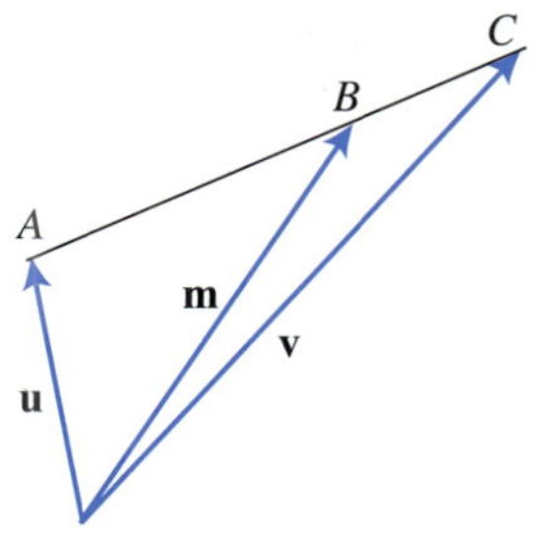

[그림 12.17]

예제 12.3.1 그림 12.16에서 벡터 $\mathbf{w}$를 벡터 $\mathbf{u}$와 $\mathbf{v}$로 나타내라.

[풀이] $\mathbf{u}+\mathbf{w}=\mathbf{v}$이므로

$$\mathbf{w}=\mathbf{v}-\mathbf{u}$$ ■

예제 12.3.2 그림 12.17에서 $\overrightarrow{AB}=\frac{2}{3}\overrightarrow{AC}$일 경우 벡터 $\mathbf{m}$을 벡터 $\mathbf{u}$와 $\mathbf{v}$로 나타내라.

[풀이]

$$\mathbf{m}=\mathbf{u}+\overrightarrow{AB}=\mathbf{u}+\frac{2}{3}\overrightarrow{AC}=\mathbf{u}+\frac{2}{3}(\mathbf{v}-\mathbf{u})=\frac{1}{3}\mathbf{u}+\frac{2}{3}\mathbf{v}$$ ■

벡터의 내적

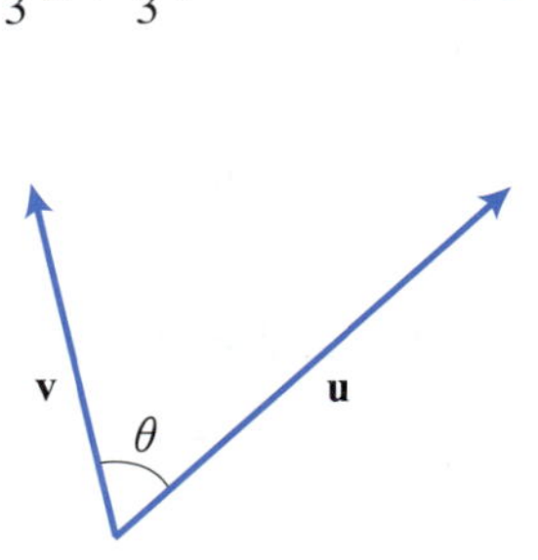

[그림 12.18]

두 벡터 $\mathbf{u}$, $\mathbf{v}$의 시점이 일치되었을 때 그 끼인각을 θ $(0\le\theta\le\pi)$라 하면 실수 $|\mathbf{u}||\mathbf{v}|\cos\theta$를 $\mathbf{u}$와 $\mathbf{v}$의 **내적**(inner product 또는 dot product)이라 하고 $\mathbf{u}\cdot\mathbf{v}$로 표시한다.

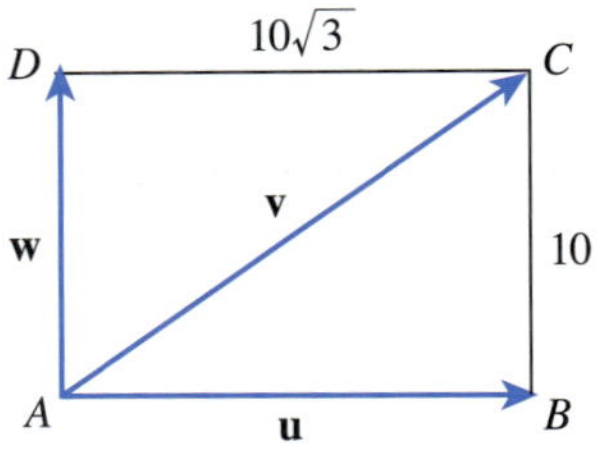

[그림 12.19]

예제 12.3.3 가로의 길이가 $10\sqrt{3}$이고 세로의 길이가 10인 직사각형 $ABCD$에서(그림 12.19) $\overrightarrow{AB}=\mathbf{u}$, $\overrightarrow{AC}=\mathbf{v}$, $\overrightarrow{AD}=\mathbf{w}$라 할 때 내적 $\mathbf{u}\cdot\mathbf{v}$, $\mathbf{u}\cdot\mathbf{w}$, 그리고 $\mathbf{v}\cdot\mathbf{w}$를 계산하라.

[풀이] $|\mathbf{u}|=10\sqrt{3}$, $|\mathbf{v}|=20$, $|\mathbf{w}|=10$, $\angle BAC=30°$, $\angle BAD=90°$, $\angle CAD=60°$이므로

$$\begin{aligned}\mathbf{u}\cdot\mathbf{v} &= |\mathbf{u}||\mathbf{v}|\cos 30^\circ \\ &= 10\sqrt{3}\times 20\times\frac{\sqrt{3}}{2} \\ &= 300 \\ \mathbf{u}\cdot\mathbf{w} &= |\mathbf{u}||\mathbf{w}|\cos 90^\circ \\ &= 0 \\ \mathbf{v}\cdot\mathbf{w} &= |\mathbf{v}||\mathbf{w}|\cos 60^\circ \\ &= 20\times 10\times\frac{1}{2} \\ &= 100\end{aligned}$$

■

연습문제 12.3

1. 벡터 $\mathbf{w}$를 그리라.

(1) $\mathbf{w}=\mathbf{u}+\frac{3}{2}\mathbf{v}$

(2) $\mathbf{w}=\mathbf{u}_1+\mathbf{u}_2+\mathbf{u}_3$

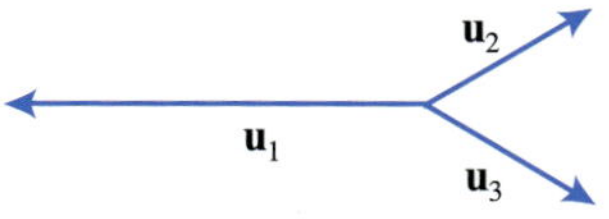

2. 다음 그림은 평행사변형이다. 벡터 $\mathbf{w}$를 벡터 $\mathbf{u}$와 $\mathbf{v}$로 나타내라.

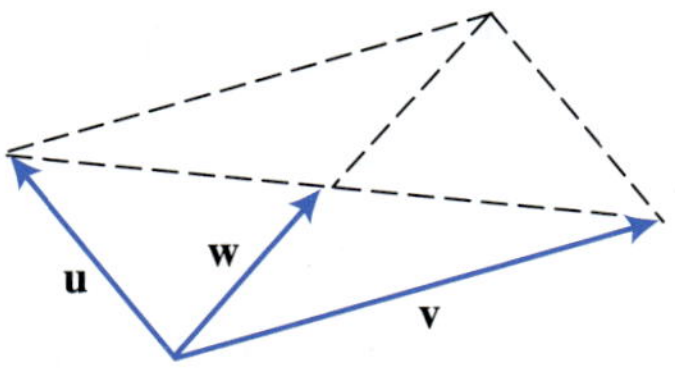

3. 다음 그림에서 $\mathbf{w}=-(\mathbf{u}+\mathbf{v})$, $|\mathbf{u}|=|\mathbf{v}|=1$일 경우 $|\mathbf{w}|$를 구하라.

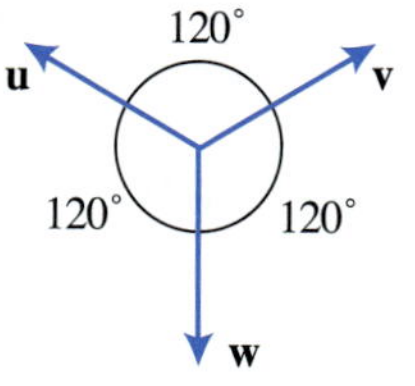

12.4 평면벡터

이 절에서 벡터를 좌표평면 위에서 다루기로 한다.

좌표평면 위의 점 A와 원점 O에 대하여 유향선분 $\overrightarrow{OA}$를 A의 **위치벡터**(position vector)라 한다.

벡터 $\mathbf{u}$가 좌표평면 위의 한 유향선분으로 주어지면, $\mathbf{u}$와 같은 위치벡터는 단 하나 존재한다. 즉, $\mathbf{u}=\overrightarrow{OP}$인 점 P가 유일하게 존재한다. 이때 점 P의 좌표를 **$\mathbf{u}$의 성분**(component)이라 한다. 따라서 좌표평면에서는 벡터와 점, 그리고 두 실수의 쌍은 동일한 것으로 간주한다. $\mathbf{u}=\overrightarrow{OP}$이고 P의 좌표가 (a, b)이면 $\mathbf{u}=(a, b)$로 표시한다.

평면벡터에 대한 내용을 성분으로 표현해보자.

벡터의 크기 : $\mathbf{u}=(u_1, u_2)$이면 $|\mathbf{u}|=\sqrt{u_1^2+u_2^2}$

같은 벡터 : 벡터 $\mathbf{u}=(u_1, u_2)$와 $\mathbf{v}=(v_1, v_2)$에 대해서 $\mathbf{u}=\mathbf{v}$이기 위한 필요충분조건은 $u_1=v_1,\ u_2=v_2$이다.

벡터의 연산

그림 12.20에 나타낸 바와 같이, 벡터의 합과 스칼라 곱의 정의, 그리고 닮음의 성질에 의하여 다음이 성립한다.

$\mathbf{u}+\mathbf{v}=(u_1+v_1, u_2+v_2)$이다.

임의의 실수 c에 대해서 $c\mathbf{u}=(cu_1, cu_2)$이다.

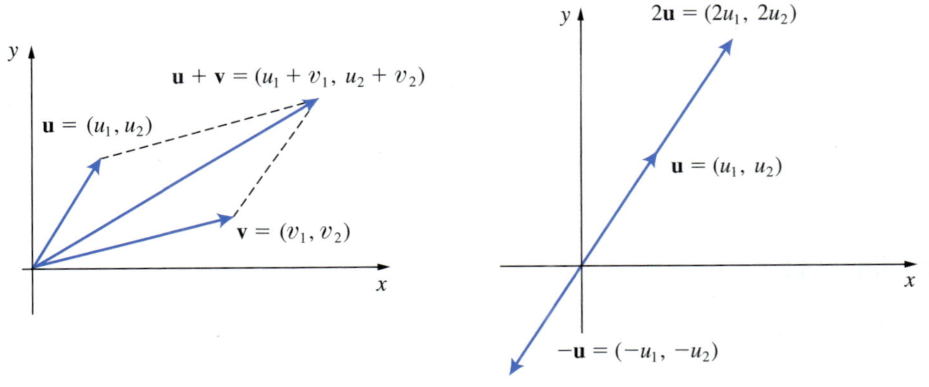

[그림 12.20]

정리 12.4.1

벡터 $\mathbf{u}$, $\mathbf{v}$, $\mathbf{w}$와 스칼라 a, b에 대하여 다음이 성립한다.

1. $\mathbf{u}+\mathbf{v}=\mathbf{v}+\mathbf{u}$
2. $(\mathbf{u}+\mathbf{v})+\mathbf{w}=\mathbf{u}+(\mathbf{v}+\mathbf{w})$
3. $\mathbf{u}+\mathbf{0}=\mathbf{0}+\mathbf{u}=\mathbf{u}$
4. $\mathbf{u}+(-\mathbf{u})=\mathbf{0}$
5. $a(b\mathbf{u})=(ab)\mathbf{u}$
6. $a(\mathbf{u}+\mathbf{v})=a\mathbf{u}+a\mathbf{v}$
7. $(a+b)\mathbf{u}=a\mathbf{u}+b\mathbf{u}$
8. $1\mathbf{u}=\mathbf{u}$

[증명] 정리의 등식 6만 증명한다.

$\mathbf{u}=(u_1, u_2)$, $\mathbf{v}=(v_1, v_2)$라 하면

$$\begin{aligned} a(\mathbf{u}+\mathbf{v}) &= a((u_1, u_2)+(v_1, v_2)) \\ &= a(u_1+v_1, u_2+v_2) \\ &= (a(u_1+v_1), a(u_2+v_2)) \\ &= (au_1+av_1, au_2+av_2) \\ &= (au_1, au_2)+(av_1, av_2) \\ &= a(u_1, u_2)+a(v_1, v_2) \\ &= a\mathbf{u}+a\mathbf{v} \end{aligned}$$ ■

예제 12.4.1 벡터 $\mathbf{u}=(4, -3)$에 대하여 $|\mathbf{u}|$와 $|-2\mathbf{u}|$의 값을 구하고 또한 크기가 1이고 방향이 $\mathbf{u}$와 같은 벡터 $\mathbf{v}$를 구하라.

[풀이]

$$|\mathbf{u}|=\sqrt{4^2+(-3)^2}=5$$

$$|-2\mathbf{u}|=|-2||\mathbf{u}|=2\cdot 5=10$$

$$\mathbf{v}=\frac{1}{|\mathbf{u}|}\mathbf{u}=\frac{1}{5}(4, -3)=\left(\frac{4}{5}, -\frac{3}{5}\right)$$ ■

벡터의 내적

정리 12.4.2

벡터 $\mathbf{u}=(u_1, u_2)$와 $\mathbf{v}=(v_1, v_2)$에 대해서 다음이 성립한다.

$$\mathbf{u}\cdot\mathbf{v}=u_1v_1+u_2v_2$$

[증명] 그림 12.21에서 삼각형의 cosine 제2법칙에 의하여

$$|\mathbf{u}-\mathbf{v}|^2 = |\mathbf{u}|^2 + |\mathbf{v}|^2 - 2|\mathbf{u}||\mathbf{v}|\cos\theta$$

이므로

$$(u_1 - v_1)^2 + (u_2 - v_2)^2$$
$$= \left(u_1^2 + u_2^2\right) + \left(v_1^2 + v_2^2\right) - 2|\mathbf{u}||\mathbf{v}|\cos\theta$$

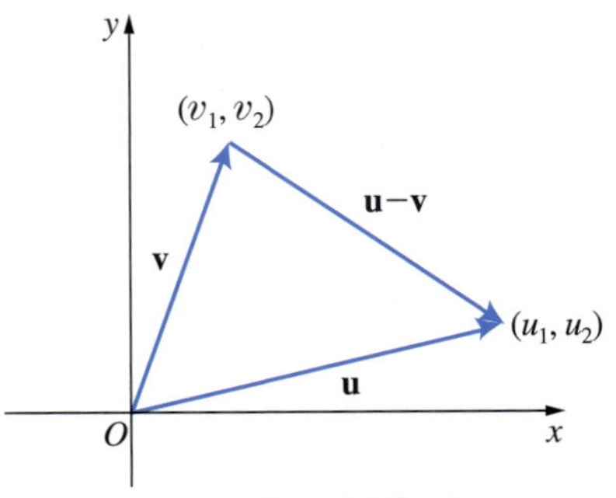

[그림 12.21]

따라서

$$\mathbf{u}\cdot\mathbf{v} = |\mathbf{u}||\mathbf{v}|\cos\theta = \frac{1}{2}\left\{\left(u_1^2 + u_2^2\right) + \left(v_1^2 + v_2^2\right) - (u_1 - v_1)^2 - (u_2 - v_2)^2\right\}$$
$$= u_1 v_1 + u_2 v_2$$

■

○ 정리 12.4.3

벡터 $\mathbf{u}$, $\mathbf{v}$, $\mathbf{w}$와 스칼라 c에 대하여

1. $\mathbf{u}\cdot\mathbf{v} = \mathbf{v}\cdot\mathbf{u}$
2. $\mathbf{u}\cdot(\mathbf{v}+\mathbf{w}) = \mathbf{u}\cdot\mathbf{v} + \mathbf{u}\cdot\mathbf{w}$
3. $c(\mathbf{u}\cdot\mathbf{v}) = (c\mathbf{u})\cdot\mathbf{v} = \mathbf{u}\cdot(c\mathbf{v})$
4. $\mathbf{0}\cdot\mathbf{u} = 0$
5. $\mathbf{u}\cdot\mathbf{u} = |\mathbf{u}|^2$

영벡터가 아닌 두 벡터가 서로 수직이기 위한 필요충분조건은 그 두 벡터의 끼인각이 $\theta = \frac{\pi}{2}$, 즉, $\cos\theta = 0$이다. 그리고 $\cos\theta = 0$이기 위한 필요충분조건은 $\mathbf{u}\cdot\mathbf{v} = 0$이다. 일반적으로 $\mathbf{u}\cdot\mathbf{v} = 0$일 때 $\mathbf{u}$와 $\mathbf{v}$는 **수직**(perpendicular)이라 한다.

예제 12.4.2 $\mathbf{u} = (8, 6)$, $\mathbf{v} = (3, b)$가 서로 수직일 때 b를 구하라.

[풀이]

$$\mathbf{u}\cdot\mathbf{v} = (8)(3) + (6)(b)$$
$$= 24 + 6b = 0$$

그러므로 $b = -4$이다. ■

예제 12.4.3 $\mathbf{u} = (8, 6)$, $\mathbf{v} = (5, 12)$의 끼인각을 구하라(그림 12.22).

[풀이]

$$\cos\theta = \frac{\mathbf{u}\cdot\mathbf{v}}{|\mathbf{u}||\mathbf{v}|} = \frac{(8)(5)+(6)(12)}{(10)(13)} = \frac{112}{130}$$

그러므로 $\theta = \cos^{-1}\frac{112}{130}$ (약 30.5°)이다. ■

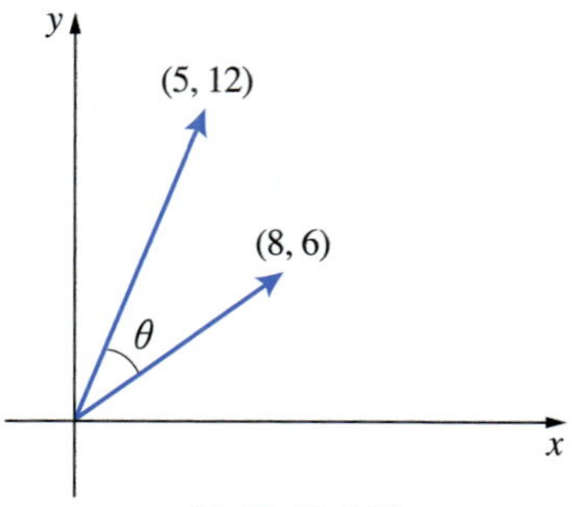

[그림 12.22]

기본단위벡터

벡터 $\mathbf{i} = (1, 0)$, $\mathbf{j} = (0, 1)$은 서로 수직이고 크기가 1인 단위벡터이다. 이 벡터들을 **기본단위벡터**라 한다. 모든 벡터 $\mathbf{u} = (u_1, u_2)$는 다음과 같이 $\mathbf{i}, \mathbf{j}$를 써서 유일한 방법으로 나타낼 수 있다.

$$\mathbf{u} = (u_1, u_2) = u_1(1, 0) + u_2(0, 1) = u_1\mathbf{i} + u_2\mathbf{j}$$

이 사실을 기하학적으로 나타내면 그림 12.23과 같다.

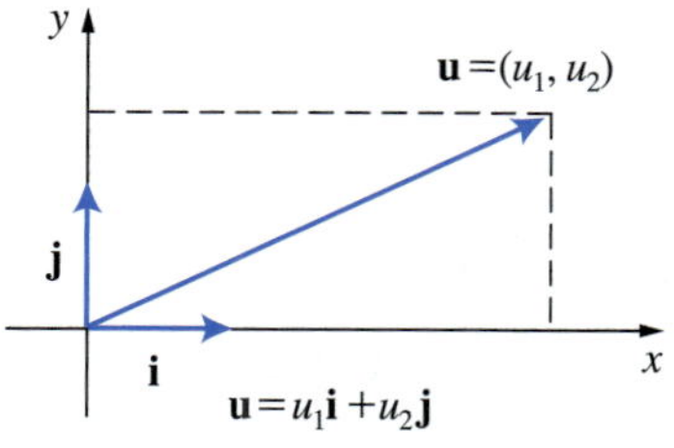

[그림 12.23]

예제 12.4.4 벡터 $\mathbf{u}$의 시점이 $P(2, -1)$, 종점이 $Q(-3, 7)$일 때, $\mathbf{u}$를 $u_1\mathbf{i} + u_2\mathbf{j}$ 꼴로 나타내라.

[풀이] 그림 12.24에서와 같이 종점의 성분에서 시점의 성분을 빼주면

$$(-3-2, 7-(-1)) = (-5, 8)$$

그러므로

$$\mathbf{u} = -5\mathbf{i} + 8\mathbf{j}$$ ■

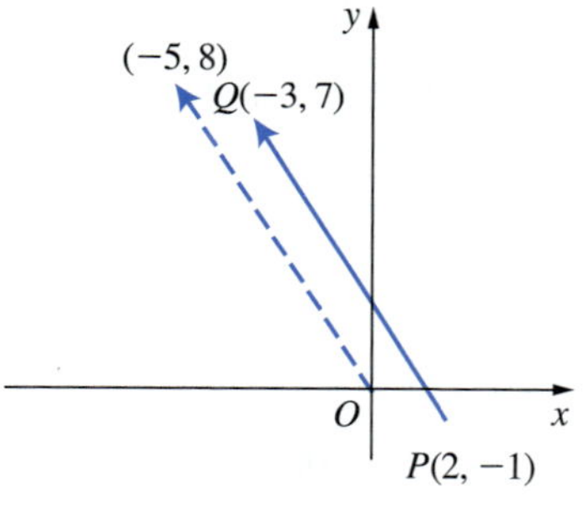

[그림 12.24]

예제 12.4.5 세 점 $A(4, 3)$, $B(1, -1)$, $C(6, -4)$에 대해서 $\angle ABC$를 구하라(그림 12.25).

[풀이] $\mathbf{u} = \overrightarrow{BA} = (4-1)\mathbf{i} + (3+1)\mathbf{j} = 3\mathbf{i} + 4\mathbf{j} = (3, 4)$

$$\mathbf{v} = \overrightarrow{BC} = (6-1)\mathbf{i} + (-4+1)\mathbf{j} = 5\mathbf{i} - 3\mathbf{j} = (5, -3)$$

$$|\mathbf{u}| = \sqrt{3^2 + 4^2} = 5$$

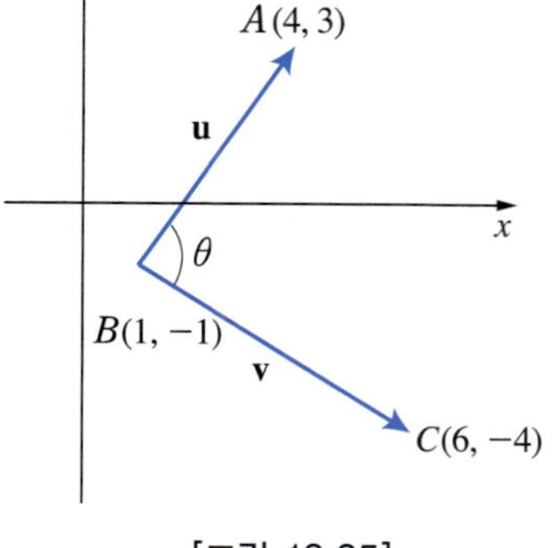

[그림 12.25]

$$|\mathbf{v}| = \sqrt{5^2 + (-3)^2} = \sqrt{34}$$

$$\mathbf{u} \cdot \mathbf{v} = (3)(5) + (4)(-3) = 3$$

$$\cos\theta = \frac{\mathbf{u} \cdot \mathbf{v}}{|\mathbf{u}||\mathbf{v}|} = \frac{3}{5\sqrt{34}}$$

그러므로 $\theta = \cos^{-1}\frac{3}{5\sqrt{34}}$ (약 $84.09°$) 이다. ■

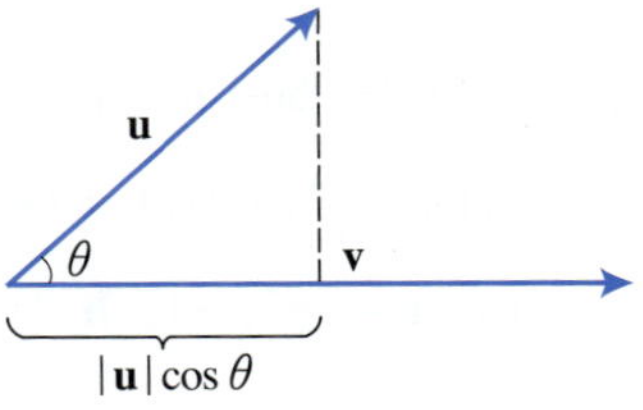

[그림 12.26]

실수(스칼라) θ를 벡터 $\mathbf{u}$, $\mathbf{v}(\neq \mathbf{0})$의 끼인각이라 하자.

$$|\mathbf{u}|\cos\theta$$

를 $\mathbf{u}$의 $\mathbf{v}$ 위로의 **스칼라 사영**(scalar projection of **u** onto **v**)이라 한다(그림 12.26). 여기서 θ가 예각, 직각, 둔각일 때 p는 각각 양수, 0, 음수가 된다.

일정한 힘 $\mathbf{F}$를 받는 입자가 P에서 Q로 변위한다 하자. $\mathbf{D} = \overrightarrow{PQ}$라 하면 힘 $\mathbf{F}$가 한 일 W는

$$W = \mathbf{F} \cdot \mathbf{D}$$

즉,

$$W = |\mathbf{F}|\cos\theta\,|\mathbf{D}|$$

$$= (\mathbf{F}\text{의 } \mathbf{D} \text{ 위로의 스칼라사영})\,|\mathbf{D}|$$

여기서 θ는 $\mathbf{F}$와 $\mathbf{D}$의 끼인각이다.

예제 12.4.6 힘 $\mathbf{F} = 80\,\mathbf{i} + 50\,\mathbf{j}$를 받은 입자가 (1, 0)에서 (7, 1)로 이동했다 하자. 이때 힘이 한 일을 구하라(그림 12.27).

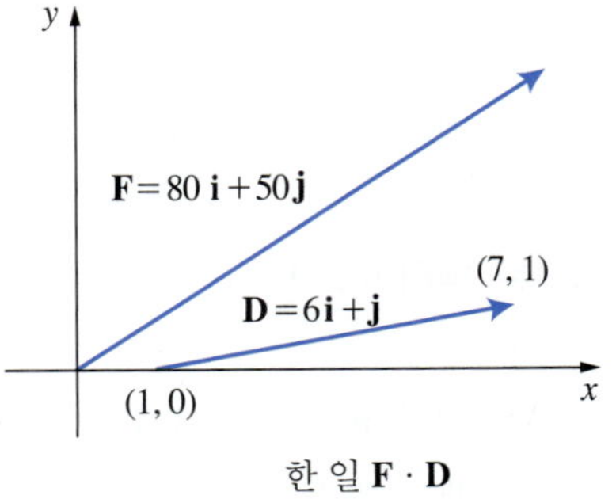

[그림 12.27]

[풀이] 시점이 (1, 0) 이고 종점이 (7, 1) 인 벡터를 $\mathbf{D}$라고 하자. 그러면

$$\mathbf{D} = 6\,\mathbf{i} + \mathbf{j}$$

따라서

$$W = \mathbf{F} \cdot \mathbf{D} = (80)(6) + (50)(1) = 530$$ ■

연습문제 12.4

1. $\mathbf{a} = -3\mathbf{i} + 4\mathbf{j}$, $\mathbf{b} = 2\mathbf{i} - 3\mathbf{j}$, $\mathbf{c} = -5\mathbf{j}$ 일 때 다음을 구하라.

   (1) $2\mathbf{a} - 4\mathbf{b}$ (2) $\mathbf{a} \cdot \mathbf{b}$ (3) $\mathbf{a} \cdot (\mathbf{b} + \mathbf{c})$

   (4) $(-2\mathbf{a} + 3\mathbf{b}) \cdot (5\mathbf{c})$ (5) $(|\mathbf{a}|\mathbf{c}) \cdot \mathbf{a}$ (6) $\mathbf{b} \cdot \mathbf{b} - |\mathbf{b}|$

2. 다음 두 벡터 $\mathbf{a}$와 $\mathbf{b}$의 끼인각을 구하고 그림을 그리라.

   (1) $\mathbf{a} = (2, -3)$, $\mathbf{b} = (-1, 4)$ (2) $\mathbf{a} = (-5, -2)$, $\mathbf{b} = (6, 0)$

   (3) $\mathbf{a} = (-3, -1)$, $\mathbf{b} = (-2, -4)$ (4) $\mathbf{a} = (4, -5)$, $\mathbf{b} = (-8, 10)$

3. 다음 $\overrightarrow{AB}$로 표시되는 벡터를 $\mathbf{a} = a_1\mathbf{i} + a_2\mathbf{j}$ 꼴로 나타내라.

   (1) $A(2, -1)$, $B(-3, 4)$ (2) $A(0, 5)$, $B(-6, 0)$

   (3) $A(\sqrt{2}, -e)$, $B(0, 0)$ (4) $A(-7, 2)$, $B\left(-4, \frac{1}{3}\right)$

4. 벡터 $\mathbf{u} + \mathbf{v}$와 벡터 $\mathbf{u} - \mathbf{v}$가 서로 수직일 때 두 벡터 $\mathbf{u}$와 $\mathbf{v}$의 크기를 비교하라.

5. $\mathbf{u} = (u_1, u_2)$, $\mathbf{v} = (v_1, v_2)$를 써서 다음 등식을 증명하라.

   (1) $(a + b)\mathbf{u} = a\mathbf{u} + b\mathbf{u}$ (2) $c(\mathbf{u} \cdot \mathbf{v}) = (c\mathbf{u}) \cdot \mathbf{v}$

6. 벡터 $3\mathbf{i} - 4\mathbf{j}$에 대해 크기가 3배이고 방향이 같은 벡터를 구하라.

7. 두 벡터 $(6, 3)$과 $(-1, 2)$가 서로 수직인 것을 밝히라.

8. 두 벡터 $(c, 3)$과 $(c, -4)$가 서로 수직일 때 c를 구하라.

9. 두 벡터 $\mathbf{a} = 3\mathbf{i} - 2\mathbf{j}$, $\mathbf{b} = -\mathbf{i} + 4\mathbf{j}$가 있다. 벡터 $\mathbf{r} = 7\mathbf{i} - 8\mathbf{j}$를 $k\mathbf{a} + m\mathbf{b}$ 꼴로 나타냈을 때 스칼라 k와 m을 구하라.

10. 평행하지 않은 두 벡터 $\mathbf{a} = a_1\mathbf{i} + a_2\mathbf{j}$, $\mathbf{b} = b_1\mathbf{i} + b_2\mathbf{j}$에 대하여 임의의 벡터 $\mathbf{r} = r_1\mathbf{i} + r_2\mathbf{j}$를 $k\mathbf{a} + m\mathbf{b}$ 꼴로 나타냈을 때 스칼라 k와 m을 구하라.

11. 힘 $\mathbf{F} = 3\mathbf{i} + 10\mathbf{j}$(kg m/sec^2)을 받는 입자가 북쪽(즉, $\mathbf{j}$ 방향)으로 10 m 변위했을 때 힘 $\mathbf{F}$가 한 일을 구하라.

12. $\mathbf{F} = 3\mathbf{i} + 4\mathbf{j}$을 받는 입자가 (1, 0)에서 (6, 8)까지 변위할 때 힘 $\mathbf{F}$가 한 일을 구하라.

13. 다음 Cauchy-Schwarz 부등식을 증명하라.

$$|\mathbf{u} \cdot \mathbf{v}| \le |\mathbf{u}||\mathbf{v}|$$

12.5 공간벡터

공간벡터 $\mathbf{u} = (u_1, u_2, u_3)$는 기본단위벡터 $\mathbf{i} = (1, 0, 0)$, $\mathbf{j} = (0, 1, 0)$, $\mathbf{k} = (0, 0, 1)$을 사용해서 $\mathbf{u} = u_1\mathbf{i} + u_2\mathbf{j} + u_3\mathbf{k}$로 나타낼 수 있다(그림 12.28). $\mathbf{u}$의 크기는 다음과 같다.

$$|\mathbf{u}| = \sqrt{u_1^2 + u_2^2 + u_3^2}$$

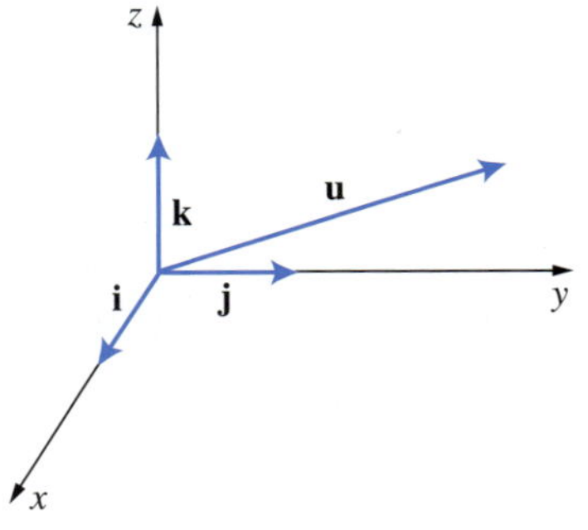

[그림 12.28]

두 벡터 $\mathbf{u} = (u_1, u_2, u_3)$, $\mathbf{v} = (v_1, v_2, v_3)$의 합, 스칼라 곱 그리고 내적은 다음과 같다.

$$\mathbf{u} + \mathbf{v} = (u_1 + v_1, u_2 + v_2, u_3 + v_3)$$
$$c\mathbf{u} = (cu_1, cu_2, cu_3), \quad c \in \mathbb{R}$$
$$\mathbf{u} \cdot \mathbf{v} = u_1v_1 + u_2v_2 + u_3v_3$$

예제 12.5.1 세 점 $A(1, -2, 3)$, $B(2, 4, -6)$, $C(5, -3, 2)$에 대하여 $\angle ABC$의 값을 구하라(그림 12.29).

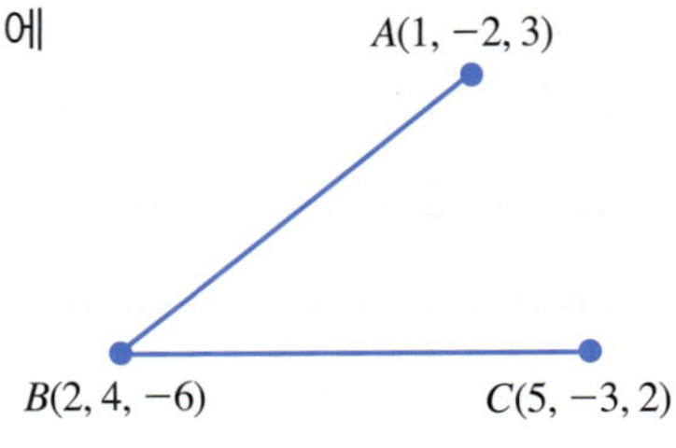

[그림 12.29]

[풀이] $\overrightarrow{BA} = \mathbf{u}$, $\overrightarrow{BC} = \mathbf{v}$라고 하면

$$\mathbf{u} = (1-2, -2-4, 3+6) = (-1, -6, 9)$$
$$\mathbf{v} = (5-2, -3-4, 2+6) = (3, -7, 8)$$

이다. 따라서

$$\cos\theta = \frac{\mathbf{u}\cdot\mathbf{v}}{|\mathbf{u}||\mathbf{v}|} = \frac{(-1)(3)+(-6)(-7)+(9)(8)}{\sqrt{1+36+81}\sqrt{9+49+64}}$$
$$= \frac{111}{\sqrt{118}\sqrt{122}}$$

그러므로 $\theta = \cos^{-1}\dfrac{111}{\sqrt{118}\sqrt{122}}$ ■

예제 12.5.2 벡터 $\mathbf{u}=(2,4,5)$를 벡터 $\mathbf{v}=(2,-1,-2)$에 평행한 벡터 $\mathbf{m}$과 벡터 $\mathbf{v}$에 수직인 벡터 $\mathbf{n}$의 합으로 나타내라.

[풀이] 그림 12.30에서와 같이 벡터 $\mathbf{v}$ 위로의 벡터 $\mathbf{u}$의 사영인 벡터 $\mathbf{m}$을 구하여 보자.

$$\mathbf{m} = |\mathbf{u}|\cos\theta\frac{\mathbf{v}}{|\mathbf{v}|}$$
$$= \frac{\mathbf{u}\cdot\mathbf{v}}{|\mathbf{v}|}\frac{\mathbf{v}}{|\mathbf{v}|} = \frac{\mathbf{u}\cdot\mathbf{v}}{|\mathbf{v}|^2}\mathbf{v}$$
$$= \frac{(2)(2)+(4)(-1)+(5)(-2)}{4+1+4}(2,-1,-2)$$
$$= \left(\frac{-20}{9}, \frac{10}{9}, \frac{20}{9}\right)$$

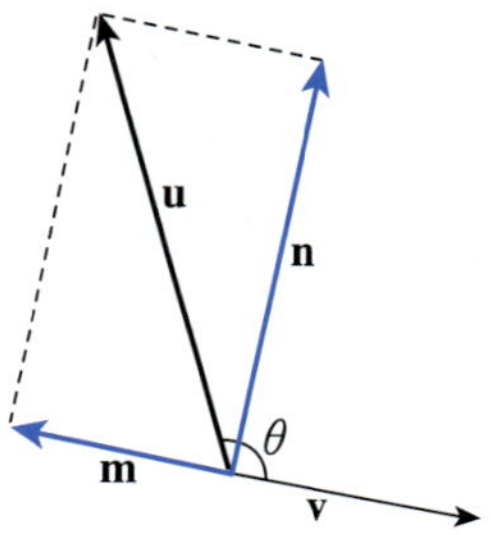

[그림 12.30]

이다. 그리고

$$\mathbf{n} = \mathbf{u} - \mathbf{m} = \left(\frac{38}{9}, \frac{26}{9}, \frac{25}{9}\right)$$

그러므로

$$\mathbf{u} = (2,4,5) = \mathbf{m} + \mathbf{n} = \left(\frac{-20}{9}, \frac{10}{9}, \frac{20}{9}\right) + \left(\frac{38}{9}, \frac{26}{9}, \frac{25}{9}\right)$$ ■

방향각과 방향여현

영이 아닌 벡터 $\mathbf{a}$와 기본 단위벡터 $\mathbf{i}, \mathbf{j}, \mathbf{k}$의 끼인각을 벡터 $\mathbf{a}$의 **방향각**이라 하고 각각 α, β, γ로 표시한다(그림 12.31). 이 각들의 cosine을 벡터 $\mathbf{a}$의 **방향여현**(direction cosines)이라 하고 각각 $\cos\alpha, \cos\beta, \cos\gamma$로 표시한다. $\mathbf{a} = a_1\mathbf{i} + a_2\mathbf{j} + a_3\mathbf{k}$라고 하면

$$\cos\alpha = \frac{\mathbf{a}\cdot\mathbf{i}}{|\mathbf{a}||\mathbf{i}|} = \frac{a_1}{|\mathbf{a}|}$$

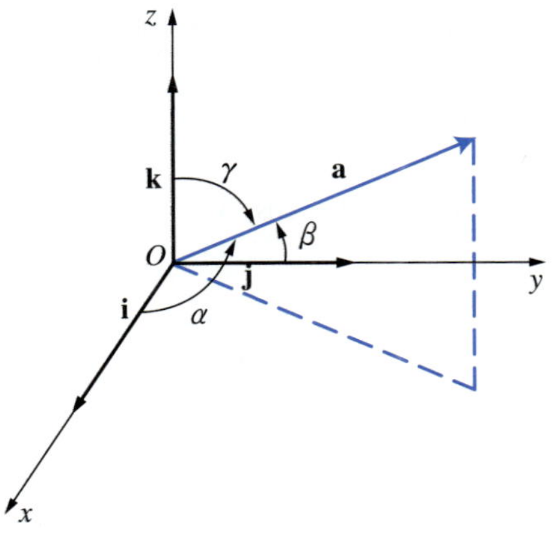

[그림 12.31]

$$\cos\beta = \frac{\mathbf{a}\cdot\mathbf{j}}{|\mathbf{a}||\mathbf{j}|} = \frac{a_2}{|\mathbf{a}|}$$

$$\cos\gamma = \frac{\mathbf{a}\cdot\mathbf{k}}{|\mathbf{a}||\mathbf{k}|} = \frac{a_3}{|\mathbf{a}|}$$

$$\cos^2\alpha + \cos^2\beta + \cos^2\gamma = 1$$

이다. 그러므로 벡터 $(\cos\alpha, \cos\beta, \cos\gamma)$는 벡터 $\mathbf{a}$와 방향이 같고 크기가 1인 단위벡터이다.

예제 12.5.3 벡터 $\mathbf{a} = 4\mathbf{i} - 5\mathbf{j} + 3\mathbf{k}$의 방향각을 구하라.

[풀이] $|\mathbf{a}| = \sqrt{4^2 + (-5)^2 + 3^2} = 5\sqrt{2}$ 이므로

$$\cos\alpha = \frac{4}{5\sqrt{2}} = \frac{2\sqrt{2}}{5}$$

$$\cos\beta = \frac{-5}{5\sqrt{2}} = \frac{-\sqrt{2}}{2}$$

$$\cos\gamma = \frac{3}{5\sqrt{2}} = \frac{3\sqrt{2}}{10}$$

따라서

$$\alpha = \cos^{-1}\frac{2\sqrt{2}}{5} \quad (\text{약 } 55.55^\circ)$$

$$\beta = \cos^{-1}\frac{-\sqrt{2}}{2} \quad (\text{약 } 135^\circ)$$

$$\gamma = \cos^{-1}\frac{3\sqrt{2}}{10} \quad (\text{약 } 64.90^\circ)$$

■

예제 12.5.4 두 개의 방향각이 각각 $\alpha = 32°$, $\beta = 100°$이며 크기가 5인 벡터를 구하라.

[풀이] 먼저 세 번째 방향각 γ를 구하여 보자.

$$\cos^2\gamma = 1 - \cos^2 32° - \cos^2 100° \approx 0.25066$$

따라서

$$\cos\gamma \approx \pm 0.50066$$

그러므로 구하는 벡터는 다음과 같다.

$$\begin{aligned} 5(\cos\alpha,\ \cos\beta,\ \cos\gamma) &\approx 5(0.84805,\ -0.17365,\ \pm 0.50066) \\ &= (4.2403,\ -0.8683,\ \pm 2.5033) \end{aligned}$$

■

평면

영벡터가 아닌 공간벡터 $\mathbf{n} = (A,\ B,\ C)$와 점 $P_1(x_1,\ y_1,\ z_1)$이 주어져 있을 때 $\overrightarrow{P_1P}\cdot\mathbf{n} = 0$을 만족하는 점 $P(x,\ y,\ z)$의 집합은 벡터 $\mathbf{n}$에 수직이며 점 P_1을 지나는 평면이다.

이 평면의 방정식을 구하기 위하여 벡터 $\overrightarrow{P_1P}$를 다음과 같이 나타내자.

$$\overrightarrow{P_1P} = (x - x_1,\ \ y - y_1,\ \ z - z_1)$$

그러면 $\overrightarrow{P_1P}\cdot\mathbf{n} = 0$이므로

$$A(x - x_1) + B(y - y_1) + C(z - z_1) = 0$$

이 방정식에서 $Ax_1 + By_1 + Cz_1 = D$라 놓으면

$$Ax + By + Cz = D$$

와 같이 간단히 나타낼 수 있다.

예제 12.5.5 한 점 $(5,\ 1,\ -2)$를 지나고 벡터 $\mathbf{n} = (2,\ 4,\ 3)$에 수직인 평면의 방정식을 구하라. 또한 이 평면과 평면 $3x - 4y + 7z = 5$이 이루는 각의 크기를 구하라.

[풀이] 먼저 주어진 조건을 만족하는 평면의 방정식을 구하면

$$2(x - 5) + 4(y - 1) + 3(z + 2) = 0$$

즉,

$$2x + 4y + 3z = 8$$

이다. 두 번째 평면에 수직인 벡터를 $\mathbf{m}$이라 하면 $\mathbf{m} = (3, -4, 7)$이다. 따라서 두 평면이 이루는 각의 크기 θ는 다음과 같다(그림 12.32).

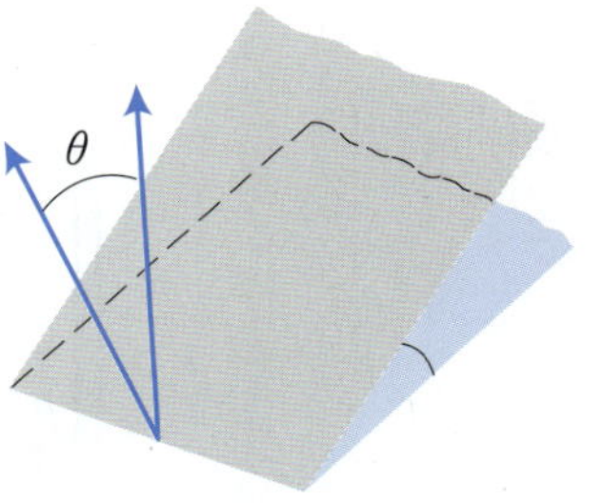

[그림 12.32]

$$\cos\theta = \frac{\mathbf{m}\cdot\mathbf{n}}{|\mathbf{m}||\mathbf{n}|} = \frac{(3)(2)+(-4)(4)+(7)(3)}{\sqrt{9+16+49}\sqrt{4+16+9}} = \frac{11}{\sqrt{74}\sqrt{29}}$$

그러므로

$$\theta = \cos^{-1}\frac{11}{\sqrt{74}\sqrt{29}}$$ ■

예제 12.5.6 점 (x_0, y_0, z_0)에서 평면 $Ax + By + Cz = D$까지 거리 L은 다음과 같음을 증명하라.

$$L = \frac{|Ax_0 + By_0 + Cz_0 - D|}{\sqrt{A^2 + B^2 + C^2}}$$

[풀이] (x_1, y_1, z_1)을 이 평면 위의 한 점이라 하고 $\mathbf{m} = (x_0 - x_1, y_0 - y_1, z_0 - z_1)$을 그림 12.33에서와 같이 시점이 (x_1, y_1, z_1)이고 종점이 (x_0, y_0, z_0)인 벡터라 하자. 벡터 $\mathbf{n} = (A, B, C)$는 평면에 수직이다. 따라서 구하고자 하는 L은 벡터 $\mathbf{n}$ 위로의 벡터 $\mathbf{m}$의 스칼라 사영의 절댓값이다. 그러므로

$$L = ||\mathbf{m}|\cos\theta| = \frac{|\mathbf{m}\cdot\mathbf{n}|}{|\mathbf{n}|} = \frac{|A(x_0 - x_1) + B(y_0 - y_1) + C(z_0 - z_1)|}{\sqrt{A^2 + B^2 + C^2}} = \frac{|Ax_0 + By_0 + Cz_0 - (Ax_1 + By_1 + Cz_1)|}{\sqrt{A^2 + B^2 + C^2}}$$

이다. 그런데 점 (x_1, y_1, z_1)은 평면 위의 점이므로

$$Ax_1 + By_1 + Cz_1 = D$$

이다. 따라서

$$L = \frac{|Ax_0 + By_0 + Cz_0 - D|}{\sqrt{A^2 + B^2 + C^2}}$$ ■

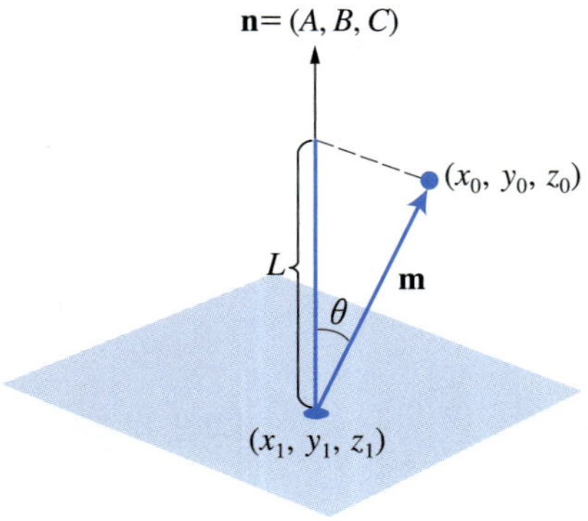

[그림 12.33]

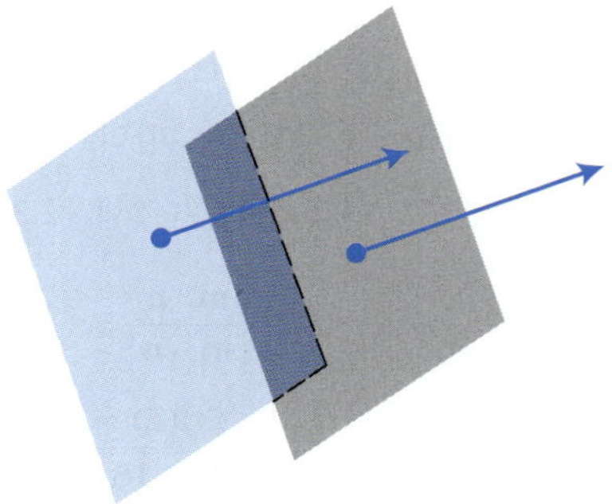

[그림 12.34]

예제 12.5.7 두 평행한 평면 $3x - 4y + 5z = 9$와 $3x - 4y + 5z = 4$ 사이의 거리를 구하라.

[풀이] 그림 13.34와 같이 벡터 (3, −4, 5)는 두 평면에 동시에 수직이므로 두 평면은 평행하다. 점 (1, 1, 2)는 첫 번째 평면 위의 점이라는 것은 쉽게 알 수 있다. 이 점 (1, 1, 2)로부터 두 번째 평면까지의 거리 L을 위 예제의 공식으로부터 구하면 된다.

$$L = \frac{|3(1) - 4(1) + 5(2) - 4|}{\sqrt{9 + 16 + 25}} = \frac{5}{5\sqrt{2}} = \frac{1}{\sqrt{2}}$$ ■

연습문제 12.5

1. 점 P_1과 점 P_2가 다음과 같을 경우 유향선분 $\overrightarrow{P_1P_2}$를 그리고 대응되는 벡터를 $a\mathbf{i} + b\mathbf{j} + c\mathbf{k}$꼴로 나타내라.

   (1) $P_1(1, 2, 3)$, $P_2(4, 5, 1)$ (2) $P_1(4, 3, 5)$, $P_2(-2, 1, 1)$

2. 다음 벡터의 길이와 방향여현을 각각 구하라.

   (1) $4\mathbf{i} + \mathbf{j} + 2\mathbf{k}$ (2) $-3\mathbf{i} - 4\mathbf{j} + 5\mathbf{k}$

3. 벡터 (3, 1, −7)과 방향이 같은 단위벡터를 구하라. 또한 이 벡터와 반대방향이고 크기가 5인 벡터를 구하라.

4. 벡터 $(4, -3, -2)$와 벡터 $(-1, 2, 5)$가 이루는 각의 크기를 구하라.

5. 두 벡터 $4\mathbf{i}+3\mathbf{j}+6\mathbf{k}$와 $-2\mathbf{i}-3\mathbf{j}-2\mathbf{k}$에 수직이고 크기가 10인 두 벡터를 구하라.

6. 세 점 $A(2, -3, 4)$, $B(-2, 6, 1)$, $C(2, 0, 2)$에 대하여 $\angle ABC$의 크기를 구하라.

7. 벡터 $\mathbf{v}=\mathbf{i}+3\mathbf{j}-3\mathbf{k}$ 위로의 벡터 $\mathbf{u}=-4\mathbf{i}+\mathbf{j}-2\mathbf{k}$의 스칼라 사영을 구하라.

8. 두 벡터 $\mathbf{u}=-3\mathbf{i}+\mathbf{j}-\sqrt{5}\,\mathbf{k}$와 $\mathbf{v}=2\mathbf{i}+4\mathbf{j}-\sqrt{5}\,\mathbf{k}$에 대하여 벡터 $\mathbf{u}$를 벡터 $\mathbf{v}$에 평행한 벡터 $\mathbf{m}$과 벡터 $\mathbf{v}$에 수직인 벡터 $\mathbf{n}$의 합으로 나타내라.

9. 다음 벡터의 방향각을 구하라.

(1) $\mathbf{u}=3\mathbf{i}-2\mathbf{j}+\mathbf{k}$ (2) $\mathbf{u}=-2\mathbf{i}+4\mathbf{j}-6\mathbf{k}$

10. 벡터 $\mathbf{u}=2\mathbf{i}+3\mathbf{j}+z\mathbf{k}$에 대하여 $|\mathbf{u}|=5$라고 하면 z는 얼마인가?

11. 벡터 $\mathbf{w}=(-4, 2, 5)$에 각각 수직이고 서로 수직인 두 벡터 $\mathbf{u}$와 $\mathbf{v}$를 구하라.

12. 다음 벡터의 연산에서 의미가 없는 것은 어느 것인가?

(a) $\mathbf{u}\cdot(\mathbf{v}\cdot\mathbf{w})$ (b) $(\mathbf{u}\cdot\mathbf{w})+\mathbf{w}$ (c) $|\mathbf{u}|(\mathbf{v}\cdot\mathbf{w})$

(d) $(\mathbf{u}\cdot\mathbf{v})\,\mathbf{w}$ (e) $(|\mathbf{u}|\mathbf{v})\cdot\mathbf{w}$ (f) $|\mathbf{u}|\cdot\mathbf{v}$

13. 다음에서 점 P를 지나며 벡터 $\mathbf{n}$에 수직인 평면의 방정식을 구하라.

(1) $P(1, 2, -3)$, $\mathbf{n}=2\mathbf{i}-4\mathbf{j}+3\mathbf{k}$ (2) $P(-2, -3, 4)$, $\mathbf{n}=3\mathbf{i}-2\mathbf{j}-\mathbf{k}$

14. 문제 13에서 두 평면이 이루는 각 중 가장 작은 각의 크기를 구하라.

15. 점 $(-4, -1, 2)$를 지나며 xy평면에 평행한 평면의 방정식과 평면 $2x-3y-4z=0$에 평행한 평면의 방정식을 구하라.

16. 점 $(2, 6, 3)$에서 평면 $-3x+2y+z=9$까지 거리를 구하라.

17. 두 평행한 평면 $5x-3y-2z=5$와 $-5x+3y+2z=7$ 사이의 거리를 구하라.

18. $|\mathbf{u}+\mathbf{v}|^2+|\mathbf{u}-\mathbf{v}|^2=2|\mathbf{u}|^2+2|\mathbf{v}|^2$ 임을 증명하라(힌트 : $|\mathbf{w}|^2=\mathbf{w}\cdot\mathbf{w}$).

19. 정육면체의 주 대각선과 그 정육면체의 한 면이 이루는 각의 크기를 구하라.

20. 각 변의 길이가 4 m, 6 m, 10 m인 직육면체의 주 대각선들이 이루는 각 중에서 가장 작은 각의 크기를 구하라.

12.6 벡터의 외적

두 벡터의 내적은 스칼라이다. 이제 벡터의 연산 중 하나인 **외적**(cross product 또는 vector product)에 대하여 알아보자.

벡터 $\mathbf{u}=(u_1, u_2, u_3)$, $\mathbf{v}=(v_1, v_2, v_3)$의 외적 $\mathbf{u}\times\mathbf{v}$를 다음과 같이 정의한다.

$$\mathbf{u}\times\mathbf{v}=(u_2v_3-u_3v_2,\ u_3v_1-u_1v_3,\ u_1v_2-u_2v_1)$$

따라서 두 벡터의 외적은 벡터이다. 벡터의 외적에 대한 정의를 행렬식을 써서 나타내어 보자.

3×3 행렬식의 값은

$$\begin{vmatrix} a_1 & a_2 & a_3 \\ b_1 & b_2 & b_3 \\ c_1 & c_2 & c_3 \end{vmatrix} = a_1\begin{vmatrix} a_1 & a_2 & a_3 \\ b_1 & b_2 & b_3 \\ c_1 & c_2 & c_3 \end{vmatrix} - a_2\begin{vmatrix} a_1 & a_2 & a_3 \\ b_1 & b_2 & b_3 \\ c_1 & c_2 & c_3 \end{vmatrix} + a_3\begin{vmatrix} a_1 & a_2 & a_3 \\ b_1 & b_2 & b_3 \\ c_1 & c_2 & c_3 \end{vmatrix}$$

$$= a_1\begin{vmatrix} b_2 & b_3 \\ c_2 & c_3 \end{vmatrix} - a_2\begin{vmatrix} b_1 & b_3 \\ c_1 & c_3 \end{vmatrix} + a_3\begin{vmatrix} b_1 & b_2 \\ c_1 & c_2 \end{vmatrix}$$

이므로 행렬식의 형식을 사용하여 $\mathbf{u}\times\mathbf{v}$를 다음과 같이 나타낼 수 있다.

$$\mathbf{u}\times\mathbf{v}=\begin{vmatrix} \mathbf{i} & \mathbf{j} & \mathbf{k} \\ u_1 & u_2 & u_3 \\ v_1 & v_2 & v_3 \end{vmatrix} = \begin{vmatrix} u_2 & u_3 \\ v_2 & v_3 \end{vmatrix}\mathbf{i} - \begin{vmatrix} u_1 & u_3 \\ v_1 & v_3 \end{vmatrix}\mathbf{j} + \begin{vmatrix} u_1 & u_2 \\ v_1 & v_2 \end{vmatrix}\mathbf{k}$$

위 식에서 2행과 3행을 교환하여 계산하면

$$\mathbf{v}\times\mathbf{u}=-(\mathbf{u}\times\mathbf{v})$$

이다.

예제 12.6.1 벡터 $\mathbf{u}=(1, -2, -1)$, $\mathbf{v}=(-2, 4, 1)$에 대하여 $\mathbf{u}\times\mathbf{v}$와 $\mathbf{v}\times\mathbf{u}$를 구하라.

[풀이]

$$\mathbf{u}\times\mathbf{v}=\begin{vmatrix} \mathbf{i} & \mathbf{j} & \mathbf{k} \\ 1 & -2 & -1 \\ -2 & 4 & 1 \end{vmatrix}=\mathbf{i}\begin{vmatrix} -2 & -1 \\ 4 & 1 \end{vmatrix}-\mathbf{j}\begin{vmatrix} 1 & -1 \\ -2 & 1 \end{vmatrix}+\mathbf{k}\begin{vmatrix} 1 & -2 \\ -2 & 4 \end{vmatrix}=2\mathbf{i}+\mathbf{j}$$

$$\mathbf{v}\times\mathbf{u}=\begin{vmatrix} \mathbf{i} & \mathbf{j} & \mathbf{k} \\ -2 & 4 & 1 \\ 1 & -2 & -1 \end{vmatrix}=\mathbf{i}\begin{vmatrix} 4 & 1 \\ -2 & -1 \end{vmatrix}-\mathbf{j}\begin{vmatrix} -2 & 1 \\ 1 & -1 \end{vmatrix}+\mathbf{k}\begin{vmatrix} -2 & 4 \\ 1 & -2 \end{vmatrix}=-2\mathbf{i}-\mathbf{j}$$ ■

$\mathbf{u}\times\mathbf{v}$ 의 기하학적 의미

정리 12.6.1

$\mathbf{u}$와 $\mathbf{v}$를 공간 위의 두 벡터라 하고 $\theta(0\le\theta\le\pi)$를 두 벡터가 이루는 각의 크기라 하면 다음과 같은 성질이 있다.

1. $\mathbf{u}\cdot(\mathbf{u}\times\mathbf{v})=0=\mathbf{v}\cdot(\mathbf{u}\times\mathbf{v})$, 즉 $\mathbf{u}\times\mathbf{v}$는 $\mathbf{u}$와 $\mathbf{v}$에 수직이다.
2. $\mathbf{u}$, $\mathbf{v}$, $\mathbf{u}\times\mathbf{v}$는 오른손 법칙을 따른다.
3. $|\mathbf{u}\times\mathbf{v}|=|\mathbf{u}||\mathbf{v}|\sin\theta$

[증명] $\mathbf{u}=(u_1, u_2, u_3)$, $\mathbf{v}=(v_1, v_2, v_3)$라 하자.

1. $\mathbf{u}\cdot(\mathbf{u}\times\mathbf{v})=u_1(u_2v_3-u_3v_2)+u_2(u_3v_1-u_1v_3)+u_3(u_1v_2-u_2v_1)=0$

   같은 방법으로

$$\mathbf{v}\cdot(\mathbf{u}\times\mathbf{v})=0$$

2. 그림 12.35에서와 같이 $\mathbf{u}$, $\mathbf{v}$, $\mathbf{u}\times\mathbf{v}$는 오른손 법칙을 따르는데 그것은 $\mathbf{i}\times\mathbf{j}=\mathbf{k}$이므로 $\mathbf{i}$, $\mathbf{j}$, $\mathbf{i}\times\mathbf{j}$가 오른손 법칙을 따르는 것을 예로 하여 알 수 있다.

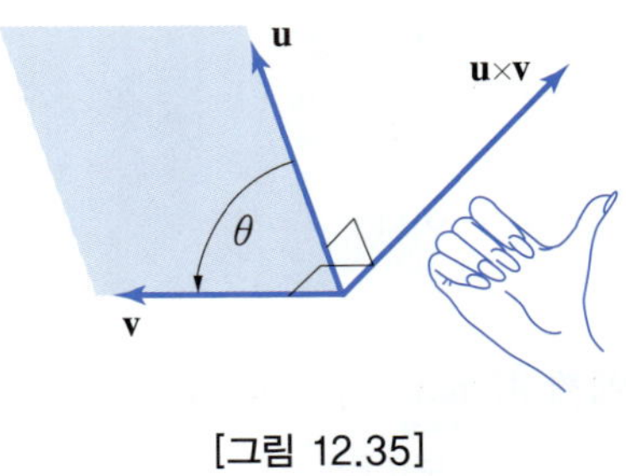

[그림 12.35]

3. Lagrange 항등식(연습문제 12.6)

$$|\mathbf{u}\times\mathbf{v}|^2=|\mathbf{u}|^2|\mathbf{v}|^2-(\mathbf{u}\cdot\mathbf{v})^2$$

   을 이용하면

$$\begin{aligned}|\mathbf{u}\times\mathbf{v}|^2&=|\mathbf{u}|^2|\mathbf{v}|^2-(|\mathbf{u}||\mathbf{v}|\cos\theta)^2\\&=|\mathbf{u}|^2|\mathbf{v}|^2(1-\cos^2\theta)\\&=|\mathbf{u}|^2|\mathbf{v}|^2\sin^2\theta\end{aligned}$$

$0 \le \theta \le \pi$이므로 $\sin\theta \ge 0$이며, 따라서

$$|\mathbf{u}\times\mathbf{v}| = |\mathbf{u}||\mathbf{v}|\sin\theta$$ ■

두 벡터가 평행할 필요충분조건은 그들이 이루는 각의 크기가 0 또는 π이므로 정리 12.6.1에 의하여 다음이 성립한다.

정리 12.6.2

공간 위의 두 벡터 $\mathbf{u}$, $\mathbf{v}$가 평행할 필요충분조건은 $\mathbf{u}\times\mathbf{v} = \mathbf{0}$이다.

예제 12.6.2 세 점 $P_1(1, -2, 3)$, $P_2(4, 1, -2)$, $P_3(-2, -3, 0)$를 지나는 평면의 방정식을 구하라(그림 12.36).

[풀이] $\mathbf{u} = \overrightarrow{P_2P_1} = (-3, -3, 5)$, $\mathbf{v} = \overrightarrow{P_2P_3} = (-6, -4, 2)$라고 하면

$$\mathbf{u}\times\mathbf{v} = \begin{vmatrix} \mathbf{i} & \mathbf{j} & \mathbf{k} \\ -3 & -3 & 5 \\ -6 & -4 & 2 \end{vmatrix} = 14\mathbf{i} - 24\mathbf{j} - 6\mathbf{k}$$

이다. 따라서 점 (4, 1, −2)를 지나며 벡터 $14\mathbf{i} - 24\mathbf{j} - 6\mathbf{k}$에 수직인 평면의 방정식을 구하면 된다(12.5절). 따라서

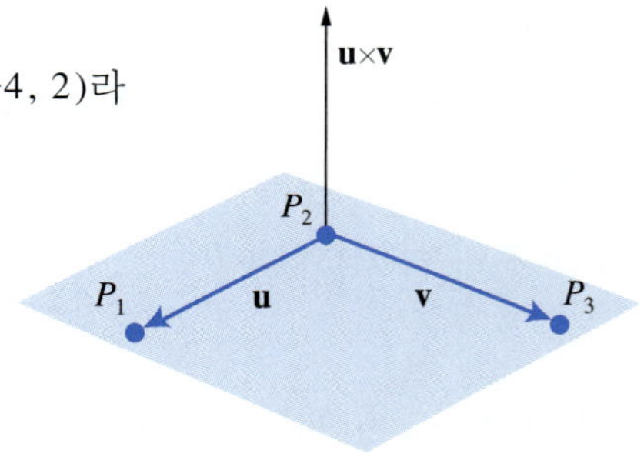

[그림 12.36]

$$14(x-4) - 24(y-1) - 6(z+2) = 0$$

즉,

$$14x - 24y - 6z = 44$$

이다. ■

예제 12.6.3 두 벡터 $\mathbf{a}$, $\mathbf{b}$를 인접한 두 변으로 하는 평행사변형의 넓이는 $|\mathbf{a}\times\mathbf{b}|$인 것을 보이라.

[풀이] 그림 12.37에서와 같이 $|\mathbf{a}\times\mathbf{b}| = |\mathbf{a}||\mathbf{b}|\sin\theta$를 이용하면 된다. ■

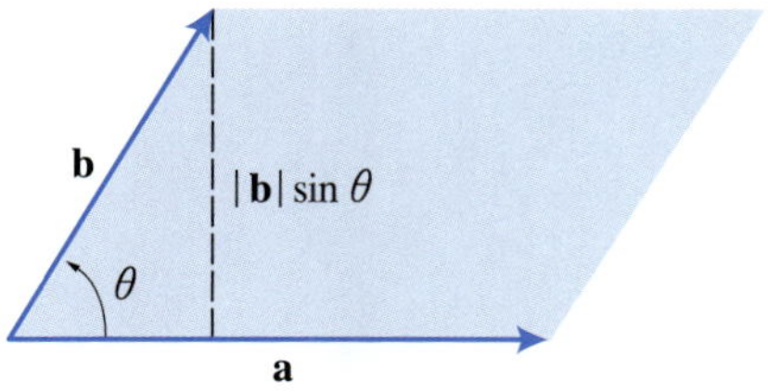

[그림 12.37]

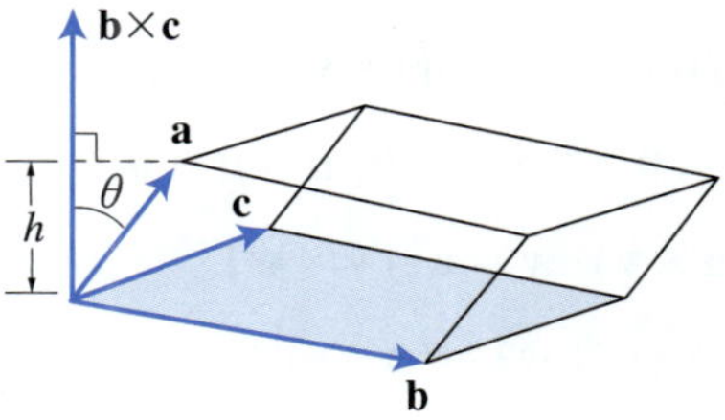

[그림 12.38]

예제 12.6.4 동일 평면 위에 있지 않는 세 벡터 $\mathbf{a}=(a_1, a_2, a_3)$, $\mathbf{b}=(b_1, b_2, b_3)$, $\mathbf{c}=(c_1, c_2, c_3)$에 의하여 결정되는 평행육면체의 부피는

$$V=|\mathbf{a}\cdot(\mathbf{b}\times\mathbf{c})|=\left|\begin{vmatrix} a_1 & a_2 & a_3 \\ b_1 & b_2 & b_3 \\ c_1 & c_2 & c_3 \end{vmatrix}\right|$$

임을 증명하라.

[풀이] 그림 12.38에서와 같이 $\mathbf{b}$와 $\mathbf{c}$에 의해서 결정되는 평행사변형은 평행육면체의 밑면이다. 따라서 위 예제에 의하여 이 밑면의 넓이는 $|\mathbf{b}\times\mathbf{c}|$이며 평행육면체의 높이 h는 벡터 $\mathbf{b}\times\mathbf{c}$ 위로의 벡터 $\mathbf{a}$의 스칼라 사영의 절댓값이다. 그러므로

$$h=|\mathbf{a}||\cos\theta|=\frac{|\mathbf{a}||\mathbf{b}\times\mathbf{c}||\cos\theta|}{|\mathbf{b}\times\mathbf{c}|}=\frac{|\mathbf{a}\cdot(\mathbf{b}\times\mathbf{c})|}{|\mathbf{b}\times\mathbf{c}|}$$

이다. 따라서

$$V=h|\mathbf{b}\times\mathbf{c}|=|\mathbf{a}\cdot(\mathbf{b}\times\mathbf{c})|=\left|\begin{vmatrix} a_1 & a_2 & a_3 \\ b_1 & b_2 & b_3 \\ c_1 & c_2 & c_3 \end{vmatrix}\right|$$ ■

외적의 대수적 성질

외적에 대한 성질로 다음 정리가 있다. 증명은 연습문제로 남긴다.

○ 정리 12.6.3

공간 위의 세 벡터 $\mathbf{u}$, $\mathbf{v}$, $\mathbf{w}$와 스칼라 k에 대하여 다음과 같은 성질이 있다.

1. $\mathbf{u}\times\mathbf{v}=-(\mathbf{v}\times\mathbf{u})$ (역교환법칙)
2. $\mathbf{u}\times(\mathbf{v}+\mathbf{w})=(\mathbf{u}\times\mathbf{v})+(\mathbf{u}\times\mathbf{w})$ (좌분배법칙)

3. $k(\mathbf{u}\times\mathbf{v})=(k\mathbf{u})\times\mathbf{v}=\mathbf{u}\times(k\mathbf{v})$
4. $\mathbf{u}\times\mathbf{0}=\mathbf{0}\times\mathbf{u}=\mathbf{0},\ \mathbf{u}\times\mathbf{u}=\mathbf{0}$
5. $(\mathbf{u}\times\mathbf{v})\cdot\mathbf{w}=\mathbf{u}\cdot(\mathbf{v}\times\mathbf{w})$
6. $\mathbf{u}\times(\mathbf{v}\times\mathbf{w})=(\mathbf{u}\cdot\mathbf{w})\mathbf{v}-(\mathbf{u}\cdot\mathbf{v})\mathbf{w}$

기본 단위벡터에 대한 외적은 다음과 같다.

$$\mathbf{i}\times\mathbf{j}=\mathbf{k},\ \ \mathbf{j}\times\mathbf{k}=\mathbf{i},\ \ \mathbf{k}\times\mathbf{i}=\mathbf{j}$$

이 결과에는 그림 12.39와 같은 순환관계가 있다.

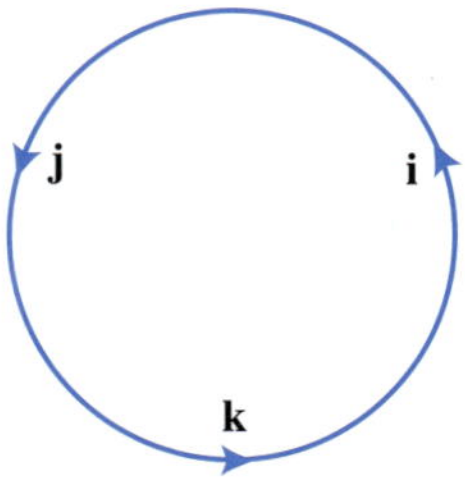

[그림 12.39]

예제 12.6.5 두 벡터 $\mathbf{u}=3\mathbf{i}-2\mathbf{j}+\mathbf{k},\ \mathbf{v}=4\mathbf{i}+2\mathbf{j}-3\mathbf{k}$에 대하여 $\mathbf{u}\times\mathbf{v}$를 구하라.

[풀이] 정리 12.6.3의 분배법칙과 역교환법칙을 이용하면

$$\begin{aligned}\mathbf{u}\times\mathbf{v}&=(3\mathbf{i}-2\mathbf{j}+\mathbf{k})\times(4\mathbf{i}+2\mathbf{j}-3\mathbf{k})\\&=12(\mathbf{i}\times\mathbf{i})+6(\mathbf{i}\times\mathbf{j})-9(\mathbf{i}\times\mathbf{k})-8(\mathbf{j}\times\mathbf{i})-4(\mathbf{j}\times\mathbf{j})\\&\quad+6(\mathbf{j}\times\mathbf{k})+4(\mathbf{k}\times\mathbf{i})+2(\mathbf{k}\times\mathbf{j})-3(\mathbf{k}\times\mathbf{k})\\&=12(\mathbf{0})+6(\mathbf{k})-9(-\mathbf{j})-8(-\mathbf{k})-4(\mathbf{0})+6(\mathbf{i})+4(\mathbf{j})+2(-\mathbf{i})-3(\mathbf{0})\\&=4\mathbf{i}+13\mathbf{j}+14\mathbf{k}\end{aligned}$$

■

연습문제 12.6

1. $\mathbf{a}=-3\mathbf{i}+2\mathbf{j}-2\mathbf{k},\ \mathbf{b}=\mathbf{i}-4\mathbf{j}+3\mathbf{k},\ \mathbf{c}=2\mathbf{i}-\mathbf{j}+4\mathbf{k}$ 에 대하여 다음을 구하라.
   (1) $\mathbf{a}\times\mathbf{b}$ (2) $\mathbf{a}\times(\mathbf{b}+\mathbf{c})$
   (3) $\mathbf{a}\cdot(\mathbf{b}\times\mathbf{c})$ (4) $\mathbf{a}\times(\mathbf{b}\times\mathbf{c})$

2. 두 벡터 $-2\mathbf{i}+\mathbf{j}-4\mathbf{k}$와 $3\mathbf{i}-4\mathbf{j}+5\mathbf{k}$에 수직인 모든 벡터를 구하라.

3. 세 점 $(-1,2,0),\ (5,-1,3),\ (4,0,-2)$로 결정되는 평면에 수직인 모든 단위벡터를 구하라.

4. 두 벡터 $-2\mathbf{i}+\mathbf{j}-4\mathbf{k}$와 $4\mathbf{i}-2\mathbf{j}-5\mathbf{k}$를 인접한 두 변으로 하는 평행사변형의 넓이를 구하라.

5. 세 점 $(3, 2, -1)$, $(2, 4, 6)$, $(-1, 2, 7)$을 꼭짓점으로 하는 삼각형의 넓이를 구하라.

6. 세 점 $(2, 5, 6)$, $(1, -1, 2)$, $(4, 0, 6)$을 지나는 평면의 방정식을 구하라.

7. 한 점 $(-1, -2, 3)$을 지나고 두 평면 $x-3y+2z=7$, $2x-2y-z=-3$이 만나는 선에 수직인 평면의 방정식을 구하라.

8. 한 점 $(6, 2, -1)$을 지나고 평면 $4x-3y+2z=5$와 평면 $3x+2y-z+11=0$이 만나는 선에 수직인 평면의 방정식을 구하라.

9. 세 벡터 $(2, 3, 4)$, $(0, 4, -1)$, $(5, 1, 3)$을 모서리로 하는 평행육면체의 부피를 구하라.

10. 세 벡터 $\mathbf{u}=(3, 2, 1)$, $\mathbf{v}=(1, 1, 2)$, $\mathbf{w}=(1, 3, 3)$에 의하여 결정되는 평행육면체를 K라고 할 때 다음 물음에 답하라.
    (1) K의 부피를 구하라.
    (2) 두 벡터 $\mathbf{u}$와 $\mathbf{v}$에 의하여 결정되는 면의 넓이를 구하라.
    (3) 벡터 $\mathbf{u}$와 두 벡터 $\mathbf{v}, \mathbf{w}$에 의하여 결정되는 평면이 이루는 각의 크기를 구하라.

11. 세 벡터 $\mathbf{a}$, $\mathbf{b}$, $\mathbf{c}$를 모서리로 하는 정사면체의 부피는 $\frac{1}{6}|\mathbf{a}\cdot(\mathbf{b}\times\mathbf{c})|$임을 밝히라.

12. Lagrange 항등식 $|\mathbf{u}\times\mathbf{v}|^2=|\mathbf{u}|^2|\mathbf{v}|^2-(\mathbf{u}\cdot\mathbf{v})^2$을 증명하라.

13. 좌분배법칙과 역교환법칙을 써서 $(\mathbf{u}+\mathbf{v})\times\mathbf{w}=\mathbf{u}\times\mathbf{w}+\mathbf{v}\times\mathbf{w}$ (우분배법칙)을 증명하라.

연습문제 Chapter 12

1. 좌표평면에 다음 벡터 $2\mathbf{a}$, $-3\mathbf{b}$, $\mathbf{a}+\mathbf{b}$, $2\mathbf{a}-3\mathbf{b}$를 표시하라.

(1)

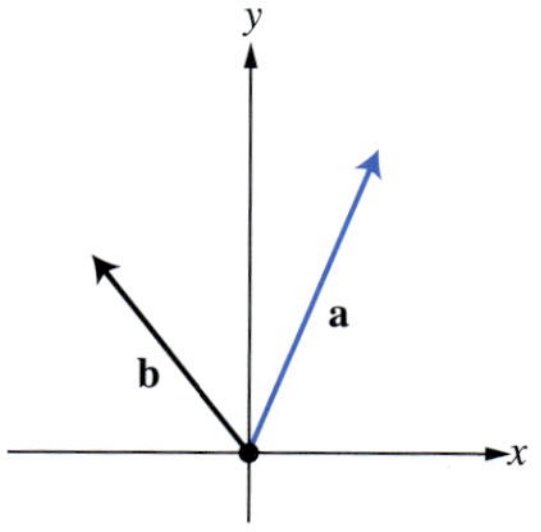

(2)

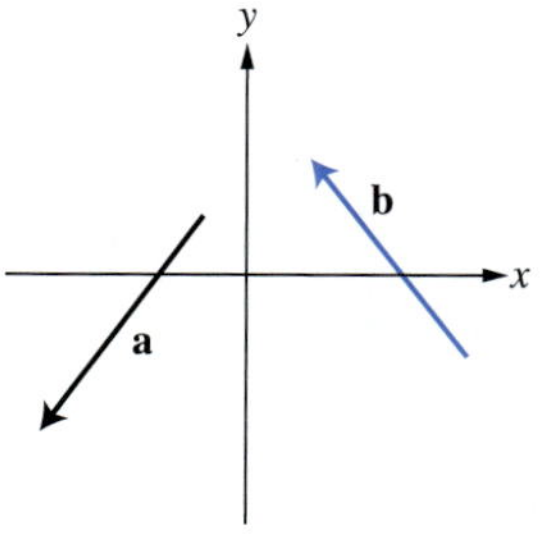

2. 벡터 $\mathbf{a}+\mathbf{b}$, $\mathbf{a}-2\mathbf{b}$, $3\mathbf{a}$, $|5\mathbf{b}-2\mathbf{a}|$를 구하라.

(1) $\mathbf{a}=(2, 4)$, $\mathbf{b}=(3, -1)$

(2) $\mathbf{a}=\mathbf{i}+2\mathbf{j}$, $\mathbf{b}=3\mathbf{i}-\mathbf{j}$

3. 시점이 A이고 종점이 B인 벡터를 구하라.

(1) $A=(2, 3)$, $B=(5, 4)$

(2) $A=(-1, 2)$, $B=(1, -1)$

(3) $A=(1, 1)$, $B=(-2, 4)$

4. 주어진 벡터와 같은 방향을 갖는 단위벡터를 구하라.

(1) $4\mathbf{i}-3\mathbf{j}$

(2) $2\mathbf{i}-4\mathbf{j}$

(3) $4\mathbf{i}$

(4) $(2, 1)$에서 $(5, 2)$까지의 벡터

5. 주어진 벡터와 같은 방향을 가지면서 주어진 크기를 가지는 벡터를 구하라

(1) 크기 3, $\mathbf{v}=3\mathbf{i}+4\mathbf{j}$

(2) 크기 4, $\mathbf{v}=(3, 0)$

6. 다음 두 벡터의 내적을 계산하라.

(1) $\mathbf{a}=(3, 1)$, $\mathbf{b}=(2, 4)$

(2) $\mathbf{a}=3\mathbf{i}+\mathbf{j}$, $\mathbf{b}=-2\mathbf{i}+3\mathbf{j}$

7. 두 벡터 $\mathbf{a}=3\mathbf{i}-2\mathbf{j}$, $\mathbf{b}=\mathbf{i}+\mathbf{j}$의 끼인각을 구하라.

8. 반지름이 r이고 중심이 (a, b, c)인 구의 방정식을 구하라.

(1) $r=2$, $(a, b, c)=(3, 1, 4)$

(2) $r=\sqrt{7}$, $(a, b, c)=(1, 3, 4)$

9. 주어진 방정식이 나타내는 도형을 찾으라.

(1) $(x-1)^2+y^2+(z+2)^2=4$ (2) $x^2+x+y^2-y+z^2=\frac{7}{2}$

10. $\mathbf{a}+\mathbf{b}$, $\mathbf{a}-3\mathbf{b}$와 식 $|4\mathbf{a}+2\mathbf{b}|$를 계산하라.

(1) $\mathbf{a}=(2,\ 1,\ -2)$, $\mathbf{b}=(1,\ 3,\ 0)$ (2) $\mathbf{a}=(-1,\ 0,\ 2)$, $\mathbf{b}=(4,\ 3,\ 2)$

(3) $\mathbf{a}=3\mathbf{i}-\mathbf{j}+4\mathbf{k}$, $\mathbf{b}=5\mathbf{i}+\mathbf{j}$

11. (a) 주어진 벡터와 평행인 두 개의 단위벡터를 찾으라.

(b) 주어진 벡터를 그 크기와 단위벡터의 곱으로 나타내라.

(1) $(3,\ 1,\ 2)$ (2) $2\mathbf{i}-\mathbf{j}+2\mathbf{k}$

(3) 시점이 $(1,\ 2,\ 3)$이고, 종점이 $(3,\ 2,\ 1)$인 벡터

12. 주어진 크기와 주어진 벡터와 같은 방향을 가지는 벡터를 찾으라.

(1) 크기 6, $\mathbf{v}=(2,\ 2,\ -1)$ (2) 크기 4, $\mathbf{v}=2\mathbf{i}-\mathbf{j}+3\mathbf{k}$

13. $\mathbf{a}\cdot\mathbf{b}$를 계산하라.

(1) $\mathbf{a}=(2,\ -1,\ 3)$, $\mathbf{b}=(0,\ 2,\ 4)$ (2) $\mathbf{a}=2\mathbf{i}-\mathbf{k}$, $\mathbf{b}=4\mathbf{j}-\mathbf{k}$

14. 다음 벡터 사이의 각을 구하라.

(1) $\mathbf{a}=(2,\ 0,\ -2)$, $\mathbf{b}=(0,\ -2,\ 4)$ (2) $\mathbf{a}=3\mathbf{i}+\mathbf{j}-4\mathbf{k}$, $\mathbf{b}=-2\mathbf{i}+2\mathbf{j}+\mathbf{k}$

15. 외적 $\mathbf{a}\times\mathbf{b}$를 계산하라.

(1) $\mathbf{a}=(1,\ 2,\ -1)$, $\mathbf{b}=(1,\ 0,\ 2)$ (2) $\mathbf{a}=(0,\ 1,\ 4)$, $\mathbf{b}=(-1,\ 2,\ -1)$

(3) $\mathbf{a}=2\mathbf{i}-\mathbf{k}$, $\mathbf{b}=4\mathbf{j}+\mathbf{k}$ (4) $\mathbf{a}=-2\mathbf{i}+\mathbf{j}-3\mathbf{k}$, $\mathbf{b}=2\mathbf{j}-\mathbf{k}$

16. 두 개의 주어진 벡터에 직교하는 두 개의 단위벡터를 구하라.

(1) $\mathbf{a}=(1,\ 0,\ 4)$, $\mathbf{b}=(1,\ -4,\ 2)$ (2) $\mathbf{a}=(2,\ -1,\ 0)$, $\mathbf{b}=(1,\ 0,\ 3)$

(3) $\mathbf{a}=-2\mathbf{i}+3\mathbf{j}-3\mathbf{k}$, $\mathbf{b}=2\mathbf{i}-\mathbf{k}$

17. 외적을 이용하여 다음 벡터들 사이의 각을 구하라.

(1) $\mathbf{a}=(1,\ 0,\ 4)$, $\mathbf{b}=(2,\ 0,\ 1)$ (2) $\mathbf{a}=3\mathbf{i}+\mathbf{k}$, $\mathbf{b}=4\mathbf{j}+\mathbf{k}$

18. 점 Q로부터 주어진 직선까지의 거리를 계산하라.

(1) $Q=(1, 2, 0)$, $(0, 1, 2)$와 $(3, 1, 1)$을 지나는 직선

(2) $Q=(3, -2, 1)$, $(2, 1, -1)$과 $(1, 1, 1)$을 지나는 직선

19. 다음을 계산하라.

(1) 두 벡터 $(2, 3), (1, 4)$를 이웃하는 두 변으로 하는 평행사변형의 넓이

(2) 세 벡터 $(2, 1, 0), (-1, 2, 0), (1, 1, 2)$를 이웃하는 세 변으로 하는 평행육면체의 부피

20. 주어진 직선의 매개변수방정식과 대칭방정식을 구하라.

(1) 점 $(1, 2, -3)$을 지나고 벡터 $(2, -1, 4)$와 평행한 직선

(2) 두 점 $(2, 1, 3)$, $(4, 0, 4)$를 지나는 직선

(3) 점 $(1, 4, 1)$을 지나고 직선 $x=2-3t$, $y=4$, $z=6+t$에 평행한 직선

(4) 점 $(2, 0, 1)$을 지나고 두 벡터 $(1, 0, 2), (0, 2, 1)$에 동시에 수직인 직선

(5) 점 $(1, 2, -1)$을 지나고 평면 $2x-y+3z=12$에 수직인 직선

21. 다음 조건을 만족하는 평면의 방정식을 구하라.

(1) 점 $(1, 3, 2)$를 포함하고 법선벡터가 $2\mathbf{i}-\mathbf{j}+5\mathbf{k}$인 평면

(2) 점 $(2, 0, 3)$, $(1, 1, 0)$, $(3, 2, -1)$을 포함하는 평면

(3) 점 $(3, -2, 1)$을 포함하고 평면 $x+3y-4z=2$에 평행한 평면

(4) 점 $(3, 0, -1)$을 포함하고 평면 $x+2y-z=2$와 $2x-z=1$에 수직인 평면

22. 평면들이 만나는 직선을 구하라.

(1) $2x-y-z=4$와 $3x-2y+z=0$ (2) $3x+4y=1$과 $x+y-z=3$

23. 주어진 점과 평면 또는 평면과 평면 사이의 거리를 구하라.

(1) 점 $(2, 0, 1)$과 평면 $2x-y+2z=4$

(2) 점 $(0, -1, 1)$과 평면 $2x-3y=2$

(3) 평면 $x+3y-2z=3$과 평면 $x+3y-2z=1$

C·H·A·P·T·E·R

13 벡터함수와 공간기하

13.1 •• 매개방정식

평면곡선 위를 움직이는 점의 직교좌표가 두 함수 f와 g에 의하여

$$x = f(t), \quad y = g(t)$$

와 같이 표시될 때 이 방정식을 이 곡선의 **매개방정식**(parametric equation)이라 하고 t를 매개변수(parameter)라 한다. 매개방정식에서 매개변수 t를 소거하면 그 곡선의 **직교좌표방정식**(rectangular equation)이 된다. 예를 들면, 방정식

$$x = 2\sin\theta, \quad y = 3\cos\theta$$

에서 매개변수 θ를 소거하면 타원의 직교좌표방정식

$$\frac{x^2}{4} + \frac{y^2}{9} = 1$$

이 된다. 그러나 한 가지 유의해야 할 것은 매개변수의 소거에서 매개방정식을 만족하는 모든 점은 직교좌표방정식을 만족하지만 그 역은 반드시 성립하지 않는다는 사실이다. 예를 들면 매개방정식

$$x = \sin\theta, \quad y = \cos^2\theta$$

에서 매개변수 θ를 소거하면 직교좌표방정식

$$y = 1 - x^2$$

이 되는데 이것은 포물선 전체를 나타내고 매개방정식 $x = \sin\theta$, $y = \cos^2\theta$는 $y \geq 0$이므로 x축 윗부분에 있는 포물선만을 나타낸다.

예제 13.1.1 다음 매개방정식의 직교좌표방정식을 구하고 곡선의 개형을 그리라.

$$x = t^2 + 2t,\quad y = t - 3,\quad -2 \le t \le 3$$

[풀이] 두 번째 식으로부터

$$t = y + 3$$

이다. 이것을 첫 번째 식에 대입하면

$$x = (y+3)^2 + 2(y+3) = y^2 + 8y + 15$$

그러면

$$x + 1 = (y+4)^2$$

이다. 이 방정식은 꼭짓점이 $(-1, -4)$인 포물선의 방정식이다. 곡선의 개형을 그리기 위하여 t가 변할 때 이에 대응하는 x, y의 값을 구하여 다음 표를 만든다(그림 13.1). ■

t	x	y
−2	0	−5
−1	−1	−4
0	0	−3
1	3	−2
2	8	−1
3	15	0

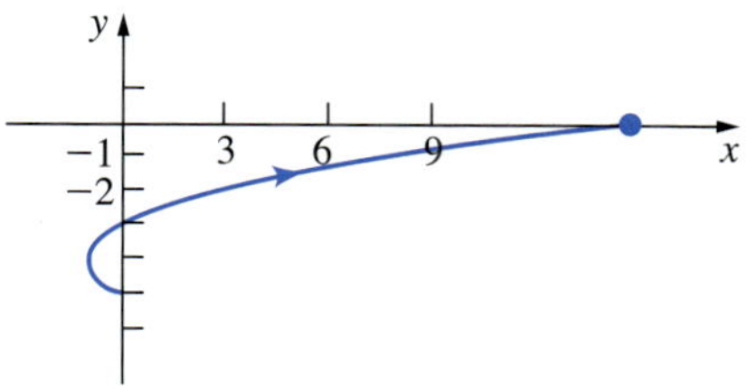

[그림 13.1]

예제 13.1.2 다음 매개방정식이 타원의 방정식임을 밝히라.

$$x = a\cos t,\qquad y = b\sin t,\qquad 0 \le t \le 2\pi$$

[풀이] 두 식에서 t를 소거하면

$$\left(\frac{x}{a}\right)^2 + \left(\frac{y}{b}\right)^2 = \cos^2 t + \sin^2 t = 1$$

$$\frac{x^2}{a^2} + \frac{y^2}{b^2} = 1$$

이다. 이것은 타원의 방정식이다(그림 13.2). 특히 $t = 0$과 $t = 2\pi$는 점 $(a, 0)$을 나타낸다. $a = b$일 경우 $x^2 + y^2 = a^2$인 원의 방정식이다.

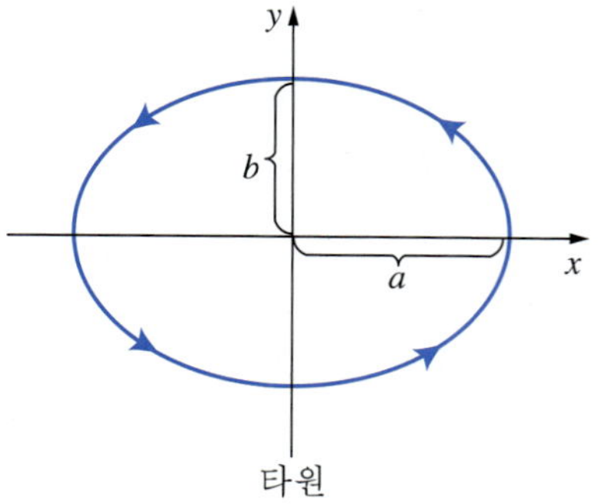

[그림 13.2]

■

서로 다른 모양의 매개방정식이 같은 곡선을 나타낼 수도 있다.

예제 13.1.3 다음 각 매개방정식은 모두 그림 13.3과 같은 반원임을 밝히라.

(1) $x=\sqrt{1-t^2},\ \ y=t,\ \ -1\le t\le 1$

(2) $x=\cos t,\ \ y=\sin t,\ \ -\dfrac{\pi}{2}\le t\le\dfrac{\pi}{2}$

(3) $x=\dfrac{1-t^2}{1+t^2},\ \ y=\dfrac{2t}{1+t^2},\ \ -1\le t\le 1$

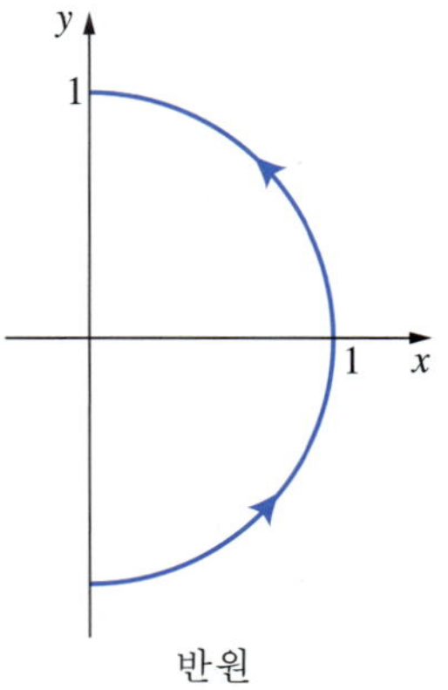

[그림 13.3]

[풀이] (1), (2), (3)의 모든 경우에 있어서 t를 소거하면

$$x^2+y^2=1$$

이고 t의 값에 대응하는 x, y의 값을 조사하면 각 방정식의 곡선은 반원이다. ■

예제 13.1.4 다음 각 매개방정식은 모두 그림 13.4와 같은 쌍곡선의 한 부분임을 밝히라.

(1) $x=a\sec t,\ \ y=b\tan t,\ \ -\dfrac{\pi}{2}<t<\dfrac{\pi}{2}\quad (a>0,\ \ b>0)$

(2) $x=a\cosh t,\ \ y=b\sinh t,\ \ -\infty<t<\infty\quad (a>0,\ \ b>0)$

[풀이] (1) $\left(\dfrac{x}{a}\right)^2-\left(\dfrac{y}{b}\right)^2=\sec^2 t-\tan^2 t=1$

(2) $\left(\dfrac{x}{a}\right)^2-\left(\dfrac{y}{b}\right)^2=\cosh^2 t-\sinh^2 t=1$

(1)과 (2)에서 t의 값에 대응하는 x, y의 값들을 조사해 보면, 이 방정식들의 곡선은 쌍곡선 $\dfrac{x^2}{a^2}-\dfrac{y^2}{b^2}=1$의 한 부분이다. ■

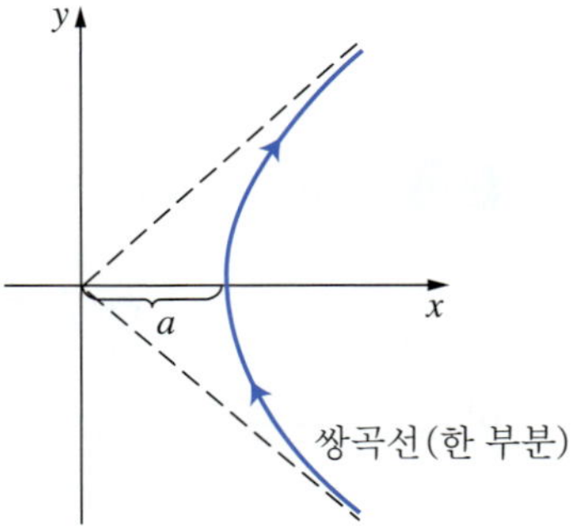

[그림 13.4]

예제 13.1.5 원이 하나의 직선에 접하면서 굴러갈 때 이 원 위의 고정점이 그리는 곡선을 **파선**(cycloid)이라 한다. 파선의 매개방정식을 구하라.

[풀이] 반지름 a인 원 위의 고정점 P는 원점에서 출발하며 원은 x축에 접하면서 굴러간다 하자. 원의 반지름 $\overline{CP}$가 처음 위치로부터 양의 방향으로 각 t만큼 회전한 자리로 옮겨졌을 때 점 P의 좌표를 (x, y)라 하자. 그러면 그림 13.5에서

$$\overline{ON}=\text{호 }\widehat{PN}\text{ 의 길이}=at$$

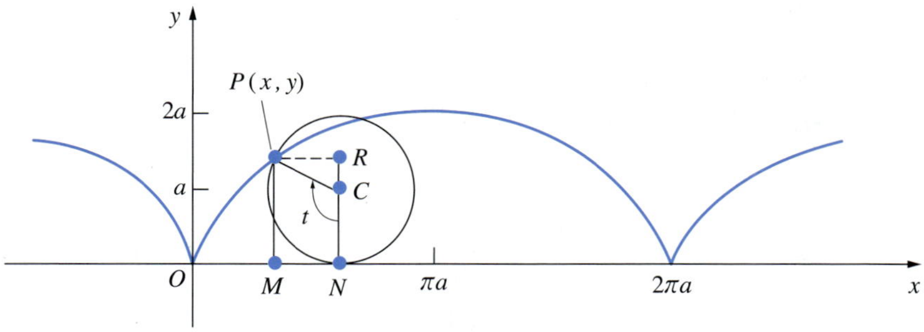

파선

[그림 13.5]

$$\overline{CR} = -a\cos t$$
$$\overline{PR} = a\sin t$$

이므로

$$x = \overline{OM} = \overline{ON} - \overline{MN} = at - \overline{PR} = at - a\sin t = a(t - \sin t)$$
$$y = \overline{MP} = \overline{NR} = \overline{NC} + \overline{CR} = a - a\cos t = a(1 - \cos t)$$

따라서 파선의 매개방정식은 다음과 같다.

$$x = a(t - \sin t)$$
$$y = a(1 - \cos t)$$ ■

> **참고** 파선의 매개방정식에서 매개변수 t를 소거하여 직교좌표방정식을 구하면 다음과 같다.
>
> $$x = 2k\pi a - \left(a\cos^{-1}\frac{a-y}{a} + \sqrt{2ay - y^2}\right),\ k = 0, 1$$
>
> 이 방정식은 매개방정식보다 사용하는 데 불편하다.

파선은 역학에서 널리 활용되고 있다. 한 물체가 중력에만 의존하여 점 A에서 점 B까지 미끄러져 내려가는 시간을 생각하면 물체가 파선을 뒤집어 놓은 곡선을 따라 미끄러져 내려가는 경우에 최단시간이 걸린다(그림 13.6(a)). 물론 두 점 A, B 사이의 최단거리는 선분 AB의 길이이다. 그러나 물체가 A에서 B까지 하강하는 경로가 파선일 경우에 최단시간이 걸린다는 것이다.

또 다른 흥미로운 성질로서 다음과 같은 것이 있다. 점 L이 파선을 뒤집어 놓은 호에서 맨 아래 점이라 하자(그림 13.6(b)). 이 경우 어떤 물체가 이 호 위의 어느 점에서 출발하더라도 이 호를 따라 L까지 내려가는 데 걸리는 시간이 같다는 것이 알려져 있다. 다시

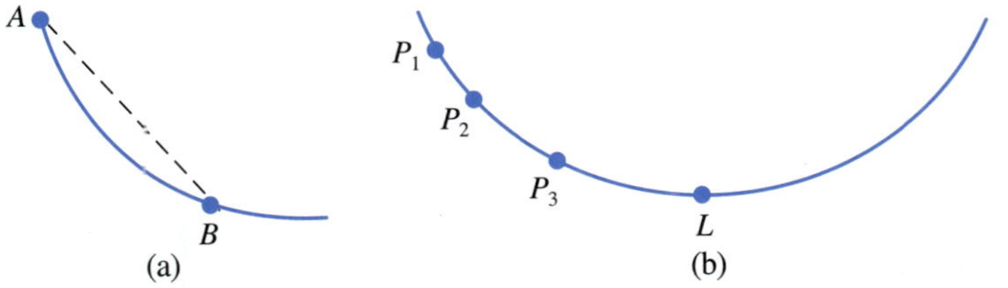

[그림 13.6]

말하면 세 개의 물체 P_1, P_2, P_3가 이 호 위의 다른 점에서 같은 시각에 제각기 이 호를 따라 내려간다면 그 물체들은 모두 같은 시각에 L에 도착한다. 따라서 파선 위에서 운동하는 진자의 주기는 그 진폭에 상관없이 일정하다는 것을 알 수 있다.

○ 정리 13.1.1

닫힌구간 $[\alpha, \beta]$에서 정의된 연속함수 f, g가 (α, β)에서 미분가능하고 $\alpha < t < \beta$인 모든 t에 대하여 $f'(t) \neq 0$이면 매개방정식

$$x = f(t), \quad y = g(t)$$

에 의하여 정의된 x의 함수 y는 미분가능하며, 도함수는 다음과 같다.

$$\frac{dy}{dx} = \frac{\dfrac{dy}{dt}}{\dfrac{dx}{dt}} = \frac{g'(t)}{f'(t)}$$

[증명] $\alpha < t < \beta$인 모든 t에 대하여 $f'(t) \neq 0$이므로 f는 $[\alpha, \beta]$에서 증가하거나 감소한다. 그러므로 f의 역함수 f^{-1}가 존재하며 f^{-1}는 미분가능하다(7.2절 정리 7.2.2의 역함수의 도함수). 따라서 $h = g \circ f^{-1}$라 하면

$$\begin{aligned} y &= g(t) = g(f^{-1}(x)) \\ &= h(x) = h(f(t)) \end{aligned}$$

이다. 양변을 t에 대하여 미분하면 연쇄법칙에 의하여

$$\frac{dy}{dt} = h'(f(t)) \cdot f'(t) = \frac{dy}{dx} \cdot \frac{dx}{dt}$$

그런데 $\dfrac{dx}{dt} = f'(t) \neq 0$이므로

$$\frac{dy}{dx} = \frac{\frac{dy}{dt}}{\frac{dx}{dt}}$$ ■

예제 13.1.6 매개방정식 $x = 5\cos t,\ y = 4\sin t,\ 0 < t < 3$에서 $\frac{dy}{dx}$, $\frac{d^2y}{dx^2}$를 구하라. 또한 $t = \frac{\pi}{6}$일 때 $\frac{dy}{dx}$, $\frac{d^2y}{dx^2}$의 값을 구하라.

[풀이]

$$\frac{dy}{dx} = \frac{\frac{dy}{dt}}{\frac{dx}{dt}} = \frac{4\cos t}{-5\sin t} = -\frac{4}{5}\cot t$$

$$\frac{d^2y}{dx^2} = \frac{dy'}{dx} = \frac{\frac{dy'}{dt}}{\frac{dx}{dt}}$$

$$= \frac{\frac{4}{5}\csc^2 t}{-5\sin t} = -\frac{4}{25}\csc^3 t$$

$t = \frac{\pi}{6}$일 때,

$$\frac{dy}{dx} = \frac{-4\sqrt{3}}{5}$$

$$\frac{d^2y}{dx^2} = -\frac{-4}{25}(8) = \frac{-32}{25}$$ ■

예제 13.1.7 $x = 2t - 1,\ y = t^2 + 2$일 때 다음을 구하라.

(a) $\int_1^3 y\,dx$　　　(b) $\int_1^3 xy^2\,dx$

[풀이] $x = 2t - 1$이므로 $dx = 2dt$, 그리고 $x = 1$일 때 $t = 1$이고, $x = 3$일 때 $t = 2$이므로

(a) $\int_1^3 y\,dx = \int_1^2 (t^2 + 2)2\,dt = 2\left[\frac{t^3}{3} + 2t\right]_1^2 = \frac{26}{3}$

(b) $\int_1^3 xy^2\,dx = \int_1^2 (2t - 1)(t^2 + 2)^2\, 2\,dt$

$= 2\int_1^2 (2t^5 - t^4 + 8t^3 - 4t^2 + 8t - 4)\,dt = 86\frac{14}{15}$ ■

예제 13.1.8 파선의 한 호로 둘러싸인 영역의 넓이 A를 구하라. 또한 이 호의 길이 L을 구하라(그림 13.7).

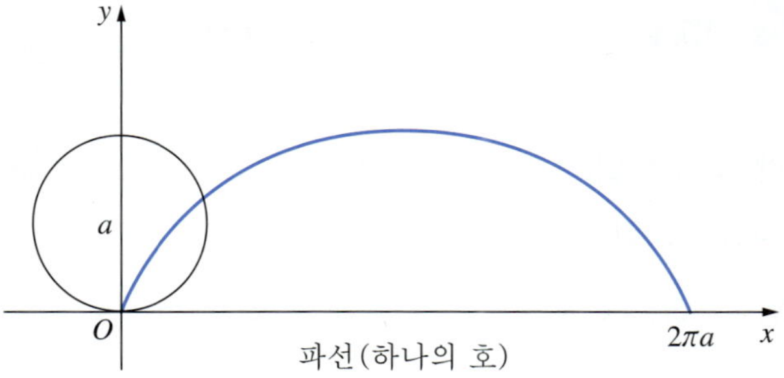

[그림 13.7]

[풀이] 예제 13.1.5로부터 파선의 한 호의 매개방정식은 다음과 같다.

$$x = a(t - \sin t),\ y = a(1 - \cos t),\ 0 \le t \le 2\pi$$

따라서

$$\begin{aligned} A &= \int_0^{2\pi a} y\, dx = \int_0^{2\pi} a(1-\cos t)d\,[a(t - \sin t)] = a^2\int_0^{2\pi}(1-\cos t)(1-\cos t)\, dt \\ &= a^2\int_0^{2\pi}(1 - 2\cos t + \cos^2 t)\, dt = a^2\int_0^{2\pi}\left(1 - 2\cos t + \frac{1}{2} + \frac{1}{2}\cos 2t\right)dt \\ &= a^2\left[\frac{3}{2}t - 2\sin t + \frac{1}{4}\sin 2t\right]_0^{2\pi} = 3\pi a^2 \end{aligned}$$

호의 길이 L을 구하기 위하여 6.4절의 호의 길이 공식

$$L = \int_\alpha^\beta \sqrt{\left(\frac{dx}{dt}\right)^2 + \left(\frac{dy}{dt}\right)^2}\ dt$$

를 이용하면

$$\begin{aligned} L &= \int_0^{2\pi}\sqrt{a^2(1-\cos t)^2 + a^2\sin^2 t}\ dt \\ &= a\int_0^{2\pi}\sqrt{2(1-\cos t)}\ dt = a\int_0^{2\pi}\sqrt{4\sin^2\frac{t}{2}}\ dt \\ &= 2a\int_0^{2\pi}\sin\frac{t}{2}\, dt = \left[-4a\cos\frac{t}{2}\right]_0^{2\pi} = 8a \end{aligned}$$

■

연습문제 13.1

1. 매개변수에 값을 대입하여 곡선의 그래프를 그리라. 그리고 매개변수를 소거하여 직교좌표방정식을 구하라.

(1) $x=2t,\ y=3t;\ t\in R$

(2) $x=t-4,\ y=\sqrt{t}\ ;\ 0\le t\le 4$

(3) $x=t^2,\ y=t^3;\ -1\le t\le 2$

(4) $x=t^3-4t,\ y=t^2-4;\ -3\le t\le 3$

(5) $x=3\sin t,\ y=5\cos t\ ;\ 0\le t\le 2\pi$

(6) $x=4\sin^4 t,\ y=4\cos^4 t\ ;\ 0\le t\le \dfrac{1}{2}\pi$

2. $\dfrac{dy}{dx},\ \dfrac{d^2y}{dx^2}$를 구하라. 단, 매개변수를 소거하지 말고 구하라.

(1) $x=3t^2,\ y=2t^3;\ t\neq 0$

(2) $x=2t-\dfrac{3}{t},\ y=2t+\dfrac{3}{t};\ t\neq 0$

(3) $x=3\tan t-1,\ y=5\sec t+2\ ;\ t\neq \dfrac{(2n+1)\pi}{2}$

3. 다음 곡선에 대하여 주어진 점에서 접선의 방정식을 구하라. 단 매개변수는 소거하지 말고 구하라.

(1) $x=t^2,\ y=t^3;\ t=2$

(2) $x=2\sec t,\ y=2\tan t\ ;\ t=-\dfrac{\pi}{6}$

4. 다음 적분을 구하라.

$$\int_0^1 (x^2-4y)\,dx\ ,\ \text{여기서}\ \ x=t+1,\ \ y=t^3+4$$

5. 곡선 $x=e^{2t},\ y=e^{-t}$의 개형을 그리고, 이 곡선과 x축으로 둘러싸인 영역의 넓이를 구하라. 단, $0\le t\le \ln 5$.

6. 반지름 b인 원이 반지름 a인 고정원의 내부에서 접하며 회전할 때(단, $a>b$) 회전하는 원 위의 한 점 P가 그리는 곡선을 **내파선**(hypocycloid)이라 한다. 이 곡선의 매개방정식을 구하라.

(힌트) 그림 13.8. 고정원의 중심을 직교좌표계의 원점 O에 놓고, 문제의 점 P의 자리 하나를 $A(a,0)$이라 한다. 그리고 두 원의 접점(이 점은 움직임)을 B라 하고 $\angle AOB$의 크기를 t(매개변수)라 하라.

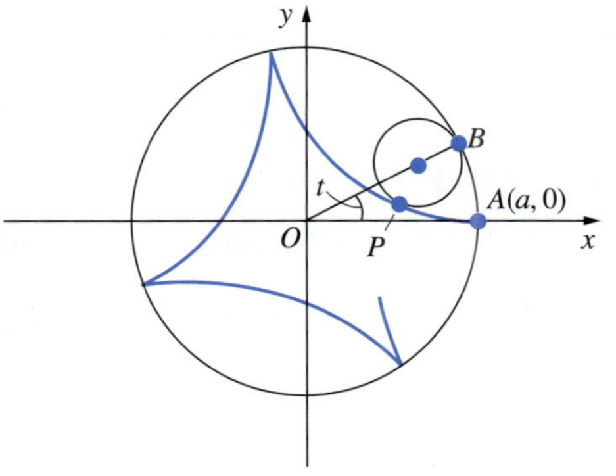

[그림 13.8]

7. 반지름 b인 원이 반지름 a인 고정원의 외부에서 접하며 회전할 때 회전하는 원 위의 한 점 P가 그리는 곡선을 외파선(epicycloid)이라고 하는데 이 곡선의 매개방정식은 다음과 같다. 이것을 유도하라.

$$x = (a + b)\cos t - b\cos\frac{a + b}{b}t$$
$$y = (a + b)\sin t - b\sin\frac{a + b}{b}t$$

13.2 벡터 함수와 곡선

세 함수 f, g, h가 있을 때 각 실수 t에 대하여 하나의 벡터 $(f(t), g(t), h(t))$를 대응시키는 함수

$$\mathbf{F}(t) = f(t)\mathbf{i} + g(t)\mathbf{j} + h(t)\mathbf{k} = (f(t), g(t), h(t))$$

를 **벡터함수**라 한다. 예를 들면

$$\mathbf{F}(t) = t^2\mathbf{i} + e^t\mathbf{j} + \sin t\,\mathbf{k} = \left(t^2, e^t, \sin t\right)$$

벡터함수에 대한 계산법

미적분에서 가장 기본적인 개념은 극한이다. 직관적으로 $\lim_{t\to c}\mathbf{F}(t)=\mathbf{L}$은 t가 c에 가까워짐에 따라 벡터 $\mathbf{F}(t)$가 벡터 $\mathbf{L}$에 가까워진다는 뜻이다. 다시 말하면 $t-c\to 0$이면 벡터 $\mathbf{F}(t)-\mathbf{L}\to\mathbf{0}$이다(그림 13.9). 이 개념을 2.5절의 실함수에 대한 $\varepsilon-\delta$ 방법으로 정의하면 다음과 같다.

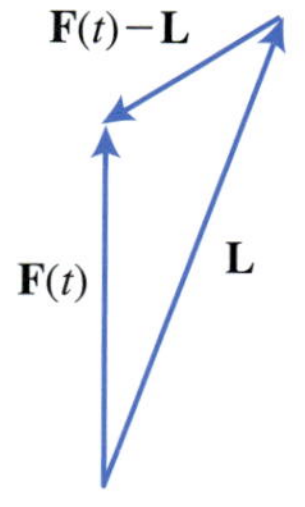

[그림 13.9]

정의

$\mathbf{F}(t)$는 벡터함수이고 $\mathbf{L}$은 주어진 벡터라 하자. 임의의 $\varepsilon>0$에 대하여 이에 대응하는 $\delta>0$가 존재하여 $0<|t-c|<\delta$이면 $|\mathbf{F}(t)-\mathbf{L}|<\varepsilon$이 성립할 때, $\mathbf{L}$은 c에서 $\mathbf{F}(t)$의 극한이라 하고 $\lim_{t\to c}\mathbf{F}(t)=\mathbf{L}$로 나타낸다.

벡터함수의 극한에 관해서 다음이 성립한다. 증명은 생략한다.

정리 13.2.1

$\mathbf{F}(t)=f(t)\mathbf{i}+g(t)\mathbf{j}+h(t)\mathbf{k}$일 때 c에서 $\mathbf{F}$의 극한이 존재할 필요충분조건은 c에서 f, g, h의 극한이 각각 존재하는 것이다. 이 경우 다음이 성립한다.

$$\lim_{t\to c}\mathbf{F}(t)=\left[\lim_{t\to c}f(t)\right]\mathbf{i}+\left[\lim_{t\to c}g(t)\right]\mathbf{j}+\left[\lim_{t\to c}h(t)\right]\mathbf{k}$$

$\lim_{t\to c}\mathbf{F}(t)=\mathbf{F}(c)$일 때 $\mathbf{F}$는 c에서 연속이라 한다. 따라서 정리 13.2.1에 의하여 $\mathbf{F}$가 c에서 연속일 필요충분조건은 f, g, h가 c에서 연속인 것이다.

도함수 $\mathbf{F}'(t)$도 실함수처럼 다음과 같이 정의한다.

$$\mathbf{F}'(t)=\lim_{\ell\to 0}\frac{\mathbf{F}(t+\ell)-\mathbf{F}(t)}{\ell}$$

$\mathbf{F}(t)=f(t)\mathbf{i}+g(t)\mathbf{j}+h(t)\mathbf{k}$일 때, $\mathbf{F}(t)$가 미분가능하기 위한 필요충분조건은 $f(t)$, $g(t)$, $h(t)$가 미분가능한 것이고, 정리 13.2.1에 의하여

$$\begin{aligned}\mathbf{F}'(t)&=\lim_{\ell\to 0}\frac{[f(t+\ell)\mathbf{i}+g(t+\ell)\mathbf{j}+h(t+\ell)\mathbf{k}]-[f(t)\mathbf{i}+g(t)\mathbf{j}+h(t)\mathbf{k}]}{h}\\&=\lim_{\ell\to 0}\frac{f(t+\ell)-f(t)}{\ell}\mathbf{i}+\lim_{\ell\to 0}\frac{g(t+\ell)-g(t)}{\ell}\mathbf{j}+\lim_{\ell\to 0}\frac{h(t+\ell)-h(t)}{\ell}\mathbf{k}\end{aligned}$$

$$= f'(t)\mathbf{i} + g'(t)\mathbf{j} + h'(t)\mathbf{k}$$

이다.

예제 13.2.1 $\mathbf{F}(t) = t^2\mathbf{i} + e^t\mathbf{j} + \sin t\,\mathbf{k}$일 때 $\mathbf{F}'(t)$, $\mathbf{F}''(t)$를 구하고 $\mathbf{F}'(0)$와 $\mathbf{F}''(0)$의 끼인각 θ를 구하라.

[풀이]

$$\mathbf{F}'(t) = 2t\mathbf{i} + e^t\mathbf{j} + \cos t\,\mathbf{k}$$
$$\mathbf{F}''(t) = 2\mathbf{i} + e^t\mathbf{j} - \sin t\,\mathbf{k}$$

따라서

$$\mathbf{F}'(0) = \mathbf{j} + \mathbf{k},\ \ \mathbf{F}''(0) = 2\mathbf{i} + \mathbf{j}$$

그러므로

$$\cos\theta = \frac{\mathbf{F}'(0)\cdot\mathbf{F}''(0)}{|\mathbf{F}'(0)||\mathbf{F}''(0)|} = \frac{1}{\sqrt{10}}$$

$$\theta = \cos^{-1}\frac{1}{\sqrt{10}}$$ ■

이제 도함수에 대한 성질을 알아보자.

정리 13.2.2

$\mathbf{F}$, $\mathbf{G}$가 미분가능한 벡터함수, h는 미분가능한 실함수이고, c는 스칼라라 하자. 그러면 다음이 성립한다.

1. $D_t[\mathbf{F}(t)+\mathbf{G}(t)] = \mathbf{F}'(t)+\mathbf{G}'(t)$
2. $D_t[c\,\mathbf{F}(t)] = c\,\mathbf{F}'(t)$
3. $D_t[h(t)\,\mathbf{F}(t)] = h(t)\,\mathbf{F}'(t) + h'(t)\,\mathbf{F}(t)$
4. $D_t[\mathbf{F}(t)\cdot\mathbf{G}(t)] = \mathbf{F}'(t)\cdot\mathbf{G}(t) + \mathbf{F}(t)\cdot\mathbf{G}'(t)$
5. $D_t[\mathbf{F}(h(t))] = h'(t)\,\mathbf{F}'(h(t))$ (연쇄법칙)

[증명] 등식 4만 증명한다.

$$\mathbf{F}(t) = f_1(t)\mathbf{i} + f_2(t)\mathbf{j} + f_3(t)\mathbf{k},\ \ \mathbf{G}(t) = g_1(t)\mathbf{i} + g_2(t)\mathbf{j} + g_3(t)\mathbf{k}$$

라 하자. 그러면

$$\begin{aligned} D_t[\mathbf{F}(t)\cdot\mathbf{G}(t)] &= D_t[f_1(t)g_1(t)+f_2(t)g_2(t)+f_3(t)g_3(t)] \\ &= f_1(t)g_1'(t)+g_1(t)f_1'(t)+f_2(t)g_2'(t)+g_2(t)f_2'(t) \\ &\quad + f_3(t)g_3'(t)+g_3(t)f_3'(t) \\ &= [f_1(t)g_1'(t)+f_2(t)g_2'(t)+f_3(t)g_3'(t)] \\ &\quad + [g_1(t)f_1'(t)+g_2(t)f_2'(t)+g_3(t)f_3'(t)] \\ &= \mathbf{F}(t)\cdot\mathbf{G}'(t)+\mathbf{G}(t)\cdot\mathbf{F}'(t) \end{aligned}$$ ■

벡터함수의 도함수는 성분함수의 도함수로 구할 수 있기 때문에 벡터함수의 적분도 성분함수를 적분하여 구할 수 있다. 즉, $\mathbf{F}(t)=f(t)\mathbf{i}+g(t)\mathbf{j}+h(t)\mathbf{k}$일 때 다음이 성립한다.

$$\int \mathbf{F}(t)\,dt=\left[\int f(t)\,dt\right]\mathbf{i}+\left[\int g(t)\,dt\right]\mathbf{j}+\left[\int h(t)\,dt\right]\mathbf{k}$$

$$\int_a^b \mathbf{F}(t)\,dt=\left[\int_a^b f(t)\,dt\right]\mathbf{i}+\left[\int_a^b g(t)\,dt\right]\mathbf{j}+\left[\int_a^b h(t)\,dt\right]\mathbf{k}$$

예제 13.2.2 $\mathbf{F}(t)=t^2\mathbf{i}+e^{-t}\mathbf{j}$ 일 때 다음을 구하라.

(a) $D_t[t^3\mathbf{F}(t)]$ (b) $\int_0^1 \mathbf{F}(t)\,dt$

[풀이] (a) $D_t[t^3\mathbf{F}(t)]=t^3(2t\mathbf{i}-e^{-t}\mathbf{j})+3t^2(t^2\mathbf{i}+e^{-t}\mathbf{j})$
$=5t^4\mathbf{i}+(3t^2-t^3)e^{-t}\mathbf{j}$

(b) $\int_0^1 \mathbf{F}(t)\,dt=\left(\int_0^1 t^2dt\right)\mathbf{i}+\left(\int_0^1 e^{-t}dt\right)\mathbf{j}$
$=\frac{1}{3}\mathbf{i}+(1-e^{-1})\mathbf{j}$ ■

공간곡선은 다음과 같은 세 개의 매개방정식에 의해 결정된다.

$$x=f(t),\ \ y=g(t),\ \ z=h(t),\ \ t\in I$$

여기서 함수 f, g, h는 구간 I위에서 연속이다.

점 $P=P(t)$의 위치벡터 $\mathbf{r}=\mathbf{r}(t)$에 의하여 공간곡선을 벡터함수로 표시하면 다음과 같다(그림 13.10).

$$\begin{aligned} \mathbf{r}=\mathbf{r}(t)&=(f(t),\,g(t),\,h(t)) \\ &=f(t)\mathbf{i}+g(t)\mathbf{j}+h(t)\mathbf{k} \end{aligned}$$

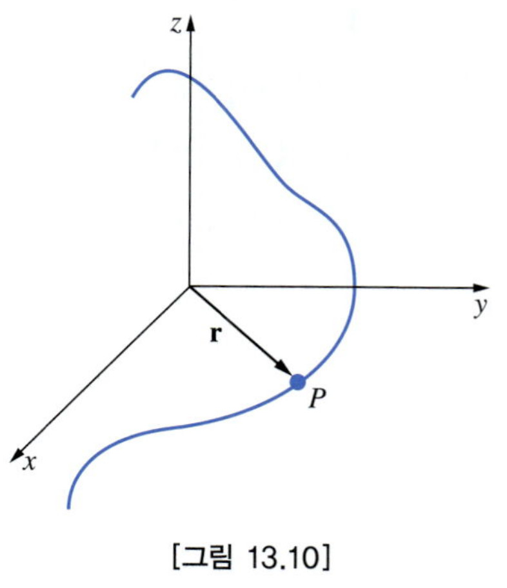

[그림 13.10]

직선

직선은 직선상의 한 점 P_0와 직선과 평행한 벡터 $\mathbf{v} = a\mathbf{i} + b\mathbf{j} + c\mathbf{k}$에 의하여 결정된다. 즉, 벡터 $\overrightarrow{P_0P}$가 벡터 $\mathbf{v}$에 평행한 모든 점 P의 집합이 직선이므로

$$\overrightarrow{P_0P} = t\mathbf{v}$$

가 성립한다(그림 13.11). 단 t는 적당한 실수이다.

$\mathbf{r} = \overrightarrow{OP}$ 와 $\mathbf{r}_0 = \overrightarrow{OP_0}$가 각각 점 P와 점 P_0의 위치벡터이면 $\overrightarrow{P_0P} = \mathbf{r} - \mathbf{r}_0$이므로 직선의 방정식은 다음과 같다.

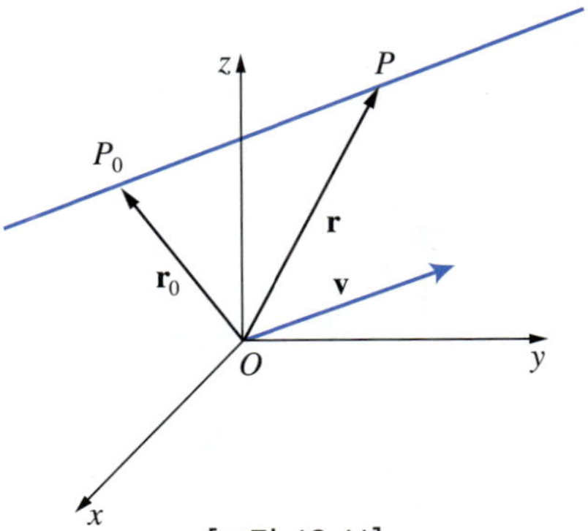

[그림 13.11]

$$\mathbf{r} = \mathbf{r}_0 + t\mathbf{v}$$

위 방정식에서 $\mathbf{r} = (x, y, z)$, $\mathbf{r}_0 = (x_0, y_0, z_0)$라고 하면 다음이 성립한다.

$$x = x_0 + at, \quad y = y_0 + bt, \quad z = z_0 + ct \tag{1}$$

따라서 점 (x_0, y_0, z_0)을 지나며 벡터 $\mathbf{v} = (a, b, c)$에 평행한 직선의 방정식은 위와 같은 매개방정식으로 나타낸다. 여기서 수 a, b, c를 그 직선의 **방향수**, 벡터 (a, b, c)를 직선의 **방향벡터**라 한다. 한 직선의 방향수와 방향벡터는 유일하지 않다. 왜냐하면 0이 아닌 상수 곱 ka, kb, kc와 벡터 (ka, kb, kc)도 각각 같은 직선의 방향수와 방향벡터가 되기 때문이다.

예제 13.2.3 두 점 $(3, -2, 4)$, $(5, 6, -2)$를 지나는 직선의 매개방정식을 구하라(그림 13.12).

[풀이] 이 직선에 평행한 벡터 $\mathbf{v}$는

$$\mathbf{v} = (5-3,\ 6+2,\ -2-4) = (2, 8, -6)$$

이다. 점 (x_0, y_0, z_0)로 $(3, -2, 4)$를 택하면 매개방정식은 다음과 같다.

$$x = 3 + 2t, \quad y = -2 + 8t, \quad z = 4 - 6t$$ ■

(1)에서 a, b, c를 0이 아니라고 가정하고 각 매개방정식을 t에 대하여 풀면 방향수가 a, b, c이며 점 (x_0, y_0, z_0)를 지나는 직선의 **대칭방정식**을 구할 수 있다.

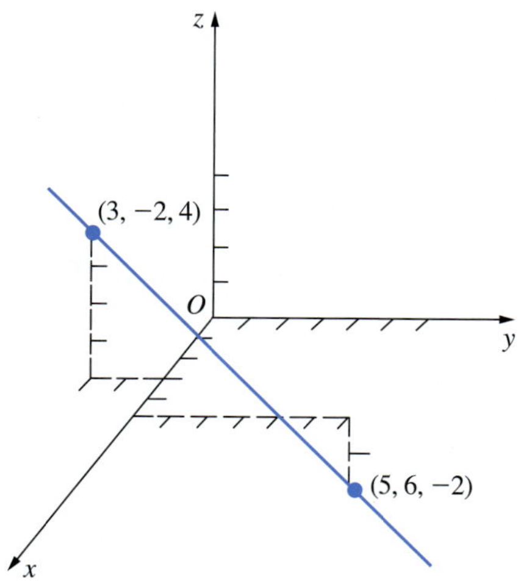

[그림 13.12]

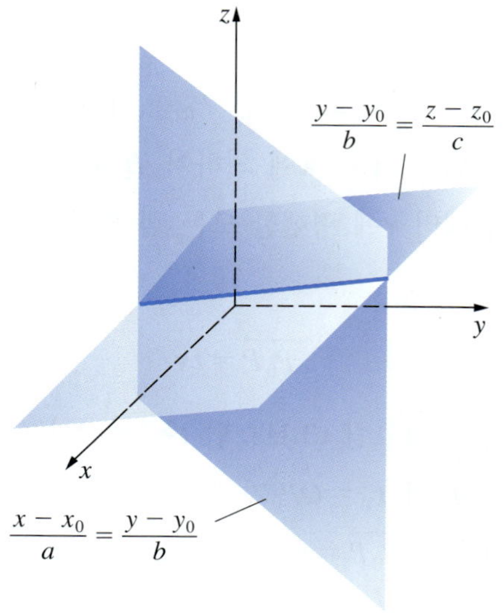

[그림 13.13]

$$\frac{x-x_0}{a}=\frac{y-y_0}{b}=\frac{z-z_0}{c} \qquad (2)$$

(2)는 다음 두 방정식의 결합이다.

$$\frac{x-x_0}{a}=\frac{y-y_0}{b}, \qquad \frac{y-y_0}{b}=\frac{z-z_0}{c}$$

여기서 위의 각 방정식은 평면의 방정식이다(그림 13.13). 즉, (2)는 두 평면의 공통집합이다.

(2)에서 방향수 중 어느 하나가 0이면, 예를 들어 $a=0$이고 $b\neq 0, c\neq 0$이면 직선의 대칭방정식은

$$x=x_0, \quad \frac{y-y_0}{b}=\frac{z-z_0}{c}$$

으로 나타낼 수 있는데, 이것은 yz평면에 평행인 직선이다. 그리고 방향수 중 둘이 0이면, 예를 들어 $a=0$, $b=0$이고 $c\neq 0$이면 직선의 대칭방정식은

$$x=x_0, \quad y=y_0$$

이고 이것은 z축에 평행인 직선이다.

방향수가 모두 0이 될 수는 없다. 영벡터는 모든 방향을 가지므로 직선을 결정할 수 없기 때문이다.

예제 13.2.4 한 점 $(2, 5, -1)$ 을 지나고 벡터 $(4, -3, 2)$에 평행한 직선의 대칭방정식을 구하라.

[풀이]

$$\frac{x-2}{4} = \frac{y-5}{-3} = \frac{z+1}{2}$$

■

예제 13.2.5 두 평면 $2x - y - 5z = -14$, $4x + 5y + 4z = 28$이 만나는 선의 대칭방정식을 구하라.

[풀이] **[방법 1]** 먼저 직선 위의 두 점을 구하여 본다. 그 두 점을 yz평면 위의 한 점과 xz평면 위의 한 점으로 택하자. yz평면 위의 한 점을 구하기 위해 평면의 방정식에서 $x = 0$으로 놓으면 $-y - 5z = -14$와 $5y + 4z = 28$이다.

이것을 연립방정식으로 풀면 한 점은 $(0, 4, 2)$이다. xz평면 위의 한 점을 구하기 위해 평면의 방정식에 $y = 0$으로 놓고 연립방정식을 풀면 다른 점은 $(3, 0, 4)$이다(그림 13.14). 따라서 구하고자 하는 직선에 평행한 벡터는 $(3-0, 0-4, 4-2) = (3, -4, 2)$이다. 또한 (x_0, y_0, z_0)를 $(3, 0, 4)$로 택하면 구하고자 하는 직선의 대칭방정식은 다음과 같다.

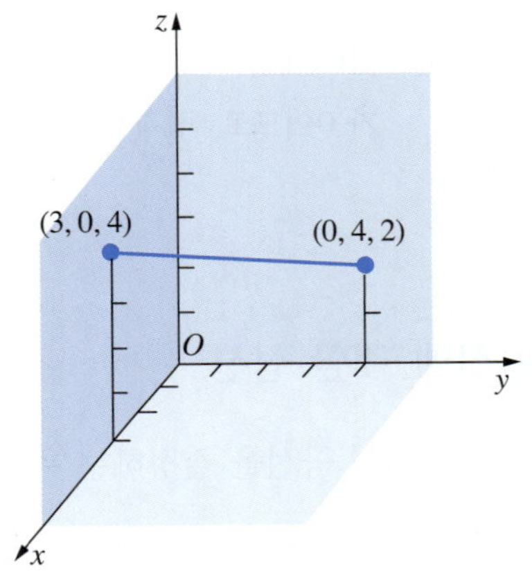

[그림 13.14]

$$\frac{x-3}{3} = \frac{y-0}{-4} = \frac{z-4}{2}$$

[방법 2] 벡터 $\mathbf{u} = (2, -1, -5)$는 평면 $2x - y - 5z = -14$의 법선벡터이고 벡터 $\mathbf{v} = (4, 5, 4)$는 평면 $4x + 5y + 4z = 28$의 법선벡터이다. 두 평면이 만나는 선은 각 평면의 법선에 수직이므로 벡터

$$\mathbf{u} \times \mathbf{v} = \begin{vmatrix} \mathbf{i} & \mathbf{j} & \mathbf{k} \\ 2 & -1 & -5 \\ 4 & 5 & 4 \end{vmatrix} = 21\mathbf{i} - 28\mathbf{j} + 14\mathbf{k}$$

는 구하는 직선의 방향벡터이다. [방법 1]에서 구한 방법으로 직선 위의 한 점 $(3, 0, 4)$를 구하면 직선의 대칭방정식은

$$\frac{x-3}{21} = \frac{y}{-28} = \frac{z-4}{14}$$

이다.

■

예제 13.2.6 한 점 $(1, -2, 3)$을 지나며 x축과 직선 $\frac{x-4}{2} = \frac{y-3}{-1} = \frac{z}{5}$에 수직인 직선의 대칭방정식 또는 매개방정식을 구하라.

[풀이] $\mathbf{i} = (1, 0, 0)$과 $\mathbf{v} = (2, -1, 5)$는 각각 x축과 주어진 직선의 방향벡터이다. 이 두 벡터에 수직인 벡터는

$$\mathbf{i} \times \mathbf{v} = \begin{vmatrix} \mathbf{i} & \mathbf{j} & \mathbf{k} \\ 1 & 0 & 0 \\ 2 & -1 & 5 \end{vmatrix} = 0\mathbf{i} - 5\mathbf{j} - \mathbf{k}$$

따라서 구하는 직선은 $(0, -5, -1)$에 평행하므로 $(0, 5, 1)$에 평행하다. 처음의 방향수가 0이므로 이 직선의 대칭방정식은

$$x = 1, \quad \frac{y+2}{5} = z - 3$$ ■

곡선에 대한 접선

공간 위의 곡선을 결정하는 위치벡터를

$$\mathbf{r} = \mathbf{r}(t) = f(t)\mathbf{i} + g(t)\mathbf{j} + h(t)\mathbf{k}$$

라 하자(그림 13.15).

$\mathbf{r}'(t)$가 존재하면 $\mathbf{r}'(t)$의 방향은 t에 대응되는 점 $P(t)$에서 곡선에 대한 접선방향과 같다. 또한 $\mathbf{r}'(t)$가 존재할 필요충분조건은 $f'(t), g'(t), h'(t)$가 존재하는 것이며 이 경우

$$\mathbf{r}'(t) = f'(t)\mathbf{i} + g'(t)\mathbf{j} + h'(t)\mathbf{k}$$

이다. 따라서 $f'(t), g'(t), h'(t)$는 점 P에서 접선의 방향수이고 $\mathbf{r}'(t)$는 접선의 방향벡터이다.

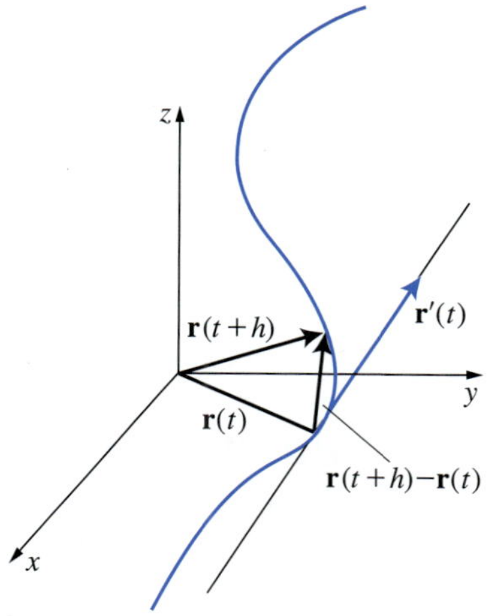

[그림 13.15]

예제 13.2.7 $\mathbf{r}(t) = t\mathbf{i} + \frac{1}{2}t^2\mathbf{j} + \frac{1}{3}t^3\mathbf{k}$에 의하여 결정되는 곡선 위의 점 $\left(2, 2, \frac{8}{3}\right)$에서 접선의 대칭방정식을 구하라.

[풀이]

$$\mathbf{r}'(t) = \mathbf{i} + t\mathbf{j} + t^2\mathbf{k}$$
$$\mathbf{r}'(2) = \mathbf{i} + 2\mathbf{j} + 4\mathbf{k}$$

이므로 접선의 방향벡터는 $(1, 2, 4)$이다. 따라서 대칭방정식은

$$\frac{x-2}{1}=\frac{y-2}{2}=\frac{z-\frac{8}{3}}{4}$$ ■

연습문제 13.2

1. 다음 벡터함수의 극한을 구하라.

   (1) $\lim_{t \to 1}\left[3t\mathbf{i}-t^2\mathbf{j}\right]$

   (2) $\lim_{t \to 2}\left[\frac{t-2}{t^2-4}\mathbf{i}+\frac{t^2+t-6}{t-2}\mathbf{j}\right]$

   (3) $\lim_{t \to 0}\left[\frac{\sin t}{t}\mathbf{i}+\frac{t}{e^t}\mathbf{j}\right]$

   (4) $\lim_{t \to 0^+}\left(\ln(t^2),\ t\ln t\right)$

2. 다음 벡터함수 $\mathbf{r}$의 정의역을 구하라.

   (1) $\mathbf{r}(t)=\frac{1}{t-2}\mathbf{i}+\sqrt{4+t}\,\mathbf{j}$

   (2) $\mathbf{r}(t)=[\![t]\!]\mathbf{i}-\sqrt{t^2+1}\,\mathbf{j}$ ($[\![t]\!]$ 은 t보다 크지 않은 최대 정수를 나타냄)

3. 문제 2의 벡터함수는 t의 어떤 값에 대하여 연속인가?

4. 다음 함수에 대하여 $D_t\,\mathbf{r}(t)$, $D_t^2\,\mathbf{r}(t)$를 구하라.

   (1) $\mathbf{r}(t)=(2t+3)^2\,\mathbf{i}-e^{2t}\,\mathbf{j}$ (2) $\mathbf{r}(t)=\cos 2t\,\mathbf{i}-\sin^3 t\,\mathbf{j}$

5. $\mathbf{r}(t)=e^{2t}\,\mathbf{i}+\ln(t^3)\,\mathbf{j}$일 때 $D_t\,[\mathbf{r}(t)\cdot\mathbf{r}'(t)]$를 구하라.

6. $\mathbf{r}(t)=\sqrt{t-1}\,\mathbf{i}+\ln(2t^2)\,\mathbf{j}$, $h(t)=e^{-3t}$일 때 $D_t\,[h(t)\,\mathbf{r}(t)]$를 구하라.

7. $\mathbf{f}(u)=\cos u\,\mathbf{i}+e^{3u}\,\mathbf{j}$, $g(t)=3t^2-4$ 이고 $\mathbf{F}(t)=\mathbf{f}(g(t))$일 때 $\mathbf{F}'(t)$를 t로 나타내라.

8. 다음 적분을 계산하라.

$$\int_0^1 (e^t \mathbf{i} + e^{-t} \mathbf{j})\, dt$$

9. 다음 주어진 두 점을 지나는 직선의 매개방정식을 구하라.

(1) $(1, 22, 3),\ (4, 5, 6)$ (2) $(4, 2, 3),\ (6, 2, -1)$

10. 다음 주어진 점을 지나며 주어진 벡터에 평행한 직선의 매개방정식과 대칭방정식을 구하라.

(1) 점 $(4, -6, 3)$, 벡터 $(-2, 1, 5)$ (2) 점 $(2, 5, -4)$, 벡터 $(-3, 4, 2)$

11. 다음 두 평면이 만나는 선의 대칭방정식을 구하라.

(1) $5x + 2y - 5z = 5,\quad 10x + 6y - 5z = 25$

(2) $x + 4y + 2z = 13,\quad 2x - y - 2z = 10$

12. 한 점 $(4, 0, 6)$을 지나며 평면 $x - 5y + 2z = 10$에 수직인 직선의 대칭방정식을 구하라.

13. 한 점 $(5, -3, 4)$를 지나며 z축과 수직으로 만나는 직선의 매개방정식을 구하라.

14. 다음 평행한 두 직선을 포함하는 평면의 방정식을 구하라.

$$x = -2 + 2t,\ \ y = 1 + 4t,\ \ z = 2 - t,$$
$$x = 2 - 2t,\ \ y = 3 - 4t,\ \ z = 1 + t$$

15. 직선 $x = 1 + 2t,\ y = -1 + 3t,\ z = 4 + t$와 점 $(1, -1, 5)$를 포함하는 평면의 방정식을 구하라.

16. 꼬인 위치의 두 직선 $x = 2 - t,\ y = 3 + 4t,\ z = 2t$와 $x = -1 + t,\ y = 2,\ z = -1 + 2t$ 사이의 거리를 다음 순서에 따라 구하라.

(1) 첫 번째 직선 위에 한 점 P를 정한다.

(2) 점 P를 지나며 두 직선에 평행한 평면 T의 방정식을 구한다.

(3) 두 번째 직선 위의 한 점 Q를 정한다.

(4) 점 Q에서 평면 T까지의 거리를 구한다.

17. $\mathbf{r}(t) = 2\cos t\,\mathbf{i} + 6\sin t\,\mathbf{j} + t\,\mathbf{k}$ 인 곡선에 대해 $t = \frac{\pi}{3}$일 때 접선의 대칭방정식을 구하라.

18. 곡선 $x = 3t,\ y = t^2,\ z = t^5$에 대해 $t = -1$일 때 곡선에 수직인 평면의 방정식을 구하라.

13.3 속도, 가속도, 곡률

곡선을 따라 움직이는 점 $P = P(t)$에 대한 위치벡터를

$$\mathbf{r}(t) = f(t)\mathbf{i} + g(t)\mathbf{j} + h(t)\mathbf{k},\quad a \le t \le b$$

라 하자(그림 13.16). 여기서 $\mathbf{r}(t)$는 미분가능하고, 그 도함수 $\mathbf{r}'(t)$는 연속이고 $\mathbf{r}'(t) \ne \mathbf{0}$, $a < t < b$라 가정하자. 이런 곡선을 **매끄러운 곡선**이라 한다. $P(a)$로부터 $P(t)$까지 곡선의 길이 s는

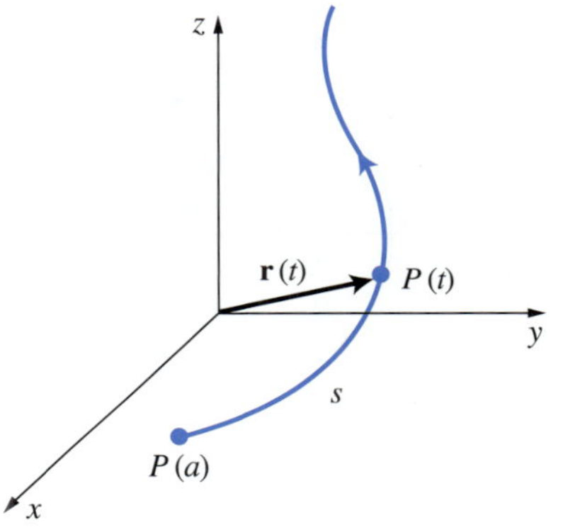

[그림 13.16]

$$\begin{aligned} s &= \int_a^t |\mathbf{r}'(u)|\,du \\ &= \int_a^t \sqrt{[f'(u)]^2 + [g'(u)]^2 + [h'(u)]^2}\,du \end{aligned}$$

이다. t를 시각이라고 하면 동점 P의 **속도, 속력, 가속도**는 다음과 같다.

- 속도 : $\mathbf{v}(t) = \mathbf{r}'(t)$
- 속력 : $\dfrac{ds}{dt} = |\mathbf{r}'(t)| = |\mathbf{v}(t)|$
- 가속도 : $\mathbf{a}(t) = \mathbf{r}''(t)$

예제 13.3.1 점 P가 중심이 $(0, 0)$이고 반지름이 r인 원 위에서 매초 ω radian의 각속도로 운동한다. 초기 위치가 $(r, 0)$일 때, 점 P의 가속도를 구하라.

[풀이] 시각 t에서 위치벡터는 다음과 같다.

$$\mathbf{r}(t) = r\cos\omega t\,\mathbf{i} + r\sin\omega t\,\mathbf{j}$$

따라서

$$\mathbf{v}(t) = -r\omega \sin \omega t\,\mathbf{i} + r\omega \cos \omega t\,\mathbf{j}$$

$$\mathbf{a}(t) = -r\omega^2 \cos \omega t\,\mathbf{i} - r\omega^2 \sin \omega t\,\mathbf{j}$$

이다. 그러므로

$$\mathbf{a}(t) = -\omega^2 \mathbf{r}(t)$$

이다. 그림 13.17에서와 같이 $\mathbf{a}$는 $\mathbf{v}$와 서로 수직이다. ■

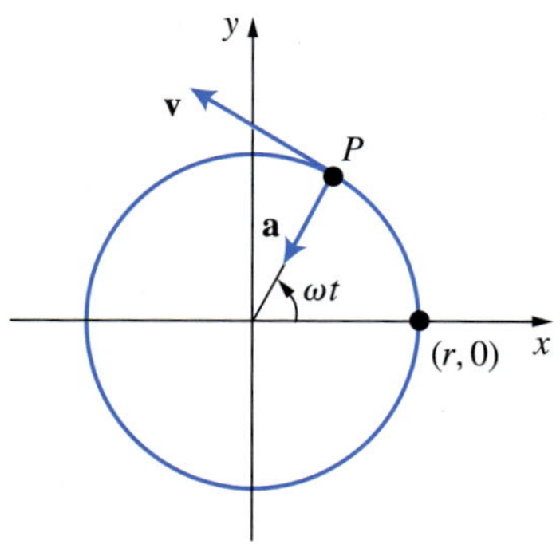

[그림 13.17]

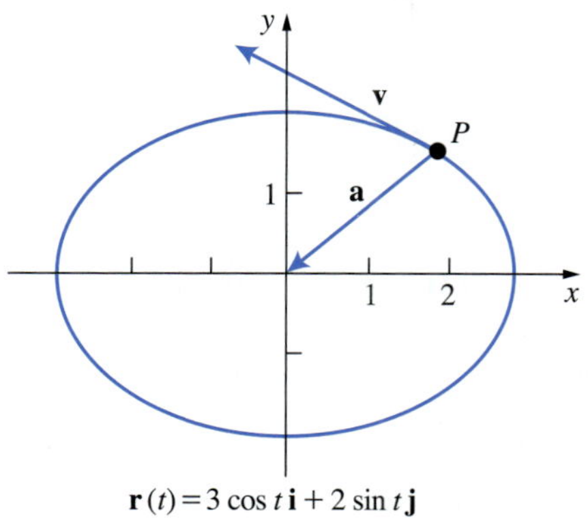

[그림 13.18]

예제 13.3.2 평면 위에서 운동하는 동점 P의 매개방정식이 다음과 같다.

$$x = 3\cos t, \quad y = 2\sin t$$

여기서 t는 시각을 나타낸다. 이 경우 다음 물음에 답하라.

(1) 동점 P가 그리는 곡선을 그리라.

(2) 속도벡터 $\mathbf{v}(t)$, 속력 $|\mathbf{v}(t)|$, 가속도벡터 $\mathbf{a}(t)$를 각각 구하라.

(3) 속력의 최댓값, 최솟값을 구하라.

(4) 동점 P의 가속도벡터는 항상 원점을 향하는 것을 밝히라.

[풀이] (1) 두 매개방정식으로부터 동점 P가 그리는 곡선은 $\frac{x^2}{9} + \frac{y^2}{4} = 1$인 타원이 된다 (그림 13.18).

(2) 위치벡터는

$$\mathbf{r}(t) = 3\cos t\,\mathbf{i} + 2\sin t\,\mathbf{j}$$

따라서

$$\mathbf{v}(t) = -3\sin t\,\mathbf{i} + 2\cos t\,\mathbf{j}$$

$$|\mathbf{v}(t)| = \sqrt{9\sin^2 t + 4\cos^2 t} = \sqrt{5\sin^2 t + 4}$$

$$\mathbf{a}(t) = -3\cos t\,\mathbf{i} - 2\sin t\,\mathbf{j}$$

(3) 속력이 $|\mathbf{v}(t)| = \sqrt{5\sin^2 t + 4}$ 이므로 $\sin t = \pm 1$ 즉, $t = \dfrac{\pi}{2}$ 또는 $t = \dfrac{3}{2}\pi$일 때 최댓값은 3이다. 대응되는 타원 위의 점은 $(0, \pm 2)$이다. 같은 방법으로 $\sin t = 0$일 때 최솟값은 2이다. 대응되는 점은 $(\pm 3, 0)$이다.

(4) $\mathbf{a}(t) = -\mathbf{r}(t)$이므로 $\mathbf{a}$는 항상 원점을 향하고 있다. ■

원나선

시각 t에서 움직이는 점 P의 위치벡터를

$$\mathbf{r}(t) = a\cos t\,\mathbf{i} + a\sin t\,\mathbf{j} + ct\,\mathbf{k}$$

라 하자. 여기서 a와 c는 양의 상수이다. 시각 t의 경과에 따라 P가 그리는 곡선을 **원나선**(circular helix)이라 한다(그림 13.19).

예제 13.3.3 $0 \le t \le 2\pi$ 일 때 원나선의 길이를 구하라.

[풀이]

$$s = \int_0^{2\pi} \sqrt{(-a\sin t)^2 + (a\cos t)^2 + c^2}\, dt$$

$$= \int_0^{2\pi} \sqrt{a^2 + c^2}\, dt = 2\pi\sqrt{a^2 + c^2}$$ ■

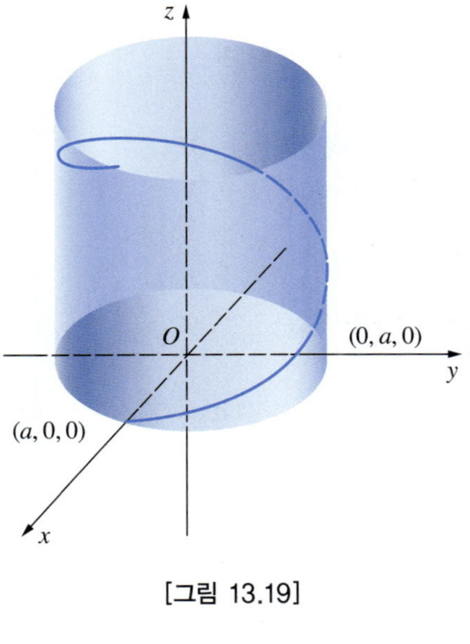

[그림 13.19]

예제 13.3.4 원나선 운동에서 $t=2\pi$일 때 가속도를 구하라.

[풀이]

$$\mathbf{v}(t)=\mathbf{r}'(t)=-a\sin t\,\mathbf{i}+a\cos t\,\mathbf{j}+c\,\mathbf{k}$$
$$\mathbf{a}(t)=\mathbf{r}''(t)=-a\cos t\,\mathbf{i}-a\sin t\,\mathbf{j}$$
$$\mathbf{a}(2\pi)=-a\,\mathbf{i}$$

■

곡률

$\mathbf{v}(t)=\mathbf{r}'(t)$는 점 $P(t)$에서 접선의 방향벡터이므로

$$\mathbf{T}=\mathbf{T}(t)=\frac{\mathbf{v}(t)}{|\mathbf{v}(t)|}$$

를 **단위접선벡터**라 한다.

이 단위접선벡터 T의 곡선의 길이 s에 대한 순간변화율의 크기 $\left|\frac{dT}{ds}\right|$를 곡률(curvature)라 하고 κ로 나타낸다.

연쇄법칙에 의하여

$$\frac{d\mathbf{T}}{ds}=\frac{d\mathbf{T}}{dt}\frac{dt}{ds}=\frac{d\mathbf{T}}{dt}\frac{1}{\frac{ds}{dt}}=\frac{\mathbf{T}'(t)}{|\mathbf{v}(t)|}$$

이므로 곡선의 곡률 κ는 다음과 같이 계산할 수 있다.

$$\kappa=\kappa(t)=\left|\frac{d\mathbf{T}}{ds}\right|=\frac{|\mathbf{T}'(t)|}{|\mathbf{v}(t)|}$$

예제 13.3.5 직선의 곡률이 0인 것을 증명하라.

[풀이] 직선 위의 고정점 P, Q를 택하여 $\mathbf{a}=\overrightarrow{OP}$, $\mathbf{b}=\overrightarrow{PQ}$라고 하면 직선의 벡터방정식은 다음과 같다(그림 13.20).

$$\mathbf{r}=\mathbf{r}(t)=\mathbf{a}+t\mathbf{b}$$

따라서

$$\mathbf{v}(t)=\mathbf{r}'(t)=\mathbf{b},\qquad \mathbf{T}(t)=\frac{\mathbf{b}}{|\mathbf{b}|}$$

이다. 그러므로

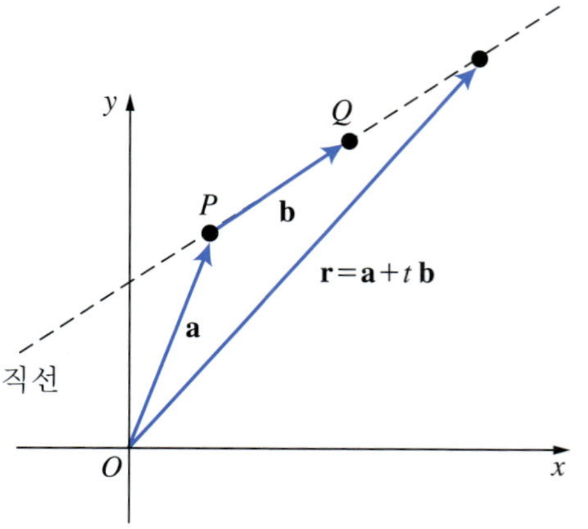

[그림 13.20]

$$\kappa=\frac{|\mathbf{T}'(t)|}{|\mathbf{v}(t)|}=\frac{0}{|\mathbf{b}|}=0$$

■

예제 13.3.6 반지름 a인 원의 모든 점에서 곡률은 $\kappa = \dfrac{1}{a}$ 임을 증명하라(그림 13.21).

[풀이] 중심이 원점이라 가정하자. 그러면 원의 벡터방정식은 다음과 같다.

$$\mathbf{r}(t) = a\cos t\,\mathbf{i} + a\sin t\,\mathbf{j}$$

따라서

$$\mathbf{v}(t) = \mathbf{r}'(t) = -a\sin t\,\mathbf{i} + a\cos t\,\mathbf{j}$$

$$\mathbf{T}(t) = \frac{\mathbf{v}(t)}{|\mathbf{v}(t)|} = \frac{\mathbf{v}(t)}{a} = -\sin t\,\mathbf{i} + \cos t\,\mathbf{j}$$

그러므로

$$\kappa = \frac{|\mathbf{T}'(t)|}{|\mathbf{v}(t)|} = \frac{|-\cos t\,\mathbf{i} - \sin t\,\mathbf{j}|}{a} = \frac{1}{a}$$

곡률 κ가 반지름의 역수이기 때문에 원의 반지름이 클수록 곡률 κ는 작아진다. ■

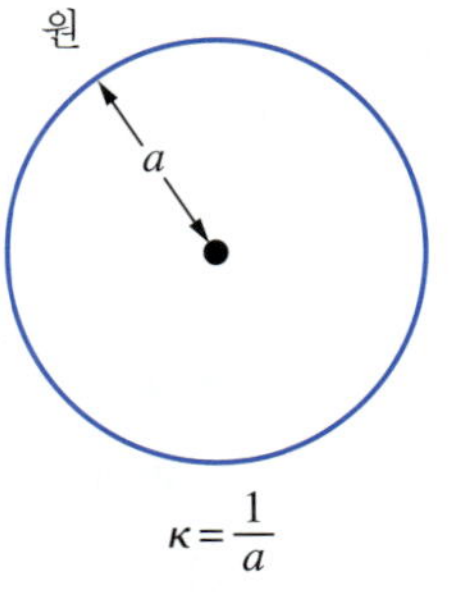

[그림 13.21]

점 P는 곡률 $\kappa \neq 0$인 평면 상의 곡선 위의 점이라 하자. 그리고 P에서 곡선에 접하며 그 점에서 곡률이 같고 중심이 곡선의 오목한 곳에 놓이는 원을 생각하자. 이러한 원을 **곡률원**이라고 하며 그 반지름 $r = \dfrac{1}{\kappa}$을 **곡률반지름**이라 한다. 또 이 원의 중심을 **곡률중심**이라 한다(그림 13.22).

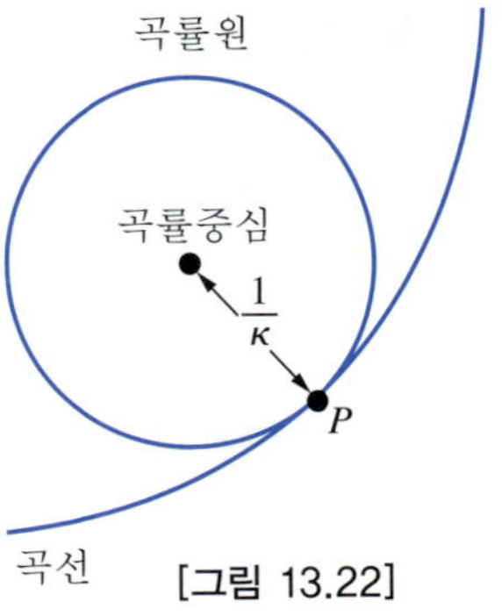

[그림 13.22]

예제 13.3.7 다음 벡터함수는 내파선을 나타낸다. $t = \dfrac{\pi}{12}$인 점 P에서 곡률과 곡률반지름을 구하라. 또한 내파선을 그리고 점 P에서 곡률원을 나타내라.

$$\mathbf{r}(t) = 8\cos^3 t\,\mathbf{i} + 8\sin^3 t\,\mathbf{j}$$

[풀이] $0 < t < \dfrac{\pi}{2}$에 대하여

$$\mathbf{v}(t) = \mathbf{r}'(t) = -24\cos^2 t\sin t\,\mathbf{i} + 24\sin^2 t\cos t\,\mathbf{j}$$

$$|\mathbf{v}(t)| = 24\sin t\cos t$$

$$\mathbf{T}(t) = -\cos t\,\mathbf{i} + \sin t\,\mathbf{j}$$

$$\mathbf{T}'(t) = \sin t\,\mathbf{i} + \cos t\,\mathbf{j}$$

$$\kappa(t) = \frac{|\mathbf{T}'(t)|}{|\mathbf{v}(t)|} = \frac{|\sin t\,\mathbf{i} + \cos t\,\mathbf{j}|}{24 \sin t \cos t}$$

$$= \frac{1}{24 \sin t \cos t} = \frac{1}{12 \sin 2t}$$

$$\kappa\left(\frac{\pi}{12}\right) = \frac{1}{12 \cdot \frac{1}{2}} = \frac{1}{6}, \qquad r\left(\frac{\pi}{12}\right) = 6$$

점 P의 좌표는 대략 (7.21, 0.14)이고, 내파선 그림과 점 P에서의 곡률원은 그림 13.23과 같다. ■

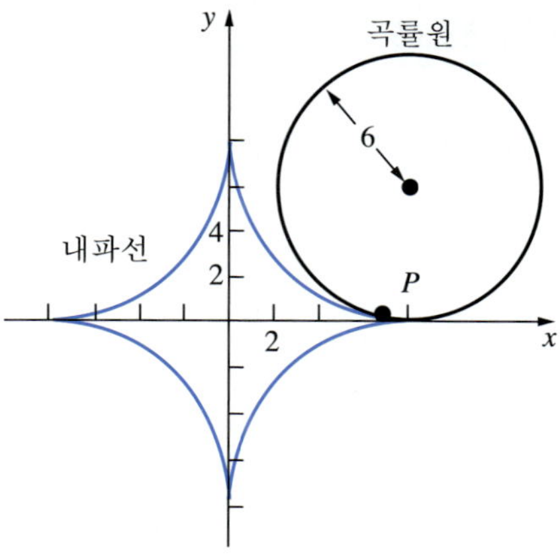

[그림 13.23]

예제 13.3.8 원나선 $\mathbf{r}(t) = a\cos t\,\mathbf{i} + a\sin t\,\mathbf{j} + ct\mathbf{k}$ 의 곡률을 구하라.

[풀이]

$$\mathbf{v}(t) = -a\sin t\,\mathbf{i} + a\cos t\,\mathbf{j} + c\,\mathbf{k}$$

$$\mathbf{T}(t) = \frac{\mathbf{v}(t)}{|\mathbf{v}(t)|} = \frac{1}{\sqrt{a^2 + c^2}}(-a\sin t\,\mathbf{i} + a\cos t\,\mathbf{j} + c\,\mathbf{k})$$

$$\kappa(t) = \frac{|\mathbf{T}'(t)|}{|\mathbf{v}(t)|} = \frac{1}{a^2 + c^2}|-a\cos t\,\mathbf{i} - a\sin t\,\mathbf{j}| = \frac{a}{a^2 + c^2}$$

이다. 따라서 원나선의 곡률 κ는 상수이다. ■

가속도의 접선성분과 법선성분

매끄러운 곡선 위를 움직이는 점에서의 단위접선벡터 $\mathbf{T}$에 대하여 **단위주법선벡터 N**을 다음과 같이 정의한다.

$$\mathbf{N} = \frac{\dfrac{d\mathbf{T}}{ds}}{\left|\dfrac{d\mathbf{T}}{ds}\right|} = \frac{1}{\kappa}\frac{d\mathbf{T}}{ds}$$

$\mathbf{N}$이 단위벡터인 것은 분명하며, $\mathbf{N}$이 주어진 접선에 수직인 이유는 다음과 같다.

$\mathbf{T} \cdot \mathbf{T} = 1$에서 양변을 s에 대하여 미분하면

$$2\mathbf{T} \cdot \frac{d\mathbf{T}}{ds} = 0$$

이므로 $\dfrac{d\mathbf{T}}{ds}$ 는 $\mathbf{T}$에 수직이고 따라서 $\mathbf{T}$와 $\mathbf{N}$은 수직이다.

여기서 가속도벡터 $\mathbf{a}$를 $\mathbf{T}$와 $\mathbf{N}$으로 나타내 보자 (그림 13.24).

$$\mathbf{v} = |\mathbf{v}|\mathbf{T} = \frac{ds}{dt}\mathbf{T}$$

이므로

$$\mathbf{a} = \frac{d\mathbf{v}}{dt} = \frac{d^2s}{dt^2}\mathbf{T} + \frac{ds}{dt}\frac{d\mathbf{T}}{dt}$$
$$= \frac{d^2s}{dt^2}\mathbf{T} + \frac{ds}{dt}\frac{ds}{dt}\frac{d\mathbf{T}}{ds}$$

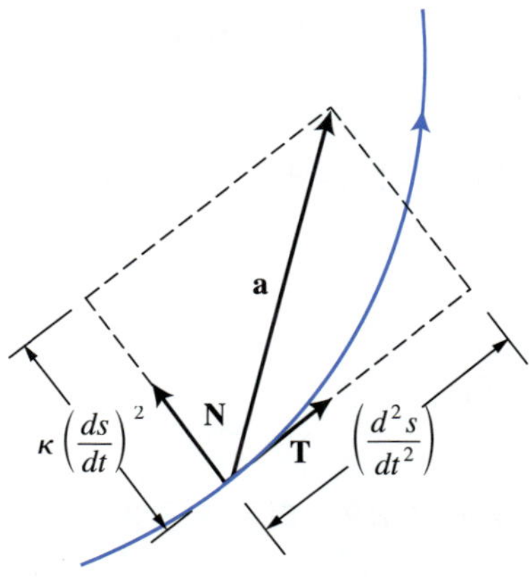

[그림 13.24]

따라서

$$\mathbf{a} = \frac{d^2s}{dt^2}\mathbf{T} + \left(\frac{ds}{dt}\right)^2\kappa\mathbf{N}$$

$\dfrac{d^2s}{dt^2}$을 a_{T}로, $\left(\dfrac{ds}{dt}\right)^2\kappa$를 a_{N}으로 두면 $\mathbf{a} = a_{\mathrm{T}}\mathbf{T} + a_{\mathrm{N}}\mathbf{N}$이다.

$\mathbf{T}$와 $\mathbf{a}$의 내적을 취하면

$$\mathbf{T}\cdot\mathbf{a} = a_{\mathrm{T}}\mathbf{T}\cdot\mathbf{T} + a_{\mathrm{N}}\mathbf{T}\cdot\mathbf{N} = a_{\mathrm{T}}$$

즉,

$$a_{\mathrm{T}} = \mathbf{T}\cdot\mathbf{a} = \frac{\mathbf{r}'\cdot\mathbf{r}''}{|\mathbf{r}'|}$$

이다. $\mathbf{T}$와 $\mathbf{a}$의 외적을 구하면

$$\mathbf{T}\times\mathbf{a} = a_{\mathrm{T}}(\mathbf{T}\times\mathbf{T}) + a_{\mathrm{N}}(\mathbf{T}\times\mathbf{N}) = a_{\mathrm{N}}(\mathbf{T}\times\mathbf{N})$$

따라서

$$|\mathbf{T}\times\mathbf{a}| = a_{\mathrm{N}}|\mathbf{T}\times\mathbf{N}| = a_{\mathrm{N}}|\mathbf{T}||\mathbf{N}|\sin\frac{\pi}{2} = a_{\mathrm{N}}$$

즉,

$$a_{\mathrm{N}} = |\mathbf{T}\times\mathbf{a}| = \frac{|\mathbf{r}'\times\mathbf{r}''|}{|\mathbf{r}'|}$$

이다. 또한 $a_{\mathrm{N}} = \left(\dfrac{ds}{dt}\right)^2\kappa = |\mathbf{r}'|^2\kappa$ 이므로

$$\kappa = \frac{|\mathbf{r}'\times\mathbf{r}''|}{|\mathbf{r}'|^3}$$

이다.

좌표 평면 상의 매끄러운 곡선의 매개방정식을 $\mathbf{r}(t) = x(t)\mathbf{i} + y(t)\mathbf{j}$이라 하면

$$\kappa = \frac{|x'y'' - y'x''|}{\left(x'^2 + y'^2\right)^{\frac{3}{2}}}$$

이고 특히, 곡선이 함수 $y = g(x)$의 그래프일 경우

$$\kappa = \frac{|y''|}{\left(1 + y'^2\right)^{\frac{3}{2}}}$$

이다.

예제 13.3.9 다음 타원에 대하여 $t = 0,\ t = \frac{\pi}{2}$ 인 점 즉, $(3, 0)$, $(0, 2)$에서 곡률을 구하라. 또한 타원과 $(3, 0)$, $(0, 2)$에서 곡률원을 그리라.

$$x = 3\cos t,\quad y = 2\sin t$$

[풀이] 타원의 방정식으로부터

$$x' = -3\sin t,\quad y' = 2\cos t$$
$$x'' = -3\cos t,\quad y'' = -2\sin t$$

따라서

$$\kappa = \kappa(t) = \frac{|x'y'' - y'x''|}{\left(x'^2 + y'^2\right)^{\frac{3}{2}}} = \frac{\left|6\sin^2 t + 6\cos^2 t\right|}{\left(9\sin^2 t + 4\cos^2 t\right)^{\frac{3}{2}}} = \frac{6}{\left(5\sin^2 t + 4\right)^{\frac{3}{2}}}$$

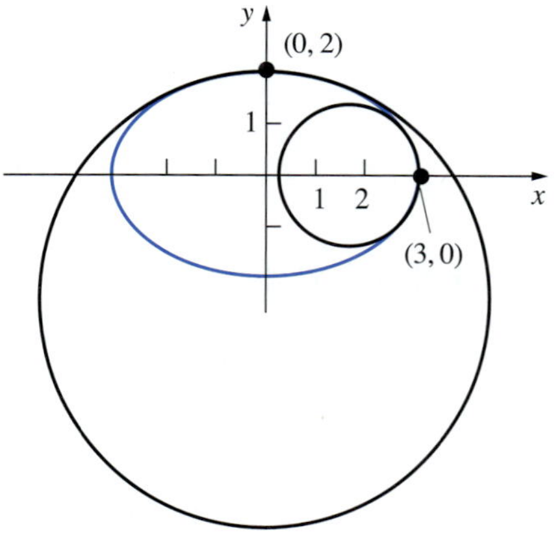

[그림 13.25]

이므로

$$\kappa(0) = \frac{6}{4^{3/2}} = \frac{3}{4},\quad \kappa\left(\frac{\pi}{2}\right) = \frac{6}{9^{3/2}} = \frac{2}{9}$$

이다. $\kappa(0)$가 $\kappa\left(\frac{\pi}{2}\right)$보다 큰 것을 알 수 있으며 그림 13.25는 $(3, 0)$에서 곡률원$\left(\text{반지름 } \frac{4}{3}\right)$과 $(0, 2)$에서 곡률원$\left(\text{반지름 } \frac{9}{2}\right)$을 나타낸다. ■

예제 13.3.10 점 $\left(1, 1, \frac{1}{3}\right)$에서 곡선운동 $\mathbf{r}(t) = t\mathbf{i} + t^2\mathbf{j} + \frac{1}{3}t^3\mathbf{k}$에 대한 $\mathbf{T}$, $\mathbf{N}$, a_{T}, a_{N}, κ를 구하라.

[풀이]

$$\mathbf{r}'(t) = \mathbf{i} + 2t\mathbf{j} + t^2\mathbf{k}$$
$$\mathbf{r}''(t) = 2\mathbf{j} + 2t\mathbf{k}$$

$t=1$, 즉 점 $\left(1, 1, \frac{1}{3}\right)$에서 계산하면

$$\mathbf{r}' = \mathbf{i} + 2\mathbf{j} + \mathbf{k}$$

$$\mathbf{r}'' = 2\mathbf{j} + 2\mathbf{k}$$

$$\mathbf{T} = \frac{\mathbf{r}'}{|\mathbf{r}'|} = \frac{\mathbf{i} + 2\mathbf{j} + \mathbf{k}}{\sqrt{6}}$$

$$a_{\mathrm{T}} = \frac{\mathbf{r}' \cdot \mathbf{r}''}{|\mathbf{r}'|} = \frac{6}{\sqrt{6}} = \sqrt{6}$$

$$a_{\mathrm{N}} = \frac{|\mathbf{r}' \times \mathbf{r}''|}{|\mathbf{r}'|} = \frac{1}{\sqrt{6}} \left| \begin{vmatrix} \mathbf{i} & \mathbf{j} & \mathbf{k} \\ 1 & 2 & 1 \\ 0 & 2 & 2 \end{vmatrix} \right| = \frac{1}{\sqrt{6}} |2\mathbf{i} - 2\mathbf{j} + 2\mathbf{k}| = \sqrt{2}$$

$$\mathbf{N} = \frac{\mathbf{a} - a_{\mathrm{T}}\mathbf{T}}{a_{\mathrm{N}}} = \frac{(2\mathbf{j} + 2\mathbf{k}) - (\mathbf{i} + 2\mathbf{j} + \mathbf{k})}{\sqrt{2}} = \frac{-\mathbf{i} + \mathbf{k}}{\sqrt{2}}$$

$$\kappa = \frac{|\mathbf{r}' \times \mathbf{r}''|}{|\mathbf{r}'|^3} = \frac{a_{\mathrm{N}}}{|\mathbf{r}'|^2} = \frac{\sqrt{2}}{6}$$ ■

a_{N}을 계산하기 위해서는 κ를 구해야 한다. 그런데 $\mathbf{T}$와 $\mathbf{N}$이 서로 수직이기 때문에 $\mathbf{a} = a_{\mathrm{T}}\mathbf{T} + a_{\mathrm{N}}\mathbf{N}$으로부터 다음과 같은 관계가 있다.

$$|\mathbf{a}|^2 = a_{\mathrm{T}}^2 + a_{\mathrm{N}}^2$$

이 관계를 이용하면 κ를 구하지 않아도 a_{N}을 구할 수 있다.

예제 13.3.11 운동하는 한 입자의 위치벡터가 $\mathbf{r}(t) = t^2\mathbf{i} + \frac{1}{3}t^3\mathbf{j}$ $(t \geq 0)$일 때 κ를 구하지 말고 a_{N}을 구하라.

[풀이] 먼저 a_{T}를 구하면

$$\mathbf{v} = 2t\mathbf{i} + t^2\mathbf{j}$$

$$\mathbf{a} = 2\mathbf{i} + 2t\mathbf{j}$$

$$\frac{ds}{dt} = |\mathbf{v}| = t\sqrt{4+t^2}$$

$$a_{\mathrm{T}} = \frac{d^2s}{dt^2} = \frac{4+2t^2}{\sqrt{4+t^2}}$$

이다. 따라서

$$a_{\mathrm{N}}^2 = |\mathbf{a}|^2 - a_{\mathrm{T}}^2 = 4 + 4t^2 - \frac{(4+2t^2)^2}{4+t^2} = \frac{4t^2}{4+t^2}$$

그러므로

$$a_{\mathrm{N}} = \frac{2t}{\sqrt{4+t^2}}$$ ■

점 P 에서 종법선벡터

곡선 C 위의 점 P에서 단위접선벡터가 $\mathbf{T}$일 때 점 P에서 $\mathbf{T}$에 수직인 단위벡터는 무수히 많다(그림 13.26). $\mathbf{T}$에 수직인 단위벡터들 중 하나인

$$\mathbf{N} = \frac{\dfrac{d\mathbf{T}}{ds}}{\left|\dfrac{d\mathbf{T}}{ds}\right|}$$

를 단위주법선벡터라 하였다. 한편 벡터

$$\mathbf{B} = \mathbf{T} \times \mathbf{N}$$

을 **단위종법선벡터**라 한다. $\mathbf{B}$는 $\mathbf{T}$와 $\mathbf{N}$에 수직이다(그림 13.27).

$\mathbf{T}$와 $\mathbf{N}$, $\mathbf{N}$과 $\mathbf{B}$ 그리고 $\mathbf{B}$과 $\mathbf{T}$로 이루어진 평면을 각각 **접촉평면**(osculating plane), **법**

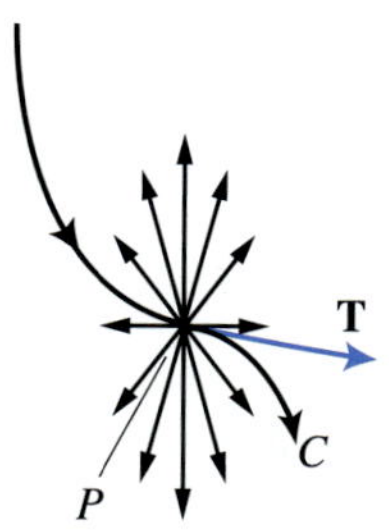

[그림 13.26]

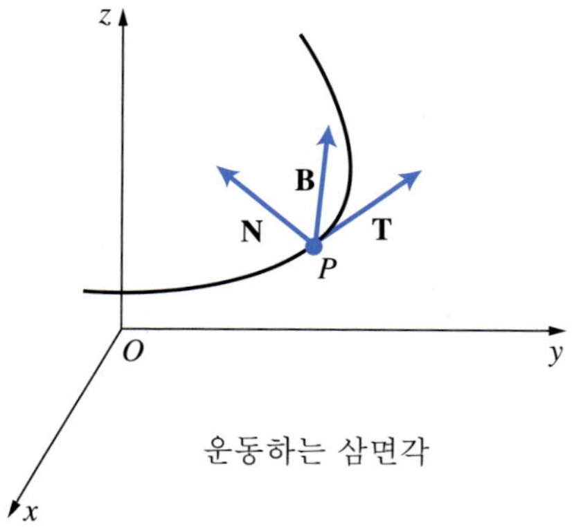

[그림 13.27]

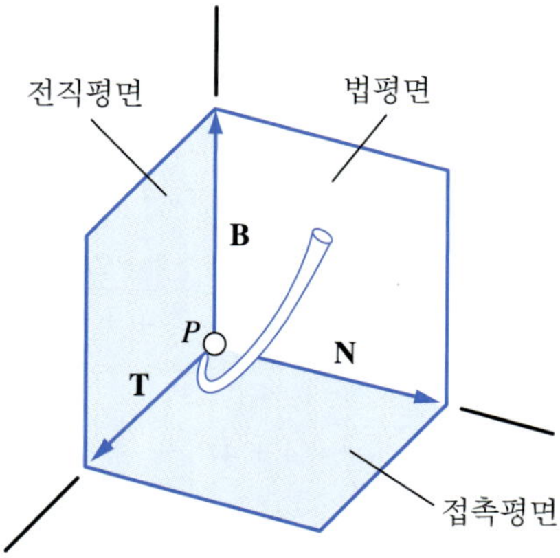

[그림 13.28]

평면(normal plane) 그리고 **전직평면**(rectifying plane)이라 한다. 곡률 $\kappa = \left|\frac{d\mathbf{T}}{ds}\right|$는 점 P가 곡선을 따라 움직일 때 법평면의 변화율 즉, 곡선의 휘는 비율로 생각할 수 있다. 곡선을 따라 움직이는 점에서 단위종법선벡터 $\mathbf{B}$의 변화율이 어떠한 의미를 갖는가를 간단히 소개하고 이 절을 마친다.

매끄러운 곡선에서 $\tau = -\frac{d\mathbf{B}}{ds}\cdot\mathbf{N}$를 **비틀림함수**라 정의하고 이 함수값을 **비틀림**(torsion)이라 한다. 비틀림은 곡률과 달리 음수와 0이 될 수 있다. 곡률과 함께 공간곡선에서 중요한 역할을 하는 비틀림 τ는 점 P가 곡선을 따라 움직일 때 접촉평면이 단위접선벡터 주위를 회전하는 비율이다. 그러므로 비틀림은 곡선이 얼마나 비틀리는가를 측정하는 것이다.

연습문제 13.3

1. 다음 벡터함수에 대하여 $t = t_1$에서 단위접선벡터 $\mathbf{T}(t)$와 곡률 $\kappa(t)$를 구하라.

 (1) $\mathbf{r}(t) = 4t^2\mathbf{i} + 4t\mathbf{j}$, $t_1 = \frac{1}{2}$　　(2) $\mathbf{r}(t) = 4\cos t\,\mathbf{i} + 3\sin t\,\mathbf{j}$, $t_1 = \frac{\pi}{4}$

2. 다음 곡선의 개형을 그리고 주어진 점에서 곡률과 곡률반지름을 구하고 곡률원을 그리라.

 (1) $y = x^2$, $(1, 1)$　　(2) $y^2 = x + 4$, $(-3, -1)$

 (3) $y = e^x - x$, $(0, 1)$　　(4) $y = \cosh\frac{1}{2}x$, $(0, 1)$

 (5) $y = \sin x$, $\left(\frac{\pi}{4}, \frac{\sqrt{2}}{2}\right)$

3. 다음 곡선의 곡률이 최대가 되는 점을 구하라.

 (1) $y = \ln x$　　(2) $y = \sin x$, $-\pi \le x \le \pi$

4. 다음 벡터함수에 대하여 $t = t_1$일 때의 a_{T}와 a_{N}을 각각 구하라.

 (1) $\mathbf{r}(t) = t^2\mathbf{i} + t\mathbf{j}$, $t_1 = 1$

 (2) $\mathbf{r}(t) = a\cos t\,\mathbf{i} + a\sin t\,\mathbf{j}$, $t_1 = \frac{\pi}{6}$

5. $\mathbf{N}$에 대한 정의

$$\mathbf{N} = \frac{\dfrac{d\mathbf{T}}{ds}}{\left|\dfrac{d\mathbf{T}}{ds}\right|}$$

로부터 매개변수 t에 대한 식

$$\mathbf{N} = \frac{\dfrac{d\mathbf{T}}{dt}}{\left|\dfrac{d\mathbf{T}}{dt}\right|}$$

를 유도하라.

6. 운동하는 입자의 위치벡터가 $\mathbf{r} = \sin t\,\mathbf{i} + \sin 2t\,\mathbf{j}\ (0 \le t \le 2\pi)$일 때 곡선의 개형을 그리라. 또한 가속도가 영인 점과 가속도벡터가 원점을 향하는 점을 찾으라.

7. 운동하는 어떤 입자의 가속도 $\mathbf{a}$가 모든 t에 대하여 $\mathbf{a} = \mathbf{0}$일 때 입자가 그리는 곡선의 곡률을 구하라.

8. $\mathbf{T} \cdot \mathbf{T} = 1$을 s에 관하여 미분하여 $\mathbf{N}$과 $\mathbf{T}$가 서로 수직인 것을 밝히라.

9. 다음 주어진 시각 $t = t_1$에서의 속도 $\mathbf{v}$, 가속도 $\mathbf{a}$, 속력 $|\mathbf{v}|$를 각각 구하라.

(1) $\mathbf{r}(t) = 3t\,\mathbf{i} + 4(t^2 - 1)\,\mathbf{j} + 2t^3\,\mathbf{k},\ \ t_1 = 1$

(2) $\mathbf{r}(t) = (2t - t^2)\,\mathbf{i} + 3t\,\mathbf{j} + (t^3 + 1)\,\mathbf{k},\ \ t_1 = 1$

(3) $\mathbf{r}(t) = \cos 2t\,\mathbf{i} + 2e^{-t}\,\mathbf{j} + 3\sin t\,\mathbf{k},\ \ t_1 = 0$

10. 운동하는 한 입자의 속력이 일정할 경우 입자의 가속도벡터는 항상 그 속도벡터에 수직인 것을 증명하라.

11. 다음 벡터방정식에 대한 곡선의 길이를 구하라.

(1) $\mathbf{r}(t) = t\sin t\,\mathbf{i} + t\cos t\,\mathbf{j} + \sqrt{8}\,t\,\mathbf{k},\ \ 0 \le t \le \pi$

(2) $\mathbf{r}(t) = 2t^{3/2}\,\mathbf{i} + (t - 3)\,\mathbf{j} + 3t\,\mathbf{k},\ \ 6 \le t \le 10$

(3) $\mathbf{r}(t) = \sinh 2t\,\mathbf{i} + \cosh 2t\,\mathbf{j} + 2t\,\mathbf{k},\ \ -\frac{1}{2} \le t \le 1$

12. 다음에서 $t = t_1$일 때 곡률, 단위접선벡터, 단위주법선벡터, 단위종법선벡터를 구하라.

(1) $\mathbf{r}(t) = (t^2 - 1)\,\mathbf{i} + (2t + 3)\,\mathbf{j} + (t^2 - 4t)\,\mathbf{k},\ \ t_1 = 2$

(2) $x = \sin 3t,\ \ y = \cos 3t,\ \ z = t,\ \ t_1 = \pi/9$

(3) $\mathbf{r}(t) = e^t \sin t\,\mathbf{i} + e^t \cos t\,\mathbf{j} + e^t\,\mathbf{k},\ \ t_1 = \pi/2$

13. 다음에서 시각 t인 순간 가속도벡터의 접선성분 a_{T}와 법선성분 a_{N}을 구하라.

(1) $x=t,\ \ y=t^2,\ \ z=t^3$

(2) $\mathbf{r}(t)=t\mathbf{i}+\frac{1}{3}t^3\mathbf{j}+t^{-1}\mathbf{k},\ \ t>0$

13.4 공간 위의 곡면

세 변수에 관한 방정식의 그래프는 일반적으로 한 곡면을 표시한다. 예를 들면 $Ax+By+Cz=D$의 그래프는 평면이고 $(x-h)^2+(y-k)^2+(z-l)^2=r^2$의 그래프는 구이다. 곡면과 좌표평면에 평행한 평면이 만나는 선을 절편이라 한다(그림 13.29).

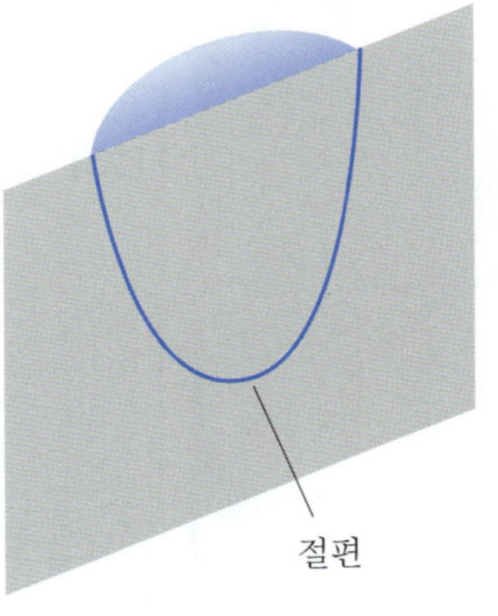

[그림 13.29]

예제 13.4.1 $\dfrac{x^2}{16}+\dfrac{y^2}{25}+\dfrac{z^2}{9}=1$의 그래프를 그리라.

[풀이] xy평면 위의 절편을 구하기 위하여 주어진 방정식에서 $z=0$이라고 놓으면

$$\frac{x^2}{16}+\frac{y^2}{25}=1$$

인 타원이 된다. xz평면과 yz평면 위의 절편을 구하기 위하여 각각 $y=0$, $x=0$으로 놓으면 또한 타원들이 된다. 이들 세 절편은 그림 13.30과 같이 나타낸다. 이들 절편은 그래프를 그리려는 곡면(타원면)의 시각적 영상에 도움이 된다. ■

기둥면

C는 평면곡선, l은 C를 포함하는 평면 위에 있지 않으면서 C와 만나는 직선이라 하자. 이 경우 l에 평행이고 C와 만나는 모든 직선의 합집합을 **기둥면**이라 한다(그림 13.31).

공간 위에서 두 변수에 대한 방정식의 그래프는 기둥면이 된다. 예를 들면

$$\frac{y^2}{a^2}-\frac{x^2}{b^2}=1 \tag{1}$$

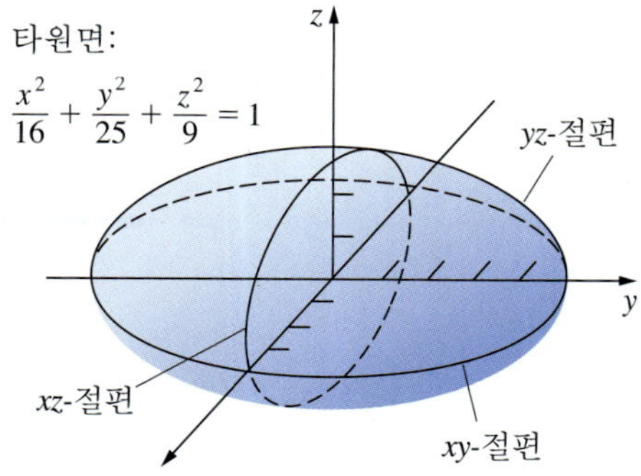

[그림 13.30]

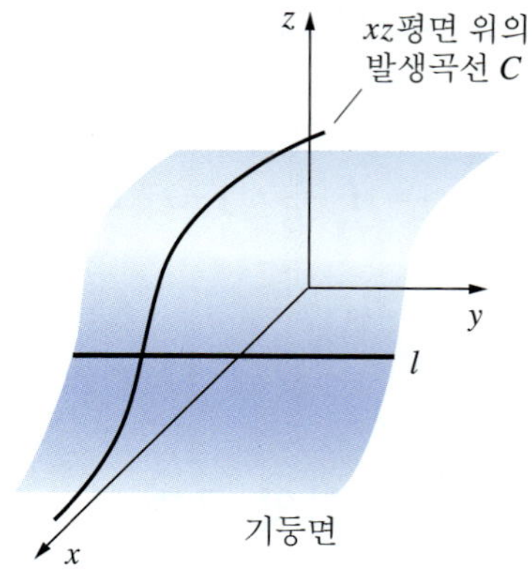

[그림 13.31]

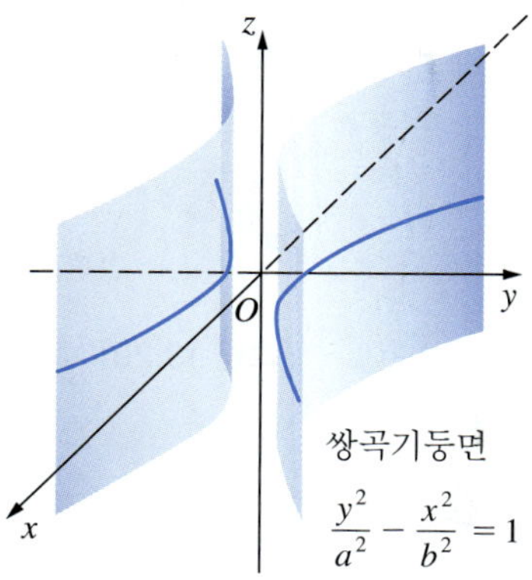

[그림 13.32]

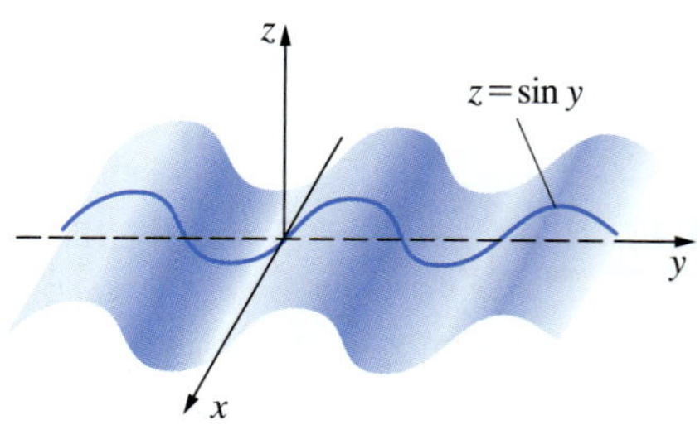

[그림 13.33]

(1)은 xy평면 위의 쌍곡선을 나타낸다. 또한 점 $(x_1, y_1, 0)$이 이 방정식을 만족한다면 (x_1, y_1, z)도 방정식을 만족한다. 점 (x_1, y_1, z)들의 집합은 점 $(x_1, y_1, 0)$에서 xy 평면 위의 쌍곡선과 만나며 z축에 평행한 직선을 나타낸다. 따라서 (1)의 그래프는 쌍곡기둥면이다(그림 13.32). 또 다른 예는 $z = \sin y$(그림 13.33)이다.

2차곡면

세 변수 x, y, z에 관한 2차방정식으로 표시되는 곡면을 **2차곡면**이라 한다. 2차곡면의 절편은 원뿔곡선이다.

일반적으로 세 변수에 관한 2차방정식의 꼴은 다음과 같다.

$$Ax^2 + By^2 + Cz^2 + Dxy + Exz + Fyz + Gx + Hy + Iz + J = 0$$

이것은 좌표축의 회전과 평행이동에 의해 다음 중 하나의 꼴로 표시된다.

$$Ax^2 + By^2 + Cz^2 + J = 0$$

또는

$$Ax^2 + By^2 + Iz = 0$$

예제 13.4.2 $\dfrac{x^2}{4} + \dfrac{y^2}{9} - \dfrac{z^2}{16} = 1$ 의 그래프를 그리라.

[풀이] 세 좌표평면에서의 절편을 구하기 위하여 각각 $z = 0$, $y = 0$, $x = 0$ 이라고 놓으면

- xy 평면 : $\dfrac{x^2}{4} + \dfrac{y^2}{9} = 1$, 타원
- xz 평면 : $\dfrac{x^2}{4} - \dfrac{z^2}{16} = 1$, 쌍곡선
- yz 평면 : $\dfrac{y^2}{9} - \dfrac{z^2}{16} = 1$, 쌍곡선

이다. 이 절편들을 그리면 그림 13.34와 같이 된다. ■

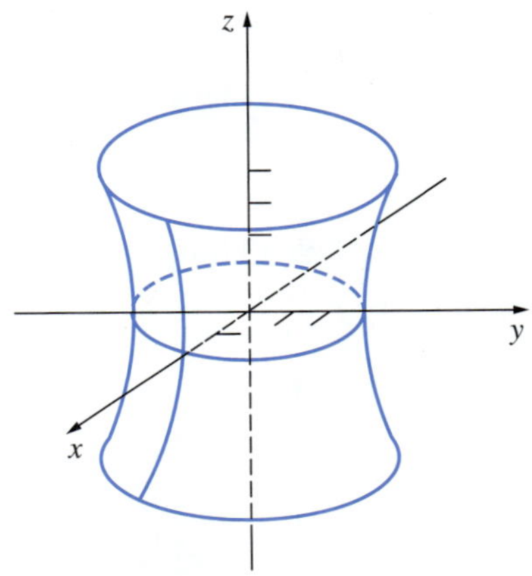

[그림 13.34]

다음에 여러 가지 2차곡면에 대하여 조사해 보자.

곡면	명칭	방정식
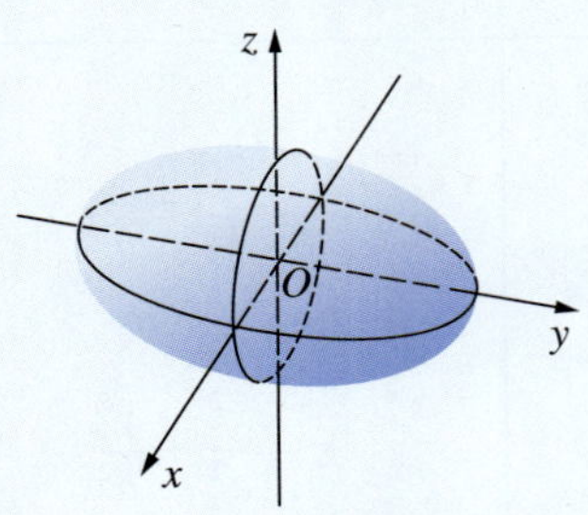 그림 13.35	타원면 (ellipsoid)	$\dfrac{x^2}{a^2} + \dfrac{y^2}{b^2} + \dfrac{z^2}{c^2} = 1$

곡면	명칭	방정식
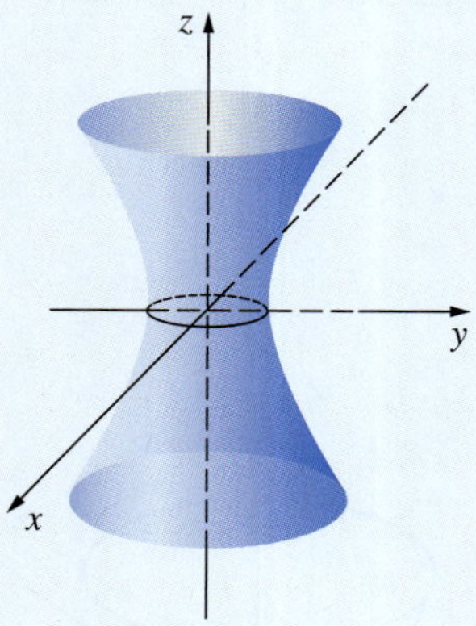 그림 13.36	1잎쌍곡면 (hyperboloid of one sheet)	$\frac{x^2}{a^2}+\frac{y^2}{b^2}-\frac{z^2}{c^2}=1$
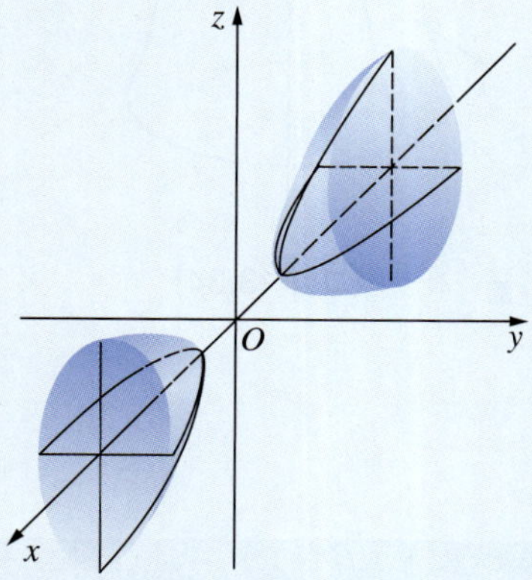 그림 13.37	2잎쌍곡면 (hyperboloid of two sheets)	$\frac{x^2}{a^2}-\frac{y^2}{b^2}-\frac{z^2}{c^2}=1$
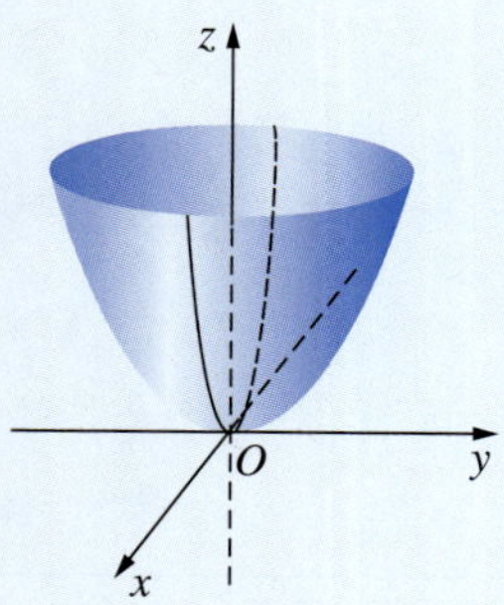 그림 13.38	타원포물면 (elliptic paraboloid)	$z=\frac{x^2}{a^2}+\frac{y^2}{b^2}$

곡면	명칭	방정식
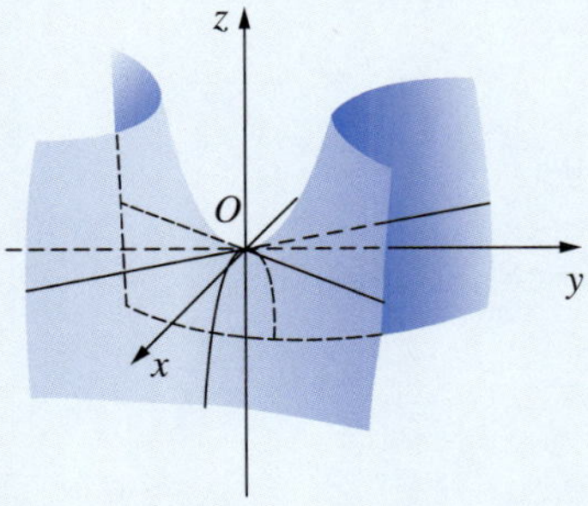 그림 13.39	쌍곡포물면 (hyperbolic paraboloid)	$z = \frac{y^2}{b^2} - \frac{x^2}{a^2}$
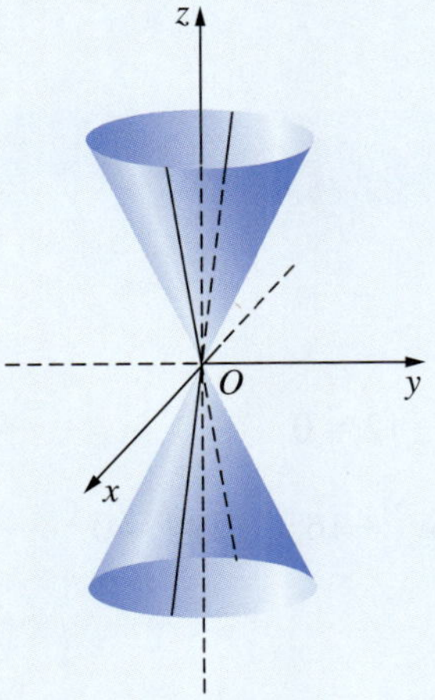 그림 13.40	타원뿔 (elliptic cone)	$\frac{x^2}{a^2} + \frac{y^2}{b^2} - \frac{z^2}{c^2} = 0$

예제 13.4.3 다음 방정식의 그래프의 명칭을 쓰라.

(1) $4x^2 + 4y^2 - 25z^2 + 100 = 0$ (2) $y^2 + z^2 - 12y = 0$

(3) $x^2 - z^2 = 0$ (4) $9x^2 + 4z^2 - 36y = 0$

[풀이] (1) 이 방정식의 양변을 -100으로 나눈 다음 정리하면

$$-\frac{x^2}{25} - \frac{y^2}{25} + \frac{z^2}{4} = 1$$

이므로 2잎쌍곡면이다.

(2) x축에 평행한 기둥면이다. 또한 이 방정식이

$$(y-6)^2+z^2=36$$

으로 나타나므로 원기둥면(circular cylinder)이다.

(3) 기둥면이다. 이 방정식은

$$(x-z)(x+z)=0$$

이므로 방정식의 그래프는 두 평면 $x=z$와 $x=-z$의 합집합이다.

(4) 방정식을 정리하면

$$\frac{x^2}{4}+\frac{z^2}{9}=y$$

이므로 타원포물면이다. ■

연습문제 13.4

1. 다음 방정식의 그래프를 그리고 명칭을 쓰라.

(1) $25x^2+16y^2=400$

(2) $2x+5z-12=0$

(3) $x^2+y^2-8x+2y+13=0$

(4) $9x^2+36y^2+16z^2-144=0$

(5) $4x^2+9y^2-12z=0$

(6) $y=e^z$

(7) $x^2-z^2+y=0$

(8) $9x^2+4z^2-36y=0$

(9) $5x+8y-2z=10$

(10) $z=\sqrt{16-x^2-y^2}$

2. 다음에 대하여 대칭인 그래프에는 어떤 조건이 있어야 하는가?

(1) yz평면 (2) z축 (3) x축 (4) 원점

3. 곡선 $y=2x^2$을 y축으로 회전시킬 때 생기는 곡면의 방정식을 구하라.

4. 곡선 $4x^2+3y^2=12$를 y축으로 회전시킬 때 생기는 곡면의 방정식을 구하라.

13.5 원기둥좌표와 구면좌표

직교좌표 (x, y, z)는 공간에서 점의 위치를 나타내는 방법 중 하나이다. 이 절에서는 두 개의 다른 표시방법인 원기둥좌표 (r, θ, z)와 구면좌표 (ρ, θ, ϕ)에 대하여 조사해 보자. 같은 점 P의 좌표의 세 종류를 그림으로 표시하면 그림 13.40과 같다.

원기둥좌표계는 평면에서의 직교좌표 x와 y 대신에 극좌표 r과 θ를 사용한 것이다(11.1절). z축은 직교좌표에서와 같은 좌표이다.

구면좌표계 (ρ, θ, ϕ)에서 ρ(그리스 문자 rho)는 원점으로부터 점 P까지의 거리이고 θ는 점 P의 xy평면으로의 사영 P'의 **편각**이고 ϕ는 양의 z축과 선분 OP 사이의 각이다. 여기서 $\rho \geq 0,\ 0 \leq \theta < 2\pi,\ 0 \leq \phi \leq \pi$로 제한한다.

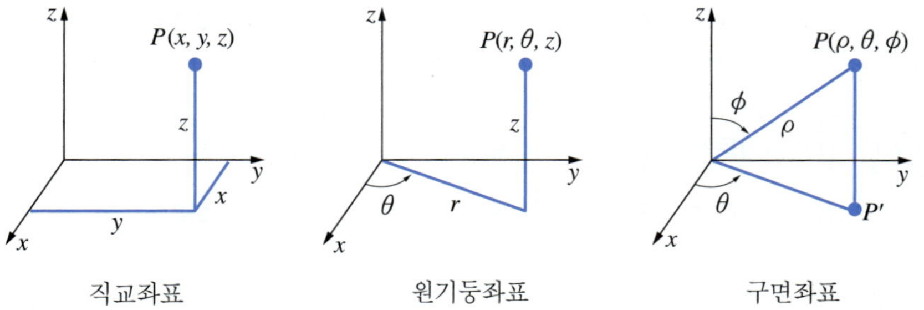

[그림 13.41]

원기둥좌표

z축에 대하여 대칭인 기둥면의 방정식과 z축을 포함하는 평면의 방정식을 나타낼 때 원기둥좌표를 사용하면 방정식이 간단해 진다(그림 13.42 및 13.43).

원기둥좌표와 직교좌표의 관계는 다음과 같다.

$$x = r\cos\theta,\ \ y = r\sin\theta,\ \ z = z$$

$$r^2 = x^2 + y^2,\ \ \tan\theta = \frac{y}{x}$$

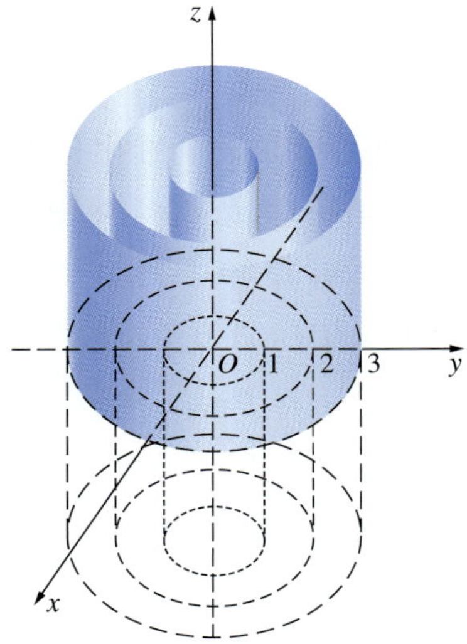

기둥면 $r=1, r=2, r=3$

[그림 13.42]

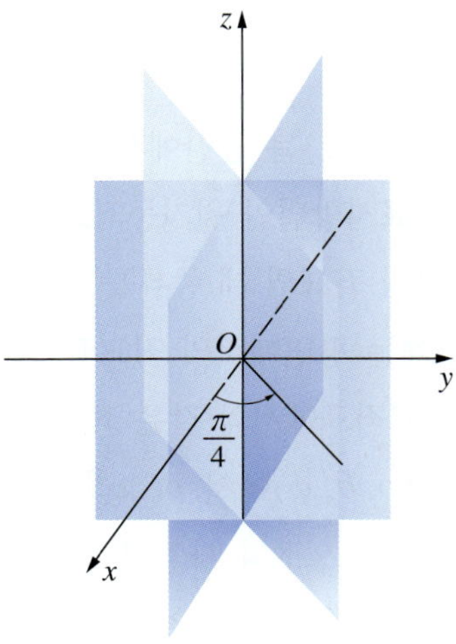

평면 $\theta=0,\ \theta=\frac{\pi}{4},\ \theta=\frac{\pi}{2}$

[그림 13.43]

예제 13.5.1 (1) 원기둥좌표 $\left(4,\ \frac{2}{3}\pi,\ 5\right)$로 표시된 점의 직교좌표를 구하라.

(2) 직교좌표 $(-5,\ -5,\ 2)$로 표시된 점의 원기둥좌표를 구하라.

[풀이] (1)

$$x = 4\cos\frac{2\pi}{3} = 4\cdot\left(-\frac{1}{2}\right) = -2$$

$$y = 4\sin\frac{2\pi}{3} = 4\cdot\left(\frac{\sqrt{3}}{2}\right) = 2\sqrt{3}$$

따라서 $\left(4,\ \frac{2}{3}\pi,\ 5\right)$의 직교좌표는 $(-2,\ 2\sqrt{3},\ 5)$이다.

(2)

$$r = \sqrt{(-5)^2+(-5)^2} = 5\sqrt{2}$$

$$\tan\theta = \frac{-5}{-5} = 1$$

이므로 $\theta = \frac{5\pi}{4}$이다. 따라서 $(-5,\ -5,\ 2)$의 원기둥좌표는 $\left(5\sqrt{2},\ \frac{5}{4}\pi,\ 2\right)$ 이다. ■

예제 13.5.2 직교좌표방정식이 $x^2+y^2=4-z$와 $x^2+y^2=2x$인 포물면과 기둥면에 대해 원기둥좌표방정식을 구하라.

[풀이] 포물면 : $r^2 = 4 - z$

$$\text{기둥면}: r^2 = 2r\cos\theta \quad \text{즉}, \ r = 2\cos\theta$$ ■

예제 13.5.3 원기둥좌표방정식 $r^2 + 4z^2 = 16$과 $r^2\cos 2\theta = z$로 주어진 곡면의 직교좌표방정식을 구하라.

[풀이] $r^2 = x^2 + y^2$이므로 곡면 $r^2 + 4z^2 = 16$은

$$x^2 + y^2 + 4z^2 = 16$$

즉,

$$\frac{x^2}{16} + \frac{y^2}{16} + \frac{z^2}{4} = 1$$

인 타원면이다. 또한 $\cos 2\theta = \cos^2\theta - \sin^2\theta$ 이므로 두 번째 방정식은

$$r^2\cos^2\theta - r^2\sin^2\theta = z$$

이며 직교좌표방정식은 다음과 같은 쌍곡포물면이다.

$$x^2 - y^2 = z$$ ■

구면좌표

한 점에 대하여 대칭인 곡면의 방정식은 구면좌표로 나타내면 편리하다. 특히 원점을 중심으로 하는 구의 방정식은 간단히 $\rho = \rho_0$로 표시된다(그림 13.44). 또한 z축을 축으로 하고 원점을 꼭짓점으로 하는 뿔의 방정식은 $\phi = \phi_0$로 표시된다(그림 13.45). 직교좌표,

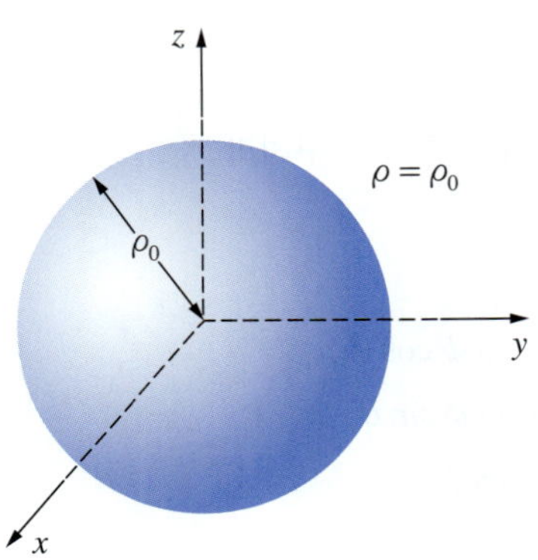

[그림 13.44]

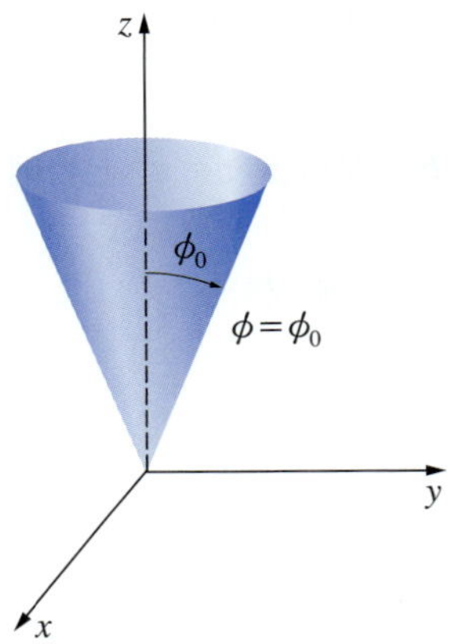

[그림 13.45]

원기둥좌표, 구면좌표 사이에는 다음 관계가 성립한다.

$$r = \rho \sin\phi, \qquad \theta = \theta, \qquad z = \rho\cos\phi$$
$$x = \rho\sin\phi\cos\theta, \quad y = \rho\sin\phi\sin\theta, \quad z = \rho\cos\phi$$
$$\rho = \sqrt{x^2+y^2+z^2}$$

예제 13.5.4 구면좌표가 $\left(8, \frac{\pi}{3}, \frac{2}{3}\pi\right)$인 점 P의 직교좌표를 구하라.

[풀이] 그림 13.46에 점 P를 표시한다.

$$x = 8\sin\frac{2\pi}{3}\cos\frac{\pi}{3} = 8\frac{\sqrt{3}}{2}\frac{1}{2} = 2\sqrt{3}$$
$$y = 8\sin\frac{2\pi}{3}\sin\frac{\pi}{3} = 8\frac{\sqrt{3}}{2}\frac{\sqrt{3}}{2} = 6$$
$$z = 8\cos\frac{2\pi}{3} = 8\left(-\frac{1}{2}\right) = -4$$

따라서 P의 직교좌표는 $(2\sqrt{3}, 6, -4)$이다. ■

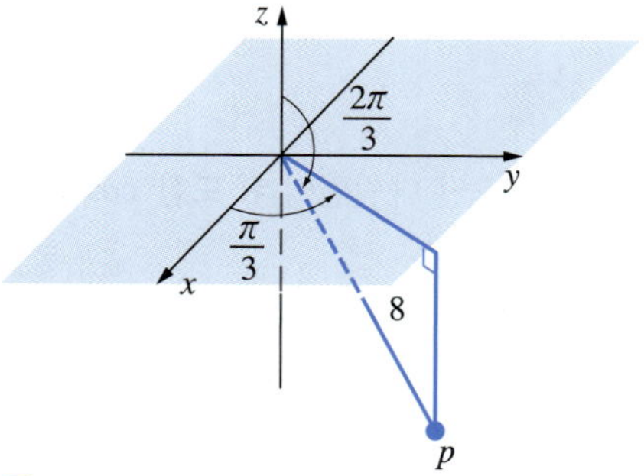

[그림 13.46]

예제 13.5.5 $\rho = 2\cos\phi$의 직교좌표방정식을 구하라.

[풀이] 양변에 ρ를 곱하면

$$\rho^2 = 2\rho\cos\phi$$
$$x^2+y^2+z^2 = 2z$$
$$x^2+y^2+(z-1)^2 = 1$$

따라서 이 방정식은 $(0, 0, 1)$이 중심이고 반지름이 1인 구이다. ■

예제 13.5.6 포물면 $z = x^2+y^2$에 대한 구면좌표방정식을 구하라.

[풀이] x, y, z에 대하여

$$x = \rho\sin\phi\cos\theta,$$
$$y = \rho\sin\phi\sin\theta,$$
$$z = \rho\cos\phi$$

를 각각 대입하면

$$\begin{aligned}\rho\cos\phi &= \rho^2\sin^2\phi\cos^2\theta + \rho^2\sin^2\phi\sin^2\theta \\ &= \rho^2\sin^2\phi(\cos^2\theta + \sin^2\theta) \\ &= \rho^2\sin^2\phi\end{aligned}$$

그러므로 $\rho = \cos\phi\csc^2\phi$이다. ■

연습문제 13.5

1. 다음 원기둥좌표를 직교좌표로 나타내라.

(1) $(6, \pi/6, -2)$　　(2) $(4, 4\pi/3, -8)$

2. 다음 직교좌표를 구면좌표로 나타내라.

(1) $(2, -2\sqrt{3}, 4)$　　(2) $(-\sqrt{2}, \sqrt{2}, 2\sqrt{3})$

3. 원기둥좌표 또는 구면좌표로 표시된 방정식의 그래프를 그리라.

(1) $r = 5$　　(2) $\phi = \pi/6$

(3) $r = 3\cos\theta$　　(4) $\rho = 3\cos\phi$

(5) $r^2 + z^2 = 9$

4. 다음 방정식을 지정된 좌표로 나타내라.

(1) $x^2 + y^2 = 9$; 원기둥좌표　　(2) $x^2 + y^2 + 4z^2 = 10$; 원기둥좌표

(3) $2x^2 + 2y^2 - 4z^2 = 0$; 구면좌표　　(4) $r^2 + 2z^2 = 4$; 구면좌표

(5) $x + y = 4$; 원기둥좌표　　(6) $x^2 + y^2 = 9$; 구면좌표

(7) $r^2\cos 2\theta = z$; 직교좌표

5. 포물선 $z = 2x^2$을 z축에 관하여 회전시킬 때 생기는 곡면의 방정식을 원기둥좌표로 나타내라.

6. 다음 직교좌표를 원기둥좌표로 나타내라.

(1) $(-1, 0, 0)$　　(2) $(\sqrt{3}, 1, 4)$　　(3) $(4, 4, 4)$

7. 다음 구면좌표를 직교좌표로 나타내라.

(1) $(1,\ 0,\ 0)$ (2) $\left(1,\ \frac{\pi}{6},\ \frac{\pi}{6}\right)$ (3) $\left(4,\ \frac{\pi}{4},\ \frac{\pi}{6}\right)$

8. 다음 원기둥좌표를 구면좌표로 나타내라.

(1) $\left(\sqrt{2},\ \frac{\pi}{4},\ 0\right)$ (2) $\left(4,\ \frac{\pi}{3},\ 4\right)$

9. 다음 구면좌표를 원기둥좌표로 나타내라.

(1) $(2,\ 0,\ 0)$ (2) $\left(8,\ \frac{\pi}{4},\ \frac{\pi}{2}\right)$

연습문제 Chapter 13

1. 주어진 매개방정식으로 정의된 평면곡선을 그리고 곡선에 대응되는 직교좌표방정식을 구하라.

(1) $\begin{cases} x = 2\cos t \\ y = 3\sin t \end{cases}$　　(2) $\begin{cases} x = 1 + 2\cos t \\ y = -2 + 2\sin t \end{cases}$

(3) $\begin{cases} x = -1 + 2t \\ y = 3t \end{cases}$　　(4) $\begin{cases} x = 1 + t \\ y = t^2 + 2 \end{cases}$

(5) $\begin{cases} x = t^2 - 1 \\ y = 2t \end{cases}$　　(6) $\begin{cases} x = t^2 - 1 \\ y = t^2 + 1 \end{cases}$

2. 주어진 곡선과 점에 대한 접선의 기울기를 구하라.

(1) $\begin{cases} x = t^2 - 2 \\ y = t^3 - t \end{cases}$　(a) $t = -1$, (b) $t = 1$, (c) $(-2, 0)$

(2) $\begin{cases} x = 2\cos t \\ y = 3\sin t \end{cases}$　(a) $t = \dfrac{\pi}{4}$, (b) $t = \dfrac{\pi}{2}$, (c) $(0, 3)$

(3) $\begin{cases} x = \cos 2t \\ y = \sin 4t \end{cases}$　(a) $t = \dfrac{\pi}{4}$, (b) $t = \dfrac{\pi}{2}$, (c) $\left(\dfrac{\sqrt{2}}{2}, 1\right)$

3. 물체의 위치에 대한 매개방정식이 주어져 있다. 주어진 시간에 대하여 물체의 속도와 속력을 구하고, 운동을 설명하라.

(1) $\begin{cases} x = 2\cos t \\ y = 2\sin t \end{cases}$　(a) $t = 0$, (b) $t = \dfrac{\pi}{2}$

(2) $\begin{cases} x = 20t \\ y = 30 - 2t - 16t^2 \end{cases}$　(a) $t = 0$, (b) $t = 2$

(3) $\begin{cases} x = 2\cos 2t + \sin 5t \\ y = 2\sin 2t + \cos 5t \end{cases}$　(a) $t = 0$, (b) $t = \dfrac{\pi}{2}$

4. 주어진 곡선으로 둘러싸인 넓이를 구하라.

(1) $\begin{cases} x = 3\cos t \\ y = 2\sin t \end{cases}$　　(2) $\begin{cases} x = \cos t \\ y = \sin 2t \end{cases}$, $\dfrac{\pi}{2} \le t \le \dfrac{3\pi}{2}$

(3) $\begin{cases} x = t^3 - 4t \\ y = t^4 - 1 \end{cases}$, $-2 \le t \le 2$

5. 주어진 곡선의 길이를 구하라.

(1) $\begin{cases} x = 2\cos t \\ y = 4\sin t \end{cases}$

(2) $\begin{cases} x = 1 - 2\cos t \\ y = 2 + 3\sin t \end{cases}$

(3) $\begin{cases} x = t^3 - 4t \\ y = t^2 - 3 \end{cases}$, $-2 \le t \le 2$

(4) $\begin{cases} x = \cos 4t \\ y = \sin 4t \end{cases}$

(5) $\begin{cases} x = t\cos t \\ y = t\sin t \end{cases}$, $-1 \le t \le 1$

(6) $\begin{cases} x = \sin 2t \cos t \\ y = \sin 2t \sin t \end{cases}$, $0 \le t \le \pi/2$

(7) $\begin{cases} x = \sin t \\ y = \sin \pi t \end{cases}$, $0 \le t \le \pi$

6. 다음 극한이 존재하면 구하라.

(1) $\lim_{t \to 0} \left(t^2 - 1, e^{2t}, \sin t\right)$

(2) $\lim_{t \to 1} \left(\sqrt{t-1}, t^2 + 3, \frac{t+1}{t-1}\right)$

7. 다음 벡터함수의 도함수를 구하라.

(1) $\mathbf{r}(t) = \left(t^4, \sqrt{t+1}, \frac{3}{t^2}\right)$

(2) $\mathbf{r}(t) = (\sin t, \sin t^2, \cos t)$

8. 다음 적분을 구하라.

(1) $\int (3t - 1, \sqrt{t})\, dt$

(2) $\int_0^2 \left(\frac{4}{t+1}, e^{t-2}, te^t\right) dt$

9. 다음 벡터함수의 종점이 나타내는 곡선을 그리고 주어진 점에서 위치벡터와 접선벡터를 표시하라.

(1) $\mathbf{r}(t) = (\cos t, \sin t)$, $t = 0$, $t = \frac{\pi}{2}$, $t = \pi$

(2) $\mathbf{r}(t) = \left(t, t^2 - 1\right)$, $t = 0$, $t = 1$, $t = 2$

10. 다음 위치함수에 대하여 속도와 가속도함수를 구하라.

(1) $\mathbf{r}(t) = (5\cos 2t, 5\sin 2t)$

(2) $\mathbf{r}(t) = \left(25te^{-2t}, -16t^2 + 10t + 20\right)$

11. 다음 속도나 가속도함수로부터 위치함수를 구하라.

(1) $\mathbf{v}(t) = (10, -32t + 4)$, $\mathbf{r}(0) = (3, 8)$

(2) $\mathbf{a}(t) - (0, -32)$, $\mathbf{v}(0) = (5, 0)$, $\mathbf{r}(0) = (0, 16)$

(3) $\mathbf{v}(t) = (t+2,\ t^2,\ e^{-t/3})$, $\mathbf{r}(0) = (4, 0, -3)$

(4) $\mathbf{a}(t) = (t, 0, -16)$, $\mathbf{v}(0) = (12, -4, 0)$, $\mathbf{r}(0) = (5, 0, 2)$

12. 곡선 $x = t,\ y = t^2,\ z = t^3$ 에서 $t = 1,\ t = -1$일 때의 곡률을 각각 구하라.

13. 곡선 $\mathbf{r}(t) = \cos t\,\mathbf{i} + \sin^2 t\,\mathbf{j} + \frac{1}{2}\sin 2t\,\mathbf{j}$ 에서 $t = \pi$일 때의 곡률을 구하라.

14. 다음 곡선에 대해서 단위접선벡터 $\mathbf{T}$와 단위주법선벡터 $\mathbf{N}$, 그리고 곡률 k를 각각 구하라.

(1) $\mathbf{r}(t) = \sin 4t\,\mathbf{i} + 3t\,\mathbf{j} + \cos 4t\,\mathbf{k}$

(2) $\mathbf{r}(t) = \sqrt{2}\cos t\,\mathbf{i} + \sin t\,\mathbf{j} + \sin t\,\mathbf{k}$

15. 다음 곡선의 길이를 구하라.

(1) $\mathbf{r}(t) = 2t\,\mathbf{i} + 3\sin t\,\mathbf{j} + 3\cos t\,\mathbf{k},\ 0 \le t \le b$

(2) $\mathbf{r}(t) = 6t\,\mathbf{i} + 3\sqrt{2}\,t^2\,\mathbf{j} + 2t^3\,\mathbf{k},\ 0 \le t \le 1$

16. 다음에서 가속도벡터의 a_{T}와 a_{N}을 각각 구하라.

(1) $\mathbf{r}(t) = (t - \sin t)\mathbf{i} + (1 - \cos t)\mathbf{j}$

(2) $\mathbf{r}(t) = t^3\mathbf{i} + t^2\mathbf{j} + t\,\mathbf{k}$

(3) $\mathbf{r}(t) = e^t\mathbf{i} + \sqrt{2}\,t\,\mathbf{j} + e^{-t}\mathbf{k}$

17. 주어진 방정식을 원기둥좌표계로 표현하라.

(1) $x^2 + y^2 = 16$

(2) $z = x^2 + y^2$

(3) $x^2 + (y-3)^2 = 9$

(4) $y = 2x$

18. 원기둥방정식의 그래프를 그리라.

(1) $z = r$

(2) $z = 4 - r^2$

19. 구면좌표계의 점 (ρ, θ, ϕ)을 직교좌표계로 변환하라.

(1) $(4, \pi, 0)$

(2) $\left(4,\ 0,\ \frac{\pi}{2}\right)$

(3) $\left(\sqrt{2},\ \frac{\pi}{3},\ \frac{\pi}{6}\right)$

20. 구면좌표계의 방정식으로 변환하라.

(1) $x^2 + y^2 + z^2 = 9$ (2) $y = x$ (3) $z = \sqrt{3(x^2 + y^2)}$

21. 구면좌표계로 주어진 방정식의 그래프를 그리라.

(1) $\rho = 2$ (2) $\phi = \dfrac{\pi}{4}$ (3) $\theta = 0$

14 C·H·A·P·T·E·R 다변수함수와 편미분

14.1 다변수함수

지금까지 다룬 함수는 다음과 같다.

(1) 실수 x에 실수 $f(x)$가 대응되는 실함수 예를 들면 $f(x)=x^2$

(2) 실수 x에 벡터 $\mathbf{F}(x)$가 대응되는 벡터함수 예를 들면 $\mathbf{F}(x)=(x^2, e^x)$

D가 실수의 순서쌍 (x, y)의 집합이고 $\mathbb{R}$이 실수의 집합일 때 D의 원소 (x, y)에 대해 $\mathbb{R}$의 원소 z를 하나씩 대응시키는 함수 f를 변수 x, y에 대한 **2변수함수**라 하며

$$f(x, y) \quad \text{또는} \quad z=f(x, y)$$

로 나타낸다. 이때 D를 함수 f의 **정의역**이라 하고 $\mathbb{R}$를 f의 **공역**이라 한다.

위 정의에서 변수 x, y를 **독립변수**, z를 **종속변수**라 한다. 다음은 2변수함수의 예이다.

$$f(x, y)=x^2+3y^2$$

$$g(x, y)=2x\sqrt{y}$$

마찬가지로 3변수함수를 정의할 수 있다. 예를 들면

$$f(x, y, z)=x^2+y^2+z^2$$

은 3변수함수이다.

2변수함수 $z=f(x, y)$에 대하여 집합

$$\{(x, y, z) \mid z=f(x, y)\}$$

를 f의 **그래프**라 하는데 이것은 좌표공간에서 곡면을 나타낸다(그림 14.1).

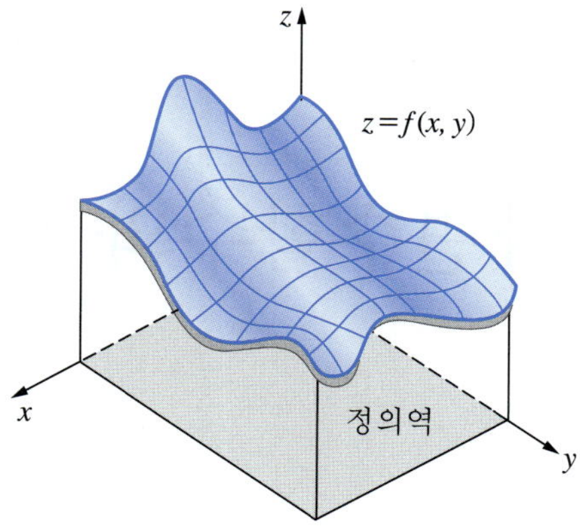

[그림 14.1]

예제 14.1.1 $f(x, y)=\frac{1}{3}\sqrt{36-9x^2-4y^2}$ 의 그래프를 그리라.

[풀이] $z=\frac{1}{3}\sqrt{36-9x^2-4y^2}$ 로 놓으면 $z\geq 0$이다. 양변을 제곱하여 정리하면

$$9x^2+4y^2+9z^2=36$$

이다. 그러므로 이 그래프는 타원면의 상반부를 나타낸다(그림 14.2). ■

예제 14.1.2 $z=f(x, y)=y^2-x^2$의 그래프를 그리라.

[풀이] 그래프는 쌍곡포물면이고 그림 14.3과 같다. ■

곡면 $z=f(x, y)$를 xy평면에 평행한 평면 $z=c$(c는 상수)로 잘랐을 때 생기는 공간곡선을 xy평면에 사영시키면 평면곡선이 생긴다. 이 곡선을 **등고선**이라고 하며(그림 14.4), 이와 같은 곡선들의 집합을 **등고선 지도**라 한다.

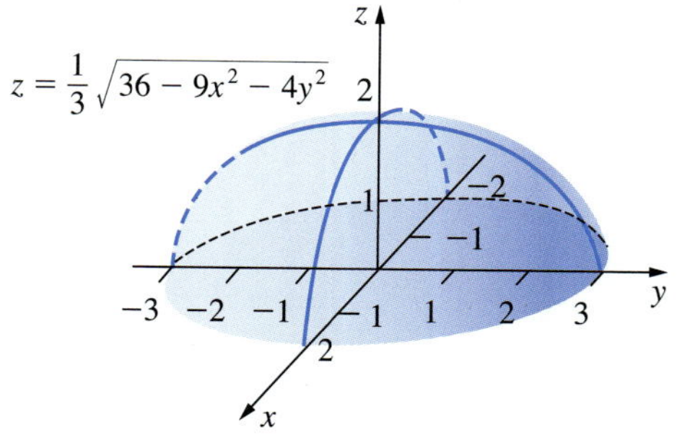

[그림 14.2]

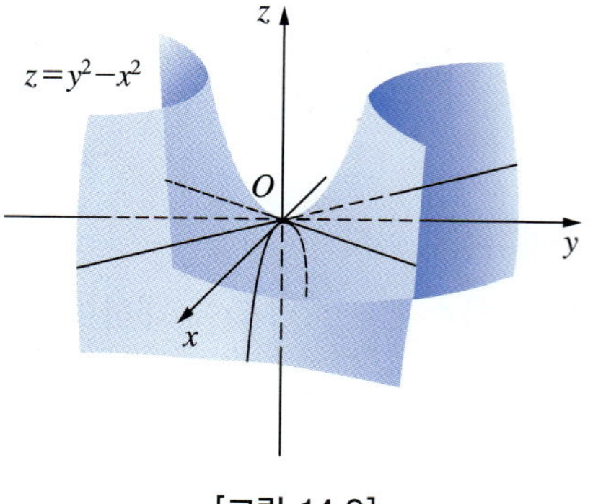

[그림 14.3]

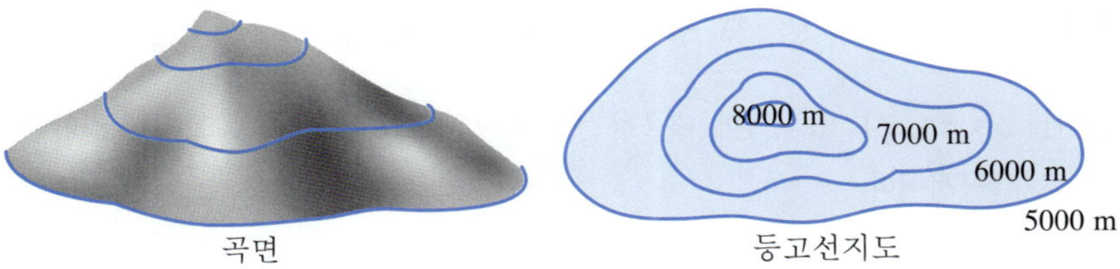

[그림 14.4]

2변수함수 $z = f(x, y)$의 그래프를 그리기가 어려울 때 등고선 지도를 이용하면 그래프를 이해하는 데 도움이 된다. 그림 14.5는 등고선 지도를 보여준다.

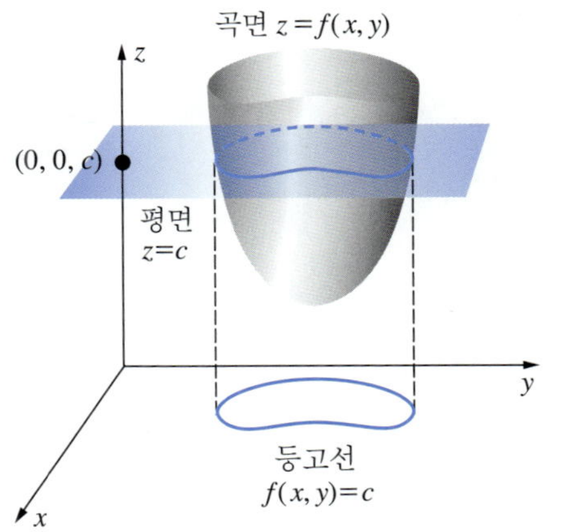

[그림 14.5]

예제 14.1.3 $z = \frac{1}{3}\sqrt{36 - 9x^2 - 4y^2}$ 과 $z = y^2 - x^2$ 의 그래프에 대응하는 등고선 지도를 그리라.

[풀이] (1) $z = 0, 1, 1.5, 1.75, 2$에 대응하는 $z = \frac{1}{3}\sqrt{36 - 9x^2 - 4y^2}$ 의 등고선 지도는 그림 14.6의 타원들이다.

(2) 같은 방법으로 $z = -5, -4, -3, \cdots, 2, 3, 4$에 대응하는 $z = y^2 - x^2$의 등고선 지도는 그림 14.7의 쌍곡선들이다. ■

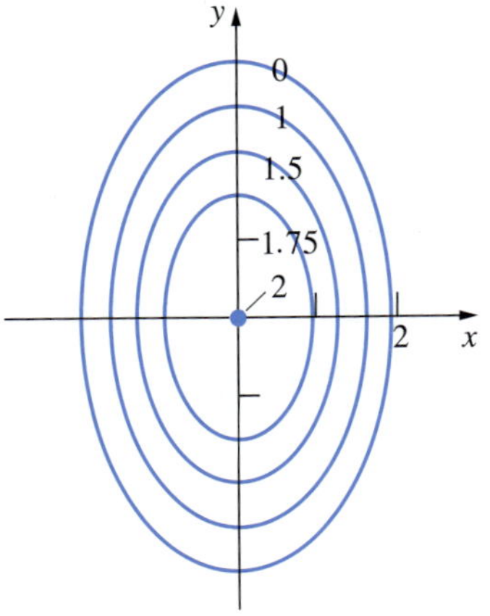

[그림 14.6]

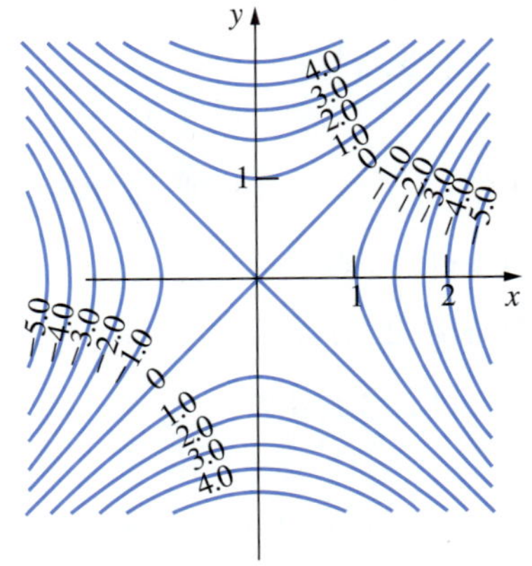

[그림 14.7]

예제 14.1.4 $z = f(x, y) = xy$의 등고선 지도를 그리라.

[풀이] $z = -4, -1, 0, 1, 4$에 대응하는 $z = xy$의 등고선 지도는 그림 14.8과 같고, 이들 역시 쌍곡선이다. ■

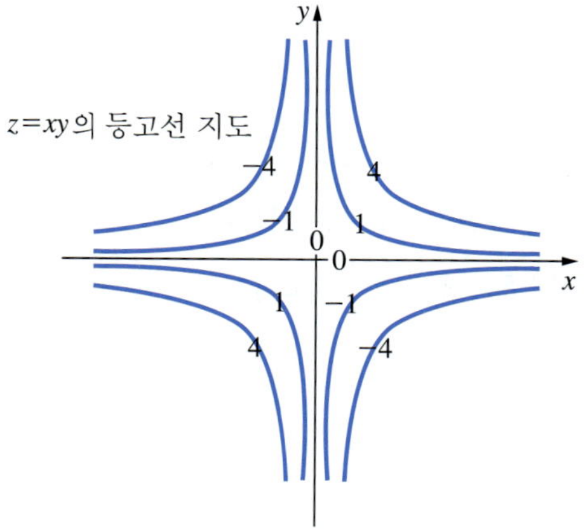

[그림 14.8]

연습문제 14.1

1. $f(x, y) = x^2y + \sqrt{y}$에 대하여 다음 값을 구하라.

(1) $f(2, 1)$ (2) $f(3, 0)$

(3) $f(1, 4)$ (4) $f(a, a^4)$

(5) $f(1/x, x^4)$ (6) $f(2, -4)$

2. $g(x, y, z) = x^2 \sin yz$에 대하여 다음 값을 구하라.

(1) $g(1, \pi, 2)$ (2) $g(2, 1, \pi/6)$

(3) $g(4, 2, \pi/4)$ (4) $g(\pi, \pi, \pi)$

(5) $g(1.2, 3.1, 4.2)$

3. $F(x, y) = x^2y$, $f(t) = t\cos t$, $g(t) = \sec^2 t$일 때 $F(f(t), g(t))$를 구하라.

4. 다음 함수의 그래프를 그리라.

(1) $f(x, y) = 6$

(2) $f(x, y) = 6 - x - 2y$

(3) $f(x, y) = \sqrt{16 - x^2 - y^2}$

(4) $f(x, y) = 3 - x^2 - y^2$

(5) $f(x, y) = e^{-(x^2+y^2)}$

5. 다음 함수에서 $z = k$일 때 등고선을 그리라.

(1) $z = \frac{1}{2}(x^2 + y^2)$, $k = 0, 2, 4, 6, 8$

(2) $z = \frac{x^2}{y}$, $k = -4, -1, 0, 1, 4$

(3) $z = \frac{x^2 + y}{x + y^2}$, $k = 0, 1, 2, 4$

6. $T(x, y)$가 평면 위의 점 (x, y)에서 온도라고 하면, T의 등고선은 등온선이라 한다. $T = \frac{1}{10}, \frac{1}{5}, \frac{1}{2}, 0$에 대응하는 $T(x, y) = \frac{x^2}{x^2 + y^2}$의 등온선을 그리라.

7. 다음 3변수함수의 정의역을 3차원공간에서 기하학적으로 나타내라.

(1) $f(x, y, z) = \sqrt{x^2 + y^2 + z^2 - 16}$

(2) $f(x, y, z) = \frac{(144 - 16x^2 - 16y^2 + 9z^2)^{\frac{3}{2}}}{xyz}$

8. 3변수함수의 등고면은 어떤 상수 k에 대하여 방정식 $f(x, y, z) = k$를 만족하는 3차원 공간의 점의 집합이다. 함수의 등고면을 기하학적으로 나타내라.

(1) $f(x, y, z) = x^2 + y^2 + z^2$, $k > 0$

(2) $f(x, y, z) = 16x^2 + 16y^2 - 9z^2$, $k \in \mathbb{R}$

(3) $f(x, y, z) = 4x^2 - 9y^2$, $k \in \mathbb{R}$

14.2 극한과 연속

이 절에서는 2변수함수의 극한과 연속에 대하여 알아보자.

$\lim_{(x,y)\to(a,b)} f(x, y) = L$은 직관적으로 (x, y)가 (a, b)에 가까워짐에 따라 $f(x, y)$의 값이 L에 접근한다고 볼 수 있다. 즉, 평면에서 (x, y)는 무수히 많은 서로 다른 길로 (a, b)에 접근할 수 있고 이 중 어떤 길을 택해서 (x, y)가 (a, b)에 접근하든지 간에 $f(x, y)$의 값이 L에 접근해야 한다. 이제 2변수함수의 극한을 정의하자.

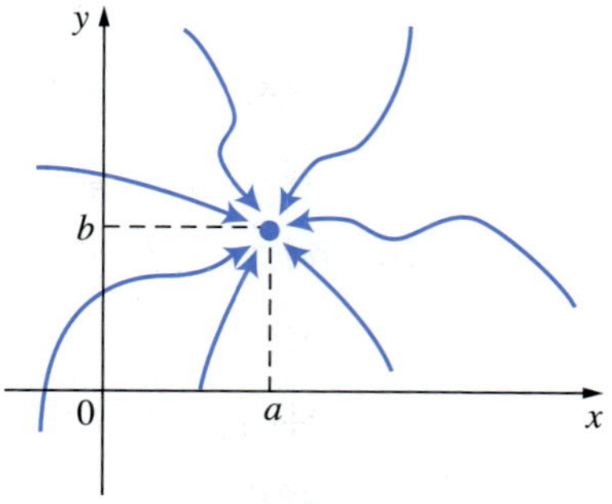

[그림 14.9]

정의

$\lim_{(x,y)\to(a,b)} f(x, y) = L$이라 함은 임의의 $\varepsilon > 0$에 대해서 적당한 $\delta > 0$가 존재하여

$$0 < |(x, y) - (a, b)| < \delta$$

인 모든 (x, y)가

$$|f(x, y) - L| < \varepsilon$$

을 만족시킨다는 것이다.

여기서 $|(x, y) - (a, b)| = \sqrt{(x-a)^2 + (y-b)^2}$ 이다. 이것은 두 점 (x, y)와 (a, b) 사이의 거리를 나타낸다.

따라서 $0 < |(x, y) - (a, b)| < \delta$를 만족하는 (x, y)들의 모임은 반지름이 δ이고 중심

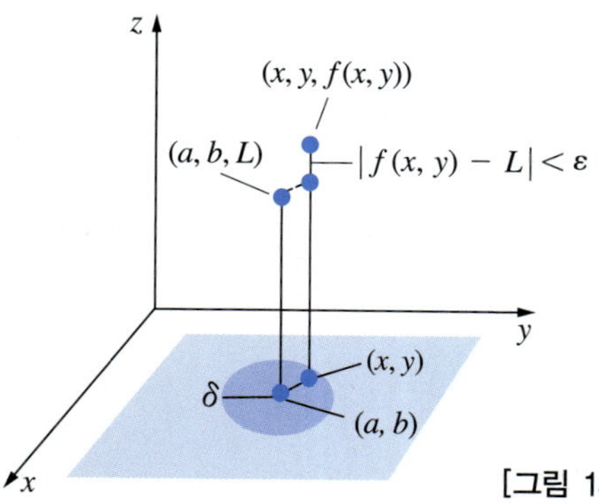

[그림 14.10]

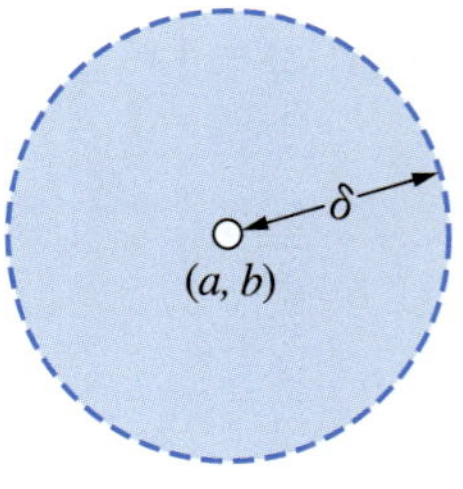

[그림 14.11]

이 (a, b)인 원판 안의 모든 점에서 점 (a, b)를 뺀 집합이다(그림 14.11).

> **참조** **1.** (a, b)에서 $f(x, y)$의 극한값은 (x, y)가 (a, b)에 접근하는 경로에 관계없이 일정하다.
>
> **2.** (a, b)에서 $f(x, y)$가 정의되지 않을 수도 있다.
>
> **3.** 극한의 정의는 3변수함수로 확장할 수 있다. 이때 (x, y), (a, b)를 각각 (x, y, z), (a, b, c)로 바꾸면 된다.

2변수함수의 극한에서도 1변수함수의 극한 성질을 만족한다. 예를 들면

(1) $\lim_{(x,y)\to(1,2)} [x^2 y + 3y] = 1^2 \cdot 2 + 3 \cdot 2 = 8$

(2) $\lim_{(x,y)\to(3,4)} \sqrt{x^2 + y^2} = \sqrt{3^2 + 4^2} = 5$

예제 14.2.1 $\lim_{(x,y)\to(0,0)} \dfrac{3x^2 y}{x^2 + y^2} = 0$임을 증명하라.

[풀이] 주어진 $\varepsilon > 0$에 대해서 다음 조건을 만족하는 $\delta > 0$을 찾자.

$$0 < \sqrt{x^2 + y^2} < \delta \text{ 이면 } \left| \frac{3x^2 y}{x^2 + y^2} - 0 \right| < \varepsilon$$

그런데

$$\begin{aligned} \left| \frac{3x^2 y}{x^2 + y^2} - 0 \right| &= \frac{3x^2 |y|}{x^2 + y^2} \\ &\leqq \frac{3(x^2 + y^2)|y|}{x^2 + y^2} = 3|y| \\ &= 3\sqrt{y^2} \leqq 3\sqrt{x^2 + y^2} \end{aligned}$$

이므로 $\delta = \dfrac{\varepsilon}{3}$이라 하면, $0 < \sqrt{x^2 + y^2} < \delta$ 인 모든 (x, y)에 대하여

$$\left| \frac{3x^2 y}{x^2 + y^2} - 0 \right| \leqq 3\sqrt{x^2 + y^2} < 3\delta = 3 \cdot \frac{\varepsilon}{3} = \varepsilon$$

따라서

$$\lim_{(x,y)\to(0,0)} \frac{3x^2 y}{x^2 + y^2} = 0$$

■

예제 14.2.2 함수 $f(x, y)=\dfrac{x^2-y^2}{x^2+y^2}$은 점 $(0, 0)$에서 극한값이 없다는 것을 밝히라.

[풀이] 함수 f는 원점을 제외하고 xy평면 어디에서나 정의된다.

(1) 점 (x, y)가 x축을 따라 $(0, 0)$에 접근한다면 f의 값은

$$f(x, 0)=\frac{x^2-0}{x^2+0}=1$$

이므로

$$\lim_{(x, 0)\to(0, 0)} f(x, 0)=\lim_{(x, 0)\to(0, 0)}\frac{x^2-0}{x^2+0}=1$$

(2) 점 (x, y)가 y축을 따라 $(0, 0)$에 접근한다면 f의 값은

$$f(0, y)=\frac{0-y^2}{0+y^2}=-1$$

이므로

$$\lim_{(0, y)\to(0, 0)} f(0, y)=\lim_{(0, y)\to(0, 0)}\frac{0-y^2}{0+y^2}=-1$$

따라서 점 (x, y)가 $(0, 0)$에 접근하는 경로에 따라 값이 달라진다. 그러므로

$$\lim_{(x, y)\to(0, 0)} f(x, y)$$

은 존재하지 않는다. ■

예제 14.2.3 함수 $f(x, y)=\dfrac{xy}{x^2+y^2}$에 대해서 $\displaystyle\lim_{(x, y)\to(0, 0)} f(x, y)$가 존재하지 않는 것을 밝히라.

[풀이] $y=0$일 때 $f(x, 0)=\dfrac{0}{x^2}=0$이다. 그러므로

$$\lim_{(x, 0)\to(0, 0)}\frac{x\cdot 0}{x^2+0}=0 \quad (x\text{축을 따라 } (x, y)\to(0, 0)\text{일 때})$$

$x=0$일 때 $f(0, y)=\dfrac{0}{y^2}=0$이다. 따라서

$$\lim_{(0, y)\to(0, 0)}\frac{0\cdot y}{0+y^2}=0 \quad (y\text{축을 따라 } (x, y)\to(0, 0)\text{일 때})$$

비록 두 축을 따라서는 동일한 극한을 얻었지만, 이것이 주어진 극한이 0이라는 것을 보인 것은 아니다. 직선 $y=x$를 따라 $(0, 0)$에 접근해 보자.

$$\lim_{(x, x)\to(0, 0)}\frac{x^2}{x^2+x^2}=\frac{1}{2}$$

이므로 즉, 접근경로에 따라, 서로 다른 극한을 얻었으므로 주어진 극한은 존재하지 않는다. ■

예제 14.2.4 $f(x, y) = \dfrac{xy^2}{x^2 + y^4}$일 때 $\displaystyle\lim_{(x, y) \to (0, 0)} f(x, y)$가 존재하지 않는 것을 밝히라.

[풀이] 원점을 지나는 어떤 직선을 따라 $(x, y) \to (0, 0)$일 때 조사하여 보자.

이제 $y = mx$이고 $m \neq 0$이면

$$\lim_{(x, mx) \to (0, 0)} \frac{x(mx)^2}{x^2 + (mx)^4} = 0 \quad (y = mx\text{을 따라 } (x, y) \to (0, 0)\text{일 때})$$

이다. 따라서 f는 원점을 지나는 직선을 따라 원점에 접근하면 모두 같은 극한값을 갖는다. 그러나 이것이 주어진 극한이 0이라는 것을 보인 것은 아니다.

$$\lim_{(y^2, y) \to (0, 0)} \frac{y^2 \cdot y^2}{(y^2)^2 + y^4} = \frac{1}{2} \quad (\text{포물선 } x = y^2\text{을 따라 } (x, y) \to (0, 0)\text{일 때})$$

이다. 경로가 달라짐에 따라 극한값이 달라지므로, 주어진 극한은 존재하지 않는다. ■

이변수함수의 연속

2변수함수 $f(x, y)$가 다음 조건을 만족하면 $f(x, y)$는 (a, b)에서 **연속**이라 한다.

(1) $f(a, b)$의 값이 있다.

(2) $\displaystyle\lim_{(x, y) \to (a, b)} f(x, y)$가 존재한다.

(3) $\displaystyle\lim_{(x, y) \to (a, b)} f(x, y) = f(a, b)$이다.

예제 14.2.5 함수 $f(x, y) = \begin{cases} \dfrac{3x^2 y}{x^2 + y^2} & ((x, y) \neq (0, 0)\text{일 때}) \\ 0 & ((x, y) = (0, 0)\text{일 때}) \end{cases}$ 는 연속인가?

[풀이] f는 분수함수이므로 $(0, 0)$을 제외한 모든 점에서 연속이다. 예제 14.2.1에 의하여

$$\begin{aligned} \lim_{(x, y) \to (0, 0)} f(x, y) &= \lim_{(x, y) \to (0, 0)} \frac{3x^2 y}{x^2 + y^2} \\ &= 0 = f(0, 0) \end{aligned}$$

이므로, f는 $(0, 0)$에서 연속이고, 따라서 $\mathbb{R}^2$에서 연속이다. ■

예제 14.2.6 함수 $g(x, y) = \begin{cases} \dfrac{x^2 - y^2}{x^2 + y^2} & ((x, y) \neq (0, 0)\text{일 때}) \\ 0 & ((x, y) = (0, 0)\text{일 때}) \end{cases}$ 는 점 $(0, 0)$에서 연속인가?

[풀이] g는 $(0, 0)$에서 정의되었으나 $\lim_{(x, y)\to(0, 0)} g(x, y)$가 존재하지 않으므로 g는 $(0, 0)$에서 불연속이다. ■

예제 14.2.7 $g(x, y) = \begin{cases} \dfrac{3x^2 y}{x^2 + y^2} & ((x, y) \neq (0, 0) \text{ 일 때}) \\ 1 & ((x, y) = (0, 0) \text{ 일 때}) \end{cases}$ 라 하자.

g가 $(0, 0)$에서 연속인지 아닌지를 밝히라.

[풀이]

$$\lim_{(x, y)\to(0, 0)} g(x, y) = \lim_{(x, y)\to(0, 0)} \frac{3x^2 y}{x^2 + y^2}$$
$$= 0 \neq 1 = g(0, 0)$$

이다. 따라서 g는 $(0, 0)$에서 불연속이다. ■

함수 $f(x, y)$가 평면 $\mathbb{R}^2$의 영역 D의 모든 점에서 연속일 때 $f(x, y)$는 D에서 **연속**이라 한다.

(1) 함수 $f(x, y) = 5x^4 y^2 - 2xy^3 + 4$는 xy평면 위에 있는 모든 점에서 연속이다. 이 함수처럼 다항식함수는 평면 위에서 연속이다.

(2) 함수 $f(x, y) = \dfrac{2x + 3y}{y^2 - 4x}$는 포물선 $y^2 = 4x$ 위의 점들을 제외한 모든 xy평면 위의 점에서 연속이다.

2변수함수의 경우에도 합성함수에 대한 연속정리가 성립한다.

○ 정리 14.2.1 합성함수의 연속

2변수함수 g가 점 (a, b)에서 연속이고, 1변수함수 f가 점 $g(a, b)$에서 연속이면 합성함수 $(f \circ g)(x, y) = f(g(x, y))$도 점 (a, b)에서 연속이다.

예제 14.2.8 $F(x, y) = \cos(x^3 - 4xy + y^2)$은 평면 위의 모든 점에서 연속인 것을 밝히라.

[풀이] 함수 $g(x, y) = x^3 - 4xy + y^2$은 평면 위의 어디서나 연속이며, $f(t) = \cos t$도 연속이다. 따라서 정리 14.2.1에 의해 $F(x, y) = f(g(x, y))$는 평면 위의 모든 점에서 연속이다. ■

연습문제 14.2

1. 다음 극한을 구하고 만약 존재하지 않으면 그 이유를 설명하라.

(1) $\lim_{(x,y)\to(1,3)} \left(3x^2y - xy^3\right)$ (2) $\lim_{(x,y)\to(2,\pi)} \left[x\cos^2 xy - \sin\frac{xy}{3}\right]$

(3) $\lim_{(x,y)\to(0,0)} \frac{\sin\left(x^2+y^2\right)}{3x^2+3y^2}$ (4) $\lim_{(x,y)\to(0,0)} \frac{x^4-y^4}{x^4+y^4}$

2. 다음 함수에서 연속이 되는 가장 큰 집합 S를 구하라.

(1) $f(x, y) = \frac{x^3+xy-5}{x^2+y^2+1}$ (2) $f(x, y) = \frac{x^2+3xy+y^2}{y-x^2}$

(3) $f(x, y) = \sqrt{x-y+1}$

3. $\lim_{(x,y)\to(0,0)} \frac{x^2y^2}{x^4+y^4}$ 가 원점에 접근하는 길을 x축과 $y=x$로 선택하여 극한값이 존재하지 않음을 보이라.

4. $f(x, y) = \frac{x^2y}{x^4+y^2}$에서,

(1) (x, y)가 직선 $y=mx$를 따라 $(0,0)$에 접근할 때 $f(x, y)$는 0에 접근함을 보이라.

(2) (x, y)가 포물선 $y=x^2$을 따라 $(0,0)$에 접근할 때 $f(x, y)$는 $\frac{1}{2}$에 접근함을 보이라.

(3) 여기서 얻어지는 결론은 무엇인가?

5. 다음 집합과 그 집합의 경계선을 그리라. 또한 그 집합이 열린집합인지 닫힌집합인지 아니면 둘 다 아닌지를 밝히라.

(1) $\{(x, y) \mid 2 \le x \le 4,\ 1 \le y \le 5\}$ (2) $\{(x, y) \mid 0 < x^2+y^2 \le 4\}$

(3) $\left\{(x, y) \mid x > 0,\ y < \sin\frac{1}{x}\right\}$

6. $f(x, y) = \begin{cases} \frac{x^2-4y^2}{x-2y} & x \ne 2y \\ g(x) & x = 2y \end{cases}$ 라 하자. f가 전체평면 위에서 연속이 되도록 $g(x)$를 결정하라.

14.3 편도함수

함수 f가 x, y에 대한 2변수함수일 때

y_0가 상수이면 $f(x, y_0)$는 x만의 함수이고,

x_0가 상수이면 $f(x_0, y)$는 y만의 함수이다.

이때 $x = x_0$에서 $f(x, y_0)$의 도함수값을 점 (x_0, y_0)에서 x에 대한 f의 **편미분계수(편도함수값)**라 하고 $f_x(x_0, y_0)$로 나타낸다. 즉,

$$f_x(x_0, y_0) = \lim_{\Delta x \to 0} \frac{f(x_0 + \Delta x, y_0) - f(x_0, y_0)}{\Delta x}$$

위 극한값이 존재하면 (x_0, y_0)에서 $f(x, y)$는 x에 대하여 **편미분가능**하다고 한다.

마찬가지로 $y = y_0$에서 $f(x_0, y)$의 도함수값을 점 (x_0, y_0)에서 y에 대한 f의 편미분계수라 하고 $f_y(x_0, y_0)$로 나타낸다. 즉,

$$f_y(x_0, y_0) = \lim_{\Delta y \to 0} \frac{f(x_0, y_0 + \Delta y) - f(x_0, y_0)}{\Delta y}$$

위 극한값이 존재하면 (x_0, y_0)에서 $f(x, y)$는 y에 대하여 편미분가능하다고 한다.

함수 $z = f(x, y)$가 x에 대하여 편미분가능한 모든 점 (x, y)에 편미분계수 $f_x(x, y)$를 대응시키는 함수를 f의 x에 대한 **편도함수**(partial derivative)라 하고

$$f_x,\ f_x(x, y),\ \frac{\partial z}{\partial x},\ \frac{\partial}{\partial x} f(x, y)$$

등으로 나타낸다.

$z = f(x, y)$가 y에 대하여 편미분가능한 모든 점 (x, y)에 편미분계수 $f_y(x, y)$를 대응시키는 함수를 함수 f의 y에 대한 편도함수라 하고

$$f_y,\ f_y(x, y),\ \frac{\partial z}{\partial y},\ \frac{\partial}{\partial y} f(x, y)$$

등으로 나타낸다.

이때 f_x, f_y를 함수 $f(x, y)$의 **1계편도함수**라 하고 f_x, f_y를 구하는 것을 각각 x와 y에 대하여 **편미분한다**고 한다. $z = f(x, y)$일 때 편미분계수를 다음과 같이 나타내기도 한다.

$$f_x(x_0, y_0) = \left.\frac{\partial z}{\partial x}\right|_{(x_0, y_0)},\quad f_y(x_0, y_0) = \left.\frac{\partial z}{\partial y}\right|_{(x_0, y_0)}$$

예제 14.3.1 $f(x, y) = x^2y + 3y^3$일 때, $f_x(1, 2)$와 $f_y(1, 2)$를 구하라.

[풀이] (1) $f_x(x, y) = 2xy + 0$이므로

$$f_x(1, 2) = 2xy\big|_{(1,2)} = 2 \cdot 1 \cdot 2 = 4$$

(2) $f_y(x, y) = x^2 + 9y^2$이므로

$$f_y(1, 2) = x^2 + 9y^2\big|_{(1,2)} = 1^2 + 9 \cdot 2^2 = 37$$

■

예제 14.3.2 $z = x^2\sin(xy^2)$일 때 $\dfrac{\partial z}{\partial x}, \dfrac{\partial z}{\partial y}$를 구하라.

[풀이]

$$\begin{aligned}\frac{\partial z}{\partial x} &= x^2\frac{\partial}{\partial x}\left[\sin(xy^2)\right] + \sin(xy^2)\frac{\partial}{\partial x}(x^2)\\ &= x^2\cos(xy^2)\frac{\partial}{\partial x}(xy^2) + \sin(xy^2) \cdot 2x\\ &= x^2\cos(xy^2) \cdot y^2 + 2x\sin(xy^2)\\ &= x^2y^2\cos(xy^2) + 2x\sin(xy^2)\end{aligned}$$

같은 방법으로

$$\begin{aligned}\frac{\partial z}{\partial y} &= x^2\cos(xy^2) \cdot 2xy\\ &= 2x^3y\cos(xy^2)\end{aligned}$$

■

기하학적 해석

$z = f(x, y)$인 곡면을 생각하여 보자.

주어진 곡면이 평면 $y = y_0$와 교차하는 부분은 곡선 QPR이다(그림 14.12). $f_x(x_0, y_0)$는 점 $P(x_0, y_0, f(x_0, y_0))$에서 곡선 $z = f(x, y_0)$에 접하는 접선의 기울기이다. 마찬가지로 $f_y(x_0, y_0)$는 점 $P(x_0, y_0, f(x_0, y_0))$에서 곡선 $z = f(x_0, y)$에 접하는 접선의 기울기이다(그림 14.13).

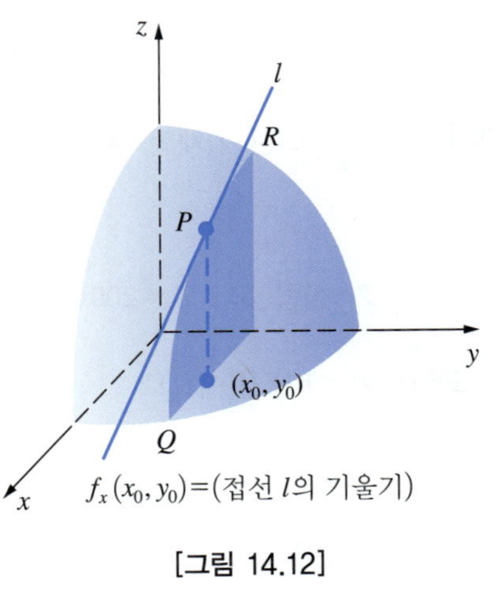

[그림 14.12]

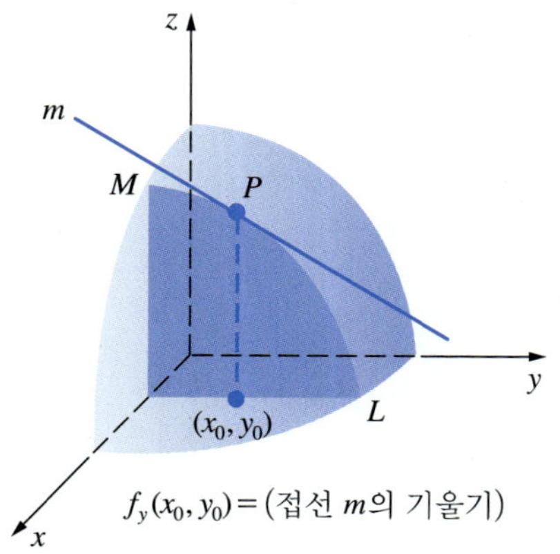

[그림 14.13]

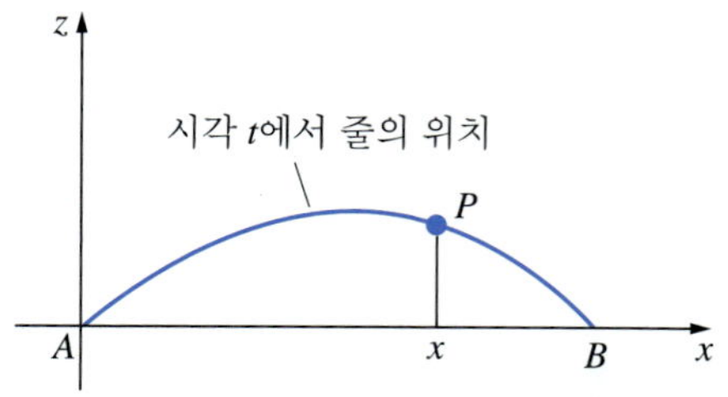

[그림 14.14]

물리학적 해석

편도함수는 순간변화율로 해석할 수도 있다. 예를 들어 점 A와 B를 연결한 바이올린 줄이 있다고 하자. 이 줄이 xz평면에서 상하로 진동할 때 시각 t에서 이 줄의 위치를 나타낸 것이 그림 14.14이다.

시각 t, 좌표 x에 대한 줄 위의 점 P의 높이가 함수 $z = f(x, t)$로 주어진다면,

(1) $\left.\dfrac{\partial z}{\partial x}\right|_P$는 점 P에서 줄의 기울기를 나타낸다.

(2) $\left.\dfrac{\partial z}{\partial t}\right|_P$는 수직선 방향으로 점 P의 높이의 시간에 대한 변화율이다. 즉 $\left.\dfrac{\partial z}{\partial t}\right|_P$는 P의 수직속도이다.

예제 14.3.3 어떤 기체의 부피 V, 온도 T, 압력 P 사이에는

$$PV = 10\,T$$

가 성립한다. $T = 200$이고, $V = 50$일 때 부피에 대한 압력의 변화율은 얼마인가?

[풀이] $P = 10T/V$이므로

$$\frac{\partial P}{\partial V} = \frac{-10T}{V^2}$$

따라서

$$\left.\frac{\partial P}{\partial V}\right|_{(T=200,\,V=50)} = \frac{(-10)(200)}{(50)^2} = -\frac{4}{5}$$ ■

f가 3변수 x, y, z의 함수일 때 x에 대한 f의 편도함수를 $f_x(x, y, z)$ 또는 $\dfrac{\partial f(x, y, z)}{\partial x}$로 나타내며 다음과 같이 정의한다.

$$f_x(x, y, z) = \lim_{\Delta x \to 0} \frac{f(x + \Delta x, y, z) - f(x, y, z)}{\Delta x}$$

같은 방법으로 y와 z에 대한 f의 편도함수를 정의할 수 있다.

$$f_y(x, y, z) = \lim_{\Delta y \to 0} \frac{f(x, y + \Delta y, z) - f(x, y, z)}{\Delta y}$$

$$f_z(x, y, z) = \lim_{\Delta z \to 0} \frac{f(x, y, z + \Delta z) - f(x, y, z)}{\Delta z}$$

예제 14.3.4 $f(x, y, z) = xy + 2yz + 3zx$일 때 f_x, f_y, f_z를 구하라.

[풀이] f_x를 구하기 위하여 y, z를 상수로 보고 변수 x에 대하여 미분하면

$$f_x(x, y, z) = y + 3z$$

같은 방법으로

$$f_y(x, y, z) = x + 2z$$
$$f_z(x, y, z) = 2y + 3x$$ ■

예제 14.3.5 $f(x, y, z) = x\cos(y - z)$일 때 $\dfrac{\partial f}{\partial x}, \dfrac{\partial f}{\partial y}, \dfrac{\partial f}{\partial z}$를 구하라.

[풀이]

$$\frac{\partial}{\partial x}[x\cos(y - z)] = \cos(y - z)$$
$$\frac{\partial}{\partial y}[x\cos(y - z)] = -x\sin(y - z)$$
$$\frac{\partial}{\partial z}[x\cos(y - z)] = x\sin(y - z)$$ ■

2변수함수 f의 편도함수 f_x, f_y는 모두 x, y에 대한 2변수함수이다. 따라서 f_x, f_y가 다시 x 및 y에 대하여 편미분가능하면 편도함수의 편도함수를 구할 수 있다.

f의 편도함수 f_x, f_y를 다시 x 또는 y에 대하여 편미분한 것을 f의 **2계편도함수**라 하는데 다음과 같은 것들이 있다.

$$f_{xx} = \frac{\partial}{\partial x}\left(\frac{\partial f}{\partial x}\right) = \frac{\partial^2 f}{\partial x^2}$$

$$f_{yy} = \frac{\partial}{\partial y}\left(\frac{\partial f}{\partial y}\right) = \frac{\partial^2 f}{\partial y^2}$$

$$f_{xy} = (f_x)_y = \frac{\partial}{\partial y}\left(\frac{\partial f}{\partial x}\right) = \frac{\partial^2 f}{\partial y \partial x}$$

$$f_{yx} = (f_y)_x = \frac{\partial}{\partial x}\left(\frac{\partial f}{\partial y}\right) = \frac{\partial^2 f}{\partial x \partial y}$$

2계편도함수, 3계편도함수 등을 **고계편도함수**라 한다. 예를 들면 f의 x에 대한 편도함수 f_x를 구하고 f_x의 y에 대한 2계편도함수를 구하면 결과는 f의 3계 편도함수가 된다. 이것을 다음과 같이 나타낸다.

$$\frac{\partial^2}{\partial y^2}\left(\frac{\partial f}{\partial x}\right) = \frac{\partial^3 f}{\partial y^2 \partial x} = f_{xyy}$$

점 P에 대해 반지름이 δ인 **δ-근방**(δ-neighborhood)은 $|Q-P|<\delta$를 만족하는 모든 점 Q들의 집합이다. 따라서 2차원에서는 반지름이 δ인 원의 안쪽이 δ-근방이고(그림 14.15(a)), 3차원에서는 반지름이 δ인 구의 안쪽이 δ-근방이다(그림 14.15(b)).

집합 S에 대해서 점 P의 어떤 근방이 S 안에 포함되면 P는 S의 **내점**(interior point)이라 하고 S에 대한 모든 내점들의 집합을 S의 **내부**(interior)라 한다. 점 P의 모든 근방 D가 S의 점과 S^c의 점을 동시에 포함할 때 P를 S의 **경계점**이라 한다(그림 14.16). S가 S의 내점들로만 이루어져 있으면 S를 **열린집합**(open set)이라 하고, S가 S의 내점과 경계점들을 모두 포함하고 있으면 S를 **닫힌집합**(closed set)이라 한다.

일반적으로 2변수함수에서 f_{xy}, f_{yx}는 같지 않다. 그러나 다음 정리는 $f_{xy}=f_{yx}$일 충분조건을 제시한다.

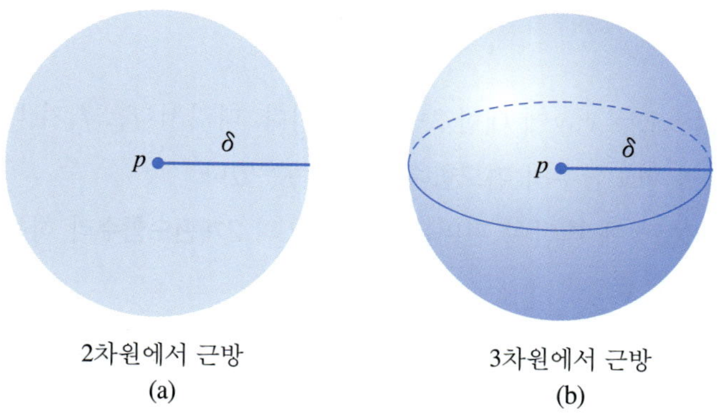

[그림 14.15]

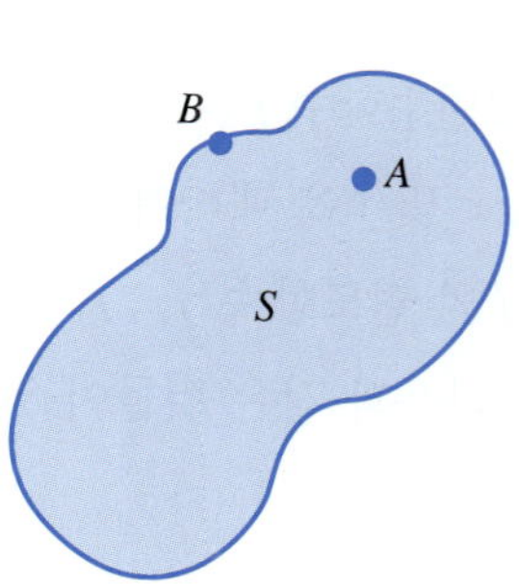

[그림 14.16]

○ 정리 14.3.1 편도함수의 순서교환

2변수함수 f에 대하여 $f, f_x, f_y, f_{xy}, f_{yx}$가 열린집합 S에서 연속이면 S의 모든 점에서 $f_{xy} = f_{yx}$이다.

이 증명은 미적분학의 범위를 넘으므로 생략한다.

예제 14.3.6 다음 함수 f의 2계편도함수를 구하라.

$$f(x, y) = xe^y - \sin\left(\frac{x}{y}\right) + x^3y^2$$

[풀이]

$$f_x(x, y) = e^y - \frac{1}{y}\cos\left(\frac{x}{y}\right) + 3x^2y^2$$

$$f_y(x, y) = xe^y + \frac{x}{y^2}\cos\left(\frac{x}{y}\right) + 2x^3y$$

$$f_{xx}(x, y) = \frac{1}{y^2}\sin\left(\frac{x}{y}\right) + 6xy^2$$

$$f_{yy}(x, y) = xe^y + \frac{x^2}{y^4}\sin\left(\frac{x}{y}\right) - \frac{2x}{y^3}\cos\left(\frac{x}{y}\right) + 2x^3$$

$$f_{xy}(x, y) = e^y - \frac{x}{y^3}\sin\left(\frac{x}{y}\right) + \frac{1}{y^2}\cos\left(\frac{x}{y}\right) + 6x^2y$$

$$f_{yx}(x, y) = e^y - \frac{x}{y^3}\sin\left(\frac{x}{y}\right) + \frac{1}{y^2}\cos\left(\frac{x}{y}\right) + 6x^2y$$

■

연습문제 14.3

1. 각 독립변수에 대해 다음 함수의 1계 편도함수를 구하라.

(1) $f(x, y) = (2x - y)^4$

(2) $f(x, y) = \dfrac{x^2 - y^2}{xy}$

(3) $f(x, y) = e^y \sin x$

(4) $f(x, y) = \sqrt{x^2 - y^2}$

(5) $f(x, y) = e^{-xy}$

(6) $f(x, y) = \tan^{-1}(4x - 7y)$

(7) $f(x, y) = y\cos\left(x^2 + y^2\right)$

(8) $f(x, y) = 2\sin x \cos y$

2. 다음 함수에 대하여 $\dfrac{\partial^2 f}{\partial y \partial x} = \dfrac{\partial^2 f}{\partial x \partial y}$ 임을 보이라.

(1) $f(x, y) = 2x^2y^3 - x^3y^5$ (2) $f(x, y) = 3e^{2x}\cos y$

3. $f(x, y) = \dfrac{2x - y}{xy}$ 일 때, $f_x(3, -2)$, $f_y(3, -2)$를 계산하라.

4. $f(x, y) = \tan^{-1}(y^2 x)$ 일 때, $f_x(\sqrt{5}, -2)$, $f_y(\sqrt{5}, -2)$를 계산하라.

5. 곡면 $36z = 4x^2 + 9y^2$과 평면 $x = 3$이 교차하여 생긴 곡선 위의 점 $(3, 2, 2)$에서 이 곡선의 접선의 기울기를 구하라.

6. 곡면 $2z = \sqrt{9x^2 + 9y^2 - 36}$ 과 평면 $y = 1$이 교차하여 생긴 곡선 위의 점 $\left(2, 1, \dfrac{3}{2}\right)$에서 이 곡선의 접선의 기울기를 구하라.

7. 밑변의 반지름이 r이고, 높이가 h인 원기둥의 체적은 $V = \pi r^2 h$로 주어진다. h가 10 cm에서 고정이 되어 있다면, r이 6 cm일 때 r에 대한 V의 변화율을 구하라.

8. 이상 기체법칙에 의하면 기체의 압력(P), 온도(T), 체적(V)의 관계는 $PV = kT$(k는 상수)이다. 만약 체적이 100 cm^{3}에 고정되어 있다면 온도가 40°C일 때 온도에 대한 압력의 변화율을 구하라.

9. $\dfrac{\partial^2 f}{\partial x^2} + \dfrac{\partial^2 f}{\partial y^2} = 0$을 Laplace 방정식이라 하고 이 방정식을 만족하는 2변수함수를 **조화함수**(harmonic function)라 한다.
$f(x, y) = x^3y - xy^3$이 조화함수임을 보이라.

10. $F(x, y) = 3x^4y^5 - 2x^2y^3$일 때, $\dfrac{\partial^3 F(x, y)}{\partial y^3}$을 구하라.

11. ∂ 기호를 이용하여 다음을 표현하라.

(1) f_{yyy} (2) f_{xxy} (3) f_{xyyy}

12. $f(x, y, z) = 3x^2y - xyz + y^2z^2$일 때, 다음을 구하라.

(1) $f_x(x, y, z)$ (2) $f_y(0, 1, 2)$ (3) $f_{xy}(x, y, z)$

13. $f(x, y, z) = e^{-xyz} - \ln(xy - z^2)$일 때, $f_x(x, y, z)$를 구하라.

14.4 •• 미분가능성

1변수함수에서 미분가능성은 접선의 존재성으로 정의할 수 있다. 마찬가지로 2변수함수에서 미분가능성을 접평면의 존재성으로 정의하려 한다. 그런데 $f(x, y)$의 편도함수 f_x와 f_y의 존재만으로는 접평면의 존재를 규명하는데 부족하다. 그 이유는 이들은 x, y축 두 방향에서만 $f(x, y)$의 성질을 반영하기 때문이다. 이를 확인하기 위하여 다음 예를 보자.

그림 14.17의 함수 $f(x, y) = -10\sqrt{|xy|}$는 원점에서 $f_x(0, 0)$과 $f_y(0, 0)$은 존재하고 그들의 값은 0이지만 원점에서 f의 그래프가 접평면을 갖고 있다고 말할 수 없다. 그 이유는 원점 근방에 있는 x축과 y축 이외의 점에서는 xy평면 또는 어떤 평면으로도 f 값의 좋은 어림값을 얻을 수 없기 때문이다. 위 예에서 알 수 있듯이 한 점에서 x, y축 두 방향의 미분가능성 즉, x와 y에 대한 편미분가능성만으로는 그 점에서 $f(x, y)$의 미분가능성을 대신하기에 부족하다.

$f(x, y)$의 미분가능성을 기술하기에 앞서 1변수함수 $f(x)$의 미분가능성에 대하여 복습하자. $y = f(x)$가 x_0에서 미분가능하다는 것은 다음을 만족시키는 실수 $m = f'(x_0)$가 존재한다는 것이다.

$$m = \lim_{x \to x_0} \frac{f(x) - f(x_0)}{x - x_0} \quad \text{즉,} \quad \lim_{x \to x_0} \left[\frac{f(x) - f(x_0)}{x - x_0} - m \right] = 0$$

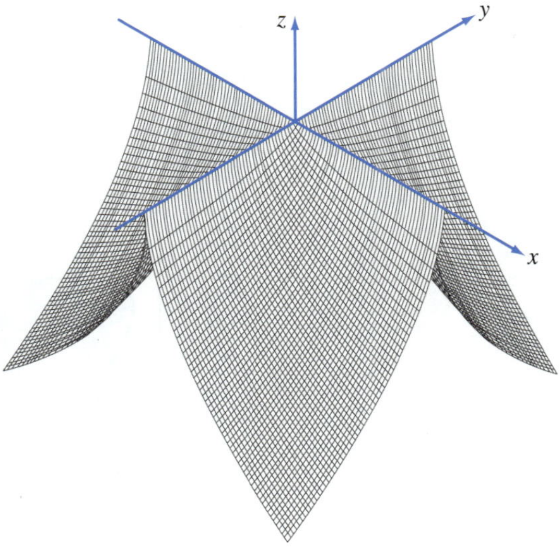

[그림 14.17]

여기서

$$\frac{f(x)-f(x_0)}{x-x_0}-m=\varepsilon$$

이라 하면

$$f(x)-f(x_0)-m(x-x_0)=(x-x_0)\,\varepsilon$$

즉,

$$f(x)=f(x_0)+m(x-x_0)+(x-x_0)\,\varepsilon \tag{1}$$

이고 $\lim_{x\to x_0}\varepsilon=0$이다.

이때 $y=f(x)$ 위의 점 $(x_0,\ f(x_0))$을 지나고 기울기가 $m=f'(x_0)$인 접선의 방정식은 (그림 14.18).

$$y=T(x)=f(x_0)+m(x-x_0) \tag{2}$$

이다. 따라서 $x=x_0$에서 함수 f의 미분가능성은 $(x_0,\ f(x_0))$에 접하는 접선 $T(x)$의 존재성과 같다. x_0 근방의 점 a에서 $f(a)$ 대신에 $T(a)$로 좋은 어림값을 얻을 수 있었다.

이제 2변수함수 $f(x,\ y)$의 미분가능성에 대하여 알아보자. 다음 식을 만족하는 a와 b가 존재하면 $z=f(x,\ y)$는 점 $(x_0,\ y_0)$에서 미분가능하다고 한다.

$$f(x,\ y)=f(x_0,\ y_0)+(a(x-x_0)+b(y-y_0))+\sqrt{(x-x_0)^2+(y-y_0)^2}\cdot\varepsilon \tag{3}$$

이때 ε은 $(x,\ y)\to(x_0,\ y_0)$ 일 때, $\varepsilon\to 0$이 되는 실수이다. 또한 (2)에서와 같이 곡면 $z=f(x,\ y)$ 위의 점 $(x_0,\ y_0,\ f(x_0,\ y_0))$에 접하는 평면의 방정식은 다음과 같다(그림 14.19).

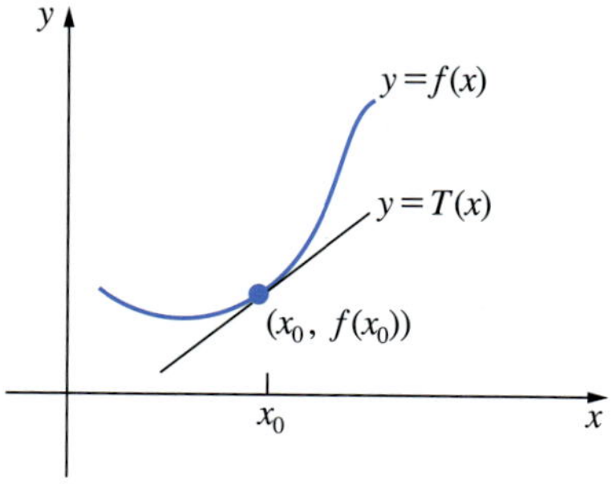

[그림 14.18]

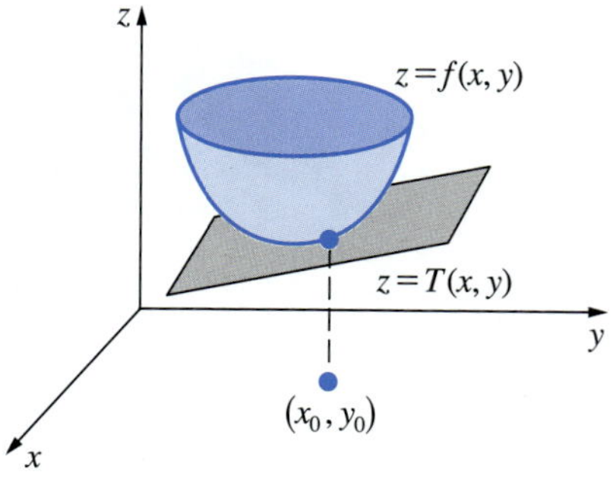

[그림 14.19]

$$z = T(x, y) = f(x_0, y_0) + a(x - x_0) + b(y - y_0) \tag{4}$$

이 방정식의 그래프를 **접평면**이라 한다. 이를 종합하면 점 (x_0, y_0)에서 2변수함수 $z = f(x, y)$가 미분가능하다는 것은 (4)를 만족하는 벡터 (a, b)가 존재한다는 것이고, (x_0, y_0)의 근방에서 $z = f(x, y)$의 어림값을 구할 수 있는 접평면 $z = T(x, y)$가 존재한다는 것이다.

정의

주어진 점 (x, y)에 대해서 벡터 $a\mathbf{i} + b\mathbf{j}$와 함수 $\varepsilon(\Delta x, \Delta y)$가 존재하여

$$\begin{aligned} &f(x + \Delta x, y + \Delta y) - f(x, y) \\ &= a\Delta x + b\Delta y + \sqrt{(\Delta x)^2 + (\Delta y)^2}\,\varepsilon(\Delta x, \Delta y) \end{aligned} \tag{5}$$

를 만족시키고 $(\Delta x, \Delta y) \to (0, 0)$일 때 $\varepsilon(\Delta x, \Delta y) \to 0$이면 2변수함수 f는 (x, y)에서 **미분가능**하다고 한다.

벡터 $a\mathbf{i} + b\mathbf{j}$가 존재하면 유일하다는 것을 증명할 수 있다(연습문제 4). $a\mathbf{i} + b\mathbf{j}$를 (x, y)에서 f의 **그래디언트**(gradient)라 하고 $\nabla f(x, y)$로 표시한다. 그러므로 f가 (x, y)에서 미분가능하면 $\nabla f(x, y)$가 존재하고 식 (5)는 다음과 같다.

$$\begin{aligned} &f(x + \Delta x, y + \Delta y) - f(x, y) \\ &= \nabla f(x, y) \cdot (\Delta x, \Delta y) + \sqrt{(\Delta x)^2 + (\Delta y)^2}\,\varepsilon(\Delta x, \Delta y) \end{aligned}$$

여기서 $(\Delta x, \Delta y) \to \mathbf{0}$이면 $\varepsilon(\Delta x, \Delta y) \to 0$이다.

위 정의에서 다음과 같은 점에 유의하자.

(1) 도함수 $f'(x)$는 실수이며, $\nabla f(x, y)$는 벡터이다.

(2) $\nabla f(x, y) \cdot (\Delta x, \Delta y)$는 두 벡터의 내적이다.

(3) 위 정의는 다변수함수로 확장할 수 있다.

정의로부터 그래디언트 값을 구하는 것은 복잡하므로 다음 정리에 의하여 계산하면 편리하다. 증명은 생략한다.

정리 14.4.1 그래디언트 계산법

(1) 2변수함수 f가 (x, y)에서 미분가능하면 (x, y)에서 f의 1계편도함수가 존재하고

$$\nabla f(x, y) = \frac{\partial f}{\partial x}(x, y)\mathbf{i} + \frac{\partial f}{\partial y}(x, y)\mathbf{j}$$

이다.

(2) 3변수함수 g가 (x, y, z)에서 미분가능하면 (x, y, z)에서 g의 1계편도함수가 존재하고

$$\nabla g(x, y, z) = \frac{\partial g}{\partial x}(x, y, z)\mathbf{i} + \frac{\partial g}{\partial y}(x, y, z)\mathbf{j} + \frac{\partial g}{\partial z}(x, y, z)\mathbf{k}$$

이다.

위 정리를 사용하려면 함수 f와 g는 미분가능하여야 한다. 이에 대하여 다음과 같은 정리가 성립하며 증명은 생략한다.

정리 14.4.2 미분가능성

(x, y)의 근방에서 함수 f의 1계편도함수가 각각 존재하고 이 편도함수들이 (x, y)에서 연속이면 f는 (x, y)에서 미분가능하다.

예제 14.4.1 $f(x, y) = xe^y + x^2 y$가 모든 점에서 미분가능함을 밝히고 그래디언트를 구하라. 또 점 $(2, 0)$에서 접평면의 방정식 $z = T(x, y)$를 구하라.

[풀이]

$$\frac{\partial f}{\partial x} = e^y + 2xy, \quad \frac{\partial f}{\partial y} = xe^y + x^2$$

이들은 모든 점에서 연속이므로 정리 14.4.2에 의해 모든 점에서 미분가능하다. 정리 14.4.1에 의해

$$\nabla f(x, y) = (e^y + 2xy)\mathbf{i} + (xe^y + x^2)\mathbf{j}$$
$$\nabla f(2, 0) = \mathbf{i} + 6\mathbf{j}$$

$$\begin{aligned} z = T(x, y) &= f(2, 0) + (x - 2) + 6y \\ &= 2 + x - 2 + 6y \\ &= x + 6y \end{aligned}$$

■

예제 14.4.2 $f(x, y, z) = x \sin z + x^2 y$에서 $\nabla f(1, 2, 0)$를 구하라.

[풀이]

$$\frac{\partial f}{\partial x} = \sin z + 2xy, \quad \frac{\partial f}{\partial y} = x^2, \quad \frac{\partial f}{\partial z} = x \cos z$$

이들은 모든 점에서 연속이므로 미분가능하고 그래디언트가 존재한다.

$$\nabla f(x, y, z) = (\sin z + 2xy)\mathbf{i} + x^2\mathbf{j} + x \cos z\,\mathbf{k}$$

이므로

$$\nabla f(1, 2, 0) = 4\mathbf{i} + \mathbf{j} + \mathbf{k}$$

이다. ■

3.3절의 연산자 D와 마찬가지로 ∇도 선형연산자이다. 이것을 **델**(del) 연산자라 한다.

정리 14.4.3

∇는 선형연산자이다. 즉,

(1) $\nabla[f(x, y) + g(x, y)] = \nabla f(x, y) + \nabla g(x, y)$

(2) $\nabla[af(x, y)] = a\nabla f(x, y)$

(3) $\nabla[f(x, y)g(x, y)] = f(x, y)\nabla g(x, y) + g(x, y)\nabla f(x, y)$

[증명] (1), (2), (3)은 편도함수의 결과로 유도된다. 여기서는 (3)만을 증명하자.

$$\begin{aligned}
\nabla fg &= \frac{\partial(fg)}{\partial x}\mathbf{i} + \frac{\partial(fg)}{\partial y}\mathbf{j} \\
&= \left(f\frac{\partial g}{\partial x} + g\frac{\partial f}{\partial x}\right)\mathbf{i} + \left(f\frac{\partial g}{\partial y} + g\frac{\partial f}{\partial y}\right)\mathbf{j} \\
&= f\left(\frac{\partial g}{\partial x}\mathbf{i} + \frac{\partial g}{\partial y}\mathbf{j}\right) + g\left(\frac{\partial f}{\partial x}\mathbf{i} + \frac{\partial f}{\partial y}\mathbf{j}\right) \\
&= f\nabla g + g\nabla f
\end{aligned}$$

■

1변수함수는 미분가능하면 연속이다. 다변수 함수일 때도 같은 정리가 성립한다.

정리 14.4.4 미분가능과 연속

함수 f가 (x, y)에서 미분가능하면 f는 (x, y)에서 연속이다.

[증명] f가 (x, y)에서 미분가능하므로

$$f(x+\Delta x, y+\Delta y)-f(x, y)=f_x\Delta x+f_y\Delta y+\sqrt{(\Delta x)^2+(\Delta y)^2}\ \varepsilon(\Delta x, \Delta y)$$

이다. 그러므로

$$|f(x+\Delta x, y+\Delta y)-f(x, y)|\le|f_x\Delta x+f_y\Delta y|+\sqrt{(\Delta x)^2+(\Delta y)^2}\,|\varepsilon(\Delta x, \Delta y)|$$

$(\Delta x, \Delta y)\to(0, 0)$일 때 오른쪽 두 항은 0에 수렴한다. 따라서

$$\lim_{(\Delta x, \Delta y)\to(0,0)} f(x+\Delta x, y+\Delta y)=f(x, y)$$

그러므로 f는 (x, y)에서 연속이다. ■

연습문제 14.4

1. 다음 함수 f에 대하여 ∇f를 계산하라.

(1) $f(x, y)=x^2y+3xy$

(2) $f(x, y)=xe^{xy}$

(3) $f(x, y)=x^2y/(x+y)$

(4) $f(x, y, z)=\sqrt{x^2+y^2+z^2}$

(5) $f(x, y, z)=x^2ye^{x-z}$

2. 점 P에서 각 함수의 그래디언트 벡터를 계산하라.

(1) $f(x, y)=x^2y-xy^2,\ \ P(-2, 3)$

(2) $f(x, y)=\ln(x^3-xy^2+4y^3),\ \ P(-3, 3)$

(3) $f(x, y, z)=3x^2-5y^2+z^2,\ \ P(1, 1, -7)$

3. $\nabla\left(\dfrac{f}{g}\right)=\dfrac{g\nabla f-f\nabla g}{g^2}$를 증명하라.

4. f가 (x, y)에서 미분가능할 때,

$f(x+\Delta x, y+\Delta y)-f(x, y)=(a_1, b_1)\cdot(\Delta x, \Delta y)+\sqrt{(\Delta x)^2+(\Delta y)^2}\ \varepsilon_1(\Delta x, \Delta y)$이고,

$f(x+\Delta x, y+\Delta y)-f(x, y)=(a_2, b_2)\cdot(\Delta x, \Delta y)+\sqrt{(\Delta x)^2+(\Delta y)^2}\ \varepsilon_2(\Delta x, \Delta y)$

$\left(\lim_{(\Delta x, \Delta y)\to(0,0)}\varepsilon_i=0,\ i=1,2\right)$이면 $(a_1, b_1)=(a_2, b_2)$임을 증명하라.

5. $(\Delta x, \Delta y) = (h, 0)$인 경우와 $(\Delta x, \Delta y) = (0, k)$인 경우로 나누어서 $\nabla f(x, y) = \frac{\partial f}{\partial x}(x, y)\mathbf{i} + \frac{\partial f}{\partial y}(x, y)\mathbf{j}$ (정리 14.4.1)를 증명하라.

14.5 연쇄법칙

$y = f(x(t))$이고 f와 x가 모두 미분가능하면

$$\frac{dy}{dt} = \frac{dy}{dx}\frac{dx}{dt}$$

이다. 여기서는 $x = x(t)$, $y = y(t)$이고 $z = f(x, y)$일 때 $\frac{dz}{dt}$를 구하는 공식을 알아보자.

정리 14.5.1 연쇄법칙

$x = x(t)$, $y = y(t)$가 t에서 미분가능하며 $z = f(x, y)$가 $(x(t), y(t))$에서 미분가능하면 $z = f(x(t), y(t))$는 t에서 미분가능하고

$$\frac{dz}{dt} = \frac{\partial z}{\partial x}\frac{dx}{dt} + \frac{\partial z}{\partial y}\frac{dy}{dt}$$

이다.

[증명] f는 미분가능하므로

$$\begin{aligned}\Delta z &= f(x + \Delta x, y + \Delta y) - f(x, y) \\ &= f_x(x, y)\Delta x + f_y(x, y)\Delta y + \sqrt{(\Delta x)^2 + (\Delta y)^2}\,\varepsilon(\Delta x, \Delta y)\end{aligned}$$

여기서 $(\Delta x, \Delta y) \to (0, 0)$이면 $\varepsilon(\Delta x, \Delta y) \to 0$이다. 양변을 Δt로 나누면

$$\frac{\Delta z}{\Delta t} = f_x(x, y)\frac{\Delta x}{\Delta t} + f_y(x, y)\frac{\Delta y}{\Delta t} + \frac{\sqrt{(\Delta x)^2 + (\Delta y)^2}}{\Delta t}\varepsilon(\Delta x, \Delta y)$$

이다. 그리고

$$\frac{\sqrt{(\Delta x)^2 + (\Delta y)^2}}{\Delta t} = \pm\sqrt{\left(\frac{\Delta x}{\Delta t}\right)^2 + \left(\frac{\Delta y}{\Delta t}\right)^2}$$

$$\lim_{\Delta t \to 0}\sqrt{\left(\frac{\Delta x}{\Delta t}\right)^2 + \left(\frac{\Delta y}{\Delta t}\right)^2} = \sqrt{\left(\frac{dx}{dt}\right)^2 + \left(\frac{dy}{dt}\right)^2}$$

이다. 또 $\Delta t \to 0$일 때 $\Delta x \to 0$, $\Delta y \to 0$이므로 $(\Delta x, \Delta y) \to (0, 0)$이다. 따라서 $\Delta t \to 0$이면 $\frac{\sqrt{(\Delta x)^2 + (\Delta y)^2}}{\Delta t} \varepsilon(\Delta x, \Delta y) \to 0$이므로

$$\frac{dz}{dt} = f_x(x, y)\frac{dx}{dt} + f_y(x, y)\frac{dy}{dt}$$ ■

예제 14.5.1 $z = x^3 y$, $x = 2t$, $y = t^2$에서 $\frac{dz}{dt}$를 구하라.

[풀이]

$$\begin{aligned}\frac{dz}{dt} &= \frac{\partial z}{\partial x}\frac{dx}{dt} + \frac{\partial z}{\partial y}\frac{dy}{dt} \\ &= (3x^2 y)(2) + (x^3)(2t) \\ &= 6(2t)^2(t^2) + (2t)^4 = 40t^4\end{aligned}$$ ■

예제 14.5.2 원기둥을 가열할 때 반지름은 초당 0.2 cm의 비율로 증가하며 높이는 초당 0.5 cm의 비율로 증가한다 하자. 반지름이 10 cm, 높이가 100 cm인 순간 겉넓이의 증가율을 구하라.

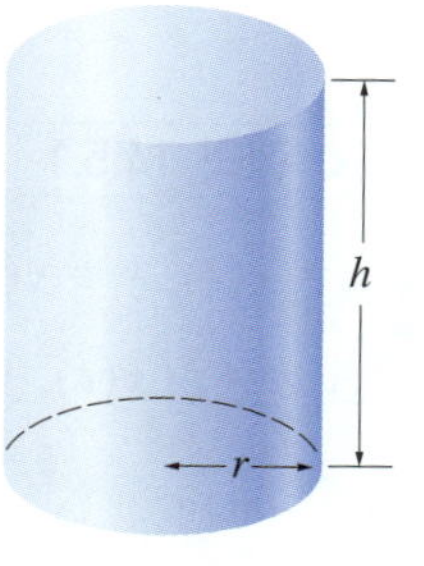

[그림 14.20]

[풀이] 원기둥의 총겉넓이는

$$S = 2\pi rh + 2\pi r^2$$

그러므로

$$\begin{aligned}\frac{dS}{dt} &= \frac{\partial S}{\partial r}\frac{dr}{dt} + \frac{\partial S}{\partial h}\frac{dh}{dt} \\ &= (2\pi h + 4\pi r)(0.2) + (2\pi r)(0.5)\end{aligned}$$

$r = 10$, $h = 100$에서

$$\begin{aligned}\frac{dS}{dt} &= (2\pi \cdot 100 + 4\pi \cdot 10)(0.2) + (2\pi \cdot 10)(0.5) \\ &= 58\pi \text{ cm}^2/\text{sec}\end{aligned}$$ ■

위의 정리 14.5.1은 다변수함수로 확장될 수 있다.

예제 14.5.3 $x = \cos\theta$, $y = \sin\theta$, $z = \theta^2$이며 $w = x^2 y + y + xz$라고 하자. $\frac{dw}{d\theta}$를 구하고 $\theta = \frac{\pi}{3}$일 때 이 값을 구하라.

[풀이]

$$\begin{aligned}\frac{dw}{d\theta} &= \frac{\partial w}{\partial x}\frac{dx}{d\theta} + \frac{\partial w}{\partial y}\frac{dy}{d\theta} + \frac{\partial w}{\partial z}\frac{dz}{d\theta} \\ &= (2xy+z)(-\sin\theta) + (x^2+1)(\cos\theta) + (x)(2\theta) \\ &= -2\cos\theta\sin^2\theta - \theta^2\sin\theta + \cos^3\theta + \cos\theta + 2\theta\cos\theta\end{aligned}$$

$\theta = \frac{\pi}{3}$ 에서

$$\begin{aligned}\frac{dw}{d\theta} &= -2\cdot\frac{1}{2}\cdot\frac{3}{4} - \frac{\pi^2}{9}\cdot\frac{\sqrt{3}}{2} + \left(\frac{1}{2}\right)^3 + \frac{1}{2} + \frac{2\pi}{3}\cdot\frac{1}{2} \\ &= -\frac{1}{8} - \frac{\pi^2\sqrt{3}}{18} + \frac{\pi}{3}\end{aligned}$$

■

다음에는 $x = x(s, t)$, $y = y(s, t)$이며 $z = f(x, y)$라고 하자. 이때 $\frac{\partial z}{\partial s}$, $\frac{\partial z}{\partial t}$를 구하는 방법을 알아보자.

정리 14.5.2 연쇄법칙

(s, t)에서 $x = x(s, t)$, $y = y(s, t)$의 모든 1계편도함수가 존재하고 $z = f(x, y)$는 $(x(s, t), y(s, t))$에서 미분가능하다 하자. 그러면 $z = f(x(s, t), y(s, t))$의 1계편도함수가 존재하고 다음과 같다.

$$(1)\ \frac{\partial z}{\partial s} = \frac{\partial z}{\partial x}\frac{\partial x}{\partial s} + \frac{\partial z}{\partial y}\frac{\partial y}{\partial s}$$

$$(2)\ \frac{\partial z}{\partial t} = \frac{\partial z}{\partial x}\frac{\partial x}{\partial t} + \frac{\partial z}{\partial y}\frac{\partial y}{\partial t}$$

[증명] s가 일정하면 $x(s, t)$와 $y(s, t)$는 t만의 함수이므로 정리 14.5.1이 적용된다. s가 일정하므로 이 정리를 사용하여 d 대신에 ∂로 바꾸면 (2)가 된다. 같은 방법으로 t가 일정하면 (1)이 성립하는 것을 알 수 있다. ■

예제 14.5.4 $x = 2s + 7t$, $y = 5st$, $z = 3x^2 - y^2$일 때 $\frac{\partial z}{\partial t}$를 구하고 이것을 s와 t의 식으로 나타내라.

[풀이]

$$\begin{aligned}\frac{\partial z}{\partial t} &= \frac{\partial z}{\partial x}\frac{\partial x}{\partial t} + \frac{\partial z}{\partial y}\frac{\partial y}{\partial t} \\ &= (6x)(7) + (-2y)(5s) \\ &= 42(2s+7t) - 10st(5s) \\ &= 84s + 294t - 50s^2t\end{aligned}$$

■

예제 14.5.5 $x = st,\ y = s - t,\ z = s + 2t,\ w = x^2 + y^2 + z^2 + xy$ 라고 하자. $\dfrac{\partial w}{\partial t}$ 를 구하라.

[풀이]

$$\begin{aligned}\frac{\partial w}{\partial t} &= \frac{\partial w}{\partial x}\frac{\partial x}{\partial t} + \frac{\partial w}{\partial y}\frac{\partial y}{\partial t} + \frac{\partial w}{\partial z}\frac{\partial z}{\partial t}\\ &= (2x + y)(s) + (2y + x)(-1) + (2z)(2)\\ &= (2st + s - t)(s) + (2s - 2t + st)(-1) + (2s + 4t)(2)\\ &= 2s^2t + s^2 - 2st + 2s + 10t\end{aligned}$$

■

음함수의 도함수

x의 함수 $y = g(x)$가 음함수 $F(x, y) = 0$꼴로 주어졌을 때 x의 함수 y를 구하기가 어렵거나 불가능한 경우가 있다. 이런 경우에도 $\dfrac{dy}{dx}$를 구할 수 있다. 이 문제에 대한 하나의 방법은 3.7절에서 배운 음함수 미분법이다. 여기서는 다른 방법으로 $\dfrac{dy}{dx}$를 구한다.

연쇄법칙을 사용하여 식 $F(x, y) = 0$의 양변을 x에 대하여 미분하면

$$\frac{\partial F}{\partial x}\frac{dx}{dx} + \frac{\partial F}{\partial y}\frac{dy}{dx} = 0$$

이다. 이것을 $\dfrac{dy}{dx}$에 대하여 풀면 다음과 같은 식이 성립한다.

$$\frac{dy}{dx} = -\frac{\dfrac{\partial F}{\partial x}}{\dfrac{\partial F}{\partial y}}$$

예제 14.5.6 $x^3 + x^2y - 10y^4 = 0$ 에서 $\dfrac{dy}{dx}$를 구하라.

[풀이] $F(x, y) = x^3 + x^2y - 10y^4 = 0$이라 하면

$$\frac{dy}{dx} = -\frac{\dfrac{\partial F}{\partial x}}{\dfrac{\partial F}{\partial y}} = -\frac{3x^2 + 2xy}{x^2 - 40y^3}$$

■

식 $F(x, y, z) = 0$에서 z는 x와 y의 함수이다. y를 일정하다고 보고 x에 대하여 양변을 미분하면

$$\frac{\partial F}{\partial x}\frac{\partial x}{\partial x} + \frac{\partial F}{\partial y}\frac{\partial y}{\partial x} + \frac{\partial F}{\partial z}\frac{\partial z}{\partial x} = 0$$

이다. $\frac{\partial y}{\partial x}=0$이므로 위 식을 $\frac{\partial z}{\partial x}$ 에 대하여 풀면 아래 (1)의 왼쪽 식이 된다. 같은 방법으로 x를 일정하다고 보고 y에 대하여 양변을 미분하여 $\frac{\partial z}{\partial y}$에 대하여 풀면 아래 (1)의 오른쪽 식이 된다.

$$\frac{\partial z}{\partial x}=-\frac{\frac{\partial F}{\partial x}}{\frac{\partial F}{\partial z}},\quad \frac{\partial z}{\partial y}=-\frac{\frac{\partial F}{\partial y}}{\frac{\partial F}{\partial z}} \tag{1}$$

예제 14.5.7 $x^3e^{y+z}-y\sin(x-z)=0$에서 $\frac{\partial z}{\partial x}$ 를 구하라.

[풀이]

$$\begin{aligned}\frac{\partial z}{\partial x}&=-\frac{\frac{\partial F}{\partial x}}{\frac{\partial F}{\partial z}}\\&=-\frac{3x^2e^{y+z}-y\cos(x-z)}{x^3e^{y+z}+y\cos(x-z)}\end{aligned}$$

■

연습문제 14.5

1. 연쇄법칙을 이용하여 $\frac{dw}{dt}$ 를 구하고 t의 식으로 나타내라.

(1) $w=x^2y^3;\ x=t^3,\ y=t^2$

(2) $w=e^x\sin y+e^y\sin x;\ x=3t,\ y=2t$

(3) $w=\sin(xyz^2);\ x=t^3,\ y=t^2,\ z=t$

2. 연쇄법칙을 사용하여 $\frac{\partial w}{\partial t}$를 구하고 t와 s의 식으로 나타내라.

(1) $w=x^2y;\ x=st,\ y=s-t$

(2) $w=e^{x^2+y^2};\ x=s\sin t,\ y=t\sin s$

(3) $w=\sqrt{x^2+y^2+z^2};\ x=\cos st,\ y=\sin st,\ z=s^2t$

3. $z = x^2 y$; $x = 2t + s$, $y = 1 - st^2$일 때, $\left.\dfrac{\partial z}{\partial t}\right|_{s=1, t=-2}$ 를 구하라.

4. $w = x^2 y + z^2$, $x = \rho\cos\theta\sin\phi$, $y = \rho\sin\theta\sin\phi$, $z = \rho\cos\phi$ 일 때,

$$\left.\frac{\partial w}{\partial \theta}\right|_{\rho=2, \theta=\pi, \phi=\pi/2}$$

를 구하라.

5. 나무를 톱으로 길이에 수직하게 자르면 거의 원통과 같은 모양이 된다. 어떤 나무의 몸통 반지름이 일 년에 0.5 cm씩 자라고 높이는 일 년에 8 cm씩 자란다. 반지름이 20 cm이고 높이가 400 cm일 때 부피는 얼마나 빨리 증가하는가?

6. 소년의 장난감 배가 곧은 강의 가장자리에서 소년의 손을 떠난다. 강물은 초당 5 m씩 장난감 배를 옮기고 배를 향하여 불어오는 바람은 배를 반대쪽 기슭으로 초당 4 m씩 옮긴다. 소년이 초당 3 m의 속도로 기슭을 따라 배를 따라간다면 $t = 3$초일 때 그로부터 배는 얼마나 빨리 멀어지겠는가?

7. 다음에서 $\dfrac{dy}{dx}$를 구하라.

(1) $x^3 + 2x^2 y - y^3 = 0$

(2) $x\sin y + y\cos x = 0$

8. $3x^2 z + y^3 - xyz^3 = 0$일 때 $\dfrac{\partial z}{\partial x}$를 구하라.

9. $T = f(x, y, z, w)$이고 x, y, z, w가 각각 s, t의 함수일 때 $\dfrac{\partial T}{\partial s}$에 대한 연쇄법칙을 표기하라.

10. 물리학의 파동방정식은 편미분방정식 $\dfrac{\partial^2 y}{\partial t^2} = c^2 \dfrac{\partial^2 y}{\partial x^2}$ 이다. (단 c는 상수). f가 두 번 미분가능한 함수이면

$$y(x, t) = \frac{1}{2}[f(x - ct) + f(x + ct)]$$

는 위의 편미분방정식을 만족함을 증명하라.

14.6 방향미분계수와 그래디언트

함수 $f(x, y)$에서 편도함수 $f_x(x, y)$와 $f_y(x, y)$는 각각 x축과 y축에 평행한 방향의 변화율을 나타낸다.

다음에 임의의 방향으로 함수 f의 변화율을 알아보자.

정의

단위벡터 $\mathbf{u} = u_1 \mathbf{i} + u_2 \mathbf{j}$에 대하여 극한

$$\lim_{h \to 0} \frac{f(x_0 + hu_1, y_0 + hu_2) - f(x_0, y_0)}{h}$$

이 존재하면 극한값을 (x_0, y_0)에서 $\mathbf{u}$방향으로 f의 **방향미분계수**(directional derivative)라 하고 $D_{\mathbf{u}} f(x_0, y_0)$로 나타낸다.

특히 $\mathbf{u} = \mathbf{i}$ 또는 $\mathbf{j}$ 일 때 $D_{\mathbf{i}} f(x, y) = f_x(x, y), D_{\mathbf{j}} f(x, y) = f_y(x, y)$이다.

$D_{\mathbf{u}} f(x_0, y_0)$의 기하학적 의미를 살펴보자. 점 (x_0, y_0)를 지나고 방향이 $\mathbf{u}$인 xy평면 위의 직선을 L이라 하자. 또 L을 포함하고 xy평면에 수직인 평면과 곡면 $z = f(x, y)$가 만나는 곡선을 C라 하자. 그러면 $D_{\mathbf{u}} f(x_0, y_0)$은 점 $(x_0, y_0, f(x_0, y_0))$에서 곡선 C에 접하는 접선의 기울기이다(그림 14.21).

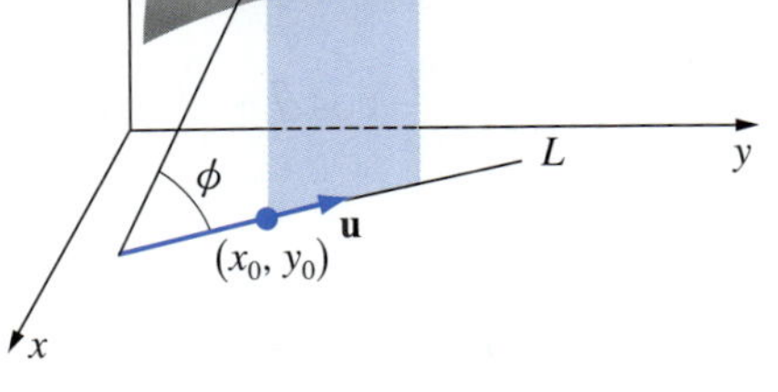

[그림 14.21]

방향미분계수의 계산

그래디언트와 방향미분계수와의 관계는 다음과 같다.

정리 14.6.1

f가 (x, y)에서 미분가능하다 하자. 그러면 f는 점 (x, y)에서 임의의 단위벡터 $\mathbf{u} = u_1\mathbf{i} + u_2\mathbf{j}$ 방향의 방향미분계수를 가지며 이때 방향미분계수는

$$D_{\mathbf{u}}f(x, y) = u_1 f_x(x, y) + u_2 f_y(x, y)$$

이다. 즉,

$$D_{\mathbf{u}}f(x, y) = \mathbf{u}\cdot\nabla f(x, y)$$

[증명] f가 미분가능하므로

$$\begin{aligned} &f(x+hu_1,\ y+hu_2) - f(x, y) \\ &= hu_1 f_x(x, y) + hu_2 f_y(x, y) + \sqrt{(hu_1)^2 + (hu_2)^2}\ \varepsilon(hu_1, hu_2) \end{aligned}$$

여기서 $h\to 0$이면 $\varepsilon(hu_1, hu_2)\to 0$이다. 따라서

$$\frac{f(x+hu_1,\ y+hu_2) - f(x, y)}{h} = u_1 f_x(x, y) + u_2 f_y(x, y) + \varepsilon(hu_1, hu_2)$$

$h\to 0$일 때 극한값은 다음과 같다.

$$D_{\mathbf{u}}f(x, y) = u_1 f_x(x, y) + u_2 f_y(x, y)$$ ■

단위벡터 $\mathbf{u}$가 x축과 이루는 각이 θ라 하면

$$\mathbf{u} = (\cos\theta, \sin\theta)$$

이다. 따라서

$$\begin{aligned} D_{\mathbf{u}}f(x, y) &= (\cos\theta, \sin\theta)\left(\frac{\partial f}{\partial x}, \frac{\partial f}{\partial y}\right) \\ &= \frac{\partial f}{\partial x}\cos\theta + \frac{\partial f}{\partial y}\sin\theta \end{aligned}$$

가 된다. 이때 $\theta = 0$, 즉 $\mathbf{u} = \mathbf{i}$이면

$$D_{\mathbf{i}}f(x, y) = \frac{\partial f}{\partial x}$$

이고

$$\theta = \frac{\pi}{2}, \quad 즉 \quad \mathbf{u} = \mathbf{j}$$

이면

$$D_{\mathbf{j}} f(x, y) = \frac{\partial f}{\partial y}$$

이다.

예제 14.6.1 $f(x, y) = 4x^2 - xy + 3y^2$일 때 점 $(2, -1)$에서 벡터 $\mathbf{a} = 4\mathbf{i} + 3\mathbf{j}$ 방향으로 방향미분계수를 구하라.

[풀이] $\mathbf{a}$ 방향의 단위벡터는 $\mathbf{u} = \left(\frac{4}{5}\right)\mathbf{i} + \left(\frac{3}{5}\right)\mathbf{j}$ 이다.

$$f_x(x, y) = 8x - y, \quad f_y(x, y) = -x + 6y$$

이므로

$$f_x(2, -1) = 17, \quad f_y(2, -1) = -8$$

따라서 정리 14.6.1에 의하여

$$D_{\mathbf{u}} f(2, -1) = \frac{4}{5}(17) + \frac{3}{5}(-8) = \frac{44}{5}$$ ■

예제 14.6.2 $f(x, y, z) = xy \sin z$일 때 점 $\left(1, 2, \frac{\pi}{2}\right)$에서 벡터 $\mathbf{a} = \mathbf{i} + 2\mathbf{j} + 2\mathbf{k}$ 방향으로 방향미분계수를 구하라.

[풀이] $\mathbf{a}$ 방향의 단위벡터 $\mathbf{u}$는

$$\mathbf{u} = \frac{1}{3}\mathbf{i} + \frac{2}{3}\mathbf{j} + \frac{2}{3}\mathbf{k}$$

이다.

$$f_x(x, y, z) = y \sin z, \quad f_y(x, y, z) = x \sin z, \quad f_z(x, y, z) = xy \cos z$$

이므로

$$f_x\left(1, 2, \frac{\pi}{2}\right) = 2, \quad f_y\left(1, 2, \frac{\pi}{2}\right) = 1, \quad f_z\left(1, 2, \frac{\pi}{2}\right) = 0$$

따라서

$$D_{\mathbf{u}} f\left(1, 2, \frac{\pi}{2}\right) = \frac{1}{3}(2) + \frac{2}{3}(1) + \frac{2}{3}(0) = \frac{4}{3}$$ ■

최대변화율

함수 $f(x, y)$는 어느 방향에서 $D_{\mathbf{u}}f(x, y)$가 최대가 되는지 알아보자. 내적의 정의에 의하여

$$D_{\mathbf{u}}f(x, y) = u_1 f_x + u_2 f_y = \mathbf{u} \cdot \nabla f(x, y)$$
$$= |\mathbf{u}||\nabla f(x, y)|\cos\theta = |\nabla f(x, y)|\cos\theta$$

여기서 $\mathbf{u} = u_1\mathbf{i} + u_2\mathbf{j}$는 단위벡터이고 θ는 $\mathbf{u}$와 $\nabla f(x, y)$의 끼인각이다. 따라서 $D_{\mathbf{u}}f(x, y)$는 $\theta = 0$일 때 최대가 되고, $\theta = \pi$일 때 최소가 된다. 이 사실로부터 다음 정리가 성립한다.

○ 정리 14.6.2

함수 f는 (x_0, y_0)에서 그래디언트 $\nabla f(x_0, y_0)$ 방향으로 최대 방향미분계수 $|\nabla f(x_0, y_0)|$를 갖고 $-\nabla f(x_0, y_0)$ 방향으로 최소 방향미분계수 $-|\nabla f(x_0, y_0)|$를 갖는다.

정리 14.6.2로부터 함수 f는 $\nabla f(x, y)$ 방향으로 $|\nabla f(x, y)|$의 비율로 가장 빠르게 증가하며 $-\nabla f(x, y)$ 방향으로 $-|\nabla f(x, y)|$의 비율로 가장 빠르게 감소한다는 것을 알 수 있다.

예제 14.6.3 어떤 벌레가 쌍곡포물면 $z = y^2 - x^2$ 위의 점 $(1, 1, 0)$에 있다고 하자(그림 14.22). 어느 방향으로 가면 가장 경사진 곳으로 올라가겠는가? 그리고 출발할 때의 기울기는 얼마인가?

[풀이] $f(x, y) = y^2 - x^2$이므로

$$f_x(x, y) = -2x, \quad f_y(x, y) = 2y$$

따라서

$$\nabla f(1, 1) = f_x(1, 1)\mathbf{i} + f_y(1, 1)\mathbf{j}$$
$$= -2\mathbf{i} + 2\mathbf{j}$$

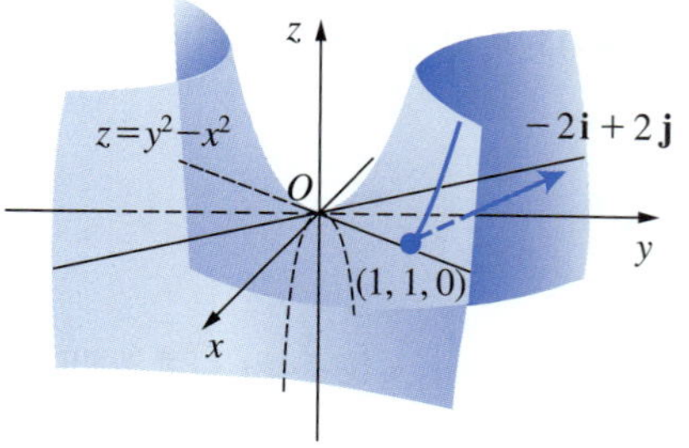

[그림 14.22]

그러므로 벌레는$(1, 1, 0)$에서 $-2\mathbf{i} + 2\mathbf{j}$ 방향으로 움직이면 되고 이때 기울기는 $|-2\mathbf{i} + 2\mathbf{j}| = \sqrt{8}$이다. ■

등고선과 곡면

곡면 $z=f(x, y)$의 등고선은 xy평면에 평행한 평면 $z=k$와 곡면 $z=f(x, y)$와의 교집합인 곡선을 xy평면에 사영한 것이다. 따라서 한 등고선 위에 있는 모든 점에서 함숫값들은 서로 같다.

매끄러운 곡선 C가 미분가능한 함수 $z=f(x, y)$의 한 등고선이라 하면, C는 벡터함수 $\mathbf{r}(t)=x(t)\mathbf{i}+y(t)\mathbf{j}$로 나타낼 수 있다. 등고선 위의 한 고정점을 $P(x_0, y_0)$라 하고 $f(x_0, y_0)=k$라 하면, f의 C 위의 모든 점 $(x(t), y(t))$에서의 함숫값은 일정하므로

$$f(x(t), y(t))=f(x_0, y_0)=k$$

양변을 t에 대해서 미분하면 연쇄법칙에 의하여

$$f_x(x(t), y(t))\cdot x'(t)+f_y(x(t), y(t))\cdot y'(t)=0$$

즉,

$$\nabla f(x(t), y(t))\cdot \mathbf{r}'(t)=0$$

이다. C가 매끄러운 곡선이므로 $\mathbf{r}'(t)$는 C의 접선벡터이다.

그러므로 다음의 정리를 얻는다.

정리 14.6.3

점 P에서 f의 그래디언트는 P를 지나는 f의 등고선에 수직이다.

예제 14.6.4 포물면 $z=\dfrac{x^2}{4}+y^2$ 에서

(1) 점 $P(2, 1)$을 지나는 등고선의 방정식을 구하고 등고선을 그리라.

(2) 점 P에서 포물면의 그래디언트 벡터를 구하고 점 P를 시점으로 시작하는 그래디언트를 그리라.

[풀이] (1) 평면 $z=k$에 대응하는 포물면의 등고선은

$$\frac{x^2}{4}+y^2=k$$

이다. 점 $P(2, 1)$을 지나는 등고선에 속하는 k값을 구하기 위하여 $x=2$, $y=1$을 대입하면 $k=2$이다. 그러므로 P를 지나는 등고선의 방정식은 타원

$$\frac{x^2}{8}+\frac{y^2}{2}=1$$

이다. 점 P에서 등고선은 그림 14.23과 같다.

(2) $f(x, y)=\dfrac{x^2}{4}+y^2$에서

$$f_x(x, y)=\frac{x}{2}, \quad f_y(x, y)=2y$$

이므로 $P(2, 1)$에서 포물면의 그래디언트는

$$\nabla f(2, 1)=f_x(2, 1)\mathbf{i}+f_y(2, 1)\mathbf{j}=\mathbf{i}+2\mathbf{j}$$

이다. 점 P에서 그래디언트는 그림 14.23과 같다.

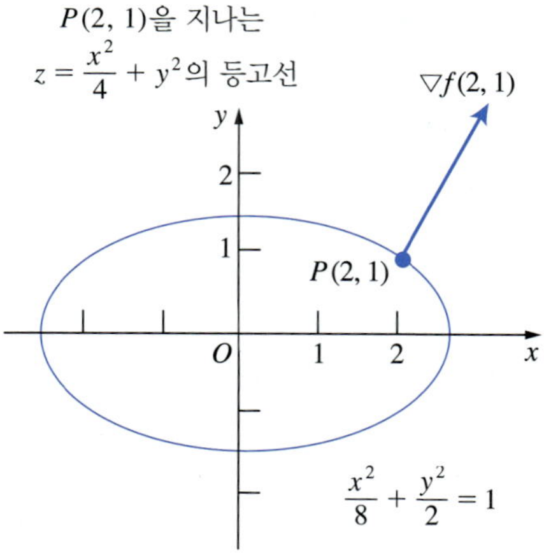

[그림 14.23]

■

2변수함수의 등고선의 개념을 3변수함수의 **등고면**으로 확장할 수 있다. f가 3변수함수이면 곡면 $f(x, y, z)=k$는 f에 대한 등고면이다. 등고면 위에 있는 모든 점에서 함숫값들은 모두 같고 등고면 위의 점 $P(x, y, z)$에서 $f(x, y, z)$의 그래디언트 벡터는 P에서 f의 등고면에 수직인 벡터이다.

예제 14.6.5 밀도가 같은 물체에서 온도가 $T=e^{xy}-xy^2-x^2yz$라고 하자. 점 $(1, -1, 2)$에서 온도가 가장 많이 떨어지는 방향은 어느 곳인가?

[풀이] 점 $(1, -1, 2)$에서 온도가 가장 많이 감소하는 방향은 그 점에서 음의 그래디언트 방향이다.

$$\nabla T=\left(ye^{xy}-y^2-2xyz\right)\mathbf{i}+\left(xe^{xy}-2xy-x^2z\right)\mathbf{j}+\left(-x^2y\right)\mathbf{k}$$

이므로 점 $(1, -1, 2)$에서 $-\nabla T$는 다음과 같다.

$$\left(e^{-1}-3\right)\mathbf{i}-e^{-1}\mathbf{j}-\mathbf{k}$$

■

연습문제 14.6

1. 다음의 점 P에서 $\mathbf{a}$방향으로 방향미분계수를 구하라

(1) $f(x, y) = x^2 y$, $P(1, 2)$, $\mathbf{a} = 3\mathbf{i} - 4\mathbf{j}$

(2) $f(x, y) = 2x^2 + xy - y^2$, $P(3, -2)$, $\mathbf{a} = \mathbf{i} - \mathbf{j}$

(3) $f(x, y) = e^x \sin y$, $P(0, \pi/4)$, $\mathbf{a} = \mathbf{i} + \sqrt{3}\,\mathbf{j}$

(4) $f(x, y, z) = x^3 y - y^2 z^2$, $P(-2, 1, 3)$, $\mathbf{a} = \mathbf{i} - 2\mathbf{j} + 2\mathbf{k}$

2. 다음의 점 P에서 f가 가장 빠르게 증가하는 방향의 단위벡터를 구하라. 그리고 이 방향으로 변화율은 얼마인가?

(1) $f(x, y) = x^3 - y^5$, $P(2, -1)$　　(2) $f(x, y, z) = x^2 yz$, $P(1, -1, 2)$

3. $P(-1, 2)$에서 어느 방향으로 $f(x, y) = 1 - x^2 - y^2$이 가장 빠르게 감소하는가?

4. 점 $P(1, 2)$를 지나는 $f(x, y) = \dfrac{y}{x^2}$의 등고선을 그리고, P에서의 그래디언트 벡터 $\nabla f(x, y)$를 구하여 시점이 P인 유향선분으로 나타내라.

5. 점 $P(1, 1, 1)$에서 벡터 $\mathbf{a} = (5, -3, 3)$ 방향으로 $f(x, y, z) = xy + z^2$의 방향미분계수를 구하라.

6. 원점에 중심을 두고 점 $P(1, -1, 1)$을 지나는 구면 및 그 내부의 점 (x, y, z)에서 온도가 $T(x, y, z) = \dfrac{200}{5 + x^2 + y^2 + z^2}$으로 주어져 있다. (1) 어디가 가장 더운 곳인가? (2) 점 P에서 온도가 가장 많이 증가하는 방향을 찾아라. (3) (2)의 벡터는 중심으로 향하는가?

7. 점 (x, y)에서 산의 해발고도는 $f(x, y)$이다. 그 점에서 등산가가 서쪽방향으로 기울기가 $-\dfrac{1}{2}$, 북쪽방향으로 기울기가 $-\dfrac{1}{4}$임을 알았다. 어느 방향으로 움직이는 것이 가장 빠르게 하산하는가?

8. 점 (x, y)에서 산의 해발고도는 $3000\, e^{-\frac{x^2 + 2y^2}{100}}$ m이다. x축의 양의 방향을 동쪽으로 y축의 양의 방향을 북쪽으로 했다. 만약 등산가가 북쪽으로 움직인다면 어떤 기울기로 올라가거나 내려가는가?

14.7 •• 접평면, 미분과 어림값

곡면이 $F(x, y, z) = k$로 표현될 때 곡면 위의 점 $P(x_0, y_0, z_0)$에서 접평면의 방정식에 대하여 알아보자. 특히 곡면 $z = f(x, y)$는 $f(x, y) - z = 0$으로 나타낼 수 있다.

$x = x(t)$, $y = y(t)$, $z = z(t)$가 이 곡면 위에 있는 어떤 곡선의 매개변수방정식일 때 모든 t에 대하여 $F(x(t), y(t), z(t)) = k$이므로 연쇄법칙에 의해서

$$\frac{dF}{dt} = \frac{\partial F}{\partial x}\frac{dx}{dt} + \frac{\partial F}{\partial y}\frac{dy}{dt} + \frac{\partial F}{\partial z}\frac{dz}{dt} = 0$$

이다. 이것을 F의 그래디언트와 곡선의 위치벡터 $\mathbf{r}(t) = x(t)\mathbf{i} + y(t)\mathbf{j} + z(t)\mathbf{k}$의 도함수를 써서 다음과 같이 표현할 수 있다.

$$\nabla F \cdot \frac{d\mathbf{r}}{dt} = 0$$

한편 $\dfrac{d\mathbf{r}}{dt}$는 이 곡선의 접선벡터이므로 그래디언트 $\nabla F(x_0, y_0, z_0)$는 점 (x_0, y_0, z_0)에서 접선에 수직이다. 이것은 곡면 $F(x, y, z) = k$ 위에 있는 점 (x_0, y_0, z_0)를 지나는 어떤 곡선에 대하여도 성립한다(그림 14.25).

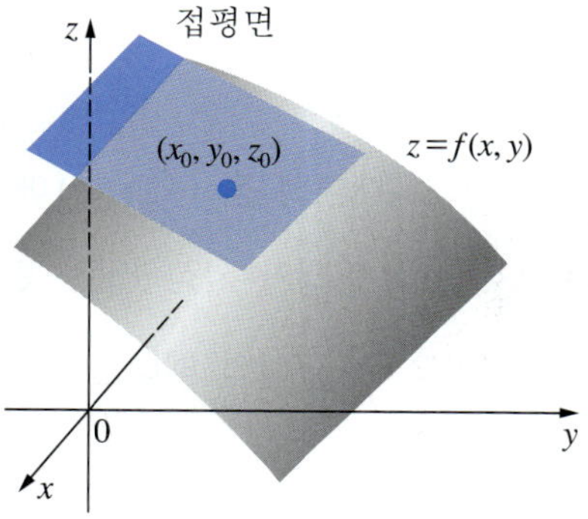

[그림 14.24]

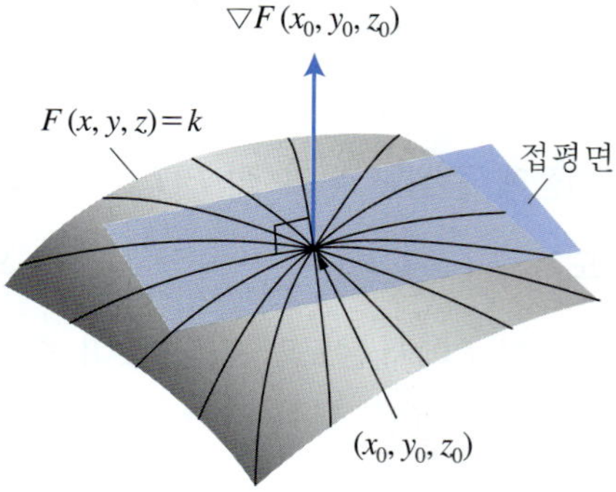

[그림 14.25]

정의

$F(x, y, z) = k$가 곡면을 결정한다 하고 F가 이 곡면 위 점 $P(x_0, y_0, z_0)$에서 미분가능하며 $\nabla F(x_0, y_0, z_0) \neq \mathbf{0}$이라 하자. 이때 P를 지나고 $\nabla F(x_0, y_0, z_0)$에 수직인 평면을 점 P에서 곡면의 **접평면**(tangent plane)이라 한다.

위 정의와 13.2절 내용으로부터 곡면의 접평면의 방정식을 구할 수 있다.

정리 14.7.1 접평면의 방정식

곡면 $F(x, y, z)=k$ 위의 점 $P(x_0, y_0, z_0)$에서 접평면의 방정식은

$$F_x(x_0, y_0, z_0)(x-x_0)+F_y(x_0, y_0, z_0)(y-y_0)+F_z(x_0, y_0, z_0)(z-z_0)=0$$

이다. 그리고 곡면 $z=f(x, y)$ 위의 점 $(x_0, y_0, f(x_0, y_0))$에서 접평면의 방정식은

$$z-f(x_0, y_0)=f_x(x_0, y_0)(x-x_0)+f_y(x_0, y_0)(y-y_0)$$

이다.

예제 14.7.1 $z=x^2+y^2$ 위의 점 $(1, 1, 2)$에서 접평면의 방정식을 구하라(그림 14.26).

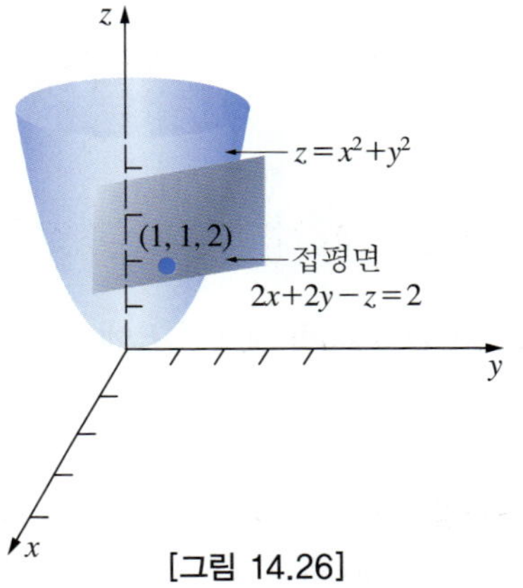

[그림 14.26]

[풀이] $f(x, y)=x^2+y^2$이라 하면 $\nabla f(x, y)=2x\mathbf{i}+2y\mathbf{j}$이고 $\nabla f(1, 1)=2\mathbf{i}+2\mathbf{j}$이다. 정리 14.7.1을 이용하면

$$z-2=2(x-1)+2(y-1)$$

이며 정리하면 다음과 같다.

$$2x+2y-z=2$$ ■

예제 14.7.2 곡면 $x^2+y^2+2z^2=23$ 위의 점 $(1, 2, 3)$에서 접평면과 법선의 방정식을 구하라.

[풀이] $F(x, y, z)=x^2+y^2+2z^2$이라 하면

$$\nabla F(x, y, z)=2x\mathbf{i}+2y\mathbf{j}+4z\mathbf{k}$$

이고

$$\nabla F(1, 2, 3)=2\mathbf{i}+4\mathbf{j}+12\mathbf{k}$$

이다. 정리 14.7.1을 이용하면 접평면의 방정식은

$$2(x-1)+4(y-2)+12(z-3)=0$$

이다. 그리고 점 $(1, 2, 3)$을 지나는 법선의 방정식은

$$\frac{x-1}{2}=\frac{y-2}{4}=\frac{z-3}{12}$$ ■

전미분과 어림값

함수 $z=f(x, y)$의 그래프 위의 한 점 $P(x_0, y_0, z_0)$에 대해서 P를 원점으로 하고 x축, y축, z축에 각각 평행인 새로운 좌표축(dx축, dy축, dz축)을 도입하자(그림 14.27).

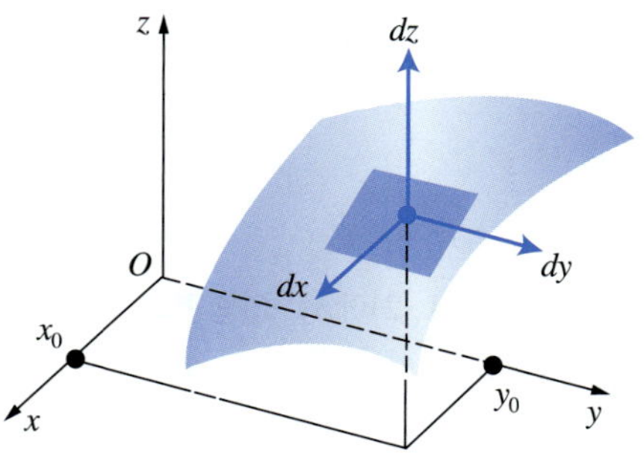

[그림 14.27]

처음의 좌표계에서 P에서 접평면의 방정식은

$$z-z_0=f_x(x_0, y_0)(x-x_0)+f_y(x_0, y_0)(y-y_0)$$

이다. 그러나 새로운 좌표계에서는 이 접평면의 방정식이

$$dz=f_x(x_0, y_0)\,dx+f_y(x_0, y_0)\,dy$$

와 같은 간단한 꼴로 표현된다. 따라서 다음 정의를 얻는다.

정의 전미분

$z=f(x, y)$가 미분가능한 함수이고 dx, dy를 독립변수 x, y의 미분이라 할 때 종속변수인 z의 미분 dz 즉, f의 **전미분**(total differential)을

$$dz=df(x, y)=f_x(x, y)dx+f_y(x, y)dy$$

로 정의한다.

dz의 의미에 대하여 알아보자. 만약 Δx와 Δy가 각각 x와 y의 미소변화량을 나타내면 dz는 z의 변화량인 Δz의 어림값을 나타낸다. 그림 14.28을 보면 이를 이해할 수 있다.

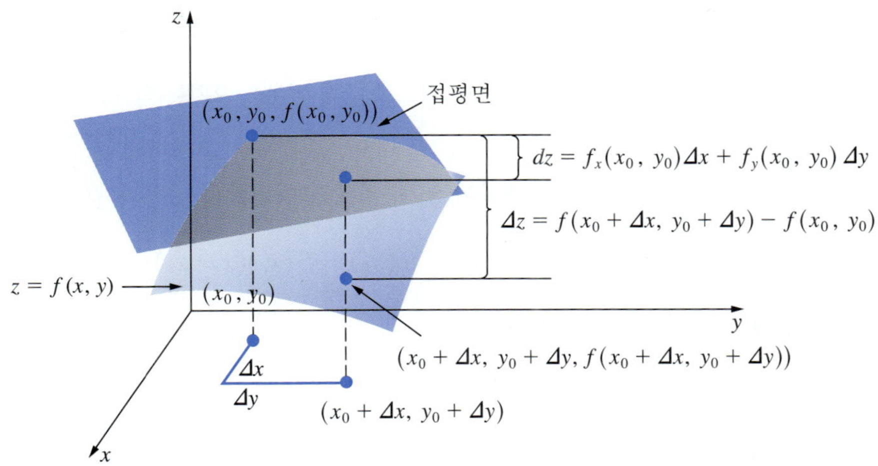

[그림 14.28]

예제 14.7.3 $z = f(x, y) = 2x^3 + xy - y^3$에서 (x, y)가 $(2, 1)$에서 $(2.03, 0.98)$까지 변할 때 Δz와 dz를 구하라.

[풀이]

$$\begin{aligned} \Delta z &= f(2.03, 0.98) - f(2, 1) \\ &= 2(2.03)^3 + (2.03)(0.98) - (0.98)^3 - \left[2(2)^3 + 2(1) - 1^3\right] \\ &= 0.779062 \end{aligned}$$

$dx = \Delta x,\ dy = \Delta y$일 때

$$dz = f_x(x, y)\Delta x + f_y(x, y)\,\Delta y = (6x^2 + y)\Delta x + (x - 3y^2)\Delta y$$

$x = 2,\ y = 1,\ \Delta x = 0.03,\ \Delta y = -0.02$이므로

$$dz = (25)(0.03) + (-1)(-0.02) = 0.77$$

■

예제 14.7.4 식 $P = k(T/V)$는 온도 T와 부피 V인 일정량의 기체의 압력을 나타내는 식이다(k는 상수). 온도 측정에서 오차의 범위를 $\pm 0.4\%$, 부피 측정에서 오차의 범위를 $\pm 0.9\%$로 하였을 때 압력 P의 최대 백분율 오차의 어림값을 구하라.

[풀이] P의 오차 ΔP를 dP로 근사시킬 수 있다.

$$\begin{aligned} |\Delta P| \approx |dP| &= \left|\frac{\partial P}{\partial T}\Delta T + \frac{\partial P}{\partial V}\Delta V\right| \\ &\le \left|\frac{k}{V}(\pm 0.004T)\right| + \left|-\frac{kT}{V^2}(\pm 0.009V)\right| \end{aligned}$$

$$= \frac{kT}{V}(0.004 + 0.009) = 0.013\frac{kT}{V} = 0.013P$$

최대 상대오차 $|\Delta P|/P$는 약 0.013이므로 최대 백분율 오차는 약 1.3%이다. ■

1변수함수인 경우에는 미분을 이용하여 x_0 근처에서 어림값을 다음과 같이 구할 수 있다.

$$f(x) \approx f(x_0) + df = f(x_0) + f'(x_0)(x - x_0)$$

2변수함수에 대해서도 마찬가지로

$$\begin{aligned} f(x, y) &\approx f(x_0, y_0) + df \\ &= f(x_0, y_0) + f_x(x_0, y_0)(x - x_0) + f_y(x_0, y_0)(y - y_0) \end{aligned}$$

와 같이 어림값을 구할 수 있다.

예제 14.7.5 예제 14.7.3의 함수에 f에 대하여 $f(2.03, 0.98)$의 어림값을 전미분을 이용하여 구하라.

[풀이] $f(2, 1) = 17$이므로

$f(2.03, 0.98) \approx f(2, 1) + dz = 17 + 0.77 = 17.77$ ■

연습문제 14.7

1. 다음 곡면 위의 주어진 점에서 접평면의 방정식을 구하라.

(1) $x^2 + y^2 + z^2 = 16$, $(2, 3, \sqrt{3})$ (2) $x^2 - y^2 + z^2 + 1 = 0$, $(1, 3, \sqrt{7})$

(3) $z = \dfrac{x^2}{4} + \dfrac{y^2}{4}$, $(2, 2, 2)$ (4) $z = 2e^{3y}\cos 2x$, $(\pi/3, 0, -1)$

2. 곡면 $z = x^2 - 2xy - y^2 - 8x + 4y$ 위에서 접평면이 xy평면과 평행한 점들을 모두 구하라.

3. 곡면 $x^2 + 4y + z^2 = 0$과 $x^2 + y^2 + z^2 - 6z + 7 = 0$이 점 $(0, -1, 2)$에서 서로 접하는 것을 밝히라. 즉, 점 $(0, -1, 2)$에서 두 곡면의 접평면이 같다는 것을 밝히라.

4. 곡면 $x^2 + 2y^2 + 3z^2 = 12$에 대하여 접평면이 매개변수방정식 $x = 1 + 2t$, $y = 3 + 8t$, $z = 2 - 6t$로 표시되는 직선에 수직인 점을 구하라.

5. 두 곡면 $f(x, y, z) = 9x^2 + 4y^2 + 4z^2 - 41 = 0$과 $g(x, y, z) = 2x^2 - y^2 + 3z^2 - 10 = 0$의 교선 위의 점 $(1, 2, 2)$에서 교선에 접하는 직선의 매개방정식을 구하라.

6. 원뿔의 반지름과 높이는 2%와 3% 이내의 오차로 측정된다. 계산된 부피에서 최대 오차의 백분율을 전미분을 사용하여 측정하라.

14.8 최대, 최소

다변수함수의 최대, 최소 및 극대, 극소에 대해서 알아보자. S를 $\mathbb{R}^2$ 또는 $\mathbb{R}^3$의 부분집합이라 하자.

정의 최대, 최소

(x_0, y_0)를 f의 정의역 S에 있는 점이라 할 때

(1) S에 있는 모든 점 (x, y)에 대하여 $f(x_0, y_0) \geq f(x, y)$이면 $f(x_0, y_0)$를 S에서 f의 **최댓값**이라 한다.

(2) S에 있는 모든 점 (x, y)에 대하여 $f(x_0, y_0) \leq f(x, y)$이면 $f(x_0, y_0)$를 S에서 f의 **최솟값**이라 한다.

정리 14.8.1 최대, 최소의 존재정리

f가 유계이고 닫힌집합 S에서 연속이면 f는 S에서 최댓값과 최솟값을 갖는다.

N이 (x_0, y_0)의 근방일 때 (1) 또는 (2)가 $N \cap S$에서 성립하면 $f(x_0, y_0)$를 **극댓값** 또는 **극솟값**이라 한다. 1변수함수의 경우와 유사하게 위 정의의 내용을 기하학적으로 설명할 수 있다. 당연히 최대, 최소는 각각 극대, 극소가 된다(그림 14.29).

집합 S가 원 또는 구에 포함될 수 있을 때 S를 **유계**인 집합이라 한다.

임계점

정의역 S에서 f의 임계점을 1변수함수에서와 같이 다음 세 가지로 정의한다.

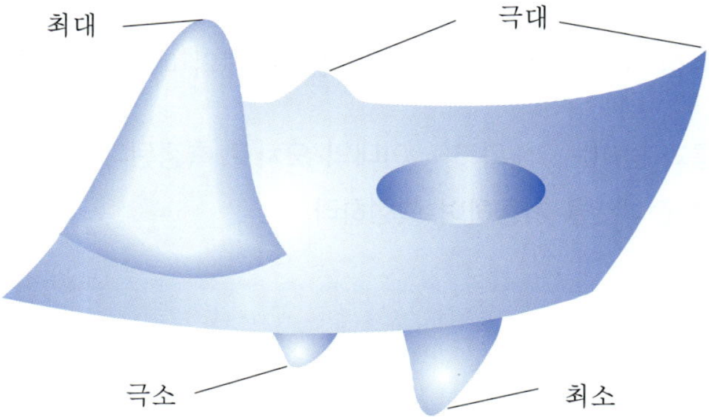

[그림 14.29]

1. **경계점**
2. **정점** : (x_0, y_0)가 S의 내점이고 (x_0, y_0)에서 f가 미분가능하며 $\nabla f(x_0, y_0) = \mathbf{0}$일 때 (x_0, y_0)를 정점이라 한다. 정점에서 접평면은 xy평면과 평행하다.
3. **특이점** : (x_0, y_0)가 S의 내점이고 (x_0, y_0)에서 f가 미분불가능하면 (x_0, y_0)를 특이점이라 한다. 예를 들면 f의 그래프 위에 날카로운 부분이 생기는 곳이다.

정리 14.8.2 임계점 정리

(x_0, y_0)을 포함하는 집합 S에서 f가 정의되었다 하자. $f(x_0, y_0)$가 극값이면 (x_0, y_0)는 임계점이다.

[증명] (x_0, y_0)가 경계점도 특이점도 아니라 하자. 이때 $\nabla f(x_0, y_0) = \mathbf{0}$을 증명하면 된다. f가 (x_0, y_0)에서 극값을 가지기 때문에 함수 $g(x) = f(x, y_0)$는 x_0에서 극값을 갖는다. 더욱이 f가 (x_0, y_0)에서 미분가능하기 때문에 g도 x_0에서 미분가능하다. 그러므로 1변수함수에 대한 임계점 정리에 의하여 $g'(x_0) = f_x(x_0, y_0) = 0$이다. 같은 방법으로 함수 $h(y) = f(x_0, y)$는 y_0에서 극값을 가지므로 $h'(y_0) = f_y(x_0, y_0) = 0$이다. 따라서 편미분이 모두 0이므로 $\nabla f(x_0, y_0) = \mathbf{0}$이다. ■

예제 14.8.1 $f(x, y) = x^2 - 2x + \dfrac{y^2}{4}$의 최댓값과 최솟값을 구하라.

[풀이] 함수 $f(x, y)$는 xy평면에서 미분가능하다. 임계점은 $f_x(x, y) = 0$, $f_y(x, y) = 0$을 만족하는 점이 된다. $f_x(x, y) = 2x - 2$, $f_y(x, y) = \dfrac{y}{2}$이므로 $(1, 0)$이 정점이다. 이 점에서 최대인지 최소인지를 확인하자.

$$f(x, y) = x^2 - 2x + \frac{y^2}{4}$$
$$= (x-1)^2 + \frac{y^2}{4} - 1 \geq -1$$

이고 $f(1, 0) = -1$이므로 $f(1, 0)$가 최솟값이다. 최댓값은 없다. ■

예제 14.8.2 $f(x, y) = -\dfrac{x^2}{a^2} + \dfrac{y^2}{b^2}$의 극값을 조사하라.

[풀이] $f_x(x, y) = -\dfrac{2x}{a^2}$, $f_y(x, y) = \dfrac{2y}{b^2}$이므로

$$-\frac{2x}{a^2} = 0, \ \frac{2y}{b^2} = 0$$

으로 놓아 임계점은 (0, 0)이다. 그러나 이것은 극대, 극소 중 어느 것도 될 수 없다. 이런 점을 **안장점**(saddle point)이라 한다. ■

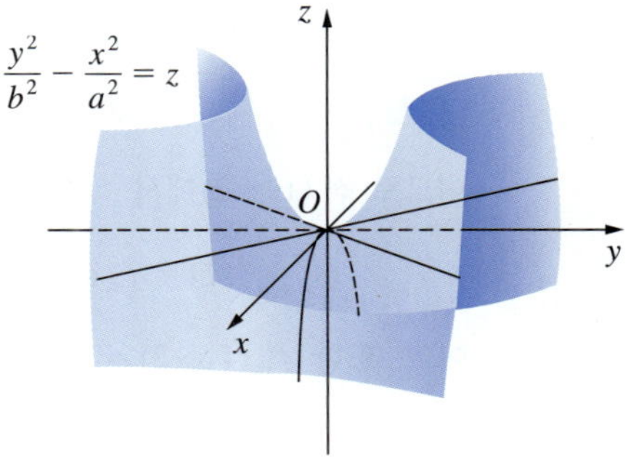

[그림 14.30]

극값의 충분조건

1변수함수의 경우와 같이 2변수함수의 극값을 구할 때도 2계편도함수를 이용하는 판정법이 있다.

정리 14.8.3 2계편도함수 판정법

$f(x, y)$가 (x_0, y_0)의 근방에서 연속인 2계편도함수를 가지며 $\nabla f(x_0, y_0) = \mathbf{0}$이라 하자.

$$D = D(x_0, y_0) = f_{xx}(x_0, y_0) \cdot f_{yy}(x_0, y_0) - [f_{xy}(x_0, y_0)]^2$$

라 할 때

(1) $D > 0$, $f_{xx}(x_0, y_0) < 0$이면 $f(x_0, y_0)$는 극댓값이다.
(2) $D > 0$, $f_{xx}(x_0, y_0) > 0$이면 $f(x_0, y_0)$는 극솟값이다.
(3) $D < 0$ 이면 $f(x_0, y_0)$는 극값이 아니다((x_0, y_0)는 안장점이다).
(4) $D = 0$이면 이 판정법을 적용할 수 없다.

예제 14.8.3 $f(x, y) = 3x^3 + y^2 - 9x + 4y$ 의 극값이 있으면 구하라.

[풀이]

$$f_x(x, y) = 9x^2 - 9,\ f_y(x, y) = 2y + 4$$

이므로

$$f_x(x, y) = f_y(x, y) = 0$$

을 풀면 $(1, -2), (-1, -2)$가 임계점이다. 또

$$f_{xx}(x, y) = 18x,\quad f_{yy}(x, y) = 2,\quad f_{xy} = 0$$

이므로 점 $(1, -2)$에서

$$D = f_{xx}(1, -2) \cdot f_{yy}(1, -2) - \left[f_{xy}(1, -2)\right]^2 = 36 > 0$$

이고, 또한 $f_{xx}(1, -2) = 18 > 0$이므로 판정법 (2)에 의하여 $f(1, -2) = -10$은 극솟값이 된다. 또 점 $(-1, -2)$에서

$$f_{xx}(-1, -2) = -18,\quad f_{yy}(-1, -2) = 2,\quad f_{xy}(-1, -2) = 0$$

이고 $D = -36 < 0$이므로 판정법 (3)에 의하여 $(-1, -2)$는 안장점이 되고 $f(-1, -2)$는 극값이 되지 않는다. ■

예제 14.8.4 원점과 곡면 $z^2 = x^2y + 4$ 사이의 최단 거리를 구하라.

[풀이] $P(x, y, z)$를 곡면 위의 점이라 하고 원점에서 P까지의 거리를 d라 하면 $d^2 = x^2 + y^2 + z^2$이므로 d^2의 최솟값을 구하자. P가 곡면 $z^2 = x^2y + 4$ 위의 점이므로 $d^2 = x^2 + y^2 + x^2y + 4$이다. $f(x, y) = x^2 + y^2 + x^2y + 4$라 두면, $x^2y + 4 = z^2 \geq 0$이므로 함수 $f(x, y)$의 정의역은 $D = \{(x, y) \mid x^2y + 4 \geq 0\}$이다.

D의 내부에서 f는 미분가능하고 $f_x(x, y) = 2x + 2xy,\ f_y(x, y) = 2y + x^2$ 이므로

$$f_x(x, y) = 0,\ f_y(x, y) = 0 \Rightarrow 2x - x^3 = 0 \Rightarrow x\left(\sqrt{2} - x\right)\left(\sqrt{2} + x\right) = 0$$

따라서 정점은 $(0, 0), \left(\sqrt{2}, -1\right), \left(-\sqrt{2}, -1\right)$이다.

$$D(x, y) = f_{xx}(x, y)f_{yy}(x, y) - \{f_{xy}(x, y)\}^2 = 4 + 4y - 4x^2$$

에 각 정점의 좌표를 대입하면,

$$D(0, 0) = 4 > 0,\ D(\sqrt{2}, -1) = D(-\sqrt{2}, -1) = -8 < 0$$

이므로 두 점 LEFT $\left(\sqrt{2}, -1\right), \left(-\sqrt{2}, -1\right)$은 안장점이고, $f_{xx}(0, 0) = 2 > 0$이므로 $(0, 0)$에서 극솟값 4를 갖는다.

한편, $f(x, y)$의 정의역의 경계는 곡선 $y = -\dfrac{4}{x^2}$이고, 경계에서

$$f(x, y) = x^2 + y^2 + x^2y + 4 = x^2 + \frac{16}{x^4}$$

이다. $x^2 = t$로 치환하고 $g(t) = t + \frac{16}{t^2}(t > 0)$이라 두면,

$$g'(t) = 1 - \frac{32}{t^3} = \frac{t^3 - 32}{t^3} = 0 \iff t = \sqrt[3]{32}$$

이고, $0 < t < \sqrt[3]{32}$ 이면 $g'(t) < 0$, $t > \sqrt[3]{32}$ 이면 $g'(t) > 0$이므로 $g(t)$의 최솟값은 $g(\sqrt[3]{32}) = \sqrt[3]{32} + \sqrt[3]{4} > 4$이고, 따라서 경계에서 $f(x, y)$의 함숫값은 모두 4보다 크다. 이제 극솟값 4 가 f의 최솟값임을 보이자.

4가 f의 최솟값이 아니라고 가정하면 $f(x_0, y_0) = x_0^2 + y_0^2 + x_0^2 y_0 + 4 < 4$인 점 (x_0, y_0)가 D에 존재하고, $x_0^2 y_0 + 4 \ge 0$이므로 $x_0^2 + y_0^2 < 4$이다. 즉, (x_0, y_0)는 영역 $E = \{(x, y) | x^2 + y^2 \le 4\}$에 속한다. f는 영역 E에서 연속이므로 E에서 최댓값과 최솟값을 갖는다. 최솟값은 4보다 작아야 하는데, 영역 D에서 구한 f의 정점들은 모두 E에 속하고 그 정점에서의 함숫값이 모두 4 이상이므로 E에서의 최솟값은 경계인 원 $x^2 + y^2 = 4$에 존재해야 한다. 이 원에서

$$f(x, y) = x^2 + y^2 + x^2y + 4 = 4 + (4 - y^2)y + 4 = 8 + 4y - y^3$$

이므로 $8 + 4y - y^3 = h(y)(-2 \le y \le 2)$라 두면,

$$h'(y) = 4 - 3y^2 = 0 \iff y = \pm\frac{2}{\sqrt{3}}$$

이고 $h\left(-\frac{2}{\sqrt{3}}\right) = 8 - \frac{16}{3\sqrt{3}} > 4$, $h\left(\frac{2}{\sqrt{3}}\right) = 8 + \frac{16}{3\sqrt{3}} > 4$, 그리고 $h(-2) = h(2) = 8$이므로 h의 최솟값은 4보다 커야 하는데, 이것은 가정에 모순이다. 따라서 $f(x, y)$는 4보다 작은 함숫값을 가질 수 없으므로 d^2의 최솟값은 4, d의 최솟값은 2이다. ■

예제 14.8.5 닫힌집합 $S = \{(x, y) | x^2 + y^2 \le 4\}$에서 $f(x, y) = x^2 + y^2 - 2x - 2y + 2$의 최댓값과 최솟값을 구하라.

[풀이] $f_x(x, y) = 2x - 2$, $f_y(x, y) = 2y - 2$이므로 정점은 $(1, 1)$이다. S의 경계는 원 $x^2 + y^2 = 4$이므로 $x = 2\cos t$, $y = 2\sin t\ (0 \le t \le 2\pi)$라는 매개변수를 이용하여 표시할 수 있다. 1변수함수 $g(t) = f(2\cos t, 2\sin t)$, $0 \le t \le 2\pi$의 최댓값, 최솟값을 구하기 위하여 $g'(t)$를 연쇄법칙에 의하여 구하면

$$\begin{aligned} g'(t) &= \frac{\partial f}{\partial x}\frac{dx}{dt} + \frac{\partial f}{\partial y}\frac{dy}{dt} \\ &= (2x - 2)(-2\sin t) + (2y - 2)(2\cos t) \\ &= (4\cos t - 2)(-2\sin t) + (4\sin t - 2)(2\cos t) \\ &= 4\sin t - 4\cos t \end{aligned}$$

이며 $t=\frac{\pi}{4}, \frac{5}{4}\pi$에서 $g'(t)=0$이다. 따라서 임계점은 $t=0$, $t=\frac{\pi}{4}$, $t=\frac{5\pi}{4}$, $t=2\pi$인 점이다. 그리고 이 t의 네 개의 값은 세 점 $(\sqrt{2}, \sqrt{2})$, $(-\sqrt{2}, -\sqrt{2})$, $(2, 0)$에 대응하며 원의 경계에 있다. 이 경계점에서 f의 값과 내부 임계점 $(1, 1)$에서 f 값은 각각

$$f(\sqrt{2}, \sqrt{2}) = 6 - 4\sqrt{2}$$
$$f(-\sqrt{2}, -\sqrt{2}) = 6 + 4\sqrt{2} : \text{최댓값}$$
$$f(2, 0) = 2$$
$$f(1, 1) = 0 : \text{최솟값}$$

이다. ■

연습문제 14.8

1. 다음에서 모든 임계점을 구하고 그 점이 극값을 갖는 점인지 혹은 안장점인지를 결정하라.

(1) $f(x, y) = x^2 + 4y^2 - 4x$

(2) $f(x, y) = 2x^4 - x^2 + 3y^2$

(3) $f(x, y) = xy$

(4) $f(x, y) = xy + \frac{2}{x} + \frac{4}{y}$

(5) $f(x, y) = \cos x + \cos y + \cos(x+y)$, $0 < x < \pi/2$, $0 < y < \pi/2$

2. 다음의 S에서 f의 최댓값과 최솟값을 구하고 최대, 최소인 점을 구하라.

(1) $f(x, y) = 3x + 4y;\ S = \{(x, y) \mid 0 \le x \le 1,\ -1 \le y \le 1\}$

(2) $f(x, y) = x^2 - y^2 + 1;\ S = \{(x, y) \mid x^2 + y^2 \le 1\}$

3. 세 수의 곱이 최대가 되는 수들을 세 수의 합으로 표시할 때 이 수를 양의 수 N으로 나타내라.

4. 부피가 V_0인 닫힌 직육면체의 겉넓이가 최소일 때 모양을 구하라.

5. 길이가 9일 때 성분들의 합이 최대가 되는 3차원 벡터를 구하라.

6. 다각형 집합 위에서 1차함수 $f(x, y) = ax + by + c$의 최댓값과 최솟값은 항상 꼭짓점에서 생긴다. 위의 사실을 이용하여 다음 값을 구하라.

(1) 꼭짓점이 $(-1, 2), (0, 1), (1, 0), (-3, 0)$ 그리고 $(0, -4)$ 인 다각형 위에서 $2x + 3y + 4$ 의 최댓값

(2) 꼭짓점이 $(-3, 0), (0, 5), (2, 3), (4, 0), (1, -4)$인 다각형 위에서 $-3x + 2y + 1$의 최솟값

7. 꼭짓점이 $(0, 0), (1, 2), (2, -2)$인 삼각형 위에서 $z = y^2 - x^2$(그림 14.31)의 최댓값과 최솟값을 구하라.

14.9 Lagrange 방법

다음 두 문제의 차이점을 알아보자.

$x^2 + 2y^2 + z^4 + 4$의 최솟값을 구하는 경우가 있는데, 이와 같은 문제를 **독립극값** 문제라 한다. $x + 3y - z = 7$인 조건하에서 $x^2 + 2y^2 + z^4 + 4$의 최솟값을 구하는 문제를 **제약극값** 문제라 한다. 실생활에서 특히 경제학에서 이와 같은 문제가 많이 발생한다. 예컨대 사업가는 이익을 최대로 하고 싶지만 이것은 사용할 수 있는 원자재의 총량 그리고 노동력의 크기 등등의 조건에 의하여 제약을 받는다.

앞 절 예제 14.8.4는 $z^2 = x^2y + 4$에서 원점까지 거리의 최솟값을 구하는 문제이다. 이 문제를 풀 때 조건 $z^2 = x^2y + 4$에서 $d^2 = x^2 + y^2 + z^2$의 최솟값을 구하는 문제로 생각하여 $d^2 = x^2 + y^2 + z^2$의 식에 $z^2 = x^2y + 4$를 대입하여 독립극값 문제로 바꾸어서 풀었다. 그러나 모든 문제가 이렇게 쉽게 해결되지는 않는다. 이런 문제를 해결하기 위하여 "Lagrange 승수"를 이용하는 방법이 있다.

기하학적 설명

우선 제약조건이 $g(x, y) = 0$일 때 $f(x, y)$를 최대 또는 최소화하는 문제를 생각하여 보자.

f의 등고선은 $f(x, y) = k$ (k는 상수)이다. 그림 14.31에서 가는 곡선은 $k = 200, 300, \cdots, 700$, 제약조건 $g(x, y) = 0$은 굵은 곡선으로 나타내고 있다.

f를 최대화하기 위해 제약곡선 $g(x, y) = 0$과 $f(x, y) = k$가 만나는 가능한 한 큰 k를

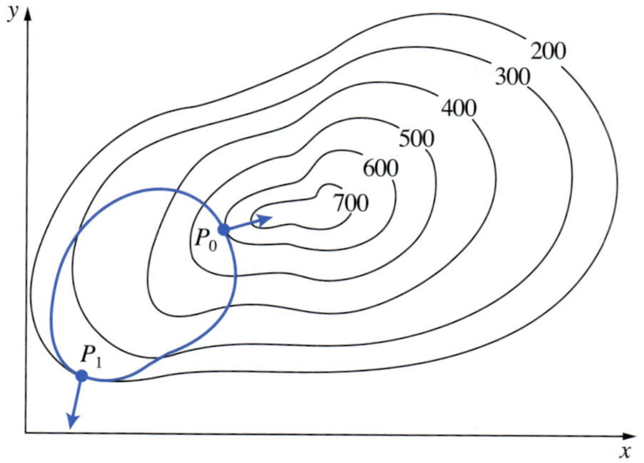

[그림 14.31]

찾으면 된다. 그림 14.31에서는 제약곡선이 점 $P_0(x_0, y_0)$에 접하는 등고선이라는 것이 분명하다. 따라서 그 값은 $f(x_0, y_0)$이다. $P_1(x_1, y_1)$에서는 제약조건 $g(x, y)=0$에 대해서 최솟값 $f(x_1, y_1)$을 얻는다.

Lagrange 방법은 점 P_0, P_1를 찾는 대수적 방법이다. 극값을 갖는 점에서 등고선과 제약곡선은 서로 접하므로 두 곡선의 법선은 서로 평행하다. 그런데 ∇f는 등고선에 법선이 되므로 ∇g도 제약곡선에 법선이 된다. 따라서 ∇f와 ∇g는 P_0, P_1에서 평행이 된다. 그러므로 적당한 실수 λ_0, λ_1에 대하여 $\nabla f(x_0, y_0)=\lambda_0 \nabla g(x_0, y_0)$ 그리고 $\nabla f(x_1, y_1)=\lambda_1 \nabla g(x_1, y_1)$이다.

위의 설명한 내용을 아래와 같이 쓸 수 있다.

정리 14.9.1 Lagrange 방법

제약조건 $g(x, y)=0$에 대해서 $f(x, y)$를 최대 또는 최소가 되게 하는 (x, y)는

$$\begin{cases} \nabla f(x, y)=\lambda \nabla g(x, y) \\ g(x, y)=0 \end{cases}$$

을 만족한다.

각 점 (x, y)는 제약조건하의 극값 문제에 대한 임계점이며 이때 λ를 **Lagrange 승수**라 한다.

예제 14.9.1 대각선의 길이가 2인 직사각형의 최대 넓이를 구하라.

[풀이] 이웃하는 두 변이 원점에서 만나는 직사각형을 생각하자. 원점과 마주보는 꼭짓점을 (x, y)라 하고 x, y를 양수로 한다. 이때 대각선의 길이는 $\sqrt{x^2+y^2}=2$이고 넓이는 xy이다. 그러므로 제약조건 $g(x, y)=x^2+y^2-4=0$에 대해서 $f(x, y)=xy$의 최댓값을 구하는 문제가 된다.

$$\nabla f(x, y)=f_x(x, y)\mathbf{i}+f_y(x, y)\mathbf{j}=y\mathbf{i}+x\mathbf{j}$$
$$\nabla g(x, y)=g_x(x, y)\mathbf{i}+g_y(x, y)\mathbf{j}=2x\mathbf{i}+2y\mathbf{j}$$

이므로 Lagrange 방정식은

$$(1)\ \ y=\lambda(2x)$$
$$(2)\ \ x=\lambda(2y)$$
$$(3)\ \ x^2+y^2=4$$

이다. 이 연립방정식을 풀면 $x=\sqrt{2}$, $y=\sqrt{2}$ (x, y는 양수)이며 이때 $\lambda=\frac{1}{2}$이다. 그러므로 대각선의 길이가 2이고 최대 넓이인 직사각형은 한쪽 변이 $\sqrt{2}$이고 넓이가 2이다. 이 문제의 기하학적인 설명은 그림 14.32에서 알 수 있다.

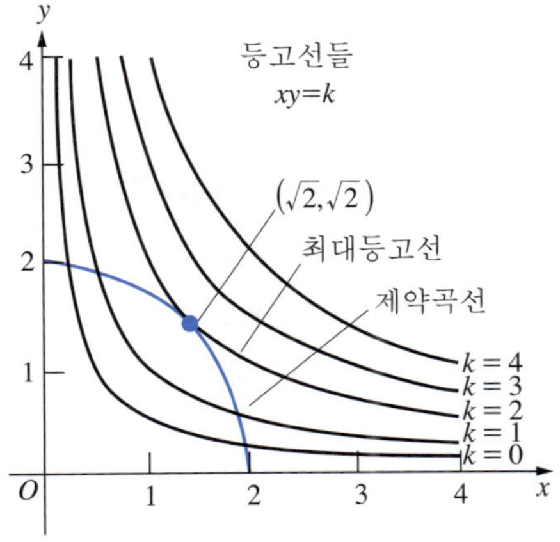

[그림 14.32]

■

예제 14.9.2 Lagrange 방법을 이용하여 타원 $\frac{x^2}{4}+y^2=1$ 위에서 $f(x, y)=y^2-x^2$의 최댓값과 최솟값을 구하라.

[풀이] $\frac{x^2}{4}+y^2=1$은 $g(x, y)=x^2+4y^2-4=0$으로 쓸 수 있다. 그리고

$$\nabla f=-2x\mathbf{i}+2y\mathbf{j}, \qquad \nabla g=2x\mathbf{i}+8y\mathbf{j}$$

이다. Lagrange 방정식은

$$(1)\ -2x = \lambda 2x$$
$$(2)\ 2y = \lambda 8y$$
$$(3)\ x^2 + 4y^2 = 4$$

이다. (3)으로부터 x, y가 동시에 0이 될 수 없음을 알 수 있고 $x \neq 0$이면 (1)로부터 $\lambda = -1$이다. 이때 (2)에서 $y = 0$이다. 그리고 (3)에서 $x = \pm 2$이다. 그러므로 임계점은 $(\pm 2, 0)$이다. $y \neq 0$이면 (2)로부터 $\lambda = \frac{1}{4}$이다. 그러면 (1)에서 $x = 0$, (3)에서 $y = \pm 1$이므로, $(0, \pm 1)$도 임계점인 것을 알 수 있다.

$f(x, y) = y^2 - x^2$에 대하여 $f(2, 0) = -4$, $f(-2, 0) = -4$, $f(0, 1) = f(0, -1) = 1$이므로 타원 위에서 $f(x, y)$의 최솟값은 -4이고 최댓값은 1이다. ■

예제 14.9.3 제약조건 $g(x, y, z) = 9x^2 + 4y^2 - z = 0$에서 $f(x, y, z) = 3x + 2y + z + 5$의 최솟값을 구하라.

[풀이]

$$\nabla f = 3\mathbf{i} + 2\mathbf{j} + \mathbf{k}, \quad \nabla g = 18x\mathbf{i} + 8y\mathbf{j} - \mathbf{k}$$

이다. 임계점을 구하기 위하여 다음 연립방정식을 푼다.

$$\nabla f(x, y, z) = \lambda \nabla g(x, y, z)$$
$$g(x, y, z) = 0$$

이것은 x, y, z와 λ에 대한 다음 네 개의 방정식을 푸는 것이 된다.

$$(1)\ 3 = 18x\lambda$$
$$(2)\ 2 = 8y\lambda$$
$$(3)\ 1 = -\lambda$$
$$(4)\ 9x^2 + 4y^2 - z = 0$$

(3)에서 $\lambda = -1$이고 (1), (2)에 $\lambda = -1$을 대입하면 $x = -\frac{1}{6}$, $y = -\frac{1}{4}$, 방정식 (4)에 이 값을 대입하면 $z = \frac{1}{2}$이다. 따라서 임계점은 $\left(-\frac{1}{6}, -\frac{1}{4}, \frac{1}{2}\right)$이다. 제약조건이 $g(x, y, z) = 0$일 때 $f(x, y, z)$의 최솟값은 $f\left(-\frac{1}{6}, -\frac{1}{4}, \frac{1}{2}\right) = \frac{9}{2}$이다. ■

하나 이상의 제약조건이 있는 경우 최대, 최소를 결정하려면 Lagrange 승수를 하나 더 사용하면 된다. 예를 들어 두 제약조건 $g(x, y, z) = 0$, $h(x, y, z) = 0$에 대해서 3변수함수 $f(x, y, z)$의 임계점을 구하려면 λ와 μ를 Lagrange 승수라 놓고 x, y, z, λ, μ에 대한 방

정식

$$\nabla f(x, y, z) = \lambda \nabla g(x, y, z) + \mu \nabla h(x, y, z),$$
$$h(x, y, z) = 0,\ g(x, y, z) = 0$$

을 풀면 된다. 이것은 변수가 x, y, z, λ, μ인 다음 연립 방정식의 해를 구하는 것과 동등하다.

(1) $f_x(x, y, z) = \lambda g_x(x, y, z) + \mu h_x(x, y, z)$

(2) $f_y(x, y, z) = \lambda g_y(x, y, z) + \mu h_y(x, y, z)$

(3) $f_z(x, y, z) = \lambda g_z(x, y, z) + \mu h_z(x, y, z)$

(4) $g(x, y, z) = 0$

(5) $h(x, y, z) = 0$

이 방정식들의 해로부터 임계점을 구할 수 있다.

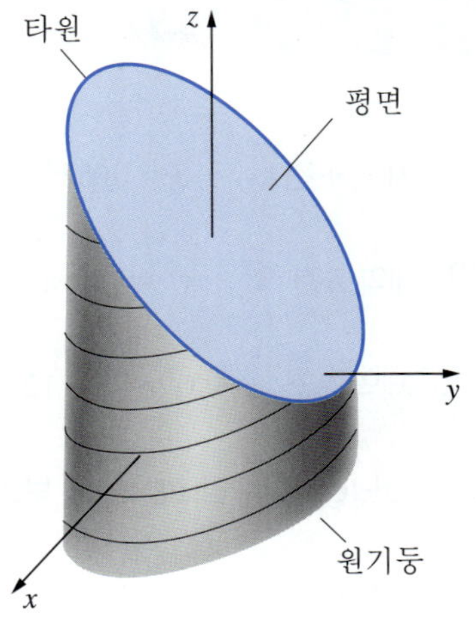

[그림 14.33]

예제 14.9.4 원기둥 $x^2 + y^2 = 2$와 평면 $y + z = 1$과의 교선인 타원(그림 14.33) 위에서 $f(x, y, z) = x + 2y + 3z$의 최댓값과 최솟값을 구하라.

[풀이] 두 개의 제약조건 $g(x, y, z) = x^2 + y^2 - 2 = 0$과 $h(x, y, z) = y + z - 1 = 0$에 대해서 $f(x, y, z)$의 최댓값과 최솟값을 구하고자 한다. 이때 Lagrange 방정식은 다음과 같다.

(1) $1 = 2\lambda x$

(2) $2 = 2\lambda y + \mu$

(3) $3 = \mu$

(4) $x^2 + y^2 - 2 = 0$

(5) $y + z - 1 = 0$

(1)에서 $x = \dfrac{1}{2\lambda}$이고 (2)와 (3)에서 $y = -\dfrac{1}{2\lambda}$이므로 (4)로부터 $\left(\dfrac{1}{2\lambda}\right)^2 + \left(-\dfrac{1}{2\lambda}\right)^2 = 2$이다. 따라서 $\lambda = \pm\dfrac{1}{2}$이다. $\lambda = \dfrac{1}{2}$일 때 임계점 $(x, y, z) = (1, -1, 2)$이고 $\lambda = -\dfrac{1}{2}$일 때 임계점 $(x, y, z) = (-1, 1, 0)$이다. 그러면 $f(1, -1, 2) = 5$가 최댓값이고, $f(-1, 1, 0) = 1$이 최솟값이다. ■

연습문제 14.9

1. 제약조건 $xy - 3 = 0$에서 $f(x, y) = x^2 + y^2$의 최솟값을 구하라.

2. 제약조건 $x^2 + y^2 = 1$에서 $f(x, y) = 4x^2 - 4xy + y^2$의 최댓값을 구하라.

3. 제약조건 $x + 3y - 2z = 12$에서 $f(x, y, z) = x^2 + y^2 + z^2$의 최솟값을 구하라.

4. 겉넓이가 48일 때 최대 부피를 갖는 뚜껑이 없는 직육면체 상자를 구하라.

5. 타원체 $\frac{x^2}{a^2} + \frac{y^2}{b^2} + \frac{z^2}{c^2} = 1$에 내접하는 직육면체의 최대 부피를 구하라.

6. 원기둥면 $x^2 + y^2 = 2$와 평면 $y + 2z = 1$의 교선 위에서 $f(x, y, z) = -x + 2y + 2z$의 최댓값과 최솟값을 구하라.

7. 제약조건 $4x - 8y + 2z = 10$에서 $f(x, y, z) = 2x^2 + 4y^2 + z^2$의 최솟값을 구하라.

8. 원점에서 평면 $x + 2y + z = 10$과 포물면 $z = x^2 + y^2$이 만나는 교선까지 최단거리를 구하라.

9. 제약조건이 $x + y = 4$와 $y = 2z$일 때 $f(x, y, z) = x^2 + y^2 + z^2$의 최솟값을 구하라.

10. 제약조건이 $2x + 3z = 5$와 $xy = 4$일 때 $f(x, y, z) = xy + xz$의 최댓값을 구하라.

11. x와 y를 각각 노동과 자본의 단위라 하고 p와 q를 각각 노동과 자본의 단위 비용이라 하면 $px + qy$는 총생산비용이다. $Q = f(x, y)$를 생산함수라 하자.

    (1) $Q(x, y) = cx^{\alpha} y^{\beta}$, $\alpha + \beta = 1$을 **Cobb-Douglas 생산함수**라 한다. 한정된 비용 즉, $px + qy = k$으로 최대 생산을 하려면 $x = \frac{\alpha k}{p}$, $y = \frac{\beta k}{q}$일 때이다. 이를 보여라. 조건 $\alpha + \beta = 1$을 빼면 생산함수 Q는 x, y의 어떤 값에서 최대가 되겠는가? k대신 $k + 1$로 증가하면 최대 산출은 어떻게 변화하는가?

    (2) 한정된 생산수준 $Ax^{\alpha} y^{\beta} = k$, $\alpha + \beta = 1$이 제약조건일 때 비용함수 $C(x, y) = px + qy$는 $x = \frac{k}{A}\left(\frac{\alpha q}{\beta p}\right)^{\beta}$와 $y = \frac{k}{A}\left(\frac{\beta p}{\alpha q}\right)^{\alpha}$이면 최소가 됨을 보이라.

연습문제 Chapter 14

1. 다음 함수의 정의역을 구하라.

(1) $f(x,\ y)=\dfrac{1}{x+y}$　　(2) $f(x,\ y)=\ln(2+x+y)$

2. 다음 함수의 치역을 구하라.

(1) $f(x,\ y)=\sqrt{2+x-y}$　　(2) $f(x,\ y)=\cos\left(x^2+y^2\right)$

(3) $f(x,\ y)=x^2+y^2-1$

3. 제시된 평면과의 교선을 그리고, 그래프를 그리라.

(1) $f(x,\ y)=x^2+y^2$; $z=1,\ z=4,\ z=9,\ x=0$

(2) $f(x,\ y)=\sqrt{x^2+y^2}$; $z=1,\ z=2,\ z=3,\ y=0$

4. 다음 극한을 구하라

(1) $\displaystyle\lim_{(x,y)\to(1,3)}\frac{x^2y}{4x^2-y}$　　(2) $\displaystyle\lim_{(x,y)\to(\pi,1)}\frac{\cos xy}{y^2-1}$

(3) $\displaystyle\lim_{(x,y,z)\to(1,0,2)}\frac{4xz}{y^2+z^2}$

5. 다음 극한이 존재하지 않음을 보이라.

(1) $\displaystyle\lim_{(x,y)\to(0,0)}\frac{3x^2}{x^2+y^2}$　　(2) $\displaystyle\lim_{(x,y)\to(0,0)}\frac{4xy}{3y^2-x^2}$

(3) $\displaystyle\lim_{(x,y)\to(0,0)}\frac{2x^2y}{x^4+y^2}$　　(4) $\displaystyle\lim_{(x,y)\to(0,0)}\frac{\sqrt[3]{x}\,y^2}{x+y^3}$

6. 다음 극한이 존재함을 증명하라.

(1) $\displaystyle\lim_{(x,y)\to(0,0)}\frac{xy^2}{x^2+y^2}$　　(2) $\displaystyle\lim_{(x,y)\to(0,0)}\frac{2x^2\sin y}{2x^2+y^2}$

(3) $\displaystyle\lim_{(x,y)\to(0,0)}\frac{x^3+4x^2+2y^2}{2x^2+y^2}$　　(4) $\displaystyle\lim_{(x,y,z)\to(0,0,0)}\frac{3x^3}{x^2+y^2+z^2}$

7. 주어진 함수가 연속인 점을 모두 결정하라.

(1) $f(x,\ y)=\sqrt{9-x^2-y^2}$　　(2) $f(x,\ y)=\ln(3-x^2+y)$

(3) $f(x, y, z) = \dfrac{x^3}{y} + \sin z$ (4) $f(x, y, z) = \sqrt{x^2 + y^2 + z^2 - 4}$

(5) $f(x, y) = \begin{cases} \dfrac{x^2 - y^2}{x - y}, & x \neq y \\ 2x, & x = y \end{cases}$

8. 모든 일계편도함수를 구하라.

(1) $f(x, y) = x^3 - 4xy^2 + y^4$ (2) $f(x, y) = x^2y^3 - 3x$

(3) $f(x, y) = x^2 \sin xy - 3y^3$ (4) $f(x, y) = 4e^{x/y} - \dfrac{y}{x}$

(5) $f(x, y, z) = 3x \sin y + 4x^3y^2z$

9. 제시된 편도함수를 구하라

(1) $f(x, y) = x^3 - 4xy^2 + 3y$; $\dfrac{\partial^2 f}{\partial x^2}, \dfrac{\partial^2 f}{\partial y^2}, \dfrac{\partial^2 f}{\partial y \partial x}$

(2) $f(x, y) = x^4 - 3x^2y^3 + 5y$; f_{xx}, f_{xy}, f_{xyy}

(3) $f(x, y, z) = x^3y^2 - \sin yz$; f_{xx}, f_{yz}, f_{xyz}

(4) $f(x, y, z) = e^{2xy} - \dfrac{z^2}{y} + xz \sin y$; f_{xx}, f_{yy}, f_{yyzz}

(5) $f(w, x, y, z) = w^2xy - e^{wz}$; $f_{ww}, f_{wxy}, f_{wwxyz}$

10. 곡면 위의 주어진 점에서 접평면과 법선의 방정식을 구하라.

(1) $z = x^2 + y^2 - 1$, $(2, 1, 4)$ (2) $z = e^{-x^2 - y^2}$, $(0, 0, 1)$

(3) $z = \sin x \cos y$, $(0, \pi, 0)$ (4) $z = x^3 - 2xy$, $(-2, 3, 4)$

(5) $z = \sqrt{x^2 + y^2}$, $(-3, 4, 5)$

11. $f(x, y) = x^2 + 3xy$가 미분가능한지를 판정하라.

12. 함수 $f(x, y) = ye^x + \sin x$의 전미분을 구하라.

13. 연쇄법칙을 이용하여 다음 도함수를 구하라.

(1) $g(t) = f(x(t), y(t))$, $f(x, y) = x^2y - \sin y$, $x(t) = \sqrt{t^2 + 1}$, $y(t) = e^t$일 때 $g'(t)$

(2) $g(u, v) = f(x(u, v)y(u, v))$, $f(x, y) = 4x^2y^3$, $x(u, v) = u^3 - v \sin u$, $y(u, v) = 4u^2$일 때 $\dfrac{\partial g}{\partial u}, \dfrac{\partial g}{\partial v}$

14. 연쇄법칙을 두 번 이용하여 다음 도함수를 구하라.

(1) $g(t)=f(x(t),\ y(t))$일 때, $g''(t)$

(2) $g(u,\ v)=f(x(u,\ v),\ y(u,\ v))$일 때, $\dfrac{\partial^2 g}{\partial u^2}$

15. 음함수 미분법을 이용하여 $\dfrac{\partial z}{\partial x}$와 $\dfrac{\partial z}{\partial y}$를 구하라.

(1) $3x^2z+2z^3-3yz=0$

(2) $3e^{xyz}-4xz^2+x\cos y=2$

16. 다음 함수의 그래디언트를 구하라.

(1) $f(x,\ y)=x^2+4xy^2-y^5$

(2) $f(x,\ y)=xe^{xy^2}+\cos y^2$

17. 주어진 점에서 다음 함수의 그래디언트를 구하라.

(1) $f(x,\ y)=2e^{4x/y}-2x,\ (2,\ -1)$

(2) $f(x,\ y,\ z)=3x^2y-z\cos x,\ (0,\ 2,\ -1)$

(3) $f(w,x,y,z)=w^2\cos x+3ye^{xz},(2,\pi,1,4)$

18. 다음 함수의 주어진 점에서 주어진 방향으로의 방향도함수를 구하라.

(1) $f(x,\ y)=x^2y+4y^2,\ (2,\ 1),\ \mathbf{u}=\left(\dfrac{1}{2},\ \dfrac{\sqrt{3}}{2}\right)$

(2) $f(x,\ y)=x^3y-4y^2,\ (2,\ -1),\ \mathbf{u}=\left(\dfrac{1}{\sqrt{2}},\ \dfrac{1}{\sqrt{2}}\right)$

(3) $f(x,\ y)=\sqrt{x^2+y^2}$, $(3,\ -4)$, $\mathbf{u}$는 $(3,\ -2)$방향

(4) $f(x,\ y)=e^{4x^2-y}$, $(1,\ 4)$, $\mathbf{u}$는 $(-2,\ -1)$ 방향

(5) $f(x,\ y)=\cos(2x-y)$, $(\pi,\ 0)$, $\mathbf{u}$는 $(\pi,\ 0)$에서 $(2\pi,\ \pi)$까지의 방향

19. 주어진 점에서 함수의 변화율이 최대, 최소인 방향을 구하라. 또, 최대, 최소 변화율을 구하라.

(1) $f(x,\ y)=x^2-y^3,\ (2,\ 1)$

(2) $f(x,\ y)=y^2e^{4x},\ (0,\ -2)$

(3) $f(x,\ y)=x\cos 3y,\ (2,\ 0)$

(4) $f(x,\ y)=\sqrt{2x^2-y}$, $(3,\ 2)$

(5) $f(x,\ y,\ z)=4x^2yz^3,\ (1,\ 2,\ 1)$

20. 주어진 점에서 곡면의 접평면의 방정식과 법선의 방정식을 구하라.

(1) $z = x^2 + y^3$, $(1, -1, 0)$

(2) $x^2 + y^2 + z^2 = 6$, $(-1, 2, 1)$

21. 다음 함수의 임계점을 찾고 그 점을 분석하라.

(1) $f(x, y) = e^{-x^2}(y^2 + 1)$

(2) $f(x, y) = x^3 - 3xy + y^3$

(3) $f(x, y) = y^2 + x^2y + x^2 - 2y$

(4) $f(x, y) = e^{-x^2-y^2}$

(5) $f(x, y) = x^2 - \dfrac{4xy}{y^2+1}$

(6) $f(x, y) = xe^{-x^2-y^2}$

(7) $f(x, y) = xye^{-x^2-y^2}$

22. 주어진 영역에서 다음 함수의 최댓값과 최솟값을 구하라.

(1) $f(x, y) = x^2 + 3y - 3xy$, 영역은 $y = x$, $y = 0$, $x = 2$로 둘러싸인 부분

(2) $f(x, y) = x^2 + y^2$, 영역은 $(x-1)^2 + y^2 = 4$로 둘러싸인 부분

(3) $f(x, y) = x^2 + y^2 - 2x - 4y$, 영역은 $y = x$, $y = 3$, $x = 0$으로 둘러싸인 부분

23. 넓이가 96 cm^2인 재료로 만든 부피가 최대가 되는 상자의 가로 x, 세로 y, 높이 z를 구하라.

24. $-1 \le x \le 1$, $-1 \le y \le 1$일 때 $f(x, y) = x^2 + y^2$의 최댓값과 최솟값을 구하라.

25. Lagrange 승수를 이용하여 주어진 점에서 가장 가까이 있는 곡선 위의 점을 구하라.

(1) $y = 3x - 4$, 원점

(2) $y = 3 - 2x$, $(4, 0)$

(3) $y = x^2$, $(3, 0)$

(4) $y = x^2$, $\left(2, \dfrac{1}{2}\right)$

26. Lagrange 승수를 이용하여 제약조건 $g(x, y) = c$ 아래에서 $f(x, y)$의 최댓값과 최솟값을 구하라.

(1) $f(x, y) = 4xy$, $g(x, y) = x^2 + y^2 = 8$

(2) $f(x, y) = 4x^2y$, $g(x, y) = x^2 + y^2 = 3$

(3) $f(x, y) = xe^y$, $g(x, y) = x^2 + y^2 = 2$

(4) $f(x, y) = x^2e^y$, $g(x, y) = x^2 + y^2 = 3$

27. 제약조건이 $g(x, y) \le c$일 때 $f(x, y)$의 최댓값과 최솟값을 구하라.

(1) $f(x, y) = 4xy$, $g(x, y) = x^2 + y^2 \le 8$

(2) $f(x, y) = 4x^2 y,\ g(x, y) = x^2 + y^2 \leq 3$

28. $x^2 + y^2 = 1$일 때 $f(x, y) = y - x$의 최댓값을 구하라.

29. $x^2 + y^2 = 2$일 때 $f(x, y) = e^{x+y}$의 최댓값을 구하라.

30. 제약식이 $x + 2y + 3z = 6,\ y + z = 0$일 때 $f(x, y, z) = x^2 + y^2 + z^2$의 최솟값을 구하라.

31. 제약식이 $x + y + z = 4,\ x + y - z = 0$일 때 $f(x, y, z) = xyz$의 최댓값을 구하라.

32. 제약식이 $y^2 + z^2 = 1$과 $x + y - z = 1$일 때 $f(x, y, z) = 3x + y + 2z$의 최댓값을 구하라.

33. $x^2 + y^2 = 1$과 $y^2 + z^2 = 1$의 교선에서 원점까지의 (a) 최단거리와 (b) 최장거리에 있는 점을 각각 구하라.

34. $x + 2y + z = 2$와 $y = x$의 교선에서 원점까지의 최단거리에 있는 점을 구하라.

35. 쌍곡면 $x^2 + y^2 - z^2 = 1$ 위에서 점 $(0, 2, 0)$까지의 가장 가까운 점을 구하라.

15 다중적분

C·H·A·P·T·E·R

15.1 •• 직사각형에서 이중적분

1변수함수에 대한 정적분을 다시 생각하여 보자. 구간 $[a, b]$를 길이 $\Delta x_k (k=1, 2, \cdots, n)$인 부분구간들로 나누는 분할을 만들고 k번째 부분구간에서 표본점 $\bar{x}_k$를 택하여

$$\int_a^b f(x)\,dx = \lim_{|P|\to 0} \sum_{k=1}^{n} f(\bar{x}_k)\,\Delta x_k$$

로 정의했다. 2변수함수에 대한 적분도 같은 방법으로 정의할 수 있다.

R을 두 변이 좌표축에 평행한 직사각형, 즉

$$R = \{(x, y) \mid a \le x \le b,\ c \le y \le d\}$$

라 하고 함수 $f: R \to \mathbb{R}$가 유계인 함수라 하자.

먼저 x축과 y축에 평행한 선을 그어 R를 n개의 부분 직사각형 $R_k (k=1, \cdots, n)$들로 나누자. 이를 R의 분할이라 한다(그림 15.1). Δx_k와 Δy_k를 R_k의 양변의 길이라고 하면 $\Delta A_k = \Delta x_k \Delta y_k$는 R_k의 넓이가 된다. R_k에서 표본점 $(\bar{x}_k, \bar{y}_k)$를 택하여 Riemann 합

$$\sum_{k=1}^{n} f(\bar{x}_k, \bar{y}_k)\,\Delta A_k$$

를 만들면 $f(x, y) \ge 0$일 때 n개의 상자의 부피가 된다(그림 15.2, 15.3).

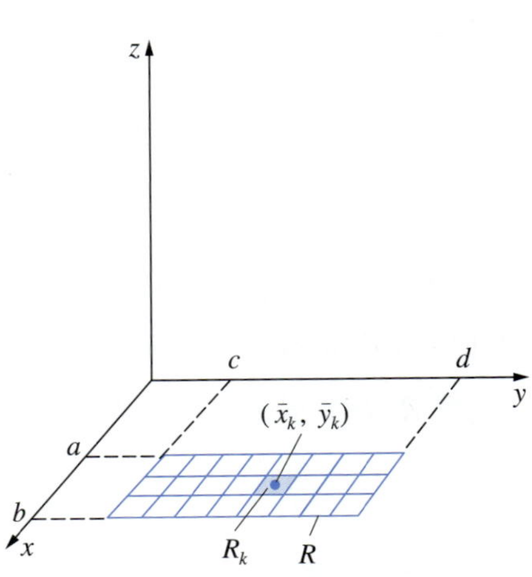

[그림 15.1]

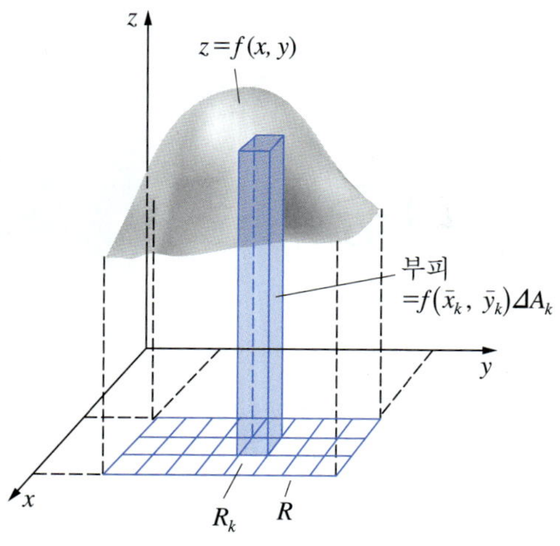

[그림 15.2]

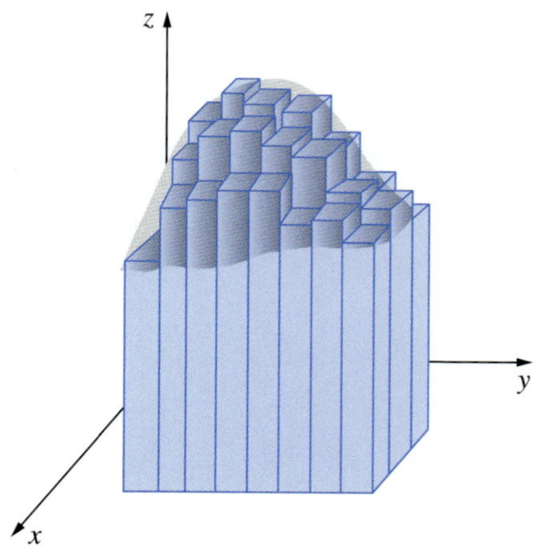

[그림 15.3]

P의 크기 $|P|$는 이 분할로 생기는 부분 직사각형들의 대각선 중 가장 긴 대각선의 길이라 정의한다.

정의 이중적분

f를 직사각형 R에서 정의된 2변수함수라 하자.

$$\lim_{|P|\to 0}\sum_{k=1}^{n} f(\bar{x}_k, \bar{y}_k)\,\Delta A_k$$

가 존재하면 f가 R에서 **적분가능**하다 하고 이 극한값을 영역 R에서 f의 **이중적분**이라 하며 다음과 같이 표시한다.

$$\iint_R f(x, y)\,dA = \lim_{|P|\to 0}\sum_{k=1}^{n} f(\bar{x}_k, \bar{y}_k)\Delta A_k$$

$f(x) \ge 0$일 때 $\int_a^b f(x)\,dx$는 곡선 $y = f(x)$ 아래에 있는 a, b 사이의 영역의 넓이를 나타내는 것과 마찬가지로, $f(x, y) \ge 0$일 때 $\iint_R f(x, y)\,dA$는 곡면 $z = f(x, y)$ 아래와 직사각형 R 위에 있는 입체의 부피를 나타낸다.

이중적분의 존재성

1변수함수의 적분가능성(정리 5.5.1)과 같이 2변수함수의 적분가능성에 대해서도 증명

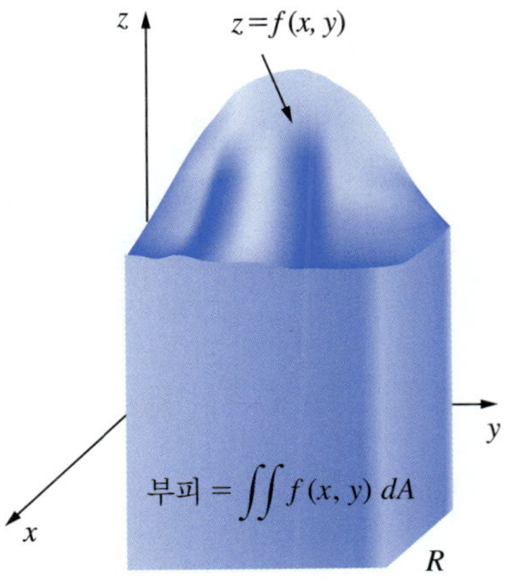

[그림 15.4]

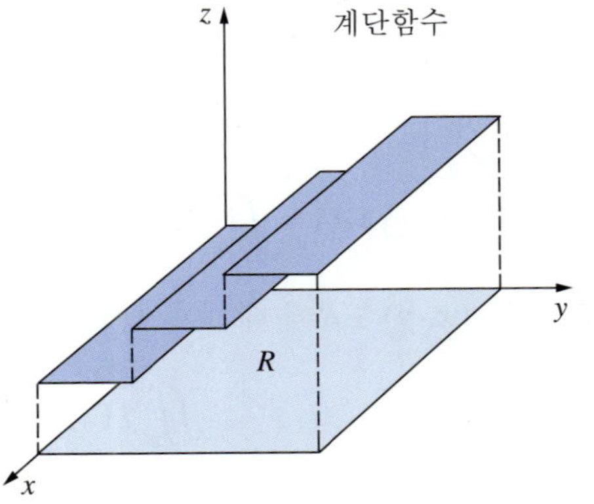

[그림 15.5]

없이 받아들이자.

○ 정리 15.1.1 적분가능성 정리

f가 직사각형 R에서 유계이고 유한개의 매끄러운 곡선을 제외한 곳에서 연속이면 f는 R에서 적분가능하다. 특히 f가 R에서 연속이면 f는 R에서 적분가능하다.

연속인 함수들은 모든 직사각형 영역에서 적분가능하다. 예를 들면

$$f(x, y) = e^{\sin(xy)} - y^3 \cos(x^2 y)$$

는 모든 직사각형 위에서 적분가능하다.

한편 $g(x, y) = \dfrac{x^2 y - 2x}{y - x^2}$ 는 포물선 $y = x^2$과 만나는 직사각형에서는 유계가 아니므로 적분불가능하다. 그림 15.5의 계단함수는 직사각형의 두 변 위에서 불연속이지만 R에서 적분가능하다.

이중적분의 성질

이중적분의 성질들은 대부분 1변수함수의 경우와 같다.

1. 이중적분은 선형이다. 즉,

   (a) $\iint_R kf(x, y)\, dA = k\iint_R f(x, y)\, dA$

(b) $\iint_R [f(x, y)+g(x, y)]\,dA = \iint_R f(x, y)dA + \iint_R g(x, y)\,dA$

2. 직사각형들이 변만 겹치면(그림 15.6) 이중적분에 덧셈이 가능하다.

$$\iint_R f(x, y)\,dA = \iint_{R_1} f(x, y)\,dA + \iint_{R_2} f(x, y)\,dA$$

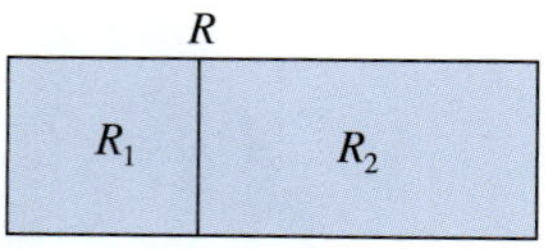

[그림 15.6]

3. 모든 $(x, y)\in R$에 대하여 $f(x, y)\le g(x, y)$이면

$$\iint_R f(x, y)\,dA \le \iint_R g(x, y)\,dA$$

이다.

영역이 직사각형보다 더 일반적인 집합이라도 이 성질들이 모두 성립함을 15.3절에서 다룬다. 이중적분 계산법의 예로 다음과 같은 특별한 경우만을 먼저 다루어 보자.

(1) 간단히 계산할 수 있는 경우

(2) 어림값으로 계산하는 경우

R에서 $f(x, y)=1$이면 이중적분은 R의 넓이가 된다. 그리고

$$\iint_R k\,dA = k\iint_R 1\cdot dA = k\cdot A(R)$$

이 성립한다. 여기서 $A(R)$은 R의 넓이를 의미한다.

예제 15.1.1 f를 계단함수라 하자.

$$f(x, y)=\begin{cases} 1 & 0\le x\le 3,\ \ 0\le y<1 \\ 2 & 0\le x\le 3,\ \ 1\le y<2 \\ 3 & 0\le x\le 3,\ \ 2\le y\le 3 \end{cases}$$

일 때 $R=\{(x, y)\mid 0\le x\le 3,\ 0\le y\le 3\}$에서 $\iint_R f(x, y)\,dA$를 계산하라.

[풀이] 적분영역을 다음과 같이 정한다.

$$R_1=\{(x, y)\mid 0\le x\le 3,\ \ 0\le y\le 1\}$$
$$R_2=\{(x, y)\mid 0\le x\le 3,\ \ 1\le y\le 2\}$$
$$R_3=\{(x, y)\mid 0\le x\le 3,\ \ 2\le y\le 3\}$$

이중적분의 덧셈 성질을 사용하면

$$\begin{aligned}\iint_R f(x, y)\,dA &= \iint_{R_1} f(x, y)\,dA + \iint_{R_2} f(x, y)\,dA + \iint_{R_3} f(x, y)\,dA \\ &= 1A(R_1) + 2A(R_2) + 3A(R_3) \\ &= 1\cdot 3 + 2\cdot 3 + 3\cdot 3 = 18\end{aligned}$$

이다. 여기서 직사각형의 경계에서 f의 값은 적분값에 영향을 미치지 않는 것에 유의하라. ■

Riemann 합을 이용하여 이중적분의 어림값을 계산해 보자.

예제 15.1.2 $f(x, y) = \dfrac{64 - 8x + y^2}{16}$, $R = \{(x, y) \mid 0 \le x \le 4,\ 0 \le y \le 8\}$일 때 적당한 Riemann 합으로 이중적분 $\iint_R f(x, y)dA$의 어림값을 구하라.

[풀이] R을 8개의 정사각형으로 나누어서 Riemann 합을 계산하자. 이때 정사각형의 중심점을 표본점으로 잡는다. 각 표본점과 이에 대응하는 함수값은 아래와 같다.

$$(\bar{x}_1, \bar{y}_1) = (1, 1),\quad f(\bar{x}_1, \bar{y}_1) = \frac{57}{16}$$

$$(\bar{x}_2, \bar{y}_2) = (1, 3),\quad f(\bar{x}_2, \bar{y}_2) = \frac{65}{16}$$

$$(\bar{x}_3, \bar{y}_3) = (1, 5),\quad f(\bar{x}_3, \bar{y}_3) = \frac{81}{16}$$

$$(\bar{x}_4, \bar{y}_4) = (1, 7),\quad f(\bar{x}_4, \bar{y}_4) = \frac{105}{16}$$

$$(\bar{x}_5, \bar{y}_5) = (3, 1),\quad f(\bar{x}_5, \bar{y}_5) = \frac{41}{16}$$

$$(\bar{x}_6, \bar{y}_6) = (3, 4),\quad f(\bar{x}_6, \bar{y}_6) = \frac{49}{16}$$

$$(\bar{x}_7, \bar{y}_7) = (3, 5),\quad f(\bar{x}_7, \bar{y}_7) = \frac{65}{16}$$

$$(\bar{x}_8, \bar{y}_8) = (3, 7),\quad f(\bar{x}_8, \bar{y}_8) = \frac{89}{16}$$

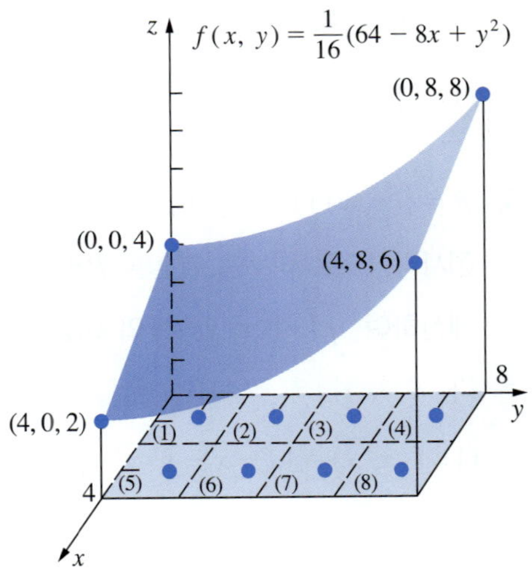

[그림 15.7]

이때 $\Delta A_k = 4$이므로 Riemann 합을 계산하면

$$\begin{aligned}\iint_R f(x, y)\,dA &\approx \sum_{k=1}^{8} f(\bar{x}_k, \bar{y}_k)\,\Delta A_k \\ &= 4\sum_{k=1}^{8} f(\bar{x}_k, \bar{y}_k) \\ &= \frac{4(57 + 65 + 81 + 105 + 41 + 49 + 65 + 89)}{16} = 138\end{aligned}$$

■

연습문제 15.1

1. $R=\{(x, y) \mid 1 \le x \le 4,\ 0 \le y \le 2\}$이고 f가 다음과 같은 함수일 때 $\iint_R f(x, y)\, dA$를 계산하라.

(1) $f(x, y)=\begin{cases} 2 & 1 \le x < 3,\ \ 0 \le y \le 2 \\ 3 & 3 \le x < 4,\ \ 0 \le y \le 2 \end{cases}$

(2) $f(x, y)=\begin{cases} 2 & 1 \le x < 3,\ \ 0 \le y \le 1 \\ 1 & 1 \le x < 3,\ \ 1 \le y \le 2 \\ 3 & 3 \le x \le 4,\ \ 0 \le y \le 2 \end{cases}$

2. $R=\{(x, y) \mid 0 \le x \le 2,\ 0 \le y \le 2\}$, $R_1=\{(x, y) \mid 0 \le x \le 2,\ 0 \le y \le 1\}$, $R_2=\{(x, y) \mid 0 \le x \le 2,\ 1 \le y \le 2\}$에 대하여 $\iint_R f(x, y)\, dA = 3$, $\iint_R g(x, y)\, dA = 5$, $\iint_{R_1} g(x, y)\, dA = 2$일 때 적분의 성질을 이용하여 다음을 계산하라.

(1) $\iint_R [3f(x, y) - g(x, y)]\, dA$ (2) $\iint_{R_2} g(x, y)\, dA$

3. $R=\{(x, y) \mid 0 \le x \le 6,\ 0 \le y \le 4\}$이며 직선 $x=2$, $x=4$, $y=2$를 이용하여 R을 6개의 정사각형으로 나누는 분할을 P라 할 때 이에 대응하는 Riemann 합 $\sum_{k=1}^{6} f(\bar{x}_k, \bar{y}_k)\Delta A_k$를 계산하여 $\iint_R f(x, y)\, dA$의 어림값을 구하라. 단, $(\bar{x}_k, \bar{y}_k)$는 6개의 정사각형의 중심이다.

(1) $f(x, y) = 12 - x - y$ (2) $f(x, y) = x^2 + 2y^2$

4. $R=\{(x, y) \mid 0 \le x \le 1,\ 0 \le y \le 1\}$에서 $\iint_R (6-y)\, dA$를 계산하라(힌트: 이 적분은 어떤 입체의 부피를 나타낸다. 이 입체를 그리고 기본적인 법칙을 이용하여 부피를 계산하라).

5. $f(x, y) \ge 0$이면 $\iint_R f(x, y)\, dA \ge 0$인 것을 밝히라.

15.2 반복적분

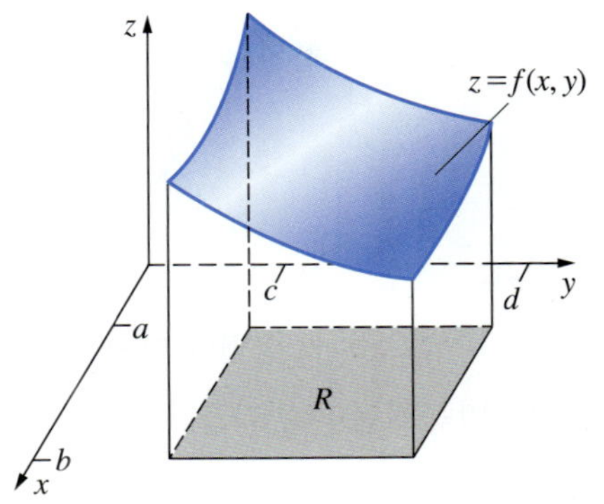

[그림 15.8]

영역 $R=\{(x, y) \mid a \le x \le b,\ c \le y \le d\}$에서 $f(x, y) \ge 0$일 경우 $\iint_R f(x, y)\, dA$는 곡면 아래 있는 입체의 부피 V이다(그림 15.8).

$$V=\iint_R f(x, y)\, dA \qquad (1)$$

이 입체를 xz평면에 평행한 평면으로 얇은 판을 만든다(그림 15.9(a)). 이 얇은 판의 면의 넓이는 이 판이 xz평면으로부터 얼마나 떨어져 있느냐에 따라 좌우되므로 y에 의해 결정된다. 따라서 이 넓이를 $A(y)$로 나타내면(그림 15.9(b)),

$$V=\int_c^d A(y)\, dy$$

이다.

y를 고정하고 x변수함수 $f(x, y)$를 이용하여 $A(y)$를 계산하면 $A(y)=\int_a^b f(x, y)\, dx$이므로

$$V=\int_c^d \left[\int_a^b f(x, y)\, dx\right] dy \qquad (2)$$

이다. 이 적분을 **반복적분**이라고 한다.

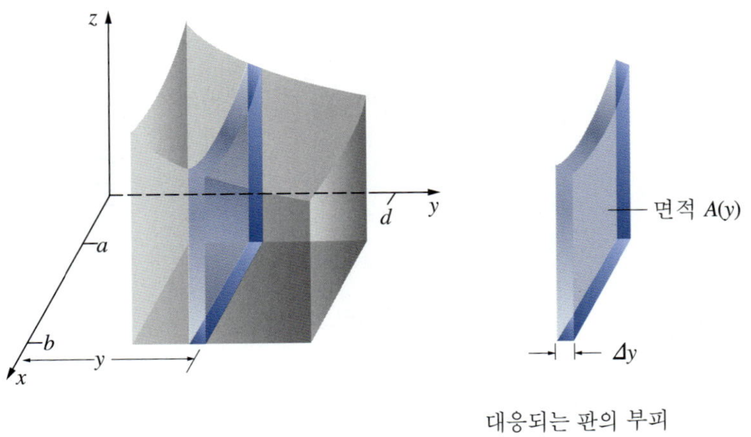

(a) (b)

[그림 15.9]

식 (1), (2) 에서

$$\iint_R f(x, y)\,dA = \int_c^d \left[\int_a^b f(x, y)\,dx\right] dy$$

가 된다.

같은 방법으로 yz평면에 평행한 평면으로 입체를 자르고 부피를 계산하면 적분 순서가 반대인 반복적분이 된다.

$$\iint_R f(x, y)\,dA = \int_a^b \left[\int_c^d f(x, y)\,dy\right] dx$$

일반적으로 이중적분을 반복적분으로 표시할 수 없는 경우도 있다. 그러나 $f(x, y)$가 연속일 때는 이중적분을 반복적분으로 계산할 수 있다.

이중적분의 계산

예제 15.2.1 $\int_0^3 \left[\int_1^2 (2x+3y)\,dx\right] dy$를 계산하라.

[풀이] 안쪽 적분에서 y가 상수이므로

$$\begin{aligned}\int_1^2 (2x+3y)\,dx &= \left[x^2+3yx\right]_1^2 \\ &= 4+6y-(1+3y) = 3+3y\end{aligned}$$

따라서

$$\begin{aligned}\int_0^3 \left[\int_1^2 (2x+3y)\,dx\right] dy &= \int_0^3 [3+3y]\,dy \\ &= \left[3y+\frac{3}{2}y^2\right]_0^3 = 9+\frac{27}{2} = \frac{45}{2}\end{aligned}$$

■

예제 15.2.2 $\int_1^2 \left[\int_0^3 (2x+3y)\,dy\right] dx$를 계산하라.

[풀이] 예제 1과는 적분 순서가 바뀌어져 있는 것에 유의하자. 결과는 같다.

$$\int_0^3 (2x+3y)\,dy = \left[2xy+\frac{3}{2}y^2\right]_0^3 = 6x+\frac{27}{2}$$

$$\int_1^2 \left[\int_0^3 (2x+3y)\,dy\right] dx = \int_1^2 \left[6x + \frac{27}{2}\right] dx$$
$$= \left[3x^2 + \frac{27}{2}x\right]_1^2 = 12 + 27 - \left[3 + \frac{27}{2}\right] = \frac{45}{2}$$ ■

보통 반복적분에서는 괄호를 생략하기도 한다. 그러나 적분 순서를 나타내는 것은 $dy\,dx$ 혹은 $dx\,dy$이다. 물론 안쪽 적분 기호에서 상한과 하한은 첫 번째 적분변수의 상한과 하한이다.

예제 15.2.3 $\int_0^8 \int_0^4 \frac{1}{16}[64 - 8x + y^2]\,dx\,dy$를 계산하라.

[풀이] 이 예제는 15.1절에 있는 예제 15.1.2와 같다는 점에 유의하자.

$$\frac{1}{16}\int_0^4 (64 - 8x + y^2)\,dx = \frac{1}{16}[64x - 4x^2 + y^2x]_0^4$$
$$= \frac{1}{16}(256 - 64 + 4y^2) = 12 + \frac{1}{4}y^2$$

이고 구하려는 반복적분 값은 다음과 같다.

$$\int_0^8 \left(12 + \frac{1}{4}y^2\right) dy = \left[12y + \frac{y^3}{12}\right]_0^8$$
$$= 96 + \frac{512}{12} = 96 + \frac{128}{3} = 138\frac{2}{3}$$ ■

예제 15.2.4 위로는 $z = 4 - x^2 - y$와 아래로는 직사각형 $R = \{(x, y) \mid 0 \le x \le 1,\ 0 \le y \le 2\}$로 유계인 입체의 부피 V를 구하라(그림 15.10).

[풀이]

$$V = \iint_R (4 - x^2 - y)\,dA$$
$$= \int_0^2 \int_0^1 (4 - x^2 - y)\,dx\,dy$$
$$= \int_0^2 \left[4x - \frac{x^3}{3} - yx\right]_0^1 dy$$
$$= \int_0^2 \left[4 - \frac{1}{3} - y\right] dy$$
$$= \left[4y - \frac{1}{3}y - \frac{1}{2}y^2\right]_0^2$$
$$= 8 - \frac{2}{3} - 2 = \frac{16}{3}$$

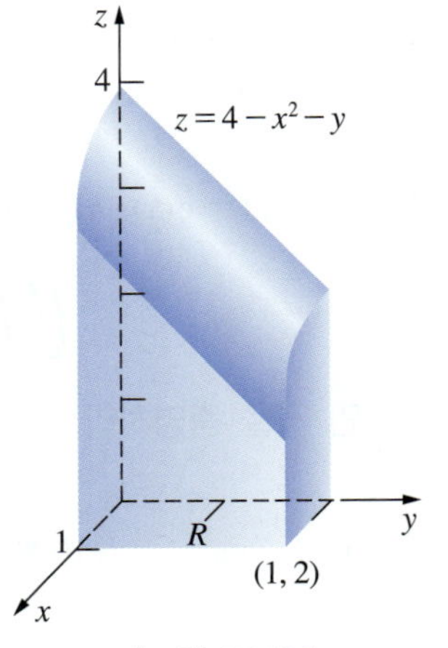

[그림 15.10]

■

연습문제 15.2

1. 다음 반복적분을 계산하라.

(1) $\int_0^2 \int_1^3 x^2 y \, dy \, dx$

(2) $\int_1^2 \int_0^3 (xy + y^2) \, dx \, dy$

(3) $\int_0^{\pi} \int_0^1 x \sin y \, dx \, dy$

(4) $\int_0^{\pi/2} \int_0^1 x \sin xy \, dy \, dx$

(5) $\int_0^3 \int_0^1 2x\sqrt{x^2 + y} \, dx \, dy$

(6) $\int_0^{\ln 3} \int_0^1 xye^{xy^2} dy \, dx$

2. 다음의 지정된 영역 R에서 이중적분을 계산하라.

(1) $\iint_R xy^3 dA;\ R = \{(x, y) \mid 0 \le x \le 1,\ -1 \le y \le 1\}$

(2) $\iint_R \sin(x + y) \, dA;\ R = \left\{(x, y) \mid 0 \le x \le \frac{\pi}{2},\ 0 \le y \le \frac{\pi}{2}\right\}$

3. 다음 반복적분이 가리키는 부피의 입체를 그리라.

(1) $\int_0^1 \int_0^2 \frac{x}{2} \, dx \, dy$

(2) $\int_0^2 \int_0^2 (x^2 + y^2) \, dy \, dx$

4. 다음 입체의 부피를 계산하라.

(1) 영역 $R = \{(x, y) \mid 0 \le x \le 1,\ 1 \le y \le 3\}$에서 평면 $z = x + y + 1$ 아래의 입체

(2) $R = \{(x, y) \mid -1 \le x \le 1,\ 0 \le y \le 1\}$ 위에 있고, $z = 1$, $z = x^2 + y^2 + 2$ 사이에 있는 입체

5. $f(x, y) = g(x) \cdot h(y)$이면

$$\int_a^b \int_c^d f(x, y) \, dy \, dx = \left(\int_a^b g(x) \, dx\right)\left(\int_c^d h(y) \, dy\right)$$

인 것을 증명하라.

6. $\int_0^1 \int_0^1 xye^{x^2+y^2} dy \, dx$를 계산하라.

15.3 일반적인 영역에서 이중적분

평면에서 유계인 닫힌집합 S를 생각하자(그림 15.11). 여기서 S가 유계라는 것은 적당한 직사각형 R로 S를 둘러쌀 수 있다는 것이다(그림 15.12). 이때 $f(x, y)$가 S에서만 정의되면 S의 바깥쪽에서는 $f(x, y)=0$으로 정의하자(그림 15.13). f가 R에서 적분가능하면 f가 S에서 **적분가능**하다 하고

$$\iint_S f(x, y)\, dA = \iint_R f(x, y)\, dA$$

로 정의한다.

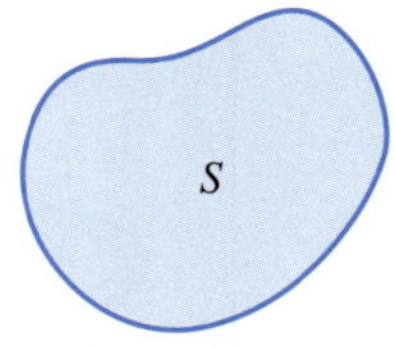

[그림 15.11]

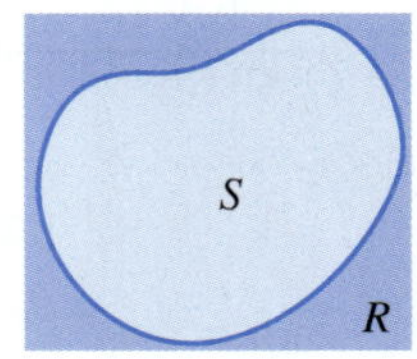

[그림 15.12]

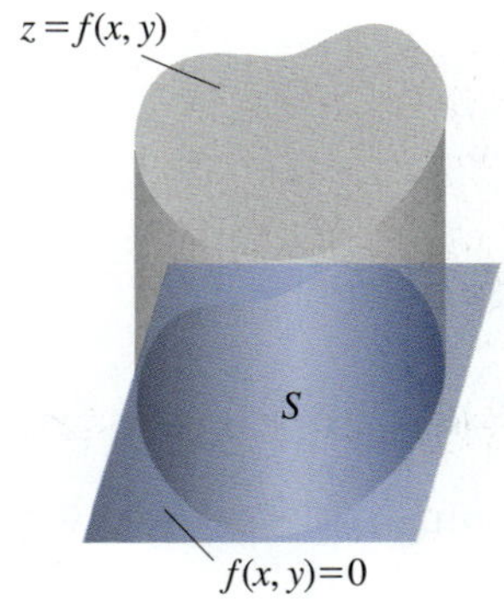

[그림 15.13]

일반적인 영역에서 이중적분 계산

구간 $[a, b]$에서 연속인 ϕ_1과 ϕ_2에 대하여

$$S=\{(x, y) \mid \phi_1(x) \le y \le \phi_2(x),\ \ a \le x \le b\}$$

를 y **단순집합**(그림 15.14)이라 한다. 구간 $[c, d]$에서 연속인 ψ_1과 ψ_2에 대하여

$$S=\{(x, y) \mid \psi_1(y) \le x \le \psi_2(y),\ \ c \le y \le d\}$$

를 x **단순집합**(그림 15.15)이라 한다. x 단순집합, y 단순집합 중 어느 것도 아닌 경우가 있다(그림 15.16).

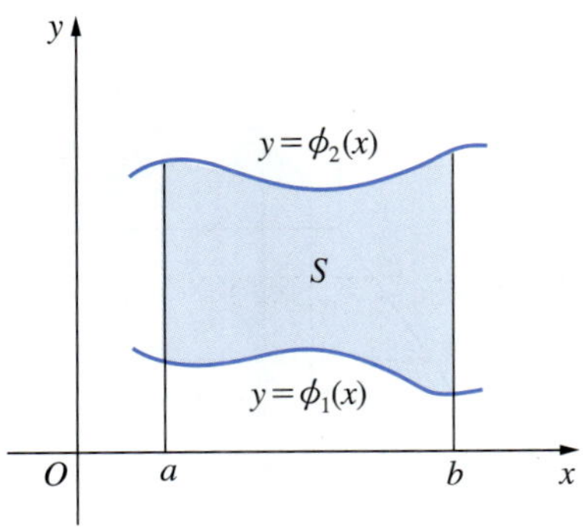

[그림 15.14]

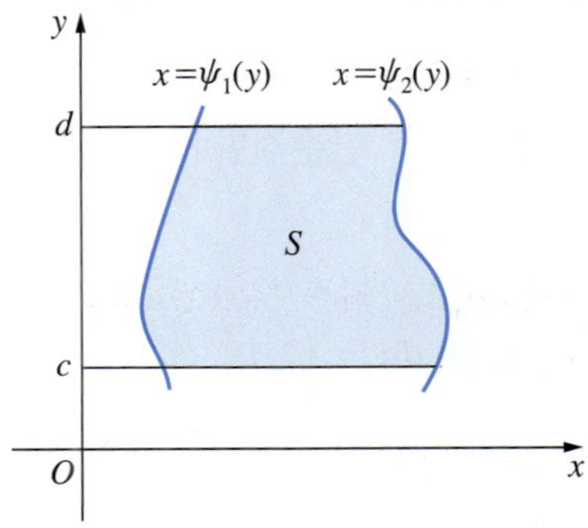

[그림 15.15]

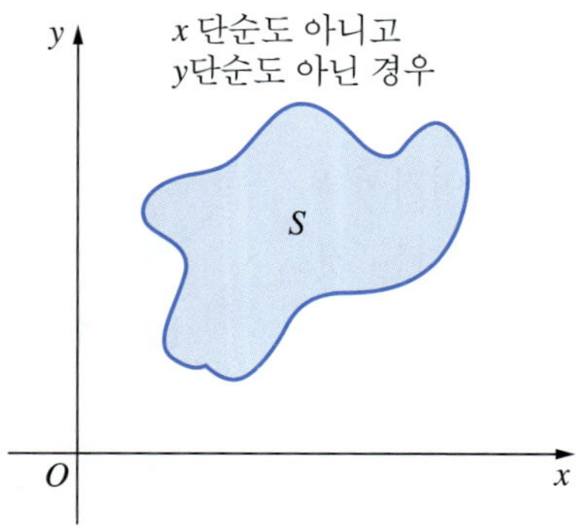

[그림 15.16]

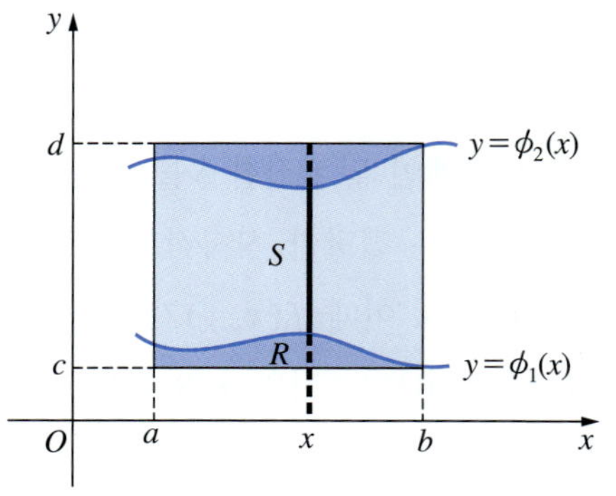

[그림 15.17]

y 단순집합에서 $f(x, y)$의 이중적분을 계산하여 보자. 먼저 S를 직사각형 R로 둘러싸고(그림 15.17) S의 바깥쪽에서는 $f(x, y)=0$으로 정의한다. 그러면

$$\begin{aligned}\iint_S f(x, y)\,dA &= \iint_R f(x, y)\,dA \\ &= \int_a^b \left[\int_c^d f(x, y)dy\right] dx \\ &= \int_a^b \left[\int_{\phi_1(x)}^{\phi_2(x)} f(x, y)dy\right] dx\end{aligned}$$

이다. 결국 집합 S가 y 단순집합일 때 이중적분은 다음과 같다.

$$\iint_S f(x, y)\,dA = \int_a^b \int_{\phi_1(x)}^{\phi_2(x)} f(x, y)dy\,dx$$

안쪽의 적분에서 x는 일정하다. 그러므로 이 적분은 그림 15.17의 굵은 선을 따라서 적분된다. 이 적분으로 단면의 넓이 $A(x)$를 구한다. 다음 $A(x)$를 a에서 b까지 적분하면 된다(그림 15.18).

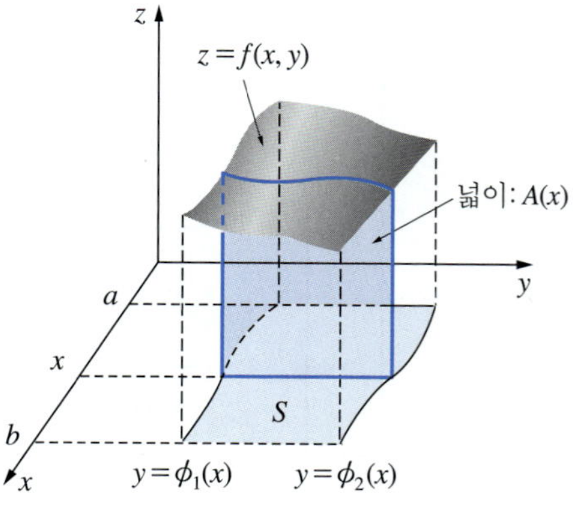

[그림 15.18]

같은 방법으로 x 단순집합에서 이중적분은 다음과 같이 정의한다.

$$\iint_S f(x, y)\,dA = \int_c^d \int_{\psi_1(x)}^{\psi_2(y)} f(x, y)dx\,dy$$

집합 S가 x 단순집합도 y 단순집합도 아닌 경우 이 집합 S를 x 단순집합 혹은 y 단순집합들을 만족시키는 조각들의 합집합으로 생각하여 각 조각에서 적분들을 계산한 다음 모두 합하면 된다.

예제 15.3.1 $\int_0^1 \int_{-x}^{x^2} (4x + 10y)\, dy\, dx$를 계산하라.

[풀이] x를 일시적으로 상수로 취급하고 안쪽 적분을 먼저 계산한다.

$$\begin{aligned}\int_0^1 \int_{-x}^{x^2} (4x + 10y)\, dy\, dx &= \int_0^1 \left[4xy + 5y^2\right]_{-x}^{x^2} dx \\ &= \int_0^1 \left[(4x^3 + 5x^4) - (-4x^2 + 5x^2)\right] dx \\ &= \int_0^1 (5x^4 + 4x^3 - x^2)\, dx \\ &= \left[x^5 + x^4 - \frac{x^3}{3}\right]_0^1 = \frac{5}{3}\end{aligned}$$

이 반복적분에서 바깥쪽 적분의 하한과 상한이 항상 상수인 것에 유의하자. ■

예제 15.3.2 $\int_0^1 \int_0^{y^2} ye^x\, dx\, dy$를 계산하라.

[풀이]

$$\begin{aligned}\int_0^1 \int_0^{y^2} ye^x\, dx\, dy &= \int_0^1 \left[\int_0^{y^2} ye^x\, dx\right] dy \\ &= \int_0^1 \left[ye^x\right]_0^{y^2} dy \\ &= \int_0^1 (ye^{y^2} - ye^0)\, dy \\ &= \frac{1}{2}\int_0^1 e^{y^2} d(y^2) - \int_0^1 y\, dy \\ &= \frac{1}{2}\left[e^{y^2}\right]_0^1 - \left[\frac{y^2}{2}\right]_0^1 \\ &= \frac{e}{2} - 1\end{aligned}$$

■

예제 15.3.3 좌표평면과 평면 $3x + 6y + 4z - 12 = 0$이 경계면인 사면체의 부피를 반복적분을 이용하여 구하라.

[풀이] 사면체의 밑면을 이루고 있는 xy평면의 삼각형을 S로 나타내자(그림 15.19). 이때 영

역 S 위와 평면 $z=\frac{3}{4}(4-x-2y)$ 아래에 있는 입체의 부피를 구하면 된다. 주어진 평면과 xy평면은 선분 $x+2y-4=0$에서 만나는데, 이 선분은 S의 경계에 속한다. 또 이 방정식은 $y=2-\frac{x}{2}$ 그리고 $x=4-2y$로 쓸 수 있기 때문에 S를 y 단순집합 $S=\left\{(x, y) \mid 0 \le x \le 4,\ 0 \le y \le 2-\frac{x}{2}\right\}$로 생각할 수 있고 또한 x 단순집합 $S=\{(x, y) \mid 0 \le x \le 4-2y,\ 0 \le y \le 2\}$로도 생각할 수 있다. S를 y 단순집합으로 생각하고 계산하면 입체의 부피 V는

$$V=\iint_S \frac{3}{4}(4-x-2y)\, dA$$

이다. 반복적분을 이용할 때 x를 고정시키고 $y=0$부터 $y=2-\frac{x}{2}$까지 선분을 따라 적분하면 되고(그림 15.19), 그 다음 이 적분결과를 $x=0$에서부터 $x=4$까지 적분하면 된다.

$$\begin{aligned}
V &= \int_0^4 \int_0^{2-x/2} \frac{3}{4}(4-x-2y)\, dy\, dx \\
&= \int_0^4 \left[\frac{3}{4}\int_0^{2-x/2}(4-x-2y)\, dy\right] dx \\
&= \int_0^4 \frac{3}{4}\left[4y-xy-y^2\right]_0^{2-x/2} dx \\
&= \frac{3}{16}\int_0^4 (16-8x+x^2)\, dx \\
&= \frac{3}{16}\left[16x-4x^2+\frac{x^3}{3}\right]_0^4 = 4
\end{aligned}$$

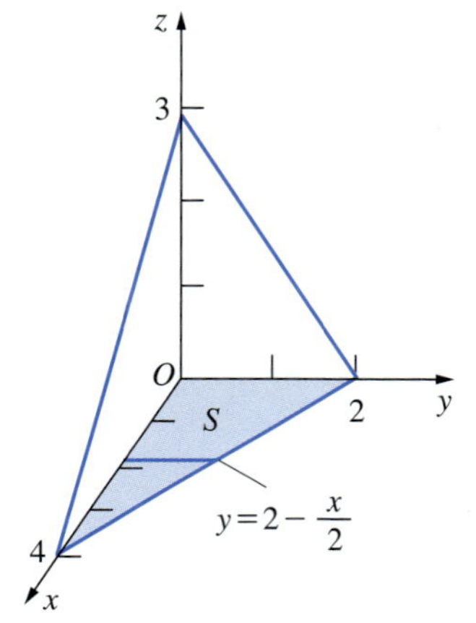

[그림 15.19]

■

예제 15.3.4 원형 포물면 $z=x^2+y^2$, 원기둥 $x^2+y^2=4$와 좌표평면에 의하여 유계이고 1팔분공간 $(x \ge 0,\ y \ge 0,\ z \ge 0)$에 있는 입체의 부피를 구하라(그림 15.20).

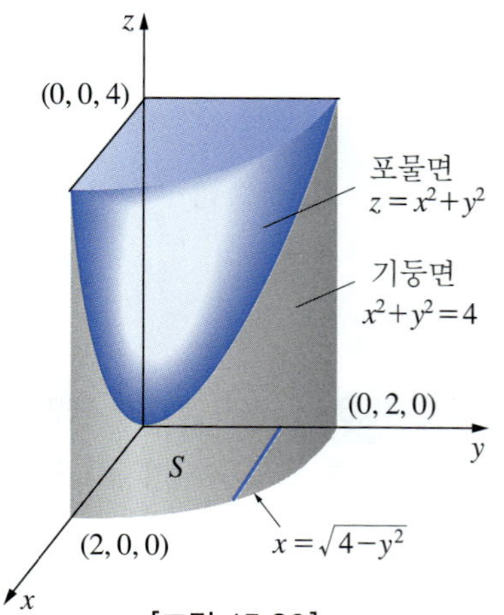

[그림 15.20]

[풀이] xy평면의 1사분면에 있는 영역은 원 $x^2+y^2=4$의 부분과 선분 $x=0,\ y=0$에 의하여 유계이다. S가 y 단순영역 또는 x 단순영역이므로 S를 x 단순영역으로 생각하고 이 영역의 경계를 곡선 $x=\sqrt{4-y^2}$, $x=0,\ y=0$으로 쓴

다. 그러면

$$S = \left\{(x, y) \mid 0 \le x \le \sqrt{4 - y^2},\ 0 \le y \le 2\right\}$$

이때 부피는

$$V = \iint_S (x^2 + y^2)\, dA$$

이고 반복적분을 이용하여 계산하자. y를 고정시키고 $x = 0$부터 $x = \sqrt{4 - y^2}$ 까지 선분을 따라 적분하고(그림 15.20), 그 결과를 $y = 0$에서 $y = 2$까지 적분한다.

$$\begin{aligned} V &= \iint_S (x^2 + y^2)\, dA = \int_0^2 \int_0^{\sqrt{4-y^2}} (x^2 + y^2)\, dx\, dy \\ &= \int_0^2 \left[\frac{1}{3}(4 - y^2)^{3/2} + y^2\sqrt{4 - y^2} \right] dy \end{aligned}$$

삼각치환법에 의하여 $y = 2\sin\theta$로 치환하여 적분하면

$$\begin{aligned} &\int_0^{\pi/2} \left[\frac{8}{3}\cos^3\theta + 8\sin^2\theta\cos\theta \right] 2\cos\theta\, d\theta \\ &= \int_0^{\pi/2} \left[\frac{16}{3}\cos^4\theta + 16\sin^2\theta\cos^2\theta \right] d\theta \\ &= \frac{16}{3}\int_0^{\pi/2} \cos^2\theta\left(1 - \sin^2\theta + 3\sin^2\theta\right) d\theta \\ &= \frac{16}{3}\int_0^{\pi/2} \left(\cos^2\theta + 2\sin^2\theta\cos^2\theta\right) d\theta \\ &= \frac{16}{3}\int_0^{\pi/2} \left(\cos^2\theta + \frac{1}{2}\sin^2 2\theta\right) d\theta \\ &= \frac{16}{3}\int_0^{\pi/2} \left(\frac{1 + \cos 2\theta}{2} + \frac{1 - \cos 4\theta}{4}\right) d\theta = 2\pi \end{aligned}$$

■

예제 15.3.5 적분 순서를 변경하여 $\int_0^4 \int_{x/2}^2 e^{y^2}\, dy\, dx$를 계산하라.

[풀이] e^{y^2}의 역도함수는 초등함수가 아니므로 안쪽 적분을 계산할 수 없다. 그렇지만 적분의 영역이 $S = \left\{(x, y) \mid \frac{x}{2} \le y \le 2,\ 0 \le x \le 4\right\}$ 이므로 주어진 반복적분이 $\iint_S e^{y^2}\, dA$와 같다는 것을 알 수 있다(그림 15.21). 이 이중적분을 x로 먼저 적분하면

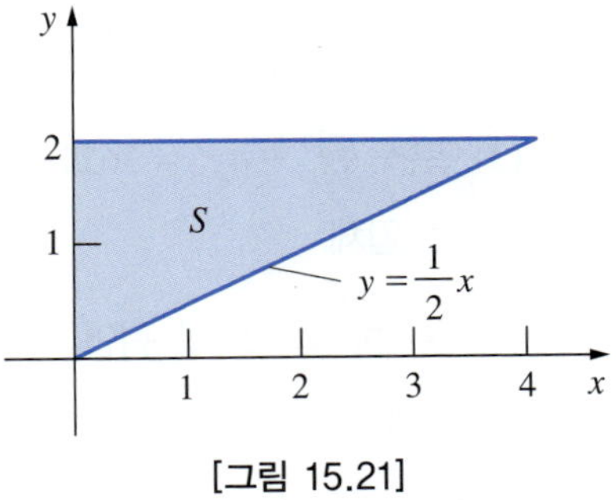

[그림 15.21]

$$\int_0^2 \int_0^{2y} e^{y^2}\,dx\,dy = \int_0^2 \left[xe^{y^2}\right]_0^{2y} dy$$
$$= \int_0^2 2ye^{y^2}\,dy$$
$$= \left[e^{y^2}\right]_0^2 = e^4 - 1$$

■

연습문제 15.3

1. 다음 반복적분을 계산하라.

(1) $\int_0^1 \int_0^{3x} x^2\,dy\,dx$

(2) $\int_{-1}^3 \int_0^{3y} (x^2 + y^2)\,dx\,dy$

(3) $\int_1^3 \int_{-y}^{2y} xe^{y^3}\,dx\,dy$

(4) $\int_{1/2}^1 \int_0^{2x} \cos(\pi x^2)\,dy\,dx$

(5) $\int_0^{\pi/9} \int_{\pi/4}^{3r} \sec^2\theta\,d\theta\,dr$

(6) $\int_0^2 \int_0^{\sqrt{4-x^2}} (x+y)\,dy\,dx$

2. 다음 이중적분을 반복적분으로 바꾸어서 계산하라.

(1) $\iint_S xy\,dA$, $S: y = x^2$과 $y = 1$에 의하여 유계인 영역

(2) $\iint_S (x^2 + 2y)\,dA$, $S: y = x^2$과 $y = \sqrt{x}$ 사이에 있는 영역

(3) $\iint_S \frac{2}{1+x^2}\,dA$, S: 꼭짓점이 $(0, 0), (2, 2), (0, 2)$인 삼각형

3. 다음 입체를 그리고 반복적분에 의하여 부피를 계산하라.

(1) 좌표평면과 평면 $z = 6 - 2x - 3y$에 의하여 유계인 사면체.

(2) 좌표평면과 평면 $x = 5,\ y + 2z - 4 = 0$에 의하여 유계인 쐐기.

(3) 곡면 $9x^2 + 4y^2 = 36$과 평면 $9x + 4y - 6z = 0$에 의하여 유계이며 1팔분공간에 있는 입체.

(4) 원기둥 $y = x^2$과 평면 $x = 0,\ z = 0,\ y + z = 1$에 의하여 유계이며 1팔분공간에 있는 입체.

(5) 곡면 $9z = 36 - 9x^2 - 4y^2$과 좌표평면에 의하여 유계인 1팔분공간에 있는 입체.

4. 다음 반복적분을 적분순서를 바꾼 반복적분으로 써라(힌트 : 예제 15.3.5처럼 영역 S를 그리는 것부터 시작하라).

(1) $\int_0^1 \int_0^x f(x, y)\, dy\, dx$

(2) $\int_0^1 \int_{x^2}^{x^{1/4}} f(x, y)\, dy\, dx$

(3) $\int_0^1 \int_{-y}^{y} f(x, y)\, dx\, dy$

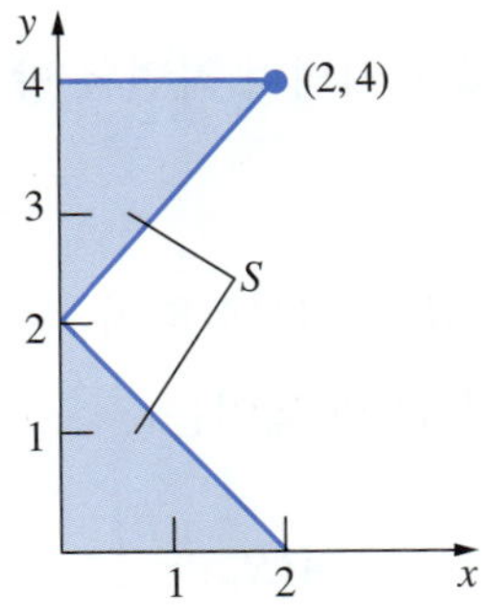

[그림 15.22]

5. S가 그림 15.22와 같은 영역일 때 $\iint_S xy^2\, dA$를 계산하라.

6. S가 $y = \sqrt{x}$, $y = 2$, $x = 0$에 의하여 유계인 영역일 때

$$\iint_S \sin(y^3)\, dA$$

를 계산하라(힌트 : 적분의 한 순서가 계산이 안 되면 순서를 바꾸라).

15.4 극좌표에서 이중적분

이중적분을 극좌표를 이용하여 계산하여 보자. 영역 R이 그림 15.23과 같은 모양일 때 이 영역 R을 **극직사각형**이라고 한다. $z = f(x, y)$가 R에서 곡면을 결정한다 하자. 또 f가 연속이고 $f \geq 0$이면 이 곡면 아래와 영역 R 위에서 입체의 부피는 다음과 같다.

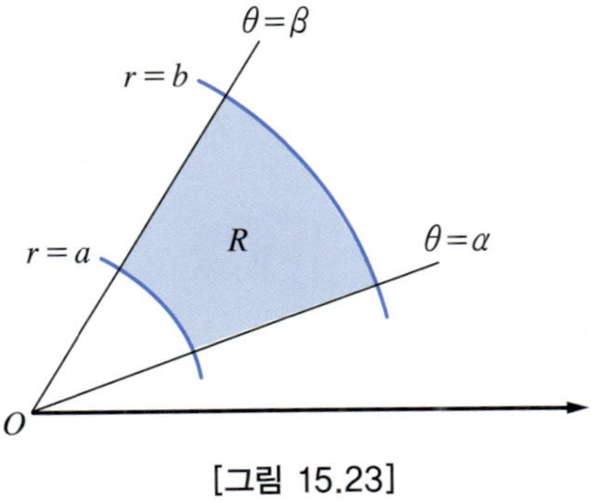

[그림 15.23]

$$V = \iint_R f(x, y)\, dA \tag{1}$$

극좌표에 있어서 극직사각형은

$$R = \{(r, \theta) \mid a \le r \le b,\ \alpha \le \theta \le \beta\},\ (a \ge 0,\ \beta - \alpha \le 2\pi)$$

로 표시되며 곡면의 방정식은 다음과 같다.

$$z = f(x, y) = f(r\cos\theta,\ r\sin\theta) = F(r, \theta)$$

R을 극분할하여 작은 극직사각형으로 세분하면 각 R_k의 넓이는

$$A(R_k) = \frac{1}{2}(r_k + \Delta r_k)^2 \Delta\theta_k - \frac{1}{2} r_k^2 \Delta\theta_k$$
$$= \left(r_k + \frac{1}{2}\Delta r_k\right)\Delta r_k \Delta\theta_k$$

인데 $r_k + \frac{1}{2}\Delta r_k$를 $\bar{r}_k$로 놓으면 $A(R_k) = \bar{r}_k \Delta r_k\, \Delta\theta_k$이다. 그러므로

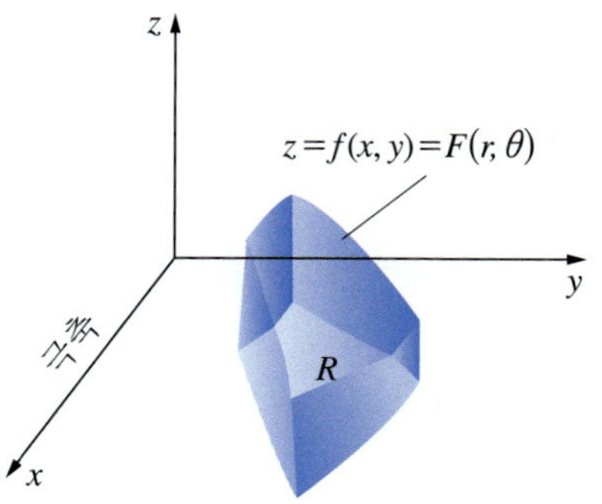

[그림 15.24]

$$V \approx \sum_{k=1}^{n} F\left(\bar{r}_k, \bar{\theta}_k\right) \bar{r}_k \Delta r_k \Delta\theta_k$$

이다. 따라서 극한을 취하면 다음 식 (2)가 유도된다.

$$V = \lim_{|P| \to 0} \sum_{k=1}^{n} F\left(\bar{r}_k, \bar{\theta}_k\right)\bar{r}_k \Delta r_k\, \Delta\theta_k$$
$$= \iint_R F(r, \theta) r\, dr\, d\theta \tag{2}$$
$$= \iint_R f(r\cos\theta,\ r\sin\theta) r\, dr\, d\theta$$

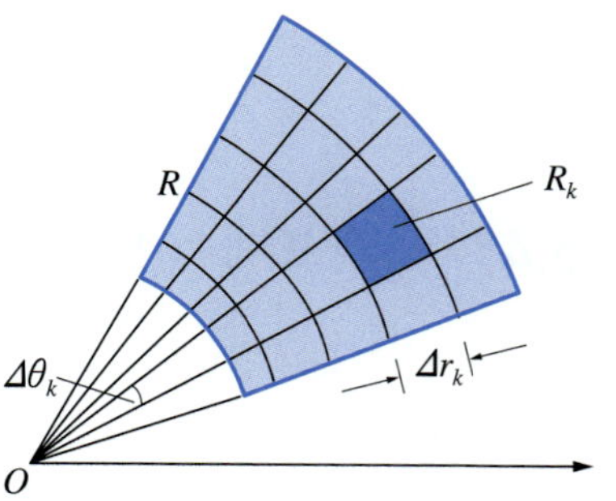

[그림 15.25]

(1)과 (2)를 같다고 놓아 다음 관계식을 얻는다.

$$\iint_R f(x, y)\, dA = \iint_R f(r\cos\theta,\ r\sin\theta) r\, dr\, d\theta$$

앞의 결과는 $f \ge 0$이라는 가정하에서 유도되었지만 일반적인 함수, 특히 모든 연속함수에 대해서도 성립한다.

반복적분

극이중적분을 반복적분으로 쓸 때 앞의 관계식을 사용한다.

예제 15.4.1 극직사각형 $R=\left\{(r, \theta) \mid 1 \leq r \leq 3,\ 0 \leq \theta \leq \dfrac{\pi}{4}\right\}$과 곡면 $z=e^{x^2+y^2}$ 아래 입체의 부피 V를 구하라(그림 15.26).

[풀이] $x^2+y^2=r^2$이므로

$$V=\iint_R e^{x^2+y^2}\, dA=\int_0^{\pi/4}\left[\int_1^3 e^{r^2} r\, dr\right] d\theta$$

$$=\int_0^{\pi/4}\left[\frac{1}{2}e^{r^2}\right]_1^3 d\theta$$

$$=\int_0^{\pi/4}\frac{1}{2}(e^9-e)\, d\theta=\frac{\pi}{8}(e^9-e)$$

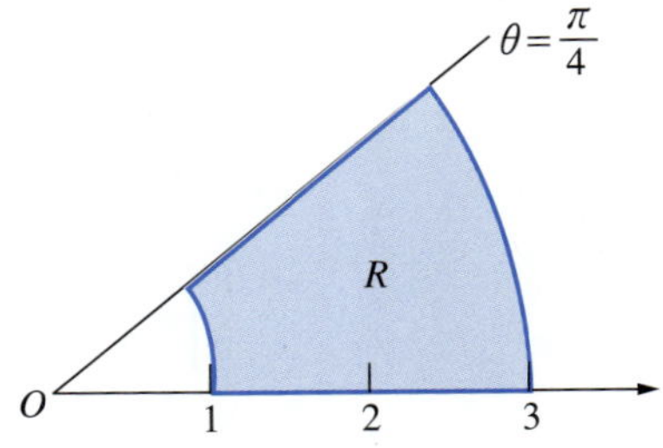

[그림 15.26]

극좌표를 이용하지 않고는 이 문제를 해결할 수 없다. ■

일반적인 영역

r 단순집합과 θ 단순집합을 이용하여 일반적인 영역에서 극이중적분을 계산하자. 집합이 $S=\{(r, \theta) \mid \phi_1(\theta) \leq r \leq \phi_2(\theta),\ \alpha \leq \theta \leq \beta\}$인 형태일 때, 이 집합을 r **단순집합**(그림 15.27)이라 한다. 집합이 $S=\{(r, \theta) \mid a \leq r \leq b,\ \psi_1(r) \leq \theta \leq \psi_2(r)\}$의 형태이면 이 집합을 θ **단순집합**(그림 15.28)이라 한다.

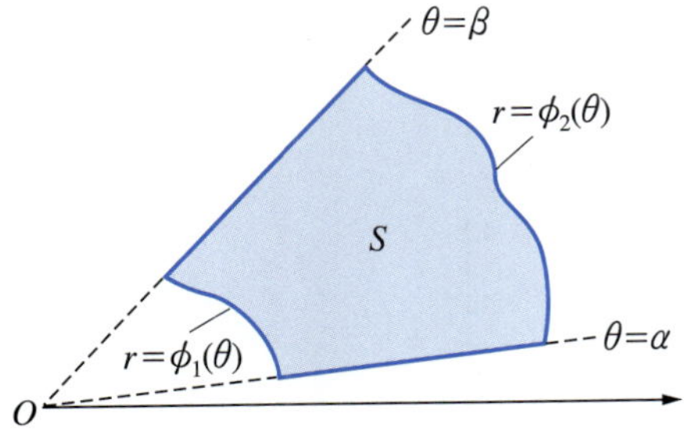

[그림 15.27]

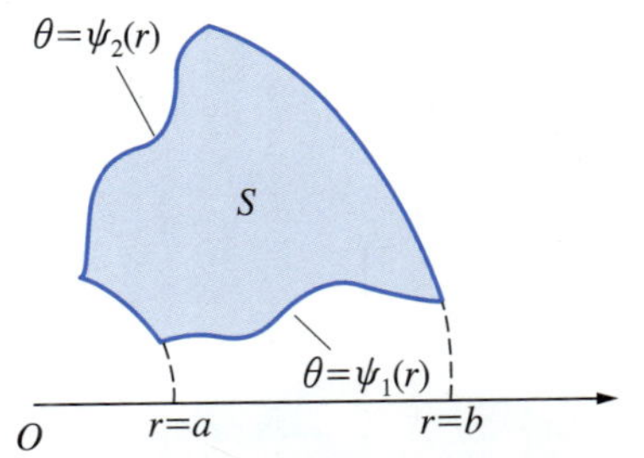

[그림 15.28]

예제 15.4.2 S가 $r=2$인 원의 바깥부분과 심장형 $r=2(1+\cos\theta)$의 안쪽부분의 공통부분 중 1사분면에 있는 영역일 때 $\iint_S y\, dA$를 계산하라(그림 15.29).

[풀이] S가 r 단순집합이기 때문에 반복적분으로 쓸 수 있다(r을 첫 번째 적분변수로 한다). 안쪽 적분에서 θ는 고정된 것으로 하면 이 적분은 선분을 따라 $r=2$에서 $r=2(1+\cos\theta)$까지 적분이다(그림 15.29).

$$\iint_S y\, dA = \int_0^{\pi/2}\int_2^{2(1+\cos\theta)} (r\sin\theta) r\, dr\, d\theta$$

$$= \int_0^{\pi/2}\left[\frac{r^3}{3}\sin\theta\right]_2^{2(1+\cos\theta)} d\theta$$

$$= \frac{8}{3}\int_0^{\pi/2}\left[(1+\cos\theta)^3\sin\theta - \sin\theta\right] d\theta$$

$$= \frac{8}{3}\left[-\frac{1}{4}(1+\cos\theta)^4 + \cos\theta\right]_0^{\pi/2}$$

$$= \frac{8}{3}\left[-\frac{1}{4} + 0 - (-4+1)\right] = \frac{22}{3}$$

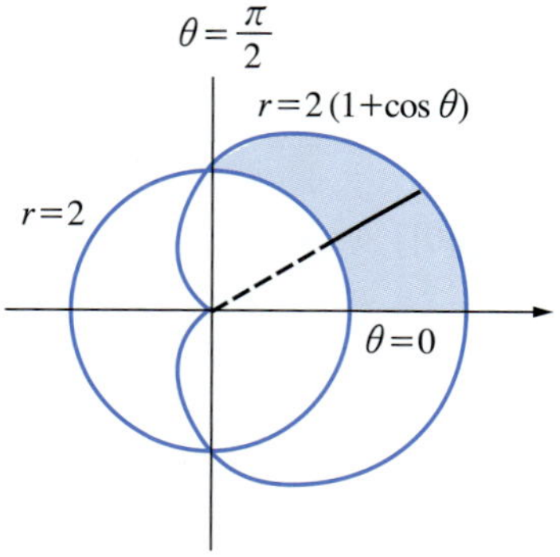

[그림 15.29]

예제 15.4.3 xy 평면 위에서 곡면 $z = x^2 + y^2$ 아래와 원기둥 $x^2 + y^2 = 2y$ 안쪽의 입체의 부피를 구하라(그림 15.30).

[풀이] 입체는 대칭이므로 1팔분공간에 있는 부피를 두 배 하면 된다. $x = r\cos\theta$, $y = r\sin\theta$로 놓으면 곡면의 방정식은 $z = r^2$이 되고 원기둥의 식은 $r = 2\sin\theta$이다. 그리고 S는 그림 15.31에서 표시한 영역이므로

$$V = 2\iint_S (x^2 + y^2)\, dA = 2\int_0^{\pi/2}\int_0^{2\sin\theta} r^2 r\, dr\, d\theta$$

$$= 2\int_0^{\pi/2}\left[\frac{r^4}{4}\right]_0^{2\sin\theta} d\theta = 8\int_0^{\pi/2}\sin^4\theta\, d\theta$$

$$= 8\left(\frac{3}{8}\cdot\frac{\pi}{2}\right) = \frac{3\pi}{2}$$

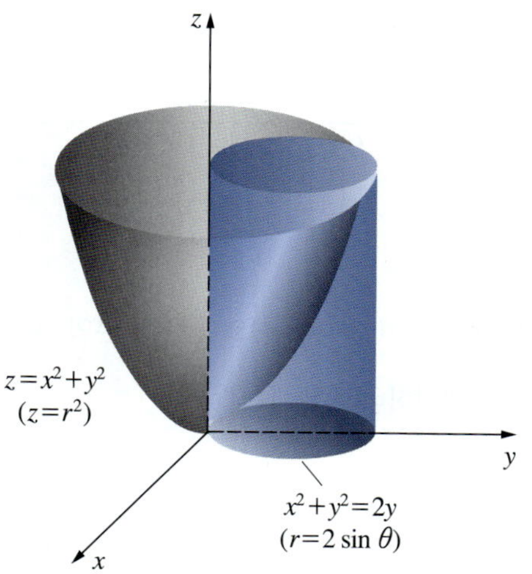

[그림 15.30]

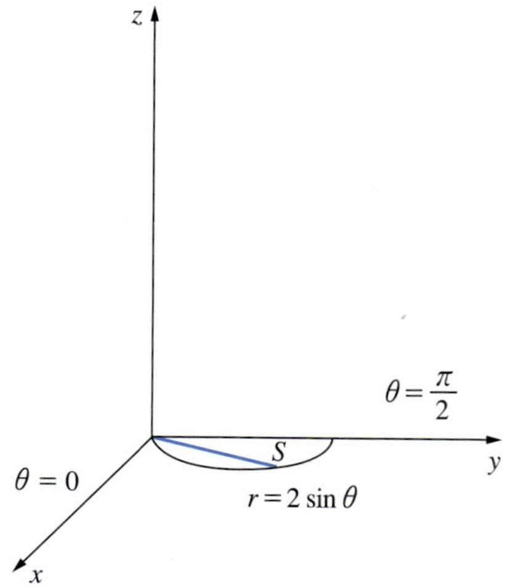

[그림 15.31]

확률적분

확률론과 통계학에서 이용되는 적분 $\int_{-\infty}^{\infty} e^{-x^2}\,dx = 2\int_0^{\infty} e^{-x^2}\,dx$를 계산해 보자.

예제 15.4.4 $I = \int_0^{\infty} e^{-x^2}\,dx = \dfrac{\sqrt{\pi}}{2}$를 밝히라.

[풀이]
$$I = \int_0^{\infty} e^{-x^2}\,dx = \lim_{b\to\infty}\int_0^{b} e^{-x^2}\,dx$$

이다. V_b를 $(\pm b, \pm b)$가 꼭짓점인 직사각형 위에 있고 곡면 $z = e^{-x^2-y^2}$ 아래에 있는 입체의 부피라 하자.

$$\begin{aligned} V_b &= \int_{-b}^{b}\int_{-b}^{b} e^{-x^2-y^2}\,dy\,dx = \int_{-b}^{b} e^{-x^2}\left[\int_{-b}^{b} e^{-y^2}\,dy\right]dx \\ &= \int_{-b}^{b} e^{-x^2}\,dx\int_{-b}^{b} e^{-y^2}\,dy = \left[\int_{-b}^{b} e^{-x^2}\,dx\right]^2 = 4\left[\int_0^{b} e^{-x^2}\,dx\right]^2 \end{aligned}$$

이것으로부터 전체 xy평면 위에 있고 $z = e^{-x^2-y^2}$ 아래에 있는 입체의 부피는

$$V = \lim_{b\to\infty} V_b = \lim_{b\to\infty} 4\left[\int_0^{b} e^{-x^2}\,dx\right]^2 = 4\left[\int_0^{\infty} e^{-x^2}\,dx\right]^2 = 4I^2 \tag{1}$$

극좌표를 이용하여 V를 계산할 수 있다. 중심이 원점이고 반지름이 a인 원 위에 있고 곡면 $z = e^{-x^2-y^2} = e^{-r^2}$ 아래에 있는 입체의 부피 V_a의 a가 ∞로 발산하면 극한이 V이다.

$$\begin{aligned} V = \lim_{a\to\infty} V_a &= \lim_{a\to\infty}\int_0^{2\pi}\int_0^{a} e^{-r^2}\,r\,dr\,d\theta = \lim_{a\to\infty}\int_0^{2\pi}\left[-\frac{1}{2}e^{-r^2}\right]_0^{a} d\theta \\ &= \lim_{a\to\infty}\frac{1}{2}\int_0^{2\pi}[1-e^{-a^2}]\,d\theta = \lim_{a\to\infty}\pi[1-e^{-a^2}] = \pi \end{aligned} \tag{2}$$

(1), (2)에 의하여 $4I^2 = \pi$이고 $I = \frac{1}{2}\sqrt{\pi}$이다. ■

연습문제 15.4

1. 다음 반복적분을 계산하라.

(1) $\int_0^{\pi/2}\int_0^{\cos\theta} r^2 \sin\theta \, dr\, d\theta$

(2) $\int_0^{\pi}\int_0^{\sin\theta} r^2 dr\, d\theta$

2. 다음에서 $\iint_S r\,dr\,d\theta$를 계산하여 지정된 영역 S의 넓이를 구하고 영역의 그림을 그리라.

(1) $S : r = 4\cos\theta$인 원 안쪽과 $r = 2$인 원 바깥쪽

(2) $S : r = a\sin 2\theta$인 4잎곡선의 한 잎

(3) $S : r = 6 - 6\sin\theta$인 심장형 안쪽

3. 다음에서 극좌표를 이용하여 적분 계산을 하고 적분의 영역을 그리라.

(1) $\iint_S e^{x^2+y^2} dA,\ S : x^2 + y^2 \le 4$

(2) $\iint_S \frac{1}{4 + x^2 + y^2} dA,\ S : y = 0,\ y = x$ 사이의 원 $x^2 + y^2 = 4$의 1사분면 부분

(3) $\int_0^1\int_0^{\sqrt{1-x^2}} (4 - x^2 - y^2)^{-\frac{1}{2}} dy\, dx$

(4) $\int_0^1\int_x^1 x^2 dy\, dx$

4. 극좌표를 이용하여, 포물면 $z = x^2 + y^2$ 아래와 원기둥 $x^2 + y^2 = 9$ 안쪽에 있고 1팔분공간에 있는 입체의 부피를 구하라.

5. 다음을 직교좌표로 바꾸고 값을 계산하라.

$$\int_{3\pi/4}^{4\pi/3}\int_0^{-5\sec\theta} r^3 \sin^2\theta \, dr\, d\theta$$

6. 중심각이 θ radian이고 반지름이 r인 부채꼴의 넓이가 $A = \frac{1}{2}r^2\theta$인 공식을 이용하여 극직사각형 $\{(r, \theta) \mid r_1 \le r \le r_2,\ \theta_1 \le \theta \le \theta_2\}$ 영역의 넓이에 대한 공식

$$A = \frac{r_1 + r_2}{2}(r_2 - r_1)(\theta_2 - \theta_1)$$

을 유도하라.

15.5 질량중심, 모멘트

2차원평면이라고 생각해도 좋은 얇은 평판을 생각하자. 여기서 이 평판은 균질하지 않은 즉, 밀도가 점마다 다른 재료로 되어있다고 하자(그림 15.32).

위의 평판이 xy평면에서 영역 S를 덮고 있다고 하고 (x, y)에서 밀도를 $\delta(x, y)$로 표기하자. 그리고 S를 작은 직사각형 $R_1, R_2, \cdots, R_n$으로 분할한다(그림 15.33). R_k에서 점 $(\bar{x}_k, \bar{y}_k)$를 택하면 R_k의 질량은 근사적으로 $\delta(\bar{x}_k, \bar{y}_k) \cdot A(R_k)$가 되며 평판의 총질량은 대략 다음과 같다.

$$m \approx \sum_{k=1}^{n} \delta(\bar{x}_k, \bar{y}_k)\, A(R_k)$$

그러므로 총질량 m은 분할의 크기가 0에 접근할 때 위 식의 극한값이 되며 다음과 같다.

$$m = \iint_S \delta(x, y)\, dA$$

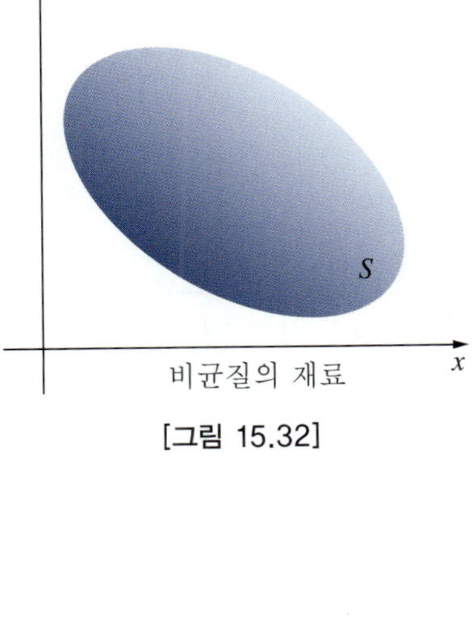

[그림 15.32]

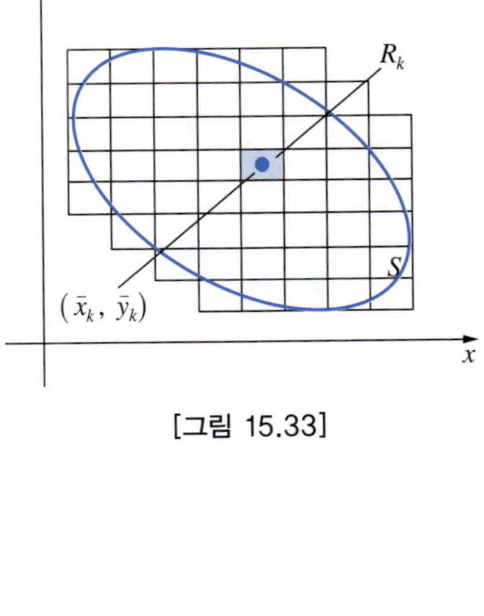

[그림 15.33]

예제 15.5.1 밀도가 $\delta(x, y) = xy$이고 x축, 직선 $x = 8$과 곡선 $y = x^{\frac{2}{3}}$에 의하여 유계인 평판의 총질량을 구하라(그림 15.34).

[풀이]

$$\begin{aligned} m &= \iint_S xy\, dA \\ &= \int_0^8 \int_0^{x^{2/3}} xy\, dy\, dx \\ &= \int_0^8 \left[\frac{xy^2}{2}\right]_0^{x^{2/3}} dx \\ &= \frac{1}{2}\int_0^8 x^{\frac{7}{3}} dx \\ &= \frac{1}{2}\left[\frac{3}{10}x^{\frac{10}{3}}\right]_0^8 \\ &= \frac{768}{5} \end{aligned}$$

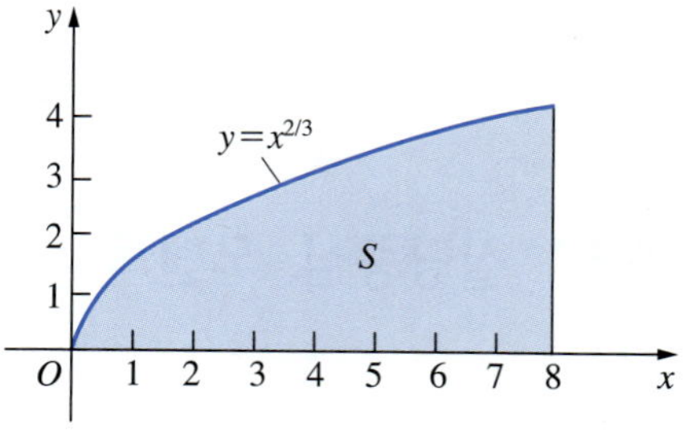

[그림 15.34]

■

질량중심

평면 위의 점 $(x_1, y_2), (x_2, y_2), \cdots, (x_n, y_n)$에 위치하는 입자들의 질량이 $m_1, m_2, \cdots, m_n$이면 y축 및 x축에 대한 총모멘트는 $M_y = \sum_{k=1}^{n} x_k m_k$, $M_x = \sum_{k=1}^{n} y_k m_k$이고 질량중심의 좌표 $(\bar{x}, \bar{y})$는

$$\bar{x} = \frac{M_y}{m} = \frac{\sum_{k=1}^{n} x_k m_k}{\sum_{k=1}^{n} m_k}, \quad \bar{y} = \frac{M_x}{m} = \frac{\sum_{k=1}^{n} y_k m_k}{\sum_{k=1}^{n} m_k}$$

이다(6.6절).

xy평면에서 영역 S를 덮고, 밀도 $\delta(x, y)$를 갖는 평판을 생각하자(그림 15.32). 이 평판을 분할한 다음(그림 15.33) $k = 1, 2, \cdots, n$일 때, 각 R_k의 질량의 어림값을 구하고 이 분할의 크기가 0으로 접근할 때 극한을 구하면 다음을 얻는다.

$$\bar{x} = \frac{M_y}{m} = \frac{\iint_S x\delta(x, y)\, dA}{\iint_S \delta(x, y)\, dA}, \quad \bar{y} = \frac{M_x}{m} = \frac{\iint_S y\delta(x, y)\, dA}{\iint_S \delta(x, y)\, dA}$$

예제 15.5.2 예제 15.5.1에서 평판의 질량중심을 구하라.

[풀이] 예제 15.5.1에서 구한 평판의 질량이 $\frac{768}{5}$이므로 y축 및 x축에 대한 모멘트 M_y와 M_x를 구하면

$$M_y = \iint_S x\delta(x, y)\, dA = \int_0^8 \int_0^{x^{2/3}} x^2 y\, dy\, dx$$
$$= \frac{1}{2}\int_0^8 x^{\frac{10}{3}}\, dx = \frac{12288}{13}$$
$$M_x = \iint_S y\delta(x, y)\, dA = \int_0^8 \int_0^{x^{2/3}} x y^2 dy\, dx$$
$$= \frac{1}{3}\int_0^8 x^3\, dx = \frac{1024}{3}$$

따라서

$$\bar{x} = \frac{M_y}{m} = \frac{80}{13}$$
$$\bar{y} = \frac{M_x}{m} = \frac{20}{9}$$

$(\bar{x}, \bar{y})$는 S의 오른쪽 윗부분에 위치한다. 밀도 $\delta(x, y) = xy$를 갖는 평판은 x축, y축에서 거리가 멀어지면 밀도가 크기 때문에 위와 같은 결과가 나온다. ■

예제 15.5.3 반지름 a인 원의 $\frac{1}{4}$ 모양인 평판의 질량중심을 구하라. 단, 밀도는 원의 중심으로부터 거리에 비례한다(그림 15.35).

[풀이] 비례상수를 k라 하면 $\delta(x, y) = k\sqrt{x^2 + y^2}$이다. 극좌표를 이용하면

$$m = \iint_S k\sqrt{x^2 + y^2}\, dA$$
$$= k\int_0^{\pi/2}\int_0^a rr\, dr\, d\theta$$
$$= k\int_0^{\pi/2} \frac{a^3}{3}\, d\theta = \frac{k\pi a^3}{6}$$
$$M_y = \iint_S xk\sqrt{x^2 + y^2}\, dA$$
$$= k\int_0^{\pi/2}\int_0^a (r\cos\theta) r^2\, dr\, d\theta$$
$$= k\int_0^{\pi/2} \frac{a^4}{4}\cos\theta\, d\theta$$
$$= \left[\frac{ka^4}{4}\sin\theta\right]_0^{\pi/2} = \frac{ka^4}{4}$$

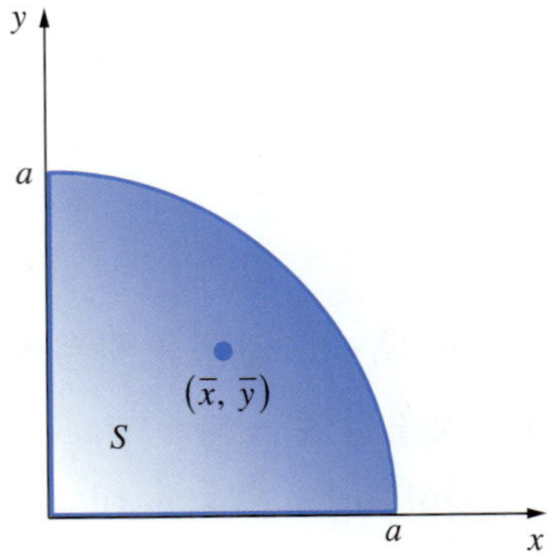

[그림 15.35]

$$\bar{x} = \frac{M_y}{m} = \frac{\frac{ka^4}{4}}{\frac{k\pi a^3}{6}} = \frac{3a}{2\pi}$$

이다. 평판이 대칭이므로 $\bar{y} = \bar{x}$이다. ■

균질한 평판일 때, 즉 $\delta(x, y) = k$(k는 상수)인 경우 M_x를 계산하여 보자. y 단순영역 S에서 M_x를 계산하면(그림 15.36).

$$M_y = \iint_S xk\,dA = k\int_a^b \int_{\phi_1(x)}^{\phi_2(x)} x\,dy\,dx$$

$$= k\int_a^b x\,[\phi_2(x) - \phi_1(x)]\,dx$$

이고 이 결과는 6.6절 내용과 일치한다.

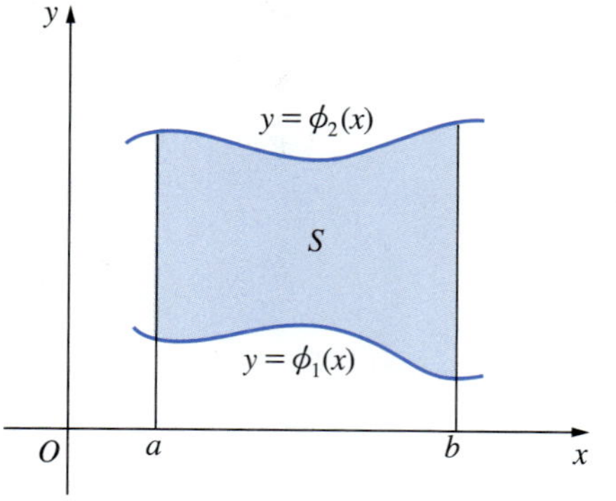

[그림 15.36]

관성모멘트

직선으로 운동하는 분자의 운동에너지 K는 질량이 m이고 속도가 v이면 다음과 같다.

$$K = \frac{1}{2}mv^2 \tag{1}$$

분자가 각속도 ω로 어떤 축 주위를 돌 때 이 분자의 선속도는 $v = r\omega$이다(r은 축으로부터의 거리). (1)에 대입하면

$$K = \frac{1}{2}(r^2 m)\omega^2$$

이 된다. 이때 r^2m을 분자의 회전축에 관한 관성모멘트라 하고 I로 나타낸다. 그러므로 회전하는 분자의 운동에너지 K는 다음과 같다.

$$K = \frac{1}{2}I\omega^2 \tag{2}$$

(1), (2)로부터 원운동을 하는 물체의 관성모멘트는 선운동을 하는 물체의 질량과 비슷하다는 것을 알 수 있다.

질량이 $m_1, m_2, \cdots, m_n$이고 직선 L까지 거리가 $r_1, r_2, \cdots, r_n$인 평면 위의 분자계의 직선 L에 대한 관성모멘트는

$$I = m_1 r_1^2 + m_2 r_2^2 + \cdots + m_n r_n^2 = \sum_{k=1}^{n} m_k r_k^2$$

로 정의된다. 즉, 각 분자들의 관성모멘트를 모두 더하면 된다.

밀도 $\delta(x, y)$이고 xy평면의 영역 S를 덮는 평판의 관성모멘트를 생각하자. 그림 15.33 처럼 S를 분할하고 각 조각 R_k의 관성모멘트의 합의 어림값을 구하고 극한을 취하면 x축, y축, z축에 대한 평판의 관성모멘트가 된다.

$$I_x = \iint_S y^2 \delta(x, y)\, dA \quad I_y = \iint_S x^2 \delta(x, y)\, dA$$
$$I_z = \iint_S (x^2 + y^2)\delta(x, y)\, dA = I_x + I_y$$

예제 15.5.4 예제 15.5.1에서 평판의 x축, y축, z축에 대한 관성모멘트를 계산하라.

[풀이]

$$I_x = \iint_S xy^3\, dA = \int_0^8 \int_0^{x^{2/3}} xy^3\, dy\, dx$$
$$= \frac{1}{4}\int_0^8 x^{\frac{11}{3}}\, dx = \frac{6144}{7} \approx 877.71$$
$$I_y = \iint_S x^3 y\, dA = \int_0^8 \int_0^{x^{2/3}} x^3 y\, dy\, dx$$
$$= \frac{1}{2}\int_0^8 x^{\frac{13}{3}}\, dx = 6144$$
$$I_z = I_x + I_y = \frac{49152}{7} \approx 7021.71$$

■

직선 L에 대하여 관성모멘트가 I이고 총질량 m인 일반적인 계를 질량이 m인 하나의 점으로 바꾸어 보자 (그림 15.37). 이 점에서 L까지 거리는 관성모멘트가 $I - m\bar{r}^2$이면 $\bar{r}$이다. 이때

$$\bar{r} = \sqrt{\frac{I}{m}}$$

를 이 계의 **회전반지름**이라 한다. 직선 L 주위를 각 속도 ω로 도는 계의 운동에너지는 다음과 같다.

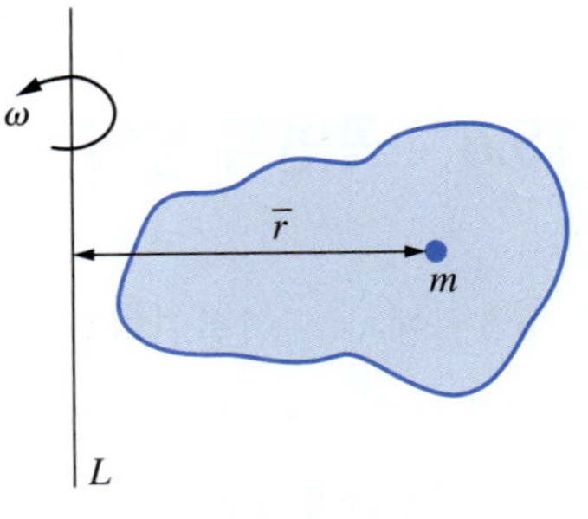

[그림 15.37]

$$K = \frac{1}{2} m\bar{r}^2 \omega^2$$

연습문제 15.5

1. 다음 곡선에 의하여 유계이고 밀도 $\delta(x, y)$인 평판의 질량중심 $(\bar{x}, \bar{y})$와 질량 m을 구하라.

   (1) $x=0,\ x=4,\ y=3;\ \ \delta(x, y)=y+1$

   (2) $y=0,\ y=\sin x,\ 0 \leq x \leq \pi;\ \ \delta(x, y)=y$

   (3) $y=e^{-x},\ y=0,\ x=0,\ x=1;\ \ \delta(x, y)=y^2$

   (4) $r=2\sin\theta;\ \ \delta(r, \theta)=r$

2. 다음 곡선에 의하여 유계이고 밀도 $\delta(x, y)$인 평판의 관성모멘트 I_x, I_y, I_z를 구하라.

   (1) $y=\sqrt{x},\ x=9,\ y=0,\ \delta(x, y)=x+y$

   (2) 꼭짓점이 $(0, 0), (0, a), (a, a), (a, 0)$인 정사각형, $\delta(x, y)=x+y$

3. 문제 6에서 평판의 x축에 대한 회전반지름을 구하라.

4. 반지름 a인 균질한 ($\delta=$ 일정) 원형평판의 그 지름에 대한 회전반지름과 관성모멘트를 구하라.

15.6 곡면의 넓이

6.5절에서는 회전면의 넓이를 정적분으로 구했다. 이 절에서는 일반적인 곡면의 넓이를 이중적분으로 구한다.

먼저 공간곡면 G는 각 변이 x축 또는 y축에 평행인 직사각형 영역 R에서 정의된 2변수함수 $z=f(x, y)$의 그래프이고 f는 연속인 편도함수들을 갖는다고 가정하여 그 넓이 $A(G)$를 다음과 같이 구한다.

직사각형 R을 x축 또는 y축에 평행인 직선들로 나누어 분할 $P: R_1, R_2, \cdots, R_n$을 잡는다. 이 분할에 따라 곡면 G가 작은 곡면 $G_1, G_2, \cdots, G_n$으로 분할되고 G_k의 xy평면으로

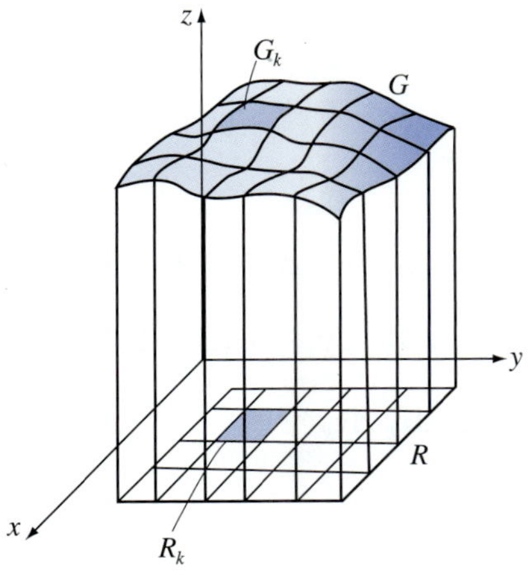

[그림 15.38]

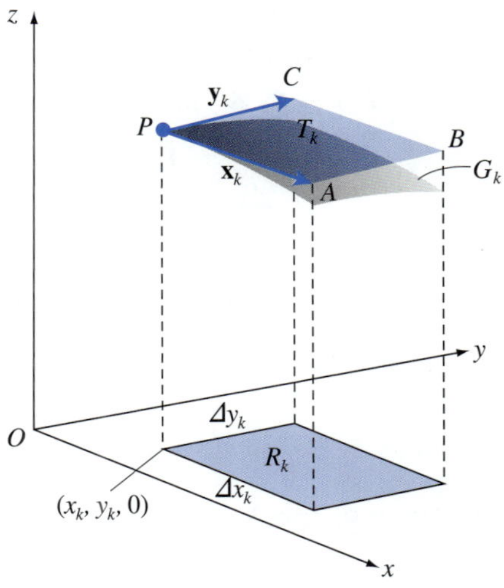

[그림 15.39]

의 사영이 작은 직사각형 R_k라 하자(그림 15.38).

직사각형 R_k에서 원점에 가장 가까운 꼭짓점의 좌표를 $(x_k, y_k, 0)$이라 하고 x축과 나란한 변의 길이를 Δx_k, y축과 나란한 변의 길이를 Δy_k라 하면 나머지 세 꼭짓점의 좌표는 $(x_k+\Delta x_k, y_k, 0)$, $(x_k, y_k+\Delta y_k, 0)$, $(x_k+\Delta x_k, y_k+\Delta y_k, 0)$이고 점 $P(x_k, y_k, f(x_k, y_k))$는 작은 곡면 G_k 위의 점이다. 점 P에서 곡면에 접하는 평면의 일부분 T_k는 P를 한 꼭짓점으로 갖는 평행사변형으로서 직사각형 R_k로 사영되는 부분이라고 하면 R의 분할의 크기 $|P|$가 작아지면 T_k의 넓이 $A(T_k)$는 곡면 G_k의 넓이 $A(G_k)$에 가까워지고 따라서

$$\lim_{|P|\to 0}\sum_{k=1}^{n} A(T_k) = A(G)$$

이다.

평행사변형 T_k의 나머지 세 꼭짓점을 A, B, C라 하자(그림 15.39). 점 P에서의 곡면 $z=f(x, y)$에 대한 접평면의 방정식은

$$z = f(x_k, y_k) + f_x(x_k, y_k)(x - x_k) + f_y(x_k, y_k)(y - y_k)$$

이고 A의 x좌표, y좌표는 각각 $x_k+\Delta x_k$, y_k이므로 A의 z좌표는

$$\begin{aligned} z &= f(x_k, y_k) + f_x(x_k, y_k)(x_k + \Delta x_k - x_k) + f_y(x_k, y_k)(y_k - y_k) \\ &= f(x_k, y_k) + f_x(x_k, y_k)\Delta x_k \end{aligned}$$

이다. 마찬가지로 C의 좌표는 $(x_k, y_k+\Delta y_k, f(x_k, y_k)+f_y(x_k, y_k)\,\Delta y_k)$이다. $\overrightarrow{PA} = \mathbf{x}_k$

$\overrightarrow{PC} = \mathbf{y}_k$라 두면 $\mathbf{x}_k = (\Delta x_k, 0, f_x(x_k, y_k)\Delta x_k)$, $\mathbf{y}_k = (0, \Delta y_k, f_y(x_k, y_k)\Delta y_k)$이므로

$$\begin{aligned} A(T_k) &= |\mathbf{x}_k \times \mathbf{y}_k| \\ &= \left\| \begin{matrix} \mathbf{i} & \mathbf{j} & \mathbf{k} \\ \Delta x_k & 0 & f_x(x_k, y_k)\Delta x_k \\ 0 & \Delta y_k & f_y(x_k, y_k)\Delta y_k \end{matrix} \right\| \\ &= |-f_x(x_k, y_k)\Delta x_k \Delta y_k \mathbf{i} - f_y(x_k, y_k)\Delta x_k \Delta y_k \mathbf{j} + \Delta x_k \Delta y_k \mathbf{k}| \\ &= \sqrt{\{f_x(x_k, y_k)\Delta x_k \Delta y_k\}^2 + \{f_y(x_k, y_k)\Delta x_k \Delta y_k\}^2 + (\Delta x_k \Delta y_k)^2} \\ &= \sqrt{\{f_x(x_k, y_k)\}^2 + \{f_y(x_k, y_k)\}^2 + 1}\ \Delta x_k \Delta y_k \end{aligned}$$

따라서 곡면 G의 넓이는

$$\begin{aligned} A(G) &= \lim_{|P| \to 0} \sum_{k=1}^{n} \sqrt{\{f_x(x_k, y_k)\}^2 + \{f_y(x_k, y_k)\}^2 + 1}\ \Delta x_k \Delta y_k \\ &= \iint_R \sqrt{\{f_x(x, y)\}^2 + \{f_y(x, y)\}^2 + 1}\ dx\, dy \end{aligned}$$

함수 f의 정의역이 일반적인 영역 S일 경우에도 그 그래프 G의 넓이는 다음과 같이 계산된다.

$$A(G) = \iint_S \sqrt{\{f_x(x, y)\}^2 + \{f_y(x, y)\}^2 + 1}\ dx\, dy$$

예제 15.6.1 xy 평면 위의 직선 $x=0$, $x=1$, $y=0$, $y=2$로 유계인 직사각형 영역을 S라 할 때 반원기둥곡면 $z=\sqrt{4-x^2}$ 중 S에 사영되는 부분의 넓이를 구하라.

[풀이] $f(x, y) = \sqrt{4-x^2}$ 이면

$$f_x = -\frac{x}{\sqrt{4-x^2}}, \quad f_y = 0$$

이고 이때

$$\begin{aligned} A(G) &= \iint_S \sqrt{f_x^2 + f_y^2 + 1}\ dA \\ &= \iint_S \sqrt{\frac{x^2}{4-x^2} + 1}\ dA \\ &= \iint_S \frac{2}{\sqrt{4-x^2}}\ dA \\ &= \int_0^1 \int_0^2 \frac{2}{\sqrt{4-x^2}}\ dy\, dx \end{aligned}$$

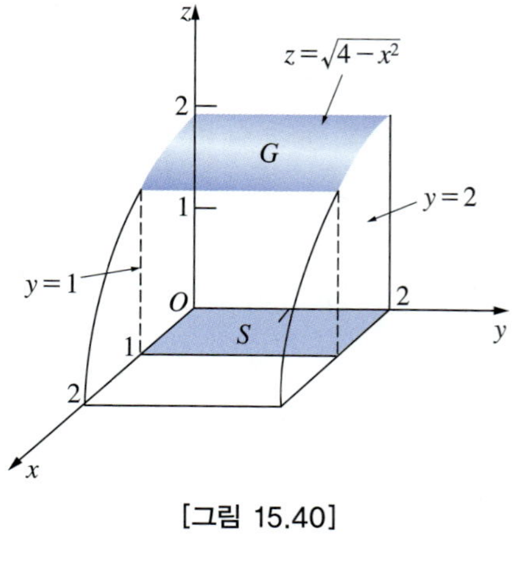

[그림 15.40]

$$= 4\int_0^1 \frac{1}{\sqrt{4-x^2}}\, dx$$

$$= 4\left[\sin^{-1}\frac{x}{2}\right]_0^1 = \frac{2\pi}{3}$$ ■

예제 15.6.2 평면 $z=9$ 아래에 있는 곡면 $z=x^2+y^2$의 넓이를 구하라.

[풀이] 원 $x^2+y^2=9$ 안쪽의 영역 S에 사영되는 부분을 G로 나타내고(그림 15.41), $f(x, y)=x^2+y^2$이라고 하면 $f_x=2x$, $f_y=2y$,

$$A(G)=\iint_S \sqrt{4x^2+4y^2+1}\, dA$$

이고 극좌표를 사용하여 계산하면

$$A(G)=\int_0^{2\pi}\int_0^3 \sqrt{4r^2+1}\; r\, dr\, d\theta$$

$$=\int_0^{2\pi}\frac{1}{8}\left[\frac{2}{3}(4r^2+1)^{\frac{3}{2}}\right]_0^3 d\theta$$

$$=\int_0^{2\pi}\frac{1}{12}(37^{3/2}-1)\, d\theta$$

$$=\frac{\pi}{6}(37^{3/2}-1)$$ ■

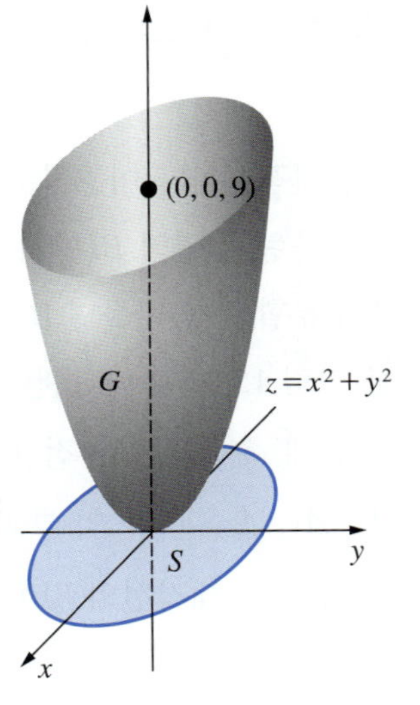

[그림 15.41]

연습문제 15.6

1. 다음 곡면의 넓이를 구하고 각 경우의 그림을 그리라.

(1) xy 평면에서 꼭짓점이 (0, 0), (2, 0), (2, 1), (0, 1)인 직사각형 바로 위에 있는 평면 $3x+4y+6z=12$ 의 부분.

(2) xy 평면에서 꼭짓점이 (1, 0), (2, 0), (2, 1), (1, 1)인 직사각형 바로 위에 있는 곡면 $z=\sqrt{4-y^2}$ 의 부분.

(3) xy 평면에서 꼭짓점이 (0, 0), (2, 0), (2, 3), (0, 3)인 직사각형 바로 위에 있는 원뿔 곡면 $x^2+y^2=z^2$의 부분.

(4) xy 평면에서 꼭짓점이 $(0, 0)$, $(4, 0)$, $(0, 4)$인 삼각형 바로 위에 있는 원뿔 $x^2+y^2=z^2$의 부분.

(5) 원기둥 $x^2+y^2=16$의 안쪽이며 1팔분공간에 있는 구면 $x^2+y^2+z^2=25$의 부분.

15.7 •• 삼중적분(직교좌표)

단일적분이나 이중적분 개념을 삼중적분으로 확장시켜 보자.

상자형의 영역 B(면이 좌표평면에 평행한)에서 정의된 3변수함수 f를 생각하고 영역 B의 분할 P를 만들면 B는 조그마한 상자 $B_1, B_2, \cdots, B_n$으로 나누어진다. 그 중 하나 B_k를 그림 15.42에 나타낸다.

B_k에 속하는 표본점 $(\bar{x}_k, \bar{y}_k, \bar{z}_k)$를 택하고 Riemann 합 $\sum_{k=1}^{n} f(\bar{x}_k, \bar{y}_k, \bar{z}_k)\,\Delta V_k$ ($\Delta V_k = \Delta x_k\,\Delta y_k\,\Delta z_k$ 는 B_k의 부피)를 생각하자. 분할의 크기 $|P|$는 분할된 상자들의 대각선 중에서 가장 긴 대각선의 길이라 할 때 다음과 같이 **삼중적분**을 정의한다.

$$\iiint_B f(x, y, z)\,dV = \lim_{|P|\to 0} \sum_{k=1}^{n} f(\bar{x}_k, \bar{y}_k, \bar{z}_k)\,\Delta V_k$$

위의 극한이 존재해야 한다.

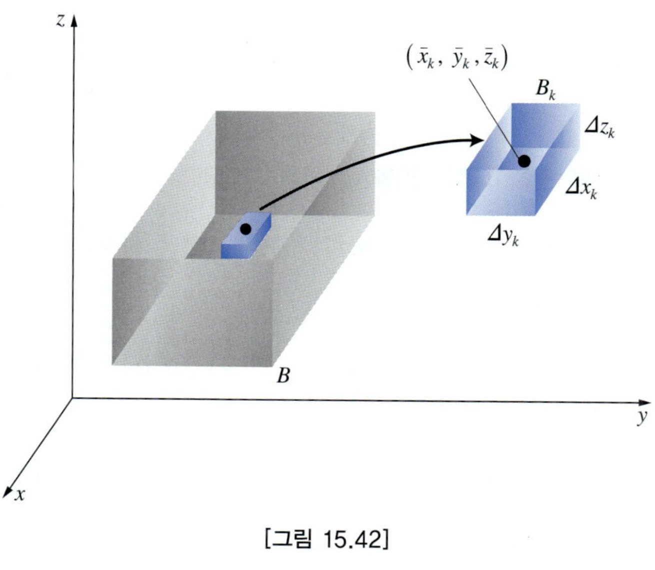

[그림 15.42]

f가 B에서 연속이면 삼중적분이 가능하다. 불연속인 경우에도 가능한 경우가 있다. 예를 들면 유한 개의 원활한 곡면으로 이어진 입체에서는 삼중적분이 가능하다.

삼중적분에서도 적분의 여러 기본적인 성질들이 성립한다.

예제 15.7.1 영역이 $B=\{(x,\ y,\ z)\,|\,1\le x\le 2,\ 0\le y\le 1,\ 0\le z\le 2\}$에서 $\iiint_B x^2yz\,dV$를 구하라.

[풀이]

$$\begin{aligned}\iiint_B x^2yz\,dV &= \int_0^2\int_0^1\int_1^2 x^2yz\,dx\,dy\,dz\\ &= \int_0^2\int_0^1\left[\frac{1}{3}x^3yz\right]_1^2 dy\,dz = \int_0^2\int_0^1 \frac{7}{3}yz\,dy\,dz\\ &= \frac{7}{3}\int_0^2\left[\frac{1}{2}y^2z\right]_0^1 dz = \frac{7}{3}\int_0^2\frac{1}{2}z\,dz\\ &= \frac{7}{6}\left[\frac{z^2}{2}\right]_0^2 = \frac{7}{3}\end{aligned}$$

■

일반적인 영역

3차원 공간에서 닫힌집합 S를 생각하자. 이 집합 S가 상자 B로 둘러싸여 있다 하자(그림 15.43). $f(x,\ y,\ z)$가 S에서 정의되면 S 밖에서는 f의 함수값이 "0"이라고 생각하여

$$\iiint_S f(x,\ y,\ z)\,dV = \iiint_B f(x,\ y,\ z)\,dV$$

로 정의한다.

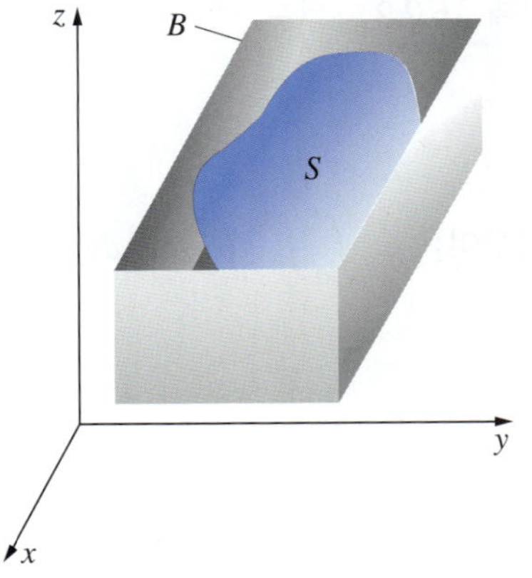

[그림 15.43]

S를 z 단순집합이라 하고, S_{xy}를 xy평면으로 S의 사영이라 하면(그림 15.44),

$$\iiint_S f(x,\ y,\ z)\,dV = \iint_{S_{xy}}\left(\int_{\psi_1(x,y)}^{\psi_2(x,y)} f(x,\ y,\ z)\,dz\right)dA$$

이다.

S_{xy}가 y 단순집합이면(그림 15.44) 바깥쪽의 이중적분을 반복적분으로 쓸 수 있다.

$$\iiint_S f(x,\ y,\ z)\,dV = \int_{a_1}^{a_2}\int_{\phi_1(x)}^{\phi_2(x)}\int_{\psi_1(x,y)}^{\psi_2(x,y)} f(x,\ y,\ z)\,dz\,dy\,dx$$

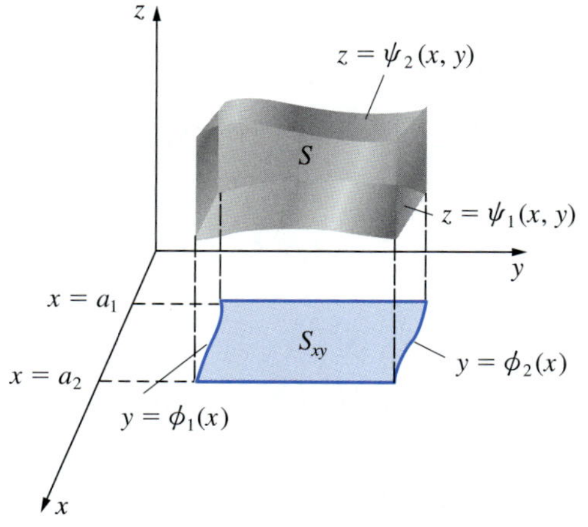

[그림 15.44]

S의 모양에 따라서 적분 순서가 다를 수 있다. 그러나 어느 경우이든지 맨 안쪽 적분의 상한과 하한이 2변수함수가 되어야 하고, 가운데 적분의 상한과 하한은 1변수함수, 바깥쪽 적분의 상한과 하한은 상수가 되어야 한다.

예제 15.7.2 다음 반복적분을 구하라.

$$\int_{-2}^{5}\int_{0}^{3x}\int_{y}^{x+2} dz\, dy\, dx$$

[풀이]

$$\begin{aligned}\int_{-2}^{5}\int_{0}^{3x}\int_{y}^{x+2} dz\, dy\, dx &= \int_{-2}^{5}\int_{0}^{3x}\left(\int_{y}^{x+2} dz\right)dy\, dx \\ &= \int_{-2}^{5}\int_{0}^{3x} [z]_{y}^{x+2}\, dy\, dx = \int_{-2}^{5}\int_{0}^{3x} (x-y+2)\, dy\, dx \\ &= \int_{-2}^{5}\left[xy-\frac{1}{2}y^2+2y\right]_{0}^{3x} dx = \int_{-2}^{5}\left(-\frac{3}{2}x^2+6x\right)dx = -\frac{7}{2}\end{aligned}$$ ■

예제 15.7.3 제1팔분공간에서 포물면기둥 $z = 2 - \frac{1}{2}x^2$과 평면 $z = 0$, $y = x$, $y = 0$으로 유계인 입체영역 S에서 $f(x, y, z) = 2xyz$의 삼중적분을 계산하라.

[풀이] 영역 S를 그리면 그림 15.45와 같다. S가 z 단순집합이고 xy 평면적으로 사영 S_{xy}는 y 단순집합(또는 x 단순집합)이므로

$$\begin{aligned}\iiint_S 2xyz\, dV &= \int_{0}^{2}\int_{0}^{x}\int_{0}^{2-x^2/2} 2xyz\, dz\, dy\, dx \\ &= \int_{0}^{2}\int_{0}^{x}\left[xyz^2\right]_{0}^{2-\frac{x^2}{2}} dy\, dx\end{aligned}$$

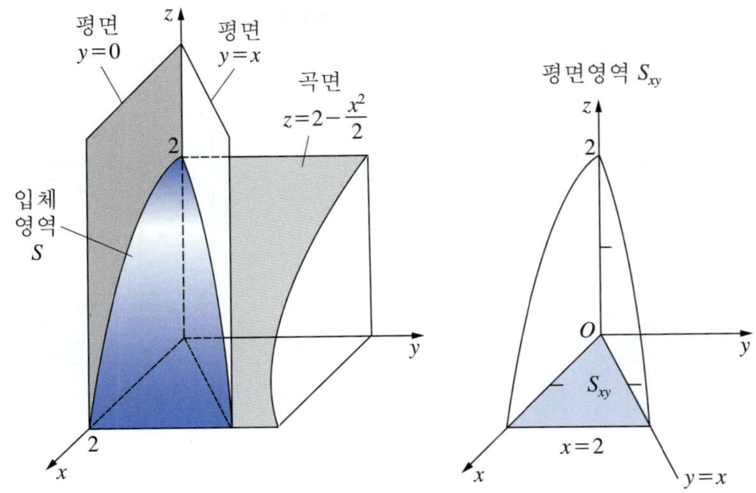

[그림 15.45]

$$= \int_0^2 \int_0^x \left(4xy - 2x^3y + \frac{1}{4}x^5y\right) dy\, dx$$

$$= \int_0^2 \left(2x^3 - x^5 + \frac{1}{8}x^7\right) dx = \frac{4}{3}$$ ■

예제 15.7.3과 다른 적분순서도 가능하다.

예제 15.7.4 예제 15.7.3에서 적분순서 $dy\,dx\,dz$로 계산하라.

[풀이] 입체 S는 y 단순집합이고 xz평면 위로 사영시킨 집합 S_{xz}는 그림 15.46과 같다.

$$\iiint_S 2xyz\, dV = \int_0^2 \int_0^{\sqrt{4-2z}} \int_0^x 2xyz\, dy\, dx\, dz$$

$$= \int_0^2 \int_0^{\sqrt{4-2z}} x^3 z\, dx\, dz$$

$$= \frac{1}{4}\int_0^2 \left(\sqrt{4-2z}\right)^4 z\, dz$$

$$= \frac{1}{4}\int_0^2 \left(16z - 16z^2 + 4z^3\right) dz$$

$$= \frac{4}{3}$$ ■

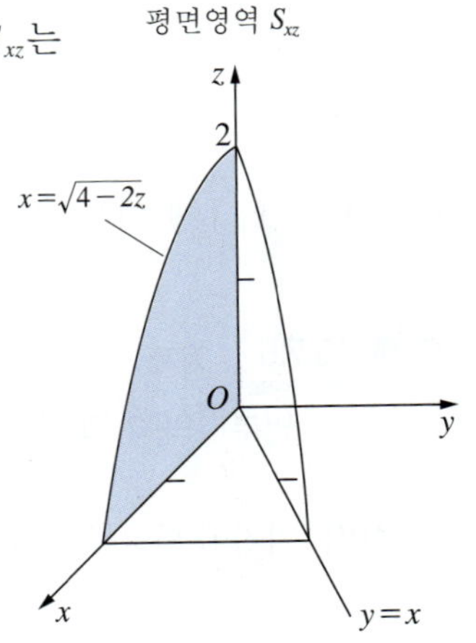

[그림 15.46]

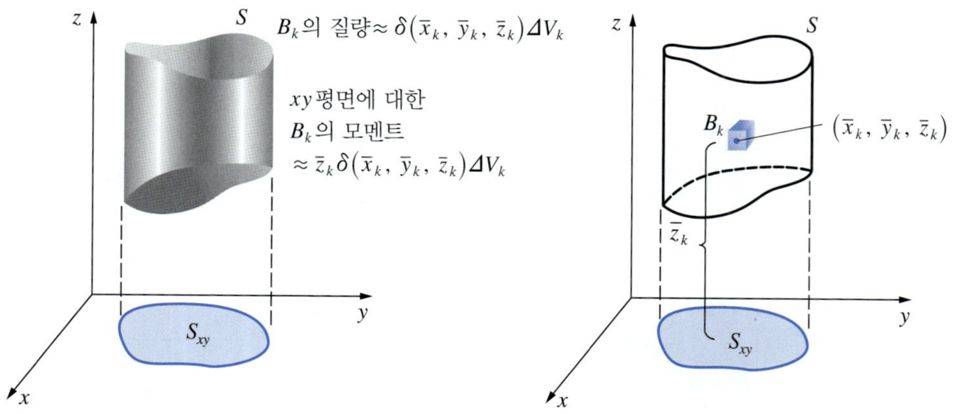

[그림 15.47]

질량과 질량중심

질량과 질량중심의 개념은 입체영역으로 일반화할 수 있다(그림 15.47). 그림에서 $\delta(x, y, z)$는 점 (x, y, z)에서 밀도를 나타낸다.

입체 S의 질량 m, xy평면에 관한 S의 모멘트 M_{xy}, 질량중심의 z좌표 $\bar{z}$에 관한 공식들은 다음과 같다.

$$m = \iiint_S \delta(x, y, z)\, dV$$

$$M_{xy} = \iiint_S z\delta(x, y, z)\, dV$$

$$\bar{z} = \frac{M_{xy}}{m}$$

M_{yz}, M_{xz}, $\bar{x}$, $\bar{y}$에 대한 공식들도 이와 유사하다.

예제 15.7.5 예제 15.7.3에서 입체 S의 질량과 질량중심을 계산하라. 입체의 밀도는 xy평면부터의 거리에 비례한다.

[풀이] 가정에 의하여 $\delta(x, y, z) = kz$(k는 상수), 그러므로

$$m = \iiint_S kz\, dV = \int_0^2 \int_0^x \int_0^{2-x^2/2} kz\, dz\, dy\, dx$$

$$= k\int_0^2 \int_0^x \frac{1}{2}\left(2 - \frac{x^2}{2}\right)^2 dy\, dx$$

$$= k\int_0^2 \int_0^x \left(2 - x^2 + \frac{1}{8}x^4\right) dy\, dx$$

$$= k\int_0^2 \left(2x - x^3 + \frac{1}{8}x^5\right) dx$$

$$= k\left[x^2 - \frac{x^4}{4} + \frac{x^6}{48}\right]_0^2 = \frac{4}{3}k$$

$$M_{xy} = \iiint_S kz^2\, dV = \int_0^2 \int_0^x \int_0^{2-x^2/2} kz^2\, dz\, dy\, dx$$

$$= \frac{k}{3}\int_0^2 \int_0^x \left(2 - \frac{x^2}{2}\right)^3 dy\, dx$$

$$= \frac{k}{3}\int_0^2 \int_0^x \left(8 - 6x^2 + \frac{3}{2}x^4 - \frac{1}{8}x^6\right) dy\, dx$$

$$= \frac{k}{3}\int_0^2 \left(8x - 6x^3 + \frac{3}{2}x^5 - \frac{1}{8}x^7\right) dx$$

$$= \frac{k}{3}\left[4x^2 - \frac{3}{2}x^4 + \frac{1}{4}x^6 - \frac{1}{64}x^8\right]_0^2 = \frac{4}{3}k$$

$$M_{xz} = \iiint_S kyz\, dV$$

$$= \int_0^2 \int_0^x \int_0^{2-x^2/2} kyz\, dz\, dy\, dx$$

$$= k\int_0^2 \int_0^x \frac{1}{2}y\left(2 - \frac{x^2}{2}\right)^2 dy\, dx$$

$$= k\int_0^2 \frac{1}{4}x^2\left(2 - \frac{x^2}{2}\right)^2 dx$$

$$= k\int_0^2 \left(x^3 - \frac{1}{2}x^4 + \frac{1}{16}x^6\right) dx = \frac{64}{105}k$$

$$M_{yz} = \iiint_S kxz\, dV$$

$$= \int_0^2 \int_0^x \int_0^{2-x^2/2} kxz\, dz\, dy\, dx = \frac{128}{105}k$$

$$\bar{z} = \frac{M_{xy}}{m} = \frac{\frac{4k}{3}}{\frac{4k}{3}} = 1$$

$$\bar{y} = \frac{M_{xz}}{m} = \frac{\frac{64k}{105}}{\frac{4k}{3}} = \frac{16}{35}$$

$$\bar{x} = \frac{M_{yz}}{m} = \frac{\frac{128k}{105}}{\frac{4k}{3}} = \frac{32}{35}$$

■

연습문제 15.7

1. 다음 반복적분을 계산하라.

(1) $\int_{-3}^{7}\int_{0}^{2x}\int_{y}^{x-1} dz\,dy\,dx$ (2) $\int_{1}^{4}\int_{z-1}^{2z}\int_{0}^{y+2z} dx\,dy\,dz$

(3) $\int_{0}^{2}\int_{0}^{z}\int_{0}^{\sqrt{x/z}} 2xyz\,dy\,dx\,dz$ (4) $\int_{-2}^{4}\int_{x-1}^{x+1}\int_{0}^{\sqrt{2y/x}} 3xyz\,dz\,dy\,dx$

2. 다음 입체 S를 그리고, 삼중적분 $\iiint_S f(x, y, z)\,dV$을 반복적분으로 나타내라.

(1) $S=\left\{(x, y, z)\,|\,0\le x\le 1,\ 0\le y\le 3,\ 0\le z\le \frac{1}{6}(12-3x-2y)\right\}$

(2) $S=\left\{(x, y, z)\,|\,0\le x\le \frac{1}{2}y,\ 0\le y\le 4,\ 0\le z\le 2\right\}$

(3) $S=\{(x, y, z)\,|\,0\le x\le 3z,\ 0\le y\le 4-x-2z,\ 0\le z\le 2\}$

(4) S는 꼭짓점이 $(0, 0, 0)$, $(3, 2, 0)$, $(0, 3, 0)$, $(0, 0, 2)$인 사면체

(5) S는 원기둥 $y^2+z^2=1$, 평면 $x=1$, $x=4$로 유계인 제1팔분공간에 있는 영역.

3. 삼중 반복적분을 이용하여 다음 값을 구하라.

(1) $y=x^2$, $y+z=4$, $x=0$, $z=0$으로 유계인 제1팔분공간상의 입체의 부피.

(2) 기둥면 $x^2=y$와 $z^2=y$와 평면 $y=1$로 유계인 입체의 부피.

(3) 평면 $x+y+z=1$, $x=0$, $y=0$, $z=0$으로 유계인 사면체의 질량중심, 밀도는 각 점의 좌표의 합에 비례한다.

(4) 구면 $x^2+y^2+z^2=a^2$과 좌표평면에 의하여 유계인 1팔분공간에 있는 균질한 입체의 질량중심.

4. 다음 반복적분을 주어진 순서대로 표기하라.

(1) $\int_{0}^{3}\int_{0}^{\sqrt{9-z^2}}\int_{0}^{\sqrt{9-y^2-z^2}} f(x, y, z)\,dx\,dy\,dz : dz\,dy\,dx$

(2) $\int_{0}^{2}\int_{0}^{9-x^2}\int_{0}^{2-x} f(x, y, z)dz\,dy\,dx : dy\,dx\,dz$

15.8 삼중적분(원기둥좌표와 구면좌표)

3차원공간에서 대칭축이 있는 입체영역 S에서 삼중적분 계산은 원기둥좌표를 이용하면 쉬운 경우가 다. 또, 한 점에 대하여 S가 대칭일 때 구면좌표를 이용하면 적분 계산이 쉬운 경우도 있다.

원기둥좌표

원기둥좌표와 직교좌표에는 다음 관계가 있다(그림 15.48).

$$x = r\cos\theta,\ \ y = r\sin\theta,\ \ x^2 + y^2 = r^2$$

그러므로 원기둥좌표에 의해 함수 $f(x, y, z)$는 다음과 같이 변환된다.

$$f(x, y, z) = f(r\cos\theta, r\sin\theta, z) = F(r, \theta, z)$$

$\iiint_S f(x, y, z)\,dV$를 계산해 보자. 원기둥 모양의 입체 S를 분할하여 생기는 조각(그림 15.49)의 부피는

$$\Delta V_k = \bar{r}_k \Delta r_k \Delta\theta_k \Delta z_k$$

이므로 Riemann 합은

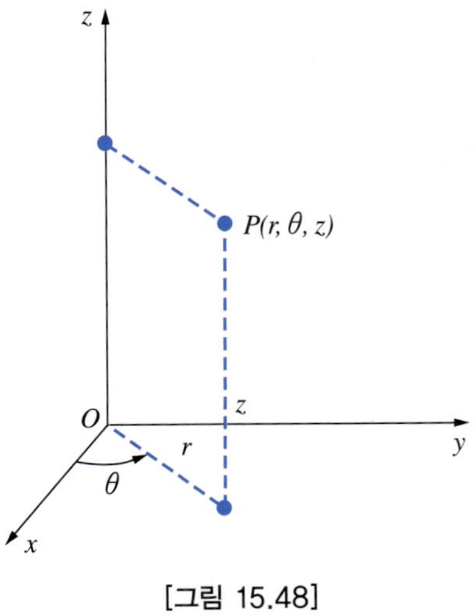

[그림 15.48]

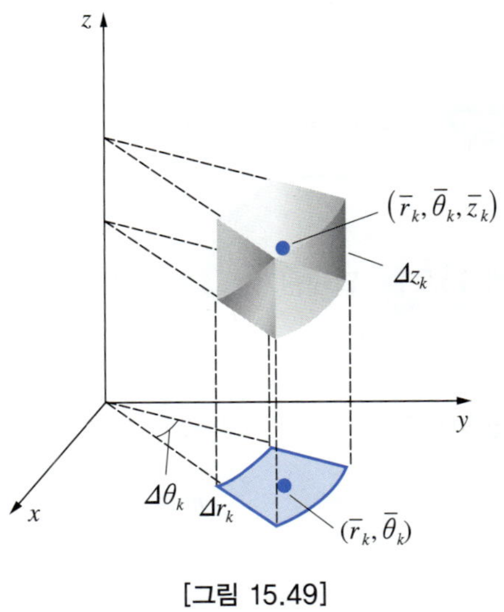

[그림 15.49]

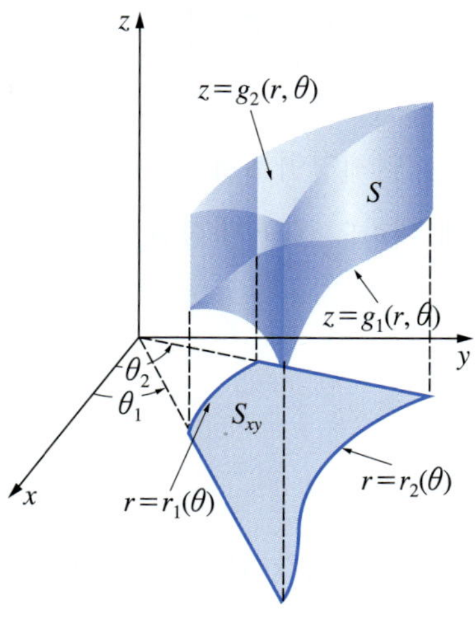

[그림 15.50]

$$\sum_{k=1}^{n} F\left(\bar{r}_k, \bar{\theta}_k, \bar{z}_k\right)\bar{r}_k \,\Delta z_k \,\Delta r_k \,\Delta\theta_k$$

가 된다. 분할의 크기가 0으로 갈 때 극한을 취하면 새로운 적분 공식을 얻게 된다. 삼중 적분에서 이 식은 직교좌표계를 원기둥좌표계로 변환시키는 중요한 공식이다.

S를 z 단순집합이라 하고 xy평면으로의 사영 S_{xy}가 r 단순집합이라 하자(그림 15.50). f가 S에서 연속이면

$$\iiint_S f(x, y, z)\,dV = \int_{\theta_1}^{\theta_2}\int_{r_1(\theta)}^{r_2(\theta)}\int_{g_1(r,\theta)}^{g_2(r,\theta)} f(r\cos\theta, r\sin\theta, z)\,r\,dz\,dr\,d\theta$$

참고 직교좌표계에서 $dz\,dy\,dx$는 원기둥좌표계에서 $r\,dz\,dr\,d\theta$가 된다.

예제 15.8.1 입체원기둥 S의 질량과 질량중심을 구하라. 밀도는 밑바닥으로부터 거리에 비례한다.

[풀이] S를 그림 15.51과 같이 놓자. 이때 밀도함수는 $\delta(x, y, z) = kz$ (k는 상수)이다.

$$m = \iiint_S \delta(x, y, z)\,dV = k\int_0^{2\pi}\int_0^a\int_0^h zr\,dz\,dr\,d\theta$$
$$= k\int_0^{2\pi}\int_0^a \frac{1}{2}h^2 r\,dr\,d\theta = \frac{1}{2}kh^2\int_0^{2\pi}\int_0^a r\,dr\,d\theta$$

$$= \frac{1}{2} kh^2 \int_0^{2\pi} \frac{1}{2} \ a^2 d\theta = \frac{1}{2} kh^2 \pi a^2$$

$$M_{xy} = \iiint_S z\delta(x, y, z)\, dV = k\int_0^{2\pi} \int_0^a \int_0^h z^2 r\, dz\, dr\, d\theta$$

$$= k\int_0^{2\pi} \int_0^a \frac{1}{3} h^3 r\, dr\, d\theta = \frac{1}{3} kh^3 \pi a^2$$

$$\bar{z} = \frac{M_{xy}}{m} = \frac{\frac{1}{3} kh^3 \pi a^2}{\frac{1}{2} kh^2 \pi a^2} = \frac{2}{3} h$$

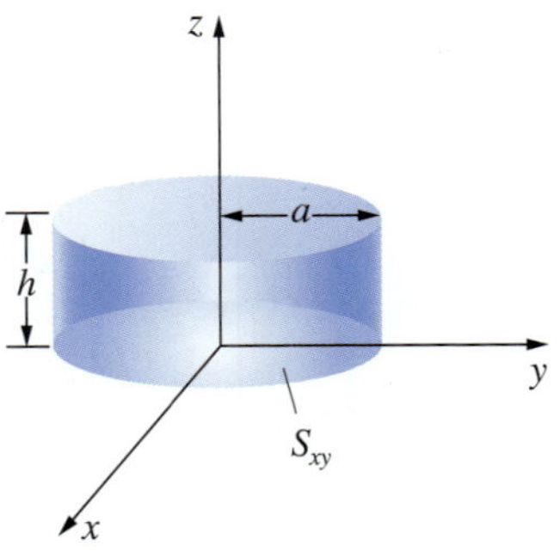

[그림 15.51]

대칭성에 의하여 $\bar{x} = \bar{y} = 0$. ■

예제 15.8.2 위쪽으로는 포물곡면 $z = 4 - x^2 - y^2$, 아래쪽으로는 $z = 0$, 측면으로는 $y = 0$과 원기둥 $x^2 + y^2 = 2x$로 둘러싸인 입체영역 S의 부피를 구하라(그림 15.52).

[**풀이**] 원기둥좌표계에서 포물곡면은 $z = 4 - r^2$이고, 원기둥은 $r = 2\cos\theta$이므로

$$V = \iiint 1\, dV = \int_0^{\pi/2} \int_0^{2\cos\theta} \int_0^{4-r^2} r\, dz\, dr\, d\theta$$

$$= \int_0^{\pi/2} \int_0^{2\cos\theta} r(4 - r^2)\, dr\, d\theta$$

$$= \int_0^{\pi/2} \left[2r^2 - \frac{1}{4} r^4\right]_0^{2\cos\theta} d\theta$$

$$= \int_0^{\pi/2} (8\cos^2\theta - 4\cos^4\theta)\, d\theta$$

$$= 8 \cdot \frac{1}{2} \cdot \frac{\pi}{2} - 4 \cdot \frac{3}{8} \cdot \frac{\pi}{2} = \frac{5\pi}{4}$$ ■

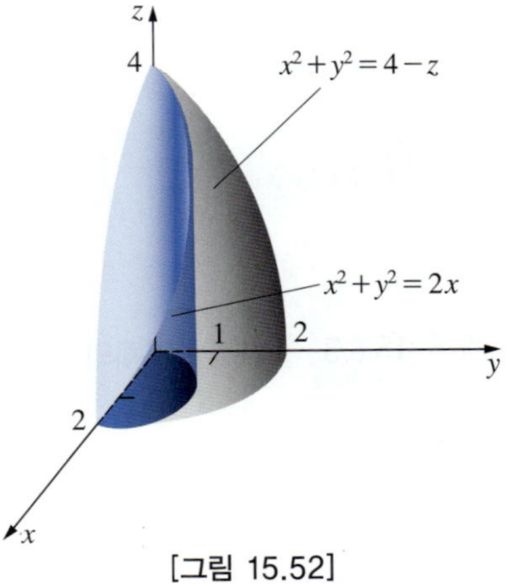

[그림 15.52]

구면좌표

구면좌표계(그림 15.53)에서 구면쐐기(그림 15.54)의 부피는

$$\Delta V = \bar{\rho}^2 \sin\bar{\phi}\, \Delta\rho\, \Delta\theta\, \Delta\phi$$

인 것을 알 수 있다. 여기서 $(\bar{\rho}, \bar{\theta}, \bar{\phi})$는 쐐기 속의 적당한 점이다.

공모양의 입체 S를 분할하고 그 Riemann 합을 구한 다음에 극한을 취하면 $\rho^2 \sin\phi\, d\rho\, d\theta\, d\phi$가 $dz\, dy\, dx$ 대신 교체되어 나타난다.

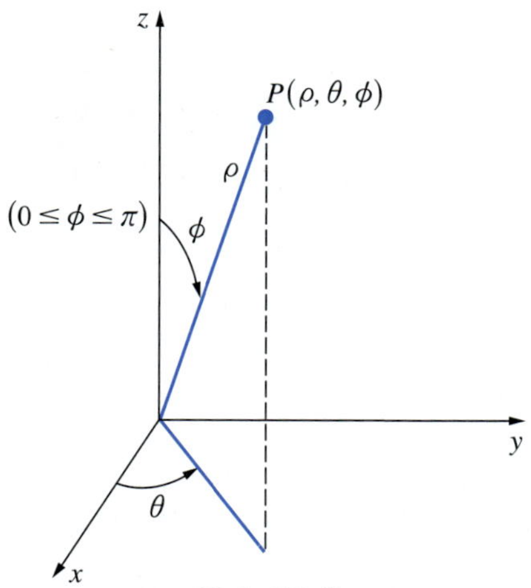

구면좌표계

[그림 15.53]

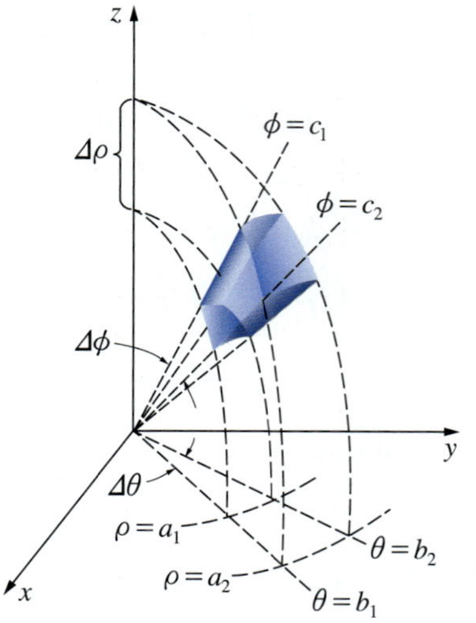

구면쐐기

[그림 15.54]

$$\iiint_S f(x, y, z)\, dV = \iiint f(\rho \sin\phi \cos\theta, \rho \sin\phi \sin\theta, \rho\cos\phi)\, \rho^2 \sin\phi \, d\rho\, d\theta\, d\phi$$

예제 15.8.3 공모양 입체의 질량을 구하라. 밀도는 중심부터의 거리에 비례한다.

[풀이] 공의 중심이 원점이고 반지름이 a라고 하자. 밀도는 $\delta = k\sqrt{x^2 + y^2 + z^2} = k\rho$이다. 그러므로

$$\begin{aligned} m &= \iiint_S k\rho \, dV \\ &= k\int_0^{\pi} \int_0^{2\pi} \int_0^{a} \rho\rho^2 \sin\phi \, d\rho\, d\theta\, d\phi \\ &= \frac{1}{4}ka^4 \int_0^{\pi} \int_0^{2\pi} \sin\phi \, d\theta\, d\phi \\ &= \frac{1}{2}k\pi a^4 \int_0^{\pi} \sin\phi \, d\phi \\ &= k\pi a^4 \end{aligned}$$

■

예제 15.8.4 위로는 구 $\rho = a$,아래로는 원뿔 $\phi = \alpha$로 유계인 균질한 입체 S의 부피와 질량중심을 구하라(그림 15.55). a와 α는 상수이며 밀도는 k이다.

[풀이] 부피는

$$V=\int_0^{\alpha}\int_0^{2\pi}\int_0^{a}\rho^2\sin\phi\,d\rho\,d\theta\,d\phi$$
$$=\int_0^{\alpha}\int_0^{2\pi}\left(\frac{a^3}{3}\right)\sin\phi\,d\theta\,d\phi$$
$$=\frac{2\pi a^3}{3}\int_0^{\alpha}\sin\phi\,d\phi=\frac{2\pi a^3}{3}(1-\cos\alpha)$$

이것으로부터 입체의 질량 m은

$$m=kV=\frac{2\pi a^3k}{3}(1-\cos\alpha)$$

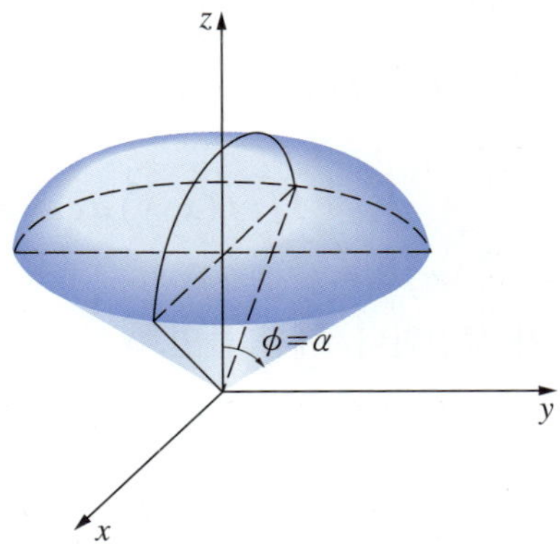

[그림 15.55]

또 대칭성을 생각하면 질량중심은 z축 위에 있다. 즉 $\bar{x}=\bar{y}=0$. $\bar{z}$를 구하기 위하여 M_{xy}를 계산하면

$$M_{xy}=\iiint_S kz\,dV=\int_0^{\alpha}\int_0^{2\pi}\int_0^{a}k(\rho\cos\phi)\rho^2\sin\phi\,d\rho\,d\theta\,d\phi$$
$$=\int_0^{\alpha}\int_0^{2\pi}\int_0^{a_0}k\rho^3\sin\phi\cos\phi\,d\rho\,d\theta\,d\phi=\int_0^{\alpha}\int_0^{2\pi}\frac{1}{4}ka^4\sin\phi\cos\phi\,d\theta\,d\phi$$
$$=\int_0^{\alpha}\frac{1}{2}\pi ka^4\sin\phi\cos\phi\,d\phi=\frac{1}{4}\pi a^4k\sin^2\alpha$$

그러면

$$\bar{z}=\frac{\frac{1}{4}\pi a^4k\sin^2\alpha}{\frac{2}{3}\pi a^3k(1-\cos\alpha)}=\frac{3a\sin^2\alpha}{8(1-\cos\alpha)}$$
$$=\frac{3}{8}a(1+\cos\alpha)$$

■

다중적분에서 변수변환

이미 앞에서 변수변환에 대한 공식을 유도하였으나 일반적인 경우를 생각하자.

$$x=m(u,v),\quad y=n(u,v)$$

가 구변수 x, y와 신변수 u, v의 관계를 나타낸다고 하자. **야코비안**(Jacobian) 함수 $J(u,v)$를 다음과 같이 정의한다.

$$J(u,v)=\begin{vmatrix}\dfrac{\partial x}{\partial u} & \dfrac{\partial x}{\partial v}\\[2mm] \dfrac{\partial y}{\partial u} & \dfrac{\partial y}{\partial v}\end{vmatrix} \tag{1}$$

$\mathbb{R}^2$의 부분집합 R에서 $f(x, y)$의 적분은 R이 변환된 $\mathbb{R}^2$의 부분집합 G에서 $H(u, v) = f(m(u, v), n(u, v))$의 적분과 다음과 같은 관계가 있다.

$$\iint_R f(x, y)\,dx\,dy = \iint_G f(m(u, v), n(u, v))\,|J(u, v)|\,du\,dv \tag{2}$$

가 성립한다. 예를 들면, $x = r\cos\theta$, $y = r\sin\theta$일 때

$$J(r, \theta) = \begin{vmatrix} \dfrac{\partial x}{\partial r} & \dfrac{\partial x}{\partial \theta} \\ \dfrac{\partial y}{\partial r} & \dfrac{\partial y}{\partial \theta} \end{vmatrix} = \begin{vmatrix} \cos\theta & -r\sin\theta \\ \sin\theta & r\cos\theta \end{vmatrix} = r$$

이다. 이 $J(r, \theta) = r$은 직교좌표를 극좌표로 변환할 때 생기는 여분의 인자이다.

예제 15.8.5 $u = 2x - y$, $v = y$로 치환하여

$$\int_0^4 \int_{\frac{y}{2}}^{\frac{y}{2}+1} (2x - y)\,dx\,dy \tag{3}$$

를 구하라.

[풀이] 그림 15.56에서 xy평면 위에 적분영역 R과 그 경계선을 나타내고 있다. (1)을 이용하여 적분을 구하기 위해 R에 대응되는 uv 평면의 영역 G와 변환의 야코비안을 구해야 한다. u, v의 관계에서

$$x = \frac{u + v}{2}, \quad y = v \tag{4}$$

G의 경계를 구하려면 R의 경계를 나타내는 식에 (4)를 대입하여 구하면 된다.

$$y = 2x \text{ 이면, } v = u + v \text{이므로 } u = 0$$

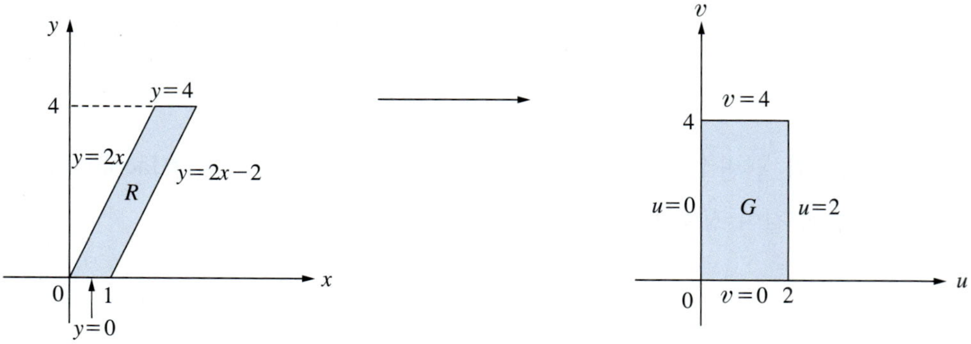

[그림 15.56]

$y = 2x - 2$ 이면, $v = u + v - 2$ 이므로 $u = 2$

$y = 0$ 이면, $v = 0$

$y = 4$ 이면, $v = 4$

$$J(u,\ v) = \begin{vmatrix} \dfrac{\partial x}{\partial u} & \dfrac{\partial x}{\partial v} \\ \dfrac{\partial y}{\partial u} & \dfrac{\partial y}{\partial v} \end{vmatrix} = \begin{vmatrix} \dfrac{1}{2} & \dfrac{1}{2} \\ 0 & 1 \end{vmatrix} = \frac{1}{2}$$

이것을 (2)에 대입하여 구하면

$$\begin{aligned} \int_0^4 \int_{\frac{y}{2}}^{\frac{y}{2}+1} (2x - y)\,dx\,dy &= \int_0^4 \int_0^2 u \cdot |J(u,\ v)|\,du\,dv \\ &= \int_0^4 \int_0^2 \frac{1}{2} u\,du\,dv = \frac{1}{4}\int_0^4 \left[u^2\right]_0^2 dv \\ &= \int_0^4 dv = 4 \end{aligned}$$

■

예제 15.8.6 $\displaystyle\int_0^1 \int_0^{1-x} \sqrt{x+y}\,(y-2x)^2\,dy\,dx$ 를 구하라.

[풀이] xy 평면의 적분영역인 R과 경계를 그림 15.57에서 보여준다. 피적분함수로부터 $u = x + y$, $v = y - 2x$로 치환하면

$$x = \frac{u}{3} - \frac{v}{3},\quad y = \frac{2u}{3} + \frac{v}{3} \tag{5}$$

(5)로부터 uv 평면의 G의 경계를 찾을 수 있다.

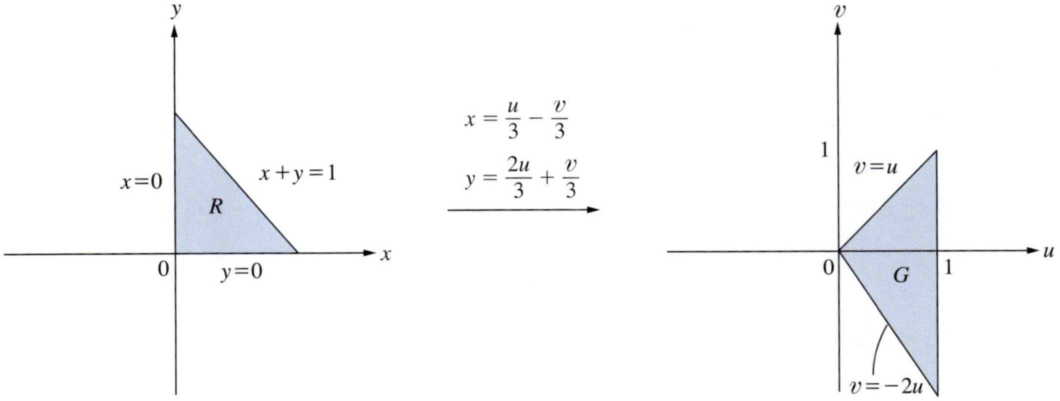

[그림 15.57]

$$x=0,\ y=0\text{이면 } u=0$$

$$x+y=1\text{이면 } \left(\frac{u}{3}-\frac{v}{3}\right)+\left(\frac{2u}{3}+\frac{v}{3}\right)=1\text{이므로 } u=1$$

$$x=0\text{이면 } \frac{u}{3}-\frac{v}{3}=0\text{이므로 } u=v$$

$$y=0\text{이면 } \frac{2u}{3}+\frac{v}{3}=0\text{이므로 } v=-2u$$

(5)의 야코비안을 계산하면

$$J(u,\ v)=\begin{vmatrix} \dfrac{\partial x}{\partial u} & \dfrac{\partial x}{\partial v} \\ \dfrac{\partial y}{\partial u} & \dfrac{\partial y}{\partial v} \end{vmatrix}=\begin{vmatrix} \dfrac{1}{3} & -\dfrac{1}{3} \\ \dfrac{2}{3} & \dfrac{1}{3} \end{vmatrix}=\frac{1}{3}$$

(1)을 이용하여 적분을 계산하면

$$\begin{aligned}\int_0^1\int_0^{1-x}\sqrt{x+y}\,(y-2x)^2\,dy\,dx &= \int_0^1\int_{-2u}^{u} u^{1/2}v^2\,|J(u,\ v)|\,dv\,du \\ &= \int_0^1\int_{-2u}^{u} u^{1/2}v^2\left(\frac{1}{3}\right)dv\,du=\frac{1}{3}\int_0^1 u^{1/2}\left[\frac{1}{3}v^3\right]_{-2u}^{u}du \\ &= \frac{1}{9}\int_0^1 u^{1/2}(u^3+8u^3)\,du=\int_0^1 u^{7/2}\,du=\left[\frac{2}{9}u^{9/2}\right]_0^1=\frac{2}{9}\end{aligned}$$ ■

3변수함수인 경우

$$x=m(u,\ v,\ w),\ \ y=n(u,\ v,\ w),\ \ z=p(u,\ v,\ w)$$

이면 야코비안 $J(u,\ v,\ w)$는 다음과 같이 정의한다.

$$J(u,\ v,\ w)=\begin{vmatrix} \dfrac{\partial x}{\partial u} & \dfrac{\partial x}{\partial v} & \dfrac{\partial x}{\partial w} \\ \dfrac{\partial y}{\partial u} & \dfrac{\partial y}{\partial v} & \dfrac{\partial y}{\partial w} \\ \dfrac{\partial z}{\partial u} & \dfrac{\partial z}{\partial v} & \dfrac{\partial z}{\partial w} \end{vmatrix}$$

직교좌표에서 원기둥좌표로의 변환 $x=r\cos\theta,\ y=r\sin\theta,\ z=z$에서는

$$J(r,\ \theta,\ z)=r$$

이고 또 직교좌표에서 구면좌표로의 변환, $x=\rho\sin\phi\cos\theta,\ y=\rho\sin\phi\sin\theta,\ z=\rho\cos\phi$에서는

$$J(\rho,\ \theta,\ \phi)=\rho^2\sin\phi$$

이 됨을 알 수 있다.

예제 15.8.7 $\int_0^3 \int_0^4 \int_{\frac{y}{2}}^{\frac{y}{2}+1} (2x - y + z)\, dx\, dy\, dz$를 변환 $u = 2x - y,\ v = y,\ w = z$를 사용하여 구하라.

[풀이] 그림 15.58에서 xyz 공간의 적분영역 D와 그 경계면들을 나타내었다. (2)를 이용하기 위하여 D에 대응되는 uvw 공간의 영역 G와 변환의 야코비안을 구하여 보자. 간단한 계산에 의하여

$$x = \frac{u+v}{2},\quad y = v,\quad z = w \tag{6}$$

G의 경계면을 구하기 위해서 (6)을 D의 경계면을 나타내는 식에 대입하면

$y = 2x$ 이면	$v = u + v$ 이므로	$u = 0$
$y = 2x - 2$ 이면	$v = u + v - 2$ 이므로	$u = 2$
$y = 0$ 이면		$v = 0$
$y = 4$ 이면		$v = 4$
$z = 0$ 이면		$w = 0$
$z = 3$ 이면		$w = 3$

(6)으로부터

$$J(u, v, w) = \begin{vmatrix} \frac{\partial x}{\partial u} & \frac{\partial x}{\partial v} & \frac{\partial x}{\partial w} \\ \frac{\partial y}{\partial u} & \frac{\partial y}{\partial v} & \frac{\partial y}{\partial w} \\ \frac{\partial y}{\partial u} & \frac{\partial y}{\partial v} & \frac{\partial z}{\partial w} \end{vmatrix} = \begin{vmatrix} \frac{1}{2} & \frac{1}{2} & 0 \\ 0 & 1 & 0 \\ 0 & 0 & 1 \end{vmatrix} = \frac{1}{2}$$

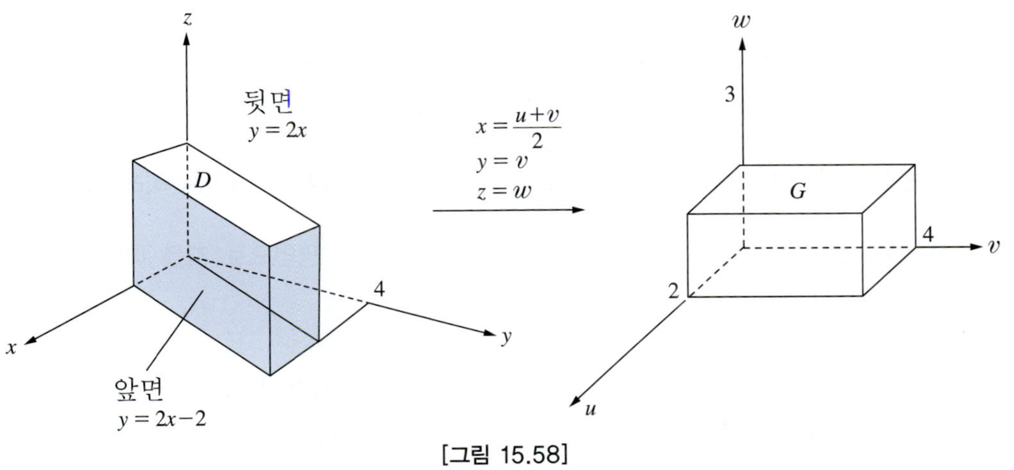

[그림 15.58]

(2)를 이용하여 적분을 계산하면

$$\begin{aligned}
&\int_0^3\int_0^4\int_{\frac{y}{2}}^{\frac{y}{2}+1}(2x-y+z)\,dx\,dy\,dz\\
&=\int_0^3\int_0^4\int_0^2(u+w)|J(u,\,v,\,w)|\,du\,dv\,dw\\
&=\int_0^3\int_0^4\int_0^2(u+w)\cdot\frac{1}{2}\,du\,dv\,dw=\frac{1}{2}\int_0^3\int_0^4\left[\frac{u^2}{2}+uw\right]_0^2dv\,dw\\
&=\frac{1}{2}\int_0^3\int_0^4(2+2w)\,dv\,dw=\frac{1}{2}\int_0^3[2v+2vw]_0^4\,dw\\
&=\frac{1}{2}\int_0^3(8+8w)\,dw=\frac{1}{2}\left[8w+4w^2\right]_0^3=30
\end{aligned}$$

■

연습문제 15.8

1. 원기둥좌표계를 이용하여 다음 값을 계산하라.

(1) 포물곡면 $z=x^2+y^2$과 평면 $z=4$에 의하여 유계인 입체의 부피.

(2) 위로는 구 $r^2+z^2=5$, 아래로는 포물면 $r^2=4z$에 의하여 유계인 입체의 부피.

(3) 위로는 $z=12-2x^2-2y^2$과 아래로는 $z=x^2+y^2$에 의하여 유계인 균질한 입체의 질량중심.

2. 구면좌표계를 이용하여 다음 값을 계산하라.

(1) 구 $\rho=b$의 안쪽과 구 $\rho=a$의 바깥쪽$(a<b)$에 있는 입체의 질량. 밀도는 원점으로부터 거리에 비례한다.

(2) 반지름이 a인 반구의 질량중심, 밀도는 구의 중심으로부터 거리에 비례한다.

(3) 단위구를 구의 중심을 지나면서 끼인각이 $30°$인 두 평면으로 자를 때 생기는 작은 쐐기의 부피를 구하라.

3. 위로는 평면 $z=y$, 아래로는 포물면 $z=x^2+y^2$으로 유계인 입체의 부피를 구하라 (힌트 : 원기둥좌표계에서 평면은 방정식 $z=r\sin\theta$, 포물면은 방정식 $z=r^2$으로 표

시된다. 동시에 xy 평면으로의 정사영을 구하라).

4. 직교좌표계에서 원기둥좌표계로 변환할 때 야코비안이 r임을 증명하라.

5. $$\int_0^{\frac{2}{3}} \int_y^{2-2y} (x+2y)e^{y-x}\,dx\,dy$$

를 구하라.

6. R를 $y=-2x+4$, $y=-2x+7$, $y=x-2$ 그리고 $y=x+1$을 경계로 하는 영역이라 하자. 변환 $u=x-y$, $v=2x+y$를 사용하여

$$\iint_R (2x^2-xy-y^2)\,dx\,dy$$

를 구하라

7. R를 $y=-\frac{3}{2}x+1$, $y=-\frac{3}{2}x+3$, $y=-\frac{1}{4}x$, $y=-\frac{1}{4}x+1$을 경계로 하는 영역이라 하자. 변환 $u=3x+2y$, $v=x+4y$를 사용하여

$$\iint_R (3x^2+14xy+8y^2)\,dx\,dy$$

를 구하라.

8. 타원면 $\frac{x^2}{a^2}+\frac{y^2}{b^2}+\frac{z^2}{c^2}=1$의 내부 부피를 구하라(힌트 : $x=au$, $y=bv$, $z=cw$로 치환하라).

9. 타원체 $\frac{x^2}{a^2}+\frac{y^2}{b^2}+\frac{z^2}{c^2}\le 1$ 위에서

$$\iiint |xyz|\,dx\,dy\,dz$$

를 구하라.

10. D를 $1\le x\le 2$, $0\le xy\le 2$, $0\le z\le 1$로 정의된 xyz 공간의 영역이라 하자.

$$\iiint_D (x^2y+3xyz)dx\,dy\,dz$$

를 구하라(힌트 : $u=x$, $v=xy$, $w=3z$로 치환하라).

연습문제 Chapter 15

1. 영역을 n개의 직사각형으로 내부 분할을 하고 지정된 계산점에서 주어진 함수의 Riemann 합을 계산하라.

(1) $f(x,\ y)=x+2y^2,\ 0\le x\le 2,\ -1\le y\le 1,\ n=4$, 중점

(2) $f(x,\ y)=x+2y^2,\ 0\le x\le 2,\ -1\le y\le 1,\ n=16$, 중점

(3) $f(x,\ y)=4x^2+y,\ 1\le x\le 5,\ 0\le y\le 2,\ n=16$, 중점

2. 다음 이중적분을 계산하라.

(1) $\displaystyle\iint_R (x^2-2y)\,dA,\ \ R=\{(x,\ y)\,|\,0\le x\le 2,\ -1\le y\le 1\}$

(2) $\displaystyle\iint_R 4xe^{2y}\,dA,\ \ R=\{(x,\ y)\,|\,2\le x\le 4,\ 0\le y\le 1\}$

(3) $\displaystyle\iint_R (1-ye^{xy})\,dA,\ \ R=\{(x,\ y)\,|\,0\le x\le 2,\ 0\le y\le 3\}$

3. 다음 이중적분을 계산하라.

(1) $\displaystyle\int_0^1\int_0^{2x}(x+2y)\,dy\,dx$

(2) $\displaystyle\int_0^1\int_0^{2y}(4x\sqrt{y}+y)\,dx\,dy$

(3) $\displaystyle\int_0^2\int_0^{2y}e^{y^2}\,dx\,dy$

(4) $\displaystyle\int_1^4\int_0^{1/x}\cos xy\,dy\,dx$

4. $\displaystyle\int_0^1\int_0^{2x}x^2dy\,dx\neq\int_0^2\int_0^{y/2}x^2dx\,dy$ 임을 보이라.

5. 주어진 곡선으로 둘러싸인 영역에서 곡면 $z=f(x,\ y)$의 아래에 있는 입체의 부피를 구하라.

(1) $z=x^2+y^2,\ z=0,\ y=1,\ y=4,\ x=0,\ x=3$

(2) $z=x^2+y^2,\ z=0,\ y=x^2,\ y=1$

(3) $z=6-x-y,\ z=0,\ x=4-y^2,\ x=0$

6. 적분 순서를 바꾸어 이중적분을 계산하라.

(1) $\displaystyle\int_0^2\int_x^2 2e^{y^2}\,dy\,dx$

(2) $\displaystyle\int_0^1\int_y^1 3xe^{x^3}\,dx\,dy$

7. 다음 곡선으로 둘러싸인 영역의 넓이를 이중적분을 사용하여 구하라.

(1) $y=x^2,\ y=8-x^2$

(2) $y=2x,\ y=3-x,\ y=0$

(3) $y=x^2,\ x=y^2$

8. 주어진 곡면으로 둘러싸인 입체의 부피를 구하라.

(1) $2x+3y+z=6$과 세 좌표평면

(2) $z=1-y^2,\ x+y=1$과 세 좌표평면(1팔분공간)

(3) $z=x^2+y^2+3,\ z=1,\ y=x^2,\ y=4$

9. 주어진 곡면으로 둘러싸인 입체의 부피를 이중적분으로 나타내라.

(1) $z=\sqrt{x^2+y^2},\ y=4-x^2$과 1팔분공간

(2) $z=e^{xy},\ x+2y=4$와 세 좌표평면

10. 극좌표계를 사용하여 이중적분을 계산하라.

(1) R이 $x^2+y^2\le 9$일 때, $\iint_R \sqrt{x^2+y^2}\,dA$

(2) R이 $x^2+y^2\le 4$일 때, $\iint_R e^{-x^2-y^2}\,dA$

(3) R이 $r=2-\cos\theta$의 내부일 때, $\iint_R y\,dA$

11. 적절한 좌표계를 사용하여 이중적분을 계산하라.

(1) R이 $x^2+y^2=9$의 내부일 때, $\iint_R (x^2+y^2)\,dA$

(2) R이 $y=x,\ y=0,\ x=2$에 의해 둘러싸인 영역일 때, $\iint_R (x^2+y^2)\,dA$

12. 적절한 좌표계를 사용하여 주어진 입체의 부피를 구하라.

(1) $z=x^2+y^2$ 아래, $z=0$ 위, $x^2+y^2=9$ 내부

(2) $z=\sqrt{x^2+y^2}$ 아래, $z=0$ 위, $x^2+y^2=4$ 내부

(3) $z=6-x-y$ 의 1팔분공간

(4) $z=4-x^2-y^2$의 아래, $z=x^2+y^2$의 위, $y=0$과 $y=x$ 사이, 1팔분공간

13. 직교좌표계를 극좌표계로 변환하여 이중적분을 계산하라.

(1) $\int_{-2}^{2}\int_{-\sqrt{4-x^2}}^{\sqrt{4-x^2}} \sqrt{x^2+y^2}\, dy\, dx$

(2) $\int_{0}^{2}\int_{-\sqrt{4-x^2}}^{\sqrt{4-x^2}} e^{-x^2-y^2}\, dy\, dx$

(3) $\int_{0}^{2}\int_{x}^{\sqrt{8-x^2}} (x^2+y^2)^{3/2}\, dy\, dx$

14. 다음 곡면의 겉넓이를 계산하라.

(1) $z = x^2 + 2y$에서 $y = x$, $y = 0$, $x = 4$ 사이의 부분

(2) $z = 4 - x^2 - y^2$에서 xy평면의 윗부분

(3) $z = \sqrt{x^2+y^2}$ 에서 $z = 2$의 밑부분

(4) $z = e^{x^2+y^2}$ 에서 $x^2 + y^2 = 4$ 의 내부

(5) $x - y - 2z = 4$에서 $x \ge 0,\ y \le 0,\ z \le 0$ 사이의 부분

(6) $2x + y + z = 8$에서 1팔분공간

(7) $z = x^2 + y^2$에서 $z = 5$, $z = 7$ 사이의 부분

(8) $z = y^2$에서 $z = 4$의 아래, $x = -2$, $x = 2$ 사이의 부분

(9) $z = \sqrt{4 - x^2 - y^2}$ 에서 $z = 0$의 윗부분

15. 삼중적분 $\iiint_Q f(x, y, z)\, dV$을 계산하라.

(1) $f(x, y, z) = 2x + y - z$, $Q = \{(x, y, z) \mid 0 \le x \le 2,\ -2 \le y \le 2,\ 0 \le z \le 2\}$

(2) $f(x, y, z) = \sqrt{y} - 3z^2$, $Q = \{(x, y, z) \mid 2 \le x \le 3,\ 0 \le y \le 1,\ -1 \le z \le 1\}$

(3) $f(x, y, z) = 4yz$, Q는 $x + 2y + z = 2$와 좌표평면으로 둘러싸인 사면체

(4) $f(x, y, z) = 3y^2 - 2z$, Q는 $3x + 2y - z = 6$과 좌표평면으로 둘러싸인 사면체

(5) $f(x, y, z) = 2xy$, Q는 $z = 1 - x^2 - y^2$과 $z = 0$으로 둘러싸인 입체

(6) $f(x, y, z) = 2yz$, Q는 $z + x = 2$, $z - x = 2$, $z = 1$, $y = -2$, $y = 2$로 둘러싸인 입체

(7) $f(x, y, z) = 15$, Q는 $2x + y + z = 4$, $z = 0$, $x = 1 - y^2$, $x = 0$으로 둘러싸인 입체

16. 주어진 곡면 또는 평면으로 둘러싸인 입체의 부피를 구하라.

(1) $z = x^2$, $z = 1$, $y = 0$, $y = 2$

(2) $z = 1 - y^2$, $z = 0$, $z = 4 - 2x$, $x = 4$

(3) $y = 4 - x^2$, $z = 0$, $z - y = 6$

(4) $y=3-x$, $y=0$, $z=x^2$, $z=1$

(5) $z=1+x$, $z=1-x$, $z=1+y$, $z=1-y$, $z=0$

(6) $z=4-x^2-y^2$, xy평면

17. 삼중적분 $\iiint_Q f(x, y, z)\, dV$을 원기둥좌표로 표현하라.

(1) Q는 $z=\sqrt{x^2+y^2}$ 위와 $z=\sqrt{8-x^2-y^2}$ 아래에 있는 영역

(2) Q는 xy평면의 위와 $z=9-x^2-y^2$ 아래에 있는 영역

(3) Q는 $z=x^2+y^2-1$ 위와 $z=8$ 아래이고 $x^2+y^2=3$과 $x^2+y^2=8$ 사이에 있는 영역

(4) Q는 $y=4-x^2-z^2$과 $y=0$으로 둘러싸인 영역

(5) Q는 $x=y^2+z^2$과 $x=2-y^2-z^2$으로 둘러싸인 영역

18. 주어진 삼중적분을 적절한 좌표계로 변환하여 계산하라.

(1) $\iiint_Q e^{x^2+y^2}\, dV$, Q는 $x^2+y^2=4$의 내부 그리고 $z=1$과 $z=2$ 사이의 영역

(2) $\iiint_Q (x+z)\, dV$, Q는 1팔분공간에서 $x+2y+3z=6$ 아래의 영역

(3) $\iiint_Q z\, dV$, Q는 $z=\sqrt{x^2+y^2}$과 $z=\sqrt{4-x^2-y^2}$ 사이의 영역

(4) $\iiint_Q (x+y)\, dV$, Q는 $x+2y+z=4$와 좌표평면으로 둘러싸인 사면체

19. 좌표계를 변환한 후에 삼중적분을 계산하라.

(1) $\displaystyle\int_{-1}^{1}\int_{-\sqrt{1-x^2}}^{\sqrt{1-x^2}}\int_{0}^{\sqrt{x^2+y^2}} 3z^2\, dz\, dy\, dx$

(2) $\displaystyle\int_{0}^{2}\int_{-\sqrt{4-y^2}}^{\sqrt{4-y^2}}\int_{\sqrt{x^2+y^2}}^{\sqrt{8-x^2-y^2}} 2\, dz\, dx\, dy$

(3) $\displaystyle\int_{-3}^{3}\int_{-\sqrt{9-x^2}}^{0}\int_{0}^{x^2+z^2} (x^2+z^2)\, dy\, dz\, dx$

20. 적절한 좌표계로 삼중적분을 표현하고 적분하라.

(1) $\iiint_Q e^{(x^2+y^2+z^2)^{3/2}}\, dV$, Q는 반구 $z=\sqrt{4-x^2-y^2}$와 xy평면으로 둘러싸인 영역

(2) $\iiint_Q (x^2+y^2+z^2)\,dV$, Q는 $0 \le x \le 1$, $1 \le y \le 2$, $3 \le z \le 4$인 직육면체

(3) $\iiint_Q \sqrt{x^2+y^2+z^2}\,dV$, Q는 $z=\sqrt{x^2+y^2}$과 $z=\sqrt{2-x^2-y^2}$로 둘러싸인 영역

21. 주어진 입체의 부피를 구하기 위해서 적절한 좌표계를 사용하라.

(1) $x^2+y^2+z^2=4z$ 아래와 $z=\sqrt{x^2+y^2}$ 위에 있는 영역

(2) $z=\sqrt{2x^2+2y^2}$ 내부이고 $z=2$와 $z=4$ 사이에 있는 영역

22. 좌표계를 변환하여 삼중적분을 계산하라.

(1) $\int_0^1 \int_{-\sqrt{1-x^2}}^{\sqrt{1-x^2}} \int_{-\sqrt{1-x^2-y^2}}^{\sqrt{1-x^2-y^2}} \sqrt{x^2+y^2+z^2}\,dz\,dy\,dx$

(2) $\int_{-2}^2 \int_0^{\sqrt{4-x^2}} \int_{\sqrt{x^2+y^2}}^{\sqrt{8-x^2-y^2}} (x^2+y^2+z^2)^{3/2}\,dz\,dy\,dx$

23. 다음 이중적분을 계산하라.

(1) $\iint_R (y-4x)\,dA$, R은 $y=4x+2$, $y=4x+5$, $y=3-2x$, $y=1-2x$로 둘러싸인 영역

(2) $\iint_R (y+3x)^2\,dA$, R은 $y=1-3x$, $y=3-3x$, $y=x-1$, $y=x-3$으로 둘러싸인 영역

(3) $\iint_R x\,dA$, R은 $x^2+y^2=4$의 내부와 $x^2+y^2=1$의 외부로 둘러싸인 1사분면 영역

24. 주어진 변환의 야코비안을 구하라.

(1) $x=ue^v$, $y=ue^{-v}$

(2) $x=u/v$, $y=v^2$

부 록

A·P·P·E·N·D·I·X

그리스 문자

대문자	소문자	읽기	
A	α	Alpha	알파
B	β	Beta	베타
Γ	γ	Gamma	감마
Δ	δ	Delta	델타
E	ϵ	Epsilon	엡실론
Z	ζ	Zeta	제타
H	η	Eta	에타
Θ	θ	Theta	쎄타
I	ι	Iota	이오타
K	κ	Kappa	카파
Λ	λ	Lambda	람다
M	μ	Mu	뮤우
N	ν	Nu	뉴우
Ξ	ξ	Xi	크사이
O	o	Omicron	오미크론
Π	π	Pi	파이
P	ρ	Rho	로오
Σ	σ	Sigma	시그마
T	τ	Tau	타우
Y	υ	Upsilon	웁실론
Φ	ϕ	Phi	화이
X	ϲ	Chi	카이
Ψ	ψ	Psi	프사이
Ω	ω	Omega	오메가

multiple	접두어		symbol
10^{18}	exa	엑사	E
10^{15}	peta	페타	P
10^{12}	tera	테라	T
10^{9}	giga	기가	G
10^{6}	mega	메가	M
10^{3}	kilo	킬로	k
10^{2}	hecto	헥타	h
10	deca	데카	da
10^{-1}	deci	데시	d
10^{-2}	centi	센치	c
10^{-3}	milli	밀리	m
10^{-6}	micro	마이크로	μ
10^{-9}	nano	나노	n
10^{-12}	pico	피코	p
10^{-15}	femto	펨토	f
10^{-18}	atto	아토	a

동양, 서양 수 단위

큰 수의 단위		작은 수의 단위	
1	일(一)	1	일(一)
10	십(十)	10^{-1}	분(分)
10^2	백(百)	10^{-2}	리(厘)
10^3	천(千)	10^{-3}	모(毛)
10^4	만(萬)	10^{-4}	사(絲)
10^8	억(億)	10^{-5}	홀(忽)
10^{12}	조(兆)	10^{-6}	미(微)
10^{16}	경(京)	10^{-7}	섬(纖)
10^{20}	해(垓)	10^{-8}	사(沙)
10^{24}	자(秭)	10^{-9}	진(塵)
10^{28}	양(穰)	10^{-10}	애(埃)
10^{32}	구(溝)	10^{-11}	묘(渺)
10^{36}	간(澗)	10^{-12}	막(漠)
10^{40}	정(正)	10^{-13}	모호(模糊)
10^{44}	재(載)	10^{-14}	준순(逡巡)
10^{48}	극(極)	10^{-15}	수유(須臾)
10^{52}	항하사(恒河沙)	10^{-16}	순식(瞬息)
10^{56}	아승기(阿僧祇)	10^{-17}	탄지(彈指)
10^{60}	나유타(那由他)	10^{-18}	찰나(刹那)
10^{64}	불가사의(不可思議)	10^{-19}	육덕(六德)
10^{68}	무량(無量)	10^{-20}	허공(虛空)
10^{72}	대수(大數)	10^{-21}	청정(淸淨)
	영겁(永劫)		
10^{100}	googol	10^{-46}	천재일우(千載一遇)

one(일), ten(십), hundred(백), thousand(천 10^3), million(백만 10^6), billion(십억 10^9), trillion(조 10^{12}), quadrillion(백경 10^{18}), sextillon(십해 10^{21}), septillion(자 10^{24}), octillion(천자 10^{27}), nonillion(백양 10^{30}), decillion(십구 10^{33}), undecillion(간 10^{36}), duodecillion(천간 10^{39}), tredecillion(백정 10^{42}), quattuordecillion(십재 10^{45}), quindecillion(극 10^{48}), sexdecillion(천극 10^{51}), septendecillion(백 항하사 10^{54}), octodecillion(십 아승기 10^{57}), novemdecillion(나유타 10^{60}), vigintillion(천 나유타 10^{63}), googol(10^{100}), centillion(1000^{100})

미분공식

■ 일반적인 법칙

1. $\frac{d}{dx}(c)=0$

2. $\frac{d}{dx}[cf(x)]=cf'(x)$

3. $\frac{d}{dx}[f(x)+g(x)]=f'(x)+g'(x)$

4. $\frac{d}{dx}[f(x)-g(x)]=f'(x)-g'(x)$

5. $\frac{d}{dx}[f(x)g(x)]=f(x)g'(x)+g(x)f'(x)$

6. $\frac{d}{dx}\left[\frac{f(x)}{g(x)}\right]=\frac{g(x)f'(x)-f(x)g'(x)}{[g(x)]^2}$

7. $\frac{d}{dx}f(g(x))=f'(g(x))g'(x)$

8. $\frac{d}{dx}(x^n)=nx^{n-1}$

■ 지수함수와 로그함수

9. $\frac{d}{dx}(e^x)=e^x$

10. $\frac{d}{dx}(a^x)=a^x\ln a$

11. $\frac{d}{dx}\ln|x|=\frac{1}{x}$

12. $\frac{d}{dx}(\log_a x)=\frac{1}{x\ln a}$

■ 삼각함수

13. $\frac{d}{dx}(\sin x)=\cos x$

14. $\frac{d}{dx}(\cos x)=-\sin x$

15. $\frac{d}{dx}(\tan x)=\sec^2 x$

16. $\frac{d}{dx}(\csc x)=-\csc x\cot x$

17. $\frac{d}{dx}(\sec x)=\sec x\tan x$

18. $\frac{d}{dx}(\cot x)=-\csc^2 x$

■ 역삼각함수

19. $\frac{d}{dx}(\sin^{-1}x)=\frac{1}{\sqrt{1-x^2}}$

20. $\frac{d}{dx}(\cos^{-1}x)=-\frac{1}{\sqrt{1-x^2}}$

21. $\frac{d}{dx}(\tan^{-1}x)=\frac{1}{1+x^2}$

22. $\frac{d}{dx}(\csc^{-1}x)=-\frac{1}{x\sqrt{x^2-1}}$

23. $\frac{d}{dx}(\sec^{-1}x)=\frac{1}{x\sqrt{x^2-1}}$

24. $\frac{d}{dx}(\cot^{-1}x)=-\frac{1}{1+x^2}$

■ 쌍곡선함수

25. $\dfrac{d}{dx}(\sinh x) = \cosh x$

26. $\dfrac{d}{dx}(\cosh x) = \sinh x$

27. $\dfrac{d}{dx}(\tanh x) = \operatorname{sech}^2 x$

28. $\dfrac{d}{dx}(\operatorname{csch} x) = -\operatorname{csch} x \coth x$

29. $\dfrac{d}{dx}(\operatorname{sech} x) = -\operatorname{sech} x \tanh x$

30. $\dfrac{d}{dx}(\coth x) = -\operatorname{csch}^2 x$

■ 역쌍곡선함수

31. $\dfrac{d}{dx}(\sinh^{-1} x) = \dfrac{1}{\sqrt{1+x^2}}$

32. $\dfrac{d}{dx}(\cosh^{-1} x) = \dfrac{1}{\sqrt{x^2-1}}$

33. $\dfrac{d}{dx}(\tanh^{-1} x) = \dfrac{1}{1-x^2}$

34. $\dfrac{d}{dx}(\operatorname{csch}^{-1} x) = -\dfrac{1}{|x|\sqrt{x^2+1}}$

35. $\dfrac{d}{dx}(\operatorname{sech}^{-1} x) = -\dfrac{1}{x\sqrt{1-x^2}}$

36. $\dfrac{d}{dx}(\coth^{-1} x) = \dfrac{1}{1-x^2}$

적분표

■ 기본형

1. $\int u\,dv = uv - \int v\,du$

2. $\int u^n\,du = \dfrac{u^{n+1}}{n+1} + C,\ n \neq -1$

3. $\int \dfrac{du}{u} = \ln|u| + C$

4. $\int e^u du = e^u + C$

5. $\int a^u du = \dfrac{a^u}{\ln a} + C$

6. $\int \sin u\,du = -\cos u + C$

7. $\int \cos u\,du = \sin u + C$

8. $\int \sec^2 u\,du = \tan u + C$

9. $\int \csc^2 u\,du = -\cot u + C$

10. $\int \sec u \tan u\,du = \sec u + C$

11. $\int \csc u \cot u\,du = -\csc u + C$

12. $\int \tan u\,du = \ln|\sec u| + C$

13. $\int \cot u\,du = \ln|\sin u| + C$

14. $\int \sec u\,du = \ln|\sec u + \tan u| + C$

15. $\int \csc u\,du = \ln|\csc u - \cot u| + C$

16. $\int \dfrac{du}{\sqrt{a^2 - u^2}} = \sin^{-1}\dfrac{u}{a} + C$

17. $\int \dfrac{du}{a^2 + u^2} = \dfrac{1}{a}\tan^{-1}\dfrac{u}{a} + C$

18. $\int \dfrac{du}{u\sqrt{u^2 - a^2}} = \dfrac{1}{a}\sec^{-1}\dfrac{u}{a} + C$

19. $\int \dfrac{du}{a^2 - u^2} = \dfrac{1}{2a}\ln\left|\dfrac{u+a}{u-a}\right| + C$

20. $\int \dfrac{du}{u^2 - a^2} = \dfrac{1}{2a}\ln\left|\dfrac{u-a}{u+a}\right| + C$

■ $\sqrt{a^2 + u^2}$, $a > 0$

21. $\int \sqrt{a^2 + u^2}\,du = \dfrac{u}{2}\sqrt{a^2 + u^2} + \dfrac{a^2}{2}\ln\left(u + \sqrt{a^2 + u^2}\right) + C$

22. $\int u^2\sqrt{a^2 + u^2}\,du = \dfrac{u}{8}(a^2 + 2u^2)\sqrt{a^2 + u^2} - \dfrac{a^4}{8}\ln\left(u + \sqrt{a^2 + u^2}\right) + C$

23. $\int \dfrac{\sqrt{a^2 + u^2}}{u}\,du = \sqrt{a^2 + u^2} - a\ln\left|\dfrac{a + \sqrt{a^2 + u^2}}{u}\right| + C$

24. $\int \dfrac{\sqrt{a^2 + u^2}}{u^2}\,du = -\dfrac{\sqrt{a^2 + u^2}}{u} + \ln\left(u + \sqrt{a^2 + u^2}\right) + C$

25. $\displaystyle\int \frac{du}{\sqrt{a^2+u^2}} = \ln\left(u+\sqrt{a^2+u^2}\right)+C$

26. $\displaystyle\int \frac{u^2\,du}{\sqrt{a^2+u^2}} = \frac{u}{2}\sqrt{a^2+u^2} - \frac{a^2}{2}\ln\left(u+\sqrt{a^2+u^2}\right)+C$

27. $\displaystyle\int \frac{du}{u\sqrt{a^2+u^2}} = -\frac{1}{a}\ln\left|\frac{\sqrt{a^2+u^2}+a}{u}\right|+C$

28. $\displaystyle\int \frac{du}{u^2\sqrt{a^2+u^2}} = -\frac{\sqrt{a^2+u^2}}{a^2u}+C$

29. $\displaystyle\int \frac{du}{(a^2+u^2)^{3/2}} = \frac{u}{a^2\sqrt{a^2+u^2}}+C$

■ $\sqrt{a^2-u^2}$, $a>0$

30. $\displaystyle\int \sqrt{a^2-u^2}\,du = \frac{u}{2}\sqrt{a^2-u^2} + \frac{a^2}{2}\sin^{-1}\frac{u}{a}+C$

31. $\displaystyle\int u^2\sqrt{a^2-u^2}\,du = \frac{u}{8}(2u^2-a^2)\sqrt{a^2-u^2} + \frac{a^4}{8}\sin^{-1}\frac{u}{a}+C$

32. $\displaystyle\int \frac{\sqrt{a^2-u^2}}{u}\,du = \sqrt{a^2-u^2} - a\ln\left|\frac{a+\sqrt{a^2-u^2}}{u}\right|+C$

33. $\displaystyle\int \frac{\sqrt{a^2-u^2}}{u}\,du = -\frac{1}{u}\sqrt{a^2-u^2} - \sin^{-1}\frac{u}{a}+C$

34. $\displaystyle\int \frac{u^2\,du}{\sqrt{a^2-u^2}} = -\frac{u}{2}\sqrt{a^2-u^2} + \frac{a^2}{2}\sin^{-1}\frac{u}{a}+C$

35. $\displaystyle\int \frac{du}{u\sqrt{a^2-u^2}} = -\frac{1}{a}\ln\left|\frac{a+\sqrt{a^2-u^2}}{u}\right|+C$

36. $\displaystyle\int \frac{du}{u^2\sqrt{a^2-u^2}} = -\frac{1}{a^2u}\sqrt{a^2-u^2}+C$

37. $\displaystyle\int (a^2-u^2)^{3/2}\,du = -\frac{u}{8}(2u^2-5a^2)\sqrt{a^2-u^2} + \frac{3a^4}{8}\sin^{-1}\frac{u}{a}+C$

38. $\displaystyle\int \frac{du}{(a^2-u^2)^{3/2}} = \frac{u}{a^2\sqrt{a^2-u^2}}+C$

■ $\sqrt{u^2 - a^2}$, $a > 0$

39. $\displaystyle\int \sqrt{u^2 - a^2}\, du = \frac{u}{2}\sqrt{u^2 - a^2} - \frac{a^2}{2}\ln\left|u + \sqrt{u^2 - a^2}\right| + C$

40. $\displaystyle\int u^2\sqrt{u^2 - a^2}\, du = \frac{u}{8}(2u^2 - a^2)\sqrt{u^2 - a^2} - \frac{a^4}{8}\ln\left|u + \sqrt{u^2 - a^2}\right| + C$

41. $\displaystyle\int \frac{\sqrt{u^2 - a^2}}{u}\, du = \sqrt{u^2 - a^2} - a\cos^{-1}\frac{a}{|u|} + C$

42. $\displaystyle\int \frac{\sqrt{u^2 - a^2}}{u^2}\, du = -\frac{\sqrt{u^2 - a^2}}{u} + \ln\left|u + \sqrt{u^2 - a^2}\right| + C$

43. $\displaystyle\int \frac{du}{\sqrt{u^2 - a^2}} = \ln\left|u + \sqrt{u^2 - a^2}\right| + C$

44. $\displaystyle\int \frac{u^2\, du}{\sqrt{u^2 - a^2}} = \frac{u}{2}\sqrt{u^2 - a^2} + \frac{a^2}{2}\ln\left|u + \sqrt{u^2 - a^2}\right| + C$

45. $\displaystyle\int \frac{du}{u^2\sqrt{u^2 - a^2}} = \frac{\sqrt{u^2 - a^2}}{a^2 u} + C$

46. $\displaystyle\int \frac{du}{(u^2 - a^2)^{3/2}} = -\frac{u}{a^2\sqrt{u^2 - a^2}} + C$

■ $a + bu$

47. $\displaystyle\int \frac{u\, du}{a + bu} = \frac{1}{b^2}(a + bu - a\ln|a + bu|) + C$

48. $\displaystyle\int \frac{u^2\, du}{a + bu} = \frac{1}{2b^3}\left[(a + bu)^2 - 4a(a + bu) + 2a^2\ln|a + bu|\right] + C$

49. $\displaystyle\int \frac{du}{u(a + bu)} = \frac{1}{a}\ln\left|\frac{u}{a + bu}\right| + C$

50. $\displaystyle\int \frac{du}{u^2(a + bu)} = -\frac{1}{au} + \frac{b}{a^2}\ln\left|\frac{a + bu}{u}\right| + C$

51. $\displaystyle\int \frac{u\, du}{(a + bu)^2} = \frac{a}{b^2(a + bu)} + \frac{1}{b^2}\ln|a + bu| + C$

52. $\displaystyle\int \frac{du}{u(a + bu)^2} = \frac{1}{a(a + bu)} - \frac{1}{a^2}\ln\left|\frac{a + bu}{u}\right| + C$

53. $\displaystyle\int \frac{u^2\,du}{(a+bu)^2} = \frac{1}{b^3}\left(a+bu-\frac{a^2}{a+bu}-2a\ln|a+bu|\right)+C$

54. $\displaystyle\int u\sqrt{a+bu}\,du = \frac{2}{15b^2}(3bu-2a)(a+bu)^{3/2}+C$

55. $\displaystyle\int \frac{u\,du}{\sqrt{a+bu}} = \frac{2}{3b^2}(bu-2a)\sqrt{a+bu}+C$

56. $\displaystyle\int \frac{u^2\,du}{\sqrt{a+bu}} = \frac{2}{15b^3}(8a^2+3b^2u^2-4abu)\sqrt{a+bu}+C$

57. $\displaystyle\int \frac{du}{u\sqrt{a+bu}} = \frac{1}{\sqrt{a}}\ln\left|\frac{\sqrt{a+bu}-\sqrt{a}}{\sqrt{a+bu}+\sqrt{a}}\right|+C,\quad a>0$

$\displaystyle = \frac{2}{\sqrt{-a}}\tan^{-1}\sqrt{\frac{a+bu}{-a}}+C,\quad a<0$

58. $\displaystyle\int \frac{\sqrt{a+bu}}{u}\,du = 2\sqrt{a+bu}+a\int\frac{du}{u\sqrt{a+bu}}$

59. $\displaystyle\int \frac{\sqrt{a+bu}}{u^2}\,du = -\frac{\sqrt{a+bu}}{u}+\frac{b}{2}\int\frac{du}{u\sqrt{a+bu}}$

60. $\displaystyle\int u^n\sqrt{a+bu}\,du = \frac{2}{b(2n+3)}\left[u^n(a+bu)^{3/2}-na\int u^{n-1}\sqrt{a+bu}\,du\right]$

61. $\displaystyle\int \frac{u^2\,du}{\sqrt{a+bu}} = \frac{2u^n\sqrt{a+bu}}{b(2n+1)}-\frac{2na}{b(2n+1)}\int\frac{u^{n-1}\,du}{\sqrt{a+bu}}$

62. $\displaystyle\int \frac{du}{u^n\sqrt{a+bu}} = -\frac{\sqrt{a+bu}}{a(n-1)u^{n-1}}-\frac{b(2n-3)}{2a(n-1)}\int\frac{du}{u^{n-1}\sqrt{a+bu}}$

■ 삼각함수

63. $\displaystyle\int \sin^2 u\,du = \frac{1}{2}u-\frac{1}{4}\sin 2u+C$

64. $\displaystyle\int \cos^2 u\,du = \frac{1}{2}u+\frac{1}{4}\sin 2u+C$

65. $\displaystyle\int \tan^2 u\,du = \tan u-u+C$

66. $\displaystyle\int \cot^2 u\,du = -\cot u-u+C$

67. $\int \sin^3 u\,du = -\frac{1}{3}(2+\sin^2 u)\cos u + C$

68. $\int \cos^3 u\,du = \frac{1}{3}(2+\cos^2 u)\sin u + C$

69. $\int \tan^3 u\,du = \frac{1}{2}\tan^2 u + \ln|\cos u| + C$

70. $\int \cot^3 u\,du = -\frac{1}{2}\cot^2 u - \ln|\sin u| + C$

71. $\int \sec^3 u\,du = \frac{1}{2}\sec u\tan u + \frac{1}{2}\ln|\sec u + \tan u| + C$

72. $\int \csc^3 u\,du = -\frac{1}{2}\csc u\cot u + \frac{1}{2}\ln|\csc u - \cot u| + C$

73. $\int \sin^n u\,du = -\frac{1}{n}\sin^{n-1} u\cos u + \frac{n-1}{n}\int \sin^{n-2} u\,du$

74. $\int \cos^n u\,du = \frac{1}{n}\cos^{n-1} u\sin u + \frac{n-1}{n}\int \cos^{n-2} u\,du$

75. $\int \tan^n u\,du = \frac{1}{n-1}\tan^{n-1} u - \int \tan^{n-2} u\,du$

76. $\int \cot^n u\,du = \frac{-1}{n-1}\cot^{n-1} u - \int \cot^{n-2} u\,du$

77. $\int \sec^n u\,du = \frac{1}{n-1}\tan u\sec^{n-2} u + \frac{n-2}{n-1}\int \sec^{n-2} u\,du$

78. $\int \csc^n u\,du = \frac{-1}{n-1}\cot u\csc^{n-2} u + \frac{n-2}{n-1}\int \csc^{n-2} u\,du$

79. $\int \sin au\sin bu\,du = \frac{\sin(a-b)u}{2(a-b)} - \frac{\sin(a+b)u}{2(a+b)} + C$

80. $\int \cos au\cos bu\,du = \frac{\sin(a-b)u}{2(a-b)} + \frac{\sin(a+b)u}{2(a+b)} + C$

81. $\int \sin au\cos bu\,du = -\frac{\cos(a-b)u}{2(a-b)} - \frac{\cos(a+b)u}{2(a+b)} + C$

82. $\int u\sin u\,du = \sin u - u\cos u + C$

83. $\int u\cos u\,du = \cos u + u\sin u + C$

84. $\int u^n \sin u\, du = -u^n \cos u + n\int u^{n-1} \cos u\, du$

85. $\int u^n \cos u\, du = u^n \sin u - n\int u^{n-1} \sin u\, du$

86. $$\int \sin^n u \cos^m u\, du = -\frac{\sin^{n-1} u \cos^{m+1} u}{n+m} + \frac{n-1}{n+m}\int \sin^{n-2} u \cos^m u\, du$$
$$= \frac{\sin^{n+1} u \cos^{m-1} u}{n+m} + \frac{m-1}{n+m}\int \sin^n u \cos^{m-2} u\, du$$

■ 역삼각함수

87. $\int \sin^{-1} u\, du = u \sin^{-1} u + \sqrt{1-u^2} + C$

88. $\int \cos^{-1} u\, du = u \cos^{-1} u - \sqrt{1-u^2} + C$

89. $\int \tan^{-1} u\, du = u \tan^{-1} u - \frac{1}{2}\ln(1+u^2) + C$

90. $\int u \sin^{-1} u\, du = \frac{2u^2-1}{4}\sin^{-1} u + \frac{u\sqrt{1-u^2}}{4} + C$

91. $\int u \cos^{-1} u\, du = \frac{2u^2-1}{4}\cos^{-1} u - \frac{u\sqrt{1-u^2}}{4} + C$

92. $\int u \tan^{-1} u\, du = \frac{u^2+1}{2}\tan^{-1} u - \frac{u}{2} + C$

93. $\int u^n \sin^{-1} u\, du = \frac{1}{n+1}\left[u^{n+1}\sin^{-1} u - \int \frac{u^{n+1}\, du}{\sqrt{1-u^2}}\right],\quad n \neq -1$

94. $\int u^n \cos^{-1} u\, du = \frac{1}{n+1}\left[u^{n+1}\cos^{-1} u + \int \frac{u^{n+1}\, du}{\sqrt{1-u^2}}\right],\quad n \neq -1$

95. $\int u^n \tan^{-1} u\, du = \frac{1}{n+1}\left[u^{n+1}\tan^{-1} u - \int \frac{u^{n+1}\, du}{\sqrt{1+u^2}}\right],\quad n \neq -1$

■ 지수함수와 로그함수

96. $\int ue^{au}\, du = \frac{1}{a^2}(au-1)e^{au} + C$

97. $\int u^n e^{au}\, du = \frac{1}{a}u^n e^{au} - \frac{n}{a}\int u^{n-1} e^{au}\, du$

98. $\displaystyle\int e^{au}\sin bu\, du = \frac{e^{au}}{a^2+b^2}(a\sin bu - b\cos bu) + C$

99. $\displaystyle\int e^{au}\cos bu\, du = \frac{e^{au}}{a^2+b^2}(a\cos bu + b\sin bu) + C$

100. $\displaystyle\int \ln u\, du = u\ln u - u + C$

101. $\displaystyle\int u^n \ln u\, du = \frac{u^{n+1}}{(n+1)^2}[(n+1)\ln u - 1] + C$

102. $\displaystyle\int \frac{1}{u\ln u}\, du = \ln|\ln u| + C$

■ 쌍곡선함수

103. $\displaystyle\int \sinh u\, du = \cosh u + C$

104. $\displaystyle\int \cosh u\, du = \sinh u + C$

105. $\displaystyle\int \tanh u\, du = \ln\cosh u + C$

106. $\displaystyle\int \coth u\, du = \ln|\sinh u| + C$

107. $\displaystyle\int \operatorname{sech} u\, du = \tan^{-1}|\sinh u| + C$

108. $\displaystyle\int \operatorname{csch} u\, du = \ln\left|\tanh\frac{1}{2}u\right| + C$

109. $\displaystyle\int \operatorname{sech}^2 u\, du = \tanh u + C$

110. $\displaystyle\int \operatorname{csch}^2 u\, du = -\coth u + C$

111. $\displaystyle\int \operatorname{sech} u\tanh u\, du = -\operatorname{sech} u + C$

112. $\displaystyle\int \operatorname{csch} u\coth u\, du = -\operatorname{csch} u + C$

■ $\sqrt{2au-u^2}$, $a>0$

113. $\int \sqrt{2au-u^2}\,du = \frac{u-a}{2}\sqrt{2au-u^2} + \frac{a^2}{2}\cos^{-1}\left(\frac{a-u}{a}\right) + C$

114. $\int u\sqrt{2au-u^2}\,du = \frac{2u^2-au-3a^2}{6}\sqrt{2au-u^2} + \frac{a^3}{2}\cos^{-1}\left(\frac{a-u}{a}\right) + C$

115. $\int \frac{\sqrt{2au-u^2}}{u}\,du = \sqrt{2au-u^2} + a\cos^{-1}\left(\frac{a-u}{a}\right) + C$

116. $\int \frac{\sqrt{2au-u^2}}{u^2}\,du = \frac{2\sqrt{2au-u^2}}{u} - \cos^{-1}\left(\frac{a-u}{a}\right) + C$

117. $\int \frac{du}{\sqrt{2au-u^2}} = \cos^{-1}\left(\frac{a-u}{a}\right) + C$

118. $\int \frac{u\,du}{\sqrt{2au-u^2}} = -\sqrt{2au-u^2} + a\cos^{-1}\left(\frac{a-u}{a}\right) + C$

119. $\int \frac{u^2\,du}{\sqrt{2au-u^2}} = -\frac{(u+3a)}{2}\sqrt{2au-u^2} + \frac{3a^2}{2}\cos^{-1}\left(\frac{a-u}{a}\right) + C$

120. $\int \frac{du}{u\sqrt{2au-u^2}} = -\frac{\sqrt{2au-u^2}}{au} + C$

수표

■ 제곱과 근

n	n^2	$\sqrt{n}$	n^3	$\sqrt[3]{n}$
1	1	1.000	1	1.000
2	4	1.414	8	1.260
3	9	1.732	27	1.442
4	16	2.000	64	1.587
5	25	2.236	125	1.710
6	36	2.449	216	1.817
7	49	2.646	343	1.913
8	64	2.828	512	2.000
9	81	3.000	729	2.080
10	100	3.162	1,000	2.154
11	121	3.317	1,331	2.224
12	144	3.464	1,728	2.289
13	169	3.606	2,197	2.351
14	196	3.742	2,744	2.410
15	225	3.873	3,375	2.466
16	256	4.000	4,096	2.520
17	289	4.123	4,913	2.571
18	324	4.243	5,832	2.621
19	361	4.359	6,859	2.668
20	400	4.472	8,000	2.714
21	441	4.583	9,261	2.759
22	484	4.690	10,648	2.802
23	529	4.796	12,167	2.844
24	576	4.899	13,824	2.884
25	625	5.000	15,625	2.924
26	676	5.099	17,576	2.962
27	729	5.196	19,683	3.000
28	784	5.291	21,952	3.037
29	841	5.385	24,389	3.072
30	900	5.477	27,000	3.107
31	961	5.568	29,791	3.141
32	1,024	5.657	32,768	3.175
33	1,089	5.745	35,937	3.208
34	1,156	5.831	39,304	3.240
35	1,225	5.916	42,875	3.271
36	1,296	6.000	46,656	3.302
37	1,369	6.083	50,653	3.332
38	1,444	6.164	54,872	3.362
39	1,521	6.245	59,319	3.391
40	1,600	6.325	64,000	3.420
41	1,681	6.403	68,921	3.448
42	1,764	6.481	74,088	3.476
43	1,849	6.557	79,507	3.503
44	1,936	6.633	85,184	3.530
45	2,025	6.708	91,125	3.557
46	2,116	6.782	97,336	3.583
47	2,209	6.856	103,823	3.609
48	2,304	6.928	110,592	3.634
49	2,401	7.000	117,649	3.659
50	2,500	7.071	125,000	3.684
n	n^2	$\sqrt{n}$	n^3	$\sqrt[3]{n}$

n	n^2	$\sqrt{n}$	n^3	$\sqrt[3]{n}$
51	2,601	7.141	132,651	3.708
52	2,704	7.211	140,608	3.732
53	2,809	7.280	148,877	3.756
54	2,916	7.348	157,464	3.780
55	3,025	7.416	166,375	3.803
56	3,136	7.483	175,616	3.826
57	3,249	7.550	185,193	3.848
58	3,364	7.616	195,112	3.871
59	3,481	7.681	205,379	3.893
60	3,600	7.746	216,000	3.915
61	3,721	7.810	226,981	3.936
62	3,844	7.874	238,328	3.958
63	3,969	7.937	250,047	3.979
64	4,096	8.000	262,144	4.000
65	4,225	8.062	274,625	4.021
66	4,356	8.124	287,496	4.041
67	4,489	8.185	300,763	4.062
68	4,624	8.246	314,432	4.082
69’	4,761	8.307	328,509	4.102
70	4,900	8.367	343,000	4.121
71	5,041	8.426	357,911	4.141
72	5,184	8.485	373,248	4.160
73	5,329	8.544	389,017	4.179
74	5,476	8.602	405,224	4.198
75	5,625	8.660	421,875	4.217
76	5,776	8.718	438,976	4.236
77	5,929	8.775	456,533	4.254
78	6,084	8.832	474,552	4.273
79	6,241	8.888	493,039	4.291
80	6,400	8.944	512,000	4.309
81	6,561	9.000	531,441	4.327
82	6,724	9.055	551,368	4.344
83	6,889	9.110	571,787	4.362
84	7,056	9.165	592,704	4.380
85	7,225	9.220	614,125	4.397
86	7,396	9.274	636,056	4.414
87	7,569	9.327	658,503	4.431
88	7,744	9.381	681,472	4.448
89	7,921	9.434	704,969	4.465
90	8,100	9.487	729,000	4.481
91	8,281	9.539	753,571	4.498
92	8,464	9.592	778,688	4.514
93	8,649	9.643	804,357	4.531
94	8,836	9.695	830,584	4.547
95	9,025	9.747	857,375	4.563
96	9,216	9.798	884,736	4.579
97	9,409	9.849	912,673	4.595
98	9,604	9.899	941,192	4.610
99	9,801	9.950	970,299	4.626
100	10,000	10.000	1,000,000	4.642
n	n^2	$\sqrt{n}$	n^3	$\sqrt[3]{n}$

■ 삼각함수, 도수

Angle	Sin	Tan	Cot	Cos	---
0.0°	.0000	.0000	---	1.0000	**90.0°**
0.5°	.0087	.0087	114.59	1.0000	89.5°
1.0°	.0175	.0175	57.290	.9998	89.0°
1.5°	.0262	.0262	38.188	.9997	88.5°
2.0°	.0349	.0349	28.636	.9994	88.0°
2.5°	.0436	.0437	22.904	.9990	**87.5°**
3.0°	.0523	.0524	19.081	.9986	87.0°
3.5°	.0610	.0612	16.350	.9981	86.5°
4.0°	.0698	.0699	14.301	.9976	86.0°
4.5°	.0785	.0787	12.706	.9969	85.5°
5.0°	.0872	.0875	11.430	.9962	**85.0°**
5.5°	.0958	.0963	10.385	.9954	84.5°
6.0°	.1045	.1051	9.5144	.9945	84.0°
6.5°	.1132	.1139	8.7769	.9936	83.5°
7.0°	.1219	.1228	8.1443	.9925	83.0°
7.5°	.1305	.1317	7.5958	.9914	**82.5°**
8.0°	.1392	.1405	7.1154	.9903	82.0°
8.5°	.1478	.1495	6.6912	.9890	81.5°
9.0°	.1564	.1584	6.3138	.9877	81.0°
9.5°	.1650	.1673	5.9758	.9863	80.5°
10.0°	.1736	.1763	5.6713	.9848	**80.0°**
10.5°	.1822	.1853	5.3955	.9833	79.5°
11.0°	.1908	.1944	5.1446	.9816	79.0°
11.5°	.1994	.2035	4.9152	.9799	78.5°
12.0°	.2079	.2126	4.7046	.9781	78.0°
12.5°	.2164	.2217	4.5107	.9763	**77.5°**
13.0°	.2250	.2309	4.3315	.9744	77.0°
13.5°	.2334	.2401	4.1653	.9724	76.5°
14.0°	.2419	.2493	4.0108	.9703	76.0°
14.5°	.2504	.2586	3.8667	.9681	75.5°
15.0°	.2588	.2679	3.7321	.9659	**75.0°**
15.5°	.2672	.2773	3.6059	.9636	74.5°
16.0°	.2756	.2867	3.4874	.9613	74.0°
16.5°	.2840	.2962	3.3759	.9588	73.5°
17.0°	.2924	.3057	3.2709	.9563	73.0°
17.5°	.3007	.3153	3.1716	.9537	**72.5°**
18.0°	.3090	.3249	3.0777	.9511	72.0°
18.5°	.3173	.3346	2.9887	.9483	71.5°
19.0°	.3256	.3443	2.9042	.9455	71.0°
19.5°	.3338	.3541	2.8239	.9426	70.5°
20.0°	.3420	.3640	2.7475	.9397	**70.0°**
20.5°	.3502	.3739	2.6746	.9367	69.5°
21.0°	.3584	.3839	2.6051	.9336	69.0°
21.5°	.3665	.3939	2.5386	.9304	68.5°
22.0°	.3746	.4040	2.4751	.9272	68.0°
22.5°	.3827	.4142	2.4142	.9239	**67.5°**
---	Cos	Cot	Tan	Sin	각

Angle	Sin	Tan	Cot	Cos	---
22.5°	.3827	.4142	2.4142	.9239	**67.5°**
23.0°	.3907	.4245	2.3559	.9205	67.0°
23.5°	.3987	.4348	2.2988	.9171	66.5°
24.0°	.4067	.4452	2.2460	.9135	66.0°
24.5°	.4147	.4557	2.1943	.9100	65.5°
25.0°	.4226	.4663	2.1445	.9063	**65.0°**
25.5°	.4305	.4770	2.0965	.9026	64.5°
26.0°	.4384	.4877	2.0503	.8988	64.0°
26.5°	.4462	.4986	2.0057	.8949	63.5°
27.0°	.4540	.5095	1.9626	.8910	63.0°
27.5°	.4617	.5206	1.9210	.8870	**62.5°**
28.0°	.4695	.5317	1.8807	.8829	62.0°
28.5°	.4772	.5430	1.8418	.8788	61.5°
29.0°	.4848	.5543	1.8040	.8746	61.0°
29.5°	.4924	.5658	1.7675	.8704	60.5°
30.0°	.5000	.5774	1.7321	.8660	**60.0°**
30.5°	.5075	.5890	1.6977	.8616	59.5°
31.0°	.5150	.6009	1.6643	.8572	59.0°
31.5°	.5225	.6128	1.6319	.8526	58.5°
32.0°	.5299	.6249	1.6003	.8480	58.0°
32.5°	.5373	.6371	1.5697	.8434	**57.5°**
33.0°	.5446	.6494	1.5399	.8387	57.0°
33.5°	.5519	.6619	1.5108	.8339	56.5°
34.0°	.5592	.6745	1.4826	.8290	56.0°
34.5°	.5664	.6873	1.4550	.8241	55.5°
35.0°	.5736	.7002	1.4281	.8192	**55.0°**
35.5°	.5807	.7133	1.4019	.8141	54.5°
36.0°	.5878	.7265	1.3764	.8090	54.0°
36.5°	.5948	.7400	1.3514	.8039	53.5°
37.0°	.6018	.7536	1.3270	.7986	53.0°
37.5°	.6088	.7673	1.3032	.7934	**52.5°**
38.0°	.6157	.7813	1.2799	.7880	52.0°
38.5°	.6225	.7954	1.2572	.7826	51.5°
39.0°	.6293	.8098	1.2349	.7771	51.0°
39.5°	.6361	.8243	1.2131	.7716	50.5°
40.0°	.6428	.8391	1.1918	.7660	**50.0°**
40.5°	.6494	.8541	1.1708	.7604	49.5°
41.0°	.6561	.8693	1.1504	.7547	49.0°
41.5°	.6626	.8847	1.1303	.7490	48.5°
42.0°	.6691	.9004	1.1106	.7431	48.0°
42.5°	.6756	.9163	1.0913	.7373	**47.5°**
43.0°	.6820	.9325	1.0724	.7314	47.0°
43.5°	.6884	.9490	1.0538	.7254	46.5°
44.0°	.6947	.9657	1.0355	.7193	46.0°
44.5°	.7009	.9827	1.0176	.7133	45.5°
45.0°	.7071	1.0000	1.0000	.7071	**45.0°**
---	Cos	Cot	Tan	Sin	각

■ 삼각함수, 호도

Radians	sin	cos	tan
0.00	0.0000	1.0000	0.0000
.01	.0100	1.0000	.0100
.02	.0200	0.9998	.0200
.03	.0300	.9996	.0300
.04	.0400	.9992	.0400
.05	.0500	.9988	.0500
.06	.0600	.9982	.0601
.07	.0699	.9976	.0701
.08	.0799	.9968	.0802
.09	.0899	.9960	.0902
.10	.0998	.9950	.1003
.11	.1098	.9940	.1104
.12	.1197	.9928	.1206
.13	.1296	.9916	.1307
.14	.1395	.9902	.1409
.15	.1494	.9888	.1511
.16	.1593	.9872	.1614
.17	.1692	.9856	.1717
.18	.1790	.9838	.1820
.19	.1889	.9820	.1923
.20	.1987	.9801	.2027
.21	.2085	.9780	.2131
.22	.2182	.9759	.2236
.23	.2280	.9737	.2341
.24	.2377	.9713	.2447
.25	.2474	.9689	.2553
.26	.2571	.9664	.2660
.27	.2667	.9638	.2768
.28	.2764	.9611	.2876
.29	.2860	.9582	.2984
.30	.2955	.9553	.3093
.31	.3051	.9523	.3203
.32	.3146	.9492	.3314
.33	.3240	.9460	.3425
.34	.3335	.9428	.3537
.35	.3429	.9394	.3650
.36	.3523	.9359	.3764
.37	.3616	.9323	.3879
.38	.3709	.9287	.3994
.39	.3802	.9249	.4111

Radians	sin	cos	tan
0.40	0.3894	0.9211	0.4228
.41	.3986	.9171	.4346
.42	.4078	.9131	.4466
.43	.4169	.9090	.4586
.44	.4259	.9048	.4708
.45	.4350	.9004	.4831
.46	.4439	.8961	.4954
.47	.4529	.8916	.5080
.48	.4618	.8870	.5206
.49	.4706	.8823	.5334
.50	.4794	.8776	.5463
.51	.4882	.8727	.5594
.52	.4969	.8678	.5726
.53	.5055	.8628	.5859
.54	.5141	.8577	.5994
.55	.5227	.8525	.6131
.56	.5312	.8473	.6269
.57	.5396	.8419	.6410
.58	.5480	.8365	.6552
.59	.5564	.8309	.6696
.60	.5646	.8253	.6841
.61	.5729	.8196	.6989
.62	.5810	.8139	.7139
.63	.5891	.8080	.7291
.64	.5972	.8021	.7445
.65	.6052	.7961	.7602
.66	.6131	.7900	.7761
.67	.6210	.7838	.7923
.68	.6288	.7776	.8087
.69	.6365	.7712	.8253
.70	.6442	.7648	.8423
.71	.6518	.7584	.8595
.72	.6594	.7518	.8771
.73	.6669	.7452	.8949
.74	.6743	.7385	.9131
.75	.6816	.7317	.9316
.76	.6889	.7248	.9505
.77	.6961	.7179	.9697
.78	.7033	.7109	.9893
.79	.7104	.7038	1.009

■ 삼각함수, 호도(계속)

Radians	sin	cos	tan
0.80	0.7174	0.6967	1.030
.81	.7243	.6895	1.050
.82	.7311	.6822	1.072
.83	.7379	.6749	1.093
.84	.7446	.6675	1.116
.85	.7513	.6600	1.138
.86	.7578	.6524	1.162
.87	.7643	.6448	1.185
.88	.7707	.6372	1.210
.89	.7771	.6294	1.235
.90	.7833	.6216	1.260
.91	.7895	.6137	1.286
.92	.7956	.6058	1.313
.93	.8016	.5978	1.341
.94	.8076	.5898	1.369
.95	.8134	.5817	1.398
.96	.8192	.5735	1.428
.97	.8249	.5653	1.459
.98	.8305	.5570	1.491
.99	.8360	.5487	1.524
1.00	.8415	.5403	1.557
1.01	.8468	.5319	1.592
1.02	.8521	.5234	1.628
1.03	.8573	.5148	1.665
1.04	.8624	.5062	1.704
1.05	.8674	.4976	1.743
1.06	.8724	.4889	1.784
1.07	.8772	.4801	1.827
1.08	.8820	.4713	1.871
1.09	.8866	.4625	1.917
1.10	.8912	.4536	1.965
1.11	.8957	.4447	2.014
1.12	.9001	.4357	2.066
1.13	.9044	.4267	2.120
1.14	.9086	.4176	2.176
1.15	.9128	.4085	2.234
1.16	.9168	.3993	2.296
1.17	.9208	.3902	2.360
1.18	.9246	.3809	2.427
1.19	.9284	.3717	2.498

Radians	sin	cos	tan
1.20	0.9320	0.3624	2.572
1.21	.9356	.3530	2.650
1.22	.9391	.3436	2.733
1.23	.9425	.3342	2.820
1.24	.9458	.3248	2.912
1.25	.9490	.3153	3.010
1.26	.9521	.3058	3.113
1.27	.9551	.2963	3.224
1.28	.9580	.2867	3.341
1.29	.9608	.2771	3.467
1.30	.9636	.2675	3.602
1.31	.9662	.2579	3.747
1.32	.9687	.2482	3.903
1.33	.9711	.2385	4.072
1.34	.9735	.2288	4.256
1.35	.9757	.2190	4.455
1.36	.9779	.2092	4.673
1.37	.9799	.1994	4.913
1.38	.9819	.1896	5.177
1.39	.9837	.1798	5.471
1.40	.9854	.1700	5.798
1.41	.9871	.1601	6.165
1.42	.9887	.1502	6.581
1.43	.9901	.1403	7.055
1.44	.9915	.1304	7.602
1.45	.9927	.1205	8.238
1.46	.9939	.1106	8.989
1.47	.9949	.1006	9.887
1.48	.9959	.0907	10.98
1.49	.9967	.0807	12.35
1.50	.9975	.0707	14.10
1.51	.9982	.0608	16.43
1.52	.9987	.0508	19.67
1.53	.9992	.0408	24.50
1.54	.9995	.0308	32.46
1.55	.9998	.0208	48.08
1.56	.9999	.0108	92.62
1.57	1.0000	.0008	1256.

■ 상용로그

n	0	1	2	3	4	5	6	7	8	9
10	0000	0043	0086	0128	0170	0212	0253	0294	0334	0374
11	0414	0453	0492	0531	0569	0607	0645	0682	0719	0755
12	0792	0828	8064	0899	0934	0969	1004	1038	1072	1106
13	1139	1173	1206	1239	1271	1303	1335	1367	1399	1430
14	1461	1492	1523	1553	1584	1614	1644	1673	1703	1732
15	1761	1790	1818	1847	1875	1903	1931	1959	1987	2014
16	2041	2068	2095	2122	2148	2175	2201	2227	2253	2279
17	2304	2330	2355	2380	2405	2430	2455	2480	2504	2529
18	2553	2577	2601	2625	2648	2672	2695	2718	2742	2765
19	2788	2810	2833	2856	2878	2900	2923	2945	2967	2989
20	3010	3032	3054	3075	3096	3118	3139	3160	3181	3201
21	3222	3243	3263	3284	3304	3324	3345	3365	3385	3404
22	3424	3444	3464	3483	3502	3522	3541	3560	3579	3598
23	3617	3636	3655	3674	3692	3711	3729	3747	3766	3784
24	3802	3820	3838	3856	3874	3892	3909	3927	3945	3962
25	3979	3997	4014	4031	4048	4065	4082	4099	4116	4133
26	4150	4166	4183	4200	4216	4232	4249	4265	4281	4298
27	4314	4330	4346	4362	4378	4393	4409	4425	4440	4456
28	4472	4487	4502	4518	4533	4548	4564	4579	4594	4609
29	4624	4639	4654	4669	4683	4698	4713	4728	4742	4757
30	4771	4786	4800	4814	4829	4843	4857	4871	4886	4900
31	4914	4928	4942	4955	4969	4983	4997	5011	5024	5038
32	5051	5065	5079	5092	5105	5119	5132	5145	5159	5172
33	5185	5198	5211	5224	5237	5250	5263	5276	5289	5302
34	5315	5328	5340	5353	5366	5378	5391	5403	5416	5428
35	5441	5453	5465	5478	5490	5502	5514	5527	5539	5551
36	5563	5575	5587	5599	5611	5623	5635	5647	5658	5670
37	5682	5694	5705	5717	5729	5740	5752	5763	5775	5786
38	5798	5809	5821	5832	5843	5855	5866	5877	5888	5899
39	5911	5922	5933	5944	5955	5966	5977	5988	5999	6010
40	6021	6031	6042	6053	6064	6075	6085	6096	6107	6117
41	6128	6138	6149	6160	6170	6180	6191	6201	6212	6222
42	6232	6243	6253	6263	6274	6284	6294	6304	6314	6325
43	6335	6345	6355	6365	6375	6385	6395	6405	6415	6425
44	6435	6444	6454	6464	6474	6484	6493	6503	6513	6522
45	6532	6542	6551	6561	6571	6580	6590	6599	6609	6618
46	6628	6637	6646	6656	6665	6675	6684	6693	6702	6712
47	6721	6730	6739	6749	6758	6767	6776	6785	6794	6803
48	6812	6821	6830	6839	6848	6857	6866	6875	6884	6893
49	6902	6911	6920	6928	6937	6946	6955	6964	6972	6981
50	6990	6998	7007	7016	7024	7033	7042	7050	7059	7067
51	7076	7084	7093	7101	7110	7118	7126	7135	7143	7152
52	7160	7168	7177	7185	7193	7202	7210	7218	7226	7235
53	7243	7251	7259	7267	7275	7284	7292	7300	7308	7316
54	7324	7332	7340	7348	7356	7364	7372	7380	7388	7396
n	0	1	2	3	4	5	6	7	8	9

Prop. Parts				
	43	**42**	**41**	**40**
1	4.3	4.2	4.1	4.0
2	8.6	8.4	8.2	8.0
3	12.9	12.6	12.3	12.0
4	17.2	16.8	16.4	16.0
5	21.5	21.0	20.5	20.0
6	25.8	25.2	24.6	24.0
7	30.1	29.4	28.7	28.0
8	34.4	33.6	32.8	32.0
9	38.7	37.8	36.9	36.0
	39	**38**	**37**	**36**
1	3.9	3.8	3.7	3.6
2	7.8	7.6	7.4	7.2
3	11.7	11.4	11.1	10.8
4	15.6	15.2	14.8	14.4
5	19.5	19.0	18.5	18.0
6	23.4	22.8	22.2	21.6
7	27.3	26.6	25.9	25.2
8	31.2	30.4	29.6	28.8
9	35.1	34.2	33.3	32.4
	35	**34**	**33**	**32**
1	3.5	3.4	3.3	3.2
2	7.0	6.8	6.6	6.4
3	10.5	10.2	9.9	9.6
4	14.0	13.6	13.2	12.8
5	17.5	17.0	16.5	16.0
6	21.0	20.4	19.8	19.2
7	24.5	23.8	23.1	22.4
8	28.0	27.2	26.4	25.6
9	31.5	30.6	29.7	28.8
	31	**30**	**29**	**28**
1	3.1	3.0	2.9	2.8
2	6.2	6.0	5.8	5.6
3	9.3	9.0	8.7	8.4
4	12.4	12.0	11.6	11.2
5	15.5	15.0	14.5	14.0
6	18.6	18.0	17.4	16.8
7	21.7	21.0	20.3	19.6
8	24.8	24.0	23.2	22.4
9	27.9	27.0	26.1	25.2
	27	**26**	**25**	**24**
1	2.7	2.6	2.5	2.4
2	5.4	5.2	5.0	4.8
3	8.1	7.8	7.5	7.2
4	10.8	10.4	10.0	9.6
5	13.5	13.0	12.5	12.0
6	16.2	15.6	15.0	14.4
7	18.9	18.2	17.5	16.8
8	21.6	20.8	20.0	19.2
9	24.3	23.4	22.5	21.6
Prop. Parts				

상용로그(계속)

n	0	1	2	3	4	5	6	7	8	9
55	7404	7412	7419	7427	7435	7443	7451	7459	7466	7474
56	7482	7490	7497	7505	7513	7520	7528	7536	7543	7551
57	7559	7566	7574	7582	7589	7597	7604	7612	7619	7627
58	7634	7642	7649	7657	7664	7672	7679	7686	7694	7701
59	7709	7716	7723	7731	7738	7745	7752	7760	7767	7774
60	7782	7789	7796	7803	7810	7818	7825	7832	7839	7846
61	7853	7860	7868	7875	7882	7889	7896	7903	7910	7917
62	7924	7931	7938	7945	7952	7959	7966	7973	7980	7987
63	7993	8000	8007	8014	8021	8028	8035	8041	8048	8055
64	8062	8069	8075	8082	8089	8096	8102	8109	8116	8122
65	8129	8136	8142	8149	8156	8162	8169	8176	8182	8189
66	8195	8202	8209	8215	8222	8228	8235	8241	8248	8254
67	8261	8267	8274	8280	8287	8293	8299	8306	8312	8319
68	8325	8331	8338	8344	8351	8357	8363	8370	8376	8382
69	8388	8395	8401	8407	8414	8420	8426	8432	8439	8445
70	8451	8457	8463	8470	8476	8482	8488	8494	8500	8506
71	8513	8519	8525	8531	8537	8543	8549	8555	8561	8567
72	8573	8579	8585	8591	8597	8603	8609	8615	8621	8627
73	8633	8639	8645	8651	8657	8663	8669	8675	8681	8686
74	8692	8698	8704	8710	8716	8722	8727	8733	8739	8745
75	8751	8756	8762	8768	8774	8779	8785	8791	8797	8802
76	8808	8814	8820	8825	8831	8837	8842	8848	8854	8859
77	8865	8871	8876	8882	8887	8893	8899	8904	8910	8915
78	8921	8927	8932	8938	8943	8949	8954	8960	8965	8971
79	8976	8982	8987	8993	8998	9004	9009	9015	9020	9025
80	9031	9036	9042	9047	9053	9058	9063	9069	9074	9079
81	9085	9090	9096	9101	9106	9112	9117	9122	9128	9133
82	9138	9143	9149	9154	9159	9165	9170	9175	9180	9186
83	9191	9196	9201	9206	9212	9217	9222	9227	9232	9238
84	9243	9248	9253	9258	9263	9269	9274	9279	9284	9289
85	9294	9299	9304	9309	9315	9320	9325	9330	9335	9340
86	9345	9350	9355	9360	9365	9370	9375	9380	9385	9390
87	9395	9400	9405	9410	9415	9420	9425	9430	9435	9440
88	9445	9450	9455	9460	9465	9469	9474	9479	9484	9489
89	9494	9499	9504	9509	9513	9518	9523	9528	9533	9538
90	9542	9547	9552	9557	9562	9566	9571	9576	9581	9586
91	9590	9595	9600	9605	9609	9614	9619	9624	9628	9633
92	9638	9643	9647	9652	9657	9661	9666	9671	9675	9680
93	9685	9689	9694	9699	9703	9708	9713	9717	9722	9727
94	9731	9736	9741	9745	9750	9754	9759	9763	9768	9773
95	9777	9782	9786	9791	9795	9800	9805	9809	9814	9818
96	9823	9827	9832	9836	9841	9845	9850	9854	9859	9863
97	9868	9872	9877	9881	9886	9890	9894	9899	9903	9908
98	9912	9917	9921	9926	9930	9934	9939	9943	9948	9952
99	9956	9961	9965	9969	9974	9978	9983	9987	9991	9996
n	0	1	2	3	4	5	6	7	8	9

Prop. Parts

	23	**22**	**21**	**20**
1	2.3	2.2	2.1	2.0
2	4.6	4.4	4.2	4.0
3	6.9	6.6	6.3	6.0
4	9.2	8.8	8.4	8.0
5	11.5	11.0	10.5	10.0
6	13.8	13.2	12.6	12.0
7	16.1	15.4	14.7	14.0
8	18.4	17.6	16.8	16.0
9	20.7	19.8	18.9	18.0
	19	**18**	**17**	**16**
1	1.9	1.8	1.7	1.6
2	3.8	3.6	3.4	3.2
3	5.7	5.4	5.1	4.8
4	7.6	7.2	6.8	6.4
5	9.5	9.0	8.5	8.0
6	11.4	10.8	10.2	9.6
7	13.3	12.6	11.9	11.2
8	15.2	14.4	13.6	12.8
9	17.1	16.2	15.3	14.4
	15	**14**	**13**	**12**
1	1.5	1.4	1.3	1.2
2	3.0	2.8	2.6	2.4
3	4.5	4.2	3.9	3.6
4	6.0	5.6	5.2	4.8
5	7.5	7.0	6.5	6.0
6	9.0	8.4	7.8	7.2
7	10.5	9.8	9.1	8.4
8	12.0	11.2	10.4	9.6
9	13.5	12.6	11.7	10.8
	11	**10**	**9**	**8**
1	1.1	1.0	0.9	0.8
2	2.2	2.0	1.8	1.6
3	3.3	3.0	2.7	2.4
4	4.4	4.0	3.6	3.2
5	5.5	5.0	4.5	4.0
6	6.6	6.0	5.4	4.8
7	7.7	7.0	6.3	5.6
8	8.8	8.0	7.2	6.4
9	9.9	9.0	8.1	7.2
	7	**6**	**5**	**4**
1	0.7	0.6	0.5	0.4
2	1.4	1.2	1.0	0.8
3	2.1	1.8	1.5	1.2
4	2.8	2.4	2.0	1.6
5	3.5	3.0	2.5	2.0
6	4.2	3.6	3.0	2.4
7	4.9	4.2	3.5	2.8
8	5.6	4.8	4.0	3.2
9	6.3	5.4	4.5	3.6

Prop. Parts

■ 자연로그

	.00	.01	.02	.03	.04	.05	.06	.07	.08	.09
1.0	0.0000	0.0100	0.0198	0.0296	0.0392	0.0488	0.0583	0.0677	0.0770	0.0862
1.1	0.0953	0.1044	0.1133	0.1222	0.1310	0.1398	0.1484	0.1570	0.1655	0.1740
1.2	0.1823	0.1906	0.1989	0.2070	0.2151	0.2231	0.2311	0.2390	0.2469	0.2546
1.3	0.2624	0.2700	0.2776	0.2852	0.2927	0.3001	0.3075	0.3148	0.3221	0.3293
1.4	0.3365	0.3436	0.3507	0.3577	0.3646	0.3716	0.3784	0.3853	0.3920	0.3988
1.5	0.4055	0.4121	0.4187	0.4253	0.4318	0.4383	0.4447	0.4511	0.4574	0.4637
1.6	0.4700	0.4762	0.4824	0.4886	0.4947	0.5008	0.5068	0.5128	0.5188	0.5247
1.7	0.5306	0.5365	0.5423	0.5481	0.5539	0.5596	0.5653	0.5710	0.5766	0.5822
1.8	0.5878	0.5933	0.5988	0.6043	0.6098	0.6152	0.6206	0.6259	0.6313	0.6366
1.9	0.6419	0.6471	0.6523	0.6575	0.6627	0.6678	0.6729	0.6780	0.6831	0.6881
2.0	0.6931	0.6981	0.7031	0.7080	0.7130	0.7178	0.7227	0.7275	0.7324	0.7372
2.1	0.7419	0.7467	0.7514	0.7561	0.7608	0.7655	0.7701	0.7747	0.7793	0.7839
2.2	0.7885	0.7930	0.7975	0.8020	0.8065	0.8109	0.8154	0.8198	0.8242	0.8286
2.3	0.8329	0.8372	0.8416	0.8459	0.8502	0.8544	0.8587	0.8629	0.8671	0.8713
2.4	0.8755	0.8796	0.8838	0.8879	0.8920	0.8961	0.9002	0.9042	0.9083	0.9123
2.5	0.9163	0.9203	0.9243	0.9282	0.9322	0.9361	0.9400	0.9439	0.9478	0.9517
2.6	0.9555	0.9594	0.9632	0.9670	0.9708	0.9746	0.9783	0.9821	0.9858	0.9895
2.7	0.9933	0.9969	1.0006	1.0043	1.0080	1.0116	1.0152	1.0188	1.0225	1.0260
2.8	1.0296	1.0332	1.0367	1.0403	1.0438	1.0473	1.0508	1.0543	1.0578	1.0613
2.9	1.0647	1.0682	1.0716	1.0750	1.0784	1.0818	1.0852	1.0886	1.0919	1.0953
3.0	1.0986	1.1019	1.1053	1.1086	1.1119	1.1151	1.1184	1.1217	1.1249	1.1282
3.1	1.1314	1.1346	1.1378	1.1410	1.1442	1.1474	1.1506	1.1537	1.1569	1.1600
3.2	1.1632	1.1663	1.1694	1.1725	1.1756	1.1787	1.1817	1.1848	1.1878	1.1909
3.3	1.1939	1.1970	1.2000	1.2030	1.2060	1.2090	1.2119	1.2149	1.2179	1.2208
3.4	1.2238	1.2267	1.2296	1.2326	1.2355	1.2384	1.2413	1.2442	1.2470	1.2499
3.5	1.2528	1.2556	1.2585	1.2613	1.2641	1.2669	1.2698	1.2726	1.2754	1.2782
3.6	1.2809	1.2837	1.2865	1.2892	1.2920	1.2947	1.2975	1.3002	1.3029	1.3056
3.7	1.3083	1.3110	1.3137	1.3164	1.3191	1.3218	1.3244	1.3271	1.3297	1.3324
3.8	1.3350	1.3376	1.3403	1.3429	1.3455	1.3481	1.3507	1.3533	1.3558	1.3584
3.9	1.3610	1.3635	1.3661	1.3686	1.3712	1.3737	1.3762	1.3788	1.3813	1.3838
4.0	1.3863	1.3888	1.3913	1.3938	1.3962	1.3987	1.4012	1.4036	1.4061	1.4085
4.1	1.4110	1.4134	1.4159	1.4183	1.4207	1.4231	1.4255	1.4279	1.4303	1.4327
4.2	1.4351	1.4375	1.4398	1.4422	1.4446	1.4469	1.4493	1.4516	1.4540	1.4563
4.3	1.4586	1.4609	1.4633	1.4656	1.4679	1.4702	1.4725	1.4748	1.4770	1.4793
4.4	1.4816	1.4839	1.4861	1.4884	1.4907	1.4929	1.4952	1.4974	1.4996	1.5019
4.5	1.5041	1.5063	1.5085	1.5107	1.5129	1.5151	1.5173	1.5195	1.5217	1.5239
4.6	1.5261	1.5282	1.5304	1.5326	1.5347	1.5369	1.5390	1.5412	1.5433	1.5454
4.7	1.5476	1.5497	1.5518	1.5539	1.5560	1.5581	1.5602	1.5623	1.5644	1.5665
4.8	1.5686	1.5707	1.5728	1.5748	1.5769	1.5790	1.5810	1.5831	1.5851	1.5872
4.9	1.5892	1.5913	1.5933	1.5953	1.5974	1.5994	1.6014	1.6034	1.6054	1.6074
5.0	1.6094	1.6114	1.6134	1.6154	1.6174	1.6194	1.6214	1.6233	1.6253	1.6273
5.1	1.6292	1.6312	1.6332	1.6351	1.6371	1.6390	1.6409	1.6429	1.6448	1.6467
5.2	1.6487	1.6506	1.6525	1.6544	1.6563	1.6582	1.6601	1.6620	1.6639	1.6658
5.3	1.6677	1.6696	1.6715	1.6734	1.6752	1.6771	1.6790	1.6808	1.6827	1.6845
5.4	1.6864	1.6882	1.6901	1.6919	1.6938	1.6956	1.6974	1.6993	1.7011	1.7029

$(\ln(N \cdot 10^m) = \ln N + m \ln 10,\ \ln 10 = 2.3026$

■ 자연로그 (계속)

	.00	.01	.02	.03	.04	.05	.06	.07	.08	.09
5.5	1.7047	1.7066	1.7084	1.7102	1.7120	1.7138	1.7156	1.7174	1.7192	1.7210
5.6	1.7228	1.7246	1.7263	1.7281	1.7299	1.7317	1.7334	1.7352	1.7370	1.7387
5.7	1.7405	1.7422	1.7440	1.7457	1.7475	1.7492	1.7509	1.7527	1.7544	1.7561
5.8	1.7579	1.7596	1.7613	1.7630	1.7647	1.7664	1.7682	1.7699	1.7716	1.7733
5.9	1.7750	1.7766	1.7783	1.7800	1.7817	1.7834	1.7851	1.7867	1.7884	1.7901
6.0	1.7918	1.7934	1.7951	1.7967	1.7984	1.8001	1.8017	1.8034	1.8050	1.8066
6.1	1.8083	1.8099	1.8116	1.8132	1.8148	1.8165	1.8181	1.8197	1.8213	1.8229
6.2	1.8245	1.8262	1.8278	1.8294	1.8310	1.8326	1.8342	1.8358	1.8374	1.8390
6.3	1.8406	1.8421	1.8437	1.8453	1.8469	1.8485	1.8500	1.8516	1.8532	1.8547
6.4	1.8563	1.8579	1.8594	1.8610	1.8625	1.8641	1.8656	1.8672	1.8687	1.8703
6.5	1.8718	1.8733	1.8749	1.8764	1.8779	1.8795	1.8810	1.8825	1.8840	1.8856
6.6	1.8871	1.8886	1.8901	1.8916	1.8931	1.8946	1.8961	1.8976	1.8991	1.9006
6.7	1.9021	1.9036	1.9051	1.9066	1.9081	1.9095	1.9110	1.9125	1.9140	1.9155
6.8	1.9169	1.9184	1.9199	1.9213	1.9228	1.9242	1.9257	1.9272	1.9286	1.9301
6.9	1.9315	1.9330	1.9344	1.9359	1.9373	1.9387	1.9402	1.9416	1.9430	1.9445
7.0	1.9459	1.9473	1.9488	1.9502	1.9516	1.9530	1.9544	1.9559	1.9573	1.9587
7.1	1.9601	1.9615	1.9629	1.9643	1.9657	1.9671	1.9685	1.9699	1.9713	1.9727
7.2	1.9741	1.9755	1.9769	1.9782	1.9796	1.9810	1.9824	1.9838	1.9851	1.9865
7.3	1.9879	1.9892	1.9906	1.9920	1.9933	1.9947	1.9961	1.9974	1.9988	2.0001
7.4	2.0015	2.0028	2.0042	2.0055	2.0069	2.0082	2.0096	2.0109	2.0122	2.0136
7.5	2.0149	2.0162	2.0176	2.0189	2.0202	2.0215	2.0229	2.0242	2.0255	2.0268
7.6	2.0282	2.0295	2.0308	2.0321	2.0334	2.0347	2.0360	2.0373	2.0386	2.0399
7.7	2.0412	2.0425	2.0438	2.0451	2.0464	2.0477	2.0490	2.0503	2.0516	2.0528
7.8	2.0541	2.0554	2.0567	2.0580	2.0592	2.0605	2.0618	2.0631	2.0643	2.0656
7.9	2.0669	2.0681	2.0694	2.0707	2.0719	2.0732	2.0744	2.0757	2.0769	2.0782
8.0	2.0794	2.0807	2.0819	2.0832	2.0844	2.0857	2.0869	2.0882	2.0894	2.0906
8.1	2.0919	2.0931	2.0943	2.0956	2.0968	2.0980	2.0992	2.1005	2.1017	2.1029
8.2	2.1041	2.1054	2.1066	2.1078	2.1090	2.1102	2.1114	2.1126	2.1138	2.1150
8.3	2.1163	2.1175	2.1187	2.1199	2.1211	2.1223	2.1235	2.1247	2.1258	2.1270
8.4	2.1282	2.1294	2.1306	2.1318	2.1330	2.1342	2.1353	2.1365	2.1377	2.1389
8.5	2.1401	2.1412	2.1424	2.1436	2.1448	2.1459	2.1471	2.1483	2.1494	2.1506
8.6	2.1518	2.1529	2.1541	2.1552	2.1564	2.1576	2.1587	2.1599	2.1610	2.1622
8.7	2.1633	2.1645	2.1656	2.1668	2.1679	2.1691	2.1702	2.1713	2.1725	2.1736
8.8	2.1748	2.1759	2.1770	2.1782	2.1793	2.1804	2.1815	2.1827	2.1838	2.1849
8.9	2.1861	2.1872	2.1883	2.1894	2.1905	2.1917	2.1928	2.1939	2.1950	2.1961
9.0	2.1972	2.1983	2.1994	2.2006	2.2017	2.2028	2.2039	2.2050	2.2061	2.2072
9.1	2.2083	2.2094	2.2105	2.2116	2.2127	2.2138	2.2148	2.2159	2.2170	2.2181
9.2	2.2192	2.2203	2.2214	2.2225	2.2235	2.2246	2.2257	2.2268	2.2279	2.2289
9.3	2.2300	2.2311	2.2322	2.2332	2.2343	2.2354	2.2364	2.2375	2.2386	2.2396
9.4	2.2407	2.2418	2.2428	2.2439	2.2450	2.2460	2.2471	2.2481	2.2492	2.2502
9.5	2.2513	2.2523	2.2534	2.2544	2.2555	2.2565	2.2576	2.2586	2.2597	2.2607
9.6	2.2618	2.2628	2.2638	2.2649	2.2659	2.2670	2.2680	2.2690	2.2701	2.2711
9.7	2.2721	2.2732	2.2742	2.2752	2.2762	2.2773	2.2783	2.2793	2.2803	2.2814
9.8	2.2824	2.2834	2.2844	2.2854	2.2865	2.2875	2.2885	2.2895	2.2905	2.2915
9.9	2.2925	2.2935	2.2946	2.2956	2.2966	2.2976	2.2986	2.2996	2.3006	2.3016

지수함수 및 쌍곡선함수

x	e^x	e^{-x}	sinh x	cosh x	tanh x
0.00	1.0000	1.0000	0.0000	1.0000	0.0000
.01	1.0101	0.9900	.0100	1.0001	.0100
.02	1.0202	.9802	.0200	1.0002	.0200
.03	1.0305	.9704	.0300	1.0005	.0300
.04	1.0408	.9608	.0400	1.0008	.0400
.05	1.0513	.9512	.0500	1.0013	.0500
.06	1.0618	.9418	.0600	1.0018	.0599
.07	1.0725	.9324	.0701	1.0025	.0699
.08	1.0833	.9231	.0801	1.0032	.0798
.09	1.0942	.9139	.0901	1.0041	.0898
.10	1.1052	.9048	.1002	1.0050	.0997
.11	1.1163	.8958	.1102	1.0061	.1096
.12	1.1275	.8869	.1203	1.0072	.1194
.13	1.1388	.8781	.1304	1.0085	.1293
.14	1.1503	.8694	.1405	1.0098	.1391
.15	1.1618	.8607	.1506	1.0113	.1489
.16	1.1735	.8521	.1607	1.0128	.1586
.17	1.1853	.8437	.1708	1.0145	.1684
.18	1.1972	.8353	.1810	1.0162	.1781
.19	1.2092	.8270	.1911	1.0181	.1877
.20	1.2214	.8187	.2013	1.0201	.1974
.21	1.2337	.8106	.2115	1.0221	.2070
.22	1.2461	.8025	.2218	1.0243	.2165
.23	1.2586	.7945	.2320	1.0266	.2260
.24	1.2712	.7866	.2423	1.0289	.2355
.25	1.2840	.7788	.2526	1.0314	.2449
.26	1.2969	.7711	.2629	1.0340	.2543
.27	1.3100	.7634	.2733	1.0367	.2636
.28	1.3231	.7558	.2837	1.0395	.2729
.29	1.3364	.7483	.2941	1.0423	.2821
.30	1.3499	.7408	.3045	1.0453	.2913
.31	1.3634	.7334	.3150	1.0484	.3004
.32	1.3771	.7261	.3255	1.0516	.3095
.33	1.3910	.7189	.3360	1.0549	.3185
.34	1.4049	.7118	.3466	1.0584	.3275
.35	1.4191	.7047	.3572	1.0619	.3364
.36	1.4333	.6977	.3678	1.0655	.3452
.37	1.4477	.6907	.3785	1.0692	.3540
.38	1.4623	.6839	.3892	1.0731	.3627
.39	1.4770	.6771	.4000	1.0770	.3714
.40	1.4918	.6703	.4108	1.0811	.3799
.41	1.5068	.6637	.4216	1.0852	.3885
.42	1.5220	.6570	.4325	1.0895	.3969
.43	1.5373	.6505	.4434	1.0939	.4053
.44	1.5527	.6440	.4543	1.0984	.4136

■ 지수함수 및 쌍곡선함수(계속)

x	e^x	e^{-x}	sinh x	cosh x	tanh x
0.45	1.5683	0.6376	0.4653	1.1030	0.4219
.46	1.5841	.6313	.4764	1.1077	.4301
.47	1.6000	.6250	.4875	1.1125	.4382
.48	1.6161	.6188	.4986	1.1174	.4462
.49	1.6323	.6126	.5098	1.1225	.4542
.50	1.6487	.6065	.5211	1.1276	.4621
.51	1.6653	.6005	.5324	1.1329	.4699
.52	1.6820	.5945	.5438	1.1383	.4777
.53	1.6989	.5886	.5552	1.1438	.4854
.54	1.7160	.5827	.5666	1.1494	.4930
.55	1.7333	.5769	.5782	1.1551	.5005
.56	1.7507	.5712	.5897	1.1609	.5080
.57	1.7683	.5655	.6014	1.1669	.5154
.58	1.7860	.5599	.6131	1.1730	.5227
.59	1.8040	.5543	.6248	1.1792	.5299
.60	1.8221	.5488	.6367	1.1855	.5370
.61	1.8404	.5434	.6485	1.1919	.5441
.62	1.8589	.5379	.6605	1.1984	.5511
.63	1.8776	.5326	.6725	1.2051	.5581
.64	1.8965	.5273	.6846	1.2119	.5649
.65	1.9155	.5220	.6967	1.2188	.5717
.66	1.9348	.5169	.7090	1.2258	.5784
.67	1.9542	.5117	.7213	1.2330	.5850
.68	1.9739	.5066	.7336	1.2402	.5915
.69	1.9937	.5016	.7461	1.2476	.5980
.70	2.0138	.4966	.7586	1.2552	.6044
.71	2.0340	.4916	.7712	1.2628	.6107
.72	2.0544	.4868	.7838	1.2706	.6169
.73	2.0751	.4819	.7966	1.2785	.6231
.74	2.0959	.4771	.8094	1.2865	.6291
.75	2.1170	.4724	.8223	1.2947	.6351
.76	2.1383	.4677	.8353	1.3030	.6411
.77	2.1598	.4630	.8484	1.3114	.6469
.78	2.1815	.4584	.8615	1.3199	.6527
.79	2.2034	.4538	.8748	1.3286	.6584
.80	2.2255	.4493	.8881	1.3374	.6640
.81	2.2479	.4449	.9015	1.3464	.6696
.82	2.2705	.4404	.9150	1.3555	.6751
.83	2.2933	.4360	.9286	1.3647	.6805
.84	2.3164	.4317	.9423	1.3740	.6858
.85	2.3396	.4274	.9561	1.3835	.6911
.86	2.3632	.4232	.9700	1.3932	.6963
.87	2.3869	.4190	.9840	1.4029	.7014
.88	2.4109	.4148	.9981	1.4128	.7064
.89	2.4351	.4107	1.0122	1.4229	.7114

■ 지수함수 및 쌍곡선함수(계속)

x	e^x	e^{-x}	$\sinh x$	$\cosh x$	$\tanh x$
0.90	2.4596	0.4066	1.0265	1.4331	0.7163
.91	2.4843	.4025	1.0409	1.4434	.7211
.92	2.5093	.3985	1.0554	1.4539	.7259
.93	2.5345	.3946	1.0700	1.4645	.7306
.94	2.5600	.3906	1.0847	1.4753	.7352
.95	2.5857	.3867	1.0995	1.4862	.7398
.96	2.6117	.3829	1.1144	1.4973	.7443
.97	2.6379	.3791	1.1294	1.5085	.7487
.98	2.6645	.3753	1.1446	1.5199	.7531
.99	2.6912	.3716	1.1598	1.5314	.7574
1.00	2.7183	.3679	1.1752	1.5431	.7616
1.05	2.8577	.3499	1.2539	1.6038	.7818
1.10	3.0042	.3329	1.3356	1.6685	.8005
1.15	3.1582	.3166	1.4208	1.7374	.8178
1.20	3.3201	.3012	1.5085	1.8107	.8337
1.25	3.4903	.2865	1.6019	1.8884	.8483
1.30	3.6693	.2725	1.6984	1.9709	.8617
1.35	3.8574	.2592	1.7991	2.0583	.8741
1.40	4.0552	.2466	1.9043	2.1509	.8854
1.45	4.2631	.2346	2.0143	2.2488	.8957
1.50	4.4817	.2231	2.1293	2.3524	.9051
1.55	4.7115	.2122	2.2496	2.4619	.9138
1.60	4.9530	.2019	2.3756	2.5775	.9217
1.65	5.2070	.1920	2.5075	2.6995	.9289
1.70	5.4739	.1827	2.6456	2.8283	.9354
1.75	5.7546	.1738	2.7904	2.9642	.9414
1.80	6.0496	.1653	2.9422	3.1075	.9468
1.85	6.3598	.1572	3.1013	3.2585	.9517
1.90	6.6859	.1496	3.2682	3.4177	.9562
1.95	7.0287	.1423	3.4432	3.5855	.9603
2.00	7.3891	.1353	3.6269	3.7622	.9640
2.05	7.7679	.1287	3.8196	3.9483	.9674
2.10	8.1662	.1225	4.0219	4.1443	.9705
2.15	8.5849	.1165	4.2342	4.3507	.9732
2.20	9.0250	.1108	4.4571	4.5679	.9757
2.25	9.4877	.1054	4.6912	4.7966	.9780
2.30	9.9742	.1003	4.9370	5.0372	.9801
2.35	10.486	.0954	5.1951	5.2905	.9820
2.40	11.023	.0907	5.4662	5.5569	.9837
2.45	11.588	.0863	5.7510	5.8373	.9852
2.50	12.182	.0821	6.0502	6.1323	.9866
2.55	12.807	.0781	6.3645	6.4426	.9879
2.60	13.464	.0743	6.6947	6.7690	.9890
2.65	14.154	.0707	7.0417	7.1123	.9901
2.70	14.880	.0672	7.4063	7.4735	.9910

■ 지수함수 및 쌍곡선함수(계속)

x	e^x	e^{-x}	$\sinh x$	$\cosh x$	$\tanh x$
2.75	15.643	0.0639	7.7894	7.8533	0.9919
2.80	16.445	.0608	8.1919	8.2527	.9926
2.85	17.288	.0578	8.6150	8.6728	.9933
2.90	18.174	.0550	9.0596	9.1146	.9940
2.95	19.106	.0523	9.5268	9.5791	.9945
3.00	20.086	.0498	10.018	10.068	.9951
3.05	21.115	.0474	10.534	10.581	.9955
3.10	22.198	.0450	11.076	11.122	.9959
3.15	23.336	.0429	11.647	11.689	.9963
3.20	24.533	.0408	12.246	12.287	.9967
3.25	25.790	.0388	12.876	12.915	.9970
3.30	27.113	.0369	13.538	13.575	.9973
3.35	28.503	.0351	14.234	14.269	.9975
3.40	29.964	.0334	14.965	14.999	.9978
3.45	31.500	.0317	15.734	15.766	.9980
3.50	33.115	.0302	16.543	16.573	.9982
3.55	34.813	.0287	17.392	17.421	.9983
3.60	36.598	.0273	18.286	18.313	.9985
3.65	38.475	.0260	19.224	19.250	.9986
3.70	40.447	.0247	20.211	20.236	.9988
3.75	42.521	.0235	21.249	21.272	.9989
3.80	44.701	.0224	22.339	22.362	.9990
3.85	46.993	.0213	23.486	23.507	.9991
3.90	49.402	.0202	24.691	24.711	.9992
3.95	51.935	.0193	25.958	25.977	.9993
4.00	54.598	.0183	27.290	27.308	.9993
4.10	60.340	.0166	30.162	30.178	.9995
4.20	66.686	.0150	33.336	33.351	.9996
4.30	73.700	.0136	36.843	36.857	.9996
4.40	81.451	.0123	40.719	40.732	.9997
4.50	90.017	.0111	45.003	45.014	.9998
4.60	99.484	.0101	49.737	49.747	.9998
4.70	109.95	.0091	54.969	54.978	.9998
4.80	121.51	.0082	60.751	60.759	.9999
4.90	134.29	.0074	67.141	67.149	.9999
5.00	148.41	.0067	74.203	74.210	.9999
5.20	181.27	.0055	90.633	90.639	.9999
5.40	221.41	.0045	110.70	110.71	1.0000
5.60	270.43	.0037	135.21	135.22	1.0000
5.80	330.30	.0030	165.15	165.15	1.0000
6.00	403.43	.0025	201.71	201.72	1.0000
7.00	1096.6	.0009	548.32	548.32	1.0000
8.00	2981.0	.0003	1490.5	1490.5	1.0000
9.00	8103.1	.0001	4051.5	4051.5	1.0000
10.00	22026.	.00005	11013.	11013.	1.0000

해 답

SOLUTION

Chapter 01

연습문제 1.1

1. (1) 0 (2) 정의되지 않음 (3) 0 (4) 정의되지 않음 (5) 1 (6) 0

2. (1) $2^4 \cdot 3 \cdot 5$ (2) $2\ \ 5 \cdot 31$ (3) $7 \cdot 17$ (4) $2^3 \cdot 3^3 \cdot 5^2$

5. $a < b \Rightarrow a + a < a + b < b + b \Rightarrow a < (a+b)/2 < b$

연습문제 1.2

1. (1)
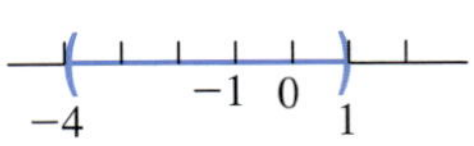

(2)
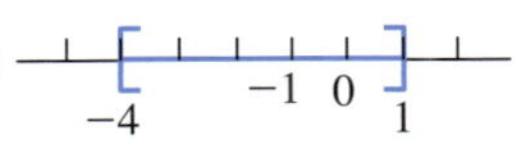

(3)
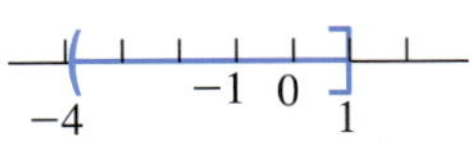

(4)
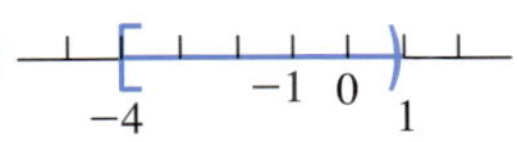

(5)
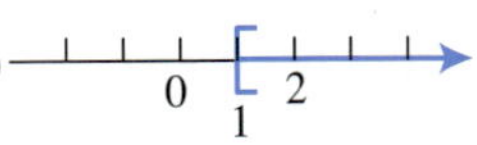

(6)
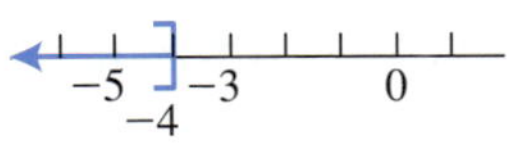

2. (1) $(-\infty, 12)$

(2) $\left[-\frac{5}{3}, \infty\right)$
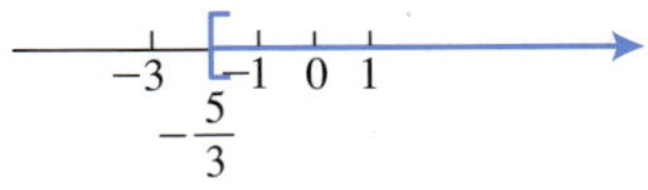

(3) $\left(-\frac{9}{2}, -2\right)$

(4) $\left(\frac{1}{2}, 3\right)$
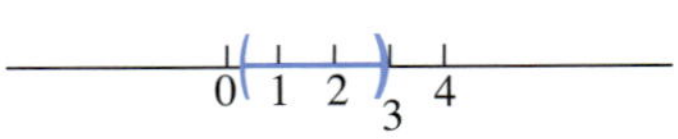

(5) $(-4, 3)$
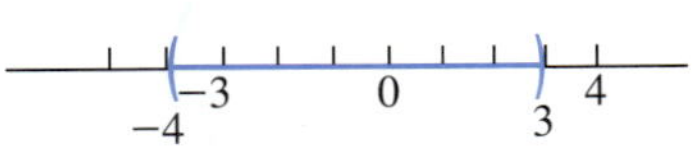

(6) $\left[-5, \frac{1}{2}\right)$

(7) $(-\infty, 0) \cup \left(\frac{1}{5}, \infty\right)$
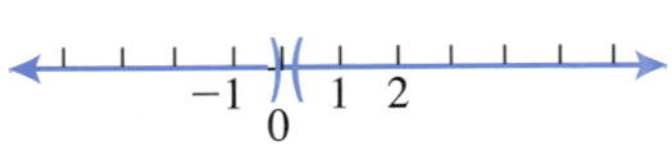

(8) $\left[-\frac{7}{3}, -2\right] \cup \left[\frac{1}{2}, \infty\right)$
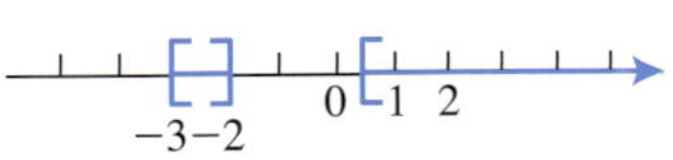

3. (1) $(-2, 1)$ (2) $(-2, \infty)$ (3)없음

4. (1) $\left(-4, \frac{4}{3}\right)$ (2) $(-\infty, -3] \cup [2, \infty)$ (3) $(-\infty, -5) \cup \left(-\frac{5}{3}, 0\right) \cup (0, \infty)$

(4) $\left[(5-\sqrt{57})/4, (5+\sqrt{57})/4\right]$ (5) $(-\infty, (-1-\sqrt{33})/8) \cup ((-1+\sqrt{33})/8, \infty)$

6. (1) $(-\infty, -11.5) \cup (-4.75, \infty)$ (2) $\left(-\frac{4}{5}, \frac{16}{3}\right)$

7. $|(x-2)/(x^2+9)| = |x-2|/(x^2+9) \le (|x|+2)/(x^2+9) \le (|x|+2)/9$

8. $\left|x^4 + \frac{1}{2}x^3 + \frac{1}{4}x^2 + \frac{1}{8}x + \frac{1}{16}\right| \le |x^4| + \frac{1}{2}|x^3| + \frac{1}{4}|x^2| + \frac{1}{8}|x| + \frac{1}{16}$

$\le |x^4| + \frac{1}{2} + \frac{1}{4} + \frac{1}{8} + \frac{1}{16} < 2$

9. $0 \le (a - 1/a)^2 = a^2 - 2 + 1/a^2 \Rightarrow a^2 + 1/a^2 \ge 2$

연습문제 1.3

1. (1) 5 (2) $2\sqrt{2}$ (3) 3.339

2. $A = (5, 3)$, $B = (-2, 4)$, $C = (10, 8)$로 놓으면, $\overline{AB} = \sqrt{50}$ 및 $\overline{AC} = \sqrt{50}$

3. $(7, -1)$과 $(7, 3)$, $(-1, -1)$과 $(-1, 3)$, $(1, 1)$과 $(5, 1)$

4. (1) $(x-1)^2 + (y+2)^2 = 36$ (2) $(x-2)^2 + (y+1)^2 = 25$ (3) $-2 \pm 4\sqrt{2}$

5. (1) $(-1, 5)$; 1 (2) $(6, 0)$; 1 (3) $\left(-\frac{1}{2}, \frac{3}{2}\right)$; 3

6. $(x-4)^2 + (y-1)^2 = 4$; $(x-4)^2 + (y-1)^2 = 8$

연습문제 1.4

1. (1) $4x - y - 5 = 0$ (2) $2x + y - 4 = 0$ (3) $5x - 2y - 4 = 0$ (4) $x + 0 \cdot y - 2 = 0$

2. (1) $2x - y - 9 = 0$ (2) $x + 2y + 3 = 0$ (3) $2x + 3y + 3 = 0$ (4) $3x - 2y - 15 = 0$

(5) $3x + 4y + 3 = 0$ (6) $x - 3 = 0$ (7) $y + 3 = 0$

3. (1) $\frac{7}{5}$ (2) $\frac{18}{13}$ **4.** $\frac{6}{5}$ **5.** $N = 700{,}000 + 12{,}000n$; 1,180,000

9. (1)

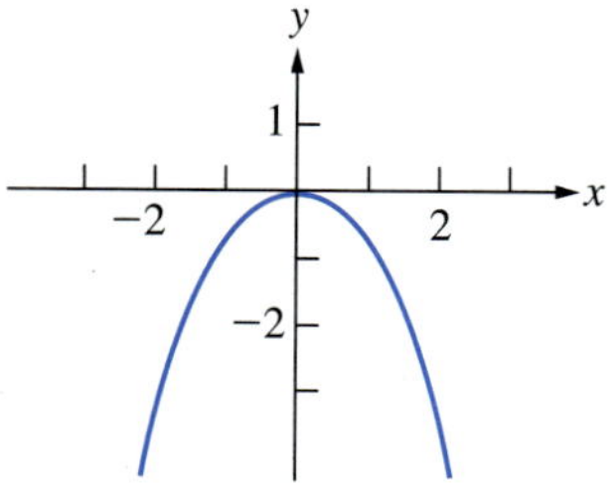

(2)

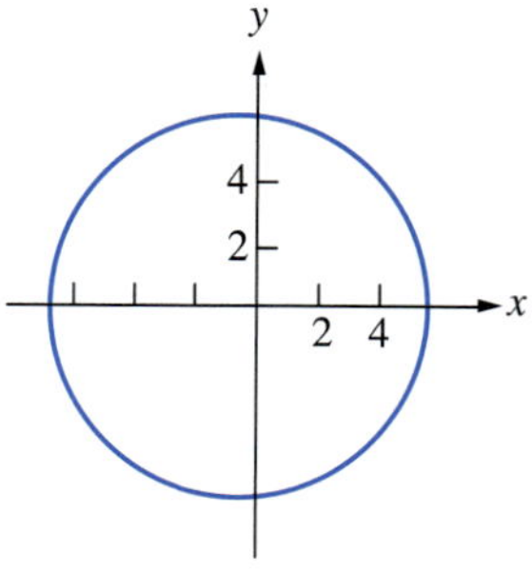

(3)

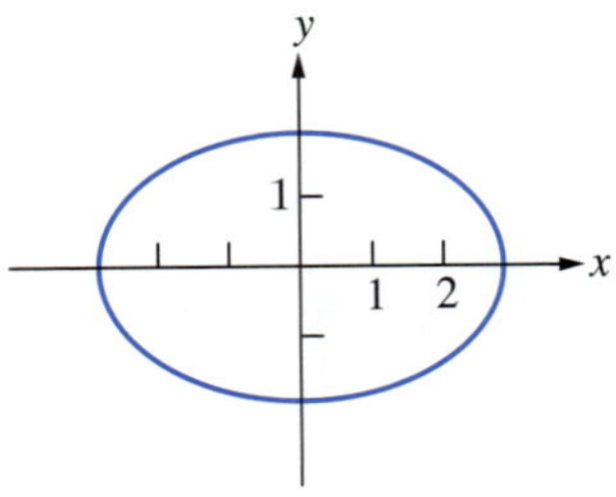

(4)

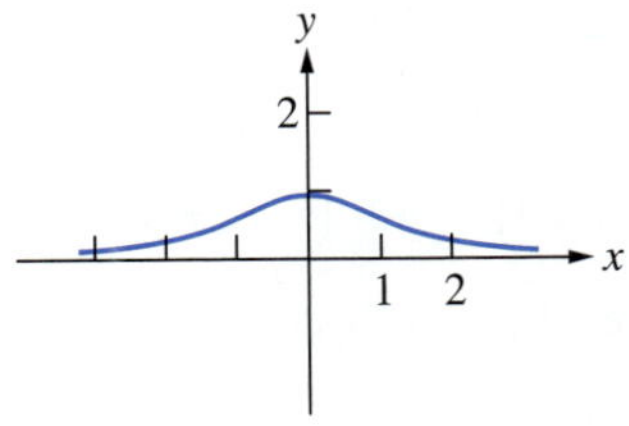

(5)

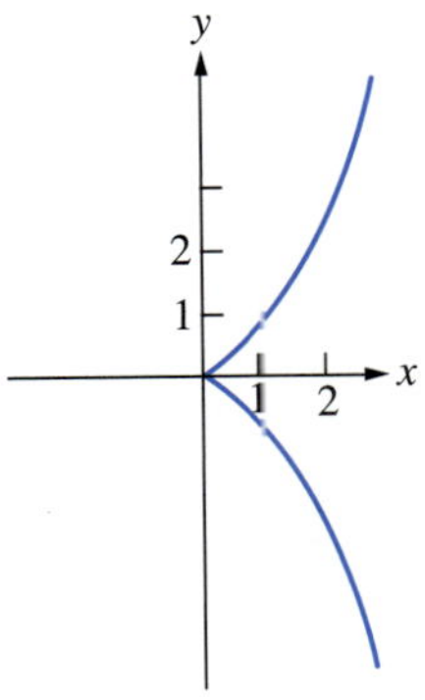

(6)

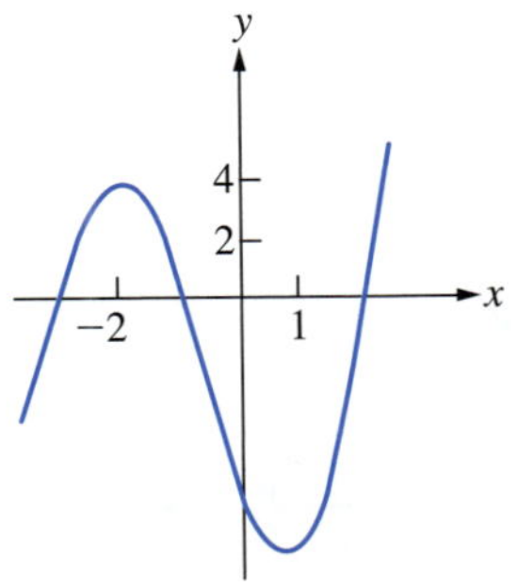

(7)

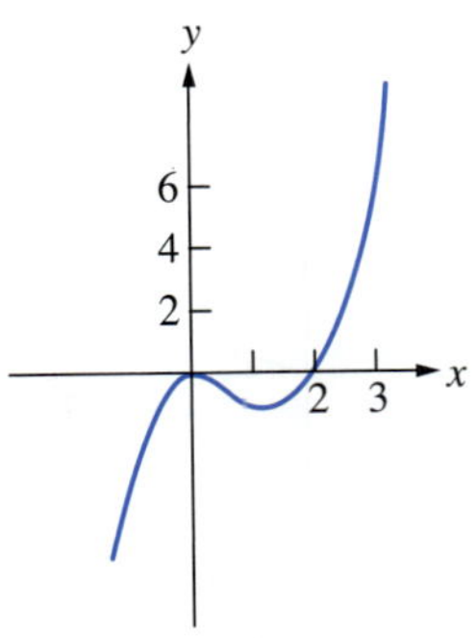

10.

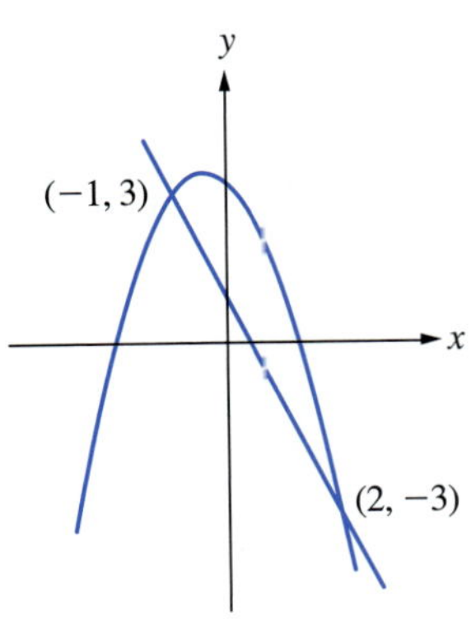

11. $2\sqrt{5}$

12.

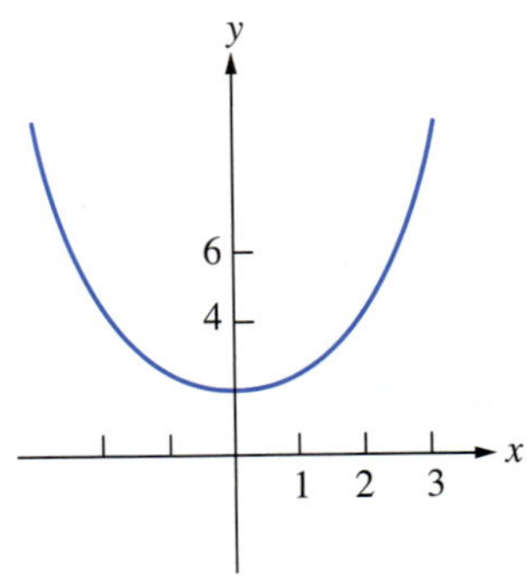

[Chapter 01 연습문제]

3. $A = \{x \mid -1 < x < 5\}$ **5.** $B = \{x \mid x \le 1\} \cup \{x \mid x \ge 5\}$

7. (1) $\{x \mid |x-2| < 4\}$ (2) $\{x \mid |x+3| \ge 6\}$

11. (1) 예 (2) 아니오 (3) 아니오

12. (1) 2 (2) $\frac{1}{2}$ (3) $-\frac{5}{7}$

13. (1) $y = 2x + 1$

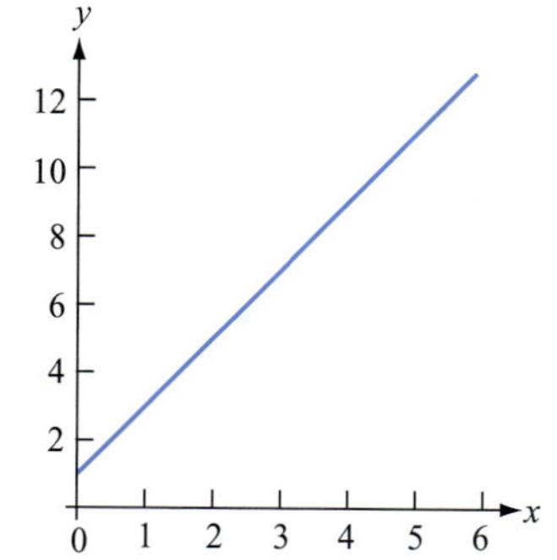

(2) $y = -2x + 6$

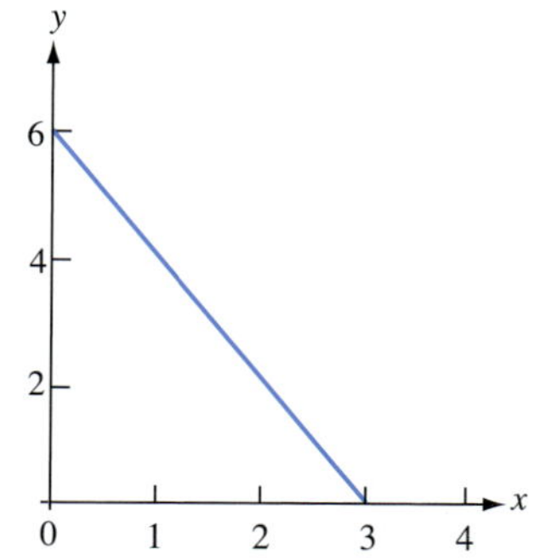

(3) $y = 1$

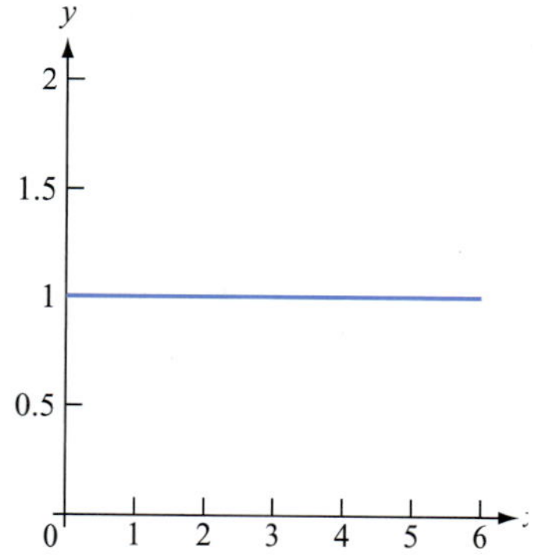

(4) $y = \frac{x}{2}$

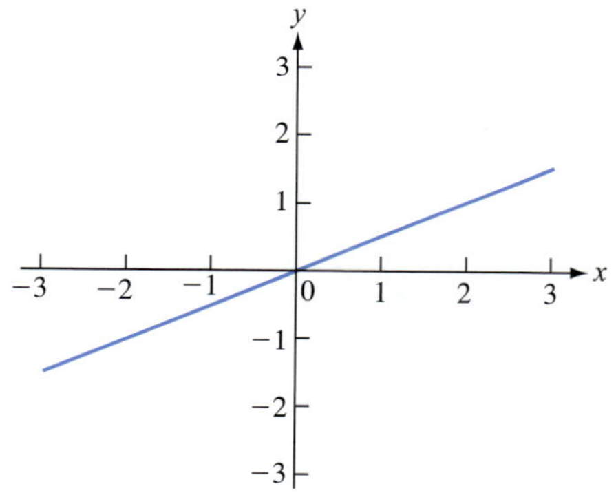

14. (1) 평행 (2) 수직 (3) 수직 (4) 평행

15. (1) (a) $y = 2(x-2) + 1$ (b) $y = -\frac{1}{2}(x-2) + 1$ (2) (a) $y = 3x + 3$ (b) $y = -\frac{1}{3}x + 3$

(3) (a) $y = -1$ (b) $x = 0$

Chapter 02

연습문제 2.1

1. (1) 0 (2) 3 (3) -1 (4) $k^2 - 1$ (5) 35 (6) $-\frac{3}{4}$ (7) $4t^2 - 1$

(8) $9x^2 - 1$ (9) $(1-x^2)/x^2$

2. (1) -1 (2) -1000 (3) 100 (4) $1/(y^2-1)$ (5) $-1/(x+1)$ (6) $x^2/(1-x^2)$

3. (1) 함수 정의 불가능 (2) $f(x) = (4 - 3x)/(x + 1)$ (3) $f(x) = (x^2 - 1)/3$ (4) $f(x) = 3x/(1 - 3x)$

4. $2(2a + h)$ **5.** $-3/[(x + h - 2)(x - 2)]$

6. (1) $\left[-\frac{3}{2}, \infty\right)$ (2) $\left(-\infty, \frac{1}{4}\right) \cup \left(\frac{1}{4}, \infty\right)$ (3) $(-\infty, -3] \cup [3, \infty)$ (4) $[-5, 5]$

7. (1) 짝함수

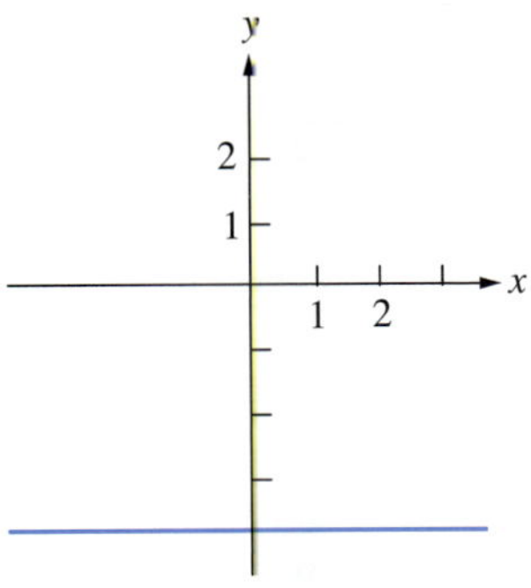

(2) 어느 것도 아니다.

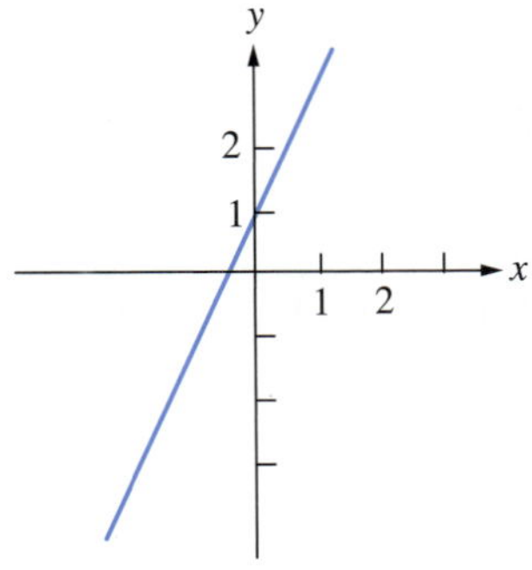

(3) 어느 것도 아니다.

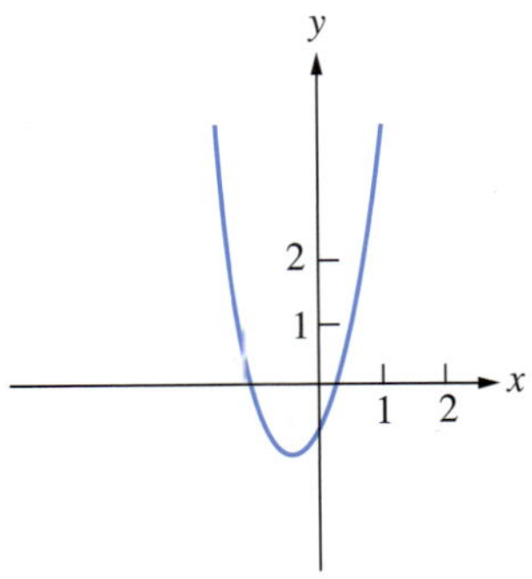

(4) 홀함수

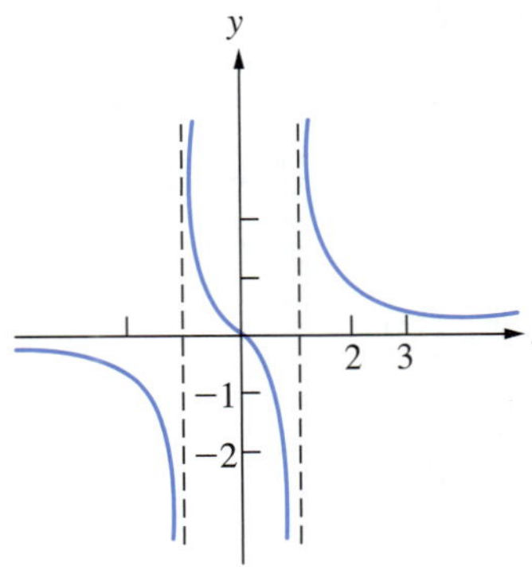

(5) 어느 것도 아니다.

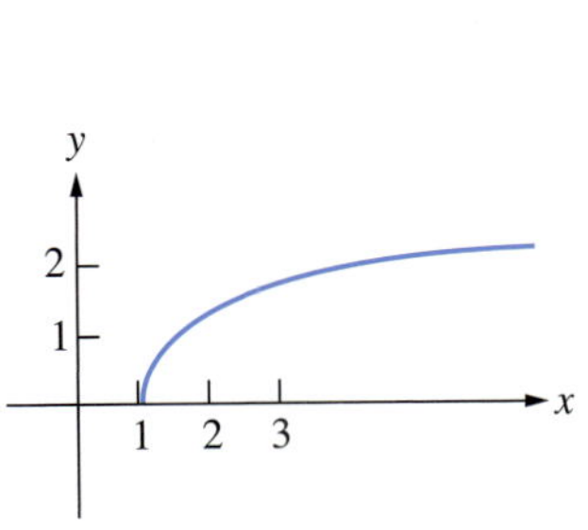

(6) 짝함수

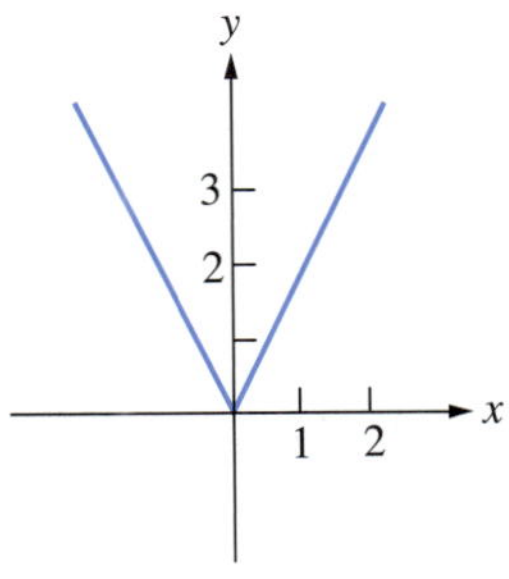

(7) 어느 것도 아니다.

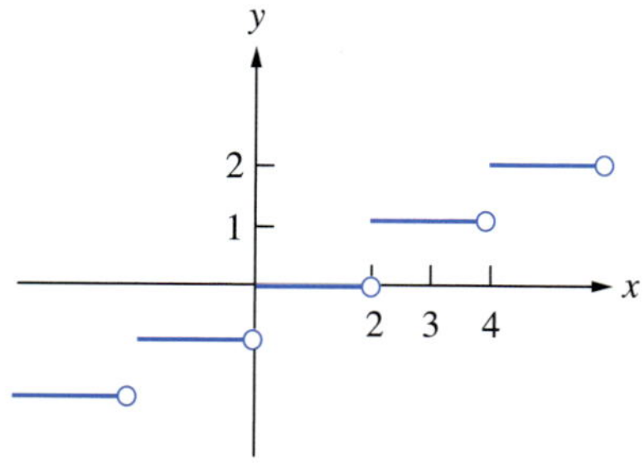

(8) 어느 것도 아니다.

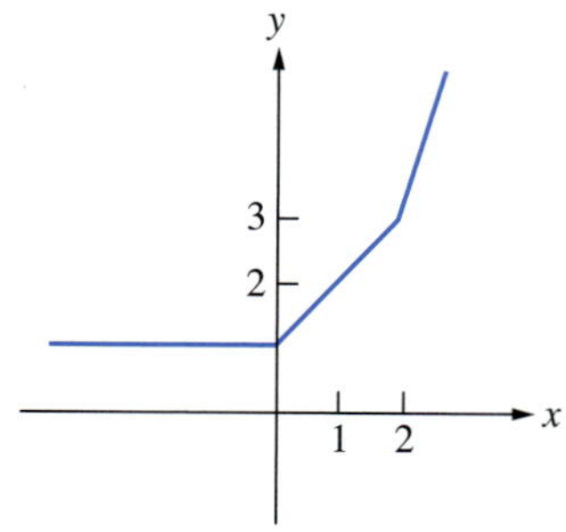

8. $T(x) = 220 + 15.1x$, $\{0, 1, 2, \cdots, 100\}$

연습문제 2.2

1. (1) $2 + \sqrt{5}$ (2) 0 (3) $2\sqrt{10}/3$ (4) 정의되지 않는다. (5) $\frac{3}{2}$ (6) 1

2. (1) $(f + g)(x) = x^3 + 2 + 2/(x-1)$, $\{x \mid x \neq 1\}$

(2) $(g/f)(x) = 2/[(x-1)(x^3+2)]$, $\{x \mid x \neq 1,\ x \neq \sqrt[3]{-2}\}$

(3) $(f \circ g)(x) = 2 + 8/(x-1)^3$, $\{x \mid x \neq 1\}$

(4) $(g \circ f)(x) = 2/(x^3+1)$, $\{x \mid x \neq -1\}$

3. $(f \circ g)(x) = \sqrt{|x| - 4}$, $(g \circ f)(x) = \sqrt{x - 4}$

4. (1) $g(x) = \sqrt{x}$, $f(x) = x + 7$ (2) $g(x) = x^{15}$, $f(x) = x^2 + x$

5. $p(x) = (f \circ g \circ h)(x)$, $f(x) = \log x$, $g(x) = \sqrt{x}$, $h(x) = x^2 + 1$ 또는

$f(x) = \log x$, $g(x) = \sqrt{x+1}$, $h(x) = x^2$

6.

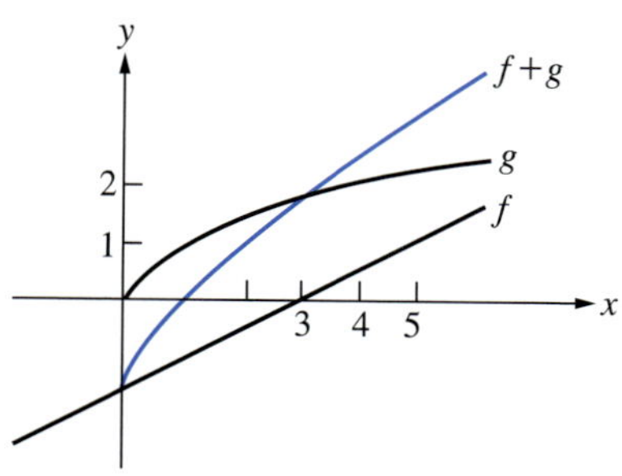

7.

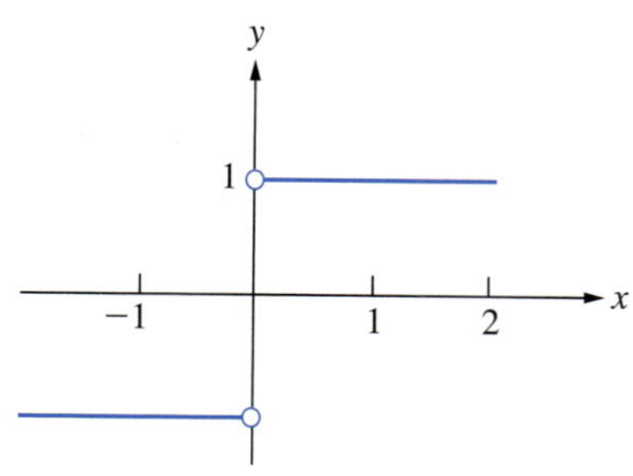

8. (1) 짝함수 (2) 홀함수 (3) 짝함수 (4) 짝함수 (5) 홀함수

9. (1) AF (2) PF (3) RF (4) PF (5) RF (6) AF

연습문제 2.3

1. (1) -2 (2) 11 (3) $\frac{1}{3}$ (4) 5 (5) -7 (6) 6 (7) $-\frac{1}{3}$

2. (1) 2 (2) 1 (3) 존재하지 않음 (4) 3 (5) 2 (6) 존재하지 않음 (7) 2 (8) 1

3. (1) 0 (2) 2 (3) 존재하지 않음 (4) 1 **4.** (1) 0 (2) 존재하지 않음 (3) 1 (4) $\frac{1}{2}$

5. 존재하지 않음. $\lim_{x\to1^-}\frac{x^2-1}{|x-1|}=-2$, $\lim_{x\to1^+}\frac{x^2-1}{|x-1|}=2$ **6.** (1) 존재하지 않음 (2) 0

연습문제 2.4

1. (1) 임의의 $\varepsilon>0$에 대하여 $0<|t-a|<\delta$ 이면 $|f(t)-M|<\varepsilon$인 $\delta>0$이 존재한다.

(2) 임의의 $\varepsilon>0$에 대하여 $0<|z-d|<\delta$ 이면 $|h(z)-P|<\varepsilon$인 $\delta>0$이 존재한다.

(3) 임의의 $\varepsilon>0$에 대하여 $0<c-x<\delta$ 이면 $|f(x)-L|<\varepsilon$인 $\delta>0$이 존재한다.

2. (1) 임의의 $\varepsilon>0$에 대하여 $\delta=\varepsilon/5$으로 택하면 $0<|x-3|<\delta \Rightarrow |(5x-11)-4|=|5x-15|=5|x-3|<5\delta=\varepsilon$

(2) 임의의 $\varepsilon>0$에 대하여 $\delta=\varepsilon$으로 택하면 $0<|x-5|<\delta \Rightarrow \left|(x^2-25)/(x-5)-10\right|$
$=|(x+5)-10|=|x-5|<\delta=\varepsilon$

(3) 힌트 : 임의의 $\varepsilon>0$에 대하여 $\delta=\varepsilon/2$으로 택하면 된다.

(4) 힌트 : 임의의 $\varepsilon>0$에 대하여 $\delta=\varepsilon$으로 택하면 된다.

(5) 힌트 : 임의의 $\varepsilon>0$에 대하여 $\delta=\min\{1,\varepsilon/2\}$으로 택하면 된다.

(6) 힌트 : 임의의 $\varepsilon>0$에 대하여 $\delta=\min\{1,\varepsilon/5\}$으로 택하면 된다.

3. 힌트 : $L\neq M$ 이라 가정하자. $\varepsilon=\frac{1}{2}|L-M|$에 대하여 생각하라.

4. 임의의 $\varepsilon>0$에 대하여 $\delta=\sqrt[4]{\varepsilon}$ 으로 택하면 $0<|x-0|<\delta \Rightarrow \left|x^4\sin^2\frac{1}{x}-0\right|\le x^4<\varepsilon$

5. $\lim_{x\to0^+}|x|=\lim_{x\to0^+}x=0$, $\lim_{x\to0^-}|x|=\lim_{x\to0^-}(-x)=0$

연습문제 2.5

1. (1) $\lim_{x\to3}(7x-4)\overset{⑤}{=}\lim_{x\to3}7x\overset{③①}{-}\lim_{x\to3}4=7\overset{②}{\lim_{x\to3}}x-4=7\cdot3-4=17$

(2) $\lim_{x\to2}[(x^2+1)(3x-1)]\overset{⑥}{=}\lim_{x\to2}(x^2+1)\cdot\lim_{x\to2}(3x-1)\overset{④⑤}{=}(\lim_{x\to2}x^2+\lim_{x\to2}1)(\lim_{x\to2}3x-\lim_{x\to2}1)$

$\overset{⑧①③}{=}[(\lim_{x\to2}x)^2+1]\cdot[3\lim_{x\to2}x-1]\overset{②}{=}(2^2+1)(3\cdot2-1)=25$

(3) $\lim_{x\to4}2x/(3x^3-16)\overset{⑦}{=}(\lim_{x\to4}2x)/\lim_{x\to4}(3x^3-16)\overset{③⑤}{=}(2\lim_{x\to4}x)/(3\lim_{x\to4}x^3-\lim_{x\to4}16)$

$\overset{②⑧①}{=}2\cdot4/[3(\lim_{x\to4}x)^3-16]\overset{②}{=}8/(3\cdot4^3-16)=1/22$

(4) $\lim_{x\to 3}\sqrt{3x-5} \overset{⑨}{=} \sqrt{\lim_{x\to 3}(3x-5)} \overset{⑤③}{=} \sqrt{3\lim_{x\to 3}x - \lim_{x\to 3}5} \overset{②①}{=} \sqrt{3\cdot 3-5} = 2$

(5) $\lim_{t\to -2}(2t^3+5)^{13} \overset{⑧}{=} [\lim_{t\to -2}(2t^3+15)]^{13} \overset{④③}{=} [2\lim_{t\to -2}t^3 + \lim_{t\to -2}15]^{13}$

$\overset{⑧①}{=} [2(\lim_{t\to -2}t)^3+15]^{13} \overset{②}{=} [2(-2)^3+15]^{13} = -1$

(6) $\lim_{y\to 2}[(4y^3+8y)^3/(y+4)]^{1/3} \overset{⑨}{=} [\lim_{y\to 2}(4y^3+8y)/(y+4)]^{1/3} \overset{⑦}{=} [\lim_{y\to 2}(4y^3+8y)/\lim_{y\to 2}(y+4)]^{1/3}$

$\overset{④③⑧}{=} \left\{\left[4\left(\lim_{y\to 2}y\right)^3 + 8\lim_{y\to 2}y\right] \Big/ \left(\lim_{y\to 2}y + \lim_{y\to 2}4\right)\right\}^{1/3} \overset{②①}{=} [(4\cdot 2^3+8\cdot 2)/(2+4)]^{1/3} = 2$

2. (1) $\frac{37}{19}$ (2) 10 (3) $-\frac{5}{6}$ (4) 존재하지 않음 (5) 4

3. (1) $\sqrt{10}$ (2) -6 (3) 3

4. 20 **5.** $-\frac{1}{4}$

6. $\varepsilon = 1$에 대하여 $\delta_1 > 0$이 존재하여

$0<|x-c|<\delta_1 \Rightarrow |g(x)-M|<1 \Rightarrow |g(x)| \le |g(x)-M|+|M|<1+|M|$.

또한 $\delta_2>0$와 $\delta_3>0$이 존재하여 $0<|x-c|<\delta_2 \Rightarrow |g(x)-M|<\varepsilon/[2(|L|+1)]$.

그리고 $0<|x-c|<\delta_3 \Rightarrow |f(x)-L|<\varepsilon/[2(|M|+1)]$. $\delta=\min(\delta_1, \delta_2, \delta_3)$를 택하여 증명한다.

7. $|f(x)-L|=|f(x)-L-0|$을 이용하여 증명됨.

8. 힌트 : $\varepsilon = \frac{L}{2} > 0$에 대하여 생각하라.

9. (1) $f(x)=|x|/x$, $g(x)=-f(x)$, $c=0$로 놓아라.

(2) $f(x)=g(x)=|x|/x$, $c=0$로 놓아라.

10. (1) 0 (2) 0 (3) $\frac{2}{5}$ (4) -1

연습문제 2.6

1. (1) 연속이다. (2) 불연속이다. $g(2)$가 존재하지 않는다. (3) 불연속이다. $h(2)$가 존재하지 않는다.

(4) 불연속이다. $\lim_{t\to 2}f(t)$가 존재하지 않는다. (5) 불연속이다. $g(2)$가 존재하지 않는다.

(6) 연속이다. (7) 연속이다.

2. (1) $f(3)=6$ (2) $f(1)=2$ (3) $\phi(-1)=-8$

3. (1) -2와 3 (2) 없다. (3) $(-\infty, -5]$ (4) 없다. (5) 없다. (6) 모든 정수

4.

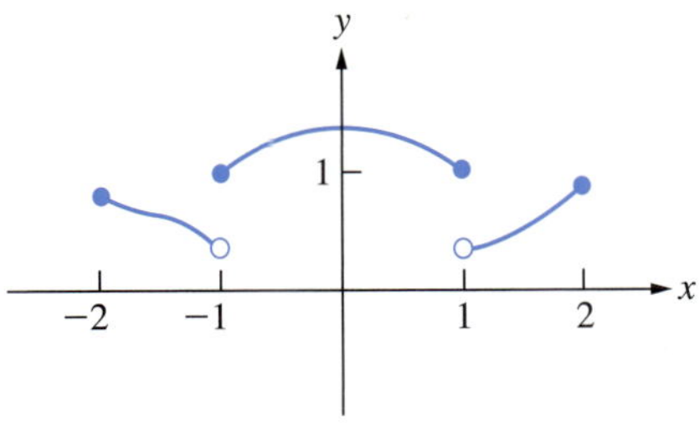

5. 함수 $f(x) = x^3 + 3x - 2$는 $[0, 1]$에서 연속이며 $f(0) = -2$, $f(1) = 2$. 따라서 $f(c) = 0$인 c가 $(0, 1)$에 존재하여야 함.

6. $x = t + c$로 놓으면 $\lim_{t \to 0} f(t + c) = f(c)$은 $\lim_{x \to c} f(x) = f(c)$로 된다.

7. $f(0) = 0$ 또는 $f(1) = 1$이면 증명은 끝난다. 따라서 $f(0) > 0$와 $f(1) < 1$를 가정한다. 그러면 $g(0) = -f(0) < 0$ 그리고 $g(1) = 1 - f(1) > 0$. g가 $[0, 1]$에서 연속이다. $g(c) = 0$인 c가 $(0, 1)$에 존재한다. 즉 $c = f(c)$.

[Chapter 02 연습문제]

1. (1) $\mathbb{R} \setminus \{1\}$ (2) $\mathbb{R} \setminus \left\{-\frac{3}{2}\right\}$ (3) $\mathbb{R} \setminus \{3\}$

2. (1) 자연정의역 : $\{x \mid x \geq 0\}$, 치역 : $\{y \mid y \leq 0\}$
   (2) 자연정의역 : $\{x \mid x \geq -3\}$, 치역 : $\{y \mid y \geq 0\}$
   (3) 자연정의역 : $\left\{x \mid x \geq -\frac{2}{3}\right\}$, 치역 : $\{y \mid y \geq -1\}$

4. (1) $(x^2 - 3) + 1 = -x^2 + 4$ (2) $(-x + 1)^2 - 3 = x^2 - 2x - 2$
   (3) $-(-x + 1) + 1 = x$ (4) $(x^2 - 3)^2 - 3 = x^4 - 6x^2 + 6$

5. $f \circ g \neq g \circ f$

6. (1) $f(g(x)) = f(x^{1/5}) = x$, $g(f(x)) = g(x^5) = x$
   (2) $f(g(x)) = f((x/4)^{1/3}) = x$, $g(f(x)) = g(4x^3) = x$
   (3) $f(g(x)) = f\left(\sqrt[3]{(x - 1)/2}\right) = x$, $g(f(x)) = g(2x^3 + 1) = x$
   (4) $f(g(x)) = f((1 - 2x)/x) = x$ $g(f(x)) = g(1/(x + 2)) = x$

7. (1) 3 (2) 1 (3) 존재하지 않음 (4) 약 1.5 (5) 3 (6) 2 (7) 2

8. $f(1.5) \approx 0.71$, $f(1.1) \approx 0.32$, $f(1.01) = 0.1$, $f(1.001) \approx 0.03$, $\lim_{x \to 1^+} f(x) = 0$

9. (1) 4 (2) 존재하지 않음   10. 0

11. $0 \leq \sqrt{x} \cos^2(1/x) \leq \sqrt{x}$ 이고 $\lim_{x \to 0^+} \sqrt{x} = 0$

12. (3) $\varepsilon/3$ (4) ε (5) $\min\{1, \varepsilon/3\}$

13. (1) -2, 2 (2) $-2, 1, 4$ 14. (1) 2 (2) $\frac{1}{3}$ (3) 1

Chapter 03

연습문제 3.1

1. (4) -6.01 (5) -6 **2.** $-7, 0, 1, 7$ **3.** $y-\frac{1}{2}=-\frac{1}{4}(x-1)$

4. (1) 112 m (2) 112 m/sec (3) 96.32 m/sec (4) 96 m/sec

5. (1) 0.02005 g (2) 2.005 g/h (3) 2 g/h

연습문제 3.2

1. (1) 5 (2) -1

2. (1) 5 (2) $16x$ (3) $2ax+b$ (4) $-12x/(x^2+1)^2$ (5) $3(2\sqrt{3x})$ (6) $-\frac{3}{2}(x-2)^{-3/2}$

3. (1) $2x-3$ (2) $-5/(x-5)^2$

4. (1) $f(x)=2x^3; 5$ (2) $f(x)=x^2; 2$ (3) $f(t)=t^2; x$ (4) $f(x)=2/x; t$ (5) $f(x)=\cos x; x$

연습문제 3.3

1. (1) $6x^2$ (2) $2\pi x$ (3) $9x^{-4}$ (4) $-3x^{-6}$ (5) $30x^5-15x^4+11$ (6) $3x^2+1$
(7) $8x+4$ (8) $5x^4+12x^2+2x-51$ (9) $-6x(3x^2+1)^2$ (10) $-(8x-3)/(4x^2-3x+9)^2$

2. (1) 23 (2) 4 (3) $-17/9$ **3.** $D[f(x)f(x)]=f(x)f'(x)+f(x)f'(x)=2f(x)f'(x)$

4. $y=-\frac{1}{2}x+1$ **5.** $y-3=-2(x-3),\ y-3=2(x-1)$

연습문제 3.4

1. (1) $3\cos x+5\sin x$ (2) $-\csc^2 x$ (3) $-\cot x\csc x$ (4) $(\sin x+\cos x)^{-2}$
(5) 0 (6) $-x(\sin x+\cos x)/x^2$

2. (1) $\frac{2}{3}$ (2) 2 (3) 0

3. 곡선은 $(\pi/4, 1)$에서 기울기 1과 -1로 교차한다.

연습문제 3.5

1. (1) $-135(2-9x)^{14}$ (2) $(50x+10)(5x^2+2x-8)^4$
(3) $(27x^2-54x+99)(x^3-3x^2+11x)^8$ (4) $-(36x^3+3)/(3x^4+x-8)^4$
(5) $(-108x^3-9)(3x^4+x-8)^{-10}$ (6) $(6x+11)\cos(3x^2+11x)$
(7) $3\sin^2 x\cos x$ (8) $4(x^2+8x+1)(x^2-1)^3/(x+4)^5$
(9) $17(2x+5)^{-2}\cos[(3x-1)/(2x+5)]$ (10) $(4x-7)(24x+10)$
(11) $2(2x-1)^2(x^2-3)(7x^2-2x-9)$ (12) $(3x^2+2)(12x^3-68x)/(2x^2-5)^2$

2. (1) $51(3t-2)^2/(t+5)^4$ (2) $(3t-2)^2(6t+47)/(t+5)^2$

(3) $3\sin^2 t\cos t$ (4) $3\sin^2 t(\cos 2t\cos t + 2\sin t\sin 2t)/\cos^4 2t$

(5) $(8x+12)\sin^3(x^2+3x)\cos(x^2+3x)$ (6) $-3\sin t\sin^2(\cos t)\cos(\cos t)$

(7) $-8\theta\cos\theta^2\cos^3(\sin\theta^2)\sin(\sin\theta^2)$ (8) $-2\cos 2x\cdot\sin(\sin 2x)\cdot\cos[\cos(\sin 2x)]$

3. $y-32=224(x-1)$

4. (1) $(10\cos 8\pi t, 10\sin 8\pi t)$; (2) 80π cm/sec

연습문제 3.6

1. 0.25 **2.** 0.00814082

3. (1) $3(x^2+3x)^2(2x+3)$ (2) $2x\cos x^2$ (3) $4(x^2+1)^3[2x\cos x+(x^2+1)\sin x]/\cos^5 x$

(4) $2\sin x\cos x\cos x^2 - 2x\sin^2 x\sin x^2$ (5) $8x\sin^3(x^2+3)\cos(x^2+3)$

(6) $8x(x^2-2)^{-2}\sin[(2x^2+4)/(x^2-2)]$

4. (1) -5 (2) -11 (3) $\frac{5}{9}$ (4) 4

5. (1) 19,200 cm^3/min (2) 2880 cm^2/min

6. (1) 6 (2) $192(2x+5)$ (3) $-27\cos 3x$ (4) $-6/(x-3)^4$ (5) $-4\pi^3\sin(2\pi x)$

8. (1) 0 (2) 0 (3) 0

연습문제 3.7

1. (1) x/y (2) $-y/x$ (3) $(1-y^2)/(2xy)$ (4) $(12x^2+11y^2)/(6y^2-22xy)$

(5) $\left(y-6\sqrt{2xy}-y^3\sqrt{2xy}\right)/\left(3xy^2\sqrt{2xy}-2y\sqrt{2xy}-x\right)$ (6) $(2x-y)/(x+\cos y)$

2. (1) $y-2=(-14/13)(x-1)$ (2) $y=1$ (3) $y+1=\frac{1}{2}(x-1)$

3. (1) $5x^{2/3}+\frac{1}{2}x^{-1/2}$ (2) $\frac{1}{3}x^{-2/3}-\frac{1}{3}x^{-4/3}$ (3) $\frac{1}{2}(3x-2)(3x^2-4x)^{-3/4}$

(4) $-2(3x^2+2)/3(x^3+2x)^{5/3}$ (5) $(2x+\cos x)/\left(2\sqrt{x^2+\sin x}\right)$

(6) $-\left(2x\sin x+x^2\cos x\right)/\left(3x^2\sin x\sqrt[3]{x^2\sin x}\right)$ (7) $-\frac{1}{2}(x+1)\sin(x^2+2x)[1+\cos(x^2+2x)]^{-3/4}$

4. $ds/dt=-(s^2+3t^2)/(2st)$; $dt/ds=-2st/(s^2+3t^2)$ **5.** $y=\pm\left(\sqrt{3}/3\right)x$

6. $y'=-\dfrac{y}{x+3y^2}$, $y''=2xy/(x+3y^2)^3$ **7.** $y''=-15$ **8.** 법선 : $y=x$ **10.** 1.107149

연습문제 3.8

1. 900 cm^3/sec **2.** $\dfrac{480}{\sqrt{5}}$ km/h **3.** $\dfrac{4900}{\sqrt{61}}$ km/h

4. $\dfrac{1}{\sqrt{6}}$ m/sec **5.** $\dfrac{1}{4\pi}$ m/sec **6.** $\dfrac{1}{12}$ m/min

연습문제 3.9

1. (1) $(4x-3)\,dx$ (2) $-24x^2(3+2x^3)^{-5}\,dx$

(3) $(10x^4+4x^3)(4x^5+2x^4-5)^{-1/2}\,dx$ (4) $\frac{4}{5}t(t^2-3)^{-3/5}\,dt$

2. (1) 20.05, 계산기 : 20.049938 (2) 2.996667, 계산기: 2.996663

3. $244.8\pi\ \text{cm}^3$ **4.** $4\pi \doteqdot 12.56$ m

[Chapter 03 연습문제]

1. (1) (a) ① 32 ② 48 ③ 62.4 ④ 63.84 (b) 64

(2) (a) ① 2.236068 ② 1.472136 ③ 1.3508627 ④ 1.3425375 (b) 1.341641

2. (1) (a) -32 (b) -64 (2) (a) 1/8 (b) $\frac{1}{2\sqrt{18}}$

3. (1) 3 (2) 6 (3) $\frac{3}{4}$ (4) $-\frac{1}{3}$ **4.** (1) $6x$ (2) $2x-2$ (3) $\frac{-3}{(x+1)^2}$ (4) $\frac{-4}{(2x-1)^2}$

5. $\lim_{x\to 0} f(x) = 0 = f(0)$이므로 연속; 좌, 우도함수가 다름

6. (1) $3x^2-2$ (2) $9x^8-15x^4+8x-4$ (3) $9t^2-\frac{1}{\sqrt{t}}$ (4) $-\frac{3}{x^2}-8$

(5) $-\frac{8}{x^5}-3x^2$ (6) $12-2x+\frac{3}{2\sqrt{x^3}}$

7. (1) $12x^2+6$ (2) $30x^4+\frac{1}{4x\sqrt{x}}$ (3) $24x^2-\frac{9}{4}x^{-5/2}$ (4) $\frac{-96}{t^5}$

(5) $30240x^5$ (6) $-\frac{3(x^2+x+5)}{8x^3\sqrt{x}}$ (7) $-\frac{15}{16}t^{-3/2}+\frac{15}{16}t^{-7/2}$

8. (1) $y=-x+4$ (2) $y=2(x-2)+1$ **9.** $\frac{3}{2}x^2+2x-2$

10. (1) $(2x)(x^3-3x+1)+(x^2+3)(3x^2-3)$

(2) $(3x^2-4x)(x^4-3x^2+2)+(x^3-2x^2+5)(4x^3-6x)$

(3) $\left(\frac{1}{2}x^{-1/2}+3\right)(5x^2-3x^{-1})+(x^{1/2}+3x)(10x+3x^{-2})$

(4) $\left(\frac{3}{2}x^{1/2}-4\right)(x^4-3x^{-2}+2)+(x^{3/2}-4x)(4x^3+6x^{-3})$

(5) $\frac{13}{(5x+1)^2}$ (6) $\frac{(x^2-5x+1)(2x+2)-(x^2+2x+5)(2x-5)}{(x^2-5x+1)^2}$

(7) $\frac{(x^2+x^{1/2})(6+2x^{-2})-(6x-2x^{-1})(2x+\frac{1}{2}x^{-1/2})}{(x^2+x^{1/2})^2}$

(8) $\frac{-4x^2+6x-11}{(x^2-5x+1)^2}$ (9) $\frac{3}{2}x^{1/2}+\frac{3}{2}x^{-1/2}+x^{-3/2}$

(10) $\frac{4}{3}x^{1/3}+3$ (11) $\frac{2}{3}x-10x^{-3}$

(12) $(2x)\dfrac{x^3+3x^2}{x^2+2}+(x^2-1)\dfrac{x^4+6x^2+12x}{(x^2+2)^2}$

11. (1) $\dfrac{2}{3}x^{-1/3}(x^2-2)(x^3-x+1)+x^{2/3}(2x)(x^3-x+1)+x^{2/3}(x^2-2)(3x^2-1)$

(2) $1(x^3-2x+1)(3-2/x)+(x+4)(3x^2-2)(3-2/x)+(x+4)(x^3-2x+1)(2/x^2)$

12. (1) $6x^2(x^3-1)$ (2) $2(x^2+2x+1)(2x+2)$ (3) $\dfrac{x}{\sqrt{x^2+4}}$ (4) $\dfrac{13x^7+20x^4}{2\sqrt{x^3+2}}$

(5) $\dfrac{x^2(12-x^2)}{(x^2+4)^3}$ (6) $\dfrac{-6x}{(x^2+4)^{3/2}}$ (7) $\dfrac{2(\sqrt{x}+3)^{1/3}}{3\sqrt{x}}$ (8) $-\dfrac{3x^2+4\sqrt{x^3+2}}{(\sqrt{x^3+2}+2x)^3\sqrt{x^3+2}}$

(9) $\dfrac{1}{(x^2+1)\sqrt{x^2+1}}$ (10) $\dfrac{1-x^2}{2\sqrt{x}\,(x^2+1)^{3/2}}$

13. $y=\dfrac{3}{5}x+\dfrac{16}{5}$ **14.** $\dfrac{12\sqrt{5}}{5}$ m/sec **15.** -6

16. (1) $4\cos x-1$ (2) $2x-2\cos x\sin x$ (3) $3\tan^2 x\sec^2 x+4\csc^4 x\cot x$

(4) $8x\sec x^2\tan x^2+3\csc^2 x$ (5) $\cos(\tan(x^2))\sec^2(x^2)\,2x$ (6) $\dfrac{1}{2}(\sin^2 x+2)^{-1/2}(2\sin x\cos x)$

(7) $\dfrac{2[x^2\cos(x^2)-\sin(x^2)]}{x^3}$ (8) $\dfrac{2x-4x^2\cot x}{\csc^4 x}$ (9) 0 (10) $\dfrac{-4\cos(4x)}{\sin^2(4x)}$

(11) $2x\sec^2 3x+x^2\,2(\sec 3x)(\sec 3x\tan 3x)(3)$ (12) $\left(\sec^2\sqrt{x^2+1}\right)\dfrac{1}{2}(x^2+1)^{-1/2}(2x)$

17. (1) $y=3x$ (2) $y=x$ **18.** (1) $-1/2$ (2) 0

19. (1) $\dfrac{4-2xy^2}{2x^2y+3}$ (2) $\dfrac{3y^3-4}{20y-9xy^2}$ (3) $\dfrac{y}{16y\sqrt{xy}-x}$

(4) $\dfrac{2x-y\cos(xy)}{x\cos(xy)}$ (5) $\dfrac{1-4y}{3y^2+4x}$

Chapter 04

연습문제 4.1

1. (1) $\{0, 2, 3\}$, 최대 $f(2)=3$, 최소 $f(0)=-1$

(2) $\{-3, -2, 1, 3\}$, 최대 $G(3)=9$, 최소 $G(1)=-\dfrac{7}{5}$

(3) $\{-1, 1\}$, 최대 없음, 최소 $f(1)=-1$

(4) $\{-1, \sqrt{2}, 4\}$, 최대 $f(\sqrt{2})=\sqrt{2}/4$, 최소 $f(-1)=-\dfrac{1}{3}$

(5) $\{1, 2, 5\}$, 최대 $f(5)=3$, 최소 $f(2)=0$ (6) $\{0\}$ 최대 없음, 최소 $f(0)=0$

2. 각 수는 5 **3.** $x=2$ m, $y=4$ m **4.** 4(수평) × 8(수직) **5.** $\pi/3$

연습문제 4.2

1. (1) 증가 $[2, \infty)$, 감소 $(-\infty, 2)$ (2) 증가 $(-\infty, \infty)$ (3) 증가 $[-1, \infty)$, 감소 $(-\infty, -1)$

(4) 증가 $[0, \pi/4]$ 및 $[\pi/2, 3\pi/4]$, 감소 $[\pi/4, \pi/2]$ 및 $[3\pi/4, \pi]$

2. (1) 위로 : $(-\infty, \infty)$, 변곡점 없음 (2) 위로 : $(0, \infty)$, 아래로 : $(-\infty, 0)$, 변곡점 $(0, 0)$

(3) 위로 : $(-\infty, -1)$ 및 $(1, \infty)$, 아래로 : $(-1, 0)$ 및 $(0, 1)$, 변곡점 $(-1, 2)$와 $(1, 2)$

3. (1) 증가 $(-\infty, -1]$ 및 $[1, \infty)$, 감소 $[-1, 1]$, 위로 : $(0, \infty)$, 아래로 : $(-\infty, 0)$

(2) 증가 $[1, \infty)$, 감소 : $(-\infty, 1]$, 위로 : $(-\infty, 0)$ 및 $\left(\frac{2}{3}, \infty\right)$, 아래로 : $\left(0, \frac{2}{3}\right)$

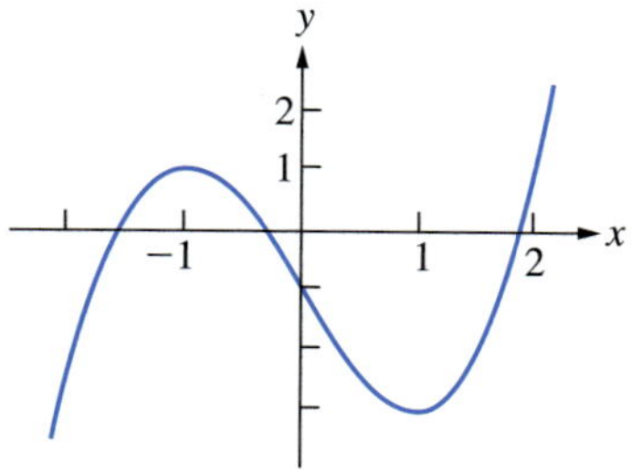

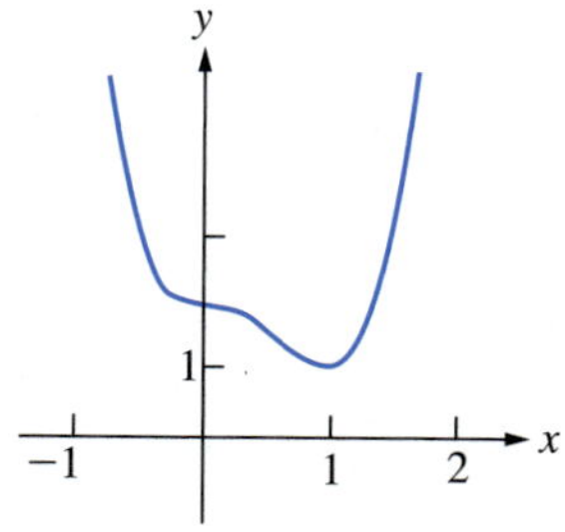

(3) 증가 $[0, \pi/2]$; 감소 $[\pi/2, \pi]$; 아래로 : $(0, \pi)$

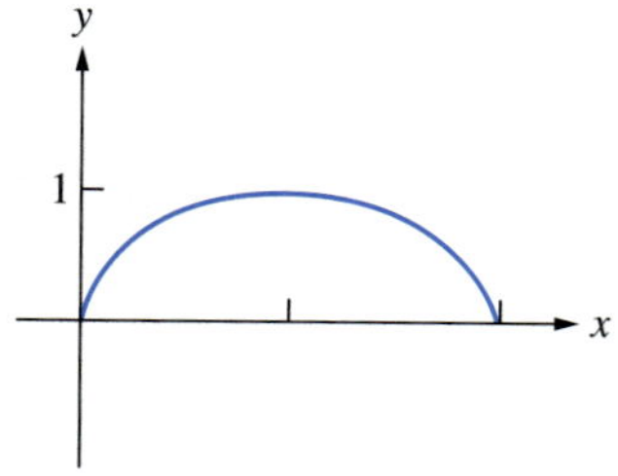

(4) 증가 $\left[0, \frac{2}{5}\right]$; 감소 $(-\infty, 0]$ 및 $\left[\frac{2}{5}, \infty\right]$; 위로 : $\left(-\infty, -\frac{1}{5}\right)$ 아래로 : $\left(-\frac{1}{5}, 0\right)$와 $(0, \infty)$

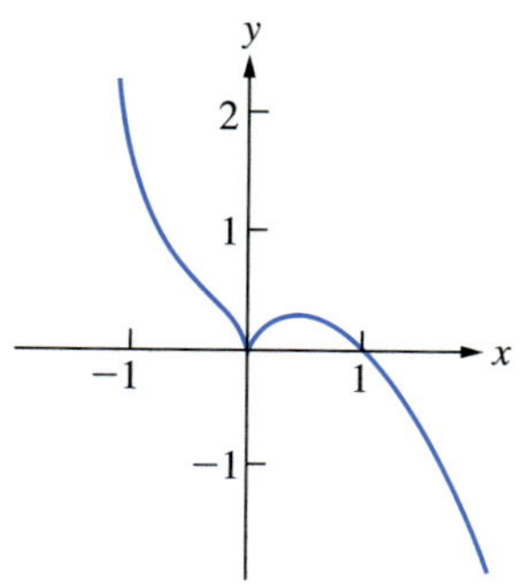

4. (1)

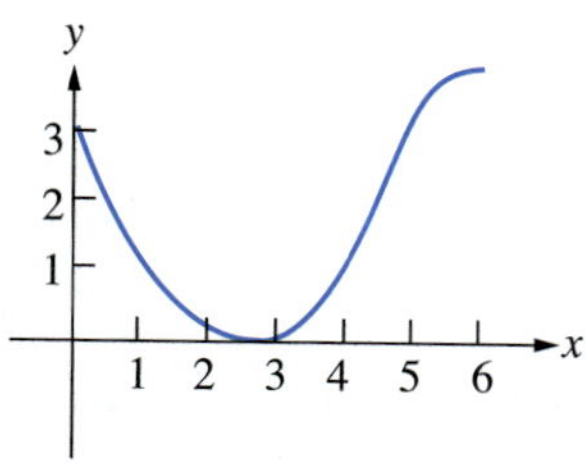

(2)

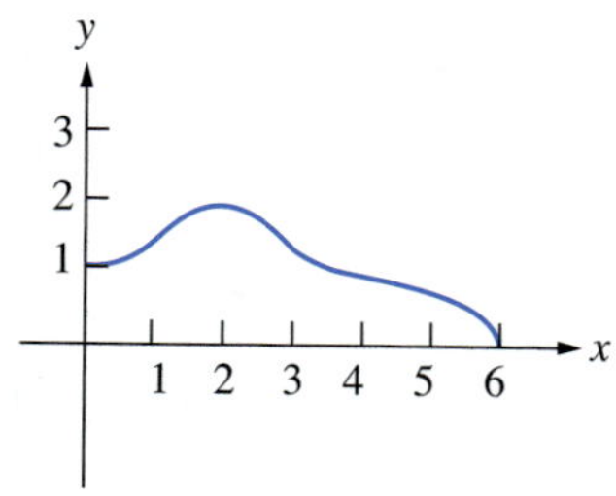

5. $f(x) = ax^2 + bx + c$, $a \neq 0$이면 $f''(x) = 2a$. 따라서 f''의 부호는 $(-\infty, \infty)$에서 동일하다.

6. $f'(x)$는 I에서 동일부호이어야 하며 그렇지 않으면 $f'(x)$가 어디에선가 0이어야 함. 모든 곳에서 $f'(x) > 0$이면 f는 증가, $f'(x) < 0$이면 f는 I에서 감소

7. (1) $f(x) = x^2$이면 $(0, \infty)$에서 $f'(x) = 2x > 0$ 따라서 f는 증가

(2) $f(x) = \sqrt{x}$ 이면 $(0, \infty)$에서 $f'(x) = 1/2\sqrt{x} > 0$ 따라서 f는 증가

(3) $f(x) = 1/x$ 이면 $(0, \infty)$에서 $f'(x) = -1/x^2 < 0$ 따라서 f는 감소

연습문제 4.3

1. (1) $\{0, 2\}$, 극대 $f(0) = 2$, 극소 $f(2) = -2$

(2) $\{\pi/3, 5\pi/3\}$, 극대 $f(5\pi/3) = \dfrac{5}{6}\pi + \dfrac{\sqrt{3}}{2}$, 극소 $f(\pi/3) = \dfrac{\pi}{6} - \dfrac{\sqrt{3}}{2}$

(3) $\{0\}$, 극소 $g(0) = 1$

(4) $\{-2, 2\}$, 극대 $f(-2) = 3$, 극소 $f(2) = -5$

(5) $\left\{-\dfrac{3}{2}, 0\right\}$, 극소 $h\left(-\dfrac{3}{2}\right) = -\dfrac{27}{16}$

(6) $\{1\}$, 극대 $g(1) = 2$

(7) $\{-1, 1\}$, 극대 $f(-1) = -2$, 극소 $f(1) = 2$

(8) $\{2\pi/3, 4\pi/3\}$, 극대 $f(2\pi/3) = \sqrt{3}/3$, 극대 $f(4\pi/3) = -\sqrt{3}/3$

2. 최대 $F(1) = 3$, 최소 $F(9) = -9$

3. 최대값은 없다. 최소 $f\left(\tan^{-1}\dfrac{4}{3}\right) = 125$

연습문제 4.4

1. $-2\sqrt{3}$ 과 $2\sqrt{3}$

2. $(9.75, \pm 2.208)$

3. $x = 15\sqrt{3}$, $y = 20\sqrt{3}$

4. P에서 목적지 방향으로 $\dfrac{6}{\sqrt{7}}$ km 지점

5. $4\pi\sqrt{3}\,r^3/9$

6. 높이는 반지름의 2배

7. 최대가 되려면 정사각형만 만든다. 최소가 되려면 $400\sqrt{3}/(9 + 4\sqrt{3})$로 정사각형을 만든다.

8. 원기둥의 높이는 반지름의 2배.

9. $r = \sqrt{A}$, $\theta = 2$

연습문제 4.5

1. (1) -2 (2) $\dfrac{2}{5}$ (3) 0 (4) 2 (5) 0

(6) $-\infty$ (7) ∞ (8) $\dfrac{1}{3}$ (9) 0 (10) $-\infty$

2. (1) $x=-1,\ y=0$

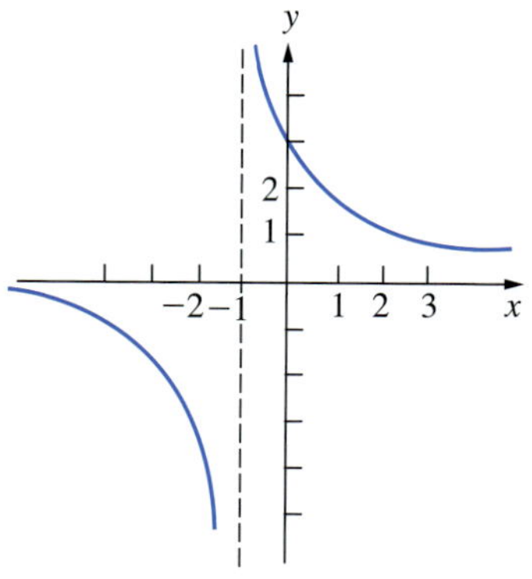

(2) $x=3,\ y=2$

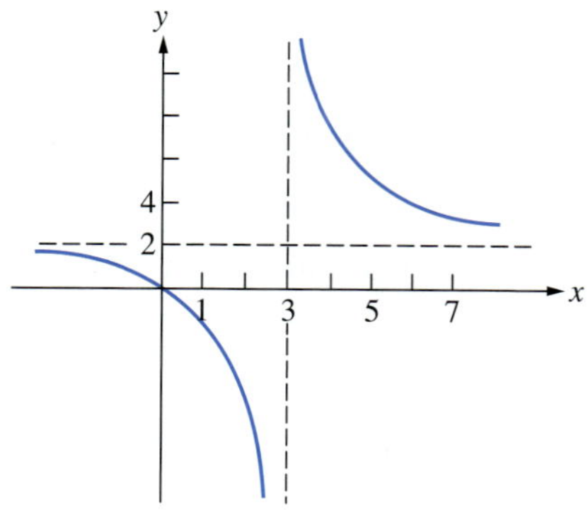

(3) $y=0$

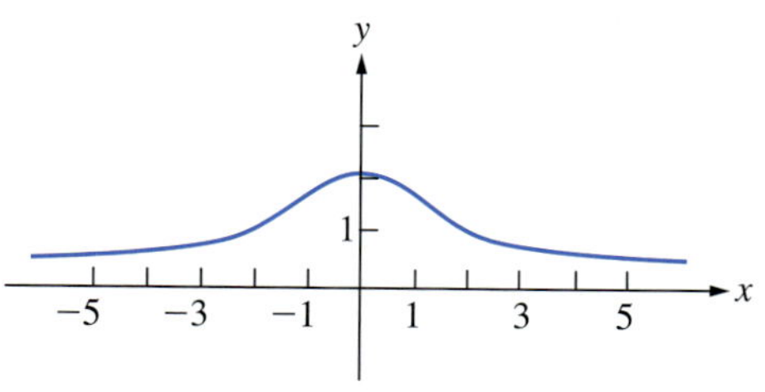

3. $y=2x+3$

4. (1) 임의의 음수 M에 대하여 양수 δ가 존재하여 $0<x-c<\delta \Rightarrow f(x)<M$

   (2) 임의의 양수 M에 대하여 양수 δ가 존재하여 $0<c-x<\delta \Rightarrow f(x)>M$

5. $\varepsilon>0$가 주어졌다고 하자. M_1과 M_2가 존재하여 $x>M_1 \Rightarrow |f(x)-L|<\varepsilon/2$

   $x>M_2 \Rightarrow |g(x)-B|<\varepsilon/2$. $M=\max\{M_1,\ M_2\}$을 택하면

   $x>M \Rightarrow |f(x)+g(x)-(A+B)| \le |f(x)-A|+|g(x)-B|<\varepsilon/2+\varepsilon/2=\varepsilon$

연습문제 4.6

1. (1) $c=0$ (2) $c=\pm 2\sqrt{3}/3$ (3) $t=3$에서 불연속 (4) $c=\dfrac{16}{27}$ (5) $x=0$에서 불연속

[Chapter 04 연습문제]

1. (1) 1, 극대 (2) 0, 극값 아님; $\dfrac{9}{4}$, 극소 (3) $\dfrac{\pi}{4}, \dfrac{5\pi}{4}, 2\pi$, 극대; $0, \dfrac{3\pi}{4}, \dfrac{7\pi}{4}$, 극소

   (4) -1, 극대; 3, 극소 (5) 없음

2. (1) (a) 최대 3, 최소 -1 (b) 최대 3, 최소 -17

   (2) (a) 최대 $\sqrt{2}$, 최소 $-\sqrt{2}$ (b) 최대 1, 최소 -1

3. (1) $[-2, 0]$, $[2, \infty)$에서 증가, $(-\infty, -2]$, $[0, 2]$에서 감소

   (2) 항상 증가 (3) $[0, \pi/2]$에서 증가, $[\pi/2, \pi]$에서 감소

4. (1) -3, 극소; 0, 극값 아님 (2) $\sqrt[3]{1/2}$, 극대 (3) -2, 극대; 0, 극소; -3, 극소

5. (1) $(-\infty, 1)$ 에서 아래로 오목, $(1, \infty)$에서 위로 오목

(2) $(-\infty, 0)$ 에서 아래로 오목, $(0, \infty)$에서 위로 오목

(3) $\left(\frac{\pi}{4}, \frac{5\pi}{4}\right), \left(\frac{9\pi}{4}, \frac{13\pi}{4}\right), \cdots$에서 아래로 오목, $\left(\frac{-3\pi}{4}, \frac{\pi}{4}\right), \left(\frac{5\pi}{4}, \frac{9\pi}{4}\right), \cdots$에서 위로 오목

(4) $(0, 2)$에서 아래로 오목, $(-\infty, 0)$과 $(2, \infty)$에서 위로 오목

6. (1) 임계점: $-3, 0$, 극솟값: $f(-3) = -28$ (2) 임계점: $-2, 2$, 극솟값: $f(2) = -1$, 극댓값: $f(-2) = -9$

7. (1)

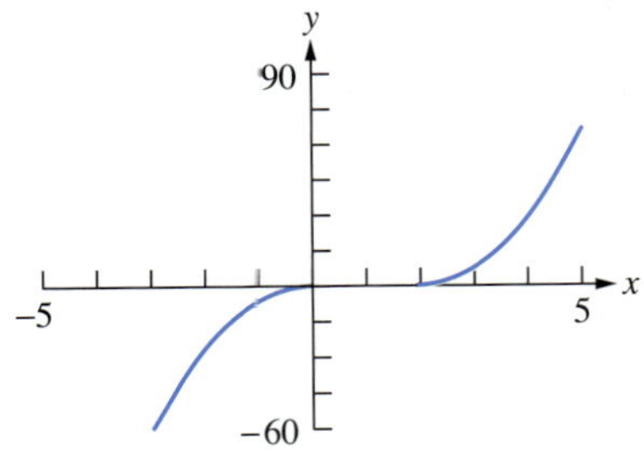

(2)

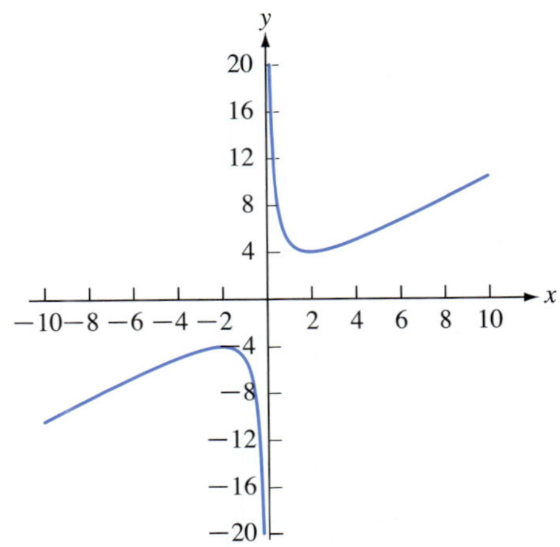

(3)

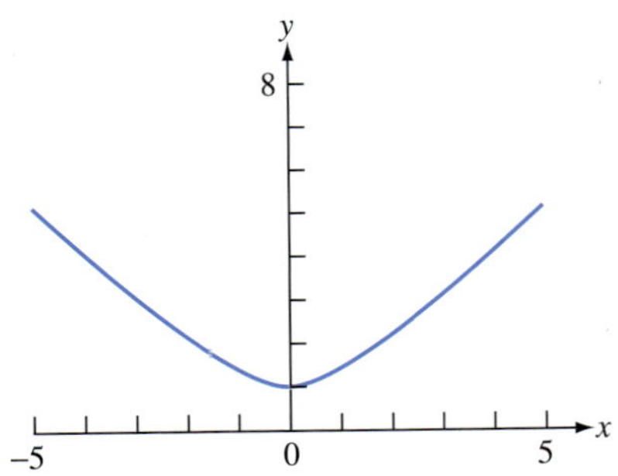

(4)

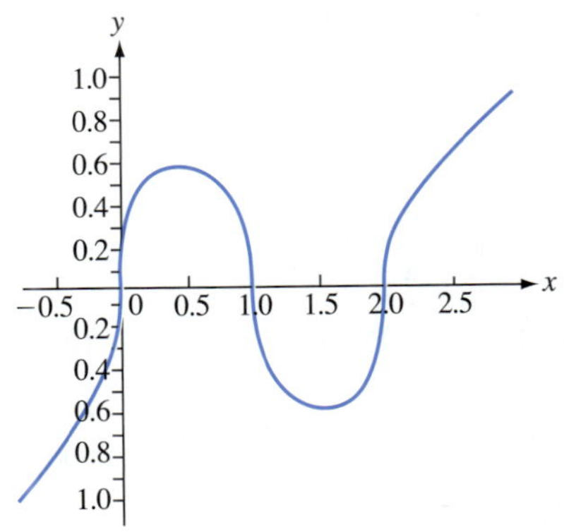

(5)

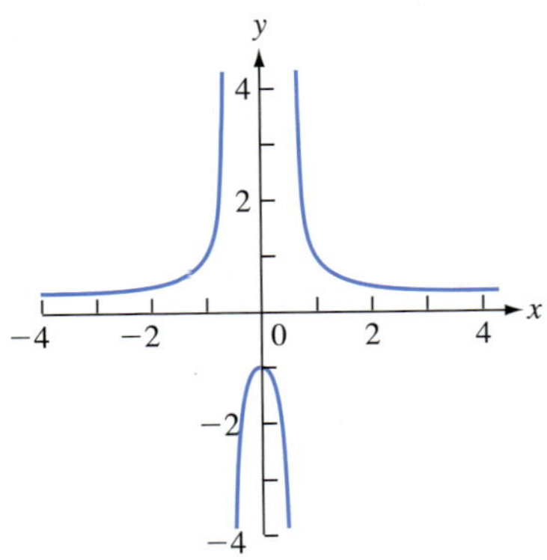

(6)

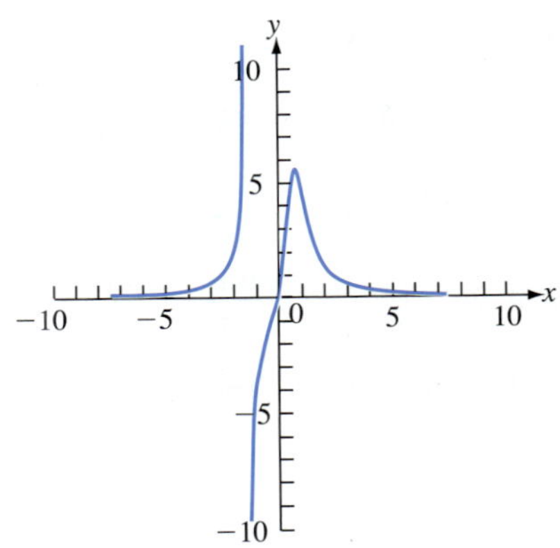

8. (1) $y = 3x$

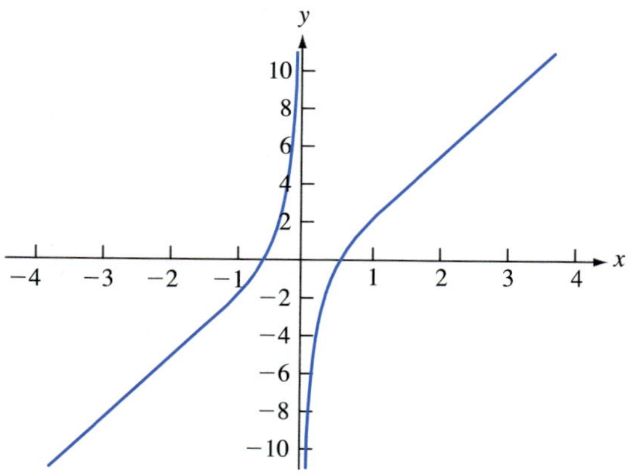

(2) $y = x - 2$

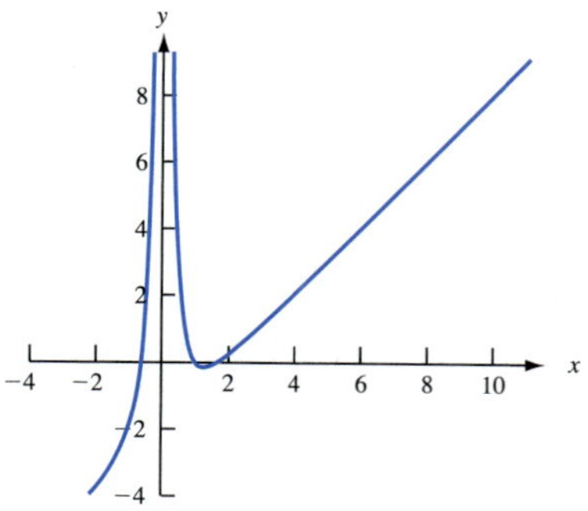

(3) $y = x$

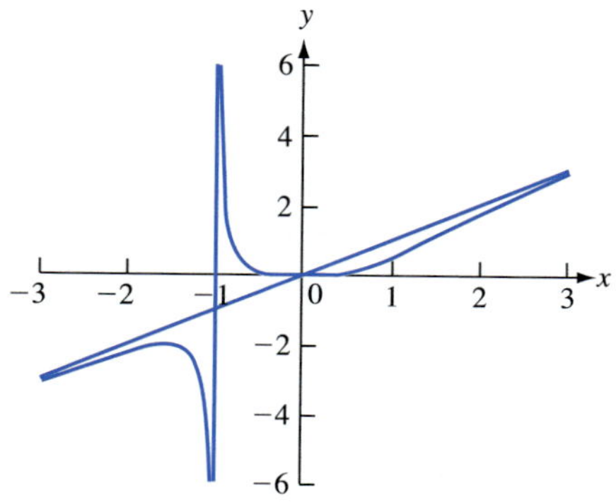

9. $P = 2x + \dfrac{2A}{x}$이므로 $x = y = \sqrt{A}$일 때 $P' = 0$이고 P가 최소

10. (0, 1) **11.** $8 - \sqrt{19}$ **12.** $\dfrac{20}{7}$ km 서쪽

13. (1) 2/100 (2) 0.00794 (3) $\dfrac{4}{50000}$

14. (1) 19 (2) −4

15. (1) $\sqrt[3]{2/\varepsilon}$ (2) $N = -\varepsilon^{-1/2k}$ (3) $N = -\left(\dfrac{1}{\varepsilon} - 2\right)^{1/2}$ (4) $\delta = \sqrt[4]{-2/N}$

16. (1) $\varepsilon \le 2$이면 $\delta > 0$가 존재하지 않음 (2) $\varepsilon \le 1$이면 $\delta > 0$가 존재하지 않음

17. (1) 0 (2) 1 (3) $\cos^{-1}\left(\dfrac{2}{\pi}\right)$ (4) $-\dfrac{\pi}{2}$

18. 평균값 정리에 의하여 $\left|\dfrac{\cos u - \cos v}{u - v}\right| \le |\sin c| \le 1$

19. f는 [0, 2]에서 연속이 아니다.

Chapter 05

연습문제 5.1

1. (1) $4x + C$ (2) $x^3 + \sqrt{2}\,x + C$ (3) $\frac{3}{5}x^{5/3} + C$ (4) $2x^3 - 3x^2 + x + C$

(5) $2x^9 - 5x^5 + x^3 + C$ (6) $-x^{-4} + x^{-3} + C$ (7) $2x^2 + 3x + 2x^{-4} + C$

2. (1) $\frac{1}{4}x^4 + \frac{2}{3}x^{3/2} + C$ (2) $\frac{1}{5}y^5 + 2y^4 + \frac{16}{3}y^3 + C$ (3) $\frac{1}{3}x^3 - x^2 - x^{-1} + C$

(4) $-3\cos t - 2\sin t + C$ (5) $(3x+1)^5/5 + C$ (6) $(5x^3 - 18)^8/8 + C$

(7) $(2x^5 + 9)^4/4 + C$ (8) $(5x^3 + 3x - 8)^7/7 + C$ (9) $\frac{3}{4}(2t^2 - 11)^{4/3} + C$

(10) $\frac{1}{5}\sin^5 x + C$ (11) $\frac{1}{6}\sin^6 x^2 + C$

3. $\frac{1}{2}x^3 + \frac{1}{2}x^2 + C_1 x + C_2$ **4.** $\frac{4}{15}x^{5/2} + C_1 x + C_2$ **5.** $\frac{1}{6}x^3 + \frac{1}{2}x^{-1} + C_1 x + C_2$

6. $D_x[f(x)\,g(x)] = f(x)\,g'(x) + g(x)\,f'(x)$ **7.** $x^2\sqrt{x-1} + C$

8. $D_x\left[\sqrt{x^4-1}/x\right] = (x^4+1)/\left(x^2\sqrt{x^4-1}\right)$

9. $\int f''(x)\,dx = f'(x) + C = (5x^3+2)/\left(2\sqrt{x^3+1}\right) + C$

연습문제 5.2

1. (1) 40 (2) $\frac{37}{30}$ (3) -11 (4) 3

2. (1) $\sum_{i=1}^{98} i$ (2) $\sum_{i=1}^{69} 1/i$ (3) $\sum_{i=1}^{n} a_i$ (4) $\sum_{i=1}^{n} f(c_i)$

3. 130 **4.** 130 **5.** $\frac{40}{41}$ **6.** $-\frac{16}{147}$

7. (1) 14,950 (2) 2640 (3) $n(n-1)(4n+1)/6$

8. 6.6 **9.** (1) 1023/1024 (2) 2046

연습문제 5.3

1. (1) 3.5 (2) 3.75 (3) 2.875

2. 15 **3.** 7.3704 **4.** $4 + (2/n)$; 4 **5.** $[12 + (27/2)(1 + 1/n)]$; $\frac{51}{2}$

6. $(1 + 1/n)^2/4$; $\frac{1}{4}$ **8.** 4 m **9.** $\frac{98}{3}$ m

연습문제 5.4

1. 5.625 **2.** (1) 15.6875 (2) 4.46875

3. (1) $\int_1^3 x^2\,dx$ (2) $\int_0^3 x/(1+x)\,dx$

4. (1) 28 (2) 0 (3) $\frac{16}{3}$ **5.** (1) $\frac{5}{2}$ (2) $\pi + 6$

6. (1) f는 $[-2, 2]$에서 연속이므로 적분가능 (2) f는 $[-2, 2]$에서 연속이므로 적분가능 (3) f는 $[-2, 2]$에서 유계가 아니므로 적분불가능 (4) f는 $[-2, 2]$에서 유계가 아니므로 적분불가능 (5) f는 $[-2, 2]$에서 유계이고 단 하나의 불연속점이 있으므로 적분가능 (6) f는 $[-2, 2]$에서 단 하나의 불연속점이 있으므로 적분가능

연습문제 5.5

1. (1) 4 (2) 15 (3) $\frac{3}{4}$ (4) $\frac{16}{3}$ (5) $\frac{1783}{96}$ (6) 1 (7) $\frac{22}{5}$ (8) $\frac{2047}{11}$

(9) $\frac{4}{5}$ (10) $\frac{122}{9}$ (11) 0 (12) $\frac{1}{3}$ (13) $(\pi^2/4) + 1$ (14) 14 (15) $\frac{38}{15}$

(16) $2\sqrt{3}$ (17) 0 (18) $\sqrt{2} - \sqrt[4]{8} + 1$ (19) 16 (20) $\frac{1}{3}(2\sqrt{2} - 1)$

2. (1) 9 (2) 2 **3.** (1) 6 (2) -16

연습문제 5.6

1. (1) 5 (2) 5 (3) -9 (4) -2 (5) -2

2. (1) $2x + 1$ (2) $\sqrt{1 + x^4}$ (3) $-x \tan x$ (4) $[\sin^2 x + \cos(\sin x)] \cos x$

(5) $-\sqrt{1 + x^4} + 3x^2\sqrt{1 + x^{12}}$

3. $f''(x) = a^2/(a^2 + x^2)^{3/2}$ **4.** $\frac{26}{3}$ **5.** 4 **6.** 40 **7.** $\frac{13}{4}$

8. (1) 참이다. 비교성질을 이용하라. (2) 거짓이다. $\int_{-1}^{1} x\,dx = 0$ (3) 참이다. 선형성을 이용하라.

연습문제 5.7

1. (1) $\frac{2}{9}(3x + 2)^{3/2} + C$ (2) $\frac{1}{3}\sin(3x + 2) + C$ (3) $\frac{1}{3}(x^2 + 4)^{3/2} + C$

(4) $-\frac{1}{2}\cos(x^2 + 4) + C$ (5) $-\cos\sqrt{x^2 + 4} + C$ (6) $\frac{1}{3}\sin^{3/2}(x^2 + 4) + C$

(7) $\frac{1}{2}\left(\sqrt{t} + 4\right)^4 + C$ (8) $\frac{255}{12}$ (9) $\frac{2}{117}$ (10) $\frac{5}{12}$ (11) $\frac{1}{64}$

(12) $(\sin 3)/3$ (13) $1/\pi$ (14) $1 - \cos 1$ (15) $\frac{5}{36}$

2. (1) 0 (2) 0 (3) 2π (4) $\frac{1}{2}$

3. f가 짝함수일 때는 같다. f가 홀함수일 때는 부호가 반대다.

4. 8 **5.** 2

[Chapter 05 연습문제]

1. (1) $\frac{3}{5}x^5 - \frac{3}{2}x^2 + C$ (2) $2x^{3/2} + \frac{x^{-3}}{3} + C$ (3) $\frac{3}{2}x^{2/3} - 9x^{1/3} + C$

(4) $2\sec x + C$ (5) $2\ln\left|x^2 + 4\right| + C$

2. (1) $4\sin x + 3$ (2) $6x^2 + 2x + 3$

3. (1) $-3\sin x + \frac{1}{3}x^4 + c_1 x + c_2$ (2) $\frac{2}{3}x^3 - \ln|x| + \frac{c_1}{2}x^2 + c_2 x + c_3$

4. (1) 1.38125 (2) 2.7265625 (3) 2.05234 (4) 7.375

5. (1) (a) 1.3027 (b) 1.3330 (c) 1.3652 (2) (a) 4.4219 (b) 4.6640 (c) 4.9219

(3) (a) 6.2663 (b) 6.3340 (c) 6.4009 (4) (a) 4.0991 (b) 3.6174 (c) 3.1924

(5) (a) 1.0156 (b) 1.00004 (c) 0.9842 (6) (a) -2.02 (b) -2 (c) -1.98

6. (1)

n	왼쪽 끝점	중점	오른쪽 끝점
10	10.56	10.56	10.56
50	10.662	10.669	10.662
100	10.6656	10.6672	10.6656
500	10.6666	10.6667	10.6666
1000	10.6667	10.6667	10.6667
5000	10.6667	10.6667	10.6667

(2)

n	왼쪽 끝점	중점	오른쪽 끝점
10	0.91940	1.00103	1.07648
50	0.98421	1.00004	1.01563
100	0.99213	1.00001	1.00783
500	0.99843	1.00000	1.00157
1000	0.99921	1.00000	1.00079
5000	0.99984	1.00000	1.00016

(3)

n	왼쪽 끝점	중점	오른쪽 끝점
10	15.48000	17.96000	20.68000
50	17.4832	17.9984	18.5232
100	17.7408	17.9996	18.2608
500	17.9480	17.9999	18.0520
1000	17.9740	17.9999	18.0260
5000	17.9948	17.9999	18.0052

(4)

n	왼쪽 끝점	중점	오른쪽 끝점
10	-2.20000	-2	-1.80000
50	-2.04000	-2	-1.96000
100	-2.02000	-2	-1.98000
500	-2.00400	-2	-1.99600
1000	-2.00200	-2	-1.99800
5000	-2.00040	-2	-1.99960

7. (1) $\int_{-2}^{2}(4 - x^2)\,dx$ (2) $\int_{-2}^{2}-(x^2 - 4)\,dx$ (3) $\int_{0}^{4}-(x^2 - 4x)\,dx$

(4) $\int_{0}^{\pi}\sin x\,dx$ (5) $\int_{0}^{1}(x^3 - 3x^2 + 2x)\,dx - \int_{1}^{2}(x^3 - 3x^2 + 2x)\,dx$

8. (1) 1 (2) $\frac{8}{3}$ (3) $\frac{8}{3}$

9. (1) 0 (2) $\frac{88}{3}$ (3) $\frac{23}{20}$ (4) $\sqrt{2} - 1$ (5) 3 (6) $3 - 3\ln 4$ (7) $\frac{16}{3}$

10. (1) $x^2 - 3x + 2$ (2) $(\sin(x^2) + 1)(2x)$

11. (1) $y = 0$ (2) $y = x - 2$

12. (1) $\frac{2}{9}(x^3 + 2)^{3/2} + C$ (2) $\frac{1}{2}(\sqrt{x} + 2)^4 + C$ (3) $\frac{1}{6}(x^4 + 3)^{3/2} + C$ (4) $-2\sqrt{\cos x} + C$

(5) $\frac{1}{3}\sin x^3 + C$ (6) $-\sin\frac{1}{x} + C$ (7) $-2(\sqrt{x} + 1)^{-1} + C$ (8) $\frac{1}{3}\tan x^3 + C$

(9) $-\frac{1}{2}(1 - x^4)^{1/2} + C$ (10) $\frac{4}{3}(1 + \sqrt{x})^{3/2} - 4(1 + \sqrt{x})^{1/2} + C$

13. (1) $\frac{5}{3}\sqrt{5} - \frac{1}{3}$ (2) 0 (3) $\frac{8}{3}$

Chapter 06

연습문제 6.1

1. (1) $\int_{-1}^{2}(x^2 + 1)\,dx$ (2) $\int_{-2}^{2}(x^2 + 2 + x)\,dx$ (3) $\int_{-2}^{1}(2 - x^2 - x)\,dx$

(4) $\int_{-2}^{0}(x^3 - x^2 - 6x)\,dx + \int_{0}^{3}-(x^3 - x^2 - 6x)\,dx$ (5) $\int_{-2}^{1}(3 - y^2 - y - 1)\,dy$

2. (1) $\int_{0}^{3}\left(4 - \frac{1}{3}x^2\right)dx = 9$ (2) $-\int_{0}^{2}(x^2 - 2x - 3)\,dx = \frac{22}{3}$ (3) $-\int_{-1}^{0}x^3\,dx + \int_{0}^{2}x^3\,dx = \frac{17}{4}$

(4) $\int_{4}^{8}\sqrt{x - 4}\,dx = \frac{16}{3}$ (5) $\int_{-1}^{2}(x + 2 - x^2)\,dx = \frac{9}{2}$ (6) $\int_{0}^{2}(-x^2 - x^2 + 4x)\,dx = \frac{8}{3}$

(7) $\int_{0}^{6}(6y - y^2)\,dy = 36$ (8) $\int_{-1}^{2}(4 - y^2 - 2 + y)\,dy = \frac{9}{2}$

(9) $\int_{-2}^{2}((12 - y^2)/4 - y^2/2)\,dy = 8$ (10) $\int_{-4}^{0}\left(x + 6 + \frac{1}{2}x\right)dx + \int_{0}^{2}(x + 6 - x^3)\,dx = 22$

연습문제 6.2

1. $\pi\int_{0}^{2}(x^2 + 1)^2\,dx = 206\pi/15$

2. (1) $\pi\int_{0}^{2}(4 - x^2)^2\,dx = \frac{256}{15}\pi$ (2) $\pi\int_{0}^{4}\left(\sqrt{4 - y}\right)dy = 8\pi$

3. (1) $\pi\int_{0}^{4}\left(\frac{1}{4}x^2\right)^2\,dx = 64\,\pi/5$ (2) $\pi\int_{1}^{4}(1/x)^2\,dx = 3\pi/4$ (3) $\pi\int_{-1}^{2}(4 - x^2)\,dx = 9\pi$

4. (1) $\pi\int_{0}^{2}y^4\,dy = 32\pi/5$ (2) $\pi\int_{0}^{4}y\,dy = 8\pi$ (3) $\pi\int_{0}^{4}y^3\,dy = 64\,\pi$

5. $4\pi ab^2/3$ **6.** $64\pi/3$ **7.** $2\pi/3$ **8.** $\frac{128}{3}$ **9.** 2 **10.** (1) $1024\pi/35$ (2) $704\pi/5$

연습문제 6.3

1. (1) $2\pi\int_1^4 x(4/x)\,dx = 24\pi$ (2) $2\pi\int_0^4 x\sqrt{x}\,dx = 128\pi/5$

(3) $2\pi\int_0^4 (4x^{1/2} - x^{3/2})\,dx = 256\pi/15$ (4) $2\pi\int_0^2 x\left(\frac{1}{4}x^3 + x\right)dx = 128\pi/15$

(5) $2\pi\int_0^2 y(y^2)\,dy = 8\pi$ (6) $2\pi\int_0^2 (2-y)y^2\,dy = 8\pi/3$

2. (1) $\pi\int_a^b \left[f^2(x) - g^2(x)\right]dx$ (2) $2\pi\int_a^b x[f(x) - g(x)]\,dx$

(3) $2\pi\int_a^b [x-a][f(x) - g(x)]\,dx$ (4) $2\pi\int_a^b [b-x][f(x) - g(x)]\,dx$

3. (1) $\int_1^3 x^{-3}\,dx$ (2) $2\pi\int_1^3 x\cdot x^{-3}\,dx$ (3) $\pi\int_1^3 [(x^{-3}+1)^2 - 1]\,dx$ (4) $2\pi\int_1^3 (4-x)x^{-3}\,dx$

4. $64\pi/5$ **5.** $4\pi(b^2 - a^2)^{3/2}/3$

연습문제 6.4

1. (1) $3\sqrt{10}$ (2) $\frac{112}{3}$ (3) 9 (4) $\frac{21}{16}$ (5) 12 (6) 2 (7) 1

2. (1) $8(37\sqrt{37} - 1)/27$ (2) 3π (3) $6a$

연습문제 6.5

1. (1) $6\sqrt{37}\,\pi$ (2) 50π (3) $\pi(10\sqrt{10} - 1)/27$ (4) $52\pi/3$ (5) $\pi(10\sqrt{10} - 1)/27$

2. (1) $2\pi\int_0^x (1+\sin x)\sqrt{1+\cos^2 x}\,dx$ (2) $2\pi\int_0^\pi x\sqrt{1+\cos^2 x}\,dx$

(3) $2\pi\int_2^4 (x-2)\sqrt{1+(2x+1)^2/4(x^2+x)}\,dx$ (4) $2\pi\int_0^\pi (1+\sin t)\sqrt{4t^2 + \cos^2 t}\,dt$

연습문제 6.6

1. $\frac{5}{19}$ **2.** $\frac{2}{5}\,9^{5/2}$ **3.** $\left(\frac{11}{17}, \frac{8}{17}\right)$

[Chapter 06 연습문제]

1. (1) $\frac{40}{3}$ (2) $\frac{20}{3} - \sin 2$

2. (1) $\frac{64}{3}$ (2) $\frac{27}{4}$

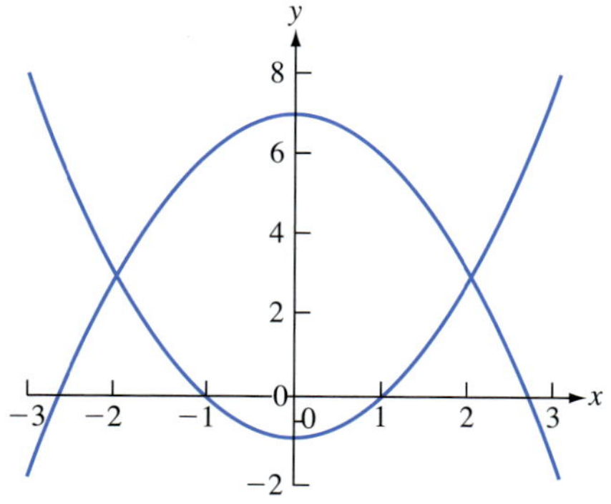

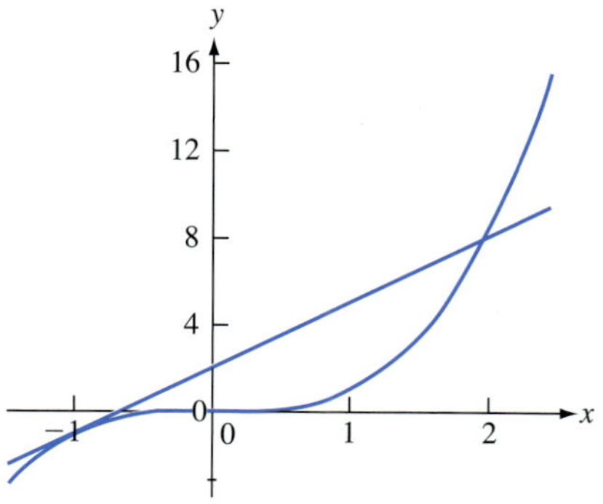

3. (1) 1 (2) $\frac{1}{6}$ (3) 1 (4) 7

4. (1) 12 (2) $\frac{56\pi}{3}$

5. (1) (a) $\frac{8\pi}{3}$ (b) $\frac{28\pi}{3}$ (2) (a) $\frac{32\pi}{5}$ (b) $\frac{224\pi}{15}$

6. (1) $\frac{\pi}{2}$ (2) $\frac{\pi}{5}$ (3) $\frac{\pi}{6}$ (4) $\frac{7\pi}{15}$ (5) $\frac{7\pi}{6}$ (6) $\frac{13\pi}{15}$

7. (1) 9π (2) 9π (3) 18π (4) 36π (5) 18π (6) 36π

8. 2π **9.** $\frac{20}{3}\pi$ **10.** $\frac{b^2}{2a}\pi$

11. (1) $\frac{32\pi}{3}$ (2) $\frac{128\pi}{3}$ (3) $\frac{27\pi}{2}$ (4) 288π

12. (1) (a) $\frac{80\pi}{3}$ (b) 16π (c) 16π (d) $\frac{16\pi}{3}$

(2) (a) $\frac{625\pi}{6}$ (b) $\frac{625\pi}{3}$ (c) $\frac{875\pi}{6}$ (d) $\frac{500\pi}{3}$

(3) (a) 16.72 (b) 12.64 (c) 4.09 (d) 2.99

(4) (a) $\frac{32\pi}{15}$ (b) $\frac{5\pi}{6}$ (c) $\frac{3\pi}{2}$ (d) $\frac{38\pi}{15}$

(5) (a) $\frac{5\pi}{6}$ (b) $\frac{64\pi}{15}$

13. (1) $2\sqrt{5}$ (2) 7.3824

14. (1) $\int_{-1}^{1}\sqrt{1+(3x^2)^2}\,dx$ (2) $\int_{0}^{2}\sqrt{1+(2-2x)^2}\,dx$

(3) $\int_{0}^{\pi}\sqrt{1+(-\sin x)^2}\,dx$ (4) $\int_{0}^{\pi}\sqrt{1+(x\sin x)^2}\,dx$

(5) $\int_{0}^{1}\sqrt{1+4x^2}\,dx$ (6) $2\int_{0}^{\frac{\pi}{6}}\sqrt{1+\cos^2 x}\,dx$

15. 6π **16.** $(\sqrt{5}+1)\pi$

Chapter 07

연습문제 7.1

1. (1) 1.792 (2) 0.406 (3) 4.396 (4) 0.346 (5) -3.584 (6) 3.871
2. (1) $(2x-5)/(x^2-5x+6)$ (2) $4/(x-5)$ (3) $1+\ln x$ (4) $3[1+(\ln x)^2]/x$
   (5) $(x^2-1)^{-1/2}$ (6) $\dfrac{1}{3x}$
3. (1) $2\ln|2x+1|+C$ (2) $2\ln(x^2+x+5)+C$ (3) $\dfrac{1}{2}(\ln x^2)+C$ (4) $\dfrac{1}{4}\ln 82$
4. (1) $\ln[(x+1)^2/x]$ (2) $\ln[x^2(x-2)/(x+2)]$
5. (1) $-(x^3+33x^2+8)/2(x^3-4)^{3/2}$
   (2) $-\dfrac{1}{6}(10x^2+219x-118)(x+13)^{-1/2}(x-4)^{-2}(2x+1)^{-4/3}$
6. (1)

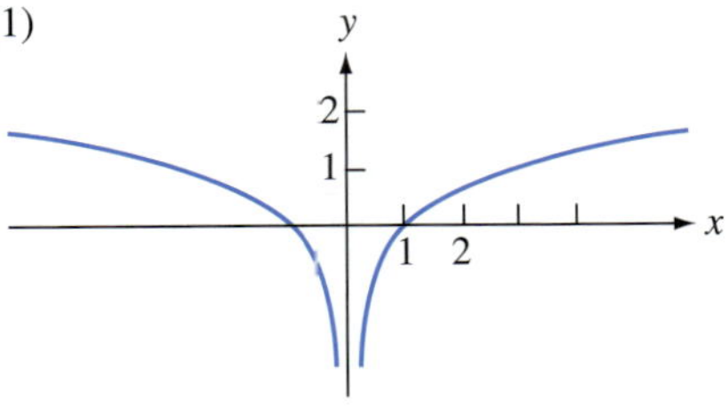

(2)

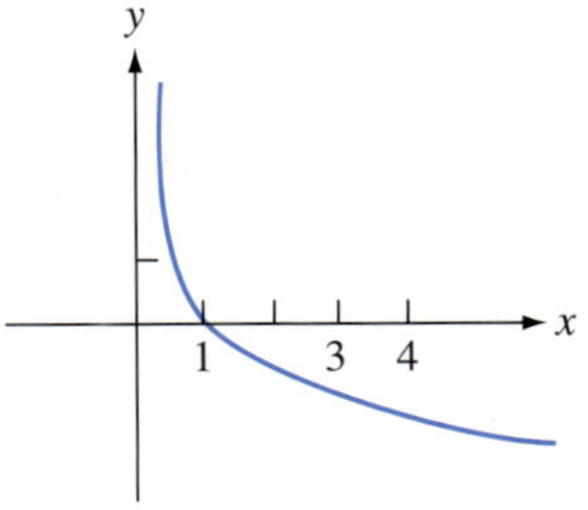

7. $y=0$ 8. 극소 $f(1)=-1$ 9. $\lim_{x\to\infty}\ln x=\infty$ 11. 3 12. $\int_1^2 1/x\,dx=\ln 2$

연습문제 7.2

1. (1) 모든 x에 대하여 $f'(x)=-15x^4-1<0$, f는 감소
   (2) $f'(x)=\sec^2 x>0$, $-\pi/2<x<\pi/2$, f는 증가
   (3) $f'(x)=2(x+1)$, $(-\infty,-1]$에서 $f'(x)<0$이므로 $(-\infty, 1]$에서 f는 감소
   (4) $f'(x)=(x^2+2)^{1/2}>0$, f는 증가
2. (1) $f^{-1}(x)=\dfrac{1}{3}(x+1)$ (2) $f^{-1}(x)=\dfrac{1}{2}(x^2-5)$, $x\ge 0$ (3) $f^{-1}(x)=x^{-1}+5$
   (4) $f^{-1}(x)=-\sqrt{x}$ (5) $f^{-1}(x)=4+\sqrt[8]{x}$ (6) $f^{-1}(x)=(3x+2)/(2-x)$
   (7) $f^{-1}(x)=[(1-2x)/(x-1)]^{1/3}$
3. $f^{-1}(x)=\dfrac{1}{4}\left(\sqrt{8x+33}-1\right)$ 4. $\dfrac{1}{16}$ 5. $\dfrac{1}{4}$

연습문제 7.3

1. (1) x^2 (2) $\sin x$ (3) $2\ln x-2x$ (4) $2x$
2. (1) $2e^{2x+1}$ (2) $e^{\sqrt{x+1}}/2\sqrt{x+1}$ (3) 1 (4) $(x^2+2x)e^x$
   (5) $\left(e^{\sqrt{x}}+\sqrt{x}\,e^{x/2}\right)/2\sqrt{x}$ (6) $-ye^{xy}/(1+xe^{xy})$

3.

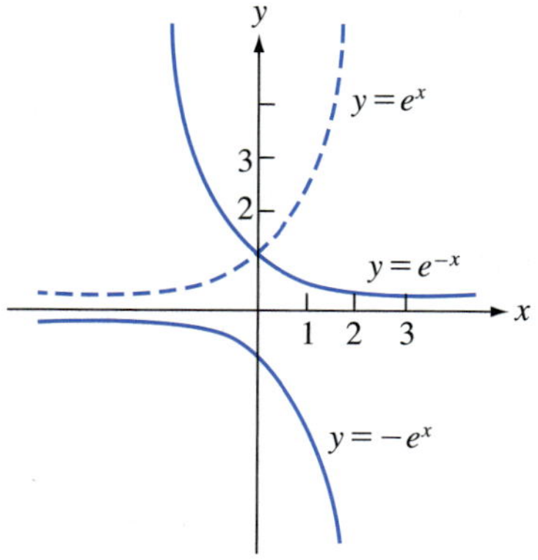

4.

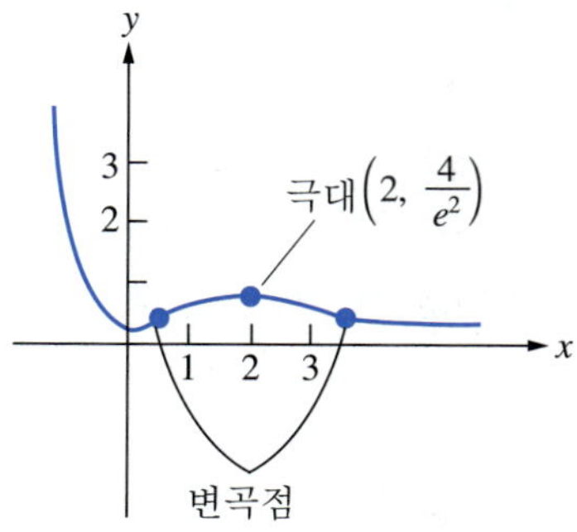

5.

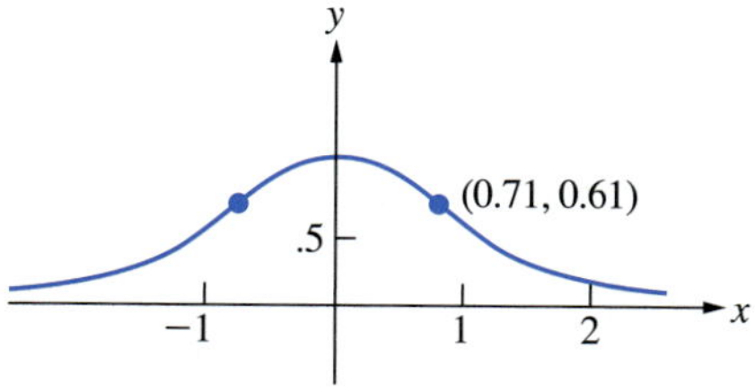

6. (1) $\frac{1}{3}e^{3x+1}+C$ (2) $\frac{1}{2}e^{x^2+6x}+C$ (3) $e^{-1x}+C$ (4) $\frac{1}{2}(e^5-e^3)$

7. 4π **8.** $(3-e)/2e$

9. (1) 3,628,800; 3,598,696 (2) 8.3094×10^{81} **10.** $\sqrt{2}\,(e^{\pi}-1)$

연습문제 7.4

1. (1) 2 (2) 27 (3) $3\sqrt{10}$ (4) $\frac{1}{3}$

2. (1) 1.594 (2) 0.1751 (3) 4.248 (4) 0.7203

3. (1) $(2x)5^{x^2}\ln 5$ (2) $1/\ln 2$ (3) $\left(\frac{\ln 5}{2\sqrt{s}}\right)\cdot 5^{\sqrt{s}}$ (4) $-\sqrt{2}\,(\cos\theta)^{\sqrt{2}-1}\sin\theta$

(5) $\frac{3}{x\ln 4}$ (6) $\frac{1}{\ln 5}$ (7) $\frac{1}{t}(\log_2 3)3^{\log_2 t}$

4. (1) $2^{x^2-1}/\ln 2+C$ (2) $40/\ln 5$ (3) $\frac{6}{\ln 7}$ (4) 32760 (5) $\frac{3^{\sqrt{3}+2}}{\sqrt{3}+1}$

(6) $\frac{(\ln x)^2}{2\ln 10}+C$ (7) $\frac{3\ln 2}{2}$ (8) $\ln(\ln x),\ x>1$ (9) $-\ln x$

5. $2x(\ln 10)10^{x^2}+20x^{19}$ **6.** $(\pi+1)x^{\pi}+(\pi+1)^x\ln(\pi+1)$

7. $(x^2+1)^{\ln x}\left[(2x\ln x)/(x^2+1)+\ln(x^2+1)/x\right]$ **8.** sin 1 **9.** $\log_{1/2}x=-\log_2 x$

10. (1) e^{-1} (2) e^3 (3) e^2 (4) e^{-2}

연습문제 7.5

1. $y = 4e^{-5t}$ **2.** $y = 1.8835e^{0.006t}$ **3.** 89,234 **4.** 12.55일

5. 4.644×10^6; 4.793×10^6; 6.166×10^6; 105.0×10^6 **6.** 7.736 g **7.** 81.6°C

8. (1) 449.63 (2) 453.13 (3) 453.46 (4) 453.47

9. (1) 69.66개월 (2) 69.31개월

연습문제 7.6

1. (1) $\pi/3$ (2) $-\pi/4$ (3) $-\pi/3$ (4) $2\pi/3$ (5) $2\pi/3$ (6) 0.541 (7) 0.126235
(8) -1.3780222 (9) 0.30477573 (10) 2.0176742 (11) -1.1598315

2. (1) $\sin^{-1}(x/8)$ (2) $\sin^{-1}(5/x)$ (3) $\tan^{-1}(3/x) - \tan^{-1}(1/x)$

3. $\dfrac{1}{9}$ **4.** $\dfrac{56}{65}$ **5.** $x/\sqrt{1-x^2}$ **6.** $1-2x^2$ **7.** $1/\sqrt{1+x^2}$ 8. (1) $\pi/2$ (2) $-\pi/2$

9. (1) $[0, \pi/2]$; $f^{-1}(x) = \dfrac{1}{2}\cos^{-1}(x/3)$ (2) $[-\pi/6, \pi/6]$; $f^{-1}(x) = \dfrac{1}{3}\sin^{-1}(x/2)$
(3) $(-\pi/2, \pi/2)$; $f^{-1}(x) = \tan^{-1} 2x$ (4) $(-\infty, -2/\pi] \cup [2/\pi, \infty)$; $f^{-1}(x) = 1/\sin^{-1} x$

연습문제 7.7

1. (1) $2x(1-x^4)^{-1/2}$ (2) $-7(2x)^{-1/2}(1-2x)^{-1/2}$ (3) $e^x(1+e^{2x})$
(4) $x(1+x^2)^{-1} + \tan^{-1} x$ (5) $\cos(\tan^{-1}x)/(1+x^2) = (1+x^2)^{-3/2}$ (6) $2/\left(x\sqrt{x^4-1}\right)$
(7) $-1/(1+x^2)$

2. (1) $\pi/4$ (2) $\pi/2$ (3) $\dfrac{1}{2}\tan^{-1} 2x + C$ **6.** π

연습문제 7.8

2. (1) $2\sinh x \cosh x = \sinh 2x$ (2) $2x \sinh(x^2-1)$ (3) $x^2 \cosh x + 2x \sinh x$
(4) $2(2\cosh 2x \cosh 4x + \sinh 2x \sinh 4x)$ (5) $3x^2/\sqrt{x^6-1}$, $x>1$
(6) $2x(4x^2+1)^{-1/2} + \sinh^{-1} 2x$ (7) $-\sin x \cosh(\cos x)$

3. (1) $\dfrac{1}{2}\sinh(x^2+3) + C$ (2) $\cosh(e^x) + C$ (3) $12\sinh\left(\dfrac{x}{2} - \ln 3\right) + C$
(4) $\tanh\left(x - \dfrac{1}{2}\right) + C$ (5) $-2\,\mathrm{sech}\sqrt{t} + C$

4. (1) $\dfrac{63}{32} + \ln 8$ (2) $\dfrac{3}{4}$ (3) $\sinh^{-1}(\sqrt{3})$ 혹은 $\ln(\sqrt{3}+2)$
(4) $\coth^{-1}(2) - \coth^{-1}\left(\dfrac{5}{4}\right)$ 혹은 $\dfrac{1}{2}\ln\left(\dfrac{1}{3}\right)$

5. $\dfrac{20}{9}$ **6.** $\pi\left(\dfrac{1}{2} + \dfrac{1}{4}\sinh 2\right)$

[Chapter 07 연습문제]

1. (1) π (2) $\frac{\pi}{3}$ (3) $\frac{\pi}{4}$ (4) $\frac{5\pi}{6}$ (5) 0.7 (6) $\frac{\pi}{3}$ (7) $\frac{3}{5}$ (8) $-\frac{\pi}{4}$ (9) $\frac{119}{169}$

2. (1) $\operatorname{csch}^2 x + 1 = \frac{1}{\sinh^2 x} + 1 = \left(\frac{2}{e^x - e^{-x}}\right)^2 + 1 = \frac{(e^x + e^{-x})^2}{(e^x - e^{-x})^2} = \frac{\cosh^2 x}{\sinh^2 x} = \coth^2 x$

(2) $2 \sinh x \cdot \cosh x = 2 \cdot \frac{e^x - e^{-x}}{2} \cdot \frac{e^x + e^{-x}}{2} = \frac{e^{2x} - e^{-2x}}{2} = \sinh 2x$

(3) $\tanh(\ln x) = \frac{\sinh(\ln x)}{\cosh(\ln x)} = \frac{\frac{x - \frac{1}{x}}{2}}{\frac{x + \frac{1}{x}}{2}} = \frac{x^2 - 1}{x^2 + 1}$

3. (1) 1 (2) ∞ (3) 0 (4) ∞ (5) 0

4. (1) 1 (2) $\frac{2}{\pi}$

5. (1) $y = e^x - 3$ (2) $y = (\ln x)^2,\ x \geq 1$ (3) $y = \log_{10}\left(\frac{x}{1-x}\right)$

(4) $f^{-1}(x) = \frac{5x - 1}{2x + 3}$ (5) $f^{-1}(x) = \frac{x^2 - 2}{5},\ x \geq 0$

6. (1) $y' = (3x-7)^4(8x^2-1)^3\left(\frac{12}{3x-7} + \frac{48x}{8x^2-1}\right)$

(2) $y' = \frac{(x+1)^4(x-5)^3}{(x-3)^8}\left[\frac{4}{x+1} + \frac{3}{x-5} - \frac{8}{x-3}\right]$

(3) $y' = \frac{e^x\sqrt{x^5+2}}{(x+1)^4(x^2+3)^2}\left[1 + \frac{5x^4}{2(x^5+2)} - \frac{4}{x+1} - \frac{4x}{x^2+3}\right]$

7. (1) $e^x x^2(x+3)$ (2) $2e^{2x}\cos 4x + e^{2x}(-\sin 4x)4$ (3) $8e^{4x+1}$ (4) $-e^{-x}$

(5) $-2x\ln(3)(1/3)^{x^2}$ (6) $\frac{e^{4x}(4x-1)}{x^2}$ (7) $\frac{1}{2x}$ (8) $\frac{3(x^2+1)}{x(x^2+3)}$ (9) $3x^2\ln x + x^3\frac{1}{x}$

(10) $e^{\sin 2x}(\cos 2x)(2)$ (11) $-3x^2\cos[\ln(\cos x^3)]\tan x^3$ (12) $\frac{1-\ln x^2}{x^2\sqrt{\ln x^2}}$

(13) $\sec x$ (14) $\frac{2^x e^x - e^x 2^x \ln 2}{2^{2x}}$ (15) $y' = e^{x\cos x}(\cos x - x\sin x)$ (16) $y' = \frac{e^{-\frac{1}{x}}}{x^2}$

(17) $y' = 3e^{3x-2}\sec^2(e^{3x-2})$ (18) $y' = \frac{3e^{3x} + 2e^{4x}}{(1+e^x)^2}$ (19) $y' = ex^{e-1}$ (20) $f'(x) = \frac{2 + \ln x}{2\sqrt{x}}$

(21) $g'(x) = -\frac{2a}{a^2 - x^2}$ (22) $f'(x) = \frac{1}{2x}$ (23) $f'(t) = \frac{4t^3 - 2t}{(t^4 - t^2 + 1)\ln 2}$

(24) $g'(u) = -\frac{2}{u(1+\ln u)^2}$ (25) $y' = 3\cot x(\ln \sin x)^2$ (26) $y' = \frac{1 + x^2(1 - 2\ln x)}{x(1+x^2)^2}$

(27) $y' = \frac{3x-2}{x(x-1)}$ (28) $f'(x) = e^x\left(\ln x + \frac{1}{x}\right)$ (29) $f'(t) = -\pi^{-t}\ln \pi$

(30) $h'(t) = 3t^2 - 3^t \ln 2$ (31) $y' = -\dfrac{x}{1+x}$ (32) $y' = x^{\sin x}\left(\cos x \ln x + \dfrac{\sin x}{x}\right)$

(33) $y' = e^x x^{e^x}\left(\ln x + \dfrac{1}{x}\right)$ (34) $y' = (\ln x)^x\left(\ln \ln x + \dfrac{1}{\ln x}\right)$ (35) $y' = 0$

(36) $y' = -\sin(x^{\sqrt{x}})x^{\sqrt{x}}\left(\dfrac{\ln x + 2}{2\sqrt{x}}\right)$ (37) $g'(x) = \dfrac{3x^2}{1+x^6}$ (38) $y' = \dfrac{2x}{\sqrt{1-x^4}}$

(39) $h'(x) = 1 + 2x\tan^{-1}x$ (40) $g'(t) = -\dfrac{4}{\sqrt{t^4 - 16t^2}}$ (41) $g'(t) = -\dfrac{1}{\sqrt{2(-2t^2+3t-1)}}$

(42) $y' = \dfrac{x}{|x|(1+x^2)}$ (43) $y' = \dfrac{\cos x}{1+\sin^2 x}$ (44) $y' = -\dfrac{1}{(1+x^2)(\tan^{-1}x)^2}$

(45) $y' = 2x\cot^{-1}(3x) - \dfrac{3x^2}{1+9x^2}$ (46) $f'(x) = 3\,\text{sech}^2 3x$ (47) $h'(x) = 4x^3\sinh(x^4)$

(48) $g'(x) = 2x\,\text{sech}\,x - x^2\,\text{sech}\,x\tanh x$ (49) $h'(t) = e^t\,\text{sech}^2(e^t)$

(50) $y' = x^{\cosh x}\left[\sinh x \ln x + \dfrac{\cosh x}{x}\right]$ (51) $y' = \dfrac{2x}{\sqrt{x^4-1}}$

(52) $y' = \ln(\text{sech}\,4x) - 4x\tanh 4x$ (53) $\sinh^{-1}\left(\dfrac{x}{3}\right)$ (54) $y' = -\dfrac{1}{x\sqrt{x^2+1}}$

8. (1) $y = (\ln 2)x + 1$ (2) $y = x - 1$ (3) $x + e^{\pi}y = \pi$ (4) $x - ey = e$

9. (1) $\dfrac{3}{4}\ln(x^4+5) + C$ (2) $\ln|\ln x| + C$ (3) $\dfrac{1}{2}\ln(1+e^{2x}) + C$ (4) $-\dfrac{1}{2}e^{2/x} + C$

(5) $\dfrac{1}{3}\ln\dfrac{3}{4}$ (6) $-\ln(\cos 1)$ (7) $-e^{-1} + \dfrac{1}{2}e^{-2} + \dfrac{1}{2}$ (8) $-\dfrac{1}{6}e^{-6x} + C$ (9) $\dfrac{1}{11}(1+e^x)^{11} + C$

(10) $x - e^{-x} + C$ (11) $-\dfrac{1}{2}e^{-x^2} + C$ (12) $\dfrac{1}{2}e^{x^2-4x-3} + C$ (13) $\ln 2$

(14) $\dfrac{1}{2}e^2 + e - \dfrac{1}{2}$ (15) $\dfrac{1}{2}\ln|2x-1| + C$ (16) $\dfrac{1}{2}\ln|x^2+2x| + C$ (17) $\dfrac{1}{3}(\ln x)^3 + C$

(18) $-\ln(1+\cos x) + C$ (19) $\dfrac{500}{\ln 5}$ (20) $\dfrac{\pi}{2}$ (21) $\dfrac{1}{3}\sin^{-1}(x^3) + C$

(22) $\dfrac{1}{2}\ln(x^2+9) + 3\tan^{-1}\left(\dfrac{x}{3}\right) + C$ (23) $\dfrac{1}{3}\tan^{-1}(3x) + C$ (24) $\tan^{-1}(e^x) + C$

(25) $\dfrac{\pi^2}{72}$ (26) $\dfrac{1}{2}\cosh 2x + C$ (27) $\ln|\sinh x| + C$ (28) $\sinh^{-1}\left(\dfrac{x}{2}\right) + C$ (29) $\dfrac{1}{2}\ln 3$

Chapter 08

연습문제 8.1

1. (1) $\dfrac{1}{5}(x-1)^5 + C$ (2) $\dfrac{1}{10}(x^2+1)^5 + C$ (3) $\tan^{-1}x + C$ (4) $\dfrac{1}{2}\ln(x^2+1) + C$

(5) $(2+t^2)^{3/2} + C$ (6) $\sec z + C$ (7) $2\sin\sqrt{x} + C$ (8) $\pi/4$

(9) $x^2 - x + \ln|x+1| + C$ (10) $\dfrac{2}{3}(\tan x)^{3/2} + C$ (11) $\dfrac{1}{2}\sin(\ln 4x^2) + C$

(12) $5\sin^{-1}(e^x)+C$ (13) $-5\sqrt{1-e^{2x}}+C$ (14) $9/\ln 100 \approx 1.954$

(15) $x-\ln|\sin x|+C$ (16) $\frac{1}{2}\ln\left|\sec(z^2+4z-3)\right|+C$ (17) $\ln\left|\sec e^x+\tan e^x\right|+C$

(18) $\tan x+e^{\sin x}+C$ (19) $-\frac{1}{3}\csc(t^3-2)+C$ (20) $-\frac{1}{3}[\cot(t^3-2)+t^3]+C$

(21) $\frac{1}{2}e^{\tan^{-1}2x}+C$ (22) $\frac{1}{6}\sin^{-1}(3y^2/4)+C$ (23) $\tan^{-1}(\sec x)+C$

(24) $\frac{1}{3}\sin^{-1}(e^{3t}/2)+C$ (25) $\frac{1}{4}\tan^{-1}\left(\frac{1}{4}\right)$ (26) $\frac{1}{2}\tan^{-1}[(x+1)/2]+C$

(27) $\frac{1}{3}\tan^{-1}(3x+3)+C$ (28) $\frac{1}{18}\ln\left|9x^2+18x+10\right|+C$ (29) $(1/3)\sec^{-1}(\sqrt{2}\,|t|/3)+C$

2. (1) $(2/135)(9x-4)(3x+2)^{3/2}+C$ (2) $\left(\frac{1}{24}\right)\ln|(4x+3)/(4x-3)|+C$

(3) $(x/16)(4x^2-9)\sqrt{9-2x^2}+(81\sqrt{2}/32)\sin^{-1}(\sqrt{2}\,x/3)+C$

(4) $(\sqrt{3}/3)\ln(\sqrt{3}\,x+\sqrt{5+3x^2})+C$ (5) $\ln\left|t+1+\sqrt{t^2+2t-3}\right|+C$

(6) $\frac{2}{27}(3\sin t-10)\sqrt{3\sin t+5}+C$

3. $\ln(\sqrt{2}+1)$

연습문제 8.2

1. (1) $\frac{1}{2}x+\frac{1}{4}\sin 2x+C$ (2) $\sin x-\frac{1}{3}\sin^3 x+C$ (3) $\frac{8}{15}$

(4) $\frac{1}{2}\tan^2 y+\ln|\cos y|+C$ or $\frac{1}{2}\sec^2 y+\ln|\cos y|+C$

(5) $-\frac{1}{9}\cos^3(3x)+\frac{1}{5}\cos^5(3x)-\frac{1}{7}\cos^7(3x)+\frac{1}{27}\cos^9(3x)+C$

(6) $-(\csc\theta+\sin\theta)+C$ (7) $\frac{1}{64}\left(\frac{3}{2}t-\frac{1}{4}\sin 8t+\frac{1}{32}\sin 16t\right)+C$

(8) $\sec^3 3y\left(\frac{1}{15}\sec^2 3y-\frac{1}{9}\right)+C$ (9) $-\frac{1}{3}\csc^3 x+C$ (10) $-\frac{1}{2}\cot^2 x+C$

(11) $-\frac{1}{18}\cos 9y+\frac{1}{2}\cos y+C$ (12) $-\frac{1}{6}\cot^3 2x+\frac{1}{2}\cot 2x+x+C$

(13) $\frac{1}{21}\tan^3 7x+\frac{1}{7}\tan 7x+C$ (14) $-\frac{1}{2}\cot^2 x-\ln|\sin x|+C$ (15) $\tan x-\cot x+C$

2. (1) $\frac{4}{\sqrt{3}}-2$ (2) $\frac{56}{15}$ (3) $1-\frac{1}{2}\ln 2$ (4) -2 **3.** $\pi^2\left(\frac{1}{3}\pi^2+\frac{5}{2}\right)$

연습문제 8.3

1. (1) $\frac{2}{5}(x+3)^{3/2}(x-2)+C$ (2) $\frac{1}{6}(2t+7)^{3/2}-\frac{7}{2}(2t+7)^{1/2}+C$ (3) $2\sqrt{6}-2\sqrt{3}$

(4) $\frac{1}{5}(2t+1)^{5/2}(5t-1)+C$ (5) $-\ln\frac{1+\sqrt{1-x^2}}{|x|}+\sqrt{1-x^2}+C$

(6) $-\frac{1}{3}\ln\left[\left(\sqrt{x^2+9}+3\right)/|x|\right]+C$ (7) $\frac{1}{16}\left(\frac{\sqrt{3}}{2}-\frac{3}{5}\right)$ (8) $-\sqrt{4-t^2}+C$

(9) $-2\sqrt{4-x^2}-3\sin^{-1}(x/2)+C$ (10) $(y^2+8)/\sqrt{y^2+4}+C$

2. (1) $\ln\left(\sqrt{x^2+2x+5}+x+1\right)+C$ (2) $3\sqrt{x^2+2x+5}-3\ln\left(\sqrt{x^2+2x+5}+x+1\right)+C$

(3) $\frac{9}{2}\left[\sin^{-1}\frac{1}{3}(x+2)+\frac{1}{9}(x+2)\sqrt{5-4x-x^2}\right]+C$ (4) $\sin^{-1}\frac{1}{2}(x-2)+C$

(5) $\ln(x^2+2x+2)-\tan^{-1}(x+1)+C$

3. (1) $\frac{\pi}{4}$ (2) $\frac{\pi}{6}$ (3) $4\sqrt{3}-\frac{4\pi}{3}$ (4) $\ln 9-\ln\left(1+\sqrt{10}\right)$ (5) $\frac{\pi}{6}$

4. $(\pi/16)(\pi/4-\tan^{-1}0.5+0.1)$ **5.** $\frac{1}{2}\ln(x^2+9)+C$

6. $\sqrt{4-x^2}-\ln\left[\left(2-\sqrt{4-x^2}\right)^2/x^2\right]+C$

연습문제 8.4

1. (1) xe^x-e^x+C (2) $-\frac{1}{3}x\cos 3x+\frac{1}{9}\sin 3x+C$ (3) $x\tan^{-1}x-\frac{1}{2}\ln(1+x^2)+C$

(4) $\frac{1}{5}x\tan 5x+\frac{1}{25}\ln|\cos 5x|+C$ (5) $\frac{2}{9}x^{3/2}(3\ln x-2)+C$

(6) $\frac{1}{2}(x^2+1)\tan^{-1}x-\frac{1}{2}x+C$ (7) $\frac{1}{4}x^2(2\ln x-1)+C$ (8) $\pi\sqrt{3}/6+\ln 2\approx 1.6000$

(9) $a^x(x\ln a-1)/\ln^2 a+C$ (10) $(x^2-7x+7)e^x+C$ (11) $\frac{\pi^2-4}{8}$ (12) $\frac{5\pi-3\sqrt{3}}{9}$

2. (1) $e^x(x^2-2x+2)+C$ (2) $\frac{1}{2}e^t(\sin t+\cos t)+C$

(3) $\frac{1}{2}x[\sin(\ln x)-\cos(\ln x)]+C$

3. (1) $\frac{2}{3}\left(\sqrt{3s+9}\,e^{\sqrt{3s+9}}-e^{\sqrt{3s+9}}\right)+C$ (2) $\frac{\pi\sqrt{3}}{3}-\ln 2-\frac{\pi^2}{18}$

(3) $\frac{1}{2}[-x\cos(\ln x)+x\sin(\ln x)]+C$ **4.** 1

5. $-108e^{-3}+27$ **7.** $\frac{16}{35}$ **8.** $\int x^3e^x\,dx=(x^3-3x^2+6x-6)e^x+C$

연습문제 8.5

1. (1) $\ln|x|-\ln|x+2|+C$ (2) $2\ln|x+3|+3\ln|x-3|+C$

(3) $3\ln|x+4|-2\ln|x-1|+C$ (4) $2\ln|2x-1|-\ln|x+5|+C$

(5) $2\ln|x|-\ln|x+1|+\ln|x-2|+C$ (6) $\frac{3}{2}x^2-3x+\ln|x-1|+8\ln|x+2|+C$

(7) $\ln|x-3|-4(x-3)^{-1}+C$ (8) $2\ln|x|+\ln|x-4|+(x-4)^{-1}+C$

(9) $-2\ln|x|+2\ln(x^2+4)+\frac{1}{2}\tan^{-1}(x/2)+C$ (10) $2\ln|x+3|-\ln|x-2|-\tan^{-1}x+C$

(11) $\frac{1}{2}\ln(x^2+1)+\frac{5}{2}(x^2+1)^{-1}+C$ (12) $3\ln 10-2\ln 3-3\ln 8$ (13) $\frac{\pi+2\ln 2}{8}$

(14) $\tan^{-1}y-\frac{1}{y^2+1}+C$ (15) $\frac{1}{5}\ln\left|\frac{e^t+1}{e^t+2}\right|+C$ (16) $\frac{1}{5}\ln\left|\frac{\sin y-2}{\sin y+3}\right|+C$

2. (1) $x=\ln|t-2|-\ln|t-1|+\ln 2$ (2) $x=\frac{6t}{t+2}-1$ (3) $x=\tan(\ln|t+1|+1)$

3. (1) $x=ab[e^{(b-a)kt}-1]/[be^{(b-a)kt}-a]$ (3) $\frac{38}{23}$ (4) $x=a^2kt/(akt+1)$

[Chapter 08 연습문제]

1. (1) $\frac{1}{2}xe^{2x}-\frac{1}{4}e^{2x}+C$ (2) $\frac{1}{3}x^3\ln x-\frac{1}{9}x^3+C$ (3) $\frac{1}{2}(\ln x)^2+C$

(4) $-\frac{4}{17}e^x\cos 4x+\frac{1}{17}e^x\sin 4x+C$ (5) $\frac{2}{3}\cos x\sin 2x-\frac{1}{3}\cos 2x\sin x+C$

(6) $x(\ln x)^2-2x\ln x+2x+C$ (7) $\sin x\ln(\sin x)-\sin x+C$ (8) $\frac{1}{2}x^2e^{x^2}-\frac{1}{2}e^{x^2}+C$

(9) $-\frac{1}{2}\cos 2+\frac{1}{4}\sin 2$ (10) -4 (11) $-\frac{2}{\pi^2}$ (12) $\frac{2}{9}e^3+\frac{1}{9}$ (13) $10\ln 10-9$

(14) $2\ln 2-\frac{3}{4}$ (15) $2(-\sqrt{x}\cos\sqrt{x}+\sin\sqrt{x})+C$

(16) $\frac{1}{2}\left[(4+x^2)\ln(4+x^2)-4-x^2\right]+C$ (17) $\frac{\pi}{4}-\frac{1}{2}$

2. (1) $\frac{1}{16}$ (2) $\frac{1}{3}$ (3) $\frac{1}{2}x+\frac{1}{4}\sin 2x+C$ (4) $\frac{12}{35}$ (5) $-\frac{1}{5}\csc^5 x+\frac{1}{3}\csc^3 x+C$

(6) $\frac{25}{168}\sqrt{2}-\frac{8}{21}$ (7) $\frac{1}{8}x-\frac{1}{32}\sin 4x+C$

3. (1) $-\frac{\sqrt{9-x^2}}{9x}+C$ (2) π (3) $\frac{x\sqrt{x^2-9}}{2}+\frac{9}{2}\ln\left|\frac{x+\sqrt{x^2-9}}{3}\right|+C$

(4) $2\ln\left|x+\sqrt{x^2-4}\right|+C$ (5) $\frac{x\sqrt{x^2+9}}{2}-\frac{9}{2}\ln\left|\frac{x+\sqrt{x^2+9}}{3}\right|+C$

(6) $\frac{17\sqrt{13}}{4}-\frac{81}{8}\ln\left|\frac{2+\sqrt{13}}{3}\right|$ (7) $\frac{27-16\sqrt{2}}{3}$

(8) $\frac{1}{2}x\sqrt{16+x^2}+8\ln\left|\frac{1}{4}\sqrt{16+x^2}+\frac{x}{4}\right|+C$ (9) $\ln\left|\frac{x+\sqrt{x^2+4}}{2}\right|+C$

4. (1) $u=\sec^{n-2}x$, $dv=\sec^2 x\,dx$ 라 하면

$$\int\sec^n x\,dx=\sec^{n-2}x\tan x-(n-2)\int\sec^{n-2}x(\sec^2 x-1)dx$$
$$=\sec^{n-2}x\tan x-(n-2)\int\sec^n x\,dx+(n-2)\int\sec^{n-2}x\,dx$$

이므로 이 식을 정리하면 된다.

5. $ab\pi$

6. (1) $\frac{3}{x+1}-\frac{2}{x-1}$, $3\ln|x+1|-2\ln|x-1|+C$

(2) $\frac{4}{x-2}+\frac{2}{x+1}$, $4\ln|x-2|+2\ln|x+1|+C$

(3) $-\frac{5/2}{x}+\frac{1/2}{x-2}-\frac{2}{x+1}$, $-\frac{5}{2}\ln|x|+\frac{1}{2}\ln|x-2|+2\ln|x+1|+C$

(4) $x-2+\frac{11}{x+4}+\frac{2}{x-2}$, $\frac{x^2}{2}-2x+11\ln|x+4|+2\ln|x-2|+C$

(5) $\frac{3}{2x+1}-\frac{2}{3x-7}$, $\frac{3}{2}\ln|2x+1|-\frac{2}{3}\ln|3x-7|+C$

(6) $-\frac{1/4}{x}+\frac{1/4}{x+2}+\frac{3/2}{(x+2)^2}$, $-\frac{1}{4}\ln|x|+\frac{1}{4}\ln|x+2|-\frac{3}{2(x+2)}+C$

(7) $\frac{2}{x}+\frac{1}{x+2}-\frac{3}{x+1}$, $2\ln|x|+\ln|x+2|-3\ln|x+1|+C$

(8) $\frac{2}{x}+\frac{-2x+1}{x^2+1}$, $2\ln|x|-\ln(x^2+1)+\tan^{-1}x+C$

(9) $\frac{-4x+1}{4x^2+1}+\frac{1}{2x+1}$, $-\frac{1}{4}\ln|4x^2+1|+\frac{1}{2}\tan^{-1}(2x)+\frac{1}{2}\ln|2x+1|+C$

(10) $\frac{2}{3}+\frac{1}{3}\left[\frac{-3}{2x-5}+\frac{5}{3x+2}\right]$, $\frac{2}{3}x-\frac{1}{2}\ln|2x-5|+\frac{5}{9}\ln|3x+2|+C$

(11) $\frac{2}{x+1}+\frac{1}{(x+1)^2}$, $2\ln|x+1|-\frac{1}{x+1}+C$

(12) $1-\frac{2}{x}+\frac{2}{x^2+2x+2}$, $x-2\ln|x|+2\tan^{-1}(x+1)+C$

(13) $\frac{x}{3}-\frac{2}{9}+\frac{1}{9}\frac{10x+2}{3x^2+2x+1}$, $\frac{x^2}{6}-\frac{2}{9}x+\frac{5}{27}\ln(3x^2+2x+1)-\frac{2\sqrt{2}}{27}\tan^{-1}\left(\frac{3x+1}{\sqrt{2}}\right)+C$

(14) $\frac{3}{x}+\frac{x-3}{x^2+x-1}$, $3\ln|x|+\frac{1}{2}\ln|x^2+x+1|-\frac{7}{\sqrt{3}}\tan^{-1}\left(\frac{2x+1}{\sqrt{3}}\right)+C$

(15) $3+\frac{x-2}{x^2+1}+\frac{2}{x-1}$, $3x+\frac{1}{2}\ln(x^2+1)-2\tan^{-1}x+2\ln|x-1|+C$

(16) $2x-\frac{1}{x}+\frac{2x}{x^2+4}+\frac{1}{x^2+4}$, $x^2-\ln|x|+\ln(x^2+4)+\frac{1}{2}\tan^{-1}\frac{x}{2}+C$

Chapter 09

연습문제 9.1

1. (1) -1 (2) -1 (3) $-\frac{1}{2}$ (4) ∞ (5) 0 (6) $-\frac{1}{2}$ (7) $-\frac{9}{4}$ (8) -2

(9) $-\infty$ (10) $-\frac{1}{24}$ (11) $-\infty$ (12) 1 (13) 1 (14) $\frac{1}{3}$ (15) ∞ (16) 2

(17) -2 (18) -1 (19) $\frac{9}{5}$ (20) $\ln\frac{5}{3}$ (21) $\frac{1}{2}$ (22) 1

연습문제 9.2

1. (1) 0 (2) 0 (3) 1 (4) 0 (5) $-\infty$ (6) 0 (7) 0 (8) 1 (9) 0 (10) e^3
(11) 1 (12) 1 (13) 1 (14) 1 (15) 0 (16) $e^{2/3}$ (17) 1 (18) 존재하지 않음
(19) 0 (20) 1 (21) 1 (22) 0 (23) 0 (24) 0 (25) e^4 (26) 1 (27) 0
(28) $\frac{1}{2}$ (29) e^{-2} (30) e^3

연습문제 9.3

1. (1) 발산 (2) $\frac{1}{2}e^{-16} \approx 5.63 \times 10^{-8}$ (3) 발산 (4) 100 (5) 발산 (6) 발산
(7) $1/\ln 2$ (8) $-\frac{1}{4}$ (9) 발산 (10) $\pi/2$ (11) π (12) $\frac{1}{2}$

2. $(\ln 3)/2 \approx 0.5493$ **3.** 필요로 하는 계산은 $k\int_{3960}^{\infty}(1/x)\,dx = \infty$이다. **4.** 1,250,000원

연습문제 9.4

1. (1) $\frac{3}{2}$ (2) $\pi/2$ (3) 발산 (4) 6 (5) $-\frac{3}{2}(5^{1/3} + 4^{1/3}) \approx -4.946$
(6) 발산 (7) 발산 (8) 발산 (9) 0

2. $p \geq 1$이면 $\int_0^1 1/x^p\,dx$는 발산, $p \leq 1$이면 $\int_1^{\infty} 1/x^p\,dx$ 는 발산 **3.** 6

4. (1) 3 (2) $\pi\int_0^1 x^{-4/3}\,dx = \lim_{a \to 0^+} \pi\int_a^1 x^{-4/3}\,dx = \infty$

5. 아니다. $\lim_{x \to 0^+} (\sin x)/x = 1$ 이므로 피적분함수는 유계이다.

6. $\int_1^{\infty} e^{-x}\,dx = 1/e$. $\int_1^{\infty} e^{-x}\,dx$이 수렴하므로 $\int_1^{\infty} e^{-x^2}\,dx$ 도 수렴.

7. (1) $\lim_{x \to \infty} x^{n+1}/e^x = 0$. 따라서 $x \geq M$에 대하여 $x^{n+1}/e^x \leq 1$인 $M > 1$이 존재함.
따라서 $x \geq M$에 대하여 $x^{n-1}/e^x \leq 1/x^2$이다.
(2) $\int_1^{\infty} x^{n-1}e^{-x}\,dx = \int_1^{M} x^{n-1}e^{-x}\,dx + \int_M^{\infty} x^{n-1}e^{-x}\,dx$. 오른 쪽의 첫째 적분은 정상 적분이다.
$\int_M^{\infty} \frac{1}{x^2}\,dx$ 가 수렴하므로 둘째 적분은 수렴한다.

8. (1) $\Gamma(1) = \int_0^{\infty} e^{-x}\,dx = \lim_{t \to \infty}\int_0^t e^{-x}\,dx = \lim_{t \to \infty}[-e^{-x}]_0^t = \lim_{t \to \infty}(1 - e^{-t}) = 1$

(2) $$\Gamma(n+1) = \int_0^{\infty} x^n e^{-x}\,dx = \lim_{t \to \infty}\int_0^t x^n e^{-x}\,dx \begin{pmatrix} u = x^n & dv = e^{-x}\,dx \\ dx = nx^{n-1} & v = -e^{-x} \end{pmatrix}$$
$$= \lim_{t \to \infty}[-x^n e^{-x}]_0^t + \lim_{t \to \infty}\int_0^t nx^{n-1}e^{-x}\,dx$$
$$= \lim_{t \to \infty}(-t^n e^{-t}) + n\lim_{t \to \infty}\int_0^t x^{n-1}e^{-x}\,dx$$
$$= 0 + n\Gamma(n) = n\Gamma(n)$$

(3) $\Gamma(n+1)=n\Gamma(n)=n(n-1)\Gamma(n-1)=n(n-1)(n-2)\Gamma(n-2)\cdots=n!$

[Chapter 09 연습문제]

1. (1) $\frac{3}{2}$ (2) 3 (3) 0 (4) $\frac{1}{2}$ (5) 0 (6) $-\pi$ (7) 0 (8) 0 (9) e (10) 1 (11) 0

(12) ∞ (13) 0 (14) $\frac{2}{3}$ (15) α (16) $\frac{2}{3}$ (17) -2 (18) 0 (19) $\frac{1}{2}$ (20) 0

(21) 0 (22) $\frac{1}{2}$ (23) 1 (24) ∞ (25) 1 (26) ∞ (27) $\frac{1}{2}$ (28) 0 (29) ∞

(30) $\frac{1}{3a^{2/3}}$ (31) 0 (32) 1 (33) $\frac{1}{e}$ (34) 1 (35) 0 (36) 1

2. c **3.** $\frac{c^3}{3}$ **4.** $a \neq 0, 1$이면 $a \neq a^2$이기 때문

5. $\lim_{h\to 0}\frac{f(x+h)-f(x-h)}{2h}=\lim_{h\to 0}\frac{f'(x+h)+f'(x-h)}{2}=\frac{f'(x)+f'(x)}{2}=f'(x)$

6. $\lim_{h\to 0}\frac{f(x+h)-2f(x)+f(x-h)}{h^2}=\lim_{h\to 0}\frac{f'(x+h)-f'(x-h)}{2h}$

$$=\lim_{h\to 0}\frac{f''(x+h)+f''(x-h)}{2}=\frac{f''(x)+f''(x)}{2}=f''(x)$$

7. $\lim_{x\to\infty}\frac{e^x}{x^n}=\lim_{x\to\infty}\frac{e^x}{nx^{n-1}}=\lim_{x\to\infty}\frac{e^x}{n(n-1)x^{n-2}}=\cdots=\lim_{x\to\infty}\frac{e^x}{n!}=\infty$

8. (1) $\frac{3}{2}$ (2) 발산 (3) -6 (4) 발산 (5) 발산 (6) $\frac{5}{27}e^3$ (7) 발산 (8) π (9) 2

(10) 발산 (11) $\frac{1}{2}$ (12) 발산 (13) 1 (14) 0 (15) $-\ln\frac{2}{3}$ (16) 발산 (17) 발산

(18) $\frac{e^2}{4}$ (19) 발산 (20) 발산 (21) 1 (22) $2\sqrt{3}$ (23) 발산 (24) 발산 (25) $\frac{5}{3}$

(26) 발산 (27) 발산 (28) 발산 (29) $-\frac{1}{4}$

9. $p>-1, -\frac{1}{(p+1)^2}$

10. $\int_0^\infty x^2e^{-x^2}dx=-\frac{1}{2}\lim_{t\to\infty}\left([xe^{-x^2}]_0^t-\int_0^t e^{-x^2}dx\right)=-\frac{1}{2}\lim_{t\to\infty}te^{-t^2}+\frac{1}{2}\lim_{t\to\infty}\int_0^t e^{-x^2}dx=\frac{1}{2}\int_0^\infty e^{-x^2}dx$

11. $C=1$; $\ln 2$

Chapter 10

연습문제 10.1

1. (1) 수렴, $\frac{1}{2}$ (2) 수렴, 3 (3) 수렴, 4 (4) 발산 (5) 수렴, 0 (6) 수렴, 0 (7) 발산

(8) 진동, $-\frac{1}{2}$, $\frac{1}{2}$ (9) 수렴, 0 (10) 수렴, 0 (11) 발산 (12) 발산

2. (1) $\dfrac{n}{2^{n+1}}$, 0 (2) $(-1)^n\dfrac{n}{2n-1}$, 진동, $-\dfrac{1}{2}$, $\dfrac{1}{2}$ (3) $n/[n^2-(n-1)^2]=n/2n-1$, 수렴, $\dfrac{1}{2}$

(4) $n\sin\dfrac{1}{n}$, 수렴, 1 (5) $2^n/n^2$, 발산 (6) $\dfrac{1}{n}-\dfrac{1}{n+1}$, 수렴, 0 (7) $(-1)^n\dfrac{n^2}{3^n}$, 수렴, 0

(8) $n/n+1$, 수렴, 1

연습문제 10.3

1. (1) 발산 (2) 수렴 (3) 수렴 (4) 수렴

2. (1) 수렴 (2) 발산 (3) 발산 (4) 수렴 (5) 수렴 (6) 수렴

3. (1) 발산 (2) 발산 (3) 발산 (4) 수렴 (5) 발산 (6) 수렴

(7) 발산 (8) 수렴 (9) 수렴 (10) 발산 (11) 수렴 (12) 수렴

4. (1) 오차 $<\displaystyle\int_5^\infty\frac{dx}{x^2+2x}=\frac{1}{2}\ln\frac{7}{5}$ (2) 오차 $<\displaystyle\int_5^\infty\frac{dx}{x^2+x}=\ln\frac{6}{5}$

(3) 오차 $<\displaystyle\int_5^\infty\frac{dx}{x^2+x}=\ln\frac{6}{5}$ (4) 오차 $<\displaystyle\int_5^\infty\frac{x}{e^x}\,dx=\frac{6}{e^5}$ (5) 오차 $<\displaystyle\int_5^\infty\frac{dx}{x\sqrt{x}}=\frac{2}{\sqrt{5}}$

연습문제 10.4

1. (1) 조건부수렴 (2) 절대수렴 (3) 발산 (4) 조건부수렴 (5) 조건부수렴 (6) 절대수렴

(7) 절대수렴 (8) 조건부수렴 (9) 조건부수렴 (10) 발산 (11) 조건부수렴 (12) 조건부수렴

(13) 절대수렴 (14) 발산

연습문제 10.5

1. (1) $\mathbb{R}$ (2) $(-1,1)$ (3) $(-1,1]$ (4) $[-1,1]$ (5) $(-2,2)$ (6) $\mathbb{R}$

(7) $[0,2)$ (8) $(-3,1)$ (9) $[-6,-4]$ (10) $(-4,-2)$

연습문제 10.6

1. (1) $\displaystyle\sum_{n=0}^\infty\frac{(2x)^n}{n!}$ (2) $\displaystyle\sum_{n=0}^\infty\frac{x^{2n}}{n!}$ (3) $\displaystyle\sum_{n=0}^\infty\frac{(-1)^n x^{4n+2}}{(2n+1)!}$ (4) $\displaystyle\sum_{n=0}^\infty\frac{(-1)(ax)^{2n+1}}{(2n+1)!}$

(5) $\displaystyle\sum_{n=0}^\infty\frac{(-1)^n(2x^2)^{2n}}{(2n)!}$ (6) $\displaystyle\sum_{n=0}^\infty\frac{(-1)^n x^{2n+2}}{(2n)!}$ (7) $\displaystyle\sum_{n=0}^\infty(-4)^n x^n$

(8) $\displaystyle\sum_{n=0}^\infty\left[\frac{x^n}{n!}+\frac{(-1)^n}{(2n+1)!}x^{2n+1}\right]=1+2x+\frac{x^2}{2!}+\frac{x^4}{4!}+\cdots$ (9) $\displaystyle\ln 3+\sum_{n=0}^\infty\frac{(-1)^n}{3^{n+1}}\frac{x^{n+1}}{n+1}$

(10) $\displaystyle\sum_{n=0}^\infty\frac{(-1)^n 2^{2n+1}x^{2n+1}}{2n+1}$ (11) $\displaystyle\sum_{n=0}^\infty\frac{(-1)^n x^n}{n!}$

2. (1) $f(x)=e+e(x-1)+\dfrac{e(x-1)^2}{2!}+\dfrac{e(x-1)^3}{3!}+\cdots$

(2) $f(x)=\cos\dfrac{\pi}{3}-\left(x-\dfrac{\pi}{3}\right)\sin\dfrac{\pi}{3}-\dfrac{\left(x-\dfrac{\pi}{3}\right)^2}{2!}\cos\dfrac{\pi}{3}+\cdots-\dfrac{\left(x-\dfrac{\pi}{3}\right)^3}{3!}\sin\dfrac{\pi}{3}+\cdots$

(3) $f(x)=x+\dfrac{x^3}{3}+\dfrac{2}{15}x^5+\dfrac{17}{315}x^7+\cdots$

(4) $f(x)=\displaystyle\sum_{n=0}^{\infty}\frac{(-1)^{n+1}(x-5)^n}{3^{n+1}}=-\frac{1}{3}\left[1+\left(\frac{x-5}{-3}\right)+\left(\frac{x-5}{-3}\right)^2+\left(\frac{x-5}{-3}\right)^3+\cdots\right]$

(5) $-\displaystyle\sum_{n=0}^{\infty}(x+1)^n$ (6) $\displaystyle\sum_{n=0}^{\infty}\frac{(-1)^n(x-3)^n}{5^{n+1}}$ (7) $\displaystyle\sum_{n=0}^{\infty}\frac{(-1)^n\pi^{2n}}{(2n)!}\left(x-\frac{1}{2}\right)^{2n}$

(8) $1+\displaystyle\sum_{n=1}^{\infty}\frac{(-1)^{n+1}(x-e)^n}{ne^n}$

3. $\dfrac{15}{8}+\dfrac{17}{8}(x-\ln 4)+\dfrac{15}{16}(x-\ln 4)^2+\dfrac{17}{48}(x-\ln 4)^3+\cdots$

4. (1) $1+\dfrac{1}{2}(x-1)-\dfrac{1}{8}(x-1)^2$ (2) 1.04875

연습문제 10.7

1. 0.069756 **2.** 2.099756 **3.** 1.64872

4. (1) $1+\dfrac{1}{2}x^2+\dfrac{5}{24}x^4+\dfrac{61}{720}x^6+\cdots$ (2) $x+x^2-\dfrac{x^3}{3}+\dfrac{x^4}{3}-\cdots$

(3) $x-x^2+\dfrac{1}{3}x^3-\dfrac{1}{30}x^5+\cdots$ (4) $x-\dfrac{3}{2}x^2+\dfrac{7}{6}x^3+\dfrac{11}{12}x^4+\cdots$

5. (1) $\dfrac{d}{dx}\cos x=\dfrac{d}{dx}\left(1-\dfrac{x^2}{2!}+\dfrac{x^4}{4!}-\dfrac{x^6}{6!}+\dfrac{x^8}{8!}-\cdots\right)=-\left(x-\dfrac{x^3}{3!}+\dfrac{x^5}{5!}-\dfrac{x^7}{7!}+\cdots\right)=-\sin x$

(2) $\dfrac{d}{dx}\ln(1+x)=\left(x-\dfrac{1}{2}x^2+\dfrac{1}{3}x^3-\dfrac{1}{4}x^4+\cdots\right)'=1-x+x^2-x^3+x^4-\cdots=\dfrac{1}{1+x}$

(3) $\dfrac{d}{dx}\sinh x=\dfrac{d}{dx}\displaystyle\sum_{n=0}^{\infty}\frac{x^{2n+1}}{(2n+1)!}=\left(x+\frac{1}{3!}x^3+\frac{1}{5!}x^5+\frac{1}{7!}x^7+\cdots\right)'$

$$=1-\frac{1}{2!}x^2+\frac{1}{4!}x^4+\frac{1}{6!}x^6+\cdots=\cosh x=\sum_{n=0}^{\infty}\frac{x^{2n}}{(2n)!}$$

(4) $\dfrac{d}{dx}\tan^{-1}x=\dfrac{d}{dx}\left(x-\dfrac{x^3}{3}+\dfrac{x^5}{5}-\dfrac{x^7}{7}+\dfrac{x^9}{9}-\cdots\right)=1-x^2+x^4-x^6+x^8-\cdots=\dfrac{1}{1+x^2}$

(5) $\displaystyle\int e^x\,dx=\int\left(1+x+\frac{x^2}{2!}+\frac{x^3}{3!}+\frac{x^4}{4!}+\cdots\right)dx=1+x+\frac{x^2}{2!}+\frac{x^3}{3!}+\frac{x^4}{4!}+\cdots+C$

(6) $\displaystyle\int\cosh x\,dx=\int\left(1+\frac{1}{2!}x^2+\frac{1}{4!}x^4+\frac{1}{6!}x^6+\frac{1}{8!}x^8+\cdots\right)dx$

$$=x+\frac{1}{3!}x^3+\frac{1}{5!}x^5+\frac{1}{7!}x^7+\frac{1}{9!}x^9+\cdots+C=\sinh x+C$$

6. (1) $\displaystyle\sum_{n=0}^{\infty}x^{2n+1}$ (2) $f^{(5)}(0)=5!,\ f^{(6)}(0)=0$

7. (1) $\dfrac{d}{dx}\dfrac{1}{1-x}=\dfrac{d}{dx}(1+x+x^2+x^3+x^4+\cdots)=1+2x+3x^2+4x^3+5x^4+\cdots=\dfrac{1}{(1-x)^2}$

$$\frac{x}{(1-x)^2}=x+2x^2+3x^3+4x^4+5x^5+\cdots=\sum_{n=1}^{\infty}nx^n,\quad -1<x<1$$

(2) $\int \frac{1}{1-x}dx = \int \left(1+x+x^2+x^3+x^4+\cdots\right)dx = x+\frac{x^2}{2}+\frac{x^3}{3}+\frac{x^4}{4}+\frac{x^5}{5}+\cdots$

$-\ln(1-x) = x+\frac{x^2}{2}+\frac{x^3}{3}+\frac{x^4}{4}+\frac{x^5}{5}+\cdots = \sum_{n=1}^{\infty}\frac{x^n}{n}$

(3) $\frac{1}{1-x} = 1+x+x^2+x^3+x^4+\cdots \quad x \to -x \Rightarrow \frac{1}{1+x} = 1-x+x^2-x^3+x^4-\cdots$

$\int \frac{1}{1+x}dx = \int (1-x+x^2-x^3+x^4-\cdots)dx = x-\frac{x^2}{2}+\frac{x^3}{3}-\frac{x^4}{4}+\frac{x^5}{5}-\cdots$

$\ln(1+x) = x-\frac{x^2}{2}+\frac{x^3}{3}-\frac{x^4}{4}+\frac{x^5}{5}-\cdots = \sum_{n=1}^{\infty}(-1)^{n+1}\frac{x^n}{n}$

8. (1) $1+\frac{1}{2}x-\frac{1}{2!\cdot 2^2}x^2+\frac{3}{3!\cdot 2^3}x^3-\frac{3\cdot 5}{4!\cdot 2^4}x^4+\cdots,\ (-1,1)$

(2) $1-\frac{1}{2}x^2+\frac{3}{2!\cdot 2^2}x^4-\frac{3\cdot 5}{3!\cdot 2^3}x^6+\frac{3\cdot 5\cdot 7}{4!\cdot 2^4}x^8-\cdots(-1,1)$

(3) $1+\frac{2}{3}x-\frac{2}{2!\cdot 3^2}x^2+\frac{2^3}{3!\cdot 3^3}x^3-\frac{2^3\cdot 7}{4!\cdot 3^4}x^4+\cdots;\ (-1,1)$

(4) $x+\frac{1}{2}x^3+\frac{3}{2\cdot 2^2}x^5+\frac{3\cdot 5}{3!\cdot 2^3}x^7+\frac{3\cdot 5\cdot 7}{4!\cdot 2^4}x^9+\cdots(-1,1)$

(5) $\frac{1}{\sqrt[3]{4}}\left(1-\frac{1}{3\cdot 4}x+\frac{4}{2!\cdot 3^2\cdot 4^2}x^2-\frac{4\cdot 7}{3!\cdot 3^3\cdot 4^3}x^3+\frac{4\cdot 7\cdot 10}{4!\cdot 3^4\cdot 4^4}x^4-\cdots\right)$

$=\frac{1}{\sqrt[3]{4}}+\frac{1}{\sqrt[3]{4}}\sum_{n=1}^{\infty}(-1)^n\frac{1\cdot 4\cdot 7\cdots(3n-2)}{n!\cdot 3^n\cdot 4^n}x^n,\ (-4,4)$

(6) $\frac{1}{\sqrt[4]{2}}\left(1+\frac{1}{4\cdot 2}x+\frac{1\cdot 5}{2!\cdot 2^2\cdot 4^2}x^2+\frac{1\cdot 5\cdot 9}{3!\cdot 2^3\cdot 4^3}x^3+\frac{1\cdot 5\cdot 9\cdot 13}{4!\cdot 2^4\cdot 4^4}x^4+\cdots\right)$

$=\frac{1}{\sqrt[4]{2}}+\frac{1}{\sqrt[4]{2}}\sum_{n=1}^{\infty}\frac{1\cdot 5\cdot 9\cdots(4n-3)}{n!\cdot 2^n\cdot 4^n}x^n,\ (-2,2)$

[Chapter 10 연습문제]

1. (1) $\frac{3}{2}$ (2) ∞ (3) 발산 (4) 0 (5) 발산 (6) 발산 (7) 0 (8) ∞ (9) 0
(10) 0 (11) $\frac{1}{2}$ (12) ln 2 (13) 2

2. (1) $\frac{15}{4}$ (2) $\frac{3}{8}$ (3) 발산 (4) 3 (5) 발산 (6) 발산 (7) 1
(8) $\frac{5}{36}$ (9) $\frac{1}{6}$ (10) 발산 (11) $\frac{5}{6}$ (12) $-\frac{3}{4}$ (13) 발산

3. (1) 발산 (2) 수렴 (3) 발산 (4) 발산 (5) 발산 (6) 수렴 (7) 수렴 (8) 수렴
(9) 발산 (10) 수렴 (11) 발산 (12) 수렴 (13) 발산 (14) 발산 (15) 발산
(16) 발산 (17) 발산 (18) 수렴 (19) 수렴

4. (1) 수렴 (2) 수렴 (3) 발산 (4) 수렴 (5) 수렴 (6) 발산 (7) 발산 (8) 수렴
(9) 수렴 (10) 발산 (11) 수렴 (12) 발산 (13) 수렴

5. (1) 절대수렴 (2) 발산 (3) 조건수렴 (4) 절대수렴 (5) 발산 (6) 절대수렴 (7) 절대수렴 (8) 발산 (9) 조건부수렴 (10) 절대수렴 (11) 절대수렴 (12) 절대수렴 (13) 조건부수렴 (14) 조건부수렴 (15) 절대수렴 (16) 절대수렴 (17) 발산 (18) 절대수렴 (19) 절대수렴

6. (1) $R=\infty$, $(-\infty, \infty)$ (2) $R=4$, $(-4, 4)$ (3) $R=3$, $(-2, 4]$ (4) $R=0$, $\{-1\}$

(5) $R=1$, $[0, 2)$ (6) $R=1$, $(2, 4)$ (7) $R=\infty$, $(-\infty, \infty)$ (8) $R=\frac{1}{2}$, $\left[-\frac{5}{2}, -\frac{3}{2}\right]$

(9) $R=\frac{1}{4}$, $\left[-\frac{1}{4}, \frac{1}{4}\right)$

7. $R=b$, $(a-b, a+b)$ **8.** $\sum_{n=0}^{\infty} a_n (x^2)^n$ 은 $|x^2|<R$일 때 수렴

9. R **10.** $|b|R$

11. (1) $\sum_{n=0}^{\infty} \frac{(-1)^n (3x)^n}{n!}$ (2) $\sum_{n=0}^{\infty} \frac{(-1)^n}{n!} x^{2n+1}$ (3) $\sum_{n=0}^{\infty} \frac{(-1)^n}{(2n)!} x^{6n}$

12. $f(1)=1$, $f'(1)=1$, $n \ge 2$일 때 $f^{(n)}(1)=0$이므로 $f(x)$의 Taylor 급수는 $1+(x-1)=x$. 이 Taylor 급수는 $x \ge 0$일 때단 f로 수렴

13. $1-\frac{x^2}{3!}+\frac{x^4}{5!}-\frac{x^6}{7!}+\cdots$ **14.** $a+\frac{1}{2a}(x-a^2)+\sum_{n=2}^{\infty} \frac{(-1)^{n+1}(2n-3)(2n-5)\cdots 1}{n!\,2^n a^{2n-1}}(x-a^2)^n$

15. $\cosh x = 1+\frac{1}{2}x^2+\frac{1}{24}x^4+\frac{1}{720}x^6+\cdots$

$\sinh x = x+\frac{1}{6}x^3+\frac{1}{120}x^5+\frac{1}{5040}x^7+\cdots$

Chapter 11

연습문제 11.1

1.

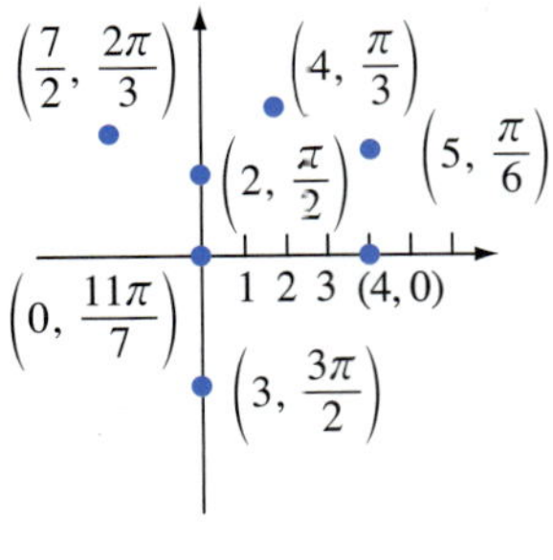

2.

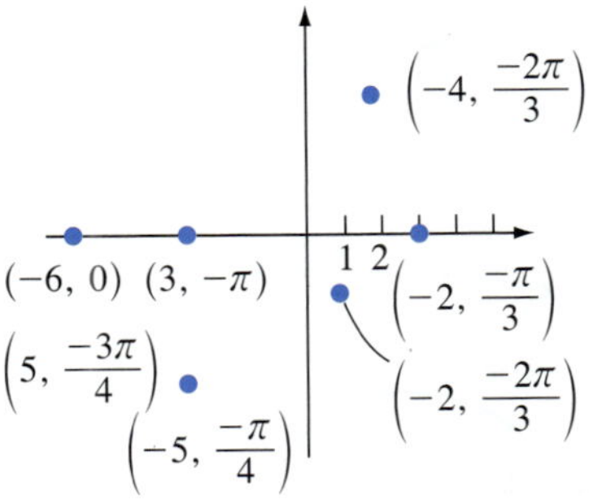

3. (1) $\left(4, \frac{7}{3}\pi\right)$, $\left(4, -\frac{5}{3}\pi\right)$, $\left(-4, \frac{4}{3}\pi\right)$, $\left(-4, -\frac{2}{3}\pi\right)$;

(2) $\left(3, \frac{1}{4}\pi\right)$, $\left(3, -\frac{7}{4}\pi\right)$, $\left(-3, \frac{13}{4}\pi\right)$, $\left(-3, -\frac{3}{4}\pi\right)$;

(3) $\left(5,\ \frac{7}{6}\pi\right),\ \left(5,\ -\frac{5}{6}\pi\right),\ \left(-5,\ \frac{13}{6}\pi\right),\ \left(-5,\ -\frac{11}{6}\pi\right)$;

(4) $\left(7,\ \frac{4}{3}\pi\right),\ \left(7,\ \frac{10}{3}\pi\right),\ \left(-7,\ \frac{1}{3}\pi\right),\ \left(-7,\ \frac{7}{3}\pi\right)$

4. (1) $(2,\ 2\sqrt{3})$ (2) $(3\sqrt{2}/2,\ 3\sqrt{2}/2)$

(3) $\left(-5\sqrt{3}/2,\ -\frac{5}{2}\right)$ (4) $\left(-\frac{7}{2},\ -7\sqrt{3}/2\right)$

5. (1) $(4,\ 7\pi/6)$ (2) $(2,\ \pi/3)$ (3) $(2,\ -\pi/4)$ (4) $(0, 0)$

6. (1) $r = 2/(4\sin\theta - \cos\theta)$ (2) $r = -5/\sin\theta$ (3) $r = 4$

7. (1) $y = \sqrt{3}\,x$ (2) $x = -6$ (3) $y = 4$

8. (1) 원

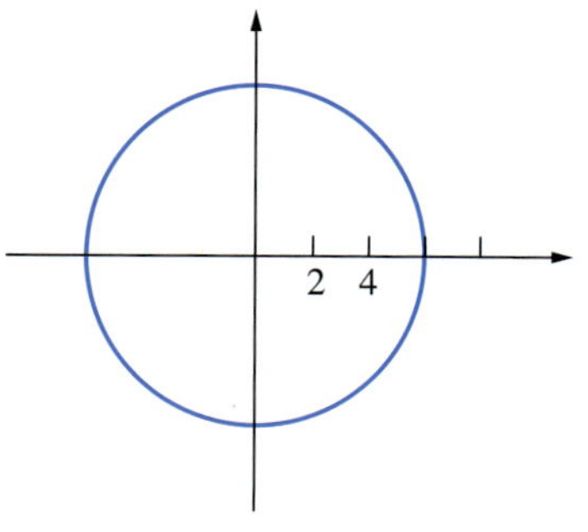

(2) 직선

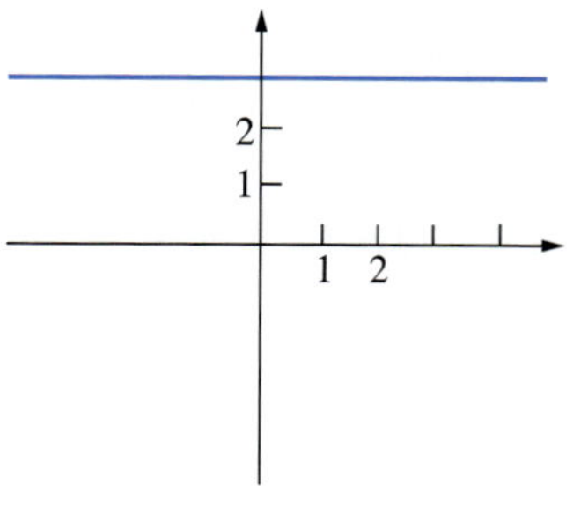

(3) 원

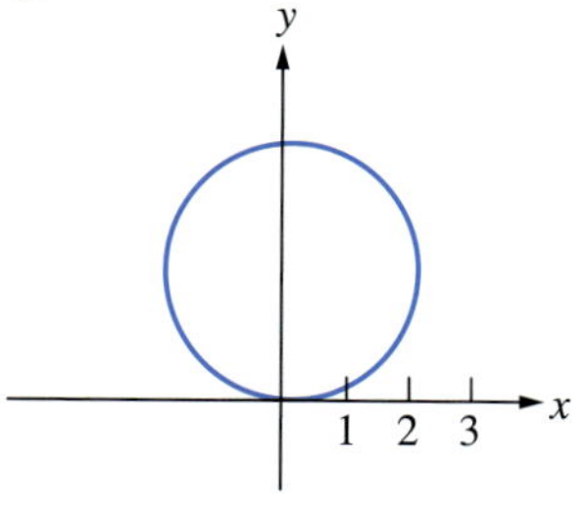

(4) 포물선 $(e = 1)$

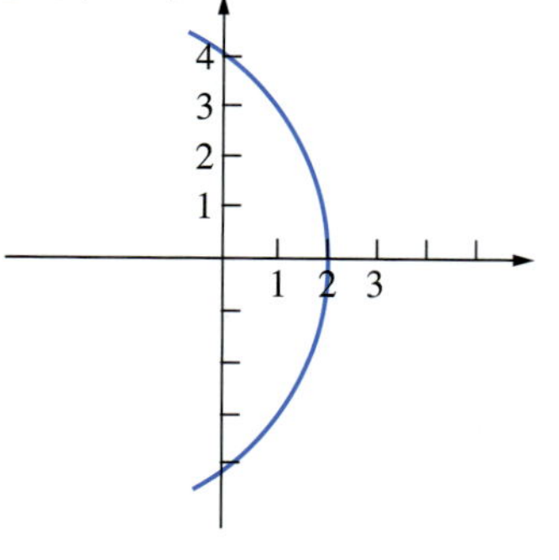

(5) 타원 $\left(e = \frac{1}{2}\right)$

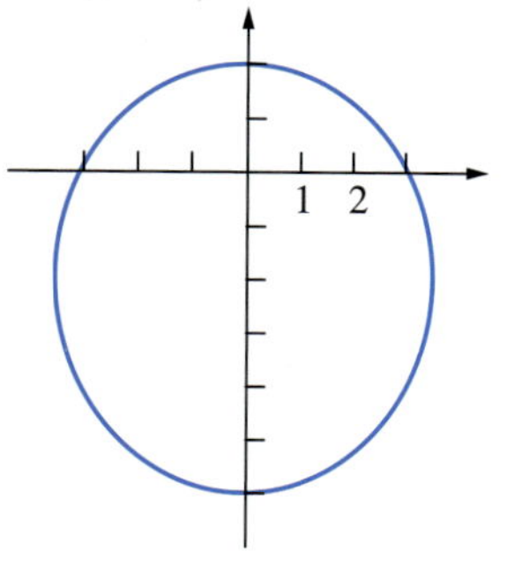

(6) 포물선 $(e = 1)$

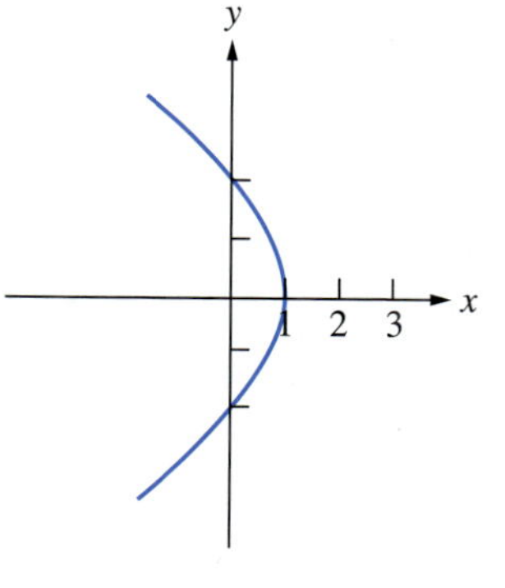

(7) 쌍곡선 ($e = 2$)

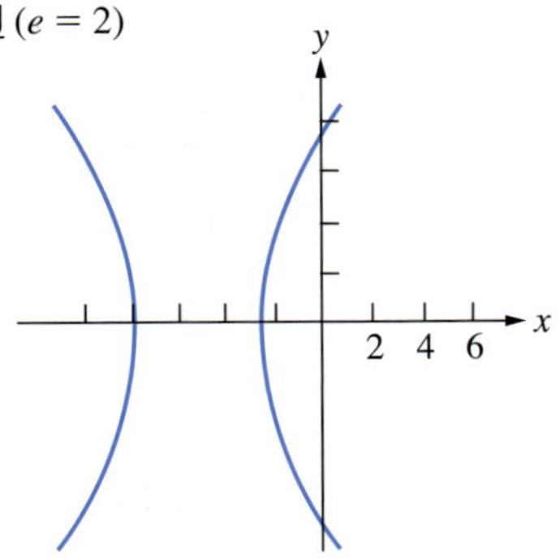

9. cosine 법칙을 사용하라.

연습문제 11.2

1. (1)

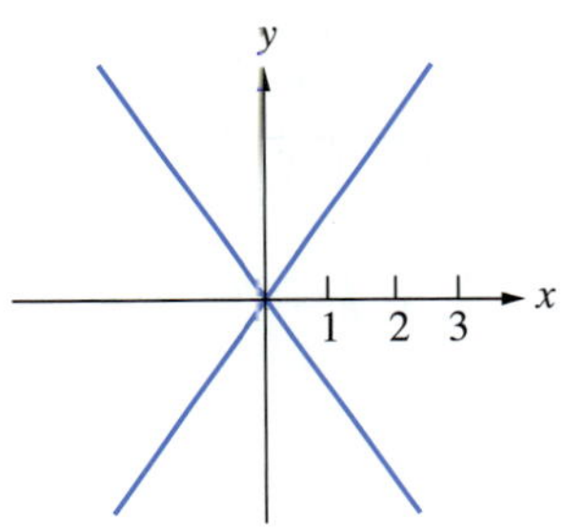

(2)

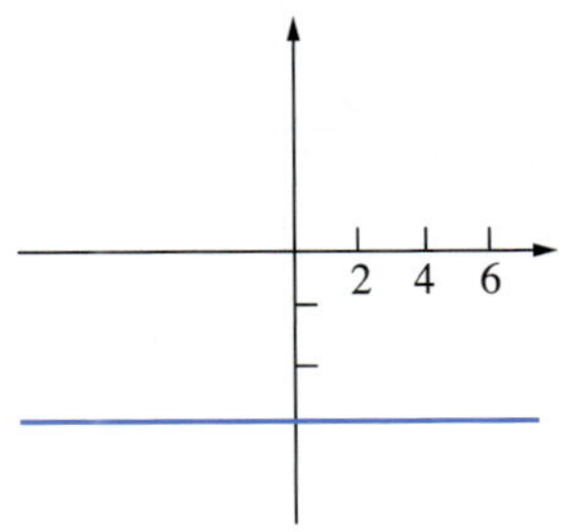

(3)

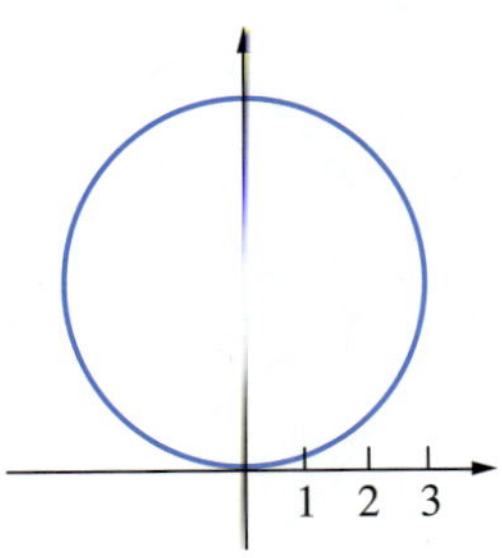

(4)

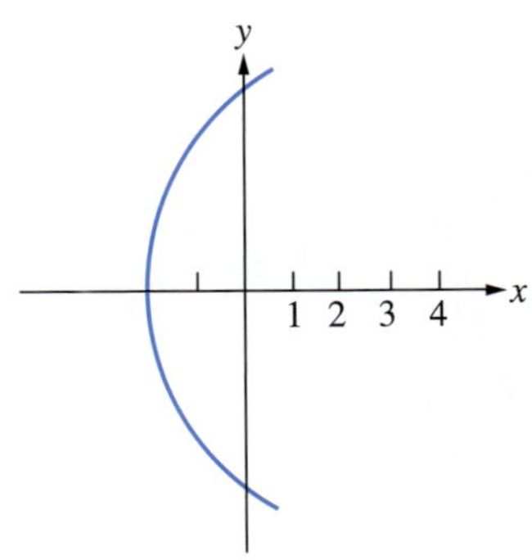

(5)

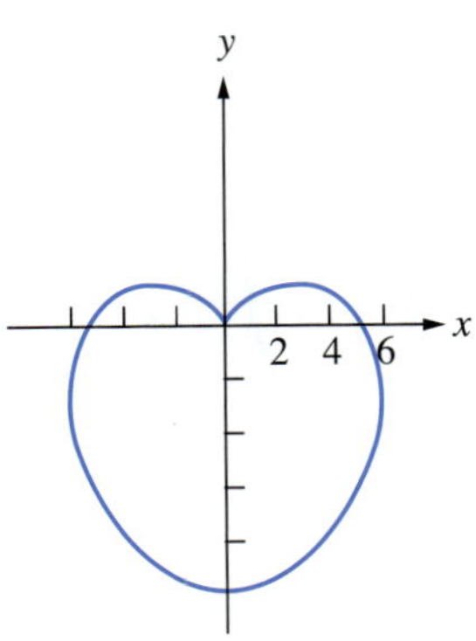

(6)

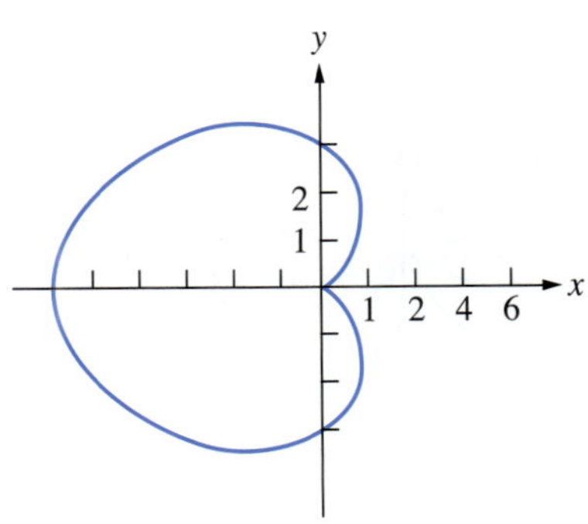

(7)

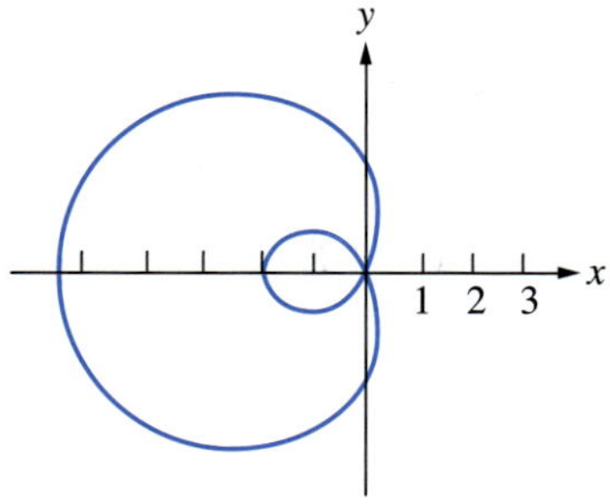

(8)

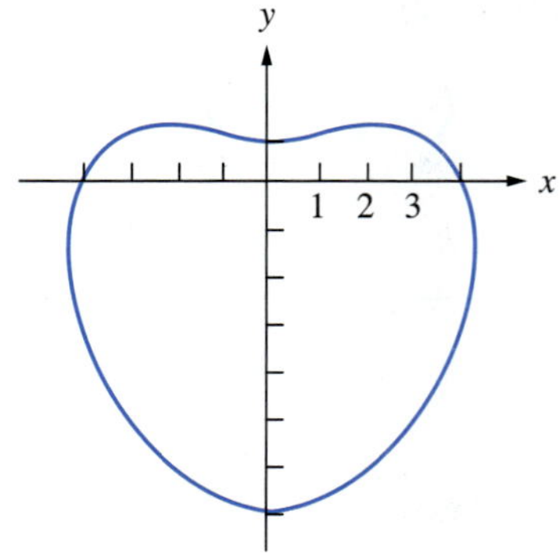

(9)

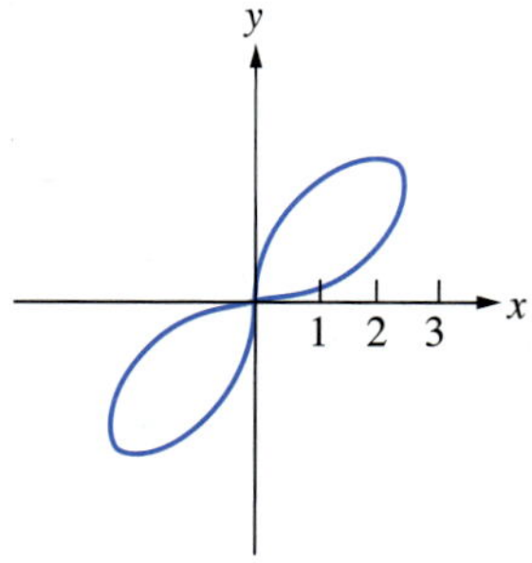

(10)

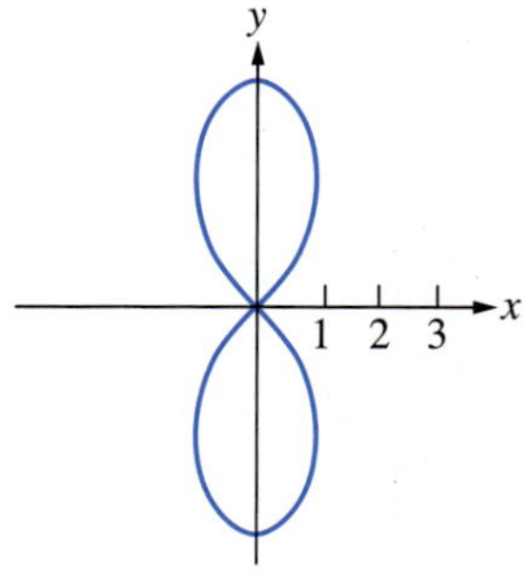

(11)

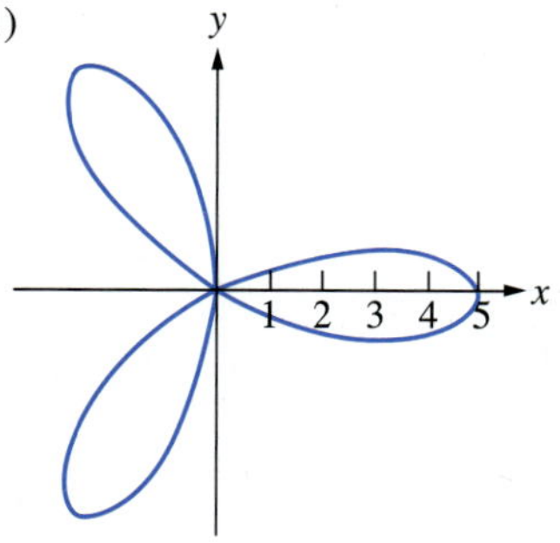

(12)

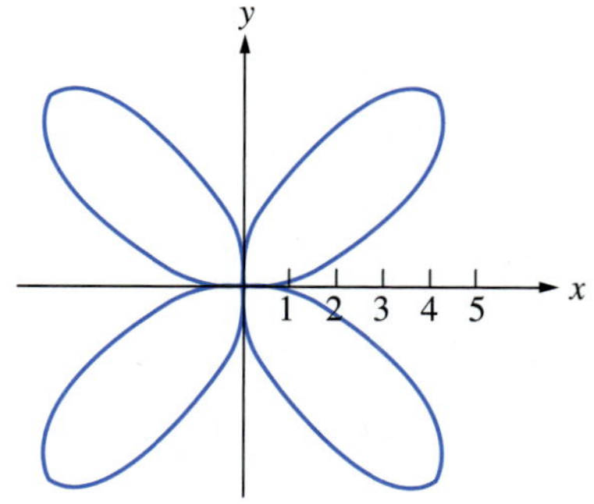

(13)

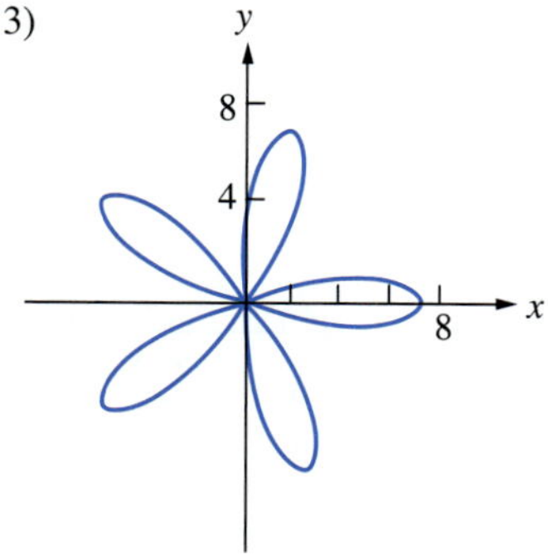

(14)

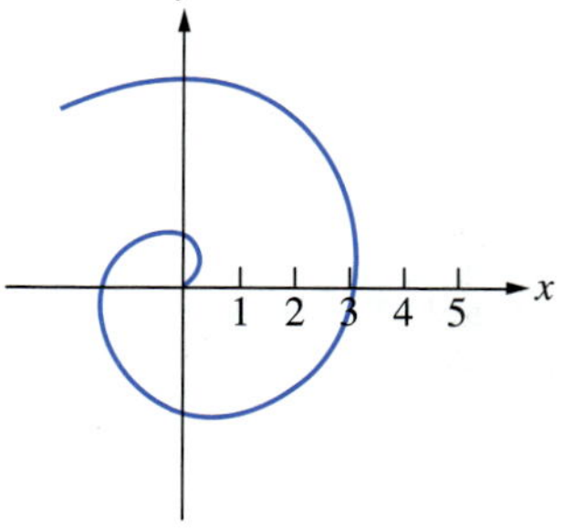

(15)

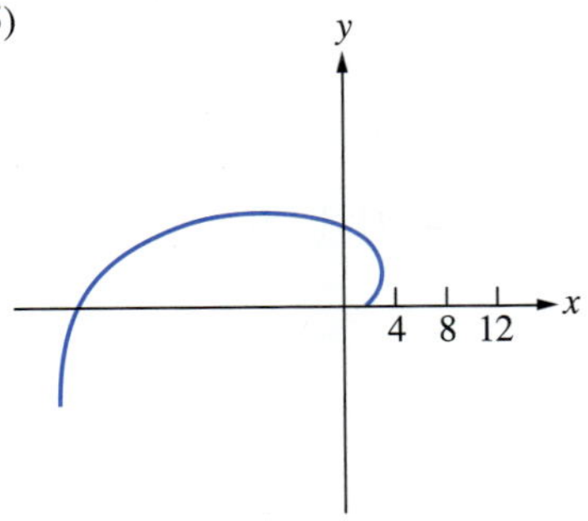

(16)

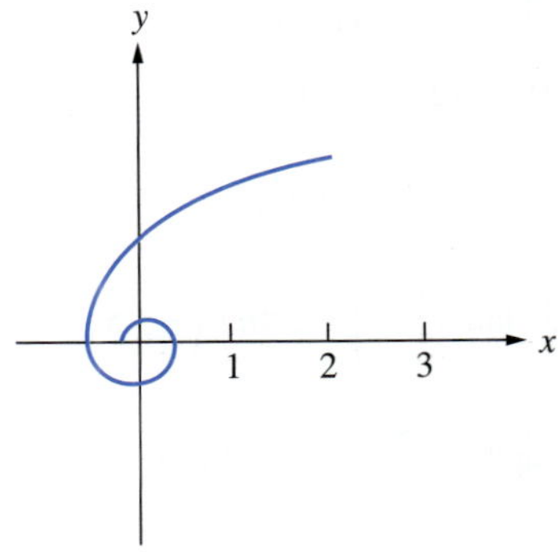

2. (1)

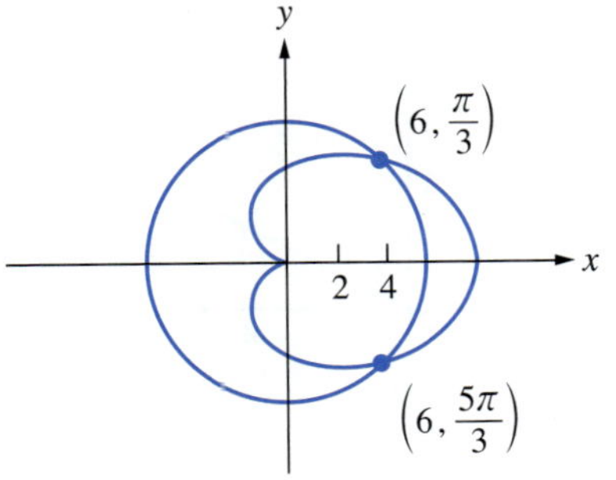

(2)

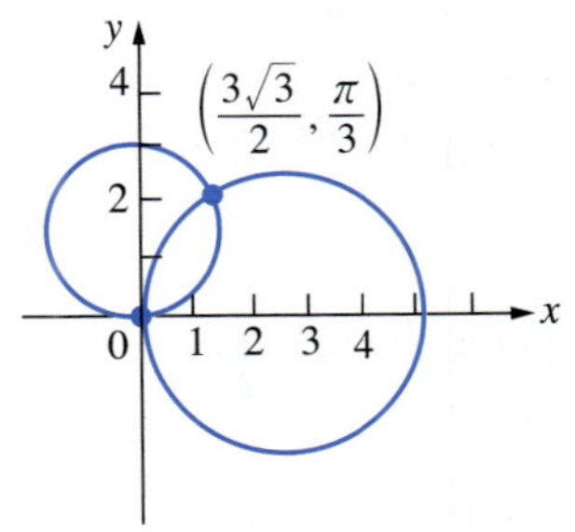

(3)

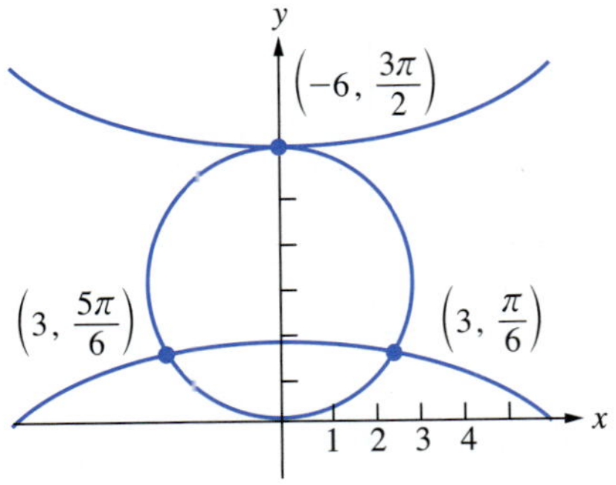

연습문제 11.3

1. (1) πa^2 (2) $19\pi/2$ (3) 24π (4) $\frac{3}{2}\pi a^2$ (5) 4

2. $4\pi - 6\sqrt{3} \approx 2.174$ **3.** $4\pi + 12\sqrt{3}$ **4.** 4π **5.** 51π

6. $4\sqrt{3} - \frac{4}{3}\pi$ **7.** $9\sqrt{2} - \frac{27}{4} \approx 5.978$

8. (1) $\sqrt{3}/3$ (2) -1 (3) $\sqrt{3}/5$ (4) $-7\sqrt{3}/3$

9. $(-1, \pi/2)$, $(3, 3\pi/2)$, $(1/2, \sin^{-1}(1/4))$, $(1/2, \pi - \sin^{-1}(1/4))$

[Chapter 11 연습문제]

1. (1) $(2, 0)$ (2) $(-3, 0)$

2. (1) $\left(2\sqrt{2}, -\frac{\pi}{4} + 2\pi n\right), \left(-2\sqrt{2}, \frac{3\pi}{4} + 2\pi n\right)$ (2) $\left(3, \frac{\pi}{2} + 2\pi n\right), \left(-3, \frac{3\pi}{2} + 2\pi n\right)$

(3) $\left(\sqrt{5}, \tan^{-1}\left(\frac{-1}{2}\right) + 2\pi n\right), \left(-\sqrt{5}, \tan^{-1}\left(\frac{-1}{2}\right) + 2\pi n\right)$

(4) $\left(3, \tan^{-1}\left(\frac{\sqrt{5}}{2}\right) + \pi + 2\pi n\right), \left(-3, \tan^{-1}\left(\frac{\sqrt{5}}{2}\right) + 2\pi n\right)$

3. (1) $(1, -\sqrt{3})$ (2) $(0, 0)$ (3) $(2.77164, 1.14805)$ (4) $(-1.6209, -2.5244)$

4. (1) $x^2 + y^2 = 4^2 = 16$

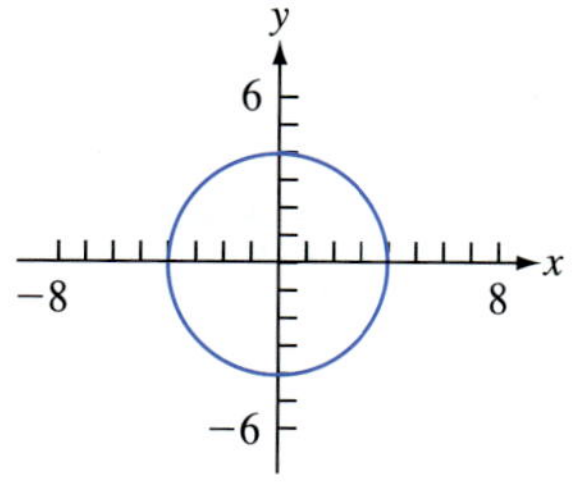

(2) $y = \frac{1}{\sqrt{3}}x$

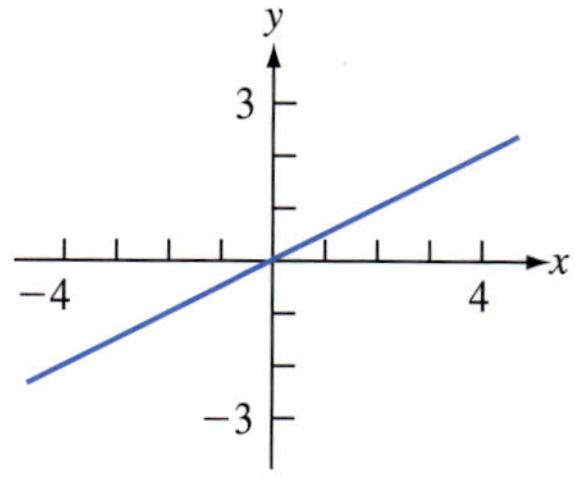

(3) $x^2 + y^2 = x$

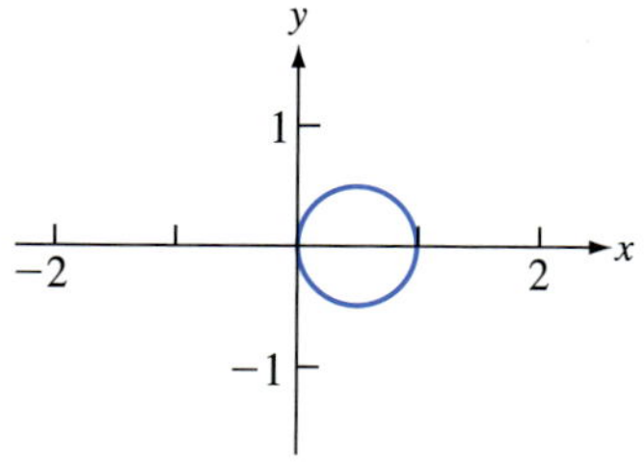

(4) $x^2 + y^2 = 3y$

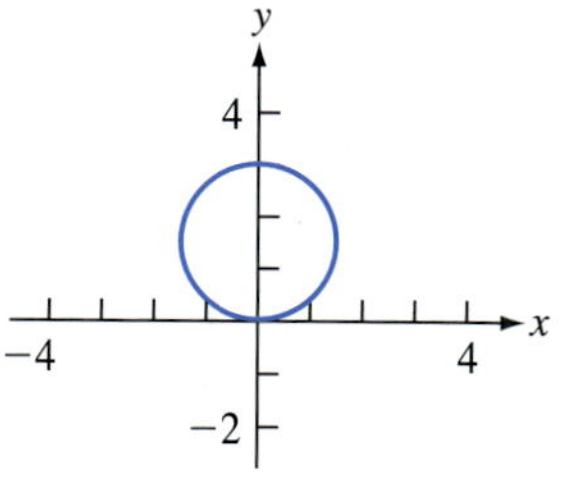

5. (1) $\theta = \pi/4 + n\pi/2, 0 \le \theta \le 2\pi$

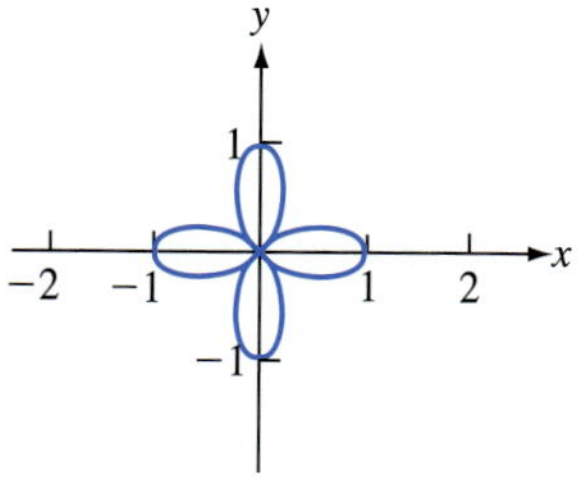

(2) $\theta = n\pi/3,\ 0 \le \theta \le \pi$

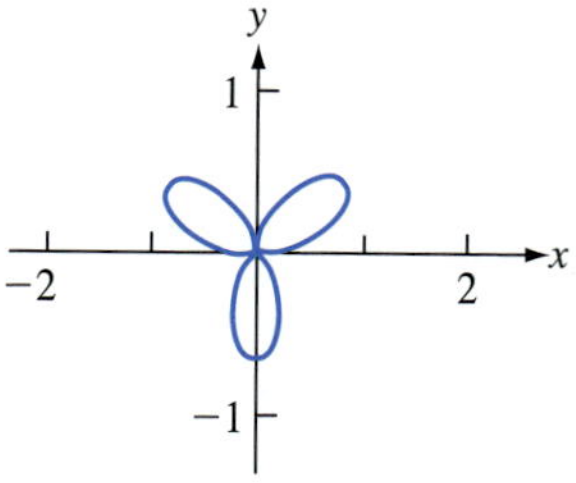

(3) $0 \le \theta \le 2\pi$

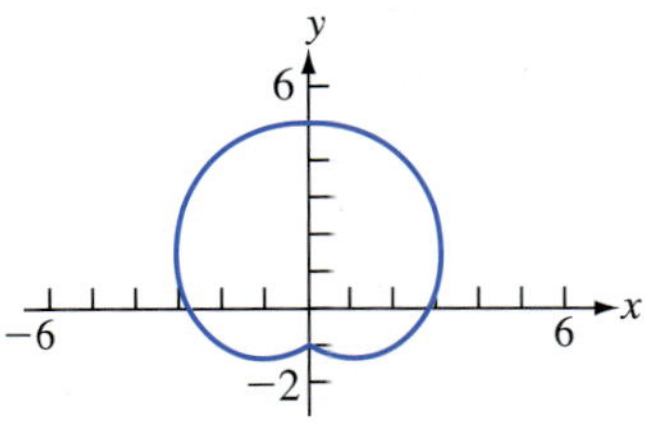

(4) $\theta = \pi/6 + 2n\pi, \theta = 5\pi/6 + 2n\pi, 0 \le \theta \le 2\pi$

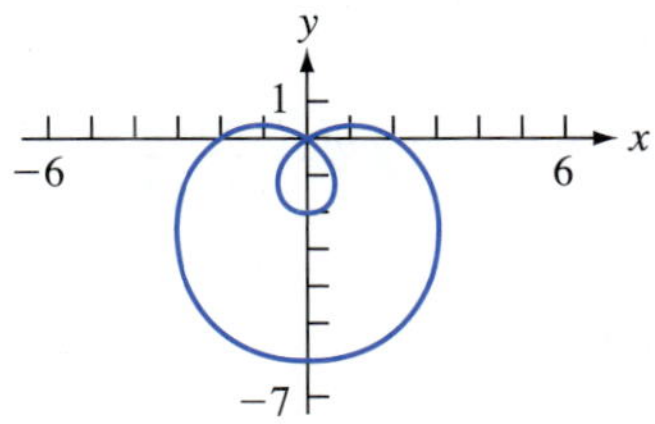

(5) $\theta = 3\pi/2 + 2n\pi, 0 \le \theta \le 2\pi$

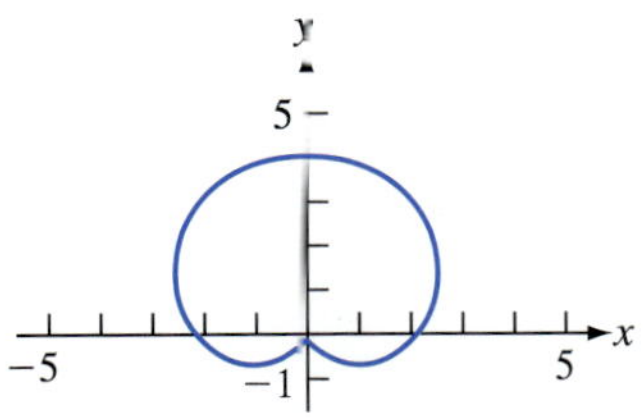

(6) $\theta = 3\pi/4 + 2n\pi, \theta = 7\pi/4 + 2n\pi, 0 \le \theta \le 2\pi$

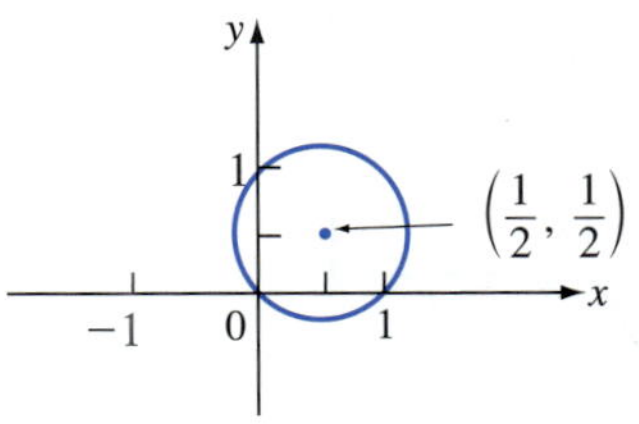

(7) $\theta = -\pi/2 + 2n\pi, -\pi/2 \le \theta \le 3\pi/2$

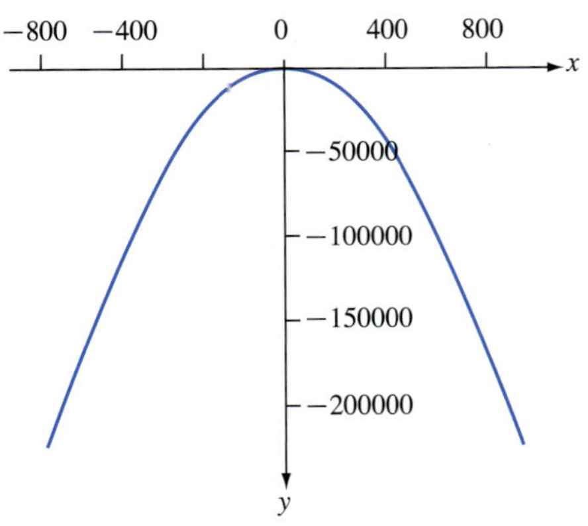

(8) $\theta = (2n+1)\pi,\ \pi < \theta < 3\pi$

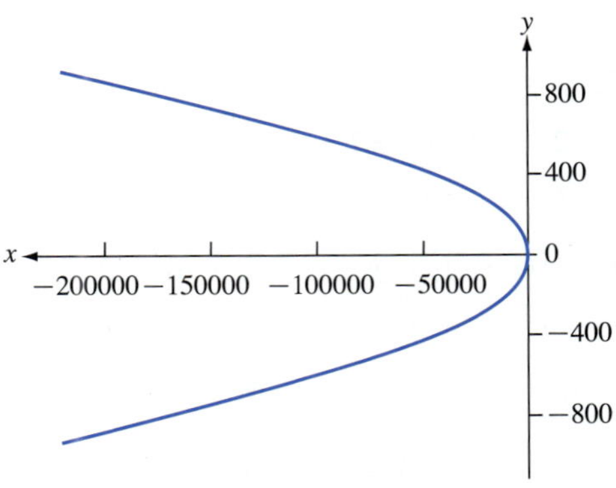

6. (1) $r^2 = \dfrac{-4}{\cos(2\theta)}$ (2) $r = 4$ (3) $r = 3\csc\theta$

7. $(0, 0), \left(1 + \dfrac{\sqrt{2}}{2}, \dfrac{\pi}{4}\right), \left(1 - \dfrac{\sqrt{2}}{2}, \dfrac{5}{4}\pi\right)$

8. (1) $\dfrac{\pi}{12}$ (2) 0.3306 (3) π (4) $\dfrac{\pi}{2} - \dfrac{3\sqrt{3}}{4}$ (5) -4.0965 (6) 24.187

(7) $\dfrac{5}{3}\pi + \sqrt{3}$ (8) $\dfrac{5\pi}{4} - 2$

9. (1) $\sqrt{3}$ (2) 없음 (3) 0 (4) 1 (5) $\dfrac{1}{\sqrt{3}}$

10. (1) $|r|$은 $\theta = \pi/6 + k\pi/3$일 때 최대이고 이때 접선의 기울기는 $-\dfrac{\cos(\pi/6 + k\pi/3)}{\sin(\pi/6 + k\pi/3)}$이다. 또 원점과

연결하는 직선의 기울기는 $\dfrac{\sin(\pi/6 + k\pi/3)}{\cos(\pi/6 + k\pi/3)}$

(2) $|r|$은 $\theta = \pi/4 + k\pi/2$일 때 최대이고 이때 접선의 기울기는 $-\dfrac{\cos(\pi/4 + k\pi/2)}{\sin(\pi/4 + k\pi/2)}$이다. 또 원점과 연결하는 직선의 기울기는 $\dfrac{\sin(\pi/4 + k\pi/2)}{\cos(\pi/4 + k\pi/2)}$

Chapter 12

연습문제 12.2

1.

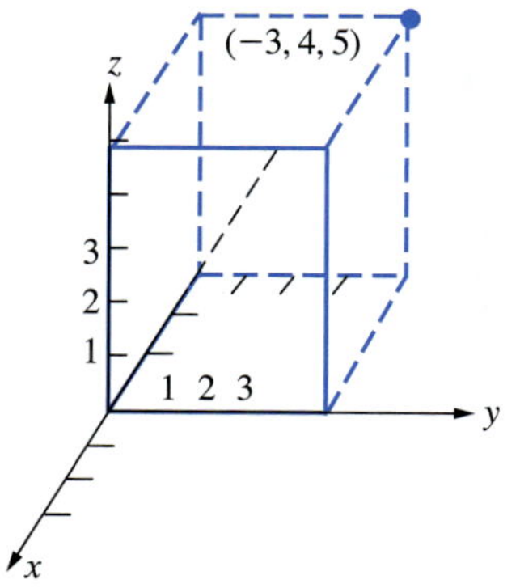

2. $y = 0$; $x = z = 0$ **3.** (1) $3\sqrt{10}$ (2) $\sqrt{83}$ (3) 3

5. (2, −2, 0), (5, −2, 0), (5, 3, 0), (2, 3, 0)
(2, −2, 4), (5, −2, 4), (5, 3, 4), (2, 3, 4)

6. (1) $(x-3)^2 + (y-1)^2 + (z-4)^2 = 25$

(2) $(x+6)^2 + (y-2)^2 + (z+3)^2 = 4$

(3) $(x+1)^2 + y^2 + (z-4)^2 = 6$

7. (1) (6, −7, 4) ; 10 (2) $\left(\frac{1}{2}, -1, -2\right)$; $\frac{1}{2}\sqrt{34}$

8. (1)

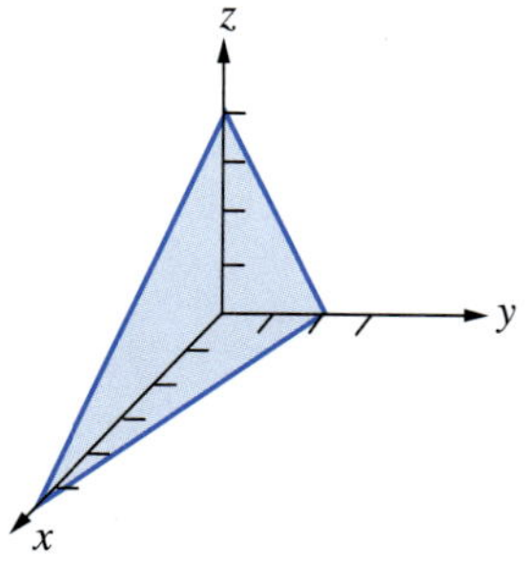

(2)

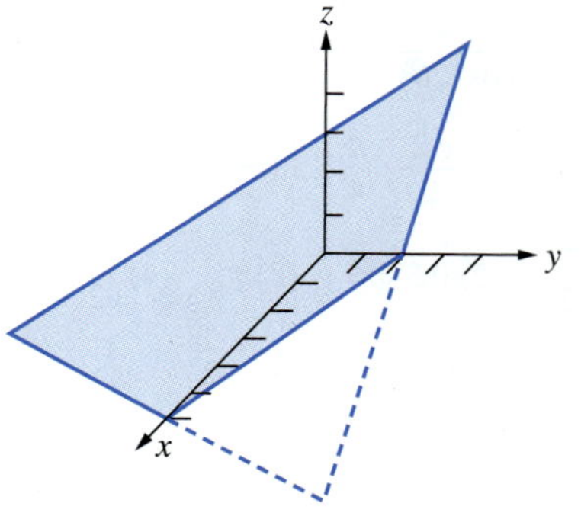

(3)

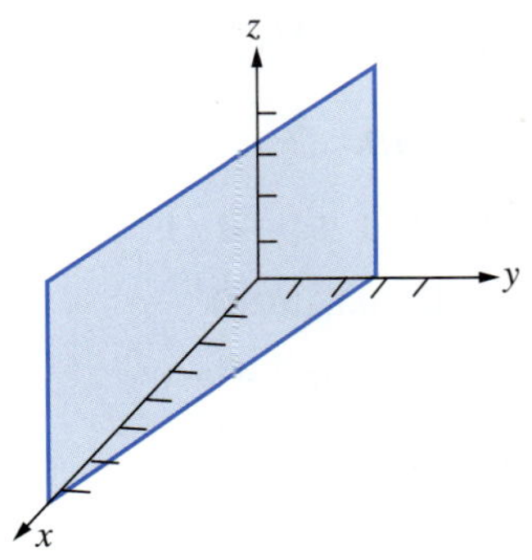

(4)

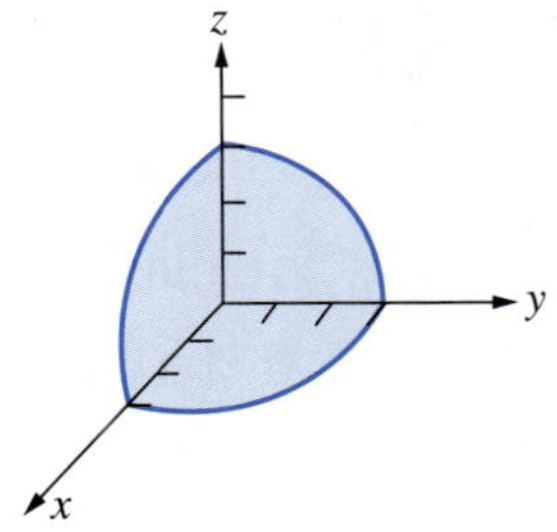

9. $(x-1)^2+(y-1)^2+\left(z-\frac{11}{2}\right)^2=\frac{53}{4}$

10. $(x-6)^2+(y-6)^2+(z-6^2)=36$

연습문제 12.3

1. (1)

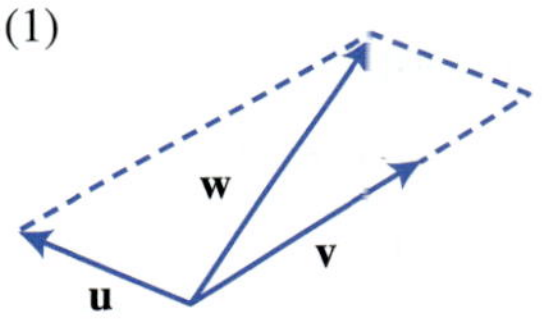

(2)

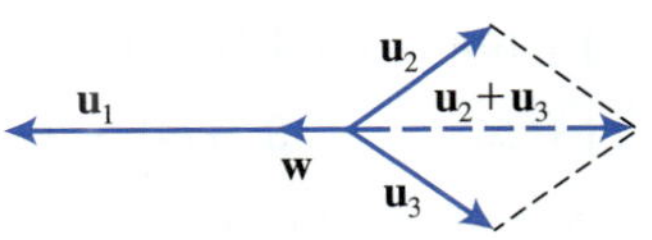

2. $\mathbf{w}=\frac{1}{2}(\mathbf{u}+\mathbf{v})$

3. $|\mathbf{w}|=1$

연습문제 12.4

1. (1) $-14\mathbf{i}+20\mathbf{j}$ (2) -18 (3) -38 (4) 425 (5) -100 (6) $13-\sqrt{13}$

2. (1) $\cos^{-1}\left(-\frac{14}{\sqrt{221}}\right)$ (2) $\cos^{-1}\left(-\frac{5}{\sqrt{29}}\right)$ (3) $\cos^{-1}\left(\frac{1}{\sqrt{2}}\right)$; (4) $\cos^{-1}(-1)$

3. (1) $-5\mathbf{i}+5\mathbf{j}$ (2) $-6\mathbf{i}-5\mathbf{j}$ (3) $-\sqrt{2}\,\mathbf{i}+e\,\mathbf{j}$ (4) $3\mathbf{i}-\frac{5}{3}\mathbf{j}$

4. $|\mathbf{u}|=|\mathbf{v}|$

5. (1) $(a+b)\mathbf{u}=((a+b)u_1,\ (a+b)u_2)=(au_1+bu_1,\ au_2+bu_2)=a(u_1,u_2)+b(u_1,u_2)=a\mathbf{u}+b\mathbf{u}$

(2) $c(\mathbf{u}\cdot\mathbf{v})=c(u_1v_1+u_2v_2)=c(u_1v_1)+c(u_2v_2)=(cu_1)v_1+(cu_2)v_2=(c\mathbf{u})\cdot\mathbf{v}$

6. $9\mathbf{i}-12\mathbf{j}$

7. $(6,\ 3)\cdot(-1,\ 2)=6(-1)+3(2)=0$

8. $c=\pm 2\sqrt{3}$

9. $k=2,\ m=-1$

10. $k=(r_1b_2-r_2b_1)/(a_1b_2-a_2b_1),\ m=(a_1r_2-a_2r_1)/(a_1b_2-a_2b_1)$

11. 100

12. 47

13. $|\mathbf{u}\cdot\mathbf{v}|=|\mathbf{u}||\mathbf{v}||\cos\theta|\le|\mathbf{u}|\,|\mathbf{v}|$

연습문제 12.5

1. (1) $3\mathbf{i}+3\mathbf{j}-2\mathbf{k}$ (2) $6\mathbf{i}+2\mathbf{j}+4\mathbf{k}$

2. (1) $\sqrt{21}$, $\left(4\sqrt{21}/21,\ \sqrt{21}/21,\ 2\sqrt{21}/21\right)$ (2) $5\sqrt{2}$, $\left(-3\sqrt{2}/10,\ -4\sqrt{2}/10,\ \sqrt{2}/10\right)$

3. $\left(3/\sqrt{59},\ 1/\sqrt{59},\ -7/\sqrt{59}\right)$, $\left(-15/\sqrt{59},\ -5\sqrt{59},\ 35/\sqrt{59}\right)$

4. $\theta=\cos^{-1}\frac{-20}{\sqrt{29}\,\sqrt{30}}$

5. $\pm\left(-\frac{60}{7}\mathbf{i}+\frac{20}{7}\mathbf{j}+\frac{30}{7}\mathbf{k}\right)$ 6. $\angle ABC=\cos^{-1}\frac{73}{\sqrt{106}\sqrt{53}}$ 7. $5/\sqrt{19}$

8. $\mathbf{m}=\frac{6}{25}\mathbf{i}+\frac{12}{25}\mathbf{j}-(3\sqrt{5}/25)\mathbf{k}$; $\mathbf{n}=-\frac{81}{25}\mathbf{i}+\frac{13}{25}\mathbf{j}-(22\sqrt{5}/25)\mathbf{k}$

9. (1) 36.7°, 122.3°, 74.5°; (2) 105.5°, 57.7°, 143.3° 10. $2\sqrt{3}$ 또는 $-2\sqrt{3}$

11. 많은 해답이 존재함; 그 중 한 쌍: (1, 2, 0)와 (2, −1, 2) 12. (a), (b), (f)

13. (1) $2(x-1)-4(y-2)+3(z+3)=0$ (2) $3(x+2)-2(y+3)-(z-4)=0$

14. $\cos^{-1}\frac{11}{\sqrt{29}\sqrt{14}}$ 15. $z=2,\ 2(x+4)-3(y+1)-4(z-2)=0$

16. 0 17. $12/\sqrt{38}\approx 1.947$

18. $(\mathbf{u}+\mathbf{v})\cdot(\mathbf{u}+\mathbf{v})+(\mathbf{u}-\mathbf{v})\cdot(\mathbf{u}-\mathbf{v})=|\mathbf{u}|^2+2(\mathbf{u}\cdot\mathbf{v})+|\mathbf{v}|^2+|\mathbf{u}|^2-2(\mathbf{u}\cdot\mathbf{v})+|\mathbf{v}|^2=2|\mathbf{u}|^2+2|\mathbf{v}|^2$

19. 35.26° 20. 37.86°

연습문제 12.6

1. (1) $-2\mathbf{i}+7\mathbf{j}+10\mathbf{k}$ (2) $4\mathbf{i}+15\mathbf{j}+9\mathbf{k}$ (3) 29 (4) $18\mathbf{i}+47\mathbf{j}+20\mathbf{k}$

2. $c(-11\mathbf{i}-2\mathbf{j}+5\mathbf{k})$ 3. $\pm(4\mathbf{i}+9\mathbf{j}+\mathbf{k})/\sqrt{98}$ 4. $13\sqrt{5}$ 5. $6\sqrt{5}$

6. $20(x-4)+8y-17(z-6)=0$ 7. $7(x+1)+5(y+2)+4(z-3)=0$

8. $x-6-10(y-2)-17(z+1)=0$ 9. 69 10. (1) 9 (2) $\sqrt{35}$ (3) 40°

[Chapter 12 연습문제]

1. (1)

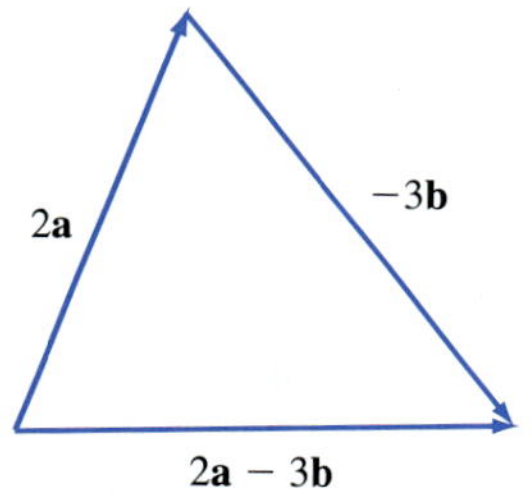

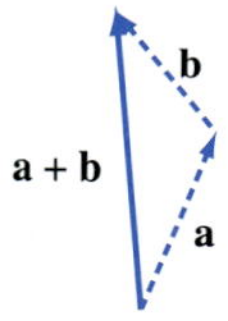

(2)

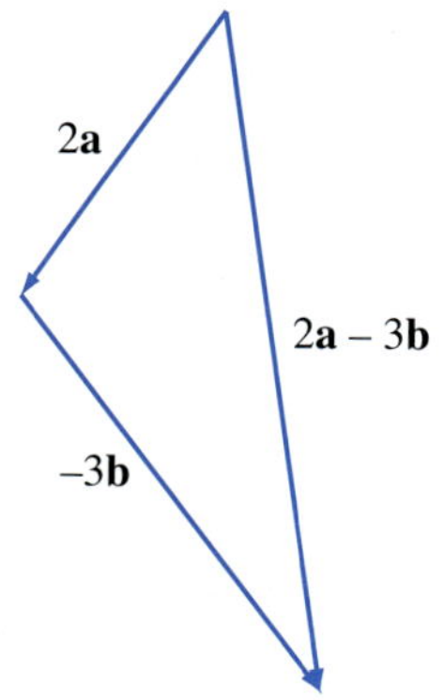

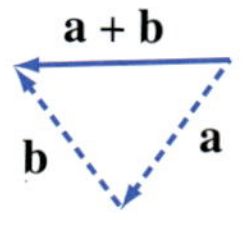

2. (1) $(5, 3), (-4, 6), (6, 12), \sqrt{290}$

(2) $4\mathbf{i}+\mathbf{j},\ 5\mathbf{i}-4\mathbf{j},\ 3\mathbf{i}+6\mathbf{j},\ 5\sqrt{10}$

3. (1) $(3, 1)$ (2) $(2, -3)$ (3) $(-3, 3)$

4. (1) $\left(\frac{4}{5}, -\frac{3}{5}\right)$ (2) $\left(\frac{2}{\sqrt{20}}, \frac{-4}{\sqrt{20}}\right)$ (3) $\mathbf{i}$ (4) $\left(\frac{3}{\sqrt{10}}, \frac{1}{\sqrt{10}}\right)$

5. (1) $\left(\frac{9}{5}, \frac{12}{5}\right)$ (2) $(4, 0)$ **6.** (1) 10 (2) -3 **7.** $\cos^{-1}\frac{1}{\sqrt{26}}$

8. (1) $(x-3)^2+(y-1)^2+(z-4)^2=4$ (2) $(x-1)^2+(y-3)^2+(z-4)^2=7$

9. (1) 중심이 $(1, 0, -2)$이고 반지름이 2인 구 (2) 중심이 $(0, 1, 4)$이고 반지름이 $\sqrt{2}$인 구

10. (1) $(3, 4, -2), (-1, -8, -2), 2\sqrt{66}$ (2) $(3, 3, 4), (-13, -9, -4), 14$

(3) $8\mathbf{i}+4\mathbf{k},\ -12\mathbf{i}-4\mathbf{j}+4\mathbf{k},\ 2\sqrt{186}$

11. (1) (a) $\pm 6\left(\frac{3}{\sqrt{14}}, \frac{1}{\sqrt{14}}, \frac{2}{\sqrt{14}}\right)$ (b) $\sqrt{14}\left(\frac{3}{\sqrt{14}}, \frac{1}{\sqrt{14}}, \frac{2}{\sqrt{14}}\right)$

(2) (a) $\pm\frac{1}{3}(2\mathbf{i}-\mathbf{j}+2\mathbf{k})$ (b) $3\left(\frac{2}{3}\mathbf{i}-\frac{1}{3}\mathbf{j}+\frac{2}{3}\mathbf{k}\right)$

(3) (a) $\pm\left(\frac{1}{\sqrt{2}}, 0, -\frac{1}{\sqrt{2}}\right)$ (b) $2\sqrt{2}\left(\frac{1}{\sqrt{2}}, 0, -\frac{1}{\sqrt{2}}\right)$

12. (1) $(4, 4, -2)$ (2) $4\left(\frac{1}{\sqrt{14}}\right)(2\mathbf{i}-\mathbf{j}+3\mathbf{k})$

13. (1) 10 (2) 1

14. (1) $\cos^{-1}-\frac{2}{\sqrt{10}}$ (2) $\cos^{-1}\frac{-8}{3\sqrt{26}}$

15. (1) $(4, -3, -2)$ (2) $(-9, -4, 1)$ (3) $(4, -2, 8)$ (4) $(5, -2, -4)$

16. (1) $\pm\frac{1}{\sqrt{69}}(8, 1, -2)$ (2) $\pm\frac{(-3, -6, 1)}{\sqrt{46}}$ (3) $\pm\frac{(-3, -8, -6)}{\sqrt{109}}$

17. (1) $\sin^{-1}\frac{7}{\sqrt{17}\sqrt{5}}$ (2) $\sin^{-1}\frac{13}{\sqrt{10}\sqrt{17}}$

18. (1) $\sqrt{\frac{7}{2}}$ (2) $\sqrt{\frac{61}{5}}$

19. (1) 5 (2) 10

20. (1) (a) $x=1+2t,\ y=2-t,\ z=-3+4t$ (b) $\frac{x-1}{2}=\frac{y-2}{-1}=\frac{z+3}{4}$

(2) (a) $x=2+2t,\ y=1-t,\ z=3+t$ (b) $\frac{x-2}{2}=\frac{y-1}{-1}=\frac{z-3}{1}$

(3) (a) $x=1-3t,\ y=4+0t,\ z=1+t$ (b) $\frac{x-1}{-3}=\frac{z-1}{1},\ y=4$

(4) (a) $x=2-4t,\ y=0-t,\ z=1+2t$ (b) $\frac{x-2}{-4}=\frac{y}{-1}=\frac{z-1}{2}$

(5) (a) $x = 1 + 2t,\ y = 2 - t,\ z = -1 + 3t$ (b) $\frac{x-1}{2} = \frac{y-2}{-1} = \frac{z+1}{3}$

21. (1) $2(x-1) - (y-3) + 5(z-2) = 0$ (2) $2(x-2) - 7y - 3(z-3) = 0$

(3) $(x-3) + 3(y+2) - 4(z+1) = 0$ (4) $-2(x-3) - y - 4(z+1) = 0$

22. (1) $x = t,\ y = \frac{5t-4}{3},\ z = \frac{t-8}{3}$ (2) $x = 4t + 11,\ y = -3t - 8,\ z = t$

23. (1) $\frac{2}{3}$ (2) $\frac{1}{\sqrt{13}}$ (3) $\frac{2}{\sqrt{14}}$

Chapter 13

연습문제 13.1

1. (1)

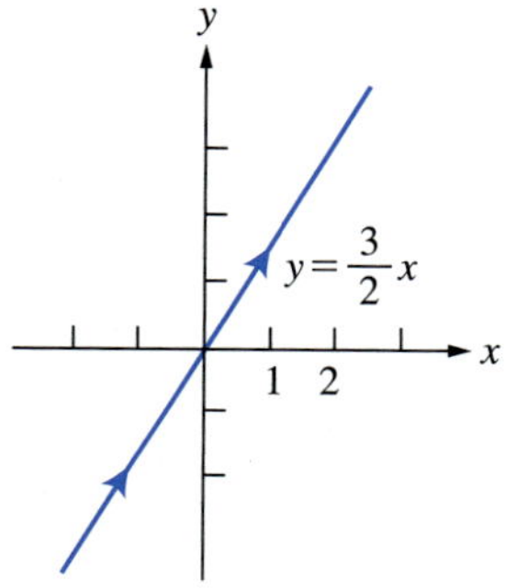

(2)

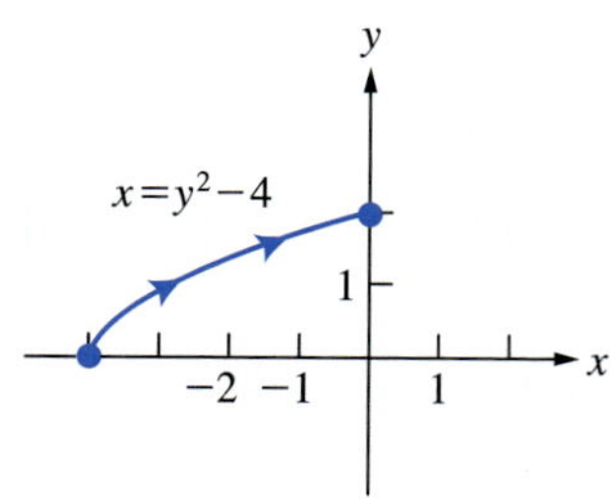

(3)

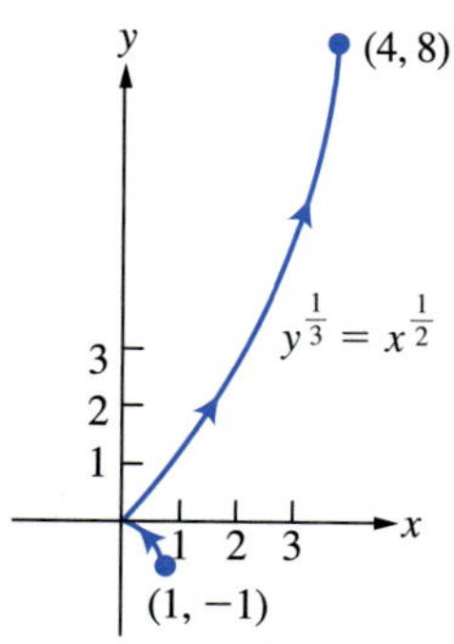

(4)

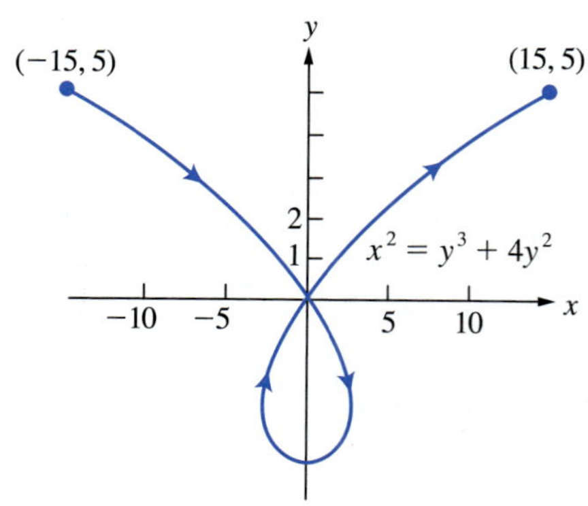

(5)

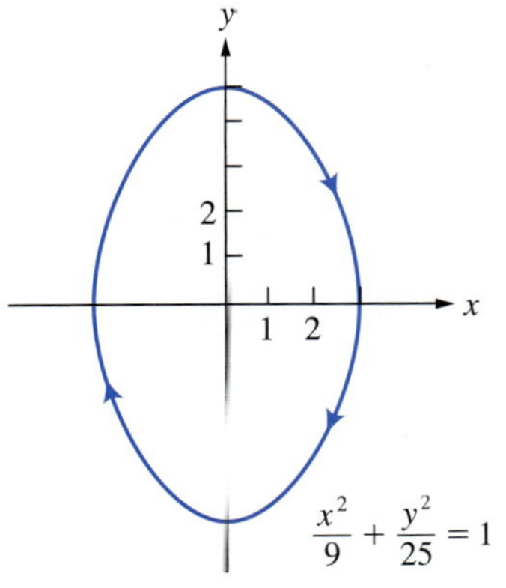

(6)

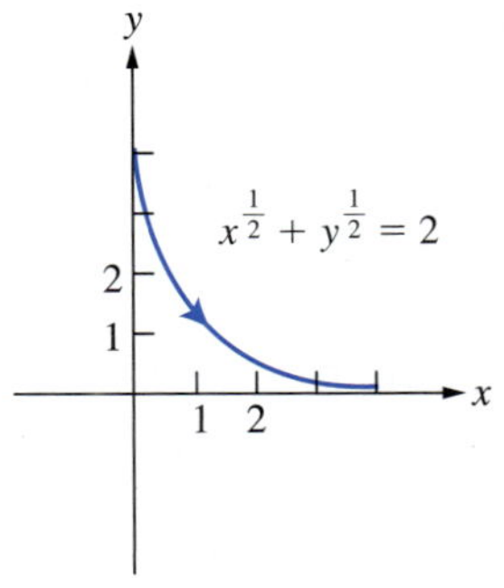

2. (1) $t\,;1/(6t)$　(2) $(2t^2-3)/(2t^2+3)\,;\,24t^3/(2t^2+3)^3$　(3) $\frac{5}{3}\sin t;\ \frac{5}{9}\cos^3 t$

3. (1) $y-8=3(x-4)$　(2) $y+\frac{2}{3}\sqrt{3}=-2\left(x-\frac{4}{3}\sqrt{3}\right)$　**4.** $-\frac{44}{3}$　**5.** 8

6. $x=(a-b)\cos t+b\cos(a/b-1)t\,;\ y=(a-b)\sin t-b\sin(a/b-1)t$

연습문제 13.2

1. (1) $3\mathbf{i}-\mathbf{j}$　(2) $\frac{1}{4}\mathbf{j}+5\mathbf{j}$　(3) $\mathbf{i}$　(4) 존재하지 않음

2. (1) $\{t\in\mathbb{R}\,|\,t\geq -4,\ t\neq 2\}$　(2) $\mathbb{R}$

3. (1) $\{t\in\mathbb{R}\,|\,t>-4,\ t\neq 2\}$　(2) $\{t\in\mathbb{R}\,|\,t\notin\mathbb{Z}\}$

4. (1) $4(2t+3)\,\mathbf{i}-2e^{2t}\mathbf{j};\ 8\mathbf{i}-4\,e^{2t}\mathbf{j};$

(2) $-2\sin 2t\,\mathbf{i}-3\sin^2 t\cos t\,\mathbf{j};\ -4\cos 2t\,\mathbf{i}+(3\sin^3 t-6\sin t\cos^2 t)\,\mathbf{j}$

5. $8e^{4t}+9(1-\ln t)\,t^{-2}$　**6.** $e^{-3t}\left[(7-6t)/(2\sqrt{t-1})\,\mathbf{i}+(2-3t\ln 2t^2)/t\,\mathbf{j}\right]$

7. $-6t\sin(3t^2-4)\,\mathbf{i}+18t\exp(9t^2-12)\,\mathbf{j}$　**8.** $(e-1)\mathbf{i}+(1-e^{-1})\mathbf{j}$

9. (1) $x=1+3t,\ y=-2+7t,\ z=3+3t$

(2) $x=4+2t,\ y=2,\ z=3-4t$

10. (1) $x=4-2t,\ y=-6+t,\ z=3+5t,\ (x-4)/(-2)=(y+6)/1=(z-3)/5$

(2) $x=2-3t,\ y=5+4t,\ z=-4+2t;\ (x-2)/(-3)=(y-5)/4=(z+4)/2$

11. (1) $x/4=(y-5)/(-5)=(z-1)/2$

(2) $x/2=\left(y-\frac{23}{3}\right)/(-2)=\left(z+\frac{53}{6}\right)/3$

12. $(x-4)/1=y/(-5)=(z-6)/2$

13. $x=5+5t,\ y=-3-3t,\ z=4$

14. $x+y+6z=11$　**15.** $3x-2y=5$　**16.** $\sqrt{6}$

17. $(1-x)/\sqrt{3}=(y-3\sqrt{3})/3=z-\pi/3$

18. $3(x+3)-2(y-1)+5(z+1)=0$

연습문제 13.3

1. (1) $(\sqrt{2}/2)\mathbf{i}+(\sqrt{2}/2)\mathbf{j},\ \sqrt{2}/8\approx 0.177$ (2) $-\frac{4}{5}\mathbf{i}+\frac{3}{5}\mathbf{j},\ 24\sqrt{2}/125\approx 0.272$

2. (1) $\kappa=2\sqrt{5}/25\approx 0.179;\ \ R=5\sqrt{5}/2\approx 5.59$ (2) $\kappa=2\sqrt{5}/25;\ \ R=5\sqrt{5}/2$

(3) $\kappa=1;\ R=1$ (4) $\kappa=\frac{1}{4};\ R=4$ (5) $\kappa=2\sqrt{3}/9;\ R=3\sqrt{3}/2$

3. (1) $(\sqrt{2}/2,\ -\ln\sqrt{2})$ (2) $(-\pi/2,\ -1)$와 $(\pi/2,\ 1)$

4. (1) $a_{\mathrm{T}}=4\sqrt{5}/5;\ \ a_{\mathrm{N}}=2\sqrt{5}/5$ (2) $a_{\mathrm{T}}=0;\ \ a_{\mathrm{N}}=|a|$

6. 원점에서 $\mathbf{a}=\mathbf{0}$, $t=\pi/2$와 $t=3\pi/2$, 즉 $(1,0)$와 $(-1,0)$인 점에서 $\mathbf{a}$는 원점을 향함.

7. $\kappa(t)=0$

9. (1) $\mathbf{v}=3\mathbf{i}+8\mathbf{j}+6\mathbf{k},\ \mathbf{a}=8\mathbf{j}+12\mathbf{k},\ |\mathbf{v}|=\sqrt{109}$

(2) $\mathbf{v}=3\mathbf{j}+3\mathbf{k},\ \mathbf{a}=-2\mathbf{i}+6\mathbf{k},\ |\mathbf{v}|=3\sqrt{2}$

(3) $\mathbf{v}=-2\mathbf{j}+3\mathbf{k},\ \mathbf{a}=-4\mathbf{i}+2\mathbf{j},\ |\mathbf{v}|=\sqrt{13}$

10. $0=(d/dt)(\mathbf{v}\cdot\mathbf{v})=2\mathbf{v}\cdot\mathbf{a}$

11. (1) $\int_0^{\pi}\sqrt{9+t^2}\,dt\approx 14.94$ (2) $\int_6^{10}\sqrt{9t+10}\,dt\approx 36.15$

(3) $\int_{-1/2}^{1}2\sqrt{2}\cosh 2t\,dt\approx 6.79$

12. (1) $\kappa=\sqrt{30}/50,\ \mathbf{T}=(\sqrt{5}/5)(2\mathbf{i}+\mathbf{j}),\ \mathbf{N}=(\sqrt{30}/30)(\mathbf{i}-2\mathbf{j}+5\mathbf{k}),\ \ \mathbf{B}=(\sqrt{6}/6)(\mathbf{i}-2\mathbf{j}-\mathbf{k})$

(2) $\kappa=\frac{9}{10},\ \mathbf{T}=(\sqrt{10}/20)(3\mathbf{i}-3\sqrt{3}\,\mathbf{j}+2\mathbf{k}),\ \mathbf{N}=\frac{1}{2}(-\sqrt{3}\,\mathbf{i}-\mathbf{j}),\ \ \mathbf{B}=(\sqrt{10}/20)(\mathbf{i}-\sqrt{3}\,\mathbf{i}-6\mathbf{k})$

(3) $\kappa=\sqrt{2}/(3e^{\pi/2}),\ \mathbf{T}=(\sqrt{3}/3)(\mathbf{i}-\mathbf{j}+\mathbf{k}),\ \mathbf{N}=-(\sqrt{2}/2)(\mathbf{i}+\mathbf{j}),\ \ \mathbf{B}=(\sqrt{6}/6)(\mathbf{i}-\mathbf{j}-2\mathbf{k})$

13. (1) $a_{\mathrm{T}}=(4t+18t^3)/\sqrt{1+4t^2+9t^4};\ a_N=2\sqrt{1+9t^2+9t^4}/\sqrt{1+4t^2+9t^4}$

(2) $a_{\mathrm{T}}=2(t^8-1)/t^3\sqrt{t^8+t^4+1};\ a_N=2\sqrt{t^8+4t^4+1}/t\sqrt{t^8+t^4+1}$

연습문제 13.4

1. (1) 타원기둥면

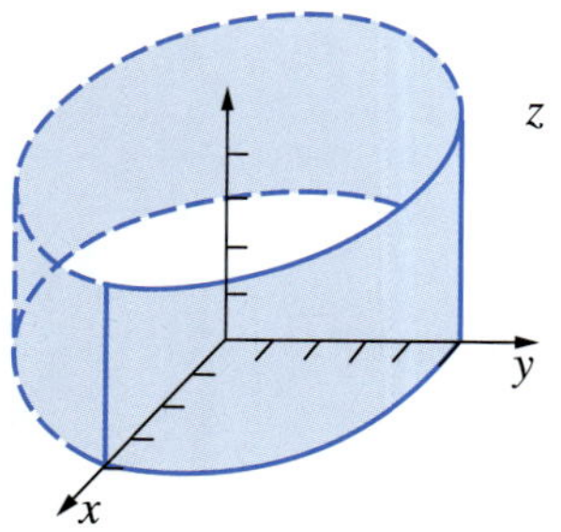

(2) 평면

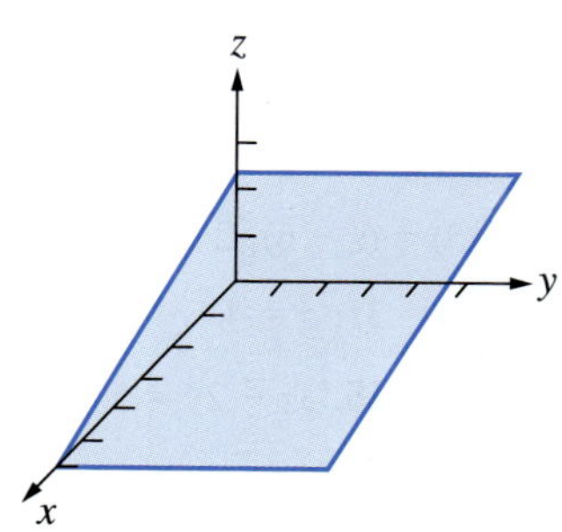

(3) 원기둥면

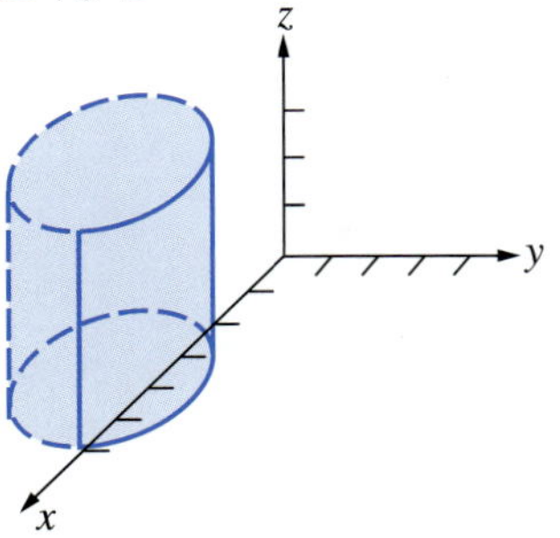

(4) 타원면

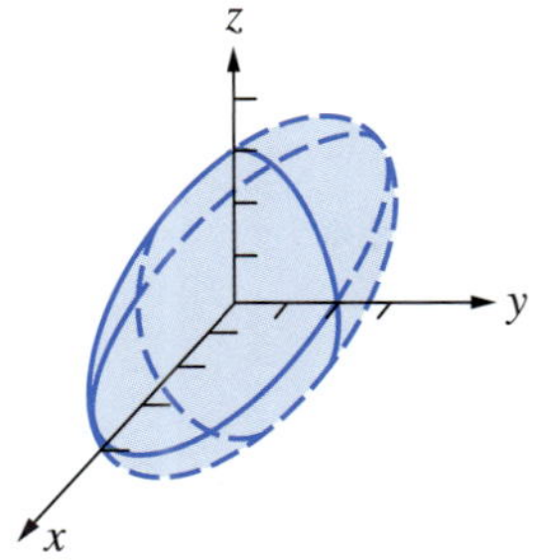

(5) 타원포물면

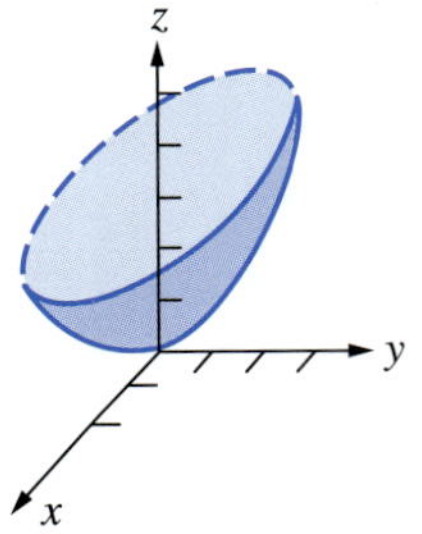

(6) 기둥면

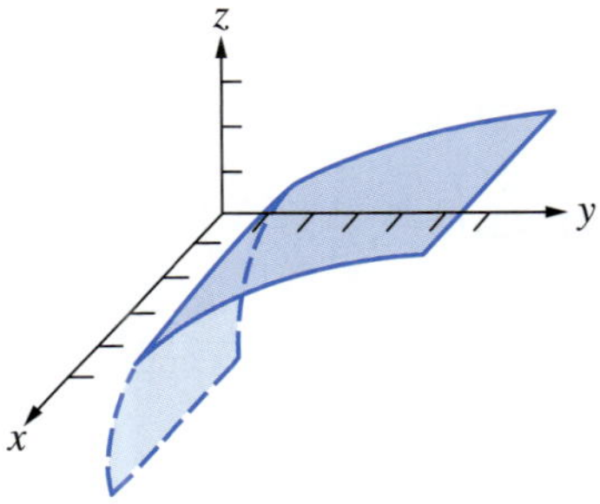

(7) 쌍곡포물면 (8) 타원포물면 (9) 평면 (10) 반구면

2. (1) x에 $-x$를 대입하여도 방정식이 불변 (2) x에 $-x$를 y에 $-y$를 대입하여도 방정식 불변

(3) y에 $-y$를 z에 $-z$를 대입하여도 방정식 불변

(4) x, y, z 대신 각각 $-x$, $-y$, $-z$를 대입하여도 방정식 불변

3. $y = 2x^2 + 2z^2$

4. $4x^2 + 3y^2 + 4z^2 = 12$

연습문제 13.5

1. (1) $(3\sqrt{3}, 3, -2)$ (2) $(-2, -2\sqrt{3}, -8)$

2. (1) $\left(4\sqrt{2}, \frac{5}{3}\pi, \frac{1}{4}\pi\right)$ (2) $\left(4, \frac{3}{4}\pi, \frac{1}{6}\pi\right)$

3. (1)

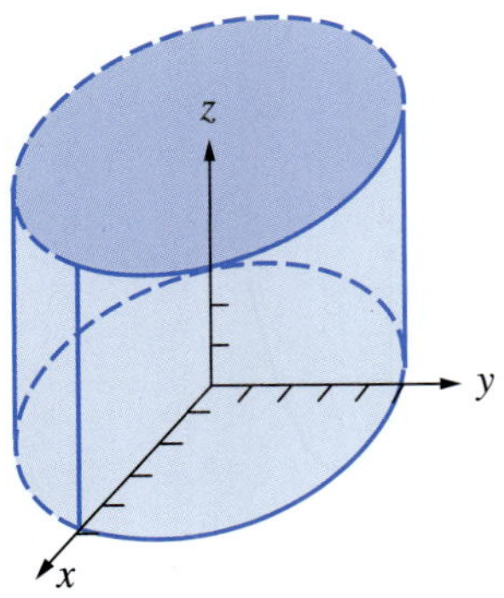

(2)

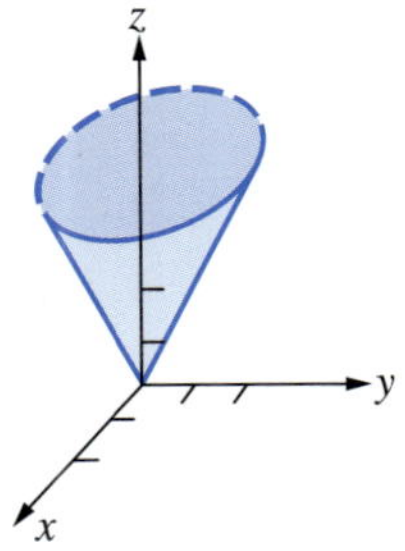

(3)

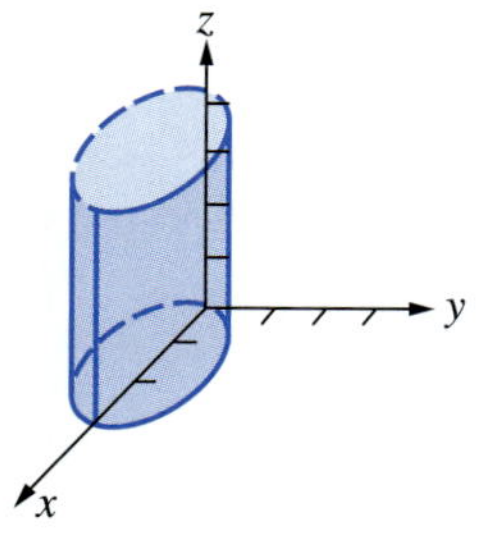

(4)

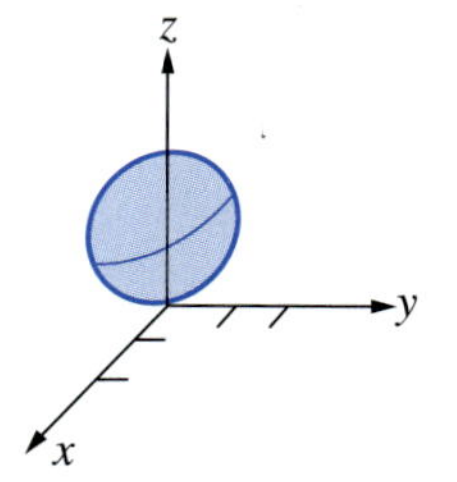

(5) 중심이 원점인 반지름 3인 구면.

4. (1) $r = 3$ (2) $r^2 + 4z^2 = 10$ (3) $\tan^2\phi = 2$ (4) $\rho^2 = 4/(1+\cos^2\phi)$
(4) $\rho^2 = 4/(1+\cos^2\phi)$ (5) $r = 4/(\cos\theta + \sin\theta)$ (6) $\rho\sin\phi = 3$ (7) $x^2 - y^2 = z$

5. $z = 2r^2$ **6.** (1) $(1, \pi, 0)$ (2) $\left(2, \frac{\pi}{6}, 4\right)$ (3) $\left(4\sqrt{2}, \frac{\pi}{4}, 4\right)$

7. (1) $(0, 0, 1)$ (2) $\left(\frac{\sqrt{3}}{4}, \frac{1}{4}, \frac{\sqrt{3}}{2}\right)$ (3) $(\sqrt{2}, \sqrt{2}, 2\sqrt{3})$

8. (1) $\left(\sqrt{2}, \frac{\pi}{4}, \frac{\pi}{2}\right)$ (2) $\left(4\sqrt{2}, \frac{\pi}{3}, \frac{\pi}{4}\right)$

9. (1) $(0, 0, 2)$ (2) $\left(8, \frac{\pi}{6}, 0\right)$

[Chapter 13 연습문제]

1. (1) $\left(\frac{x}{2}\right)^2 + \left(\frac{y}{3}\right)^2 = 1$

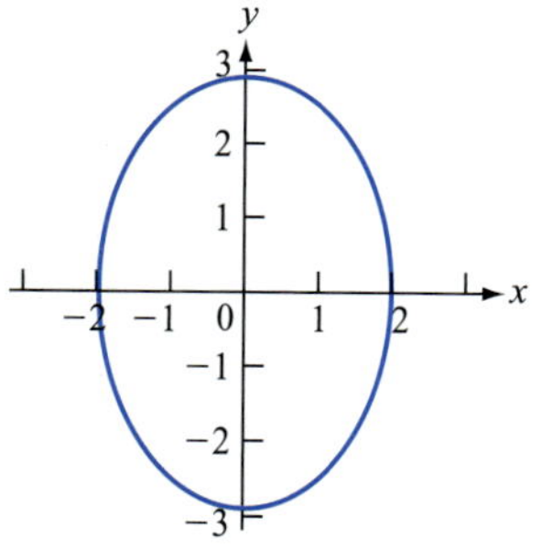

(2) $(x-1)^2 + (y+2)^2 = 4$

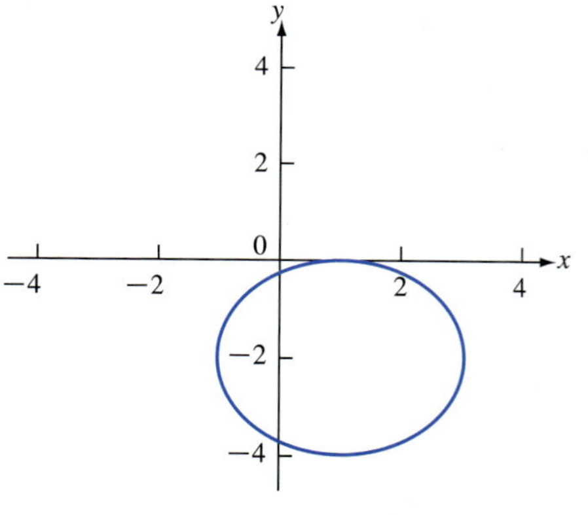

(3) $y = \frac{3}{2}x + \frac{3}{2}$

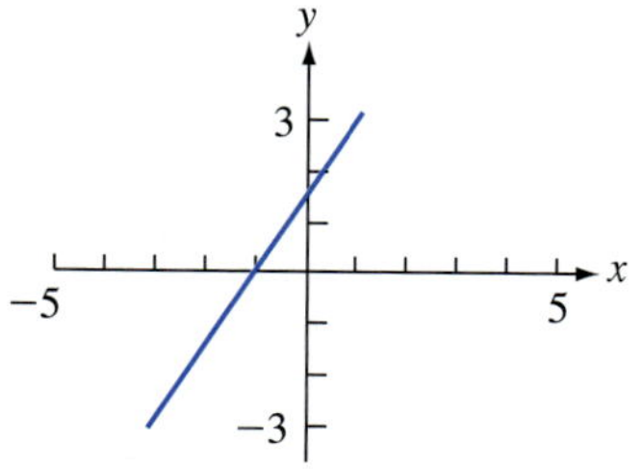

(4) $y = x^2 - 2x + 3$

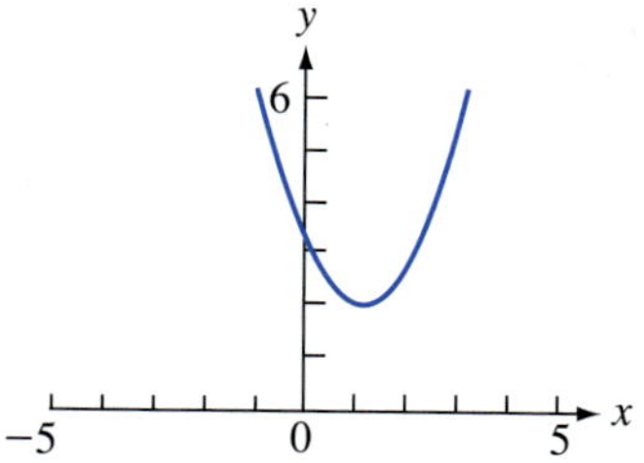

(5) $x=\left(\dfrac{y}{2}\right)^2-1$

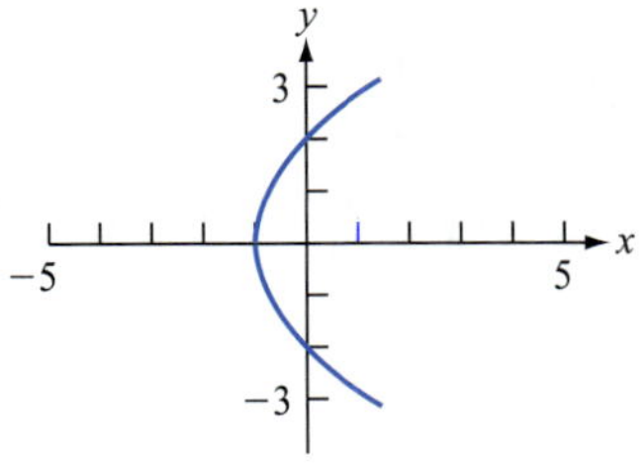

(6) $y=x+2,\ x\geq -1$

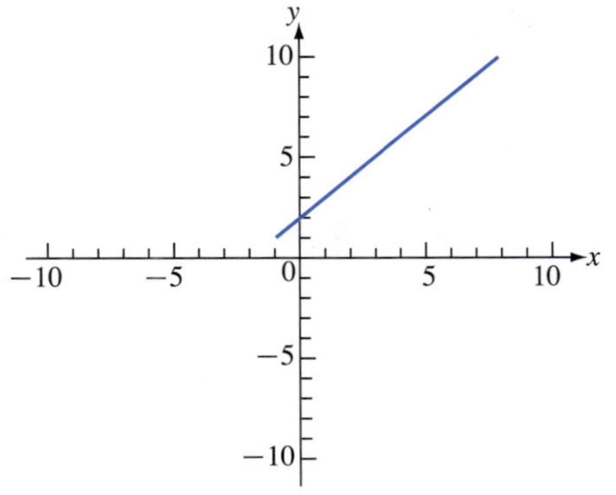

2. (1) (a) -1 (b) 1 (c) 수직접선 (2) (a) $\dfrac{-3}{2}$ (b) 0 (c) 0 (3) (a) 2 (b) 수직접선 (c) 0

3. (1) (a) 2 (b) 2 (2) (a) $2\sqrt{101}$ (b) $2\sqrt{1189}$ (3) (a) $\sqrt{41}$ (b) 9

4. (1) 6π (2) $\dfrac{4}{3}$ (3) 58.514

5. (1) 19.3769 (2) $\displaystyle\int_0^{2\pi}(4\sin^2 t+9\cos^2 t)^{1/2}\,dt$ (3) 15.6940 (4) 2π

(5) $\sqrt{2}+\ln\left(1+\sqrt{2}\right)$ (6) 2.422 (7) 6.914

6. (1) $(-1,1,0)$ (2) 존재하지 않음

7. (1) $\mathbf{r}'(t)=\left(4t^3,\dfrac{1}{2\sqrt{t+1}},\dfrac{-6}{t^3}\right)$ (2) $\mathbf{r}'(t)=\left(\cos t,\ 2t\cos t^2,\ -\sin t\right)$

8. (1) $\left(\dfrac{3}{2}t^2-t,\ \dfrac{2}{3}t^{3/2}\right)+c$ (2) $\left(4\ln 3,\ 1-e^{-2},\ e^2+1\right)$

9. (1)

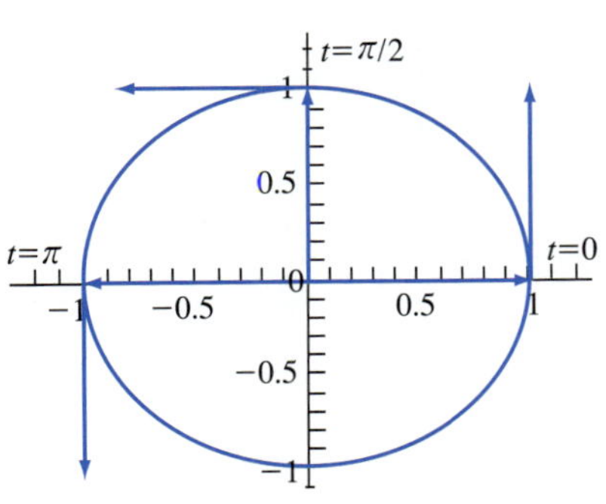

(2)

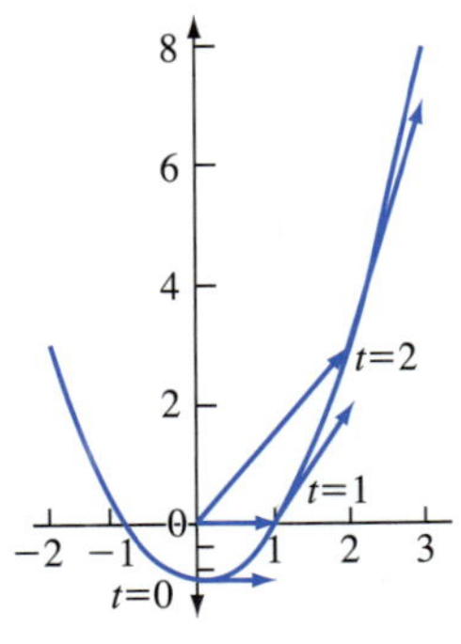

10. (1) $\mathbf{v}(t)=(-10\sin 2t,10\cos 2t)$ $\mathbf{a}(t)=(-20\cos 2t,-20\sin 2t)$

(2) $\mathbf{v}(t)=(25e^{-2t}-50te^{-2t},-32t+10)$ $\mathbf{a}(t)=(-100e^{-2t}+100te^{-2t},-32)$

11. (1) $\mathbf{r}(t)=(10t+3,\ -16t^2+4t+8)$ (2) $\mathbf{r}(t)=(5t,\ -16t^2+16)$

(3) $\mathbf{r}(t)=\left(\dfrac{t^2}{2}+2t+4,\ \dfrac{t^3}{3},-3e^{t/3}\right)$ (4) $\mathbf{r}(t)=\left(\dfrac{t^3}{6}+12t+5,\ -4t,\ -8t^2+2\right)$

12. $\kappa(1)=\kappa(-1)=\dfrac{\sqrt{19}}{7\sqrt{14}}$ **13.** $\sqrt{5}$

14. (1) $\mathbf{T}=\dfrac{4}{5}\cos 4t\,\mathbf{i}+\dfrac{3}{5}\mathbf{j}-\dfrac{4}{5}\sin 4t\,\mathbf{k}$ $\mathbf{N}=-\sin 4t\,\mathbf{i}-\cos 4t\,\mathbf{k}$ $\kappa=\dfrac{16}{25}$

(2) $\mathbf{T}=-\sin t\,\mathbf{i}+\dfrac{1}{\sqrt{2}}\cos t\,\mathbf{j}+\dfrac{1}{\sqrt{2}}\cos t\,\mathbf{k}$ $\mathbf{N}=-\cos t\,\mathbf{i}-\dfrac{1}{\sqrt{2}}\sin t\,\mathbf{j}-\dfrac{1}{\sqrt{2}}\sin t\,\mathbf{k}$ $\kappa=\dfrac{1}{\sqrt{2}}$

15. (1) $\sqrt{13}\,b$ (2) 8

16. (1) $a_{\mathbf{T}}=\dfrac{\sin t}{\sqrt{2(1-\cos t)}},\ a_N=\sqrt{\dfrac{1-\cos t}{2}}$

(2) $a_{\mathbf{T}}=\dfrac{18t^3+4t}{\sqrt{9t^4+4t^2+1}},\ a_N=\dfrac{2\sqrt{9t^4+9t^2+1}}{\sqrt{9t^4+4t^2+1}}$

(3) $a_{\mathbf{T}}=e^t-e^{-t},\ \ a_N=\sqrt{2}$

17. (1) $r=4$ (2) $z=r^2$ (3) $r=6\sin\theta$ (4) $\tan\theta=2$

18. (1)

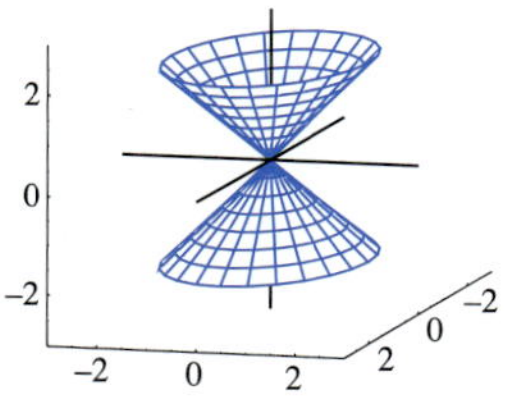

(2)

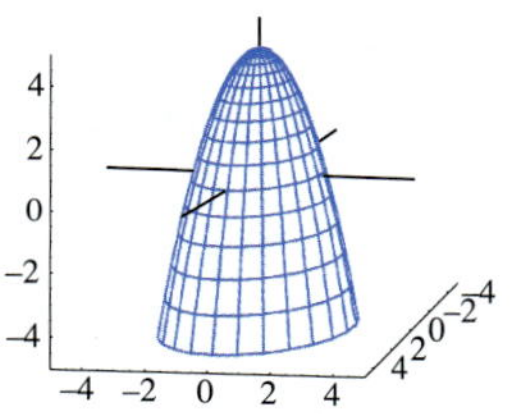

19. (1) $(0,0,-4)$ (2) $(4,0,0)$ (3) $\left(\dfrac{\sqrt{2}}{4},\dfrac{\sqrt{6}}{4},\dfrac{\sqrt{6}}{2}\right)$

20. (1) $\rho=3$ (2) $\rho\sin\phi(\sin\theta-\cos\theta)=0$ (3) $\phi=\dfrac{\pi}{6}$ 또는 $\phi=\dfrac{5\pi}{6}$.

21. (1)

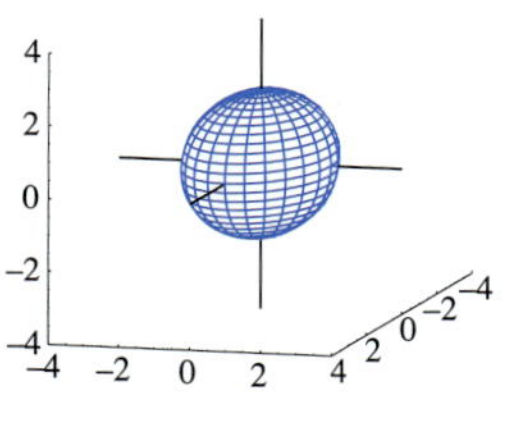

(2)

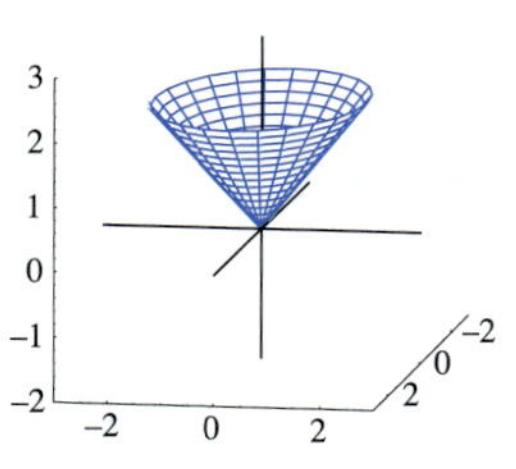

(3)

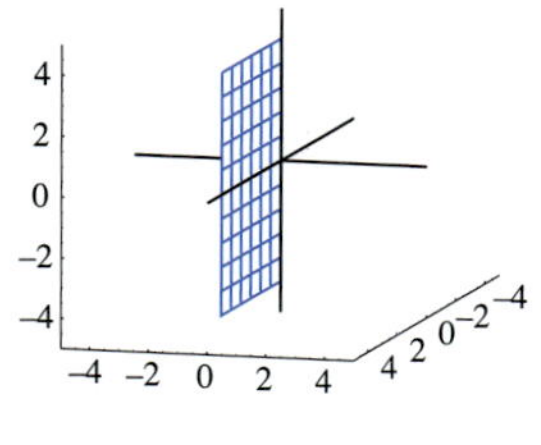

Chapter 14

연습문제 14.1

1. (1) 5 (2) 0 (3) 6 (4) $a^6 + a^2$ (5) $2x^2$ (6) $(2, -4)$는 f의 정의역에 속하지 않음.

2. (1) 0 (2) 2 (3) 16 (4) -4.2469 (5) 0.6311 **3.** t^2

4. (1)

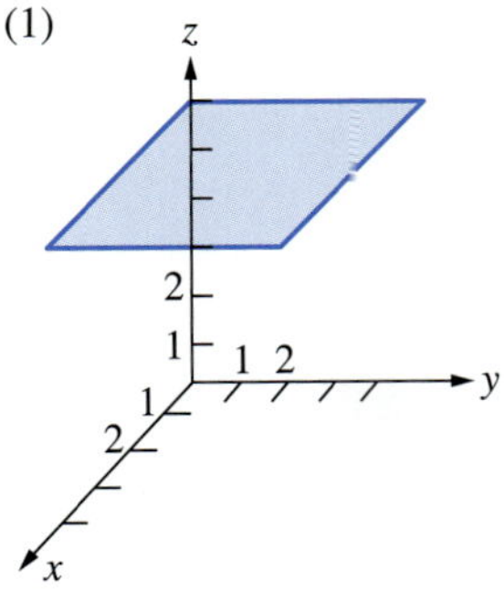

(2)

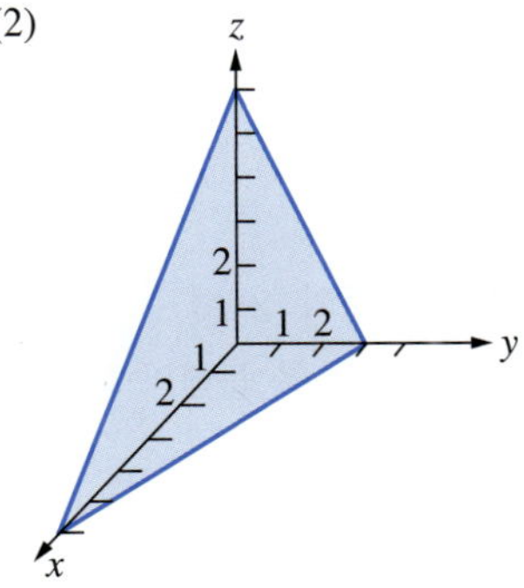

(3)

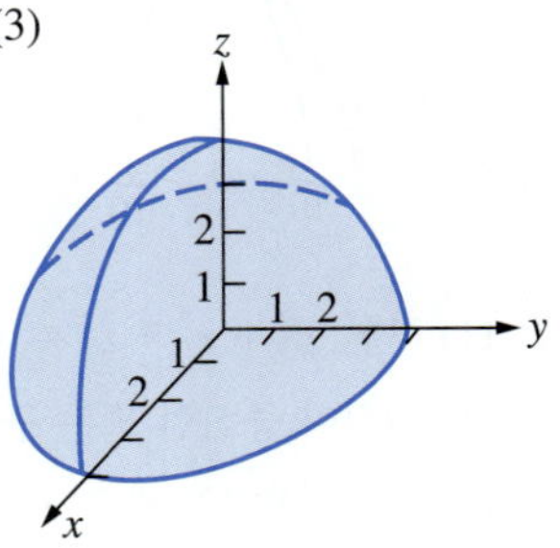

(4)

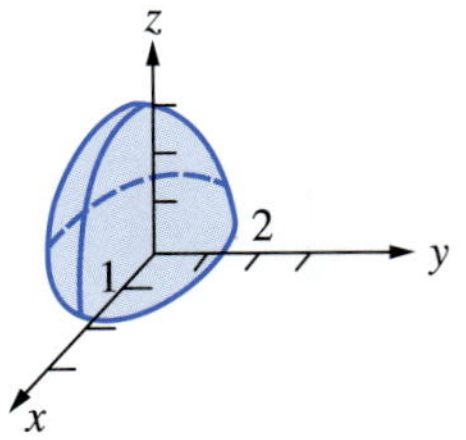

(5)

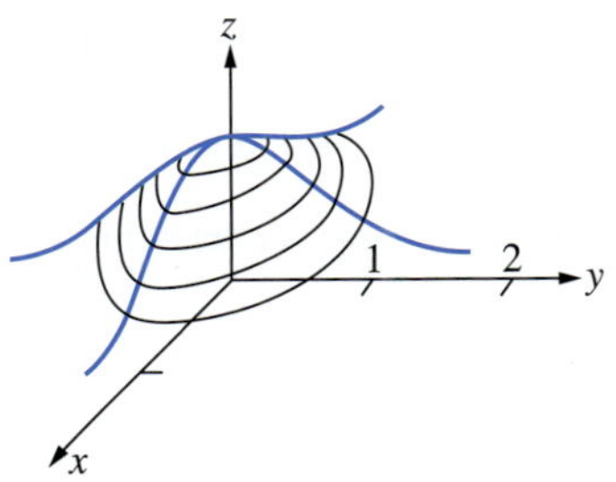

5. (1)

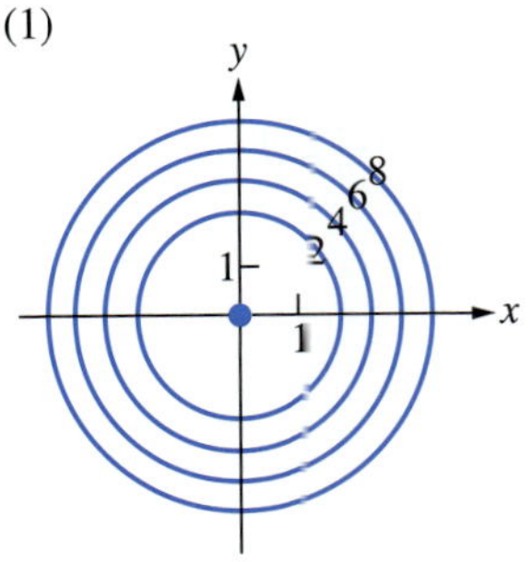

(2)

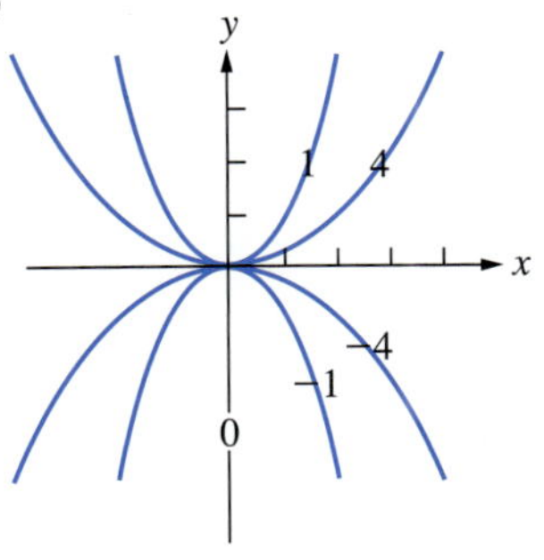

(3)

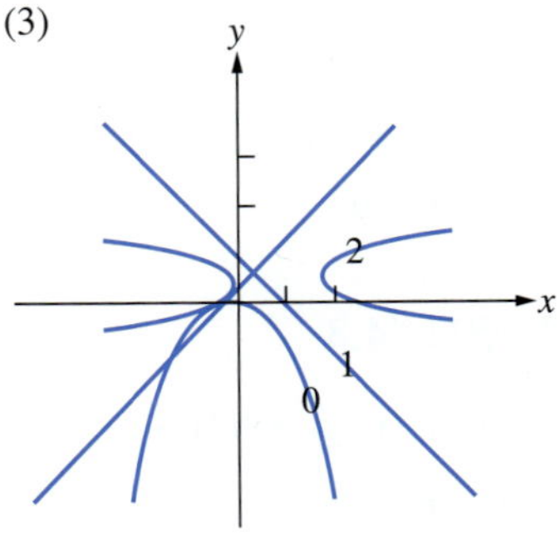

6.

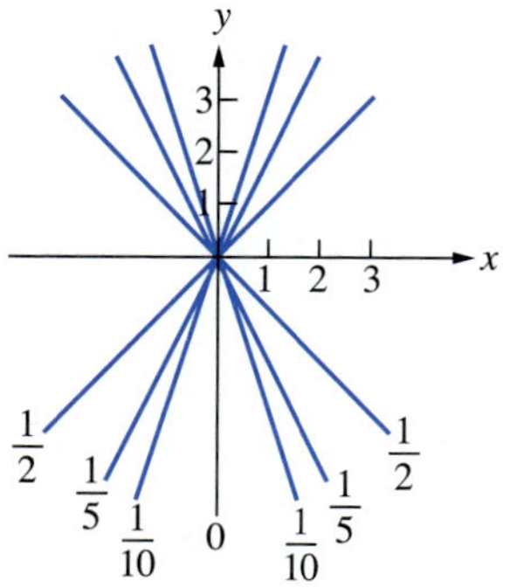

7. (1) 구면 $x^2+y^2+z^2=16$ 밖의 모든 점들의 집합.

8. (1) 원점이 중심인 모든 구들의 집합. (2) z축 둘레의 회전 쌍곡면들의 집합.
(3) z축에 평행인 쌍곡기둥면들의 집합.

연습문제 14.2

1. (1) -18 (2) $2-\frac{1}{2}\sqrt{3}$ (3) $\frac{1}{3}$ (4) 존재하지 않음

2. (1) 전 평면 (2) $\{(x,y)\mid y\neq x^2\}$ (3) $\{(x,y)\mid y\leq x+1\}$

3. $\lim_{x\to 0} f(x,0)=\lim_{x\to 0}[0/(x^2+0)]=0$, $\lim_{x\to 0} f(x,x)=\lim_{x\to 0}[x^2/(x^2+x^2)]=\frac{1}{2}$

4. (1) $\lim_{x\to 0} f(x,mx)=\lim_{x\to 0} mx^3/(x^4+m^2x^2)=\lim_{x\to 0} mx/(x^2+m^2)=0$
(2) $\lim_{x\to 0} f(x,x^2)=\lim_{x\to 0} x^4/(x^4+x^4)=\frac{1}{2}$ (3) $\lim_{(x,y)\to(0,0)} f(x,y)$ 존재하지 않음.

5. (1) 주어진 직사각형의 외부 모서리를 이루는 선분들이 경계임. 닫힌집합
(2) 경계 $\{(x,y)\mid x^2+y^2=4\}\cup\{0,0\}$, 열린집합도 닫힌집합도 아니다.
(3) 경계 $\{(x,y)\mid y=\sin(1/x),\ x>0\}\cup\{(x,y):x=0,\ -1\leq y\leq 1\}$, 열린집합

6. $g(x)=2x$

연습문제 14.3

1. (1) $f_x(x,y)=8(2x-y)^3$, $f_y(x,y)=-4(2x-y)^3$
(2) $f_x(x,y)=(x^2+y^2)/(x^2y)$, $f_y(x,y)=-(x^2+y^2)/(xy^2)$
(3) $f_x(x,y)=e^y\cos x$, $f_y(x,y)=e^y\sin x$
(4) $f_x(x,y)=x(x^2-y^2)^{-1/2}$, $f_y(x,y)=-y(x^2-y^2)^{-1/2}$
(5) $f_x(x,y)=-ye^{-xy}$, $f_y(x,y)=-xe^{-xy}$
(6) $f_x(x,y)=4/[1+(4x-7y)^2]$, $f_y(x,y)=-7/[1+(4x-7y)^2]$
(7) $f_x(x,y)=-2xy\sin(x^2+y^2)$, $f_y(x,y)=-2y^2\sin(x^2+y^2)+\cos(x^2+y^2)$
(8) $f_x(x,y)=2\cos x\cos y$, $f_y(x,y)=-2\sin x\sin y$

2. (1) $f_{xy}(x, y) = 12xy^2 - 15x^2y^4 = f_{yx}(x, y)$ (2) $f_{xy}(x, y) = -6e^2 x \sin y = f_{yx}(x, y)$

3. $f_x(3, -2) = \frac{1}{9}$; $f_y(3, -2) = -\frac{1}{2}$

4. $f_x(\sqrt{5}, -2) = \frac{4}{81}$; $f_y(\sqrt{5}, -2) = -\frac{4\sqrt{5}}{81}$ **5.** 1 **6.** 3 **7.** 120π

8. $k/100$ **9.** $\partial^2 f/\partial x^2 = 6xy$; $\partial^2 f/\partial y^2 = -6xy$ **10.** $180x^4y^2 - 12x^2$

11. (2) $\partial^3 f/\partial y^3$ (2) $\partial^3 f/\partial y \partial x^2$ (3) $\partial^4 f/\partial y^3 \partial x$ **12.** (1) $6xy - yz$ (2) 8 (3) $6x - z$

13. $-yze^{-xyz} - y(xy - z^2)^{-1}$

연습문제 14.4

1. (1) $(2xy + 3y)\mathbf{i} + (z^2 + 3x)\mathbf{j}$ (2) $e^{xy}(1 + xy)\mathbf{i} + x^2 e^{xy}\mathbf{j}$ (3) $(x + y)^{-2}[(x^2y + 2xy^2)\mathbf{i} + x^3\mathbf{j}]$

(4) $(x^2 + y^2 + z^2)^{-1/2}(x\mathbf{i} + y\mathbf{j} + z\mathbf{k})$ (5) $xe^{x-z}[(yx + 2y)\mathbf{i} + x\mathbf{j} - xy\mathbf{k}]$

2. (1) $-21\mathbf{i} + 16\mathbf{j}$ (2) $\frac{1}{6}\mathbf{i} + \frac{7}{6}\mathbf{j}$ (3) $6\mathbf{i} - 10\mathbf{j} - 14\mathbf{k}$

연습문제 14.5

1. (1) $12t^{11}$ (2) $e^{3t}(3 \sin 2t + 2 \cos 2t) + e^{2t}(3 \cos 3t + 2 \sin 3t)$ (3) $7t^6 \cos(t^7)$

2. (1) $2s^3t - 3s^2t^2$ (2) $(2s^2 \sin t \cos t + 2t \sin^2 s) \exp(s^2 \sin^2 t + t^2 \sin^2 s)$ (3) $s^4 t(1 + s^4t^2)^{-1/2}$

3. 72 **5.** 11200π **6.** $\sqrt{20}$

7. (1) $(3x^2 + 4xy)/(3y^2 - 2x^2)$ (2) $(y \sin x - \sin y)/(x \cos y + \cos x)$

8. $(yz^3 - 6xz)(3x^2 - 3xyz^2)$

9. $\partial T/\partial s = (\partial f/\partial x)(\partial x/\partial s) + (\partial f/\partial y)(\partial y/\partial s) + (\partial f/\partial z)(\partial z/\partial s) + (\partial f/\partial w)(\partial w/\partial s)$

연습문제 14.6

1. (1) $\frac{8}{5}$ (2) $3\sqrt{2}/2$ (3) $(\sqrt{2} + \sqrt{6})/4$ (4) $\frac{52}{3}$

2. (1) 13 (2) $\sqrt{21}$ **3.** $(1/\sqrt{5})(-\mathbf{i} + 2\mathbf{j})$

4. $\nabla f(P) = -4\mathbf{i} + \mathbf{j}$는 P에서의 접선에 수직. **5.** $\frac{8}{\sqrt{43}}$

6. (1) (0, 0, 0) (2) $-\frac{25}{4}\mathbf{i} + \frac{25}{4}\mathbf{j} - \frac{25}{4}\mathbf{k}$ (3) 그렇다.

7. N 63.43°W **8.** $-120y\, e^{-(x^2+2y^2)/100}$

연습문제 14.7

1. (1) $2(x - 2) + 3(y - 3) + \sqrt{3}(z - \sqrt{3}) = 0$ (2) $(x - 1) - 3(y - 3) + \sqrt{7}(z - \sqrt{7}) = 0$

(3) $x + y - z = 2$ (4) $z + 1 = -2\sqrt{3}\left(x - \frac{1}{3}\pi\right) - 3y$

2. (3, −1, −14) **3.** 공통 접평면 $y+z=1$ **4.** (1, 2, −1) 및 (−1, −2, 1)

5. $x=1+32t,\ y=2-19t,\ z=2-17t$ **6.** 7%

연습문제 14.8

1. (1) (2, 0) ; 극소점 (2) (0, 0) ; 안장점 $\left(\pm\frac{1}{2},\ 0\right)$; 극소점들 (3) (0, 0) ; 안장점

(4) (1, 2) ; 극소점 (5) 임계점 없음

2. (1) (1, 1)에서 최댓값 7, (0, −1)에서 최솟값 −4 (2) (±1, 0)에서 최댓값 2 ; (0, ±1)에서 최솟값 0

3. 각 수는 $N/3$ **4.** 정육면체 **5.** $3\sqrt{3}\,(\mathbf{i}+\mathbf{j}+\mathbf{k})$ **6.** (1) 8 (2) −11

7. (1, 2)에서 최댓값 3, $\left(\frac{8}{5},\ -\frac{2}{5}\right)$에서 최솟값 $-\frac{12}{5}$

연습문제 14.9

1. $f(\sqrt{3},\sqrt{3})=f(-\sqrt{3},-\sqrt{3})=6$ **2.** $f(2/\sqrt{5},-1/\sqrt{5})=f(-2/\sqrt{5},1/\sqrt{5})=5$

3. $f\left(\frac{6}{7},\frac{18}{7},-\frac{12}{7}\right)=\frac{72}{7}$ **4.** 바닥은 4 × 4 ; 깊이 2

5. $x=\frac{a}{\sqrt{3}},\ y=\frac{b}{\sqrt{3}},\ z=\frac{c}{\sqrt{3}}$ 일 때 $V=\frac{8abc}{3\sqrt{3}}$ **6.** 최댓값 3, 최솟값 −1

7. $f\left(\frac{5}{7},-\frac{5}{7},\frac{5}{7}\right)=\frac{25}{7}$ **8.** (1, 2, 5)까지 최단거리 $\sqrt{30}$

9. $\left(\frac{20}{9},\frac{16}{9},\frac{8}{9}\right)$에서 최솟값 $\frac{80}{9}$ **10.** $\left(\frac{5}{4},\frac{16}{5},\frac{5}{6}\right)$에서 최댓값 $\frac{121}{24}$

[Chapter 14 연습문제]

1. (1) $\{(x,y)\mid y\neq -x\}$ (2) $\{(x,y)\mid x+y+2>0\}$

2. (1) $\{z\mid z>0\}$ (2) $\{z\mid -1\le z\le 1\}$ (3) $\{z\mid z\ge -1\}$

3. (1)

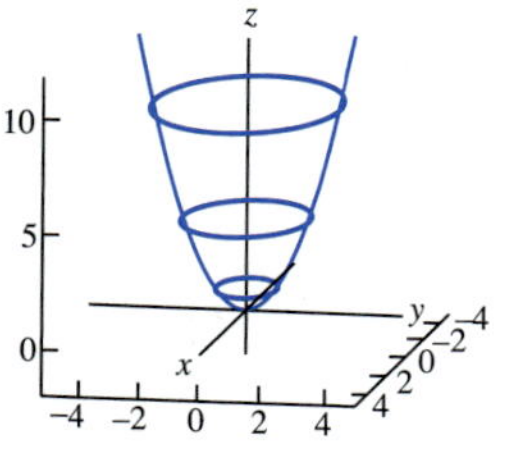

(2)

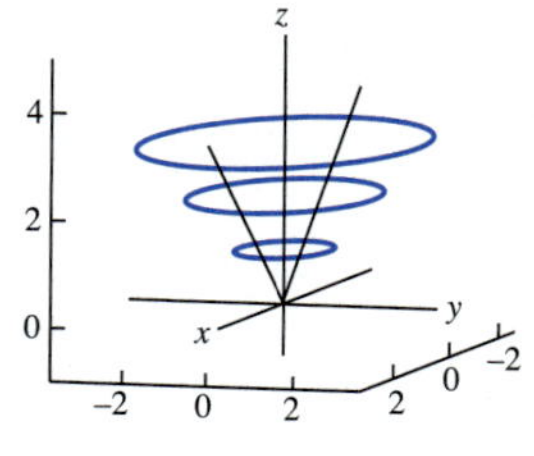

4. (1) 3 (2) 극한값이 존재하지 않는다. (3) 2

5. (1) $x=0$을 따라가면 0이고 $y=0$을 따라가면 3

(2) $x=0$을 따라가면 0이고 $y=x$를 따라가면 2

(3) $x=0$을 따라가면 0이고 $y=x^2$을 따라가면 1

(4) $x=0$ 을 따라가면 0이고 $x=y^3$을 따라가면 1/2

6. (1) $\left|\dfrac{xy^2}{x^2+y^2}-0\right| \le \left|\dfrac{xy^2}{y^2}\right| = |x|$ 이고 $\lim_{(x,y)\to(0,0)} |x| = 0$

(2) $\left|\dfrac{2x^2 \sin y}{2x^2+y^2}-0\right| \le |\sin y|$ 이고 $\lim_{(x,y)\to(0,0)} |\sin y| = 0$

(3) $\left|\dfrac{x^3+4x^2+2y^2}{2x^2+y^2}-2\right| \le \left|\dfrac{x^3}{2x^2+y^2}\right| \le \left|\dfrac{x}{2}\right|$ 이고 $\lim_{(x,y)\to(0,0)} \left|\dfrac{x}{2}\right| = 0$

(4) $\left|\dfrac{3x^3}{x^2+y^2+z^2}-0\right| \le |3x|$ 이고 $\lim_{(x,y)\to(0,0)} |3x| = 0$

7. (1) $x^2+y^2 \le 9$　(2) $x^2-y<3$　(3) $y \ne 0$　(4) $x^2+y^2+z^2 \ge 4$　(5) 모든 x, y

8. (1) $f_x = 3x^2-4y^2,\ f_y = -8xy+4y^3$　(2) $f_x = 2xy^3-3,\ f_y = 3x^2y^2$

(3) $f_x = 2x\sin xy + x^2 y\cos xy,\ f_y = x^3\cos xy - 9y^2$

(4) $f_x = \dfrac{4}{y}e^{x/y} + \dfrac{y}{x^2},\ f_y = \dfrac{-4x}{y^2}e^{x/y} - \dfrac{1}{x}$

(5) $f_x = 3\sin y + 12x^2y^2z,\ f_y = 3x\cos y + 8x^3yz,\ f_z = 4x^3y^2$

9. (1) $\dfrac{\partial^2 f}{\partial x^2} = 6x,\ \dfrac{\partial^2 f}{\partial y^2} = -8x,\ \dfrac{\partial^2 f}{\partial y\partial x} = -8y$

(2) $f_{xx} = 12x^2-6y^3,\ f_{xy} = -18xy^2,\ f_{xyy} = -36xy$

(3) $f_{xx} = 6xy^2,\ f_{yz} = -\cos yz + yz\sin yz,\ f_{xyx} = 0$

(4) $f_{xx} = 4y^2e^{2xy},\ f_{yy} = 4x^2e^{2xy} - \dfrac{2z^2}{y^3} - xz\sin y,\ f_{yyzz} = -\dfrac{4}{y^3}$

(5) $f_{ww} = 2xy - z^2e^{wz},\ f_{wxy} = 2w,\ f_{wwxyz} = 0$

10. (1) $4(x-2)+2(y-1)-(z-4)=0,\ x=2+4t,\ y=1+2t,\ z=4-t$

(2) $0(x-0)+0(y-0)-(z-1)=0,\ x=0,\ y=0,\ z=1-t$

(3) $-1(x-0)+0(y-\pi)-(z-0)=0,\ x=-t,\ y=\pi,\ z=-t$

(4) $6(x+2)+4(y-3)-(z-4)=0,\ x=-2+6t,\ y=3+4t,\ z=4-t$

(5) $-\dfrac{3}{5}(x+3)+\dfrac{4}{5}(y-4)-(z-5)=0,\ x=-3-\dfrac{3}{5}t,\ y=4+\dfrac{4}{5}t,\ z=5-t$

11. $f_x(x, y) = 2x+3y,\ f_y(x, y) = 3x$ 가 연속이므로 미분가능하다.

12. $dz = (ye^x + \cos x)dx + e^y dy$

13. (1) $(2t+t^2+1-\cos e^t)e^t$

(2) $8(u^3 - v\sin u)(4u^2)^3(3u^2 - v\cos u) + 12(u^3 - v\sin u)^2(4u^2)^2(8u)$,

$8(u^3 - v\sin u)(4u^2)^3(-\sin u)$

14. (1) $f_{xx}(x'(t))^2 + 2f_{xy}x'(t)y'(t) + f_{yy}(y'(t))^2 + f_x x''(t) + f_y y''(t)$

(2) $\dfrac{\partial^2 f}{\partial x^2}\left(\dfrac{\partial x}{\partial u}\right)^2 + 2\dfrac{\partial^2 f}{\partial x\partial y}\dfrac{\partial x}{\partial u}\dfrac{\partial y}{\partial u} + \dfrac{\partial^2 f}{\partial y^2}\left(\dfrac{\partial y}{\partial u}\right)^2 + \dfrac{\partial f}{\partial x}\dfrac{\partial^2 x}{\partial u^2} + \dfrac{\partial f}{\partial y}\dfrac{\partial^2 y}{\partial u^2}$

15. (1) $\dfrac{-6xz}{3x^2+6z^2-3y}$, $\dfrac{3z}{3x^2+6z^2-3y}$ (2) $\dfrac{-3yze^{xyz}+4z^2-\cos y}{3xye^{xyz}-8xz}$, $\dfrac{-3xze^{xyz}+x\sin y}{3xye^{xyz}-8xz}$

16. (1) $\left(2x+4y^2, 8xy-5y^4\right)$ (2) $\left(e^{xy^2}+xy^2e^{xy^2}, 2x^2ye^{xy^2}-2y\sin y^2\right)$

17. (1) $\left(-8e^{-8}-2, -16e^{-8}\right)$ (2) $(0, 0, -1)$ (3) $\left(-4, 12e^{4\pi}, 3e^{4\pi}, 3\pi e^{4\pi}\right)$

18. (1) $2+6\sqrt{3}$ (2) $2\sqrt{2}$ (3) $\dfrac{17}{5\sqrt{13}}$ (4) $-3\sqrt{5}$ (5) 0

19. (1) $(4, -3)$ 방향으로 5, $(-4, 3)$ 방향으로 -5

(2) $(16, -4)$ 방향으로 $\sqrt{272}$, $(-16, 4)$ 방향으로 $-\sqrt{272}$

(3) $(1, 0)$ 방향으로 1, $(-1, 0)$ 방향으로 -1

(4) $(3/2, -1/2)$ 방향으로 $\sqrt{145}/8$, $(-3/2, 1/2)$ 방향으로 $-\sqrt{145}/8$

(5) $(16, 4, 24)$ 방향으로 $\sqrt{848}$, $(-16, -4, -24)$ 방향으로 $-\sqrt{848}$

20. (1) $2(x-1)+3(y+1)-z=0$, $x=1+2t$, $y=-1+t$, $z=-t$

(2) $-2(x+1)+4(y-2)+2(z-1)=0$, $x=-1-2t$, $y=2+4t$, $z=1+2t$

21. (1) $(0, 0)$ 안장점 (2) $(0, 0)$ 안장점, $(1, 1)$ 극소점 (3) $(0, 1)$ 극소점, $(\pm 2, -1)$ 안장점

(4) $(0, 0)$ 극소점 (5) $(0, 0)$ 안장점, $(1, 1)$ 극소점, $(-1, -1)$ 극소점

(6) $\left(1/\sqrt{2}, 0\right)$ 극대점, $\left(-1/\sqrt{2}, 0\right)$ 극소점

(7) $(0, 0)$ 안장점, $\pm\left(1/\sqrt{2}, -1/\sqrt{2}\right)$ 극소점, $\pm\left(1/\sqrt{2}, 1/\sqrt{2}\right)$ 극대점

22. (1) $4, -2$ (2) $9, 0$ (3) $0, -5$ **23.** $(4, 4, 4)$ **24.** 최댓값 : 2 최솟값 : 0

25. (1) $(6/5, -2/5)$ (2) $(2, -1)$ (3) $(1, 1)$ (4) $(1, 1)$

26. (1) $16, -16$ (2) $8, -8$ (3) $e, -e$ (4) $2e, 0$

27. (1) $16, -16$ (2) $8, -8$ **28.** $\sqrt{2}$ **29.** e^2 **30.** 24

31. 2 **32.** $\sqrt{29}+3$ **33.** 1, 2 **34.** $\left(\dfrac{6}{11}, \dfrac{6}{11}, \dfrac{4}{11}\right)$ **35.** $(0, 1, 0)$

Chapter 15

연습문제 15.1

1. (1) 14 (2) 12 **2.** (1) 4 (2) 3 **3.** (1) 168 (2) 520

4. 5.5

연습문제 15.2

1. (1) $\dfrac{32}{3}$ (2) $\dfrac{55}{4}$ (3) 1 (4) $\pi/2-1$ (5) $\dfrac{4}{15}\left[31-9\sqrt{3}\right]\approx 4.110$

(6) $1-\dfrac{1}{2}\ln 3\approx 0.4507$

2. (1) 0 (2) 2

3. (1)

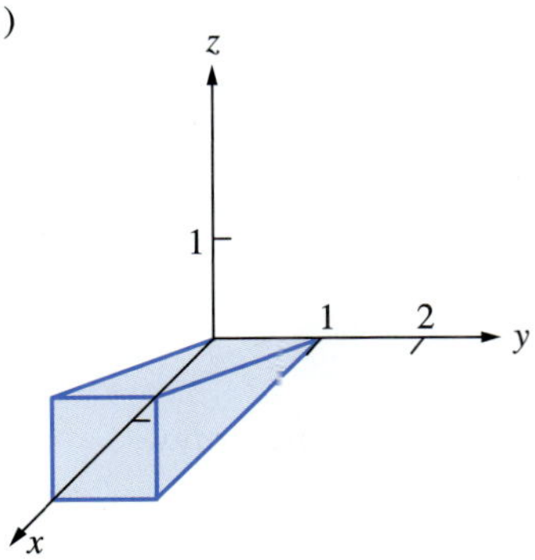

(2)

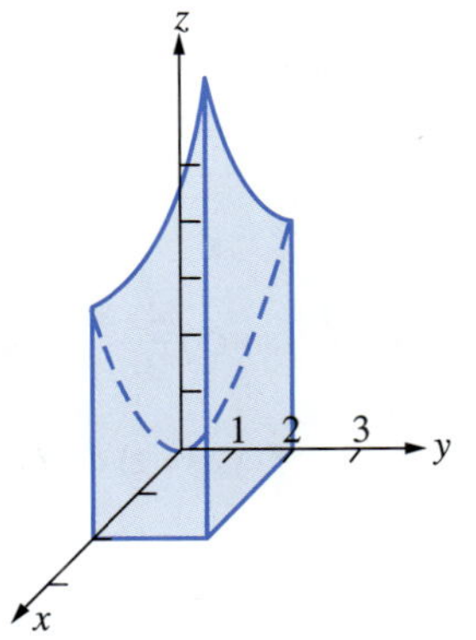

4. (1) 7 (2) $\frac{10}{3}$ **6.** $\frac{1}{4}(e^2 - 2e + 1)$

연습문제 15.3

1. (1) $\frac{3}{4}$ (2) 240 (3) $\frac{1}{2}(e^{27} - e)$ (4) $-\sqrt{2}/(2\pi)$ (5) $(3 \ln 2 - \pi)/9$ (6) $\frac{16}{3}$

2. (1) 0 (2) $\frac{27}{70}$ (3) $4 \tan^{-1} 2 - \ln 5$ **3.** (1) 6 (2) 20 (3) 10

(4) $\frac{4}{15}$ (5) 3π

4. (1) $\int_0^1 \int_y^1 f(x, y)\, dx\, dy$ (2) $\int_0^1 \int_{y^4}^{\sqrt{y}} f(x, y)\, dx\, dy$ (3) $\int_{-1}^0 \int_{-x}^1 f(x, y)\, dy\, dx + \int_0^1 \int_x^1 f(x, y)\, dy\, dx$

5. $\frac{256}{15}$ **6.** $\frac{1}{3}(1 - \cos 8)$

연습문제 15.4

1. (1) $\frac{1}{12}$ (2) $\frac{4}{9}$ **2.** (1) $2\sqrt{3} + \frac{4}{3}\pi \approx 7.653$ (2) $\pi a^2/8$ (3) 54π

3. (1) $\pi(e^4 - 1) \approx 168.384$ (2) $(\pi \ln 2)/8 \approx 0.272$ (3) $\pi(2 - \sqrt{3})/2 \approx 0.421$ (4) $\frac{1}{12}$

4. $81\pi/8 \approx 31.809$ **5.** $625(3\sqrt{3} + 1)/12 \approx 322.716$

연습문제 15.5

1. (1) $m = 30,\ \bar{x} = 2,\ \bar{y} = 1.8$ (2) $m = \pi/4,\ \bar{x} = \pi/2,\ \bar{y} = 16(9\pi)$

(3) $m \approx 0.1056,\ \bar{x} \approx 0.281,\ \bar{y} \approx 0.581$ (4) $m = 32/9,\ \bar{x} = 0,\ \bar{y} = 6/5$

2. (1) $I_x \approx 269,\ I_y \approx 5194,\ I_z \approx 5463$ (2) $I_x = I_y = 5a^5/12,\ I_2 = 5a^2/6$

3. $\bar{r} = \sqrt{5/12a} \approx 0.6455a$ **4.** $I_x = \pi\delta a^4/4,\ \bar{r} = a/2$

연습문제 15.6

1. (1) $\sqrt{61}/3$ (2) $\pi/3$ (3) $6\sqrt{2}$ (4) $8\sqrt{2}$ (5) 5π

연습문제 15.7

1. (1) -40 (2) $\dfrac{189}{2}$ (3) $\dfrac{4}{3}$ (4) 156

2. (1) $\displaystyle\int_0^1\int_0^3\int_0^{(1/6)(12-3x-2y)} f(x, y, z)\,dz\,dy\,dx$ (2) $\displaystyle\int_0^4\int_0^2\int_0^{(1/2)\,y} f(x, y, z)\,dx\,dz\,dy$ w

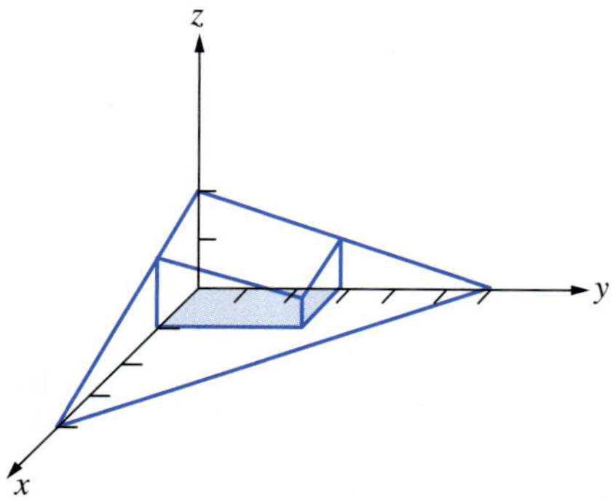

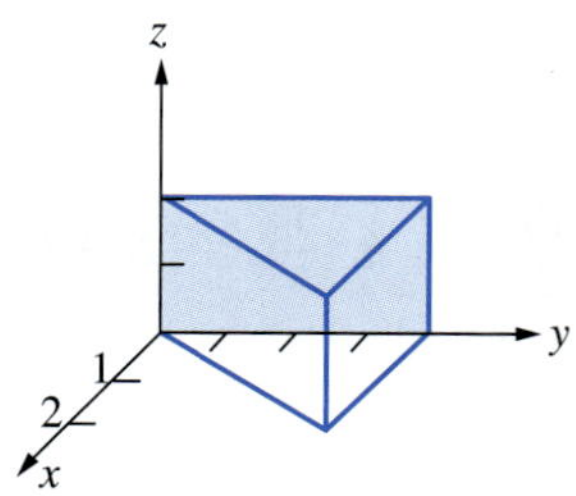

(3) $\displaystyle\int_0^2\int_0^{3z}\int_0^{4-x-2z} f(x, y, z)\,dy\,dx\,dz$ (4) $\displaystyle\int_0^3\int_{(2/3)\,x}^{(1/3)(9-x)}\int_0^{(1/9)(18-2x-6y)} f(x, y, z)\,dz\,dy\,dx$

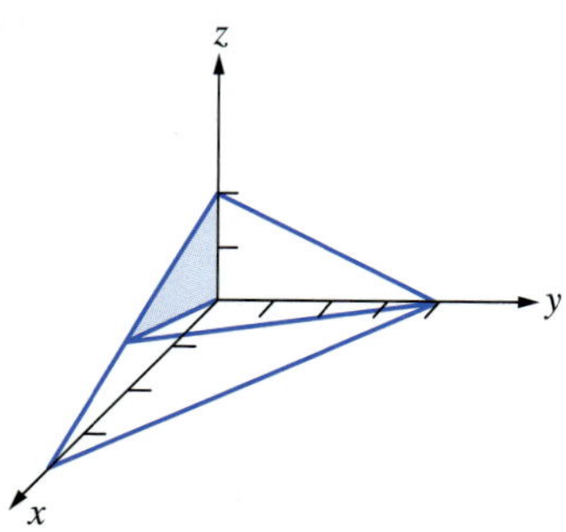

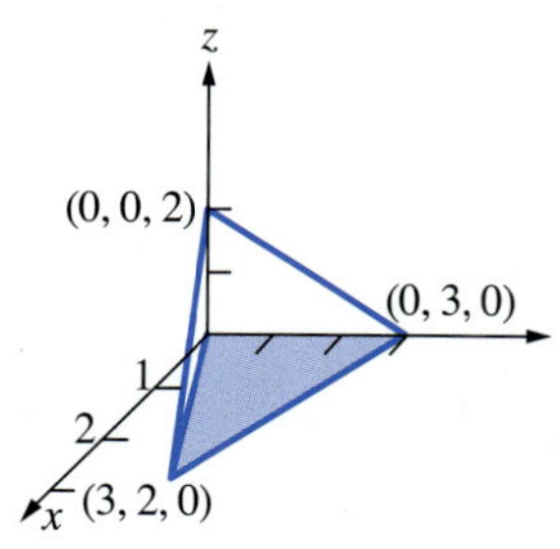

(5) $\displaystyle\int_1^4\int_0^1\int_0^{\sqrt{1-z^2}} f(x, y, z)\,dy\,dz\,dx$

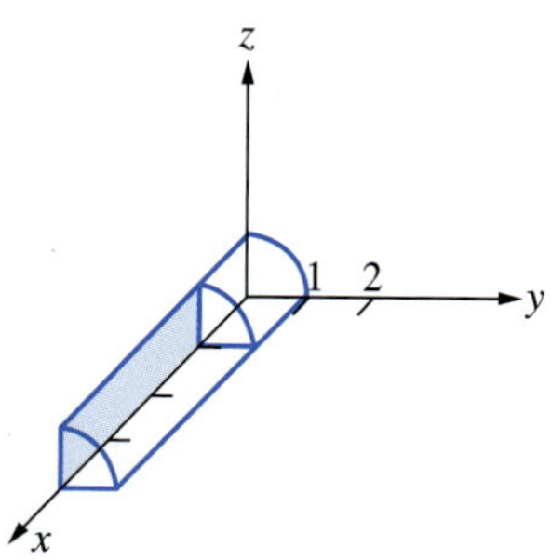

3. (1) $\dfrac{128}{15}$ (2) $4\displaystyle\int_0^1\int_{x^2}^1\int_0^{\sqrt{y}} dz\,dy\,dx = 2$ (3) $\bar{x} = \bar{y} = \bar{z} = \dfrac{4}{15}$ (4) $\bar{x} = \bar{y} = \bar{z} = 3a/8$

4. $\displaystyle\int_0^3\int_0^{\sqrt{9-x^2}}\int_0^{\sqrt{9-x^2-y^2}} f(x, y, z)\,dz\,dy\,dx$

연습문제 15.8

1. (1) 8π (2) $2\pi\left(\dfrac{5\sqrt{5}}{3} - \dfrac{4}{3}\right)$ (3) $\bar{x} = \bar{y} = 0,\ \bar{z} = \dfrac{16}{3}$

2. (1) $k\pi(b^4 - a^4)$ (2) $\bar{x} = \bar{y} = 0,\ \bar{z} = 2a/5$ (3) $\pi/9$

3. $\pi/32$ **5.** $\dfrac{1}{3} + \dfrac{1}{e^2}$ **6.** $\dfrac{33}{4}$ **7.** $\dfrac{64}{5}$ **8.** $\dfrac{4\pi abc}{3}$ **9.** $\dfrac{a^2b^2c^2}{6}$

10. $\displaystyle\int_0^3\int_0^2\int_1^2\left(\frac{v}{3} + \frac{vw}{3u}\right) du\,dv\,dw = 2 + \ln 8$

[Chapter 15 연습문제]

1. (1) 6 (2) $\dfrac{13}{2}$ (3) 338 **2.** (1) $\dfrac{16}{3}$ (2) $12(e^2 - 1)$ (3) $\dfrac{19 - e^6}{2}$

3. (1) 2 (2) $\dfrac{62}{21}$ (3) $e^4 - 1$ (4) $2(\ln 2)(\sin 1)$

4. (1) $\dfrac{1}{2} \neq \dfrac{1}{6}$ **5.** (1) 90 (2) $\dfrac{88}{105}$ (3) $\dfrac{704}{15}$

6. (1) $\displaystyle\int_0^2\int_0^y 2e^{y^2}\,dx\,dy = e^4 - 1$ (2) $\displaystyle\int_0^1\int_0^x 3xe^{x^3}\,dy\,dx = e - 1$

7. (1) $\dfrac{64}{3}$ (2) 3 (3) $\dfrac{1}{3}$ **8.** (1) 6 (2) $\dfrac{5}{12}$ (3) $\dfrac{10816}{105}$

9. (1) $\displaystyle\int_0^2\int_0^{4-x^2}\sqrt{x^2+y^2}\,dy\,dx \approx 10.275$ (2) $\displaystyle\int_0^2\int_0^{4-2y} e^{xy}\,dx\,dy \approx 9.003$

10. (1) 18π (2) $\pi(1 - e^{-4})$ (3) 0 **11.** (1) $\dfrac{81\pi}{2}$ (2) $\dfrac{16}{3}$

12. (1) $\dfrac{81\pi}{2}$ (2) $\dfrac{16\pi}{3}$ (3) 36 (4) $\dfrac{\pi}{2}$

13. (1) $\dfrac{16\pi}{3}$ (2) $\dfrac{\pi(1 - e^{-4})}{2}$ (3) $\dfrac{32\pi\sqrt{2}}{5}$

14. (1) $\dfrac{1}{12}\left(69^{3/2} - 5^{3/2}\right)$ (2) $\dfrac{\pi}{6}\left(17^{3/2} - 1\right)$ (3) $\sqrt{2}\,(4\pi)$ (4) 약 583.7692 (5) $8\sqrt{3/2}$
(6) $16\sqrt{6}$ (7) $6\pi\left(29\sqrt{29} - 21\sqrt{21}\right)$ (8) $8\sqrt{17} - 2\ln\left(\sqrt{17} - 4\right)$ (9) 8π

15. (1) 16 (2) $-\dfrac{2}{3}$ (3) $\dfrac{4}{15}$ (4) $\dfrac{171}{5}$ (5) 0 (6) 0 (7) 64

16. (1) $\dfrac{8}{3}$ (2) $\dfrac{44}{15}$ (3) $\dfrac{160\sqrt{10}}{3}$ (4) 4 (5) $\dfrac{4}{3}$ (6) 8π

17. (1) $\displaystyle\int_0^{2\pi}\int_0^2\int_r^{\sqrt{8-r^2}} f(r\cos\theta, r\sin\theta, z)\,r\,dz\,dr\,d\theta$

(2) $\int_0^{2\pi}\int_0^3\int_0^{9-r^2} f(r\cos\theta,\ r\sin\theta,\ z)\, r\,dz\,dr\,d\theta$

(3) $\int_0^{2\pi}\int_{\sqrt{3}}^{\sqrt{8}}\int_{r^2-1}^{8} f(r\cos\theta, r\sin\theta, z)\, r\,dz\,dr\,d\theta$

(4) $\int_0^{2\pi}\int_0^2\int_0^{4-r^2} f(r\cos\theta, y, r\sin\theta)\ r\,dy\,dr\,d\theta$

(5) $\int_0^{2\pi}\int_0^1\int_{r^2}^{2-r^2} f(x, r\cos\theta, r\sin\theta)\, r\,dx\,dr\,d\theta$

18. (1) $\int_0^{2\pi}\int_0^2\int_1^2 re^{r^2}\,dz\,dr\,d\theta = \pi(e^4-1)$ (2) $\int_0^6\int_0^{(6-x)/2}\int_0^{(6-x-2y)/3}(x+z)\,dz\,dy\,dx = 12$

(3) $\int_0^{2\pi}\int_0^{\sqrt{2}}\int_r^{\sqrt{4-r^2}} zr\,dz\,dr\,d\theta = \pi\int_0^{\sqrt{2}}(4-2r^2)\,r\,dr = 2\pi$

(4) $\int_0^2\int_0^{4-2y}\int_0^{4-x-2y}(x+y)\,dz\,dx\,dy = 8$

19. (1) $3\int_0^{2\pi}\int_0^1\int_0^r z^2 r\,dz\,dr\,d\theta = \frac{2\pi}{5}$ (2) $2\int_0^{\pi}\int_0^2\int_r^{\sqrt{8-r^2}} r\,dz\,dr\,d\theta = \frac{32\pi}{3}(\sqrt{2}-1)$

(3) $\int_{\pi}^{2\pi}\int_0^3\int_0^{r^2} r^3\,dy\,dr\,d\theta = \frac{243\pi}{2}$

20. (1) $\int_0^{2\pi}\int_0^{\pi/2}\int_0^2 e^{\rho^3}\rho^2\sin\phi\,d\rho\,d\phi\,d\theta = \frac{2\pi}{3}(e^8-1)$

(2) $\int_0^1\int_1^2\int_3^4 (x^2+y^2+z^2)\,dz\,dy\,dx = 15$

(3) $\int_0^{2\pi}\int_0^{\pi/4}\int_0^{\sqrt{2}} \rho^3\sin\phi\,d\rho\,d\phi\,d\theta = (2-\sqrt{2})\pi$

21. (1) $\int_0^{2\pi}\int_0^{\pi/4}\int_0^{4\cos\phi} \rho^2\sin\phi\,d\rho\,d\phi\,d\theta = 8\pi$

(2) $\int_0^{2\pi}\int_2^4\int_0^{z/\sqrt{2}} r\,dr\,dz\,d\theta = \frac{28\pi}{3}$

22. (1) $\int_{-\pi/2}^{\pi/2}\int_0^{\pi}\int_0^1 \rho^3\sin\phi\,d\rho\,d\phi\,d\theta = \frac{\pi}{2}$

(2) $\int_0^{\pi}\int_0^{\pi/4}\int_0^{\sqrt{8}} \rho^5\sin\phi\,d\rho\,d\phi\,d\theta = \frac{128\pi}{3}\left(2-\sqrt{2}\right)$

23. (1) $\frac{7}{2}\,(u = y-4x,\ v = y+2x,\ 2\le u\le 5, 1\le v\le 3)$

(2) $\frac{13}{3}\,(u = y+3x,\ v = x-y,\ 1\le u\le 3, 1\le v\le 3)$

(3) $\frac{7}{3}\left(x = r\cos\theta,\ y = r\sin\theta, 1\le r\le 2,\ 0\le\theta\le\frac{\pi}{2}\right)$

24. (1) $-2u$ (2) 2

찾아보기

I·N·D·E·X

함수와 그래프

(i) $f(x) = x^n$, n은 양의 정수

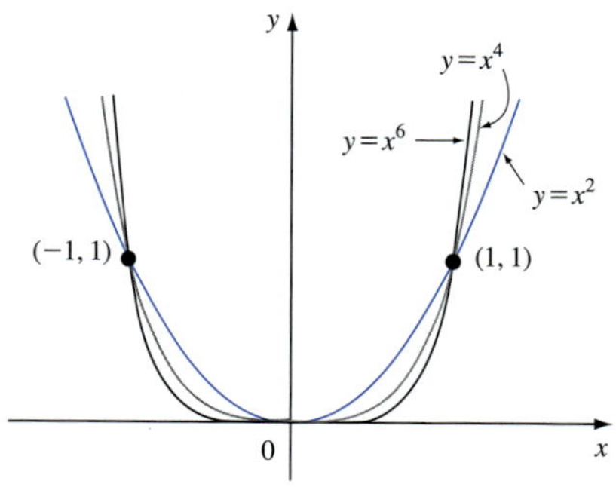

n은 짝수

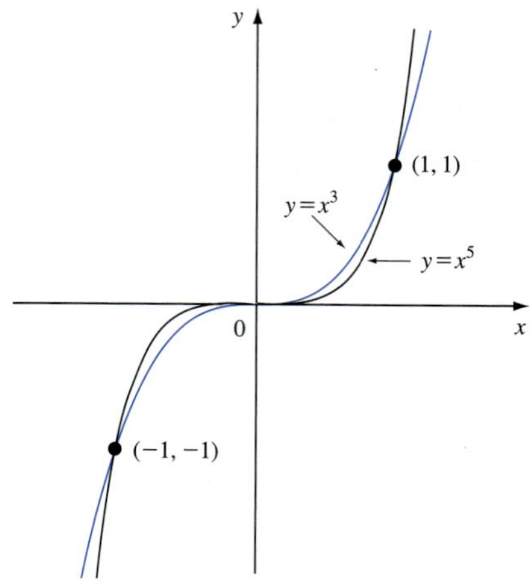

n은 홀수

(ii) $f(x) = x^{1/n} = \sqrt[n]{x}$, n은 양의 정수

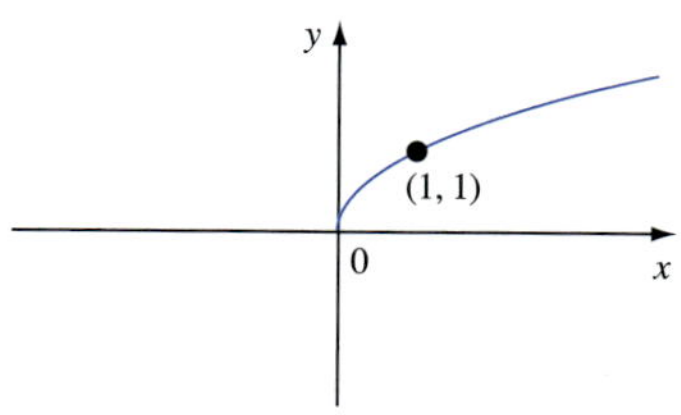

$f(x)=\sqrt{x}$

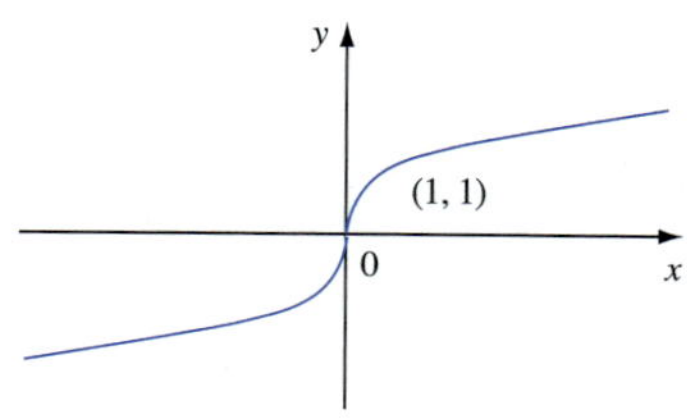

$f(x)=\sqrt[3]{x}$

(iii) $f(x) = x^{-1} = \dfrac{1}{x}$

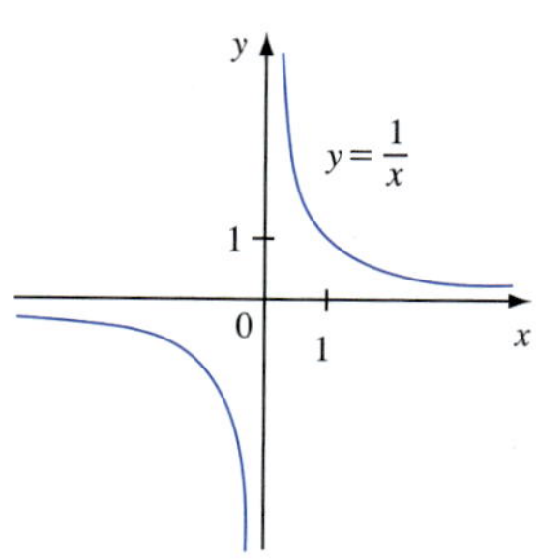

역삼각함수

$\arcsin x = \sin^{-1}x = y \Leftrightarrow \sin y = x$ and $-\dfrac{\pi}{2} \le y \le \dfrac{\pi}{2}$

$\arccos x = \cos^{-1}x = y \Leftrightarrow \cos y = x$ and $0 \le y \le \pi$

$\arctan x = \tan^{-1}x = y \Leftrightarrow \tan y = x$ and $-\dfrac{\pi}{2} < y < \dfrac{\pi}{2}$

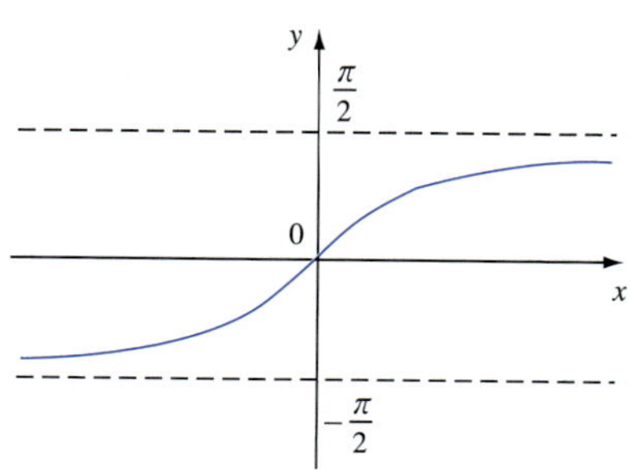

$y = \tan^{-1}x = \arctan x$

$\lim_{x \to -\infty} \tan^{-1}x = -\dfrac{\pi}{2}$

$\lim_{x \to \infty} \tan^{-1}x = \dfrac{\pi}{2}$

지수함수와 로그함수

$\log_a x = y \;\Leftrightarrow\; a^y = x$

$\ln x = \log_e x,\; \ln e = 1$

$\ln x = y \;\Leftrightarrow\; a^y = x$

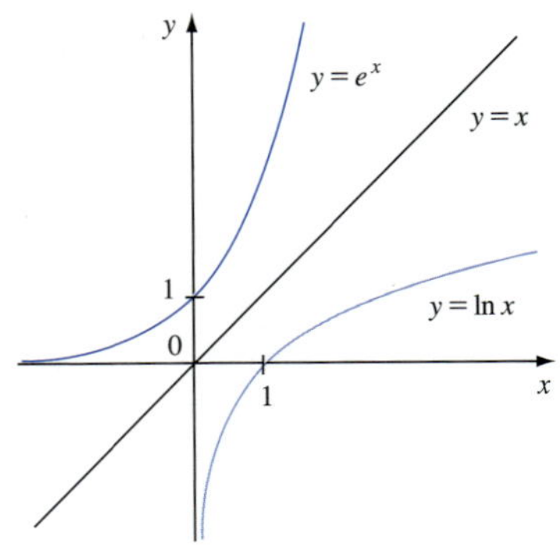

$\lim_{x \to -\infty} e^x = 0$ $\qquad \lim_{x \to \infty} e^x = \infty$

$\lim_{x \to 0^+} \ln x = -\infty$ $\qquad \lim_{x \to \infty} \ln x = \infty$

$\log_a(a^x) = x \qquad a^{\log_a x} = x$

$\ln(e^x) = x \qquad e^{\ln x} = x$

로그법칙

1. $\log_a(xy) = \log_a x + \log_a y$

2. $\log_a\left(\dfrac{x}{y}\right) = \log_a x - \log_a y$

3. $\log_a(x^r) = r \log_a x$

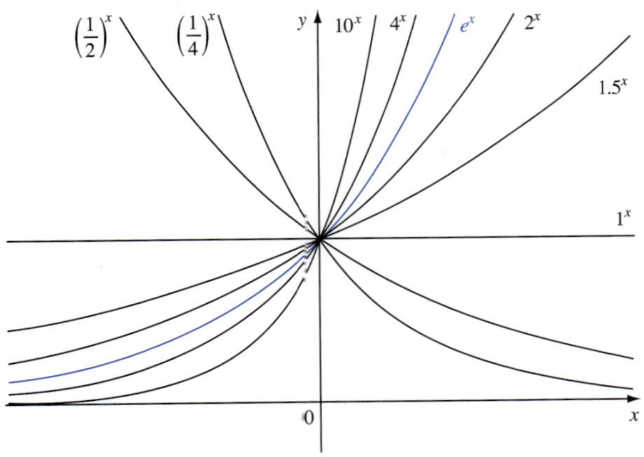

지수함수

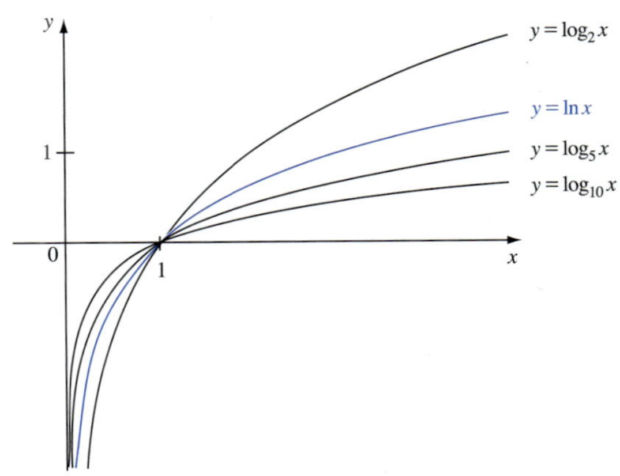

로그함수

쌍곡선함수

$\sinh x = \dfrac{e^x - e^{-x}}{2}$ $\qquad \operatorname{csch} x = \dfrac{1}{\sinh x}$

$\cosh x = \dfrac{e^x + e^{-x}}{2}$ $\qquad \operatorname{sech} x = \dfrac{1}{\cosh x}$

$\tanh x = \dfrac{\sinh x}{\cosh x}$ $\qquad \coth x = \dfrac{\cosh x}{\sinh x}$

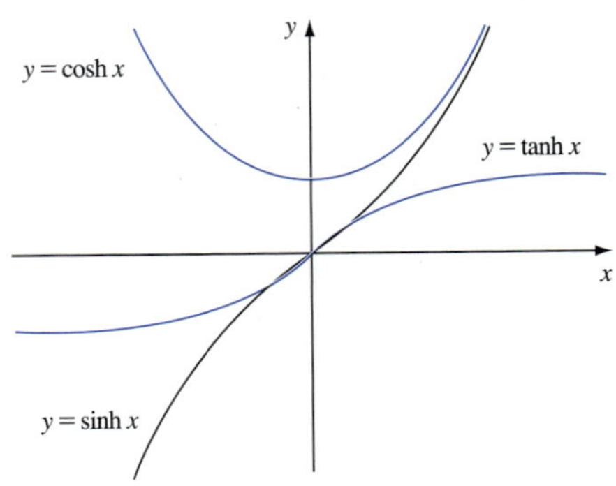

역쌍곡선함수

$y = \sinh^{-1} x \;\Leftrightarrow\; \sinh y = x$ $\qquad \sinh^{-1} x = \ln\left(x + \sqrt{x^2 + 1}\right)$

$y = \cosh^{-1} x \;\Leftrightarrow\; \cosh y = x$ and $y \geq 0$ $\qquad \cosh^{-1} x = \ln\left(x + \sqrt{x^2 - 1}\right)$

$y = \tanh^{-1} x \;\Leftrightarrow\; \tanh y = x$ $\qquad \tanh^{-1} x = \dfrac{1}{2} \ln\left(\dfrac{1 + x}{1 - x}\right)$